한국지리 필수 개념

우리나라의 영해 설정 방법

통상 기선 적용	동해안 대부분, 제주도, 울릉도, 독도는 통상 기선에서 12해리
직선 기선 적용	• 동해안 일부(영일만, 울산만), 서·남해안은 직선 기선에서 12해리 • 대한 해협은 예외적으로 직선 기선에서 3해리

25학년도 6월 모평 1번 통상의 기선 설정에는 가장 낮은 수위가 나타나는 썰물 때의 해안선을 적용한다. (○) └→최저조위선

한반도의 암석 분포

변성암		퇴적암, 화성암이 열과 압력에 의해 성질이 변화한 암석, 시·원생대에 형성된 지괴에 주로 분포, 주로 흙산을 형성
퇴적암	고생대	석회암: 고생대 조선 누층군에 주로 분포하는 퇴적암, 용식 작용을 받아 카르스트 지형 형성
	중생대	경상 누층군에는 공룡 발자국, 공룡 뼈·알 화석이 잘 보존되어 있음
화성암	중생대	화강암: 중생대에 지하 깊은 곳에서 마그마가 식어 형성된 암석, 주로 돌산을 형성
	신생대	현무암: 유동성이 큰 현무암질 용암이 냉각되어 형성된 암석, 제주도, 철원 용암 대지 등에 분포

25학년도 9월 모평 2번
고성 공룡발자국 화석지에서는 중생대 퇴적암이 관찰되나요? (○)
└→경상 누층군에 분포

감입 곡류 하천과 자유 곡류 하천

- **감입 곡류 하천:** 하천 중·상류 지역, 산지 사이를 굽이쳐 흐르는 하천
  - **형성 원인:** 자유 곡류하던 하천이 신생대 제3기 경동성 요곡 운동으로 지반이 융기하여 산지 사이를 흐르게 되면서 하방 침식이 강화되어 형성
- **하안 단구:** 지반 융기로 인하여 하방 침식이 강화됨과 동시에 하천의 측방 침식이 함께 이루어지면서 계단 모양의 지형이 형성됨
  - **토지 이용:** 취락, 농경지, 교통로로 이용됨
- **자유 곡류 하천:** 하천 중·하류 지역, 하방 침식보다 측방 침식이 우세하여 평야 위를 자유롭게 흐르는 하천
- **범람원:** 하천 중·하류 양안에서 하천의 범람으로 인한 하천 운반 물질이 퇴적되어 형성된 지형으로, 자연 제방과 배후 습지로 구성됨

지형	해발 고도	구성 물질	배수	토지 이용
자연 제방	상대적으로 높음	모래질	양호	취락, 밭, 과수원
배후 습지	상대적으로 낮음	점토질	불량	배수 시설 확충 후 논으로 이용

25학년도 6월 모평 2번 하안 단구는 배후 습지보다 홍수 시 범람에 의한 침수 가능성이 높다. (×)
→ 주로 하천 상류 지역에 발달하는 하안 단구는 주로 하천 중·하류 지역에 발달하는 범람원의 배후 습지보다 홍수 시 범람에 의한 침수 가능성이 낮다.

동해안과 서해안의 해안 지형

동해안의 주요 해안 지형

해안 단구: 신생대 제3기 경동성 요곡 운동에 의한 융기량이 더 많기 때문에 서·남해안에 비해 동해안에 발달되어 있음

사빈: 하천이 운반하는 모래가 바다로 지속적으로 공급되면서 파랑과 연안류의 퇴적 작용으로 형성됨

석호: 석호는 하천 운반 물질이 퇴적되면서 면적이 점차 축소되거나 인위적 매립이 일어남

서해안의 주요 해안 지형

해안 사구: 바람에 의해 사빈의 모래가 내륙에 퇴적된 지형으로, 우리나라는 여름철보다 겨울철 풍속이 강하며 겨울철에는 주로 부는 북서 계절풍의 영향을 받아 서해안에 대규모로 형성됨

- **지하수 저장:** 바닷물과 민물의 밀도 차에 의해 민물이 고여 사구 습지 형성
- **자연 방파제 역할:** 해일이나 파랑으로부터 배후의 농경지와 가옥을 보호

갯벌
- 하천이 운반한 가는 모래나 점토가 조류의 퇴적 작용으로 인하여 형성됨
- 오염 물질 여과, 다양한 생물 종 서식, 태풍 피해 완화

24학년도 수능 12번 두웅습지는 석호보다 물의 염도가 높다. (×)
→ 사구 습지인 두웅습지의 물은 바다와 연결된 석호의 물보다 염도가 낮다.

제주도의 화산 지형과 카르스트 지형

내용	제주도의 화산 지형	카르스트 지형
형성 작용	화산 활동	용식 작용
기반암	현무암 – 신생대 형성	석회암 – 고생대 형성
주요 토양	현무암 풍화토 : 흑갈색	석회암 풍화토 : 붉은색
농업	지표수 부족 – 주로 밭농사, 과수 재배	지표수 부족 – 주로 밭농사

24학년도 9월 모평 16번 석회 동굴이 가장 많이 분포하는 지역은 제주이다. (×) → 제주도에는 용암 동굴이 많이 분포한다. └→강원도 남부·충청북도 북동부

우리나라의 강수 분포

다우지	제주도와 남해안 일대, 대관령 일대, 한강 중·상류 일대, 청천강 중·상류 일대, 원산만 부근
소우지	관북 해안 지역, 개마고원 일대, 대동강 하류 일대, 영남 내륙 지역
다설지	울릉도, 영동 지방(강릉, 속초 일대), 대관령 일대, 호남 서해안 및 소백산맥 서사면 등

25학년도 9월 모평 11번 인천은 평양보다 연 강수량이 많다. (○)
└→대동강 하류 지역 – 소우지

신·재생 에너지

신·재생 에너지 생산량 (에너지경제연구원, 2020)
: 태양광·열 > 수력 (양수식 제외) > 풍력

에너지	입지 및 특징
풍력	바람이 많은 해안 지역이나 산지 지역이 유리해 강원도와 제주도의 발전량 비중이 높음
태양광	일사량이 풍부한 지역이 유리하며 전라남도와 전라북도, 경상북도의 발전량 비중이 높음
조력	조수 간만의 차가 큰 해안 지역이 유리함. 우리나라에서 유일하게 안산 시화호 조력 발전소가 가동 중임

25학년도 9월 모평 4번 태양광은 풍력보다 국내 총발전량이 많다. (○)
└→국내 신·재생 에너지 중 발전량 최대

우리나라의 주요 공업

자동차 및 트레일러
주요 공업 지역: 경기(화성·평택), 울산, 충남(아산), 경남(창원), 광주
특징 • 조립형 산업으로 관련 업체 집적
• 전·후방 연계 효과 높음

1차 금속
주요 공업 지역: 경북(포항), 전남(광양), 충남(당진)
특징 • 기간 산업: 다른 산업의 기초 소재 제공
• 운송비 비중 높음: 철광석, 역청탄 수입

기타 운송 장비
주요 공업 지역: 경남(거제), 울산, 전남(영암)
특징 • 주문에 의한 생산, 장기간의 생산
• 거제의 경우 남초 현상

석유 화학 공업
주요 공업 지역: 전남(여수), 울산, 충남(서산)
특징 • 고도의 기술과 많은 자본이 필요한 장치 산업
• 대표적인 집적 지향 및 계열화된 공업

전자 부품·컴퓨터·영상·음향 및 통신 장비
주요 공업 지역: 경기(평택, 화성, 이천), 충남(아산), 경북(구미)
특징 • 운송비에 비해 부가가치가 큰 입지 자유형 제조업
• 수도권을 중심으로 발달해 있음

22학년도 6월 모평 17번 전자 부품·컴퓨터·영상·음향 및 통신 장비 제조업은 부피가 크거나 무거운 원료를 해외에서 수입하는 적환지 지향형 제조업이다. (×)

→ 적환지 지향형 제조업에는 제철, 정유 공업이 있다.

북한의 개방 지역

나선 경제특구	중국, 러시아의 인접 지역이며 1991년 유엔개발계획의 지원을 계기로 경제특구로 지정됨
신의주 특별 행정구	중국과의 무역 활성화를 위하여 2002년에 설치된 특별 행정구이며 홍콩식 경제 개발을 추진하여 자본주의 시장 경제 체제 실험을 계획함
금강산 관광 지구	남한 및 외국인 관광객 유치를 통한 외화 수입 증대 목적으로 개방됨
개성 공업 지구	남한의 자본 및 기술과 북한의 저렴한 노동력이 결합되어 형성된 공업 지구로 2016년 이후 중단 상태임

24학년도 수능 16번 원산과 개성 모두 남북 합작으로 지정·운영된 관광 특구가 있었으나, 2008년 이후 관광이 중단되었어요. (×)
└→금강산 관광 지구

→ 원산은 경원선의 종착지이자 일제강점기부터 성장한 공업도시이며, 개성 공업 지구는 남북한의 경제 협력으로 조성된 공업 지구였으나 2016년 이후 중단되었다.

우리나라의 지역 이해

수도권 신도시	1기 신도시	성남 분당, 고양 일산, 부천 중동, 안양 평촌, 군포 산본
	2기 신도시	성남 판교, 화성 동탄, 김포 한강, 파주 운정, 평택 고덕 국제, 수원·용인 광교, 양주 옥정, 서울·하남 위례, 인천 검단
도청 소재지		경기(수원), 강원(춘천), 충북(청주), 충남(내포 신도시 - 홍성·예산), 전북(전주), 전남(무안), 경북(안동), 경남(창원)
혁신 도시		강원 원주, 충북 진천·음성, 충남 예산·홍성, 대전, 광주·전남 나주, 전북 전주·완주, 제주 서귀포, 경북 김천, 대구 동구, 울산 중구, 부산 영도구·해운대구·남구, 경남 진주
기업 도시		지식 기반형(원주, 충주), 관광 레저형(태안, 영암·해남)
호남 지방 주요 지역의 지역 특산물		전주(한지), 고창(청보리), 순창(고추장), 영광(굴비), 담양(죽세공품), 보성(녹차), 고흥(유자), 나주(배), 강진(청자), 해남(겨울 배추)
주요 지역 축제		순창 장류 축제, 보성 다향 대축제, 광양 매화 축제, 보령 머드 축제, 김제 지평선 축제, 진도 신비의 바닷길 축제, 순천만 갈대 축제, 안동 국제 탈춤 페스티벌, 전주 세계 소리 축제, 진주 남강 유등 축제, 담양 대나무 축제, 함평 나비 축제, 단양 마늘 축제, 태백 눈 축제

24학년도 9월 모평 2번 강릉과 대전에는 모두 공공 기관이 이전한 혁신 도시가 있다. (×)

→ 강릉에는 혁신 도시가 없으며, 대전은 2020년에 혁신 도시로 지정되었다.

정답표

1회 2022년 3월 고3 학력평가

1 ①	2 ③	3 ①	4 ④	5 ⑤	6 ③	7 ③	8 ②	9 ④	10 ①
11 ①	12 ⑤	13 ②	14 ①	15 ④	16 ②	17 ⑤	18 ③	19 ④	20 ②

2회 2023년 3월 고3 학력평가

1 ④	2 ①	3 ④	4 ③	5 ⑤	6 ②	7 ③	8 ②	9 ③	10 ⑤
11 ④	12 ①	13 ③	14 ②	15 ①	16 ②	17 ⑤	18 ⑤	19 ②	20 ①

3회 2024년 3월 고3 학력평가

1 ④	2 ①	3 ③	4 ⑤	5 ②	6 ③	7 ③	8 ⑤	9 ②	10 ①
11 ①	12 ③	13 ③	14 ④	15 ⑤	16 ①	17 ④	18 ①	19 ②	20 ④

4회 2022년 4월 고3 학력평가

1 ②	2 ②	3 ①	4 ②	5 ①	6 ②	7 ①	8 ⑤	9 ④	10 ②
11 ⑤	12 ③	13 ⑤	14 ②	15 ③	16 ⑤	17 ④	18 ④	19 ④	20 ③

5회 2023년 4월 고3 학력평가

1 ⑤	2 ⑤	3 ①	4 ⑤	5 ①	6 ④	7 ②	8 ④	9 ②	10 ④
11 ③	12 ①	13 ③	14 ②	15 ④	16 ②	17 ②	18 ⑤	19 ③	20 ⑤

6회 2024년 4월 고3 학력평가

1 ②	2 ②	3 ③	4 ②	5 ④	6 ⑤	7 ①	8 ⑤	9 ③	10 ①
11 ③	12 ⑤	13 ③	14 ⑤	15 ③	16 ④	17 ④	18 ④	19 ①	20 ④

7회 2022학년도 6월 고3 모의평가

1 ③	2 ⑤	3 ②	4 ⑤	5 ④	6 ⑤	7 ⑤	8 ④	9 ①	10 ①
11 ④	12 ②	13 ④	14 ③	15 ③	16 ③	17 ①	18 ①	19 ②	20 ②

8회 2023학년도 6월 고3 모의평가

1 ⑤	2 ④	3 ③	4 ②	5 ④	6 ③	7 ②	8 ③	9 ③	10 ③
11 ②	12 ①	13 ④	14 ③	15 ①	16 ⑤	17 ②	18 ①	19 ①	20 ⑤

9회 2024학년도 6월 고3 모의평가

1 ④	2 ②	3 ⑤	4 ②	5 ④	6 ⑤	7 ⑤	8 ①	9 ③	10 ③
11 ①	12 ②	13 ①	14 ③	15 ②	16 ⑤	17 ①	18 ④	19 ③	20 ④

10회 2025학년도 6월 고3 모의평가

1 ②	2 ②	3 ②	4 ③	5 ③	6 ④	7 ③	8 ⑤	9 ①	10 ④
11 ⑤	12 ⑤	13 ①	14 ④	15 ①	16 ①	17 ③	18 ②	19 ⑤	20 ④

11회 2022년 7월 고3 학력평가

1 ④	2 ⑤	3 ④	4 ③	5 ⑤	6 ①	7 ④	8 ④	9 ②	10 ①
11 ④	12 ③	13 ②	14 ③	15 ⑤	16 ②	17 ②	18 ③	19 ⑤	20 ①

12회 2023년 7월 고3 학력평가

1 ③	2 ②	3 ④	4 ③	5 ⑤	6 ③	7 ⑤	8 ④	9 ①	10 ③
11 ④	12 ②	13 ①	14 ②	15 ②	16 ⑤	17 ⑤	18 ③	19 ①	20 ②

13회 2024년 7월 고3 학력평가

1 ③	2 ④	3 ④	4 ⑤	5 ④	6 ③	7 ②	8 ①	9 ⑤	10 ①
11 ④	12 ⑤	13 ②	14 ③	15 ②	16 ③	17 ①	18 ⑤	19 ①	20 ④

14회 2022학년도 9월 고3 모의평가

1 ②	2 ④	3 ③	4 ①	5 ⑤	6 ③	7 ⑤	8 ④	9 ⑤	10 ④
11 ④	12 ②	13 ①	14 ①	15 ③	16 ④	17 ③	18 ②	19 ④	20 ③

15회 2023학년도 9월 고3 모의평가

1 ①	2 ⑤	3 ⑤	4 ②	5 ①	6 ⑤	7 ②	8 ③	9 ②	10 ④
11 ④	12 ③	13 ①	14 ④	15 ①	16 ③	17 ③	18 ⑤	19 ④	20 ①

16회 2024학년도 9월 고3 모의평가

1 ④	2 ①	3 ②	4 ③	5 ⑤	6 ⑤	7 ②	8 ②	9 ④	10 ①
11 ③	12 ⑤	13 ④	14 ⑤	15 ④	16 ④	17 ②	18 ②	19 ②	20 ④

17회 2025학년도 9월 고3 모의평가

1 ③	2 ①	3 ⑤	4 ⑤	5 ②	6 ①	7 ③	8 ③	9 ⑤	10 ③
11 ⑤	12 ②	13 ④	14 ②	15 ④	16 ④	17 ④	18 ②	19 ④	20 ④

18회 2022년 10월 고3 학력평가

1 ③	2 ①	3 ④	4 ③	5 ②	6 ⑤	7 ⑤	8 ①	9 ②	10 ④
11 ①	12 ②	13 ②	14 ④	15 ③	16 ③	17 ①	18 ④	19 ⑤	20 ②

19회 2023년 10월 고3 학력평가

1 ④	2 ⑤	3 ①	4 ①	5 ②	6 ③	7 ③	8 ③	9 ①	10 ③
11 ⑤	12 ④	13 ④	14 ⑤	15 ②	16 ①	17 ④	18 ③	19 ④	20 ②

20회 2024년 10월 고3 학력평가

1 ③	2 ④	3 ⑤	4 ②	5 ③	6 ④	7 ②	8 ④	9 ①	10 ②
11 ④	12 ①	13 ②	14 ⑤	15 ②	16 ③	17 ⑤	18 ③	19 ①	20 ⑤

21회 2021학년도 대학수학능력시험

1 ①	2 ②	3 ②	4 ④	5 ②	6 ③	7 ⑤	8 ⑤	9 ③	10 ④
11 ⑤	12 ⑤	13 ②	14 ④	15 ⑤	16 ⑤	17 ③	18 ③	19 ①	20 ④

22회 2022학년도 대학수학능력시험

1 ④	2 ③	3 ①	4 ①	5 ④	6 ③	7 ④	8 ②	9 ⑤	10 ③
11 ①	12 ②	13 ②	14 ⑤	15 ②	16 ⑤	17 ③	18 ①	19 ④	20 ⑤

23회 2023학년도 대학수학능력시험

1 ④	2 ②	3 ⑤	4 ③	5 ①	6 ⑤	7 ②	8 ⑤	9 ③	10 ④
11 ①	12 ①	13 ④	14 ⑤	15 ④	16 ③	17 ②	18 ④	19 ④	20 ⑤

24회 2024학년도 대학수학능력시험

1 ④	2 ⑤	3 ②	4 ⑤	5 ①	6 ②	7 ①	8 ④	9 ③	10 ②
11 ⑤	12 ③	13 ④	14 ①	15 ⑤	16 ③	17 ④	18 ①	19 ②	20 ③

25회 2025학년도 대학수학능력시험

1 ①	2 ③	3 ②	4 ⑤	5 ④	6 ③	7 ②	8 ①	9 ⑤	10 ④
11 ④	12 ③	13 ⑤	14 ②	15 ②	16 ①	17 ③	18 ①	19 ④	20 ⑤

정답표

1회 2022년 3월 고3 학력평가

1 ①	2 ③	3 ①	4 ④	5 ⑤	6 ③	7 ③	8 ②	9 ④	10 ①
11 ①	12 ⑤	13 ②	14 ①	15 ④	16 ②	17 ⑤	18 ③	19 ④	20 ②

2회 2023년 3월 고3 학력평가

1 ④	2 ①	3 ④	4 ③	5 ⑤	6 ②	7 ③	8 ②	9 ③	10 ⑤
11 ④	12 ①	13 ③	14 ②	15 ①	16 ②	17 ⑤	18 ⑤	19 ②	20 ①

3회 2024년 3월 고3 학력평가

1 ④	2 ①	3 ③	4 ⑤	5 ②	6 ③	7 ③	8 ⑤	9 ②	10 ①
11 ①	12 ③	13 ③	14 ④	15 ⑤	16 ①	17 ④	18 ①	19 ②	20 ④

4회 2022년 4월 고3 학력평가

1 ②	2 ②	3 ①	4 ②	5 ①	6 ②	7 ①	8 ⑤	9 ④	10 ②
11 ⑤	12 ③	13 ⑤	14 ②	15 ③	16 ⑤	17 ④	18 ④	19 ④	20 ③

5회 2023년 4월 고3 학력평가

1 ⑤	2 ⑤	3 ①	4 ⑤	5 ①	6 ④	7 ②	8 ④	9 ②	10 ④
11 ③	12 ①	13 ③	14 ②	15 ④	16 ②	17 ②	18 ⑤	19 ③	20 ⑤

6회 2024년 4월 고3 학력평가

1 ②	2 ②	3 ③	4 ②	5 ④	6 ⑤	7 ①	8 ⑤	9 ③	10 ①
11 ③	12 ⑤	13 ③	14 ⑤	15 ③	16 ④	17 ④	18 ④	19 ①	20 ④

7회 2022학년도 6월 고3 모의평가

1 ③	2 ⑤	3 ②	4 ⑤	5 ④	6 ⑤	7 ⑤	8 ④	9 ①	10 ①
11 ④	12 ②	13 ④	14 ③	15 ③	16 ③	17 ①	18 ①	19 ②	20 ②

8회 2023학년도 6월 고3 모의평가

1 ⑤	2 ④	3 ③	4 ②	5 ④	6 ③	7 ②	8 ③	9 ③	10 ③
11 ②	12 ①	13 ④	14 ③	15 ①	16 ⑤	17 ②	18 ①	19 ①	20 ⑤

9회 2024학년도 6월 고3 모의평가

1 ④	2 ②	3 ⑤	4 ②	5 ④	6 ⑤	7 ⑤	8 ①	9 ③	10 ③
11 ①	12 ②	13 ①	14 ③	15 ②	16 ⑤	17 ①	18 ④	19 ③	20 ④

10회 2025학년도 6월 고3 모의평가

1 ②	2 ②	3 ②	4 ③	5 ③	6 ④	7 ③	8 ⑤	9 ①	10 ④
11 ⑤	12 ⑤	13 ①	14 ④	15 ①	16 ①	17 ③	18 ②	19 ⑤	20 ④

11회 2022년 7월 고3 학력평가

1 ④	2 ⑤	3 ④	4 ③	5 ⑤	6 ①	7 ④	8 ④	9 ②	10 ①
11 ④	12 ③	13 ②	14 ③	15 ⑤	16 ②	17 ②	18 ③	19 ⑤	20 ①

12회 2023년 7월 고3 학력평가

1 ③	2 ②	3 ④	4 ③	5 ⑤	6 ③	7 ⑤	8 ④	9 ①	10 ③
11 ④	12 ②	13 ①	14 ②	15 ②	16 ⑤	17 ⑤	18 ③	19 ①	20 ②

13회 2024년 7월 고3 학력평가

1 ③	2 ④	3 ④	4 ⑤	5 ④	6 ③	7 ②	8 ①	9 ⑤	10 ①
11 ④	12 ⑤	13 ②	14 ③	15 ②	16 ③	17 ①	18 ⑤	19 ①	20 ④

14회 2022학년도 9월 고3 모의평가

1 ②	2 ④	3 ③	4 ①	5 ⑤	6 ③	7 ⑤	8 ④	9 ⑤	10 ④
11 ④	12 ②	13 ①	14 ①	15 ③	16 ④	17 ③	18 ②	19 ④	20 ③

15회 2023학년도 9월 고3 모의평가

1 ①	2 ⑤	3 ⑤	4 ②	5 ①	6 ⑤	7 ②	8 ③	9 ②	10 ④
11 ④	12 ③	13 ①	14 ④	15 ①	16 ③	17 ③	18 ⑤	19 ④	20 ①

16회 2024학년도 9월 고3 모의평가

1 ④	2 ①	3 ②	4 ③	5 ⑤	6 ⑤	7 ②	8 ②	9 ④	10 ①
11 ③	12 ⑤	13 ④	14 ⑤	15 ④	16 ④	17 ②	18 ②	19 ②	20 ④

17회 2025학년도 9월 고3 모의평가

1 ③	2 ①	3 ⑤	4 ⑤	5 ②	6 ①	7 ③	8 ③	9 ⑤	10 ③
11 ⑤	12 ②	13 ④	14 ②	15 ④	16 ④	17 ④	18 ②	19 ④	20 ④

18회 2022년 10월 고3 학력평가

1 ③	2 ①	3 ④	4 ③	5 ②	6 ⑤	7 ⑤	8 ①	9 ②	10 ④
11 ①	12 ②	13 ②	14 ④	15 ③	16 ③	17 ①	18 ④	19 ⑤	20 ②

19회 2023년 10월 고3 학력평가

1 ④	2 ⑤	3 ①	4 ①	5 ②	6 ③	7 ③	8 ③	9 ①	10 ③
11 ⑤	12 ④	13 ④	14 ⑤	15 ②	16 ①	17 ④	18 ③	19 ④	20 ②

20회 2024년 10월 고3 학력평가

1 ③	2 ④	3 ⑤	4 ②	5 ③	6 ④	7 ②	8 ④	9 ①	10 ②
11 ④	12 ①	13 ②	14 ⑤	15 ②	16 ③	17 ⑤	18 ③	19 ①	20 ⑤

21회 2021학년도 대학수학능력시험

1 ①	2 ②	3 ②	4 ④	5 ②	6 ③	7 ⑤	8 ⑤	9 ③	10 ④
11 ⑤	12 ⑤	13 ②	14 ④	15 ⑤	16 ⑤	17 ③	18 ③	19 ①	20 ④

22회 2022학년도 대학수학능력시험

1 ④	2 ③	3 ①	4 ①	5 ④	6 ③	7 ④	8 ②	9 ⑤	10 ③
11 ①	12 ②	13 ②	14 ⑤	15 ②	16 ⑤	17 ③	18 ①	19 ④	20 ⑤

23회 2023학년도 대학수학능력시험

1 ④	2 ②	3 ⑤	4 ③	5 ①	6 ⑤	7 ②	8 ⑤	9 ③	10 ④
11 ①	12 ①	13 ④	14 ⑤	15 ④	16 ③	17 ②	18 ④	19 ④	20 ⑤

24회 2024학년도 대학수학능력시험

1 ④	2 ⑤	3 ②	4 ⑤	5 ①	6 ②	7 ①	8 ④	9 ③	10 ②
11 ⑤	12 ③	13 ④	14 ①	15 ⑤	16 ③	17 ④	18 ①	19 ②	20 ③

25회 2025학년도 대학수학능력시험

1 ①	2 ③	3 ②	4 ⑤	5 ④	6 ③	7 ②	8 ①	9 ⑤	10 ④
11 ④	12 ③	13 ⑤	14 ②	15 ②	16 ①	17 ③	18 ①	19 ④	20 ⑤

2026 마더텅
수능기출 모의고사 25회
한국지리

수능 안내 방송 MP3 및 동영상 이용 방법

동영상 스마트폰으로 좌측 QR 코드 스캔

MP3 ① 인터넷 주소창에 toptutor.co.kr 또는 포털에서 [마더텅] 검색
② 학습자료실 → 교재관련자료 → [고등], [빨간책], [과목], [교재] 선택
③ 안내 방송 MP3 내려받기

등급컷

등급컷 활용법 등급컷은 자신의 수준을 객관적으로 확인할 수 있는 여러 지표 중 하나입니다.
등급컷을 토대로 본인의 등급을 예측해 보고, 앞으로의 공부 전략을 세우는 데에 참고하시기 바랍니다.
표에서 제시한 원점수 등급컷은 평가원의 공식 자료가 아니라 여러 교육 업체에서 제공하는 자료들의 평균 수치이므로 약간의 오차가 있을 수 있습니다.

구 분				1등급	2등급	3등급	4등급	5등급	6등급	7등급	8등급
1회	2022년	3월 학평 서울특별시 교육청 시행	• 수능 수준에 비해서 어렵게 출제되지는 않았으나 예년의 3월 학력평가 수준에 비해 어렵게 출제되어 등급컷이 상당히 낮게 형성됨. 기본 개념을 충분히 학습하고 다시 풀어본다면 충분히 고득점을 올릴 수 있을 정도의 시험이었음. • 백지도 문항(4, 14, 16번)은 아직 학생들이 백지도에 표시된 각 시군의 명칭과 특징들을 충분히 학습하지 못해 오답률이 높게 나타남. • 1차 에너지(13번) 문항의 경우 자료가 그간 출제되던 형태와 다르게 제시되어 있어 오답률이 높았음.	39	31	24	19	14	11	8	6
2회	2023년		• 수능에 비해 어려운 문제가 별로 없었으나 3월 학평의 특성상 모든 단원의 내용을 충분히 공부하지 못한 학생들이 많기 때문에 1등급 컷이 낮게 형성됨. • 자료 분석 위주의 문제들이 다른 문제에 비해 풀기가 쉽지 않고 풀이 시간이 오래 걸림.(8번 인구 특징, 11번 대도시권, 13번 농업 특징, 18번 다문화 공간, 19번 도시와 인구 이동)	42	34	26	20	14	11	8	6
3회	2024년		• 3월 학평은 대체로 난도가 낮은 문제가 출제되지만 이번 시험은 자료와 선지가 까다로운 문항들이 있어 체감 난도가 다소 높았음. • 지역 지리 관련 문항이 5문항으로 각 지역의 특색 또는 지도상 위치를 알아야 풀 수 있는 문항의 비중이 작년 3월 학평에 비해 높아졌음.(3번, 8번, 13번, 15번, 16번) • 11번 문제는 울산과 화성의 청장년층 인구 비율을 비교하기가 쉽지 않았으며, 7번 문제는 권역별 인구 규모 1~3위 도시와 인구수까지 알아야 풀 수 있는 문제로, 3월 학평의 특성상 충분히 공부하지 못한 학생들이 많기 때문에 어렵게 느꼈던 문제였음.	43	35	28	22	16	12	9	6
4회	2022년	4월 학평 경기도 교육청 시행	• 수능 수준에 비해서 어렵게 출제되지는 않았으나 4월 시점의 학생들 수준에 비해서 쉽지는 않았기 때문에 등급컷이 높지 않게 형성됨. • 9번, 11번 문제의 경우 학생들이 충청도와 강원도의 각 시·군의 위치와 시·군별 특징을 충분히 학습하지 못한 상태에서 풀기에는 어려운 편이었기 때문에 오답률이 높게 나타남. • 하천(13번) 문항의 경우 기본 내용 학습으로 해결하기에 어려운 하천 유역별 특색을 알아야 풀 수 있었기 때문에 학생들이 어렵게 느꼈던 문제였음.	45	37	29	23	17	12	8	7
5회	2023년		• 인문 지리 분야의 그래프 분석 문제의 오답률이 높음.(4번 공업, 10번 에너지 자원, 12번 도시 인구) • 4월 학평의 특성상 뒷 단원의 주제나 백지도에서 위치를 묻는 문제 등은 충분히 학습되어 있지 않아 학생들이 어렵게 느껴 오답률이 높았음. • 수능에 비해 평이한 수준으로 출제되었으나 충분히 준비되지 못한 상태에서 응시한 학생들이 많아 1등급 컷이 낮게 형성됨.	44	37	30	24	18	13	9	6
6회	2024년		• 수능이나 작년 4월 학평에 비해 난도가 낮게 출제되어 1등급 컷이 높게 형성됨. • 기존 인구 관련 문항은 자료 분석이 까다로운 계산 문제 위주로 상당히 어렵게 출제되었으나, 최근에는 주로 인구 지표를 묻는 문제가 자주 출제되면서 난도가 많이 낮아졌음.(18번) • 19번 기후 문제가 이번 시험에서 난도가 높은 편이었으나, 위도가 비슷한 지역이 제시되어 기본 개념만 알고 있다면 과거 기출에 비해서는 크게 어렵지 않게 풀 수 있었음.	48	43	36	30	23	16	12	7
7회	2022학년도	6월 모평 한국 교육 과정 평가원 시행	• 2021학년도 6월 모평보다는 난도가 다소 높았으나 대체로 2021학년도 대수능과 유사하게 평이하게 출제되었음. • 문항 구성과 자료, 선지가 기존의 기출과 유사하게 출제되어 체감 난도가 낮았음. • 인구(8번) 문항이 기존의 시·도별에서 최근 지역별이나 권역별 인구 자료를 분석하는 유형으로 출제되고 있으므로 기출을 중심으로 지역별, 권역별 인구 자료를 정리해 둘 필요가 있음. • 지도 문항(6, 8, 10, 11, 13, 15, 16, 19번)이 많이 출제되면서 우리나라의 지역 특성에 관한 출제 비중이 높았으므로 백지도 문항에 대비해 충분한 학습이 필요함.	45	41	32	24	16	11	10	5
8회	2023학년도		• 시간 안에 정확히 풀어나가기에 다소 벅찬 느낌의 시험이었으나 역대 6월 모의평가에 비해 등급컷이 약간 높은 편일 정도로 평이했음. • 인구 구조(19번) 문항의 경우 어렵게 출제된 편은 아니지만 6월 시점에서 각 시·군의 위치와 각 시·군별 특징에서 비롯된 인구 구조에 대해 충분한 학습이 되지 않았기 때문에 학생들이 제시된 그래프를 해석하는 데 어려움을 겪어 오답률이 높게 나타난 것으로 보임. • 다문화 공간(20번)의 경우 자료 구성이 복잡하고 기출 문제를 통해 자주 접할 수 없었던 문제 유형이기 때문에 다소 어려움을 느껴 오답률이 높게 나타난 것으로 판단됨.	48	44	36	28	22	16	12	7
9회	2024학년도		• 교육청 학력평가에 비해 문제 구성이 복잡하고 시간이 빠듯하여 전체적으로 어렵게 느껴졌던 시험임. • 16번 문제와 20번 문제는 그간 출제되지 않았던 새로운 문제 유형으로 풀어나가기 까다로웠던 문제 유형이었음. 특히 20번 문제는 문제를 푸는 데 시간이 많이 들어 전체적으로 시험 시간이 부족하다고 느끼게 된 주요 원인이었음. • 10번 문제에서 그간 자주 출제되지 않았던 선상지가 지형도와 함께 시험에 출제되었으며, 18번 문제는 1차 에너지 공급 비율을 3개 지역으로만 자료를 구성하여 출제함으로써 학생들이 어렵게 느꼈던 문제였음.	46	40	34	26	19	13	9	7
10회	2025학년도		• 각 지역의 백지도와 함께 출제된 문제가 많았던 시험으로, 최근 지역 지리 문제의 출제 빈도가 높아졌음을 확인할 수 있었음.(5번, 9번, 13번, 14번, 18번) • 8번 기후, 15번 인구 문제의 자료가 다소 까다롭게 출제되었고, 나머지 문제들은 대체로 그간 자주 출제되었던 자료와 선지로 구성되어 어렵지 않게 풀 수 있었음. • 어려운 통계 자료 분석 문항이나 고난도 문제의 비중이 줄었으나, 자주 나오지 않았던 유형의 문제(5번, 19번)가 출제되면서 문제 풀이 방법에서 실수하는 학생들이 많았음.	46	41	33	26	19	13	10	8
11회	2022년	7월 학평 인천 광역시 교육청 시행	• 수능 수준에 비해 어렵게 출제되지는 않았고, 예년의 7월 학력평가 수준에서 크게 벗어나지 않게 출제되었음. • 공업(12번) 문항의 경우 제시된 각 지역의 제조업 출하액에서 각 제조업이 차지하는 비율을 통해 해당 제조업의 종류를 찾아내야 하는 생소한 형태의 자료가 제시되어 오답률이 높게 나타남. • 7번과 10번 문제와 같이 백지도에서의 위치를 판단한 다음 풀어나가는 문제의 오답률이 다소 높았기 때문에, 기본 개념 학습을 끝낸 다음 충분한 백지도 위치 학습을 하는 것이 필요함.	45	39	33	25	17	12	10	7
12회	2023년		• 자료가 까다롭게 출제된 문제들이 있어 다소 어려운 시험이었음. • 12번 문제의 경우 그간의 도시 내부 구조 기출문제와 달리 지도가 나타나 있지 않아 어렵게 느껴질 수 있었던 문제였음. • 14번 문제는 인구 그래프 변화 자료의 차이가 뚜렷하게 보이지 않는 경향이 있어 답을 찾기 쉽지 않았음. • 그래프가 다소 복잡하게 제시된 17번의 경우 오답률이 높았으므로, 기출 문제 학습을 통해 다양한 그래프를 빠르고 정확하게 분석하는 연습을 충분히 해두어야 함.	45	38	30	22	15	12	8	6
13회	2024년		• 대체로 자료가 까다롭지 않고 선지도 그간 기출 위주의 내용들로 구성되어 전반적으로 평이하게 출제되었음. • 8번 문제의 경우 서울시 내의 구에서 통근·통학률이 출제된 경우가 적어 자료가 생소하게 느껴졌으나, 기본 개념만 적용하면 충분히 해결할 수 있었음. • 16번 문제는 인구 변화만으로 성남과 평택을 구분하기가 쉽지 않아 오답률이 높았음. • 이번 시험에서도 14번, 18번 문제와 같은 새로운 유형의 문제가 출제되어 오답률이 가장 높았음. 이런 유형의 경우 선지 내용은 쉽게 구성되지만 문제 풀이 과정에서 실수하기 쉽기 때문에 기출 문제를 통해 풀이 과정을 충분히 연습해 두어야 함.	43	37	29	22	15	11	9	6

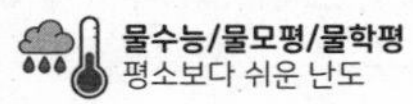
물수능/물모평/물학평
평소보다 쉬운 난도

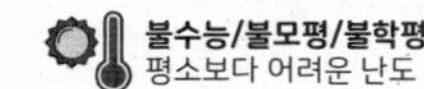
불수능/불모평/불학평
평소보다 어려운 난도

회	학년도	시행	구분	1등급	2등급	3등급	4등급	5등급	6등급	7등급	8등급
14회	2022학년도	9월 모평 한국교육과정평가원 시행	• 고난도 문항 없이 전반적으로 평이하게 출제되었음. • 공업(10번), 신·재생 에너지(18번), 농업(19번) 문항의 자료는 새로운 유형으로 제시되어 자료를 분석하는 데 다소 까다로웠으나, 선지는 기존과 유사하게 출제되어 문제 해결에는 큰 어려움이 없었음. • 지도 문항(3, 8, 11, 12, 15, 17, 19, 20번)에 기존에 출제되지 않았던 생소한 지역들도 제시되었으나, 출제 빈도가 높은 지역을 중심으로 해결해 나갈 수 있도록 출제되었음.	48	44	39	29	19	14	11	7
15회	2023학년도		• 자료가 까다롭게 출제된 문항이 있어 자료 위주로 충분한 학습을 하지 못한 학생에게는 쉽지 않았던 시험이었으며, 문제 풀이 시간도 빡빡해 어렵다고 느낄 수 있는 시험이었음. • 18번 문제의 경우 잘 출제되지 않던 진천이 출제되어 혁신 도시인 진천의 청장년층 인구 변화나 제조업 비율이 학생들에게 생소하게 느껴져 오답률이 높았음. • 14번 문제의 경우 서울과 다른 지역의 계절별 강수량 차이만으로 각 지역을 파악해야 했고, 비교적 자주 출제되지 않는 북한의 강수량까지 알아야 하는 문제이기 때문에 다소 까다로웠던 문제임.	48	44	39	30	20	12	10	7
16회	2024학년도		• 6월 모평과 유사하게 문제 구성이 복잡하고 시간이 빠듯하여 전체적으로 어렵게 느껴졌고, 재수생이 다수 응시하였음에도 불구하고 1등급 컷이 낮을 정도로 어려웠음. • 20번 문제의 경우 6월 모평에 유사한 문제가 출제되었으나, 더 복잡하게 구성되어 있어 시간이 많이 소요되는 문제였음. • 17번 문제의 경우 비율이 높은 지역에서 양이 적게 나타나는 것을 이용한 함정이 있어 오답률이 높았음. • 그래프 분석 위주의 문제들(8번 기후, 13번 에너지 자원, 14번 산업별 취업자, 15번 북한 기후)이 많아 자료 위주로 충분히 학습되지 않은 학생들이 풀어나가기 쉽지 않은 시험이었음.	45	41	36	29	20	14	10	5
17회	2025학년도		• 최근 고난도 문제를 지양하면서 어려운 통계 자료 분석 문제의 비중이 낮아지고 전반적으로 쉽게 출제되어 1등급 컷이 높게 형성됨. • 16번 문제는 인구와 지역 지리가 연계되면서 출제 빈도가 낮았던 지역들이 제시되어 세 지역을 구분하기가 어려웠음. • 18번, 20번 문항은 자료에서 해당 지역을 판별하기에 어려운 요소가 있거나, 자료를 바탕으로 선지를 푸는 데 함정이 있어 학생들이 어렵게 느꼈음. • 시험 난도가 쉬워지면서 변별을 위한 까다로운 자료와 선지들로 구성된 문제들이 2~3문항씩 출제되고 있으나, 이러한 문항도 기본 개념을 바탕으로 해결할 수 있게 출제되고 있으므로 놓치지 않도록 주의해야 함.	50	46	41	31	20	15	9	7
18회	2022년	10월 학평 서울특별시교육청 시행	• 수능 수준에 비해서 쉽게 출제되어 1등급 컷이 50점이었으며, 예년의 10월 학평 수준에 비해서도 쉬운 편이었음. • 수능 시험에 비해 제시된 자료의 형태가 단순하고 쉽게 답을 찾을 수 있는 문제가 많음. • 18번에 제시된 자료의 형태가 다소 생소했으나 공부한 내용을 바탕으로 각 구(區)별 특징을 통해서 쉽게 유추할 수 있는 문제였음.	50	47	40	30	19	12	11	7
19회	2023년		• 수능에 비해 어려운 문제가 별로 없었으며, 많은 학생들이 어느 정도 준비가 된 상태로 치른 시험이었기 때문에 1등급 컷이 높게 형성됨. • 그래프나 자료 분석형 문제의 자료가 수능에 비해 비교적 간단한 형태로 출제된 문제들이 많으며, 선택지의 내용도 크게 어렵지 않음.	50	47	41	32	22	14	11	8
20회	2024년		• 다양한 내용을 묻는 선지와 까다로운 자료들이 출제되어 평이하게 출제되었던 9월 모평에 비해 체감 난도가 높았음. • 5번 문제는 기출에 출제되지 않았던 새로운 자료가 제시되었으나 선지는 쉽게 구성되어 어렵지 않게 해결할 수 있었고, 9번과 13번은 자료에서 해당 지역을 연결하기에 다소 어려움이 있었음. • 7번 문제는 6월 모평, 7월 학평과 마찬가지로 최근 자주 출제되고 있는 새로운 유형으로 출제되었으므로 풀이 과정에서 실수하지 않도록 충분히 연습해 두어야 함.	47	43	34	24	16	11	10	6
21회	2021학년도	수능 한국교육과정평가원 시행	• 2020학년도 대수능보다 전반적으로 평이하게 출제되었으며, 개정 교육과정의 영향 없이 기존과 유사하게 출제되었음. • 고난도로 출제되었던 인구, 자원, 공업 등의 문항이 자료와 선지 모두 쉽게 출제되어 난도가 낮았으나, 18번과 20번은 자료 분석과 선지가 다소 까다로웠음. • 기존 모평이나 대수능에 비해 백지도 문항의 비중이 줄었으며, 지형 단원의 출제 비중이 높아졌음.	50	47	46	40	28	18	13	9
22회	2022학년도		• 2021학년도 수능이나 올해 시행된 모평이나 교육청보다 어렵게 출제되었고, 자료 분석이나 선지 구성이 다소 까다로워 체감 난도가 높았음. • 기후(7번) 문항은 우리나라의 기후 특색, 위도가 비슷한 두 그룹의 지역별 기후 특색 등을 모두 파악해야 하고 자료와 선지 구성도 어렵게 출제되어 문제 해결에 시간이 많이 소요되었음. • 공업(12번) 문항은 생소한 유형의 자료와 공업 단원에서 다루지 않았던 지역이 제시되어 이번 수능에서 난도가 가장 높았으며, 지역별 공업 분포에 우리나라 공업 발달 과정을 연계하여 학습해 둘 필요가 있음.	50	47	42	34	23	15	11	7
23회	2023학년도		• 시간 안에 정확히 풀어나가기에 다소 벅찬 느낌의 시험이었으며, 쉽게 판단해내기 어려운 자료들이 있어 다소 어렵게 느껴질 수 있는 수능이었음. • 13번 문제 자료의 경우 각 권역별 광역시의 인구뿐만 아니라 2위, 3위, 4위 도시의 인구까지 알고 있어야 했기 때문에 각 권역을 판단하기 쉽지 않았음. • 20번 문제의 자료는 다소 복잡하게 제시되어 있어 자료의 해석에도 오래 걸리지만, 해석한 자료를 토대로 각 지역을 찾아내는 데에 다소 시간이 걸리는 문제였음.	48	45	40	34	25	17	12	7
24회	2024학년도		• 그래프나 자료 분석형 문제의 자료가 학평에 비해 확실히 더 복잡하고 시간이 소요되는 문제들이 많았으나, 많은 학생들이 준비를 충분히 한 상태로 치른 시험이었기 때문에 1등급 컷이 높게 형성됨. • 익숙한 형태의 자료 제시가 많았으며, 특히 각 지역의 백지도와 함께 출제된 지역 지리 문제의 수가 많았던 시험이었음. • 20번 문제의 경우 6월, 9월 모평과 유사한 형태의 문제로 출제되었으나, 내용이 더 복잡하게 구성되어 있어 시간이 많이 소요되는 문제였음. • 8번 문제의 경우 광주로 가기 위해 지나치는 지명을 보고 출발 지역을 판단하는 문제로, 과거 기출에 비해 한 단계 더 깊이 있게 출제된 문제로 볼 수 있음.	50	46	43	33	20	13	10	7
25회	2025학년도		• 비교적 평이했던 2025학년도 6, 9월 모평에 비해 난도가 꽤 높았고, 6, 9월 모평에 출제되지 않은 단원에서의 출제가 비교적 많았음. • 그동안의 고난도 문항은 통계 자료를 제시하여 출제된 경우가 많았지만, 이번 시험에서는 지역 지리에서 생소한 지역이 많이 나오고, 인문 지리에서도 지도와 함께 출제된 문제가 많아 지도 문제가 꽤 까다로웠음.(5번, 14번, 18번, 19번) • 15번, 20번 문제와 같이 생소한 자료와 선지의 제시가 많았고, 17번 문제(식생 및 토양)의 경우 출제 빈도가 낮은 주제의 문항이기 때문에 꼼꼼하게 학습하지 않은 학생들에겐 다소 어려웠음. • 지도가 함께 출제되는 문항의 비중이 계속 높아지고 있어 이에 대비하여 지역의 위치를 쉽게 파악할 수 있도록 꼼꼼한 백지도 학습이 필요함.	47	43	38	28	16	12	8	7

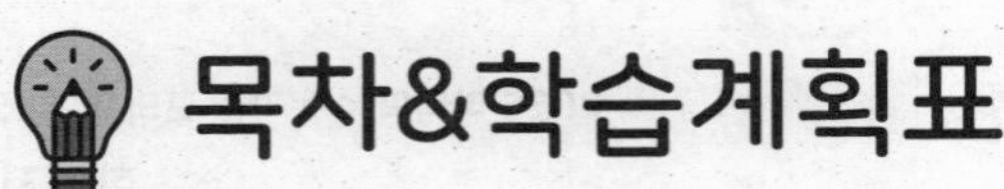

목차&학습계획표

등급컷 활용법 등급컷은 자신의 수준을 객관적으로 확인할 수 있는 여러 지표 중 하나입니다. 등급컷을 토대로 본인의 등급을 예측해보고, 앞으로의 공부 전략을 세우는 데에 참고하시기 바랍니다. 표에서 제시한 원점수 등급컷은 공식 자료가 아니라 모의고사별로 난이도를 분석하여 예측한 것으로 오차가 있을 수 있습니다.

사회탐구 영역 (한국지리)

1회	
시험 시간	30분
날짜	월 일
시작 시각	:
종료 시각	:

제 4 교시 | 성명 | 수험번호 -

1. 다음은 어느 노래 악보의 일부이다. ㉠~㉣에 대한 옳은 설명만을 〈보기〉에서 고른 것은?

<보 기>

ㄱ. 우리나라의 표준 경선은 ㉠을 지난다.
ㄴ. ㉣은 영해 설정에 통상 기선이 적용된다.
ㄷ. ㉡은 ㉢보다 주된 기반암의 형성 시기가 늦다.
ㄹ. ㉡, ㉢은 모두 2차 산맥에 위치한다.

① ㄱ, ㄴ ② ㄱ, ㄷ ③ ㄴ, ㄷ ④ ㄴ, ㄹ ⑤ ㄷ, ㄹ

2. 다음 자료의 (가)~(라)에 대한 설명으로 옳은 것은? (단, (가)~(라)는 각각 변성암, 석회암, 중생대 퇴적암, 화강암 중 하나임.) [3점]

○ '고성 덕명리 공룡 발자국과 새 발자국 화석 산지'는 화석의 양과 다양성에 있어서 세계적으로 손꼽히는 곳으로, 주된 기반암은 (가) 이다. 해안의 기묘한 바위와 괴상하게 생긴 돌, 해식동 등의 경치 또한 뛰어나다.
○ '영월 고씨굴'은 남한강 상류에 위치하며, 임진왜란 때 고씨 일가족이 이곳에 숨어 난을 피하였다고 하여 붙여진 이름이다. 동굴의 총길이는 약 3 km이고, (나) 으로 이루어져 있으며, 동굴 안에는 종유석과 석순 등이 분포한다.
○ '대암산 · 대우산 천연 보호 구역'은 양구 펀치볼 분지와 그 주변을 에워싸고 있는 지역을 말한다. 펀치볼 지대는 침식분지로, 분지 주변의 산지는 주로 (다) 으로 되어 있고 분지 바닥은 (라) 으로 되어 있다.

① (가)는 고생대 조선 누층군에 주로 분포한다.
② (나)는 마그마가 관입하여 형성되었다.
③ (라)로 구성된 산은 정상부가 주로 돌산의 경관을 보인다.
④ (가)는 (다)보다 우리나라 암석 분포에서 차지하는 비율이 높다.
⑤ (가)는 해성층, (나)는 육성층에 해당한다.

3. 그래프는 지도에 표시된 세 지역의 기후 특성을 나타낸 것이다. (가)~(다) 지역에 대한 설명으로 옳은 것은? [3점]

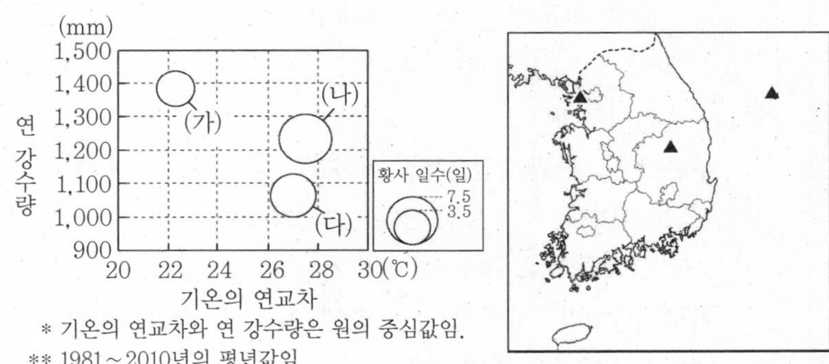

* 기온의 연교차와 연 강수량은 원의 중심값임.
** 1981~2010년의 평년값임.

① (가)의 전통 가옥에는 우데기가 설치되어 있다.
② (나)는 (가)보다 겨울 강수량이 많다.
③ (다)는 (가)보다 최한월 평균 기온이 높다.
④ (다)는 (나)보다 고위도에 위치한다.
⑤ 울릉도는 인천보다 황사 일수가 많다.

4. 다음 자료에서 설명하는 지역을 지도의 A~E에서 고른 것은?

이곳에는 혁신 도시가 있으며, 이 지역 캐릭터는 '배돌이'이다. 배돌이는 지리적 표시제에 등록된 지역 특산품인 배를 의인화해 표현한 것이다.

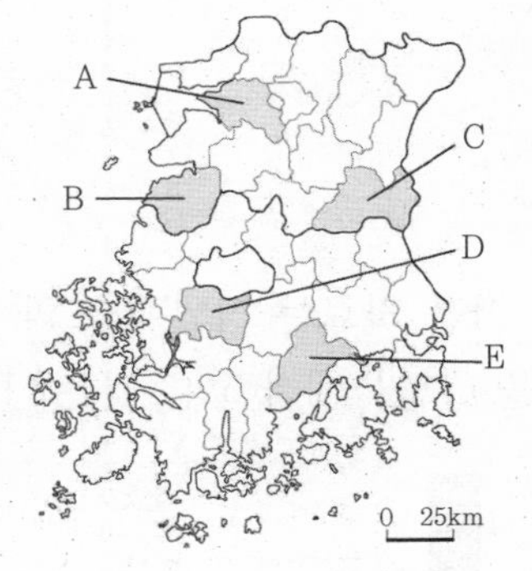

① A ② B ③ C ④ D ⑤ E

5. 다음 자료에 대한 옳은 설명만을 〈보기〉에서 고른 것은? (단, A, B 지점은 각각 지도에 표시된 (가), (나) 지점 중 하나임.)

〈A, B 지점의 수위 변화〉

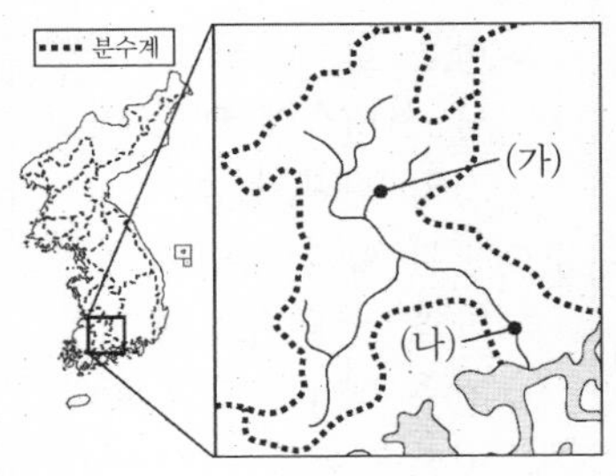

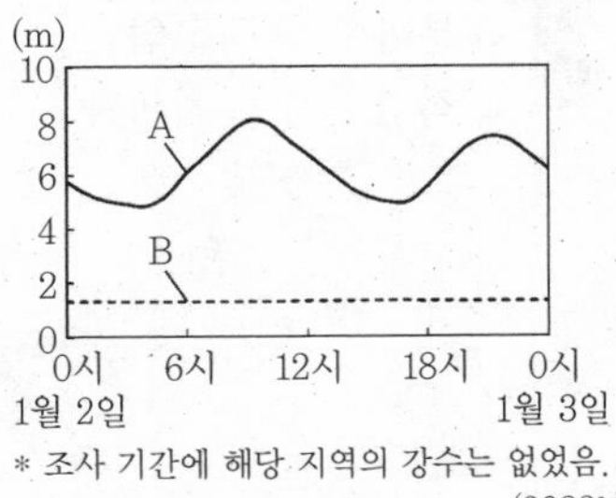

* 조사 기간에 해당 지역의 강수는 없었음.
(2022년)

<보 기>

ㄱ. (가)는 (나)보다 조차의 영향을 크게 받는다.
ㄴ. A는 B보다 하천의 평균 폭이 좁다.
ㄷ. B는 A보다 하천 퇴적물의 평균 입자 크기가 크다.
ㄹ. (가)는 B, (나)는 A이다.

① ㄱ, ㄴ ② ㄱ, ㄷ ③ ㄴ, ㄷ ④ ㄴ, ㄹ ⑤ ㄷ, ㄹ

해설편 1쪽

사회탐구 영역 (한국지리)

6. (가), (나)는 조선 시대에 편찬된 지리지의 일부이다. 이에 대한 설명으로 옳은 것은? (단, (가), (나)는 각각 『세종실록지리지』, 『택리지』 중 하나임.)

> (가) 온 나라의 물은 철령 밖 북쪽의 함흥에서 남쪽 동래에 이르기까지는 ㉠ 모두 동쪽으로 흘러 바다로 들어가고, 경상도의 물과 섬진강은 남쪽으로 흘러 바다로 들어간다. 철령 서쪽의 북쪽 의주에서 남쪽 나주까지의 물은 ㉡ 모두 서쪽으로 흘러 바다로 들어간다.
>
> (나) [㉢] 부(府)
> 부윤 1인, 판관 1인, 유학 교수관 1인이다. 바로 신라의 옛 도읍이다. … 사방 경계는 동쪽으로 감포에 이르기 59리, 서쪽으로 경산에 이르기 89리, 남쪽으로 언양에 이르기 49리, 북쪽으로 청송에 이르기 92리이다. 본부(本府)의 호수는 1천 5백 52호 ….

① (가)의 내용은 가거지 조건 중 '생리(生利)'에 해당한다.
② (나)는 사찬 지리지이다.
③ (가)는 (나)보다 실학의 영향을 많이 받았다.
④ ㉢은 전라도라는 지명의 유래가 된 지역 중 하나이다.
⑤ ㉠의 하천은 ㉡의 하천보다 대체로 유역 면적이 넓다.

7. 다음 자료는 직업 카드의 일부이다. ㉠, ㉡에 대한 옳은 설명만을 〈보기〉에서 고른 것은? [3점]

앞면
○ 분야 : ㉠ 음식점업
○ 직업 : 조리사

뒷면
○ 하는 일 : 식자재를 가공하여 음식을 만듦.
○ 관련 학과 : 식품 조리학과, 호텔 조리학과 등
○ 진출 분야 : 호텔, 레스토랑 등

앞면
○ 분야 : ㉡ 광고업
○ 직업 : 광고 기획자

뒷면
○ 하는 일 : 특정 상품이나 서비스에 대한 광고 기획 및 제작 등
○ 관련 학과 : 광고 홍보학과, 언론 정보학과 등
○ 진출 분야 : 광고 회사, 방송국 등

<보 기>

ㄱ. ㉠은 ㉡보다 수도권 집중도가 높다.
ㄴ. ㉡은 ㉠보다 사업체당 매출액이 많다.
ㄷ. ㉡은 ㉠보다 전국의 종사자 수가 적다.
ㄹ. ㉠은 생산자 서비스업, ㉡은 소비자 서비스업에 해당한다.

① ㄱ, ㄴ ② ㄱ, ㄷ ③ ㄴ, ㄷ ④ ㄴ, ㄹ ⑤ ㄷ, ㄹ

8. 다음 자료의 ㉠~㉤에 대한 설명으로 옳은 것은?

> ㉠ 영랑호에서는 맑은 호수에 비친 설악산 울산바위 등을 감상할 수 있다. 영금정은 ㉡ 해안 절벽 위에 있는 정자인데, 파도 소리가 거문고 소리와 같다고 하여 이름이 붙여졌다고 한다. ㉢ 청초호 너머 동해에 떠 있는 ㉣ 조도는 운치가 있는 일출을 담아낼 수 있는 촬영 포인트로 인기가 높다.

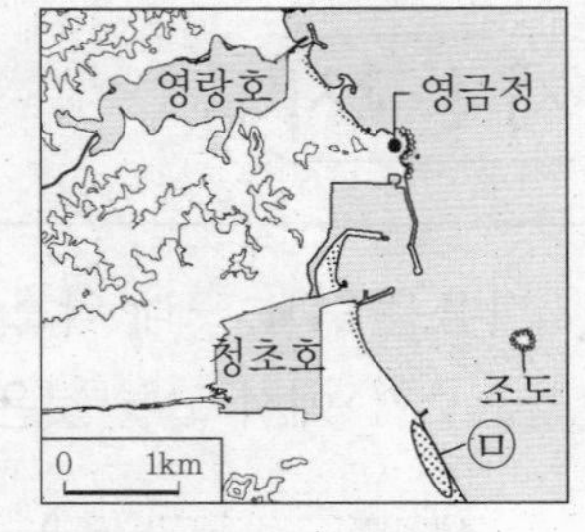

① ㉠의 물은 주로 농업용수로 이용된다.
② ㉡은 파랑의 침식 작용으로 형성된다.
③ ㉢의 면적은 시간이 지나면서 점차 넓어진다.
④ ㉣은 썰물 때 육지와 연결된다.
⑤ ㉤은 주로 조류에 의한 퇴적 작용으로 형성된다.

9. 다음 자료의 (가)~(다) 작물로 옳은 것은?

〈작물별 재배 면적 비율〉

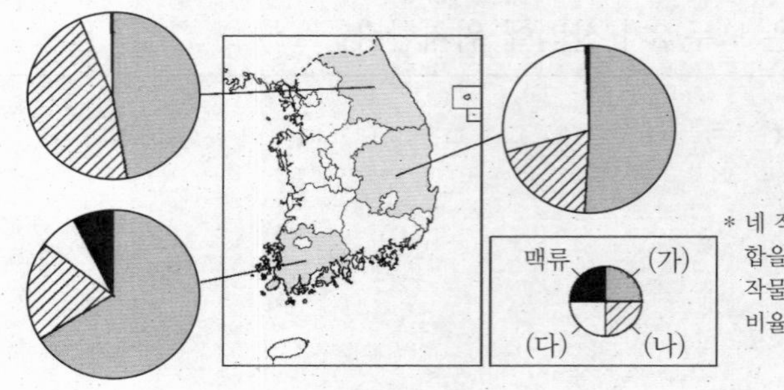

	(가)	(나)	(다)
①	과수	벼	채소
②	과수	채소	벼
③	벼	과수	채소
④	벼	채소	과수
⑤	채소	벼	과수

10. 다음 자료는 제주도의 자연환경 및 주민 생활 모습을 나타낸 것이다. 이에 대한 옳은 내용만을 A~D에서 고른 것은? [3점]

A – 지붕에 그물 모양으로 줄을 엮어 강풍에 대비한 전통 가옥

B – 밭농사가 주로 이루어지고, 귤 등을 재배하는 농민

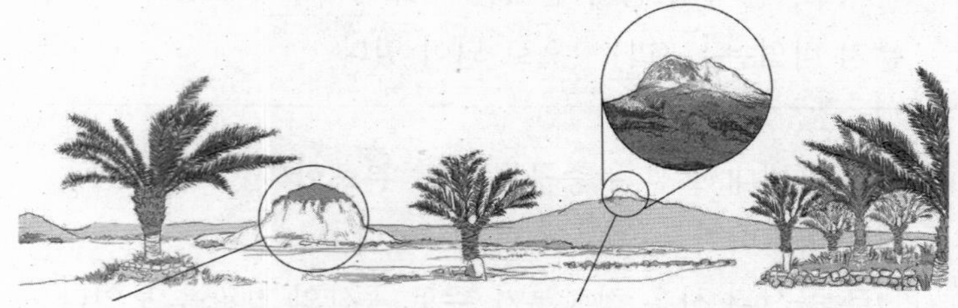

C – 유동성이 큰 현무암질 용암 분출로 형성된 산방산

D – 세계 자연 유산에 등재된 한라산과 칼데라호인 백록담

① A, B ② A, C ③ B, C ④ B, D ⑤ C, D

사회탐구 영역 (한국지리)

11. 다음 자료의 (가)~(다) 자연재해에 대한 설명으로 옳은 것은? (단, (가)~(다)는 각각 대설, 지진, 태풍 중 하나임.)

자연재해

○ ○○군은 (가) 의 영향으로 많은 비가 내려 지하 주차장이 침수되는 피해가 발생했다. 또한 강풍으로 인해 간판과 지붕이 날아갔다는 신고가 접수됐다.

○ □□시 앞바다에서 규모 4.9의 (나) 이 발생했다. 한 주민은 "가구와 창문이 심하게 흔들려 바로 건물 밖으로 나왔다."며 당시의 상황을 전했다.

○ △△군에서는 (다) (으)로 인해 농작물 비닐하우스가 무너지는 피해가 잇따라 발생했다. 또한 빙판길 사고가 속출했고, 마을 도로 곳곳이 통제됐다.

① (가)는 열대 해상에서 발생해 고위도로 이동한다.
② (나)는 2011~2020년에 수도권의 피해액이 영남권의 피해액보다 많았다.
③ (다)는 남고북저형 기압 배치가 전형적으로 나타나는 계절에 주로 발생한다.
④ (다)는 (가)보다 발생 1회당 피해액의 규모가 크다.
⑤ (가)와 (나)는 기후적 요인, (다)는 지형적 요인에 의해 발생한다.

12. 다음 자료는 세 지역의 심벌마크와 주요 특징을 나타낸 것이다. (가)~(다)를 그래프의 A~C에서 고른 것은? (단, (가)~(다)와 A~C는 각각 지도에 표시된 세 지역 중 하나임.) [3점]

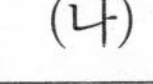

(가)	(나)	(다)

○ 지역 명칭의 초성 등을 형상화함. ○ 상업·업무 기능과 주거 기능이 함께 발달함.	○ 도봉산의 선인봉, 자운봉, 만장봉 등을 표현함. ○ 도시 내 주변(외곽) 지역에 위치함.	○ 지역의 대표적인 상징인 '보신각종'을 표현함. ○ 주거, 교육 기능 등의 이심 현상이 있었음.

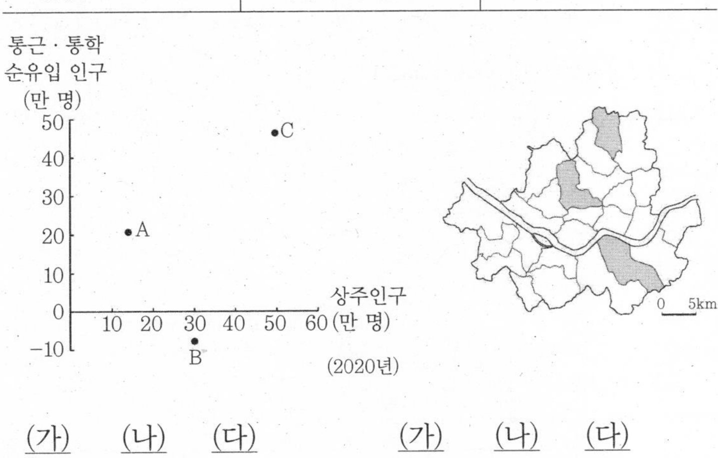

(2020년)

	(가)	(나)	(다)		(가)	(나)	(다)
①	A	B	C	②	A	C	B
③	B	C	A	④	C	A	B
⑤	C	B	A				

13. (가)~(다) 에너지 자원에 대한 설명으로 옳은 것은? (단, (가)~(다)는 각각 석유, 석탄, 천연가스 중 하나임.) [3점]

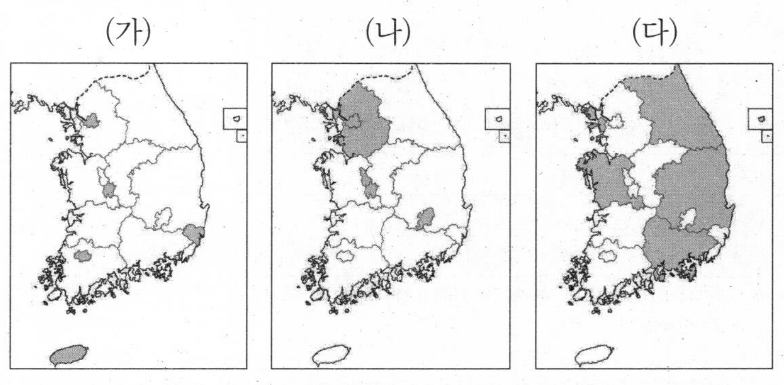

* 시·도별 지역 내 1차 에너지 총공급량에서 해당 에너지 자원이 차지하는 비율을 기준으로 상위 5개 지역을 나타낸 것임. (2019년)

① (가)는 우리나라에서 발전용 연료로 가장 많이 이용한다.
② (나)는 냉동 액화 기술의 발달로 소비량이 급증하였다.
③ (다)는 우리나라 1차 에너지 소비량에서 차지하는 비율이 가장 높다.
④ (가)는 (다)보다 상용화된 시기가 이르다.
⑤ (나)는 (다)보다 연소 시 대기 오염 물질의 배출량이 많다.

14. 그래프는 지도에 표시된 세 지역의 인구 변화를 나타낸 것이다. (가)~(다) 지역에 대한 설명으로 옳은 것은?

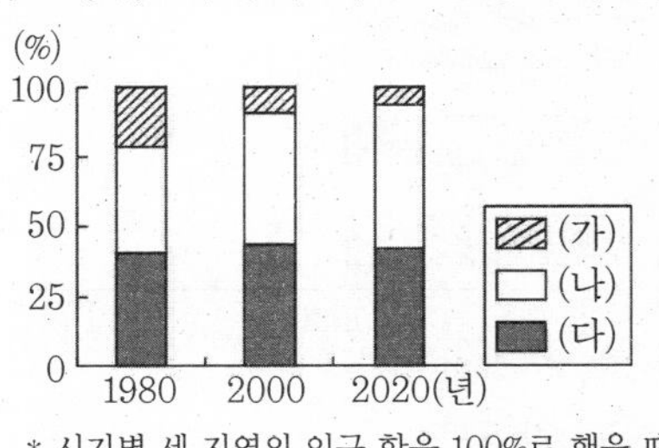

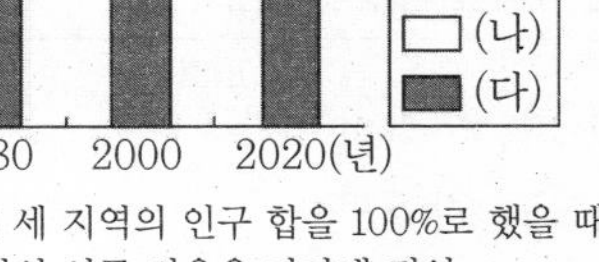
* 시기별 세 지역의 인구 합을 100%로 했을 때, 각 지역의 인구 비율을 나타낸 것임.
** 2010년 행정 구역을 기준으로 함.

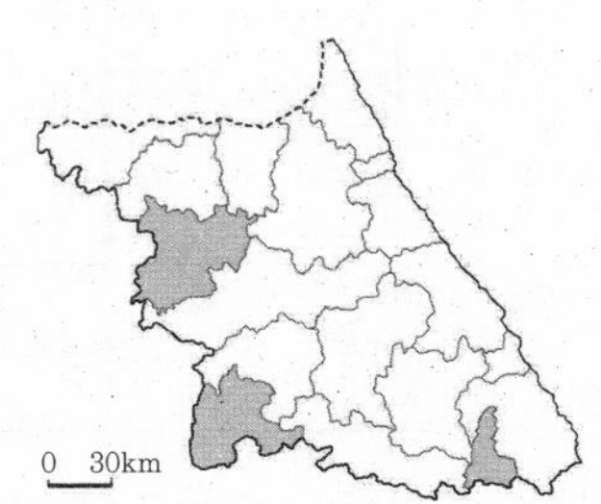

① (가)에는 석탄 박물관이 있다.
② (나)는 강원도의 도청 소재지이다.
③ (다)에는 혁신 도시와 기업 도시가 모두 있다.
④ (나)는 (가)보다 2020년에 중위 연령이 높다.
⑤ (다)는 (나)보다 1980~2020년의 인구 증가율이 높다.

15. 그래프는 세 지역의 외국인 주민 현황을 나타낸 것이다. (가)~(다) 지역에 대한 설명으로 옳은 것은? (단, (가)~(다)는 각각 경기, 경남, 전북 중 하나임.) [3점]

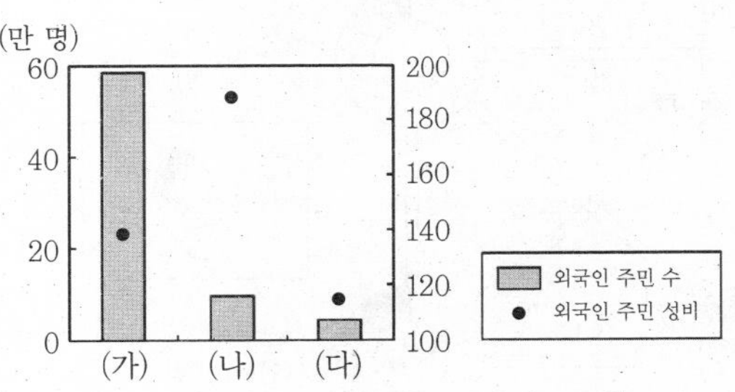

* 한국 국적을 가지지 않은 외국인만 고려함. (2020년)

① (나)는 전북이다.
② (가)는 (다)보다 외국인 유학생 수가 적다.
③ (나)는 (가)보다 지역 내 총생산이 많다.
④ (다)는 (가)보다 지역 내 외국인 중 결혼 이민자 비율이 높다.
⑤ (다)는 (나)보다 남성 외국인 주민 수가 많다.

해설편 3쪽

사회탐구 영역 (한국지리)

16. 표는 지도에 표시된 세 지역의 주요 특성을 나타낸 것이다. (가)~(다) 지역에 대한 설명으로 옳은 것은? [3점]

지역	2011~2020년에 건축된 주택 비율(%)	2020년 서울로의 통근·통학 인구 비율(%)
(가)	51.1	5.9
(나)	25.6	27.9
(다)	23.5	2.3

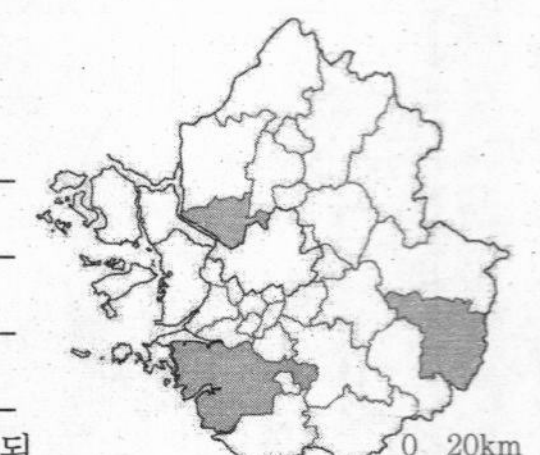

* 주택 비율은 각 지역의 총주택 수 대비 2011~2020년에 건축된 주택 수 비율임.

① (가)에는 수도권 1기 신도시가 있다.
② (가)는 (나)보다 청장년층 인구의 성비가 높다.
③ (나)는 (가)보다 주간 인구 지수가 높다.
④ (나)는 (다)보다 경지 면적이 넓다.
⑤ (다)는 (나)보다 아파트 수가 많다.

17. 그래프는 세 제조업의 권역별 출하액 비율을 나타낸 것이다. (가)~(다) 제조업에 대한 옳은 설명만을 〈보기〉에서 고른 것은? (단, (가)~(다)는 각각 1차 금속, 기타 운송 장비, 전자 부품·컴퓨터·영상·음향 및 통신 장비 제조업 중 하나임.)

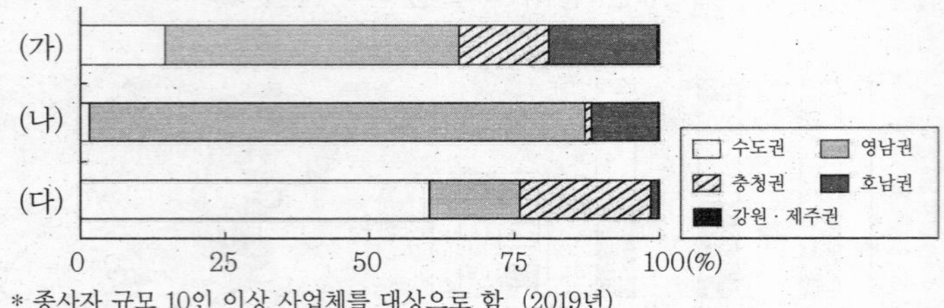

* 종사자 규모 10인 이상 사업체를 대상으로 함. (2019년)

〈보 기〉

ㄱ. (가)는 종합 조립 공업이다.
ㄴ. (나)의 최종 제품은 (가)의 주요 재료로 이용된다.
ㄷ. (나)는 (다)보다 최종 제품의 부피가 크다.
ㄹ. (다)는 (가)보다 전국 출하액이 많다.

① ㄱ, ㄴ ② ㄱ, ㄷ ③ ㄴ, ㄷ ④ ㄴ, ㄹ ⑤ ㄷ, ㄹ

18. 그래프는 네 시·도의 산업 구조와 인구 이동을 나타낸 것이다. (가)~(라) 지역에 대한 설명으로 옳은 것은? (단, (가)~(라)는 각각 경기, 서울, 세종, 충남 중 하나임.) [3점]

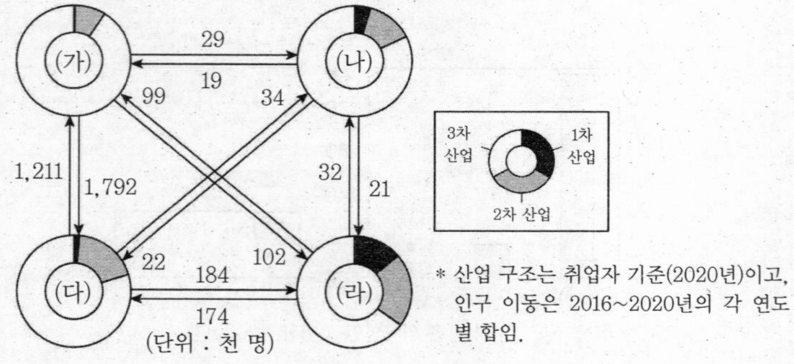

* 산업 구조는 취업자 기준(2020년)이고, 인구 이동은 2016~2020년의 각 연도별 합임.

① (가)에는 행정 중심 복합 도시가 있다.
② (라)의 경우 경기보다 서울로부터의 인구 유입이 많다.
③ (가)는 (다)보다 정보 통신 기술 서비스업 종사자 수가 많다.
④ (나)는 (라)보다 총인구가 많다.
⑤ (가)~(라) 중 유소년 부양비는 (다)가 가장 높다.

19. (가), (나) 지역을 지도의 A~C에서 고른 것은?

(가)

'호미곶 한민족 해맞이 축전'이 열리는 곳을 둘러보고, 대규모 제철 공장에서 철강 제품이 생산되는 모습도 살펴봤어.

(나)

우리나라 제1 무역항의 위상을 보여 주는 컨테이너 부두를 둘러보고, '감천 문화 마을'에서 도시 재생의 모습을 살펴봤어.

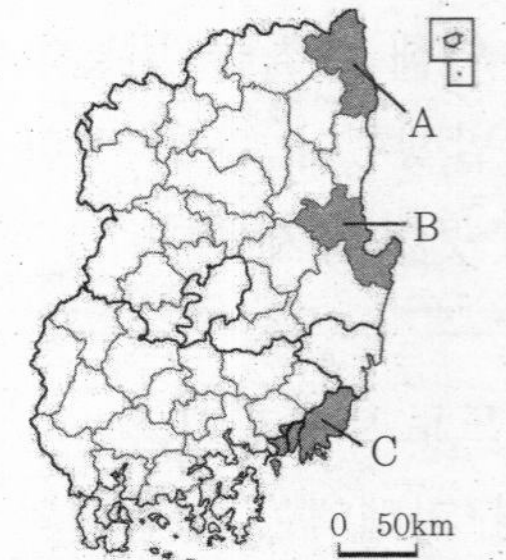

	(가)	(나)
①	A	B
②	A	C
③	B	A
④	B	C
⑤	C	B

20. (가), (나) 자원을 A~C 그래프에서 고른 것은? (단, 수력, 태양광, 풍력만 고려함.) [3점]

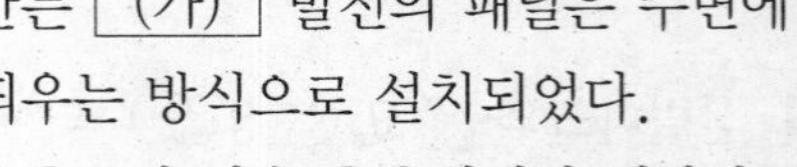

○○군의 상징인 매화 모양으로 만든 (가) 발전의 패널은 수면에 띄우는 방식으로 설치되었다. ○○군의 경우 ○○댐에서 생산하는 (나) 발전량과 ○○군에 설치된 (가) 발전량을 합치면, 연간 전력 사용량을 모두 재생 에너지로 생산할 수 있게 된다.

▲ ○○군 (가) 발전

<A~C의 시·도별 생산 현황>

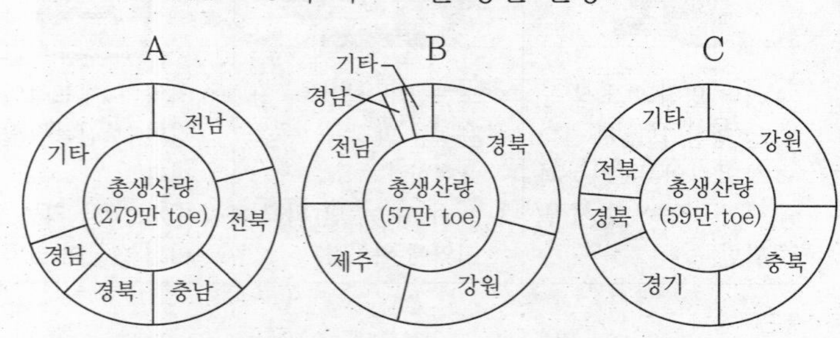

* 수력은 양수식을 제외함. (2019년)

	(가)	(나)
①	A	B
②	A	C
③	B	A
④	B	C
⑤	C	A

※ **확인 사항**

○ **답안지의 해당란에 필요한 내용을 정확히 기입(표기)했는지 확인하시오.**

2023년 3월 고3 전국연합학력평가 문제지

사회탐구 영역 (한국지리)

2회	
시험시간	30분
날짜	월 일
시작시각	:
종료시각	:

제 4 교시 | 성명 | 수험번호 -

1. 다음 자료의 (가), (나) 섬에 대한 설명으로 옳은 것은?

<우리나라의 아름다운 등대 스탬프 투어>

등대 소재지	(가)	(나)
스탬프	○○등대 SINCE 1954	◇◇◇등대 SINCE 1915
특징	○ 우리나라 국토 최동단 지역에 위치함. ○ 등대원이 상주하며 동해를 운항하는 선박의 안전에 기여함.	○ 우리나라 국토 최남단 지역에 위치함. ○ 제주도 남부 해안을 운항하는 선박의 길잡이 역할을 함.

① (가)는 최종 빙기에 육지와 연결되어 있었다.
② (나)에는 종합 해양 과학 기지가 있다.
③ (가)는 (나)보다 일몰 시각이 늦다.
④ (가), (나)는 모두 신생대 화산 활동으로 형성되었다.
⑤ (가), (나)는 모두 영해 설정 시 직선 기선이 적용된다.

2. (가), (나)는 조선 시대에 제작된 지리지의 일부이다. 이에 대한 옳은 설명만을 〈보기〉에서 고른 것은? (단, (가), (나)는 각각 『신증동국여지승람』, 『택리지』 중 하나임.)

(가)	[건치연혁] 본래 탐라국인데 혹은 탁라라고도 한다. 전라도 남쪽 바다 가운데에 있는데 …. [산천] 한라산은 주 남쪽 20리에 있는 진산(鎭山)이다.… 그 산꼭대기에 ㉠ 큰 못이 있는데 사람이 떠들면 구름과 안개가 일어나서 지척을 분별할 수가 없다.
(나)	춘천은 옛 예맥이 천 년 동안이나 도읍했던 터로 소양강에 접해 있고, … 산속에는 평야가 넓게 펼쳐졌으며 두 강이 한복판으로 흘러간다. … 기후가 고요하고 강과 산이 맑고 환하며 ㉡ 땅이 기름져서 여러 대를 사는 사대부가 많다.

<보 기>

ㄱ. (가)는 국가 통치에 필요한 자료를 수집하여 제작되었다.
ㄴ. (나)는 (가)보다 제작 시기가 늦다.
ㄷ. ㉠은 분화구 함몰 후 물이 고여 형성된 칼데라호이다.
ㄹ. ㉡은 가거지의 조건 중 '인심(人心)'과 관련이 있다.

① ㄱ, ㄴ ② ㄱ, ㄷ ③ ㄴ, ㄷ ④ ㄴ, ㄹ ⑤ ㄷ, ㄹ

3. 다음 자료의 A~C에 대한 설명으로 옳은 것은? [3점]

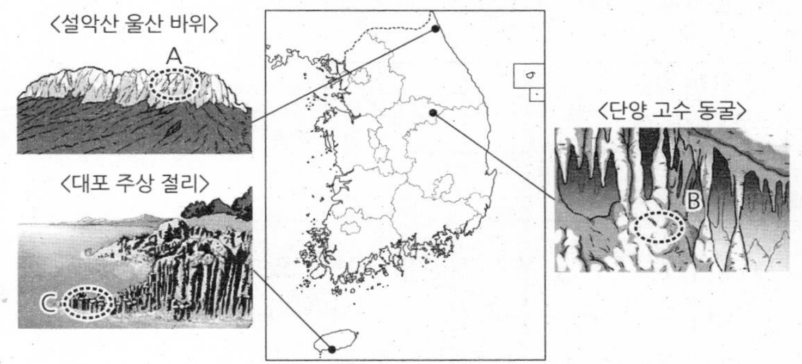

① A의 주된 기반암은 조선 누층군에 주로 분포한다.
② B는 마그마가 관입하여 형성되었다.
③ C에서는 공룡 발자국 화석이 많이 발견된다.
④ A는 C보다 주된 기반암의 형성 시기가 이르다.
⑤ B는 화산 지형, C는 카르스트 지형이다.

4. 지도의 A~E에 대한 설명으로 옳은 것은? (단, A~E는 각각 갯벌, 사빈, 암석 해안, 해안 단구, 해안 사구 중 하나임.) [3점]

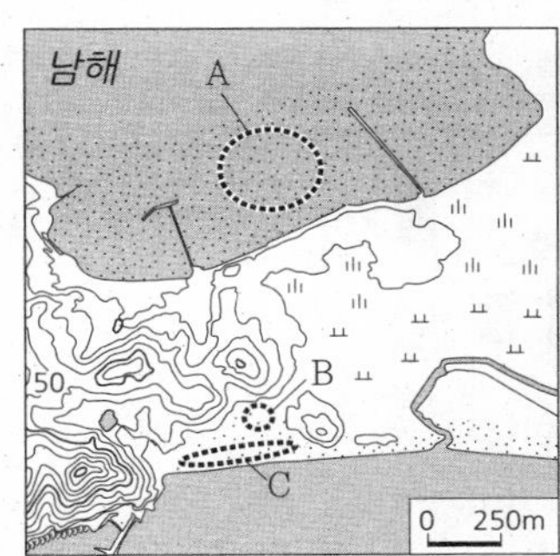

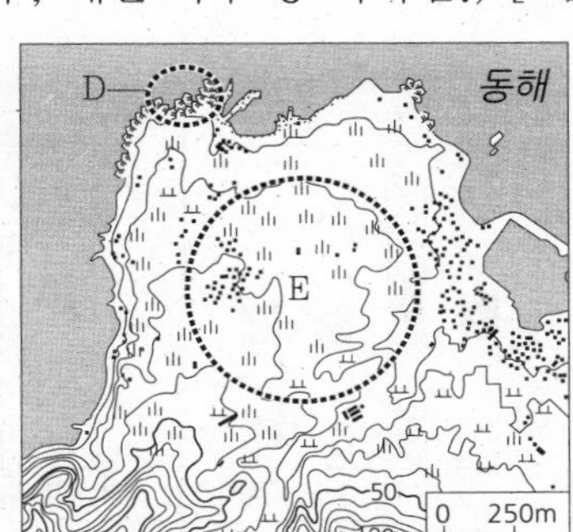

① A는 주로 파랑의 침식 작용으로 형성되었다.
② B는 염전이나 양식장으로 이용된다.
③ E의 퇴적층에서는 둥근 자갈이 나타난다.
④ B는 C보다 퇴적 물질의 평균 입자 크기가 크다.
⑤ A는 곶, D는 만에 주로 발달한다.

5. 다음 자료의 (가)~(다)에 대한 설명으로 옳은 것은? (단, (가)~(다)는 각각 겨울, 장마철, 한여름 중 하나임.)

<계절별 냉 · 난방기 사용 안내>

○ 황사와 미세 먼지가 잦은 봄 · 가을에는 공기 청정 기능을 이용해 깨끗하고 쾌적한 실내 공기를 유지해 보세요.
○ 잦은 비로 습기가 많은 (가) 에는 제습 기능을 사용하여 뽀송뽀송한 실내를 만들 수 있어요.
○ 무더운 (나) 에는 초강력 냉방 기능으로 더 빠르고 시원하게 더위를 식혀 보세요.
○ 한파가 이어지는 (다) 에는 난방 기능으로 실내 공기를 따뜻하게 데울 수 있어요.

① (가)에는 서고동저형의 기압 배치가 자주 나타난다.
② (나)의 무더위에 대비한 전통 가옥 시설에는 정주간이 있다.
③ (다)에는 강한 일사에 의한 대류성 강수가 자주 발생한다.
④ (가)는 (다)보다 평균 기온이 낮다.
⑤ (다)는 (나)보다 서리 일수가 많다.

사회탐구 영역 (한국지리)

6. 표는 지도에 표시된 두 구(區)의 주요 지표를 비교한 것이다. (가), (나)에 대한 옳은 설명만을 〈보기〉에서 고른 것은?

(단위 : 명)

구분 \ 구(區)	(가)	(나)
상주인구	118,450	555,402
초등학교당 학생 수	416	745
총사업체의 종사자 수	408,064	280,238

(2020년)

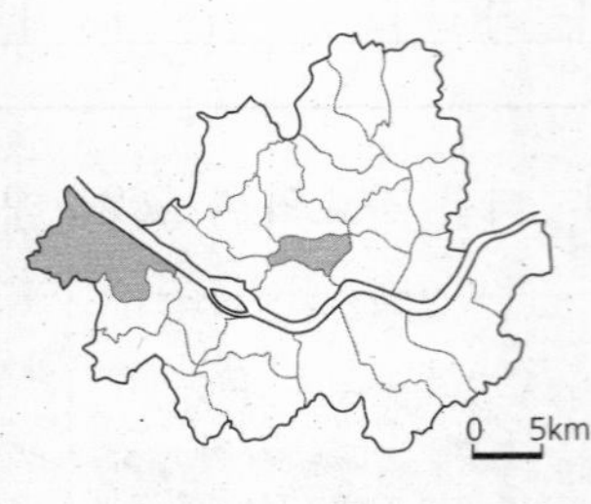

<보 기>

ㄱ. (가)는 주간 인구가 상주인구보다 많다.
ㄴ. (나)는 인구 공동화 현상이 뚜렷하다.
ㄷ. (가)는 (나)보다 시가지의 형성 시기가 이르다.
ㄹ. (나)는 (가)보다 금융 기관 수가 많다.

① ㄱ, ㄴ ② ㄱ, ㄷ ③ ㄴ, ㄷ ④ ㄴ, ㄹ ⑤ ㄷ, ㄹ

7. 그래프는 지도에 표시된 네 지역의 기후 특성을 나타낸 것이다. (가)~(라) 지역에 대한 설명으로 옳은 것은? [3점]

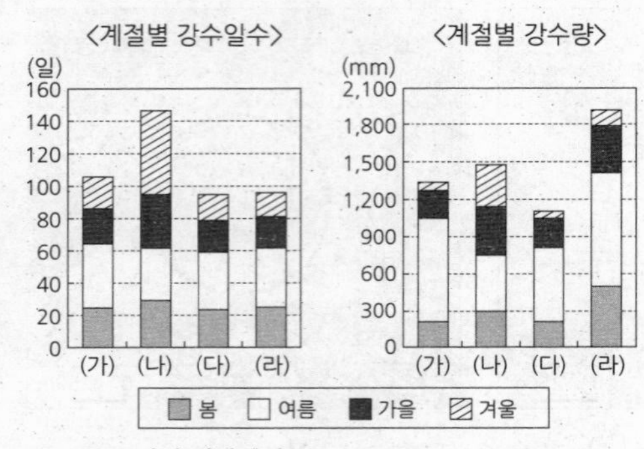

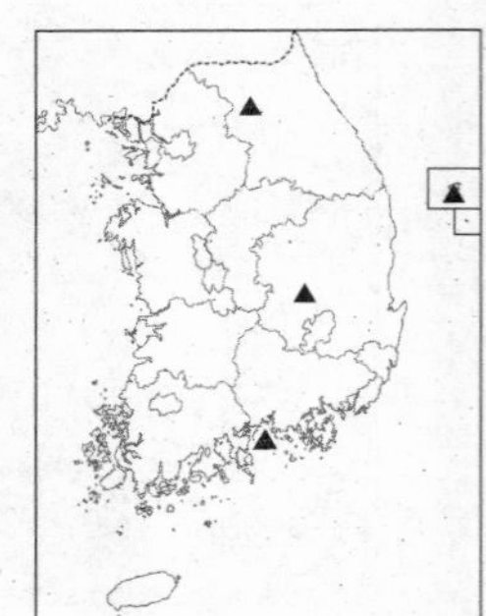

* 1991~2020년의 평년값임.

① (가)는 (라)보다 봄꽃의 개화 시기가 이르다.
② (나)는 (가)보다 연 강수일수 대비 연 강수량이 많다.
③ (다)는 (나)보다 기온의 연교차가 크다.
④ (라)는 (다)보다 최한월 평균 기온이 낮다.
⑤ (가)~(라) 중 여름철 강수 집중률은 (나)가 가장 높다.

8. 그래프의 (가)~(라) 지역에 대한 설명으로 옳은 것은? (단, (가)~(라)는 각각 서울, 세종, 울산, 전남 중 하나임.) [3점]

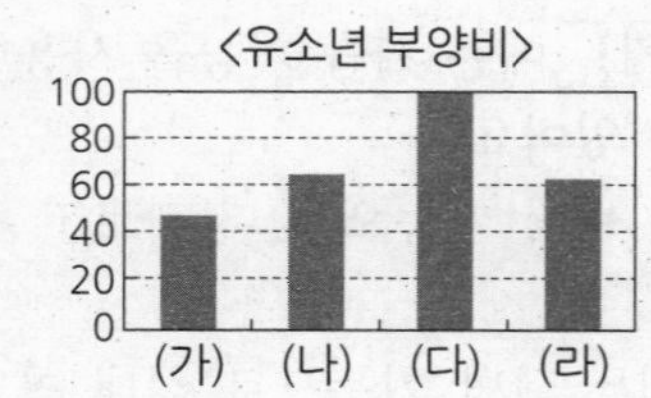

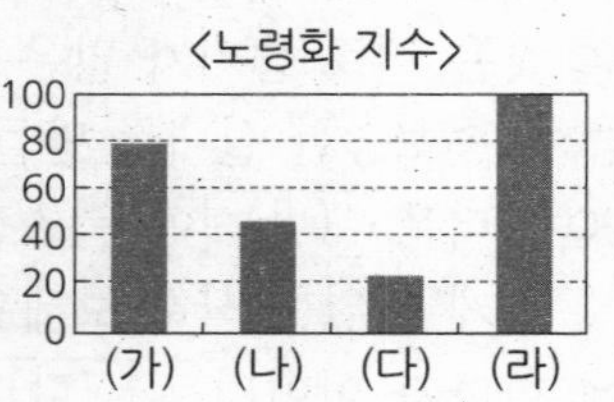

* 지표별 최대 지역의 값을 100으로 했을 때의 상댓값임. (2021년)

① (가)는 영남 지방에 위치한다.
② (다)에는 행정 중심 복합 도시가 있다.
③ (다)는 (가)보다 청장년층 인구가 많다.
④ (라)는 (나)보다 1인당 지역 내 총생산이 많다.
⑤ (가)~(라) 중 중위 연령은 (나)가 가장 높다.

9. 다음 자료는 두 소매 업태의 할인 행사 광고이다. (가)와 비교한 (나)의 상대적 특성을 그림의 A~E에서 고른 것은? (단, (가), (나)는 각각 백화점, 편의점 중 하나임.)

(가) (나)

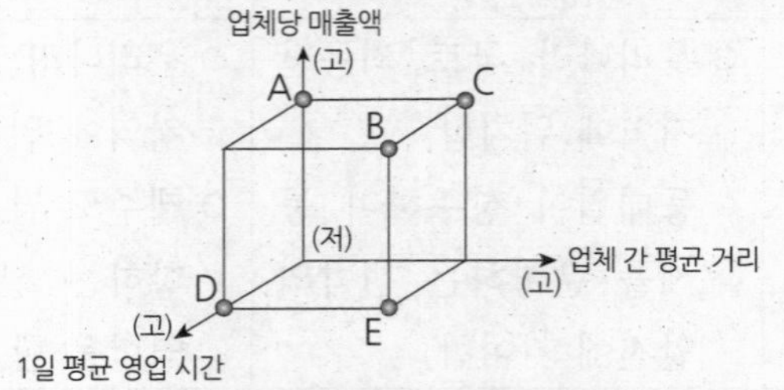

* (고)는 많음, 멂, 긺, (저)는 적음, 가까움, 짧음을 의미함.

① A ② B ③ C ④ D ⑤ E

10. 다음 자료에 대한 설명으로 옳은 것은? (단, (가), (나)는 각각 여주, 평창 중 하나임.) [3점]

<지역별 여행 정보와 관련 해시태그>

지역	여행 정보	해시태그
영월	○ ㉠ 감입 곡류 하천이 만든 한반도 지형 ○ 강에서 즐기는 레포츠의 메카, 동강 ○ 단종의 그리움이 깃든 나루터, 청령포	#선암 마을 #래프팅 #하안 단구
(가)	○ 오감을 만족시키는 도자기 축제 ○ 대왕님표 쌀을 재배하는 넓은들 마을 ○ ㉡ ○○강 자전거 길을 따라 떠나는 국토 여행	#도자 체험 관광 #지리적 표시제 #여강길
(나)	○ 'HAPPY 700'에서 즐기는 눈꽃 축제 ○ 청정 자연 속으로 풍덩, 어름치 마을 ○ ㉢ 고위 평탄면에서 볼 수 있는 고랭지 배추와 풍력 발전기	#대관령 #자연 마을 #육백마지기

① (가)는 (나)보다 평균 해발 고도가 높다.
② (나)는 (가)보다 경지 중 논 면적 비율이 높다.
③ ㉠은 하천의 상류보다 하류에 잘 발달한다.
④ ㉡의 하구에는 하굿둑이 설치되어 있다.
⑤ ㉠, ㉢은 모두 신생대 지반 융기의 영향을 받았다.

해설편 6쪽

사회탐구 영역 (한국지리)

11. 표는 지도에 표시된 세 지역의 특성을 나타낸 것이다. (가)～(다) 지역에 대한 설명으로 옳은 것은? [3점]

구분 / 지역	거주 기간별 주민 비율(%) 10년 미만	10～20년	20년 이상	청장년층 인구의 성비
(가)	14.1	19.3	66.6	130.9
(나)	25.8	28.5	45.7	98.7
(다)	44.0	36.0	20.0	117.5

(2021년)

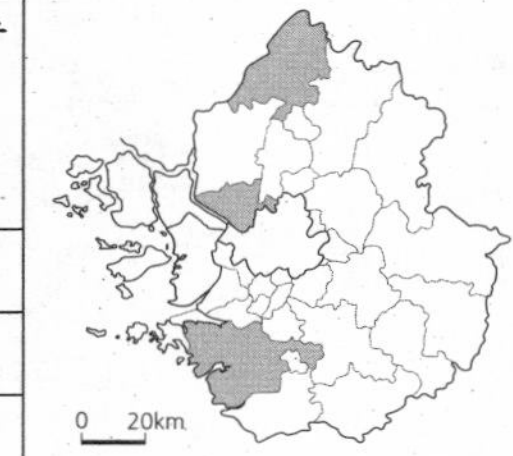

① (가)에는 수도권 1기 신도시가 있다.
② (다)는 남북한 접경 지역에 위치한다.
③ (가)는 (다)보다 제조업 출하액이 많다.
④ (나)는 (가)보다 주택 유형 중 아파트 비율이 높다.
⑤ (다)는 (나)보다 서울로의 통근 인구가 많다.

12. 그래프의 (가)～(다) 지역으로 옳은 것은?

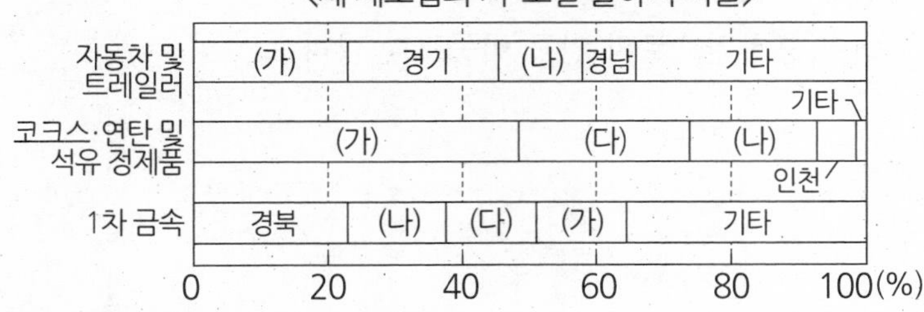

* 종사자 규모 10인 이상 사업체를 대상으로 함.
** 출하액 상위 4개 시·도만 나타냄. (2020년)

	(가)	(나)	(다)
①	울산	충남	전남
②	전남	울산	충남
③	전남	충남	울산
④	충남	울산	전남
⑤	충남	전남	울산

13. 그래프는 도(道)별 농·어가 비율 및 경지 면적을 나타낸 것이다. (가)～(라)에 대한 설명으로 옳은 것은? (단, (가)～(라)는 각각 경북, 전남, 제주, 충북 중 하나임.) [3점]

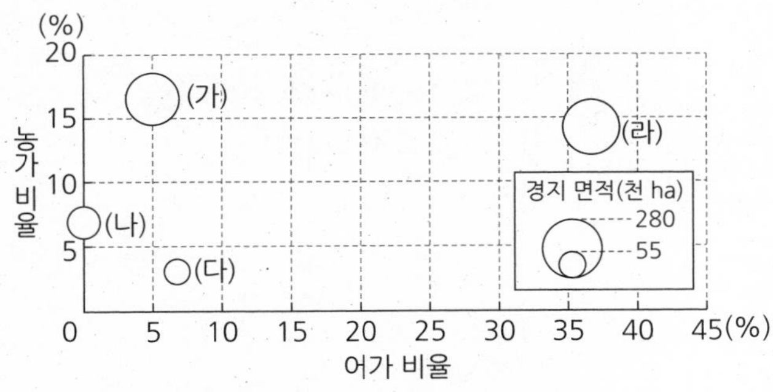

* 농·어가 비율은 원의 가운데 값임.
** 농·어가 비율은 전국에서 차지하는 비율임. (2021년)

① (가)는 전남이다.
② (다)는 논 면적이 밭 면적보다 넓다.
③ (가)는 (다)보다 전업농가 수가 많다.
④ (나)는 (라)보다 쌀 생산량이 많다.
⑤ (가)～(라) 중 과수 재배 면적은 (나)가 가장 넓다.

14. 다음 글은 도시 재개발의 사례이다. (가)와 비교한 (나) 재개발 방식의 상대적 특성에 대한 옳은 설명만을 〈보기〉에서 있는 대로 고른 것은?

> (가) △△동에는 서울이 확장하는 과정에서 저소득층 가구가 밀집하면서 생긴 대표적인 '달동네'가 있었다. 그러나 2000년대 초반부터 재개발 사업이 추진되어, 지역의 건물들이 전면 철거되고 대규모 아파트 단지가 조성되면서 거주 여건이 개선되었다.
> (나) 부산의 ◇◇◇ 마을은 2000년대에 선박 수리업이 쇠퇴하면서 지역 경제와 거주 환경이 악화되었다. 그러나 주민, 예술가 등이 중심이 되어 과거 산업 시설에 공공 예술품을 설치하고 문화 공간을 조성하면서 많은 관광객들이 찾는 지역으로 거듭났다.

<보 기>

ㄱ. 투입 자본의 규모가 크다.
ㄴ. 기존 건물의 활용도가 높다.
ㄷ. 재개발 후 건물의 평균 층수가 많다.

① ㄱ ② ㄴ ③ ㄱ, ㄴ ④ ㄱ, ㄷ ⑤ ㄴ, ㄷ

15. 다음 자료는 세 도(道)의 A～D 자연재해 피해 현황을 나타낸 것이다. 이에 대한 설명으로 옳은 것은? (단, A～D는 각각 대설, 지진, 태풍, 호우 중 하나임.) [3점]

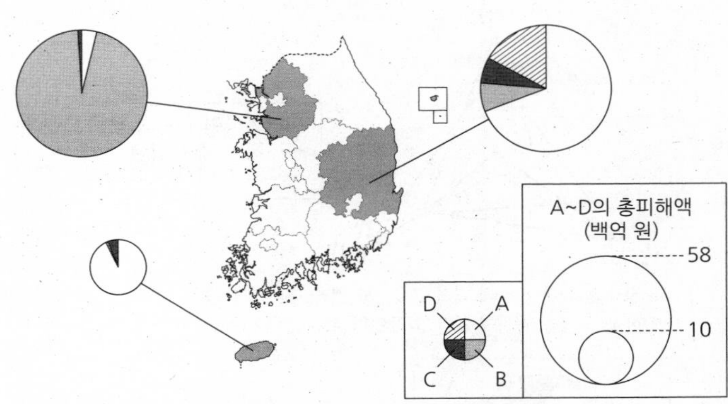

* 2011～2020년의 누적 피해액이며, 2020년도 환산 금액 기준임.

① 선박의 경우 A로 인한 피해액이 C로 인한 피해액보다 많다.
② C는 B보다 여름철에 발생하는 비율이 높다.
③ B는 지형적 요인, D는 기후적 요인에 의해 발생한다.
④ 2011 ～ 2020년에 경북은 지진보다 대설 피해액이 많다.
⑤ 2011 ～ 2020년에 제주는 경기보다 호우 피해액이 많다.

해설편 6~7쪽

사회탐구 영역 (한국지리)

16. 그래프는 지도에 표시된 세 지역의 기후 특성을 나타낸 것이다. (가)~(다) 지역에 대한 설명으로 옳은 것은? [3점]

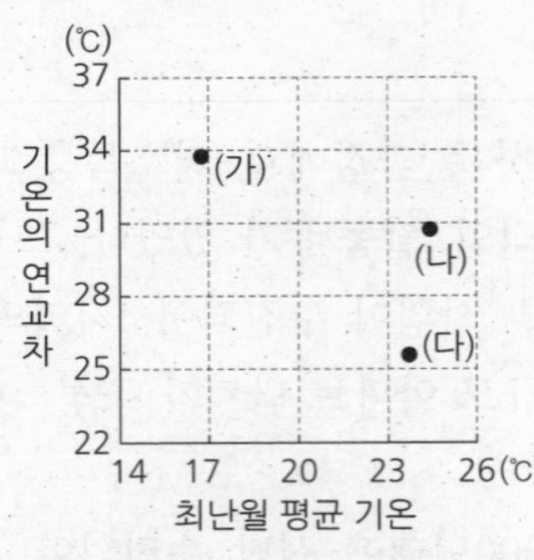

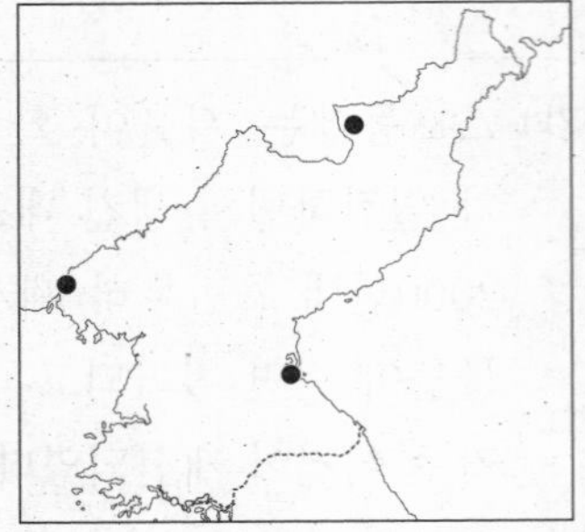

* 1991~2020년의 평년값임.

① (가)는 동해안의 항구 도시이다.
② (나)는 관서 지방에 위치한다.
③ (가)는 (다)보다 저위도에 위치한다.
④ (나)는 (다)보다 겨울 강수량이 많다.
⑤ (다)는 (나)보다 연평균 황사일수가 많다.

17. 다음 글의 (가), (나) 에너지에 대한 옳은 설명만을 〈보기〉에서 고른 것은? (단, (가), (나)는 각각 태양광, 풍력 중 하나임.)

> 홍성군 죽도는 '에너지 자립 섬'으로 맑은 날 (가) 을 활용한 발전기를 3시간 정도 가동하면 필요한 전기를 모두 공급할 수 있다. 비가 오거나 흐린 날에는 (나) 발전을 보조적으로 활용하고 있다. 햇빛과 바람이 모두 없을 때도 에너지 저장 장치[ESS]를 이용해 전기를 공급할 수 있다.

<보 기>

ㄱ. (가) 발전량은 수도권이 호남권보다 많다.
ㄴ. (나) 발전량은 여름철이 겨울철보다 많다.
ㄷ. (가)는 (나)보다 전국의 발전 설비 용량이 많다.
ㄹ. (나)는 (가)보다 발전 시 소음으로 인한 피해가 크다.

① ㄱ, ㄴ ② ㄱ, ㄷ ③ ㄴ, ㄷ ④ ㄴ, ㄹ ⑤ ㄷ, ㄹ

18. 그래프의 (가)~(다) 지역을 지도의 A~C에서 고른 것은?

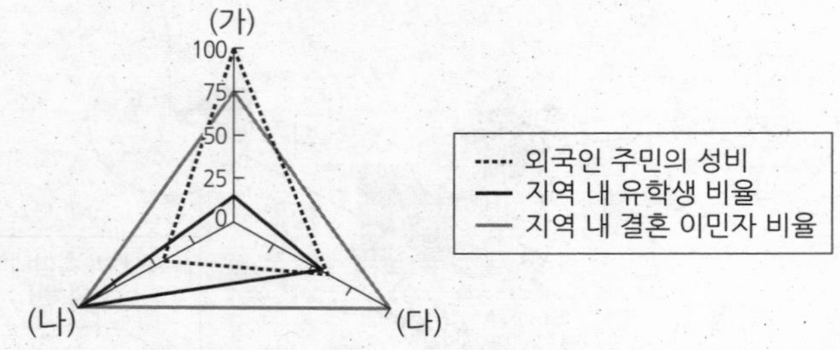

* 지표별 최대 지역의 값을 100으로 했을 때의 상댓값임.
** 한국 국적을 가지지 않은 외국인만 고려함. (2021년)

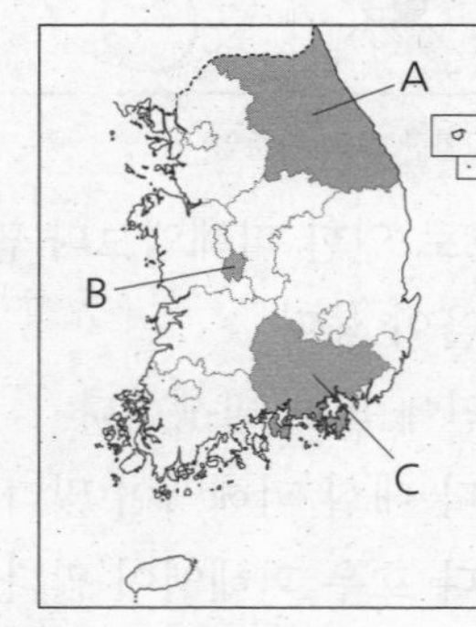

	(가)	(나)	(다)
①	A	B	C
②	A	C	B
③	B	C	A
④	C	A	B
⑤	C	B	A

19. 그래프의 A~C 권역에 대한 설명으로 옳은 것은? (단, A~C는 각각 수도권, 영남권, 충청권 중 하나임.) [3점]

〈권역별 인구 규모 1~3위 도시 인구 비율 및 권역 간 인구 이동〉

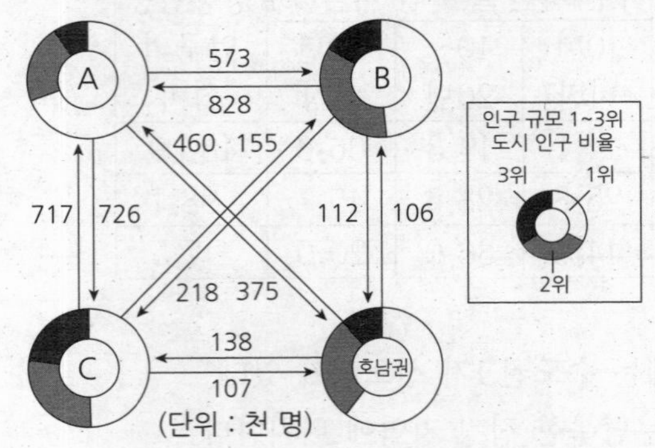

* 인구 규모 1~3위 도시 인구 비율은 2021년 값이고, 권역 간 인구 이동은 2017~2021년의 합계임.
** 권역별 인구 규모 1~3위 도시 인구 비율은 인구 규모 1~3위 도시 인구의 합을 100으로 하였을 때 인구 비율을 나타냄.

① A에는 혁신 도시가 있다.
② B의 인구 규모 1위 도시는 부산이다.
③ C는 A보다 도시 인구가 많다.
④ C는 B보다 광역시의 수가 많다.
⑤ 2017~2021년에 충청권에서 수도권으로의 인구 이동은 수도권에서 충청권으로의 인구 이동보다 많다.

20. 다음 자료의 축제를 모두 경험할 수 있는 지역을 지도의 A~E에서 고른 것은?

신비로운 모래 언덕에서 즐기는
◇◇◇ 해안 사구 축제
머드에 풍덩! 축제에 활짝!
○○ 머드 축제
매력적인
자연환경
관련 축제

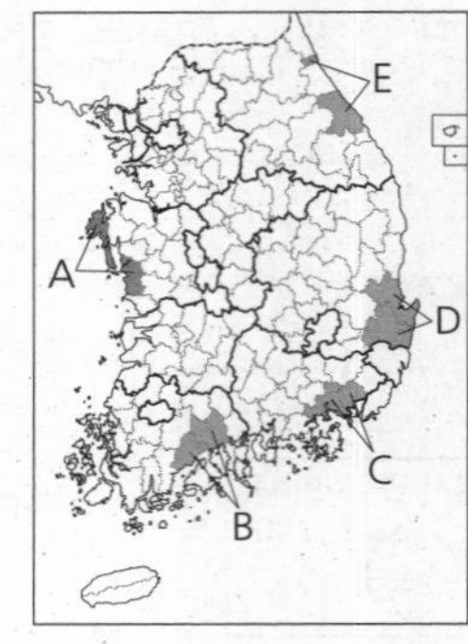

① A
② B
③ C
④ D
⑤ E

※ **확인 사항**
○ **답안지의 해당란에 필요한 내용을 정확히 기입(표기)했는지 확인하시오.**

해설편 8쪽

2024년 3월 고3 전국연합학력평가 문제지

사회탐구 영역 (한국지리)

3회	
시험 시간	30분
날짜	월 일
시작 시각	:
종료 시각	:

제 4 교시 | 성명 | 수험번호 | – |

1. 다음 글의 (가), (나) 섬에 대한 설명으로 옳은 것은?

> (가) 동도와 서도 및 89개의 부속 도서로 이루어진 이곳은 돌섬이란 뜻의 '독섬'에서 이름이 유래하였다. 대한민국 영토임을 알리는 글자가 바위에 새겨져 있으며, 날씨가 맑은 날에는 가장 가까운 유인도인 울릉도에서 이곳을 육안으로 볼 수 있다.
> (나) 대한민국 최서남단 표지석이 있는 이곳은 '가히 사람이 살 만한 곳'에서 이름이 유래하였다. 목포 여객선 터미널에서 출발하는 배로 수 시간 내에 도달할 수 있으며, 해양수산부는 우리 바다의 영역적 가치를 알리기 위해 이곳을 2023년 '올해의 섬'으로 선정하였다.

① (가)는 영해 설정에 직선 기선을 적용한다.
② (나)의 주변 12해리 수역은 모두 내수(內水)에 해당한다.
③ (가)는 (나)보다 최한월 평균 기온이 높다.
④ (나)는 (가)보다 일출 시각이 늦다.
⑤ (가), (나)는 모두 최종 빙기에 육지와 연결되어 있었다.

2. 다음 자료는 지도의 하천에 표시된 두 지점에 있는 다리에 관한 것이다. (가) 지점에 대한 (나) 지점의 상대적 특성을 그림의 A～E에서 고른 것은?

지점	(가)	(나)
다리		
다리의 특징	○○ 대교는 길이 약 1,596m, 최대 폭 약 30m의 콘크리트 다리이다. 왕복 6차선 도로와 도보 통행로가 있다.	△△교는 길이 약 387m, 폭 약 3.6m의 목조 다리이다. 야경을 즐기며 산책하기 좋은 다리로 유명하다.

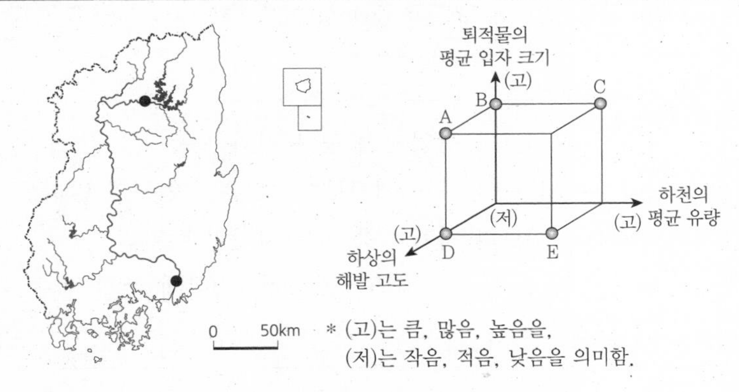

* (고)는 큼, 많음, 높음을, (저)는 작음, 적음, 낮음을 의미함.

① A ② B ③ C ④ D ⑤ E

3. 다음은 수도권과 강원 지방을 주제로 한 수업의 일부이다. (가)에 들어갈 내용으로 옳은 것은?

교사 : <도시 알아보기>에 제시된 특징에 해당하는 도시 이름을 칠판에서 차례대로 떼어 내세요.

〈도시 알아보기〉

- □□시 : 강원특별자치도 도청 소재지임. 막국수 · 닭갈비 축제, 마임 축제 등이 개최됨.
- △△시 : 석탄 산업 합리화 정책으로 석탄 생산량이 감소함. 용연동굴, 석탄 박물관 등의 관광지가 있음.
- ○○시 : 경기도 도청 소재지이자 특례시임. 정조가 주민의 거주 공간 마련 등을 이유로 축성한 세계 문화유산이 있음.

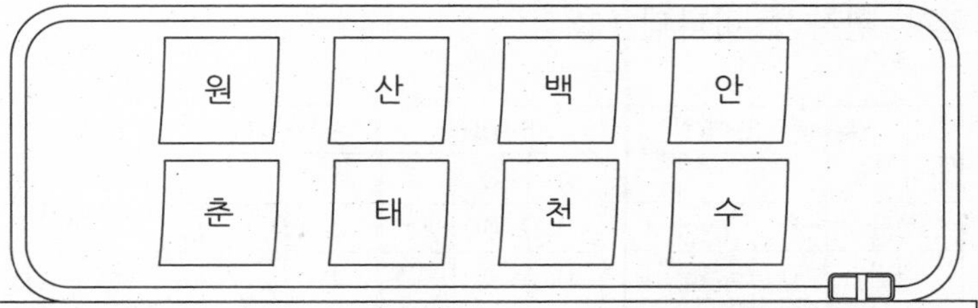

교사 : 칠판에 남은 글자로 도시 이름을 만들어 보세요. 이 도시의 특징은 무엇일까요?
학생 : ______(가)______

① 슬로 시티로 지정된 마을이 있습니다.
② 수도권 1기 신도시가 조성되어 있습니다.
③ 우리나라 최초의 조력 발전소가 있습니다.
④ 동계 올림픽이 개최되었던 경기장이 있습니다.
⑤ 기업 도시와 혁신 도시가 모두 조성되어 있습니다.

4. 다음 글의 (가), (나)에 대한 설명으로 옳은 것만을 〈보기〉에서 고른 것은? (단, (가), (나)는 각각 겨울과 여름 중 하나임.) [3점]

> 전통적으로 우리나라는 1년을 24절기로 구분하고 이를 농사의 기준으로 삼았다. 예를 들어 망종(芒種)은 곡식의 종자를 뿌리기에 적당한 시기라는 뜻으로 모내기에 알맞은 때이다. 망종 이후의 하지(夏至), 소서(小暑), 대서(大暑) 등은 농작물의 생장이 활발한 (가) 과 관련된 절기에 해당한다. 상강(霜降)은 서리가 내리는 시기라는 뜻으로 추수를 마무리하는 때이다. 상강이 지나고 들어서는 입동(立冬), 소설(小雪), 대설(大雪), 동지(冬至) 등이 (나) 과 관련된 절기에 해당한다.

〈보 기〉

ㄱ. (가)에는 서고동저형의 기압 배치가 자주 나타난다.
ㄴ. (나)에는 강한 일사에 의한 대류성 강수가 자주 발생한다.
ㄷ. (가)는 (나)보다 하루 중 낮 길이가 길다.
ㄹ. (나)는 (가)보다 남북 간의 기온 차이가 크다.

① ㄱ, ㄴ ② ㄱ, ㄷ ③ ㄴ, ㄷ ④ ㄴ, ㄹ ⑤ ㄷ, ㄹ

해설편 9쪽

사회탐구 영역 (한국지리)

5. 다음 자료의 A～E에 대한 설명으로 옳은 것은?

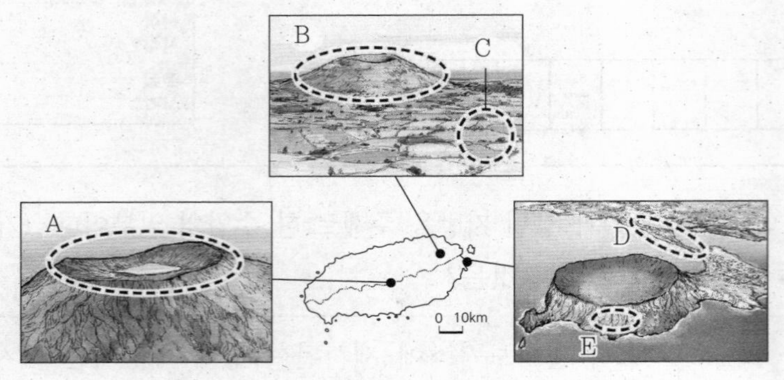

① A는 화구의 함몰로 형성된 칼데라이다.
② B는 '오름' 등으로 불린다.
③ C에는 붉은색의 석회암 풍화토가 넓게 분포한다.
④ D는 주로 조류의 퇴적 작용으로 형성된다.
⑤ E는 시간이 지남에 따라 바다 쪽으로 성장한다.

6. 표는 세 도시의 시기별 A～C 기상 현상 발생 일수를 나타낸 것이다. 이에 대한 설명으로 옳은 것은? (단, A～C는 각각 열대야, 한파, 황사 중 하나임.) [3점]

(단위 : 일)

구분 지역	3～5월			6～8월			9～11월			12～2월		
	A	B	C	A	B	C	A	B	C	A	B	C
부산	0	4.3	0	0	0	16.3	0	0.4	0.8	0.1	0.7	0
대전	0	5.7	0	0	0	10.7	0	0.4	0.1	2.6	1.1	0
인천	0	6.8	0	0	0	9.2	0	0.7	0	1.8	1.2	0

* 1991～2020년의 평년값임.

① A는 주로 북태평양 기단의 영향에 의해 발생한다.
② B는 수도관 계량기 동파 등의 피해를 발생시킨다.
③ A는 C보다 난방용 에너지 소비량의 급증을 유발한다.
④ C는 B보다 호흡기 및 안과 질환을 많이 일으킨다.
⑤ 인천은 대전보다 한파 일수가 많다.

7. 그래프는 세 권역의 인구 규모에 따른 도시 및 군(郡) 지역 인구 비율을 나타낸 것이다. (가)～(다) 권역에 대한 설명으로 옳은 것은? (단, (가)～(다)는 각각 수도권, 영남권, 호남권 중 하나임.) [3점]

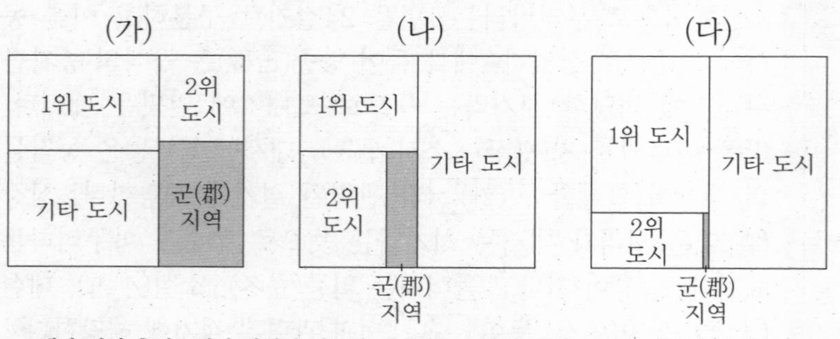

* 해당 권역 총인구에서 지역별 인구가 차지하는 비율을 면적 크기로 나타낸 것임.
** 기타 도시는 인구 규모 1, 2위 도시를 제외한 도시임. (2022)

① (다)는 광역시가 3개이다.
② (가)의 1위 도시는 (다)의 1위 도시보다 인구가 많다.
③ (나)는 (가)보다 지역 내 총생산이 많다.
④ (가)는 영남권, (나)는 수도권, (다)는 호남권이다.
⑤ (가)～(다) 중 (나)의 총인구가 가장 많다.

8. 지도는 (가), (나) 고속 철도 노선의 일부와 A～C 지역을 표시한 것이다. 이에 대한 설명으로 옳은 것은? [3점]

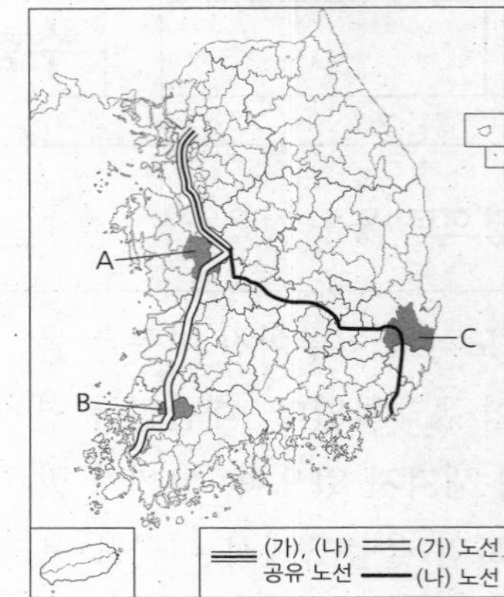

① (가)는 (나)보다 일평균 이용객 수가 많다.
② (가)와 (나)의 분기역은 평택에 있다.
③ A는 도(道) 이름의 유래가 된 지역이다.
④ B에는 원자력 발전소가 있다.
⑤ C에는 세계 문화유산에 등재된 역사 마을이 있다.

9. 그래프는 (가)～(다) 재생 에너지의 권역별 생산 현황을 나타낸 것이다. 이에 대한 설명으로 옳은 것만을 〈보기〉에서 고른 것은? (단, (가)～(다)는 각각 수력, 태양광, 풍력 중 하나임.)

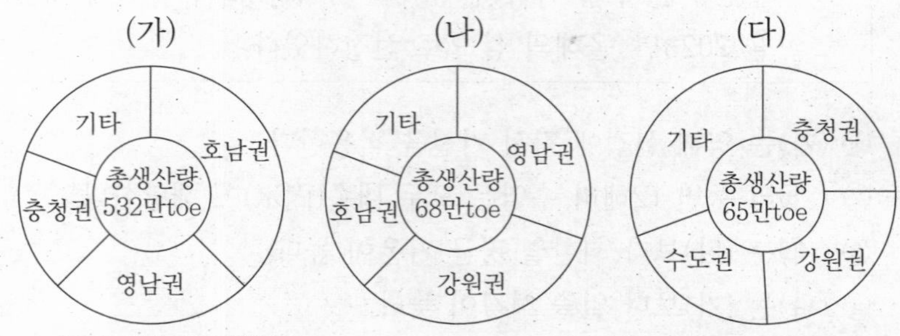

* 수력은 양수식을 제외함.
** 생산량 상위 3개 권역만 표시함. (2021)

〈보 기〉

ㄱ. (다)는 겨울보다 여름에 발전량이 많다.
ㄴ. (가)는 (다)보다 상용화된 시기가 이르다.
ㄷ. (나)는 (가)보다 발전 시 소음이 많이 발생한다.
ㄹ. 충청권의 재생 에너지 생산량은 태양광보다 수력이 많다.

① ㄱ, ㄴ ② ㄱ, ㄷ ③ ㄴ, ㄷ ④ ㄴ, ㄹ ⑤ ㄷ, ㄹ

10. 그래프는 지도에 표시된 세 구(區)의 상주인구 및 주간 인구 변화를 나타낸 것이다. (가)～(다) 지역에 대한 설명으로 옳은 것만을 〈보기〉에서 고른 것은? [3점]

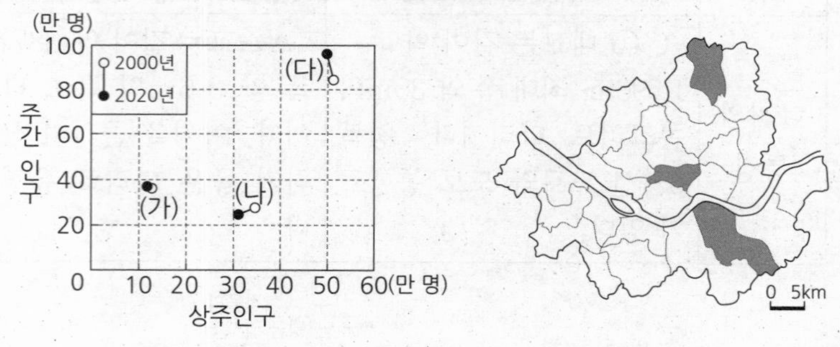

〈보 기〉

ㄱ. (가)는 (나)보다 상업지의 평균 지가가 높다.
ㄴ. (나)는 (가)보다 출근 시간대에 순 유출 인구가 많다.
ㄷ. (다)는 (가)보다 시가지의 형성 시기가 이르다.
ㄹ. (나), (다)는 모두 2000년보다 2020년에 주간 인구 지수가 낮다.

① ㄱ, ㄴ ② ㄱ, ㄷ ③ ㄴ, ㄷ ④ ㄴ, ㄹ ⑤ ㄷ, ㄹ

해설편 9~11쪽

사회탐구 영역 (한국지리)

11. 그래프는 지도에 표시된 세 지역의 인구 특성을 나타낸 것이다. (가)~(다)에 해당하는 지역을 A~C에서 고른 것은? [3점]

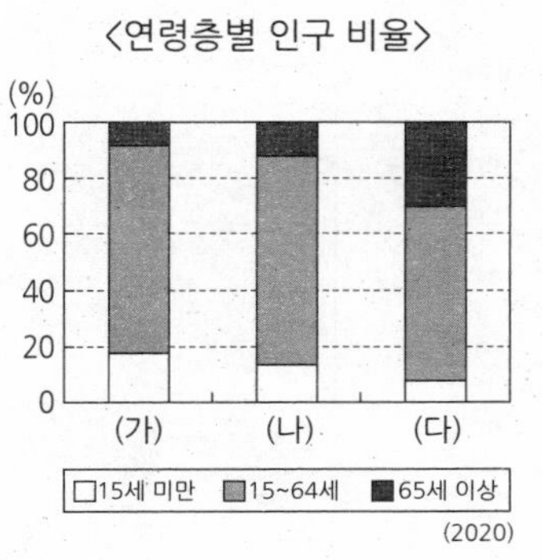

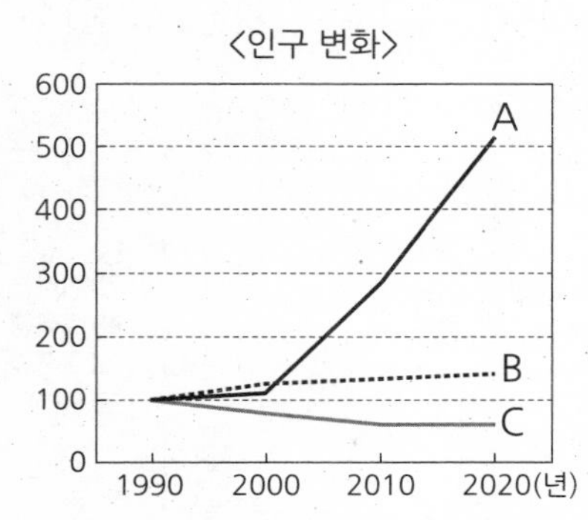

* 각 지역의 1990년 인구를 100으로 했을 때 해당 연도의 상댓값임.
** 2020년 행정 구역을 기준으로 함.

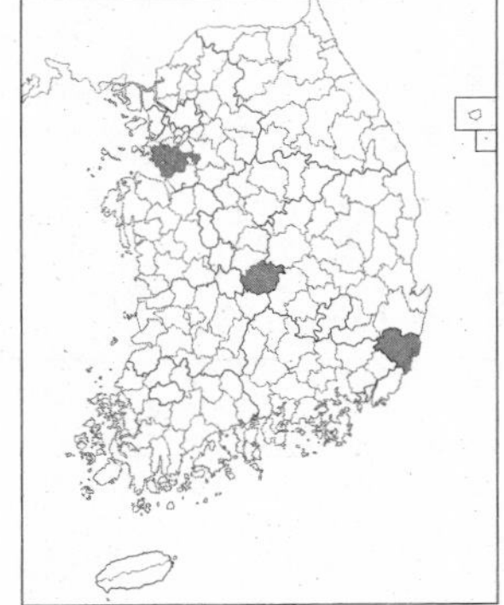

	(가)	(나)	(다)
①	A	B	C
②	A	C	B
③	B	A	C
④	B	C	A
⑤	C	B	A

12. 다음은 학생이 작성한 지역 조사 보고서의 일부이다. ㉠~㉤에 대한 설명으로 옳은 것은?

1. 주제 : [㉠] 지역의 과거와 현재
2. 조사 방법 및 분석 내용
 가. ㉡ 문헌 분석을 통한 과거의 지역 이해

> [㉠]은/는 노령 아래의 도회지로서 북쪽에는 금성산이 있고, 남쪽으로는 영산강에 닿아 있다. … (중략) … 서남쪽으로는 강과 바다를 통해 물자를 실어 나르는 이로움이 있어서, 광주와 아울러 이름난 고을이라고 일컫는다.
>
> – 이중환, 『택리지』 –

 ㅇ 가거지의 조건 중 [㉢]에 해당하는 내용을 확인함.
 나. ㉣ 위성 사진 분석을 통한 지역의 변화 탐색

〈2008년〉

〈2021년〉

 ㅇ 혁신 도시 조성 전후 토지 이용의 변화 비교
  → 혁신 도시 조성 후 ______㉤______.

① ㉠은 영동 지방에 속한다.
② ㉢은 '인심(人心)'이다.
③ ㉤에는 '경지율이 감소함'이 들어갈 수 있다.
④ ㉡과 ㉣은 주로 야외 조사 단계에서 이용된다.
⑤ ㉣은 ㉡보다 지리 정보 수집에 도입된 시기가 이르다.

13. 다음 글에서 설명하는 지역을 지도의 A~E에서 고른 것은?

> 조선 시대 이 지역의 중심지였던 강경은 금강을 활용한 내륙 수운의 요충지로 가장 번성했던 시장 중 하나였다. 현재 이 지역은 특산물인 딸기를 활용한 '먹보딸기'와 국방 도시로서의 강인함을 표현한 '육군병장'을 주요 캐릭터로 활용하여 지역의 이미지를 나타내고 있다.

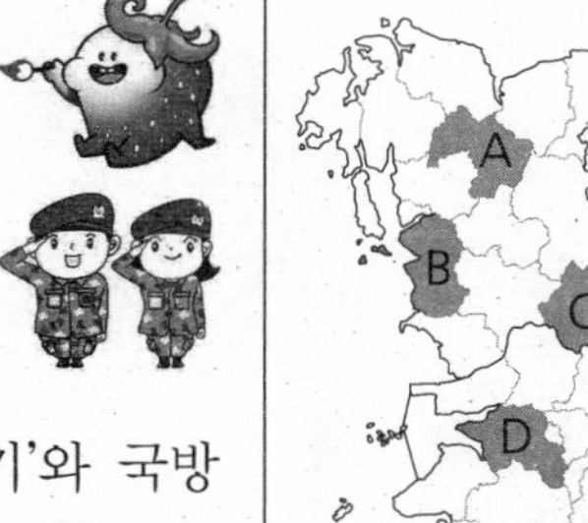

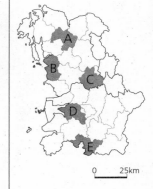

① A ② B ③ C ④ D ⑤ E

14. 다음 글의 ㉠~㉣에 대한 설명으로 옳은 것만을 〈보기〉에서 있는 대로 고른 것은?

> 행정 구역 개편은 국토 공간의 효율적인 활용을 위하여 ㉠ 새로운 행정 구역의 설치나 여러 행정 구역의 통합 등의 형태로 이루어진다. 예를 들어 ㉡ 경북 달성군과 경북 군위군은 ㉢ 대구광역시의 행정 구역에 통합되었다. 과거 달성군이 통합된 사례는 중앙 정부 주도로 추진된 측면이 강하다면 최근 군위군이 통합된 사례는 ㉣ 지방 자치 단체 간 합의에 의해 추진된 경우에 가깝다.

〈보 기〉

ㄱ. ㉠의 사례로 세종특별자치시의 출범이 있다.
ㄴ. 독도는 행정 구역상 ㉡에 속한다.
ㄷ. ㉢은 군위군과 통합된 이후 노년층 인구 비율이 증가하였다.
ㄹ. ㉣은 성장 거점 개발 방식의 주요 특징이다.

① ㄱ, ㄴ ② ㄴ, ㄹ ③ ㄷ, ㄹ
④ ㄱ, ㄴ, ㄷ ⑤ ㄱ, ㄷ, ㄹ

15. 지도의 A~E 지역에 대한 옳은 내용에만 있는 대로 ○ 표시한 학생을 고른 것은?

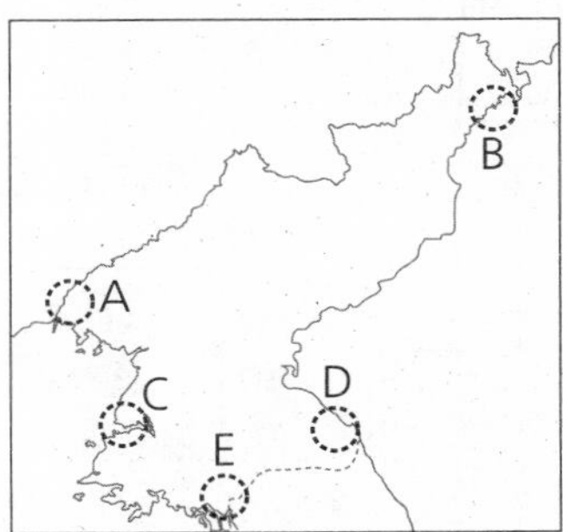

내용	갑	을	병	정	무
A에는 경의선 철도의 종착역이 있다.	○		○		○
C에는 서해 갑문이 있다.		○		○	○
E에는 북한 최초의 경제 특구가 있다.	○			○	
B, D는 모두 관동 지방에 속한다.	○	○	○		

① 갑 ② 을 ③ 병 ④ 정 ⑤ 무

사회탐구 영역 (한국지리)

16. 그래프는 지도에 표시된 세 지역의 다른 시 · 도로의 통근 · 통학 비율과 농가 수를 나타낸 것이다. (가)~(다)에 대한 설명으로 옳은 것은? [3점]

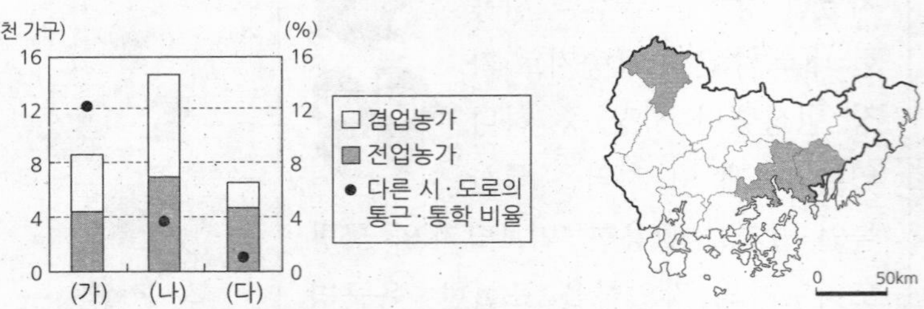

* 다른 시 · 도로의 통근 · 통학 비율은 각 지역의 통근 · 통학 인구에서 경남 외 다른 시 · 도로 통근 · 통학하는 인구가 차지하는 비율임. (2020)

① (가)는 (다)보다 지역 내 주택 유형 중 아파트 비율이 높다.
② (다)는 (가)보다 부산으로 연결되는 버스 운행 횟수가 많다.
③ (다)는 (나)보다 제조업 출하액이 많다.
④ (가)는 군(郡), (나)와 (다)는 시(市)이다.
⑤ (가)~(다) 중 지역 내 1차 산업 취업자 비율은 (나)가 가장 높다.

17. 다음 자료의 (가)~(다) 암석에 대한 설명으로 옳은 것은? (단, (가)~(다)는 각각 석회암, 중생대 퇴적암, 화강암 중 하나임.)

답사 사진전

작품명 : 도담삼봉의 절경
촬영지 : 충북 단양

작품명 : 공룡 발자국 화석
촬영지 : 경남 고성

작품명 : 기암괴석의 위용
촬영지 : 강원 속초

① (가)는 주로 호수에서 퇴적된 육성층에 분포한다.
② (나)는 마그마가 관입하여 형성되었다.
③ (다)는 주로 시멘트 공업의 원료로 이용된다.
④ (가)는 (나)보다 형성 시기가 이르다.
⑤ (가), (다)는 모두 퇴적암에 해당한다.

18. 그래프는 세 작물의 특성을 나타낸 것이다. 이에 대한 설명으로 옳은 것만을 〈보기〉에서 고른 것은? (단, (가)~(다)는 각각 과실, 쌀, 채소 중 하나임.) [3점]

〈1인당 소비량 변화〉

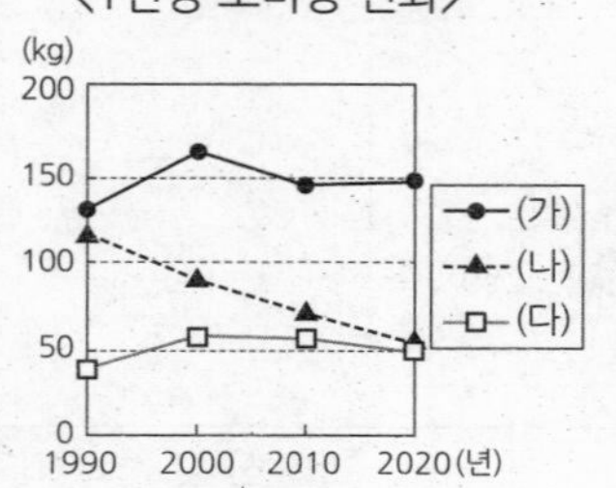

〈권역별 생산량 비율(2020)〉

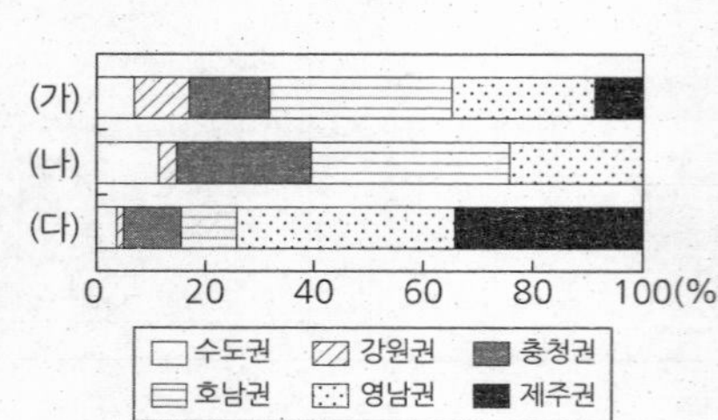

<보 기>

ㄱ. (가)는 주로 논보다 밭에서 재배된다.
ㄴ. (나)는 쌀, (다)는 과실이다.
ㄷ. 과실의 1인당 소비량은 1990년이 2020년보다 많다.
ㄹ. 쌀의 권역별 생산량 비율이 가장 높은 곳은 영남권이다.

① ㄱ, ㄴ ② ㄱ, ㄷ ③ ㄴ, ㄷ ④ ㄴ, ㄹ ⑤ ㄷ, ㄹ

19. 그래프는 지도에 표시된 세 지역의 외국인 주민의 수를 유형별로 나타낸 것이다. (가)~(다) 지역에 대한 설명으로 옳은 것만을 〈보기〉에서 고른 것은? [3점]

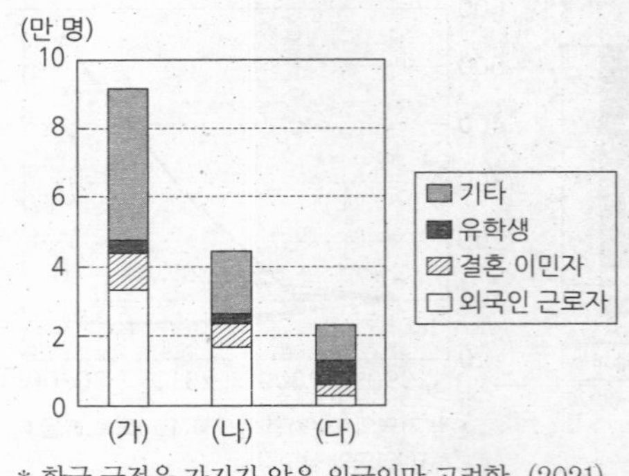

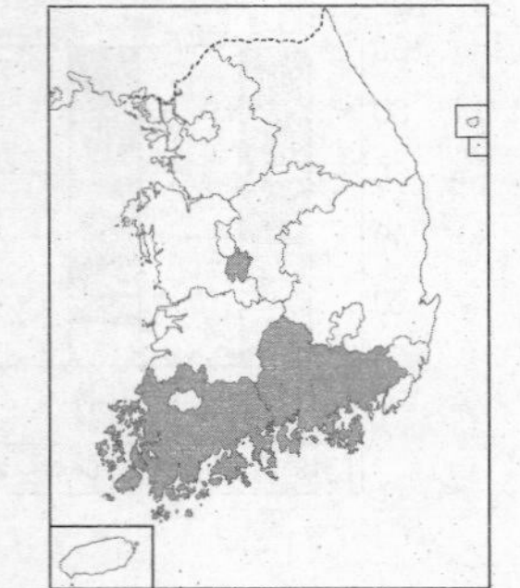

* 한국 국적을 가지지 않은 외국인만 고려함. (2021)

<보 기>

ㄱ. (나)는 (다)보다 노령화 지수가 높다.
ㄴ. (다)는 (가)보다 지역 내 농가 인구 비율이 높다.
ㄷ. (가)와 (나)는 행정 구역의 경계가 접해 있다.
ㄹ. 전남은 경남보다 결혼 이민자가 많다.

① ㄱ, ㄴ ② ㄱ, ㄷ ③ ㄴ, ㄷ ④ ㄴ, ㄹ ⑤ ㄷ, ㄹ

20. 그래프에 대한 설명으로 옳은 것은? (단, (가)~(다)는 각각 섬유 제품(의복 제외), 자동차 및 트레일러, 전자 부품 · 컴퓨터 · 영상 · 음향 및 통신 장비 제조업 중 하나이며, A, B는 각각 경북과 충남 중 하나임.) [3점]

〈(가)~(다)의 시 · 도별 출하액 비율〉

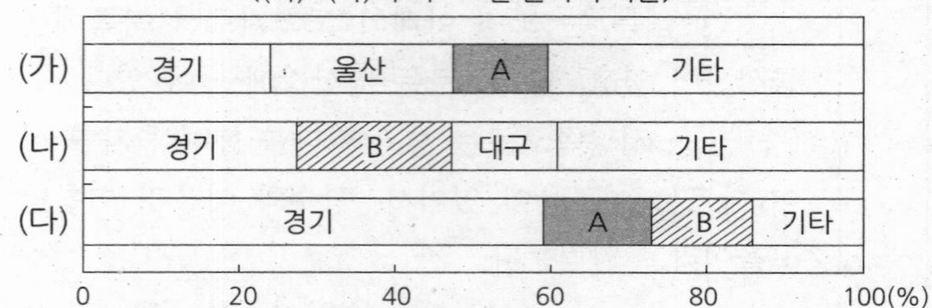

* 종사자 규모 10인 이상 사업체를 대상으로 함.
** 출하액 상위 3개 시 · 도만 표시함. (2021)

① (나)는 최종 제품 생산에 많은 부품이 필요한 종합 조립 공업이다.
② (가)는 (나)보다 우리나라 공업화를 주도한 시기가 이르다.
③ (다)는 (가)보다 대체로 최종 제품이 무겁고 부피가 크다.
④ A는 충남, B는 경북이다.
⑤ B는 (나) 출하액이 (다) 출하액보다 많다.

※ **확인 사항**
○ **답안지의 해당란에 필요한 내용을 정확히 기입(표기)했는지 확인하시오.**

해설편 12쪽

사회탐구 영역 (한국지리)

4회	
시험 시간	30분
날짜	월 일
시작 시각	:
종료 시각	:

제 4 교시 | 성명 | 수험번호 –

1. 다음 자료는 온라인 학습 장면의 일부이다. 정답에 들어갈 후보지로 옳은 것은?

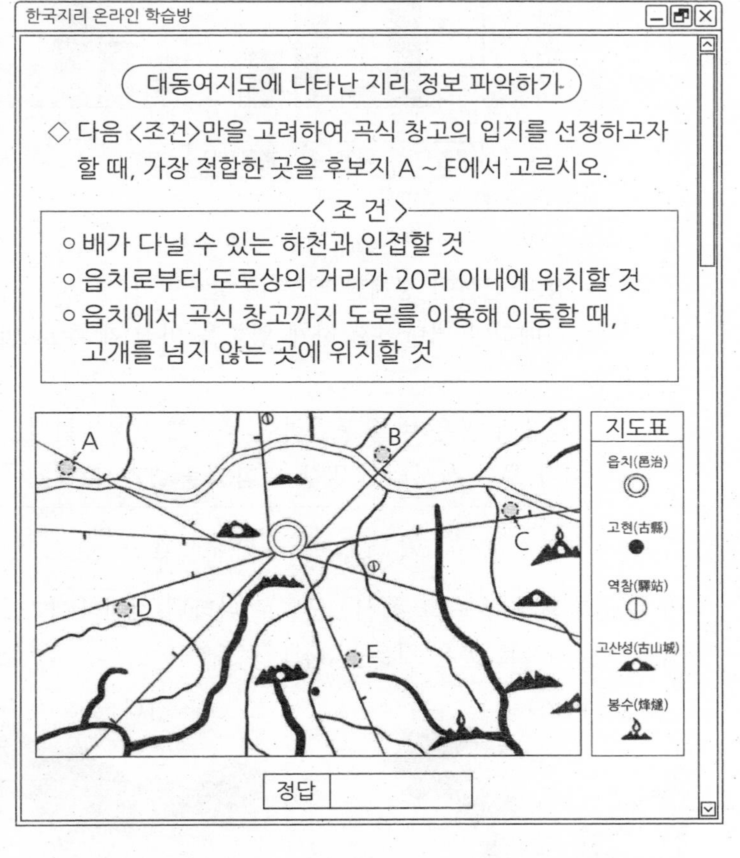

① A ② B ③ C ④ D ⑤ E

2. 다음 자료는 지역 조사 과정을 나타낸 것이다. ㉠ ~ ㉣에 대한 옳은 설명만을 〈보기〉에서 고른 것은?

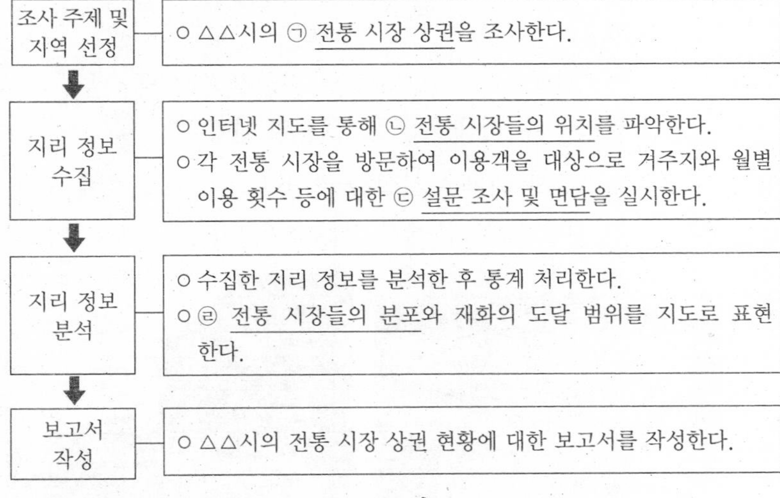

조사 주제 및 지역 선정
○ △△시의 ㉠ 전통 시장 상권을 조사한다.
지리 정보 수집
○ 인터넷 지도를 통해 ㉡ 전통 시장들의 위치를 파악한다.
○ 각 전통 시장을 방문하여 이용객을 대상으로 거주지와 월별 이용 횟수 등에 대한 ㉢ 설문 조사 및 면담을 실시한다.
지리 정보 분석
○ 수집한 지리 정보를 분석한 후 통계 처리한다.
○ ㉣ 전통 시장들의 분포와 재화의 도달 범위를 지도로 표현한다.
보고서 작성
○ △△시의 전통 시장 상권 현황에 대한 보고서를 작성한다.

〈보 기〉

ㄱ. ㉠은 지역 구분의 유형 중 기능 지역에 해당한다.
ㄴ. ㉡은 지리 정보의 유형 중 속성 정보에 해당한다.
ㄷ. ㉢은 주로 야외 조사 단계에서 실시한다.
ㄹ. ㉣을 통계 지도로 표현할 때 유선도가 가장 적절하다.

① ㄱ, ㄴ ② ㄱ, ㄷ ③ ㄴ, ㄷ ④ ㄴ, ㄹ ⑤ ㄷ, ㄹ

3. 표는 교통수단별 국내 여객 수송에 관한 것이다. (가)~(라) 교통 수단에 대한 설명으로 옳은 것은? (단, (가)~(라)는 각각 도로, 철도(지하철 포함), 항공, 해운 중 하나임.) [3점]

교통수단	평균 통행 거리 (km)	평균 통행 시간 (분)	여객 수송 분담률 (%)
(가)	11.9	21.9	84.57
(나)	17.2	44.3	15.30
(다)	74.5	136.4	0.04
(라)	376.8	59.5	0.09

* 여객 수송 분담률은 인 기준임. (2018)

① (가)는 (나)보다 문전 연결성이 우수하다.
② (가)는 (다)보다 대량 화물의 장거리 수송에 유리하다.
③ (나)는 (라)보다 기상 조건의 제약을 많이 받는다.
④ (다)는 (나)보다 주행 비용 증가율이 높다.
⑤ (라)는 (가)보다 기종점 비용이 저렴하다.

4. 다음 자료는 수업 시간에 진행한 지리 학습 게임이다. 출발지에서 도착지까지 옳게 이동한 경로를 고른 것은?

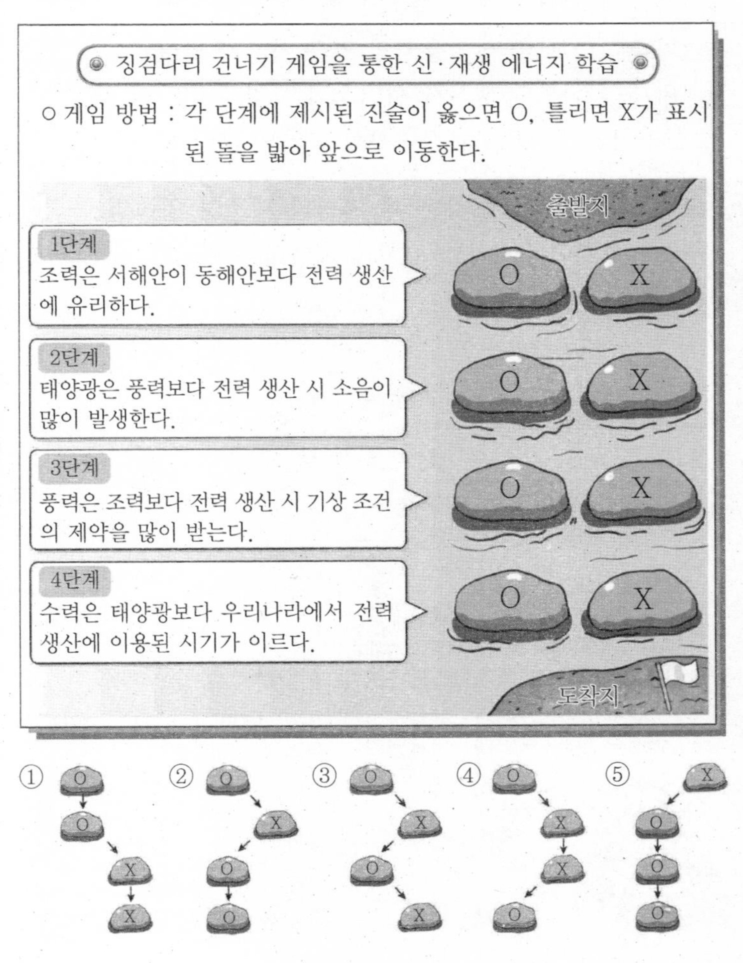

징검다리 건너기 게임을 통한 신·재생 에너지 학습
○ 게임 방법 : 각 단계에 제시된 진술이 옳으면 O, 틀리면 X가 표시된 돌을 밟아 앞으로 이동한다.
출발지
1단계
조력은 서해안이 동해안보다 전력 생산에 유리하다.
2단계
태양광은 풍력보다 전력 생산 시 소음이 많이 발생한다.
3단계
풍력은 조력보다 전력 생산 시 기상 조건의 제약을 많이 받는다.
4단계
수력은 태양광보다 우리나라에서 전력 생산에 이용된 시기가 이르다.
도착지
①
②
③
④
⑤

사회탐구 영역 (한국지리)

5. (가), (나)의 특징을 그림의 A ~ D에서 고른 것은?

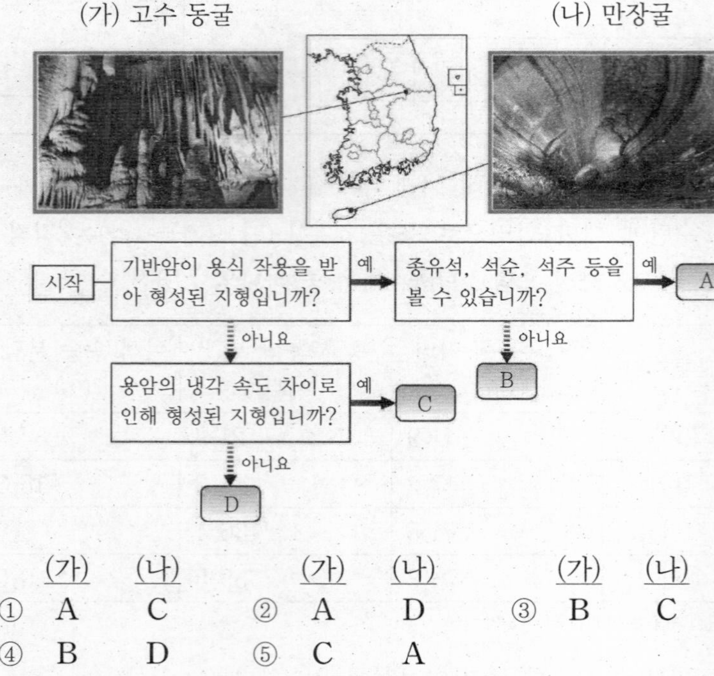

	(가)	(나)		(가)	(나)		(가)	(나)
①	A	C	②	A	D	③	B	C
④	B	D	⑤	C	A			

6. 그래프는 지도에 표시된 서울시 세 구(區)의 특성을 나타낸 것이다. (가) ~ (다) 지역에 대한 설명으로 옳은 것은?

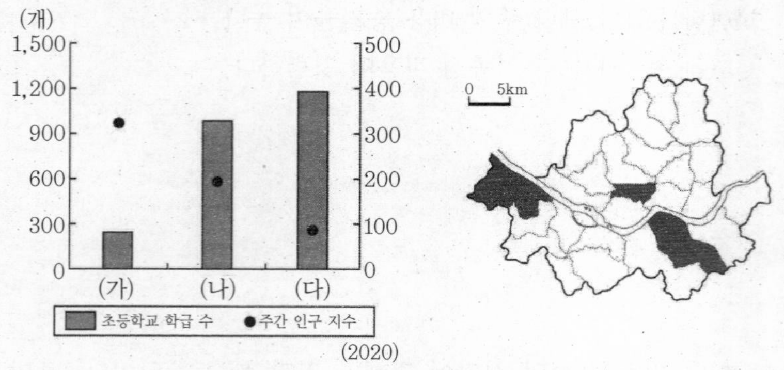

① (가)는 (나)보다 시가지의 형성 시기가 늦다.
② (가)는 (다)보다 인구 공동화 현상이 뚜렷하다.
③ (나)는 (다)보다 상업용지의 평균 지가가 낮다.
④ (다)는 (가)보다 생산자 서비스업 사업체 수가 많다.
⑤ 상주인구는 (가) 〉 (나) 〉 (다) 순으로 많다.

7. 그래프는 지도에 표시된 세 지역의 제조업 업종별 출하액 비율을 나타낸 것이다. (가) ~ (다)에 해당하는 지역을 지도의 A ~ C에서 고른 것은? [3점]

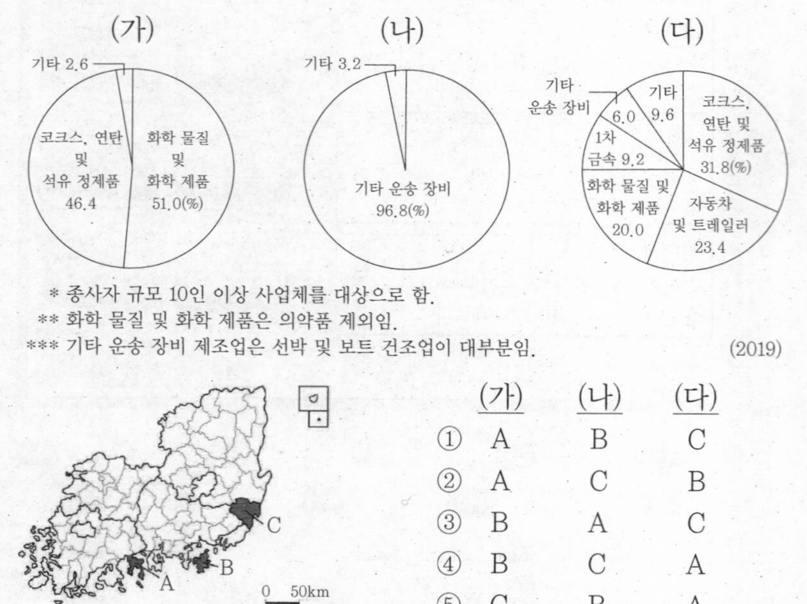

	(가)	(나)	(다)
①	A	B	C
②	A	C	B
③	B	A	C
④	B	C	A
⑤	C	B	A

8. 그래프는 세 권역의 기상 특보 발령 횟수를 나타낸 것이다. (가) ~ (다)에 대한 옳은 설명만을 〈보기〉에서 고른 것은? (단, (가) ~ (다)는 각각 대설, 태풍, 호우 중 하나임.)

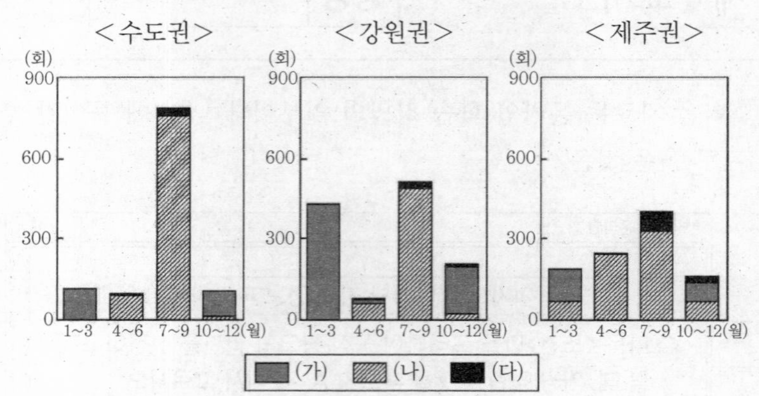

* 기상 특보 발령 횟수는 2010 ~ 2019년의 합계임.

<보 기>

ㄱ. (가)는 장마 전선이 정체할 때 주로 발생한다.
ㄴ. (나)는 시베리아 기단이 강하게 영향을 미칠 때 주로 발생한다.
ㄷ. (다)는 강풍과 많은 비를 동반하여 풍수해를 유발한다.
ㄹ. (나)는 (가)보다 산사태의 발생 위험도를 증가시킨다.

① ㄱ, ㄴ ② ㄱ, ㄷ ③ ㄴ, ㄷ ④ ㄴ, ㄹ ⑤ ㄷ, ㄹ

9. 지도는 충청권의 두 지표를 시 · 군별로 나타낸 것이다. (가), (나)에 해당하는 지표로 옳은 것은? [3점]

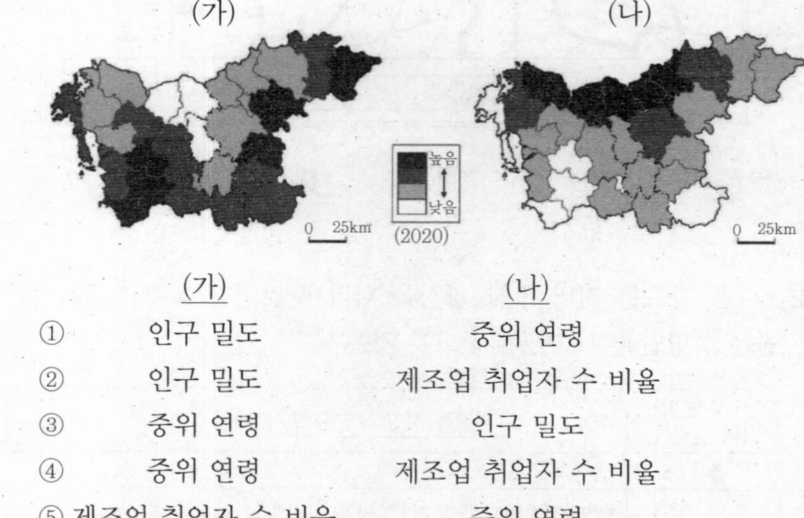

	(가)	(나)
①	인구 밀도	중위 연령
②	인구 밀도	제조업 취업자 수 비율
③	중위 연령	인구 밀도
④	중위 연령	제조업 취업자 수 비율
⑤	제조업 취업자 수 비율	중위 연령

10. 사진은 우리나라 해안을 촬영한 것이다. A ~ D 지형에 대한 적절한 탐구 주제만을 〈보기〉에서 고른 것은? [3점]

<보 기>

ㄱ. A – 하천으로부터 공급된 퇴적물로 인한 호수 면적의 변화
ㄴ. B – 조류의 퇴적 작용이 갯벌 형성에 미친 영향
ㄷ. C – 파랑의 침식 작용이 절벽 형성에 미친 영향
ㄹ. D – 방풍림 조성으로 인한 주민 생활의 변화

① ㄱ, ㄴ ② ㄱ, ㄷ ③ ㄴ, ㄷ ④ ㄴ, ㄹ ⑤ ㄷ, ㄹ

해설편 13~14쪽

사회탐구 영역 (한국지리)

11. 다음 자료의 (가) 지역을 지도의 A ~ E에서 고른 것은?

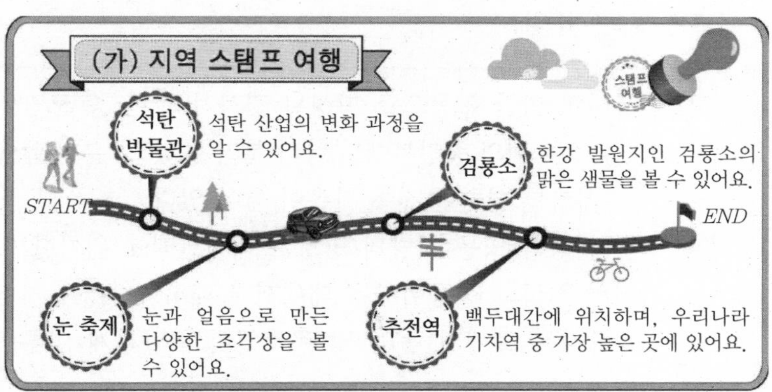

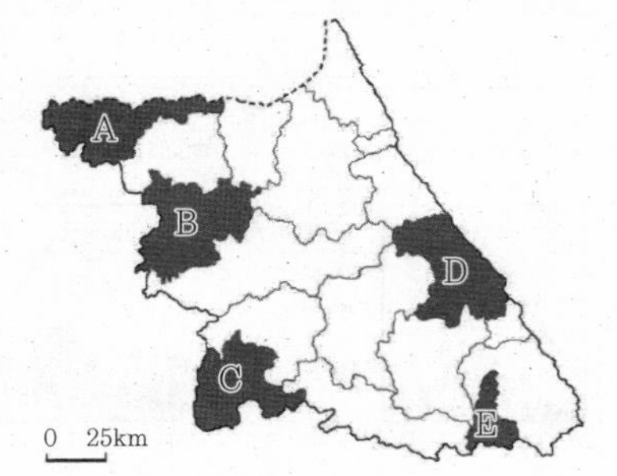

① A ② B ③ C ④ D ⑤ E

12. 그래프는 지도에 표시된 세 지역의 기후 자료이다. (가) ~ (다) 지역에 대한 설명으로 옳은 것은? [3점]

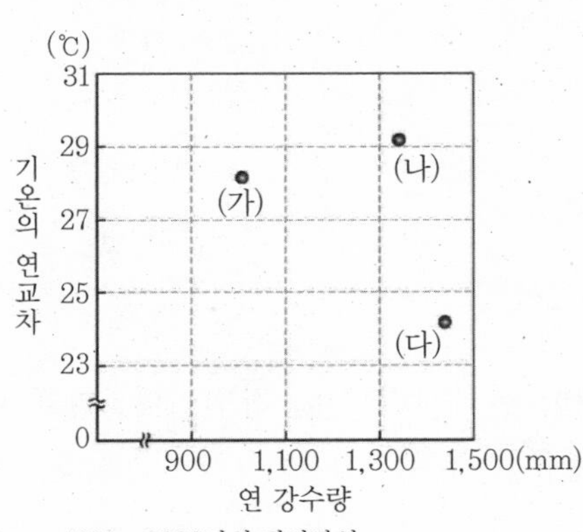

* 1991 ~ 2020년의 평년값임.

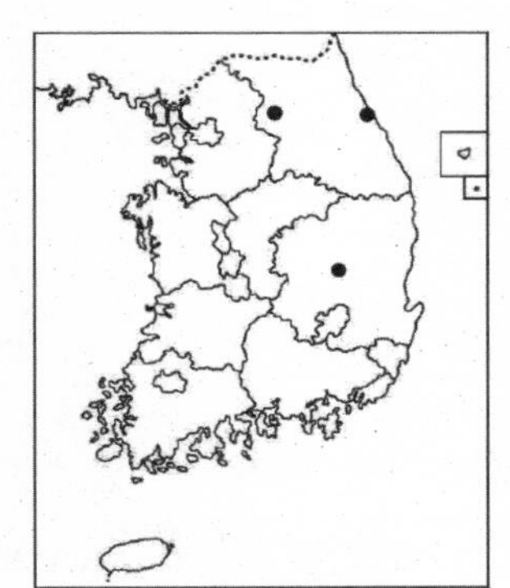

① (가)는 (나)보다 고위도에 위치한다.
② (가)는 (다)보다 겨울 강수량이 많다.
③ (나)는 (다)보다 여름 강수 집중률이 높다.
④ (다)는 (가)보다 바다의 영향을 적게 받는다.
⑤ (다)는 (나)보다 최한월 평균 기온이 낮다.

13. 그래프는 지도에 표시된 세 하천 유역의 용도별 물 자원 이용량을 나타낸 것이다. (가) ~ (다) 하천에 대한 설명으로 옳은 것은? [3점]

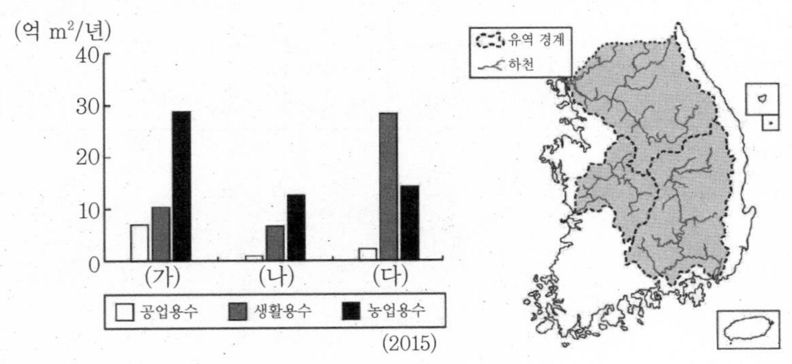

① (가)는 대부분 강원권과 수도권을 흐른다.
② (나)는 남해로 유입되는 하천이다.
③ (다)의 하구에는 삼각주가 넓게 형성되어 있다.
④ (나)는 (다)보다 유역 면적이 넓다.
⑤ (가)와 (나)의 하구에는 모두 하굿둑이 건설되어 있다.

14. 그래프는 남북한의 농업 관련 자료를 나타낸 것이다. 이에 대한 옳은 설명만을 〈보기〉에서 고른 것은? (단, (가), (나)는 각각 쌀, 옥수수 중 하나이며, A, B는 각각 논, 밭 중 하나임.)

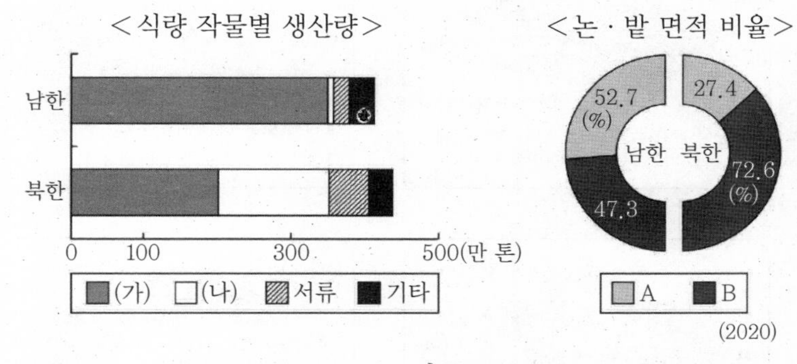

<보 기>

ㄱ. (가)는 관북 지방보다 관서 지방의 생산량이 많다.
ㄴ. 남한은 (가)보다 (나)의 자급률이 높다.
ㄷ. (가)는 A, (나)는 B에서 주로 재배된다.
ㄹ. 북한은 남한보다 경지 면적 중 논 면적의 비율이 높다.

① ㄱ, ㄴ ② ㄱ, ㄷ ③ ㄴ, ㄷ ④ ㄴ, ㄹ ⑤ ㄷ, ㄹ

15. 그래프는 지도에 표시된 세 지역의 기간별 아파트 건축 호수를 나타낸 것이다. (가) ~ (다) 지역에 대한 설명으로 옳은 것은? [3점]

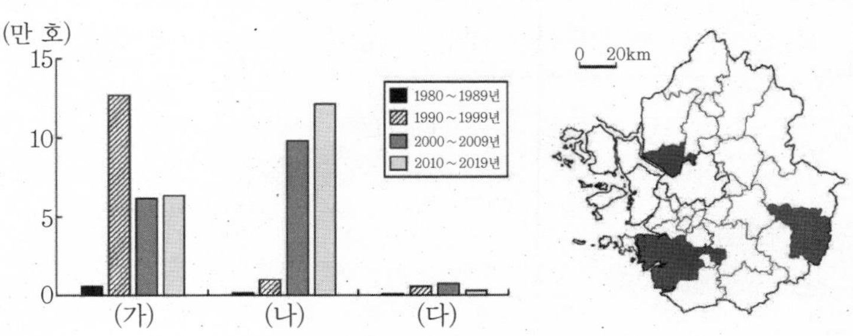

① (나)에는 수도권 1기 신도시가 위치해 있다.
② (가)는 (나)보다 제조업 종사자 비율이 높다.
③ (가)는 (다)보다 서울로의 통근 · 통학 인구 비율이 높다.
④ (나)는 (다)보다 1차 산업 종사자 비율이 높다.
⑤ (다)는 (가)보다 인구 밀도가 높다.

16. 그래프는 네 지역의 인구 특성을 나타낸 것이다. 이에 대한 옳은 설명만을 〈보기〉에서 고른 것은? (단, (가) ~ (라)는 각각 경기, 서울, 전남, 충남 중 하나임.) [3점]

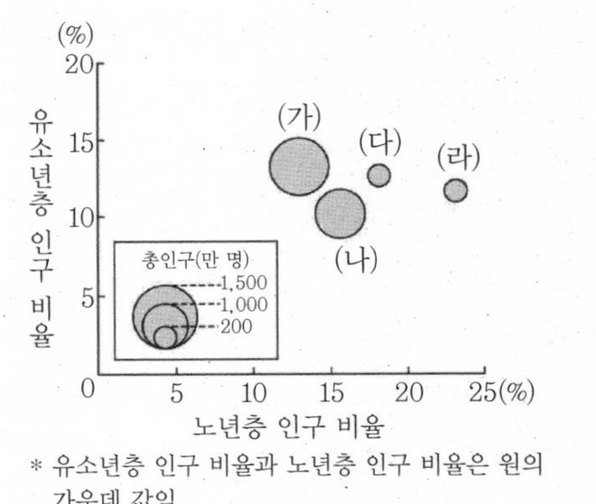

* 유소년층 인구 비율과 노년층 인구 비율은 원의 가운데 값임.

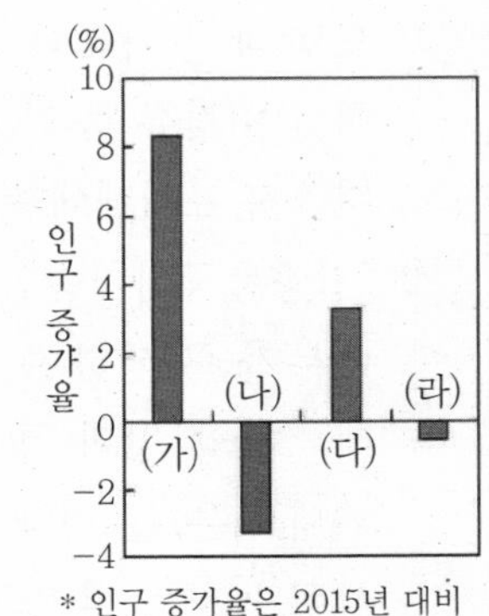

* 인구 증가율은 2015년 대비 2020년 값임. (2020)

<보 기>

ㄱ. (가)는 서울, (다)는 전남이다.
ㄴ. (가)는 (라)보다 노령화 지수가 높다.
ㄷ. (다)는 (라)보다 청장년층 인구 비율이 높다.
ㄹ. 2015년 대비 2020년에 인구가 가장 많이 감소한 지역은 서울이다.

① ㄱ, ㄴ ② ㄱ, ㄷ ③ ㄴ, ㄷ ④ ㄴ, ㄹ ⑤ ㄷ, ㄹ

사회탐구 영역 (한국지리)

17. 다음 자료는 우리나라 산지의 형성 과정을 모식적으로 나타낸 것이다. ㉠~㉤에 대한 옳은 설명만을 〈보기〉에서 고른 것은? [3점]

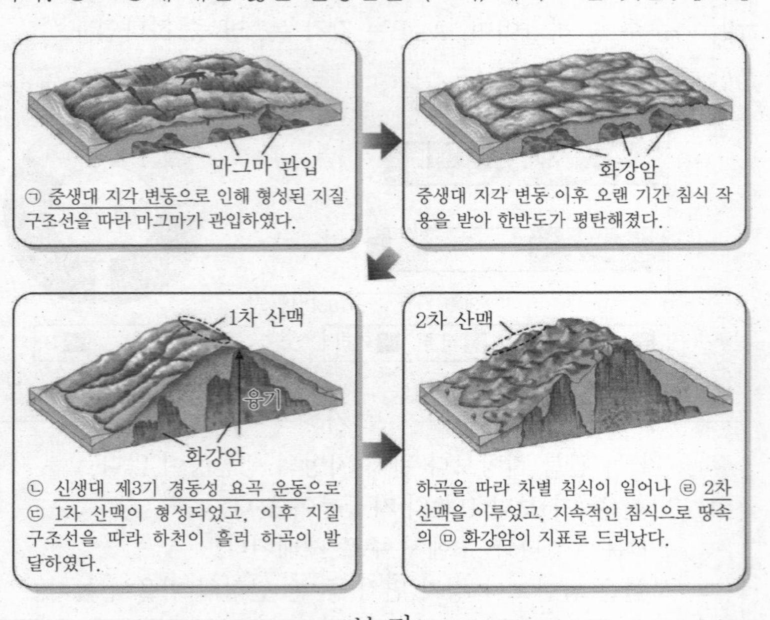

마그마 관입
㉠ 중생대 지각 변동으로 인해 형성된 지질 구조선을 따라 마그마가 관입하였다.
화강암
중생대 지각 변동 이후 오랜 기간 침식 작용을 받아 한반도가 평탄해졌다.
1차 산맥
융기
화강암
㉡ 신생대 제3기 경동성 요곡 운동으로 ㉢ 1차 산맥이 형성되었고, 이후 지질 구조선을 따라 하천이 흘러 하곡이 발달하였다.
2차 산맥
하곡을 따라 차별 침식이 일어나 ㉣ 2차 산맥을 이루었고, 지속적인 침식으로 땅속의 ㉤ 화강암이 지표로 드러났다.

<보 기>

ㄱ. ㉠에 의해 한국 방향의 산맥이 형성되었다.
ㄴ. ㉡은 고위 평탄면과 하안 단구 형성에 영향을 주었다.
ㄷ. ㉣은 ㉢보다 산줄기의 연속성이 뚜렷하다.
ㄹ. ㉤이 산 정상부를 이루는 경우 주로 돌산의 경관을 보인다.

① ㄱ, ㄴ ② ㄱ, ㄷ ③ ㄴ, ㄷ ④ ㄴ, ㄹ ⑤ ㄷ, ㄹ

18. 다음 글의 (가), (나) 지역을 지도의 A~C에서 고른 것은?

○ 『승정원일기』에 따르면 영조가 고추장을 좋아했으며, 특히 조○○ 집안에서 바친 (가) 의 고추장 맛이 좋아 이를 즐겨 먹었다고 한다. (가) 은/는 이러한 전통을 바탕으로 매년 가을이면 임금님께 고추장을 바치는 행렬을 재현하며 장류 축제를 개최하고, 이곳에서 생산된 고추장을 지리적 표시제에 등록하였다.
○ 『신증동국여지승람』에 따르면 예로부터 (나) 에서 차나무가 자생하여 그 잎으로 차를 만들어 음용하였는데, 차의 맛과 향이 좋아 조선에서 손꼽혔다고 한다. (나) 은/는 현재 국내 최대 녹차 생산지로 이곳에서 생산된 녹차는 지리적 표시제 제1호로 등록되었다.

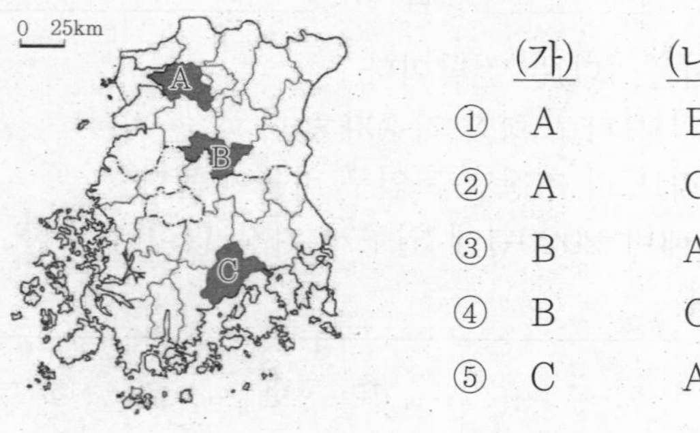

	(가)	(나)
①	A	B
②	A	C
③	B	A
④	B	C
⑤	C	A

19. 다음 글의 (가), (나) 지역에 해당하는 기후 그래프를 〈보기〉에서 고른 것은? [3점]

(가) 신생대의 화산 활동으로 형성된 경사가 급한 종 모양의 섬이다. 이 섬의 중앙부에는 나리 분지가 있고, 분지 안에는 우데기를 설치한 전통 가옥이 남아 있다.
(나) 영서 지방과 영동 지방의 명칭은 태백산맥에 위치한 이 지역의 서쪽과 동쪽이라는 데에서 유래하였다. 이 지역 일대에서는 고랭지 농업 및 목축업이 활발하게 이루어지고 있다.

<보 기>

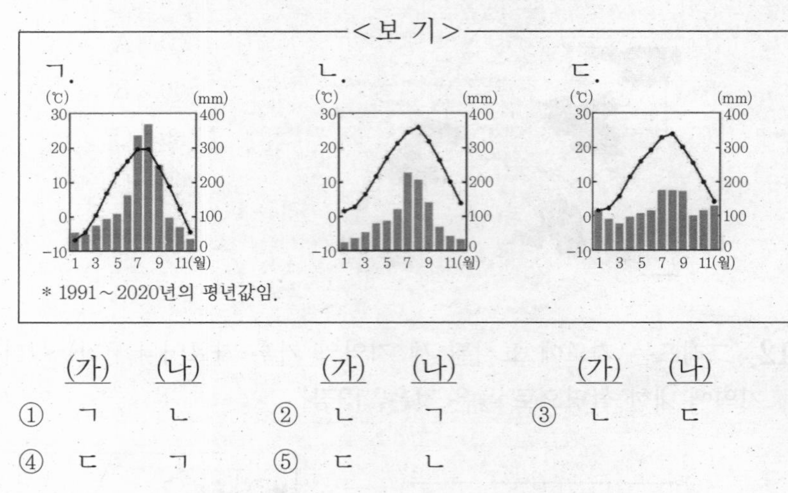

	(가)	(나)
①	ㄱ	ㄴ
②	ㄴ	ㄱ
③	ㄴ	ㄷ
④	ㄷ	ㄱ
⑤	ㄷ	ㄴ

20. 다음은 지역 개발에 대한 한국지리 수업 장면이다. 발표 내용이 옳은 학생만을 고른 것은?

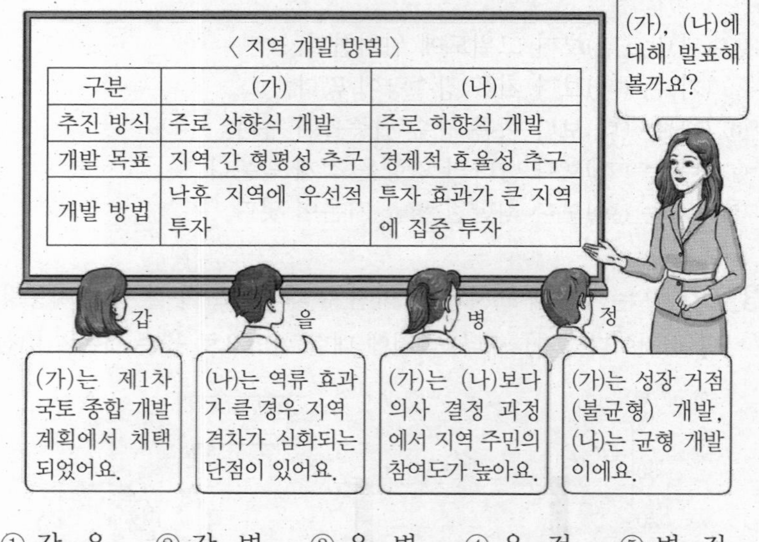

〈 지역 개발 방법 〉

구분	(가)	(나)
추진 방식	주로 상향식 개발	주로 하향식 개발
개발 목표	지역 간 형평성 추구	경제적 효율성 추구
개발 방법	낙후 지역에 우선적 투자	투자 효과가 큰 지역에 집중 투자

① 갑, 을 ② 갑, 병 ③ 을, 병 ④ 을, 정 ⑤ 병, 정

※ 확인 사항
○ **답안지의 해당란에 필요한 내용을 정확히 기입(표기)했는지 확인하시오.**

해설편 16쪽

사회탐구 영역 (한국지리)

5회	
시험 시간	30분
날짜	월 일
시작 시각	:
종료 시각	:

제 4 교시 | 성명 | 수험번호 | – |

1. 다음 자료의 ㉠, ㉡에 대한 옳은 설명만을 <보기>에서 고른 것은?

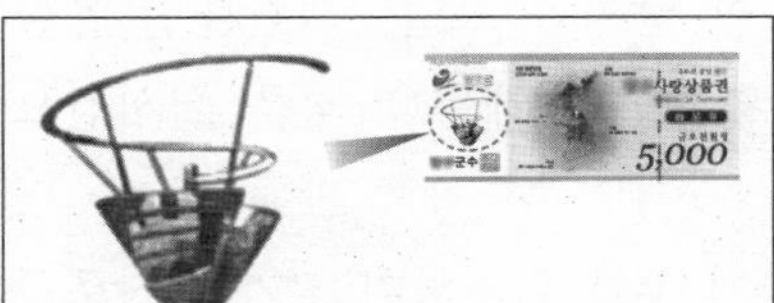

○○군에는 ㉠ 우리나라의 4극을 기준으로 국토 정중앙에 해당하는 지점이 있다. 이 지역에서는 이러한 위치적 특성을 살려 지역 상품권에 국토 정중앙을 상징하는 기념탑의 모습과 이 지역의 위치를 표시한 지도를 넣어 지역을 알리고 있다.

△△군에는 ㉡ 한반도 육지의 남쪽 끝 지점이 있다. 이 지역에서는 이러한 위치적 특성을 살려 지역의 마스코트 이름을 '땅끝이'로 정하였고, 지역 상품권에 마스코트인 '땅끝이'와 땅끝의 아름다운 봄의 모습을 넣어 지역을 알리고 있다.

<보 기>

ㄱ. ㉠은 우리나라에서 일출 시각이 가장 이르다.
ㄴ. ㉡은 우리나라 영토의 최남단에 위치한다.
ㄷ. ㉠은 ㉡보다 기온의 연교차가 크다.
ㄹ. ㉠은 ㉡보다 우리나라 표준 경선과의 최단 거리가 가깝다.

① ㄱ, ㄴ ② ㄱ, ㄷ ③ ㄴ, ㄷ ④ ㄴ, ㄹ ⑤ ㄷ, ㄹ

2. 다음 자료의 ㉠~㉣에 대한 옳은 설명만을 <보기>에서 고른 것은?

<재난 상황 발생 시 정보 수집 · 분석 과정>

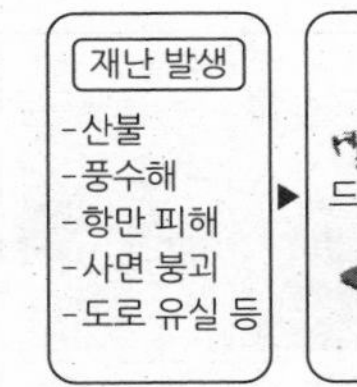

재난 발생
-산불
-풍수해
-항만 피해
-사면 붕괴
-도로 유실 등

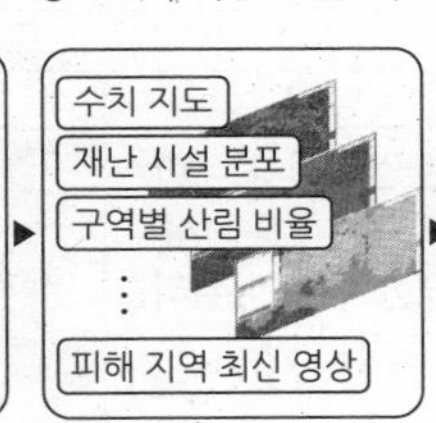

국토지리정보원은 재난 발생 시 신속한 피해 대응과 복구를 위해 ㉠ 원격 탐사 자료를 수집한다. 수집된 자료는 재난 시설 분포, ㉡ 구역별 산림 비율 등의 ㉢ 속성 정보와 함께 ㉣ 지리 정보 시스템(GIS)으로 중첩 분석된다. 이후 국토지리정보원은 피해 발생 범위, 지점별 피해 규모 등의 분석 데이터를 관계 기관에 제공한다.

<보 기>

ㄱ. ㉠의 주요 방법으로는 면담, 설문 조사가 있다.
ㄴ. ㉡을 통계 지도로 표현할 때 유선도가 가장 적절하다.
ㄷ. ㉢은 장소의 인문 및 자연 특성을 나타내는 정보이다.
ㄹ. ㉣은 지리 정보의 수정 및 보완이 용이하다.

① ㄱ, ㄴ ② ㄱ, ㄷ ③ ㄴ, ㄷ ④ ㄴ, ㄹ ⑤ ㄷ, ㄹ

3. 다음 자료의 (가)가 지속될 경우 우리나라에서 나타날 현상에 대한 추론으로 적절한 것은?

배는 연평균 기온 11.5~15.5℃인 지역이 재배하기에 적합하다. (가) 현상이 심화되어 연평균 기온이 상승하게 될 경우, 배의 재배 적합지가 크게 축소될 전망이다.

<배 재배 적합지 예상 변화>

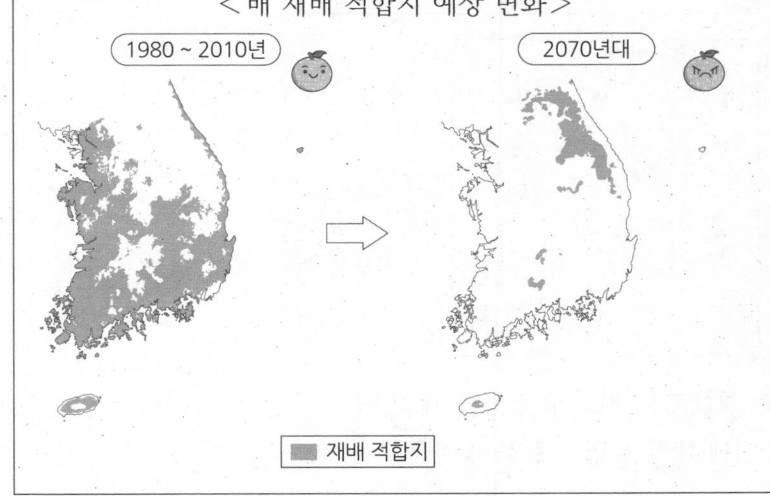

① 무상 기간이 길어질 것이다.
② 봄꽃의 개화 시기가 늦어질 것이다.
③ 단풍의 절정 시기가 빨라질 것이다.
④ 침엽수림의 분포 면적이 넓어질 것이다.
⑤ 한류성 어족의 어획량이 증가할 것이다.

4. 그래프는 세 지역의 제조업 업종별 출하액 비율을 나타낸 것이다. A~D에 대한 설명으로 옳은 것은? (단, A~D는 각각 1차 금속, 의복(액세서리, 모피 포함), 자동차 및 트레일러, 전자 부품 · 컴퓨터 · 영상 · 음향 및 통신장비 제조업 중 하나임.) [3점]

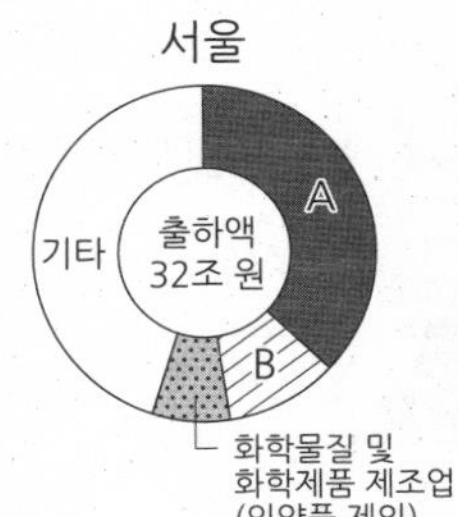

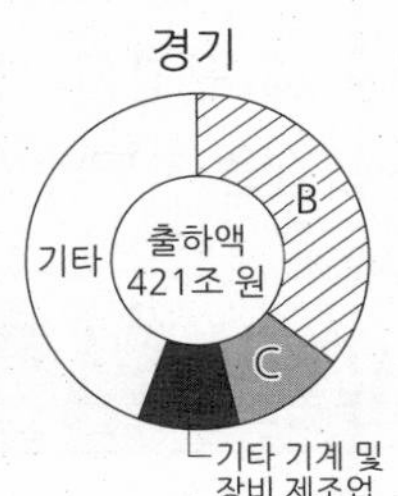

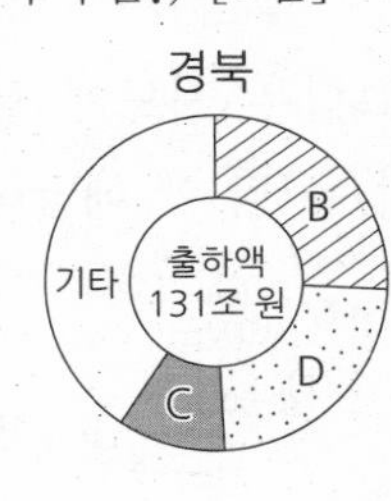

* 종사자 규모 10인 이상 사업체를 대상으로 함.
** 각 지역별 출하액 기준 상위 3개 제조업만 표현함.
(2020)

① A는 제조 과정에서 원료의 무게나 부피가 감소하는 원료 지향형 제조업이다.
② B는 부피가 크거나 무거운 원료를 해외에서 수입하는 적환지 지향형 제조업이다.
③ A는 B보다 종사자 1인당 출하액이 많다.
④ B는 C보다 최종 제품의 무게가 무겁고 부피가 크다.
⑤ D에서 생산된 제품은 C의 주요 재료로 이용된다.

해설편 17쪽

사회탐구 영역 (한국지리)

5. 다음 자료의 (가), (나) 지역을 지도의 A~C에서 고른 것은?

[(가)] 에서 사용되는 'HAPPY700'은 해발 고도가 높은 곳에 위치하여 여름에도 시원하다는 의미를 담고 있다. 이 지역에서는 양떼 목장, 풍력 발전기 등 색다른 경관도 즐길 수 있다.

[(나)] 은/는 풍향과 지형 등의 영향으로 강설량이 매우 많다. 이 지역 전통 가옥의 우데기는 많은 눈이 쌓였을 때 생활 공간을 확보하기 위해 설치한 것으로, 자연환경에 적응한 사례로 손꼽힌다.

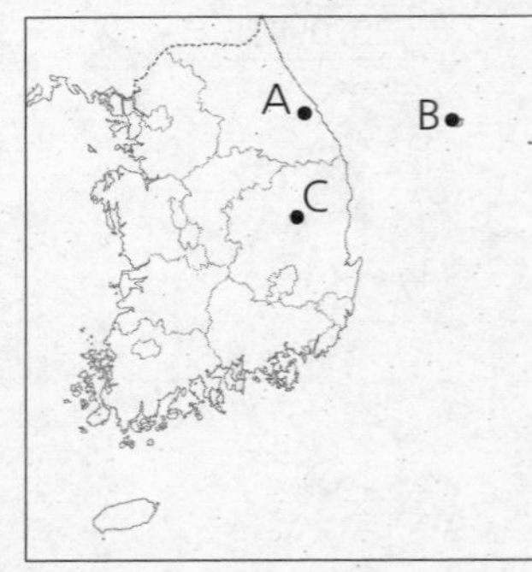

	(가)	(나)
①	A	B
②	A	C
③	B	A
④	C	A
⑤	C	B

6. 그래프는 지도에 표시된 세 지역의 인구 특성을 나타낸 것이다. 이에 대한 설명으로 옳은 것은?

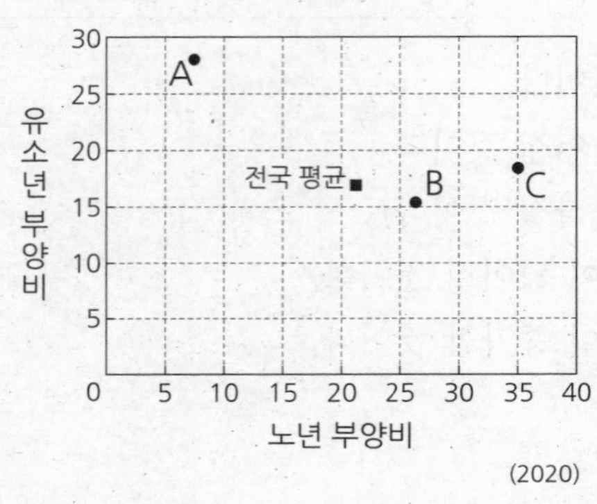

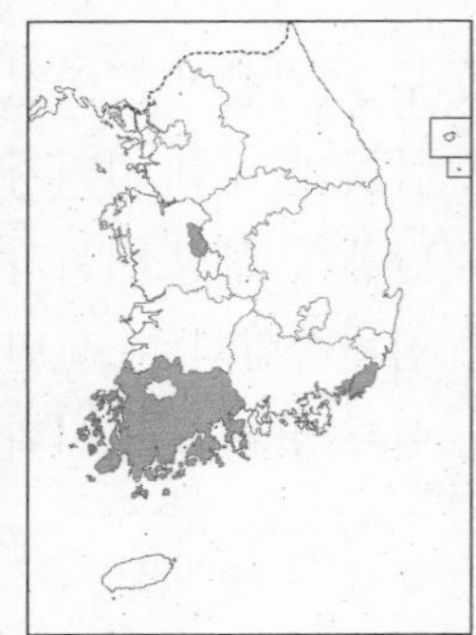

① A는 호남권, C는 충청권에 속한다.
② A는 B보다 총인구가 많다.
③ A는 C보다 노령화 지수가 높다.
④ C는 B보다 총부양비가 높다.
⑤ 부산은 전국 평균보다 유소년 부양비가 높다.

7. 그림은 지도에 표시된 세 구간의 지형 단면을 나타낸 것이다. (가)~(다)에 해당하는 구간을 지도의 A~C에서 고른 것은? [3점]

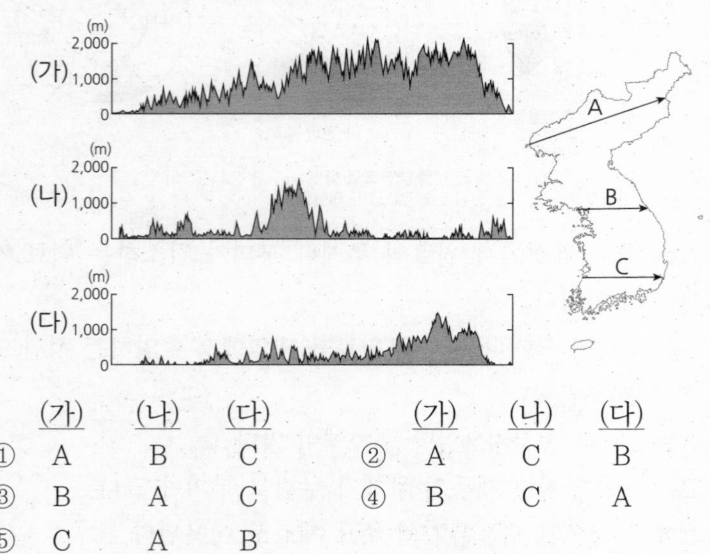

	(가)	(나)	(다)		(가)	(나)	(다)
①	A	B	C	②	A	C	B
③	B	A	C	④	B	C	A
⑤	C	A	B				

8. 다음 글의 (가), (나) 소매 업태에 대한 옳은 설명만을 〈보기〉에서 고른 것은? (단, (가), (나)는 각각 백화점, 편의점 중 하나임.) [3점]

인공지능이 도입되고 있는 소매 업태

[(가)] 은 주거지 인근에 주로 위치하며 조기·심야 영업, 연중 무휴 등의 특징을 갖는 소매 업태로, 인공지능이 도입되고 있다. 예를 들면 인공지능이 날씨와 요일·시간대별 유동 인구 등으로 분석한 자료를 활용하여 제품 가격을 실시간으로 반영한다.

[(나)] 은 도심 또는 부도심에 주로 위치하며 고가의 상품을 포함한 다양한 물품을 판매하는 소매 업태로, 인공지능 도입에 적극적이다. 예를 들면 육아용품을 자주 구입한 소비자의 구매 패턴을 인공지능이 분석하고, 그 결과를 활용하여 적절한 가전 및 문화 체험 일정 등을 안내한다.

〈보 기〉
ㄱ. (가)는 (나)보다 사업체당 매장 면적이 넓다.
ㄴ. (가)는 (나)보다 소비자의 평균 이용 횟수가 많다.
ㄷ. (나)는 (가)보다 최소 요구치가 작다.
ㄹ. (나)는 (가)보다 사업체 간 평균 거리가 멀다.

① ㄱ, ㄴ ② ㄱ, ㄷ ③ ㄴ, ㄷ ④ ㄴ, ㄹ ⑤ ㄷ, ㄹ

9. 다음 자료는 한국지리 수업 시간에 사용된 게임의 일부이다. 게임 방법에 따라 잠금 화면을 풀 수 있는 패턴으로 옳은 것은?

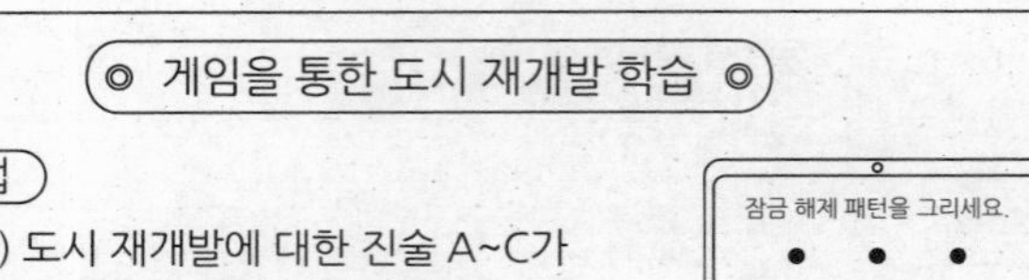

◎ 게임을 통한 도시 재개발 학습 ◎

게임 방법
1. (가), (나) 도시 재개발에 대한 진술 A~C가 옳으면 왼쪽에서 오른쪽으로 '●━●', 틀리면 위에서 아래로 '┃' 패턴 그리기
2. 진술 A~C의 순서대로 패턴을 한 칸씩 이어서 잠금 화면 풀기

잠금 해제 패턴을 그리세요.

구분	도시 재개발 방식	전	후
(가)	기존 건물을 최대한 유지하는 수준에서 필요한 부분만 수리·개조하는 방식		
(나)	기존 시설을 완전히 철거한 후 새로운 시설물로 대체하는 방식		

진술
○ A : (가)는 (나)보다 개발 후 원거주민의 재정착률이 높다.
○ B : (나)는 (가)보다 개발 후 기존 건물의 활용도가 높다.
○ C : (나)는 (가)보다 개발 과정에서 평균적으로 투입되는 자본의 규모가 크다.

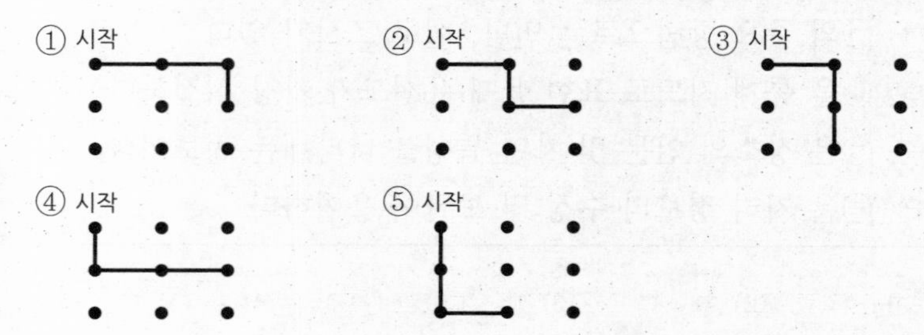

해설편 17~18쪽

10. 그래프는 (가)~(다) 지역의 1차 에너지원별 발전량을 나타낸 것이다. 이에 대한 설명으로 옳은 것은? (단, (가)~(다)는 각각 영남권, 충청권, 호남권 중 하나이며, A~C는 각각 석탄, 원자력, 천연가스 중 하나임.) [3점]

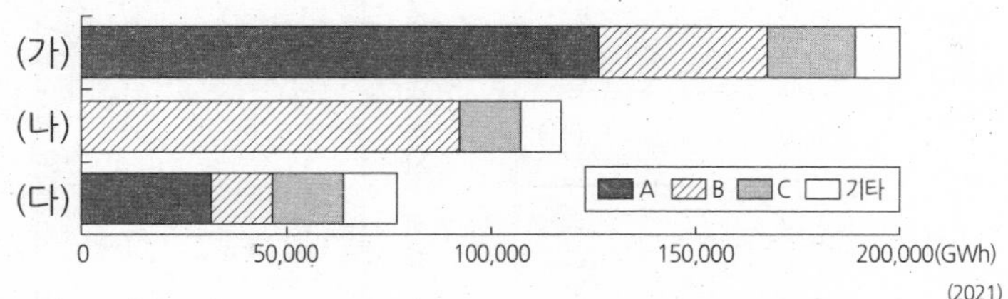

① (가)는 충청권, (나)는 호남권에 해당한다.
② A는 냉동 액화 기술의 발달로 사용량이 증가하였다.
③ A는 B보다 발전 시 대기 오염 물질 배출량이 많다.
④ B는 C보다 상용화된 시기가 이르다.
⑤ C는 B보다 우리나라 1차 에너지 소비량에서 차지하는 비율이 높다.

11. 다음 자료에 대한 옳은 설명만을 〈보기〉에서 고른 것은? (단, A~C 지점은 각각 지도에 표시된 (가)~(다) 지점 중 하나임.) [3점]

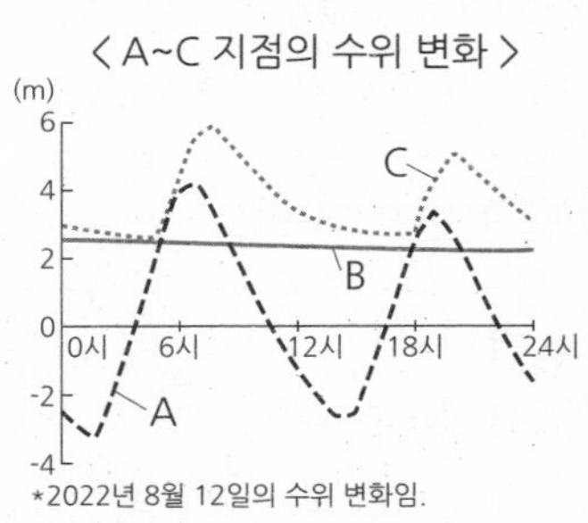

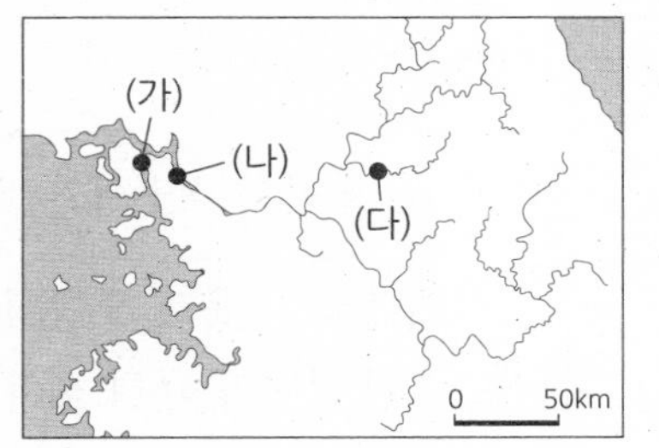

〈보 기〉

ㄱ. (가)는 A, (다)는 C이다.
ㄴ. A는 B보다 물의 염도가 높다.
ㄷ. B는 C보다 퇴적물의 평균 입자 크기가 크다.
ㄹ. C는 B보다 하구로부터의 거리가 멀다.

① ㄱ, ㄴ ② ㄱ, ㄷ ③ ㄴ, ㄷ ④ ㄴ, ㄹ ⑤ ㄷ, ㄹ

12. 그래프는 세 지역의 인구 특성을 나타낸 것이다. 이에 대한 설명으로 옳은 것은? (단, (가)~(다)와 A~C는 각각 강원, 경기, 경남 중 하나임.) [3점]

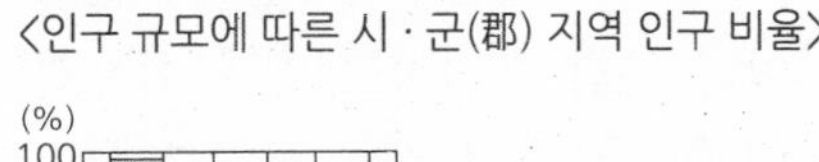

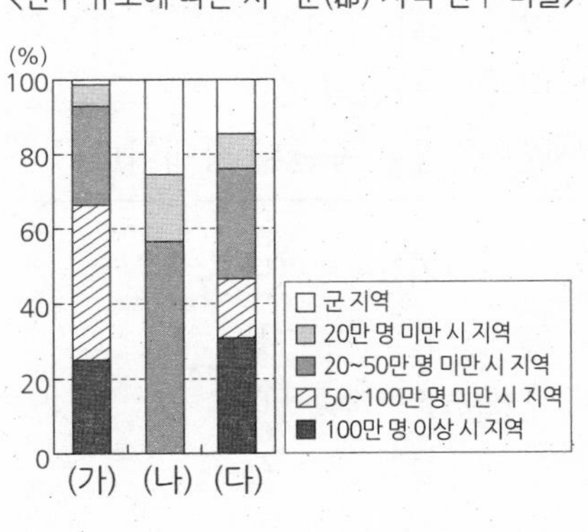

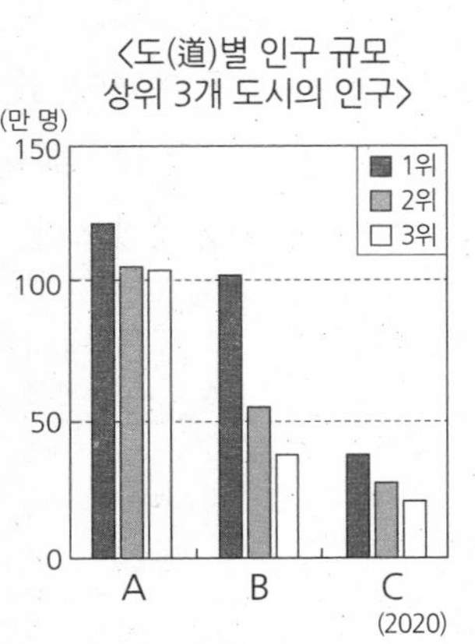

① (가)는 (다)보다 인구 100만 명 이상의 도시 수가 많다.
② (나)는 (가)보다 총인구가 많다.
③ A와 B는 행정 구역의 경계가 맞닿아 있다.
④ B는 C보다 지역 내 군(郡) 지역 인구 비율이 높다.
⑤ (가)는 A, (나)는 B, (다)는 C이다.

13. 다음 자료의 (가), (나) 지역을 지도의 A~D에서 고른 것은?

(가) 의 심벌마크에 표현된 회전하는 타원은 제철소에서 생산되는 철판을 형상화하였다. 서해대교와 국제 무역항이 위치한 이 지역은 철강 관련 제품의 출하액이 지역 내 제조업 출하액의 절반 이상을 차지하고 있다.

(나) 의 심벌마크에 표현된 씨앗은 생명을 의미하는 형태로, 생명 과학 단지와 첨단 의료 복합 단지를 갖춘 도시의 이미지를 표현하였다. 이 지역은 고속 철도 분기점과 충청권 유일의 국제공항이 위치하고 있다.

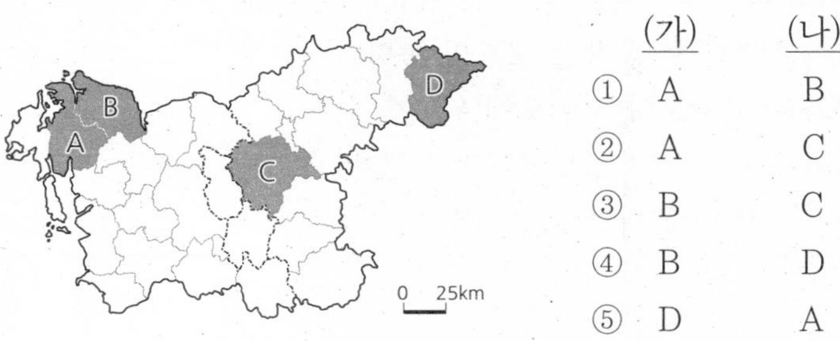

	(가)	(나)
①	A	B
②	A	C
③	B	C
④	B	D
⑤	D	A

14. 다음은 해안 지형에 대한 온라인 학습 장면의 일부이다. 답글의 내용이 옳은 학생만을 고른 것은? (단, A~D는 각각 사빈, 석호, 시 스택, 해식애 중 하나임.) [3점]

선생님
사진의 A~D 지형에 대해 설명해 볼까요?
A
B
C
D
↳갑
A는 후빙기 해수면 상승 이후에 형성되었어요.
↳을
A는 시간이 지날수록 면적이 확대될 거예요.
댓글 추가
↳병
C는 B보다 파랑 에너지가 집중되는 곳에서 잘 발달해요.
댓글 추가
↳정
D는 시간이 지날수록 바다 쪽으로 성장할 거예요.
댓글 추가

① 갑, 을 ② 갑, 병 ③ 을, 병 ④ 을, 정 ⑤ 병, 정

15. 지도에 표시된 A~E 지역의 특성을 활용한 탐구 주제로 적절하지 않은 것은?

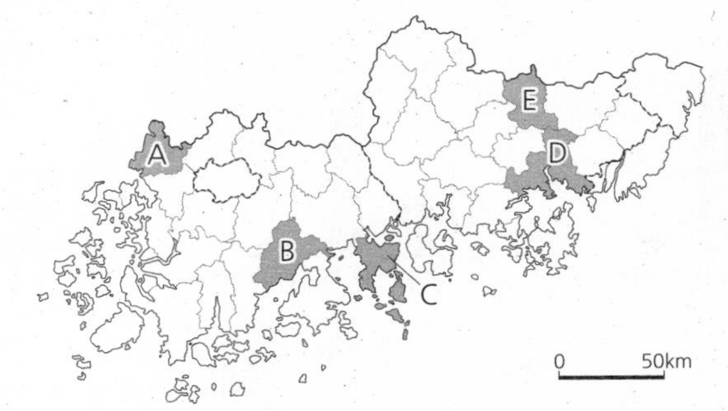

① A – 지역 특산물인 굴비를 활용한 장소 마케팅 효과
② B – 지리적 표시제 등록에 따른 녹차 생산량 변화
③ C – 석유 화학 공업의 성장에 따른 지역 내 산업 구조 변화
④ D – 원자력 발전소의 입지가 지역 경제에 끼친 영향
⑤ E – 람사르 협약에 등록된 습지를 보존하기 위한 노력

해설편 18~19쪽

16. 그래프는 지도에 표시된 세 지역의 상대적 기후 특성을 나타낸 것이다. (가)~(다) 지역에 대한 옳은 설명만을 〈보기〉에서 고른 것은? [3점]

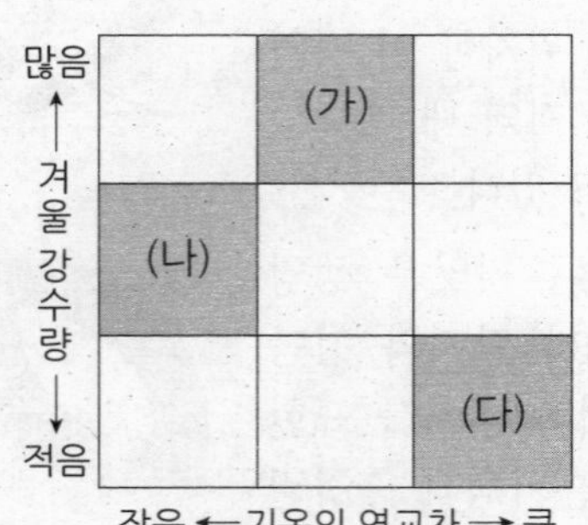

* 1991~2020년의 평년값임.

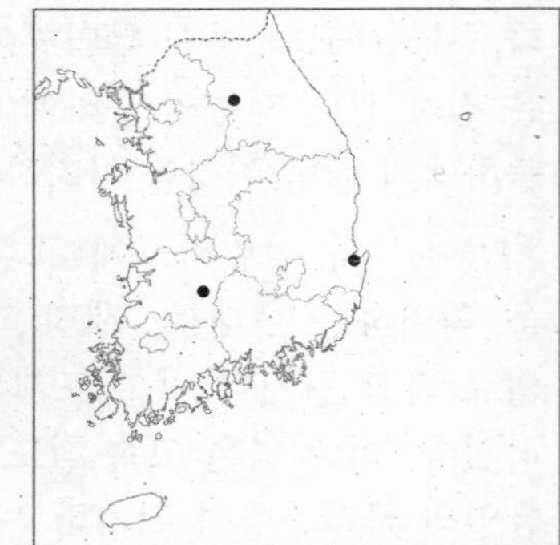

<보 기>

ㄱ. (가)는 (나)보다 해발 고도가 높다.
ㄴ. (가)는 (다)보다 고위도에 위치한다.
ㄷ. (나)는 (다)보다 연평균 기온이 높다.
ㄹ. (가)~(다) 중 바다의 영향을 가장 크게 받는 곳은 (다)이다.

① ㄱ, ㄴ ② ㄱ, ㄷ ③ ㄴ, ㄷ ④ ㄴ, ㄹ ⑤ ㄷ, ㄹ

17. 다음 글의 ㉠~㉣에 대한 옳은 설명만을 〈보기〉에서 고른 것은?

최근 3차원의 가상 세계에서 자신이 설정한 아바타가 현실 세계처럼 여행하는 메타버스(Metaverse) 여행이 주목받고 있다. 자신의 아바타가 가상 세계 속 제주도를 여행한다면, 한라산의 ㉠ 백록담에서 일출을 감상하거나 종 모양의 ㉡ 산방산을 등반할 수 있다. 또한 ㉢ 만장굴을 탐방하거나 ㉣ 현무암으로 만든 돌하르방과 노란 유채꽃을 배경으로 사진을 찍을 수도 있다. 이러한 메타버스 여행은 시공간의 제약이 없는 다양한 경험을 가능하게 하고 있다.

<보 기>

ㄱ. ㉠은 분화구에 물이 고여 형성된 화구호이다.
ㄴ. ㉡은 주로 유동성이 큰 현무암질 용암의 분출로 형성되었다.
ㄷ. ㉢은 용암의 냉각 속도 차이로 형성되었다.
ㄹ. ㉣은 주로 마그마가 관입하여 형성된 암석이다.

① ㄱ, ㄴ ② ㄱ, ㄷ ③ ㄴ, ㄷ ④ ㄴ, ㄹ ⑤ ㄷ, ㄹ

18. 그래프는 지도에 표시된 세 지역의 특성을 나타낸 것이다. (가)~(다) 지역을 지도의 A~C에서 고른 것은? [3점]

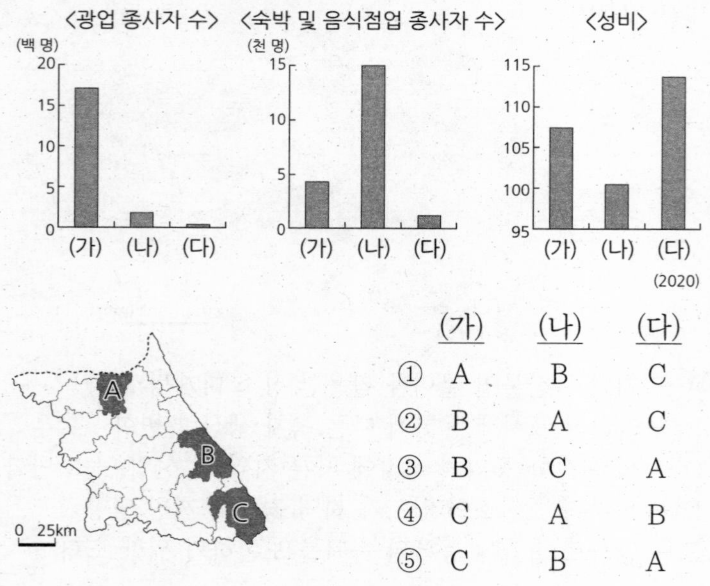

	(가)	(나)	(다)
①	A	B	C
②	B	A	C
③	B	C	A
④	C	A	B
⑤	C	B	A

19. 그래프에 대한 옳은 설명만을 〈보기〉에서 고른 것은? (단, (가)~(다)는 각각 가평, 성남, 화성 중 하나임.)

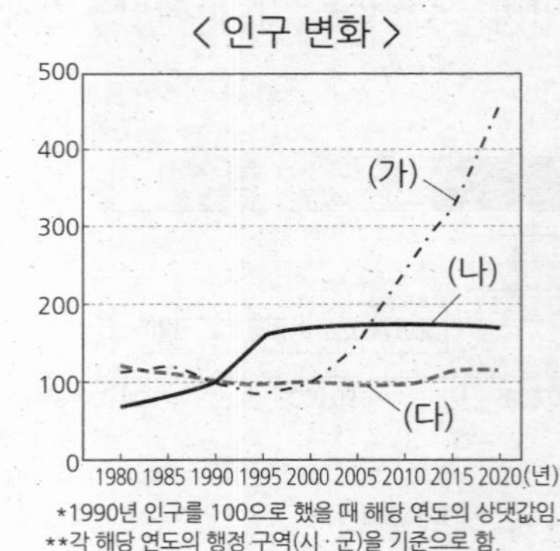

*1990년 인구를 100으로 했을 때 해당 연도의 상댓값임.
**각 해당 연도의 행정 구역(시·군)을 기준으로 함.

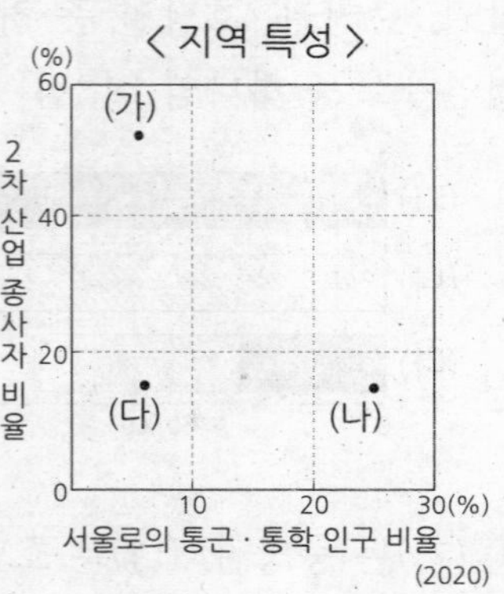

<보 기>

ㄱ. 화성은 성남보다 서울로의 통근·통학 인구 비율이 높다.
ㄴ. (나)에는 수도권 1기 신도시가 위치하고 있다.
ㄷ. (가)는 (다)보다 주택 유형 중 아파트 비율이 높다.
ㄹ. (나)는 (다)보다 지역 내 1차 산업 종사자 비율이 높다.

① ㄱ, ㄴ ② ㄱ, ㄷ ③ ㄴ, ㄷ ④ ㄴ, ㄹ ⑤ ㄷ, ㄹ

20. 다음 자료의 (가), (나)에 해당하는 지역을 지도의 A~D에서 고른 것은? [3점]

<문학 작품에 나타난 북한의 지역>

> 개심대에 다시 올라 중향성을 바라보니
> 일만이천 봉을 충분히 헤아려 볼 수 있구나
> — 정철 「관동별곡」 중 —

정철의 「관동별곡」에는 (가) 의 일만이천 봉우리를 바라본 감회가 나타나 있다. 예부터 조상들의 주요 여행지였던 이 지역은 2000년대에 남한과 외국인 관광객 유치를 위해 관광 지구로 지정되었으나, 현재는 남한 관광객의 방문이 중단된 상태이다.

> 흩날리는 눈송이 고려의 한이 서리고
> 차가운 종소리는 옛 나라 때 그대로네
> — 황진이 「송도」 중 —

황진이의 「송도」에는 고려의 수도였던 (나) 의 몰락이 쓸쓸하게 표현되어 있다. 여러 문화 유적이 세계 문화유산에 등재된 이 지역은 2000년대에 남북한의 경제 협력으로 공업 지구가 조성되었으나, 현재는 운영이 중단된 상태이다.

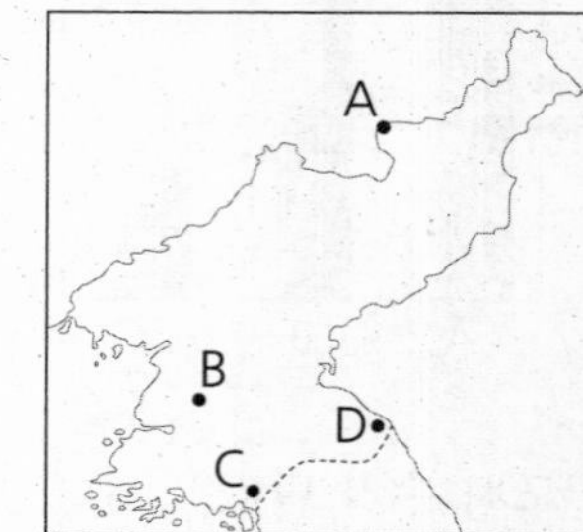

	(가)	(나)
①	A	B
②	A	C
③	B	C
④	D	B
⑤	D	C

※ 확인 사항
○ **답안지의 해당란에 필요한 내용을 정확히 기입(표기) 했는지 확인하시오.**

해설편 20쪽

2024년 4월 고3 전국연합학력평가 문제지

사회탐구 영역 (한국지리)

6회	
시험 시간	30분
날짜	월 일
시작 시각	:
종료 시각	:

제 4 교시 | 성명 | | 수험번호 | - |

1. 다음은 누리집 게시글의 일부이다. ㉠~㉣에 대한 옳은 설명만을 <보기>에서 고른 것은?

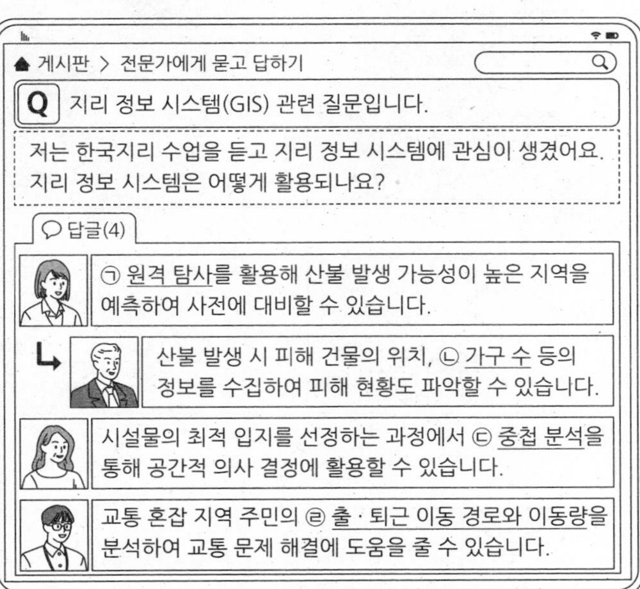

게시판 > 전문가에게 묻고 답하기
Q 지리 정보 시스템(GIS) 관련 질문입니다.
저는 한국지리 수업을 듣고 지리 정보 시스템에 관심이 생겼어요. 지리 정보 시스템은 어떻게 활용되나요?
답글(4)
㉠ 원격 탐사를 활용해 산불 발생 가능성이 높은 지역을 예측하여 사전에 대비할 수 있습니다.
산불 발생 시 피해 건물의 위치, ㉡ 가구 수 등의 정보를 수집하여 피해 현황도 파악할 수 있습니다.
시설물의 최적 입지를 선정하는 과정에서 ㉢ 중첩 분석을 통해 공간적 의사 결정에 활용할 수 있습니다.
교통 혼잡 지역 주민의 ㉣ 출·퇴근 이동 경로와 이동량을 분석하여 교통 문제 해결에 도움을 줄 수 있습니다.

<보 기>

ㄱ. ㉠은 직접 접근하기 어려운 지역의 지리 정보 수집에 유리하다.
ㄴ. ㉡은 공간 정보에 해당한다.
ㄷ. ㉢은 각각의 지리 정보를 표현한 여러 장의 지도를 겹쳐서 분석하는 방법이다.
ㄹ. ㉣을 통계 지도로 표현할 때 등치선도가 가장 적절하다.

① ㄱ, ㄴ ② ㄱ, ㄷ ③ ㄴ, ㄷ ④ ㄴ, ㄹ ⑤ ㄷ, ㄹ

2. 다음 글의 ㉠~㉣에 대한 옳은 설명만을 <보기>에서 고른 것은?

화산이나 카르스트 지형이 분포하는 지역을 개발할 때는 세심한 주의가 필요하다. 공사 과정에서 보존 가치가 높은 지형이 우연히 발견되기도 하기 때문이다. 예를 들어 천연기념물로 지정된 분덕재 동굴은 강원도 영월의 터널 공사 중에 발견되었다. ㉠ 석회암의 용식 및 침전 과정에서 형성된 종유석, 석순 등의 동굴 생성물이 ㉡ 석회 동굴의 특징을 잘 드러내고 있어 지형적 가치를 인정받았다.

㉢ 용암 동굴이지만 석회 동굴의 특징도 함께 나타나 세계 자연 유산으로 등재된 제주도의 용천동굴 역시 전신주 공사 과정에서 우연히 발견되었다. ㉣ 현무암으로 이루어진 동굴 내부에 종유석, 석주 등이 발달하여 매우 독특한 경관으로 학술적 가치가 높다.

<보 기>

ㄱ. ㉠은 고생대 조선 누층군에 주로 분포한다.
ㄴ. ㉡의 주변 지역은 밭농사보다 논농사에 유리하다.
ㄷ. ㉢은 흐르는 용암 표면과 내부의 냉각 속도 차이에 의해 형성된다.
ㄹ. ㉣은 주로 마그마의 관입으로 형성된다.

① ㄱ, ㄴ ② ㄱ, ㄷ ③ ㄴ, ㄷ ④ ㄴ, ㄹ ⑤ ㄷ, ㄹ

3. (가), (나)는 조선 시대에 제작된 고지도이다. 이에 대한 설명으로 옳은 것은?

(가) 혼일강리역대국도지도

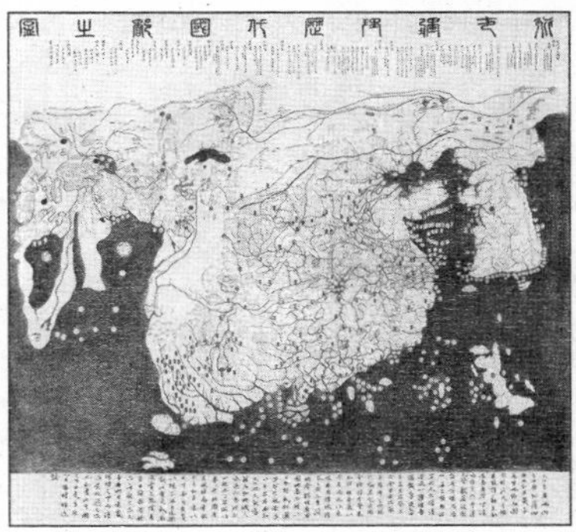

(나) 대동여지도

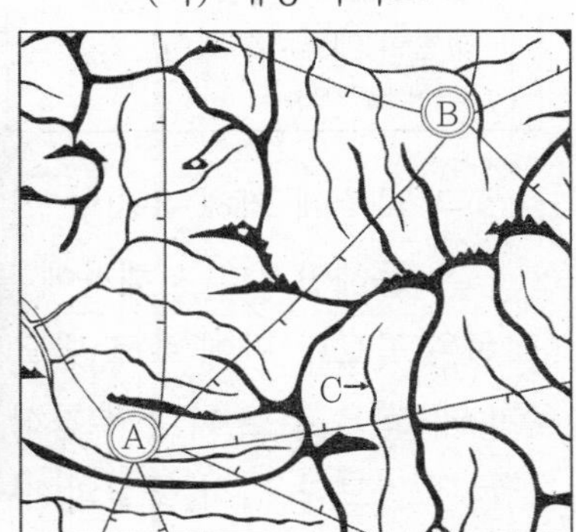

① (가)는 민간 주도로 제작되었다.
② (나)는 산줄기의 굵기를 통해 정확한 해발 고도를 알 수 있다.
③ (가)는 (나)보다 제작 시기가 이르다.
④ A에서 B까지의 거리는 30리 미만이다.
⑤ C는 배가 다닐 수 있는 하천이다.

4. 다음은 두 친구가 여행 중에 나눈 영상 통화의 일부이다. (가), (나) 지역을 지도의 A~D에서 고른 것은? [3점]

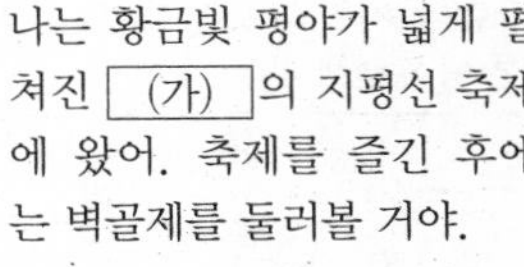

나는 황금빛 평야가 넓게 펼쳐진 (가) 의 지평선 축제에 왔어. 축제를 즐긴 후에는 벽골제를 둘러볼 거야.

나는 지리적 표시제 제1호로 등록된 녹차로 널리 알려진 (나) 의 차밭에 왔어. 녹차 시음 후에는 이 지역 명물인 꼬막 정식도 먹을 거야.

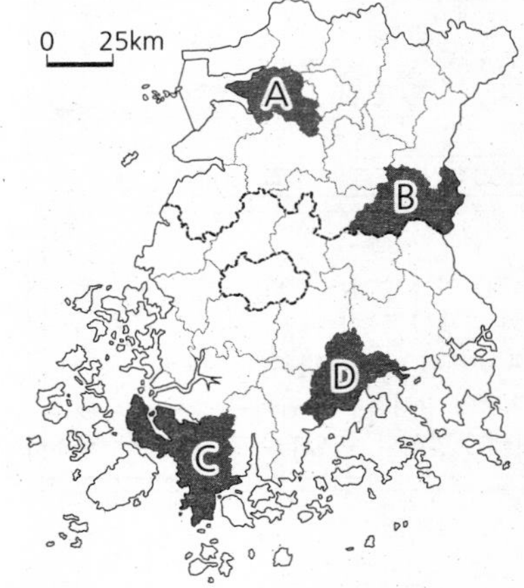

	(가)	(나)
①	A	C
②	A	D
③	B	C
④	B	D
⑤	C	A

6회 2024 4월 학력평가

사회탐구 영역 (한국지리)

5. 다음은 사회 관계망 서비스(SNS)에 올라온 게시물 중 일부이다. ㉠~㉣에 대한 설명으로 옳지 않은 것은?

I.love.Geo.travel
발걸음을 이끄는 ㉠ 육계도와 썰물 때에 드러나는 광활한 ㉡ 갯벌이 매력적이었어!
#인천 #선재도 #목섬

I.love.Geo.travel
㉢ 해안 사구에 있는 가로등이 파묻힌 건 ㉣ 사빈에서 모래가 날아와 쌓였기 때문이래.
#신안 #우이도 #돈목해변

① ㉠은 사주에 의해 육지와 연결된다.
② ㉡은 동해안보다 서해안에 넓게 분포한다.
③ ㉣은 곶보다 만에 주로 발달한다.
④ ㉡과 ㉣은 주로 파랑의 침식 작용으로 형성된다.
⑤ ㉢은 ㉣보다 퇴적 물질의 평균 입자 크기가 작다.

6. 그래프는 지도에 표시된 세 지역의 용도별 토지 이용 면적을 나타낸 것이다. (가)~(다) 지역에 대한 설명으로 옳은 것은? [3점]

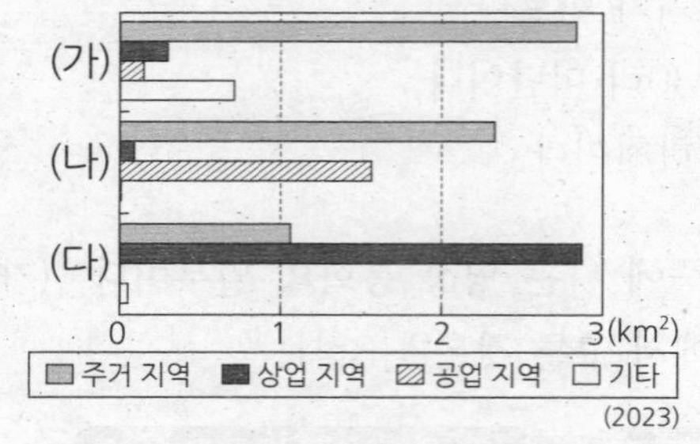

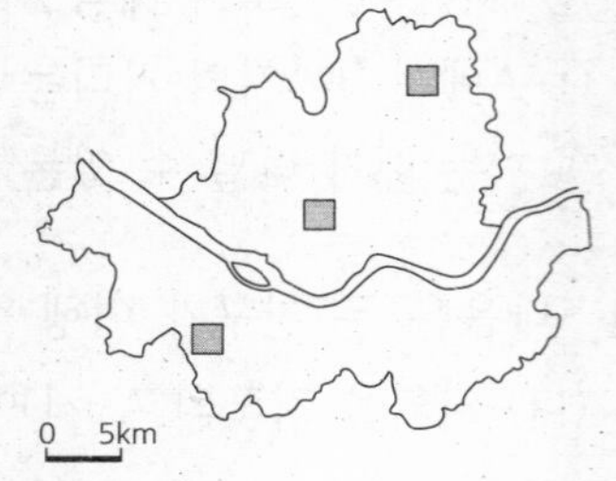

① (가)는 (나)보다 제조업체 수가 많다.
② (가)는 (다)보다 초등학생 수가 적다.
③ (나)는 (다)보다 중심 업무 기능이 우세하다.
④ (다)는 (가)보다 출근 시간대 유입 인구가 적다.
⑤ (다)는 (나)보다 상업 지역의 평균 지가가 높다.

7. 다음은 한국지리 온라인 학습 장면의 일부이다. 답글 ㉠~㉤ 중에서 가장 적절한 것은?

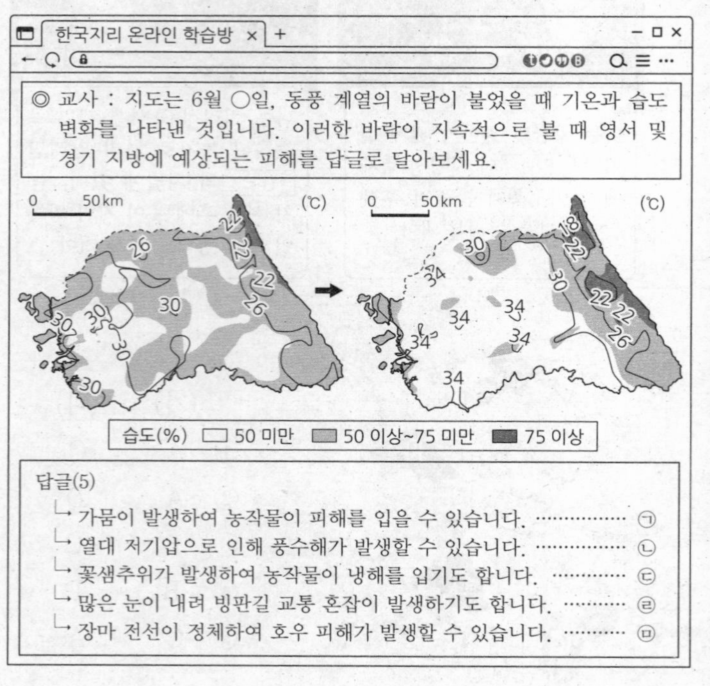

한국지리 온라인 학습방
◎ 교사 : 지도는 6월 ○일, 동풍 계열의 바람이 불었을 때 기온과 습도 변화를 나타낸 것입니다. 이러한 바람이 지속적으로 불 때 영서 및 경기 지방에 예상되는 피해를 답글로 달아보세요.
0 50km (℃)
0 50km (℃)
습도(%) 50 미만 50 이상~75 미만 75 이상
답글(5)
가뭄이 발생하여 농작물이 피해를 입을 수 있습니다. ㉠
열대 저기압으로 인해 풍수해가 발생할 수 있습니다. ㉡
꽃샘추위가 발생하여 농작물이 냉해를 입기도 합니다. ㉢
많은 눈이 내려 빙판길 교통 혼잡이 발생하기도 합니다. ㉣
장마 전선이 정체하여 호우 피해가 발생할 수 있습니다. ㉤

① ㉠ ② ㉡ ③ ㉢ ④ ㉣ ⑤ ㉤

8. 지도는 두 서비스업의 특성을 나타낸 것이다. (가), (나)에 대한 옳은 설명만을 〈보기〉에서 고른 것은? (단, (가), (나)는 각각 도매 및 소매업, 전문 서비스업 중 하나임.) [3점]

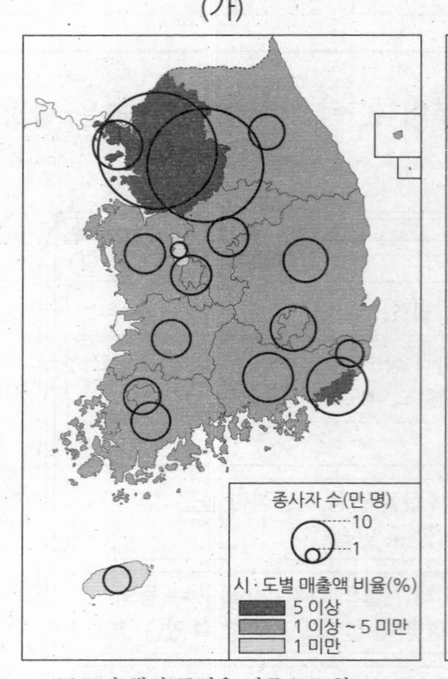

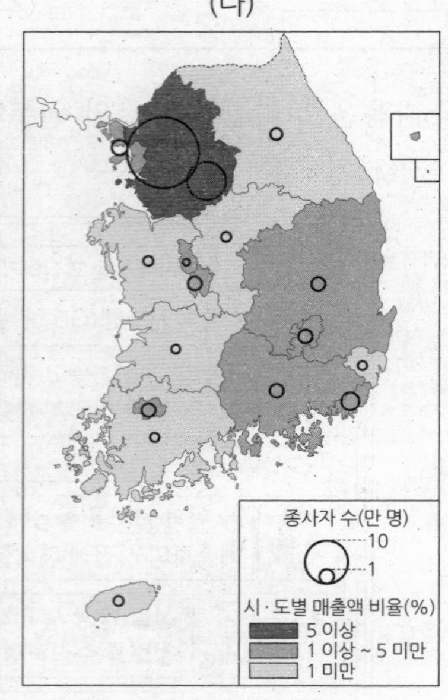

* 2021년 행정 구역을 기준으로 함.
** 시·도별 매출액 비율은 각 서비스업 전국 총매출액에서 차지하는 비율임. (2021)

<보 기>

ㄱ. (가)는 (나)보다 지식 집약적 성격이 강하다.
ㄴ. (나)는 (가)보다 전국 종사자 수가 많다.
ㄷ. (나)는 (가)보다 대도시의 도심에서 주로 발달한다.
ㄹ. (가)는 소비자 서비스업, (나)는 생산자 서비스업에 해당한다.

① ㄱ, ㄴ ② ㄱ, ㄷ ③ ㄴ, ㄷ ④ ㄴ, ㄹ ⑤ ㄷ, ㄹ

9. 다음은 학생이 작성한 학습 노트이다. 이에 대한 옳은 설명만을 〈보기〉에서 고른 것은? (단, (가), (나)는 각각 설악산, 지리산 중 하나임.) [3점]

구분	(가)	(나)
특징	○ ㉠ 소백산맥을 이루고 있는 산 중 가장 높음. ○ ㉡ 변성암의 풍화로 형성된 토양층이 두꺼워 숲이 울창함. ○ 국내 최초의 국립 공원으로 지정됨. ○ 등산 명소로 천왕봉, 노고단 등이 있음.	○ ㉢ 태백산맥을 이루고 있는 산 중 가장 높음. ○ ㉣ 화강암으로 이루어진 울산바위 등 암반 경관이 아름다움. ○ 유네스코 생물권 보전 지역으로 선정됨. ○ 등산 명소로 대청봉, 공룡능선 등이 있음.

<보 기>

ㄱ. (가)는 (나)보다 고위도에 위치한다.
ㄴ. (가)는 흙산, (나)는 돌산으로 분류된다.
ㄷ. ㉠과 ㉢은 해발 고도가 높고 연속성이 강한 1차 산맥이다.
ㄹ. ㉣은 ㉡보다 대체로 형성 시기가 이르다.

① ㄱ, ㄴ ② ㄱ, ㄷ ③ ㄴ, ㄷ ④ ㄴ, ㄹ ⑤ ㄷ, ㄹ

해설편 21~22쪽

사회탐구 영역 (한국지리)

10. 다음 자료는 어느 기후 현상을 주제로 제작한 카드 뉴스의 일부이다. (가) 현상이 지속될 경우 우리나라에서 나타날 변화에 대한 추론으로 적절한 것은?

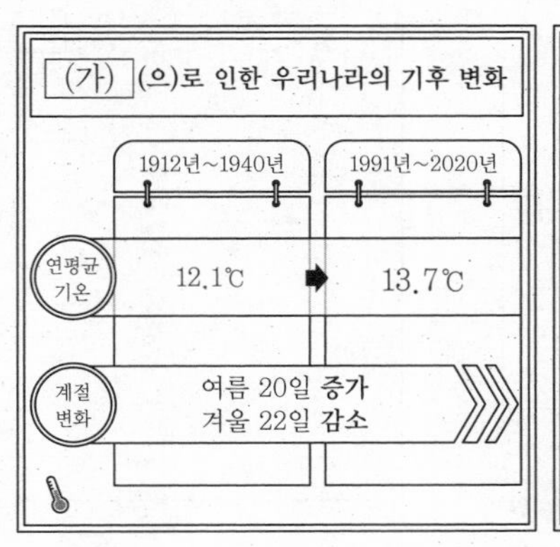

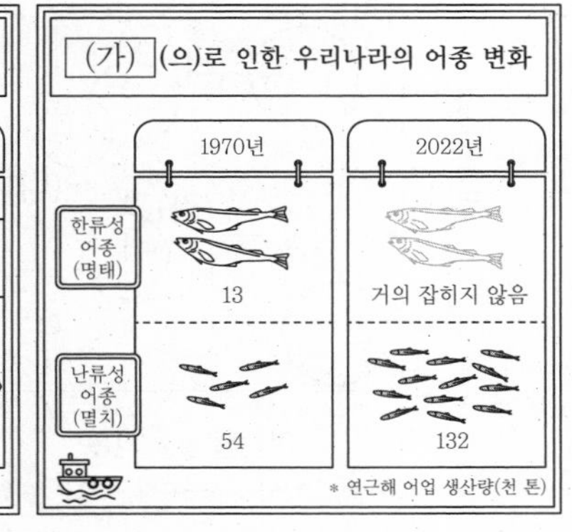

① 봄꽃의 개화 시기가 빨라질 것이다.
② 열대야 발생 일수가 감소할 것이다.
③ 서리가 내리지 않는 기간이 짧아질 것이다.
④ 해안 저지대의 침수 가능성이 낮아질 것이다.
⑤ 고산 식물의 분포 고도 하한선이 낮아질 것이다.

11. 다음 글의 (가)~(다) 발전에 대한 설명으로 옳은 것은? (단, (가)~(다)는 각각 조력, 풍력, 태양광 중 하나임.)

> ○ 폐염전과 간척지가 있는 신안군에는 일조량이 풍부한 지역 특성을 바탕으로 햇빛을 이용해 전력을 생산하는 (가) 발전소가 건설되었다.
> ○ 방조제가 있는 시화호에는 조차가 큰 지역 특성을 바탕으로 밀물과 썰물을 이용해 전력을 생산하는 (나) 발전소가 건설되었다.
> ○ 산지 지형이 발달한 정선군에는 바람이 많은 지역 특성을 바탕으로 바람의 힘을 이용하여 전력을 생산하는 (다) 발전소가 건설되었다.

① (가)는 주간보다 야간에 발전량이 많다.
② (나)는 동해안이 서해안보다 발전소 입지에 유리하다.
③ (가)는 (나)보다 전력 생산 시 기상 조건의 영향을 많이 받는다.
④ (가)는 (다)보다 전력 생산 시 소음이 크게 발생한다.
⑤ (가)는 조력, (나)는 풍력, (다)는 태양광이다.

12. (가), (나) 지역에 대한 설명으로 옳은 것은? (단, (가), (나)의 하천은 동일한 하계망에 속함.) [3점]

(가)

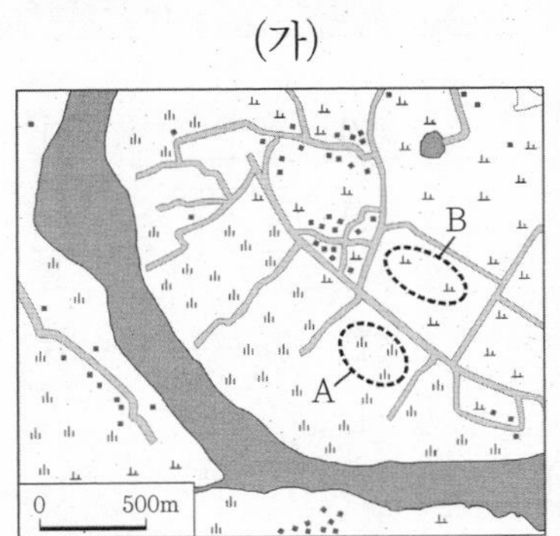

(나)

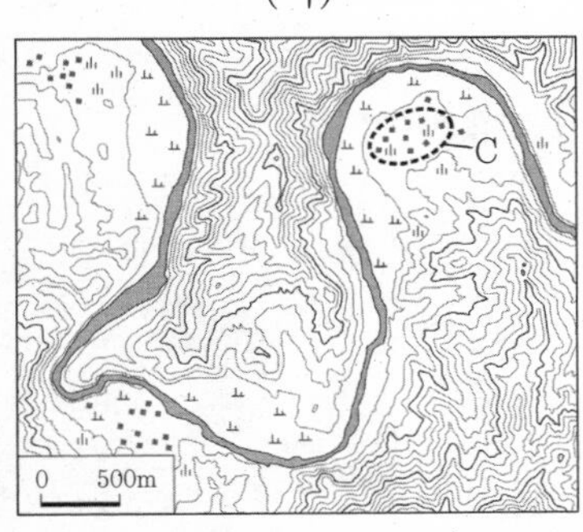

① (가)의 하천은 (나)의 하천보다 하상의 평균 해발 고도가 높다.
② (나)의 하천은 (가)의 하천보다 평균 유량이 많다.
③ A의 퇴적물은 주로 최종 빙기에 퇴적되었다.
④ B는 A보다 배수가 양호하다.
⑤ C는 B보다 홍수 시 범람에 의한 침수 가능성이 낮다.

13. 표는 지도에 표시된 세 지역의 교육 기관 수를 나타낸 것이다. 이에 대한 설명으로 옳은 것은? (단, A~C는 각각 대학교, 고등학교, 초등학교 중 하나임.) [3점]

(단위 : 개)

지역 \ 교육 기관	A	B	C
(가)	20	6	1
(나)	68	28	4
(다)	241	98	13

* 대학교는 전문대학을 포함함. (2023)

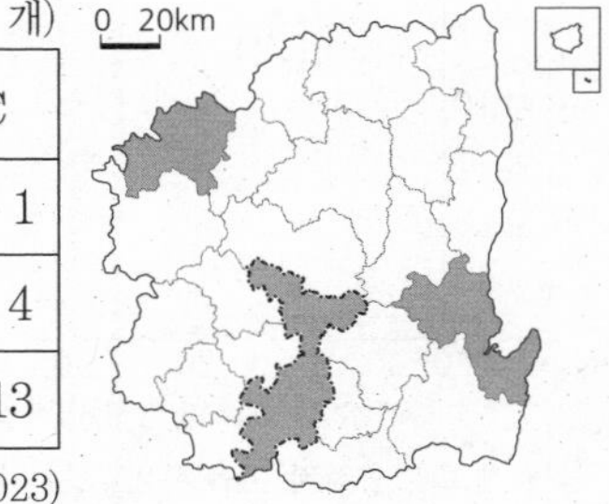

① (가)는 광역시이다.
② (나)는 (다)보다 보유하고 있는 중심지 기능이 다양하다.
③ (가)~(다) 중 서울로의 고속버스 운행 횟수가 가장 많은 지역은 (다)이다.
④ A는 C보다 학생들의 평균 통학권 범위가 넓다.
⑤ A는 대학교, B는 고등학교, C는 초등학교이다.

14. 다음은 지역 개발에 대한 수업 장면의 일부이다. 발표 내용이 옳은 학생만을 고른 것은?

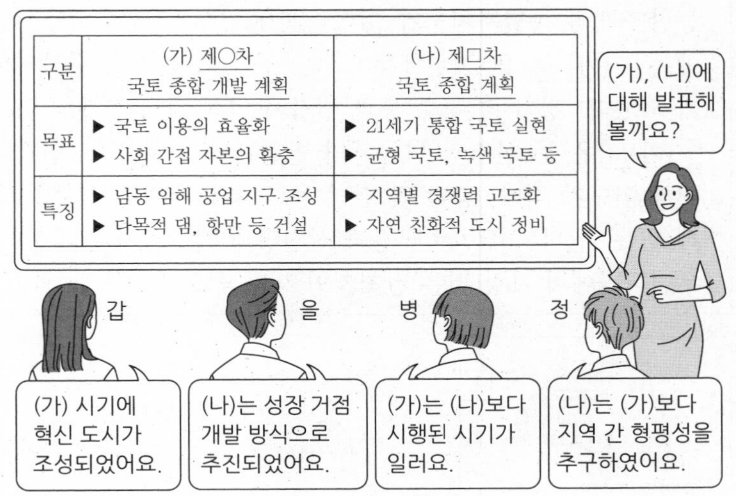

구분
(가) 제○차 국토 종합 개발 계획
(나) 제□차 국토 종합 계획
목표
▶ 국토 이용의 효율화
▶ 사회 간접 자본의 확충
▶ 21세기 통합 국토 실현
▶ 균형 국토, 녹색 국토 등
특징
▶ 남동 임해 공업 지구 조성
▶ 다목적 댐, 항만 등 건설
▶ 지역별 경쟁력 고도화
▶ 자연 친화적 도시 정비
(가), (나)에 대해 발표해 볼까요?
갑
을
병
정
(가) 시기에 혁신 도시가 조성되었어요.
(나)는 성장 거점 개발 방식으로 추진되었어요.
(가)는 (나)보다 시행된 시기가 일러요.
(나)는 (가)보다 지역 간 형평성을 추구하였어요.

① 갑, 을 ② 갑, 병 ③ 을, 병 ④ 을, 정 ⑤ 병, 정

15. 지도는 세 제조업의 시·도별 출하액 상위 3개 지역을 나타낸 것이다. (가)~(다) 제조업에 대한 설명으로 옳은 것은? (단, (가)~(다)는 각각 1차 금속, 기타 운송 장비, 섬유 제품(의복 제외) 제조업 중 하나임.)

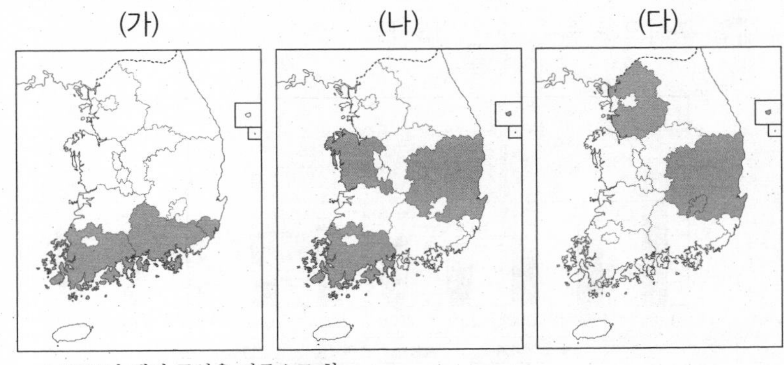

* 2021년 행정 구역을 기준으로 함.
** 종사자 규모 10인 이상 사업체를 대상으로 함.
*** 기타 운송 장비는 선박 건조업 등을 포함함. (2021)

① (다)는 많은 부품을 필요로 하는 조립형 제조업이다.
② (가)에서 생산된 제품은 (나)의 주요 재료로 이용된다.
③ (가)는 (다)보다 최종 제품의 무게가 무겁고 부피가 크다.
④ (나)는 (다)보다 생산비에서 노동비가 차지하는 비율이 높다.
⑤ (다)는 (가)보다 사업체당 종사자 수가 많다.

해설편 22~23쪽

사회탐구 영역 (한국지리)

16. 그래프의 (가)~(다)는 지도에 표시된 A~C의 인구 특성을 나타낸 것이다. 이에 대한 설명으로 옳은 것은? [3점]

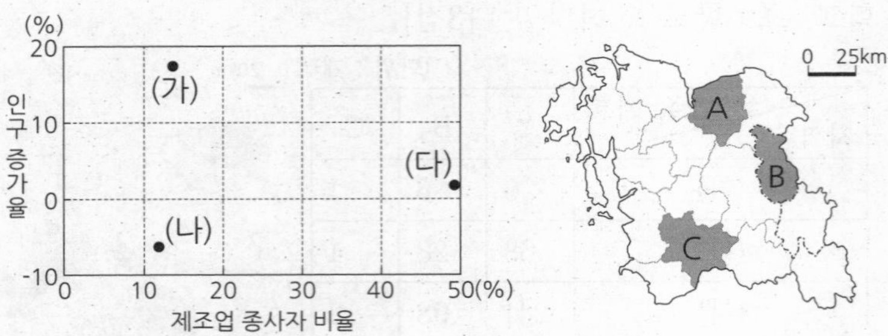

* 제조업 종사자 비율은 2021년 기준임.
** 인구 증가율은 2018년 대비 2021년 값임.

① (가)는 수도권과 전철로 연결되어 있다.
② (다)에는 행정 중심 복합 도시가 건설되었다.
③ (가)는 (나)보다 인구 밀도가 낮다.
④ A는 B보다 제조업 종사자 비율이 높다.
⑤ A는 (가), B는 (나), C는 (다)이다.

17. 다음 글의 (가), (나) 지역을 지도의 A~C에서 고른 것은?

> 우리나라에는 도(道)에 비해 높은 수준의 자치 행정이 가능한 3개의 특별자치도가 있다. 2006년에는 제주, 2023년에는 (가), 2024년에는 (나)이/가 각각 특별자치도가 되었다. 경기 및 경북 등과 행정 구역의 경계가 접해 있는 (가)은/는 한강과 낙동강의 발원지가 위치하며, 면적에 비해 인구가 적다. 충남 및 전남 등과 행정 구역의 경계가 접해 있는 (나)은/는 금강과 섬진강의 발원지가 위치하며, 우리나라에서 가장 넓은 간척지인 새만금이 있다.

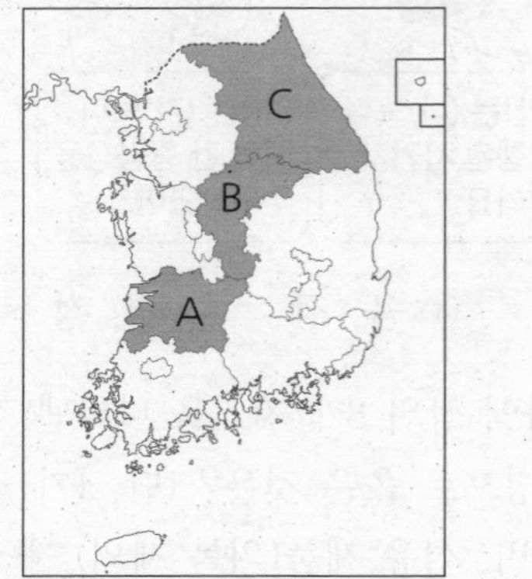

	(가)	(나)
①	A	B
②	A	C
③	B	A
④	C	A
⑤	C	B

18. 그래프는 우리나라 인구 특성의 변화 추이를 나타낸 것이다. 이에 대한 분석으로 옳은 것은? [3점]

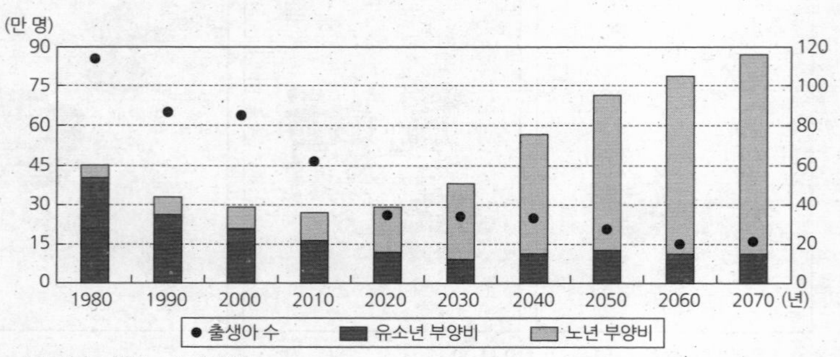

* 2020년 이후는 추정치임.

① 1980년은 2000년보다 노령화 지수가 높다.
② 1990년은 2010년에 비해 출생아 수가 두 배 이상이다.
③ 2050년은 2020년에 비해 중위 연령이 낮을 것이다.
④ 2060년에는 유소년층 인구와 노년층 인구의 합이 청장년층 인구보다 많을 것이다.
⑤ 2070년에는 피라미드형 인구 구조가 나타날 것이다.

19. 그래프는 지도에 표시된 네 지역의 기후 자료이다. (가)~(라) 지역에 대한 옳은 설명만을 〈보기〉에서 고른 것은? [3점]

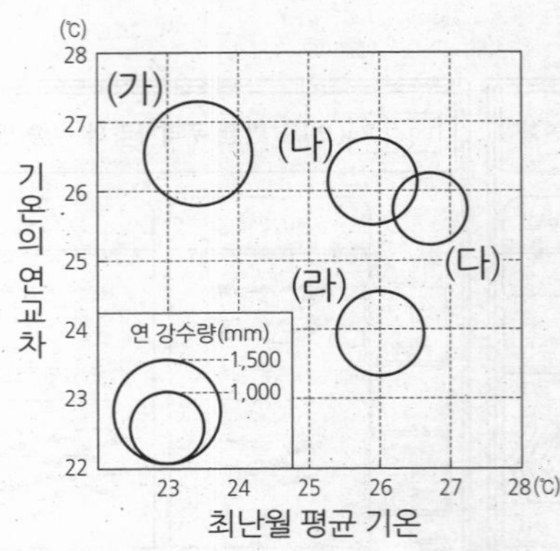

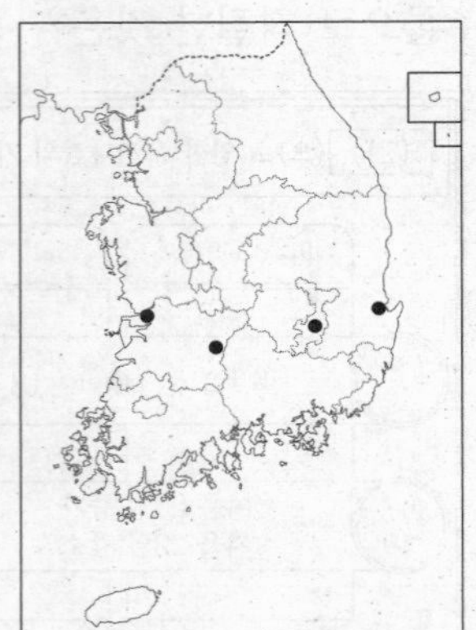

* 기온의 연교차와 최난월 평균 기온은 원의 가운뎃값임.
** 1991 ~ 2020년의 평년값임.

<보 기>

ㄱ. (가)는 (나)보다 해발 고도가 높다.
ㄴ. (가)는 (다)보다 겨울 강수 집중률이 높다.
ㄷ. (나)는 (라)보다 최한월 평균 기온이 높다.
ㄹ. (다)는 (라)보다 바다의 영향을 많이 받는다.

① ㄱ, ㄴ ② ㄱ, ㄷ ③ ㄴ, ㄷ ④ ㄴ, ㄹ ⑤ ㄷ, ㄹ

20. 다음 자료의 (가)~(다) 지역을 지도의 A~D에서 고른 것은? [3점]

지역에 기부하면 답례품과 세액공제를 받는
고향사랑기부제의 사례

(가)은/는 대관령 일대의 고위 평탄면에서 목축업과 고랭지 농업이 발달했어. 우리 지역에 기부하면 고랭지 배추로 담그는 김장 축제 체험권 등을 제공해.

(나)은/는 도청 소재지로 서울과 전철로 연결되어 접근성이 좋아졌어. 우리 지역에 기부하면 유명 음식인 닭갈비 등을 제공해.

(다)은/는 한탄강을 따라 펼쳐진 용암 대지와 주상절리 등 수려한 자연 경관이 유명해. 우리 지역에 기부하면 지리적 표시제로 등록된 쌀 등을 제공해.

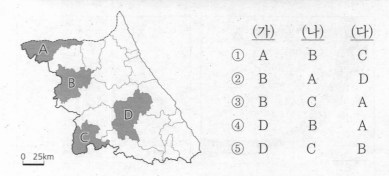

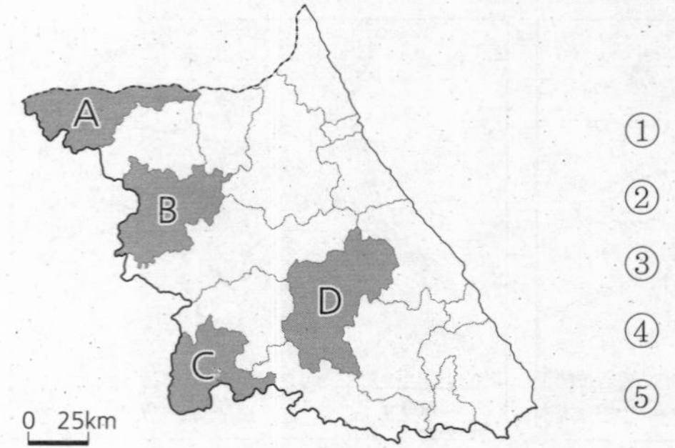

	(가)	(나)	(다)
①	A	B	C
②	B	A	D
③	B	C	A
④	D	B	A
⑤	D	C	B

※ **확인 사항**
○ **답안지의 해당란에 필요한 내용을 정확히 기입(표기)했는지 확인하시오.**

해설편 23~24쪽

2022학년도 대학수학능력시험 6월 모의평가 문제지

사회탐구 영역 (한국지리)

7회	
시험 시간	30분
날짜	월 일
시작 시각	:
종료 시각	:

제 4 교시 | 성명 | 수험번호 | – |

1. 다음 글은 위치와 관련한 우리나라의 명소에 대한 것이다. ㉠~㉢에 대한 설명으로 옳은 것은?

> ○ 양구군에는 우리나라의 4극을 기준으로 정중앙을 상징하는 기념물이 ㉠동경 128° 02′ 02.5″, 북위 38° 03′ 37.5″ 지점에 세워져 있다. 국토 정중앙이라는 지역 특성을 알리기 위해 여름철에 '배꼽 축제'가 열린다.
> ○ ㉡정동진이라는 지명은 '한양의 광화문에서 정동쪽에 위치한 나루터가 있는 마을'이라는 뜻에서 유래되었다. 바다와 접한 기차역과 대형 모래시계, 조각 공원 등이 있어 많은 관광객이 찾고 있으며 전국적인 해돋이 관광 명소이다.
> ○ 해남군에는 ㉢한반도 육지의 가장 남쪽 끝 지점에 한반도의 땅끝임을 알리는 탑이 세워져 있다. 같은 장소에서 아름다운 일몰과 일출을 볼 수 있다는 특성을 활용하여 '땅끝 해넘이 · 해맞이 축제'가 열린다.

① ㉡은 우리나라에서 일몰 시각이 가장 이르다.
② ㉢은 우리나라 영토의 최남단에 위치한다.
③ ㉡은 ㉠보다 우리나라 표준 경선과의 최단 거리가 가깝다.
④ ㉠, ㉢은 모두 관계적 위치를 표현한 것이다.
⑤ ㉡, ㉢ 주변 해안의 최저 조위선은 직선 기선으로 활용된다.

2. 다음은 지도에 표시된 지역의 해안 지형에 대한 답사 보고서의 일부이다. ㉠~㉣에 대한 옳은 설명만을 〈보기〉에서 있는 대로 고른 것은?

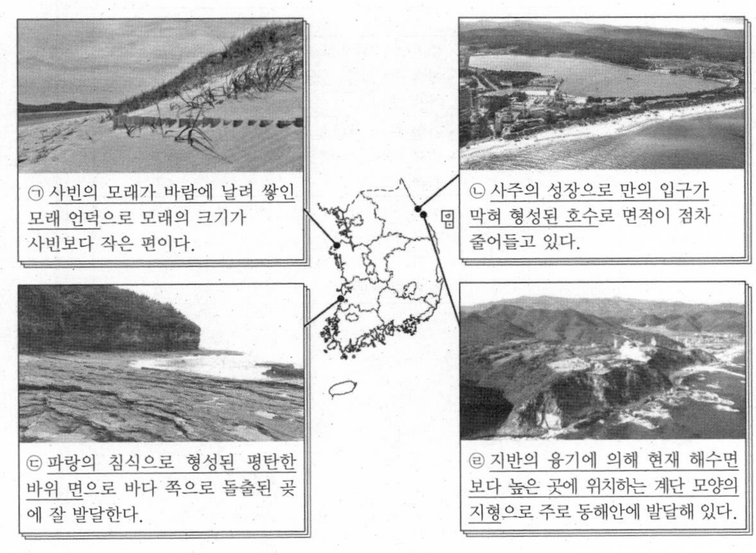

㉠ 사빈의 모래가 바람에 날려 쌓인 모래 언덕으로 모래의 크기가 사빈보다 작은 편이다.
㉡ 사주의 성장으로 만의 입구가 막혀 형성된 호수로 면적이 점차 줄어들고 있다.
㉢ 파랑의 침식으로 형성된 평탄한 바위 면으로 바다 쪽으로 돌출된 곶에 잘 발달한다.
㉣ 지반의 융기에 의해 현재 해수면보다 높은 곳에 위치하는 계단 모양의 지형으로 주로 동해안에 발달해 있다.

〈보 기〉

ㄱ. ㉠의 밑에는 바닷물보다 염도가 낮은 지하수층이 형성되어 있다.
ㄴ. ㉡의 물은 주로 농업용수로 활용된다.
ㄷ. ㉢은 해식애가 후퇴하면 면적이 넓어진다.
ㄹ. ㉣에서는 과거 바닷가에 퇴적되었던 둥근 자갈을 볼 수 있다.

① ㄱ, ㄴ ② ㄴ, ㄷ ③ ㄷ, ㄹ
④ ㄱ, ㄴ, ㄹ ⑤ ㄱ, ㄷ, ㄹ

3. 그래프의 (가)~(다) 지역군에 대한 설명으로 옳은 것은? (단, (가)~(다)는 각각 지도에 표시된 세 지역군 중 하나임.) [3점]

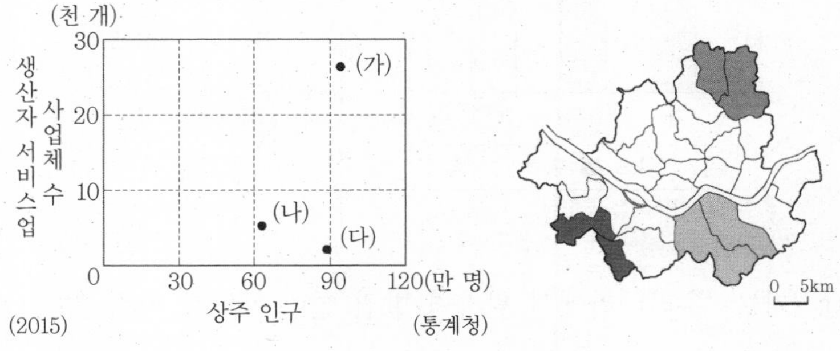

① (나)는 (가)보다 상업지 평균 지가가 높다.
② (나)는 (다)보다 제조업체 수가 많다.
③ (다)는 (가)보다 통근 · 통학 유입 인구가 많다.
④ (다)는 (나)보다 주간 인구 지수가 높다.
⑤ 지역 내 총생산은 (가)>(다)>(나) 순으로 많다.

4. 지도의 A~D에 대한 옳은 설명만을 〈보기〉에서 고른 것은? [3점]

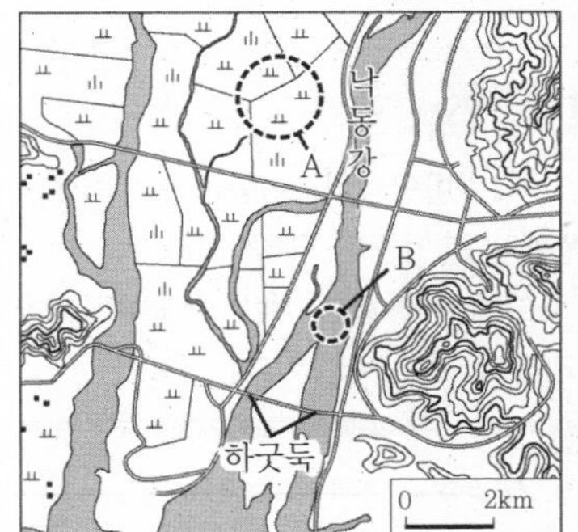

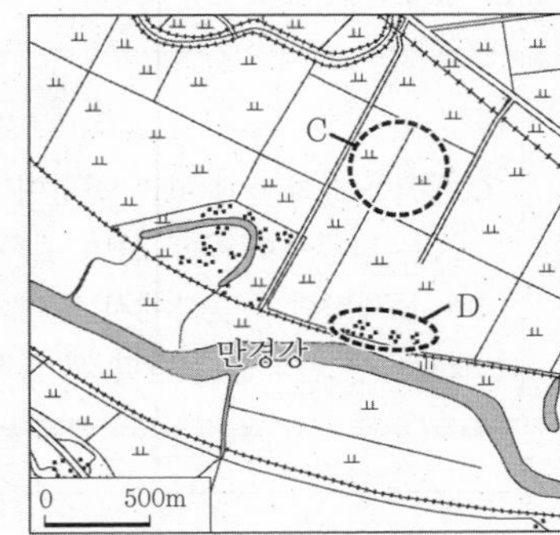

〈보 기〉

ㄱ. A는 유속의 감소로 형성된 선상지이다.
ㄴ. B에서는 하굿둑 건설 이후 하천의 수위 변동 폭이 증가하였다.
ㄷ. D는 C보다 퇴적물의 평균 입자 크기가 크다.
ㄹ. A와 C의 퇴적물은 후빙기에 퇴적되었다.

① ㄱ, ㄴ ② ㄱ, ㄷ ③ ㄴ, ㄷ ④ ㄴ, ㄹ ⑤ ㄷ, ㄹ

5. 다음은 한국지리 수업 중 학생이 작성한 노트이다. ㉠~㉤에 대한 설명으로 옳은 것은? [3점]

> 주제 : 카르스트 지형과 인간 생활
> ○ 주요 카르스트 지형
> • ㉠ 돌리네 : ㉡ 용식 작용에 의해 형성된 깔때기 모양의 지형
> • ㉢ 석회동굴 : 내부에 종유석, 석순, 석주 등이 형성
> • ㉣ 석회암 풍화토 : 기반암의 성질이 반영된 간대 토양
> ○ 카르스트 지형을 활용한 인간 생활
> • 농업 : (㉤)
> • 제조업 : 시멘트 공업 발달
> • 서비스업 : 동굴을 활용한 관광 산업 발달

① ㉠은 고생대 평안 누층군에서 주로 나타난다.
② ㉡은 물리적 풍화 작용에 해당한다.
③ ㉢은 용암의 냉각 속도 차이에 의해 형성된다.
④ ㉣은 석회암이 용식된 후 남은 철분 등이 산화하여 붉은색을 띤다.
⑤ ㉤에는 '배수가 불량하여 주로 논농사 발달'이 들어갈 수 있다.

해설편 25쪽

사회탐구 영역 (한국지리)

6. 그래프는 지도에 표시된 세 지역의 발전 양식별 설비 용량 비율을 나타낸 것이다. 이에 대한 설명으로 옳은 것은? (단, A, B는 각각 원자력, 화력 중 하나임.)

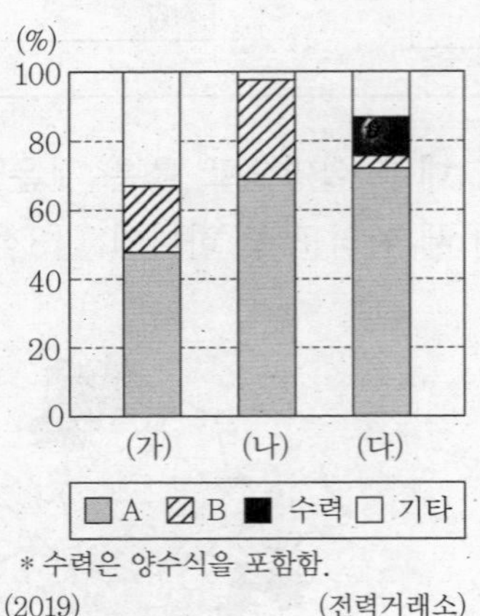

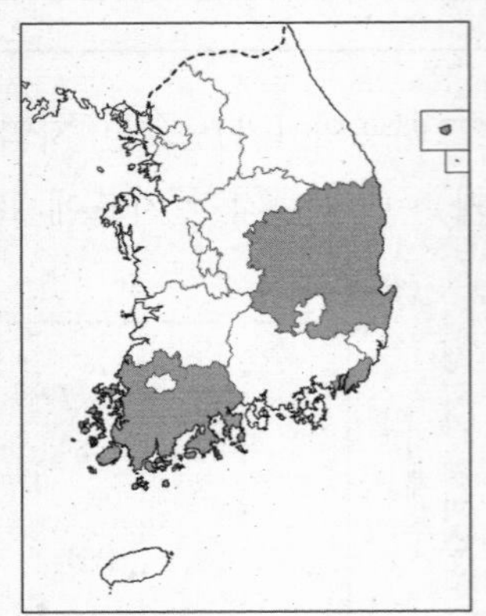

① (가)는 우리나라에서 원자력 발전 설비 용량이 가장 많은 지역이다.
② (가), (나)는 영남 지방, (다)는 호남 지방에 해당한다.
③ B는 수력보다 자연적 입지 제약을 많이 받는다.
④ A는 B보다 우리나라에서 전력 생산에 이용된 시기가 이르다.
⑤ B는 A보다 우리나라에서 발전량이 많다.

7. 다음은 학생이 수업 시간에 정리한 내용의 일부이다. ㉠~㉣에 대한 옳은 설명만을 〈보기〉에서 고른 것은? [3점]

> **우리나라의 바람**
>
> ○계절풍 : 계절에 따라 풍향이 달라지는 바람이다. 여름에는 ㉠남서풍 혹은 남동풍이 주로 불며, ㉡겨울에는 북서풍이 탁월하다.
>
> ○㉢높새바람 : 늦봄에서 초여름 사이에 북동풍이 태백산맥을 넘으면서 ㉣푄 현상을 동반할 때 영서 지방에 부는 바람이다.

〈보 기〉

ㄱ. ㉠은 주로 서고동저의 기압 배치에 의해 나타난다.
ㄴ. ㉡에는 주로 대류성 강수가 내린다.
ㄷ. ㉢이 불 때 영서 지방에 이상 고온 현상이 나타난다.
ㄹ. ㉣이 발생할 때 바람받이 사면이 바람그늘 사면보다 습윤하다.

① ㄱ, ㄴ ② ㄱ, ㄷ ③ ㄴ, ㄷ ④ ㄴ, ㄹ ⑤ ㄷ, ㄹ

8. 그래프는 지도에 표시된 네 지역의 인구 특성을 나타낸 것이다. (가)~(라) 지역에 대한 설명으로 옳은 것은?

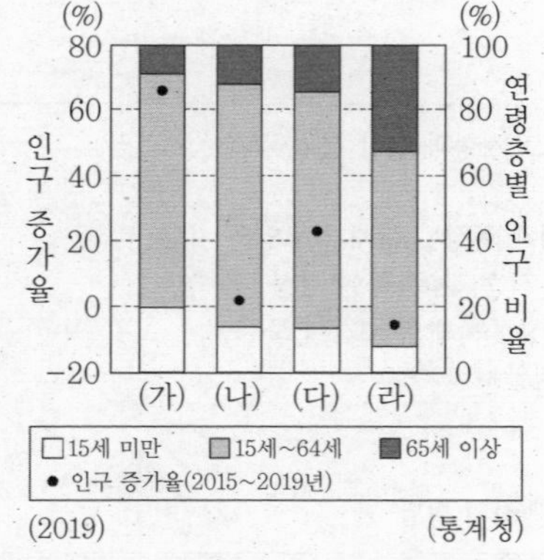

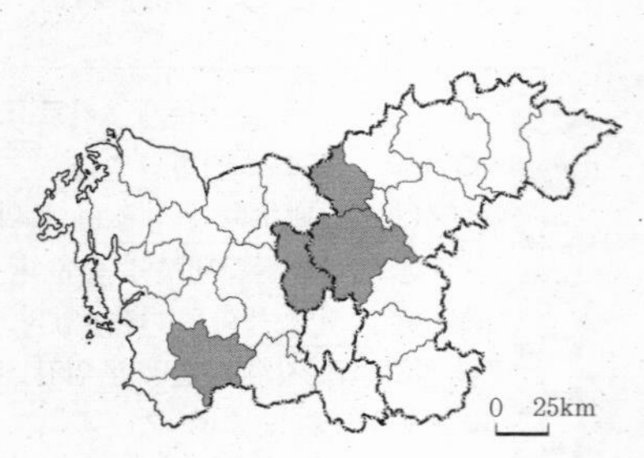

① (가)는 혁신 도시가 조성되어 공공 기관이 이전한 곳이다.
② (가)는 (라)보다 총부양비가 높다.
③ (라)는 (다)보다 성비가 높다.
④ (가)~(라) 중 총인구가 가장 많은 곳은 (나)이다.
⑤ (가)~(라) 중 중위 연령이 가장 높은 곳은 (다)이다.

9. 다음 자료의 (가) 지역에 대한 (나) 지역의 상대적 특성을 그림의 A~E에서 고른 것은?

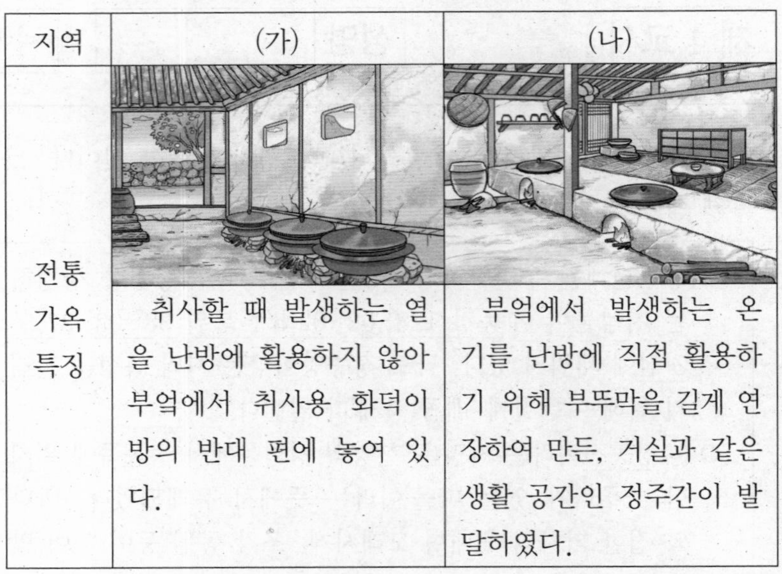

지역	(가)	(나)
전통 가옥 특징	취사할 때 발생하는 열을 난방에 활용하지 않아 부엌에서 취사용 화덕이 방의 반대 편에 놓여 있다.	부엌에서 발생하는 온기를 난방에 직접 활용하기 위해 부뚜막을 길게 연장하여 만든, 거실과 같은 생활 공간인 정주간이 발달하였다.

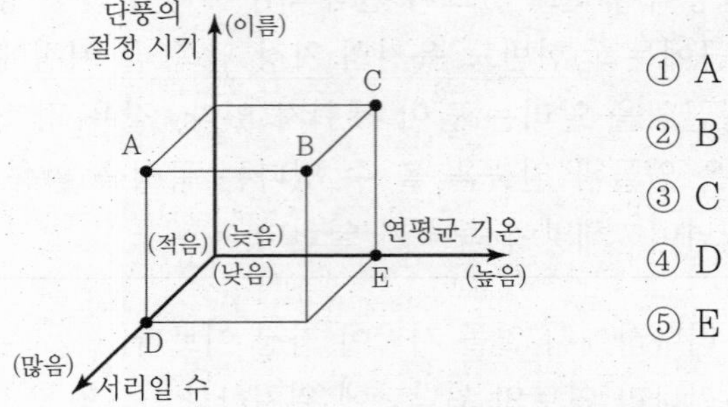

① A
② B
③ C
④ D
⑤ E

10. 다음 자료는 답사 계획서의 일부이다. (가)~(다) 지역을 지도의 A~C에서 고른 것은? [3점]

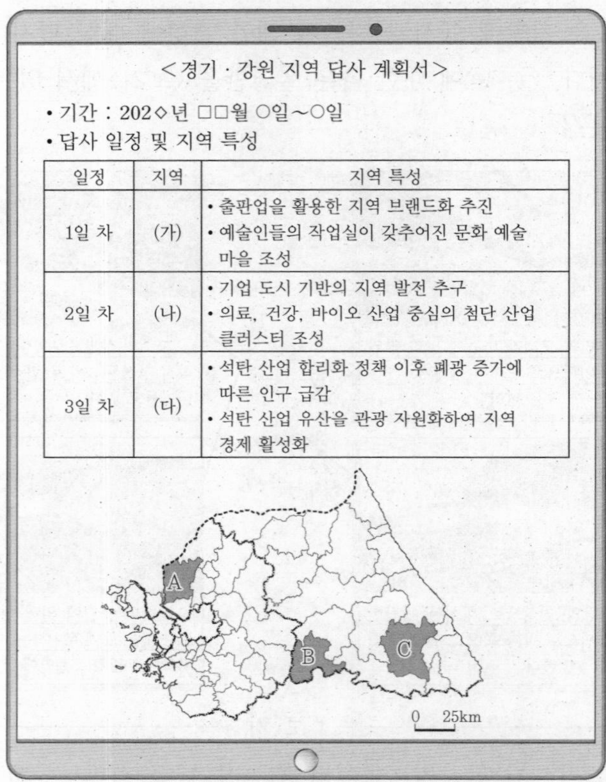

<경기 · 강원 지역 답사 계획서>

• 기간 : 202◇년 □□월 ○일~○일
• 답사 일정 및 지역 특성

일정	지역	지역 특성
1일 차	(가)	• 출판업을 활용한 지역 브랜드화 추진 • 예술인들의 작업실이 갖추어진 문화 예술 마을 조성
2일 차	(나)	• 기업 도시 기반의 지역 발전 추구 • 의료, 건강, 바이오 산업 중심의 첨단 산업 클러스터 조성
3일 차	(다)	• 석탄 산업 합리화 정책 이후 폐광 증가에 따른 인구 급감 • 석탄 산업 유산을 관광 자원화하여 지역 경제 활성화

	(가)	(나)	(다)
①	A	B	C
②	A	C	B
③	B	A	C
④	B	C	A
⑤	C	B	A

해설편 26쪽

11. (가), (나) 지역을 지도의 A~D에서 고른 것은?

> ○ (가) 은/는 평택, 화성 일대와 더불어 황해 경제 자유 구역으로 지정되어 대중국 전진 기지와 지식 창조형 경제 특구로 개발되고 있다. 그리고 제철 산업이 발달하여 충청권 내 1차 금속 제조업 출하액에서 (가) 이/가 차지하는 비율이 가장 높다.
>
> ○ (나) 은/는 수도권과 인접하여 수도권의 제조업 기능을 일부 흡수하고 있다. 그리고 IT 업종과 자동차 산업이 발달하였으며, 충청권 내 전자 부품 · 컴퓨터 · 영상 · 음향 및 통신 장비 제조업 출하액에서 (나) 이/가 차지하는 비율이 가장 높다.

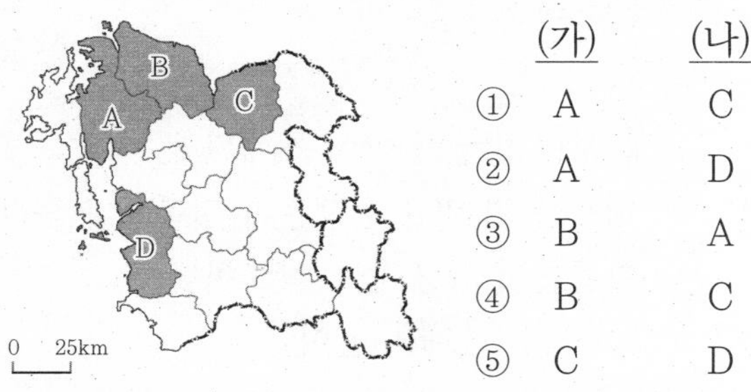

	(가)	(나)
①	A	C
②	A	D
③	B	A
④	B	C
⑤	C	D

12. 그림은 (가), (나) 지역에서 나타나는 지형 단면도이다. 이에 대한 설명으로 옳은 것은?

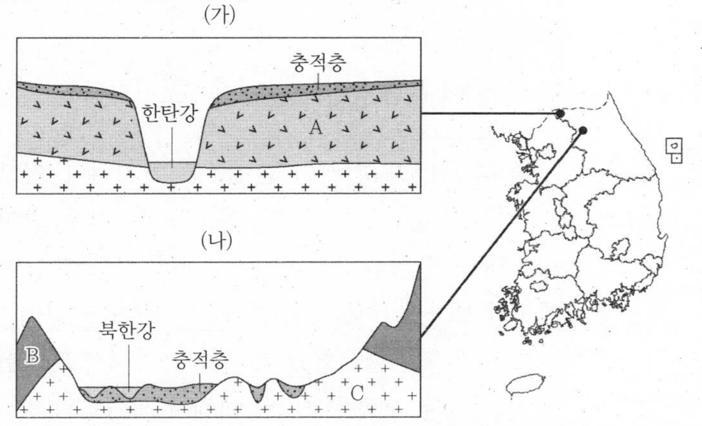

① A 암석은 중생대에 마그마의 관입으로 형성되었다.
② B 암석은 시 · 원생대에 형성된 암석이다.
③ C 암석에서는 공룡 발자국 화석이 발견된다.
④ (나)에서 C 암석은 B 암석보다 풍화와 침식에 강하다.
⑤ (가)와 (나)의 충적층은 주로 밭으로 이용된다.

13. 표는 지도에 표시된 세 지역의 소매 업태별 사업체 수를 나타낸 것이다. 이에 대한 설명으로 옳은 것은? (단, A와 B는 각각 백화점, 슈퍼마켓 중 하나임.) [3점]

(단위 : 개)

소매 업태 / 지역	A	대형 마트	B	편의점
(가)	3	12	433	1,116
(나)	1	4	83	193
(다)	0	0	10	13

(2019) (통계청)

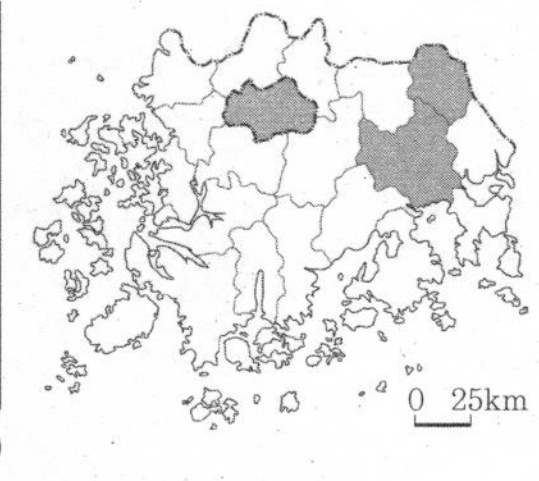

① (다)에는 국가 정원과 람사르 협약에 등록된 습지가 있다.
② 서울로 직접 연결되는 버스 운행 횟수는 (나)가 (가)보다 많다.
③ A는 B보다 소비자의 평균 이용 빈도가 높다.
④ A는 편의점보다 소비자의 평균 구매 이동 거리가 멀다.
⑤ B는 대형 마트보다 재화의 도달 범위가 넓다.

14. 다음은 도시 단원의 수업 장면이다. 발표 내용이 가장 적절한 학생을 고른 것은?

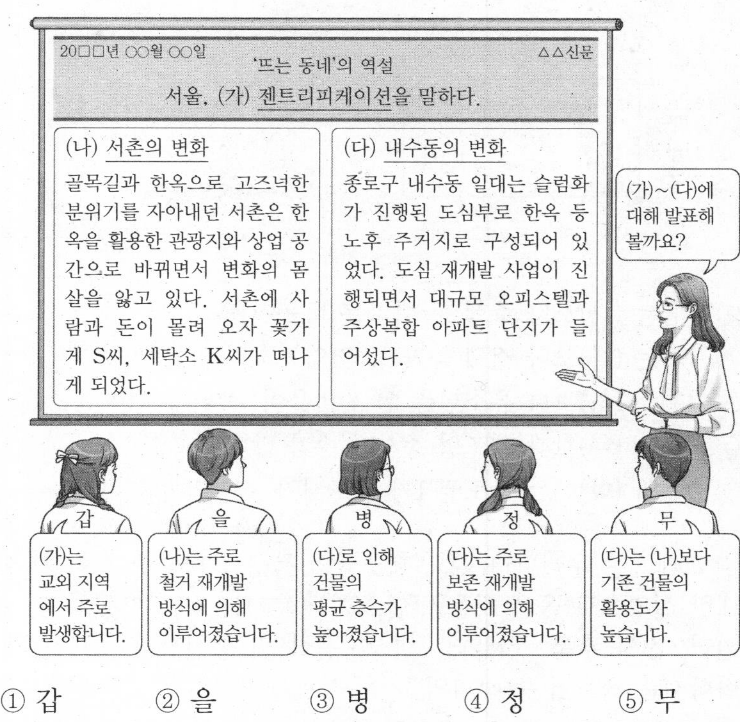

① 갑　　② 을　　③ 병　　④ 정　　⑤ 무

15. 그래프는 지도에 표시된 네 지역의 기후 자료이다. (가)~(라) 지역을 지도의 A~D에서 고른 것은? [3점]

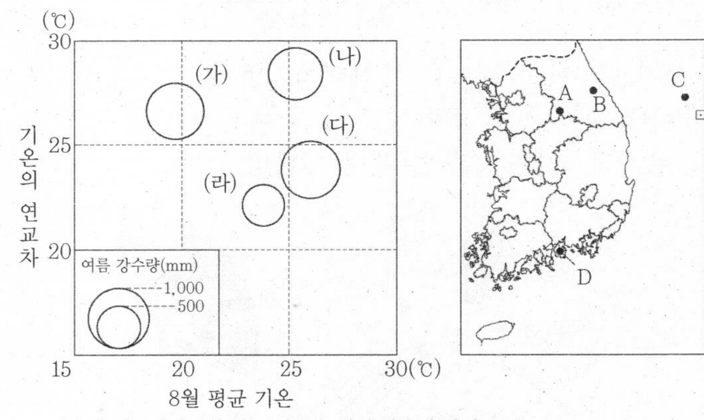

* 기온의 연교차와 8월 평균 기온은 원의 가운데 값임.
** 1991~2020년의 평년값임. (기상청)

	(가)	(나)	(다)	(라)
①	A	B	C	D
②	A	B	D	C
③	B	A	D	C
④	B	C	D	A
⑤	C	A	B	D

해설편 27쪽

사회탐구 영역 (한국지리)

16. 그래프는 지도에 표시된 세 지역의 특성을 나타낸 것이다. (가)~(다) 지역에 대한 설명으로 옳은 것은? [3점]

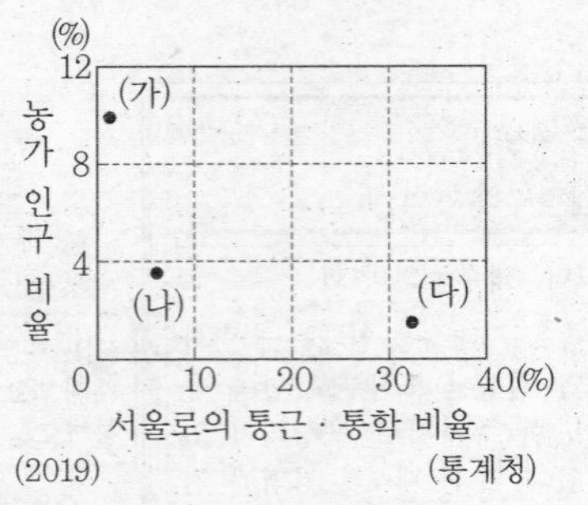

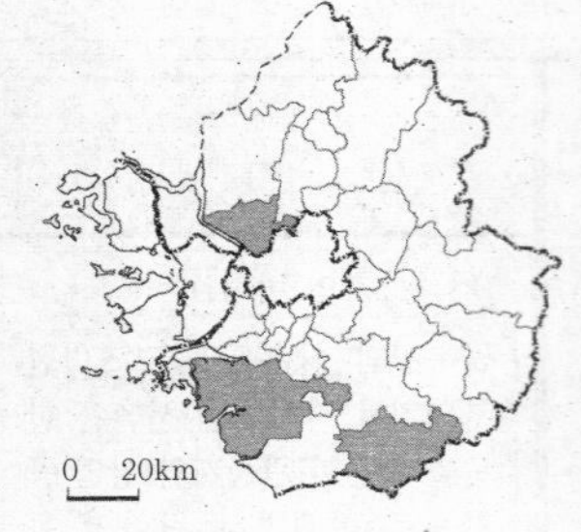

① (가)는 (나)보다 주택 중 아파트 비율이 높다.
② (가)는 (다)보다 전체 농가 중 겸업농가의 비율이 높다.
③ (나)는 (가)보다 유소년층 인구 비율이 높다.
④ (다)는 (나)보다 제조업 종사자 수가 많다.
⑤ (나)와 (다)에는 수도권 1기 신도시가 조성되어 있다.

17. 그래프는 우리나라 주요 제조업의 특성을 나타낸 것이다. 이에 대한 설명으로 옳은 것은? (단, (가)~(다)는 각각 자동차 및 트레일러, 전자 부품·컴퓨터·영상·음향 및 통신장비, 화학물질 및 화학제품 제조업 중 하나임.)

〈주요 제조업 출하액 및 종사자 비율〉 〈(가)~(다)의 시·도별 출하액 비율〉

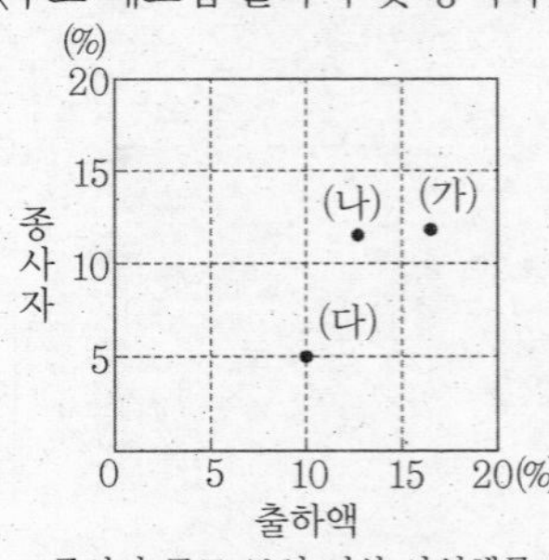

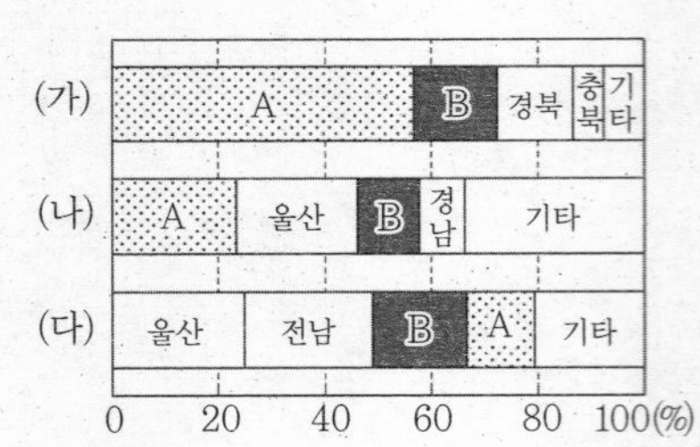

* 종사자 규모 10인 이상 사업체를 대상으로 함. * 상위 4개 지역만 표시함.
(2019) (통계청)

① A는 경기, B는 충남이다.
② (가)는 부피가 크거나 무거운 원료를 해외에서 수입하는 적환지 지향형 제조업이다.
③ (나)는 한 가지 원료로 여러 제품을 생산하는 계열화된 제조업이다.
④ (다)는 최종 제품 생산에 많은 부품이 필요한 조립형 제조업이다.
⑤ (가)는 (다)에 비해 종사자 1인당 출하액이 많다.

18. 그래프는 남·북한의 1차 에너지원별 공급 비율을 나타낸 것이다. 이에 대한 옳은 설명만을 〈보기〉에서 고른 것은? (단, (가)~(다)는 각각 석유, 석탄, 수력 중 하나임.) [3점]

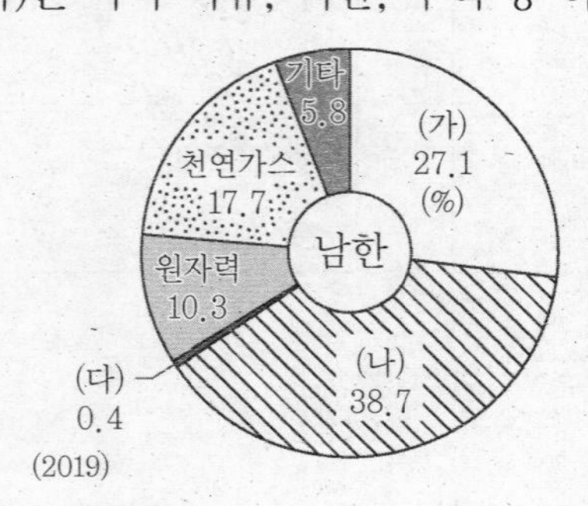

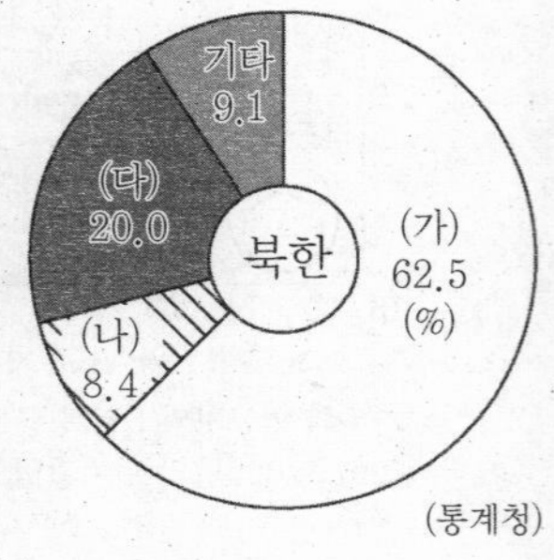

〈보 기〉

ㄱ. 북한에서 (가)를 이용한 발전소는 주로 평양 주변에 위치한다.
ㄴ. 총 전력 생산에서 (다)를 이용한 발전량 비율은 북한이 남한보다 높다.
ㄷ. 북한에서 (가)는 (나)보다 해외 의존도가 높다.
ㄹ. (다)는 (나)보다 발전 시 대기 오염 물질의 배출량이 많다.

① ㄱ, ㄴ ② ㄱ, ㄷ ③ ㄴ, ㄷ ④ ㄴ, ㄹ ⑤ ㄷ, ㄹ

19. 그래프는 지도에 표시된 세 지역의 작물별 재배 면적 비율을 나타낸 것이다. (가)~(다) 작물에 대한 설명으로 옳은 것은? (단, (가)~(다)는 각각 과수, 벼, 채소 중 하나임.) [3점]

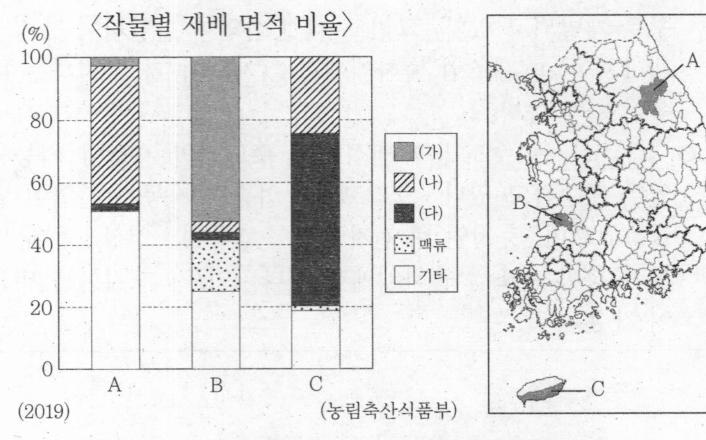

① (가)는 주로 논보다 밭에서 많이 재배된다.
② (나)의 도내 재배 면적 비율은 제주가 전북보다 높다.
③ (다)는 국내 자급률이 가장 높은 작물이다.
④ (가)는 (나)보다 시설 재배 비율이 높다.
⑤ 우리나라에서 (다)는 (가)보다 총 재배 면적이 넓다.

20. 다음 글의 ㉠~㉣에 대한 옳은 설명만을 〈보기〉에서 고른 것은?

> ㉠ 수도권은 우리나라 면적의 11.8%를 차지하고 있으나, 인구의 50.0%(2019년 기준)가 거주하고 있는 인구 과밀 지역이다. 또한 국내 총생산의 절반을 차지할 정도로 산업 및 고용의 집중도가 높다. 이러한 ㉡ 수도권과 비수도권 간의 격차에 따른 ㉢ 국토 공간의 불균형을 해결하기 위해서 다양한 노력이 이루어지고 있다. 한편, 수도권 내에서 서울 중심의 공간 구조를 자립적 다핵 구조로 전환하기 위해 ㉣ 제3차 수도권 정비 계획을 실시하였다.

〈보 기〉

ㄱ. ㉠은 행정 구역상 서울특별시, 인천광역시, 경기도를 포함한다.
ㄴ. ㉡은 수도권 신도시 건설로 인하여 크게 완화되고 있다.
ㄷ. ㉢을 위한 정책 중에는 수도권 공장 총량제, 과밀 부담금 제도가 있다.
ㄹ. ㉣에는 수도권에 기업 도시, 혁신 도시를 조성하는 내용이 포함되어 있다.

① ㄱ, ㄴ ② ㄱ, ㄷ ③ ㄴ, ㄷ ④ ㄴ, ㄹ ⑤ ㄷ, ㄹ

※ 확인 사항
○ 답안지의 해당란에 필요한 내용을 정확히 기입(표기)했는지 확인하시오.

2023학년도 대학수학능력시험 6월 모의평가 문제지

사회탐구 영역 (한국지리)

8회	
시험 시간	30분
날짜	월 일
시작 시각	:
종료 시각	:

제 4 교시 | 성명 | | 수험번호 | - |

1. 다음 〈조건〉만을 고려하여 ○○ 시설의 입지를 선정하고자 할 때 가장 적절한 곳을 후보지 A～E에서 고른 것은?

<조 건>
- ○ 평균 고도가 40m 이상인 지역을 선정함.
- ○ 평균 경사도가 25° 이하인 지역을 선정함.
- ○ 주거 지역 및 도로로부터 200m 이상 떨어진 지역을 선정함.
- ○ 산림 보호 지역은 제외함.

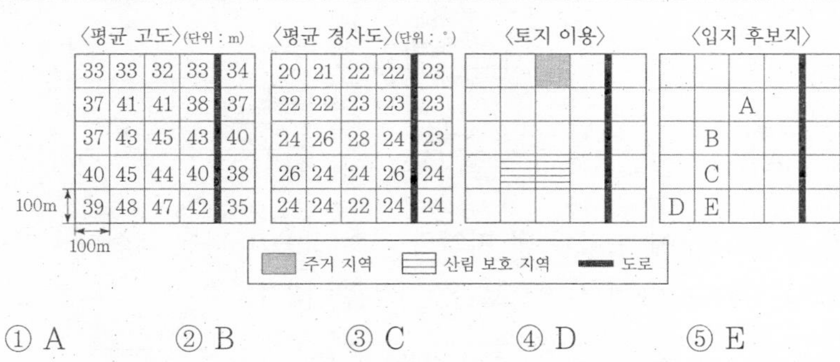

① A ② B ③ C ④ D ⑤ E

2. 다음 글은 도시 재개발의 사례이다. (나)에 대한 (가)의 상대적 특성을 그림의 A～E에서 고른 것은?

(가) ◇◇시 △△마을 일대는 낙후 지역이었다. 그러나 2010년 '마을 미술 프로젝트 사업'의 일환으로 벽화를 그리고 조형물을 설치하였다. 그 결과 과거의 모습을 살리면서 마을 경관이 개선되었다.

(나) □□시 ○○동 일대는 낙후 지역이었다. 그러나 2001년부터 '○○ 지구 재개발 사업'이 추진되어 기존의 달동네 지역은 전면 철거되었다. 그 결과 새로운 대규모 아파트 단지가 건설되었다.

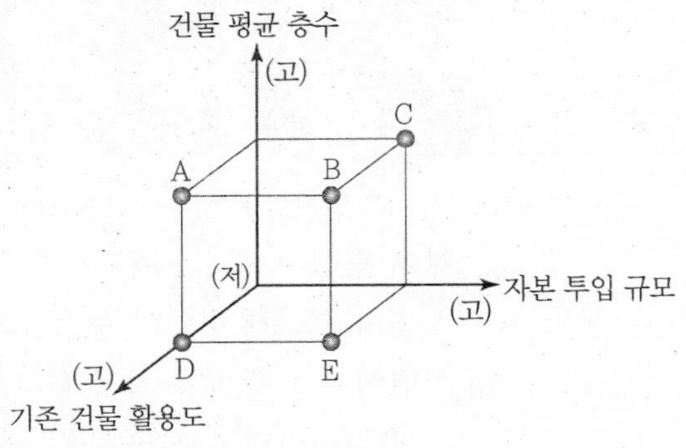

* (고)는 큼, 높음, 많음을, (저)는 작음, 낮음, 적음을 의미함.

① A ② B ③ C ④ D ⑤ E

3. 다음은 학생이 작성한 지리 탐구 보고서의 일부이다. (나) 계절과 비교한 (가) 계절의 상대적 특징으로 옳은 것은? (단, (가), (나)는 각각 겨울, 여름 중 하나임.)

- ○ 탐구 목표 : 고전 문학 속 계절 특성 이해
- ○ 탐구 내용 : 사미인곡(思美人曲)에서의 (가), (나) 계절 특성

계절	내용 및 현대어 풀이
(가)	乾건坤곤이 閉폐塞식ᄒᆞ야 白빅雪셜이 ᄒᆞᆫ 비친 제… 현대어 풀이 ⇒ 하늘과 땅이 추위에 얼어붙어 생기가 막히고 흰 눈으로 온통 덮여있을 때…
(나)	곳 디고 새닙 나니 綠녹陰음이 ᄭᆞᆯ렷ᄂᆞᆫ디… 현대어 풀이 ⇒ 꽃이 지고 새 잎이 나니 푸른 잎이 우거진 수풀이 땅에 무성한데…

① 낮의 길이가 길다.
② 평균 상대 습도가 높다.
③ 한파 발생 일수가 많다.
④ 열대야 발생 일수가 많다.
⑤ 북서풍에 비해 남서풍이 주로 분다.

4. 다음은 답사 계획서의 일부이다. (가), (나) 지역을 지도의 A～D에서 고른 것은?

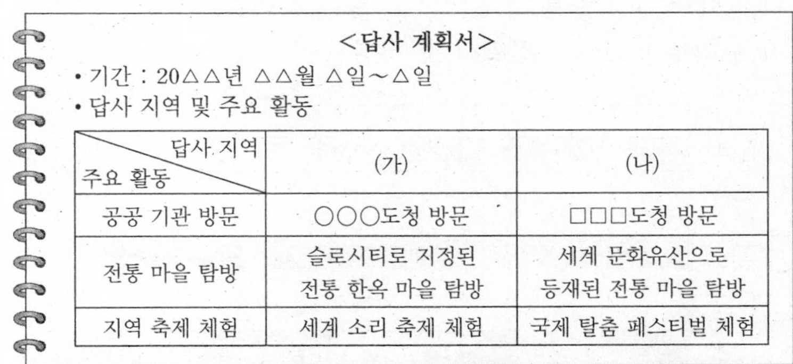

<답사 계획서>
- 기간 : 20△△년 △△월 △일～△일
- 답사 지역 및 주요 활동

답사 지역 / 주요 활동	(가)	(나)
공공 기관 방문	○○○도청 방문	□□□도청 방문
전통 마을 탐방	슬로시티로 지정된 전통 한옥 마을 탐방	세계 문화유산으로 등재된 전통 마을 탐방
지역 축제 체험	세계 소리 축제 체험	국제 탈춤 페스티벌 체험

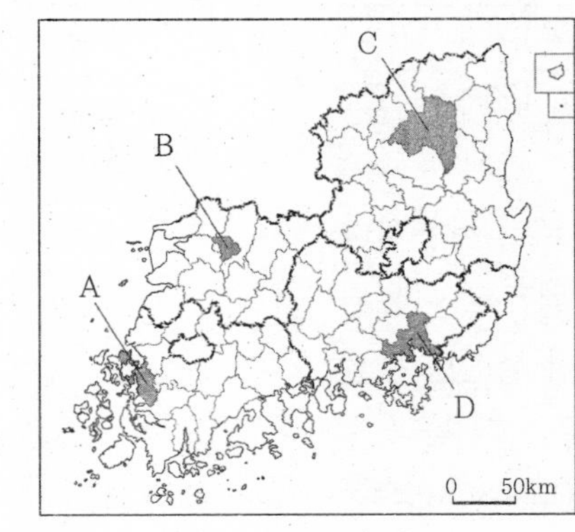

	(가)	(나)
①	A	B
②	B	C
③	B	D
④	C	A
⑤	D	C

사회탐구 영역 (한국지리)

5. 표는 (가)~(다) 지역에 입지한 주요 시설의 현황을 나타낸 것이다. (가)~(다)에 해당하는 지역으로 옳은 것은?

시설 \ 지역	(가)	(나)	(다)
공항	○	○	○
항만	○	○	×
원자력 발전소	○	×	×

* '○'는 시설이 입지함을, '×'는 시설이 입지하지 않음을 의미함.

	(가)	(나)	(다)		(가)	(나)	(다)
①	대구	부산	인천	②	대구	인천	부산
③	부산	대구	인천	④	부산	인천	대구
⑤	인천	대구	부산				

6. 그래프는 지도에 표시된 세 구(區)의 특성을 나타낸 것이다. (가)~(다)에 대한 설명으로 옳은 것만을 〈보기〉에서 고른 것은?

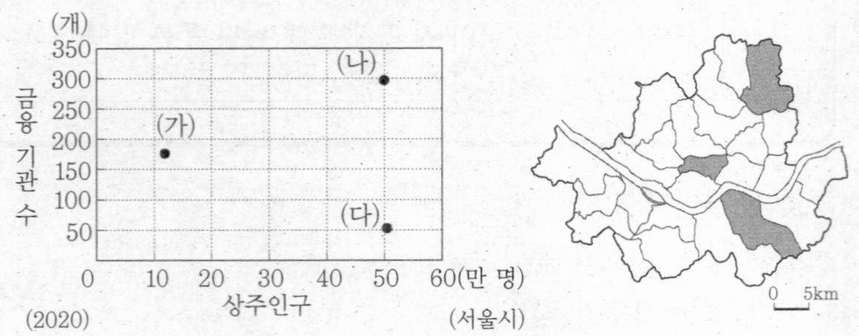

〈보 기〉

ㄱ. (가)는 (나)보다 초등학생 수가 많다.
ㄴ. (가)는 (나)보다 주간 인구 지수가 높다.
ㄷ. (가)는 (다)보다 중심 업무 기능이 우세하다.
ㄹ. (다)는 (나)보다 상업 지역의 평균 지가가 높다.

① ㄱ, ㄴ ② ㄱ, ㄷ ③ ㄴ, ㄷ ④ ㄴ, ㄹ ⑤ ㄷ, ㄹ

7. 그래프는 (가)~(다) 자원의 지역별 생산량 비율을 나타낸 것이다. (가)~(다)에 대한 설명으로 옳은 것은? (단, (가)~(다)는 각각 고령토, 석회석, 철광석 중 하나임.)

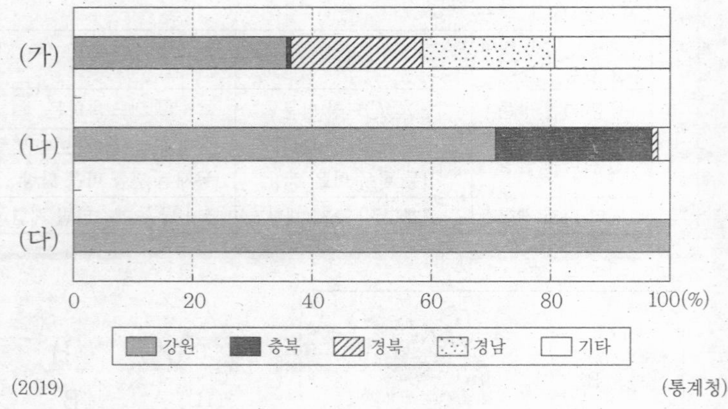

① (가)는 제철 공업의 주원료로 이용된다.
② (나)는 시멘트 공업의 주원료로 이용된다.
③ (가)는 (나)보다 연간 국내 생산량이 많다.
④ (나)는 (다)보다 수입 의존도가 높다.
⑤ (가)는 금속 광물, (나), (다)는 비금속 광물에 해당된다.

8. 다음 자료에서 설명하는 (가) 지역을 지도의 A~E에서 고른 것은? [3점]

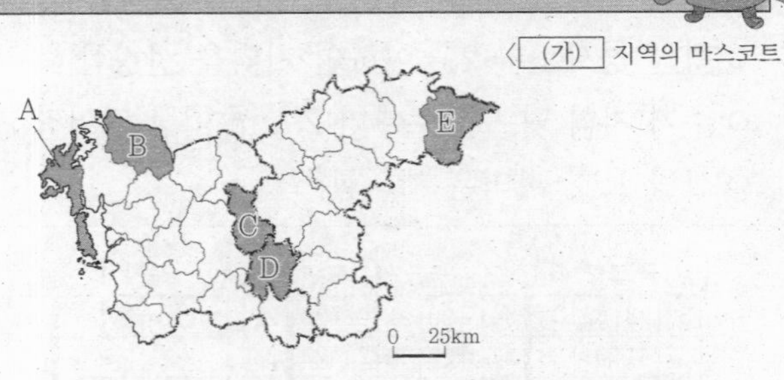

• (가) 지역의 마스코트는 젊은 도시, 성장하는 도시 이미지를 부각시키기 위해 (가) 의 어린 시절 모습을 형상화했어.
• (가) 지역의 유소년 부양비는 전국에서 가장 높은 수준이야.
• (가) 지역에는 국토의 균형 발전을 위해 새롭게 조성된 행정 중심 복합 도시가 있어.
〈 (가) 지역의 마스코트〉
A
B
E
C
D
0 25km

① A ② B ③ C ④ D ⑤ E

9. 표는 지도에 표시된 네 지역의 기후 값을 나타낸 것이다. (가)~(라) 지역에 대한 설명으로 옳은 것은? [3점]

구분	최난월 평균 기온(℃)	강수 집중률(%) 여름 (6~8월)	강수 집중률(%) 겨울 (12~2월)
(가)	19.7	51.2	8.1
(나)	23.8	31.6	22.8
(다)	25.6	59.5	5.2
(라)	25.0	45.8	9.2

* 1991~2020년의 평년값임. (기상청)

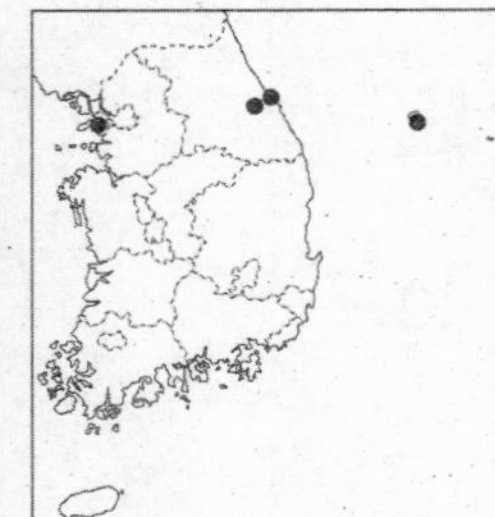

① (가)의 전통 가옥에는 우데기가 설치되어 있다.
② (나)는 (가)보다 연 강수량이 많다.
③ (다)는 (나)보다 기온의 연교차가 크다.
④ (라)는 (가)보다 해발 고도가 높다.
⑤ (다)는 동해안, (라)는 서해안에 위치해 있다.

10. 지도의 A~C에 대한 설명으로 옳은 것만을 〈보기〉에서 고른 것은?

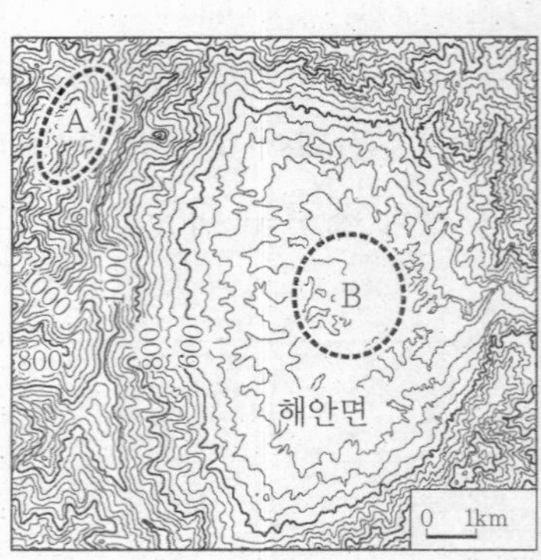

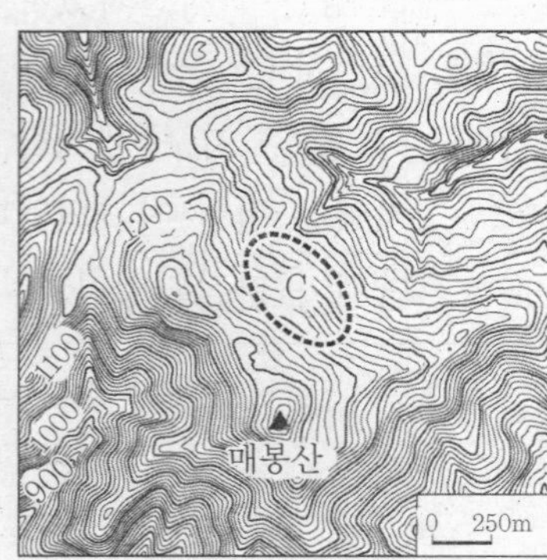

〈보 기〉

ㄱ. A는 마그마가 분출하여 형성된 종 모양의 화산이다.
ㄴ. C는 오랫동안 침식을 받아 평탄해진 곳이 융기한 지형이다.
ㄷ. A의 기반암은 B의 기반암보다 풍화와 침식에 강하다.
ㄹ. C는 B보다 충적층이 발달하여 벼농사에 유리하다.

① ㄱ, ㄴ ② ㄱ, ㄷ ③ ㄴ, ㄷ ④ ㄴ, ㄹ ⑤ ㄷ, ㄹ

해설편 29~30쪽

사회탐구 영역 (한국지리)

11. 다음 글의 ㉠~㉤에 대한 설명으로 옳은 것은? [3점]

> 하천은 흐르면서 하천 바닥을 깎아 협곡을 만들기도 하고, 하천 양안을 깎아 물길을 바꾸기도 한다. ㉠감입 곡류 하천은 우리나라 하천의 중·상류 지역에 주로 발달해 있으며, 주변에는 과거의 하천 바닥이나 범람원이었던 ㉡계단 모양의 지형이 분포하기도 한다. 자유 곡류 하천은 하천의 중·하류 지역과 지류에서 주로 발달해 있으며, 하천 양안에는 ㉢자연 제방과 ㉣배후 습지로 이루어진 범람원이 발달하기도 한다. 하천의 하구 지역에서는 밀물과 썰물의 영향으로 수위가 주기적으로 오르내리는 ㉤감조 구간이 나타나기도 한다.

① ㉠은 자유 곡류 하천보다 유로 변경이 활발하다.
② ㉡의 퇴적층에는 둥근 자갈이나 모래가 분포한다.
③ ㉤은 황해보다 동해로 흘러드는 하천에서 길게 나타난다.
④ ㉡은 ㉣보다 범람에 의한 침수 가능성이 높다.
⑤ ㉢은 ㉣보다 퇴적 물질 중 점토질 구성 비율이 높다.

12. 그림의 A~C 지형에 대한 설명으로 옳은 것은? (단, A~C는 각각 석호, 파식대, 해식애 중 하나임.)

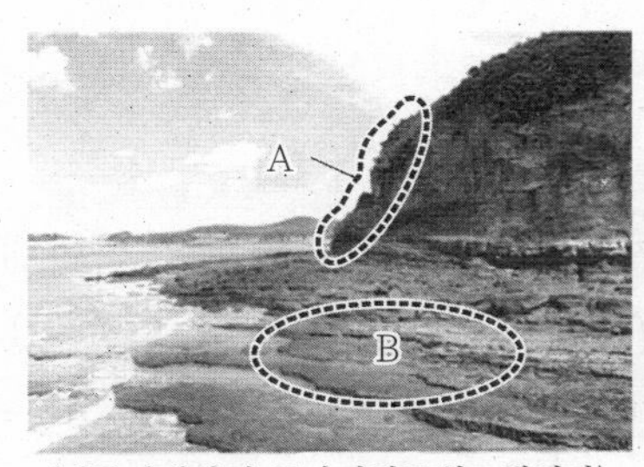

〈전북서해안권 국가지질공원 : 채석강〉

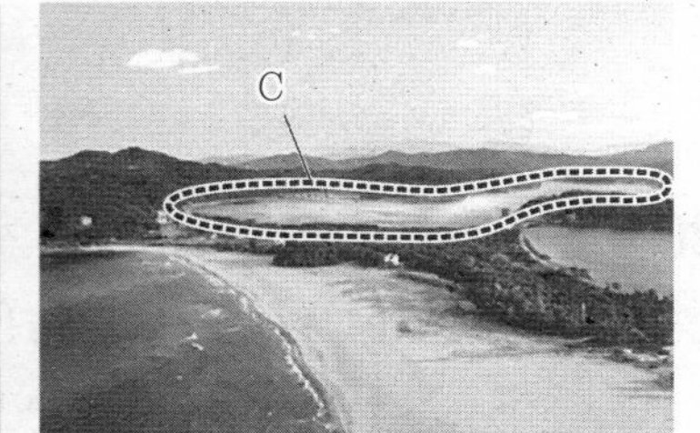

〈강원평화지역 국가지질공원 : 화진포〉

① A는 만보다 곶에 주로 발달한다.
② B는 주로 조류의 퇴적 작용으로 형성되었다.
③ C의 물은 바닷물보다 염도가 높다.
④ A, C 모두 파랑의 작용으로 규모가 확대되고 있다.
⑤ B, C 모두 후빙기 해수면 상승 이전에 형성되었다.

13. 그래프의 A~C 작물에 대한 설명으로 옳은 것만을 〈보기〉에서 고른 것은? (단, A~C는 각각 과수, 맥류, 채소 중 하나임.) [3점]

<작물별 재배 면적>

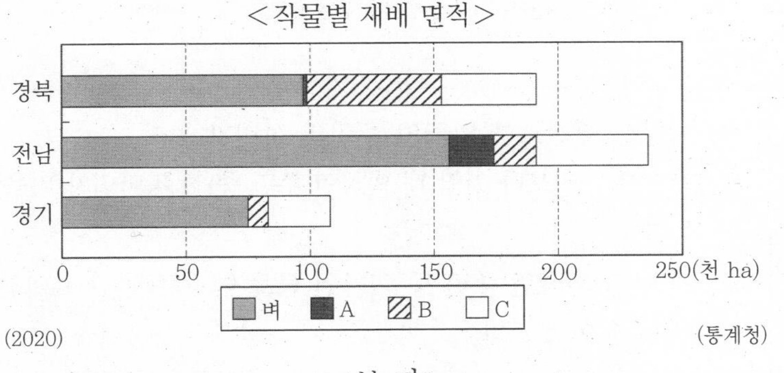

(2020) (통계청)

〈보 기〉

ㄱ. A는 벼보다 국내 생산량이 많다.
ㄴ. A는 B보다 벼의 그루갈이 작물로 재배되는 비율이 높다.
ㄷ. B는 C보다 경지 면적 대비 시설 재배 면적 비율이 높다.
ㄹ. A는 맥류, B는 과수, C는 채소이다.

① ㄱ, ㄴ ② ㄱ, ㄷ ③ ㄴ, ㄷ ④ ㄴ, ㄹ ⑤ ㄷ, ㄹ

14. (가)~(다)에 해당하는 제조업으로 옳은 것은?

<(가)~(다) 제조업 출하액 상위 5개 시·도>

순위 \ 제조업	(가)	(나)	(다)
1	경기	경북	경기
2	경북	전남	울산
3	대구	충남	충남
4	부산	울산	경남
5	서울	경기	광주

(2019) (통계청)
* 종사자 규모 10인 이상 사업체를 대상으로 함.
** 섬유 제품 제조업에서 의복은 제외함.

	(가)	(나)	(다)
①	1차 금속	섬유 제품	자동차 및 트레일러
②	1차 금속	자동차 및 트레일러	섬유 제품
③	섬유 제품	1차 금속	자동차 및 트레일러
④	섬유 제품	자동차 및 트레일러	1차 금속
⑤	자동차 및 트레일러	1차 금속	섬유 제품

15. 그래프는 (가)~(라)의 기후 특성을 나타낸 것이다. (가)~(라)에 해당하는 지역을 지도의 A~D에서 고른 것은? [3점]

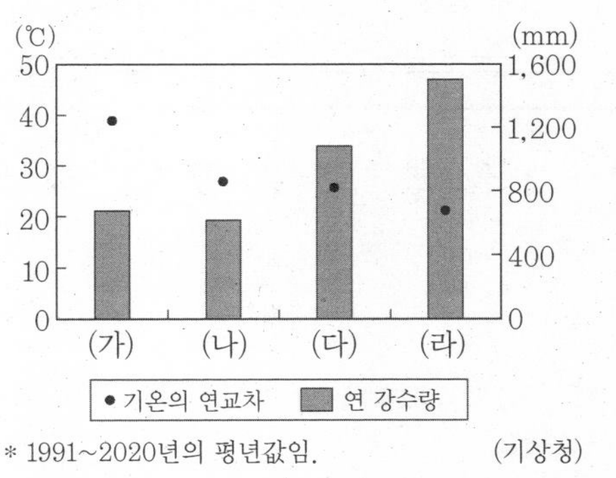

* 1991~2020년의 평년값임. (기상청)

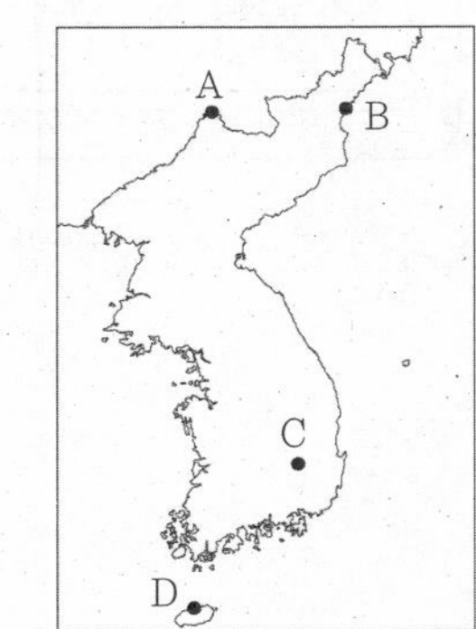

	(가)	(나)	(다)	(라)
①	A	B	C	D
②	A	C	B	D
③	B	D	C	A
④	C	A	D	B
⑤	C	B	D	A

16. 지도의 A~D에 대한 설명으로 옳은 것은? [3점]

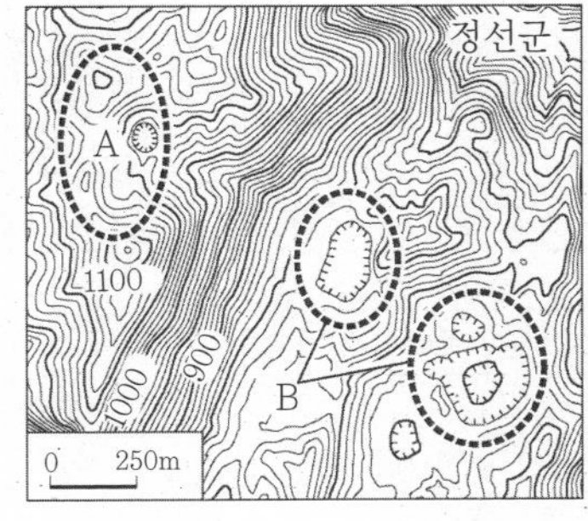

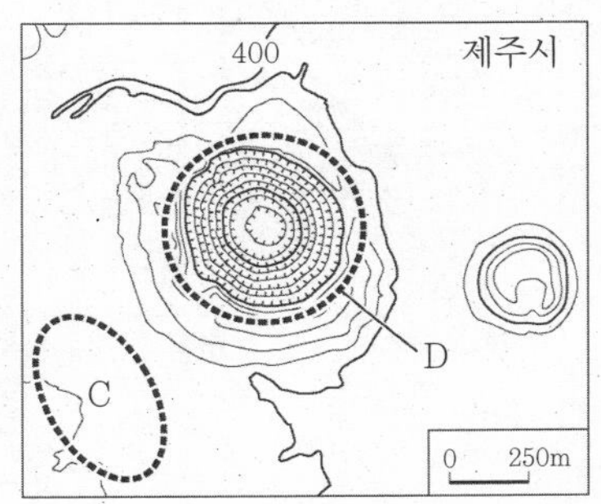

① A에서는 회백색을 띠는 성대 토양이 주로 분포한다.
② B는 화구의 함몰로 형성된 칼데라이다.
③ C에서는 공룡 발자국 화석이 발견된다.
④ D는 두 개 이상의 돌리네가 합쳐진 우발라이다.
⑤ A의 기반암은 C의 기반암보다 형성 시기가 이르다.

8회 2023 6월 모의평가

17. 다음은 우리나라 영해에 대한 온라인 수업의 한 장면이다. 답글의 내용이 옳은 학생만을 고른 것은? [3점]

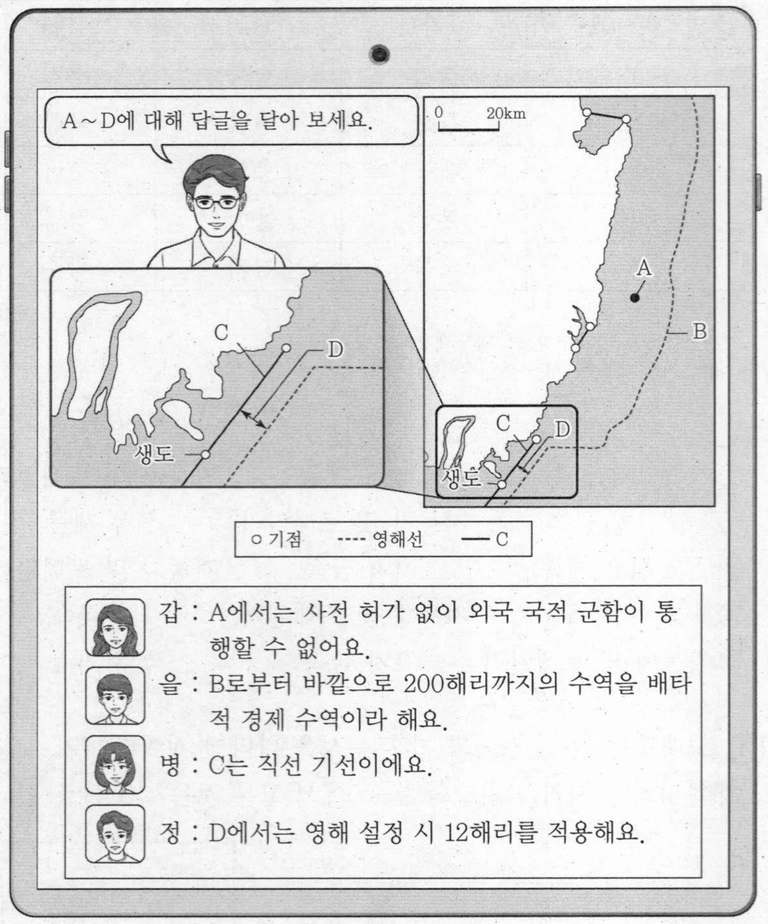

① 갑, 을 ② 갑, 병 ③ 을, 병 ④ 을, 정 ⑤ 병, 정

18. 지도는 (가), (나) 지표의 경기도 내 상위 및 하위 5개 시 · 군을 나타낸 것이다. (가), (나) 지표로 옳은 것은? [3점]

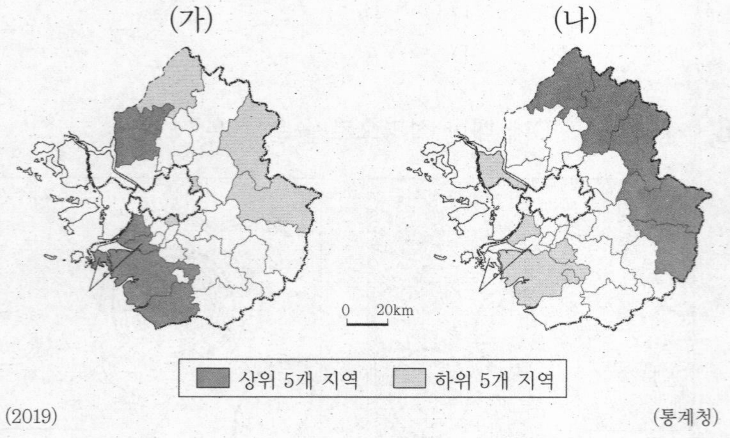

	(가)	(나)
①	제조업 종사자 수	노령화 지수
②	노령화 지수	인구 밀도
③	노령화 지수	총부양비
④	인구 밀도	제조업 종사자 수
⑤	총부양비	제조업 종사자 수

19. 그래프는 두 지역의 인구 특성을 나타낸 것이다. (가), (나)에 해당하는 지역을 지도의 A~C에서 고른 것은? [3점]

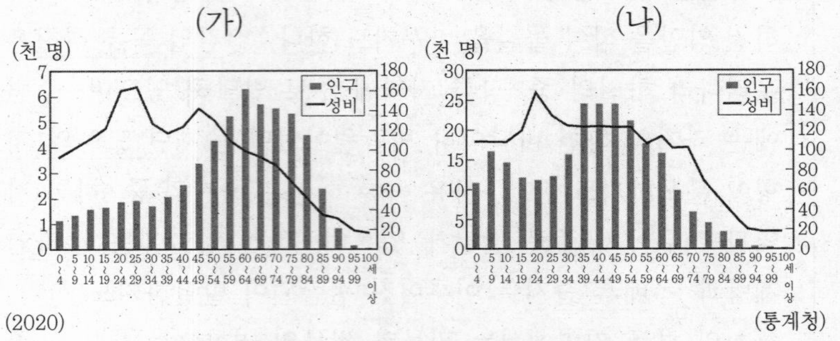

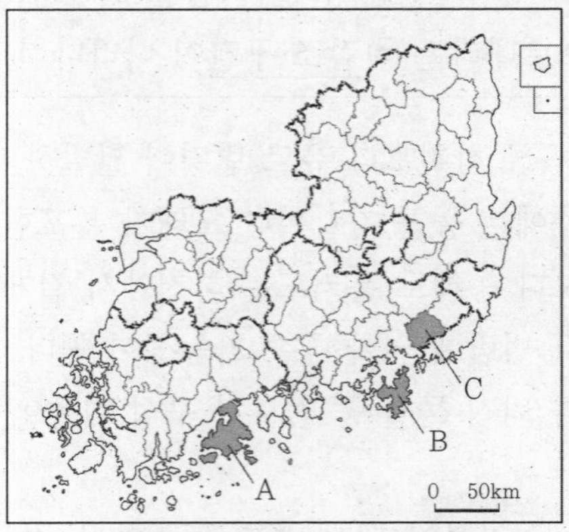

	(가)	(나)		(가)	(나)
①	A	B	②	B	A
③	B	C	④	C	A
⑤	C	B			

20. 다음 자료는 (가)~(다) 지역의 외국인 주민 현황을 나타낸 것이다. 이에 대한 설명으로 옳은 것만을 〈보기〉에서 고른 것은? (단, (가)~(다)는 각각 대전, 안산, 예천 중 하나이며, A~C는 각각 결혼 이민자, 외국인 근로자, 유학생 중 하나임.) [3점]

<외국인 주민 수 및 성비>

지역	외국인	
	주민 수(명)	성비
(가)	22,928	84
(나)	79,498	129
(다)	779	67

<유형별 외국인 주민 구성>

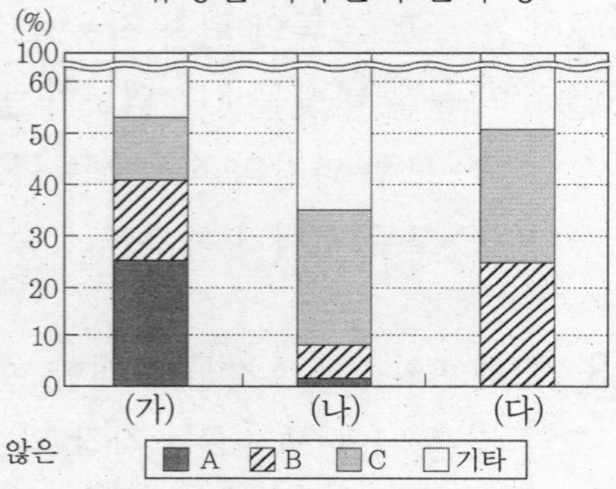

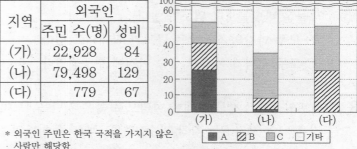

* 외국인 주민은 한국 국적을 가지지 않은 사람만 해당함.
** 유형별 외국인 주민 수가 5명 미만인 경우는 제외함.
(2020) (통계청)

<보 기>

ㄱ. 예천은 대전보다 외국인 주민의 성비가 높다.
ㄴ. 안산은 대전보다 지역 내 외국인 주민 중 결혼 이민자 비율이 높다.
ㄷ. 지역 내 외국인 주민 중 외국인 근로자 수는 안산 〉 대전 〉 예천 순으로 많다.
ㄹ. A는 유학생, B는 결혼 이민자, C는 외국인 근로자이다.

① ㄱ, ㄴ ② ㄱ, ㄷ ③ ㄴ, ㄷ ④ ㄴ, ㄹ ⑤ ㄷ, ㄹ

※ **확인 사항**
○ **답안지의 해당란에 필요한 내용을 정확히 기입(표기)했는지 확인하시오.**

2024학년도 대학수학능력시험 6월 모의평가 문제지

사회탐구 영역 (한국지리)

9회	
시험 시간	30분
날짜	월 일
시작 시각	:
종료 시각	:

제 4 교시 | 성명 | 수험번호 -

1. 지도의 (가)~(라)에 대한 설명으로 옳은 것은?

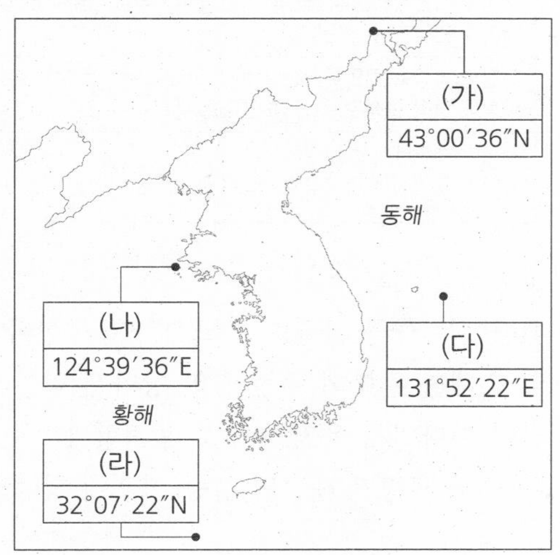

① (나)에는 종합 해양 과학 기지가 건설되어 있다.
② (다)에 위치한 섬은 영해 설정에 직선 기선을 적용한다.
③ (라)는 한 · 일 중간 수역에 위치한다.
④ (다)는 (나)보다 우리나라 표준 경선과의 최단 거리가 가깝다.
⑤ (가)~(라)는 우리나라 영토의 4극에 해당한다.

2. 다음은 지도에 표시된 지역을 답사하며 촬영한 사진이다. 세 지역의 A~D에 대한 설명으로 옳은 것만을 〈보기〉에서 고른 것은? [3점]

〈보 기〉
ㄱ. A는 유동성이 큰 용암이 분출하여 형성된 평탄면이다.
ㄴ. B는 화구가 함몰되어 형성된 칼데라의 일부이다.
ㄷ. C의 기반암은 D의 기반암보다 풍화와 침식에 강하다.
ㄹ. A와 B에는 회백색을 띠는 성대 토양이 주로 분포한다.

① ㄱ, ㄴ ② ㄱ, ㄷ ③ ㄴ, ㄷ ④ ㄴ, ㄹ ⑤ ㄷ, ㄹ

3. 다음은 지리 정보에 관한 수업 장면이다. ㉠~㉤에 대한 설명으로 가장 적절한 것은?

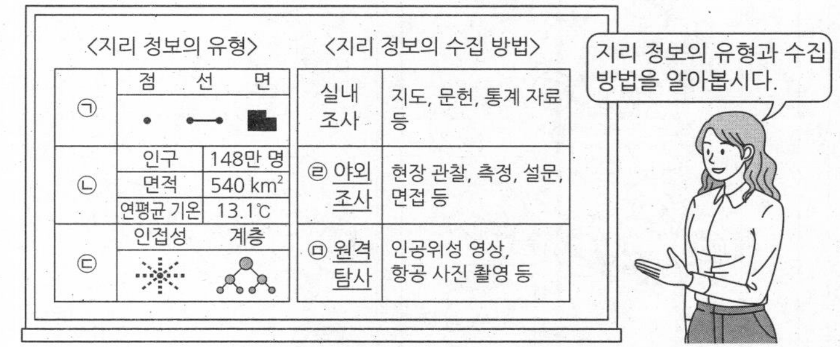

① ㉠의 예로 '대전광역시 연령층별 인구 비율'을 들 수 있다.
② ㉡은 어떤 장소나 현상의 위치나 형태를 나타내는 정보이다.
③ ㉢을 표현한 예로 36° 21′ 04″N, 127° 23′ 06″E가 있다.
④ ㉤은 조사 지역을 직접 방문하여 정보를 수집하는 활동이다.
⑤ ㉣은 ㉤보다 지리 정보 수집 방법으로 도입된 시기가 이르다.

4. 다음은 어느 모둠의 답사 일정을 나타낸 것이다. (가)~(다) 지역을 지도의 A~C에서 고른 것은?

답사 일정	답사 지역	답사 내용
1일 차	(가)	의료 산업 클러스터 단지 견학
2일 차	(나)	폐광 지역 산업 유산을 활용한 석탄 박물관 탐방
3일 차	(다)	서울의 정동 쪽에 위치하고 있다는 기차역과 모래 해안 답사

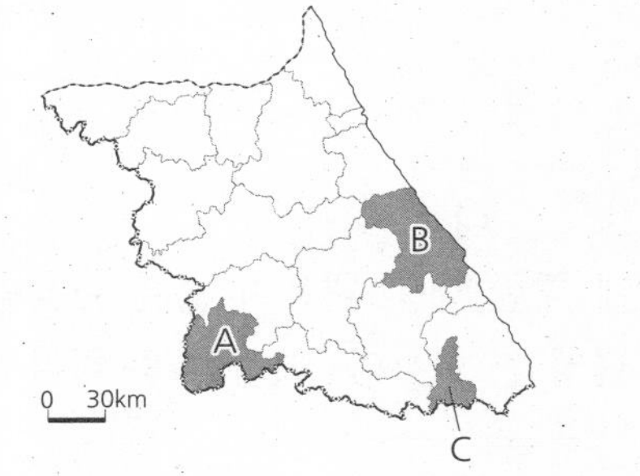

	(가)	(나)	(다)
①	A	B	C
②	A	C	B
③	B	A	C
④	B	C	A
⑤	C	A	B

5. 다음은 신문 기사의 일부이다. ㉠~㉣ 작물에 대한 설명으로 옳은 것은? [3점]

□□ 신문 202○년 ○월 ○일

우리나라에서 가장 많이 생산되는 식량 작물인 ㉠ 쌀은 식생활 구조 변화와 농산물 시장 개방 등으로 1인당 소비량과 재배 면적이 감소하고 있다. 주로 쌀의 그루갈이 작물로 재배되는 ㉡ 보리 또한 재배 면적과 생산량이 감소하고 있다. 반면에 소비자의 기호 변화 등에 따라 ㉢ 채소 및 ㉣ 과일과 같은 원예 작물은 1970년에 비해 1인당 소비량이 크게 증가하였다.

① ㉠의 재배 면적은 시 · 도 중 경기도가 가장 넓다.
② ㉡은 식량 작물 중 자급률이 가장 높다.
③ ㉣은 주로 하천 주변의 충적 평야에서 재배된다.
④ ㉢은 ㉠보다 시설 재배에 의한 생산량이 많다.
⑤ 강원도는 제주도보다 ㉣의 생산량이 많다.

9회 2024 6월 모의평가

해설편 33쪽

6. 다음은 온라인 수업 장면이다. 답글 내용이 옳은 학생만을 있는 대로 고른 것은? (단, (가), (나)는 각각 1월, 7월 중 하나임.) [3점]

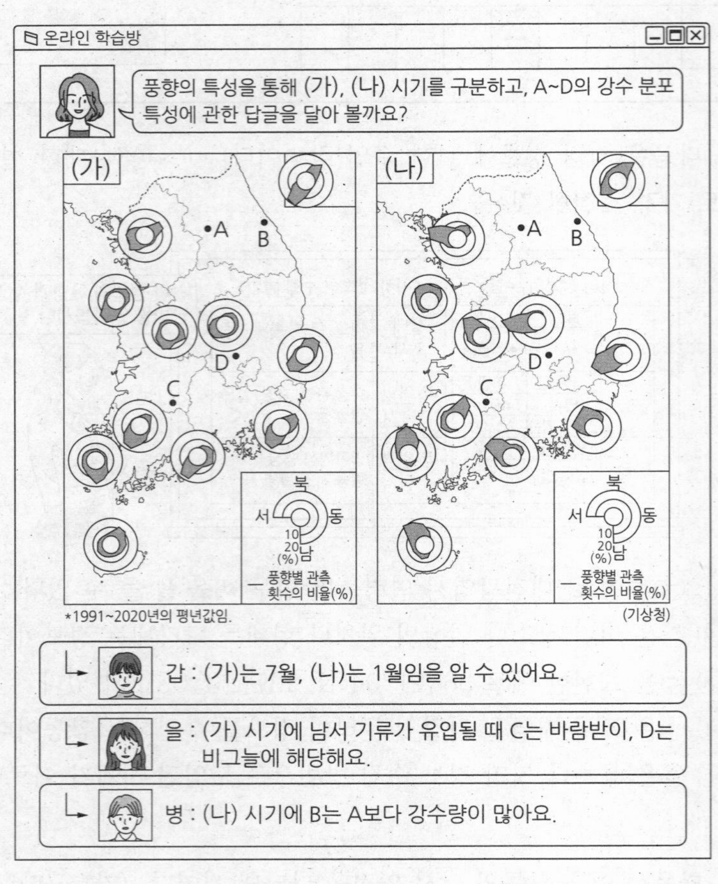

① 갑 ② 을 ③ 갑, 병 ④ 을, 병 ⑤ 갑, 을, 병

7. 다음 자료의 A ~ C 기반암에 대한 대화 내용이 옳은 학생을 고른 것은? (단, A ~ C는 각각 변성암, 현무암, 화강암 중 하나임.)

① 갑 ② 을 ③ 병 ④ 정 ⑤ 무

8. 다음 자료는 국가지질공원의 지형 명소를 소개한 내용의 일부이다. ㉠~㉣에 대한 설명으로 옳지 않은 것은?

지질공원	소개 내용
강화 평화지역	고성 화진포에서는 만의 입구에 사주가 발달하여 바다와 분리된 ㉠ 호수를 관찰할 수 있는데….
경북 동해안	호미곶 해안에서는 동해안의 지반이 융기하여 만들어진 ㉡ 계단 모양의 지형을 관찰할 수 있는데….
백령·대청	대청도 옥죽동 해안에서는 사빈의 모래가 바다로부터 불어오는 바람에 날려 형성된 ㉢ 모래 언덕을 관찰할 수 있는데….
전북 서해안	채석강 해안에서는 파랑의 침식 작용으로 형성된 급경사의 ㉣ 해안 절벽과 그 전면에 파랑의 침식으로 평탄해진 지형을 관찰할 수 있는데….

① ㉠은 바닷물보다 염도가 높다.
② ㉡의 퇴적층에는 둥근 자갈이나 모래가 분포한다.
③ ㉢은 해일 피해를 완화해 주는 자연 방파제 역할을 한다.
④ ㉣은 시간이 지나면서 육지 쪽으로 후퇴한다.
⑤ ㉠과 ㉢은 모두 후빙기 해수면 상승 이후에 형성되었다.

9. 그래프는 지도에 표시된 세 지역의 인구 특성을 나타낸 것이다. (가) ~ (다)에 대한 설명으로 옳은 것은? [3점]

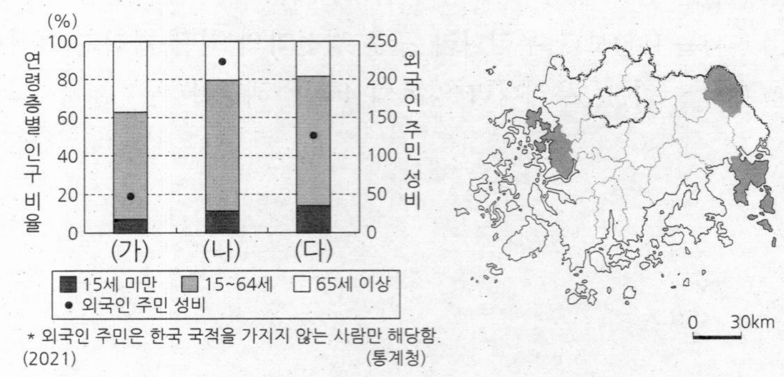

① (가)는 (다)보다 인구 밀도가 높다.
② (나)는 (가)보다 총부양비가 높다.
③ (나)는 (다)보다 제조업 종사자 수가 많다.
④ (다)는 (가)보다 노령화 지수가 높다.
⑤ (가) ~ (다) 중 (가)는 외국인 주민 수가 가장 많다.

10. 지도의 A ~ D에 대한 설명으로 옳은 것은? [3점]

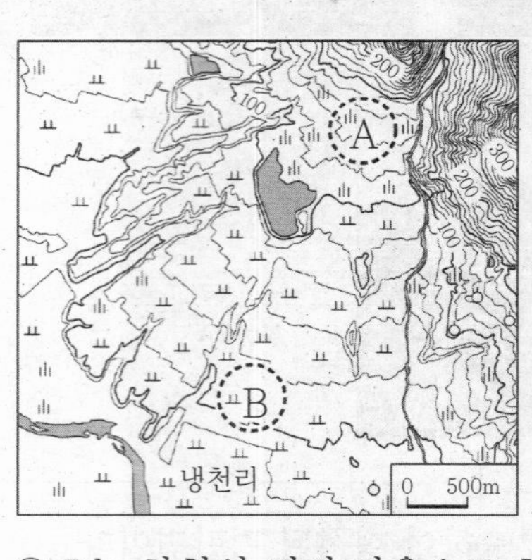

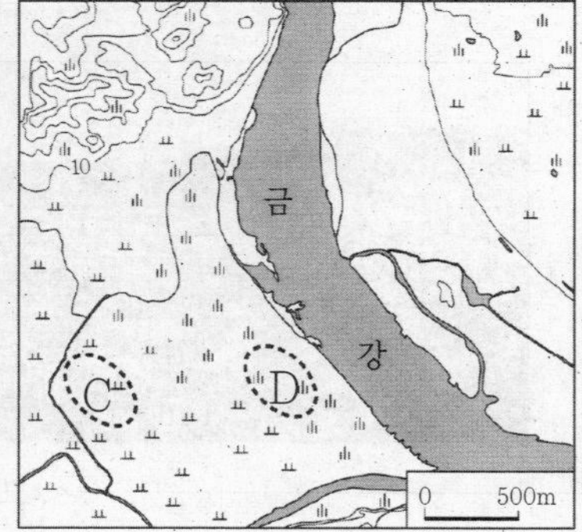

① B는 하천의 퇴적 작용으로 형성된 범람원이다.
② C의 퇴적물은 주로 최종 빙기에 퇴적되었다.
③ A는 B보다 퇴적물의 평균 입자 크기가 크다.
④ C는 D보다 해발 고도가 높다.
⑤ A와 D에는 지하수가 솟아나는 용천대가 발달해 있다.

해설편 33~34쪽

사회탐구 영역 (한국지리)

11. 그래프는 지도에 표시된 네 지역의 기후 자료이다. (가)~(라)에 대한 설명으로 옳은 것은? [3점]

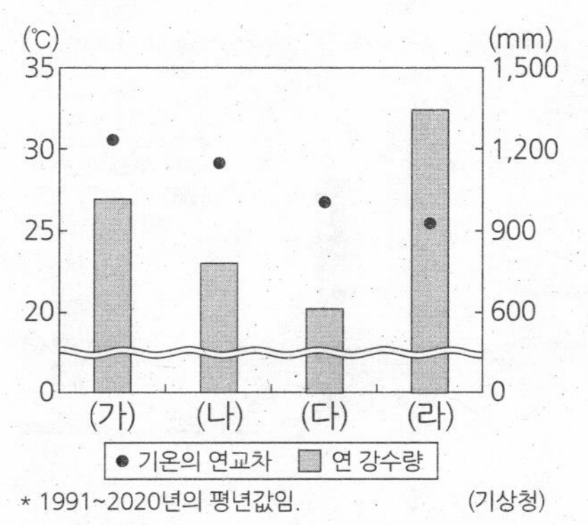

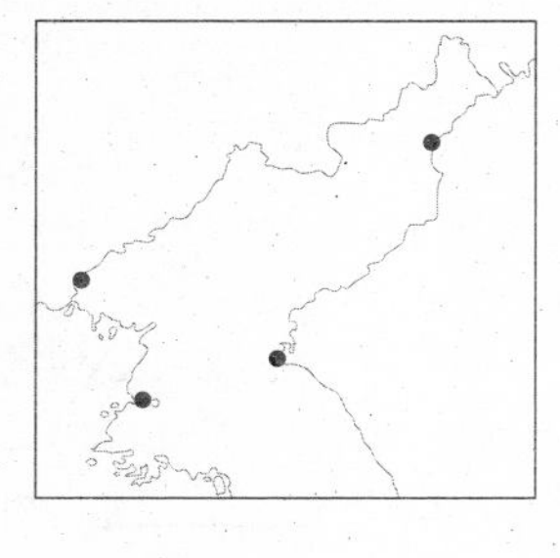

① (가)는 (다)보다 연평균 기온이 높다.
② (가)는 (라)보다 겨울 강수 집중률이 높다.
③ (나)는 (라)보다 최한월 평균 기온이 높다.
④ (다)는 (가)보다 여름 강수량이 많다.
⑤ (가)~(라) 중 (라)는 가장 동쪽에 위치한다.

12. 표는 각 지역에 입지한 교통 관련 시설을 나타낸 것이다. A~D에 대한 설명으로 옳은 것은? (단, A~D는 각각 고속 철도, 도로, 지하철, 해운 중 하나임.)

시설 \ 지역	대구	목포	부산	제주
A 이용 시설	○	○	○	○
B 이용 시설	○	○	○	×
C 이용 시설	×	○	○	○
D 이용 시설	○	×	○	×

* ○는 시설이 입지함을, ×는 시설이 입지하지 않음을 의미함.
** 이용 시설은 각각 고속 철도역, 지하철역, 버스 정류장, 항만을 의미함.

① B는 A보다 문전 연결성이 좋다.
② B는 C보다 국내 여객 수송 분담률이 높다.
③ D는 A보다 도입 시기가 이르다.
④ D는 C보다 화물의 장거리 수송에 유리하다.
⑤ 기종점 비용은 A > B > C 순으로 높다.

13. 그래프는 지도에 표시된 세 지역의 시기별 주택 수 증가량을 나타낸 것이다. (가)~(다)에 대한 설명으로 옳은 것은? [3점]

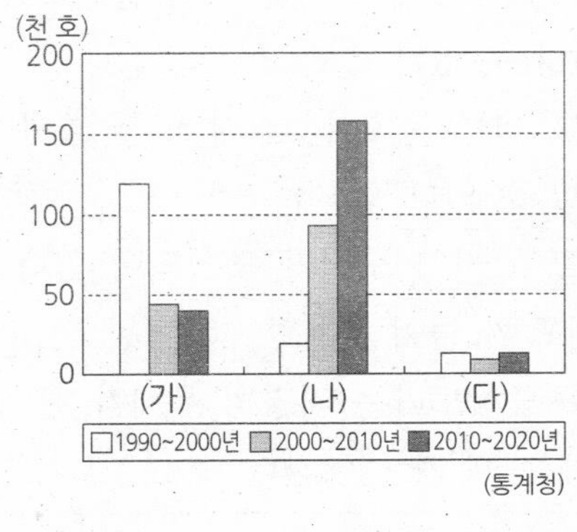

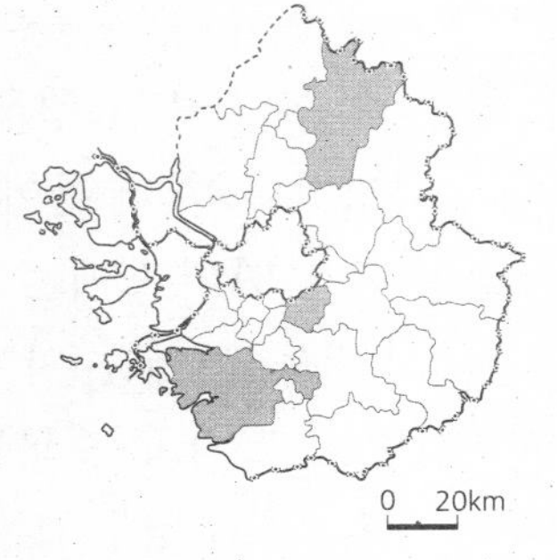

① (가)에는 수도권 1기와 2기 신도시가 건설되었다.
② (가)는 (다)보다 주간 인구 지수가 높다.
③ (나)는 (가)보다 정보서비스업 종사자 수가 많다.
④ (나)는 (다)보다 지역 내 농가 인구 비율이 높다.
⑤ (다)는 (나)보다 제조업 종사자 수가 많다.

14. 다음 자료는 '자연재해'와 관련한 방송 내용의 일부이다. 이에 대한 설명으로 옳은 것만을 〈보기〉에서 고른 것은? (단, (가), (나)는 각각 태풍과 폭염 중 하나임.)

오늘도 온종일 무더운 날씨가 이어졌는데요. ㉠ 열대야로 잠 못 드는 밤에 시민들은 더위를 피해 야외로 나가 있다고 합니다. 취재 기자 연결합니다.

저는 지금 ○○공원에 나와 있습니다. 밤까지 지속되고 있는 무더위에 시민들은 집보다 공원을 택했습니다. …(중략)… 어제에 이어 오늘도 ○○ 지역은 낮 최고 기온이 40도 가까이 올라 올 들어 가장 더운 날씨를 보였고 (가) 경보가 발효됐습니다. (가)의 기세를 한풀 꺾을 변수는 열대 해상에서 북상 중인 (나)입니다. 다음 주 한반도를 향할 것으로 예측되는 만큼 (나)로 인한 ㉡ 피해가 없도록 주의가 필요합니다.

〈보 기〉

ㄱ. ㉠은 오호츠크해 기단이 세력을 확장할 때 주로 발생한다.
ㄴ. ㉡의 사례로 해일에 의한 해안 저지대의 침수를 들 수 있다.
ㄷ. (가)는 장마 이후 북태평양 고기압이 한반도로 확장할 때 주로 나타난다.
ㄹ. (나)는 서고동저형의 기압 배치가 전형적으로 나타나는 계절일 때 우리나라에 영향을 준다.

① ㄱ, ㄴ ② ㄱ, ㄷ ③ ㄴ, ㄷ ④ ㄴ, ㄹ ⑤ ㄷ, ㄹ

15. 다음은 신문 기사의 일부이다. ㉠~㉣에 대한 설명으로 적절한 것만을 〈보기〉에서 있는 대로 고른 것은?

△△ 신문 20○○년 ○월 ○일

"떠오르는 동네, 성수동은 지금…"

서울 성동구 성수동은 중소 피혁 업체 등 도심 속 공장과 창고 밀집 지역에서 도시 재생 사업을 통해 서울의 새로운 '핫 플레이스'로 부상하고 있다.

노후 지역의 정비를 위해 도시 재개발을 하면서 ㉠ 기존의 낡은 공장을 허물고 새 건물을 짓는 방식 대신 ㉡ 기존 형태를 살리면서 필요한 부분만 개조하는 방식으로 개성을 살린 다양한 카페와 음식점, 갤러리 등이 들어서며 새로운 문화가 만들어지고 있다.

하지만 성수동에도 '뜨는' 동네에 어김없이 뒤따르는 ㉢ 젠트리피케이션이 발생하면서, 높아진 건물 임대료에 초기부터 이름을 알렸던 원조 가게들이 여럿 문을 닫게 되었다. 몇 년 전부터 추진된 상생 협약이 이러한 흐름을 바꾸고 ㉣ 지역의 다양성을 유지할 수 있을지 지켜볼 필요가 있다.

〈보 기〉

ㄱ. ㉡은 철거 재개발의 대표적인 방식이다.
ㄴ. ㉢으로 인해 기존 주민과 상인들이 다른 지역으로 떠나게 되는 현상이 발생한다.
ㄷ. ㉣을 위해 대형 프랜차이즈 업체 위주의 상권으로 변화시킨다.
ㄹ. ㉠은 ㉡보다 투입되는 자본의 규모가 크다.

① ㄱ, ㄴ ② ㄴ, ㄹ ③ ㄷ, ㄹ
④ ㄱ, ㄴ, ㄷ ⑤ ㄱ, ㄷ, ㄹ

해설편 34~35쪽

사회탐구 영역 (한국지리)

16. 다음 자료는 대구광역시청에서 출발해 지도에 표시된 세 도시의 시청으로 가는 길 찾기 안내의 일부이다. (가)~(다)에 대한 설명으로 옳은 것은? [3점]

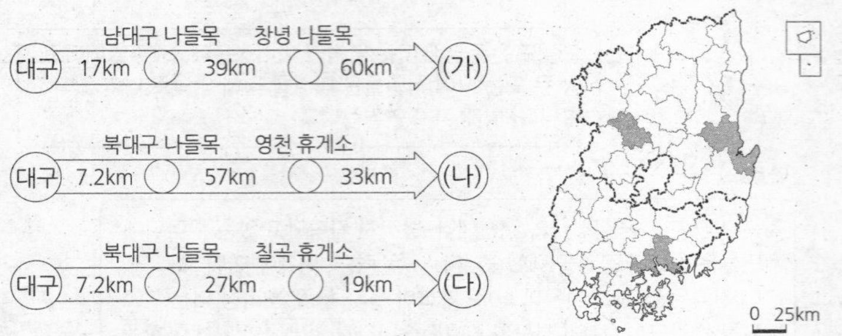

① (다)에서는 벚꽃으로 유명한 군항제가 열린다.
② (가)는 (나)보다 1차 금속 업종의 종사자 수가 많다.
③ (다)는 (가)보다 인구가 많다.
④ (나)와 (다)에는 세계 문화유산으로 등재된 전통 마을이 있다.
⑤ (가)와 (나)는 남동 임해 공업 지역, (다)는 영남 내륙 공업 지역에 해당한다.

17. 지도에 표시된 (가), (나) 지역의 특징을 그림으로 표현할 때, A~D에 해당하는 옳은 내용만을 〈보기〉에서 고른 것은?

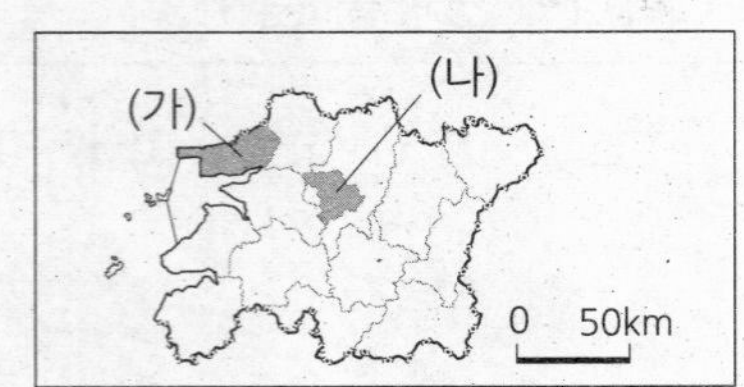

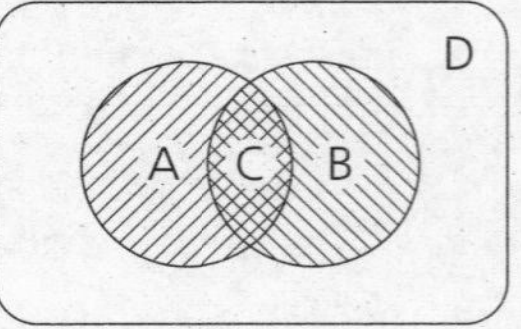

〈범례〉
A : (가)에만 해당되는 특징임.
B : (나)에만 해당되는 특징임.
C : (가)와 (나) 모두 해당되는 특징임.
D : (가)와 (나) 모두 해당되지 않는 특징임.

<보 기>
ㄱ. A : 하굿둑이 건설됨.
ㄴ. B : 세계 소리 축제가 개최됨.
ㄷ. C : 원자력 발전소가 입지함.
ㄹ. D : 혁신 도시가 조성됨.

① ㄱ, ㄴ ② ㄱ, ㄷ ③ ㄴ, ㄷ ④ ㄴ, ㄹ ⑤ ㄷ, ㄹ

18. 그래프는 세 지역의 1차 에너지원별 공급 비율을 나타낸 것이다. 이에 대한 설명으로 옳은 것은? (단, A~C는 각각 석탄, 수력, 원자력 중 하나임.) [3점]

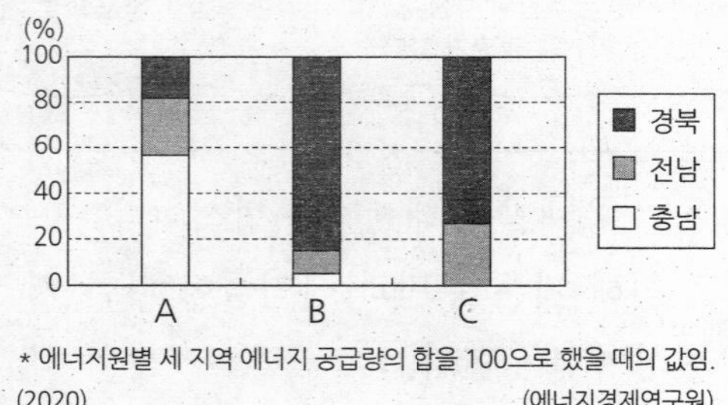

* 에너지원별 세 지역 에너지 공급량의 합을 100으로 했을 때의 값임.
(2020) (에너지경제연구원)

① A는 전량 해외에서 수입한다.
② C의 발전 시설은 해안보다 내륙에 입지하는 것이 유리하다.
③ B는 A보다 발전 시 대기 오염 물질의 배출량이 많다.
④ B는 C보다 상업용 발전에 이용된 시기가 이르다.
⑤ A~C를 이용한 발전 중 B를 이용한 발전량이 가장 많다.

19. 다음 자료의 (가)~(다)에 해당하는 지역을 지도의 A~C에서 고른 것은? [3점]

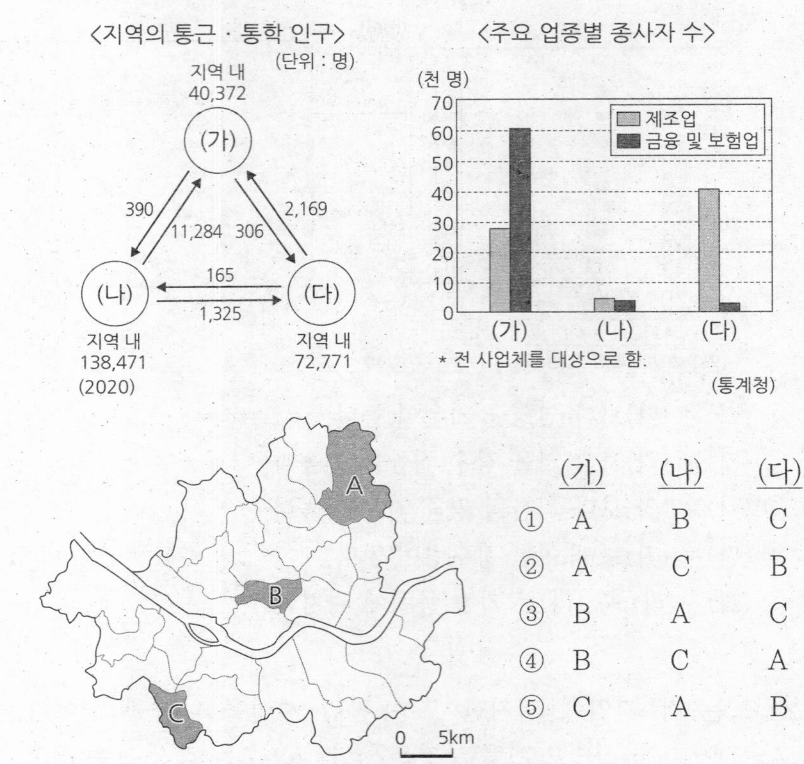

	(가)	(나)	(다)
①	A	B	C
②	A	C	B
③	B	A	C
④	B	C	A
⑤	C	A	B

20. 다음은 지도에 표시된 세 지역에 대한 두 학생의 답변과 교사의 채점 결과이다. 이에 대한 설명으로 옳은 것만을 〈보기〉에서 고른 것은?

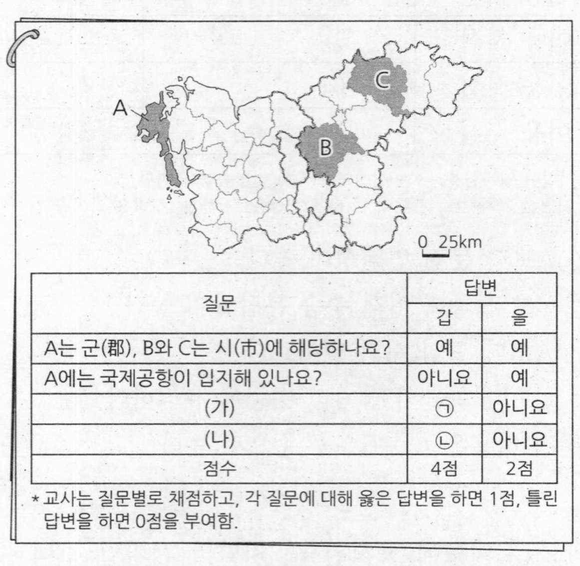

질문	답변	
	갑	을
A는 군(郡), B와 C는 시(市)에 해당하나요?	예	예
A에는 국제공항이 입지해 있나요?	아니요	예
(가)	㉠	아니요
(나)	㉡	아니요
점수	4점	2점

* 교사는 질문별로 채점하고, 각 질문에 대해 옳은 답변을 하면 1점, 틀린 답변을 하면 0점을 부여함.

<보 기>
ㄱ. ㉠이 '예'일 경우, (가)에는 'B에는 석탄 화력 발전소가 입지해 있나요?'가 들어갈 수 있다.
ㄴ. ㉡이 '아니요'일 경우, (나)에는 'C는 현재 도청 소재지에 해당하나요?'가 들어갈 수 있다.
ㄷ. (가)가 'A와 C에는 모두 기업 도시가 조성되어 있나요?'일 경우, ㉠에는 '아니요'가 들어간다.
ㄹ. (나)가 'B와 C는 모두 충청도라는 지명의 유래가 된 도시인가요?'일 경우, ㉡에는 '예'가 들어간다.

① ㄱ, ㄴ ② ㄱ, ㄷ ③ ㄴ, ㄷ ④ ㄴ, ㄹ ⑤ ㄷ, ㄹ

※ 확인 사항
○ 답안지의 해당란에 필요한 내용을 정확히 기입(표기)했는지 확인하시오.

해설편 35~36쪽

사회탐구 영역 (한국지리)

10회	
시험 시간	30분
날짜	월 일
시작 시각	:
종료 시각	:

제 4 교시 | 성명 | | 수험번호 | - |

1. 다음 자료에 관한 설명으로 옳은 것은?

<영해 및 접속수역법>

제1조(㉠ 영해의 범위) 대한민국의 영해는 기선으로부터 측정하여 그 바깥쪽 12해리의 선까지에 이르는 수역으로 한다. … (중략) …

제2조(기선) 제1항 : 영해의 폭을 측정하기 위한 ㉡ 통상의 기선은 대한민국이 공식적으로 인정한 대축척 해도에 표시된 … (중략) …
제2항 : 지리적 특수사정이 있는 수역의 경우에는 대통령령으로 정하는 기점을 연결하는 직선을 기선으로 할 수 있다.

제3조(㉢ 내수) 영해의 폭을 측정하기 위한 기선으로부터 육지 쪽에 있는 수역은 내수로 한다.

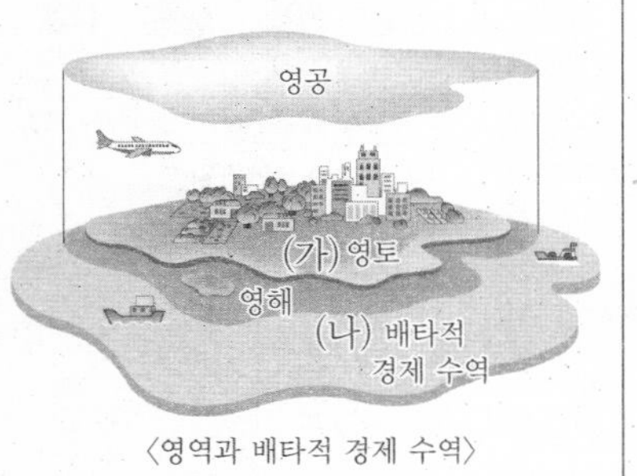

〈영역과 배타적 경제 수역〉

① 울릉도와 독도는 ㉠ 설정에 직선 기선이 적용된다.
② ㉡ 설정에는 가장 낮은 수위가 나타나는 썰물 때의 해안선을 적용한다.
③ ㉢에서 간척 사업이 이루어지면 ㉠은 확대된다.
④ 우리나라 (가)의 최남단은 이어도이다.
⑤ (나)는 영해 기선으로부터 그 바깥쪽 200해리의 선까지에 이르는 수역 전체를 말한다.

2. 다음은 지도에 표시된 두 지역의 하천 지형을 나타낸 위성 영상이다. (가), (나) 지역의 지형에 대한 설명으로 옳은 것만을 〈보기〉에서 고른 것은? [3점]

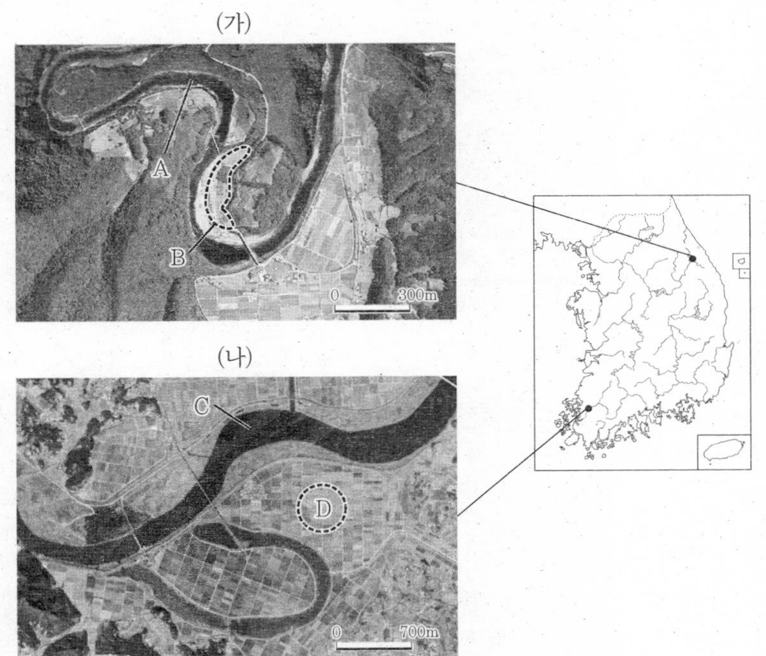

<보 기>

ㄱ. (가)의 A 하천은 (나)의 C 하천보다 하상의 해발 고도가 높다.
ㄴ. (가)의 A 하천 범람원은 (나)의 C 하천 범람원보다 면적이 넓다.
ㄷ. B는 D보다 퇴적물의 평균 입자 크기가 크다.
ㄹ. B는 D보다 홍수 시 범람에 의한 침수 가능성이 높다.

① ㄱ, ㄴ ② ㄱ, ㄷ ③ ㄴ, ㄷ ④ ㄴ, ㄹ ⑤ ㄷ, ㄹ

3. 다음 〈조건〉만을 고려하여 공공 도서관을 추가로 건설하고자 할 때, 가장 적합한 후보지를 지도의 A ~ E에서 고른 것은?

< 조건 1 > : (유소년층 인구 ≥ 10,000명) And (초 · 중 · 고 학교 수 ≥ 60개) And (공공 도서관 수 ≤ 8개)
< 조건 2 > : < 조건 1 >을 만족하는 지역 중 유소년층 인구 비율이 높은 곳을 선택함.

* X And Y : X 조건과 Y 조건을 모두 만족하는 것을 의미함.

구분	유소년층 인구(명)	유소년층 인구 비율(%)	초 · 중 · 고 학교 수(개)	공공 도서관 수(개)
A	8,274	8.1	42	4
B	49,118	13.9	69	7
C	73,706	13.4	118	9
D	42,247	12.0	92	8
E	12,362	11.3	39	3

(2022) (통계청)

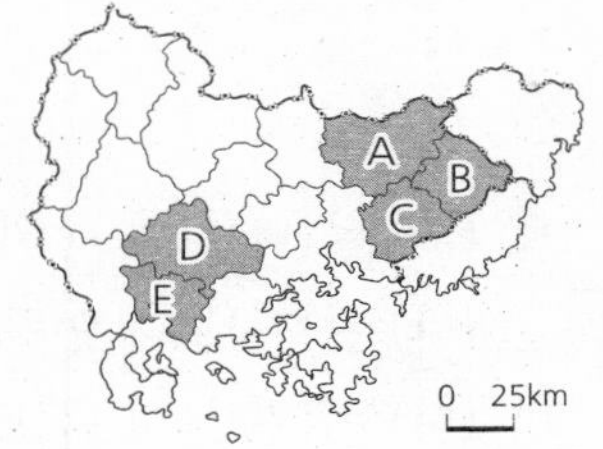

① A ② B ③ C ④ D ⑤ E

4. 지도의 A ~ E 지형에 대한 설명으로 옳은 것은?

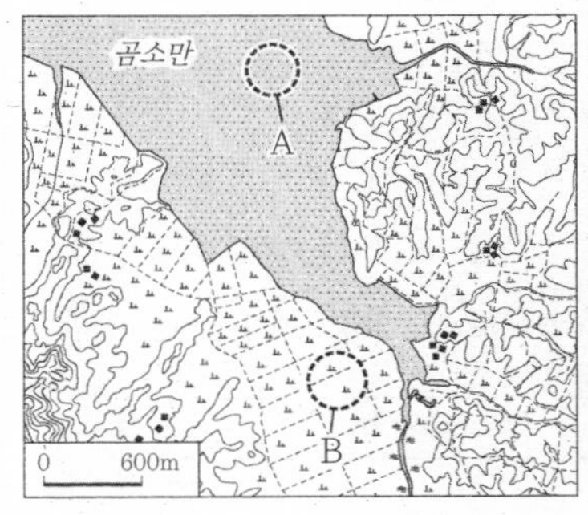

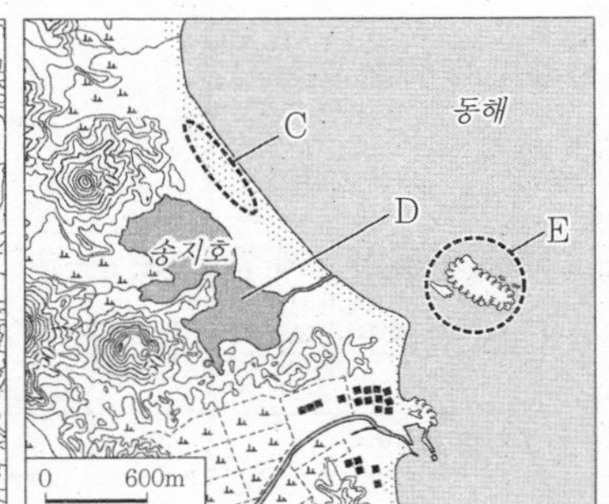

① A는 하루 종일 바닷물에 잠기는 곳이다.
② B에는 바람에 날려 퇴적된 모래 언덕이 나타난다.
③ C는 파랑과 연안류의 퇴적 작용으로 형성되었다.
④ D는 자연 상태에서 시간이 지남에 따라 규모가 확대된다.
⑤ E는 후빙기 해수면 상승 이후에 형성된 육계도이다.

5. 지도에 표시된 (가) ~ (다) 지역의 특징을 그림과 같이 표현할 때, A ~ D의 내용으로 옳은 것만을 〈보기〉에서 고른 것은? [3점]

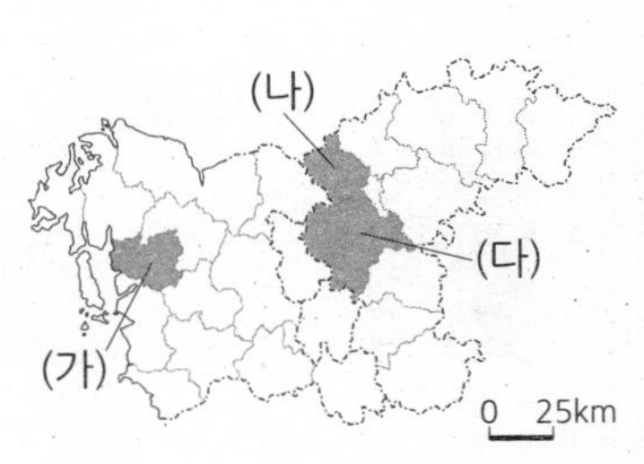

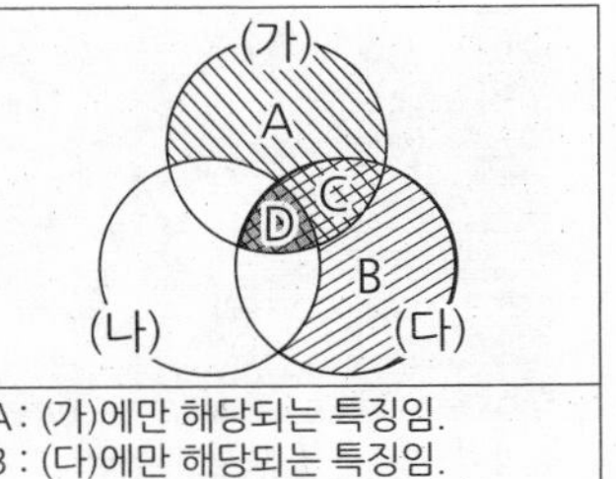

A : (가)에만 해당되는 특징임.
B : (다)에만 해당되는 특징임.
C : (가)와 (다)만의 공통 특징임.
D : (가), (나), (다) 모두의 공통 특징임.

<보 기>

ㄱ. A : 석탄 박물관이 있음.
ㄴ. B : 국제공항이 있음.
ㄷ. C : 도청이 입지하고 있음.
ㄹ. D : 혁신도시가 조성되어 있음.

① ㄱ, ㄴ ② ㄱ, ㄷ ③ ㄴ, ㄷ ④ ㄴ, ㄹ ⑤ ㄷ, ㄹ

해설편 37쪽

6. 다음은 지도에 표시된 세 지역의 인구 관련 신문 기사 내용의 일부이다. (가)～(다) 지역에 대한 설명으로 옳은 것은? [3점]

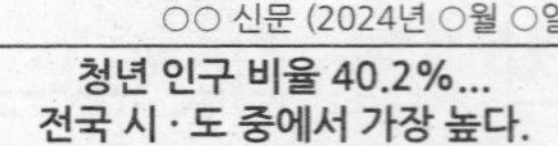

○○ 신문 (2024년 ○월 ○일)

청년 인구 비율 40.2%... 전국 시·도 중에서 가장 높다.

(가) 은/는 15세 이상 인구 중 청년(15세~39세) 비율이 40.2%로 전국 시·도 중에서 가장 높게 나타났다. 정부 기관 이전을 목적으로 조성된 이 지역은 유소년층 인구 비율 또한 19.2%(전국 평균 11.6%)로 전국에서 가장 높다.

□□ 신문 (2024년 ○월 ○일)

인구감소지역대응위원회 회의 개최

(나) 은/는 제1차 인구감소지역대응위원회를 열고 생활 인구 확대, 청장년 정착 촉진 방안 등을 심의·의결하였다. 이 지역은 인구 소멸 위험이 큰 곳으로 대표적인 인구 과소 지역이다.

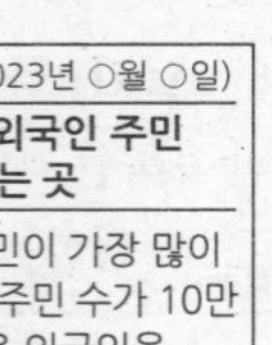

△△ 신문 (2023년 ○월 ○일)

시·군·구 중에서 외국인 주민 가장 많이 사는 곳

(다) 은/는 외국인 주민이 가장 많이 거주하는 곳으로 외국인 주민 수가 10만 명을 넘어섰다. 이 지역은 외국인을 위한 커뮤니티 공간인 다문화 마을 특구가 조성되어 있다.

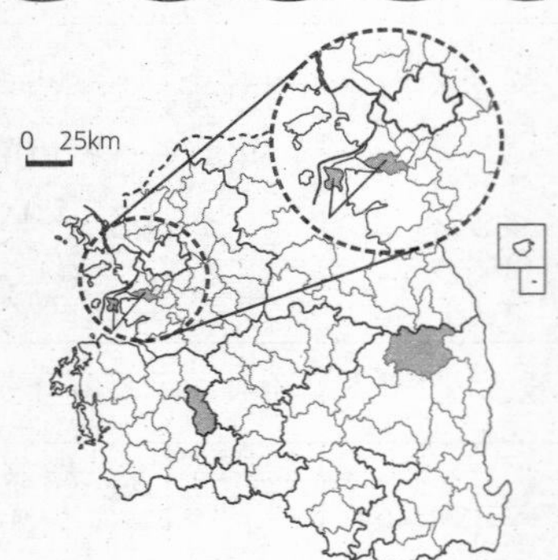

① (가)는 (나)보다 중위 연령이 높다.
② (나)는 (가)보다 인구 밀도가 높다.
③ (다)는 (가)보다 유소년 부양비가 높다.
④ (다)는 (나)보다 지역 내 외국인의 성비가 높다.
⑤ 총인구는 (다)>(나)>(가) 순으로 많다.

7. 다음 자료는 제주도와 울릉도를 방문한 여행객이 사회 관계망 서비스(SNS)에 올린 내용이다. ㉠～㉣에 대한 설명으로 옳은 것은?

geography ···

용암이 분출하였던 이곳은 분지 형태를 보이고 있으며, 섬의 북쪽 중앙부에 위치하고 있어.

#㉠ 나리분지 #울릉도

geography ···

분지 내 위치한 새알처럼 생긴 이 봉우리는 중앙 화구구이며, 해발 고도는 성인봉의 절반 정도야.

#㉡ 알봉 #울릉도

geography ···

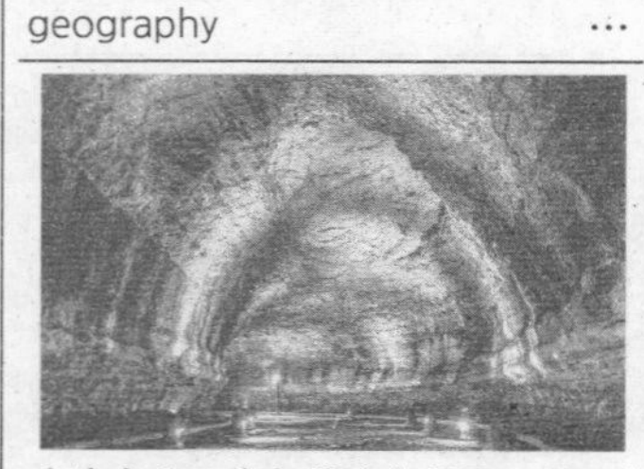

용암이 흐르면서 형성된 동굴로 규모가 크고 보존 상태가 양호하여 세계 자연 유산으로 지정되었어.

#㉢ 만장굴 #제주도

geography ···

흰 사슴이 뛰어노는 연못이라는 뜻의 이 호수는 남한에서 가장 높은 산에 위치하고 있어.

#㉣ 백록담 #제주도

① ㉠은 점성이 작은 용암의 분출로 형성된 용암 대지이다.
② ㉡은 기반암의 차별 침식으로 형성되었다.
③ ㉢은 흐르는 용암의 표면과 내부 간 냉각 속도 차이로 형성되었다.
④ ㉣은 화구가 함몰되며 형성된 칼데라에 물이 고여 형성되었다.
⑤ ㉡은 ㉠보다 형성 시기가 이르다.

8. 그래프는 지도에 표시된 네 지역의 기후 값을 나타낸 것이다. (가)～(라) 지역에 대한 설명으로 옳은 것은? [3점]

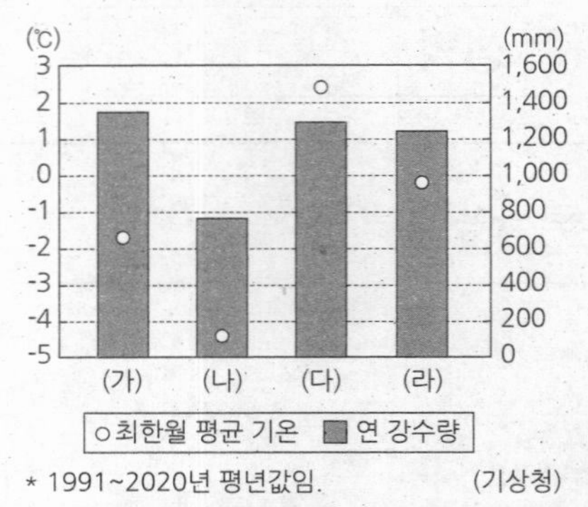

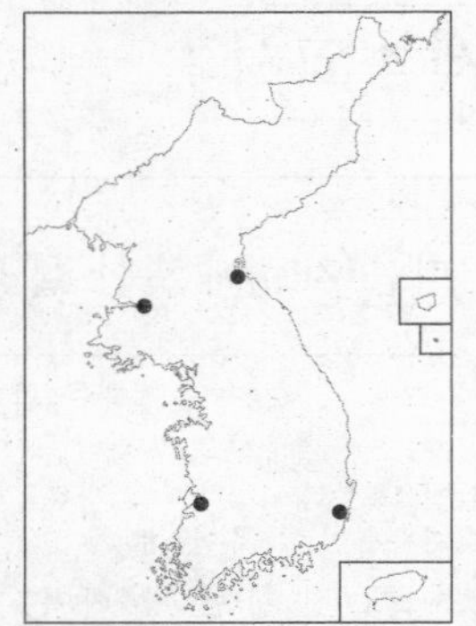

① (가)는 (다)보다 연평균 기온이 높다.
② (나)는 (가)보다 여름 강수량이 많다.
③ (다)는 (라)보다 기온의 연교차가 크다.
④ (가)와 (라)는 서해안, (나)와 (다)는 동해안에 위치한다.
⑤ (다)와 (라)의 겨울 강수량 합은 (가)와 (나)의 겨울 강수량 합보다 많다.

9. 다음 자료는 답사 계획서의 일부이다. 답사 일정에 해당하는 지역을 지도의 A～D에서 순서대로 옳게 고른 것은? (단, 하루에 한 지역만 답사하며, 각 일정별 답사 지역은 다른 지역임.)

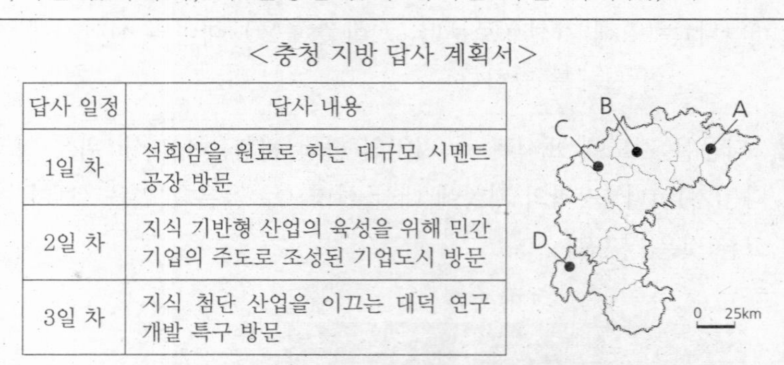

<충청 지방 답사 계획서>

답사 일정	답사 내용
1일 차	석회암을 원료로 하는 대규모 시멘트 공장 방문
2일 차	지식 기반형 산업의 육성을 위해 민간 기업의 주도로 조성된 기업도시 방문
3일 차	지식 첨단 산업을 이끄는 대덕 연구 개발 특구 방문

	1일 차	2일 차	3일 차
①	A	B	D
②	A	C	D
③	B	A	C
④	B	C	D
⑤	C	B	A

10. 그래프는 지도에 표시된 세 지역군의 인구 자료이다. (가)～(다) 지역군에 대한 설명으로 옳은 것만을 〈보기〉에서 고른 것은? [3점]

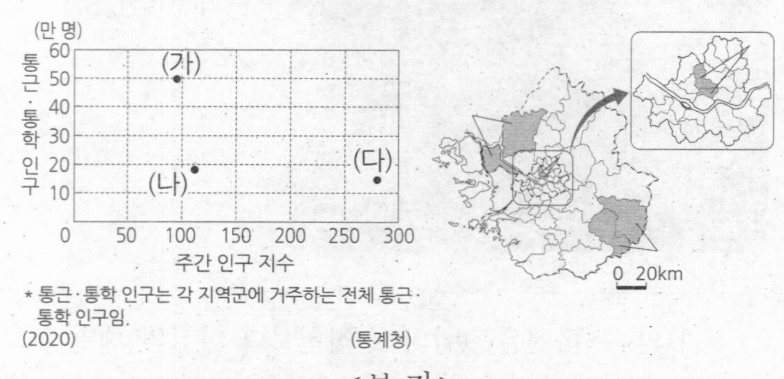

<보 기>

ㄱ. 서울로의 통근·통학 인구는 (나)가 (가)보다 많다.
ㄴ. (나)는 (가)보다 전체 가구 대비 농가 비율이 높다.
ㄷ. (나)는 (다)보다 상업지 평균 지가가 높다.
ㄹ. (다)는 (가)보다 생산자 서비스업 사업체 수가 많다.

① ㄱ, ㄴ ② ㄱ, ㄷ ③ ㄴ, ㄷ ④ ㄴ, ㄹ ⑤ ㄷ, ㄹ

사회탐구 영역 (한국지리)

11. 다음은 기상 특보 발령 상황과 관련한 방송 내용의 일부이다. 이에 대한 설명으로 옳은 것만을 <보기>에서 있는 대로 고른 것은? (단, (가)~(다)는 각각 대설, 폭염, 황사 중 하나임.)

일 최고 체감 온도 35℃ 이상인 상태가 2일 이상 지속될 것으로 예상되어 (가) 경보가 발령되었습니다. 노약자분들은 가급적 실내에서 지내시고 외출할 때는 양산과 물을 휴대하시기 바랍니다.

오늘 (나) 경보가 발령되었습니다. (나) 경보는 24시간 신적설이 20cm 이상 예상될 때 발령됩니다. 시민 여러분은 자가용 대신 대중교통을 이용하여 출퇴근을 평소보다 조금 일찍 하시고, 농가에서는 비닐하우스, 축사 등의 붕괴에 대비하시기 바랍니다.

중국 내륙 지역에서 발원한 (다) 이/가 유입되어 경보가 발령되었습니다. (다) 경보는 1시간 평균 미세먼지(PM10) 농도 800㎍/㎥ 이상이 2시간 이상 지속될 것으로 예상될 때 발령됩니다. 호흡기 질환자들은 외출을 삼가시고 야외 활동 시 마스크를 착용하시기 바랍니다.

<보 기>

ㄱ. (가) 특보는 장마 이후 북태평양 고기압이 한반도로 확장했을 때 주로 발령된다.
ㄴ. (나)를 대비하기 위한 전통 가옥 시설로 우데기가 있다.
ㄷ. (다)는 주로 편서풍을 타고 우리나라 쪽으로 날아온다.

① ㄱ ② ㄴ ③ ㄱ, ㄷ ④ ㄴ, ㄷ ⑤ ㄱ, ㄴ, ㄷ

12. 다음은 한국지리 온라인 수업 장면의 일부이다. 답글의 내용이 옳은 학생을 고른 것은? (단, (가)~(다)는 각각 시·원생대, 고생대, 신생대 중 하나이고, A~C는 각각 변성암류, 제3기 퇴적암, 조선 누층군 중 하나임.) [3점]

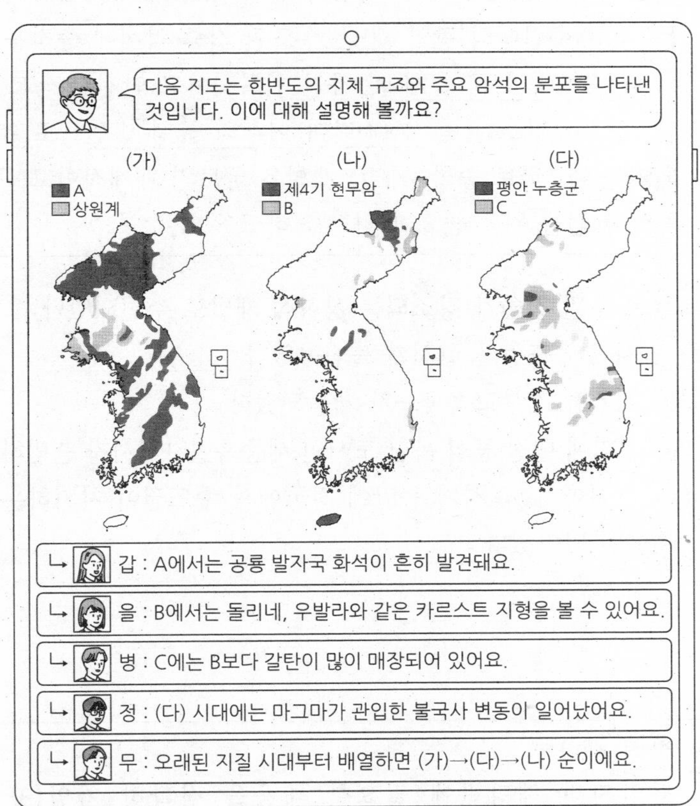

다음 지도는 한반도의 지체 구조와 주요 암석의 분포를 나타낸 것입니다. 이에 대해 설명해 볼까요?
(가)
A
상원계
(나)
제4기 현무암
B
(다)
평안 누층군
C
갑 : A에서는 공룡 발자국 화석이 흔히 발견돼요.
을 : B에서는 돌리네, 우발라와 같은 카르스트 지형을 볼 수 있어요.
병 : C에는 B보다 갈탄이 많이 매장되어 있어요.
정 : (다) 시대에는 마그마가 관입한 불국사 변동이 일어났어요.
무 : 오래된 지질 시대부터 배열하면 (가)→(다)→(나) 순이에요.

① 갑 ② 을 ③ 병 ④ 정 ⑤ 무

13. 다음은 한국지리 수업 장면이다. 옳게 발표한 학생을 고른 것은?

(가)~(마) 지역에 대해 발표해 볼까요?
(가)
(나)
(다)
(라)
(마)
0 30 km
갑
(가)에는 슬로시티로 지정된 마을이 있고, 질 좋은 죽세공품을 생산·판매하는 죽물 시장이 있었어요.
을
(나)에서는 녹차와 관련된 다향대축제가 개최돼요.
병
(다)에는 우주 발사체 발사 기지가 있고, 지역 특산품으로 유명한 유자가 생산돼요.
정
(라)에는 람사르 협약에 등록된 습지가 있고, 전통 취락을 볼 수 있는 낙안 읍성이 있어요.
무
(마)에는 한반도 최남단 땅끝 마을이 있고, 지역 특산품으로 겨울 배추가 재배돼요.

① 갑 ② 을 ③ 병 ④ 정 ⑤ 무

14. 다음 자료에서 설명하는 지역을 지도의 A~E에서 고른 것은?

이 지역은 섬진강의 상류에 위치하며 천혜의 자연환경과 장류 문화의 역사가 살아 숨 쉬는 곳이다. 전통 장류를 소재로 한 장류 축제가 열리며 특히 이 지역의 고추장은 예로부터 기후 조건, 물맛 그리고 제조 기술이 어울려 내는 독특한 맛으로 유명하다.

〈 지역 캐릭터 〉
고추장의 원료인 고추를 형상화한 어린 고추 도깨비

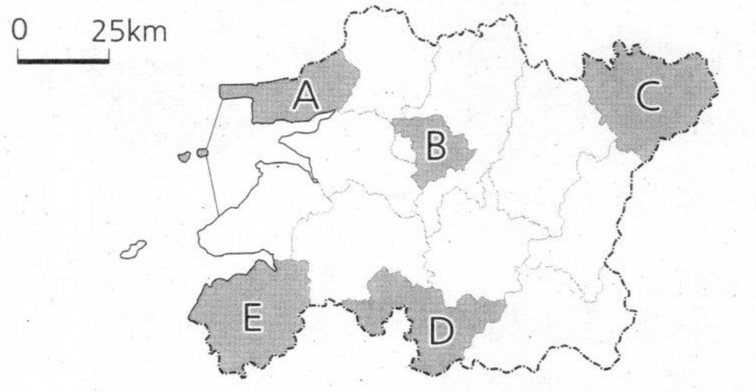

① A
② B
③ C
④ D
⑤ E

15. 그래프는 지도에 표시된 네 지역의 인구 변화를 나타낸 것이다. (가)~(라) 지역에 대한 설명으로 옳은 것만을 <보기>에서 고른 것은? [3점]

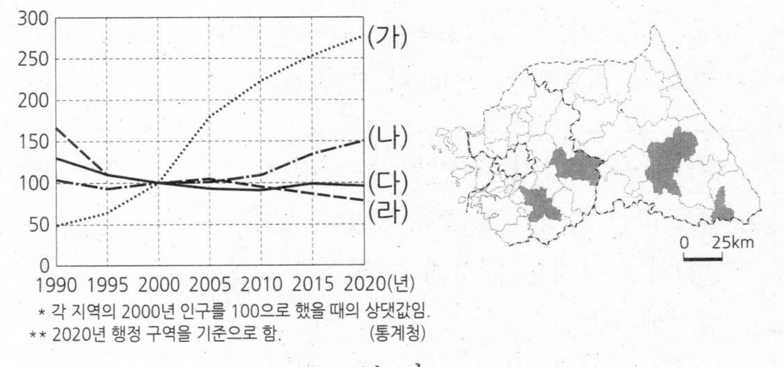

* 각 지역의 2000년 인구를 100으로 했을 때의 상댓값임.
** 2020년 행정 구역을 기준으로 함. (통계청)

<보 기>

ㄱ. (다)는 동계 올림픽 개막식이 열렸던 곳이다.
ㄴ. (가)는 (나)보다 주택 유형 중 아파트 비율이 높다.
ㄷ. (가)와 (나)에는 수도권 2기 신도시가 조성되어 있다.
ㄹ. (가)와 (다)는 경기도에, (나)와 (라)는 강원도에 속한다.

① ㄱ, ㄴ ② ㄱ, ㄷ ③ ㄴ, ㄷ ④ ㄴ, ㄹ ⑤ ㄷ, ㄹ

해설편 39쪽

사회탐구 영역 (한국지리)

16. 그래프는 주요 제조업의 시 · 도별 출하액을 나타낸 것이다. 이에 대한 설명으로 옳은 것은? (단, (가), (나)는 각각 자동차 및 트레일러, 전자부품 · 컴퓨터 · 영상 · 음향 및 통신 장비 제조업 중 하나임.) [3점]

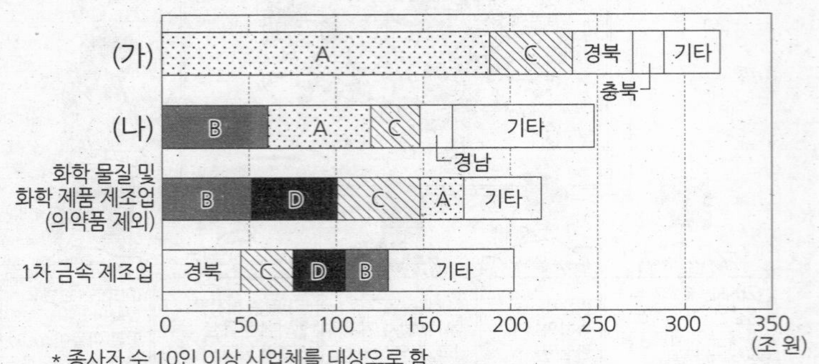

* 종사자 수 10인 이상 사업체를 대상으로 함.
** 제조업 출하액 기준 상위 4개 지역만 표현하며, 나머지 지역은 기타로 함.
(2022) (통계청)

① 사업체 수 기준으로 (가)는 (나)보다 수도권 집중도가 높다.
② (가)는 (나)보다 최종 제품의 평균 중량이 무겁고 부피가 크다.
③ A는 B보다 제조업 종사자 1인당 출하액이 많다.
④ 대규모 국가 산업 단지 조성을 시작한 시기는 C가 B보다 이르다.
⑤ C와 D는 호남 지방에 속한다.

17. 그래프는 세 작물의 시 · 도별 생산량 비율을 나타낸 것이다. (가)~(다)에 대한 설명으로 옳은 것은? (단, (가)~(다)는 각각 과실, 쌀, 채소 중 하나임.) [3점]

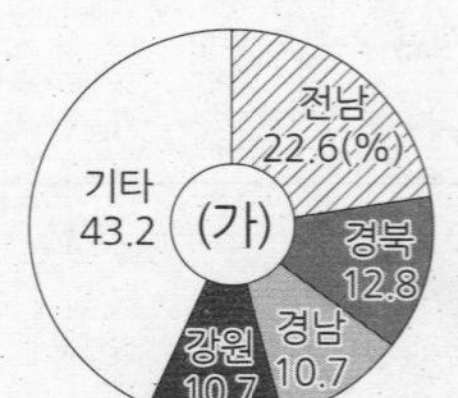

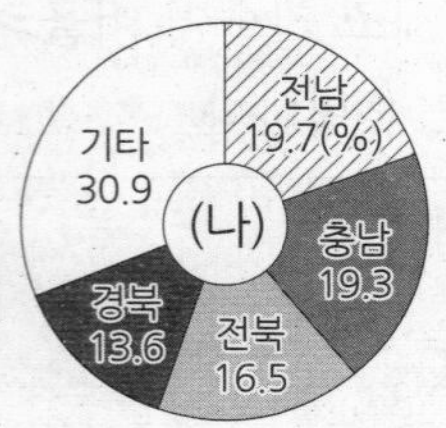

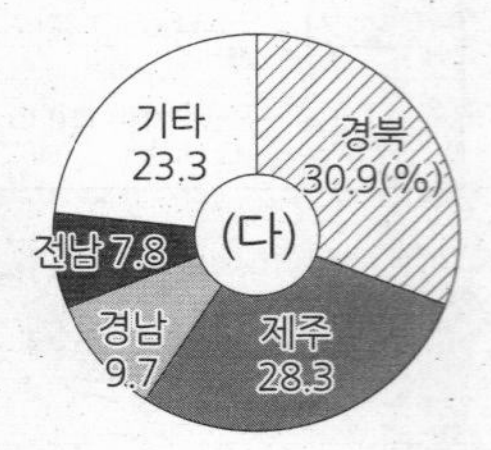

* 생산량 기준 상위 4개 지역만 표현하며, 나머지 지역은 기타로 함.
(2022) (농림축산식품부)

① (다)의 재배 면적은 제주가 가장 넓다.
② (가)는 논, (나)는 밭에서 주로 재배된다.
③ 전남은 (가)보다 (나)의 재배 면적이 넓다.
④ 강원은 (가)보다 (다)의 생산량이 많다.
⑤ (가)~(다) 중 시설 재배 면적 비율이 가장 높은 것은 (다)이다.

18. 다음 글은 (가)~(라) 지역에 대한 설명이다. (가)~(라)에 해당하는 지역을 지도의 A~D에서 고른 것은?

- (가)와 (라)의 지명 첫 글자는 '경상도'라는 명칭의 유래가 되었다.
- (나)와 (라)에는 원자력 발전소가 입지해 있다.
- (다)와 (라)에는 유네스코 세계 유산에 등재된 역사 마을이 있다.

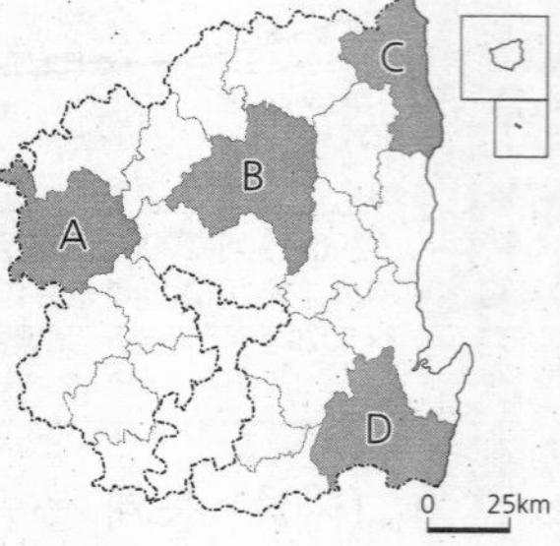

	(가)	(나)	(다)	(라)
①	A	B	C	D
②	A	C	B	D
③	C	A	B	D
④	D	B	C	A
⑤	D	C	B	A

19. 다음은 신 · 재생 에너지와 관련한 신문 기사 내용의 일부이다. (가), (나)의 특징을 그림과 같이 표현할 때, A~D에 해당하는 질문을 〈보기〉에서 고른 것은? (단, (가), (나)는 각각 태양광, 풍력 중 하나임.) [3점]

△△신문 (○년 ○월 ○일)

바닷바람을 이용한 제주의 해상 (가) 단지가 성공적인 지역 상생 모델로 자리 잡고 있다. 발전 용량을 2배로 증대시키는 사업이 추진되고 있으며, 전기차 폐배터리로 조명을 설치하여 야간 관광 명소로 도약하고 있다.

○○신문 (○년 ○월 ○일)

에너지 자립 실현을 위해 주택 옥상, 지붕 등에 소규모 (나) 설비를 설치하여 가정에서 전기를 자체적으로 생산하는 데 드는 설비 비용을 서울시는 적극적으로 지원하겠다고 밝혔다.

<보 기>

ㄱ : 강원권보다 호남권의 발전량이 많습니까?
ㄴ : 총발전량에서 차지하는 비율이 원자력보다 높습니까?
ㄷ : 발전소 가동 시 기상 조건의 영향을 받습니까?
ㄹ : 총발전량은 겨울철이 여름철보다 많습니까?

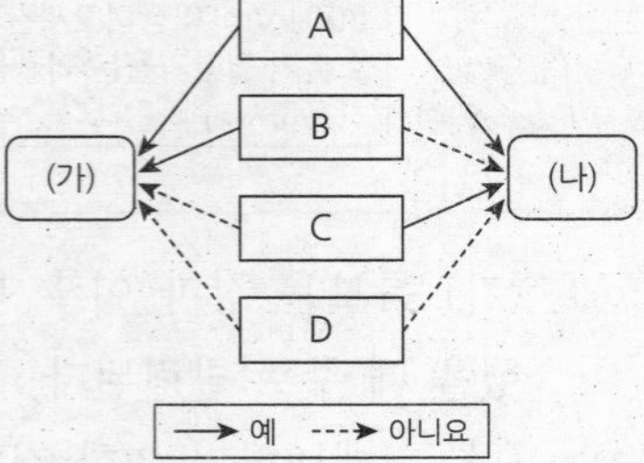

	A	B	C	D
①	ㄱ	ㄴ	ㄷ	ㄹ
②	ㄱ	ㄷ	ㄹ	ㄴ
③	ㄴ	ㄹ	ㄷ	ㄱ
④	ㄷ	ㄴ	ㄱ	ㄹ
⑤	ㄷ	ㄹ	ㄱ	ㄴ

20. 다음 글은 우리나라의 국토 종합 (개발) 계획에 대한 것이다. ㉠~㉣에 대한 설명으로 옳은 것은?

정부는 장기적인 국토 개발 정책 방향과 전략을 제시하기 위해 1972년부터 국토 종합 (개발) 계획을 시행하고 있다. 이 계획은 대규모 공업 기반 구축을 강조한 ㉠ 1970년대의 거점 개발, 국토의 다핵 구조 형성과 지역 생활권 조성에 중점을 둔 ㉡ 1980년대의 광역 개발, 수도권 집중 억제에 중점을 둔 ㉢ 1990년대의 균형 개발, 자연 친화적이고 안전한 국토 공간 조성을 강조한 ㉣ 2000년대 이후의 균형 발전으로 추진되어 왔다. 국토 종합 (개발) 계획은 국토의 체계적이고 균형적인 발전을 위해 중요한 역할을 하고 있다.

① ㉠은 주민 참여가 강조되는 상향식 개발로 추진되었다.
② ㉡ 시기에 도농 통합시가 출범하였다.
③ ㉢ 시기에 경부고속국도가 개통되었다.
④ ㉣ 시기에 행정 중심 복합 도시인 세종특별자치시가 출범하였다.
⑤ ㉠ 시기에서 ㉣ 시기 동안에 전국에서 수도권이 차지하는 인구 비율이 낮아졌다.

※ 확인 사항
○ **답안지의 해당란에 필요한 내용을 정확히 기입(표기)했는지 확인하시오.**

2022년 7월 고3 전국연합학력평가 문제지

사회탐구 영역 (한국지리)

11회	
시험 시간	30분
날짜	월 일
시작 시각	:
종료 시각	:

제 4 교시　성명　수험번호 -

1. (가)와 (나)는 조선 시대에 제작된 고지도와 지리지의 일부이다. 이에 대한 설명으로 옳은 것만을 〈보기〉에서 고른 것은?

(가)	(나)
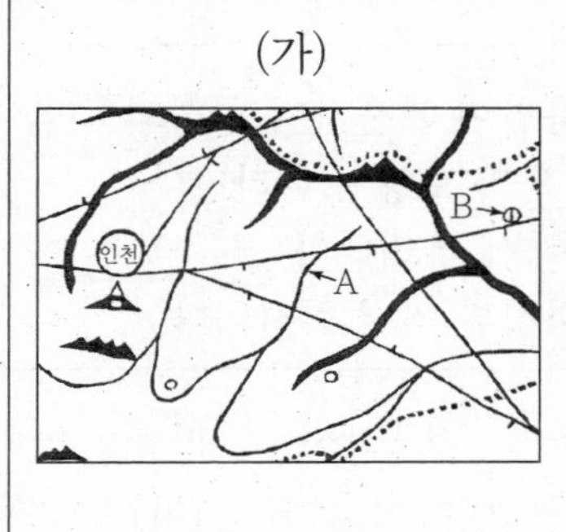	【건치 연혁】 본래 고구려의 매소홀현(買召忽縣)이다. 또는 미추홀(彌趨忽)이라 한다. 【관원】 부사(府使) · 교수(敎授) 각 1인. 【산천】 소래산(蘇來山) 부 동쪽 24리 되는 곳에 있으며 진산(鎭山)이다.
–「대동여지도」–	–『신증동국여지승람』–

<보 기>

ㄱ. (가)는 조선 전기에 제작되었다.
ㄴ. (나)는 백과사전식으로 서술되었다.
ㄷ. A는 배가 다닐 수 있는 하천이다.
ㄹ. 인천에서 B까지의 거리는 20리 이상이다.

① ㄱ, ㄴ　② ㄱ, ㄷ　③ ㄴ, ㄷ　④ ㄴ, ㄹ　⑤ ㄷ, ㄹ

2. 사진의 A ~ E 지형에 대한 설명으로 옳지 않은 것은? (단, A ~ E는 각각 갯벌, 사빈, 사주, 석호, 해식애 중 하나임.)

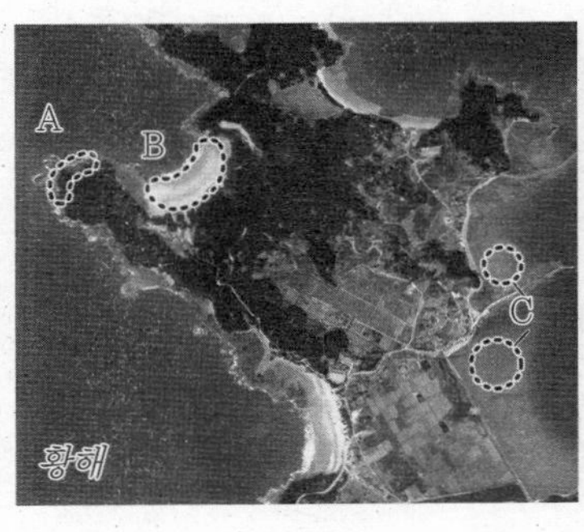

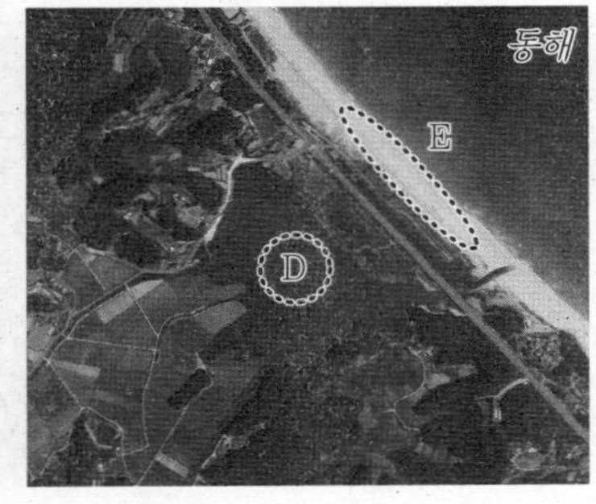

① A는 파랑 에너지가 집중되는 곳에 주로 발달한다.
② C는 오염 물질을 정화하는 기능이 있다.
③ D는 후빙기 해수면 상승 이후에 형성되었다.
④ E는 파랑 및 연안류의 퇴적 작용으로 형성되었다.
⑤ C는 B보다 퇴적 물질의 평균 입자 크기가 크다.

3. 다음에서 설명하고 있는 지역을 지도의 A ~ E에서 고른 것은?

이 지역은 과거 유명했던 탄광 도시로 석탄 박물관, 폐광을 이용한 냉풍욕장 등이 잘 알려져 있다. 또한 매년 7월에 머드 축제가 개최되어 외국인을 비롯한 많은 관광객이 찾아오고 있다.

〈머드 이미지를 반영한 캐릭터〉

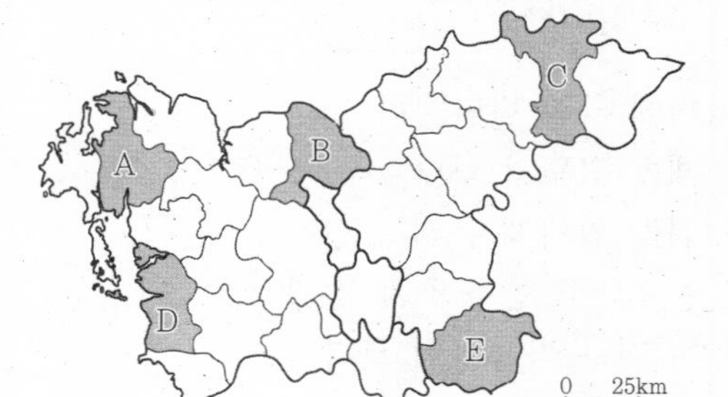

① A
② B
③ C
④ D
⑤ E

4. 다음은 (가) ~ (다) 시기의 기상 뉴스이다. 이에 대한 설명으로 옳은 것은?

(가) 전국이 ㉠ 장마 전선의 영향권에 들면서 많은 비가 이어지고 있습니다. 특히 밤사이 수증기의 유입으로 비구름이 발달하면서 새벽부터 중부 지방을 중심으로 집중 호우가 예상되니 피해에 주의해 주시기 바랍니다.
(나) 폭염의 기세가 꺾일 줄을 모르고 있습니다. 전국 대부분 지역에 폭염 특보가 계속되고 있으며, 낮 최고 기온이 35℃를 넘는 곳도 있겠습니다. 무더위 속 일부 지역에는 ㉡ 소나기가 내리겠습니다.
(다) 오늘은 옷장에 넣어 두었던 따뜻한 외투를 다시 챙겨 입고 나오셔야겠습니다. ㉢ 꽃샘추위가 찾아오면서 기온이 큰 폭으로 떨어져 내륙 곳곳에는 한파주의보가 내려졌습니다.

① (나) 시기에는 주로 서고동저형의 기압 배치가 나타난다.
② (가) 시기는 (다) 시기보다 대체로 기온의 일교차가 크다.
③ ㉠은 한대 기단과 열대 기단의 경계면을 따라 형성된다.
④ ㉡은 바람받이 사면을 따라 발생하는 지형성 강수에 해당한다.
⑤ ㉢은 북태평양 고기압이 한반도 전역에 영향을 미칠 때 주로 발생한다.

해설편 41쪽

사회탐구 영역 (한국지리)

5. 지도는 낙동강 유역을 나타낸 것이다. ㉠~㉣에 대한 설명으로 옳은 것은? [3점]

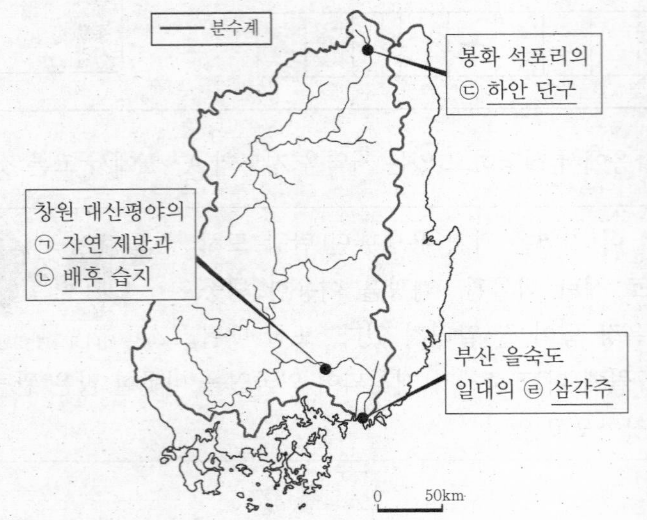

① ㉣은 조차가 큰 지역에서 잘 발달한다.
② ㉠은 ㉡보다 평균 해발 고도가 낮다.
③ ㉡은 ㉠보다 전통 취락 입지에 유리하였다.
④ ㉢은 ㉣보다 지반 융기의 영향을 적게 받았다.
⑤ ㉣은 ㉢보다 홍수 시 침수 가능성이 크다.

6. (가)~(다) 지역에 대한 설명으로 옳은 것은?

지역	수리적 위치	특징
(가)	37°14′N, 131°52′E	울릉도에서 남동쪽으로 약 87.4km 떨어져 있으며, 동도와 서도 및 89개의 부속 도서로 이루어져 있다.
(나)	32°07′N, 125°11′E	마라도에서 남서쪽으로 약 149km 떨어져 있는 수중 암초이며, 종합 해양 과학 기지가 건설되어 있다.
(다)	37°57′N, 124°40′E	인천항에서 북서쪽으로 약 178km 떨어진 섬이며, 주요 관광지로 해안 경관이 뛰어난 두무진이 있다.

① (가)는 우리나라 영토의 최동단에 위치한다.
② (나)는 천연 보호 구역으로 지정되어 있다.
③ (다)의 주변 해역은 한 · 일 중간 수역에 포함된다.
④ (나)는 (가)보다 일출 시각이 이르다.
⑤ (다)는 (나)보다 최한월 평균 기온이 높다.

7. 다음은 온라인 학습 장면의 일부이다. 답글 ㉠~㉤ 중에서 옳지 않은 것은? [3점]

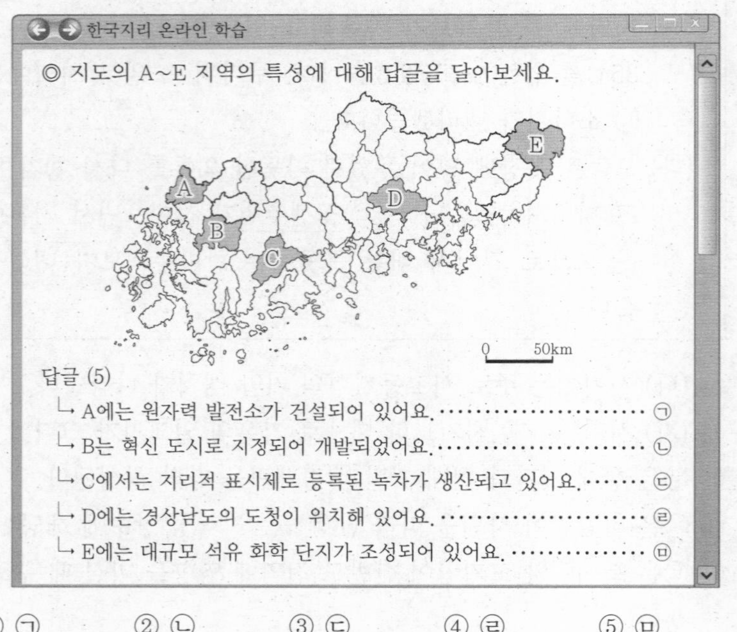

한국지리 온라인 학습
◎ 지도의 A~E 지역의 특성에 대해 답글을 달아보세요.
A
B
C
D
E
0 50km
답글 (5)
└ A에는 원자력 발전소가 건설되어 있어요. ········· ㉠
└ B는 혁신 도시로 지정되어 개발되었어요. ········· ㉡
└ C에서는 지리적 표시제로 등록된 녹차가 생산되고 있어요. ········· ㉢
└ D에는 경상남도의 도청이 위치해 있어요. ········· ㉣
└ E에는 대규모 석유 화학 단지가 조성되어 있어요. ········· ㉤

① ㉠ ② ㉡ ③ ㉢ ④ ㉣ ⑤ ㉤

8. 지도의 A~D에 대한 설명으로 옳은 것만을 <보기>에서 고른 것은?

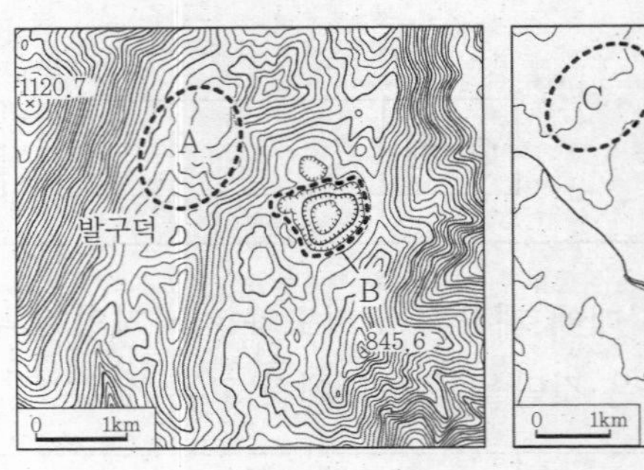

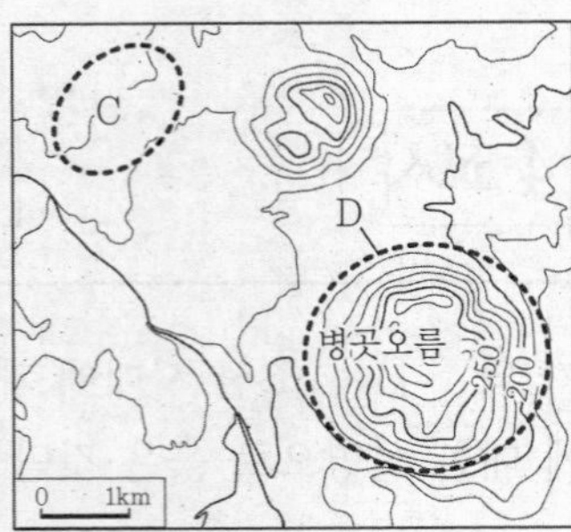

<보 기>

ㄱ. A는 유동성이 큰 현무암질 용암이 분출하여 형성되었다.
ㄴ. B에는 기반암이 풍화된 붉은색의 토양이 나타난다.
ㄷ. C는 지표수가 풍부하여 논농사에 유리하다.
ㄹ. D는 소규모 화산 활동으로 형성된 기생 화산이다.

① ㄱ, ㄴ ② ㄱ, ㄷ ③ ㄴ, ㄷ ④ ㄴ, ㄹ ⑤ ㄷ, ㄹ

9. 그래프는 지도에 표시된 네 지역의 기후 자료이다. (가)~(라)에 해당하는 지역을 지도의 A~D에서 고른 것은? [3점]

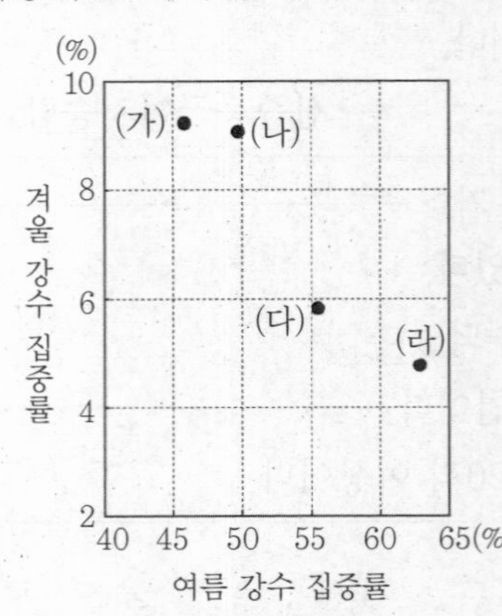

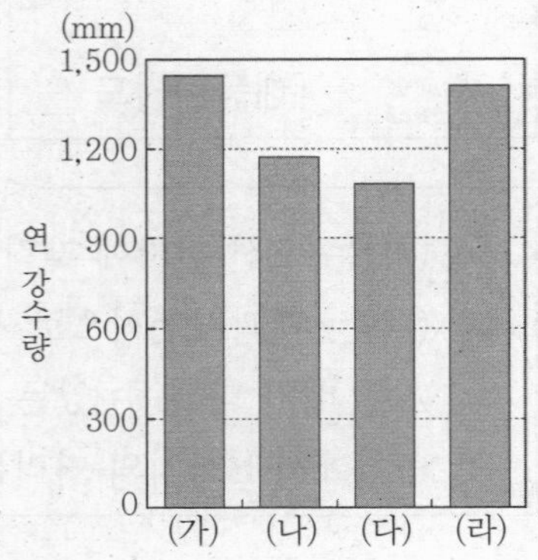

* 1991~2020년의 평년값임. (기상청)

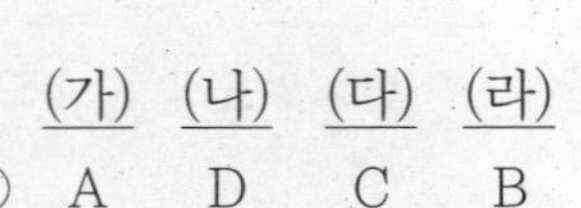

	(가)	(나)	(다)	(라)
①	A	D	C	B
②	B	C	D	A
③	B	D	C	A
④	C	A	B	D
⑤	C	B	D	A

10. 그래프는 지도에 표시된 세 지역의 외국인 주민 특성을 나타낸 것이다. (가)~(다)에 해당하는 지역을 지도의 A~C에서 고른 것은? [3점]

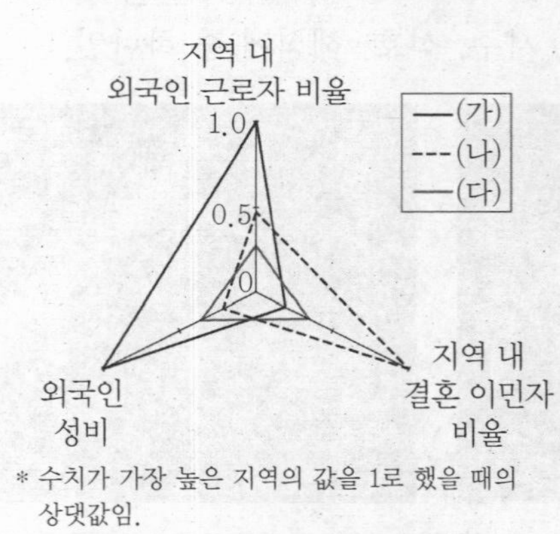

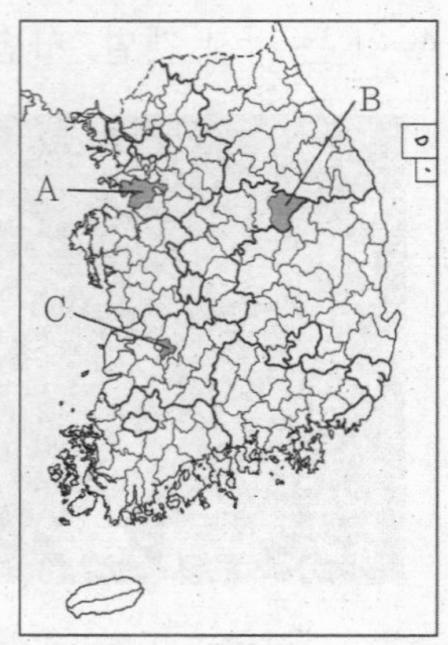

* 수치가 가장 높은 지역의 값을 1로 했을 때의 상댓값임.
** 한국 국적을 가지지 않은 외국인만 고려함.
(2020년) (행정안전부)

	(가)	(나)	(다)
①	A	B	C
②	A	C	B
③	B	A	C
④	B	C	A
⑤	C	A	B

해설편 41~42쪽

사회탐구 영역 (한국지리)

11. 다음 글은 국립공원 소개 자료의 일부이다. ㉠~㉤에 대한 설명으로 옳은 것만을 <보기>에서 고른 것은? [3점]

> ○ ㉠ <u>북한산</u>국립공원 : 세계적으로 드문 대도시 속 자연공원으로 … (중략) … 지표에 드러난 암석이 오랜 세월에 걸쳐 풍화와 침식을 받아 형성된 인수봉 등의 ㉡ <u>바위 봉우리</u>를 볼 수 있고 ….
> ○ ㉢ <u>지리산</u>국립공원 : 우리나라 최초의 국립공원인 지리산은 … (중략) … 산 전체가 흙으로 두텁게 덮여 있으며, 천왕봉과 노고단을 따라 여러 능선들이 완만하게 펼쳐져 있는데 ….
> ○ 한라산국립공원 : 사방이 바다로 둘러싸인 제주도, 그 한가운데 우뚝 솟은 한라산은 … (중략) … 산 정상의 ㉣ <u>백록담</u>과 영실 · 병풍바위 등의 절경을 감상할 수 있으며 ….
> ○ 한려해상국립공원 : 아름다운 바닷길 한려수도의 수역과 남해안 일부를 포함하는 … (중략) … 다양한 해안 지형과 중생대 ㉤ <u>경상 분지</u>의 특징을 관찰할 수 있는 지질 학습의 장(場)으로 ….

<보 기>

ㄱ. ㉠은 ㉢보다 산 정상부의 식생 밀도가 높다.
ㄴ. ㉡의 주된 기반암은 마그마가 관입하여 형성되었다.
ㄷ. ㉣은 화구가 함몰되어 형성된 칼데라호이다.
ㄹ. ㉤에는 공룡 발자국 화석이 분포한다.

① ㄱ, ㄴ　② ㄱ, ㄷ　③ ㄴ, ㄷ　④ ㄴ, ㄹ　⑤ ㄷ, ㄹ

12. 그래프는 네 지역의 주요 제조업 업종별 출하액 비율을 나타낸 것이다. (가)~(라)에 대한 설명으로 옳은 것은? (단, (가)~(라)는 각각 1차 금속, 의복(액세서리, 모피제품 포함), 자동차 및 트레일러, 전자 부품 · 컴퓨터 · 영상 · 음향 및 통신 장비 제조업 중 하나임.) [3점]

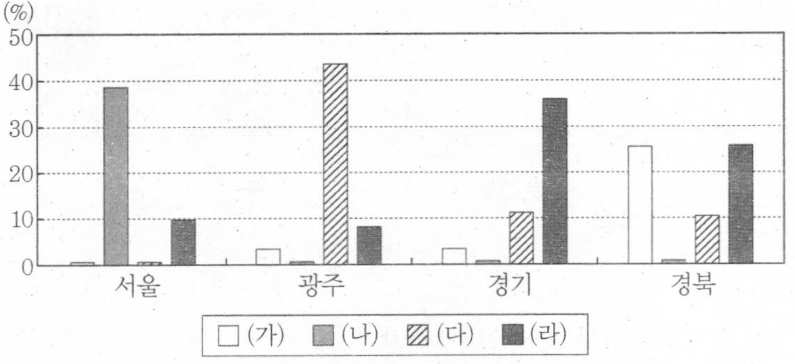

* 종사자 규모 10인 이상 사업체를 대상으로 함.
** 각 지역의 제조업 출하액에서 (가)~(라) 제조업이 각각 차지하는 비율을 나타냄.
(2019년) (통계청)

① (가)는 제품 생산에 많은 부품이 필요한 조립 공업이다.
② (다)의 출하액이 전국에서 가장 많은 지역은 광주이다.
③ (가)에서 생산된 제품은 (다)의 주요 재료로 이용된다.
④ (나)는 (다)보다 최종 제품의 무게가 무겁고 부피가 크다.
⑤ (라)는 (나)보다 생산비에서 노동비가 차지하는 비율이 높다.

13. 그래프는 지도에 표시된 세 지역의 작물별 재배 면적 비율을 나타낸 것이다. 이에 대한 설명으로 옳은 것은? (단, A, B는 각각 과수, 벼 중 하나임.) [3점]

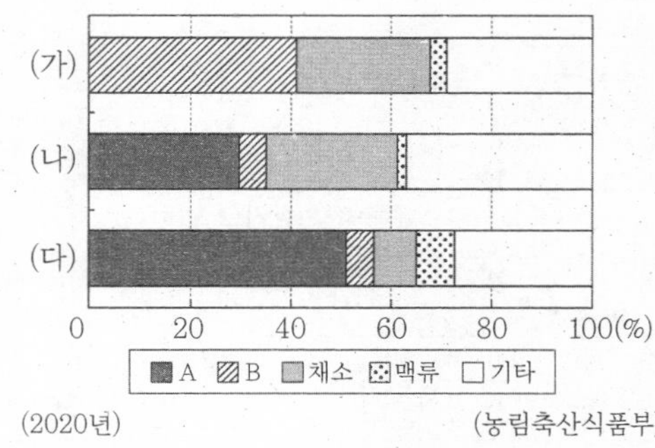

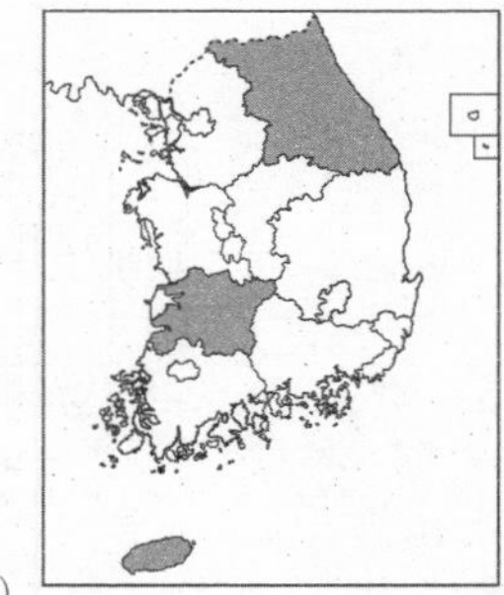

(2020년) (농림축산식품부)

① (가)는 강원, (나)는 전북이다.
② (가)는 (나)보다 지역 내 과수 재배 면적 비율이 높다.
③ (다)는 (가)보다 지역 내 겸업 농가 비율이 높다.
④ B는 식량 작물로 국내 자급률이 가장 높다.
⑤ A는 B보다 시설 재배의 비율이 높다.

14. 다음 자료는 (가)~(다) 자연재해 발생 시 행동 요령을 나타낸 것이다. 이에 대한 설명으로 옳은 것은? (단, (가)~(다)는 각각 대설, 지진, 태풍 중 하나임.)

(가)

외출을 자제하고 집 근처와 지붕 위에 눈이 쌓이지 않도록 수시로 치워야 합니다.

(나)

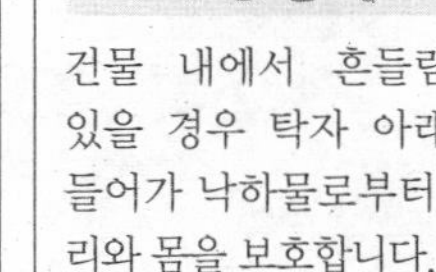

건물 내에서 흔들림이 있을 경우 탁자 아래로 들어가 낙하물로부터 머리와 몸을 보호합니다.

(다)

출입문과 창문을 닫아 파손되지 않도록 하고, 유리창에서 되도록 떨어져 있도록 합니다.

① (가)는 열대 해상에서 발생하여 우리나라로 이동한다.
② (나)를 대비한 전통 가옥 시설로 우데기가 있다.
③ (다)는 겨울철보다 여름철에 주로 발생한다.
④ (가)는 (다)보다 해일 피해를 유발하는 경우가 많다.
⑤ (나)는 기후적 요인, (다)는 지형적 요인에 의해 발생한다.

15. 표는 지도에 표시된 세 지역의 인구 특성을 나타낸 것이다. (가)~(다) 지역에 대한 설명으로 옳은 것만을 <보기>에서 고른 것은? [3점]

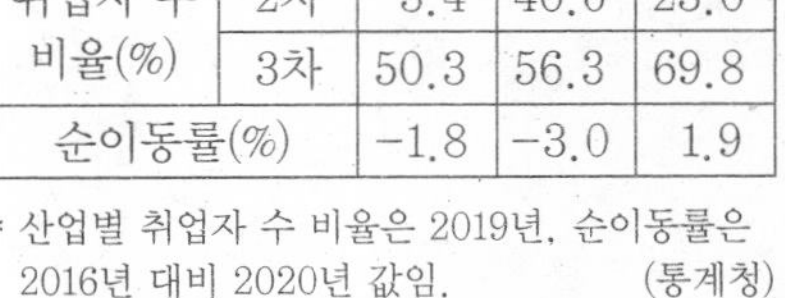

구분		(가)	(나)	(다)
산업별 취업자 수 비율(%)	1차	46.3	3.1	7.2
	2차	3.4	40.6	23.0
	3차	50.3	56.3	69.8
순이동률(%)		-1.8	-3.0	1.9

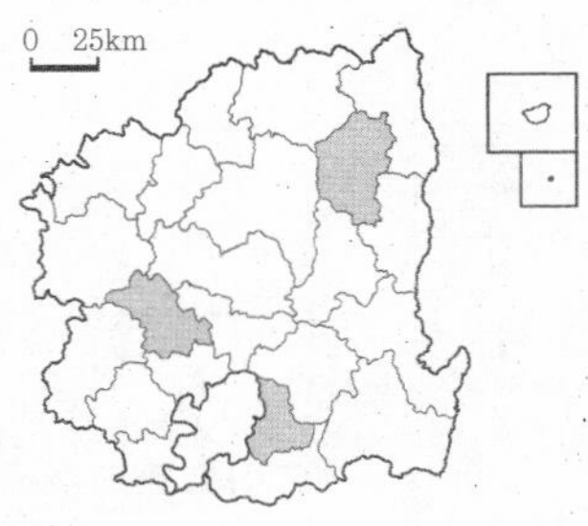

* 산업별 취업자 수 비율은 2019년, 순이동률은 2016년 대비 2020년 값임. (통계청)

<보 기>

ㄱ. (가)는 2016~2020년 전입 인구가 전출 인구보다 많다.
ㄴ. (가)는 (나)보다 아파트 거주 가구 비율이 높다.
ㄷ. (다)는 (가)보다 유소년층 인구 비율이 높다.
ㄹ. (가)~(다) 중 대구로의 통근 · 통학 인구는 (다)가 가장 많다.

① ㄱ, ㄴ　② ㄱ, ㄷ　③ ㄴ, ㄷ　④ ㄴ, ㄹ　⑤ ㄷ, ㄹ

해설편 43쪽

사회탐구 영역 (한국지리)

16. 그래프는 두 서비스업의 시 · 도별 사업체 수 비율을 나타낸 것이다. (가), (나)에 대한 설명으로 옳은 것은? (단, (가), (나)는 각각 음식 · 숙박업, 전문 · 과학 및 기술 서비스업 중 하나임.)

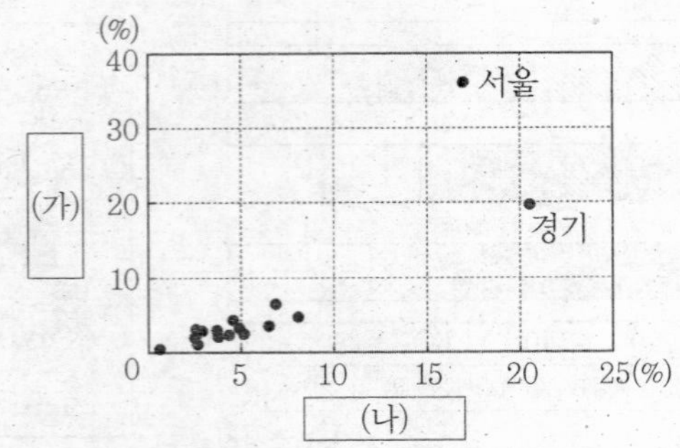

* 사업체 수 비율은 전국 대비 해당 지역의 비율임.
(2019년) (통계청)

① (가)는 (나)보다 전국 종사자 수가 많다.
② (가)는 (나)보다 기업체와의 거래 비율이 높다.
③ (나)는 (가)보다 사업체당 매출액이 많다.
④ (나)는 (가)보다 지식 집약적 성격이 강하다.
⑤ (가)는 소비자 서비스업, (나)는 생산자 서비스업에 속한다.

17. 다음 자료는 세 지역의 신 · 재생 에너지원별 발전량 비율을 나타낸 것이다. (가)~(다)에 해당하는 에너지로 옳은 것은?

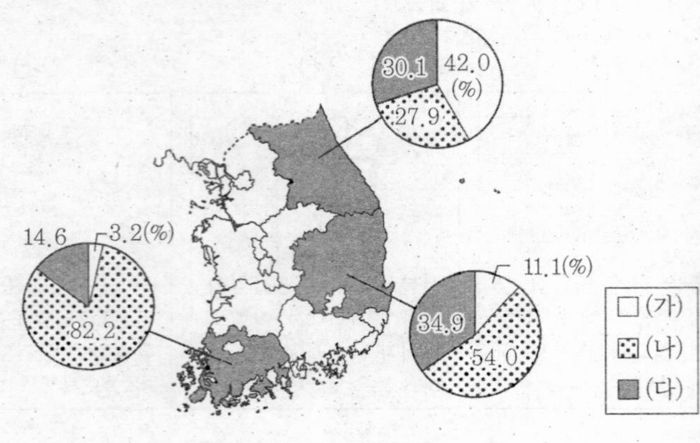

* 수력, 태양광, 풍력의 발전량 합을 100%로 하며, 수력은 양수식을 제외함.
(2018년) (에너지경제연구원)

	(가)	(나)	(다)		(가)	(나)	(다)
①	수력	풍력	태양광	②	수력	태양광	풍력
③	풍력	수력	태양광	④	풍력	태양광	수력
⑤	태양광	수력	풍력				

18. 그래프는 지도에 표시된 세 지역의 특성을 나타낸 것이다. (가)~(다) 지역에 대한 설명으로 옳은 것은? [3점]

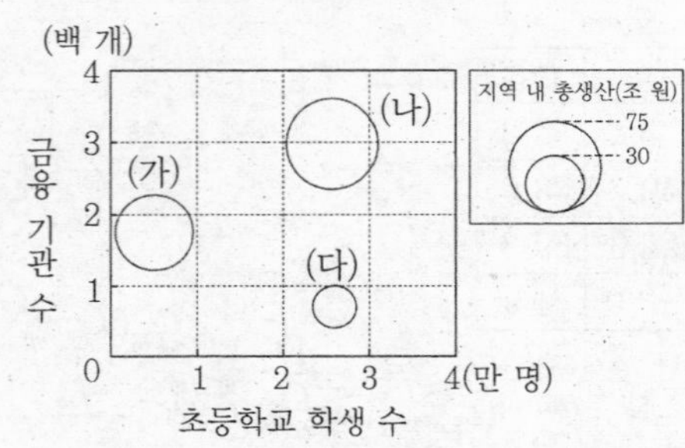

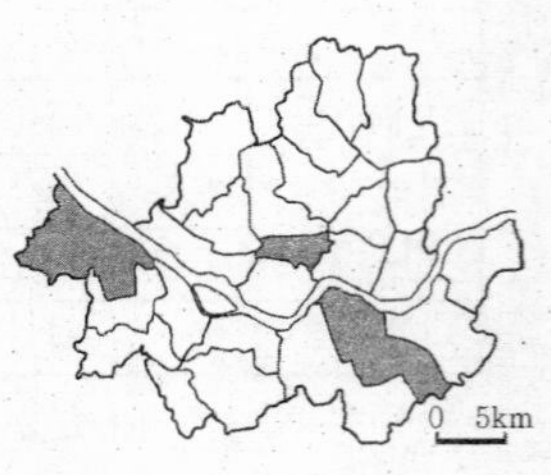

* 초등학교 학생 수와 금융 기관 수는 원의 중심값임.
** 지역 내 총생산은 2019년, 초등학교 학생 수와 금융 기관 수는 2020년 자료임. (서울특별시)

① (가)는 (나)보다 상주인구가 많다.
② (가)는 (다)보다 출근 시간대 순 유출 인구가 많다.
③ (나)는 (다)보다 상업 용지의 평균 지가가 높다.
④ (다)는 (가)보다 인구 공동화 현상이 뚜렷하다.
⑤ 주간 인구 지수는 (나) > (다) > (가) 순으로 높다.

19. 다음 자료는 답사 계획서의 일부이다. (가)~(다)에 해당하는 지역을 지도의 A~C에서 고른 것은? (단, 일정별 답사 지역은 서로 다른 지역임.)

<경기 및 강원 지역 답사 계획서>

○ 기간 : 2022년 7월 △일 ~ △일
○ 답사 일정과 주제

일정	지역	답사 주제
1일 차	(가)	• 고위 평탄면의 형성 과정과 토지 이용 탐구 • 지역 브랜드 'HAPPY 700'을 활용한 마케팅 사례 분석
2일 차	(나)	• 북한강과 소양강의 합류 지점에 형성된 침식 분지 답사 • 수도권 전철 연결 이후 지역 상권 변화 탐구
3일 차	(다)	• 세계 문화유산으로 등재된 조선 시대 성곽 건축물 답사 • '특례시' 지정 이후 지역 개발 방향 탐구

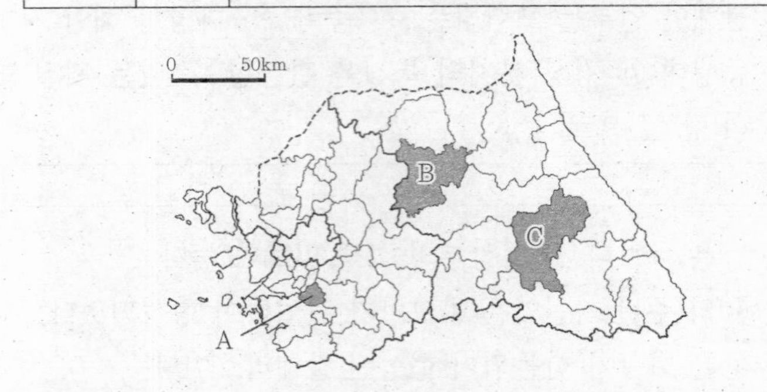

	(가)	(나)	(다)		(가)	(나)	(다)
①	A	B	C	②	B	A	C
③	B	C	A	④	C	A	B
⑤	C	B	A				

20. 그래프에 대한 설명으로 옳은 것은? (단, (가)~(다)와 A~C는 각각 수도권, 충청권, 호남권 중 하나임.) [3점]

<인구 변화>

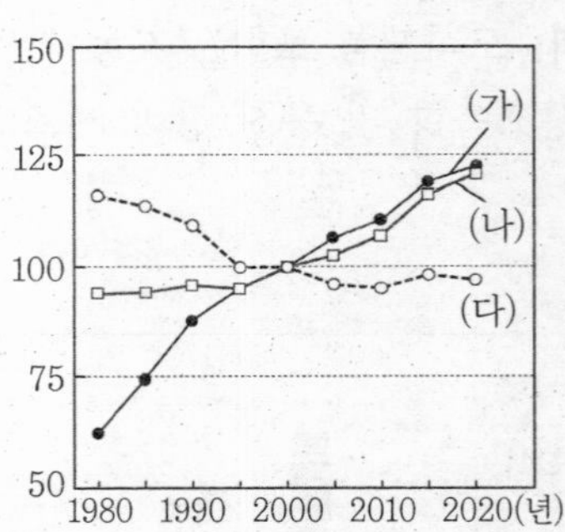

* 2000년 인구를 100으로 했을 때 해당 연도의 상댓값임.

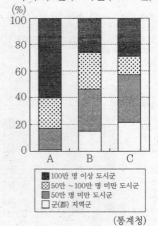

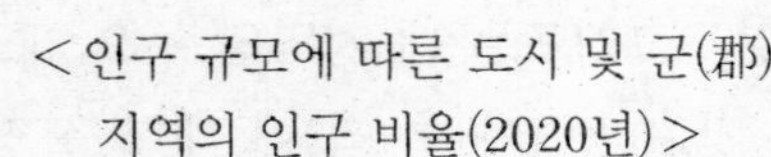

<인구 규모에 따른 도시 및 군(郡) 지역의 인구 비율(2020년)>

(%) 100 80 60 40 20 0 A B C

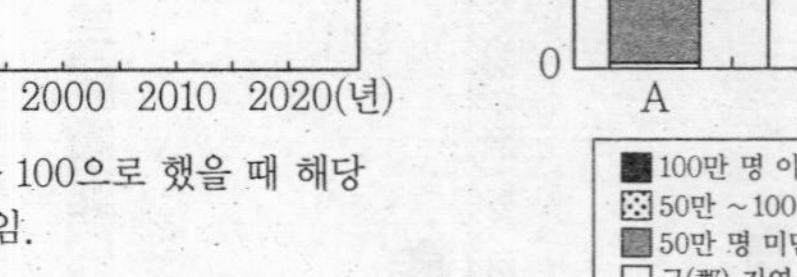

(통계청)

① (가)는 (나)보다 총인구가 많다.
② (가)와 (다)는 행정 구역의 경계가 맞닿아 있다.
③ A는 B보다 100만 명 이상의 도시 수가 적다.
④ C는 A보다 도시화율이 높다.
⑤ (가)는 B, (나)는 A, (다)는 C이다.

※ **확인 사항**
○ **답안지의 해당란에 필요한 내용을 정확히 기입(표기)했는지 확인하시오.**

해설편 44쪽

2023년 7월 고3 전국연합학력평가 문제지

사회탐구 영역 (한국지리)

12회	
시험 시간	30분
날짜	월 일
시작 시각	:
종료 시각	:

제 4 교시 　 **성명** 　 **수험번호** –

1. (가), (나) 섬에 대한 설명으로 옳은 것은?

구분	(가)	(나)
위치	33° 30′N, 126° 31′E	37° 29′N, 130° 54′E
면적	약 1,849.2km²	약 72.9km²
대표 축제	○○ 해녀축제 2022. 9. 24. ~ 9. 25.	오징어축제 2022. 8. 27. ~ 8. 29.

① (가)의 중앙에는 칼데라 분지가 있다.
② (나)는 세계 자연 유산으로 등재되어 있다.
③ (가)는 (나)보다 일출 시각이 늦다.
④ (나)는 (가)보다 최고 지점의 해발 고도가 높다.
⑤ (가)와 (나)는 모두 영해 설정 시 직선 기선을 적용한다.

2. 다음은 방송 프로그램 기획서 내용 중 일부이다. (가), (나) 지역을 지도의 A~D에서 고른 것은?

<어서 와! 전라도는 처음이지?>

○ 기획 의도 : 전라도에 처음 온 외국인들의 에피소드를 통해 여행의 즐거움과 우리나라의 문화를 알리고자 함.

○ 주요 일정과 내용

일정	지역	체험 내용
1일 차	(가)	슬로 시티로 지정된 도시에서 한옥 마을 탐방 및 지역 대표 음식인 비빔밥 시식 
2일 차	(나)	지리적 표시 제1호로 등록된 녹차의 재배지에서 찻잎 따기 및 녹차 시음

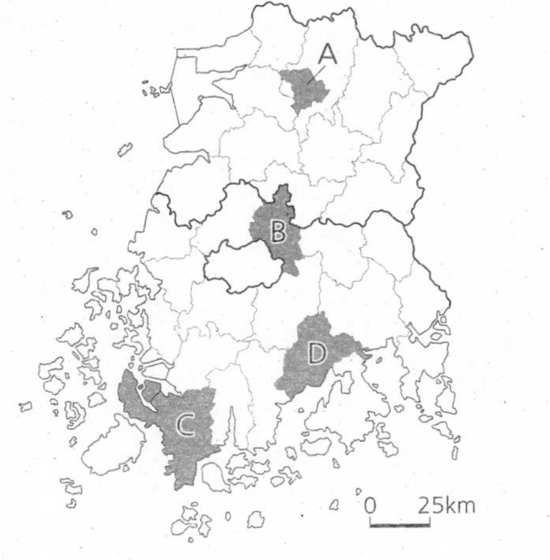

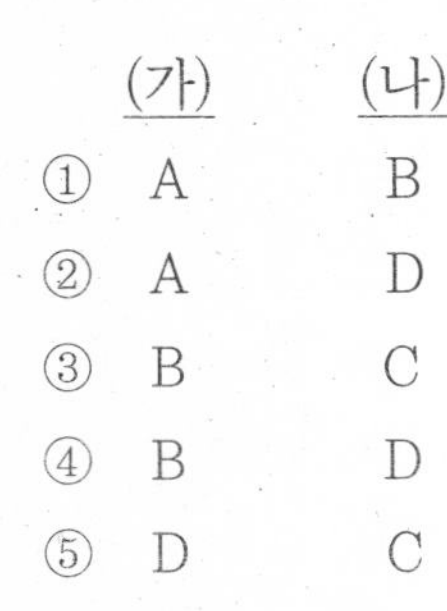

	(가)	(나)
①	A	B
②	A	D
③	B	C
④	B	D
⑤	D	C

3. 다음은 한국지리 온라인 수업의 한 장면이다. 교사의 질문에 옳게 답한 학생만을 고른 것은?

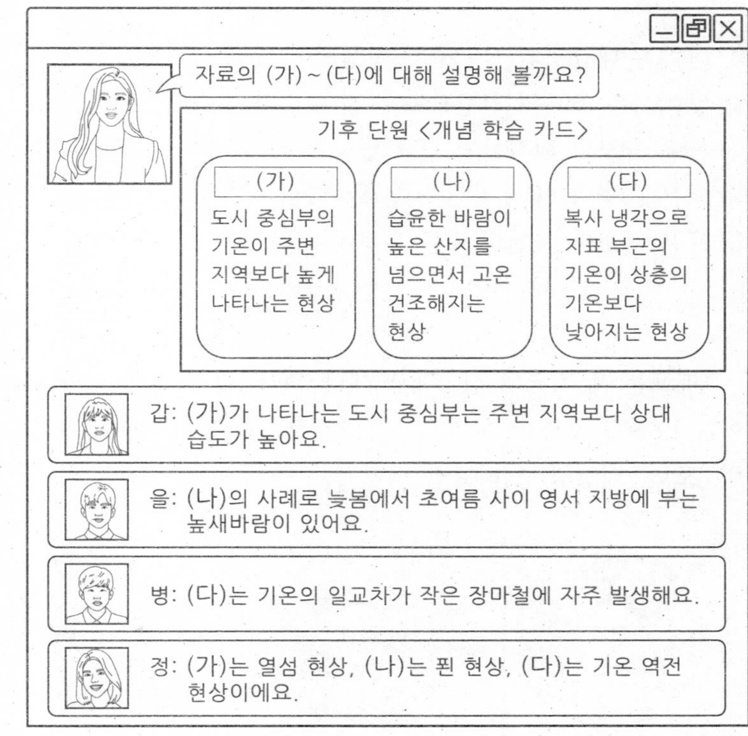

① 갑, 을　② 갑, 병　③ 을, 병　④ 을, 정　⑤ 병, 정

4. 그래프에 대한 설명으로 옳은 것만을 <보기>에서 고른 것은? (단, A~C는 각각 20만 명 미만, 20만 명~50만 명 미만, 50만 명~100만 명 미만 도시군 중 하나임.)

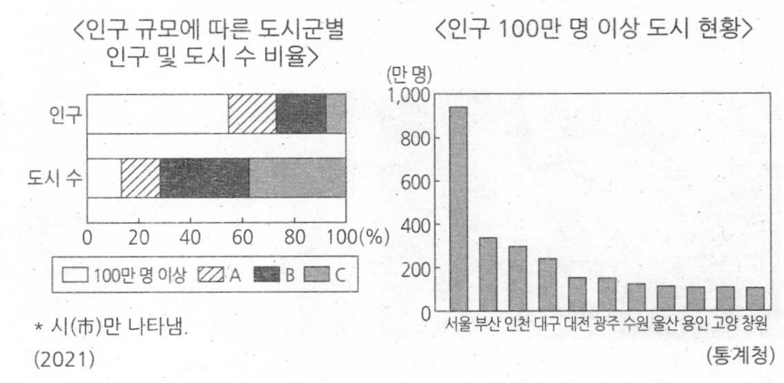

<보 기>

ㄱ. A도시들은 B도시들보다 배후 지역의 평균 범위가 좁다.
ㄴ. B도시들은 C도시들보다 중심지 기능이 다양하다.
ㄷ. 우리나라는 종주 도시화 현상이 나타난다.
ㄹ. 인구 100만 명 이상 도시는 50% 이상이 도(道)에 속한다.

① ㄱ, ㄴ　② ㄱ, ㄷ　③ ㄴ, ㄷ　④ ㄴ, ㄹ　⑤ ㄷ, ㄹ

○ 해설편 45쪽

사회탐구 영역 (한국지리)

5. 다음 자료의 ㉠~㉢에 대한 설명으로 옳은 것은? [3점]

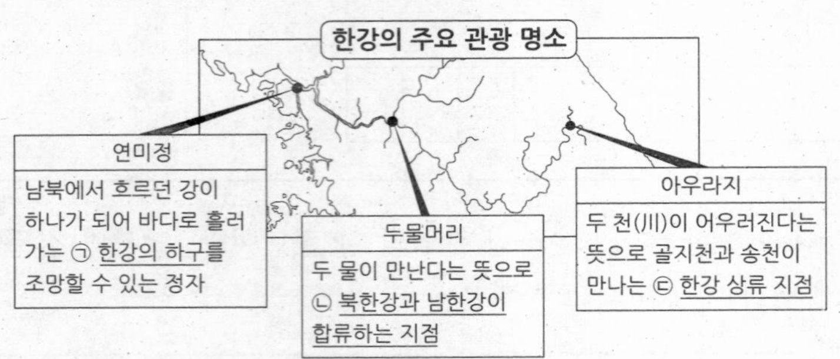

① ㉠에는 대규모의 삼각주가 형성되어 있다.
② ㉡에서는 조류의 영향으로 하천 수위가 주기적으로 변한다.
③ ㉠은 ㉡보다 퇴적물의 평균 입자 크기가 크다.
④ ㉡은 ㉢보다 하방 침식이 우세하다.
⑤ ㉢은 ㉠보다 하천의 평균 유량이 적다.

6. 그래프는 세 지역의 신·재생 에너지원별 생산 비율을 나타낸 것이다. A~C에 대한 설명으로 옳은 것은? (단, A~C는 각각 수력, 조력, 태양광 중 하나임.)

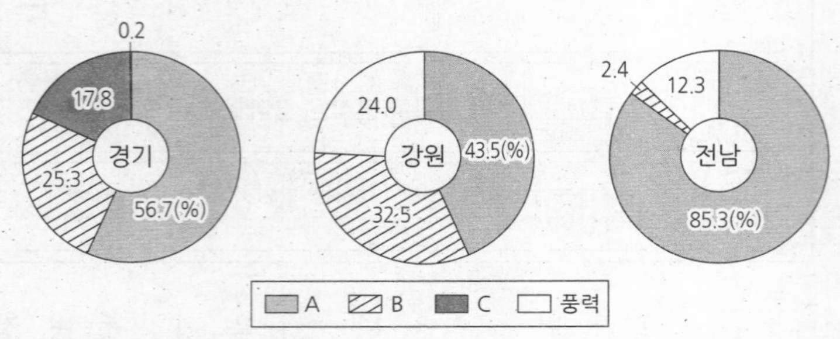

* 수력은 양수식을 제외함.
** 지역별 수력, 조력, 태양광, 풍력의 생산량 합을 100%로 나타낸 것임.
(2020) (통계청)

① A는 유량이 풍부하고 낙차가 큰 곳이 발전에 유리하다.
② B는 조수 간만의 차를 이용하여 전력을 생산한다.
③ A는 B보다 주택에서의 발전 시설 설치 비율이 높다.
④ B는 C보다 상용화 시기가 늦다.
⑤ C는 A보다 발전 시 기상 조건의 영향을 많이 받는다.

7. 사진의 A~C 지형에 대한 설명으로 옳은 것만을 〈보기〉에서 고른 것은? (단, A~C는 각각 사빈, 해식애, 해안 사구 중 하나임.)

〈부산 태종대〉

B C

〈태안 신두리〉

〈보 기〉

ㄱ. A는 곶보다 만에 주로 발달한다.
ㄴ. B는 주로 조류의 퇴적 작용으로 형성되었다.
ㄷ. C는 파도나 해일 피해를 완화해주는 역할을 한다.
ㄹ. B는 C보다 퇴적물의 평균 입자 크기가 크다.

① ㄱ, ㄴ ② ㄱ, ㄷ ③ ㄴ, ㄷ ④ ㄴ, ㄹ ⑤ ㄷ, ㄹ

8. 그래프는 세 지역의 제조업 업종별 출하액 비율을 나타낸 것이다. A~C 제조업에 대한 설명으로 옳은 것은? (단, A~C는 각각 1차 금속, 자동차 및 트레일러, 전자 부품·컴퓨터·영상·음향 및 통신 장비 제조업 중 하나임.) [3점]

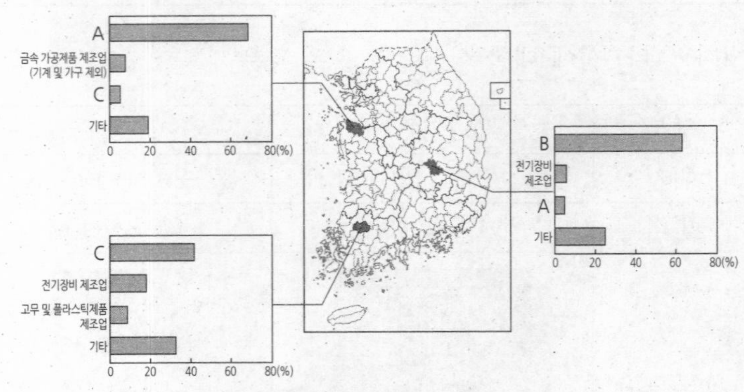

* 종사자 수 10인 이상 사업체를 대상으로 함.
** 각 지역의 제조업 업종별 출하액 비율 상위 3개만 표현하고, 나머지 업종은 기타로 함.
(2020) (통계청)

① A는 최종 제품 생산에 많은 부품이 필요한 조립형 제조업이다.
② C는 1960년대 우리나라 공업화를 주도하였다.
③ A는 B보다 총 매출액 대비 연구 개발비 비율이 높다.
④ A의 최종 제품은 C의 주요 재료로 이용된다.
⑤ B는 C보다 최종 제품의 무게가 무겁고 부피가 크다.

9. (가)~(다)에 해당하는 지역을 그래프의 A~C에서 고른 것은? [3점]

○ (가) 은/는 2002년 중국의 홍콩식 경제 개방 정책을 모방한 특별 행정구로 지정되었다.
○ (나) 에는 남한의 기술과 자본, 북한의 노동력을 결합하여 남북한의 경제 협력 활성화를 위한 공업 지구가 조성되었다.
○ (다) 은/는 유엔 개발 계획의 지원을 계기로 1991년 나진과 함께 북한 최초의 경제특구로 지정되었다.

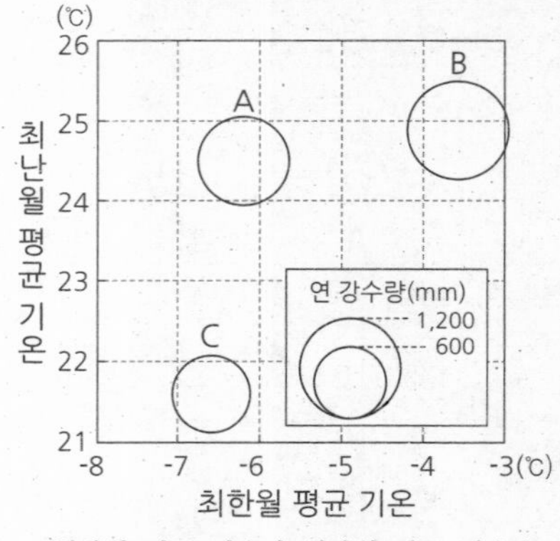

* 최한월 평균 기온과 최난월 평균 기온은 원의 가운데 값임.
** 1991~2020년 평년값임. (기상청)

	(가)	(나)	(다)
①	A	B	C
②	A	C	B
③	B	A	C
④	B	C	A
⑤	C	A	B

해설편 45~46쪽

사회탐구 영역 (한국지리)

10. 다음 자료에 대한 설명으로 옳은 것은? (단, (가)~(다)는 각각 폭염, 한파, 황사 중 하나이며, A~C는 각각 군산, 안동, 인천 중 하나임.) [3점]

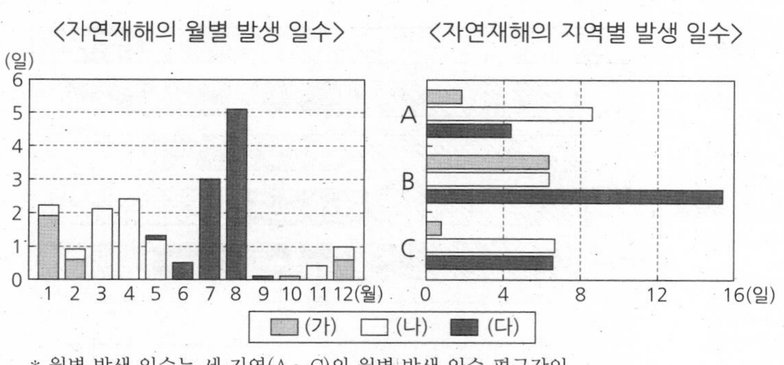

* 월별 발생 일수는 세 지역(A~C)의 월별 발생 일수 평균값임.
** 1991~2020년 평년값임. (기상청)

① (나)로 인해 저체온증과 동상 위험이 증가한다.
② (다)는 서고동저형 기압 배치가 전형적으로 나타나는 계절에 주로 발생한다.
③ (가)와 (다)는 기온과 관련된 자연재해이다.
④ A는 B보다 저위도에 위치한다.
⑤ 안동은 인천보다 황사 발생 일수가 많다.

11. (가), (나) 지역에 대한 설명으로 옳은 것은?

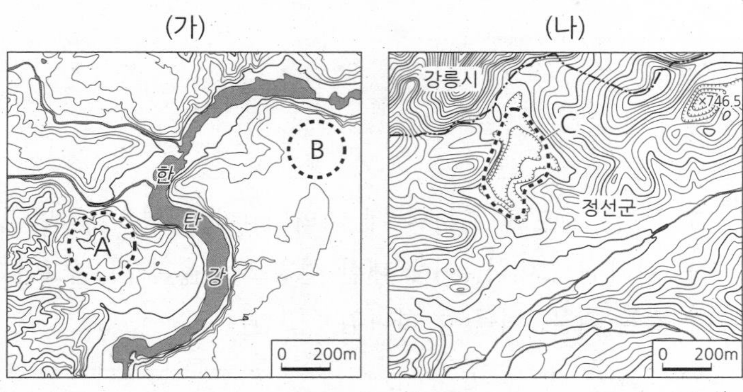

① (가)에는 종유석과 석순이 발달한 동굴이 나타난다.
② (나)는 지표수가 풍부하여 벼농사가 주로 이루어진다.
③ A는 용암이 분출하여 형성된 종 모양의 화산이다.
④ C에는 석회암이 풍화된 붉은색의 토양이 나타난다.
⑤ B의 기반암은 C의 기반암보다 형성 시기가 이르다.

12. 그래프는 부산시의 지역별 특성을 나타낸 것이다. (가)~(다) 지역에 대한 설명으로 옳은 것은?

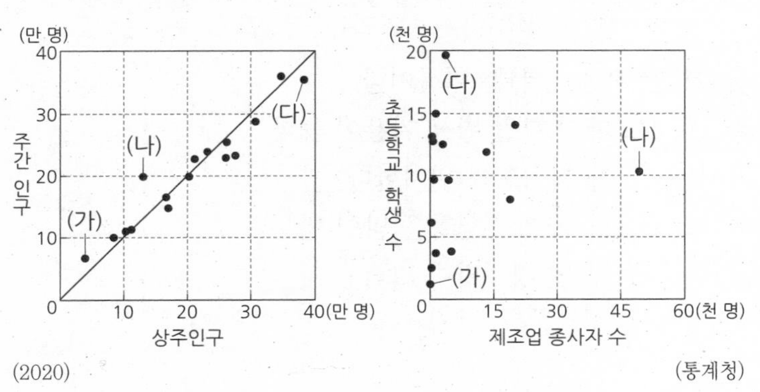

(2020) (통계청)

① (가)는 통근·통학 유출 인구가 유입 인구보다 많다.
② (가)는 (나)보다 용도 지역 중 상업 지역의 비율이 높다.
③ (나)는 (다)보다 주민의 평균 통근·통학 소요 시간이 길다.
④ (다)는 (가)보다 주간 인구 지수가 높다.
⑤ (가)~(다) 중 중심 업무 기능은 (나)가 가장 우세하다.

13. 다음은 한국지리 수업 시간에 작성한 수업 노트이다. ㉠~㉣에 대한 설명으로 옳은 것만을 〈보기〉에서 고른 것은? [3점]

〈주제: 우리나라 산지의 형성〉

○ 산지의 구분

	1차 산맥	2차 산맥
형성 과정	㉠ 경동성 요곡 운동의 영향을 받아 형성	㉡ 지질 구조선을 따라 차별적인 풍화와 침식 작용을 받아 형성
대표 산맥	낭림산맥, ㉢ 태백산맥 등	멸악산맥, 차령산맥 등

○ 산맥의 방향에 따라 랴오둥 방향, ㉣ 중국 방향, 한국 방향의 산맥으로 분류함.

〈보 기〉

ㄱ. ㉠은 고위평탄면의 형성에 영향을 주었다.
ㄴ. ㉠과 ㉡의 영향으로 대하천의 대부분이 서·남해로 유입된다.
ㄷ. ㉢의 서쪽 사면은 동쪽 사면보다 경사가 급하다.
ㄹ. 중생대 송림 변동에 의해 ㉣의 지질 구조선이 형성되었다.

① ㄱ, ㄴ ② ㄱ, ㄷ ③ ㄴ, ㄷ ④ ㄴ, ㄹ ⑤ ㄷ, ㄹ

14. 그래프는 세 지역의 인구 구조 변화를 나타낸 것이다. (가)~(다)에 해당하는 지역을 지도의 A~C에서 고른 것은? [3점]

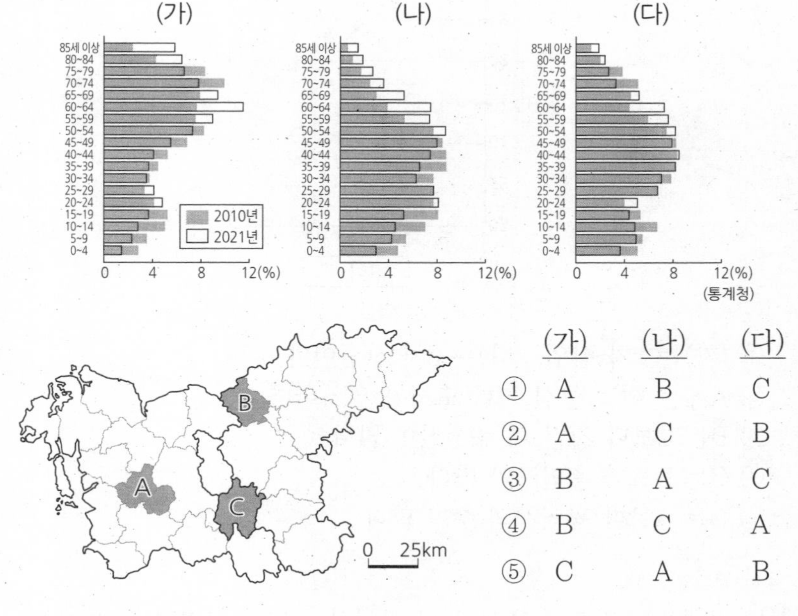

	(가)	(나)	(다)
①	A	B	C
②	A	C	B
③	B	A	C
④	B	C	A
⑤	C	A	B

15. 표는 지도에 표시된 세 지역의 외국인 주민 현황을 나타낸 것이다. (가)~(다) 지역에 대한 설명으로 옳은 것은? [3점]

(단위: %)

구분	(가)	(나)	(다)
외국인 근로자	45.8	21.2	17.1
결혼 이민자	7.2	7.9	29.5
유학생	1.4	7.5	3.2
기타	45.6	63.4	50.2

* 외국인 주민은 한국 국적을 가지지 않은 자만 해당함.
(2020) (통계청)

0 20km

① (가)는 (나)보다 인구 밀도가 높다.
② (가)는 (다)보다 제조업 출하액이 많다.
③ (나)는 (다)보다 노년 부양비가 높다.
④ (다)는 (나)보다 총 외국인 주민 수가 많다.
⑤ (가)와 (다)는 행정 구역의 경계가 맞닿아 있다.

12 회

2023 7월 학력평가

해설편 46~47쪽

사회탐구 영역 (한국지리)

16. 다음 글은 도시 재개발의 사례이다. (가), (나) 방식에 대한 설명으로 옳은 것만을 〈보기〉에서 고른 것은?

> (가) ○○ 지역은 도심에서 산으로 떠밀려 온 사람들이 다닥다닥 집을 짓고 붙어살던 소외된 동네였다. 그러나 이곳은 전면 철거 후 대규모 아파트 단지가 들어설 예정이다.
> (나) 6.25 전쟁 때 피난민들이 정착해 생긴 대표적 달동네인 □□ 지역은 공공미술 프로젝트를 통해 벽화마을로 재탄생했다. 이후 영화, 드라마 등의 촬영지로 알려지며 관광 명소가 되었다.

<보 기>

ㄱ. (가)는 기존 마을의 모습을 간직한 채 환경을 개선한다.
ㄴ. (나)는 건물의 고층화로 토지 이용의 효율성을 높인다.
ㄷ. (가)는 (나)보다 투입 자본의 규모가 크다.
ㄹ. (나)는 (가)보다 원거주민의 재정착률이 높다.

① ㄱ, ㄴ ② ㄱ, ㄷ ③ ㄴ, ㄷ ④ ㄴ, ㄹ ⑤ ㄷ, ㄹ

17. 그래프는 권역별 산업 구조의 변화를 나타낸 것이다. 이에 대한 설명으로 옳은 것은? (단, (가), (나)는 각각 2차 산업, 3차 산업 중 하나이고, A～D는 각각 수도권, 영남권, 충청권, 호남권 중 하나임.) [3점]

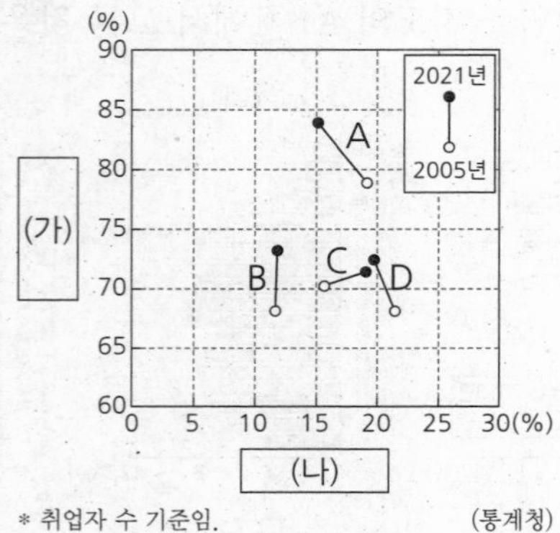

＊취업자 수 기준임. (통계청)

① (가)는 2차 산업, (나)는 3차 산업이다.
② A에는 행정 중심 복합 도시가 위치한다.
③ B는 C보다 지역 내 총생산이 많다.
④ C는 D보다 총인구가 많다.
⑤ D는 A보다 광역시의 수가 많다.

18. 그래프는 지도에 표시된 세 지역의 용도별 토지 이용 비율을 나타낸 것이다. (가)～(다) 지역에 대한 설명으로 옳은 것은? [3점]

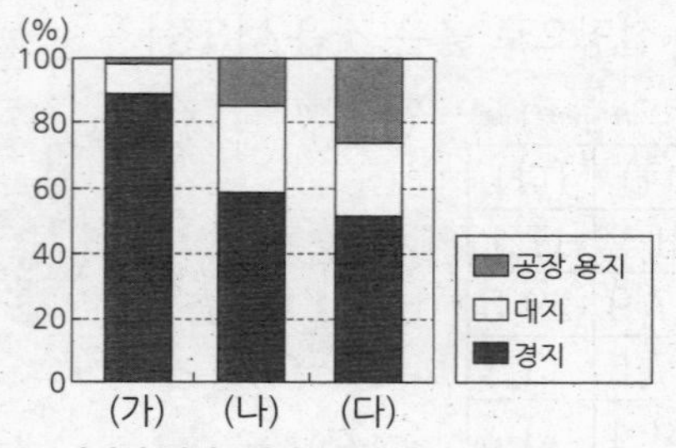

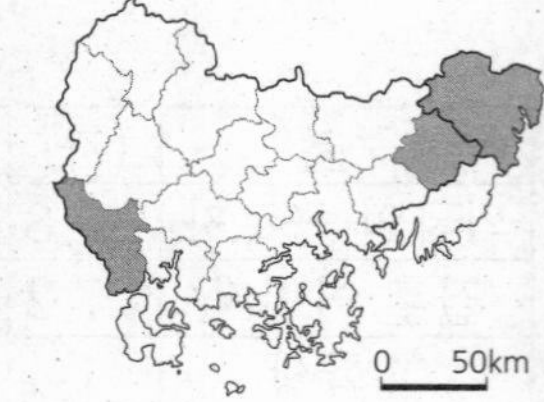

＊ 지역별 경지, 대지, 공장 용지 면적의 합을 100%로 나타낸 것임.
＊＊ 대지는 주거용 및 상업용 건물을 짓는 데 활용되는 땅임.
(2021) (통계청)

① (가)는 (나)보다 주택 유형 중 아파트 비율이 높다.
② (가)는 (다)보다 3차 산업 종사자 비율이 높다.
③ (나)는 (가)보다 지역 내 겸업농가 비율이 높다.
④ (다)는 (가)보다 중위 연령이 높다.
⑤ 부산으로의 통근·통학 비율은 (다)가 (나)보다 높다.

19. 그래프는 권역별 1차 에너지 공급 비율을 나타낸 것이다. (가)～(다)에 해당하는 화석 에너지를 그림의 A～C에서 고른 것은? (단, (가)～(다)와 A～C는 각각 석유, 석탄, 천연가스 중 하나임.)

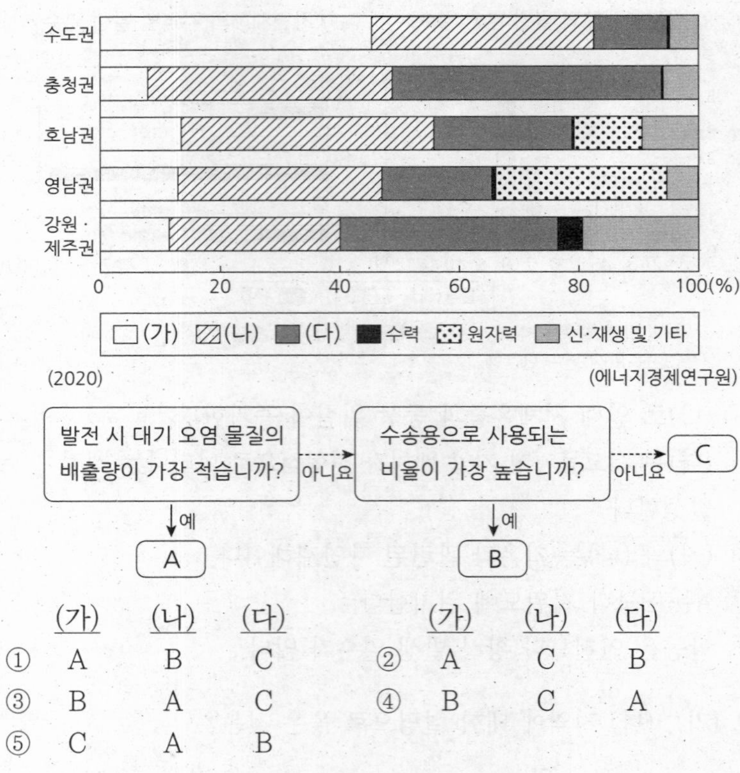

	(가)	(나)	(다)		(가)	(나)	(다)
①	A	B	C	②	A	C	B
③	B	A	C	④	B	C	A
⑤	C	A	B				

20. 그래프는 지도에 표시된 네 지역의 (가), (나) 계절별 강수량 차이를 나타낸 것이다. 이에 대한 설명으로 옳은 것은? (단, (가), (나)는 각각 겨울, 여름 중 하나임.) [3점]

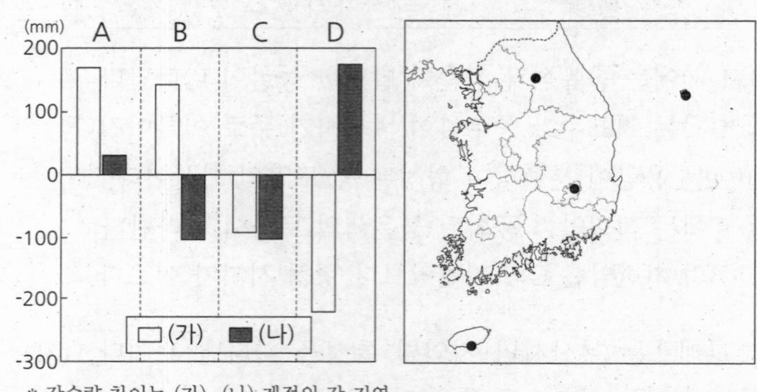

＊ 강수량 차이는 (가), (나) 계절의 각 지역 강수량에서 네 지역 평균 강수량을 뺀 값임.
＊＊ 1991～2020년 평년값임. (기상청)

① (가)는 겨울, (나)는 여름이다.
② A는 B보다 최한월 평균 기온이 높다.
③ B는 C보다 저위도에 위치한다.
④ C는 D보다 바다의 영향을 많이 받는다.
⑤ D는 A보다 연 강수량이 많다.

> ※ **확인 사항**
> ○ **답안지의 해당란에 필요한 내용을 정확히 기입(표기)했는지 확인하시오.**

해설편 48쪽

2024년 7월 고3 전국연합학력평가 문제지

사회탐구 영역 (한국지리)

13회

시험 시간	30분
날짜	월 일
시작 시각	:
종료 시각	:

제 4 교시 | 성명 | 수험번호 –

1. 다음 글에 대한 설명으로 옳은 것만을 〈보기〉에서 고른 것은? (단, (가), (나)는 각각 『신증동국여지승람』, 『택리지』 중 하나임.)

> 조선 시대 고문헌과 고지도를 통해 원주에 관한 내용을 찾아볼 수 있다. (가) 은/는 건치 연혁, 산천 등의 항목별로 서술되어 있다. 이를 통해 원주가 본래 고구려의 평원군이었다는 것과 치악산이 동쪽 25리에 위치해 있다는 것 등을 알 수 있다. (나) 에서는 "여기는 ㉠ 온 강원도에서 서울로 운송되는 물자가 모여드는 곳이다. … (중략) … 배로 장사해서 부자가 된 자도 있다."라는 기록 등을 통해 저자의 견해를 엿볼 수 있다. 또한 ㉡ 대동여지도를 통해서는 원주 주변의 산지와 하천, 도로 등의 다양한 정보를 찾아볼 수 있다.

<보 기>

ㄱ. (나)는 국가 통치의 목적으로 제작되었다.
ㄴ. (가)는 (나)보다 제작된 시기가 이르다.
ㄷ. ㉠은 가거지의 조건 중 생리(生利)에 해당한다.
ㄹ. ㉡을 통해 원주 주변 산지의 정확한 해발 고도를 알 수 있다.

① ㄱ, ㄴ ② ㄱ, ㄷ ③ ㄴ, ㄷ ④ ㄴ, ㄹ ⑤ ㄷ, ㄹ

2. 다음은 한국지리 수업 장면의 일부이다. (가)에 들어갈 내용으로 옳은 것은?

교사 : ㉠ ~ ㉢에 해당하는 호남 지방의 지역을 <글자 카드>에서 찾아 모두 지워 보세요.

> ㉠ 지역 특산품으로 유자가 있으며, 국내 최초의 우주 발사체 발사 기지가 있는 지역
> ㉡ 굴비의 고장으로 유명하며, 국내에서 유일하게 서해안에 원자력 발전소가 있는 지역
> ㉢ 농경 문화를 주제로 지평선 축제가 개최되며, 백제 시대에 축조된 저수지인 벽골제가 있는 지역
>
> <글자 카드>
>
> | 주 | 고 | 김 | 영 |
> |---|---|---|---|
> | 제 | 광 | 전 | 흥 |

교사 : <글자 카드>에서 남은 글자를 모두 활용하여 만들 수 있는 호남 지방의 지역에 대해 설명해 보세요.
학생 : ______(가)______(으)로 유명한 지역입니다.

① 죽세공품과 대나무 축제
② 광한루원에서 개최되는 춘향제
③ 지리적 표시제에 등록된 고추장
④ 전통 한옥 마을이 있는 슬로시티
⑤ 큰 조차를 극복하기 위해 설치된 뜬다리 부두

3. 지도의 A ~ E에 대한 설명으로 옳은 것은? (단, 타 국가의 행위는 우리나라의 사전 허가가 없었음.)

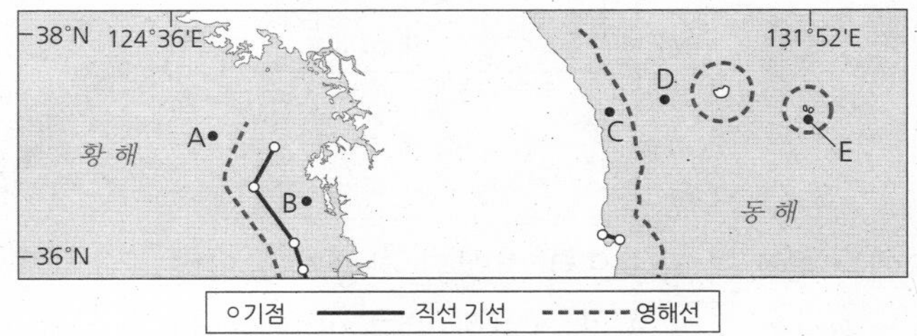

① A의 수직 상공은 우리나라의 주권이 미치는 영역이다.
② B에서는 중국 정부의 선박이 해저 자원을 탐사할 수 있다.
③ C는 우리나라의 배타적 경제 수역(EEZ)에 포함된다.
④ E에서는 일본 국적의 어선이 조업을 할 수 없다.
⑤ C와 D의 최단 경로는 한·일 중간 수역을 지난다.

4. 지도의 A ~ E 해안 지형에 대한 설명으로 옳은 것은? (단, A ~ E는 각각 갯벌, 사빈, 사주, 석호, 해식애 중 하나임.)

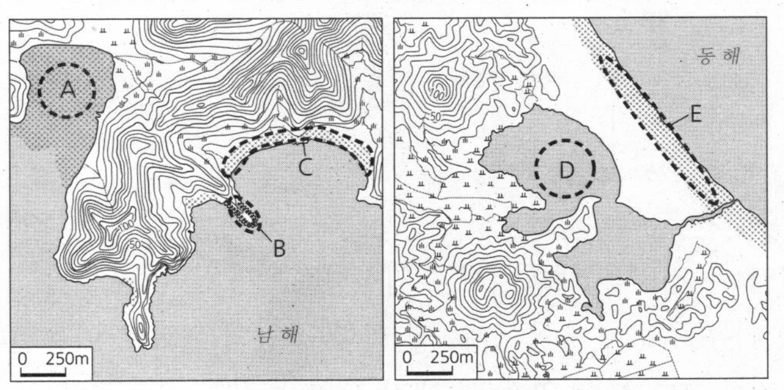

① A는 주로 파랑의 퇴적 작용으로 형성된다.
② D의 물은 주로 농업용수로 사용된다.
③ A는 C보다 퇴적물의 평균 입자 크기가 크다.
④ 파랑 에너지가 분산되는 곳에는 C보다 B가 잘 발달한다.
⑤ D와 E는 모두 후빙기 해수면 상승 이후에 형성되었다.

5. (가), (나) 지역을 지도의 A ~ D에서 고른 것은?

> ○ (가) 에는 우리나라 최초로 세계 문화유산에 등재된 '석굴암과 불국사'가 있다. 이후 역사 유적 지구, 역사 마을, 서원 등이 세계 문화유산에 잇달아 등재되며 역사 문화 도시로 자리잡았다.
> ○ (나) 은/는 중생대 지층의 공룡 발자국 화석 산지로 널리 알려져 있다. 최근에는 '가야고분군'이 세계 문화유산에 등재되며 역사 유적지로서의 가치가 더해지고 있다.

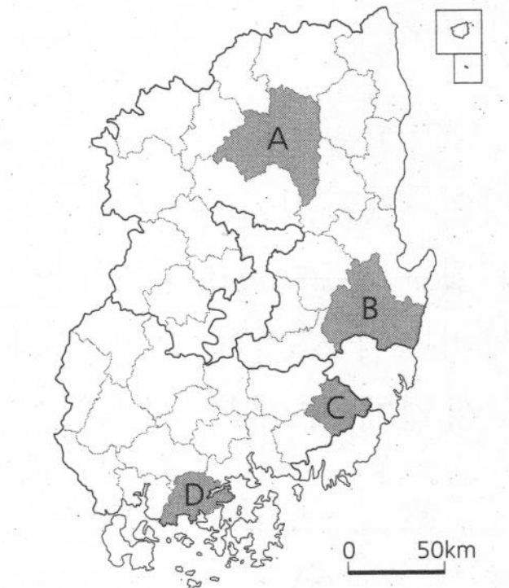

	(가)	(나)
①	A	B
②	A	D
③	B	C
④	B	D
⑤	D	C

13회 2024 7월 학력평가

해설편 49쪽

사회탐구 영역 (한국지리)

6. 다음 자료는 (가), (나) 하천의 유역과 하계망을 나타낸 것이다. 이에 대한 설명으로 옳은 것은? [3점]

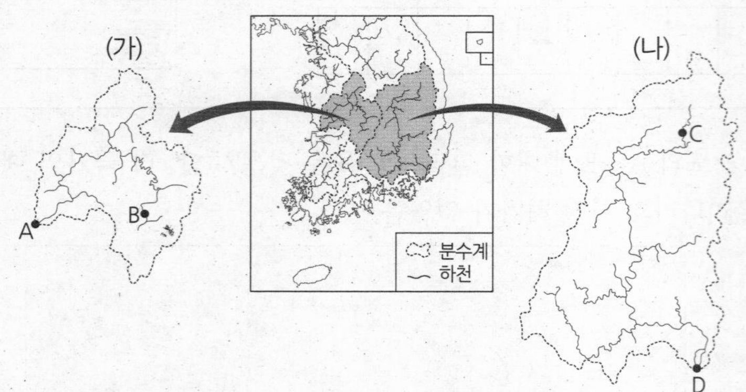

① D에는 유속의 감속으로 형성된 선상지가 있다.
② A는 B보다 하천 퇴적 물질의 평균 입자 크기가 크다.
③ C는 D보다 하상의 평균 해발 고도가 높다.
④ A에 하굿둑 건설 이후 (가) 하천의 감조 구간이 길어졌다.
⑤ (가), (나) 하천 모두 태백산맥의 일부가 분수계에 포함된다.

7. 그래프는 주요 화석 에너지의 권역별 공급량 비율을 나타낸 것이다. (가)~(다)에 대한 설명으로 옳은 것은?

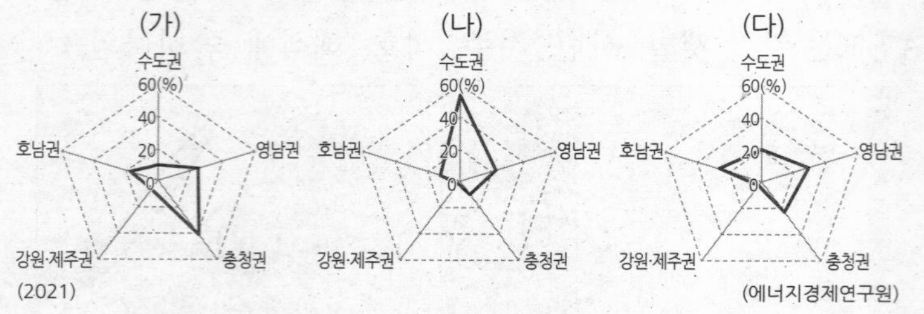

① (가)는 전량을 해외에서 수입한다.
② (다)는 주로 수송용 연료 및 화학 공업의 원료로 이용된다.
③ (가)는 (나)보다 연소 시 대기 오염 물질의 배출량이 적다.
④ (나)는 (다)보다 상용화된 시기가 이르다.
⑤ (다)는 (가)보다 우리나라 총발전량에서 차지하는 비율이 높다.

8. 그래프는 지도에 표시된 네 지역의 용도별 전력 소비량과 지역 내 통근·통학 인구 비율을 나타낸 것이다. (가)~(라) 지역에 대한 설명으로 옳은 것만을 〈보기〉에서 고른 것은? [3점]

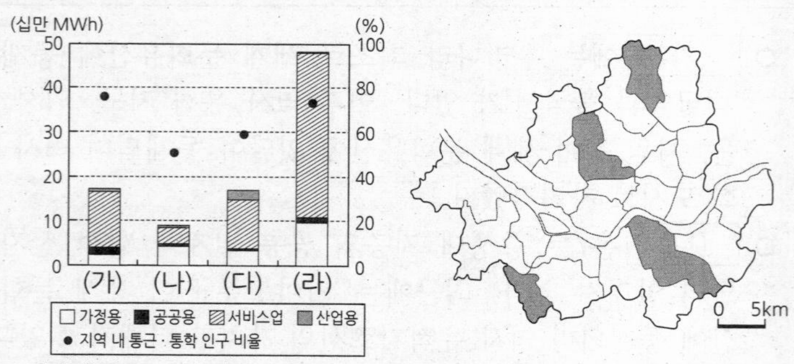

* 지역 내 통근·통학 인구 비율은 각 구(區)의 통근·통학 인구 중 본인이 거주하는 구(區) 내로 통근·통학하는 인구의 비율임.
(2022) (서울시)

〈보 기〉
ㄱ. (가)는 (나)보다 상업 지역의 평균 지가가 높다.
ㄴ. (나)는 (라)보다 거주자의 평균 통근 거리가 멀다.
ㄷ. (다)는 (가)보다 생산자 서비스업 사업체 수가 많다.
ㄹ. (라)는 (다)보다 지역 내 사업체 수에서 제조업이 차지하는 비율이 높다.

① ㄱ, ㄴ ② ㄱ, ㄷ ③ ㄴ, ㄷ ④ ㄴ, ㄹ ⑤ ㄷ, ㄹ

9. 다음 자료에 대한 설명으로 옳은 것은? (단, (가), (나)는 각각 제1차 국토 종합 개발 계획, 제3차 국토 종합 개발 계획 중 하나임.)

구분	(가)	(나)
주요 과제	지방 분산형 국토골격 형성	대규모 공업 기반 구축
세부 내용	아산만, 목포 등의 서해안 일대를 중심으로 중부 및 서남부 지역에 신산업지대를 조성하여, 지역 특성에 맞는 산업을 육성	포항, 울산, 여수 등 동남 해안에 위치한 지역을 개발하여, 제철·정유·석유 화학 등의 중화학 공업 단지를 조성

① (가)의 시행 시기에 경부 고속 국도가 건설되었다.
② (나)는 주로 상향식 개발로 추진되었다.
③ (가)는 (나)보다 시행 시기가 이르다.
④ (가)는 (나)보다 경제적 효율성을 추구하였다.
⑤ (가)의 시행 시기는 (나)의 시행 시기보다 인구의 수도권 집중도가 높다.

10. 다음은 지도에 표시된 지역을 답사하며 촬영한 사진이다. A~D에 대한 설명으로 옳은 것은?

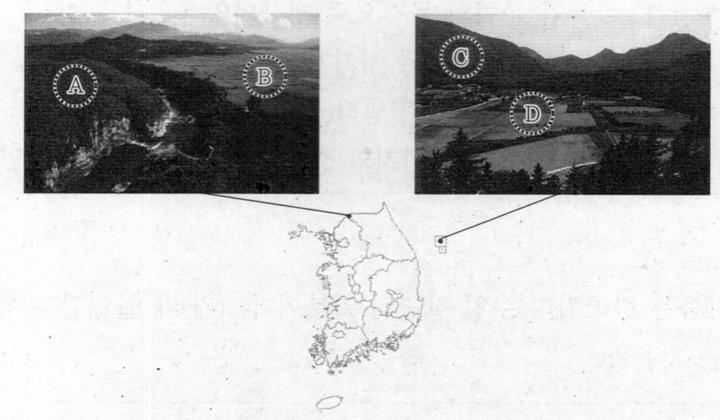

① B는 유동성이 큰 용암이 분출하여 형성되었다.
② C에는 붉은색의 간대 토양이 주로 분포한다.
③ D는 차별적인 풍화와 침식으로 형성된 분지이다.
④ A는 C보다 주된 기반암의 형성 시기가 늦다.
⑤ B에서는 밭농사, D에서는 논농사가 주로 이루어진다.

11. 그래프는 지도에 표시된 네 지역의 기후 값을 나타낸 것이다. (가)~(라) 지역에 대한 설명으로 옳은 것은? [3점]

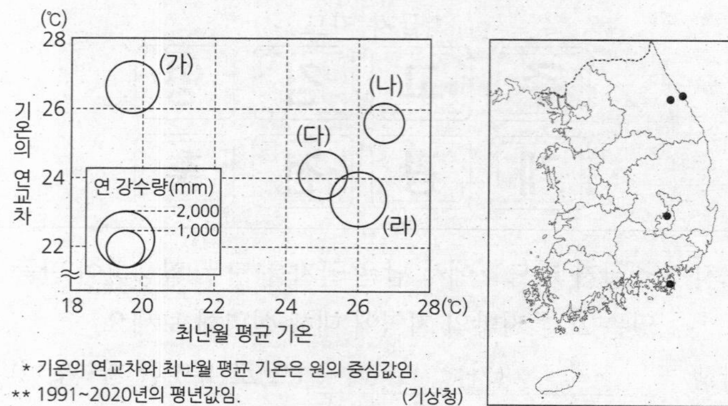

* 기온의 연교차와 최난월 평균 기온은 원의 중심값임.
** 1991~2020년의 평년값임. (기상청)

① (가)는 (나)보다 무상 기간이 길다.
② (나)는 (라)보다 바다의 영향을 많이 받는다.
③ (다)는 (가)보다 해발 고도가 높다.
④ (라)는 (다)보다 최한월 평균 기온이 높다.
⑤ (가)와 (나)는 강원 지방, (다)와 (라)는 영남 지방에 위치한다.

해설편 50~51쪽

사회탐구 영역 (한국지리)

12. 다음 자료의 (가)~(라) 지역에 대한 설명으로 옳은 것은? (단, (가)~(라)는 각각 지도에 표시된 지역 중 하나임.) [3점]

> 대동강 하류에 위치한 (가) 은/는 북한의 최대 인구 도시이자 정치 · 경제 · 사회의 중심지이다. (나) 은/는 압록강 하구에 위치하여 중국과의 교역 통로 역할을 하고 있다. 분단 이전에 경원선의 종착지였던 (다) 은/는 일제 강점기부터 성장한 공업 도시이다. 두만강 유역 개발의 거점이었던 (라) 은/는 중국, 러시아와 인접해 있다.

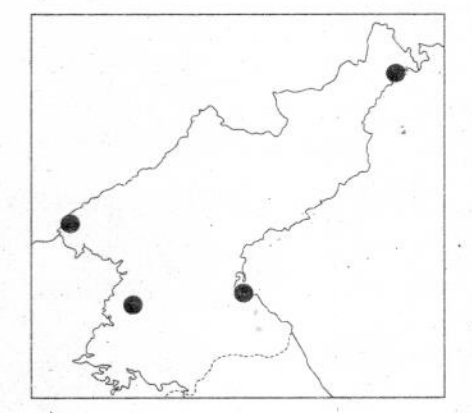

① (가)는 북한의 대표적인 항구 도시이다.
② (나)는 관북 지방에 위치한다.
③ (라)에는 경의선 철도의 종착역이 있다.
④ (가)는 (다)보다 겨울 강수량이 많다.
⑤ (라)는 (나)보다 경제 특구로 지정된 시기가 이르다.

13. 그래프는 세 지역의 농업 특성을 나타낸 것이다. 이에 대한 설명으로 옳은 것은? (단, (가)~(다)와 A~C는 각각 경기, 전남, 제주 중 하나임.) [3점]

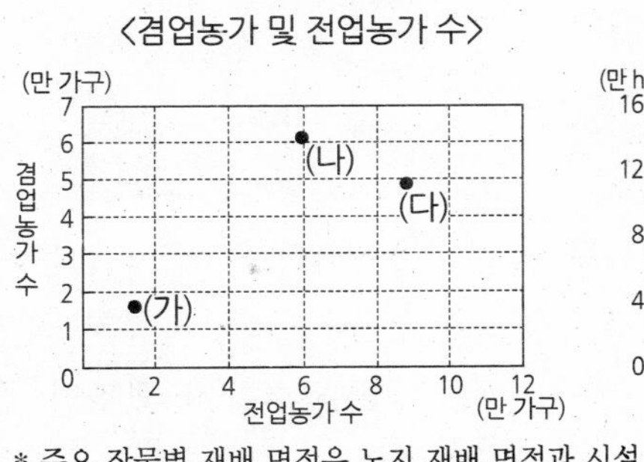

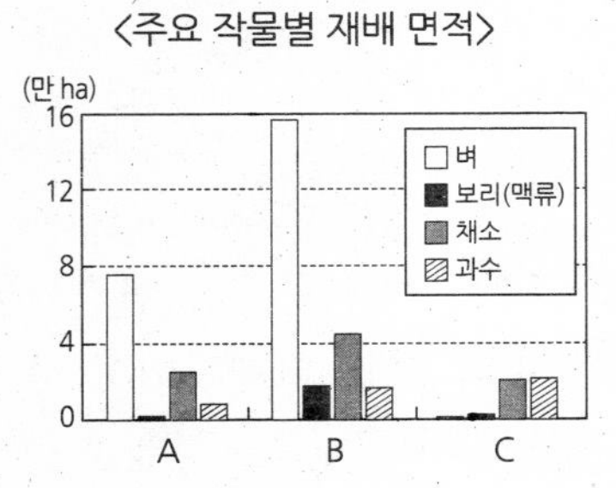

* 주요 작물별 재배 면적은 노지 재배 면적과 시설 재배 면적의 합계임.
(2020) (통계청)

① (가)는 (다)보다 쌀 생산량이 많다.
② (다)는 (나)보다 경지율이 높다.
③ A는 B보다 전업농가 수가 많다.
④ B는 C보다 지역 내 경지 면적 중 밭 면적 비율이 높다.
⑤ 전체 농가 수는 경기 〉 전남 〉 제주 순으로 많다.

14. 표는 세 지역의 인구 특성을 나타낸 것이다. (가)~(다) 지역의 특징을 그림과 같이 표현할 때, A~D의 내용으로 옳은 것만을 〈보기〉에서 고른 것은? (단, (가)~(다)는 각각 단양, 당진, 세종 중 하나임.) [3점]

구분	연령층별 인구 비율(%)			성비
	유소년층	청장년층	노년층	
(가)	13.2	67.4	19.4	116.3
(나)	6.6	58.4	35.0	102.2
(다)	18.9	71.1	10.0	100.9

(2022) (통계청)

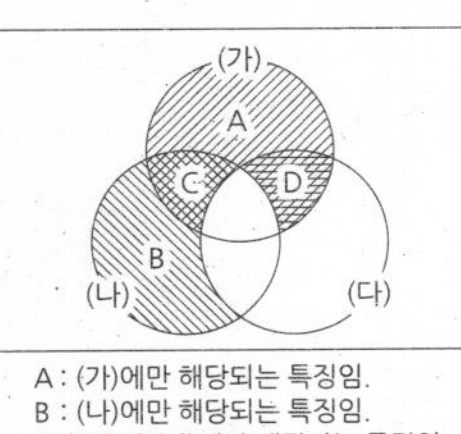

〈보 기〉

ㄱ. A : 행정 중심 복합 도시가 위치함.
ㄴ. B : '군(郡)' 단위 행정 구역에 해당함.
ㄷ. C : 노령화 지수가 100 이상임.
ㄹ. D : 남성 인구가 여성 인구보다 많음.

① ㄱ, ㄴ ② ㄱ, ㄷ ③ ㄴ, ㄷ ④ ㄴ, ㄹ ⑤ ㄷ, ㄹ

15. 그래프는 지도에 표시된 세 지역의 외국인 주민 현황을 나타낸 것이다. (가)~(다)에 해당하는 지역을 지도의 A~C에서 고른 것은?

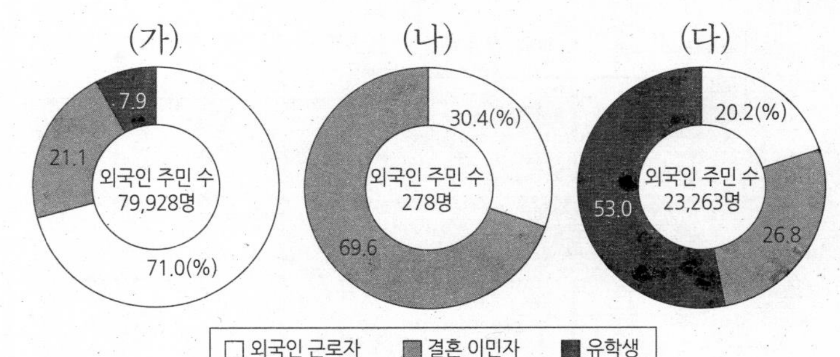

* 외국인 주민은 한국 국적을 가지지 않은 자만 해당하며, 유형별 외국인 주민 수가 5명 미만인 경우는 제외함.
** 지역별 결혼 이민자, 외국인 근로자, 유학생 수의 합을 100%의 비율로 함.
(2021) (통계청)

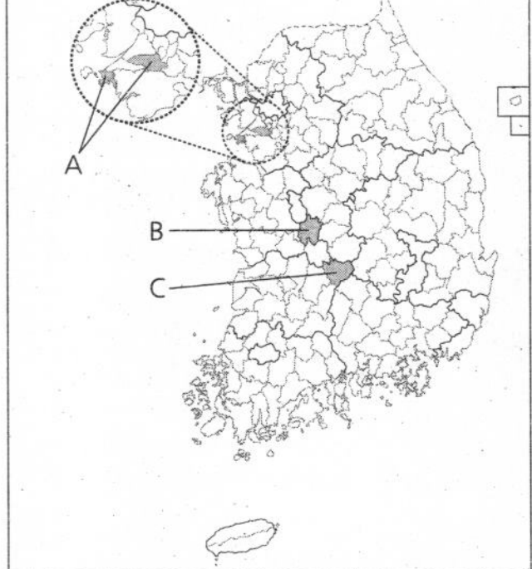

	(가)	(나)	(다)
①	A	B	C
②	A	C	B
③	B	A	C
④	B	C	A
⑤	C	A	B

16. 다음 자료의 (가)~(다) 지역에 대한 설명으로 옳은 것은? (단, (가)~(다)는 각각 지도에 표시된 지역 중 하나임.) [3점]

〈주택 유형별 비율(%)〉

지역	단독주택	아파트	기타
(가)	12.7	69.8	17.5
(나)	15.2	67.0	17.8
(다)	67.6	17.1	15.3

(2020) (통계청)

〈지역별 인구 변화〉

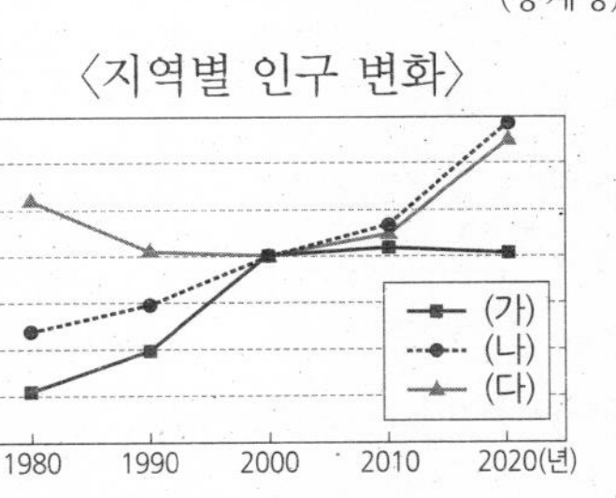

* 2000년 인구를 100으로 한 상댓값임.
** 2010년 이전 자료는 2010년 행정 구역을 기준으로 함. (통계청)

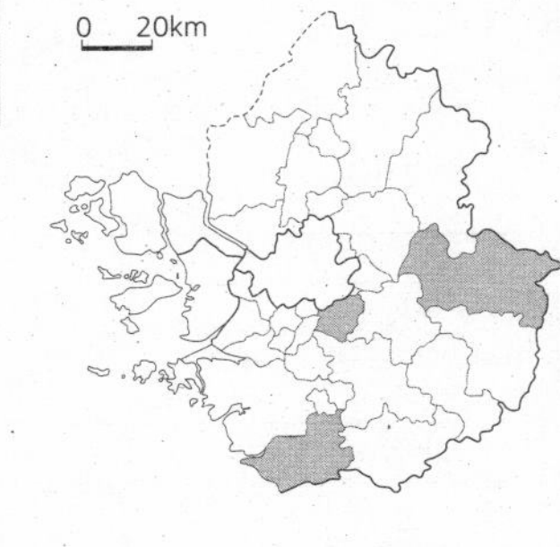

① (가)는 수도권 정비 계획에 따른 자연 보전 권역에 속한다.
② (나)에는 수도권 1기 신도시가 있다.
③ (가)는 (나)보다 서울로 통근 · 통학하는 인구 비율이 높다.
④ (나)는 (다)보다 지역 내 총생산이 적다.
⑤ (다)는 (가)보다 인구 밀도가 높다.

해설편 51~52쪽

17. 그래프의 (가)~(라) 자연재해에 대한 설명으로 옳은 것은? (단, (가)~(라)는 각각 대설, 지진, 태풍, 호우 중 하나임.) [3점]

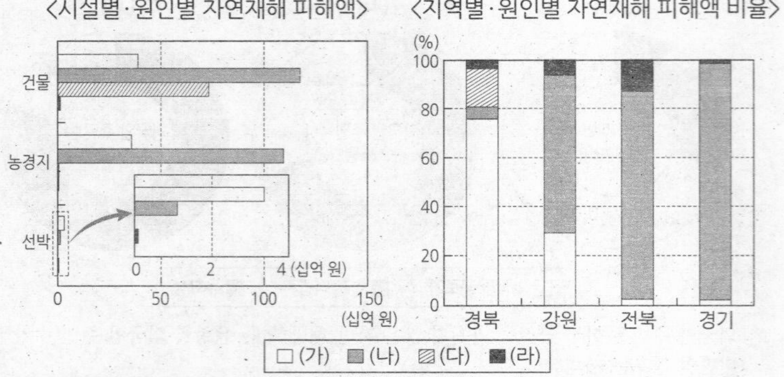

* 지역별·원인별 자연재해 피해액 비율은 지역별 (가)~(라)의 합을 100%로 함.
** 2013~2022년의 누적 피해액이며, 2022년 환산 가격 기준임. (재해연보)

① (가)는 주로 우리나라보다 저위도 해상에서 발원한다.
② (나)는 주로 지형적 요인에 의해 발생하는 자연재해이다.
③ (다)를 대비하기 위한 시설에는 울릉도의 우데기가 있다.
④ (라)는 (나)보다 우리나라의 연 강수량에 미치는 영향이 크다.
⑤ (가)는 빙판길 교통 장애, (라)는 해일 피해를 유발한다.

18. 다음 자료는 수행 평가 내용에 대한 학생의 답변과 교사의 채점 결과이다. 이에 대한 설명으로 옳은 것만을 〈보기〉에서 고른 것은? [3점]

◎ 한반도의 지질 계통과 주요 지각 변동에 대한 내용이 맞으면 '예', 틀리면 '아니요'로 답하시오.

지질 시대	고생대			중생대			신생대	
	캄브리아기 … 석탄기 — 페름기			트라이아스기	쥐라기	백악기	제3기	제4기
지질 계통	A	(결층)	B		대동 누층군	경상 누층군	제3계	제4계
주요 지각 변동	↑ 조륙 운동			↑ 송림 변동	↑ C	↑ 불국사 변동	↑ D	↑ 화산 활동

내용	답변	
	갑	을
A는 얕은 바다에서 퇴적된 지층이다.	예	예
B는 대부분 변성암으로 구성되어 있다.	아니요	예
(가)	㉠	아니요
(나)	㉡	예
점수	4점	2점

* 교사는 각 답변이 맞으면 1점, 틀리면 0점을 부여함.

<보 기>

ㄱ. (가)가 'C에 의해 랴오둥 방향의 지질 구조선이 형성되었다.'이면, ㉠은 '예'이다.
ㄴ. (나)가 'D에 의해 넓은 범위에 걸쳐 대보 화강암이 관입하였다.'이면, ㉡은 '예'이다.
ㄷ. ㉠이 '예'이면, (나)에는 'D에 의해 태백산맥, 함경산맥 등의 높은 산지가 형성되었다.'가 들어갈 수 있다.
ㄹ. ㉡이 '아니요'이면, (가)에는 'A에는 무연탄, B에는 석회암이 매장되어 있다.'가 들어갈 수 있다.

① ㄱ, ㄴ ② ㄱ, ㄷ ③ ㄴ, ㄷ ④ ㄴ, ㄹ ⑤ ㄷ, ㄹ

19. 지도는 두 시기의 평균 상대 습도를 나타낸 것이다. (가) 시기에 대한 (나) 시기의 상대적 특성을 그림의 A~E에서 고른 것은? (단, (가), (나)는 각각 1월, 7월 중 하나임.)

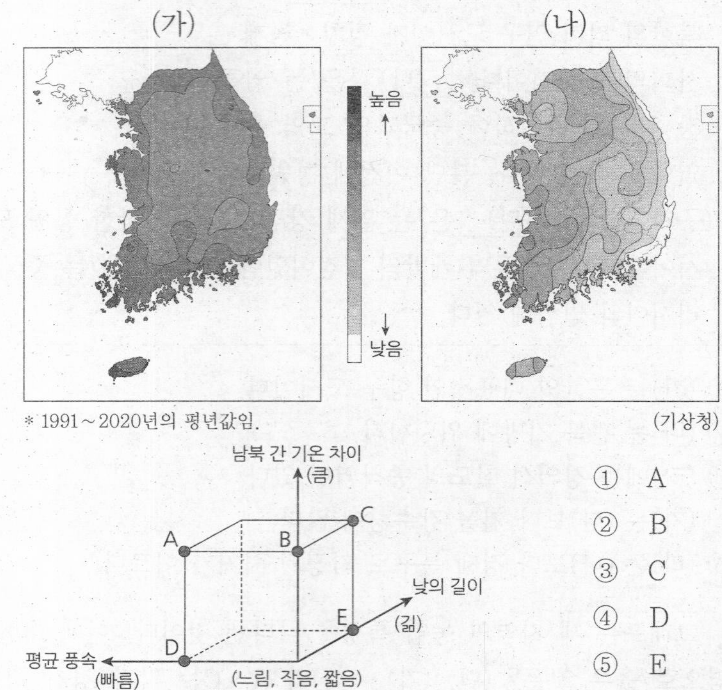

* 1991~2020년의 평년값임. (기상청)

① A
② B
③ C
④ D
⑤ E

20. 다음 자료에 대한 설명으로 옳은 것은? (단, (가), (나)는 각각 청주와 포항 중 하나이고, A~C는 각각 1차 금속, 자동차 및 트레일러, 전자 부품·컴퓨터·영상·음향 및 통신장비 제조업 중 하나임.) [3점]

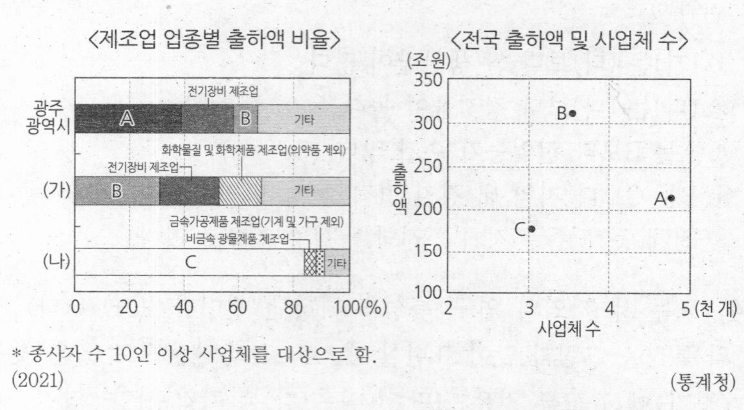

* 종사자 수 10인 이상 사업체를 대상으로 함.
(2021) (통계청)

① (가)는 해안에 위치하여 적환지 지향형 공업 발달에 유리하다.
② (가), (나)에는 모두 도청이 위치한다.
③ A는 B보다 최종 제품의 무게가 가볍고 부피가 작다.
④ C의 최종 제품은 A의 주요 재료로 이용된다.
⑤ A~C 중 사업체당 출하액이 가장 많은 것은 A이다.

※ 확인 사항
○ 답안지의 해당란에 필요한 내용을 정확히 기입(표기)했는지 확인하시오.

해설편 52쪽

2022학년도 대학수학능력시험 9월 모의평가 문제지

사회탐구 영역 (한국지리)

14회	
시험 시간	30분
날짜	월 일
시작 시각	:
종료 시각	:

제 4 교시 | 성명 | 수험번호 | – |

1. 다음 글의 (가)~(마)에 대한 설명으로 옳은 것은?

> ○ (가) 는 한반도, 러시아의 연해주, 일본 열도로 둘러싸인 바다이다. 이 바다에는 우리나라 최동단에 위치한 섬인 (나) 가 있다. 이 섬과 가장 가까운 섬은 북서쪽 약 87.4km에 있는 (다) 이다.
> ○ 우리나라 최남단에 위치한 섬은 (라) 이다. 이 섬의 남서쪽 약 149km에는 종합 해양 과학 기지가 건설되어 있는 수중 암초인 (마) 가 있다.

① 우리나라는 (가)에서 조력 발전을 하고 있다.
② (나)는 천연 보호 구역으로 지정되어 있다.
③ (다)는 현재 행정 구역상 강원도에 속한다.
④ (라)는 영해 설정에 직선 기선을 적용한다.
⑤ (마)는 한 · 일 중간 수역에 포함된다.

2. 지도의 A~E에 대한 설명으로 옳지 않은 것은? [3점]

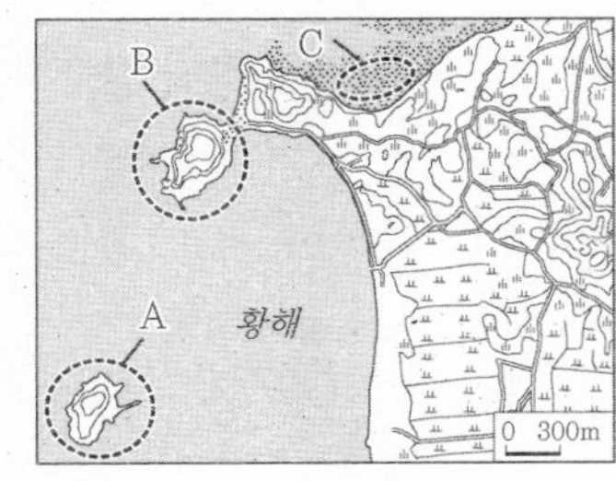

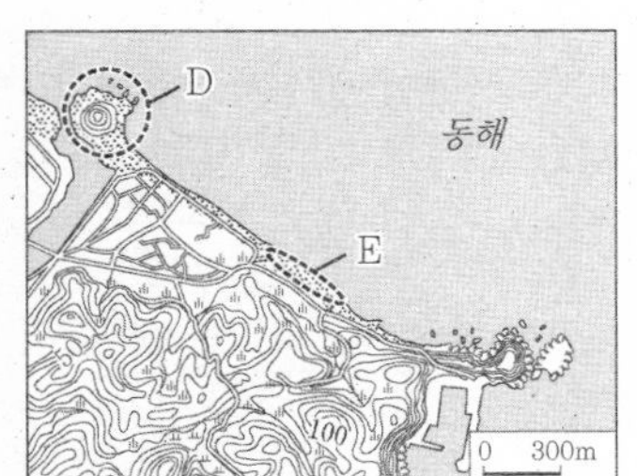

① A는 최종 빙기에 육지와 연결되어 있었다.
② C는 오염 물질을 정화하는 기능이 있다.
③ E는 주로 파랑과 연안류의 퇴적 작용으로 형성된다.
④ E는 C보다 퇴적물 중 점토의 비율이 높다.
⑤ B, D는 모두 사주에 의해 육지와 연결된 육계도이다.

3. 그래프의 (가)~(다) 지역을 지도의 A~C에서 고른 것은?

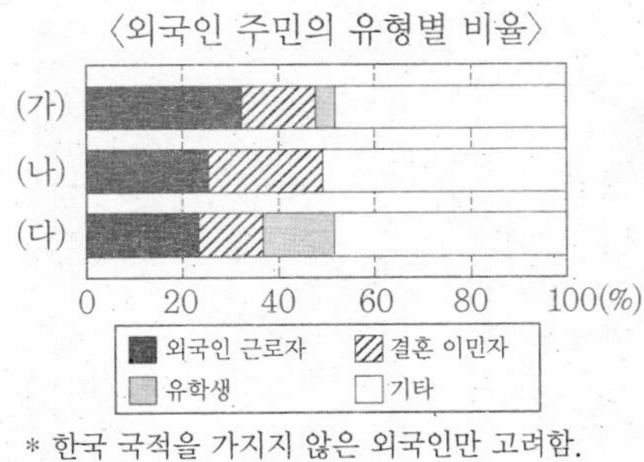

* 한국 국적을 가지지 않은 외국인만 고려함.
** 유형별 외국인 수가 5명 미만인 경우는 제외함.
(2019) (통계청)

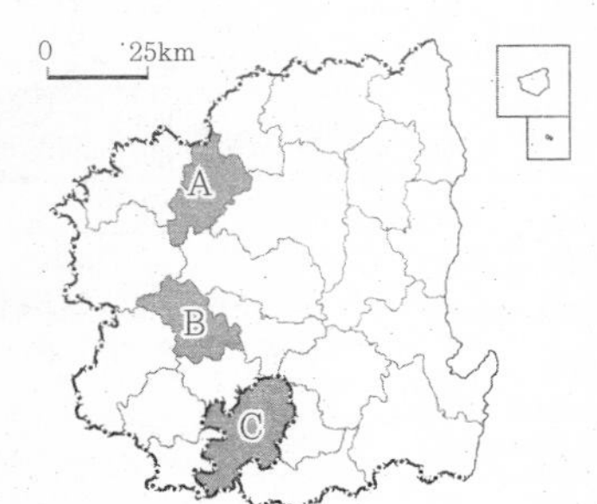

	(가)	(나)	(다)
①	A	B	C
②	A	C	B
③	B	A	C
④	B	C	A
⑤	C	A	B

4. 다음은 자연재해에 관한 안전 안내 문자 내용의 일부이다. 이에 대한 설명으로 옳은 것은? (단, (가)~(라)는 각각 대설, 지진, 태풍, 황사 중 하나임.)

> (가) 영향권에 들 것으로 전망되니 등산로 및 하천에 진입하지 마시고 간판 등의 낙하에 주의하십시오.

> ○○시 북쪽 지역에서 규모 5.5 (나) 이/가 발생하였으니 피해를 입지 않도록 대비하시기 바랍니다.

> 오늘 퇴근 시간대 (다) (으)로 교통 혼잡과 빙판길 안전사고가 우려되니 가급적 대중교통을 이용해 주시기 바랍니다.

> 현재 (라) 경보 발효 중이니 야외 활동 시 마스크를 착용하시기 바라며, 창문을 닫아 먼지 유입을 차단하십시오.

① (가)는 주로 우리나라보다 저위도 해상에서 발원한다.
② (나)는 기후적 요인에 의해 발생하는 자연재해이다.
③ (다)는 북태평양 고기압이 한반도 전역에 영향을 미칠 때 주로 발생한다.
④ 울릉도의 우데기는 (라)를 대비한 시설이다.
⑤ (다)는 (가)보다 선박에 주는 피해가 크다.

5. 다음 자료의 A~D 암석에 대한 설명으로 옳은 것만을 〈보기〉에서 고른 것은? (단, A~D는 각각 석회암, 중생대 퇴적암, 현무암, 화강암 중 하나임.) [3점]

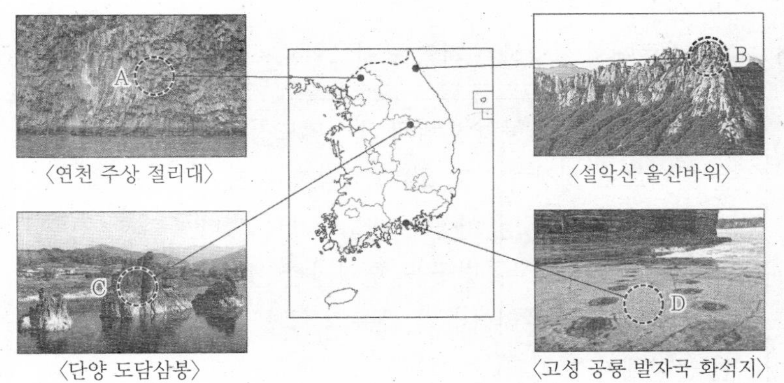

〈연천 주상 절리대〉 〈설악산 울산바위〉 〈단양 도담삼봉〉 〈고성 공룡 발자국 화석지〉

〈보 기〉

ㄱ. C는 대보 조산 운동으로 형성되었다.
ㄴ. D는 주로 시멘트 공업의 원료로 이용된다.
ㄷ. C는 D보다 형성 시기가 이르다.
ㄹ. A, B는 모두 화성암에 해당한다.

① ㄱ, ㄴ ② ㄱ, ㄷ ③ ㄴ, ㄷ ④ ㄴ, ㄹ ⑤ ㄷ, ㄹ

14회 2022 9월 모의평가

○ 해설편 53쪽

사회탐구 영역 (한국지리)

6. 다음 자료에 대한 설명으로 옳은 것만을 〈보기〉에서 고른 것은? (단, A~C 지점은 각각 지도의 (가), (나) 하천에 표시된 세 지점 중 하나임.) [3점]

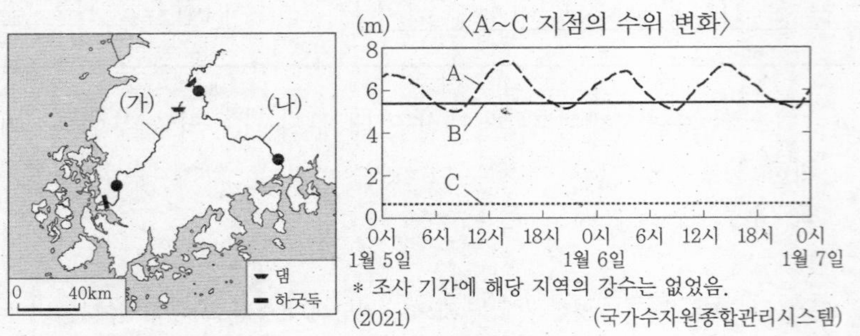

* 조사 기간에 해당 지역의 강수는 없었음.
(2021) (국가수자원종합관리시스템)

<보 기>

ㄱ. (가), (나) 모두 댐 건설 이후 하상계수가 커졌다.
ㄴ. C를 지나는 강물은 남해로 유입된다.
ㄷ. A는 B보다 조차의 영향을 크게 받는다.
ㄹ. A는 C보다 강바닥의 해발 고도가 높다.

① ㄱ, ㄴ ② ㄱ, ㄷ ③ ㄴ, ㄷ ④ ㄴ, ㄹ ⑤ ㄷ, ㄹ

7. 다음은 한국지리 수업 자료의 일부이다. 이에 대한 설명으로 옳은 것만을 〈보기〉에서 고른 것은?

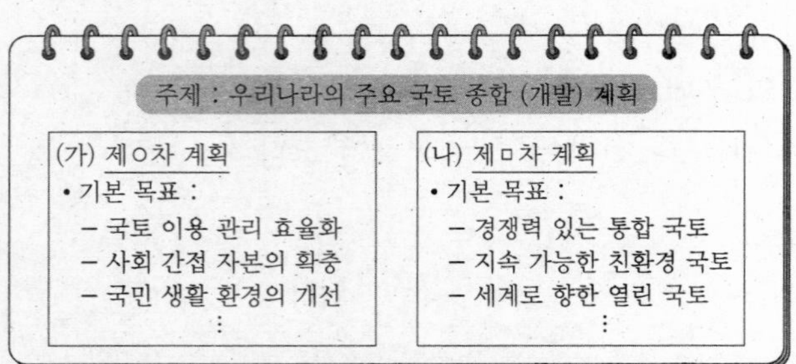

<보 기>

ㄱ. (가) 기간에 행정 중심 복합 도시가 건설되었다.
ㄴ. (나)는 성장 거점 개발 방식으로 추진되었다.
ㄷ. (가)는 (나)보다 시행 시기가 이르다.
ㄹ. (나)는 (가)보다 지역 간 형평성을 추구하였다.

① ㄱ, ㄴ ② ㄱ, ㄷ ③ ㄴ, ㄷ ④ ㄴ, ㄹ ⑤ ㄷ, ㄹ

8. 다음 자료에서 설명하는 지역을 지도의 A~E에서 고른 것은? [3점]

이 지역은 기계 공업 발달과 경상남도청 이전을 바탕으로 성장하였고, 2010년 통합 시가 된 이후 인구 100만 명 이상의 대도시가 되었다. 마스코트 '피우미'는 벚꽃을 형상화한 것으로 이 지역에서는 우리나라의 대표적 벚꽃 축제인 군항제가 개최된다.

〈마스코트 '피우미'〉

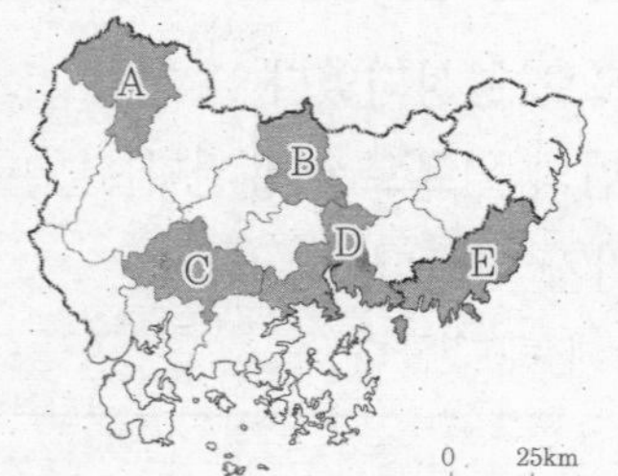

① A
② B
③ C
④ D
⑤ E

9. 그래프는 지도에 표시된 네 지역의 산업별 취업자 수 비율을 나타낸 것이다. (가)~(라) 지역에 대한 설명으로 옳은 것은?

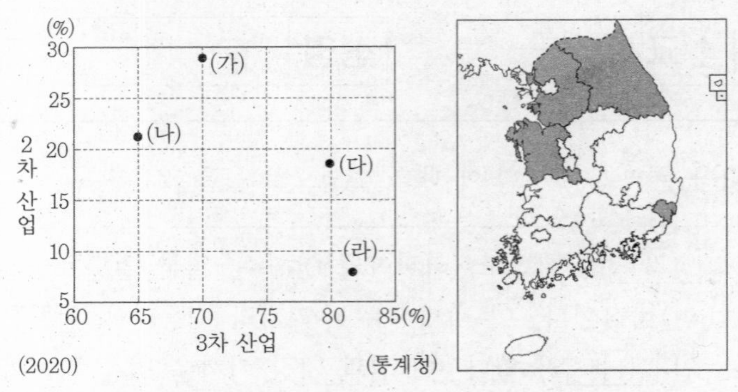

(2020) (통계청)

① (가)는 충남, (나)는 울산이다.
② (가)는 (다)보다 제조업 출하액이 많다.
③ (다)는 (라)보다 지역 내 1차 산업 취업자 수 비율이 높다.
④ (라)는 (나)보다 지역 내 총생산이 많다.
⑤ (가)~(라) 중 생산자 서비스업 사업체 수는 (다)가 가장 많다.

10. 그래프는 세 지역의 제조업 업종별 종사자 수 비율을 나타낸 것이다. (가)~(다) 지역으로 옳은 것은? [3점]

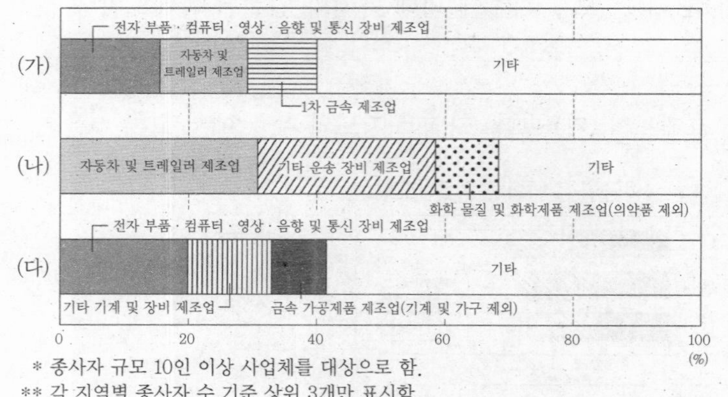

* 종사자 규모 10인 이상 사업체를 대상으로 함.
** 각 지역별 종사자 수 기준 상위 3개만 표시함.
(2019) (통계청)

	(가)	(나)	(다)
①	경기	경북	울산
②	경기	울산	경북
③	경북	경기	울산
④	경북	울산	경기
⑤	울산	경기	경북

해설편 54쪽

사회탐구 영역 (한국지리)

11. 다음 자료는 답사 계획서의 일부이다. 답사 일정에 해당하는 지역을 지도의 A~E에서 순서대로 옳게 고른 것은? (단, 하루에 한 지역만 답사하며, 각 날짜별 답사 지역은 다른 지역임.) [3점]

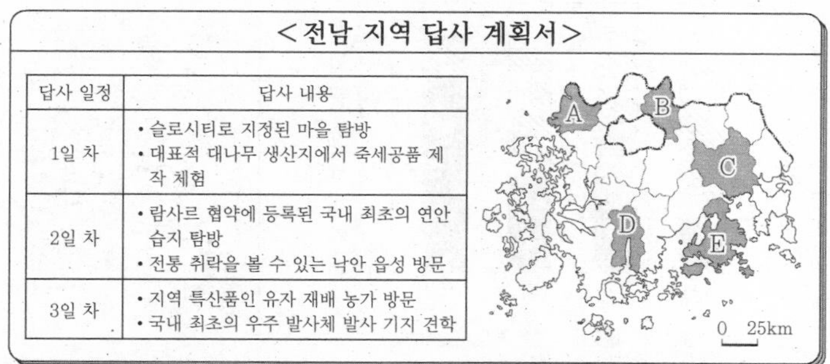

<전남 지역 답사 계획서>

답사 일정	답사 내용
1일 차	• 슬로시티로 지정된 마을 탐방 • 대표적 대나무 생산지에서 죽세공품 제작 체험
2일 차	• 람사르 협약에 등록된 국내 최초의 연안 습지 탐방 • 전통 취락을 볼 수 있는 낙안 읍성 방문
3일 차	• 지역 특산품인 유자 재배 농가 방문 • 국내 최초의 우주 발사체 발사 기지 견학

	1일 차	2일 차	3일 차
①	A →	B →	C
②	A →	C →	D
③	A →	D →	E
④	B →	C →	E
⑤	B →	D →	E

12. 그래프는 지도에 표시된 세 지역의 특성을 나타낸 것이다. (가)~(다) 지역에 대한 설명으로 옳은 것만을 <보기>에서 고른 것은?

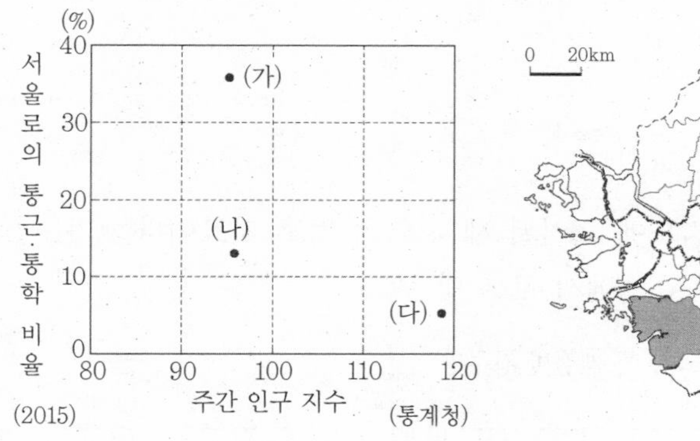

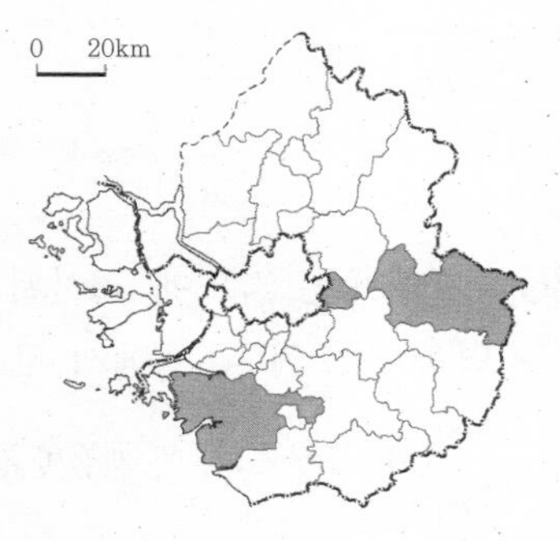

<보 기>

ㄱ. (나)는 통근 · 통학 유출 인구가 유입 인구보다 많다.
ㄴ. (나)는 (가)보다 주택 유형 중 아파트 비율이 높다.
ㄷ. (다)는 (가)보다 청장년층 인구의 성비가 높다.
ㄹ. (다)는 (나)보다 인구 밀도가 낮다.

① ㄱ, ㄴ ② ㄱ, ㄷ ③ ㄴ, ㄷ ④ ㄴ, ㄹ ⑤ ㄷ, ㄹ

13. 다음 글은 국가지질공원의 지질 명소에 대한 소개 자료의 일부이다. ㉠~㉤에 대한 설명으로 옳지 않은 것은? [3점]

> ○ 강원고생대지질공원 : 용연동굴 주변에는 탄산 칼슘이 제거된 잔류물이 산화되어 형성된 ㉠ 붉은색 토양이 발달하여 … (중략) … 평창군 미탄면에는 기반암이 ㉡ 빗물이나 지하수의 용식 작용을 받아 형성된 우묵한 지형이 나타나는데 ….
> ○ 울릉도 · 독도지질공원 : 나리 분지는 화산 폭발로 마그마가 분출한 이후 ㉢ 분화구 주변이 붕괴 · 함몰되어 형성된 ….
> ○ 제주도지질공원 : 천연 동굴 가운데 천연기념물로 처음 지정된 ㉣ 만장굴은 총길이 약 7.4km에 이르는 … (중략) … ㉤ 산방산은 높이 약 395m인 종 모양의 화산 지형으로 ….

① ㉠은 주로 물리적 풍화 작용으로 형성되었다.
② ㉡은 배수가 양호하여 논농사보다 밭농사에 유리하다.
③ ㉢은 칼데라를 형성하는 요인이다.
④ ㉣은 흐르는 용암의 굳는 속도 차이에 의해 형성되었다.
⑤ ㉤은 점성이 높은 용암의 분출로 형성되었다.

14. 다음은 북한의 개방 지역을 주제로 한 수업 장면이다. 발표 내용이 옳은 학생만을 고른 것은?

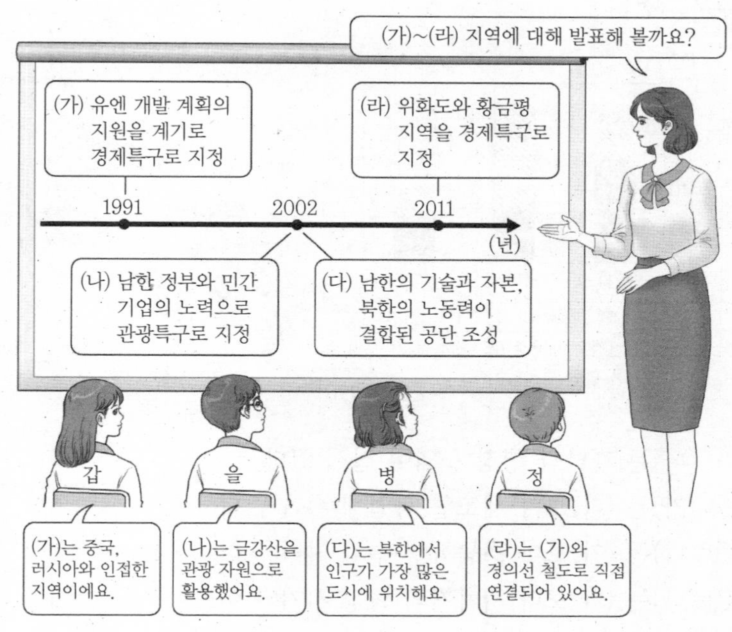

① 갑, 을 ② 갑, 병 ③ 을, 병 ④ 을, 정 ⑤ 병, 정

15. 그래프는 지도에 표시된 세 지역의 시기별 인구 특성을 나타낸 것이다. (가)~(다) 지역에 대한 설명으로 옳은 것은? [3점]

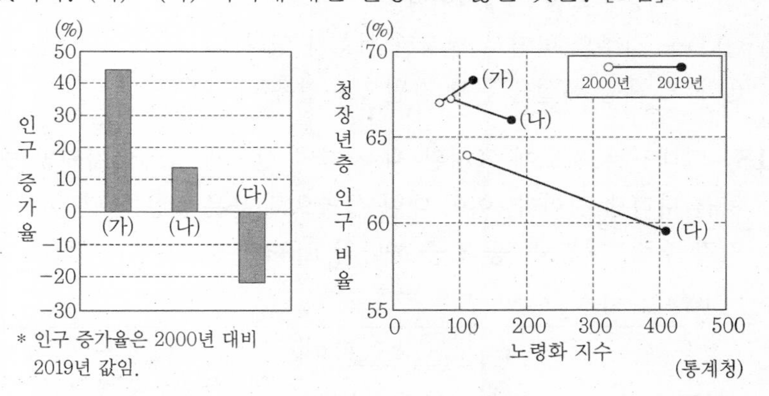

* 인구 증가율은 2000년 대비 2019년 값임.

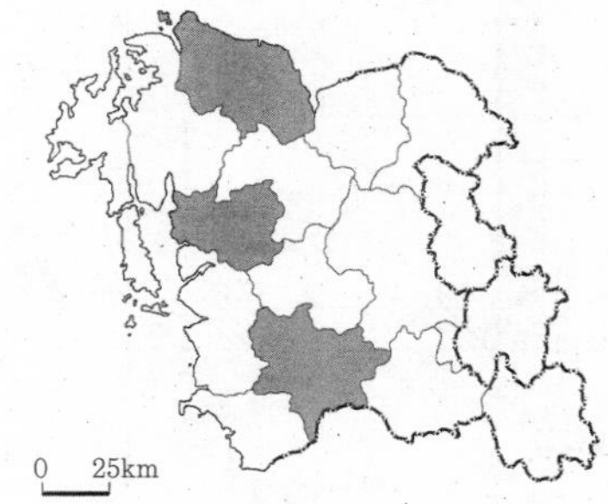

① (나)에는 대규모 제철소가 있다.
② (다)에는 내포 신도시가 위치한다.
③ (다)는 (가)보다 2019년 중위 연령이 높다.
④ 당진의 총부양비는 2019년이 2000년보다 높다.
⑤ 부여는 2019년에 유소년층 인구가 노년층 인구보다 많다.

해설편 55쪽

사회탐구 영역 (한국지리)

16. 그래프는 지도에 표시된 부산시 세 구(區) 건축물 면적의 용도별 비율을 나타낸 것이다. (가)~(다) 구(區)에 대한 설명으로 옳은 것은? [3점]

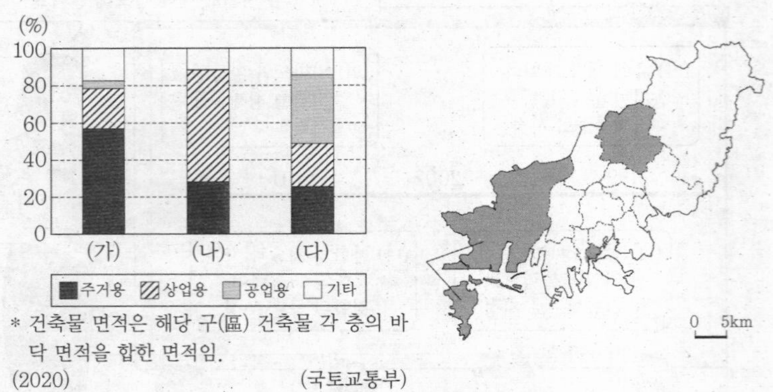

* 건축물 면적은 해당 구(區) 건축물 각 층의 바닥 면적을 합한 면적임.
(2020) (국토교통부)

① (나)는 경남과 행정 구역이 접해 있다.
② (가)는 (다)보다 제조업 사업체 수가 많다.
③ (나)는 (가)보다 초등학생 수가 많다.
④ (나)는 (다)보다 시가지의 형성 시기가 이르다.
⑤ (다)는 (나)보다 인구 만 명당 금융 기관 수가 많다.

17. 지도의 A~E 지역에 대한 설명으로 옳지 않은 것은?

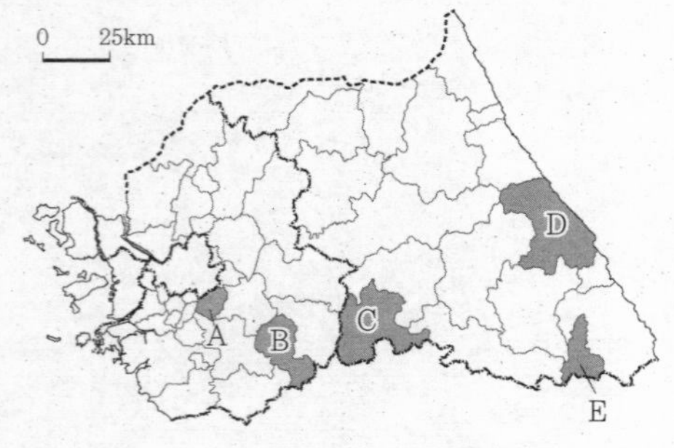

① A – 수도권 1기 신도시가 위치한다.
② B – 지리적 표시제로 등록된 쌀이 생산된다.
③ C – 강원도청 소재지이다.
④ D – 사주의 발달로 형성된 석호가 있다.
⑤ E – 폐광 시설을 관광 자원으로 활용하고 있다.

18. 그래프는 지도에 표시된 세 지역의 신·재생 에너지원별 발전량을 나타낸 것이다. 이에 대한 설명으로 옳은 것은? (단, A~C는 각각 수력, 태양광, 풍력 중 하나임.) [3점]

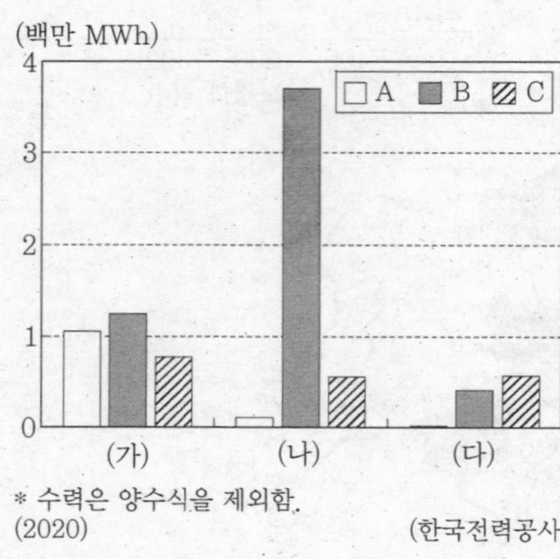

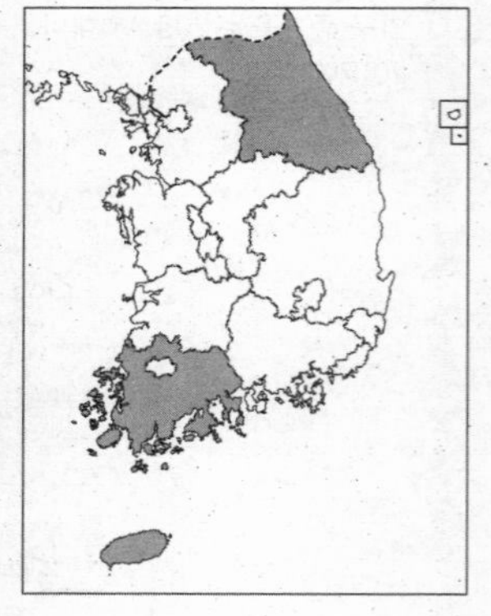
* 수력은 양수식을 제외함.
(2020) (한국전력공사)

① (다)에는 원자력 발전소가 위치한다.
② (가)는 (나)보다 A~C 발전량 중 수력의 비율이 높다.
③ C는 일조량이 풍부한 지역이 전력 생산에 유리하다.
④ B는 A보다 우리나라에서 전력 생산에 이용된 시기가 이르다.
⑤ A~C의 총발전량은 제주가 강원보다 많다.

19. 그래프의 (가)~(라) 지역에 대한 설명으로 옳은 것은? (단, (가)~(라)는 각각 지도에 표시된 네 지역 중 하나임.)

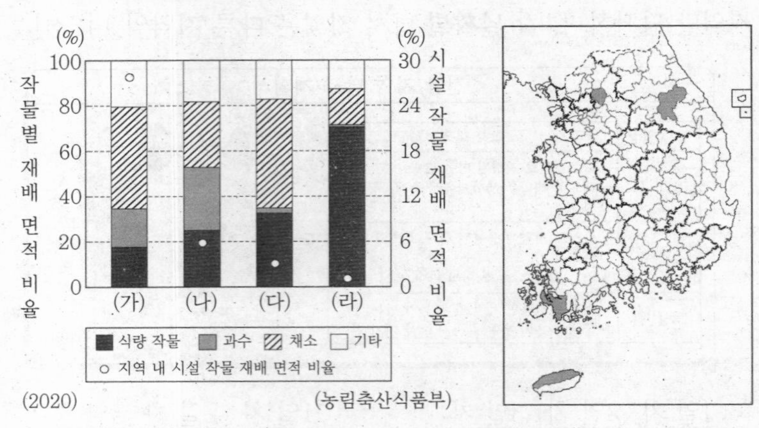

(2020) (농림축산식품부)

① (가)는 (나)보다 지역 내 경지 면적 중 밭 면적 비율이 높다.
② (나)는 (다)보다 고랭지 채소 재배 면적이 넓다.
③ (다)는 (라)보다 쌀 생산량이 많다.
④ (라)는 (가)보다 지역 내 전업농가 비율이 높다.
⑤ (가)는 수도권, (나)는 강원권에 위치한다.

20. 그래프는 지도에 표시된 세 지역의 기후 자료이다. (가)~(다) 지역을 지도의 A~C에서 고른 것은?

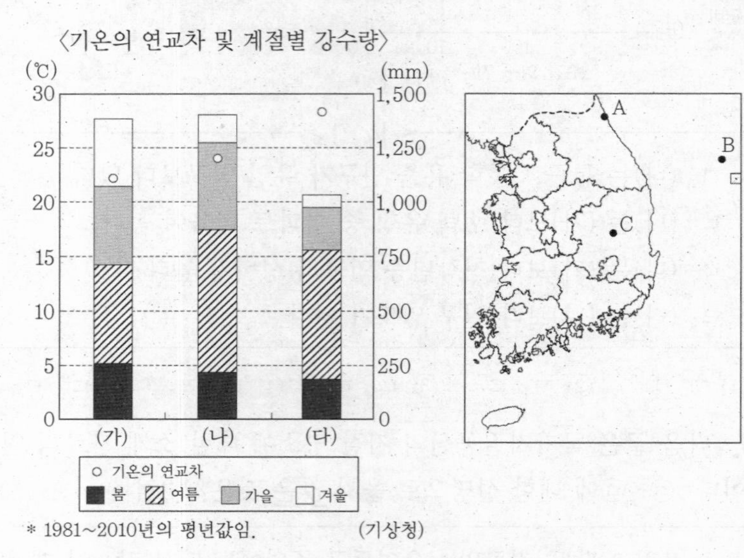

* 1981~2010년의 평년값임. (기상청)

	(가)	(나)	(다)
①	A	B	C
②	A	C	B
③	B	A	C
④	B	C	A
⑤	C	A	B

※ **확인 사항**
○ **답안지의 해당란에 필요한 내용을 정확히 기입(표기)했는지 확인하시오.**

해설편 56쪽

2023학년도 대학수학능력시험 9월 모의평가 문제지

사회탐구 영역 (한국지리)

15회	
시험 시간	30분
날짜	월 일
시작 시각	:
종료 시각	:

제 4 교시 | 성명 | 수험번호 | – |

1. 다음 자료는 조선 시대에 제작된 지리지의 일부이다. 이에 대한 설명으로 옳은 것은? (단, (가), (나)는 각각 『신증동국여지승람』, 『택리지』 중 하나임.)

(가)	[건치연혁] 본래 고구려의 저족현(猪足縣)이다. [관원] 현감(縣監) · 훈도(訓導) 각 1인 [산천] 산 위에 성(城)이 있다. … (중략) … 원통역(圓通驛)으로부터 동쪽은 좌우 쪽이 다 큰 산이어서 동부(洞府)는 깊숙하고, ㉠ 산골 물은 가로 세로 흘러 건널목이 무려 36곳이나 된다.
(나)	태백산과 소백산 또한 토산이지만, ㉡ 흙빛이 모두 수려하다. 태백산에는 황지라는 훌륭한 곳이 있다. 이 산에 들이 펼쳐져 있어 두메 사람들이 제법 마을을 이루었다. 화전을 일구어 살고 있으나 지세가 높고 기후가 차가워서 서리가 일찍 내린다. 그러므로 주민들은 오직 조와 보리를 심는다.

① (가)는 국가 통치의 목적으로 제작되었다.
② (가)는 (나)보다 저자의 주관적 견해가 많이 반영되었다.
③ (나)는 (가)보다 제작 시기가 이르다.
④ ㉠은 감조 구간의 특징을 나타낸다.
⑤ ㉡은 가거지 조건 중 인심(人心)에 해당하는 서술이다.

2. 그래프는 A~C 기상 현상의 발생 빈도를 나타낸 것이다. 이에 대한 설명으로 옳은 것만을 〈보기〉에서 고른 것은? (단, A~C는 각각 태풍, 폭염, 황사 중 하나임.) [3점]

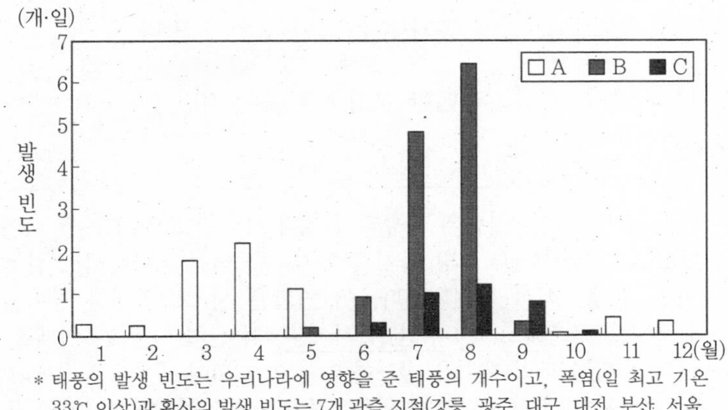

* 태풍의 발생 빈도는 우리나라에 영향을 준 태풍의 개수이고, 폭염(일 최고 기온 33℃ 이상)과 황사의 발생 빈도는 7개 관측 지점(강릉, 광주, 대구, 대전, 부산, 서울, 제주)의 평균 발생 일수임.
** 1991~2020년의 평년값임. (기상청)

〈보 기〉

ㄱ. A는 주로 북태평양 기단의 영향에 의해 발생한다.
ㄴ. B는 저위도 해상에서 발생하는 열대 저기압이다.
ㄷ. A는 C보다 호흡기 및 안과 질환을 많이 유발한다.
ㄹ. B는 폭염, C는 태풍이다.

① ㄱ, ㄴ ② ㄱ, ㄷ ③ ㄴ, ㄷ ④ ㄴ, ㄹ ⑤ ㄷ, ㄹ

3. 다음 자료에 대한 설명으로 옳은 것만을 〈보기〉에서 고른 것은? (단, A~C는 각각 변성암, 퇴적암, 화강암 중 하나임.) [3점]

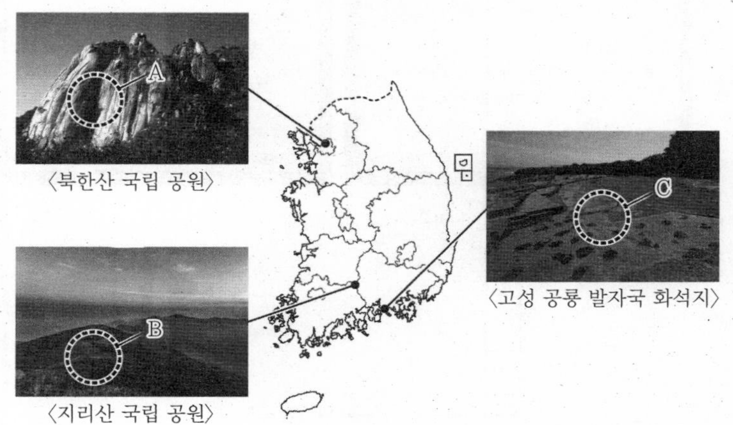

〈북한산 국립 공원〉 〈지리산 국립 공원〉 〈고성 공룡 발자국 화석지〉

〈한반도의 주요 지질 계통과 지각 변동〉

지질 시대	고생대			중생대			신생대	
	캄브리아기 … 석탄기 – 페름기			트라이아스기	쥐라기	백악기	제3기	제4기
지질 계통	(가)	(결층)	평안 누층군		대동 누층군	(다)	제3계	제4계
주요 지각 변동	조륙 운동			송림 변동	(나)	불국사 변동	(라)	화산 활동

〈보 기〉

ㄱ. B는 (나)에 의해 관입되어 형성되었다.
ㄴ. A는 (가), C는 (다)에 포함된다.
ㄷ. (나)에 의해 중국 방향(북동 – 남서)의 지질 구조선이 형성되었다.
ㄹ. (라)에 의해 동고서저의 경동 지형이 형성되었다.

① ㄱ, ㄴ ② ㄱ, ㄷ ③ ㄴ, ㄷ ④ ㄴ, ㄹ ⑤ ㄷ, ㄹ

4. 그래프는 지도에 표시된 대구광역시 두 지역의 인구 특성을 나타낸 것이다. (가), (나) 지역에 대한 설명으로 옳은 것만을 〈보기〉에서 고른 것은?

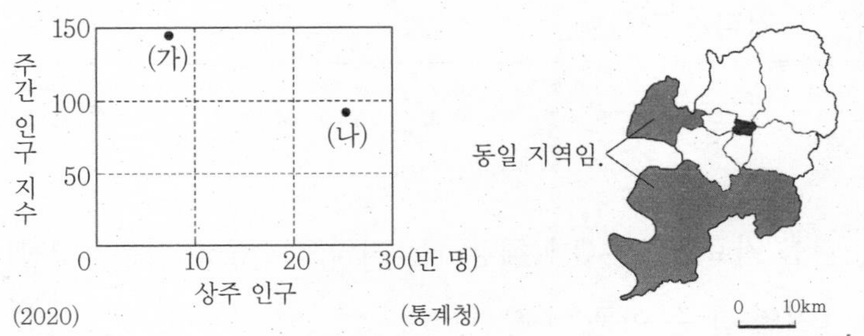

〈보 기〉

ㄱ. (가)는 (나)보다 금융 및 보험업 사업체 수가 많다.
ㄴ. (가)는 (나)보다 전체 면적 중 논 · 밭 비율이 높다.
ㄷ. (나)는 (가)보다 초등학생 수가 많다.
ㄹ. (나)는 (가)보다 통근 · 통학 유출 인구가 적다.

① ㄱ, ㄴ ② ㄱ, ㄷ ③ ㄴ, ㄷ ④ ㄴ, ㄹ ⑤ ㄷ, ㄹ

15회 2023 9월 모의평가

해설편 57쪽

5. 다음 자료의 ㉠에 대한 ㉡의 상대적 특성을 그림의 A~E에서 고른 것은?

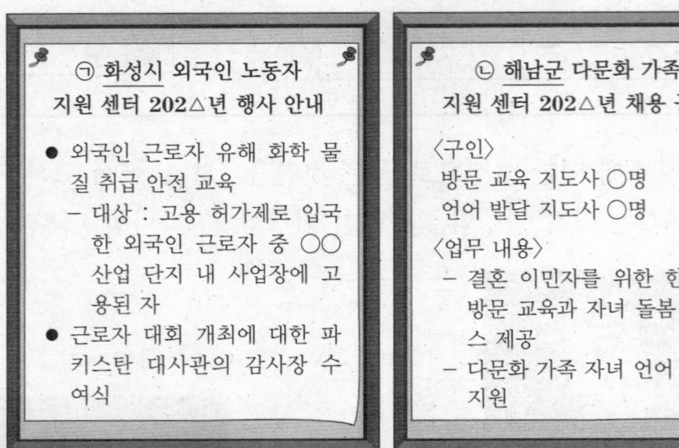

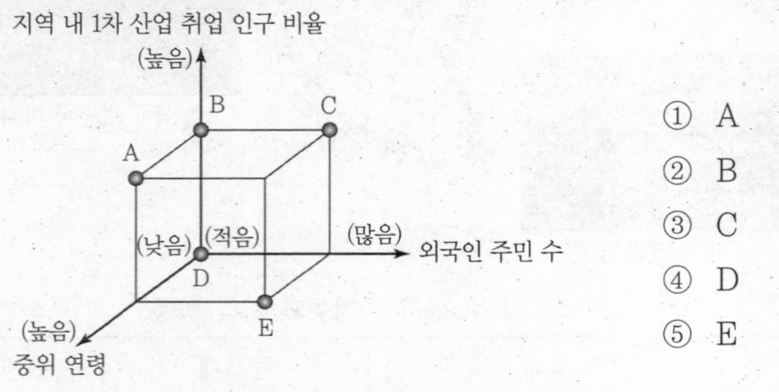

① A
② B
③ C
④ D
⑤ E

6. 다음 자료에 대한 설명으로 옳은 것만을 〈보기〉에서 고른 것은? (단, (가)~(다)는 각각 신의주, 청진, 평양 중 하나임.) [3점]

〈북한 (가)~(다) 도시의 인구와 위치 정보〉

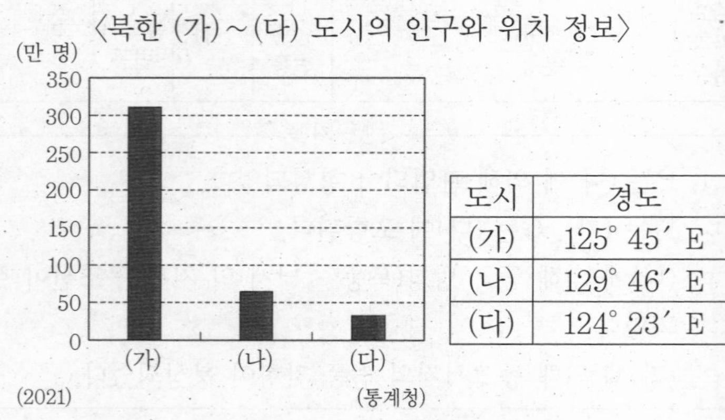

도시	경도
(가)	125° 45′ E
(나)	129° 46′ E
(다)	124° 23′ E

〈보 기〉
ㄱ. (가)는 중국과의 접경 지대에 위치한다.
ㄴ. (나)는 북한 정치 · 경제 · 사회의 최대 중심지이다.
ㄷ. (다)는 관서 지방에 위치한다.
ㄹ. (나)는 (다)보다 나선 경제특구(경제 무역 지대)와의 직선 거리가 가깝다.

① ㄱ, ㄴ ② ㄱ, ㄷ ③ ㄴ, ㄷ ④ ㄴ, ㄹ ⑤ ㄷ, ㄹ

7. 다음 자료의 A~C에 해당하는 지역으로 옳은 것은? [3점]

〈지역 간 순 이동 인구〉

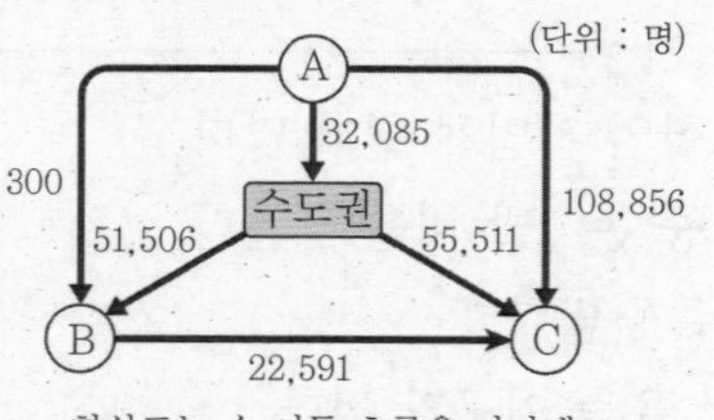

* 화살표는 순 이동 흐름을 나타냄.
** 수치는 2013~2021년의 누적값임.
(통계청)

	A	B	C
①	대전	세종	충남
②	대전	충남	세종
③	세종	대전	충남
④	충남	대전	세종
⑤	충남	세종	대전

8. (가)~(다) 지역에 대한 설명으로 옳은 것만을 〈보기〉에서 고른 것은? (단, (가)~(다)는 각각 지도에 표시된 세 지역 중 하나임.) [3점]

〈인구 규모에 따른 시 · 군 지역 인구 비율〉

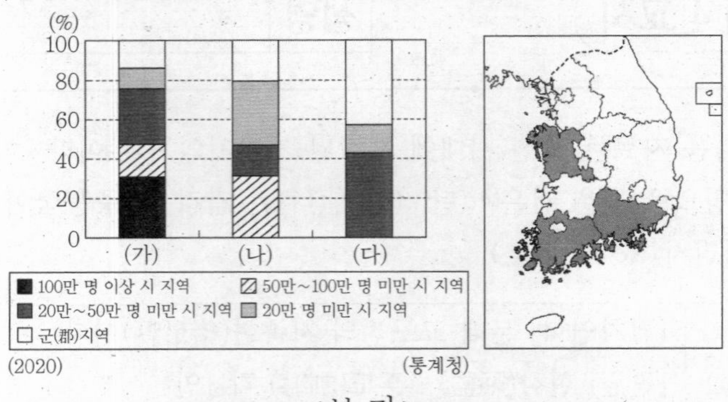

〈보 기〉
ㄱ. (나)의 도청 소재지는 '50만~100만 명 미만 시 지역'에 포함된다.
ㄴ. (가)는 (다)보다 시 지역 거주 인구 비율이 높다.
ㄷ. (나)는 (다)보다 지역 내 2차 산업 취업 인구 비율이 높다.
ㄹ. (가)는 충남, (나)는 경남이다.

① ㄱ, ㄴ ② ㄱ, ㄷ ③ ㄴ, ㄷ ④ ㄴ, ㄹ ⑤ ㄷ, ㄹ

9. 그래프는 지도에 표시된 네 지역의 농업 특성을 나타낸 것이다. (가)~(라) 지역에 대한 설명으로 옳은 것은?

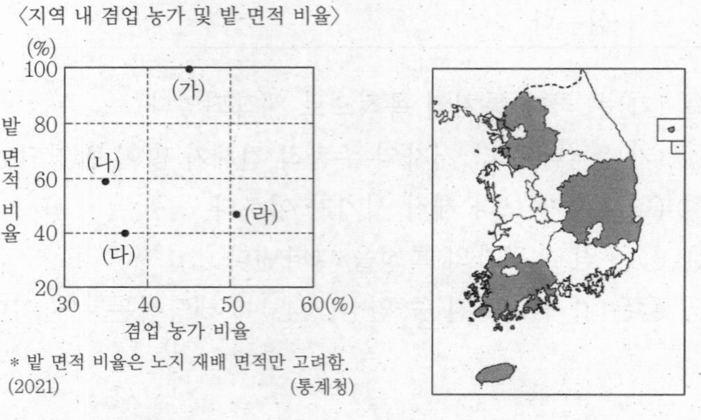

① (가)는 경북이다.
② (나)는 (라)보다 과수 재배 면적이 넓다.
③ (다)는 (나)보다 지역 내 전업 농가 비율이 높다.
④ (라)는 (다)보다 맥류 생산량이 많다.
⑤ (가)~(라) 중 전체 농가 수는 (가)가 가장 많다.

10. 다음 글의 ㉠~㉢에 대한 설명으로 옳은 것만을 〈보기〉에서 고른 것은? [3점]

〈부산 · 울산 · 경남의 초광역적 협력 사업에 모아지는 관심〉
2022년 ○월 ○일, 지방 자치 단체가 주도하는 '부산울산경남특별연합'의 협약식이 개최되었다. 이 연합은 시 · 도 경계를 넘어서는 교통망을 구축하고, ㉠ 부산 · 울산 · 경남의 산업 거점 간 연계를 강화하는 협력 사업 계획을 발표하였다. 이 계획이 예상대로 진행되면, ㉡ 수도권에 대응하는 단일 생활 · 경제권이 조성되어 ㉢ 지역 주도 균형 발전에 기여할 것으로 기대된다. 그러나 지역 간 이해 차이 등으로 인해 원활한 협력 가능성에 대한 회의적인 시각도 존재한다.

〈보 기〉
ㄱ. ㉠의 전체 인구는 서울의 인구보다 많다.
ㄴ. ㉠ 중 1인당 지역 내 총생산은 울산이 가장 많다.
ㄷ. ㉢은 제1차 국토 종합 개발 계획의 핵심 목표였다.
ㄹ. ㉠은 ㉡보다 정보 통신업 사업체 수가 적다.

① ㄱ, ㄴ ② ㄱ, ㄷ ③ ㄴ, ㄷ ④ ㄴ, ㄹ ⑤ ㄷ, ㄹ

사회탐구 영역 (한국지리)

11. 다음은 한국지리 온라인 수업의 한 장면이다. 교사의 질문에 옳게 답한 학생만을 고른 것은? [3점]

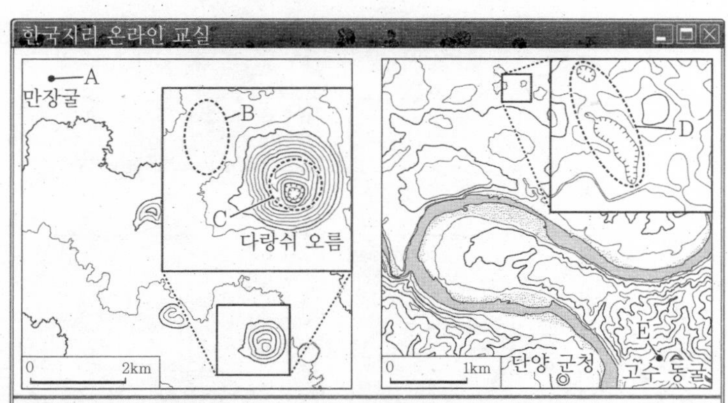

교사 : 지도의 A～E에 대해 설명해 볼까요?

갑 : A와 E는 기반암이 용식을 받아 형성된 동굴이에요.

을 : B와 D는 주로 논보다 밭으로 이용되고 있어요.

병 : C와 D는 차별 풍화 · 침식으로 형성된 분지 지형이에요.

정 : D의 기반암은 B의 기반암보다 먼저 형성되었어요.

① 갑, 을　② 갑, 병　③ 을, 병　④ 을, 정　⑤ 병, 정

12. (가)～(다) 지역에 대한 설명으로 옳은 것은? (단, (가)～(다)는 각각 지도에 표시된 세 지역 중 하나임.) [3점]

〈연령층별 인구 비율 및 아파트 비율〉

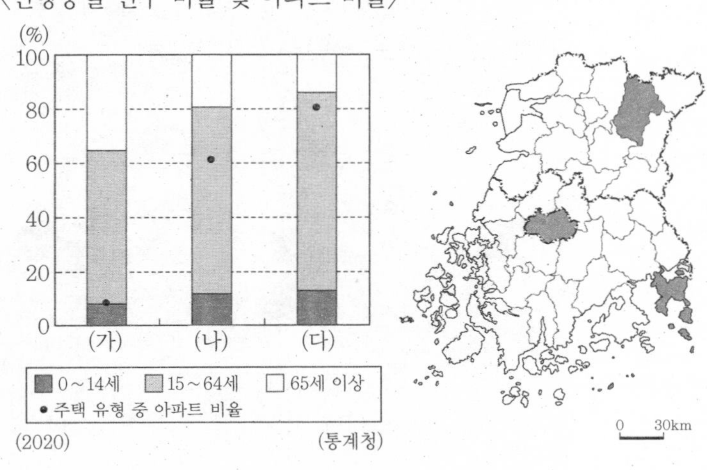

① (가)는 전남에 위치한다.

② (가)는 (다)보다 인구 밀도가 높다.

③ (나)는 (가)보다 서울로의 고속버스 운행 횟수가 많다.

④ (다)는 (나)보다 노령화 지수가 높다.

⑤ 총부양비는 (다)>(나)>(가) 순으로 높다.

13. (가)～(다)에 해당하는 신 · 재생 에너지로 옳은 것은?

〈(가)～(다) 생산량 상위 5개 시 · 도〉

순위 \ 구분	(가)	(나)	(다)
1	강원	전남	경북
2	충북	전북	강원
3	경기	충남	제주
4	경북	경북	전남
5	경남	경남	전북

* 수력은 양수식을 제외함.
(2020)　(통계청)

	(가)	(나)	(다)
①	수력	태양광	풍력
②	수력	풍력	태양광
③	풍력	태양광	수력
④	풍력	수력	태양광
⑤	태양광	수력	풍력

14. 그래프는 지도에 표시된 네 지역과 서울 간의 (가), (나) 시기별 강수량 차이를 나타낸 것이다. 이에 대한 설명으로 옳은 것만을 〈보기〉에서 있는 대로 고른 것은? (단, (가), (나) 시기는 각각 겨울철(12～2월), 여름철(6～8월) 중 하나임.)

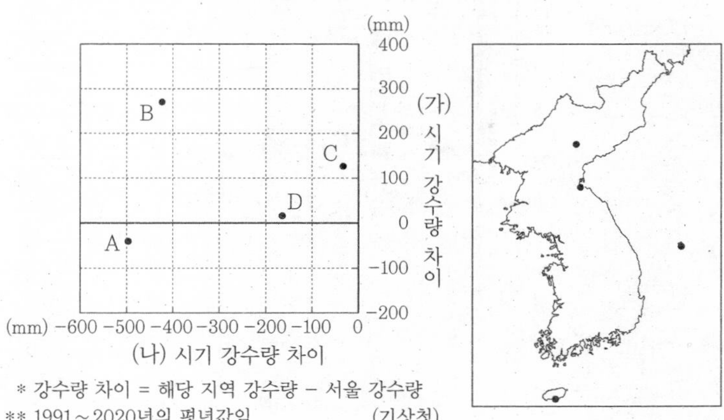

〈보 기〉

ㄱ. (가) 시기는 겨울철, (나) 시기는 여름철이다.

ㄴ. A는 C보다 해발 고도가 높다.

ㄷ. B는 C보다 열대야 발생 일수가 많다.

ㄹ. D는 B보다 기온의 연교차가 크다.

① ㄱ, ㄴ　② ㄱ, ㄷ　③ ㄷ, ㄹ
④ ㄱ, ㄴ, ㄹ　⑤ ㄴ, ㄷ, ㄹ

15. 그래프는 우리나라의 해안선 굴곡도 변화를 나타낸 것이다. 이에 대한 설명으로 옳은 것만을 〈보기〉에서 고른 것은? (단, (가)～(다)는 각각 남해안, 동해안, 서해안 중 하나임.) [3점]

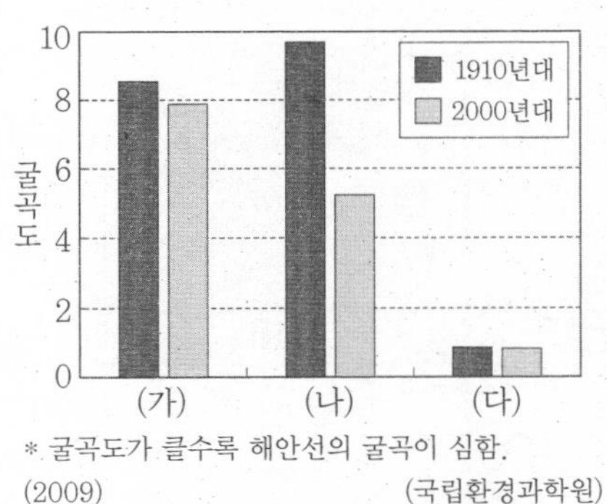

〈보 기〉

ㄱ. (나) 굴곡도 변화의 가장 큰 요인은 간척 사업이다.

ㄴ. (나)는 (다)보다 해안의 평균 조차가 크다.

ㄷ. (가)는 남해안, (다)는 서해안이다.

ㄹ. 굴곡도 변화가 가장 큰 해안은 동해안이다.

① ㄱ, ㄴ　② ㄱ, ㄷ　③ ㄴ, ㄷ　④ ㄴ, ㄹ　⑤ ㄷ, ㄹ

15회 2023 9월 모의평가

해설편 59쪽

사회탐구 영역 (한국지리)

16. 그래프의 (가)~(다) 권역으로 옳은 것은?

〈권역별 제조업 출하액〉

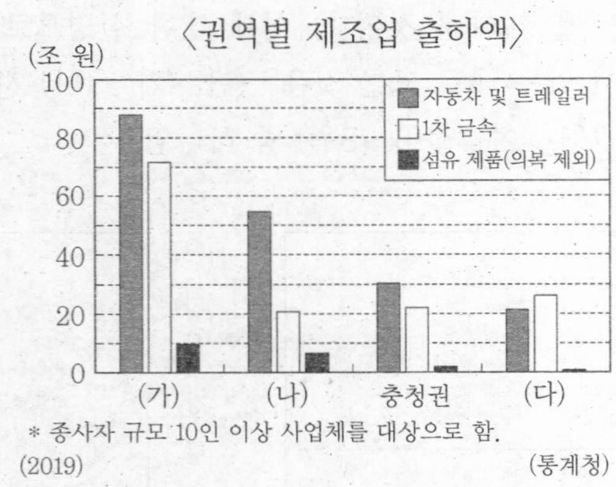

* 종사자 규모 10인 이상 사업체를 대상으로 함.
(2019) (통계청)

	(가)	(나)	(다)
①	수도권	영남권	호남권
②	수도권	호남권	영남권
③	영남권	수도권	호남권
④	영남권	호남권	수도권
⑤	호남권	수도권	영남권

17. 다음 글의 ㉠~㉤에 대한 설명으로 옳은 것은? (단, 타 국가의 행위는 우리나라의 사전 허가가 없었음.)

> ○ 전남 고흥군 나로 우주 센터는 누리호 발사 과정에서 생길 수 있는 안전 문제를 차단하기 위해 발사대 주변 해상과 상공에 대한 통제구역을 발표하였다. 통제 내용은 해당 ㉠ 내수에서의 선박 운항 그리고 해당 내수와 ㉡ 영해의 수직 상공에서의 항공기 운항 등이다.
> ○ 충남 태안군 ㉢ 서격렬비도에는 태극기가 새겨진 첨성대 조형물에 영해 기점이 표시되어 있다. 이 기점에서 서쪽으로 약 90 km를 가면 ㉣ 한·중 잠정 조치 수역이 시작된다. ㉤ 서격렬비도를 지나는 직선 기선과 한·중 잠정 조치 수역 사이 해역에서는 주변국 어선의 불법조업을 감시하는 활동이 이루어진다.

① ㉠에서 간척 사업이 이루어지면 영해가 확대된다.
② ㉡에서는 중국 군용기의 통과가 허용된다.
③ ㉢과 가장 가까운 육지 사이의 수역은 ㉠에 해당한다.
④ ㉣에서는 일본 국적 어선의 조업이 허용된다.
⑤ ㉤은 모두 우리나라의 배타적 경제 수역(EEZ)에 해당한다.

18. 다음 자료는 충청북도 세 지역의 인구 및 산업 특성을 나타낸 것이다. 이에 대한 설명으로 옳은 것은? (단, (가)~(다), A~C는 각각 보은, 진천, 청주 중 하나임.)

〈청장년층(15~64세) 인구 변화〉

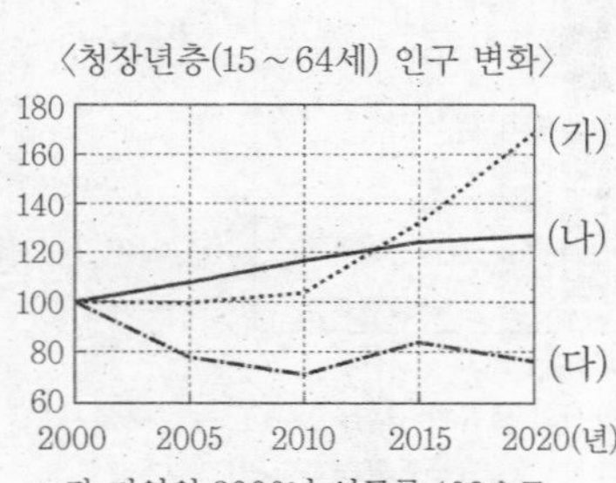

* 각 지역의 2000년 인구를 100으로 했을 때 해당 연도의 상댓값임.
** 현재의 행정 구역을 기준으로 함. (통계청)

〈지역 내 주요 산업별 취업 인구 비율(%)〉

지역 \ 산업	사업·개인·공공 서비스 및 기타	광업·제조업
A	37	28
B	27	16
C	27	42

(2020) (통계청)

① (나)에는 혁신 도시가 위치한다.
② (가)는 (다)보다 지역 내 농·임·어업 취업 인구 비율이 높다.
③ (가)는 A, (다)는 B이다.
④ C에는 고속 철도역과 생명 과학 단지가 입지해 있다.
⑤ A는 C보다 광업·제조업 취업 인구가 많다.

19. (가), (나) 지역의 지형에 대한 설명으로 옳은 것은?

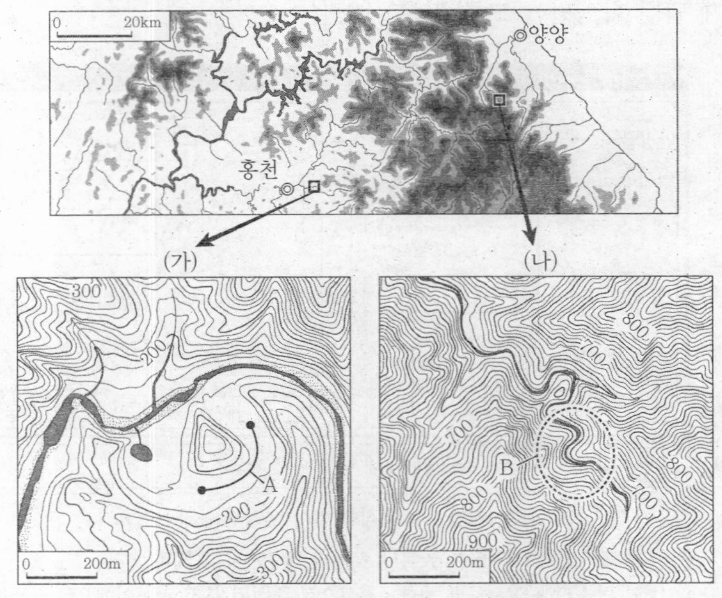

① (가)의 하천은 (나)의 하천보다 하상의 평균 해발 고도가 높다.
② (가)의 하천과 (나)의 하천은 동일한 유역에 속한다.
③ (가)의 하천과 (나)의 하천은 모두 2차 산맥에서 발원한다.
④ A 구간은 과거에 하천 유로의 일부였다.
⑤ B에는 자연 제방과 배후 습지가 넓게 나타난다.

20. 지도는 세 지표별 강원도 상위 5개 시·군을 나타낸 것이다. (가)~(다)에 해당하는 지표로 옳은 것은? [3점]

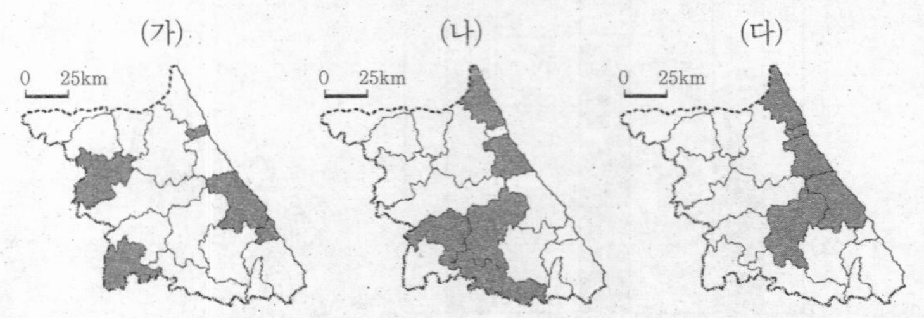

* 노년층 인구 비율, 숙박 및 음식점업 취업 인구 비율은 각 시·군 내에서 차지하는 값임.
(2020) (통계청)

	(가)	(나)	(다)
①	인구 밀도	노년층 인구 비율	숙박 및 음식점업 취업 인구 비율
②	인구 밀도	숙박 및 음식점업 취업 인구 비율	노년층 인구 비율
③	숙박 및 음식점업 취업 인구 비율	노년층 인구 비율	인구 밀도
④	숙박 및 음식점업 취업 인구 비율	인구 밀도	노년층 인구 비율
⑤	노년층 인구 비율	인구 밀도	숙박 및 음식점업 취업 인구 비율

※ 확인 사항
○ **답안지의 해당란에 필요한 내용을 정확히 기입(표기)했는지 확인하시오.**

해설편 60쪽

2024학년도 대학수학능력시험 9월 모의평가 문제지

사회탐구 영역 (한국지리)

16회	
시험 시간	30분
날짜	월 일
시작 시각	:
종료 시각	:

제 4 교시 | 성명 | 수험번호 | -

1. 다음 글의 ㉠~㉣에 대한 설명으로 옳은 것은? (단, ㉠, ㉢, ㉣은 각각 금강산, 지리산, 한라산 중 하나임.)

> 세상에서는 금강산을 봉래산, 지리산을 방장산, 한라산을 영주산으로 여기니 이른바 삼신산이다.
> ○ ㉠ 은 ㉡ 흙이 두텁게 쌓인 산으로 토질이 비옥하므로 온 산 어디나 사람이 살기에 알맞다. 높은 산봉우리의 땅에 기장이나 조를 뿌려도 어디든 무성하게 잘 자란다.
> ○ ㉢ 은 순전히 바위로 된 봉우리와 골짜기, 냇물, 폭포로 이루어졌다. 만 길의 고개와 백 길의 연못까지 전체 바탕이 하나의 바윗덩어리이니 천하에 둘도 없는 산이다.
> ○ ㉣ 정상부에는 큰 못이 있어 사람들이 시끄럽게 떠들어대면 갑자기 구름과 안개가 크게 일어난다.
> – 이중환, 『택리지』 –

① ㉡으로 분류되는 사례로 북한산이 있다.
② ㉢의 기반암은 모든 침식 분지의 배후 산지를 이룬다.
③ ㉣에는 백두산의 천지처럼 화구가 함몰되어 형성된 움푹한 와지가 발달해 있다.
④ ㉠의 기반암은 ㉢의 기반암보다 형성 시기가 이르다.
⑤ ㉢과 ㉣은 마그마가 지표로 분출하여 형성되었다.

2. 지도는 (가), (나) 고속 국도 노선과 A~D 도시를 표시한 것이다. 이에 대한 설명으로 옳은 것만을 〈보기〉에서 있는 대로 고른 것은?

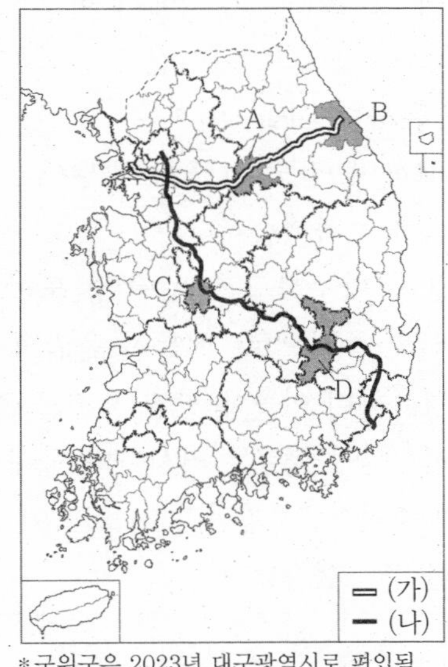

*군위군은 2023년 대구광역시로 편입됨.

〈보 기〉
ㄱ. (가)는 동계 올림픽 개최 지역을 지나간다.
ㄴ. A와 D에는 모두 지하철역이 위치한다.
ㄷ. B와 C에는 모두 공공 기관이 이전한 혁신 도시가 있다.

① ㄱ ② ㄴ ③ ㄱ, ㄷ ④ ㄴ, ㄷ ⑤ ㄱ, ㄴ, ㄷ

3. 다음 자료는 세 지역의 개발 사례이다. (가)~(다)에 대한 설명으로 옳은 것만을 〈보기〉에서 고른 것은?

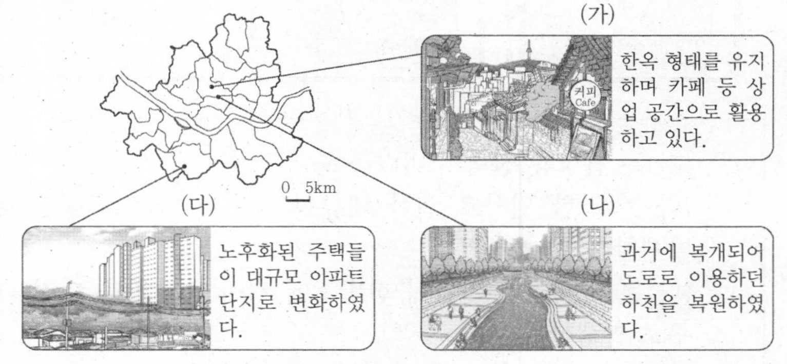

(가)
한옥 형태를 유지하며 카페 등 상업 공간으로 활용하고 있다.
(나)
과거에 복개되어 도로로 이용하던 하천을 복원하였다.
(다)
노후화된 주택들이 대규모 아파트 단지로 변화하였다.
0 5km

〈보 기〉
ㄱ. (나)의 개발로 하천 주변 휴식 공간이 증가하였다.
ㄴ. (다)의 개발은 보존 재개발의 사례이다.
ㄷ. (가)의 개발은 (다)의 개발보다 기존 건물의 활용도가 높다.
ㄹ. (가)~(다)의 개발은 모두 지역 주민 주도로 이루어졌다.

① ㄱ, ㄴ ② ㄱ, ㄷ ③ ㄴ, ㄷ ④ ㄴ, ㄹ ⑤ ㄷ, ㄹ

4. 다음 자료는 어느 학생의 호남권 답사 일정이다. 일정에 따라 답사 지역을 지도의 A~E에서 순서대로 고른 것은? [3점]

일정	주요 활동
1일 차	춘향전의 배경이 되는 광한루와 주변 지역 탐방
2일 차	람사르 협약 등록 습지와 국가 정원 견학
3일 차	나비 축제가 열렸던 하천 주변 유채꽃밭과 나비곤충생태관 방문

① A → B → D ② A → C → E ③ B → C → E
④ B → E → D ⑤ C → D → A

5. 그래프는 지도에 표시된 세 지역의 인구 특성을 나타낸 것이다. A~C 지역에 대한 설명으로 옳은 것은? [3점]

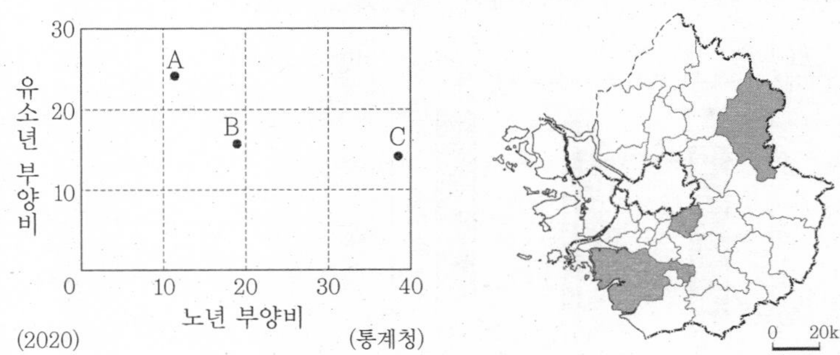

① A는 B보다 서울로 통근·통학하는 인구 비율이 높다.
② A는 C보다 청장년층 인구 비율이 낮다.
③ B는 A보다 성비가 높다.
④ C는 A보다 인구 밀도가 높다.
⑤ C는 B보다 노령화 지수가 높다.

16회 2024 9월 모의평가

○ 해설편 61쪽

사회탐구 영역 (한국지리)

6. 다음은 세 자연재해에 관한 재난 안전 문자 내용이다. (가)~(다)에 대한 설명으로 옳은 것만을 <보기>에서 고른 것은? (단, (가)~(다)는 각각 폭염, 한파, 호우 중 하나임.)

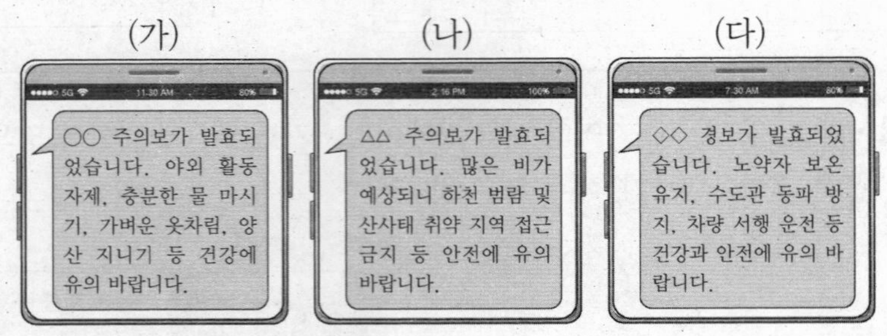

(가)
○○ 주의보가 발효되었습니다. 야외 활동 자제, 충분한 물 마시기, 가벼운 옷차림, 양산 지니기 등 건강에 유의 바랍니다.
(나)
△△ 주의보가 발효되었습니다. 많은 비가 예상되니 하천 범람 및 산사태 취약 지역 접근 금지 등 안전에 유의 바랍니다.
(다)
◇◇ 경보가 발효되었습니다. 노약자 보온 유지, 수도관 동파 방지, 차량 서행 운전 등 건강과 안전에 유의 바랍니다.

<보 기>

ㄱ. (가)는 난방용 전력 소비량을 증가시킨다.
ㄴ. (나)는 강한 일사로 인한 대류성 강수가 나타날 때 주로 발생한다.
ㄷ. (다)는 시베리아 기단이 한반도에 강하게 영향을 미칠 때 주로 발생한다.
ㄹ. (나)는 강수, (다)는 기온과 관련된 재해이다.

① ㄱ, ㄴ ② ㄱ, ㄷ ③ ㄴ, ㄷ ④ ㄴ, ㄹ ⑤ ㄷ, ㄹ

7. 다음은 하천 지형에 대한 수업 장면의 일부이다. 교사의 질문에 옳게 답한 학생만을 있는 대로 고른 것은? [3점]

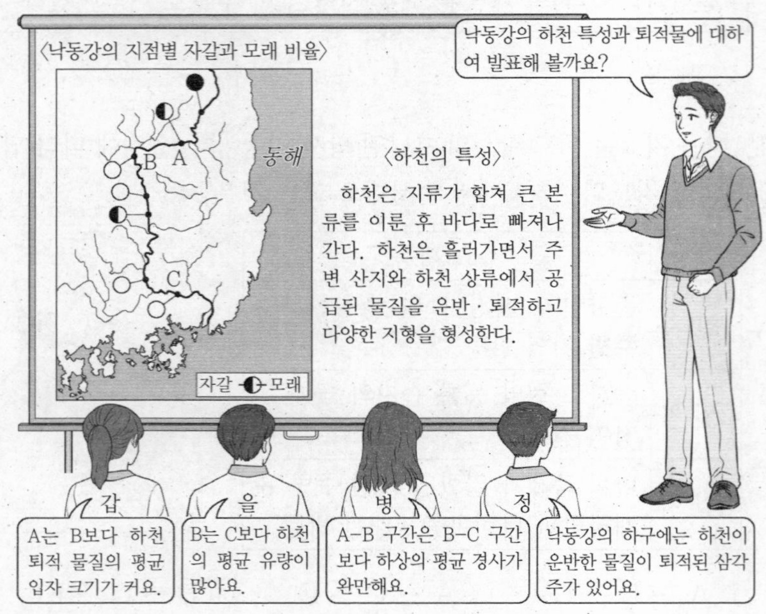

〈하천의 특성〉
하천은 지류가 합쳐 큰 본류를 이룬 후 바다로 빠져나간다. 하천은 흘러가면서 주변 산지와 하천 상류에서 공급된 물질을 운반 · 퇴적하고 다양한 지형을 형성한다.

① 갑, 병 ② 갑, 정 ③ 을, 정
④ 갑, 을, 병 ⑤ 을, 병, 정

8. 그래프는 (가)~(다) 지역의 기후 특성을 나타낸 것이다. 이에 해당하는 지역을 지도의 A~C에서 고른 것은? [3점]

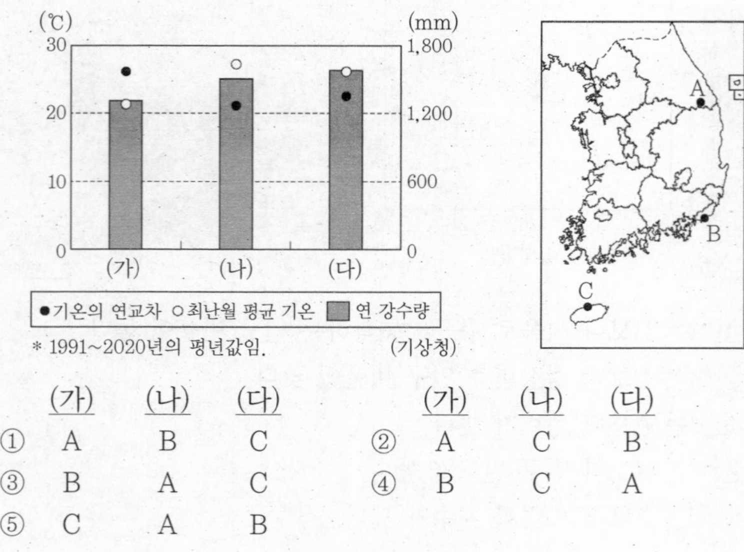

	(가)	(나)	(다)		(가)	(나)	(다)
①	A	B	C	②	A	C	B
③	B	A	C	④	B	C	A
⑤	C	A	B				

9. 다음 글은 강원도 세 지역의 농산물에 대한 것이다. (가)~(다)에 대한 설명으로 옳은 것은? (단, (가)~(다)는 각각 배추, 쌀, 옥수수 중 하나임.)

- 철원군은 철원 평야에서 냉해에 강하고 재배 기간이 짧은 품종으로 (가) 을/를 생산한다. 한탄강 물을 이용하여 생산한 (가) 을/를 지리적 표시제 농산물로 등록하였다.
- 홍천군은 산지가 많아 (나) 재배 농가가 많다. 홍천의 (나) 은/는 단맛이 풍부하고 껍질이 얇아 씹는 맛이 부드러워 인기가 많으며, 지리적 표시제 농산물로 등록되었다.
- 평창군은 해발 고도가 높고 기온이 낮아 여름철 (다) 재배에 유리하다. 고위 평탄면에서 재배되는 (다) 은/는 다른 지역과 출하 시기가 달라 시장 경쟁력이 높다.

① (가)의 생산량이 가장 많은 도(道)는 경북이다.
② (나)는 밭보다 논에서 주로 재배된다.
③ (다)는 노지 재배 비율보다 시설 재배 비율이 높다.
④ (가)는 (나)보다 국내 식량 자급률이 높다.
⑤ (다)는 (가)보다 우리나라에서 재배되는 면적이 넓다.

10. 다음 자료는 북한의 주요 도시와 철도에 대한 학생의 발표 내용이다. (가)~(라)에 대한 설명으로 옳은 것만을 <보기>에서 고른 것은? (단, (가)~(라)는 각각 지도에 표시된 네 지역 중 하나임.) [3점]

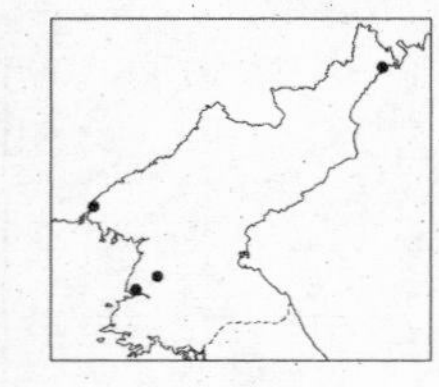

갑 : 북한 최대 도시인 (가) 에서 항구 도시인 (나) (으)로 이어진 평남선을 이와 유사한 서울–인천 간 경인선과 비교하며 철도가 도시 발달에 미친 영향을 조사했습니다.
을 : 중국 단둥과 마주하고 있는 국경 도시 (다) 은/는 현재 평의선의 종점으로, 베를린 올림픽에 참가한 손기정 선수가 경유하며 이곳에 남긴 흔적을 조사했습니다.
병 : 항구 도시 (라) 은/는 러시아와 국제 철도로 연결되는 평라선의 종점으로, 항만과 철도가 이 지역의 변화에 끼친 영향을 조사했습니다.

<보 기>

ㄱ. (다)는 압록강 철교를 통해 중국과 연결된다.
ㄴ. (나)는 (가)의 외항이며 서해 갑문이 있다.
ㄷ. (다)에는 (라)보다 먼저 지정된 경제특구가 있다.
ㄹ. 분단 이전의 경의선 철도는 (가)와 (라)를 경유했다.

① ㄱ, ㄴ ② ㄱ, ㄷ ③ ㄴ, ㄷ ④ ㄴ, ㄹ ⑤ ㄷ, ㄹ

해설편 62쪽

사회탐구 영역 (한국지리)

11. 다음은 지형 단원 온라인 수업 장면의 일부이다. 교사의 질문에 옳지 <u>않게</u> 답한 학생은?

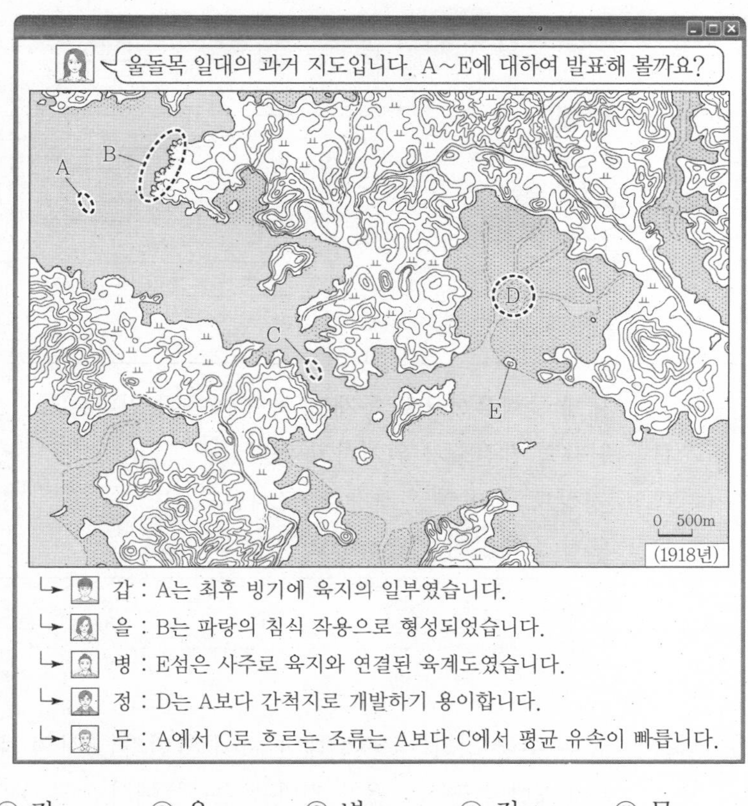

울돌목 일대의 과거 지도입니다. A~E에 대하여 발표해 볼까요?
A
B
C
D
E
0 500m
(1918년)
갑 : A는 최후 빙기에 육지의 일부였습니다.
을 : B는 파랑의 침식 작용으로 형성되었습니다.
병 : E섬은 사주로 육지와 연결된 육계도였습니다.
정 : D는 A보다 간척지로 개발하기 용이합니다.
무 : A에서 C로 흐르는 조류는 A보다 C에서 평균 유속이 빠릅니다.

① 갑 ② 을 ③ 병 ④ 정 ⑤ 무

12. 다음은 우리나라 공업에 대한 퀴즈의 일부이다. A 도시 제조업의 업종별 출하액 비율 그래프로 옳은 것은? [3점]

※ (가)~(다)에서 설명하는 도시를 지도에서 찾아 하나씩 지운 후 남은 도시 A를 쓰시오. (단, (가)~(다)와 A는 각각 지도에 표시된 도시 중 하나임.)

(가) 이 지역은 2004년 제철소가 입지하면서 철강 및 금속 공업이 발달하였고, 2012년에 시로 승격하였다.

(나) 이 지역은 고생대 조선 누층군에 매장된 석회석을 활용한 원료 지향 공업이 발달하여 지역의 주된 산업이 되었다.

(다) 이 지역에는 울산과 여수에 이어 세 번째로 조성된 석유 화학 단지가 입지하여 공업 도시로 발달하였다.

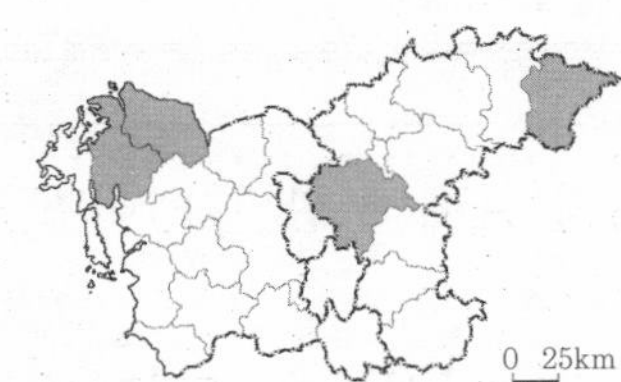

정답 : (가)~(다) 도시를 지운 후 남은 도시는 [A]이다.

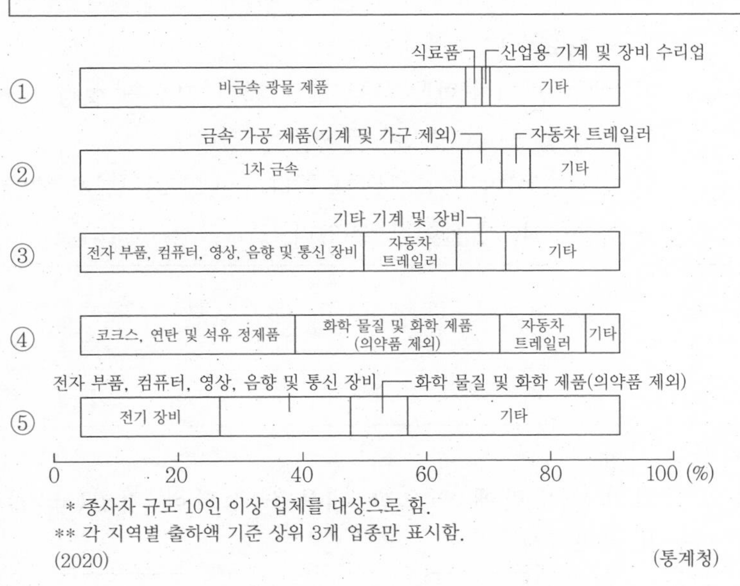

* 종사자 규모 10인 이상 업체를 대상으로 함.
** 각 지역별 출하액 기준 상위 3개 업종만 표시함.
(2020) (통계청)

13. 그래프는 지도에 표시된 네 지역의 최종 에너지 소비량 비율을 나타낸 것이다. (가)~(라) 지역에 대한 설명으로 옳은 것은? [3점]

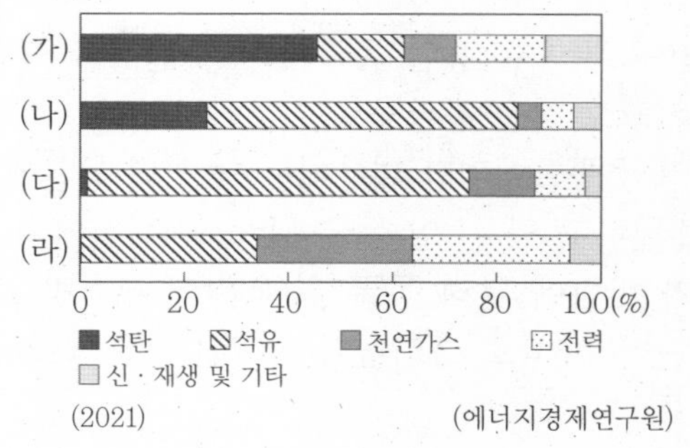

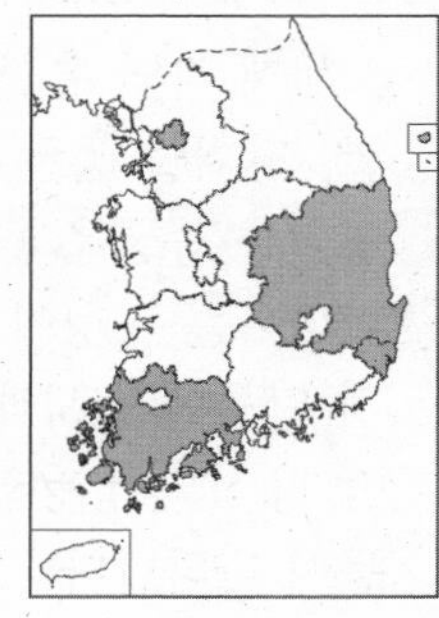

① 경북은 석유 소비량이 석탄 소비량보다 많다.
② 천연가스의 지역 내 소비 비율은 울산이 서울보다 높다.
③ 석유의 지역 내 소비 비율은 전남이 다른 세 지역보다 높다.
④ (가)와 (나)에는 대규모 제철소가 입지해 있다.
⑤ (나)와 (다)는 행정 구역 경계가 접해 있다.

14. 그래프는 네 지역의 산업별 취업자 수 비율을 나타낸 것이다. (가)~(라) 지역에 대한 설명으로 옳은 것은? (단, (가)~(라)는 각각 경기, 서울, 제주, 충남 중 하나임.)

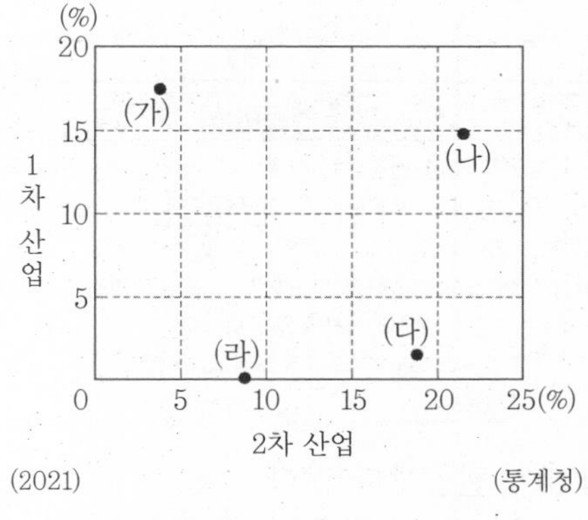

① (가)는 제주, (나)는 경기이다.
② (가)는 (나)보다 지역 내 3차 산업 취업자 수 비율이 낮다.
③ (나)는 (다)보다 제조업 출하액이 많다.
④ (다)는 (라)보다 전문, 과학 및 기술 서비스업체 수가 많다.
⑤ (가)~(라) 중 1인당 지역 내 총생산은 (나)가 가장 많다.

15. 그래프는 지도에 표시된 네 지역의 (가), (나) 시기 평균 기온 차이를 나타낸 것이다. A~D 지역에 대한 설명으로 옳은 것은? (단, (가), (나)는 각각 1월, 8월 중 하나임.) [3점]

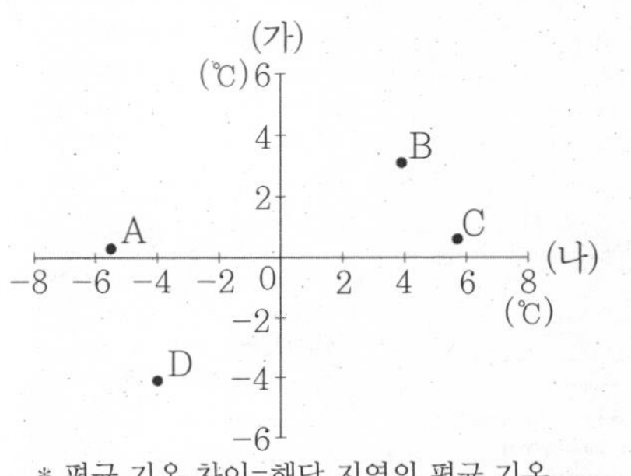

* 평균 기온 차이=해당 지역의 평균 기온 −네 지역 평균 기온의 평균
** 1991~2020년의 평년값임. (기상청)

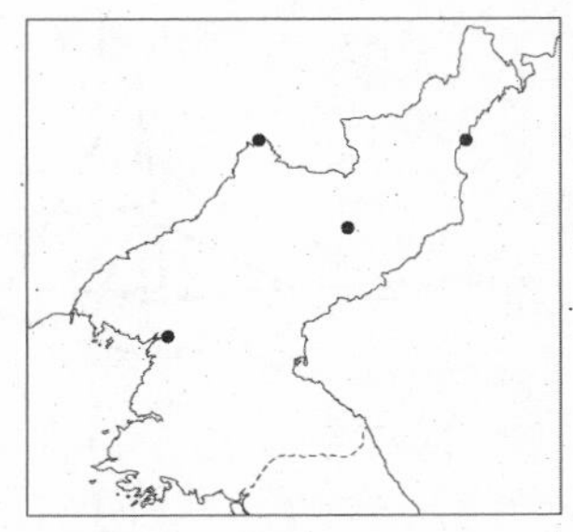

① A는 D보다 기온의 연교차가 작다.
② B는 C보다 1월 평균 기온이 높다.
③ C는 B보다 연 강수량이 많다.
④ D는 A보다 해발 고도가 높다.
⑤ B는 관북 지방, C는 관서 지방에 위치한다.

해설편 62~63쪽

사회탐구 영역 (한국지리)

16. 다음 글의 ㉠~㉣에 대한 설명으로 옳은 것만을 〈보기〉에서 고른 것은?

> 세계 자연 유산인 거문 오름 용암 동굴계는 ㉠ 만장굴, 김녕굴, 당처물 동굴 등 크고 작은 동굴들로 이루어져 있다. 이 중 당처물 동굴은 ㉡ 용암 동굴이지만 내부에는 ㉢ 석회 동굴에서 나타나는 지형이 발달하고 있다. 이 동굴에는 조개껍질이 부서져 만들어진 모래가 바람에 날려 동굴 위에 쌓인 후, 빗물에 ㉣ 용식되어 용암 동굴 내부로 흘러들어 형성된 종유석, 석순 등이 나타난다.

<보 기>

ㄱ. ㉠ 주변에는 붉은색의 석회암 풍화토가 나타난다.
ㄴ. ㉡은 흐르는 용암 표면과 내부의 냉각 속도 차이로 형성된다.
ㄷ. ㉢이 가장 많이 분포하는 지역은 제주도이다.
ㄹ. ㉣은 화학적 풍화에 해당한다.

① ㄱ, ㄴ ② ㄱ, ㄷ ③ ㄴ, ㄷ ④ ㄴ, ㄹ ⑤ ㄷ, ㄹ

17. 다음은 우리나라 인구에 대한 신문 기사의 일부이다. ㉠~㉣에 대한 설명으로 옳은 것만을 〈보기〉에서 고른 것은? [3점]

> □□ 신문 2020년 ○○월 ○○일
>
> **"거주 외국인 200만 명 돌파"**
>
> 최근 내국인의 인구 감소가 예견되는 상황에서 국내에 거주하는 외국인은 200만 명을 돌파했다. 외국인을 유형별로 살펴보면 ㉠ 외국인 근로자와 외국 국적 동포가 전체 외국인 주민의 약 47%를 차지하며, 이어 ㉡ 결혼 이민자, 유학생 등의 순이다. 외국인은 경기도 ㉢ 안산시, 수원시 등에 많이 거주하고, …(중략)… 결혼 이민자의 비율이 높은 일부 지역은 ㉣ 합계 출산율이 높아 인구 문제에 시사점을 준다.

<보 기>

ㄱ. ㉠은 경남이 전남보다 많다.
ㄴ. ㉡은 우리나라 전체에서 시 지역보다 군 지역에 많이 거주한다.
ㄷ. ㉢에는 외국인 근로자가 결혼 이민자보다 많다.
ㄹ. 2020년 기준 우리나라의 ㉣은 현재 인구를 유지할 수 있는 기준인 2.1명보다 높다.

① ㄱ, ㄴ ② ㄱ, ㄷ ③ ㄴ, ㄷ ④ ㄴ, ㄹ ⑤ ㄷ, ㄹ

18. 그래프는 지도에 표시된 부산광역시 세 구(區)의 용도별 토지 이용 비율을 나타낸 것이다. A~C 지역에 대한 설명으로 옳은 것은? [3점]

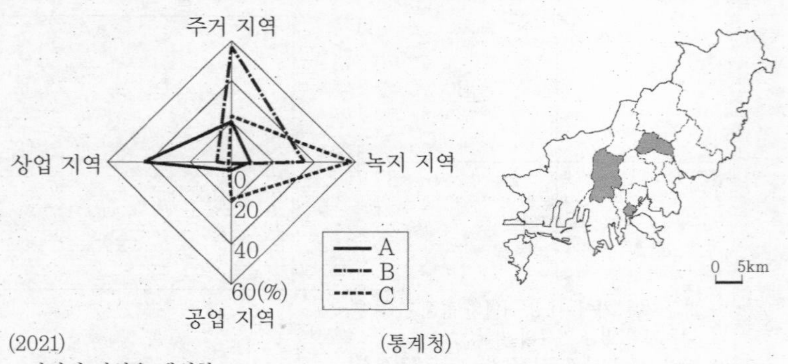

* 미지정 지역은 제외함.

① B는 바다와 인접하고 있다.
② A는 B보다 주간 인구 지수가 높다.
③ A는 C보다 상주인구가 많다.
④ B는 C보다 제조업 사업체 수가 많다.
⑤ C는 A보다 전체 사업체 수 중 금융 및 보험업의 비율이 높다.

19. 지도에 표시된 (가), (나) 지역의 특징을 그림과 같이 표현할 때, A~D의 내용으로 옳은 것만을 〈보기〉에서 고른 것은?

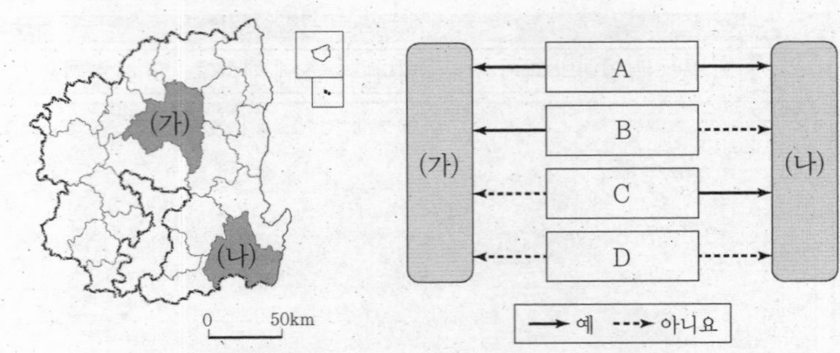

* 군위군은 2023년 대구광역시로 편입됨.

<보 기>

ㄱ. A – 세계 문화유산으로 등재된 역사 마을이 있나요?
ㄴ. B – 원자력 발전소가 위치하고 있나요?
ㄷ. C – '경상도' 지명의 유래가 된 도시인가요?
ㄹ. D – 도청 소재지에 해당하나요?

① ㄱ, ㄴ ② ㄱ, ㄷ ③ ㄴ, ㄷ ④ ㄴ, ㄹ ⑤ ㄷ, ㄹ

20. 다음 자료는 수행 평가 내용에 대한 학생 답변과 교사의 채점 결과이다. 이에 대한 설명으로 옳은 것만을 〈보기〉에서 고른 것은?

◎ 우리나라 영역과 배타적 경제 수역에 대한 내용이 맞으면 '예', 틀리면 '아니요'로 답하시오. (단, 모든 행위는 국가 간 사전 허가가 없었음.)

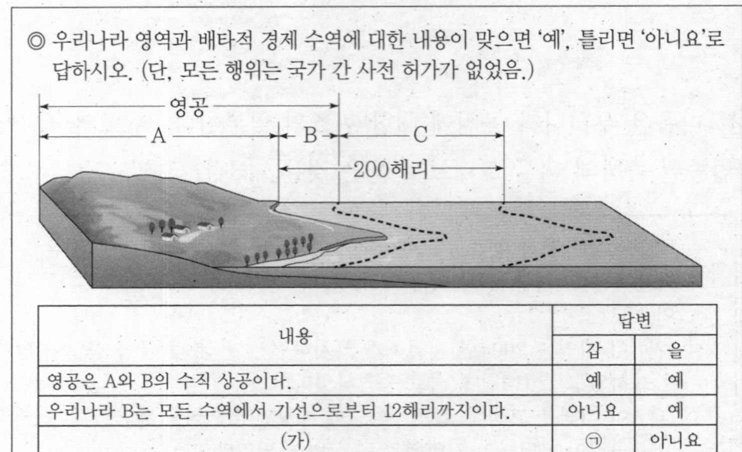

내용	답변	
	갑	을
영공은 A와 B의 수직 상공이다.	예	예
우리나라 B는 모든 수역에서 기선으로부터 12해리까지이다.	아니요	예
(가)	㉠	아니요
(나)	㉡	예
점수	4점	2점

* 교사는 각 답변이 옳으면 1점, 틀리면 0점을 줌.

<보 기>

ㄱ. (가)가 '이어도는 우리나라의 A에 포함된다.'이면, ㉡은 '예'이다.
ㄴ. (나)가 'C에서는 타국의 인공 섬 설치가 보장된다.'이면, ㉠은 '아니요'이다.
ㄷ. ㉠이 '예'이면, (나)에는 '제주도는 직선 기선을 설정하기 위한 기점 중 하나이다.'가 들어갈 수 있다.
ㄹ. ㉡이 '아니요'이면, (가)에는 '우리나라 A의 최남단은 해남 땅끝 마을이다.'가 들어갈 수 있다.

① ㄱ, ㄴ ② ㄱ, ㄷ ③ ㄴ, ㄷ ④ ㄴ, ㄹ ⑤ ㄷ, ㄹ

※ **확인 사항**
○ **답안지의 해당란에 필요한 내용을 정확히 기입(표기) 했는지 확인하시오.**

해설편 64쪽

2025학년도 대학수학능력시험 9월 모의평가 문제지

사회탐구 영역 (한국지리)

17회	
시험 시간	30분
날짜	월 일
시작 시각	:
종료 시각	:

제 4 교시 | 성명 | 수험번호 -

1. 다음 자료는 전주 일대를 나타낸 고지도와 지리지의 일부이다. (가), (나)에 대한 설명으로 옳은 것만을 <보기>에서 고른 것은?

(가)	(나)
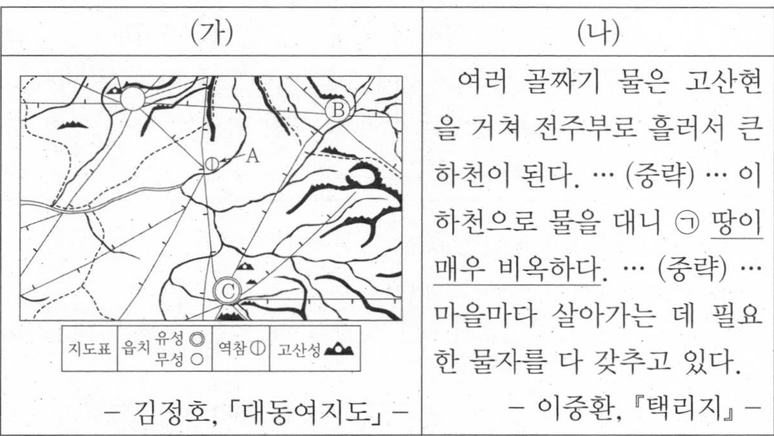 – 김정호, 「대동여지도」 –	여러 골짜기 물은 고산현을 거쳐 전주부로 흘러서 큰 하천이 된다. … (중략) … 이 하천으로 물을 대니 ㉠ 땅이 매우 비옥하다. … (중략) … 마을마다 살아가는 데 필요한 물자를 다 갖추고 있다. – 이중환, 『택리지』 –

<보 기>

ㄱ. (가)와 (나)는 모두 조선 전기에 제작되었다.
ㄴ. A는 교통 · 통신 등의 기능을 담당하던 시설을 표현한 것이다.
ㄷ. B에서 C까지의 거리는 40리 이상이다.
ㄹ. ㉠은 가거지(可居地) 조건 중 인심(人心)에 해당한다.

① ㄱ, ㄴ ② ㄱ, ㄷ ③ ㄴ, ㄷ ④ ㄴ, ㄹ ⑤ ㄷ, ㄹ

2. 다음은 지형 단원 수업 장면의 일부이다. 교사의 질문에 모두 옳게 답한 학생을 고른 것은?

질문	갑	을	병	정	무
C에서는 중생대 퇴적암이 관찰되나요?	예	예	예	예	아니요
A는 B보다 식생 밀도가 높나요?	예	예	아니요	아니요	아니요
A는 C보다 기반암의 형성 시기가 이른가요?	예	아니요	예	아니요	아니요

① 갑 ② 을 ③ 병 ④ 정 ⑤ 무

3. 다음 자료는 온라인 게시판의 일부이다. (가), (나)에서 주로 나타나는 지형을 A~D에서 고른 것은? (단, A~D는 각각 사빈, 석호, 파식대, 해식동 중 하나임.)

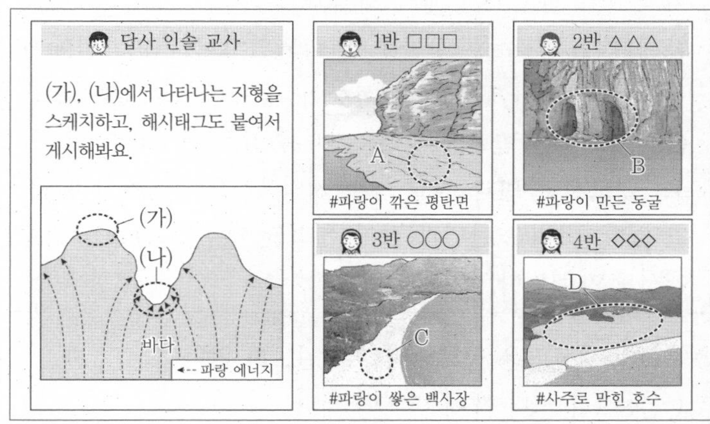

	(가)	(나)
①	A, B	C, D
②	A, C	B, D
③	A, D	B, C
④	B, C	A, D
⑤	C, D	A, B

4. 지도는 세 가지 신 · 재생 에너지의 생산량 상위 4개 시 · 도를 나타낸 것이다. (가)~(다)에 대한 설명으로 옳은 것은? (단, (가)~(다)는 각각 수력, 태양광, 풍력 중 하나임.) [3점]

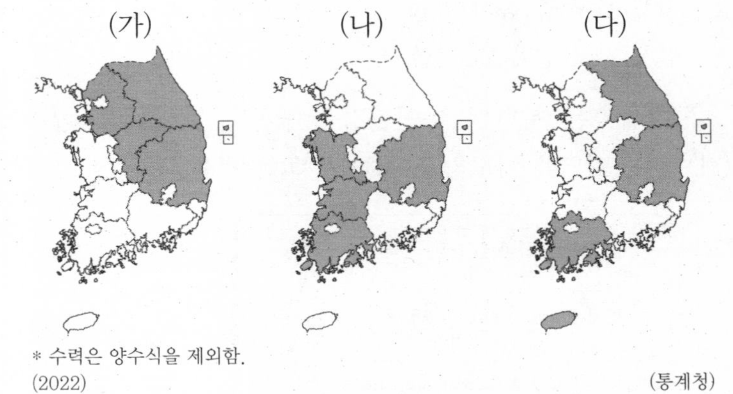

* 수력은 양수식을 제외함.
(2022) (통계청)

① (가)는 바람이 지속적으로 많이 부는 지역이 전력 생산에 유리하다.
② (나)는 유량이 풍부하고 낙차가 큰 지역이 전력 생산에 유리하다.
③ (다)는 일조 시간이 긴 지역에서 개발 잠재력이 높다.
④ (나)는 (가)보다 우리나라에서 전력 생산에 이용된 시기가 이르다.
⑤ (나)는 (다)보다 국내 총발전량이 많다.

17회 2025 9월 모의평가

해설편 65쪽

사회탐구 영역 (한국지리)

5. 다음 글은 주요 작물의 특성에 대한 것이다. (가)~(다)에 대한 설명으로 옳은 것은? (단, (가)~(다)는 각각 맥류, 쌀, 채소 중 하나임.)

> (가) 은/는 우리나라에서 가장 많이 생산되는 곡물로 중·남부 지방의 평야 지역에서 주로 재배되고 있다. 식생활 변화와 농산물 시장 개방 등으로 (가) 의 1인당 소비량과 재배 면적이 감소하였다. (나) 은/는 주로 (가) 의 그루갈이 작물로 남부 지방에서 재배되고 있다. 과거 (가) 와/과 함께 대표적 주곡 작물로 인식되었으나, 1980년에 비해 (나) 의 재배 면적과 생산량이 많이 감소하였다. (다) 은/는 식생활 변화에 따른 소비 증가로 생산량이 증가하였고, 대도시 주변과 원교 농촌 지역에서도 상업적으로 재배되고 있다. 고위 평탄면과 같이 유리한 기후 조건을 가진 지역에서도 재배된다.

① (나)의 생산량은 영남권이 호남권보다 많다.
② (가)는 (다)보다 재배 면적이 넓다.
③ (나)는 (가)보다 식량 작물 중 자급률이 높다.
④ (나)는 (다)보다 생산량이 많다.
⑤ 제주에서는 (가) 재배 면적이 (다) 재배 면적보다 넓다.

6. 지도는 두 지표의 경상남도 상위 및 하위 5개 시·군을 나타낸 것이다. (가), (나)에 해당하는 지표로 옳은 것은? [3점]

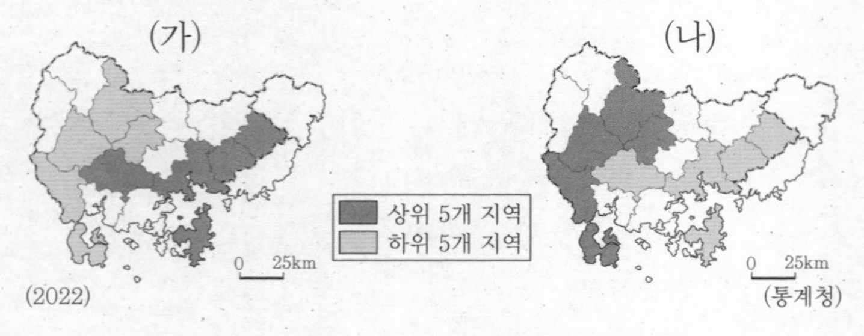

(2022) (통계청)

	(가)	(나)
①	주택 유형 중 아파트 비율	중위 연령
②	주택 유형 중 아파트 비율	성비
③	전체 가구 중 농가 비율	주택 유형 중 아파트 비율
④	전체 가구 중 농가 비율	중위 연령
⑤	전체 가구 중 농가 비율	성비

7. 다음 자료는 북한의 자연환경을 탐구한 보고서의 일부이다. (가), (나) 지역을 지도의 A~C에서 고른 것은?

〈북한의 자연환경〉

지형	탐구 주제	산지의 형성
	사례 지역	한반도에서 가장 높은 산이 있는 (가) 지역
기후	탐구 주제	기후가 주민 생활에 미친 영향
	사례 지역	한반도에서 기온의 연교차가 가장 큰 (나) 지역

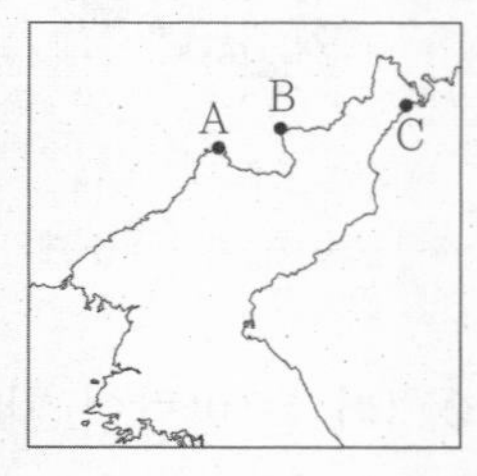

	(가)	(나)		(가)	(나)
①	A	B	②	A	C
③	B	A	④	B	C
⑤	C	A			

8. 다음 글의 ㉠~㉤에 대한 설명으로 옳은 것은? [3점]

> 〈2023년 올해의 섬 '가거도'〉
>
> 우리나라 영해의 기점은 총 ㉠ 23개로 ㉡ 영해의 폭을 측정하는 시작점이다. 해양 수산부는 2023년부터 ㉢ 영해 기점이 있는 섬의 영토적 가치를 알리기 위해 '올해의 섬'을 발표하는데, ㉣ '가거도'가 최초로 선정되었다. 전남 신안군에 속한 가거도의 북위 34° 02′ 49″, 동경 125° 07′ 22″ 지점에는 영해 기점이 표시된 첨성대 조형물이 있다. 가거도 서쪽 약 47km 해상에 있는 가거초에는 ㉤ 이어도에 이어 두 번째로 해양 과학 기지가 건설되어 해양 자원 확보와 기상 관련 정보 수집을 하고 있다.

① ㉠을 연결하는 직선은 통상 기선에 해당한다.
② 대한 해협에서 ㉡은 12해리이다.
③ ㉢을 연결한 기선으로부터 육지 쪽에 있는 수역은 내수(內水)로 한다.
④ ㉣은 우리나라 영토의 최남단(극남)에 해당한다.
⑤ ㉤은 ㉢ 중 하나이다.

9. 다음 자료에서 설명하는 지역을 지도의 A~E에서 고른 것은?

> 이 지역은 주로 해발고도 700m 내외의 산지에 위치해 있다. 영동 고속 국도 개통 이후 고랭지 농업이 발달하였고, 최근 고속 철도가 개통되면서 접근성이 더욱 향상되었다. 지형과 기후의 특징을 살려 겨울 스포츠와 관련된 관광 산업이 발달해 있다. 또한 2018년 동계 올림픽 개최지로도 유명하다.

〈마스코트 '눈동이'〉

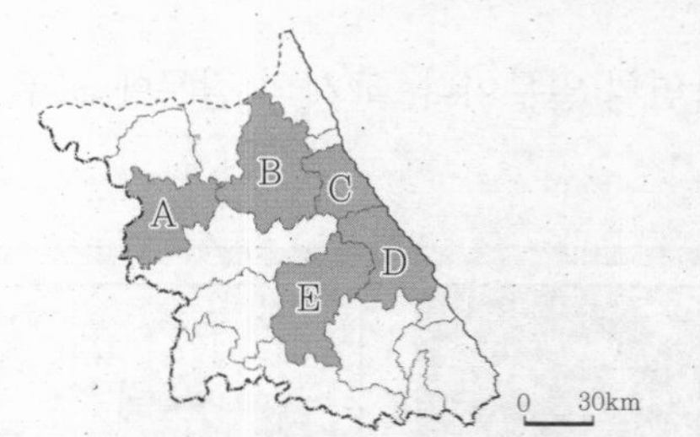

① A
② B
③ C
④ D
⑤ E

10. 지도는 네 구(區)의 주간 인구 지수를 나타낸 것이다. A~D에 대한 설명으로 옳은 것은? [3점]

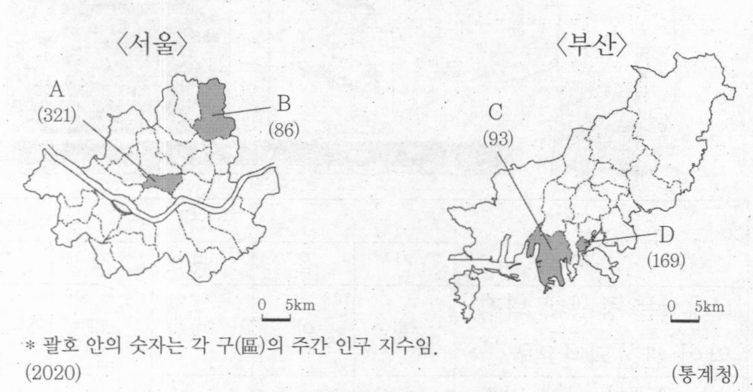

* 괄호 안의 숫자는 각 구(區)의 주간 인구 지수임.
(2020) (통계청)

① A는 B보다 상주인구가 많다.
② B는 A보다 통근·통학 유입 인구가 많다.
③ C는 D보다 제조업 사업체 수가 많다.
④ D는 A보다 금융 및 보험업 사업체 수가 많다.
⑤ D는 C보다 초등학교 학생 수가 많다.

해설편 65~66쪽

사회탐구 영역 (한국지리)

11. 그래프는 지도에 표시된 네 지역의 A, B 시기 평균 기온 차이를 나타낸 것이다. (가)~(라)에 대한 설명으로 옳은 것만을 〈보기〉에서 고른 것은? (단, A, B는 각각 1월, 8월 중 하나임.) [3점]

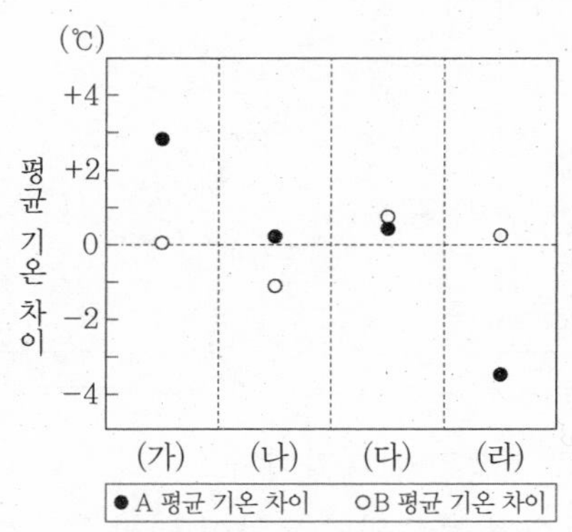

* 평균 기온 차이 = 해당 지역의 평균 기온 − 네 지역의 평균 기온의 평균
** 1991~2020년의 평년값임. (기상청)

〈보 기〉

ㄱ. (가)와 (다)는 동해안에 위치한다.
ㄴ. (가)와 (다) 간의 1월 평균 기온 차이는 (나)와 (라) 간의 1월 평균 기온 차이보다 크다.
ㄷ. (다)는 (라)보다 연 강수량이 많다.
ㄹ. (라)는 (가)보다 기온의 연교차가 크다.

① ㄱ, ㄴ ② ㄱ, ㄷ ③ ㄴ, ㄷ ④ ㄴ, ㄹ ⑤ ㄷ, ㄹ

12. 다음은 우리나라 여름 기후 현상에 대한 강의 장면이다. (가)~(라)에 해당하는 지역으로 옳은 것은?

〈우리나라 무더위 지표〉

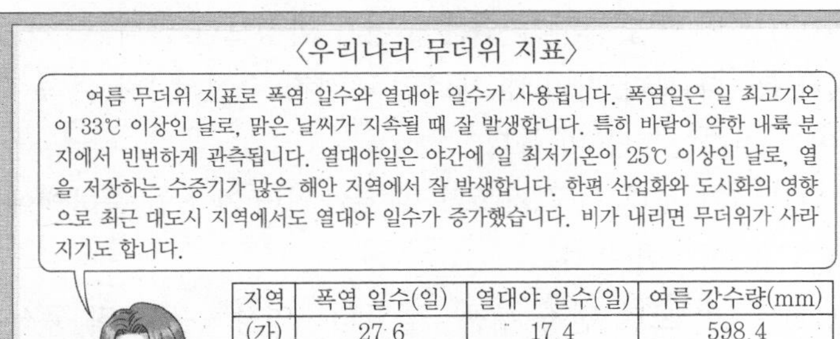

여름 무더위 지표로 폭염 일수와 열대야 일수가 사용됩니다. 폭염일은 일 최고기온이 33℃ 이상인 날로, 맑은 날씨가 지속될 때 잘 발생합니다. 특히 바람이 약한 내륙 분지에서 빈번하게 관측됩니다. 열대야일은 야간에 일 최저기온이 25℃ 이상인 날로, 열을 저장하는 수증기가 많은 해안 지역에서 잘 발생합니다. 한편 산업화와 도시화의 영향으로 최근 대도시 지역에서도 열대야 일수가 증가했습니다. 비가 내리면 무더위가 사라지기도 합니다.

지역	폭염 일수(일)	열대야 일수(일)	여름 강수량(mm)
(가)	27.6	17.4	598.4
(나)	3.0	31.0	859.1
(다)	8.8	12.5	892.1
(라)	1.2	0.1	693.3

* 1991~2020년의 평년값임. (기상청)

	(가)	(나)	(다)	(라)
①	대구	서울	서귀포	태백
②	대구	서귀포	서울	태백
③	대구	태백	서귀포	서울
④	서귀포	서울	대구	태백
⑤	서귀포	태백	대구	서울

13. 다음 자료는 지도에 표시된 세 지역의 유형별 외국인 주민 비율을 나타낸 것이다. (가)~(다)에 대한 설명으로 옳지 않은 것은? [3점]

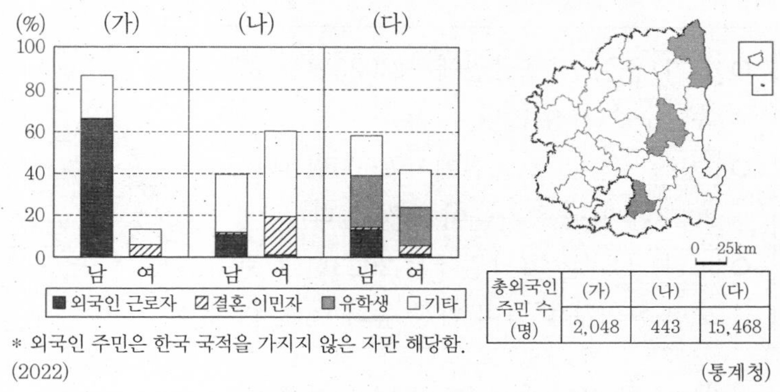

총외국인 주민 수(명)	(가)	(나)	(다)
	2,048	443	15,468

* 외국인 주민은 한국 국적을 가지지 않은 자만 해당함.
(2022) (통계청)

① 울진은 청송보다 총외국인 주민 수가 많다.
② 울진은 청송보다 외국인 근로자의 수가 많다.
③ 경산은 유학생의 수가 외국인 근로자의 수보다 많다.
④ 세 지역 중 외국인 근로자의 성비는 경산이 가장 높다.
⑤ 청송은 울진보다 지역 내 외국인 주민 중 결혼 이민자의 비율이 높다.

14. 다음 글은 충청북도에 대한 것이다. A~C 지역에 대한 설명으로 옳은 것은?

> '충청'이라는 지명은 [A]의 앞 글자인 '충(忠)'과 [B]의 앞 글자인 '청(淸)'에서 유래하였다. [A]와/과 [B]은/는 모두 오늘날까지 충청북도의 핵심 도시 역할을 수행하고 있다. 또한 국가의 균형 발전을 위해 기업 도시와 혁신 도시도 충청북도에 조성되었다. 기업 도시는 [A]에 입지하고, 혁신 도시는 [C]와/과 음성의 경계에 걸쳐 위치해 있다.

① A는 충청북도의 도청 소재지이다.
② B에는 오송 생명 과학 단지가 위치한다.
③ C는 서울과 지하철로 연결되어 있다.
④ C는 A보다 인구가 많다.
⑤ A와 B에는 모두 국제공항이 입지해 있다.

15. 다음 자료는 세 지역의 풍향을 나타낸 것이다. (가) 시기에 대한 (나) 시기의 상대적 특성으로 옳은 것만을 〈보기〉에서 고른 것은? (단, (가), (나)는 각각 1월, 7월 중 하나임.) [3점]

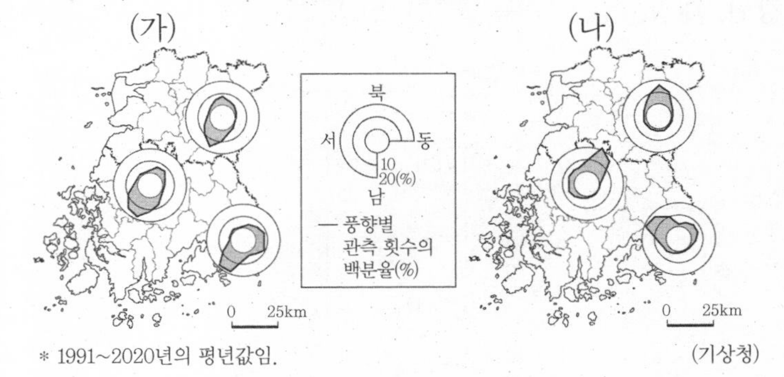

* 1991~2020년의 평년값임. (기상청)

〈보 기〉

ㄱ. 평균 상대 습도가 높다.
ㄴ. 북풍 계열의 바람이 탁월하다.
ㄷ. 열대 저기압의 통과 횟수가 많다.
ㄹ. 시베리아 기단의 영향을 많이 받는다.

① ㄱ, ㄴ ② ㄱ, ㄷ ③ ㄴ, ㄷ ④ ㄴ, ㄹ ⑤ ㄷ, ㄹ

사회탐구 영역 (한국지리)

16. 다음 자료는 지도에 표시된 호남권 세 지역의 인구 특성에 대한 설명이다. (가)~(다)에 대한 설명으로 옳은 것은?

> ○ (가) 은/는 호남권에서 2023년 기준 총인구가 가장 많다.
> ○ (나) 은/는 호남권에서 2000년 대비 2023년 인구 증가율이 가장 높다.
> ○ (다) 은/는 호남권에서 2023년 기준 노년층 인구 비율이 가장 높다.

① (가)는 (다)보다 청 · 장년층 성비가 높다.
② (나)는 (가)보다 출생아 수가 많다.
③ (나)는 (다)보다 노령화 지수가 높다.
④ (다)는 (나)보다 총인구 부양비가 높다.
⑤ (가)~(다) 중 인구 밀도는 (다)가 가장 높다.

17. 그래프는 권역별 도시 인구 순위를 나타낸 것이다. (가)~(다)에 대한 설명으로 옳은 것은? (단, (가)~(다)는 각각 강원권, 수도권, 영남권 중 하나임.)

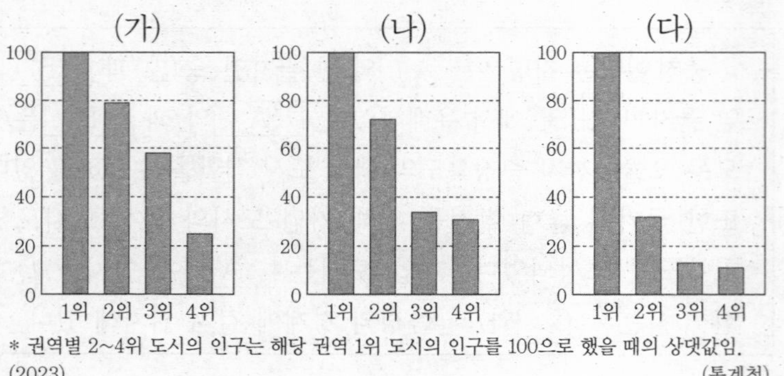

* 권역별 2~4위 도시의 인구는 해당 권역 1위 도시의 인구를 100으로 했을 때의 상댓값임.
(2023) (통계청)

① (가)의 1위 도시는 광역시이다.
② (가)는 (나)보다 총인구가 많다.
③ (가)는 (다)보다 1위 도시와 2위 도시 간의 인구 차가 크다.
④ (다)의 2위 도시 인구는 (나)의 2위 도시 인구보다 많다.
⑤ (나)와 (다)의 행정구역 경계는 맞닿아 있다.

18. 그래프는 네 지역의 산업별 취업자 수 비율을 나타낸 것이다. (가)~(라)에 대한 설명으로 옳은 것은? (단, (가)~(라)는 각각 강원, 대전, 울산, 충북 중 하나임.) [3점]

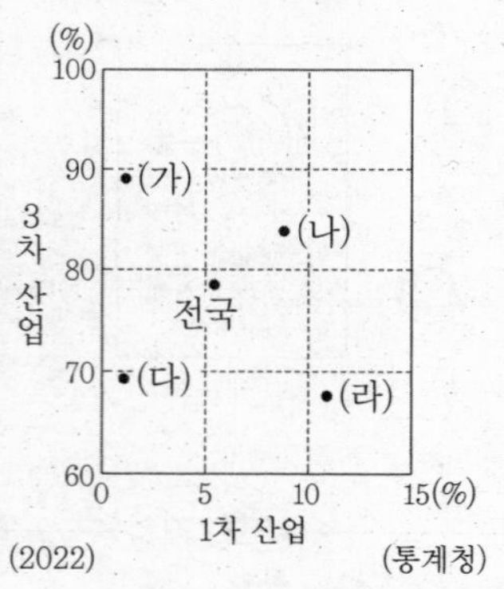

(2022) (통계청)

① (가)는 (나)보다 숙박 및 음식점업의 종사자 수가 많다.
② (가)는 (다)보다 전문 · 과학 및 기술 서비스업의 매출액이 많다.
③ (나)는 (다)보다 1인당 지역 내 총생산(GRDP)이 많다.
④ (라)는 (다)보다 지역 내 2차 산업 취업자 수 비율이 높다.
⑤ (가)와 (나)는 모두 충청권에 포함된다.

19. (가), (나) 지역에 대한 설명으로 옳은 것은? [3점]

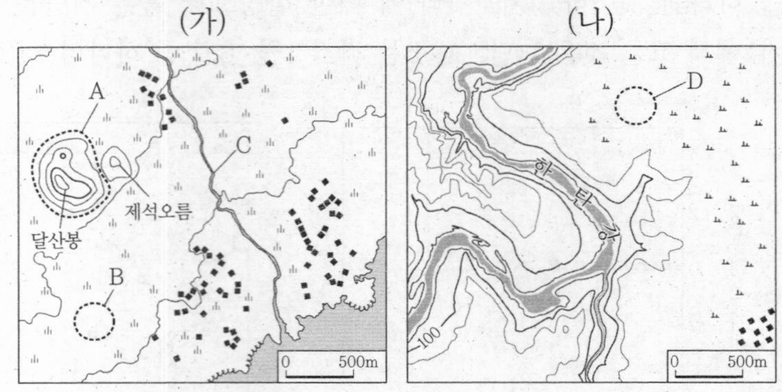

① (가)의 A는 화구의 함몰로 형성된 칼데라이다.
② (가)의 B에는 석회암이 풍화된 붉은색의 토양이 널리 분포한다.
③ (가)의 C는 자유 곡류 하천이다.
④ (나)의 D는 현무암질 용암이 지각의 갈라진 틈을 따라 분출하여 형성된 용암 대지의 일부이다.
⑤ (나)의 한탄강은 비가 내릴 때만 일시적으로 물이 흐르는 하천이다.

20. (가)~(라)에 대한 설명으로 옳은 것은? (단, (가)~(라)는 각각 구미, 당진, 여수, 화성 중 하나임.) [3점]

〈제조업 종사자 수 변화〉

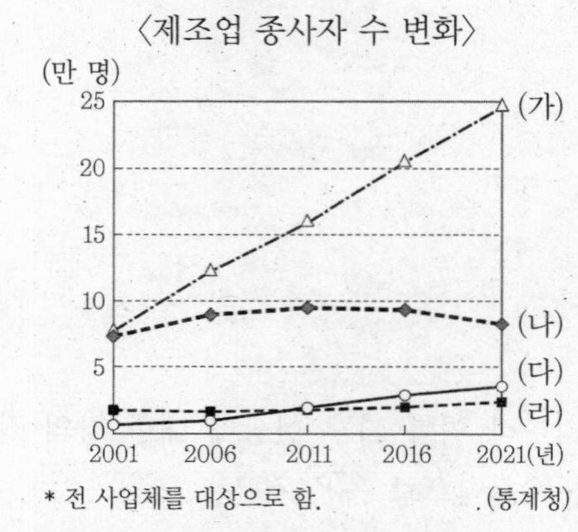

* 전 사업체를 대상으로 함. (통계청)

① 2021년 제조업 종사자 수는 구미가 화성보다 많다.
② (가)는 (다)보다 지역 내 제조업 종사자 수에서 1차 금속 제조업이 차지하는 비율이 높다.
③ (나)는 (가)보다 전국 자동차 및 트레일러 제조업 출하액에서 차지하는 비율이 높다.
④ (나)는 (라)보다 전자 부품 · 컴퓨터 · 영상 · 음향 및 통신 장비 제조업 사업체 수가 많다.
⑤ (가)~(라) 중 2001년에 비해 2021년 제조업 종사자 수가 가장 많이 증가한 지역은 영남권에 위치한다.

> ※ **확인 사항**
> ○ **답안지의 해당란에 필요한 내용을 정확히 기입(표기) 했는지 확인하시오.**

○ 해설편 68쪽

시험 시간	30분
날짜	월 일
시작 시각	:
종료 시각	:

2022년 10월 고3 전국연합학력평가 문제지
사회탐구 영역 (한국지리)

제 4 교시 | 성명 | 수험번호 -

1. 다음 자료는 지도에 표시된 두 지역에 관한 고문헌의 일부이다. 이에 대한 설명으로 옳은 것은? (단, (가), (나)는 각각 신증동국여지승람, 택리지 중 하나임.)

> (가) ㉠ 동쪽으로 양산군 경계까지 42리, … 북쪽으로 밀양부 경계까지 44리이다.
> [건치 연혁] 시조 김수로왕으로부터 구해왕까지 무릇 10대, 4백 91년을 왕국으로 내려왔다.
> [군명] 가락(駕洛) · 가야(伽倻) · 금관(金官) …
> [토산] 철은 감물야촌에서 나온다.
>
> (나) ㉡ 은/는 감사가 있는 곳이다. 산이 사방을 높게 막아 복판에 큰 들을 감추었으며, 들 복판에는 금호강이 동쪽에서 서쪽으로 흐르다가 낙동강에 합친다. … 팔공산은 동쪽과 서쪽의 시내와 산이 자못 아름답다.

금호강
낙동강
0 25km

* 지도의 지역은 ㉠, ㉡의 현재 행정 구역임.

① (가)는 조선 후기에 제작되었다.
② (나)는 통치의 목적으로 제작되었다.
③ (나)는 (가)보다 저자의 주관적 해석이 많이 담겨 있다.
④ ㉠은 영동 지방에 속한다.
⑤ ㉡은 ㉠보다 낙동강 하구로부터의 거리가 가깝다.

2. 다음 자료의 (가)~(다)에 대한 설명으로 옳은 것은? (단, (가)~(다)는 각각 태풍, 폭염, 한파 중 하나임.)

<자연재해와 경제 생활>

(가)	○ 강한 비바람, 쓰러진 가로수, 무너진 광고판 ○ 유리창 파손 방지 안전 필름, 비상용품 등 구매 증가
(나)	○ 불볕더위, 열사병 환자 속출 ○ 얼음, 아이스크림, 냉방 용품 등 판매 증가
(다)	○ 급격한 기온 하강, 수도관 계량기 동파 ○ 감기약, 방한용품 등 수요 증가

① (가)는 2010~2019년 경기보다 전남의 피해액이 많다.
② (나)는 주로 서고동저형의 기압 배치가 나타나는 계절에 발생한다.
③ (다)는 장마 전선의 정체가 주요 원인이다.
④ (가)는 기온, (나)는 강수로 인한 자연재해이다.
⑤ 지구 온난화가 지속될 경우 (나) 일수는 감소하고, (다) 일수는 증가한다.

3. 다음 자료의 ㉠~㉤에 대한 설명으로 옳지 않은 것은? [3점]

<'국가 지질 공원의 지질 명소' 프로그램 제작 계획>
• 촬영 지역 및 주요 촬영 장면
지각의 틈으로 분출한 용암이 기존의 하천을 메우면서 형성된 ㉠넓은 평지 형태의 지형
해발 고도가 ㉡낮은 평지를 ㉢높은 산지가 둘러싸고 있는 그릇 모양의 지형
한반도 모습과 비슷한 경관, 물이 하천 바닥을 깎아 ㉣산지 사이를 구불구불하게 흐르는 곡류 하천
기반암이 물에 의한 용식 작용을 받아 형성된 ㉤움푹 꺼진 모양의 지형
0 30km

① ㉠은 점성이 작은 현무암질 용암의 분출로 형성되었다.
② ㉣은 지반 융기의 영향을 반영한다.
③ ㉤의 지표에는 붉은색의 간대 토양이 주로 분포한다.
④ ㉡은 ㉢보다 주된 기반암의 형성 시기가 이르다.
⑤ ㉠의 주된 기반암은 화성암, ㉤의 주된 기반암은 퇴적암에 속한다.

4. 다음 자료의 여행 내용을 모두 경험할 수 있는 지역을 지도의 A~E에서 고른 것은? [3점]

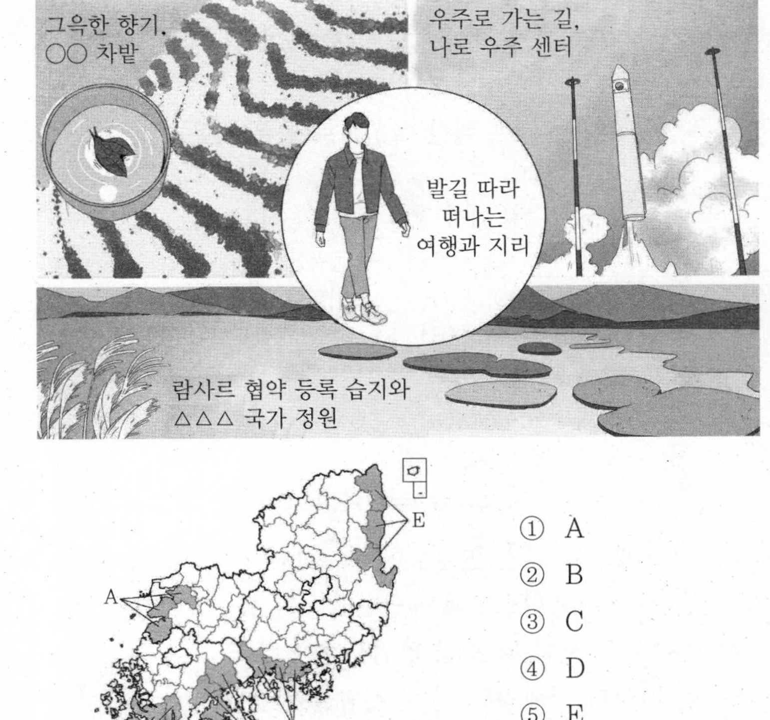

그윽한 향기, ○○ 차밭
우주로 가는 길, 나로 우주 센터
발길 따라 떠나는 여행과 지리
람사르 협약 등록 습지와 △△△ 국가 정원
A
B
C
D
E
0 50km

① A
② B
③ C
④ D
⑤ E

18회 2022 10월 학력평가

○ 해설편 69쪽

5. 그래프는 지도에 표시된 세 지역의 연 강수량과 (가), (나) 시기 평균 풍속을 나타낸 것이다. 이에 대한 설명으로 옳은 것은? (단, (가), (나) 시기는 각각 1월, 8월 중 하나임.) [3점]

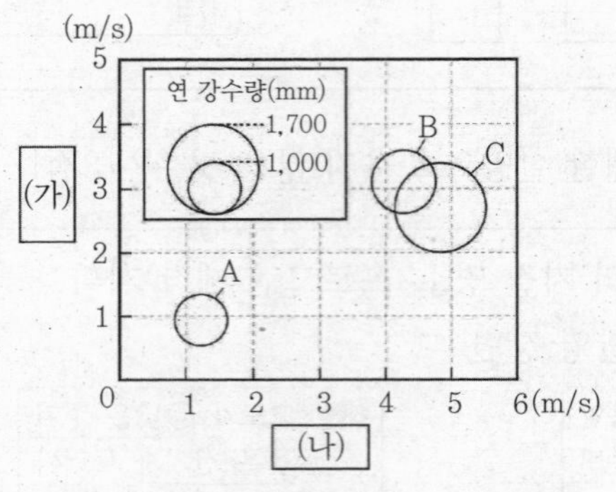

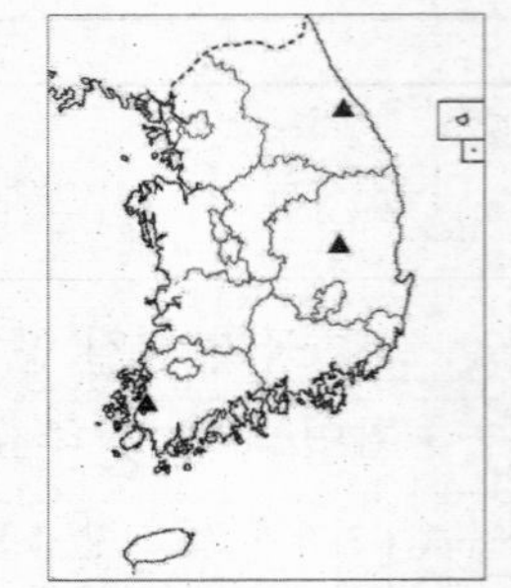

* (가), (나) 시기 평균 풍속은 원의 중심값임.
** 1991~2020년의 평년값임.

① A는 (가)보다 (나) 시기의 평균 기온이 높다.
② B는 A보다 무상 기간이 길다.
③ B는 C보다 해발 고도가 높다.
④ C는 B보다 최한월 평균 기온이 높다.
⑤ 목포는 대관령보다 1월 평균 풍속이 빠르다.

6. 지도의 A~E에 대한 설명으로 옳지 않은 것은?

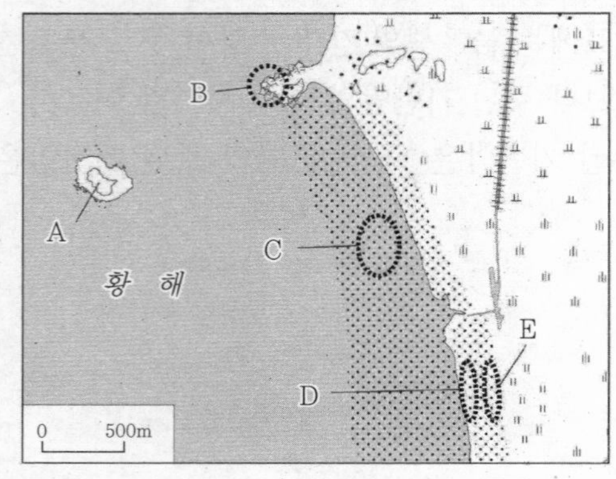

① A 섬은 최종 빙기에 육지와 연결되었다.
② B는 주로 파랑에 의한 침식 작용으로 형성된다.
③ C는 오염 물질을 정화하는 기능이 있다.
④ D는 주로 해수욕장으로 이용된다.
⑤ E는 D보다 퇴적 물질의 평균 입자 크기가 크다.

7. 다음 자료의 ㉠~㉤에 대한 설명으로 옳은 것은?

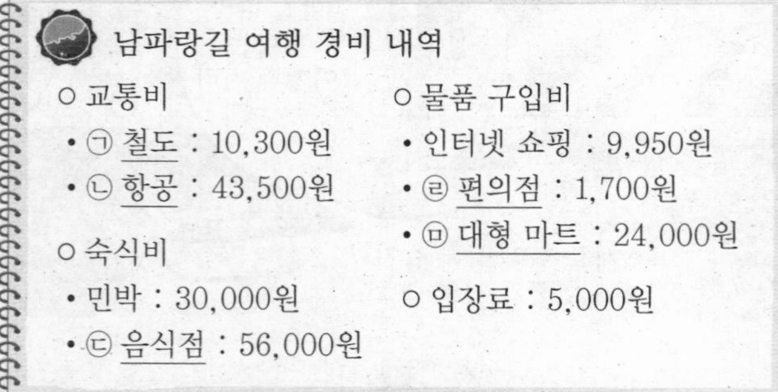

남파랑길 여행 경비 내역

○ 교통비
• ㉠ 철도 : 10,300원
• ㉡ 항공 : 43,500원

○ 숙식비
• 민박 : 30,000원
• ㉢ 음식점 : 56,000원

○ 물품 구입비
• 인터넷 쇼핑 : 9,950원
• ㉣ 편의점 : 1,700원
• ㉤ 대형 마트 : 24,000원

○ 입장료 : 5,000원

① ㉠은 도로보다 문전 연결성이 우수하다.
② ㉢은 생산자 서비스업에 해당한다.
③ ㉣은 백화점보다 일 평균 영업시간이 짧다.
④ ㉡은 ㉠보다 국내 여객 수송 분담률이 높다.
⑤ ㉣은 ㉤보다 소비자의 평균 이동 거리가 가깝다.

8. 다음은 한국 지리 수업 장면이다. 교사의 질문에 옳게 답한 학생만을 고른 것은?

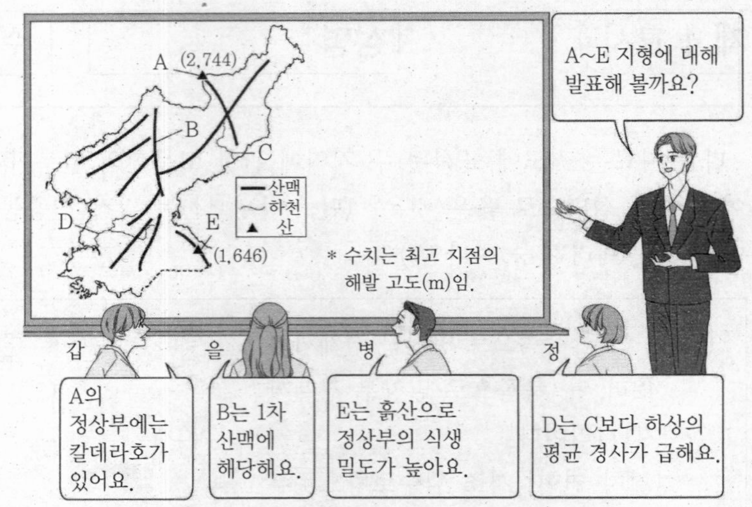

A (2,744)
B
C
D
E
(1,646)
산맥
하천
산
* 수치는 최고 지점의 해발 고도(m)임.
A~E 지형에 대해 발표해 볼까요?
갑
을
병
정
A의 정상부에는 칼데라호가 있어요.
B는 1차 산맥에 해당해요.
E는 흙산으로 정상부의 식생 밀도가 높아요.
D는 C보다 하상의 평균 경사가 급해요.

① 갑, 을 ② 갑, 병 ③ 을, 병 ④ 을, 정 ⑤ 병, 정

9. 그래프는 세 지역의 인구 밀도 변화를 나타낸 것이다. (가)~(다) 지역으로 옳은 것은?

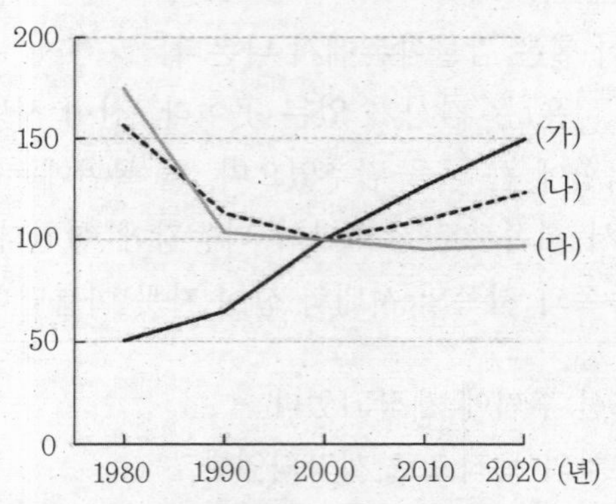

* 지역별 2000년 인구 밀도를 100으로 했을 때 해당 연도의 상댓값임.
** 해당 시기의 행정 구역 기준임.

	(가)	(나)	(다)		(가)	(나)	(다)
①	경기	경북	충남	②	경기	충남	경북
③	경북	경기	충남	④	경북	충남	경기
⑤	충남	경기	경북				

10. 그래프의 A~D 에너지에 대한 설명으로 옳은 것은? (단, A~D는 각각 수력, 조력, 태양광, 풍력 중 하나임.) [3점]

<월별 전력 거래량>

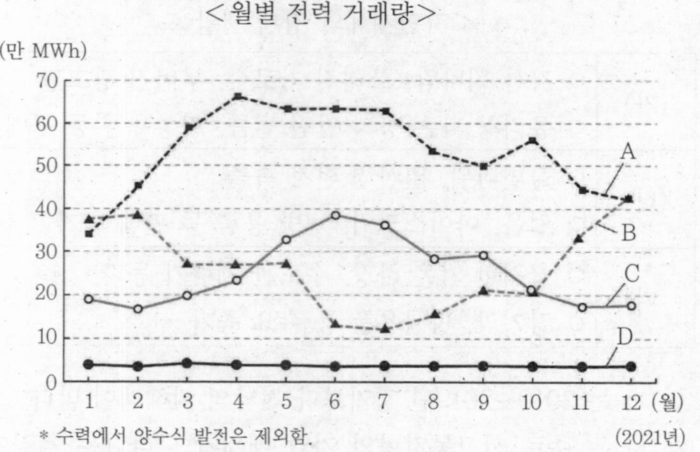

* 수력에서 양수식 발전은 제외함. (2021년)

① A는 유량이 풍부하고 낙차가 큰 곳이 생산에 유리하다.
② B는 A보다 주간과 야간의 발전량 차이가 크다.
③ C는 B보다 제주에서 발전량이 많다.
④ C는 D보다 상용화된 시기가 이르다.
⑤ D는 A보다 발전 시 기상 조건의 영향을 크게 받는다.

해설편 69~70쪽

사회탐구 영역 (한국지리)

11. 다음 글의 ㉠~㉤에 대한 옳은 설명만을 <보기>에서 고른 것은?

> 도시 재개발은 토지 이용 효율성 증대, ㉠도시 미관 개선 및 생활 기반 시설 확충, 지역 경제 활성화 등을 목적으로 한다. 도시 재개발 방법에는 [㉡] 지역에서 행해지는 보존 재개발, 기존의 건물을 유지하며 부족한 부분만 수리 및 개조하는 ㉢◇◇ 재개발, 기존의 시설을 완전히 철거하고 새로운 시설물로 대체하는 ㉣□□ 재개발이 있다. 이와 같은 도시 재개발로 ㉤젠트리피케이션이 나타나기도 한다.

<보 기>

ㄱ. ㉠은 쾌적한 주거 환경 조성과 관련된다.
ㄴ. ㉡에는 '역사 · 문화적 가치가 있는'이 들어갈 수 있다.
ㄷ. ㉢은 ㉣보다 투입되는 자본의 규모가 크다.
ㄹ. ㉤이 심화되면 지역 내 원거주민의 비율은 높아진다.

① ㄱ, ㄴ ② ㄱ, ㄷ ③ ㄴ, ㄷ ④ ㄴ, ㄹ ⑤ ㄷ, ㄹ

12. (가)~(다) 지역을 그래프의 A~C에서 고른 것은? (단, (가)~(다)와 A~C는 각각 지도에 표시된 세 지역 중 하나임.)

(가) 수도권 시 · 군 중 2020년에 유소년 부양비가 가장 높은 곳으로, 수도권 2기 신도시가 있다. 지역 캐릭터는 이곳에 있는 공룡알 화석지와 관련 있다.

(나) 수도권 1기 신도시가 있고, 문화 · 관광 복합 단지인 '한류 월드'가 있으며, 2022년에 특례시*가 되었다. 지역 캐릭터는 지역 이름과 관련 있다.

(다) 수도권 시 · 군 중 2020년에 노령화 지수가 가장 높은 곳으로, 수도권 정비 계획의 자연 보전 권역에 위치한다. 지역 캐릭터는 이곳의 특산물인 잣과 관련 있다.

* 기초 자치 단체 중 인구 100만 명 이상의 도시임.

<산업별 취업자 비율 및 총취업자 수>

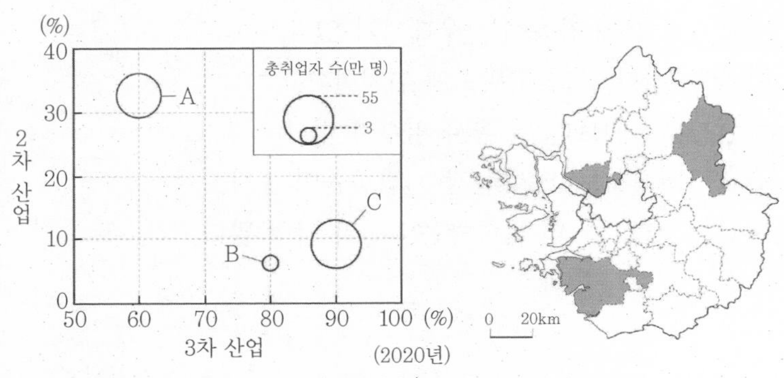

* 2, 3차 산업 취업자 비율은 원의 중심값임.

	(가)	(나)	(다)		(가)	(나)	(다)
①	A	B	C	②	A	C	B
③	B	A	C	④	B	C	A
⑤	C	A	B				

13. 그래프의 A~E 지역에 대한 설명으로 옳은 것은? (단, A~E는 각각 경기, 서울, 세종, 울산, 전남 중 하나임.) [3점]

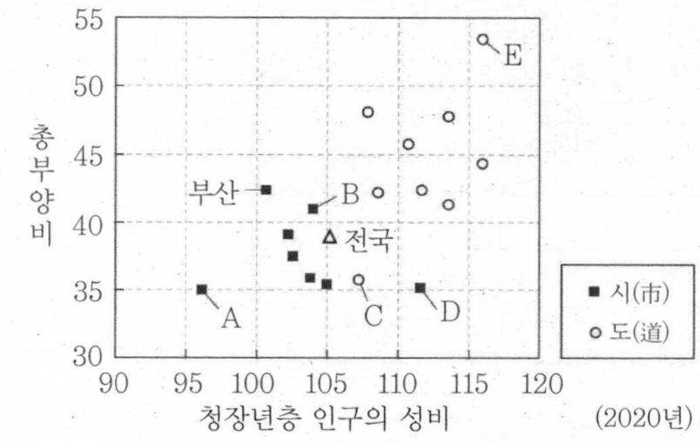

① A에는 행정 중심 복합 도시가 있다.
② B는 부산보다 유소년 부양비가 높다.
③ C는 E보다 지역 내 1차 산업 종사자 비율이 높다.
④ D는 A보다 총인구가 많다.
⑤ E는 D보다 1인당 지역 내 총생산이 많다.

14. 그래프는 지도에 표시된 세 지역의 농업 특성을 나타낸 것이다. (가)~(다) 지역에 대한 설명으로 옳은 것은? [3점]

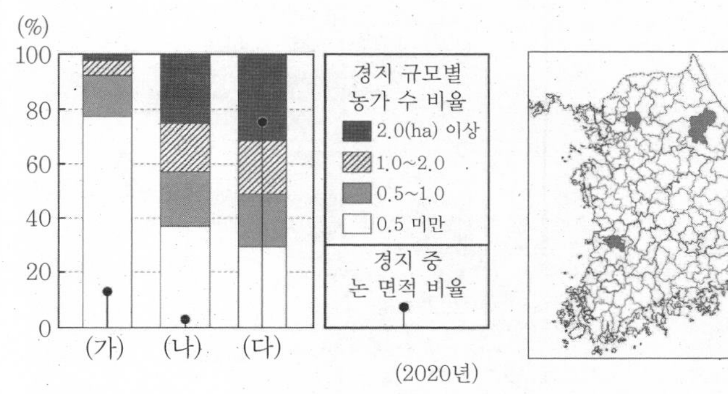

① (가)에서는 고랭지 농업이 활발하다.
② (나)에서는 지평선 축제가 열린다.
③ (가)는 (다)보다 쌀 생산량이 많다.
④ (나)는 (가)보다 노령화 지수가 높다.
⑤ (나)는 (다)보다 지역 내 전업 농가 비율이 높다.

15. 그림의 A~E 지형에 대한 설명으로 옳지 않은 것은? [3점]

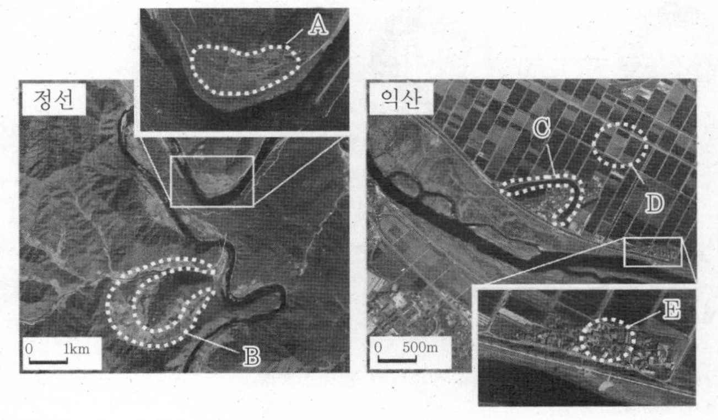

① A의 퇴적층에는 둥근 자갈이 발견된다.
② D는 하천의 범람으로 형성되었다.
③ A는 D보다 홍수 시 침수 위험이 크다.
④ E는 D보다 배수가 양호하다.
⑤ B와 C는 모두 과거 하천 유로의 일부였다.

18회 2022 10월 학력평가

해설편 71쪽

사회탐구 영역 (한국지리)

16. 표는 세 제조업의 출하액 상위 5개 지역을 나타낸 것이다. 이에 대한 설명으로 옳은 것은? (단, (가)~(다)는 각각 1차 금속, 자동차 및 트레일러, 전자 부품 · 컴퓨터 · 영상 · 음향 및 통신 장비 제조업 중 하나이고, A~C는 각각 아산, 울산, 화성 중 하나임.) [3점]

순위 \ 제조업	(가)	(나)	(다)
1	A	포항	B
2	B	A	C
3	광주	광양	구미
4	C	당진	평택
5	창원	인천	이천

* 종사자 규모 10인 이상 사업체를 대상으로 함. (2019년)

① (가)의 최종 제품은 (나)의 주요 재료로 이용된다.
② (나)는 (다)보다 전국 종사자가 많다.
③ (다)는 (나)보다 전국 출하액에서 수도권이 차지하는 비율이 높다.
④ A는 영남권, B는 충청권, C는 수도권에 위치한다.
⑤ A는 (가)보다 (나)의 출하액이 많다.

17. 지도에 표시된 A~H 중 두 지역의 공통점으로 옳은 것은?

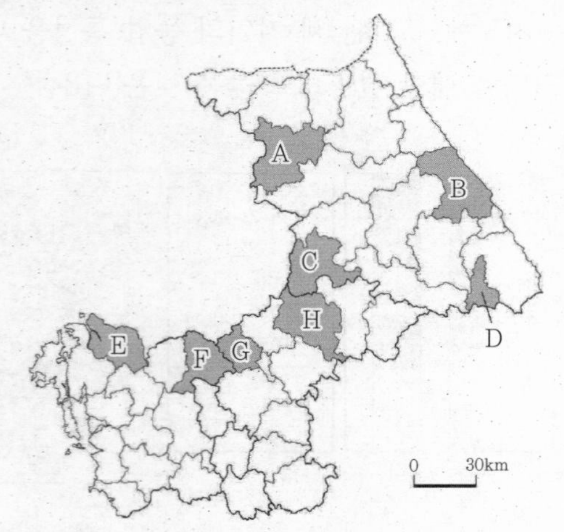

① A, F – 수도권 전철이 연결되어 있다.
② A, H – 도청이 위치해 있다.
③ B, G – 도(道) 이름의 유래가 된 지역이다.
④ C, H – 혁신 도시가 조성되어 있다.
⑤ D, E – 폐광을 활용한 석탄 박물관이 있다.

18. 그래프는 지도에 표시된 네 구(區)의 용도별 전력 사용량 비율과 구(區) 간 통근 · 통학 인구를 나타낸 것이다. (가)~(라)에 대한 설명으로 옳은 것은? [3점]

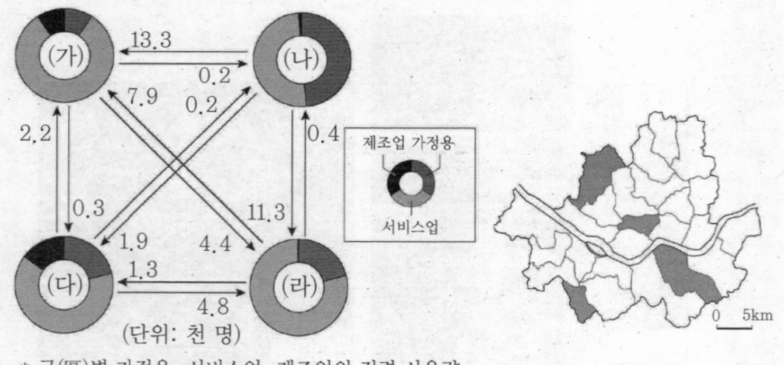

* 구(區)별 가정용, 서비스업, 제조업의 전력 사용량 합을 100%로 함. (2020년)

① (가)는 (나)보다 거주자의 평균 통근 거리가 멀다.
② (나)는 (라)보다 상업지의 평균 지가가 높다.
③ (다)는 (가)보다 금융 기관 수가 많다.
④ (라)는 (다)보다 통근 · 통학 순유입 인구가 많다.
⑤ (가)~(라) 중 주간 인구 지수는 (나)가 가장 높다.

19. 다음 자료의 ㉠~㉢에 대한 옳은 설명만을 〈보기〉에서 고른 것은?

> ○ 제주도의 ㉠<u>성산 일출봉</u>은 일출봉이라는 이름이 붙었을 정도로 해돋이가 유명하다. 웅장한 경관과 어우러진 새해 첫날 일출을 보기 위해 매년 관광객들이 이곳을 찾는다.
> ○ [㉡]에서는 새해 기원과 새 출발을 다짐하는 해맞이 축제가 열린다. 이곳의 지명은 조선 시대 한양의 광화문에서 볼 때 정(正) 동쪽에 위치한 곳이라는 것에서 유래되었다.
> ○ 해남군에는 ㉢<u>한반도 육지의 가장 남쪽 끝 지점</u>이 있다. 이곳에서는 일출과 일몰을 함께 볼 수 있는 지리적 특징을 활용해 12월 31일 일몰부터 1월 1일 일출 때까지 땅끝 해넘이 · 해맞이 축제가 열린다.

〈보 기〉

ㄱ. ㉠은 영해 설정 시 직선 기선의 기점이 된다.
ㄴ. ㉢은 우리나라 영토의 최남단에 해당한다.
ㄷ. ㉡은 ㉠보다 기온의 연교차가 크다.
ㄹ. ㉢은 ㉡보다 일출 시각이 늦다.

① ㄱ, ㄴ ② ㄱ, ㄷ ③ ㄴ, ㄷ ④ ㄴ, ㄹ ⑤ ㄷ, ㄹ

20. 그래프는 세 지역의 계절별 기후 현상 일수를 나타낸 것이다. (가)~(다) 지역에 대한 설명으로 옳은 것은? (단, (가)~(다)는 각각 백령도, 서귀포, 울릉도 중 하나이고, A~C는 각각 눈, 열대야, 황사 중 하나임.) [3점]

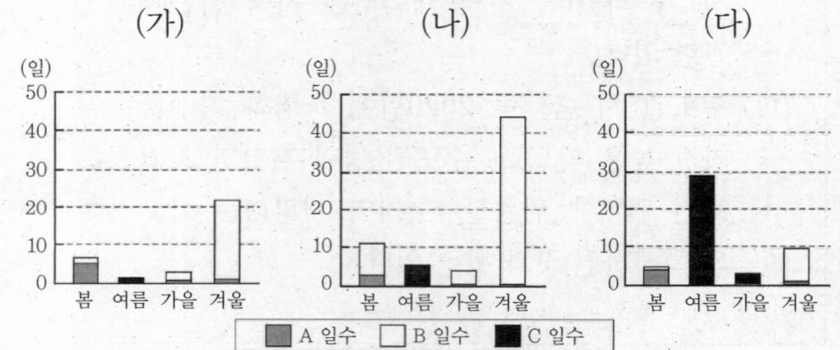

* 1991~2020년의 평년값임.

① (가)의 전통 가옥에는 우데기가 있다.
② (가)는 (다)보다 고위도에 위치한다.
③ (나)는 (가)보다 연 황사 일수가 많다.
④ (다)는 (나)보다 겨울 강수 집중률이 높다.
⑤ (가)~(다) 중 연 강수량은 (나)가 가장 많다.

※ 확인 사항
○ 답안지의 해당란에 필요한 내용을 정확히 기입(표기)했는지 확인하시오.

해설편 72쪽

2023년 10월 고3 전국연합학력평가 문제지

사회탐구 영역 (한국지리)

19회	
시험 시간	30분
날짜	월 일
시작 시각	:
종료 시각	:

제 4 교시 | 성명 | 수험번호 -

1. 지도의 A ~ D에 대한 설명으로 옳은 것은?

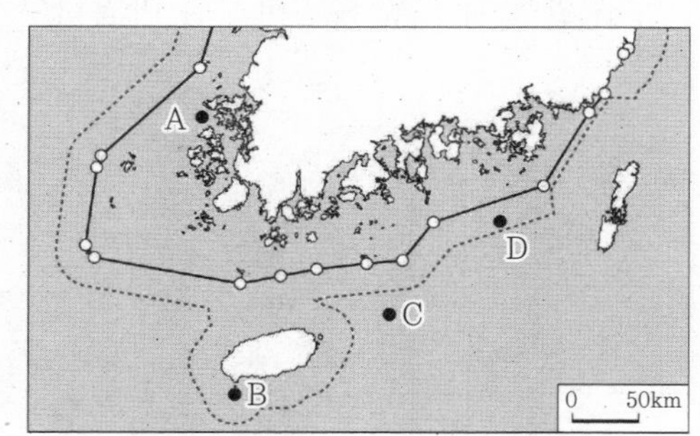

① A에서 간척 사업이 이루어지면 영해의 범위는 확대된다.
② B에는 종합 해양 과학 기지가 건설되어 있다.
③ C는 한 · 일 중간 수역에 위치한다.
④ D는 직선 기선으로부터 12해리 이내에 위치한다.
⑤ A ~ D의 수직 상공은 모두 우리나라의 영공이다.

2. 다음은 한국지리 온라인 수업 장면의 일부이다. 답글의 내용이 옳은 학생을 고른 것은? [3점]

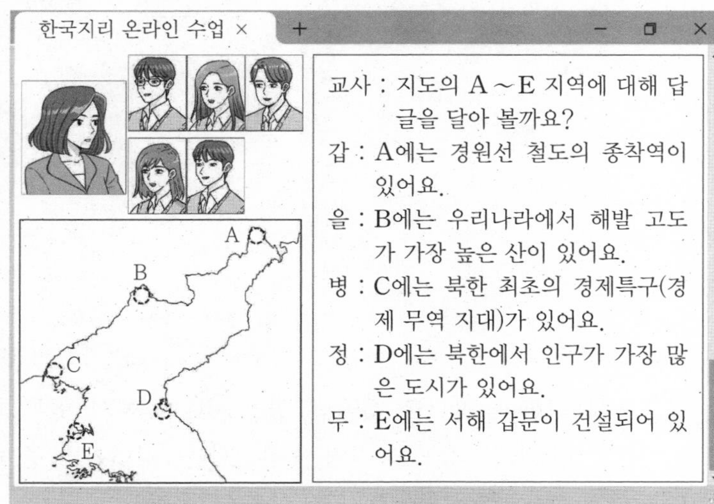

한국지리 온라인 수업 ×
교사 : 지도의 A ~ E 지역에 대해 답글을 달아 볼까요?
갑 : A에는 경원선 철도의 종착역이 있어요.
을 : B에는 우리나라에서 해발 고도가 가장 높은 산이 있어요.
병 : C에는 북한 최초의 경제특구(경제 무역 지대)가 있어요.
정 : D에는 북한에서 인구가 가장 많은 도시가 있어요.
무 : E에는 서해 갑문이 건설되어 있어요.
A
B
C
D
E

① 갑 ② 을 ③ 병 ④ 정 ⑤ 무

3. 다음 글의 ㉠ ~ ㉣에 대한 설명으로 옳은 것만을 〈보기〉에서 고른 것은? [3점]

> 『난장이가 쏘아 올린 작은 공』은 ㉠ 급속한 도시화가 나타난 ㉡ 1970년대를 배경으로 하고 있다. 작품에서는 도시 재개발로 터전을 잃은 가족의 이야기를 통해 ㉢ 철거 재개발 방식의 어두운 면을 묘사하였다. 이후 원거주민의 재정착률을 높일 수 있는 ㉣ 수복 재개발 방식에 대한 사회적 관심이 높아졌다.

〈보 기〉

ㄱ. ㉠으로 인해 주택 부족, 교통 혼잡 등의 문제가 발생하였다.
ㄴ. ㉡ 시기에 개발 제한 구역이 처음 지정되었다.
ㄷ. ㉢은 ㉣보다 기존 건물의 활용도가 높다.
ㄹ. ㉣은 ㉢보다 재개발에 투입되는 자본의 규모가 크다.

① ㄱ, ㄴ ② ㄱ, ㄷ ③ ㄴ, ㄷ ④ ㄴ, ㄹ ⑤ ㄷ, ㄹ

4. 다음 자료의 (가) 현상이 지속될 경우 우리나라에서 나타날 변화에 대한 추론으로 옳은 것은?

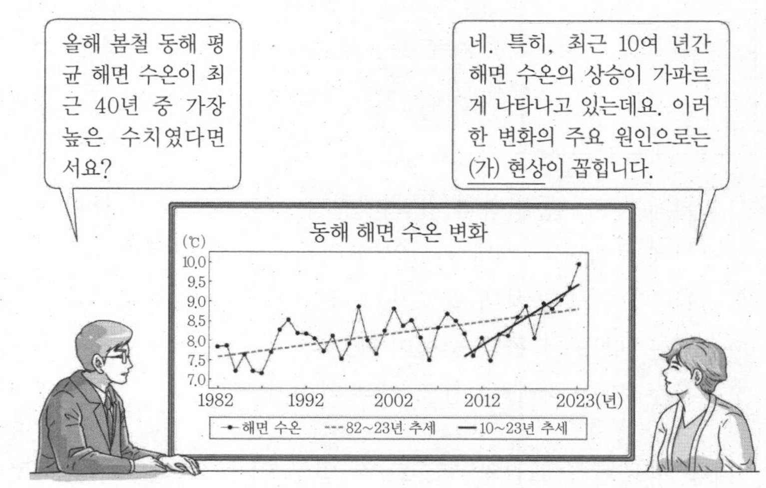

올해 봄철 동해 평균 해면 수온이 최근 40년 중 가장 높은 수치였다면서요?
네. 특히, 최근 10여 년간 해면 수온의 상승이 가파르게 나타나고 있는데요. 이러한 변화의 주요 원인으로는 (가) 현상이 꼽힙니다.
동해 해면 수온 변화
(℃)
10.0
9.5
9.0
8.5
8.0
7.5
7.0
1982
1992
2002
2012
2023(년)
해면 수온
82~23년 추세
10~23년 추세

① 한강의 결빙 일수가 감소할 것이다.
② 귤의 재배 북한계선이 남하할 것이다.
③ 개마고원의 냉대림 분포 면적이 넓어질 것이다.
④ 치악산에서 단풍이 드는 시기가 빨라질 것이다.
⑤ 대구의 열대야와 열대일 발생 일수가 감소할 것이다.

5. 다음 자료의 (가) ~ (다) 지역을 지도의 A ~ E에서 고른 것은?

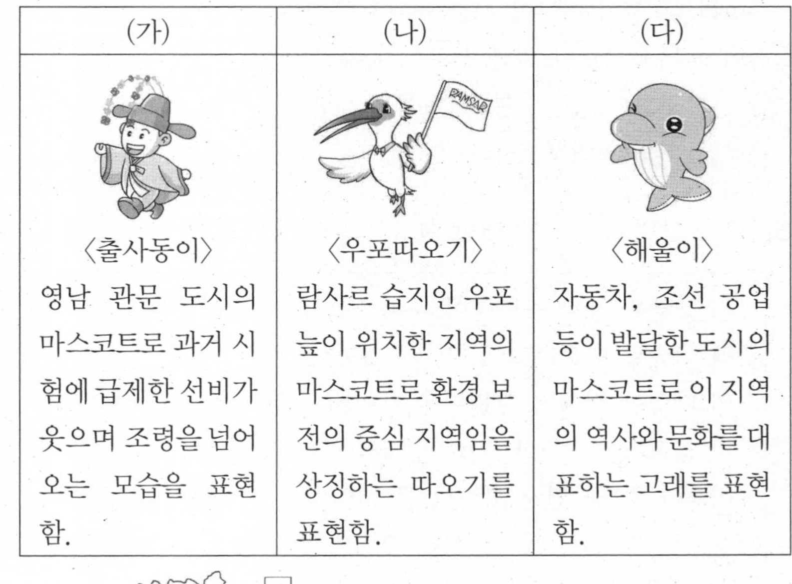

(가)	(나)	(다)
〈출사동이〉 영남 관문 도시의 마스코트로 과거 시험에 급제한 선비가 웃으며 조령을 넘어오는 모습을 표현함.	〈우포따오기〉 람사르 습지인 우포늪이 위치한 지역의 마스코트로 환경 보전의 중심 지역임을 상징하는 따오기를 표현함.	〈해울이〉 자동차, 조선 공업 등이 발달한 도시의 마스코트로 이 지역의 역사와 문화를 대표하는 고래를 표현함.

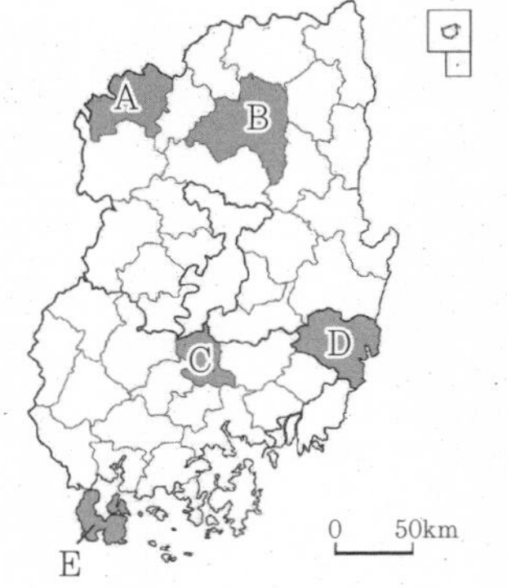

	(가)	(나)	(다)
①	A	B	E
②	A	C	D
③	B	C	D
④	B	D	E
⑤	C	E	A

19 회 2023 10월 학력평가

해설편 73쪽

사회탐구 영역 (한국지리)

6. 다음 자료는 두 지역의 축제를 나타낸 것이다. (가), (나)의 기후 특징에 대한 설명으로 옳은 것은? (단, (가), (나)는 각각 겨울, 여름 중 하나임.)

개최 시기	(가)	(나)
축제 포스터	보령머드축제	대관령 눈꽃축제

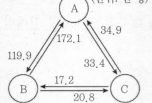

① (가)에는 서고동저형의 기압 배치가 전형적으로 나타난다.
② (나)에는 장마와 열대 저기압에 의해 피해가 발생한다.
③ (가)는 (나)보다 상대 습도가 높다.
④ (가)는 (나)보다 평균 풍속이 빠르다.
⑤ (나)는 (가)보다 남북 간의 기온 차이가 작다.

7. 다음 자료는 수도권의 시·도 간 인구 이동 특성을 나타낸 것이다. 이에 대한 설명으로 옳은 것은? (단, (가)~(다), A~C는 각각 경기, 서울, 인천 중 하나임.) [3점]

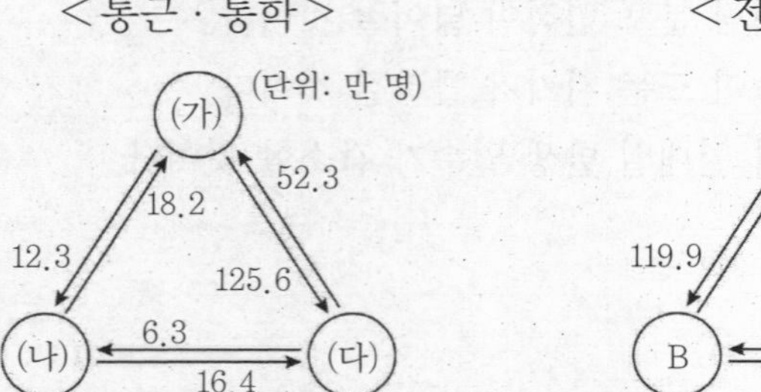

<전입·전출>
(단위: 만 명)
A, B, C
172.1
34.9
119.9
33.4
17.2
20.8

* 통근·통학 인구 이동은 2020년 평균치이며, 전입·전출 인구 이동은 2018~2022년 합계임.

① (가)는 주간 인구가 상주인구보다 많다.
② (다)는 전입 인구가 전출 인구보다 많다.
③ (가)는 (나)보다 외국인 근로자 수가 많다.
④ A는 B보다 통근·통학 순 유입이 많다.
⑤ C는 B보다 인구 밀도가 높다.

8. 다음 글의 ㉠~㉤에 대한 설명으로 옳지 않은 것은? [3점]

> ㉠ 낮은 합계 출산율이 지속되면서 저출산 문제가 큰 사회적 이슈로 떠오르고 있다. ㉡ 저출산 현상의 원인 분석, 정부의 다양한 정책적 지원이 이루어지고 있지만, 상황은 반전되지 않고 있다. 또한, 기대 수명의 증가 등으로 ㉢ 노년층 인구 비율이 증가하면서 고령화 문제에 대응하는 정책의 필요성이 강조되고 있다. ㉣ 저출산·고령화 현상은 정주 여건의 차이로 인해 지역별로 다른 양상을 보이며, ㉤ 인구 분포의 공간적 불평등을 심화시킨다.

① ㉠은 장기적으로 생산 가능 인구와 총인구 감소를 초래한다.
② ㉡으로 자녀 양육 비용 증가, 고용 불안 등이 있다.
③ ㉢은 세종이 전남보다 높게 나타난다.
④ ㉣이 지속되면 노령화 지수는 증가한다.
⑤ ㉤의 사례로 수도권과 비수도권 간의 인구 격차가 있다.

9. 다음 자료는 소규모 테마형 교육 여행 안내문의 일부이다. (가)~(다)에 들어갈 가장 적절한 탐구 활동을 〈보기〉에서 고른 것은?

< 소규모 테마형 교육 여행 안내 >

학부모님 안녕하십니까? 우리 학교는 세 모둠으로 나누어 호남권으로 소규모 테마형 교육 여행을 가고자 합니다. 모둠별 여행 지역과 탐구 활동 내용을 확인하시길 바랍니다.

	○○ 모둠	△△ 모둠	□□ 모둠
여행 지역	A	B	C
탐구 활동	(가)	(나)	(다)

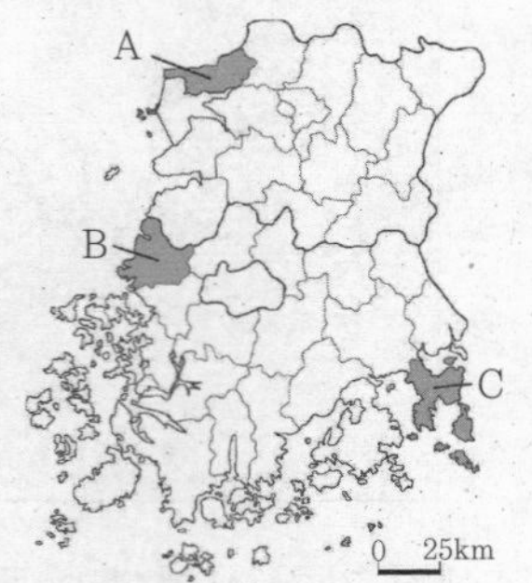

<보 기>
ㄱ. 우리나라에서 가장 긴 방조제 및 뜬다리 부두 탐방
ㄴ. 원자력 발전소 견학 및 지역 특산물인 굴비 맛보기
ㄷ. 대규모 석유 화학 단지 견학 및 엑스포 해양 공원 방문

	(가)	(나)	(다)		(가)	(나)	(다)
①	ㄱ	ㄴ	ㄷ	②	ㄱ	ㄷ	ㄴ
③	ㄴ	ㄱ	ㄷ	④	ㄷ	ㄱ	ㄴ
⑤	ㄷ	ㄴ	ㄱ				

10. 그래프에 대한 설명으로 옳은 것만을 〈보기〉에서 있는 대로 고른 것은? (단, (가)~(다)는 각각 석유, 석탄, 천연가스 중 하나임.) [3점]

<1차 에너지 (가)~(다)의 공급량>

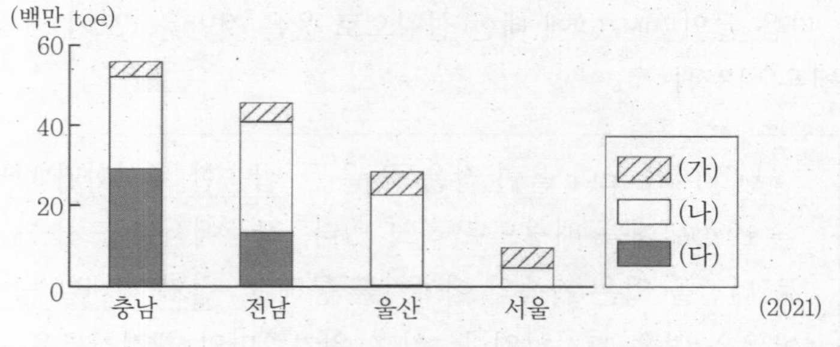

<보 기>
ㄱ. (가)는 (다)보다 발전 시 대기 오염 물질 배출량이 많다.
ㄴ. (나)는 (가)보다 상용화된 시기가 이르다.
ㄷ. (다)는 (나)보다 수송용으로 이용되는 비율이 높다.
ㄹ. 우리나라 1차 에너지 소비량에서 차지하는 비율은 (나) > (다) > (가) 순으로 높다.

① ㄱ, ㄴ ② ㄱ, ㄷ ③ ㄴ, ㄹ
④ ㄱ, ㄷ, ㄹ ⑤ ㄴ, ㄷ, ㄹ

해설편 74~75쪽

사회탐구 영역 (한국지리)

11. 그래프는 A~C 지역과 (가) 지역 간의 기후 값 차이를 나타낸 것이다. 이에 대한 설명으로 옳은 것은? (단, A~C, (가)는 각각 지도에 표시된 네 지역 중 하나임.) [3점]

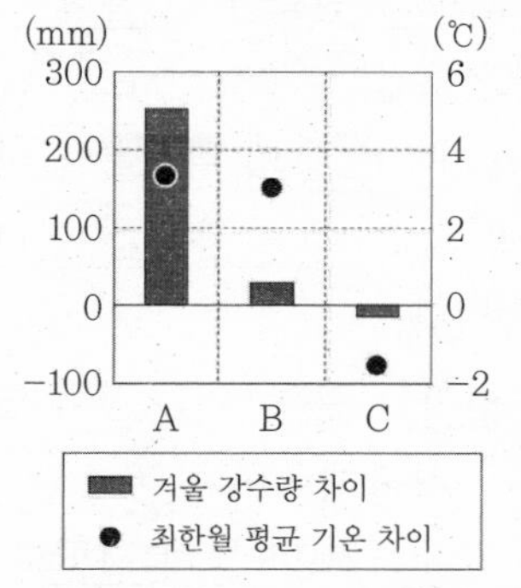

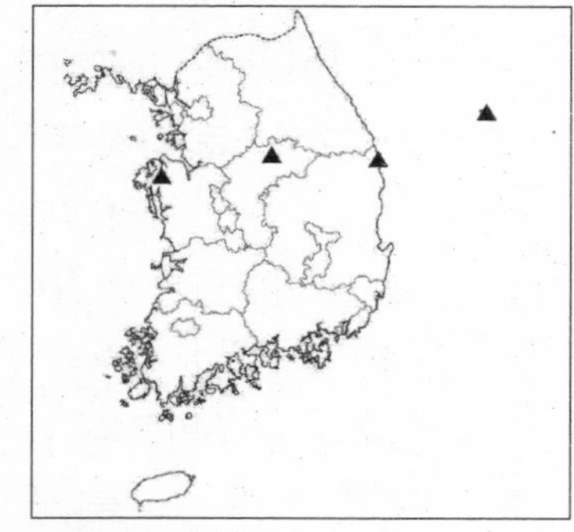

* 기후 값 차이 = 해당 지역의 기후 값 − (가) 지역의 기후 값
** 1991~2020년의 평년값임.

① (가)는 네 지역 중 일출 시각이 가장 이르다.
② A는 겨울 강수량이 여름 강수량보다 많다.
③ B는 C보다 여름 강수 집중률이 높다.
④ C는 A보다 무상 기간이 길다.
⑤ (가)는 B보다 기온의 연교차가 크다.

12. 그래프는 재생 에너지원별 세 지역의 발전량 비율을 나타낸 것이다. (가)~(다) 에너지에 대한 설명으로 옳은 것은? (단, (가)~(다)는 각각 수력, 태양광, 풍력 중 하나이고, A, B는 각각 강원, 제주 중 하나임.) [3점]

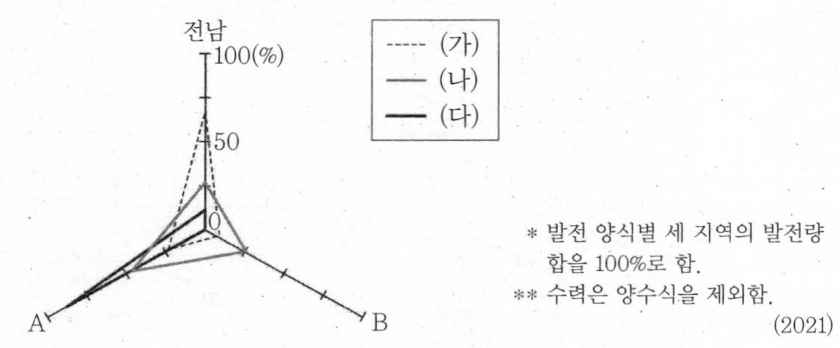

① (가)는 유량이 풍부하고 낙차가 큰 지역이 발전에 유리하다.
② (가)는 (나)보다 낮과 밤의 발전량 차이가 작다.
③ (나)는 (다)보다 제주에서의 발전량이 적다.
④ (다)는 (가)보다 우리나라에서 상용화된 시기가 이르다.
⑤ (가)~(다) 중 전국 발전량은 (나)가 가장 많다.

13. 표는 지도에 표시된 세 지역의 유형별 의료 기관 수를 나타낸 것이다. 이에 대한 설명으로 옳은 것은? (단, A~C는 각각 병원, 의원, 종합병원 중 하나임.)

(단위 : 개)

지역 \ 의료 기관	A	B	C
(가)	6	24	518
(나)	2	4	128
(다)	0	1	26

(2022)

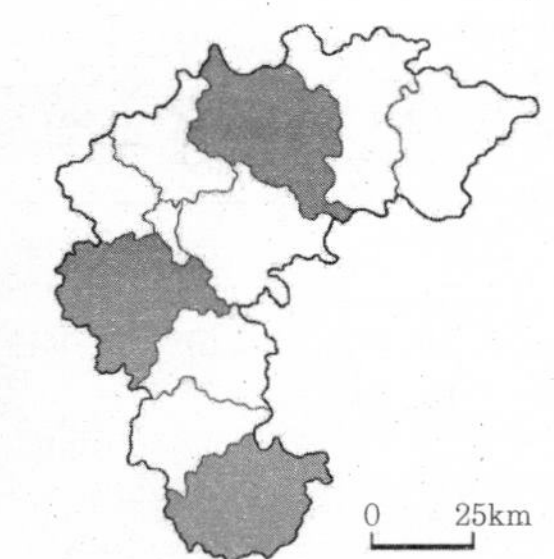

① (나)는 (가)보다 총인구가 많다.
② (다)는 (나)보다 중심지 기능이 다양하다.
③ (가), (다)는 모두 충청도라는 지명 유래가 된 지역이다.
④ A는 B보다 서비스를 제공하는 공간적 범위가 넓다.
⑤ C는 B보다 의료 기관당 일일 평균 방문 환자 수가 많다.

14. 지도는 (가), (나) 암석의 분포 지역을 나타낸 것이다. 이에 대해 옳게 설명한 내용에만 있는 대로 ○ 표시한 학생을 고른 것은? (단, (가), (나)는 각각 석회암, 신생대 화산암 중 하나임.)

(가)

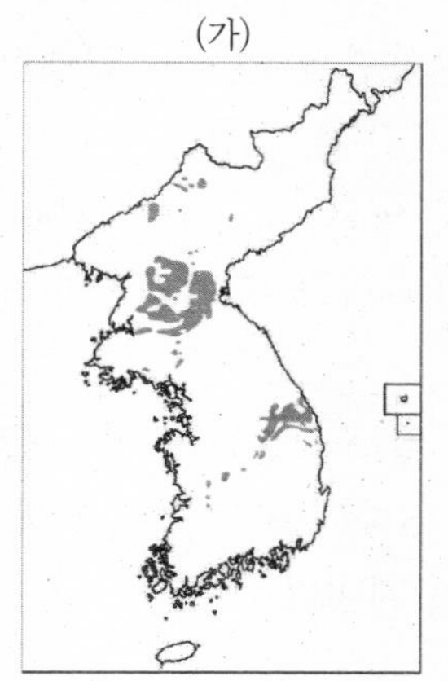

(나)

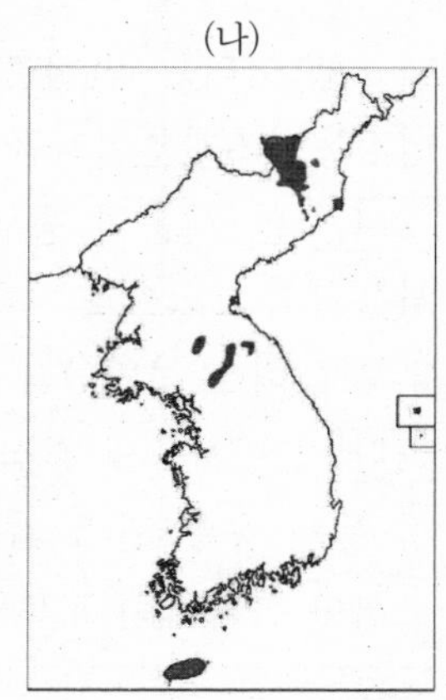

내용	학생 갑	을	병	정	무
(가)의 용식 작용으로 형성된 동굴에는 종유석, 석순 등이 발달한다.	○	○	○		○
(나)는 마그마가 분출한 후 굳어져 형성되었다.	○		○	○	○
(나)는 (가)보다 형성 시기가 이르다.		○	○	○	
(가), (나) 분포 지역은 밭보다 논의 면적 비율이 높다.	○			○	

① 갑 ② 을 ③ 병 ④ 정 ⑤ 무

15. 다음 <조건>을 모두 만족하는 (가)~(다) 작물을 그래프의 A~C에서 고른 것은? (단, (가)~(다)는 각각 과수, 맥류, 벼(쌀) 중 하나임.) [3점]

<조 건>
- (가)는 (나)보다 국내 자급률이 높다.
- (나)는 (다)보다 전국 생산량에서 제주권이 차지하는 비율이 높다.
- (가)~(다) 중 (가)는 전국 재배 면적이 가장 넓다.

<(가)~(다) 작물의 권역별 재배 면적 비율>

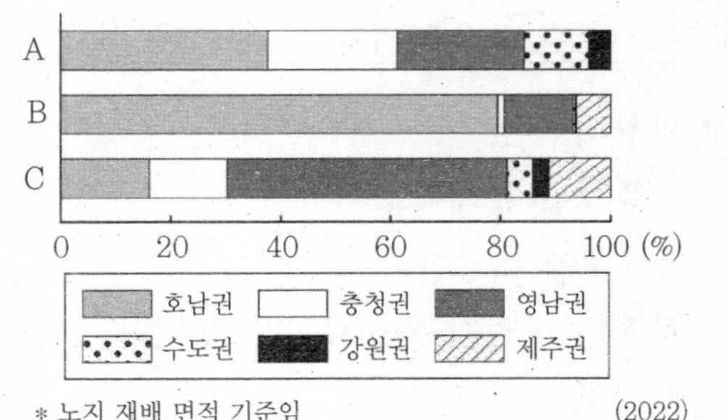

* 노지 재배 면적 기준임. (2022)

	(가)	(나)	(다)
①	A	B	C
②	A	C	B
③	B	A	C
④	B	C	A
⑤	C	A	B

해설편 75~76쪽

사회탐구 영역 (한국지리)

16. 다음 자료는 서울의 세 구(區)에 대한 설명이다. (가)~(다)를 그래프의 A~C에서 고른 것은? [3점]

> ○ (가) 는 서울의 동북부에 있는 구(區)로, 1980년대에 대규모 아파트 단지를 건설하면서 인구가 급증하였으며 법정동이 5개뿐이지만 행정동은 현재 19개에 달한다.
> ○ (나) 는 서울의 동남부에 있는 구(區)로, 1960년대에 서울의 부도심으로 계획되어 대규모 주택 단지와 상업·업무 시설이 조성되었다.
> ○ (다) 는 서울의 중심부에 있는 구(區)로, 은행 본점, 시청 등의 중추 관리 기능이 집중되어 있으며 여러 지하철 노선이 통과하는 교통의 요충지이다.

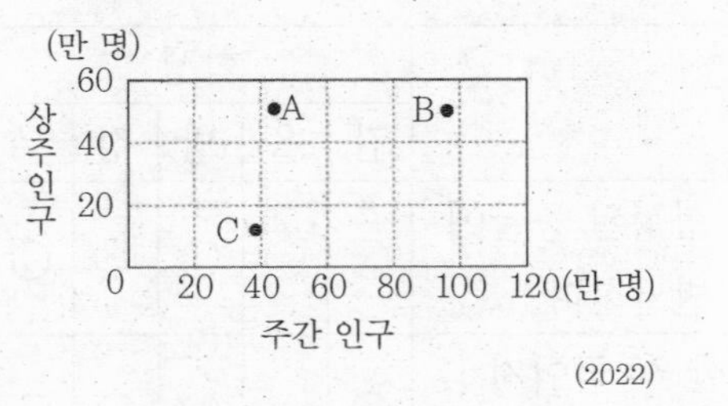

	(가)	(나)	(다)
①	A	B	C
②	A	C	B
③	B	A	C
④	C	A	B
⑤	C	B	A

17. 사진의 A~D 지형에 대한 설명으로 옳은 것은? (단, A~D는 각각 갯벌, 사빈, 석호, 암석 해안 중 하나임.)

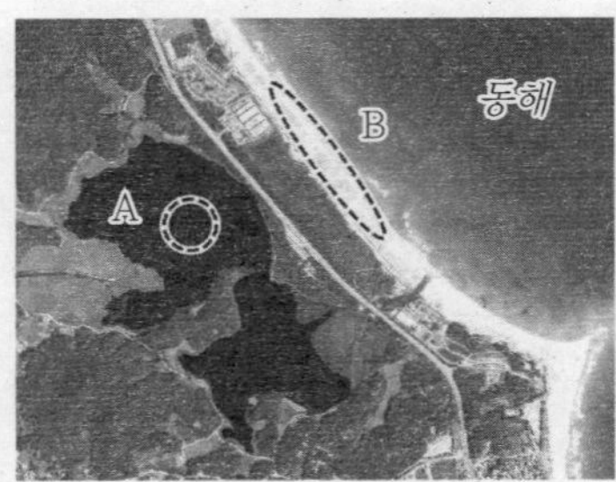

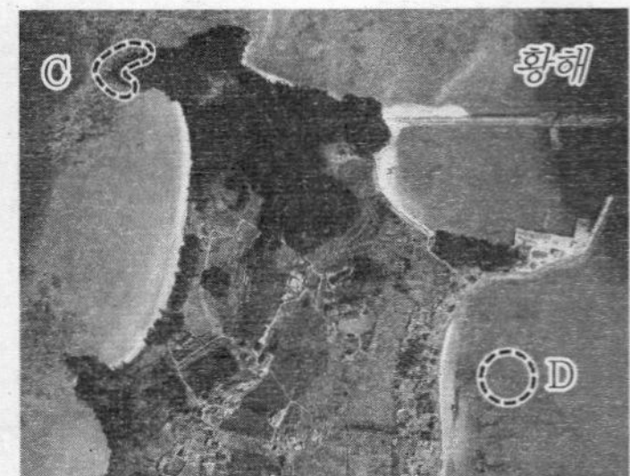

① A는 시간이 지남에 따라 면적이 점차 확대된다.
② B는 주로 조류의 퇴적 작용으로 형성된다.
③ C는 파랑 에너지가 분산되는 만에 잘 발달한다.
④ D는 동해안보다 서해안에 넓게 분포한다.
⑤ D는 B보다 퇴적 물질의 평균 입자 크기가 크다.

18. 다음 자료의 ㉠~㉣에 대한 설명으로 옳은 것은?

㉠ ○○산 (1,947 m)	산 정상부에 ㉡ 백록담이 있고, 독특한 화산 지형의 가치를 인정받아 세계 자연 유산으로 등재됨.
㉢ △△산 (1,708 m)	수많은 고개와 대청봉, 울산바위 등의 명소가 있으며 국립공원 및 생물권 보전 지역으로 지정됨.
㉣ ◎◎산 (1,915 m)	영호남의 경계에 위치하며 천왕봉을 주봉으로 거대한 산악군을 이루고 국립공원 제1호로 지정됨.

① ㉠은 중생대 이전에 형성되었다.
② ㉡은 분화구의 함몰로 형성된 칼데라호이다.
③ ㉢이 속한 산맥은 1차 산맥에 해당한다.
④ ㉣의 주된 기반암은 시멘트 공업의 주원료로 이용된다.
⑤ ㉠은 ㉣보다 고위도에 위치한다.

19. 다음은 한국지리 수업 장면의 일부이다. ㉠~㉤에 대한 설명으로 옳지 않은 것은?

> 교사 : 도시화에 따른 △△시 □□동의 변화를 ㉠ 지역 조사 순서에 맞춰 탐구해볼까요?
> 갑 : 조사 지역으로 선정된 ㉡ △△시 □□동의 위치를 찾아보고, 과거와 현재의 경관 변화를 ㉢ 항공 사진과 인터넷 지도를 이용하여 조사하겠습니다.
> 을 : 도시화로 인한 지역의 인구 변화를 살펴보고, 지역 변화에 대한 ㉣ 주민들의 인식을 조사하겠습니다.
> 병 : 수집한 지리 정보를 정리해 그래프와 ㉤ 통계 지도로 표현하고 보고서로 작성하겠습니다.

① ㉠은 지리 정보를 수집하고 분석해 지역성을 파악하는 활동이다.
② ㉡은 지리 정보의 유형 중 공간 정보에 해당한다.
③ ㉢은 지역 조사 과정 중 실내 조사에 해당한다.
④ ㉣은 주로 원격 탐사를 통해 수집한다.
⑤ 단계 구분도, 도형 표현도, 유선도는 ㉤에 해당한다.

20. 다음 자료는 교통수단의 특성을 나타낸 것이다. 이에 대한 설명으로 옳은 것만을 〈보기〉에서 고른 것은? (단, A~C는 각각 도로, 철도, 해운 중 하나임.) [3점]

<교통수단별 운송비 구조>

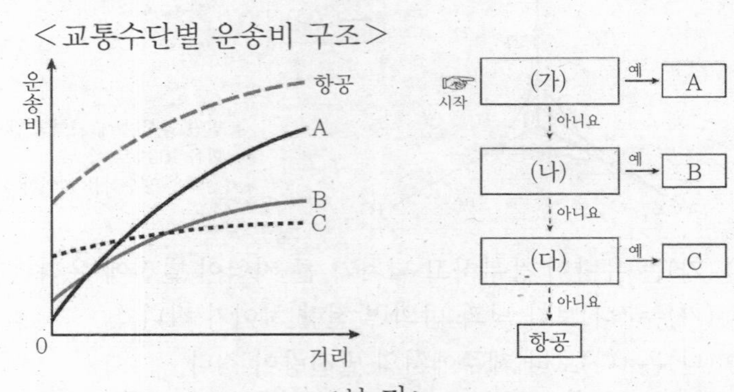

〈보 기〉
ㄱ. (가)에는 "기종점 비용이 가장 저렴합니까?"가 들어갈 수 있다.
ㄴ. (나)에는 "평균 운행 속도가 가장 빠릅니까?"가 들어갈 수 있다.
ㄷ. (다)에는 "국제 화물 수송 분담률이 가장 높습니까?"가 들어갈 수 있다.
ㄹ. A~C 중 주행 비용 증가율은 C가 가장 높다.

① ㄱ, ㄴ ② ㄱ, ㄷ ③ ㄴ, ㄷ
④ ㄴ, ㄹ ⑤ ㄷ, ㄹ

> ※ **확인 사항**
> ○ **답안지의 해당란에 필요한 내용을 정확히 기입(표기)했는지 확인하시오.**

해설편 76쪽

2024년 10월 고3 전국연합학력평가 문제지

사회탐구 영역 (한국지리)

20회	
시험 시간	30분
날짜	월 일
시작 시각	:
종료 시각	:

제 4 교시 | 성명 | 수험번호 -

1. 지도는 대동여지도의 일부이다. 이에 대한 옳은 설명만을 〈보기〉에서 고른 것은?

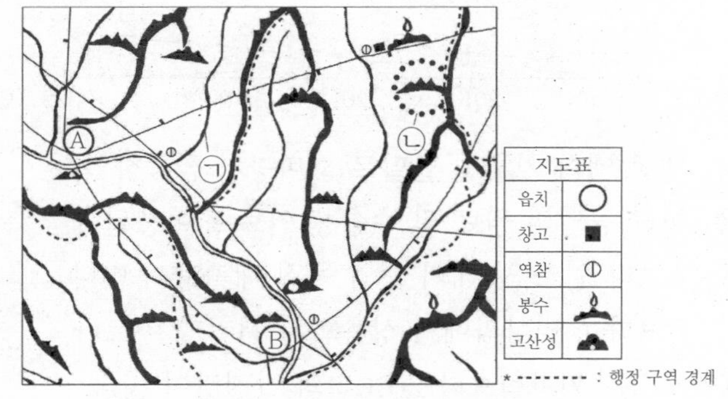

<보 기>

ㄱ. B와 가장 가까운 역참은 20리 이상 떨어져 있다.
ㄴ. A에서 B까지 이동할 때 배를 이용할 수 있다.
ㄷ. ㉠ 하천은 대체로 북쪽에서 남쪽으로 흐른다.
ㄹ. ㉡의 해발 고도를 정확하게 알 수 있다.

① ㄱ, ㄴ ② ㄱ, ㄷ ③ ㄴ, ㄷ
④ ㄴ, ㄹ ⑤ ㄷ, ㄹ

2. 다음은 자연재해에 관한 재난 안전 문자 내용이다. 이에 대한 옳은 설명만을 〈보기〉에서 고른 것은? (단, (가)~(라)는 각각 대설, 지진, 태풍, 호우 중 하나임.)

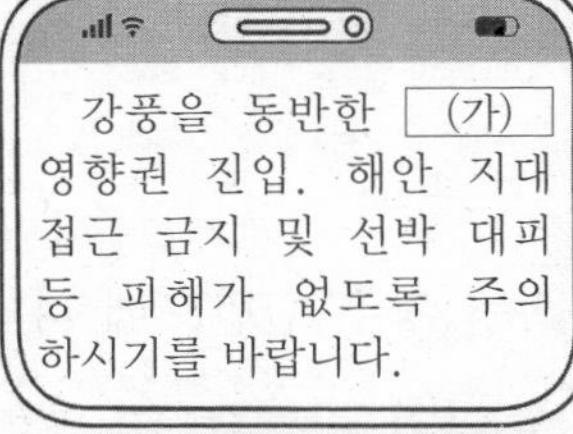

강풍을 동반한 (가) 영향권 진입. 해안 지대 접근 금지 및 선박 대피 등 피해가 없도록 주의하시기를 바랍니다.

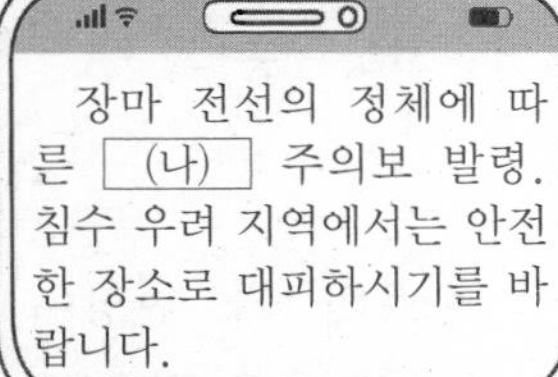

장마 전선의 정체에 따른 (나) 주의보 발령. 침수 우려 지역에서는 안전한 장소로 대피하시기를 바랍니다.

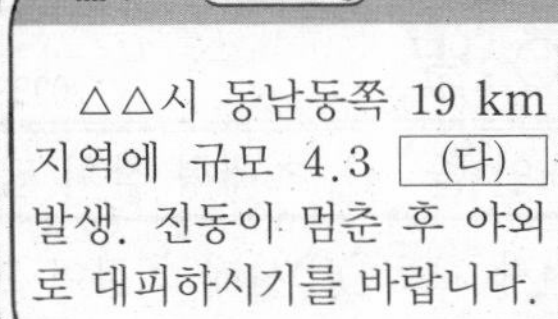

△△시 동남동쪽 19 km 지역에 규모 4.3 (다) 발생. 진동이 멈춘 후 야외로 대피하시기를 바랍니다.

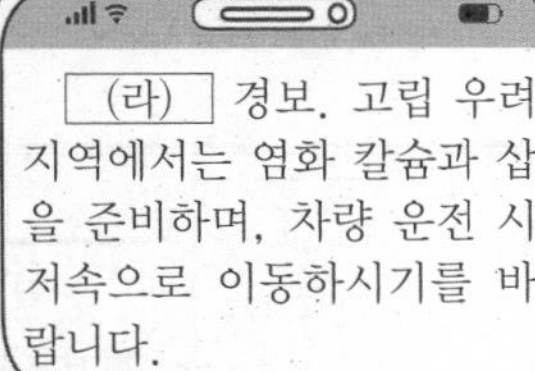

(라) 경보. 고립 우려 지역에서는 염화 칼슘과 삽을 준비하며, 차량 운전 시 저속으로 이동하시기를 바랍니다.

<보 기>

ㄱ. (가)는 여름철보다 겨울철에 발생 빈도가 높다.
ㄴ. (나)는 (라)보다 연 강수량에서 차지하는 비율이 높다.
ㄷ. (다)는 기후적 요인, (라)는 지형적 요인에 의해 발생한다.
ㄹ. 2013~2022년 경기의 누적 피해액은 (가)보다 (나)에 의한 것이 많다.

① ㄱ, ㄴ ② ㄱ, ㄷ ③ ㄴ, ㄷ
④ ㄴ, ㄹ ⑤ ㄷ, ㄹ

3. 다음 자료는 제주특별자치도에서 사용되는 관광 우편 날짜 도장을 나타낸 것이다. (가)~(라)에 대한 설명으로 옳은 것은?

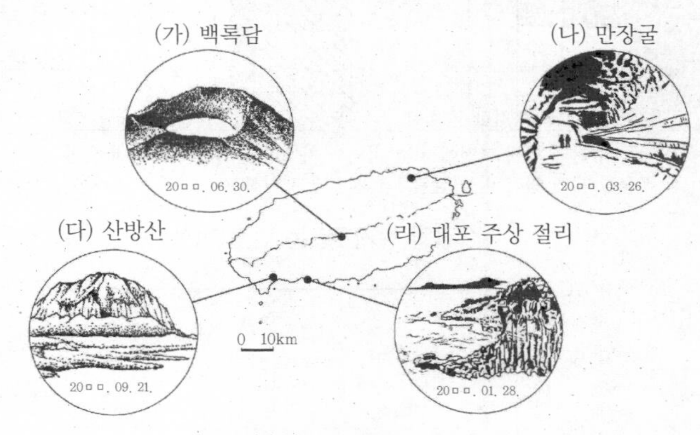

① (가)는 분화구가 함몰되어 형성되었다.
② (나)는 지하수의 용식 작용으로 형성되었다.
③ (다)의 주변 지역에는 주로 붉은색 토양이 분포한다.
④ (라)는 화강암이 지표면에 노출되는 과정에서 형성되었다.
⑤ (다)는 (나)보다 점성이 큰 용암이 분출하여 형성되었다.

4. 지도의 A~E에 대한 설명으로 옳지 않은 것은? (단, 타 국가의 행위는 우리나라의 사전 허가가 없이 이루어짐.) [3점]

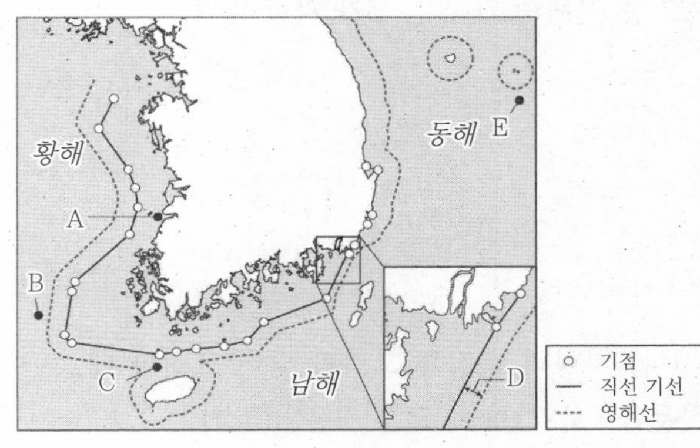

① A에서 간척 사업을 하더라도 영해의 범위는 변함이 없다.
② B에서는 중국 어선의 조업 활동이 보장된다.
③ C에서는 통상적으로 민간 선박의 무해 통항권이 인정된다.
④ D의 범위는 직선 기선으로부터 3해리까지 인정된다.
⑤ E에서는 일본과 공동으로 어족 자원을 관리한다.

5. 다음 글의 (가)~(다)에 대한 설명으로 옳은 것은? (단, (가)~(다)는 각각 금강, 섬진강, 한강 중 하나임.) [3점]

> (가) 은 장수의 뜬봉샘에서 발원해 대전, 서천 등을 지나 바다로 유입된다. (나) 은 진안의 데미샘에서 발원해 구례, 하동 등을 지나 바다로 유입된다. (다) 은 태백의 검룡소에서 발원하며 그 지류 중 하나는 북한에서 시작한다.

① (나)의 하구에는 삼각주가 넓게 형성되어 있다.
② (나)는 (다)보다 유역 면적이 넓다.
③ (다)는 (가)보다 생활용수로 이용되는 양이 많다.
④ (가)와 (나)는 모두 황해로 유입된다.
⑤ (가)와 (다)에는 모두 하굿둑이 건설되어 있다.

해설편 77쪽

사회탐구 영역 (한국지리)

6. 그래프에 대한 설명으로 옳은 것은? (단, (가)~(다)는 각각 과수, 맥류, 벼 중 하나이며, A~C는 각각 경북, 전북, 제주 중 하나임.) [3점]

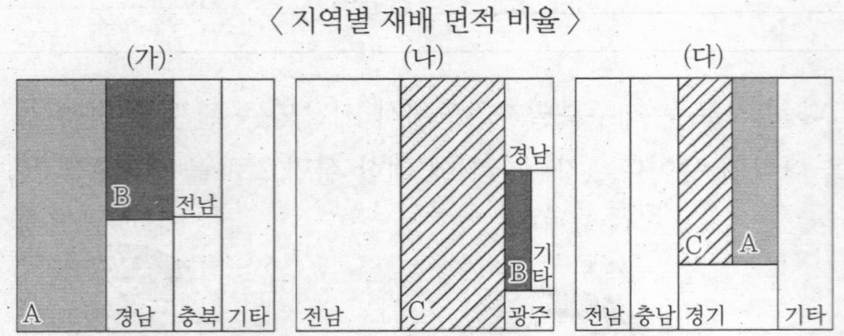

* 각 작물의 전국 재배 면적에서 각 지역이 차지하는 비율을 나타낸 것임.
** 각 작물별 재배 면적 비율 상위 5개 지역만 제시하고 나머지는 기타에 포함함.

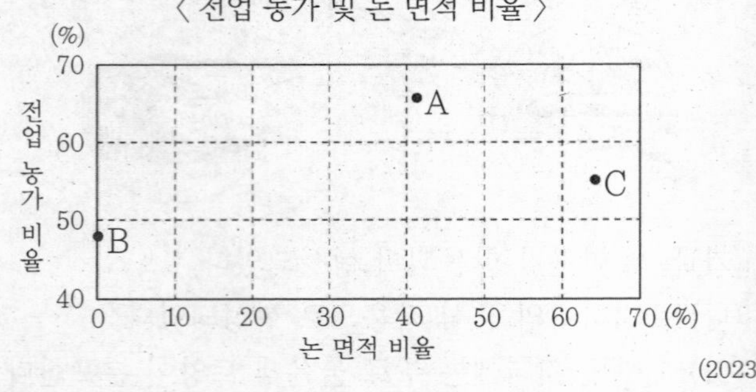

① (가)는 우리나라의 주곡 작물이다.
② (다)는 노지 재배 면적보다 시설 재배 면적이 넓다.
③ (나)는 (가)보다 전국 총생산량이 많다.
④ C는 (나)보다 (다)의 재배 면적이 넓다.
⑤ A~C 중 전체 농가 수는 B가 가장 많다.

7. (가), (나) 지형의 특징을 그림과 같이 표현할 때, A~D에 해당하는 질문을 〈보기〉에서 고른 것은? [3점]

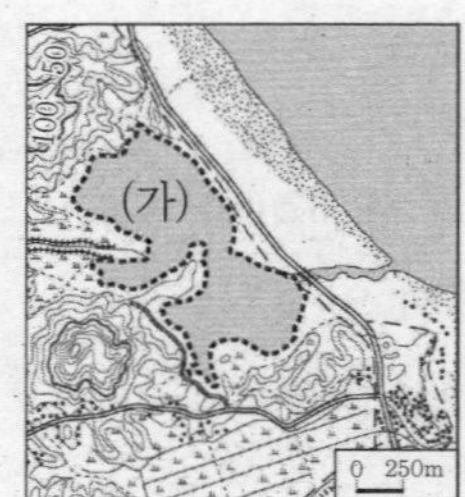

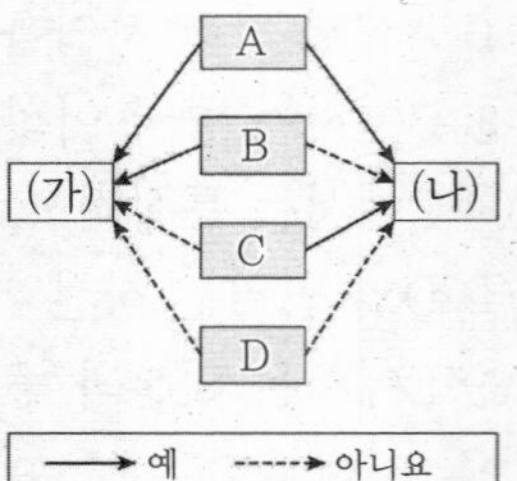

〈보 기〉

ㄱ. 곶에 주로 발달합니까?
ㄴ. 서해안보다 동해안에 주로 분포합니까?
ㄷ. 조류에 의한 퇴적 작용으로 형성되었습니까?
ㄹ. 만의 입구에 사주가 발달하여 형성되었습니까?

	A	B	C	D
①	ㄱ	ㄷ	ㄴ	ㄹ
②	ㄴ	ㄹ	ㄱ	ㄷ
③	ㄴ	ㄹ	ㄷ	ㄱ
④	ㄹ	ㄴ	ㄱ	ㄷ
⑤	ㄹ	ㄴ	ㄷ	ㄱ

8. 그래프는 A~D 에너지원별 발전량 비율의 변화를 나타낸 것이다. 이에 대한 설명으로 옳은 것은? (단, A~D는 각각 석유, 석탄, 원자력, 천연가스 중 하나임.)

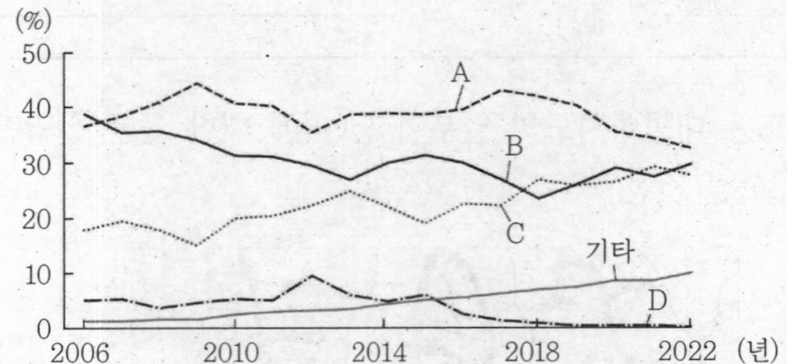

① A는 냉동 액화 기술의 발달로 소비량이 급증하였다.
② B는 화학 공업의 원료 및 수송용 연료로 이용된다.
③ C는 A보다 연소 시 대기 오염 물질 배출량이 많다.
④ D는 C보다 우리나라에서 상용화된 시기가 이르다.
⑤ 천연가스는 원자력보다 2010년의 발전량이 많다.

9. 다음은 세 지역의 산업별 특성을 나타낸 것이다. (가)~(다)에 해당하는 지역으로 옳은 것은?

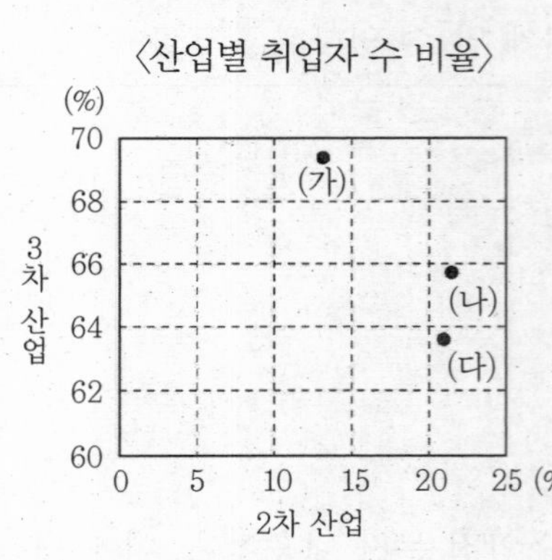

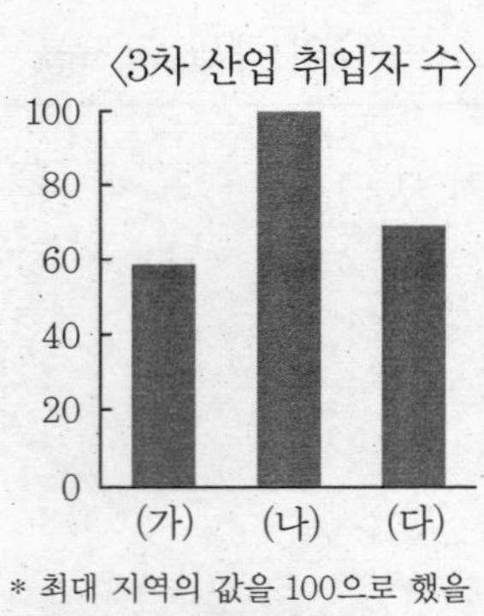

* 최대 지역의 값을 100으로 했을 때의 상댓값임. (2023)

	(가)	(나)	(다)
①	전북	경남	충남
②	전북	충남	경남
③	충남	경남	전북
④	충남	전북	경남
⑤	경남	전북	충남

10. 다음 자료의 (가) 현상이 지속될 경우 한반도에 나타날 변화에 대한 추론으로 옳은 것은?

○○신문 2023년 ◇월 ◇일

'고래인 줄….', 초대형 참치 잡혀

강원특별자치도 ○○시에서 길이 1.8m, 무게 160 kg에 달하는 초대형 참치(참다랑어)가 잡혔다. 참치는 주로 아열대 및 열대 바다에서 서식한다. 그런데 (가) 현상으로 인해 최근에는 우리나라 동해안에서도 참치를 어렵지 않게 볼 수 있다.

① 단풍이 드는 시기가 빨라질 것이다.
② 하천의 결빙 일수가 감소할 것이다.
③ 난대림의 북한계선이 남하할 것이다.
④ 열대야와 열대일 발생 일수가 감소할 것이다.
⑤ 고산 식물 분포의 고도 하한선이 낮아질 것이다.

해설편 78쪽

사회탐구 영역 (한국지리)

11. 그래프는 권역별 특성을 나타낸 것이다. 이에 대한 옳은 설명만을 〈보기〉에서 있는 대로 고른 것은? (단, (가), (나)는 각각 논벼 재배 면적 비율, 서비스업 사업체 수 비율 중 하나이며, A~C는 각각 수도권, 영남권, 충청권 중 하나임.) [3점]

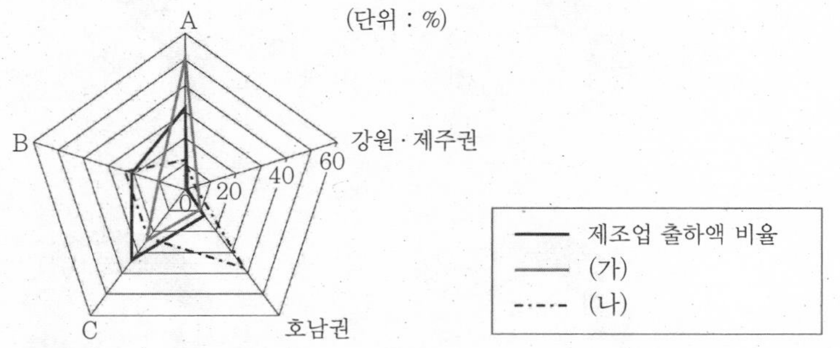

* 전국 대비 각 권역별 비율임.
** 제조업은 종사자 수 10인 이상 사업체를 대상으로 함. (2022)

<보 기>

ㄱ. A는 C보다 천연가스 공급량이 많다.
ㄴ. A와 B는 황해와 접해 있다.
ㄷ. B와 C의 인구 1위 도시는 내륙에 위치한다.
ㄹ. (가)는 서비스업 사업체 수 비율, (나)는 논벼 재배 면적 비율이다.

① ㄱ, ㄴ ② ㄱ, ㄷ ③ ㄷ, ㄹ ④ ㄱ, ㄴ, ㄹ ⑤ ㄴ, ㄷ, ㄹ

12. 다음은 북한 지역에 대한 한국 지리 수업 장면이다. 교사의 질문에 대한 학생의 발표 내용으로 옳은 것은?

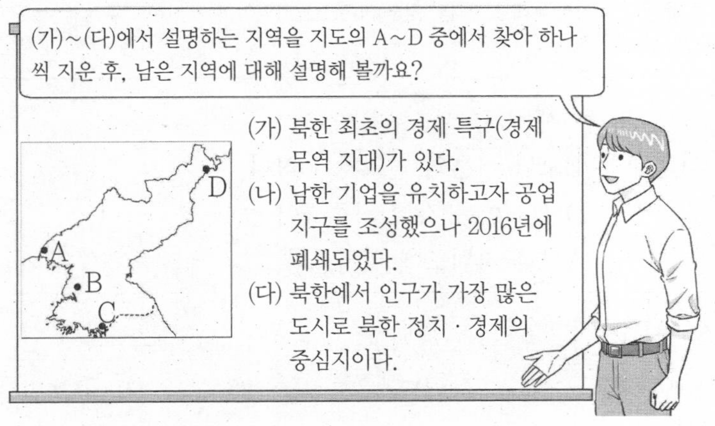

(가)~(다)에서 설명하는 지역을 지도의 A~D 중에서 찾아 하나씩 지운 후, 남은 지역에 대해 설명해 볼까요?
(가) 북한 최초의 경제 특구(경제 무역 지대)가 있다.
(나) 남한 기업을 유치하고자 공업 지구를 조성했으나 2016년에 폐쇄되었다.
(다) 북한에서 인구가 가장 많은 도시로 북한 정치 · 경제의 중심지이다.
A
B
C
D

① 갑 : 경의선 철도의 종착역이 있어요.
② 을 : 황해도 지명이 유래된 도시 중 하나예요.
③ 병 : 대동강 하구에 위치하며 서해 갑문이 있어요.
④ 정 : 한류의 영향으로 여름철 기온이 낮은 편이에요.
⑤ 무 : 기반암이 풍화되어 형성된 일만 이천 봉의 명산이 있어요.

13. 그래프는 지도에 표시된 네 지역의 특성을 나타낸 것이다. (가)~(라) 지역에 대한 옳은 설명만을 〈보기〉에서 고른 것은?

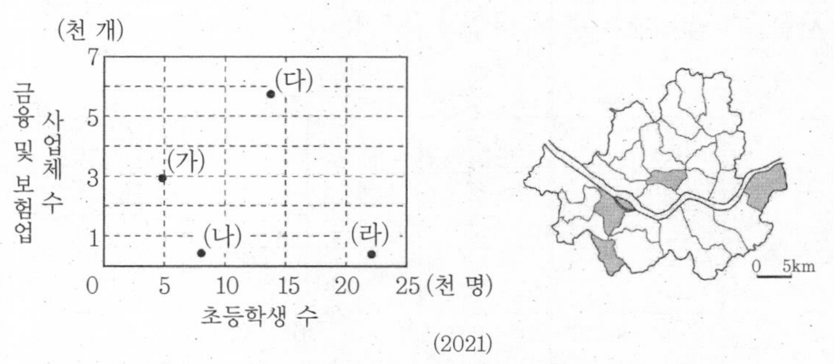

<보 기>

ㄱ. (가)는 (나)보다 시가지 형성 시기가 이르다.
ㄴ. (나)는 (라)보다 지역 내 제조업 종사자 비율이 낮다.
ㄷ. (다)는 (가)보다 상주인구가 많다.
ㄹ. (라)는 (다)보다 주간 인구 지수가 높다.

① ㄱ, ㄴ ② ㄱ, ㄷ ③ ㄴ, ㄷ ④ ㄴ, ㄹ ⑤ ㄷ, ㄹ

14. 지도는 신 · 재생 에너지원별 생산량 상위 5개 지역을 나타낸 것이다. (가)~(다) 에너지에 대한 설명으로 옳은 것은? (단, (가)~(다)는 각각 수력, 태양광, 풍력 중 하나임.)

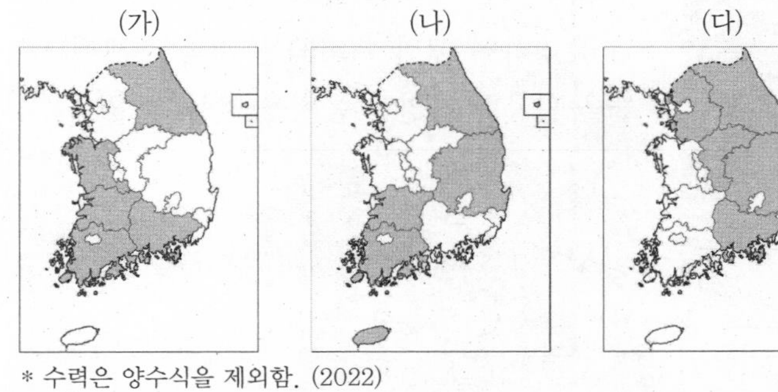

* 수력은 양수식을 제외함. (2022)

① (나)는 낙차가 크고 유량이 풍부한 곳이 발전에 유리하다.
② (다)는 일조 시수가 긴 지역에서 개발 잠재력이 높다.
③ (다)는 (가)보다 주간과 야간의 생산량 차이가 크다.
④ 전남은 (가)보다 (나)의 생산량이 많다.
⑤ 전국 총생산량은 (가)~(다) 중 (가)가 가장 많다.

15. 그래프는 세 지역 간의 통근 · 통학 인구를 나타낸 것이다. (나)에 대한 (가)의 상대적 특성을 그림의 A~E에서 고른 것은? (단, (가), (나)는 각각 부산, 울산 중 하나임.) [3점]

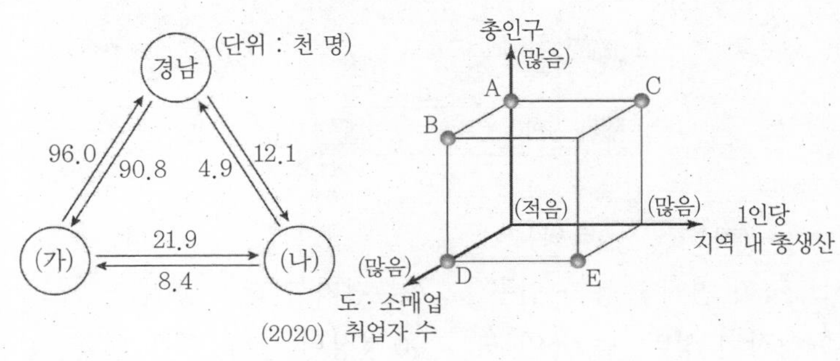

① A ② B ③ C ④ D ⑤ E

해설편 79쪽

사회탐구 영역 (한국지리)

16. 그래프는 다섯 지역의 두 시기 인구 부양비와 총인구를 나타낸 것이다. 이에 대한 설명으로 옳은 것은? (단, A~D는 각각 경기, 서울, 전남, 제주 중 하나임.) [3점]

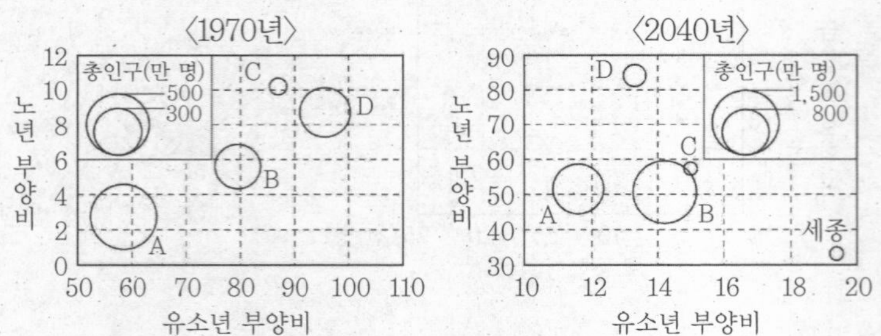

* 2040년 값은 추정치이며, 세종은 2040년에만 표시됨.
** 유소년 부양비와 노년 부양비는 원의 가운데 값임.

① B의 총부양비는 1970년보다 2040년이 높다.
② C와 D의 유소년 부양비 차이는 1970년보다 2040년이 크다.
③ A는 서울, D는 전남이다.
④ 2040년 세종의 노령화 지수는 100 미만이다.
⑤ 서울은 경기보다 1970~2040년의 인구 증가율이 높다.

17. 다음 자료에서 설명하는 지역을 지도의 A~E에서 고른 것은?

이 지역은 석회암이 널리 분포하며 '못밭'이라고 불리는 돌리네와 그 주변에서 밭농사가 주로 이루어진다. 지리적 표시제에 등록된 마늘이 특히 유명하여 매년 개최되는 지역 축제에서는 마늘을 활용한 다양한 음식을 맛볼 수 있다.

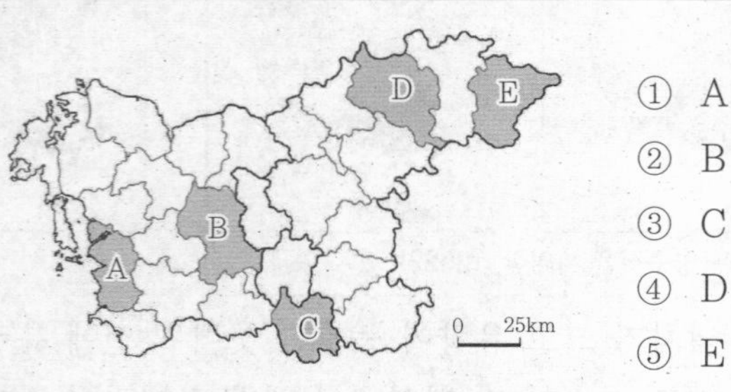

① A
② B
③ C
④ D
⑤ E

18. 지도는 (가), (나) 지표의 경기도 내 상위 및 하위 5개 시·군을 나타낸 것이다. (가), (나) 지표로 옳은 것은? [3점]

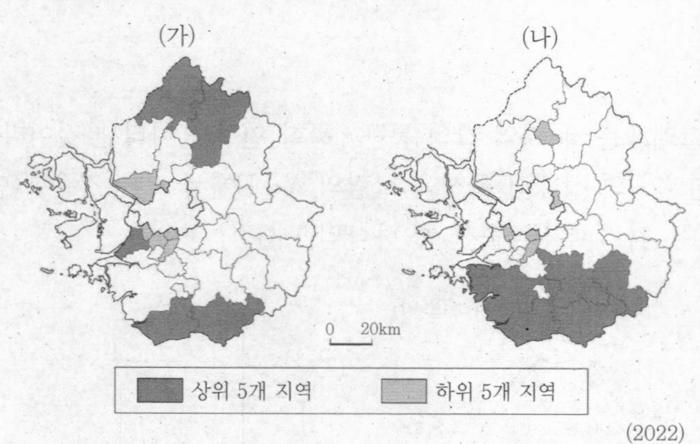

	(가)	(나)		(가)	(나)
①	경지 면적	농가 인구	②	경지 면적	중위 연령
③	청장년 성비	농가 인구	④	청장년 성비	중위 연령
⑤	중위 연령	경지 면적			

19. 그래프는 (가)~(라) 지역의 제조업 업종별 출하액 비율을 나타낸 것이다. 이에 대한 설명으로 옳은 것은? (단, (가)~(라)는 각각 아산, 원주, 청주, 화성 중 하나임.) [3점]

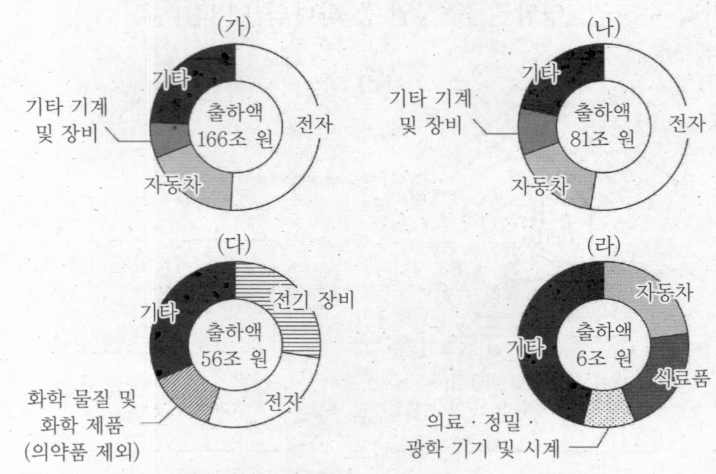

* 종사자 수 10인 이상 사업체를 대상으로 함.
** 각 지역별 출하액 상위 3개 업종만 제시하고 나머지는 기타에 포함함.
*** 전자 부품·컴퓨터·영상·음향 및 통신 장비 제조업은 '전자'로, 자동차 및 트레일러 제조업은 '자동차'로 나타냄. (2022)

① (나)는 수도권과 전철로 연결되어 있다.
② (라)는 도청 소재지이다.
③ (나)는 (가)보다 자동차 및 트레일러 제조업의 출하액이 많다.
④ (가)는 화성, (다)는 아산이다.
⑤ (다)에는 기업 도시, (라)에는 혁신 도시가 조성되어 있다.

20. 그래프는 지도에 표시된 네 지역의 (가), (나) 평균 기온 차이를 나타낸 것이다. 이에 대한 옳은 설명만을 〈보기〉에서 고른 것은? (단, (가), (나)는 각각 겨울, 여름 중 하나임.) [3점]

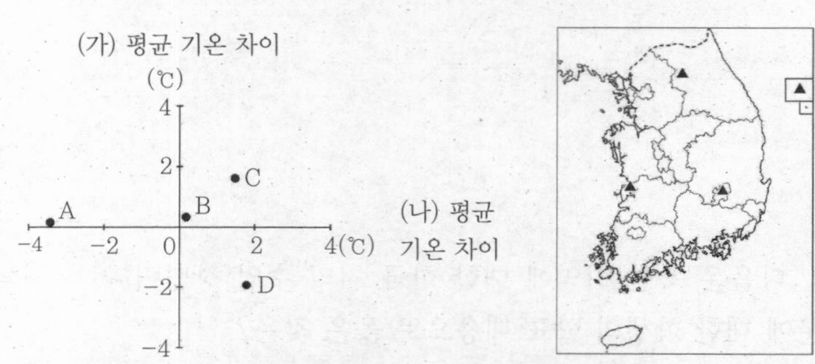

* 평균 기온 차이 = 해당 지역의 평균 기온 − 네 지역의 평균 기온
** 1991~2020년의 평년값임.

〈보 기〉

ㄱ. (가)는 겨울, (나)는 여름이다.
ㄴ. A는 B보다 기온의 연교차가 작다.
ㄷ. B는 D보다 여름 강수 집중률이 높다.
ㄹ. C는 A보다 저위도에 위치한다.

① ㄱ, ㄴ　② ㄱ, ㄷ　③ ㄴ, ㄷ
④ ㄴ, ㄹ　⑤ ㄷ, ㄹ

※ 확인 사항
○ **답안지의 해당란에 필요한 내용을 정확히 기입(표기)했는지 확인하시오.**

해설편 80쪽

사회탐구 영역 (한국지리)

21회	
시험 시간	30분
날짜	월 일
시작 시각	:
종료 시각	:

제 4 교시 | 성명 | 수험번호 -

1. (가)와 (나)는 조선 시대에 제작된 고지도와 지리지의 일부이다. 이에 대한 설명으로 옳은 것은?

(가)

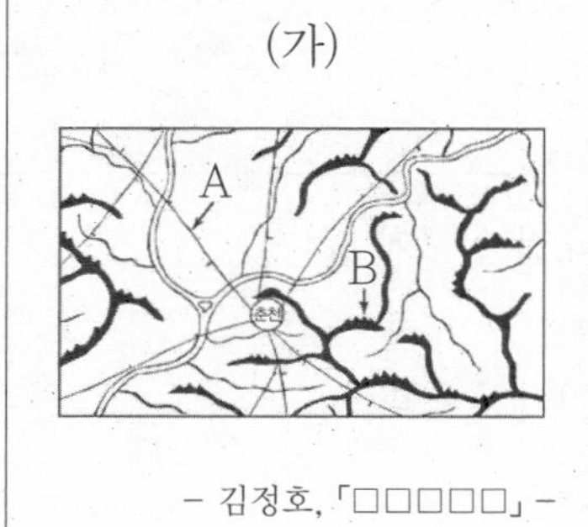
A
B

– 김정호, 「□□□□□」 –

(나)

춘천은 …(중략)… ㉠ 산속에는 평야가 넓게 펼쳐져 있고 그 복판으로 두 강이 흐른다. 토질이 단단하고 기후가 온화하며 강과 산이 맑고 시원하며 땅이 비옥해서 대를 이어 사는 사대부가 많다.

– 이중환, 「○○○」 –

① (가)는 조선 후기에 제작되었다.
② (가)에서 A는 하천을 표현한 것이다.
③ (가)를 통해 B의 정확한 해발 고도를 알 수 있다.
④ (가)와 (나)는 모두 국가 통치의 목적으로 제작되었다.
⑤ ㉠은 이중환이 제시한 가거지 조건 중 인심(人心)에 해당한다.

2. 다음 자료는 답사 계획서의 일부이다. (가), (나) 지역을 지도의 A~E에서 고른 것은? (단, 일정별 답사 지역은 다른 지역임.)

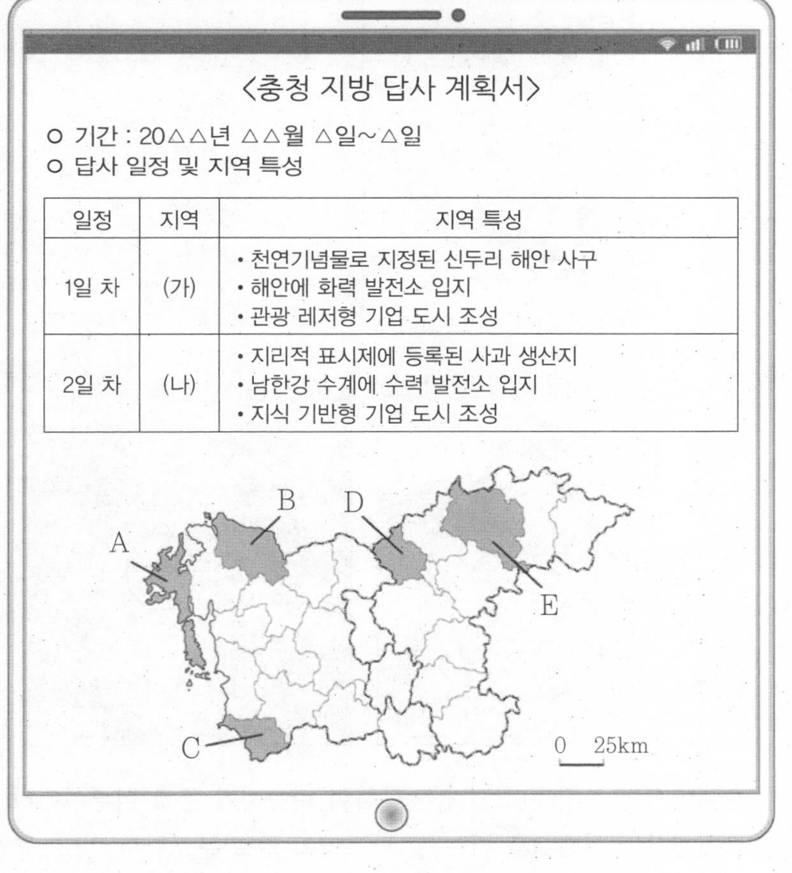

<충청 지방 답사 계획서>

○ 기간 : 20△△년 △△월 △일~△일
○ 답사 일정 및 지역 특성

일정	지역	지역 특성
1일 차	(가)	• 천연기념물로 지정된 신두리 해안 사구 • 해안에 화력 발전소 입지 • 관광 레저형 기업 도시 조성
2일 차	(나)	• 지리적 표시제에 등록된 사과 생산지 • 남한강 수계에 수력 발전소 입지 • 지식 기반형 기업 도시 조성

A
B
D
E
C
0 25km

	(가)	(나)		(가)	(나)
①	A	D	②	A	E
③	B	D	④	B	E
⑤	C	E			

3. 다음은 온라인 수업 장면의 일부이다. 댓글의 내용이 옳은 학생만을 고른 것은?

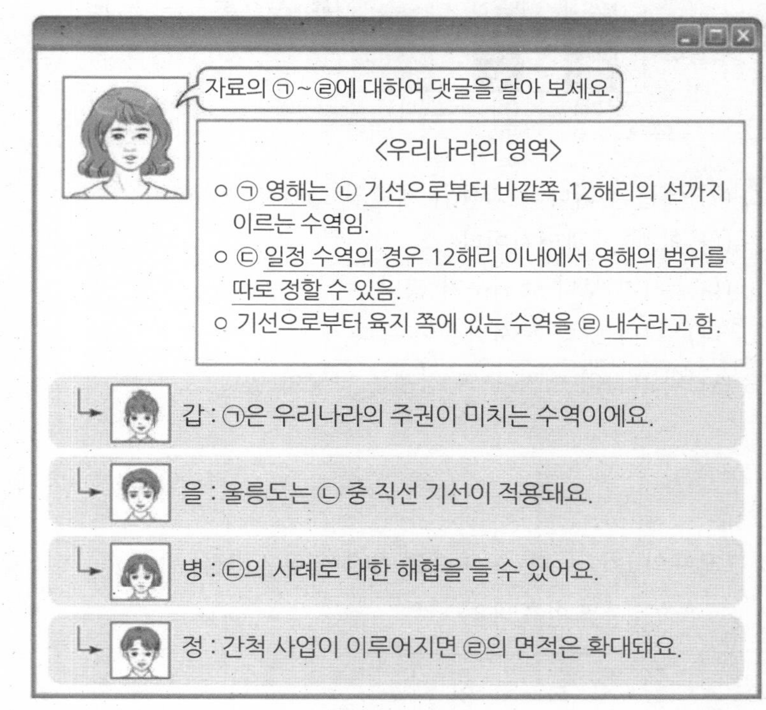
자료의 ㉠~㉣에 대하여 댓글을 달아 보세요.
<우리나라의 영역>
○ ㉠ 영해는 ㉡ 기선으로부터 바깥쪽 12해리의 선까지 이르는 수역임.
○ ㉢ 일정 수역의 경우 12해리 이내에서 영해의 범위를 따로 정할 수 있음.
○ 기선으로부터 육지 쪽에 있는 수역을 ㉣ 내수라고 함.
갑 : ㉠은 우리나라의 주권이 미치는 수역이에요.
을 : 울릉도는 ㉡ 중 직선 기선이 적용돼요.
병 : ㉢의 사례로 대한 해협을 들 수 있어요.
정 : 간척 사업이 이루어지면 ㉣의 면적은 확대돼요.

① 갑, 을 ② 갑, 병 ③ 을, 병 ④ 을, 정 ⑤ 병, 정

4. 다음 글은 도시 재개발의 사례이다. (가), (나) 도시 재개발의 상대적 특성을 비교할 때, 그림의 A, B에 들어갈 항목으로 옳은 것은?

(가) ○○시 □□동 일대는 달동네였다. 그러나 재개발이 진행되면서 노후화된 주택들이 대규모 아파트 단지로 변화하였다. 현재는 과거의 흔적을 찾아보기가 어렵게 되었다.

(나) ◇◇시 △△동 일대는 달동네였다. 지금도 과거의 흔적이 남아 있지만 주민, 작가, 학생들이 합심하여 마을 담벼락에 그림을 그리고 조형물을 설치하여 마을을 변모시켰다.

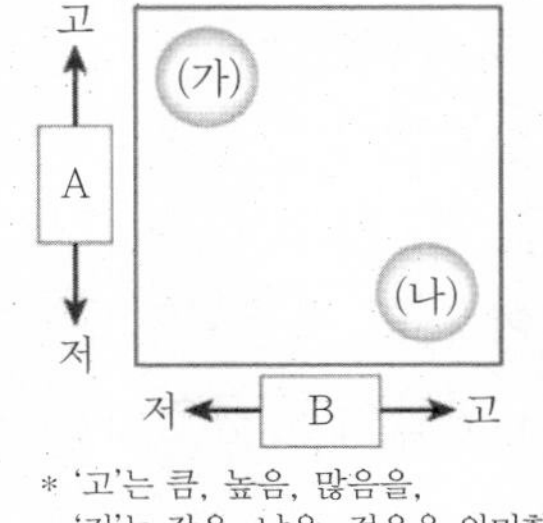
고
A
저
(가)
(나)
저
B
고

* '고'는 큼, 높음, 많음을, '저'는 작음, 낮음, 적음을 의미함.

	A	B
①	기존 건물 활용도	건물 평균 층수
②	기존 건물 활용도	자본 투입 규모
③	건물 평균 층수	자본 투입 규모
④	건물 평균 층수	기존 건물 활용도
⑤	자본 투입 규모	건물 평균 층수

○ 해설편 81쪽

사회탐구 영역 (한국지리)

5. 그래프에 대한 설명으로 옳은 것은? (단, (가)~(다)는 각각 수도권, 영남권, 호남권 중 하나임.) [3점]

〈인구 규모에 따른 도시 및 군(郡) 지역 인구 비율〉

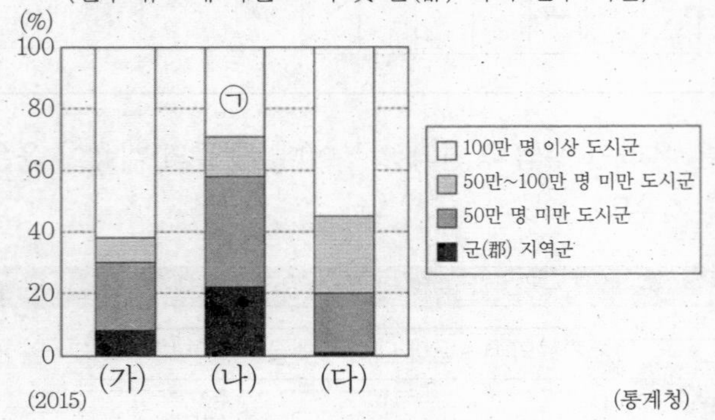

① (가)에는 우리나라 최상위 계층의 도시가 위치한다.
② (나)의 ㉠은 광역시이다.
③ (나)는 (가)보다 총인구가 많다.
④ (나)는 (다)보다 도시화율이 높다.
⑤ (나)와 (다)의 행정 구역 경계는 맞닿아 있다.

6. 그래프의 (가)~(다) 지역으로 옳은 것은? [3점]

〈연령층별 인구 비율〉

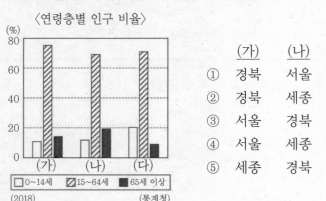

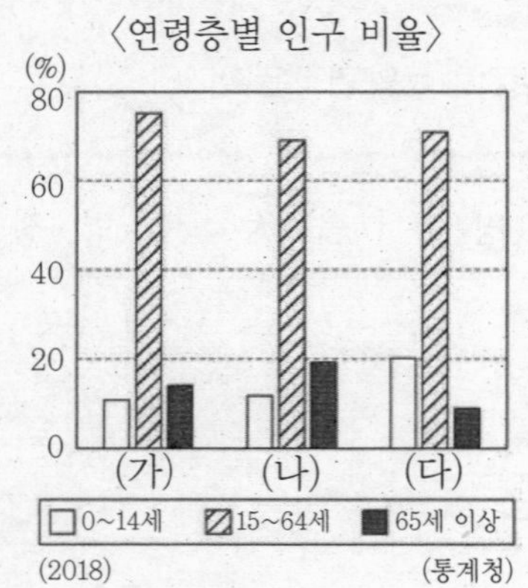

	(가)	(나)	(다)
①	경북	서울	세종
②	경북	세종	서울
③	서울	경북	세종
④	서울	세종	경북
⑤	세종	경북	서울

7. (가), (나) 지역에 대한 설명으로 옳은 것은? [3점]

(가) (나)

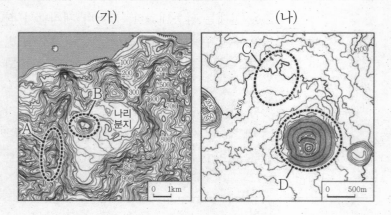

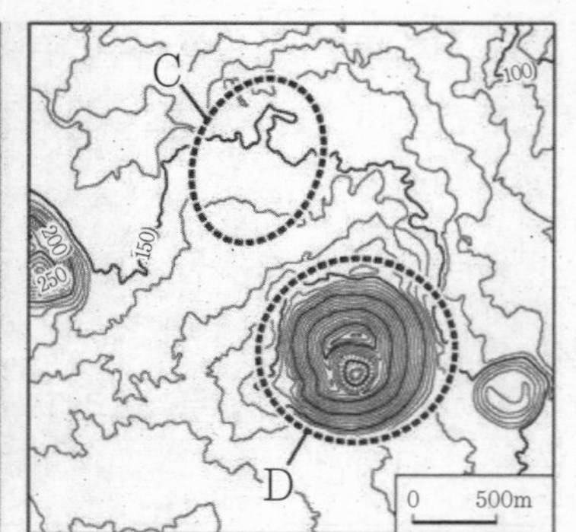

① (가)의 분지는 지하수의 용식 작용으로 형성되었다.
② (가)와 (나)에서는 공룡 발자국 화석이 발견된다.
③ D는 화구의 함몰로 형성된 칼데라이다.
④ A는 C보다 점성이 낮은 현무암질 용암이 흘러 형성되었다.
⑤ B는 A가 형성된 이후 용암이 분출하여 만들어진 중앙 화구구이다.

8. 표는 지도에 표시된 서울시 세 구(區)의 인구 특성을 나타낸 것이다. A~C 구(區)에 대한 설명으로 옳은 것만을 〈보기〉에서 고른 것은?

구분	상주인구 (천 명)	주간 인구 지수	초등학생 (천 명)
A	553	85	31
B	119	373	6
C	225	128	10

(2015) (통계청)

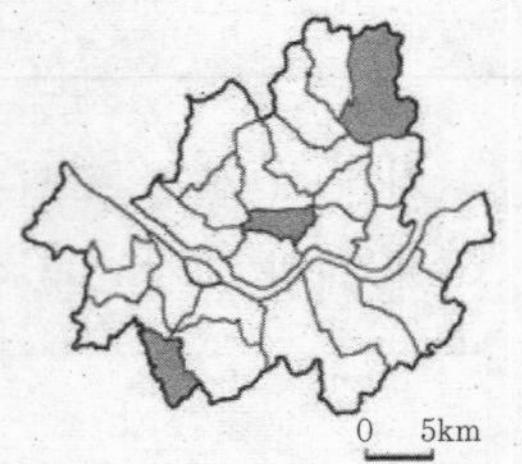

〈보 기〉

ㄱ. A는 B보다 출근 시간대에 순 유입 인구가 많다.
ㄴ. A는 C보다 제조업체 수가 많다.
ㄷ. B는 A보다 상업 용지의 평균 지가가 높다.
ㄹ. B는 C보다 주간 인구가 많다.

① ㄱ, ㄴ ② ㄱ, ㄷ ③ ㄴ, ㄷ ④ ㄴ, ㄹ ⑤ ㄷ, ㄹ

9. 표는 지표별로 광역시의 순위를 나타낸 것이다. (가)에 해당하는 도시를 지도의 A~E에서 고른 것은?

지표 \ 순위	1위	2위	3위	4위	5위	6위
인구	○○	인천	□□	◇◇	△△	(가)
지역 내 총생산	○○	인천	(가)	□□	◇◇	△△
1인당 지역 내 총생산	(가)	인천	◇◇	△△	○○	□□

(2018) (통계청)

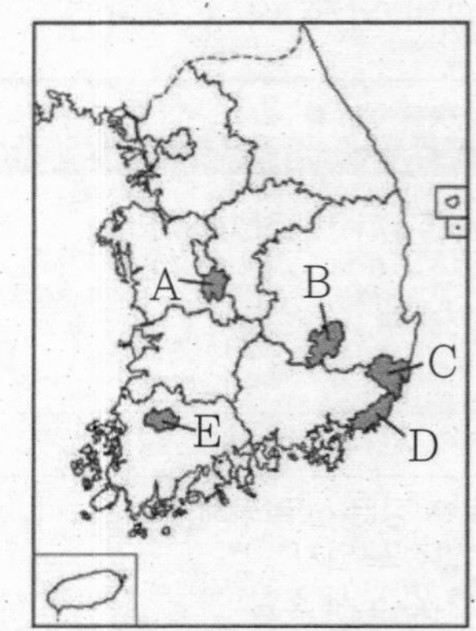

① A
② B
③ C
④ D
⑤ E

10. 지도의 A~D에 대한 설명으로 옳은 것은? [3점]

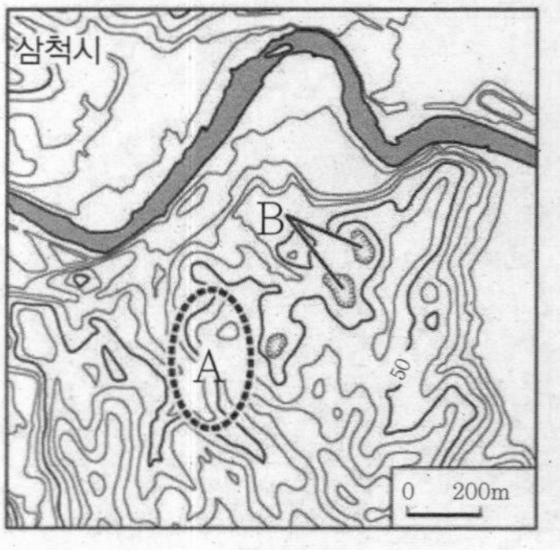

① A에서는 충적층이 넓게 발달하여 벼농사가 주로 이루어진다.
② B에서는 회백색을 띠는 성대 토양이 주로 분포한다.
③ D는 신생대 경동성 요곡 운동으로 형성된 고위 평탄면이다.
④ C의 기반암은 B의 기반암보다 형성 시기가 이르다.
⑤ C의 기반암은 D의 기반암보다 풍화와 침식에 대한 저항력이 약하다.

해설편 81~82쪽

사회탐구 영역 (한국지리)

11. (가), (나) 도시를 지도의 A~E에서 고른 것은? [3점]

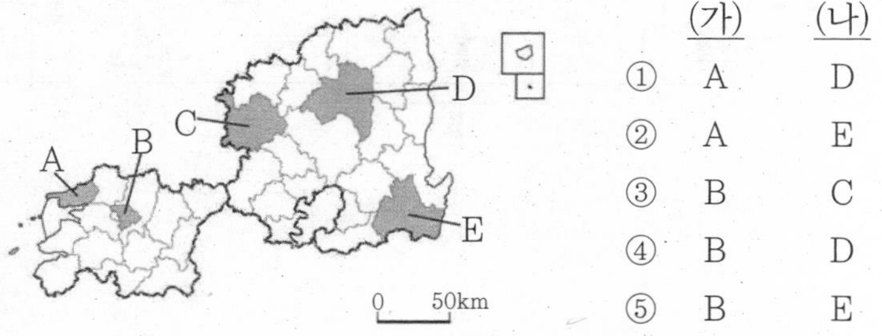

	(가)	(나)
①	A	D
②	A	E
③	B	C
④	B	D
⑤	B	E

12. 사진의 A~E 지형에 대한 설명으로 옳은 것은? (단, A~E는 각각 사구, 사빈, 사주, 석호, 해식애 중 하나임.)

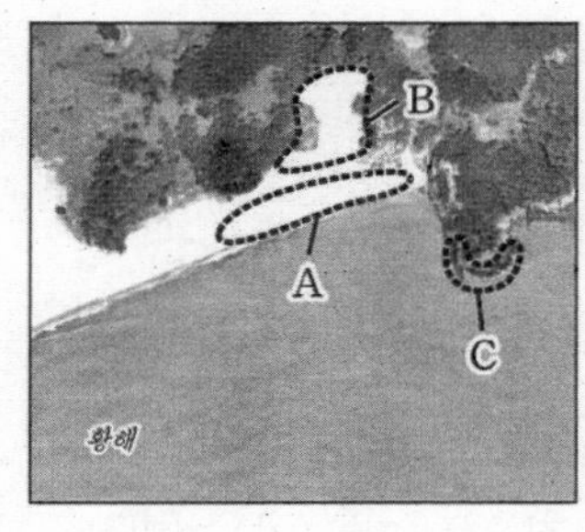

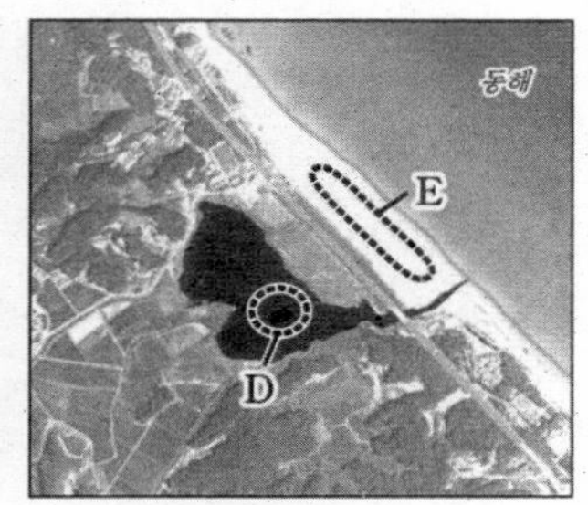

① A는 C보다 파랑의 에너지가 집중된다.
② B는 A보다 퇴적물의 평균 입자 크기가 크다.
③ A와 E는 주로 조류의 퇴적 작용으로 형성되었다.
④ B와 D는 파랑의 작용으로 규모가 확대되고 있다.
⑤ D와 E는 후빙기 해수면 상승 이후에 형성되었다.

13. (가), (나) 소매 업태에 대한 설명으로 옳은 것만을 〈보기〉에서 고른 것은? (단, (가), (나)는 각각 대형 마트와 편의점 중 하나임.) [3점]

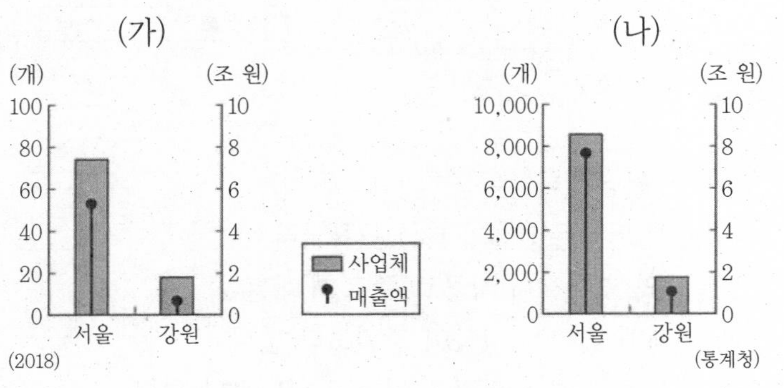

〈보 기〉

ㄱ. 사업체당 매장 면적은 (가)가 (나)보다 넓다.
ㄴ. 소비자의 평균 구매 빈도는 (가)가 (나)보다 높다.
ㄷ. 상품 구매 시 소비자의 평균 이동 거리는 (가)가 (나)보다 길다.
ㄹ. (가), (나)의 최소 요구치 범위는 모두 서울이 강원보다 넓다.

① ㄱ, ㄴ ② ㄱ, ㄷ ③ ㄴ, ㄷ ④ ㄴ, ㄹ ⑤ ㄷ, ㄹ

14. 그래프의 A~C에 대한 설명으로 옳은 것은? (단, A~C는 각각 수력, 태양광, 풍력 중 하나임.) [3점]

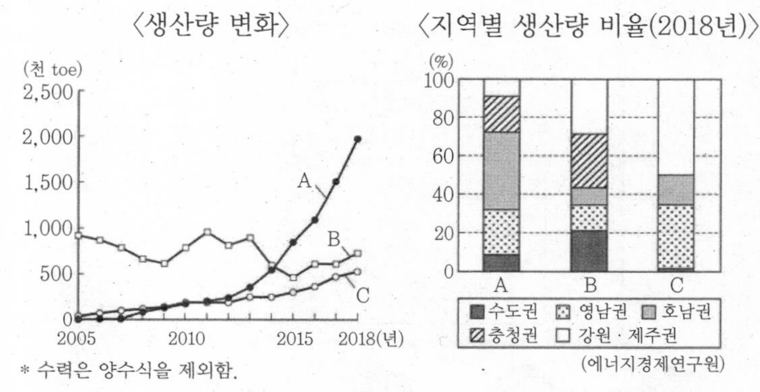

① A는 유량이 풍부하고 낙차가 큰 곳이 발전에 유리하다.
② B를 이용하는 발전소는 해안 지역에 주로 입지한다.
③ C를 이용하는 발전소는 일조 시수가 긴 지역에 주로 입지한다.
④ B는 C보다 우리나라에서 전력 생산에 이용된 시기가 이르다.
⑤ 2018년 전국 총 생산량은 수력 > 풍력 > 태양광 순으로 많다.

15. 그래프는 시설별 자연재해 피해액 비율을 나타낸 것이다. (가)~(다) 자연재해로 옳은 것은?

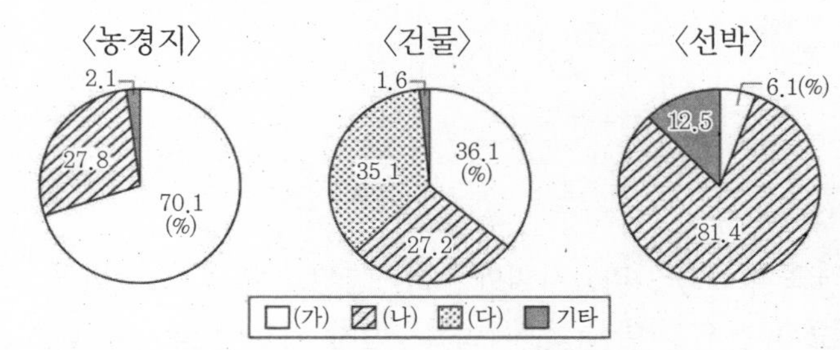

* 2009~2018년 시설별 총 피해액(당해연도 가격 기준)에 대한 자연재해별 피해액 비율임. (재해연보)

	(가)	(나)	(다)
①	지진	태풍	호우
②	지진	호우	태풍
③	태풍	호우	지진
④	호우	지진	태풍
⑤	호우	태풍	지진

16. 표는 지도에 표시된 네 지역의 기후 특성을 나타낸 것이다. (가)~(라) 지역에 대한 설명으로 옳은 것은? [3점]

구분	(가)	(나)	(다)	(라)
최한월 평균 기온 (℃)	−1.5	−5.5	−7.7	1.4
기온의 연교차(℃)	25.1	29.7	26.8	22.2
연 강수량 (mm)	826	1,405	1,898	1,383

* 1981~2010년의 평년값임. (기상청)

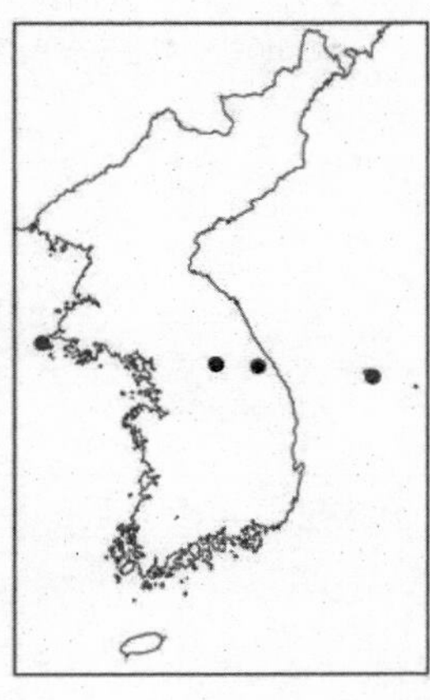

① (가)는 (다)보다 해발 고도가 높다.
② (가)는 (라)보다 겨울 강수량이 많다.
③ (나)는 (라)보다 바다의 영향을 많이 받는다.
④ (다)는 (나)보다 연평균 기온이 높다.
⑤ (라)는 (가)보다 일출 시각이 이르다.

사회탐구 영역 (한국지리)

17. 다음은 하천 특성에 대한 수업 장면의 일부이다. 교사의 질문에 옳게 답한 학생을 고른 것은?

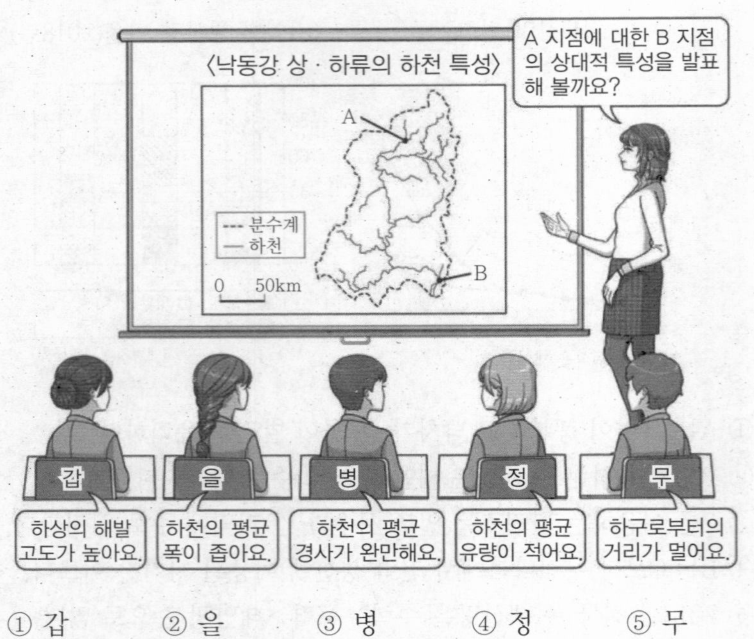

〈낙동강 상 · 하류의 하천 특성〉
A 지점에 대한 B 지점의 상대적 특성을 발표해 볼까요?
분수계
하천
0 50km
A
B
갑
을
병
정
무
하상의 해발 고도가 높아요.
하천의 평균 폭이 좁아요.
하천의 평균 경사가 완만해요.
하천의 평균 유량이 적어요.
하구로부터의 거리가 멀어요.

① 갑 ② 을 ③ 병 ④ 정 ⑤ 무

18. 그래프의 (가)~(라) 지역에 대한 설명으로 옳은 것만을 〈보기〉에서 고른 것은? (단, (가)~(라)는 각각 지도에 표시된 네 지역 중 하나임.)

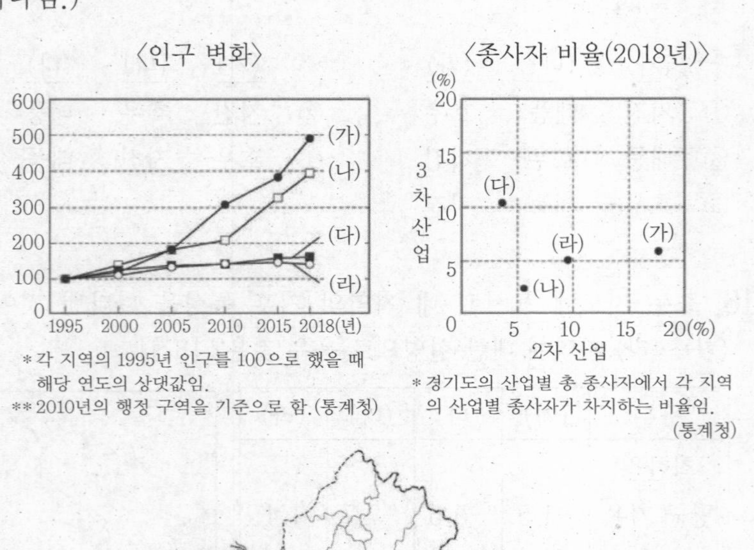

* 각 지역의 1995년 인구를 100으로 했을 때 해당 연도의 상댓값임.
** 2010년의 행정 구역을 기준으로 함.(통계청)

* 경기도의 산업별 총 종사자에서 각 지역의 산업별 종사자가 차지하는 비율임.
(통계청)

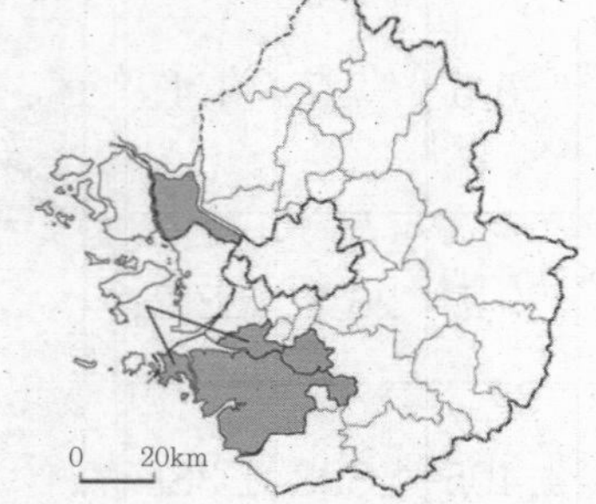

〈보 기〉

ㄱ. (가)에는 조력 발전소가 위치해 있다.
ㄴ. (나)에는 수도권 2기 신도시가 위치해 있다.
ㄷ. (다)는 경기도청 소재지이다.
ㄹ. (라)는 남북한 접경 지역이다.

① ㄱ, ㄴ ② ㄱ, ㄷ ③ ㄴ, ㄷ ④ ㄴ, ㄹ ⑤ ㄷ, ㄹ

19. (가)~(다) 제조업으로 옳은 것은? [3점]

〈부가 가치 및 종사자 비율〉

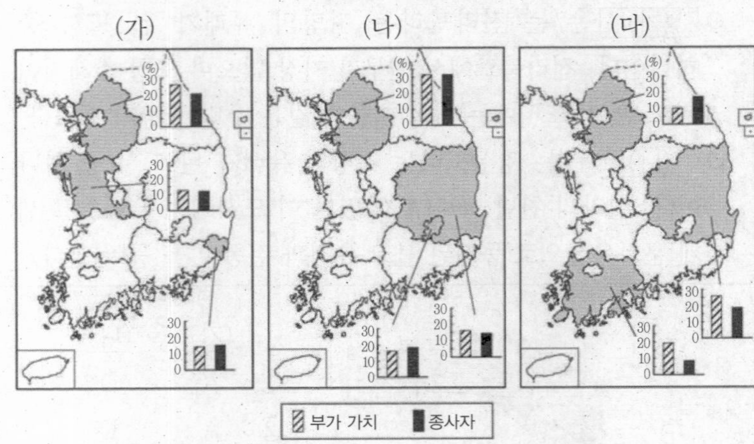

* 종사자 규모 10인 이상 사업체를 대상으로 함.
** 제조업별 부가 가치 기준 상위 3개 지역만 표현함.
*** 부가 가치 및 종사자 비율은 전국 대비 각 지역의 비율임.
(2018) (통계청)

	(가)	(나)	(다)
①	자동차 및 트레일러	섬유 제품(의복 제외)	1차 금속
②	자동차 및 트레일러	1차 금속	섬유 제품(의복 제외)
③	섬유 제품(의복 제외)	1차 금속	자동차 및 트레일러
④	1차 금속	섬유 제품(의복 제외)	자동차 및 트레일러
⑤	1차 금속	자동차 및 트레일러	섬유 제품(의복 제외)

20. 그래프에 대한 설명으로 옳은 것은? (단, (가)~(라)는 각각 강원, 경기, 경북, 전남 중 하나이며, A~C는 각각 맥류, 벼, 채소 중 하나임.) [3점]

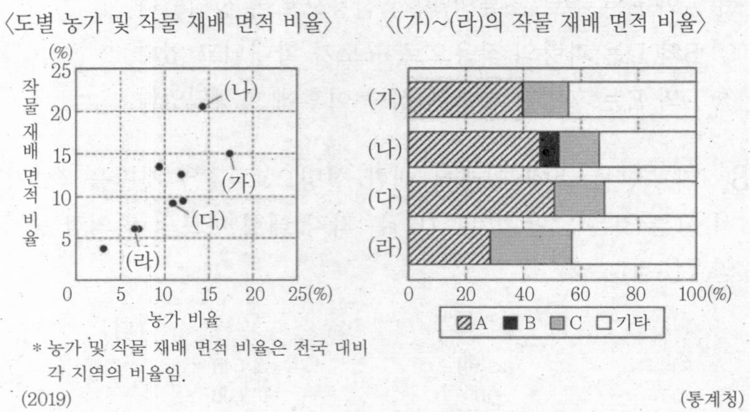

* 농가 및 작물 재배 면적 비율은 전국 대비 각 지역의 비율임.
(2019) (통계청)

① (가)는 전남, (다)는 경기이다.
② 벼 재배 면적은 (다)가 (가)보다 넓다.
③ B는 C의 그루갈이 작물로 주로 재배된다.
④ 채소 재배 면적은 경북이 강원보다 넓다.
⑤ 농가당 작물 재배 면적은 경북이 전남보다 넓다.

※ 확인 사항
○ **답안지의 해당란에 필요한 내용을 정확히 기입(표기)했는지 확인하시오.**

해설편 84쪽

사회탐구 영역 (한국지리)

22회	
시험 시간	30분
날짜	월 일
시작 시각	:
종료 시각	:

제 4 교시 | 성명 | 수험번호 -

1. 다음은 한국지리 온라인 수업 장면의 일부이다. 답글의 내용이 옳은 학생을 고른 것은?

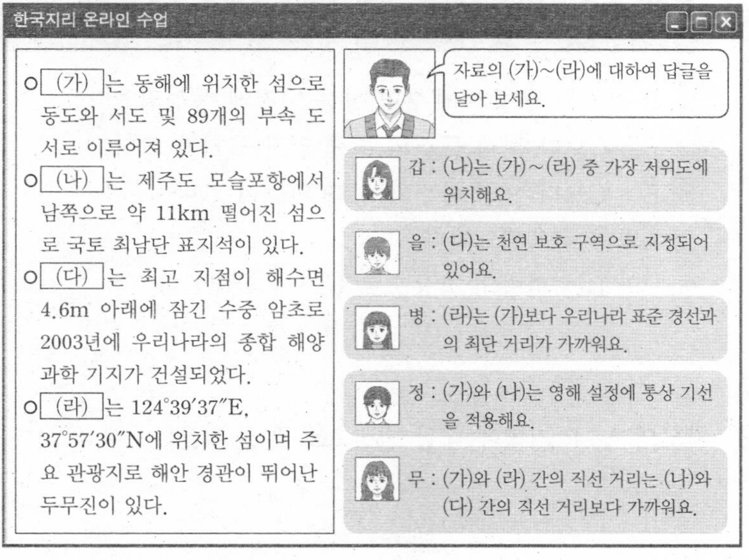

한국지리 온라인 수업
○ (가) 는 동해에 위치한 섬으로 동도와 서도 및 89개의 부속 도서로 이루어져 있다.
○ (나) 는 제주도 모슬포항에서 남쪽으로 약 11km 떨어진 섬으로 국토 최남단 표지석이 있다.
○ (다) 는 최고 지점이 해수면 4.6m 아래에 잠긴 수중 암초로 2003년에 우리나라의 종합 해양 과학 기지가 건설되었다.
○ (라) 는 124°39′37″E, 37°57′30″N에 위치한 섬이며 주요 관광지로 해안 경관이 뛰어난 두무진이 있다.
자료의 (가)~(라)에 대하여 답글을 달아 보세요.
갑 : (나)는 (가)~(라) 중 가장 저위도에 위치해요.
을 : (다)는 천연 보호 구역으로 지정되어 있어요.
병 : (라)는 (가)보다 우리나라 표준 경선과의 최단 거리가 가까워요.
정 : (가)와 (나)는 영해 설정에 통상 기선을 적용해요.
무 : (가)와 (라) 간의 직선 거리는 (나)와 (다) 간의 직선 거리보다 가까워요.

① 갑　② 을　③ 병　④ 정　⑤ 무

2. 다음은 우리나라 국토 종합 (개발) 계획 자료의 일부이다. ㉠, ㉡에 대한 설명으로 옳은 것은?

구분	주요 추진 과제
㉠ 제○차 계획	• 고도 경제 성장을 위한 기반 시설 조성 • 수도권과 남동 임해 공업 지구 중심의 개발 • 수출 주도형 공업화 추진
㉡ 제□차 계획	• 세계적 국토 경쟁력 강화 • 자연 친화적이고 안전한 국토 공간 조성 • 광역 경제권을 형성하여 지역별 특화 발전 추진

① ㉠ 시행 시기에 고속 철도(KTX)가 개통되었다.
② ㉡ 시행 시기에 개발 제한 구역이 처음 지정되었다.
③ ㉠은 ㉡보다 시행 시기가 이르다.
④ ㉡ 시행 시기는 ㉠ 시행 시기보다 수도권 인구 집중률이 낮다.
⑤ ㉠은 균형 개발, ㉡은 성장 거점 개발 방식을 추구한다.

3. 다음 글에서 설명하는 지역을 지도의 A~E에서 고른 것은? [3점]

이 지역은 수도권 과밀화 해소와 지역 균형 발전의 일환으로 수도권으로부터 공업이 이전하면서 제조업이 꾸준히 성장하고 있으며, 전자 및 자동차 관련 산업들이 집적되어 있다. 2008년에 수도권과 전철로 연결되었으며, 오래된 역사를 지닌 온천을 활용하여 지역 마케팅을 시행하고 있다.

〈마스코트 : 온천욕하는 아랑이〉

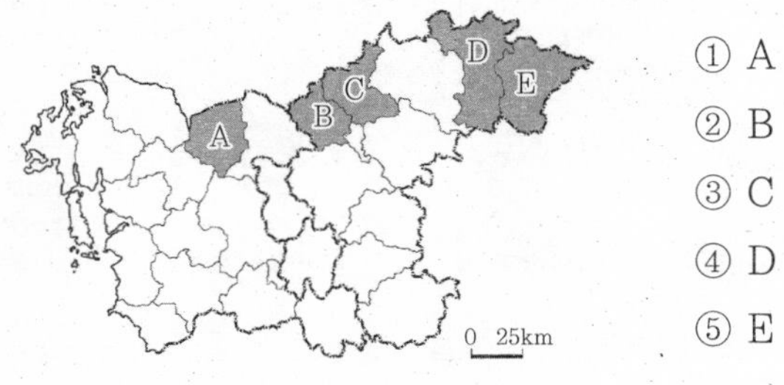

① A
② B
③ C
④ D
⑤ E

4. 그림은 (가), (나) 자연재해가 발생했을 때의 위성 영상을 나타낸 것이다. 이에 대한 설명으로 옳은 것은? (단, (가), (나)는 각각 대설, 태풍 중 하나임.)

(가)　(나)

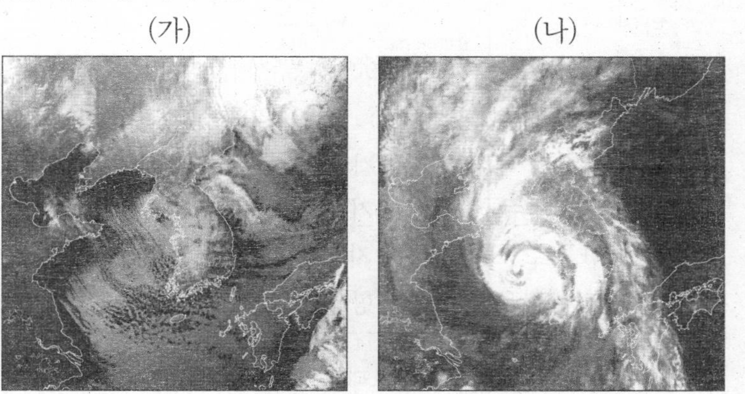

① 제주의 최근 10년 동안 총피해액은 (나)가 (가)보다 많다.
② (가)는 저위도의 열대 해상에서 주로 발원한다.
③ (가)는 (나)보다 우리나라의 연 강수량에 미치는 영향이 크다.
④ (나)는 (가)보다 겨울철 발생 빈도가 높다.
⑤ (가)는 해일 피해, (나)는 빙판길 교통 장애를 유발한다.

5. 그림의 (가)~(라)에 해당하는 지역을 지도의 A~D에서 고른 것은? [3점]

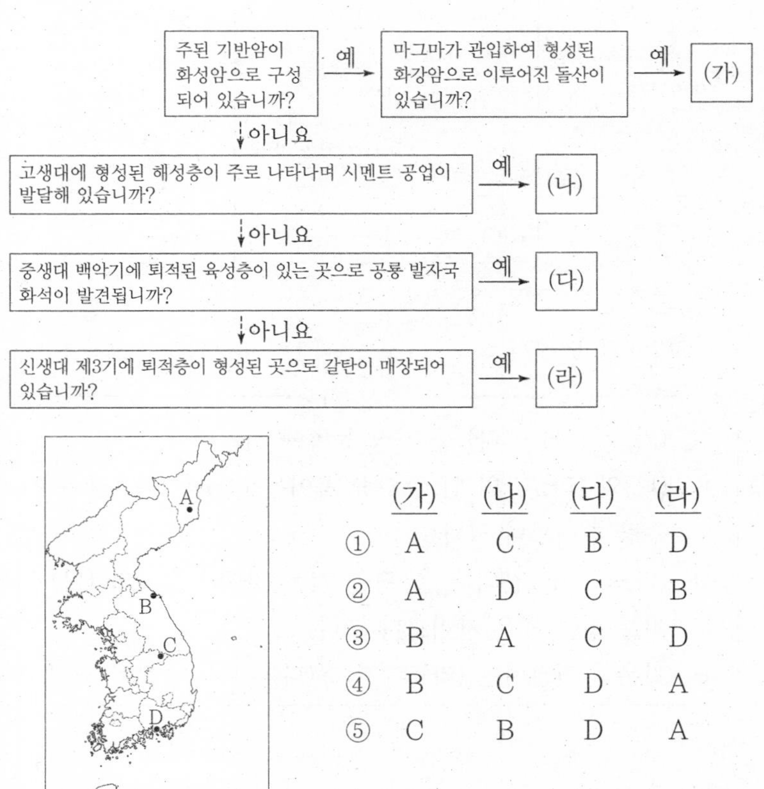

주된 기반암이 화성암으로 구성되어 있습니까?

중생대 백악기에 퇴적된 육성층이 있는 곳으로 공룡 발자국 화석이 발견됩니까?

	(가)	(나)	(다)	(라)
①	A	C	B	D
②	A	D	C	B
③	B	A	C	D
④	B	C	D	A
⑤	C	B	D	A

해설편 85쪽

사회탐구 영역 (한국지리)

6. 다음은 천연기념물 소개 자료의 일부이다. ㉠~㉣에 대한 설명으로 옳은 것은? [3점]

> ㅇ 제260호 '평창의 백룡 동굴'은 지하수의 용식 작용으로 형성된 ㉠석회 동굴로 종유석, 석순, 석주 등의 동굴 생성물을 관찰할 수 있으며 ….
> ㅇ 제440호 '정선 백복령 카르스트 지대'에서는 석회암이 빗물이나 지하수에 녹아 형성된 우묵한 모양의 ㉡돌리네가 나타나며 ….
> ㅇ 제443호 '제주 중문 · 대포 해안 주상 절리대'는 화산 활동과 관련하여 용암이 형성한 ㉢다각형의 수직 절리로서 … 이후 파랑의 침식 작용을 받아 기둥 모양이 잘 드러나며 ….
> ㅇ 제444호 '제주 선흘리 ㉣거문오름'은 한라산 기슭에 분포하는 화산체로 … 용암류가 지형 경사를 따라 해안까지 도달하면서 다수의 용암 동굴을 형성하였으며 ….

① ㉠의 주변 지역은 밭농사보다 논농사에 유리하다.
② ㉡이 분포하는 지역에서는 현무암 풍화토가 나타난다.
③ ㉢은 용암이 냉각되는 과정에서 수축되면서 형성되었다.
④ ㉣에는 분화구가 함몰되어 형성된 칼데라가 나타난다.
⑤ ㉡과 ㉣은 대체로 투수성이 낮아 지표수가 잘 형성된다.

7. 그래프는 지도에 표시된 네 지역의 A, B 평균 기온 차이를 나타낸 것이다. 이에 대한 설명으로 옳은 것만을 〈보기〉에서 있는 대로 고른 것은? (단, A, B는 각각 겨울, 여름 중 하나임.) [3점]

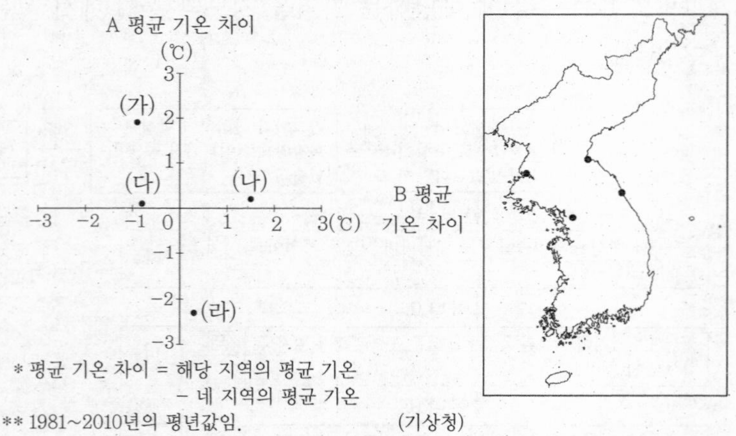

* 평균 기온 차이 = 해당 지역의 평균 기온 − 네 지역의 평균 기온
** 1981~2010년의 평년값임. (기상청)

<보 기>

ㄱ. (가)는 (가)~(라) 중 가장 동쪽에 위치한다.
ㄴ. (나)와 (라) 간의 연 강수량 차이는 (가)와 (나) 간의 연 강수량 차이보다 크다.
ㄷ. (다)와 (라) 간의 겨울 평균 기온 차이는 (가)와 (나) 간의 겨울 평균 기온 차이보다 크다.
ㄹ. 기온의 연교차는 (라) > (가) > (나) > (다) 순으로 크다.

① ㄱ, ㄴ ② ㄴ, ㄹ ③ ㄷ, ㄹ
④ ㄱ, ㄴ, ㄷ ⑤ ㄱ, ㄷ, ㄹ

8. 그림의 A~F에 대한 설명으로 옳은 것은?

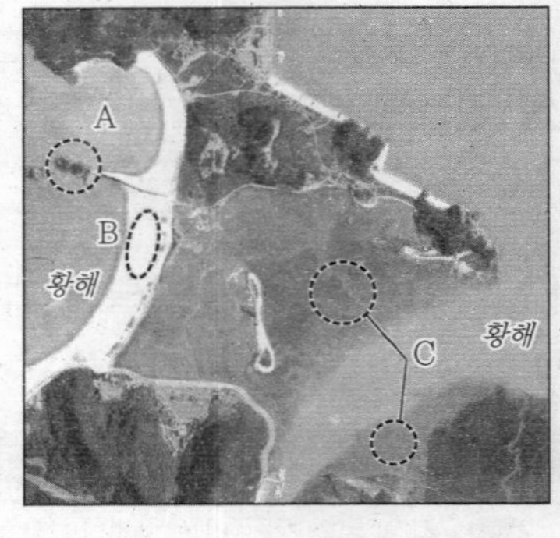

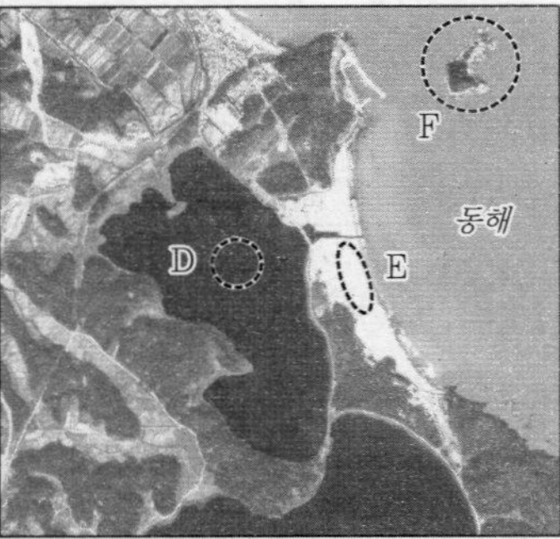

① D 호수는 후빙기 해수면 상승 이전에 형성되었다.
② B는 C보다 퇴적 물질의 평균 입자 크기가 크다.
③ E는 C보다 오염 물질의 정화 기능이 크다.
④ A와 F는 육계도이다.
⑤ C와 D는 파랑의 작용으로 규모가 확대된다.

9. 지도의 A~F 지역에 대한 설명으로 옳은 것은?

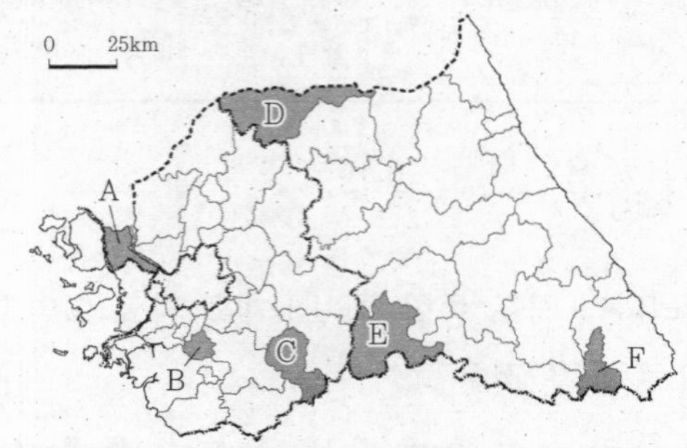

① A와 D에는 용암 대지가 발달해 있다.
② A와 E에는 기업도시가 조성되어 있다.
③ B와 E에는 도청이 위치해 있다.
④ B와 F에서는 겨울철 눈을 주제로 한 지역 축제가 개최된다.
⑤ C와 D에서는 지리적 표시제에 등록된 쌀이 생산된다.

10. 다음은 지리 정보 수집 방법을 주제로 한 수업 장면이다. 교사의 질문에 옳은 대답을 한 학생만을 고른 것은?

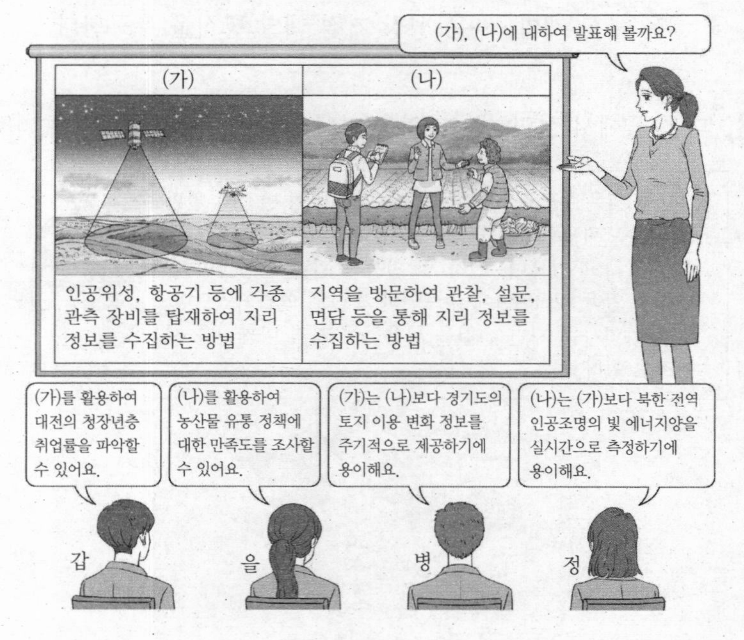

① 갑, 을 ② 갑, 병 ③ 을, 병 ④ 을, 정 ⑤ 병, 정

11. 그래프는 인구 규모에 따른 수도권 도시 순위 변화에 관한 것이다. 이에 대한 설명으로 옳은 것만을 〈보기〉에서 고른 것은? [3점]

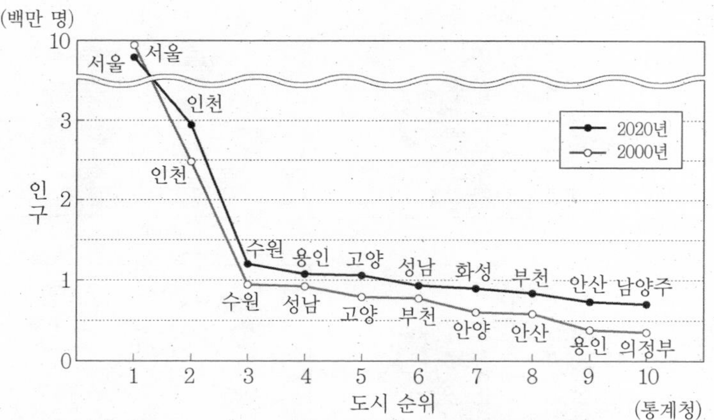

(통계청)

〈보 기〉

ㄱ. 2000년 4~7위 도시에는 모두 수도권 1기 신도시가 있다.
ㄴ. 2000년 대비 2020년 인구 증가율은 용인이 인천보다 높다.
ㄷ. 2000년 대비 2020년에 새롭게 10위 안에 진입한 도시는 모두 서울과 행정 구역이 접해 있다.
ㄹ. 수도권 내 서울의 인구 집중률은 2020년이 2000년보다 높다.

① ㄱ, ㄴ ② ㄱ, ㄷ ③ ㄴ, ㄷ ④ ㄴ, ㄹ ⑤ ㄷ, ㄹ

12. (가)~(라) 지역을 그래프의 A~D에서 고른 것은? (단, (가)~(라)와 A~D는 각각 지도에 표시된 네 지역 중 하나임.)

〈제조업 종사자 수 변화〉

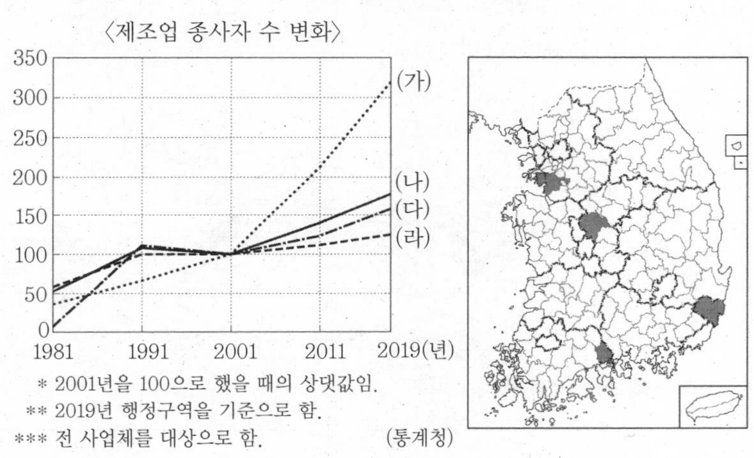

* 2001년을 100으로 했을 때의 상댓값임.
** 2019년 행정구역을 기준으로 함.
*** 전 사업체를 대상으로 함. (통계청)

〈제조업 출하액 비율〉

A: 전자 부품, 컴퓨터, 영상, 음향 및 통신장비 제조업 / 자동차 및 트레일러 제조업 / 기타 기계 및 장비 제조업 / 기타
B: 코크스, 연탄 및 석유정제품 제조업 / 자동차 및 트레일러 제조업 / 화학 물질 및 화학제품 제조업(의약품 제외) / 기타
C: 전자 부품, 컴퓨터, 영상, 음향 및 통신장비 제조업 / 전기장비 제조업 / 화학 물질 및 화학제품 제조업(의약품 제외) / 기타
D: 1차 금속 제조업 / 금속 가공제품 제조업(기계 및 가구 제외) / 비금속 광물제품 제조업 / 기타

0 50 100(%)

* 종사자 수 10인 이상 사업체만 고려함.
** 각 지역에서 출하액 상위 3개 업종만 표시함.
(2019) (통계청)

	(가)	(나)	(다)	(라)
①	A	B	D	C
②	A	C	D	B
③	A	D	C	B
④	D	B	A	C
⑤	D	C	A	B

13. 다음 자료는 답사 계획서의 일부이다. 답사 일정에 해당하는 지역을 지도의 A~E에서 고른 것은? (단, 일정별 답사 지역은 서로 다른 지역임.) [3점]

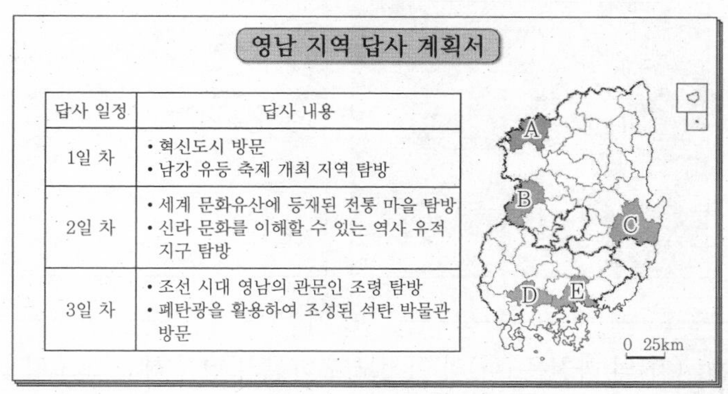
영남 지역 답사 계획서

답사 일정	답사 내용
1일 차	• 혁신도시 방문 • 남강 유등 축제 개최 지역 탐방
2일 차	• 세계 문화유산에 등재된 전통 마을 탐방 • 신라 문화를 이해할 수 있는 역사 유적 지구 탐방
3일 차	• 조선 시대 영남의 관문인 조령 탐방 • 폐탄광을 활용하여 조성된 석탄 박물관 방문

	1일 차	2일 차	3일 차
①	B	A	C
②	D	C	A
③	D	E	A
④	E	C	B
⑤	E	D	B

14. 그래프는 지도에 표시된 다섯 지역의 논·밭 비율 및 겸업 농가 비율을 나타낸 것이다. (가)~(마) 지역에 대한 설명으로 옳은 것은?

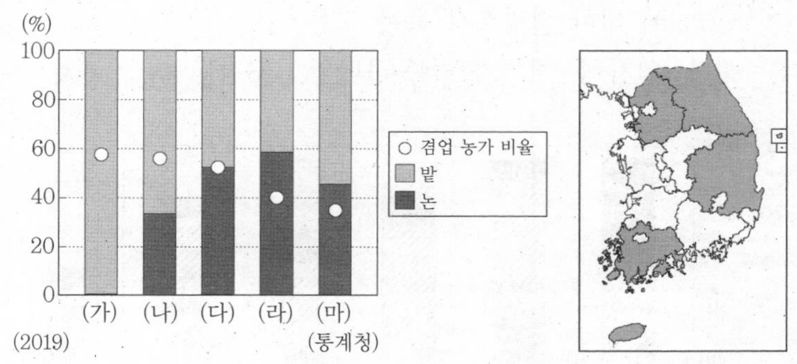

① (가)는 (나)보다 겸업 농가가 많다.
② (가)는 (마)보다 농가 인구가 많다.
③ (나)는 (라)보다 경지율이 높다.
④ (다)는 (나)보다 경지 면적 중 노지 채소 재배 면적 비율이 높다.
⑤ (마)는 (라)보다 과실 생산량이 많다.

15. 그래프는 지도에 표시된 세 지역군의 인구 특성을 나타낸 것이다. (가)~(다) 지역군에 대한 설명으로 옳은 것은? [3점]

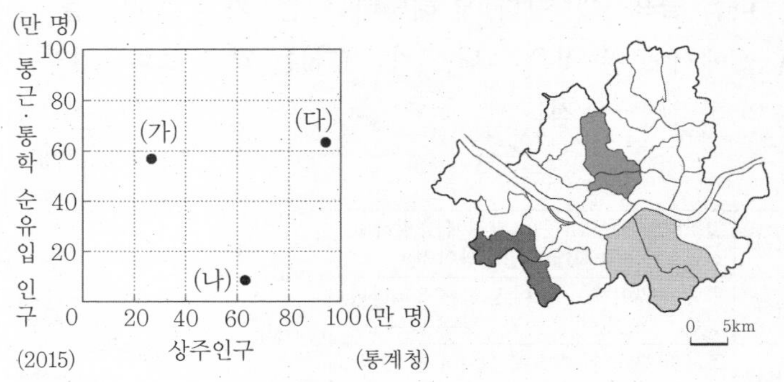

① (가)는 (나)보다 제조업 종사자 수가 많다.
② (가)는 (다)보다 용도 지역 중 상업 지역의 비율이 높다.
③ (나)는 (가)보다 생산자 서비스업 사업체 수가 많다.
④ (나)는 (다)보다 금융 기관 수가 많다.
⑤ (다)는 (가)보다 주간 인구 지수가 높다.

해설편 87쪽

사회탐구 영역 (한국지리)

16. (가), (나) 지역에 대한 설명으로 옳은 것만을 <보기>에서 있는 대로 고른 것은? (단, (가), (나)의 하천은 동일한 하계망에 속함.)

(가)

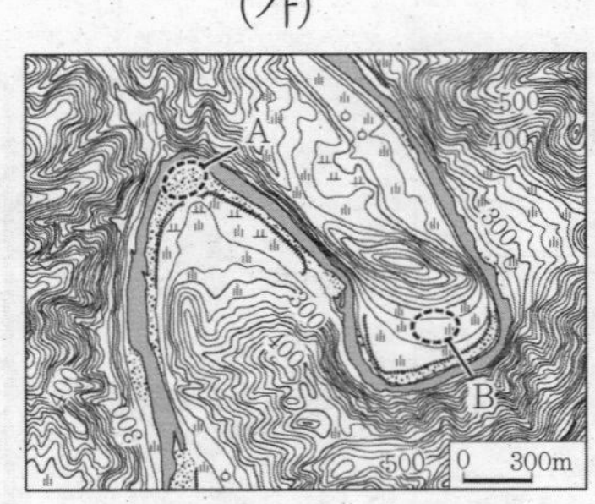

(나)

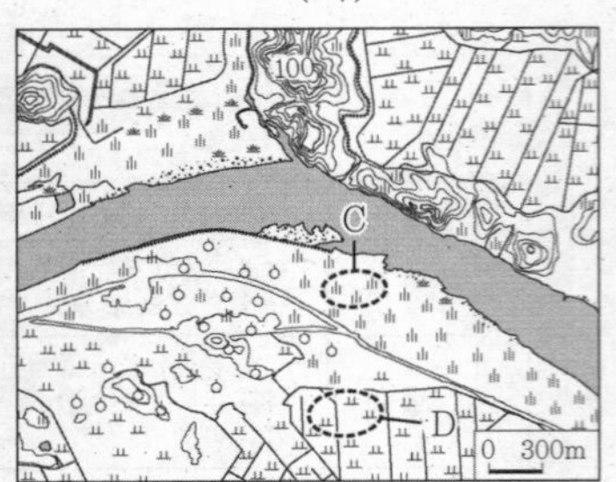

<보 기>

ㄱ. (가)의 하천은 (나)의 하천보다 하상의 평균 해발 고도가 높다.
ㄴ. A의 퇴적물은 주로 최종 빙기 때 퇴적되었다.
ㄷ. C는 D보다 퇴적 물질의 평균 입자 크기가 크다.
ㄹ. D는 B보다 홍수 시 범람에 의한 침수 가능성이 높다.

① ㄱ, ㄴ ② ㄴ, ㄷ ③ ㄷ, ㄹ
④ ㄱ, ㄴ, ㄹ ⑤ ㄱ, ㄷ, ㄹ

17. 그래프는 권역별 1차 에너지원의 공급 비율을 나타낸 것이다. (가)~(라)에 대한 설명으로 옳은 것은? (단, (가)~(라)는 각각 석유, 석탄, 원자력, 천연가스 중 하나임.) [3점]

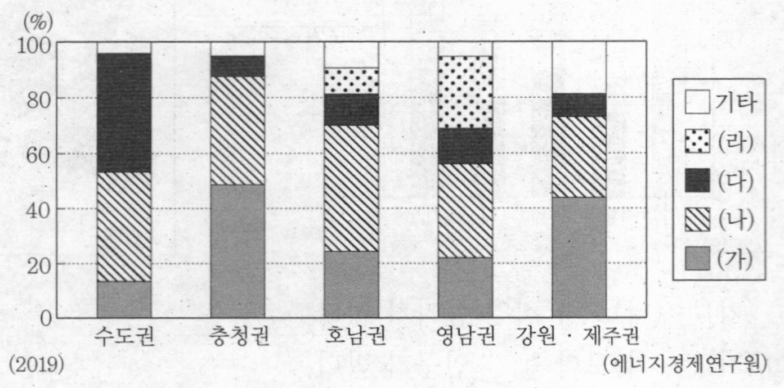

① (가)는 전량 해외에서 수입한다.
② (가)는 (다)보다 상용화된 시기가 늦다.
③ (다)는 (나)보다 우리나라 총발전량에서 차지하는 비율이 높다.
④ (라)는 (가)보다 우리나라 1차 에너지 소비량에서 차지하는 비율이 높다.
⑤ (나)와 (라)는 화력 발전의 연료로 이용된다.

18. 다음 글의 (가)~(다)에 해당하는 신 · 재생 에너지를 그래프의 A~C에서 고른 것은? (단, (가)~(다)는 각각 조력, 태양광, 풍력 중의 하나임.) [3점]

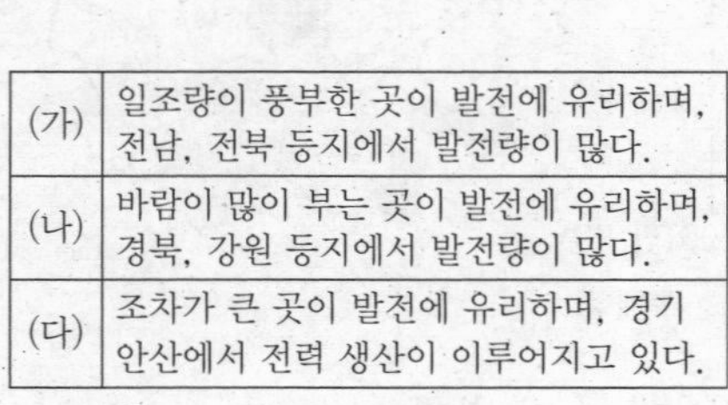

(가)	일조량이 풍부한 곳이 발전에 유리하며, 전남, 전북 등지에서 발전량이 많다.
(나)	바람이 많이 부는 곳이 발전에 유리하며, 경북, 강원 등지에서 발전량이 많다.
(다)	조차가 큰 곳이 발전에 유리하며, 경기 안산에서 전력 생산이 이루어지고 있다.

<신 · 재생 에너지 발전량 변화>

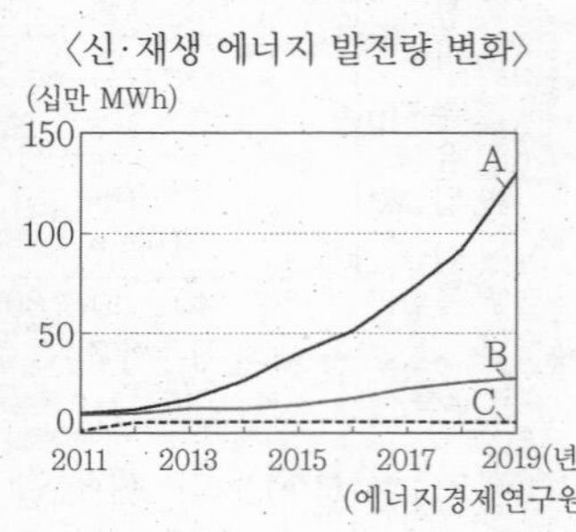

	(가)	(나)	(다)		(가)	(나)	(다)
①	A	B	C	②	A	C	B
③	B	A	C	④	B	C	A
⑤	C	B	A				

19. 그래프는 지도에 표시된 세 지역군의 인구 구조를 나타낸 것이다. (가)~(다) 지역군에 대한 설명으로 옳은 것은? [3점]

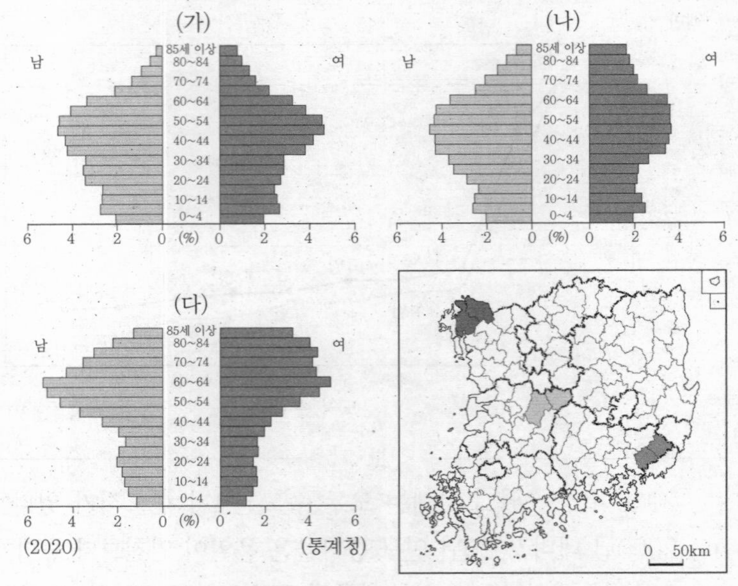

① (가)는 (가)~(다) 중 중위 연령이 가장 높다.
② (나)는 (가)~(다) 중 총인구가 가장 많다.
③ (가)는 (나)보다 총부양비가 높다.
④ (나)는 (다)보다 성비가 높다.
⑤ (다)는 (가)보다 2차 산업 종사자 비율이 높다.

20. 다음 자료는 네 지역의 풍향을 나타낸 것이다. (가), (나)에 대한 설명으로 옳은 것만을 <보기>에서 고른 것은? (단, (가), (나)는 각각 1월, 7월 중 하나임.)

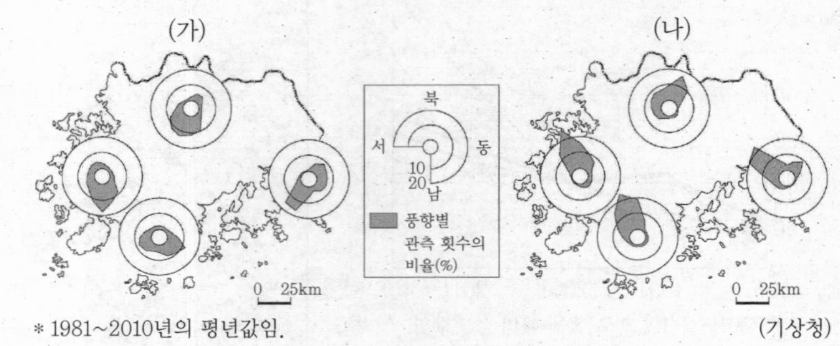

* 1981~2010년의 평년값임. (기상청)

<보 기>

ㄱ. (가) 기후 특성에 대비하기 위해 관북 지방에서는 전통 가옥에 정주간을 설치하였다.
ㄴ. (나) 기후 특성에 대비하기 위해 남부 지방에서는 전통 가옥에 대청마루를 설치하였다.
ㄷ. (가)는 (나)보다 낮의 길이가 길다.
ㄹ. (나)는 (가)보다 시베리아 기단의 영향을 많이 받는다.

① ㄱ, ㄴ ② ㄱ, ㄷ ③ ㄴ, ㄷ ④ ㄴ, ㄹ ⑤ ㄷ, ㄹ

※ 확인 사항
○ **답안지의 해당란에 필요한 내용을 정확히 기입(표기)했는지 확인하시오.**

해설편 88쪽

2023학년도 대학수학능력시험 문제지

사회탐구 영역 (한국지리)

23회	
시험 시간	30분
날짜	월 일
시작 시각	:
종료 시각	:

제 4 교시 | 성명 | 수험번호 -

1. (가), (나)는 조선 시대에 제작된 지리지의 일부이다. 이에 대한 설명으로 옳은 것만을 〈보기〉에서 고른 것은? (단, (가), (나)는 각각 『세종실록지리지』, 『택리지』 중 하나임.)

> (가) ㉠ 경주(慶州)부
> 신라의 옛 도읍이다. … (중략) … 박혁거세가 나라를 창건하고 도읍을 세워서 이름을 서야벌(徐耶伐)이라 하였다. 호(戶) 수는 1천 5백 52호, 인구가 5천 8백 94명이며, … (중략) … 간전(墾田)은 1만 9천 7백 33결(結)이다.
> (나) ㉡ 상주(尙州)는 조령 밑에 있는 큰 도회지다. ㉢ 산이 웅장하고 들이 넓다. 북쪽으로는 조령과 가까워 충청도, 경기도와 통하고, 동쪽으로는 낙동강에 인접해 김해, 동래와 통한다.

〈보 기〉

ㄱ. (나)는 (가)보다 제작된 시기가 이르다.
ㄴ. (가)는 국가, (나)는 개인 주도로 제작하였다.
ㄷ. ㉢은 가거지(可居地)의 조건 중 인심(人心)에 해당한다.
ㄹ. ㉠과 ㉡은 경상도라는 지명의 유래가 된 지역이다.

① ㄱ, ㄴ ② ㄱ, ㄷ ③ ㄴ, ㄷ ④ ㄴ, ㄹ ⑤ ㄷ, ㄹ

2. 다음 자료는 국가지질공원에 대한 지역별 소개 내용의 일부이다. 해당 지역의 ㉠~㉤에 대한 설명으로 옳지 않은 것은? [3점]

지역	소개 내용
제주도	만장굴은 점성이 낮은 용암이 흐르면서 생긴 ㉠용암동굴이며, 세계적으로 규모가 크고 보존 상태가 양호하다.
울릉도 · 독도	나리 분지는 ㉡칼데라이며, 분지 내에는 다시 화산이 분화하여 만들어진 알봉이 있다.
단양	여천리 카르스트 지형은 우묵한 ㉢돌리네가 밀집한 지역으로, ㉣붉은색 토양이 분포한다.
경북 동해안	성류굴의 내부에는 ㉤석순, 석주, 종유석과 같은 동굴 생성물이 있다.

① ㉠은 용암의 냉각 속도 차이에 의해 형성되었다.
② ㉡은 주로 기반암의 차별 침식에 의해 형성되었다.
③ ㉢은 배수가 양호하여 주로 밭으로 이용된다.
④ ㉣은 기반암이 용식된 후 남은 철분 등이 산화되어 형성되었다.
⑤ ㉤은 물에 녹아 있던 탄산칼슘이 침전되어 형성되었다.

3. 다음 자료의 (가), (나) 암석의 종류와 형성 시기를 표의 A~C에서 고른 것은?

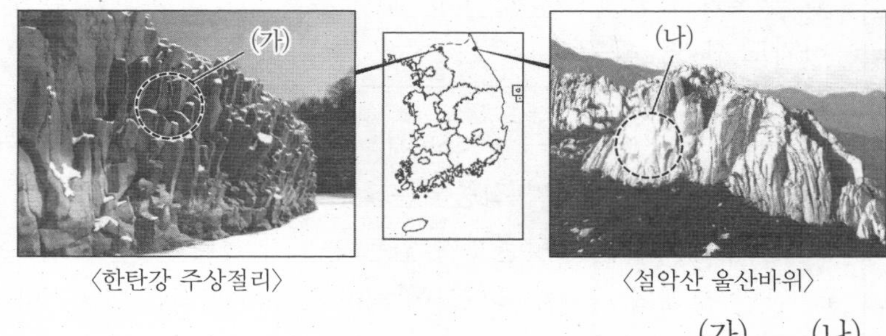

〈한탄강 주상절리〉 〈설악산 울산바위〉

종류 \ 형성 시기	고생대	중생대	신생대
석회암	A		
화강암		B	
현무암			C

	(가)	(나)
①	A	B
②	A	C
③	B	A
④	C	A
⑤	C	B

4. 다음 글의 (가)에 대한 (나)의 상대적 특성으로 옳은 것은? (단, (가), (나)는 각각 겨울과 여름 중 하나임.)

> 우리나라는 더위와 추위에 대비하여 대청마루와 온돌 같은 전통 가옥 시설이 발달하였다. 대청마루는 바람을 잘 통하게 하여 (가) 을 시원하게 지낼 수 있도록 설치되었다. 온돌은 아궁이의 열을 방으로 전달하여 (나) 을 따뜻하게 지낼 수 있도록 설치되었다. 대청마루는 중부와 남부 지역에 발달한 한편, 온돌은 대부분의 지역에 발달하였다.

① 평균 상대 습도가 높다.
② 정오의 태양 고도가 높다.
③ 한파의 발생 일수가 많다.
④ 대류성 강수가 자주 발생한다.
⑤ 열대 저기압의 통과 횟수가 많다.

5. 지도의 A~D에 대한 설명으로 옳은 것만을 〈보기〉에서 고른 것은?

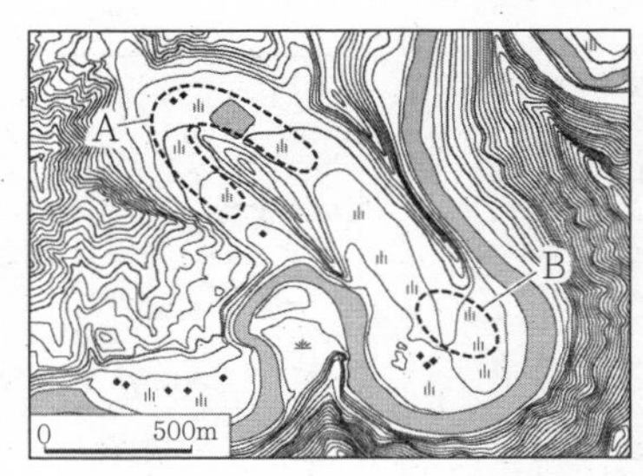

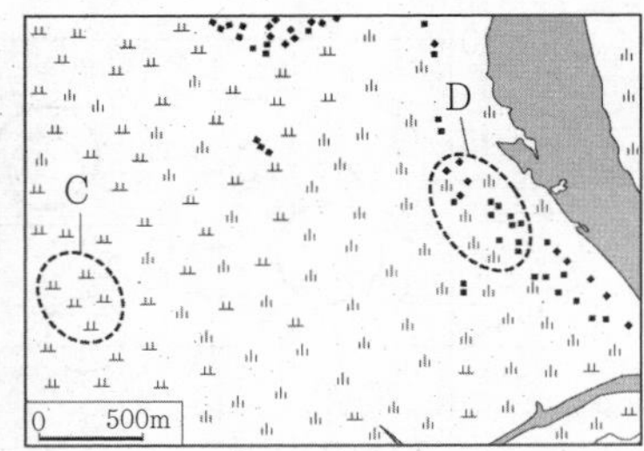

〈보 기〉

ㄱ. A는 과거에 하천이 흘렀던 구하도이다.
ㄴ. B의 퇴적층에서는 둥근 자갈이나 모래 등이 발견된다.
ㄷ. C의 퇴적물은 주로 최종 빙기에 퇴적되었다.
ㄹ. C는 D보다 퇴적물의 평균 입자 크기가 크다.

① ㄱ, ㄴ ② ㄱ, ㄷ ③ ㄴ, ㄷ ④ ㄴ, ㄹ ⑤ ㄷ, ㄹ

해설편 89쪽

사회탐구 영역 (한국지리)

6. 다음 글의 ㉠~㉣에 대한 설명으로 옳은 것만을 〈보기〉에서 고른 것은?

> 지구 온난화에 따른 해수면 상승과 무분별한 해안 개발로 ㉠사빈과 ㉡해안 사구가 크게 훼손되고 있다. 해안에 설치한 콘크리트 옹벽은 사빈과 해안 사구의 퇴적물 순환을 방해하고 해안 침식을 더욱 가속화시키기도 한다. 최근에는 해안을 보호하기 위해 ㉢모래 포집기, ㉣그로인 등 구조물을 설치하기도 한다.

<보 기>

ㄱ. ㉠은 파랑 에너지가 집중되는 곶(串)에 잘 발달한다.
ㄴ. ㉡의 지하수는 바닷물보다 염분 농도가 높다.
ㄷ. ㉢은 모래의 퇴적을 유도하여 해안 사구의 침식을 방지한다.
ㄹ. ㉣은 파랑이나 연안류 등에 의한 사빈의 침식을 막기 위해 설치한다.

① ㄱ, ㄴ ② ㄱ, ㄷ ③ ㄴ, ㄷ ④ ㄴ, ㄹ ⑤ ㄷ, ㄹ

7. 다음은 한국지리 수업 장면의 일부이다. 교사의 질문에 옳게 답한 학생을 고른 것은?

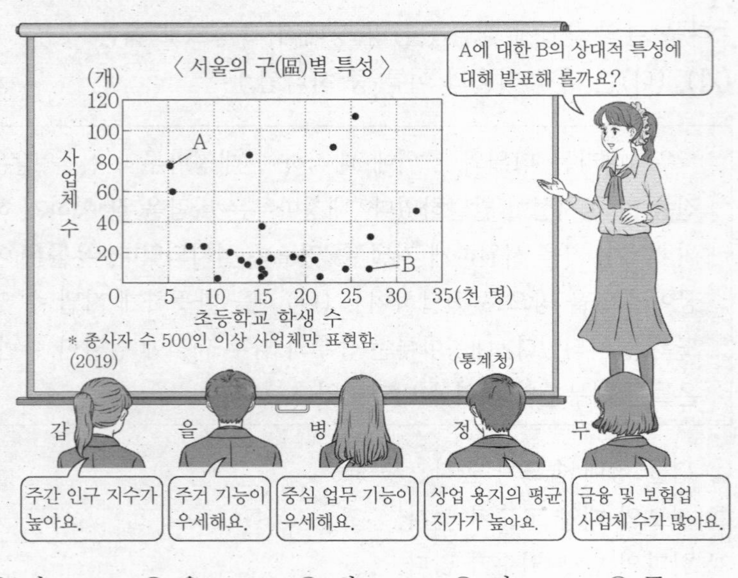

① 갑 ② 을 ③ 병 ④ 정 ⑤ 무

8. 그래프는 지도에 표시된 세 지역의 기후 자료이다. (가)~(다)에 해당하는 지역을 지도의 A~C에서 고른 것은? [3점]

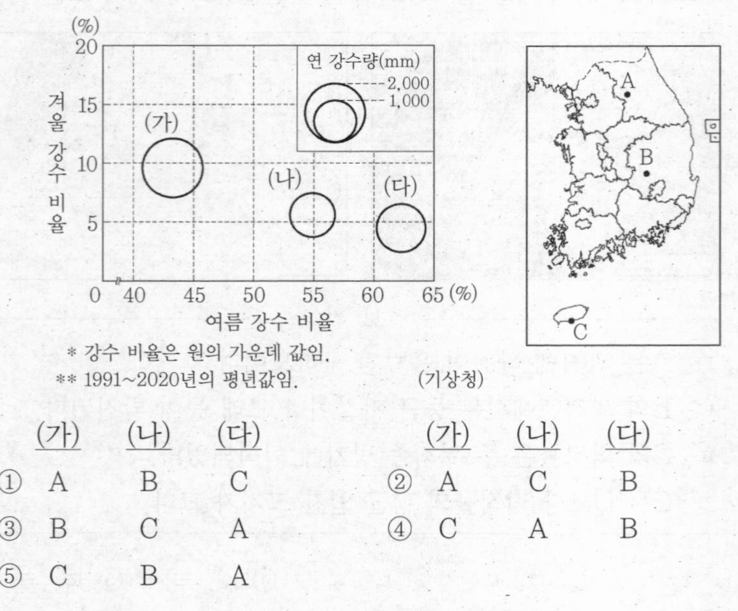

	(가)	(나)	(다)
①	A	B	C
②	A	C	B
③	B	C	A
④	C	A	B
⑤	C	B	A

9. 다음 자료는 우리나라 영해에 관한 것이다. 이에 대한 설명으로 옳은 것은? [3점]

> 〈영해 및 접속수역법〉
> **제1조(영해의 범위)** 대한민국의 ㉠영해는 기선(基線)으로부터 측정하여 그 바깥쪽 12해리의 선까지에 이르는 수역(水域)으로 한다. …(중략)…
> **제3조(내수)** 영해의 폭을 측정하기 위한 기선으로부터 육지 쪽에 있는 수역은 ㉡내수(內水)로 한다.

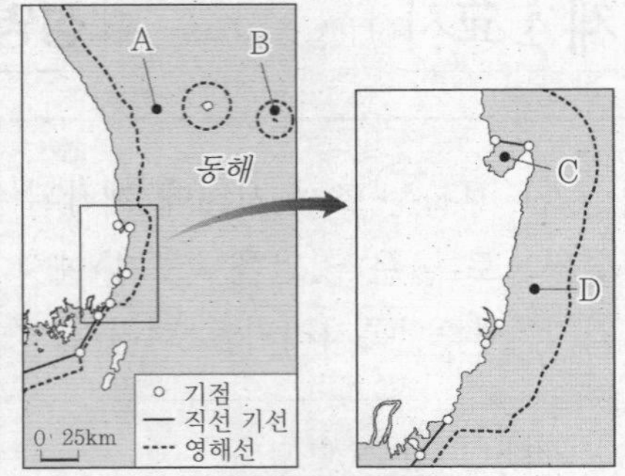

① ㉠은 우리나라 모든 수역에 적용된다.
② ㉡에 해당되는 곳은 A이다.
③ B는 우리나라의 주권이 미치는 수역이다.
④ D는 우리나라의 배타적 경제 수역이다.
⑤ C와 D에서는 일본과 공동으로 어업 자원을 관리한다.

10. 그래프는 (가)~(라) 에너지원별 발전량 비율의 변화를 나타낸 것이다. 이에 대한 설명으로 옳은 것은? (단, (가)~(라)는 각각 석유, 석탄, 원자력, 천연가스 중 하나임.)

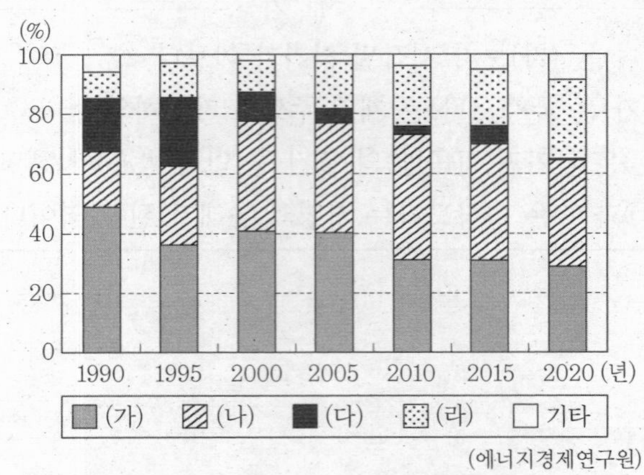

① 2020년에 원자력 발전량은 석탄 화력 발전량보다 많다.
② 총발전량에서 석유가 차지하는 비율은 1990년보다 2020년이 높다.
③ (가)는 (다)보다 발전 시 대기 오염 물질 배출량이 많다.
④ (가)는 (라)보다 우리나라에서 전력 생산에 이용된 시기가 이르다.
⑤ (나)는 (다)보다 수송용으로 이용되는 비율이 높다.

11. 표는 (가)~(라) 지역에 입지한 주요 시설의 현황을 나타낸 것이다. (가)~(라)에 해당하는 지역으로 옳은 것은?

시설 \ 지역	(가)	(나)	(다)	(라)
항만	×	×	×	○
지하철역	×	×	○	○
국제 공항	×	○	○	○
고속 철도역	○	○	○	○

* '○'는 시설이 입지함을, '×'는 시설이 입지하지 않음을 의미함.

	(가)	(나)	(다)	(라)
①	익산	청주	대구	부산
②	익산	청주	부산	대구
③	청주	대구	익산	부산
④	청주	익산	대구	부산
⑤	청주	익산	부산	대구

해설편 90~91쪽

사회탐구 영역 (한국지리)

12. 다음 글의 ㉠~㉢에 대한 설명으로 옳은 것만을 〈보기〉에서 고른 것은? [3점]

> ○ ㉠소비자 서비스업은 소비자가 일상생활을 영위하는 데 필요한 재화 또는 서비스를 제공한다. 이와 같은 서비스업은 소비자의 이동 거리를 최소화하고 동종 업체 간 경쟁을 감소시킬 수 있는 곳에 주로 입지한다.
> ○ ㉡생산자 서비스업은 기업이 재화나 서비스를 생산하고 유통하는 과정에 필요한 서비스를 제공한다. 이와 같은 서비스업은 주요 고객인 기업과의 접근성이 좋은 곳에 주로 입지한다. 최근 생산자 서비스업이 성장하게 된 주요 원인은 ㉢다양한 전문 서비스에 대한 기업의 수요가 증가하였기 때문이다.

<보 기>

ㄱ. ㉠의 주요 고객은 개인이다.
ㄴ. ㉢으로 인해 관련 업무를 외부 업체에 맡기는 현상이 증가한다.
ㄷ. ㉠은 ㉡보다 대도시의 도심에서 주로 발달한다.
ㄹ. ㉡은 ㉠보다 총사업체 수가 많다.

① ㄱ, ㄴ ② ㄱ, ㄷ ③ ㄴ, ㄷ ④ ㄴ, ㄹ ⑤ ㄷ, ㄹ

13. 그래프에 대한 설명으로 옳은 것은? (단, (가)~(다)는 각각 영남권, 충청권, 호남권 중 하나임.) [3점]

〈인구 규모에 따른 도시 및 군(郡) 지역의 인구 비율〉

(단위 : %)

구분	1위	2위	3위	4위	기타
(가)	29.1	13.2	5.6	5.4	46.7
(나)	26.0	18.7	8.8	8.0	38.5
(다)	26.3	15.1	12.1	6.3	40.2

* 상위 4개 도시만 표현하고, 나머지 도시 및 군 지역은 기타로 함.
** 광역시에 속한 군 지역의 인구는 광역시 인구에 포함함.
(2020) (통계청)

① (가)의 2위 도시는 광역시이다.
② (가)는 (나)보다 총인구가 많다.
③ (가)는 (다)보다 지역 내 총생산이 많다.
④ (나)의 2위 도시는 (다)의 1위 도시보다 인구가 많다.
⑤ (나)는 충청권, (다)는 영남권이다.

14. 표는 지도에 표시된 두 지역의 특성을 나타낸 것이다. (가)에 대한 (나)의 상대적 특성을 그림의 A~E에서 고른 것은? [3점]

구분	(가)	(나)
인구(명)	33,579	347,221
경지 면적(ha)	6,575	2,443
제조업 사업체 수(개)	374	4,373

(2019) (통계청)

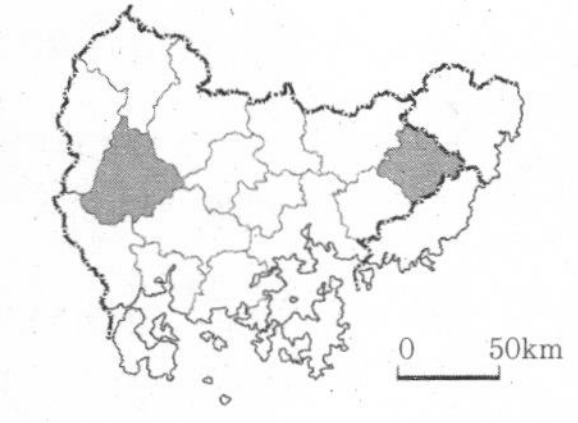

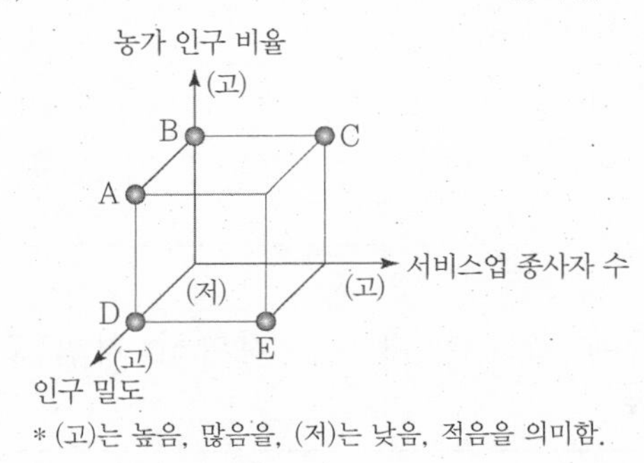

* (고)는 높음, 많음을, (저)는 낮음, 적음을 의미함.

① A ② B ③ C ④ D ⑤ E

15. 그래프에 대한 설명으로 옳은 것은? (단, (가)~(다)는 각각 자동차 및 트레일러, 전자부품·컴퓨터·영상·음향 및 통신장비, 화학물질 및 화학제품 제조업 중 하나임.) [3점]

〈제조업 업종별 부가가치 및 종사자〉

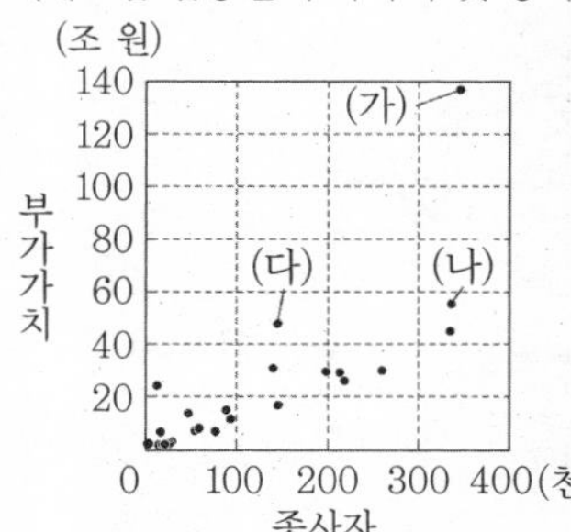

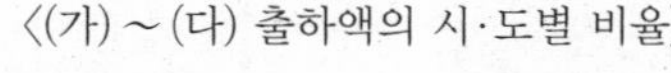
〈(가)~(다) 출하액의 시·도별 비율〉

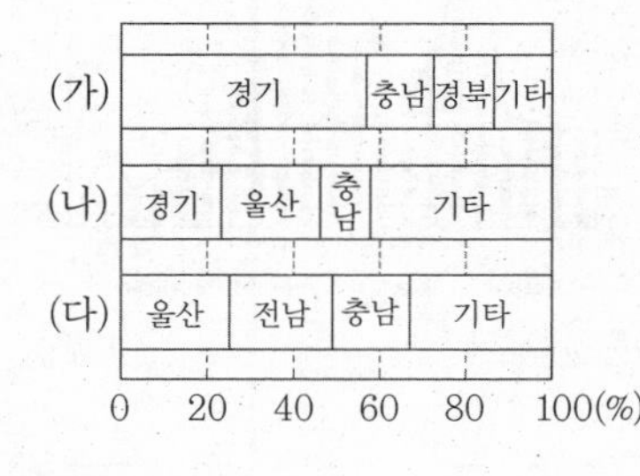

* 종사자 수 10인 이상 사업체를 대상으로 함.
** 제조업 출하액의 시·도별 비율은 상위 3개 시·도만 표현하고, 나머지 지역은 기타로 함.
(2019) (통계청)

① 종사자 수는 화학물질 및 화학제품 제조업이 자동차 및 트레일러 제조업보다 많다.
② 종사자당 부가가치는 자동차 및 트레일러 제조업이 전자부품·컴퓨터·영상·음향 및 통신장비 제조업보다 크다.
③ (가)는 원료를 해외에서 수입하는 적환지 지향형 제조업이다.
④ (다)는 한 가지 원료로 여러 제품을 생산하는 집적 지향형 제조업이다.
⑤ (가)는 (나)보다 최종 완제품의 무게가 무겁고 부피가 크다.

16. 그래프는 지도에 표시된 네 지역의 서울로의 통근·통학 비율과 경지 면적을 나타낸 것이다. (가)~(라)에 대한 설명으로 옳은 것만을 〈보기〉에서 고른 것은? [3점]

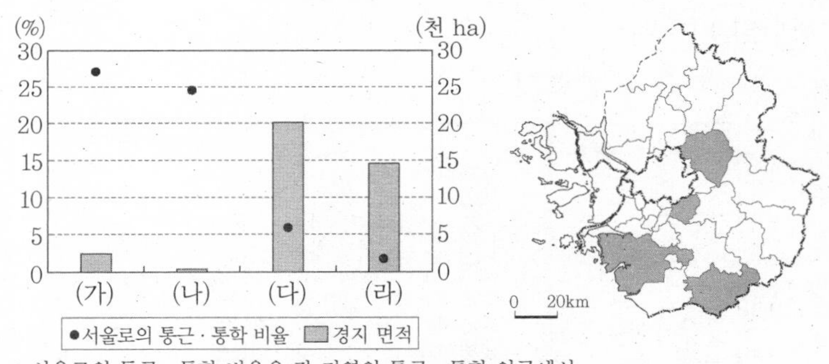

* 서울로의 통근·통학 비율은 각 지역의 통근·통학 인구에서 서울로 통근·통학하는 인구가 차지하는 비율임.
(2020) (통계청)

<보 기>

ㄱ. (가)에는 수도권 1기 신도시가 위치한다.
ㄴ. (나)는 (가)보다 상주인구가 많다.
ㄷ. (다)는 (나)보다 제조업 종사자 수가 많다.
ㄹ. (라)는 (다)보다 지역 내 주택 유형에서 아파트가 차지하는 비율이 높다.

① ㄱ, ㄴ ② ㄱ, ㄷ ③ ㄴ, ㄷ ④ ㄴ, ㄹ ⑤ ㄷ, ㄹ

사회탐구 영역 (한국지리)

17. 그래프는 세 지역의 인구 특성을 나타낸 것이다. (가)~(다)에 해당하는 지역을 지도의 A~C에서 고른 것은? [3점]

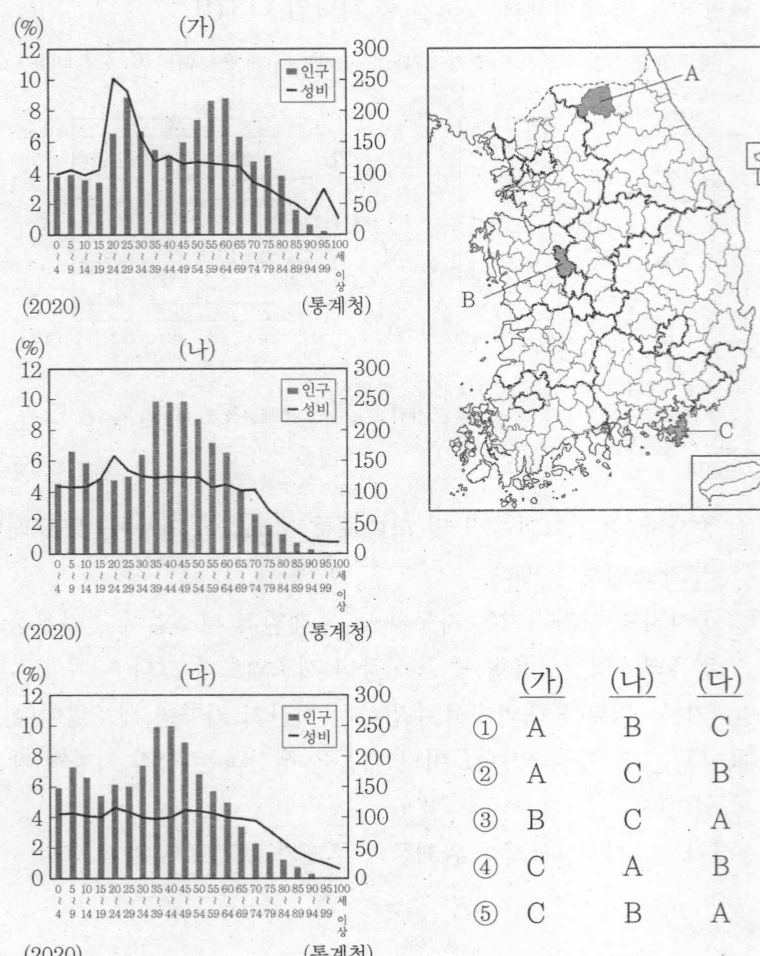

	(가)	(나)	(다)
①	A	B	C
②	A	C	B
③	B	C	A
④	C	A	B
⑤	C	B	A

18. 그래프는 (가)~(다) 기상 현상에 관한 것이다. 이에 대한 설명으로 옳은 것만을 〈보기〉에서 고른 것은? (단, (가)~(다)는 각각 서리, 열대야, 황사 중 하나이며, A~C는 각각 서울, 안동, 포항 중 하나임.) [3점]

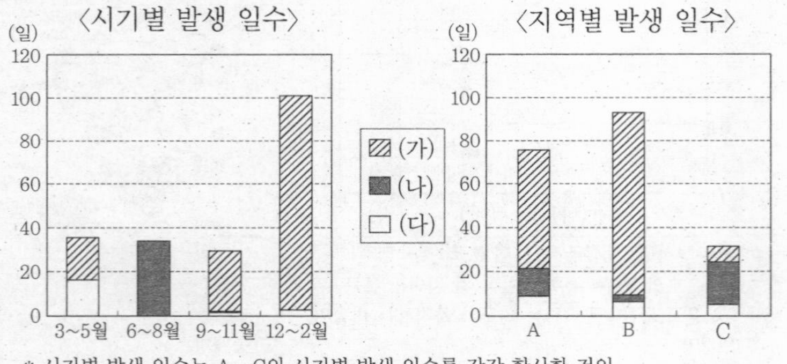

* 시기별 발생 일수는 A~C의 시기별 발생 일수를 각각 합산한 것임.
** 1991~2020년의 평년값임. (기상청)

<보 기>

ㄱ. (가)가 발생하는 기간은 무상 기간이다.
ㄴ. A는 B보다 고위도에 위치한다.
ㄷ. A~C 지역 간 발생 일수의 차이는 황사가 서리보다 크다.
ㄹ. 포항은 서울보다 열대야 일수가 많다.

① ㄱ, ㄴ ② ㄱ, ㄷ ③ ㄴ, ㄷ ④ ㄴ, ㄹ ⑤ ㄷ, ㄹ

19. 그래프는 지도에 표시된 세 지역의 외국인 주민 현황을 나타낸 것이다. 이에 대한 설명으로 옳은 것만을 〈보기〉에서 고른 것은?

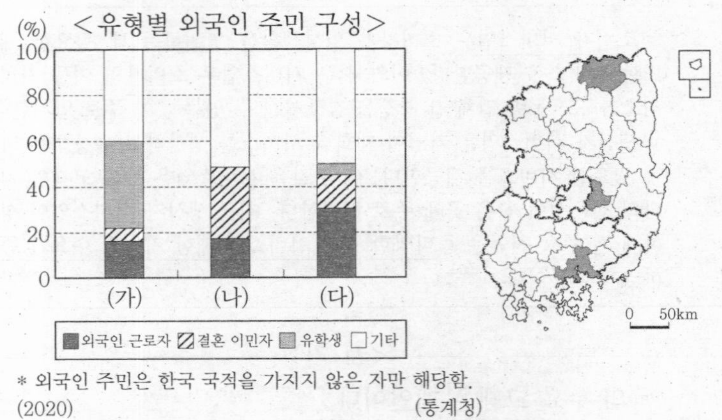

* 외국인 주민은 한국 국적을 가지지 않은 자만 해당함.
(2020) (통계청)

<보 기>

ㄱ. 창원은 봉화보다 결혼 이민자 비율이 높다.
ㄴ. 경산은 창원보다 외국인 유학생 수가 많다.
ㄷ. (나)는 (가)보다 총 외국인 주민 수가 많다.
ㄹ. (다)는 (가)보다 외국인 근로자 수가 많다.

① ㄱ, ㄴ ② ㄱ, ㄷ ③ ㄴ, ㄷ ④ ㄴ, ㄹ ⑤ ㄷ, ㄹ

20. 다음 자료는 도(道)별 농업 특성에 관한 것이다. 이에 대한 설명으로 옳은 것은? (단, (가)~(라)는 각각 A~D 중 하나임.)

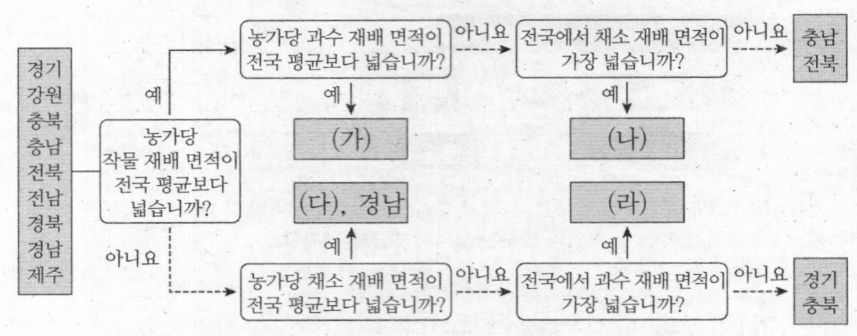

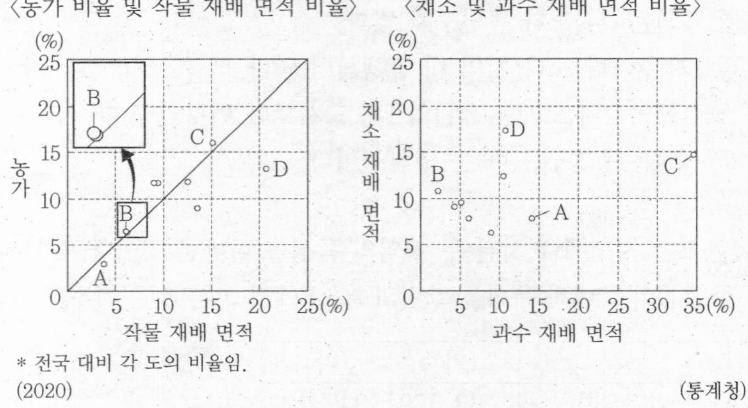

* 전국 대비 각 도의 비율임.
(2020) (통계청)

① A는 D보다 전업농가 수가 많다.
② (라)는 채소 재배 면적이 과수 재배 면적보다 넓다.
③ (다)는 (나)보다 농가당 작물 재배 면적이 넓다.
④ (라)는 (나)보다 경지율이 높다.
⑤ (가)는 A, (다)는 B이다.

※ **확인 사항**
○ **답안지의 해당란에 필요한 내용을 정확히 기입(표기)했는지 확인하시오.**

해설편 92쪽

2024학년도 대학수학능력시험 문제지

사회탐구 영역 (한국지리)

24회	
시험 시간	30분
날짜	월 일
시작 시각	:
종료 시각	:

제 4 교시 | 성명 | 수험번호 -

1. 다음 자료의 (가)~(다) 섬에 대한 설명으로 옳은 것은?

구분	(가)	(나)	(다)
섬			
기준점(△) 위·경도	34° 04′ 32″ N 125° 06′ 31″ E	33° 07′ 03″ N 126° 16′ 10″ E	37° 14′ 22″ N 131° 52′ 08″ E
특징	• 섬의 이름은 '사람이 살 수 있는 곳'이라는 뜻에서 유래. • 일제 강점기에 '소흑산도'로 불렸으나, 2008년에 현 지명으로 복원.	• 섬의 최고점이 약 39m로 해안 일부가 기암절벽으로 이루어진 화산섬. • 섬 전체가 남북으로 긴 고구마 모양으로 평탄한 초원이 있음.	• 섬의 이름은 돌섬이라는 뜻의 독섬에서 유래. '독'이 '홀로 독'으로 한자화 됨. • 동도와 서도 외에 89개의 부속 도서로 구성.

① (가)는 우리나라 영토의 최서단(극서)에 위치한다.
② (나)의 남서쪽 우리나라 영해에 이어도 종합 해양 과학 기지가 건설되어 있다.
③ (다)로부터 200해리까지 전역은 우리나라의 배타적 경제 수역에 해당한다.
④ (나)와 (다)는 영해 설정에 통상 기선을 적용한다.
⑤ (가)~(다) 중 우리나라 표준 경선과의 최단 거리가 가장 가까운 곳은 (나)이다.

2. 다음 자료의 ㉠~㉤에 대한 설명으로 옳은 것은? [3점]

평창군 황병산 일대에서는 해발 고도 800m가 넘는 곳에 넓은 ㉠ 평탄면을 볼 수 있다. 이 평탄면은 과거 오랜 기간 풍화와 침식을 받아 평탄해진 곳이 ㉡ 경동성 요곡 운동으로 융기한 후에도 완만한 기복을 유지하고 있는 지형이며, 목초 재배에 유리하여 목축업이 발달하였다.

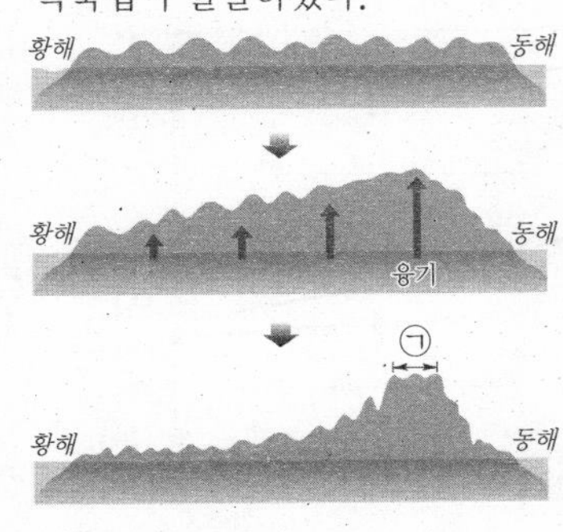

북한강 유역의 춘천은 주변이 산지로 둘러싸인 ㉢ 분지의 평탄면에 발달한 도시이다. 춘천 분지는 ㉣ 변성암과 ㉤ 화강암의 차별적인 풍화·침식 작용을 받아 형성된 지형으로, 용수 확보가 쉬워 일찍부터 농업 및 생활의 중심지로 이용되었다.

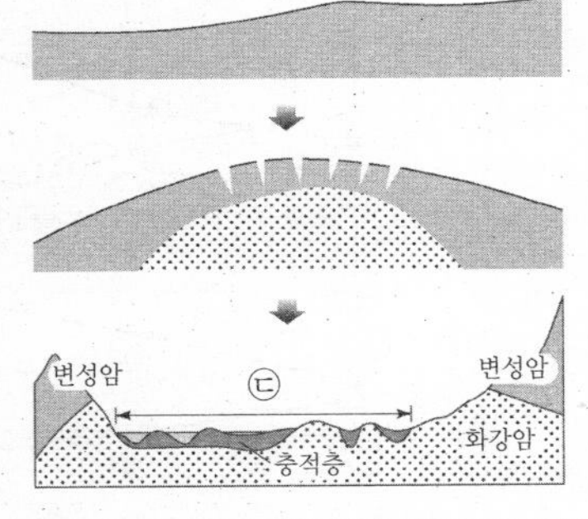

① ㉠에는 공룡 발자국 화석이 많이 분포한다.
② ㉣은 주로 시멘트 공업의 원료로 이용된다.
③ ㉡으로 한반도 전역에 ㉤이 관입되었다.
④ ㉢에서는 ㉠보다 바람이 강하여 풍력 발전에 유리하다.
⑤ ㉣은 ㉤보다 한반도 암석 분포에서 차지하는 비율이 높다.

3. 그림의 (가)~(라)에 해당하는 지역을 지도의 A~D에서 고른 것은? (단, A~D는 각각 단양, 울릉도, 제주도, 철원 중 하나임.)

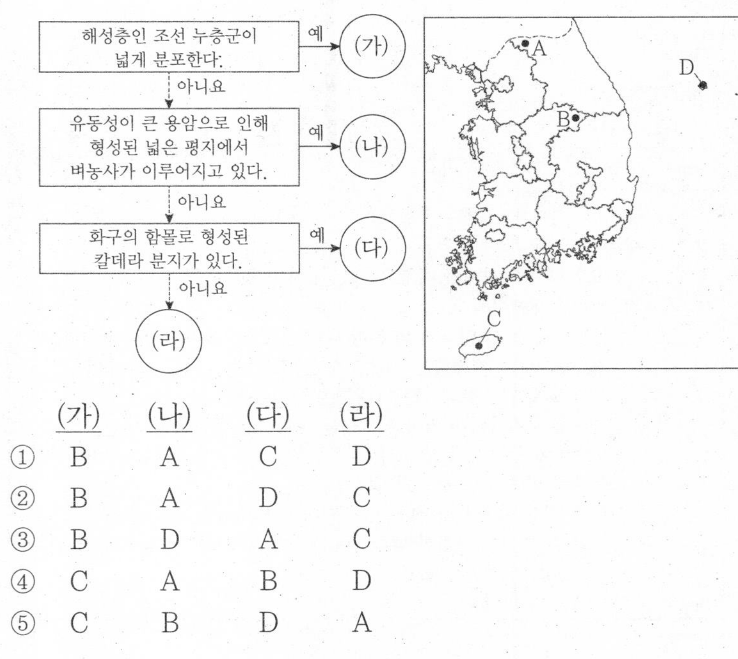

	(가)	(나)	(다)	(라)
①	B	A	C	D
②	B	A	D	C
③	B	D	A	C
④	C	A	B	D
⑤	C	B	D	A

4. 다음 자료에서 설명하는 지역을 지도의 A~E에서 고른 것은?

이 지역은 한강 뱃길과 육로 교통의 길목으로 삼국 시대에는 각축을 벌이던 전략 요충지였다. 수자원 확보와 홍수 피해 경감 등을 목적으로 다목적댐이 건설되어 전력 생산과 관광 자원으로도 활용되고 있다. 또한 민간 기업이 주도적으로 개발하는 기업도시가 조성되어 지역 경제에 활력을 불어 넣고 있다.

태극 모양과 지명 영문 표기 첫 글자인 C와 J를 조화롭게 표현한 이 지역의 심벌 마크이다.

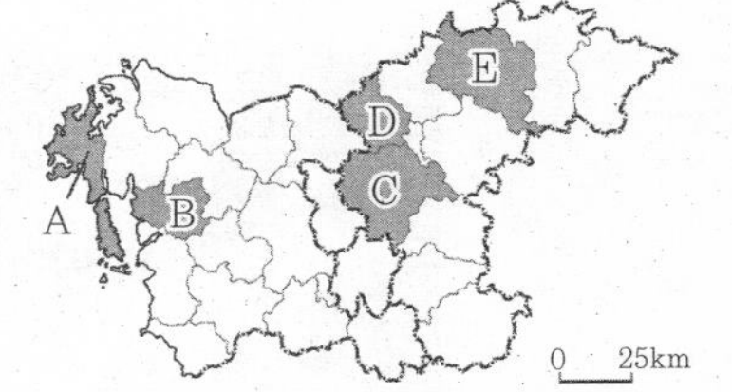

① A
② B
③ C
④ D
⑤ E

5. 다음 <조건>만을 고려하여 아동 복지 시설의 입지를 선정하고자 할 때, 가장 적절한 곳을 지도의 A~E에서 고른 것은? [3점]

<조건1>: '시(市)' 단위 행정 구역인 곳
<조건2>: 유소년층 인구 비율이 10% 이상인 곳
<조건3>: <조건1>과 <조건2>를 만족한 지역 중 총부양비가 가장 높은 곳

〈연령층별 인구 비율〉

(단위 : %)

구분	0~14세	15~64세	65세 이상
A	12.8	70.7	16.5
B	8.9	60.5	30.6
C	8.4	61.8	29.8
D	8.9	63.8	27.3
E	14.5	74.4	11.1

(2020) (통계청)

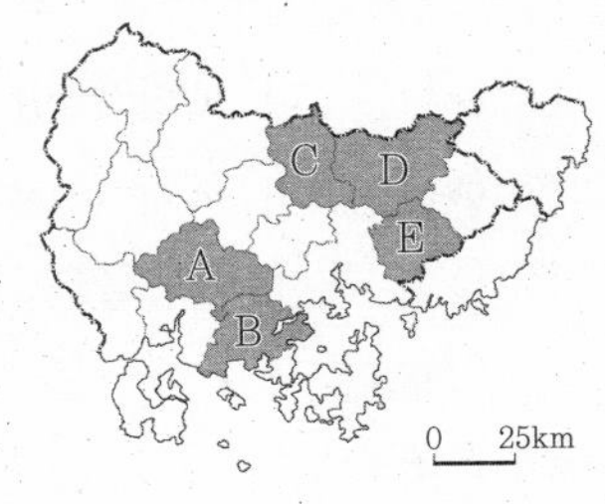

① A ② B ③ C ④ D ⑤ E

해설편 93쪽

6. 다음 자료는 자연재해에 대한 온라인 수업 자료의 일부 내용이다. (가)~(다)에 해당하는 자연재해를 A~C에서 고른 것은? (단, (가)~(다)와 A~C는 각각 대설, 태풍, 호우 중 하나임.)

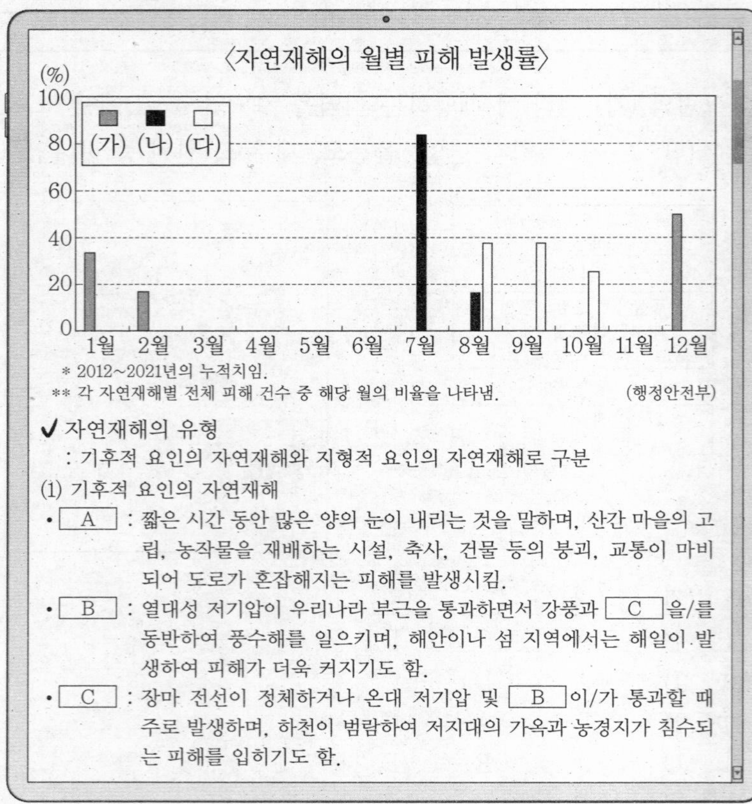

✔ 자연재해의 유형

: 기후적 요인의 자연재해와 지형적 요인의 자연재해로 구분

(1) 기후적 요인의 자연재해

- [A] : 짧은 시간 동안 많은 양의 눈이 내리는 것을 말하며, 산간 마을의 고립, 농작물을 재배하는 시설, 축사, 건물 등의 붕괴, 교통이 마비되어 도로가 혼잡해지는 피해를 발생시킴.
- [B] : 열대성 저기압이 우리나라 부근을 통과하면서 강풍과 [C]을/를 동반하여 풍수해를 일으키며, 해안이나 섬 지역에서는 해일이 발생하여 피해가 더욱 커지기도 함.
- [C] : 장마 전선이 정체하거나 온대 저기압 및 [B]이/가 통과할 때 주로 발생하며, 하천이 범람하여 저지대의 가옥과 농경지가 침수되는 피해를 입히기도 함.

	(가)	(나)	(다)		(가)	(나)	(다)
①	A	B	C	②	A	C	B
③	B	A	C	④	B	C	A
⑤	C	A	B				

7. 다음은 지도에 표시된 세 지역의 하천 지형을 나타낸 사진이다. 이에 대한 설명으로 옳은 것은? (단, A~D는 각각 배후 습지, 삼각주, 자연 제방, 하안 단구 중 하나임.) [3점]

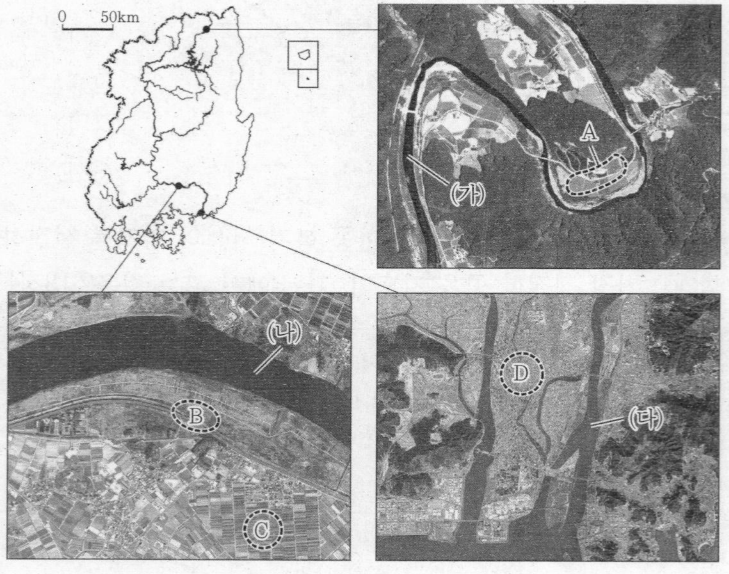

① (가)는 (다)보다 하방 침식이 활발하다.
② (나)는 (가)보다 하상의 해발 고도가 높다.
③ D는 하천 퇴적물의 공급량이 적고, 조차가 큰 하구에서 잘 발달한다.
④ A는 C보다 홍수 시 범람에 의한 침수 위험이 높다.
⑤ B는 C보다 토양 배수가 불량하다.

8. 다음 자료는 지도에 표시된 네 도시의 시청에서 출발해 광주광역시청으로 가는 길 찾기 안내의 일부이다. (가)~(라) 도시에 대한 설명으로 옳은 것은? [3점]

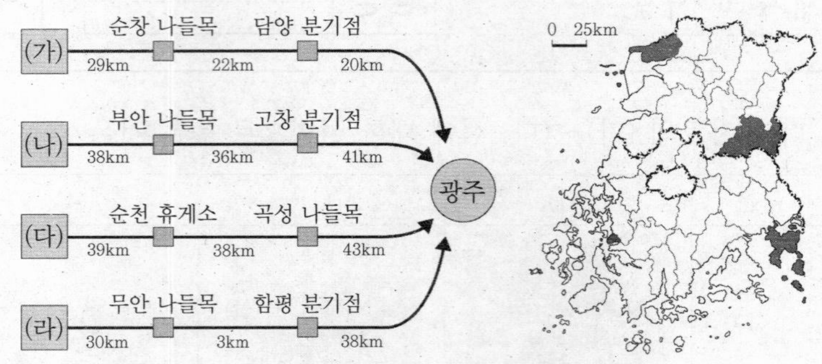

① (다)에는 춘향전의 배경이 되는 광한루원이 있다.
② (라)에는 대규모 완성형 자동차 조립 공장이 입지해 있다.
③ (가)와 (다)에는 모두 람사르 협약에 등록된 습지가 있다.
④ (나)와 (라)에는 모두 하굿둑이 건설되어 있다.
⑤ (가)~(라)에는 모두 국제공항이 입지해 있다.

9. 그래프의 (가)~(라)는 지도에 표시된 네 지역의 상대적 기후 특성을 나타낸 것이다. 이에 대한 설명으로 옳은 것은? [3점]

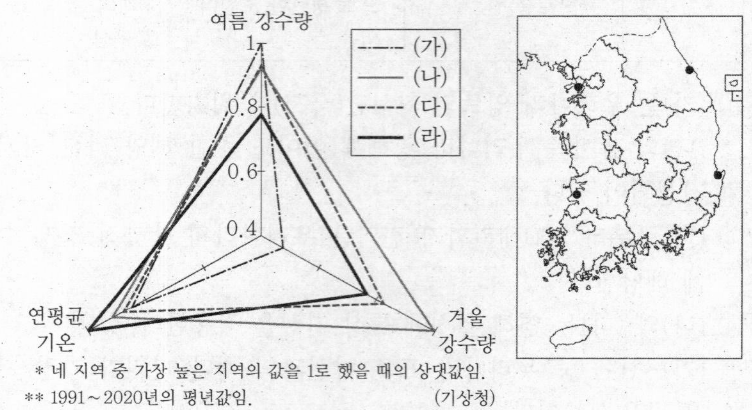

① (가)는 (나)보다 최한월 평균 기온이 높다.
② (다)는 (나)보다 연 강수량이 많다.
③ (다)는 (라)보다 기온의 연교차가 크다.
④ (가)와 (라)는 서해안, (나)와 (다)는 동해안에 위치한다.
⑤ (가)~(라) 중 여름 강수 집중률이 가장 높은 곳은 (라)이다.

10. 그래프는 주요 농산물의 1인당 소비량 변화를 나타낸 것이다. (가)~(라)에 대한 설명으로 옳은 것은? (단, (가)~(라)는 각각 과실, 보리, 쌀, 채소 중 하나임.)

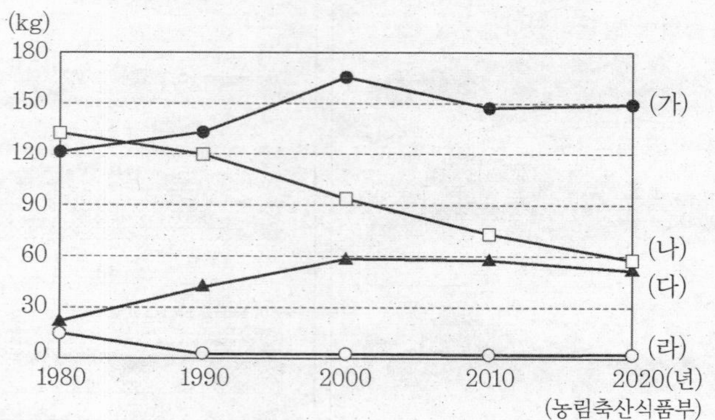

① (가)는 (나)보다 재배 면적이 넓다.
② (나)는 (가)보다 노지 재배 면적 비율이 높다.
③ 전남은 (가)보다 (다)의 생산량이 많다.
④ 제주는 (다)보다 (나)의 재배 면적이 넓다.
⑤ 강원은 전북보다 (라)의 생산량이 많다.

해설편 94쪽

사회탐구 영역 (한국지리)

11. 다음 자료는 네 계절에 개최되는 지역 축제를 나타낸 것이다. (가)~(라) 계절에 대한 설명으로 가장 적절한 것은? (단, (가)~(라)는 각각 봄, 여름, 가을, 겨울 중 하나임.) [3점]

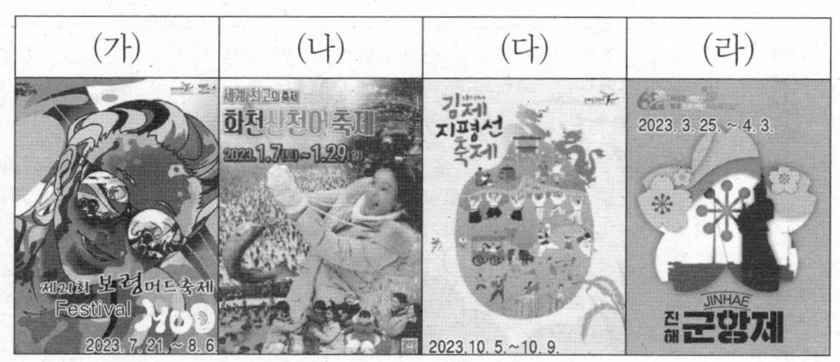

① (나)에는 고랭지 채소 재배가 활발히 이루어진다.
② (다)에는 시베리아 기단의 확장으로 꽃샘추위가 발생한다.
③ (라)에는 월동을 대비해 김장을 한다.
④ (가)에는 (나)보다 서고동저형의 기압 배치가 자주 나타난다.
⑤ (가)에는 (라)보다 평균 상대 습도가 높다.

12. 지도의 A~E 지형에 대한 설명으로 옳은 것은? [3점]

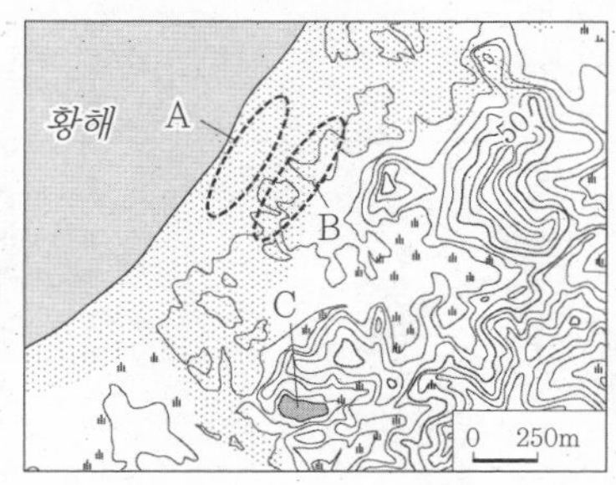

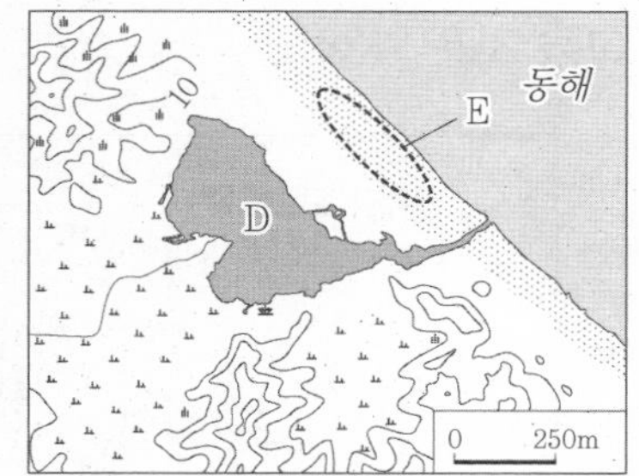

① B에는 지반 융기로 형성된 해안 단구가 있다.
② C 습지는 D 호수보다 물의 염도가 높다.
③ E는 B보다 퇴적 물질의 평균 입자 크기가 크다.
④ A와 E는 주로 조류의 퇴적 작용으로 형성되었다.
⑤ B와 D는 후빙기 해수면 상승 이전에 형성되었다.

13. 지도에 표시된 (가)~(다) 지역의 특징을 그림과 같이 표현할 때, A~D의 내용으로 옳은 것만을 〈보기〉에서 고른 것은? [3점]

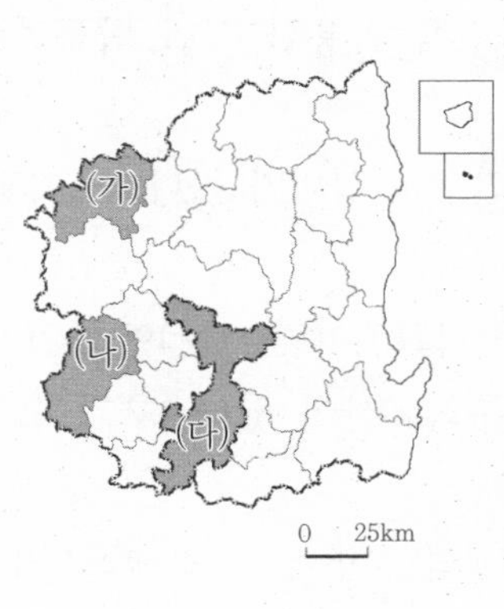

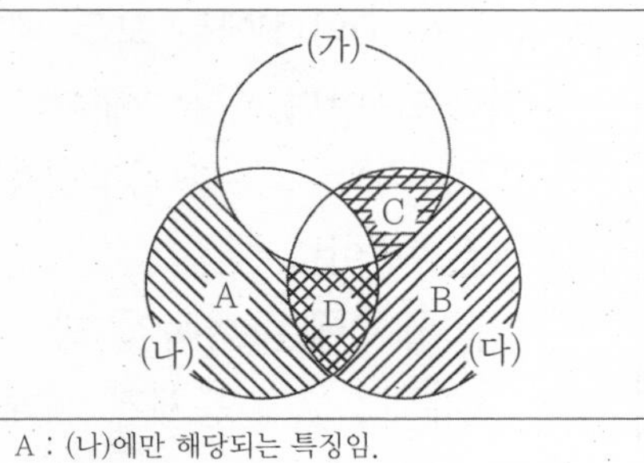

A : (나)에만 해당되는 특징임.
B : (다)에만 해당되는 특징임.
C : (가)와 (다)만의 공통 특징임.
D : (나)와 (다)만의 공통 특징임.

〈보 기〉

ㄱ. A : 도청이 입지하고 있음.
ㄴ. B : 지하철이 운행되고 있음.
ㄷ. C : 천연기념물로 지정된 석회 동굴이 있음.
ㄹ. D : 혁신도시가 조성되어 있음.

① ㄱ, ㄴ　② ㄱ, ㄷ　③ ㄴ, ㄷ　④ ㄴ, ㄹ　⑤ ㄷ, ㄹ

14. 그래프는 지도에 표시된 네 지역군의 제조업 종사자 수 변화를 나타낸 것이다. (가)~(라) 지역군에 대한 설명으로 옳은 것은?

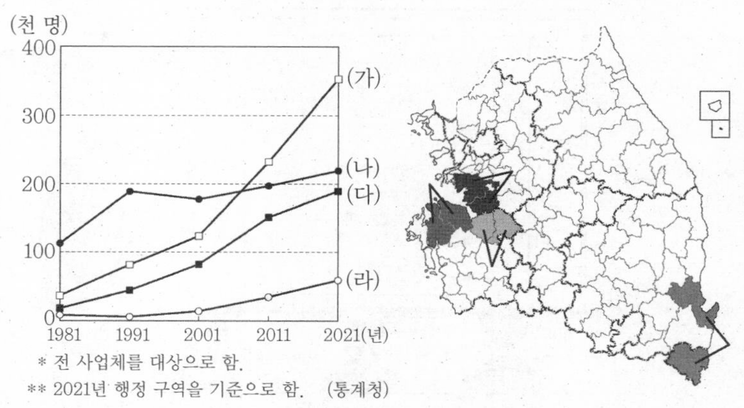

* 전 사업체를 대상으로 함.
** 2021년 행정 구역을 기준으로 함. (통계청)

① (가)는 (나)보다 지역군 내 제조업 출하액에서 전자 부품 · 컴퓨터 · 영상 · 음향 및 통신 장비 제조업이 차지하는 비율이 높다.
② (다)는 (나)보다 전국 석유 정제품 제조업 종사자 수에서 차지하는 비율이 높다.
③ (다)는 (라)보다 1차 금속 제조업 출하액이 많다.
④ (라)는 (나)보다 대규모 국가 산업 단지 조성을 시작한 시기가 이르다.
⑤ (가)~(라) 중 2001년에 비해 2021년 제조업 종사자 수가 가장 많이 증가한 지역군은 영남 지방에 속한다.

15. 다음은 한국지리 온라인 수업의 한 장면이다. 답글의 내용이 적절한 학생만을 있는 대로 고른 것은?

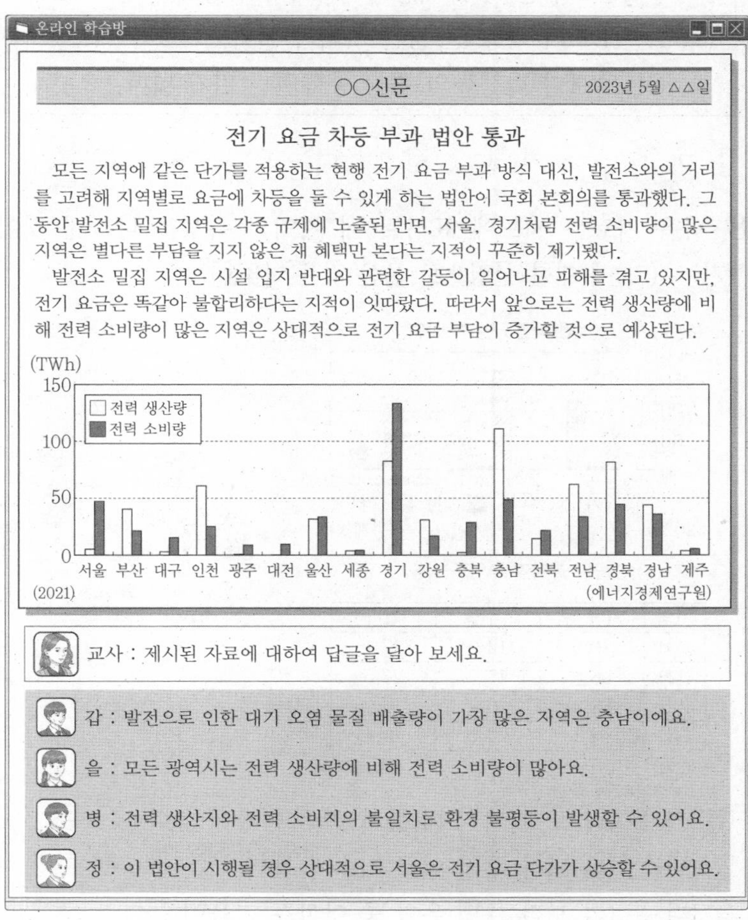
온라인 학습방

○○신문　2023년 5월 △△일

전기 요금 차등 부과 법안 통과

모든 지역에 같은 단가를 적용하는 현행 전기 요금 부과 방식 대신, 발전소와의 거리를 고려해 지역별로 요금에 차등을 둘 수 있게 하는 법안이 국회 본회의를 통과했다. 그동안 발전소 밀집 지역은 각종 규제에 노출된 반면, 서울, 경기처럼 전력 소비량이 많은 지역은 별다른 부담을 지지 않은 채 혜택만 본다는 지적이 꾸준히 제기됐다.

발전소 밀집 지역은 시설 입지 반대와 관련한 갈등이 일어나고 피해를 겪고 있지만, 전기 요금은 똑같아 불합리하다는 지적이 잇따랐다. 따라서 앞으로는 전력 생산량에 비해 전력 소비량이 많은 지역은 상대적으로 전기 요금 부담이 증가할 것으로 예상된다.

교사 : 제시된 자료에 대하여 답글을 달아 보세요.

갑 : 발전으로 인한 대기 오염 물질 배출량이 가장 많은 지역은 충남이에요.
을 : 모든 광역시는 전력 생산량에 비해 전력 소비량이 많아요.
병 : 전력 생산지와 전력 소비지의 불일치로 환경 불평등이 발생할 수 있어요.
정 : 이 법안이 시행될 경우 상대적으로 서울은 전기 요금 단가가 상승할 수 있어요.

① 갑, 을　② 을, 병　③ 병, 정
④ 갑, 을, 병　⑤ 갑, 병, 정

해설편 95쪽

사회탐구 영역 (한국지리)

16. 다음은 한국지리 수업 장면이다. 발표 내용이 옳은 학생만을 있는 대로 고른 것은?

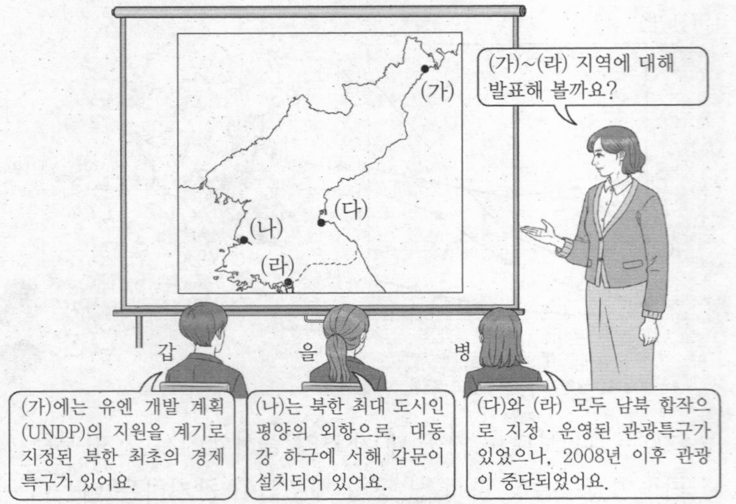

(가)~(라) 지역에 대해 발표해 볼까요?
(가)
(나)
(다)
(라)
갑
을
병
(가)에는 유엔 개발 계획(UNDP)의 지원을 계기로 지정된 북한 최초의 경제특구가 있어요.
(나)는 북한 최대 도시인 평양의 외항으로, 대동강 하구에 서해 갑문이 설치되어 있어요.
(다)와 (라) 모두 남북 합작으로 지정·운영된 관광특구가 있었으나, 2008년 이후 관광이 중단되었어요.

① 갑　② 병　③ 갑, 을　④ 을, 병　⑤ 갑, 을, 병

17. 표는 지도에 표시된 세 지역의 교육 기관 수를 나타낸 것이다. 이에 대한 설명으로 옳은 것만을 〈보기〉에서 고른 것은? (단, A~C는 각각 대학교, 고등학교, 초등학교 중 하나임.)

교육 기관 / 지역	A	B	C
(가)	152	62	17
(나)	27	10	2
(다)	18	7	0

* 대학교는 전문대학을 포함함.
(2021) (통계청)

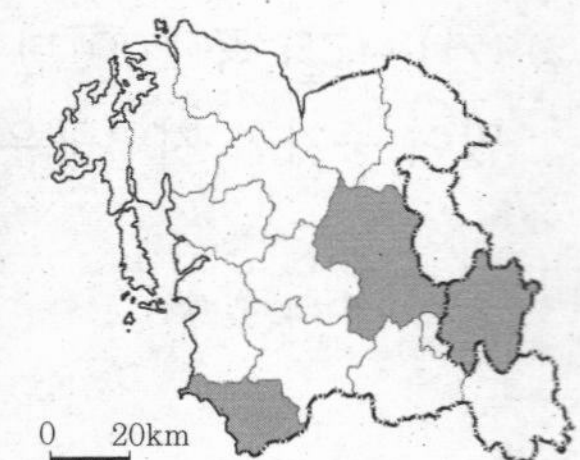

〈보 기〉

ㄱ. (다)는 (가)보다 보유하고 있는 중심지 기능이 다양하다.
ㄴ. (가)와 (나)는 모두 세종특별자치시와 경계를 접하고 있다.
ㄷ. A는 B보다 학교 간 평균 거리가 멀다.
ㄹ. C는 A보다 학생들의 평균 통학권 범위가 넓다.

① ㄱ, ㄴ　② ㄱ, ㄷ　③ ㄴ, ㄷ　④ ㄴ, ㄹ　⑤ ㄷ, ㄹ

18. 다음 자료는 지도에 표시된 네 지역의 특성을 나타낸 것이다. (가)~(라)에 대한 설명으로 옳은 것은? [3점]

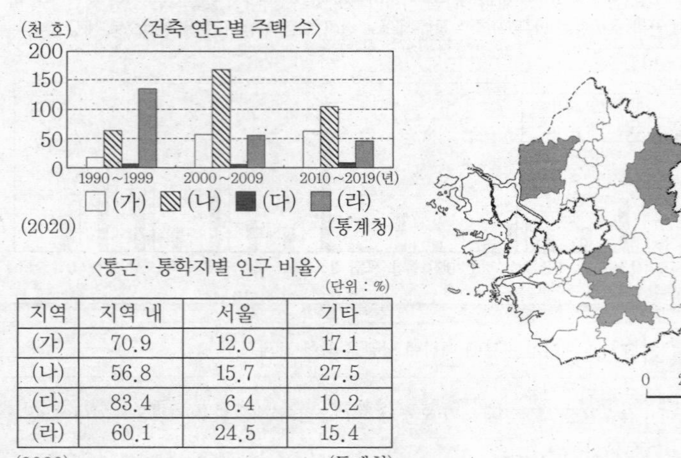

〈통근·통학지별 인구 비율〉

(단위 : %)

지역	지역 내	서울	기타
(가)	70.9	12.0	17.1
(나)	56.8	15.7	27.5
(다)	83.4	6.4	10.2
(라)	60.1	24.5	15.4

(2020) (통계청)

① (가)는 (라)보다 지역 내 농가 인구 비율이 높다.
② (나)는 (다)보다 주간 인구 지수가 높다.
③ (다)는 (라)보다 주택 유형 중 아파트 비율이 높다.
④ (가)에는 수도권 1기 신도시, (나)에는 2기 신도시가 건설되었다.
⑤ (가)~(라) 중 생산자 서비스업 종사자 수는 (가)가 가장 많다.

19. 다음 글은 주요 에너지 자원의 특성에 관한 것이다. (가)~(다)에 대한 설명으로 옳은 것은? (단, (가)~(다)는 각각 석유, 석탄, 천연가스 중 하나임.)

(가) 무연탄은 주로 평안 누층군에 분포하며, 강원 남부 지역을 중심으로 생산이 활발하였으나, 에너지 소비 구조의 변화로 국내 생산량이 감소하였다. 한편 제철 공업에서 주로 사용되는 역청탄은 전량 수입에 의존하고 있다.
(나) 1차 에너지 자원 중 현재 우리나라에서 가장 많이 소비되며, 주로 화학 공업의 원료 및 수송용 연료로 이용된다. 대부분 서남 아시아에서 수입되고 있어 수입 지역의 다변화가 필요하다.
(다) 주로 가정·상업용 연료로 이용되며 수송 및 발전용 소비량이 증가하는 추세이다. 다른 화석 에너지보다 연소 시 대기 오염 물질 배출량이 적은 편이다.

① (나)의 1차 에너지 공급량이 가장 많은 지역은 경북이다.
② (다)의 최종 에너지 소비량이 가장 많은 지역은 경기이다.
③ (나)는 (가)보다 발전용으로 사용되는 비율이 높다.
④ (다)는 (가)보다 전력 생산에 이용된 시기가 이르다.
⑤ 전남은 (나)보다 (가)의 1차 에너지 공급량이 많다.

20. 다음은 지도에 표시된 A~F 지역에 대한 학생의 답변과 교사의 채점 결과이다. 이에 대한 설명으로 옳은 것만을 〈보기〉에서 고른 것은? [3점]

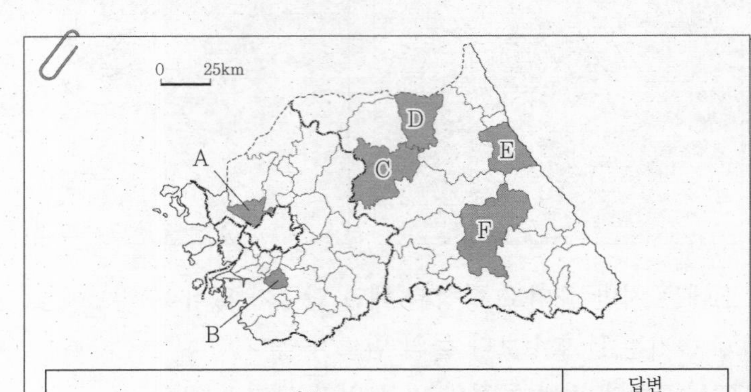

질문	답변 갑	답변 을
A와 B는 모두 인구 100만 명 이상 도시인가요?	예	예
B와 C는 모두 서울과 전철로 연결되어 있나요?	예	아니요
(가)	㉠	아니요
(나)	㉡	예
점수	4점	2점

* 교사는 각 답변이 맞으면 1점, 틀리면 0점을 부여함.

〈보 기〉

ㄱ. (가)가 'D와 F에는 모두 폐탄광을 활용한 석탄 박물관이 있나요?'이면, ㉡은 '예'이다.
ㄴ. (나)가 'D는 C보다 청장년층 인구의 성비가 높나요?'이면, ㉠은 '예'이다.
ㄷ. (가)가 'C에는 다목적 댐이 있나요?'이면, (나)에는 'B에는 유네스코에 등재된 세계 문화유산이 있나요?'가 들어갈 수 있다.
ㄹ. ㉠이 '예'이면, (나)에는 'C와 E의 지명에서 '강원'의 지명이 유래했나요?'가 들어갈 수 있다.

① ㄱ, ㄴ　② ㄱ, ㄷ　③ ㄴ, ㄷ　④ ㄴ, ㄹ　⑤ ㄷ, ㄹ

※ **확인 사항**
○ **답안지의 해당란에 필요한 내용을 정확히 기입(표기)했는지 확인하시오.**

해설편 96쪽

사회탐구 영역 (한국지리)

25회	
시험 시간	30분
날짜	월 일
시작 시각	:
종료 시각	:

제 4 교시 | 성명 | | 수험번호 | – |

1. 다음 자료의 (가)~(다) 섬에 대한 교사의 질문에 모두 옳게 답한 학생을 고른 것은?

구분	(가)	(나)	(다)
위성 영상			
기준점(△) 위 · 경도	39° 48′ 10″ N 124° 10′ 47″ E	37° 14′ 22″ N 131° 52′ 08″ E	33° 07′ 03″ N 126° 16′ 10″ E
면적	약 64.368km²	약 0.187km²	약 0.298km²

교사의 질문	학생				
	갑	을	병	정	무
(나)의 기선으로부터 바깥쪽 12해리 이내에 종합 해양 과학 기지가 건설되어 있습니까?	아니요	예	아니요	아니요	예
(가)는 (나)보다 우리나라 표준 경선과의 최단 거리가 멉니까?	예	예	예	예	아니요
(나)와 (다)는 영해 설정에 직선 기선이 적용됩니까?	아니요	아니요	예	아니요	아니요
(가)~(다)는 모두 우리나라 영토의 4극 중 하나에 해당합니까?	예	예	예	아니요	예

① 갑 ② 을 ③ 병 ④ 정 ⑤ 무

2. 다음 자료는 지형에 관한 다큐멘터리 촬영을 위한 방송 대본이다. ㉠~㉣에 대한 설명으로 옳은 것은?

송지호

과거 바다였던 이곳이 지금의 ㉠ 호수로 변모한 과정을 애니메이션으로 보여 준다.

호미곶

㉡ 해안과 평행하게 발달한 계단 모양의 지형을 따라 걸으며 전문가와 함께 퇴적층을 관찰한다.

월등도

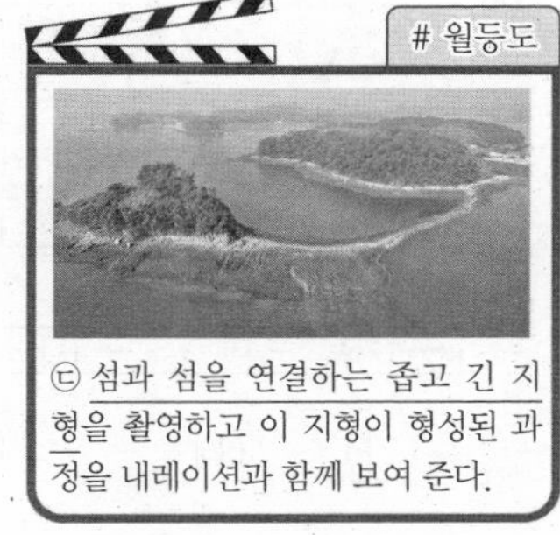

㉢ 섬과 섬을 연결하는 좁고 긴 지형을 촬영하고 이 지형이 형성된 과정을 내레이션과 함께 보여 준다.

신두리

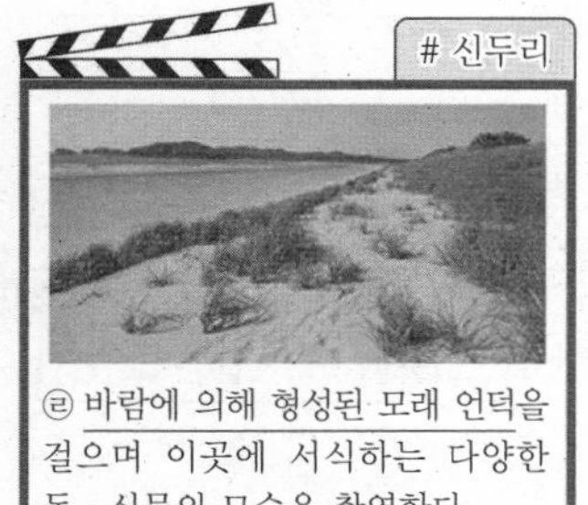

㉣ 바람에 의해 형성된 모래 언덕을 걸으며 이곳에 서식하는 다양한 동 · 식물의 모습을 촬영한다.

① ㉠의 물은 주변 농경지의 농업용수로 주로 이용된다.
② ㉢은 파랑 에너지가 집중되는 곳에 주로 발달한다.
③ ㉣은 지하수를 저장하는 기능이 있다.
④ ㉠은 ㉡보다 형성 시기가 이르다.
⑤ ㉠과 ㉣은 자연 상태에서 시간이 지남에 따라 규모가 확대된다.

3. 다음 〈조건〉만을 고려하여 대형 마트를 새로 건설하고자 할 때, 가장 적합한 후보지를 고른 것은?

〈조건 1〉: [(면적당 도로 연장 > 0.7km/km²) AND (인구 밀도 > 150명/km²)]
〈조건 2〉: 〈조건 1〉을 만족하는 지역 중 [(전통 시장 수 < 3개) OR (1인당 지역 내 총생산 > 7천만 원)]인 곳을 선택함.

* X AND Y : X조건과 Y조건을 모두 만족하는 것을 의미함.
** X OR Y : X조건과 Y조건 중 하나만 만족해도 되는 것을 의미함.

구분	면적당 도로 연장 (km/km²)	인구 밀도 (명/km²)	전통 시장 수(개)	1인당 지역 내 총생산 (천만 원)
A	0.6	236.8	1	7.7
B	1.2	238.0	4	11.1
C	0.8	222.4	5	3.9
D	1.0	167.7	6	3.8
E	0.7	119.4	2	3.9

(2021) (충청남도)

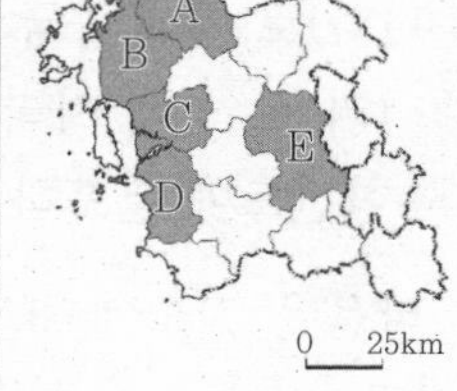

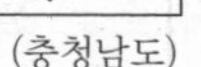

① A ② B ③ C ④ D ⑤ E

4. 다음은 지도에 표시된 세 지역에 대한 인구 관련 언론 보도 내용이다. (가)~(다) 지역에 대한 설명으로 옳은 것은? [3점]

(가) 은/는 인구가 약 3만 1천여 명까지 줄었는데도 심각한 주차난을 겪고 있습니다. 군부대가 많은 지역적 특성상 군인들을 포함해 사실상 이 지역에서 생활하는 인구는 약 7만여 명에 가깝기 때문입니다.

□□ 신문 (2023년 ○월 ○일)

지방의 인구 감소에도 불구하고 (나) 은/는 인구가 꾸준히 늘고 있어 그 배경에 관심이 쏠린다. 공공 기관 입주, 신도시 조성 등으로 최근 10년간 내국인 인구는 약 3만 6천여 명이 증가했다.

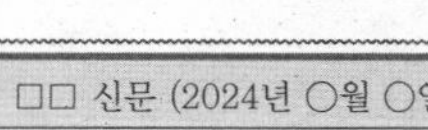

□□ 신문 (2024년 ○월 ○일)

(다) 은/는 탄광이 폐광되면서 근로자와 주민 약 2천여 명이 떠나고 그에 따라 지역 상권이 침체돼 존립 기반이 흔들리고 있다. 또한 여기에 있던 한 대학교의 폐교로 지역 경제에 대한 우려의 목소리가 더욱 커지고 있는 상황이다.

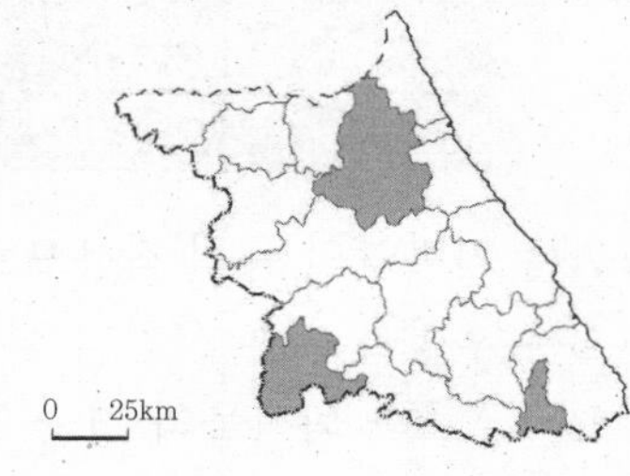

① (가)는 (나)보다 인구가 많다.
② (가)는 (나)보다 외국인 주민 중 결혼 이민자 수가 많다.
③ (나)는 (다)보다 중위 연령이 높다.
④ (다)는 (가)보다 성비가 높다.
⑤ (다)는 (나)보다 총부양비가 높다.

5. 다음 자료에서 설명하는 지역을 지도의 A~E에서 고른 것은? [3점]

이 지역은 1995년 삼천포시와 사천군이 통합된 곳이다. 항공 · 우주 산업이 발달한 곳으로 항공 부품과 전자 정밀 기계 업체가 입지한 산업 단지가 조성되어 있다. 이 지역에서는 비행기를 생산하는 한국항공우주산업(KAI)과 최근에 개청한 우주항공청이 연구 · 개발 업무를 주도하고 있다.

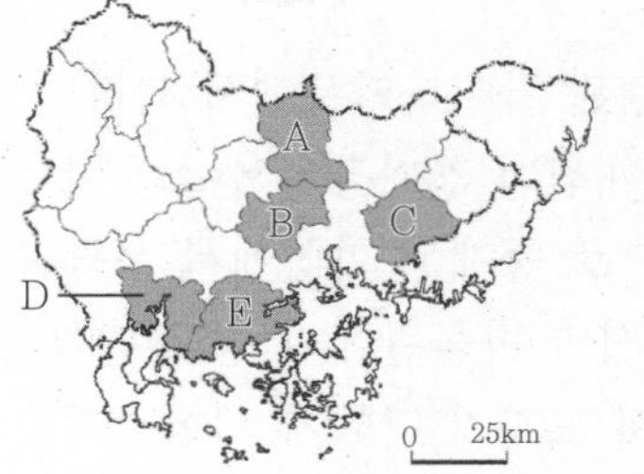

① A
② B
③ C
④ D
⑤ E

해설편 97쪽

사회탐구 영역 (한국지리)

6. 다음 자료에 대한 설명으로 옳은 것은?

〈한반도 주요 지질 계통과 지각 변동〉

지질 시대	고생대			중생대			신생대	
	캄브리아기 … 석탄기 - 페름기			트라이아스기	쥐라기	백악기	제3기	제4기
지질 계통	(가)	(결층)	평안 누층군		대동 누층군	경상 누층군	제3계	제4계
주요 지각 변동	↑ 조륙 운동			↑ (나)	↑ (다)	↑ (라)	↑ (마)	↑ 화산 활동

> 중생대 동안 발생하였던 세 번의 주요 지각 변동 중 초기에 발생한 (나) 은/는 주로 한반도 북부 지방에 영향을 미쳤으며, 중기에는 (다) 이/가 발생해 중·남부 지방을 중심으로 영향을 주었다. 중생대 말기에는 (라) 이/가 주로 경상 분지 일대에서 일어났다.

① (가)에서는 공룡 발자국 화석이 흔히 발견된다.
② (나)가 발생한 시기에 길주·명천 지괴가 형성되었다.
③ (다)로 인해 중국 방향(북동-남서)의 지질 구조선이 형성되었다.
④ (라)로 인해 지리산을 이루는 주된 기반암이 형성되었다.
⑤ 한반도에 분포하는 대부분의 화강암은 (마)에 의해 형성되었다.

7. 다음은 지도에 표시된 세 지역의 하천 지형을 나타낸 위성 영상이다. 이에 대한 설명으로 옳은 것은? (단, A~C는 각각 배후 습지, 선상지, 하안 단구 중 하나임.) [3점]

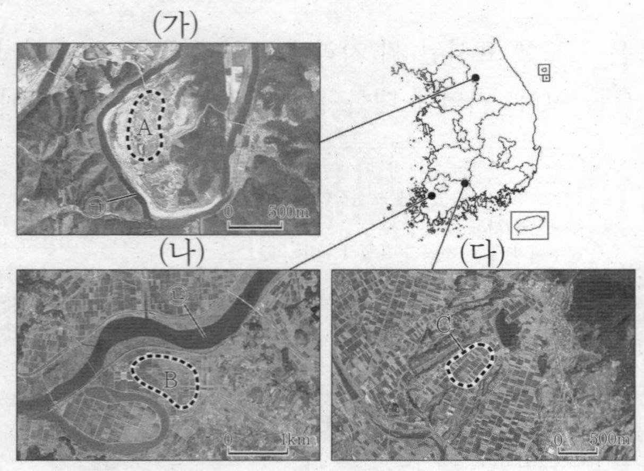

① A는 기반암의 용식 작용으로 평탄화된 지형이다.
② B는 후빙기 이후 하천의 퇴적 작용이 활발해져 형성되었다.
③ B는 A보다 퇴적물의 평균 입자 크기가 크다.
④ B와 C에는 지하수가 솟아나는 용천대가 발달해 있다.
⑤ (가)의 ㉠ 하천 범람원은 (나)의 ㉡ 하천 범람원보다 면적이 넓다.

8. 지도에 표시된 고속 국도가 지나가는 A~E 지역을 여행할 때, 각 지역에서 체험할 수 있는 활동으로 옳은 것은?

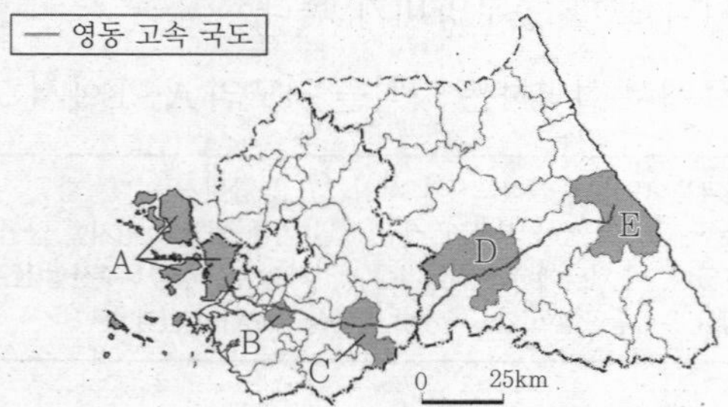

① A : 관광특구로 지정된 차이나타운에서 짜장면 먹기
② B : 동계 올림픽이 개최된 경기장에서 스케이트 타기
③ C : 세계 문화유산으로 등재된 화성에서 성곽 길 걷기
④ D : 폐광을 활용한 석탄 박물관에서 갱도 견학하기
⑤ E : 도자 박물관에서 도자기 만들기 체험하기

9. 그래프는 지도에 표시된 네 지역군의 제조업 업종별 출하액 비율을 나타낸 것이다. 이에 대한 설명으로 옳은 것은? (단, A~D는 각각 기타 운송 장비, 비금속 광물 제품, 자동차 및 트레일러, 전자 부품·컴퓨터·영상·음향 및 통신 장비 제조업 중 하나임.)

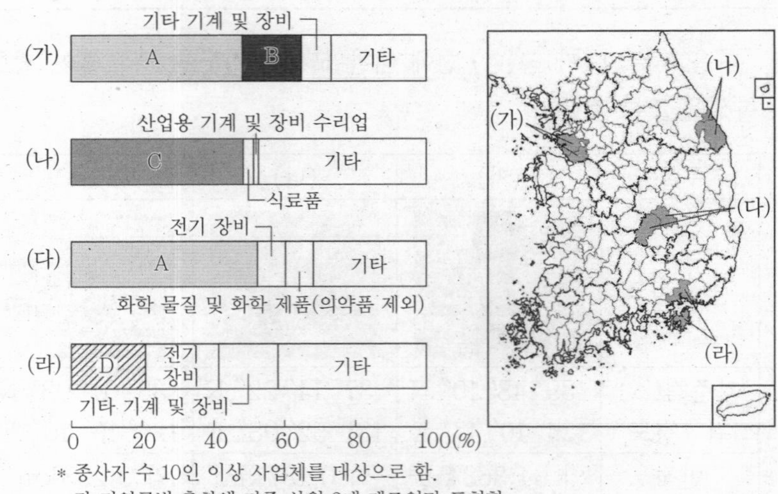

① D는 전국에서 영남권보다 수도권이 차지하는 출하액 비율이 높다.
② A는 B에서 생산된 최종 제품을 주요 재료로 이용한다.
③ C는 B보다 총매출액 대비 연구 개발비 비율이 높다.
④ D는 A보다 전국 종사자 수가 많다.
⑤ A~D 중 호남권 내에서 출하액이 가장 많은 것은 B이다.

10. 다음은 ○월 ○일의 날씨와 관련한 방송 내용의 일부이다. 밑줄 친 기상 현상과 관련하여 그래프의 (가)~(다)에 해당하는 지역을 지도의 A~C에서 고른 것은? [3점]

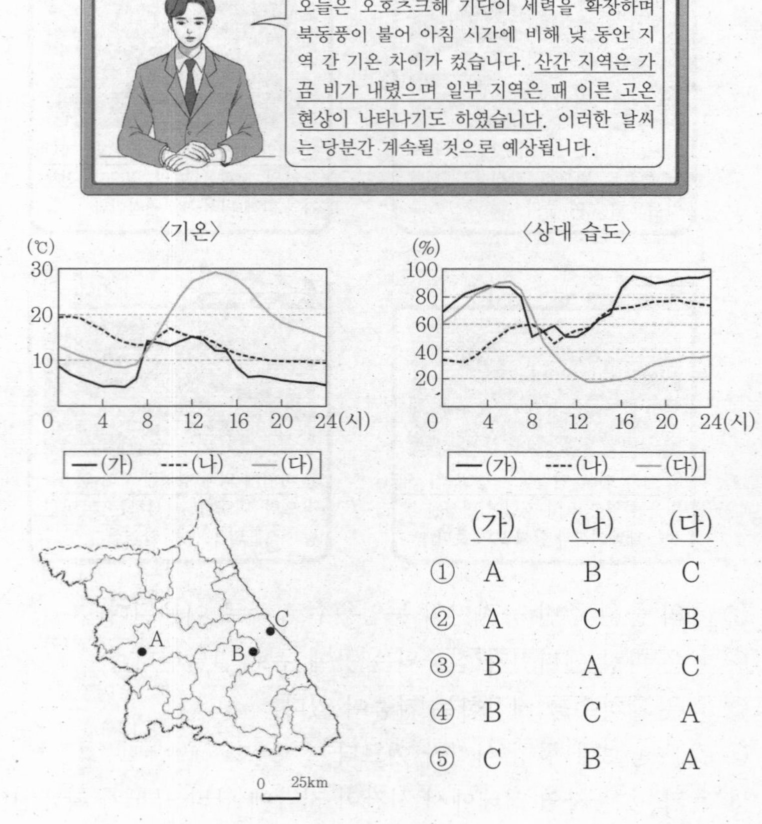

	(가)	(나)	(다)
①	A	B	C
②	A	C	B
③	B	A	C
④	B	C	A
⑤	C	B	A

● 해설편 98쪽

사회탐구 영역 (한국지리)

11. 그래프는 지도에 표시된 네 지역군의 통근·통학 유입 및 유출 인구를 나타낸 것이다. (가)~(라) 지역군에 대한 설명으로 옳은 것만을 〈보기〉에서 고른 것은?

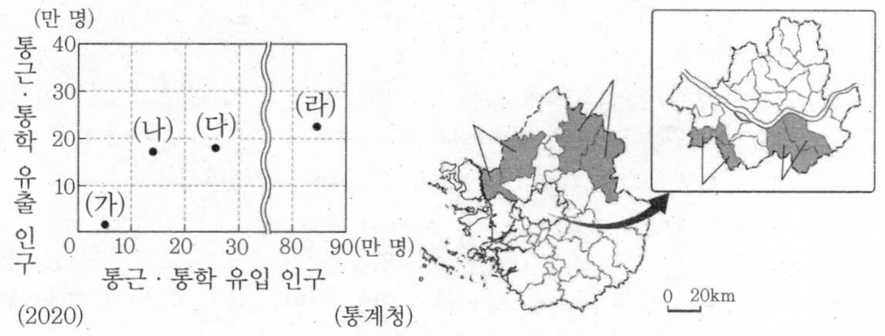

〈보 기〉

ㄱ. (가)는 (나)보다 서울로의 통근·통학자 수가 많다.
ㄴ. (다)는 (나)보다 주간 인구 지수가 높다.
ㄷ. (다)는 (라)보다 생산자 서비스업 종사자 비율이 높다.
ㄹ. (라)는 (가)보다 주택 유형 중 아파트 비율이 높다.

① ㄱ, ㄴ ② ㄱ, ㄷ ③ ㄴ, ㄷ ④ ㄴ, ㄹ ⑤ ㄷ, ㄹ

12. 지도의 A~E에 대한 설명으로 옳은 것은? [3점]

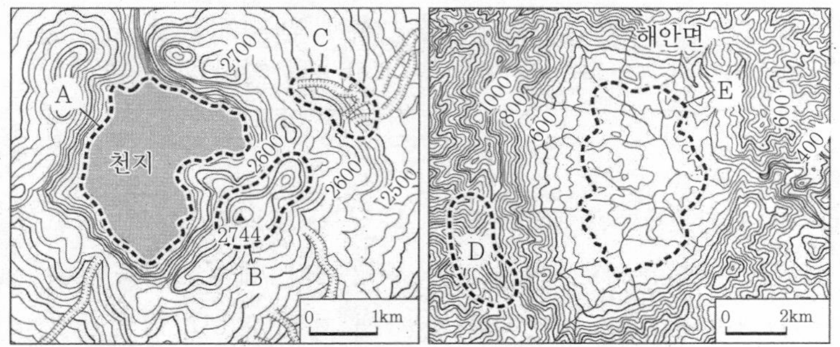

① C는 둘 이상의 돌리네가 연결된 우발라이다.
② A와 E는 화구의 함몰로 형성된 칼데라이다.
③ D의 기반암은 B의 기반암보다 먼저 형성되었다.
④ D의 기반암은 E의 기반암보다 차별적 풍화·침식에 약하다.
⑤ 한반도에서 E의 기반암은 B의 기반암보다 분포 면적이 좁다.

13. 그래프는 지도에 표시된 네 지역과 대전 간의 기후 값 차이를 나타낸 것이다. 이에 대한 설명으로 옳은 것은? (단, (가), (나) 시기는 각각 1월과 8월 중 하나임.)

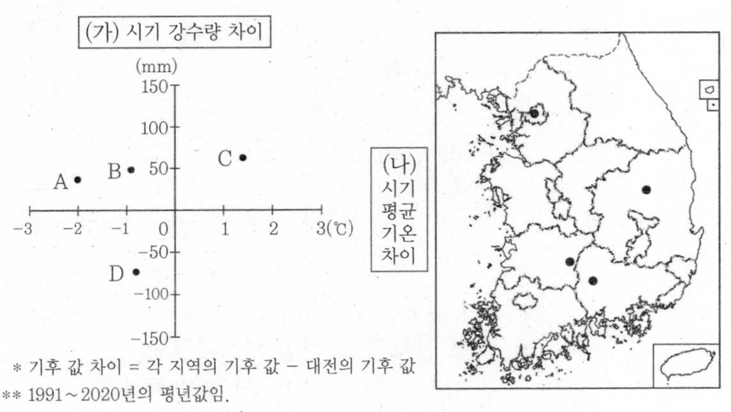

① C는 대전보다 기온의 연교차가 크다.
② A는 B보다 (가) 시기의 평균 기온이 높다.
③ C는 A보다 겨울 강수량이 많다.
④ A와 D의 위도 차이는 B와 C의 위도 차이보다 더 크다.
⑤ A~D 중 평균 열대야 일수가 가장 많은 곳은 B이다.

14. 다음 자료의 (가)에 들어갈 활동 내용으로 가장 적절한 것은? (단, 각 고등학교는 3일 동안 매일 한 지역씩 서로 다른 세 지역을 방문함.) [3점]

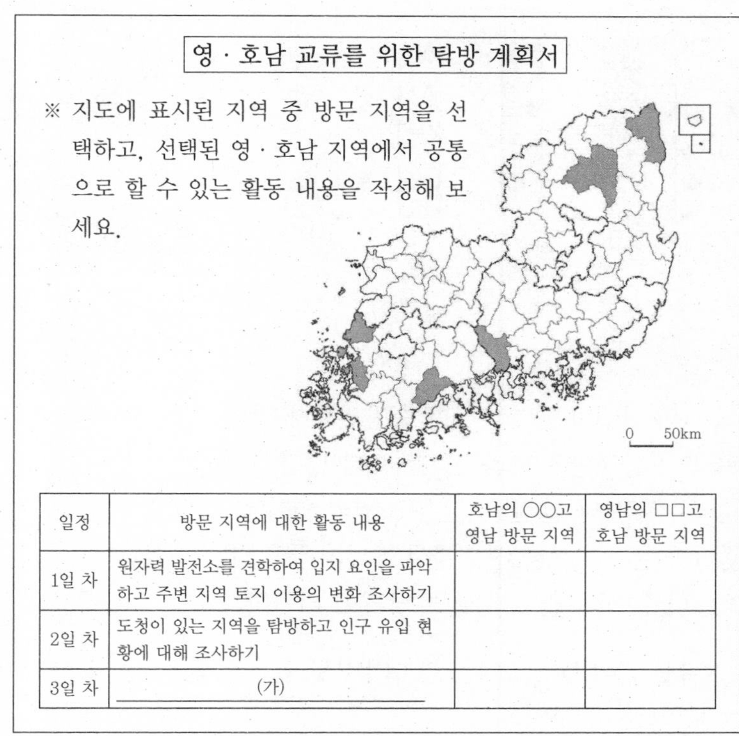

영·호남 교류를 위한 탐방 계획서

※ 지도에 표시된 지역 중 방문 지역을 선택하고, 선택된 영·호남 지역에서 공통으로 할 수 있는 활동 내용을 작성해 보세요.

일정	방문 지역에 대한 활동 내용	호남의 ○○고 영남 방문 지역	영남의 □□고 호남 방문 지역
1일 차	원자력 발전소를 견학하여 입지 요인을 파악하고 주변 지역 토지 이용의 변화 조사하기		
2일 차	도청이 있는 지역을 탐방하고 인구 유입 현황에 대해 조사하기		
3일 차	(가)		

① 기업도시를 답사하여 지역 주민의 이주 요인 설문하기
② 녹차 재배지를 방문하여 찻잎을 따서 녹차 만들어 보기
③ 대규모 자동차 조립 공장을 견학하여 생산 과정 파악하기
④ 염해 방지를 위해 건설된 하굿둑을 방문하여 갑문 기능 알아보기
⑤ 석유 화학 공장을 견학하여 지역 경제에 미치는 영향 조사하기

15. 다음 자료는 두 시기의 국토 종합 (개발) 계획에 관한 것이다. (가), (나) 시행 시기의 특징을 그림과 같이 표현할 때, A~D에 들어갈 질문으로 옳은 것을 〈보기〉에서 고른 것은? (단, (가), (나)는 각각 제2차, 제4차 국토 종합 (개발) 계획 중 하나임.) [3점]

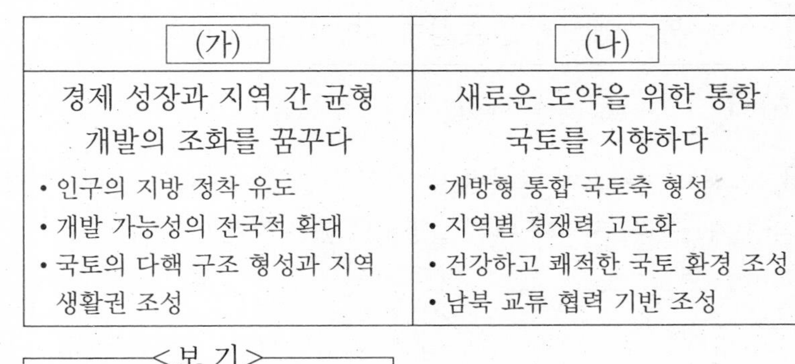

(가)	(나)
경제 성장과 지역 간 균형 개발의 조화를 꿈꾸다	새로운 도약을 위한 통합 국토를 지향하다
• 인구의 지방 정착 유도 • 개발 가능성의 전국적 확대 • 국토의 다핵 구조 형성과 지역 생활권 조성	• 개방형 통합 국토축 형성 • 지역별 경쟁력 고도화 • 건강하고 쾌적한 국토 환경 조성 • 남북 교류 협력 기반 조성

〈보 기〉

ㄱ. 경부 고속 국도 전 구간이 개통되었습니까?
ㄴ. 이전 계획 시행 시기보다 전국에서 수도권이 차지하는 인구 비율이 증가하였습니까?
ㄷ. 수도권 정비 계획법이 최초로 제정되었습니까?
ㄹ. 행정 중심 복합 도시가 건설되었습니까?

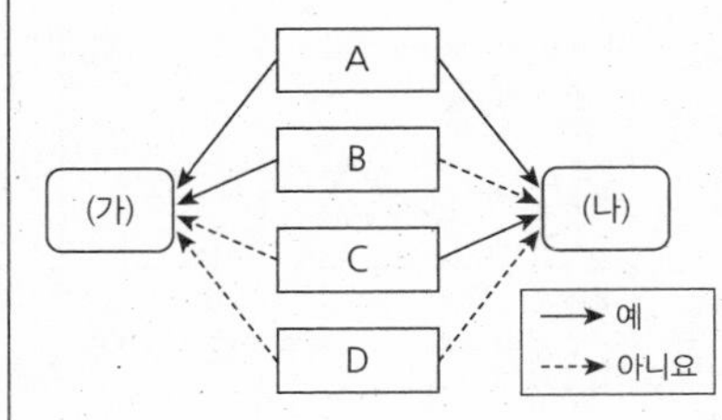

	A	B	C	D
①	ㄴ	ㄷ	ㄱ	ㄹ
②	ㄴ	ㄷ	ㄹ	ㄱ
③	ㄴ	ㄹ	ㄷ	ㄱ
④	ㄷ	ㄱ	ㄹ	ㄴ
⑤	ㄷ	ㄴ	ㄱ	ㄹ

해설편 99쪽

16. 그래프는 지도에 표시된 네 지역의 신 · 재생 에너지 발전량 비율을 나타낸 것이다. 이에 대한 설명으로 옳은 것은? (단, A~D는 각각 수력, 조력, 태양광, 풍력 중 하나임.) [3점]

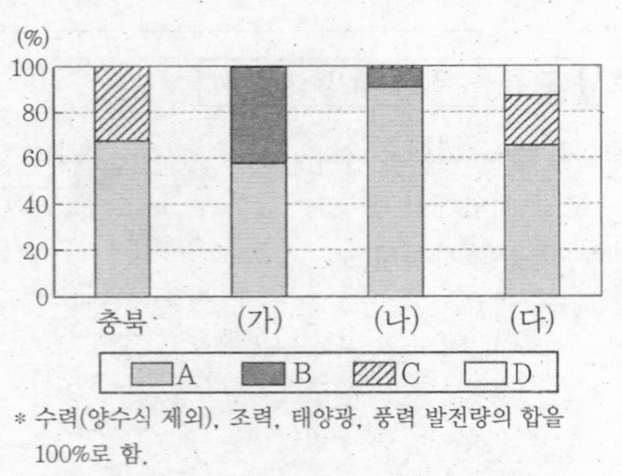

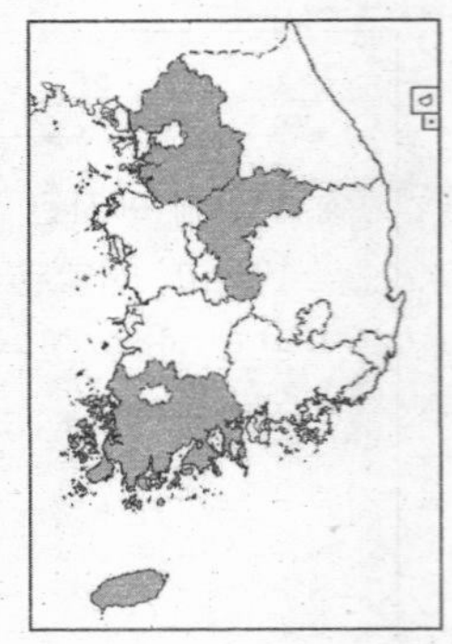

* 수력(양수식 제외), 조력, 태양광, 풍력 발전량의 합을 100%로 함.
(2022) (한국에너지공단)

① A의 발전량은 호남권이 충청권보다 많다.
② B의 발전량은 여름이 겨울보다 많다.
③ D는 C보다 발전 시 기상 조건의 영향을 크게 받는다.
④ (가)는 (나)보다 신 · 재생 에너지 총발전량이 많다.
⑤ (나)는 제주권, (다)는 호남권에 위치한다.

17. 다음 글의 ㉠~㉢에 대한 설명으로 옳은 것만을 〈보기〉에서 있는 대로 고른 것은?

> 토양은 암석 풍화의 산물로 기후와 식생, 기반암, 시간 등에 따라 성질이 달라진다. 기후와 식생의 영향을 받아 형성된 토양으로는 중부 및 남부 지방에 넓게 분포하는 ㉠ 갈색 삼림토, 개마고원 지역에 분포하는 회백색토가 대표적이다. 기반암(모암)의 성질이 많이 반영된 토양으로는 강원 남부, 충북 북동부 등에 분포하는 ㉡ 석회암 풍화토를 들 수 있다. 한편 토양 생성 기간이 비교적 짧은 토양으로는 ㉢ 충적토, 염류토가 대표적이다.

<보 기>

ㄱ. ㉡의 기반암(모암)은 고생대 해성층에 주로 포함된다.
ㄴ. ㉢은 주로 하천에 의해 운반된 물질이 퇴적되어 형성되었다.
ㄷ. ㉠은 간대토양, ㉢은 성대 토양에 해당한다.

① ㄱ ② ㄴ ③ ㄱ, ㄴ ④ ㄴ, ㄷ ⑤ ㄱ, ㄴ, ㄷ

18. 그래프는 지도에 표시된 네 지역의 가구 수 변화를 나타낸 것이다. (가)~(라) 지역에 대한 설명으로 옳은 것은? [3점]

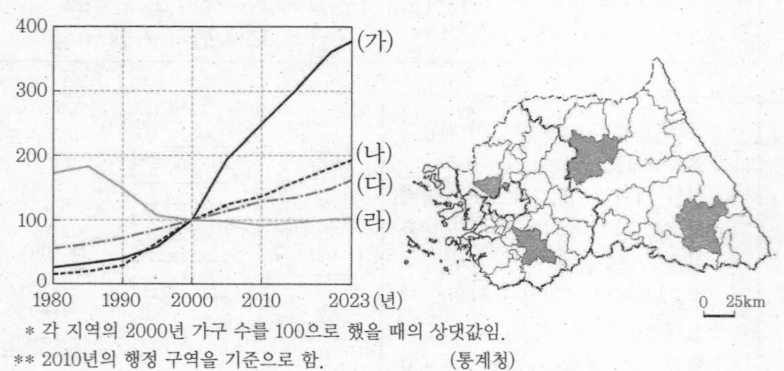

* 각 지역의 2000년 가구 수를 100으로 했을 때의 상댓값임.
** 2010년의 행정 구역을 기준으로 함. (통계청)

① (나)는 (가)보다 인구 밀도가 높다.
② (다)는 (라)보다 지역 내 농가 비율이 높다.
③ (가)와 (나)에는 수도권 2기 신도시가 조성되어 있다.
④ (가)~(라)는 모두 수도권 전철이 연결되어 있다.
⑤ (가)와 (다)는 경기도, (나)와 (라)는 강원특별자치도에 속한다.

19. 다음 자료의 A 지역에 대한 설명으로 옳은 것만을 〈보기〉에서 고른 것은?

> ※ (가), (나)에서 설명하는 지역을 지도에서 찾아 하나씩 지운 후, 남은 지역 A를 쓰시오. (단, (가), (나), A는 각각 지도에 표시된 세 지역 중 하나임.)
>
> (가) 이 지역은 참외의 최대 재배 지역으로 전국 재배 면적의 70% 이상을 차지하고 있다. 다른 지역에 비해 육질이 단단하고 단맛이 강한 참외는 비닐하우스를 이용한 상업적 농업에 성공하면서 이 지역의 대표 과일로 자리를 잡았다.
>
> (나) 이 지역은 카르스트 지형 분포 지역으로, 기온의 일교차가 크고 배수가 양호한 토질 특성을 활용하여 마늘 재배가 활발하다. 이 지역에서 생산된 육쪽마늘은 대표적인 특산품으로 유명하다.
>
> 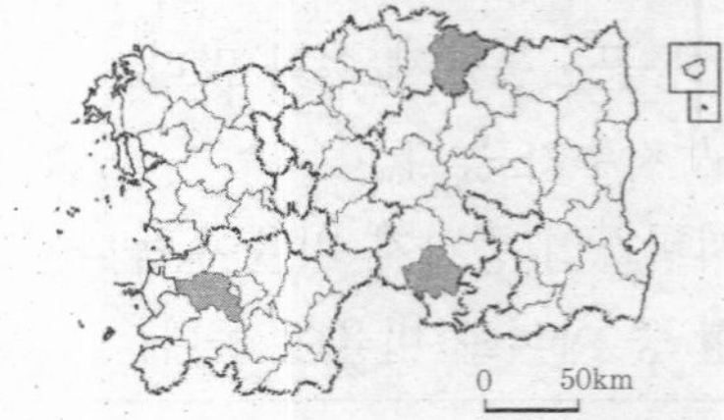
>
>
> 정답 : (가), (나) 지역을 모두 지운 후 남은 지역은 [A]이다.

<보 기>

ㄱ. 채소 생산량보다 과실 생산량이 많다.
ㄴ. 경지 면적 중 밭보다 논이 차지하는 비율이 높다.
ㄷ. (가)보다 경지 면적 중 시설 재배 면적 비율이 높다.
ㄹ. 지도에 표시된 세 지역 중 맥류 생산량이 가장 많다.

① ㄱ, ㄴ ② ㄱ, ㄷ ③ ㄴ, ㄷ ④ ㄴ, ㄹ ⑤ ㄷ, ㄹ

20. 지도에 표시된 네 지역의 특징을 그림과 같이 표현할 때, A~D의 내용으로 옳은 것만을 〈보기〉에서 고른 것은? (단, (가)~(라)는 각각 지도에 표시된 네 지역 중 하나임.) [3점]

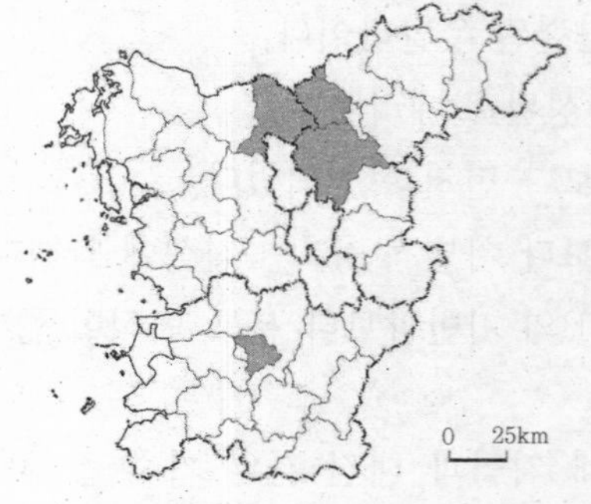

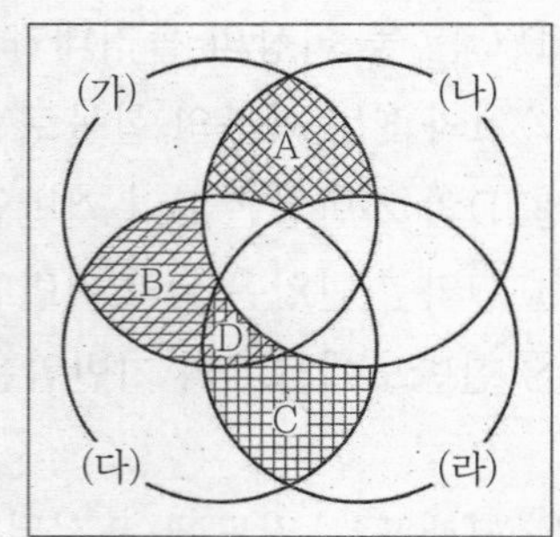

> A : (가)와 (나)만의 공통 특징으로 '혁신도시가 조성되어 있음.'이 해당함.
> B : (가)와 (다)만의 공통 특징으로 '지명의 첫 글자가 도 명칭의 유래가 됨.'이 해당함.
> C : (다)와 (라)만의 공통 특징임.
> D : (가)와 (다)와 (라)만의 공통 특징임.

<보 기>

ㄱ. A : '슬로 시티로 지정된 한옥 마을이 있음.'이 해당함.
ㄴ. B : '국제공항이 있음.'이 해당함.
ㄷ. C : '경부선 고속 철도가 통과함.'이 해당함.
ㄹ. D : '도내 인구 규모 1위 도시임.'이 해당함.

① ㄱ, ㄴ ② ㄱ, ㄷ ③ ㄴ, ㄷ ④ ㄴ, ㄹ ⑤ ㄷ, ㄹ

> **※ 확인 사항**
> **○ 답안지의 해당란에 필요한 내용을 정확히 기입(표기) 했는지 확인하시오.**

해설편 100쪽

정답표

1회 2022년 3월 고3 학력평가

1 ①	2 ③	3 ①	4 ④	5 ⑤	6 ③	7 ③	8 ②	9 ④	10 ①
11 ①	12 ⑤	13 ②	14 ①	15 ④	16 ②	17 ⑤	18 ③	19 ④	20 ②

2회 2023년 3월 고3 학력평가

1 ④	2 ①	3 ④	4 ③	5 ⑤	6 ②	7 ③	8 ②	9 ③	10 ⑤
11 ④	12 ①	13 ③	14 ②	15 ①	16 ②	17 ⑤	18 ⑤	19 ②	20 ①

3회 2024년 3월 고3 학력평가

1 ④	2 ①	3 ③	4 ⑤	5 ②	6 ③	7 ③	8 ⑤	9 ②	10 ①
11 ①	12 ③	13 ③	14 ④	15 ⑤	16 ①	17 ④	18 ①	19 ②	20 ④

4회 2022년 4월 고3 학력평가

1 ②	2 ②	3 ①	4 ②	5 ①	6 ②	7 ①	8 ⑤	9 ④	10 ②
11 ⑤	12 ③	13 ⑤	14 ②	15 ③	16 ⑤	17 ④	18 ④	19 ④	20 ③

5회 2023년 4월 고3 학력평가

1 ⑤	2 ⑤	3 ①	4 ⑤	5 ①	6 ④	7 ②	8 ④	9 ②	10 ④
11 ③	12 ①	13 ③	14 ②	15 ④	16 ②	17 ②	18 ⑤	19 ③	20 ⑤

6회 2024년 4월 고3 학력평가

1 ②	2 ②	3 ③	4 ②	5 ④	6 ⑤	7 ①	8 ⑤	9 ③	10 ①
11 ③	12 ⑤	13 ③	14 ⑤	15 ③	16 ④	17 ④	18 ④	19 ①	20 ④

7회 2022학년도 6월 고3 모의평가

1 ③	2 ⑤	3 ②	4 ⑤	5 ④	6 ⑤	7 ⑤	8 ④	9 ①	10 ①
11 ④	12 ②	13 ④	14 ③	15 ③	16 ③	17 ①	18 ①	19 ②	20 ②

8회 2023학년도 6월 고3 모의평가

1 ⑤	2 ④	3 ③	4 ②	5 ④	6 ③	7 ②	8 ③	9 ③	10 ③
11 ②	12 ①	13 ④	14 ③	15 ①	16 ⑤	17 ②	18 ①	19 ①	20 ⑤

9회 2024학년도 6월 고3 모의평가

1 ④	2 ②	3 ⑤	4 ②	5 ④	6 ⑤	7 ⑤	8 ①	9 ③	10 ③
11 ①	12 ②	13 ①	14 ③	15 ②	16 ⑤	17 ①	18 ④	19 ③	20 ④

10회 2025학년도 6월 고3 모의평가

1 ②	2 ②	3 ②	4 ③	5 ③	6 ④	7 ③	8 ⑤	9 ①	10 ④
11 ⑤	12 ⑤	13 ①	14 ④	15 ①	16 ①	17 ③	18 ②	19 ⑤	20 ④

11회 2022년 7월 고3 학력평가

1 ④	2 ⑤	3 ④	4 ③	5 ⑤	6 ①	7 ④	8 ④	9 ②	10 ①
11 ④	12 ③	13 ②	14 ③	15 ⑤	16 ②	17 ②	18 ③	19 ⑤	20 ①

12회 2023년 7월 고3 학력평가

1 ③	2 ②	3 ④	4 ③	5 ⑤	6 ③	7 ⑤	8 ④	9 ①	10 ③
11 ④	12 ②	13 ①	14 ②	15 ②	16 ⑤	17 ⑤	18 ③	19 ①	20 ②

13회 2024년 7월 고3 학력평가

1 ③	2 ④	3 ④	4 ⑤	5 ④	6 ③	7 ②	8 ①	9 ⑤	10 ①
11 ④	12 ⑤	13 ②	14 ③	15 ②	16 ③	17 ①	18 ⑤	19 ①	20 ④

14회 2022학년도 9월 고3 모의평가

1 ②	2 ④	3 ③	4 ①	5 ⑤	6 ③	7 ⑤	8 ④	9 ⑤	10 ④
11 ④	12 ②	13 ①	14 ①	15 ③	16 ④	17 ③	18 ②	19 ④	20 ③

15회 2023학년도 9월 고3 모의평가

1 ①	2 ⑤	3 ⑤	4 ②	5 ①	6 ⑤	7 ②	8 ③	9 ②	10 ④
11 ④	12 ③	13 ①	14 ④	15 ①	16 ③	17 ③	18 ⑤	19 ④	20 ①

16회 2024학년도 9월 고3 모의평가

1 ④	2 ①	3 ②	4 ③	5 ⑤	6 ⑤	7 ②	8 ②	9 ④	10 ①
11 ③	12 ⑤	13 ④	14 ⑤	15 ④	16 ④	17 ②	18 ②	19 ②	20 ④

17회 2025학년도 9월 고3 모의평가

1 ③	2 ①	3 ⑤	4 ⑤	5 ②	6 ①	7 ③	8 ③	9 ⑤	10 ③
11 ⑤	12 ②	13 ④	14 ②	15 ④	16 ④	17 ④	18 ②	19 ④	20 ④

18회 2022년 10월 고3 학력평가

1 ③	2 ①	3 ④	4 ③	5 ②	6 ⑤	7 ⑤	8 ①	9 ②	10 ④
11 ①	12 ②	13 ②	14 ④	15 ③	16 ③	17 ①	18 ④	19 ⑤	20 ②

19회 2023년 10월 고3 학력평가

1 ④	2 ⑤	3 ①	4 ①	5 ②	6 ③	7 ③	8 ③	9 ①	10 ③
11 ⑤	12 ④	13 ④	14 ⑤	15 ②	16 ①	17 ④	18 ③	19 ④	20 ②

20회 2024년 10월 고3 학력평가

1 ③	2 ④	3 ⑤	4 ②	5 ③	6 ④	7 ②	8 ④	9 ①	10 ②
11 ④	12 ①	13 ②	14 ⑤	15 ②	16 ③	17 ⑤	18 ③	19 ①	20 ⑤

21회 2021학년도 대학수학능력시험

1 ①	2 ②	3 ②	4 ④	5 ②	6 ③	7 ⑤	8 ⑤	9 ③	10 ④
11 ⑤	12 ⑤	13 ②	14 ④	15 ⑤	16 ⑤	17 ③	18 ③	19 ①	20 ④

22회 2022학년도 대학수학능력시험

1 ④	2 ③	3 ①	4 ①	5 ④	6 ③	7 ④	8 ②	9 ⑤	10 ③
11 ①	12 ②	13 ②	14 ⑤	15 ②	16 ⑤	17 ③	18 ①	19 ④	20 ⑤

23회 2023학년도 대학수학능력시험

1 ④	2 ②	3 ⑤	4 ③	5 ①	6 ⑤	7 ②	8 ⑤	9 ③	10 ④
11 ①	12 ①	13 ④	14 ⑤	15 ④	16 ③	17 ②	18 ④	19 ④	20 ⑤

24회 2024학년도 대학수학능력시험

1 ④	2 ⑤	3 ②	4 ⑤	5 ①	6 ②	7 ①	8 ④	9 ③	10 ②
11 ⑤	12 ③	13 ④	14 ①	15 ⑤	16 ③	17 ④	18 ①	19 ②	20 ③

25회 2025학년도 대학수학능력시험

1 ①	2 ③	3 ②	4 ⑤	5 ④	6 ③	7 ②	8 ①	9 ⑤	10 ④
11 ④	12 ③	13 ⑤	14 ②	15 ②	16 ①	17 ③	18 ①	19 ④	20 ⑤

2026 마더텅 수능기출 모의고사 25회

한국지리

정답과 해설편

정답표

1회 2022년 3월 고3 학력평가

1 ①	2 ③	3 ①	4 ④	5 ⑤	6 ③	7 ③	8 ②	9 ④	10 ①
11 ①	12 ⑤	13 ②	14 ①	15 ④	16 ②	17 ⑤	18 ③	19 ④	20 ②

2회 2023년 3월 고3 학력평가

1 ④	2 ①	3 ④	4 ③	5 ⑤	6 ②	7 ③	8 ②	9 ③	10 ⑤
11 ④	12 ①	13 ③	14 ②	15 ①	16 ②	17 ⑤	18 ⑤	19 ②	20 ①

3회 2024년 3월 고3 학력평가

1 ④	2 ①	3 ③	4 ⑤	5 ②	6 ③	7 ③	8 ⑤	9 ②	10 ①
11 ①	12 ③	13 ③	14 ④	15 ⑤	16 ①	17 ④	18 ①	19 ②	20 ④

4회 2022년 4월 고3 학력평가

1 ②	2 ②	3 ①	4 ②	5 ①	6 ②	7 ①	8 ⑤	9 ④	10 ②
11 ⑤	12 ③	13 ⑤	14 ②	15 ③	16 ⑤	17 ④	18 ④	19 ④	20 ③

5회 2023년 4월 고3 학력평가

1 ⑤	2 ⑤	3 ①	4 ⑤	5 ①	6 ④	7 ②	8 ④	9 ②	10 ④
11 ③	12 ①	13 ③	14 ②	15 ④	16 ②	17 ②	18 ⑤	19 ③	20 ⑤

6회 2024년 4월 고3 학력평가

1 ②	2 ②	3 ③	4 ②	5 ④	6 ⑤	7 ①	8 ⑤	9 ③	10 ①
11 ③	12 ⑤	13 ③	14 ⑤	15 ③	16 ④	17 ④	18 ④	19 ①	20 ④

7회 2022학년도 6월 고3 모의평가

1 ③	2 ⑤	3 ②	4 ⑤	5 ④	6 ⑤	7 ⑤	8 ④	9 ①	10 ①
11 ④	12 ②	13 ④	14 ③	15 ③	16 ③	17 ①	18 ①	19 ②	20 ②

8회 2023학년도 6월 고3 모의평가

1 ⑤	2 ④	3 ③	4 ②	5 ④	6 ③	7 ②	8 ③	9 ③	10 ③
11 ②	12 ①	13 ④	14 ③	15 ①	16 ⑤	17 ②	18 ①	19 ①	20 ⑤

9회 2024학년도 6월 고3 모의평가

1 ④	2 ②	3 ⑤	4 ②	5 ④	6 ⑤	7 ⑤	8 ①	9 ③	10 ③
11 ①	12 ②	13 ①	14 ③	15 ②	16 ⑤	17 ①	18 ④	19 ③	20 ④

10회 2025학년도 6월 고3 모의평가

1 ②	2 ②	3 ②	4 ③	5 ③	6 ④	7 ③	8 ⑤	9 ①	10 ④
11 ⑤	12 ⑤	13 ①	14 ④	15 ①	16 ①	17 ③	18 ②	19 ⑤	20 ④

11회 2022년 7월 고3 학력평가

1 ④	2 ⑤	3 ④	4 ③	5 ⑤	6 ①	7 ④	8 ④	9 ②	10 ①
11 ④	12 ③	13 ②	14 ③	15 ⑤	16 ②	17 ②	18 ③	19 ⑤	20 ①

12회 2023년 7월 고3 학력평가

1 ③	2 ②	3 ④	4 ③	5 ⑤	6 ③	7 ⑤	8 ④	9 ①	10 ③
11 ④	12 ②	13 ①	14 ②	15 ②	16 ⑤	17 ⑤	18 ③	19 ①	20 ②

13회 2024년 7월 고3 학력평가

1 ③	2 ④	3 ④	4 ⑤	5 ④	6 ③	7 ②	8 ①	9 ⑤	10 ①
11 ④	12 ⑤	13 ②	14 ③	15 ②	16 ③	17 ①	18 ⑤	19 ①	20 ④

14회 2022학년도 9월 고3 모의평가

1 ②	2 ④	3 ③	4 ①	5 ⑤	6 ③	7 ⑤	8 ④	9 ⑤	10 ④
11 ④	12 ②	13 ①	14 ①	15 ③	16 ④	17 ③	18 ②	19 ④	20 ③

15회 2023학년도 9월 고3 모의평가

1 ①	2 ⑤	3 ⑤	4 ②	5 ①	6 ⑤	7 ②	8 ③	9 ②	10 ④
11 ④	12 ③	13 ①	14 ④	15 ①	16 ③	17 ③	18 ⑤	19 ④	20 ①

16회 2024학년도 9월 고3 모의평가

1 ④	2 ①	3 ②	4 ③	5 ⑤	6 ⑤	7 ②	8 ②	9 ④	10 ①
11 ③	12 ⑤	13 ④	14 ⑤	15 ④	16 ④	17 ②	18 ②	19 ②	20 ④

17회 2025학년도 9월 고3 모의평가

1 ③	2 ①	3 ⑤	4 ⑤	5 ②	6 ①	7 ③	8 ③	9 ⑤	10 ③
11 ⑤	12 ②	13 ④	14 ②	15 ④	16 ④	17 ④	18 ②	19 ④	20 ④

18회 2022년 10월 고3 학력평가

1 ③	2 ①	3 ④	4 ③	5 ②	6 ⑤	7 ⑤	8 ①	9 ②	10 ④
11 ①	12 ②	13 ②	14 ④	15 ③	16 ③	17 ①	18 ④	19 ⑤	20 ②

19회 2023년 10월 고3 학력평가

1 ④	2 ⑤	3 ①	4 ①	5 ②	6 ③	7 ③	8 ③	9 ①	10 ③
11 ⑤	12 ④	13 ④	14 ⑤	15 ②	16 ①	17 ④	18 ③	19 ④	20 ②

20회 2024년 10월 고3 학력평가

1 ③	2 ④	3 ⑤	4 ②	5 ③	6 ④	7 ②	8 ④	9 ①	10 ②
11 ④	12 ①	13 ②	14 ⑤	15 ②	16 ③	17 ⑤	18 ③	19 ①	20 ⑤

21회 2021학년도 대학수학능력시험

1 ①	2 ②	3 ②	4 ④	5 ②	6 ③	7 ⑤	8 ⑤	9 ③	10 ④
11 ⑤	12 ⑤	13 ②	14 ④	15 ⑤	16 ⑤	17 ③	18 ③	19 ①	20 ④

22회 2022학년도 대학수학능력시험

1 ④	2 ③	3 ①	4 ①	5 ④	6 ③	7 ④	8 ②	9 ⑤	10 ③
11 ①	12 ②	13 ②	14 ⑤	15 ②	16 ⑤	17 ③	18 ①	19 ④	20 ⑤

23회 2023학년도 대학수학능력시험

1 ④	2 ②	3 ⑤	4 ③	5 ①	6 ⑤	7 ②	8 ⑤	9 ③	10 ④
11 ①	12 ①	13 ④	14 ⑤	15 ④	16 ③	17 ②	18 ④	19 ④	20 ⑤

24회 2024학년도 대학수학능력시험

1 ④	2 ⑤	3 ②	4 ⑤	5 ①	6 ②	7 ①	8 ④	9 ③	10 ②
11 ⑤	12 ③	13 ④	14 ①	15 ⑤	16 ③	17 ④	18 ①	19 ②	20 ③

25회 2025학년도 대학수학능력시험

1 ①	2 ③	3 ②	4 ⑤	5 ④	6 ③	7 ②	8 ①	9 ⑤	10 ④
11 ④	12 ③	13 ⑤	14 ②	15 ②	16 ①	17 ③	18 ①	19 ④	20 ⑤

01회 2022년 3월 고3 학력평가 정답과 해설 한국지리

문제편 p.5

1	①	2	③	3	①	4	④	5	⑤
6	③	7	③	8	②	9	④	10	①
11	①	12	⑤	13	②	14	①	15	④
16	②	17	⑤	18	③	19	④	20	②

1 산지의 형성 정답 ① 정답률 46%

보기

135°E

ㄱ. 우리나라의 표준 경선은 ㉠을 지난다.

저조선

ㄴ. ㉣은 영해 설정에 통상 기선이 적용된다.

ㄷ. ㉡은 ㉢보다 주된 기반암의 형성 시기가 늦다. 이르다

ㄹ. ㉡, ㉢은 모두 2차 산맥에 위치한다. 1

① ㄱ, ㄴ ② ㄱ, ㄷ ③ ㄴ, ㄷ ④ ㄴ, ㄹ ⑤ ㄷ, ㄹ

|보|기|풀|이|

ㄱ 정답 | 우리나라의 표준 경선은 135°E이며, 이 선은 동해를 지난다.

ㄴ 정답 | 독도는 영해 설정에 통상 기선이 적용된다.

ㄷ 오답 | 금강산의 주된 기반암은 중생대의 화강암이고, 백두산의 주된 기반암은 신생대의 화산암이다. 따라서 금강산은 백두산보다 주된 기반암의 형성 시기가 이르다.

ㄹ 오답 | 금강산은 태백산맥에 위치하고, 백두산은 마천령산맥에 위치하므로, 모두 1차 산맥에 위치해 있다.

2 암석 분포 정답 ③ 정답률 56%

석회암

① (가)는 고생대 조선 누층군에 주로 분포한다.

화강암

② (나)는 마그마가 관입하여 형성되었다.

③ (라)로 구성된 산은 정상부가 주로 돌산의 경관을 보인다.

④ (가)는 (다)보다 우리나라 암석 분포에서 차지하는 비율이 높다. 낮다

⑤ (가)는 해성층, (나)는 육성층에 해당한다.

육성층 해성층

|자|료|해|설|

(가)는 경상도 일대의 지역에서 중생대에 형성된 퇴적암이며, 경상남도 고성에서는 공룡 발자국 화석을 볼 수 있다. (나)는 강원도 남부와 충청북도 북동부 지역에 주로 분포하는 석회암으로, 고생대에 바다 밑에서 탄산 칼슘 성분이 퇴적되어 형성되었다. (다)는 강원도 양구의 침식 분지 주변의 산지를 이루고 있는 변성암으로, 시·원생대에 형성되었다. (라)는 침식 분지 바닥 부분의 기반암인 화강암으로, 중생대에 마그마의 관입으로 형성되었다.

|선|택|지|풀|이|

① 오답 | 고생대 조선 누층군에 주로 분포하는 암석은 석회암으로, 우리나라에서는 강원도 남부 지역인 영월, 정선, 삼척, 태백 일대와 충청북도 북동부 지역인 제천, 단양 일대에 주로 분포한다.

② 오답 | 석회암은 고생대 초기 바다 밑에서 퇴적되어 형성되었다. 마그마가 관입하여 형성된 암석은 화강암이다.

③ 정답 | 화강암으로 구성된 산은 정상부가 주로 돌산의 경관을 보인다. 대표적인 화강암 돌산으로는 북한산, 설악산, 금강산 등을 들 수 있다.

④ 오답 | 중생대 퇴적암은 변성암보다 우리나라 암석 분포에서 차지하는 비율이 낮다. 변성암은 우리나라 암석 분포에서 차지하는 비율이 가장 높다.

⑤ 오답 | 중생대 퇴적암은 육지의 호수 환경에서 퇴적되었기 때문에 육성층이며, 석회암은 바다 밑에서 퇴적되었기 때문에 해성층에 해당한다.

3 위도가 다른 지역의 기후 비교 정답 ① 정답률 59%

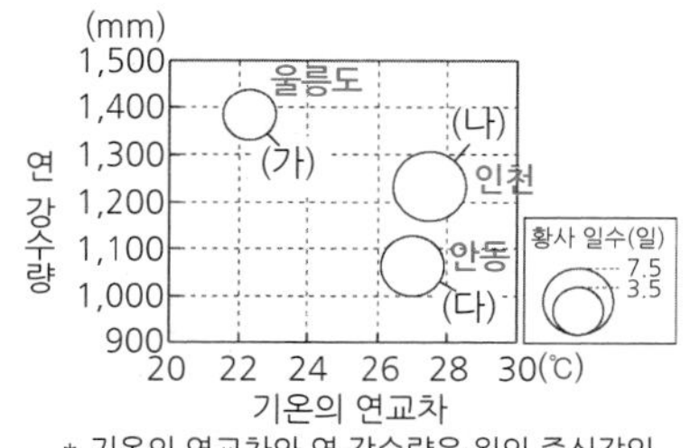

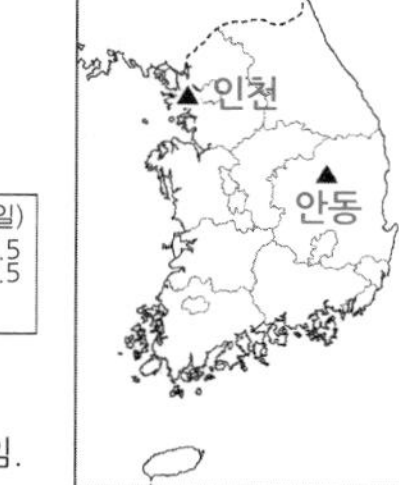

* 기온의 연교차와 연 강수량은 원의 중심값임.
** 1981~2010년의 평년값임.

① (가)의 전통 가옥에는 우데기가 설치되어 있다.

② (나)는 (가)보다 겨울 강수량이 많다. 적다

③ (다)는 (가)보다 최한월 평균 기온이 높다. 낮다

④ (다)는 (나)보다 고위도에 위치한다. 저위도

⑤ 울릉도는 인천보다 황사 일수가 많다. 적다

|자|료|해|설|

세 지역의 연 강수량, 기온의 연교차, 황사 일수를 나타낸 그래프의 (가)~(다) 지역이 지도에 표시된 지역 중 어느 곳인지 찾아내는 문항이다. 지도에 표시된 지역은 인천, 안동, 울릉도이다.

|선|택|지|풀|이|

그래프의 (가)는 기온의 연교차가 가장 작고 황사 일수가 적은 것으로 보아 바다의 영향을 크게 받으며 황사 발원지인 중국 내륙에서 멀리 떨어진 울릉도임을 알 수 있다. (나)는 기온의 연교차가 가장 크고 황사 일수가 많은 것으로 보아 수도권에 위치한 인천, (다)는 연 강수량이 가장 적은 것으로 보아 소우지인 경북 내륙에 위치한 안동임을 알 수 있다.

① 정답 | 울릉도의 전통 가옥에는 폭설에 대비한 방설벽인 우데기가 설치되어 있다.

② 오답 | 인천은 다설지인 울릉도보다 겨울 강수량이 적다.

③ 오답 | 내륙에 위치한 안동은 바다 한가운데 위치한 울릉도보다 최한월 평균 기온이 낮다.

④ 오답 | 안동은 인천보다 저위도에 위치한다.

⑤ 오답 | 울릉도는 인천보다 황사 일수가 적다.

4 호남 지방 정답 ④ 정답률 62%

① A ② B ③ C ④ D ⑤ E

|선|택|지|풀|이|

① 오답 | A는 김제이다. 김제는 넓은 평야를 배경으로 한 지평선 축제가 열리며 쌀 생산이 많이 되는 지역이다.

② 오답 | B는 고창이다. 고창은 세계 문화 유산으로 등록된 고인돌 유적이 분포하며 청보리밭 축제가 개최된다.

③ 오답 | C는 남원이다. 남원은 목기로 유명하며 춘향전의 배경이 된 지역으로, 지역 축제로는 춘향제가 열린다.

④ 정답 | 혁신 도시가 있으며, 배가 지역 특산품이므로 이 지역은 나주이며, 지도에서 D이다. 호남 지역에서 혁신 도시가 위치한 곳은 전주, 완주와 광주, 나주이다. 나주는 옛날부터 배가 많이 생산되고 유명하여 배를 모티브로 만든 '배돌이'를 지역 캐릭터로 활용하고 있다.

⑤ 오답 | E는 보성이다. 보성은 우리나라 지리적 표시제가 제1호로 등록된 녹차가 유명하며 매년 다향 대축제가 개최되고 있다.

5 하천의 상류와 하류 비교 정답 ⑤ 정답률 58%

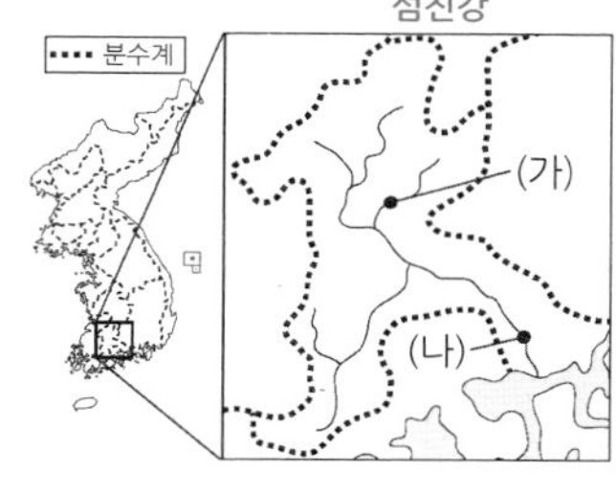

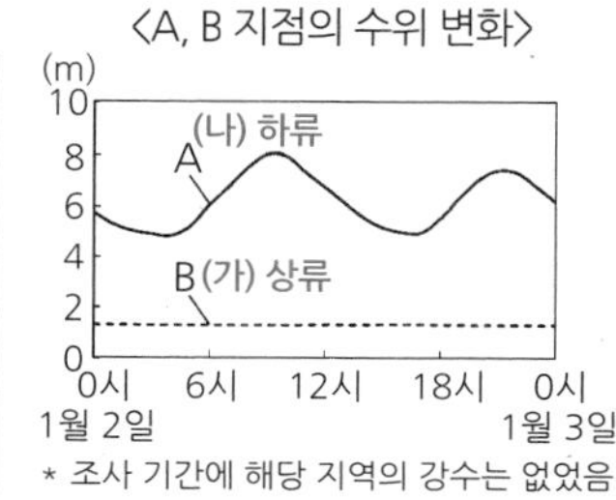

* 조사 기간에 해당 지역의 강수는 없었음. (2022년)

보기

ㄱ. (가)는 (나)보다 조차의 영향을 크게 받는다.

ㄴ. A는 B보다 하천의 평균 폭이 좁다. 넓다

ㄷ. B는 A보다 하천 퇴적물의 평균 입자 크기가 크다.

ㄹ. (가)는 B, (나)는 A이다.

① ㄱ, ㄴ ② ㄱ, ㄷ ③ ㄴ, ㄷ ④ ㄴ, ㄹ ⑤ ㄷ, ㄹ

|자|료|해|설|

지도에 표시된 강은 섬진강이며, (가)는 상류, (나)는 하류이다. 섬진강에는 하굿둑이 건설되어 있지 않아 하류에서 밀물과 썰물의 영향으로 하천의 수위가 주기적으로 변하는 감조 구간이 나타난다.

|보|기|풀|이|

ㄱ 오답 | (가)는 조차의 영향을 받지 않아 수위가 일정하게 유지된다. 반면 수위가 주기적으로 변하는 (나)는 조차의 영향을 받고 있다.

ㄴ 오답 | 하류인 A는 상류인 B보다 하천의 평균 폭이 넓다.

ㄷ 정답 | 상류인 B는 하류인 A보다 하천 퇴적물의 평균 입자 크기가 크다.

ㄹ 정답 | A는 밀물과 썰물의 영향을 받아 수위가 주기적으로 오르내리는 것으로 보아 하류에 위치한 (나)이며, B는 수위가 낮고 밀물과 썰물의 영향에 따른 수위 변화가 없으므로 상류에 위치한 (가)이다.

6 고문헌에 나타난 국토관

정답 ③ 정답률 67%

(가) 온 나라의 물은 철령 밖 북쪽의 함흥에서 남쪽 동래에 이르기까지는 ㉠ 모두 동쪽으로 흘러 바다로 들어가고, 경상도의 물과 섬진강은 남쪽으로 흘러 바다로 들어간다. 철령 서쪽의 북쪽 의주에서 남쪽 나주까지의 물은 ㉡ 모두 서쪽으로 흘러 바다로 들어간다. 설명식 서술 → 조선 후기

(나) [㉢] 부(府)

부윤 1인, 판관 1인, 유학 교수관 1인이다. 바로 신라의 옛 도읍이다. … 사방 경계는 동쪽으로 감포에 이르기 59리, 서쪽으로 경산에 이르기 89리, 남쪽으로 언양에 이르기 49리, 북쪽으로 청송에 이르기 92리이다. 본부(本府)의 호수는 1천 5백 52호 …. 백과사전식 서술 → 조선 전기

(가) 택리지 / (나) 세종실록지리지 / ㉢ 경주

① (가)의 내용은 가거지 조건 중 '생리(生利)'에 해당한다.
② (나)는 사찬 지리지이다. 관찬
③ (가)는 (나)보다 실학의 영향을 많이 받았다.
④ ㉢은 전라도라는 지명의 유래가 된 지역 중 하나이다. 경상도
⑤ ㉠의 하천은 ㉡의 하천보다 대체로 유역 면적이 넓다. 좁다

|선|택|지|풀|이|

① 오답 | (가)의 내용은 우리나라 하천이 흘러나가는 것과 관련된 내용이므로 생리(生利)에 해당하지 않는다. 생리는 주로 농업이나 유통과 같이 경제 활동과 관련된 조건이다.
② 오답 | 세종실록지리지는 조선 전기에 편찬된 관찬 지리지이다.
③ 정답 | 조선 후기에 편찬된 택리지는 조선 전기에 편찬된 세종실록지리지보다 실학의 영향을 많이 받았다.
④ 오답 | 경주는 상주와 함께 경상도라는 지명의 유래가 된 지역이다. 전라도는 전주와 나주의 앞글자를 따서 만들어진 지명이다.
⑤ 오답 | 동해로 유입되는 하천은 황해로 유입되는 하천보다 규모가 작으므로 대체로 유역 면적이 좁다.

7 소비자 서비스와 생산자 서비스

정답 ③ 정답률 69%

보기
ㄱ. ㉠은 ㉡보다 수도권 집중도가 높다. 낮다
ㄴ. ㉡은 ㉠보다 사업체당 매출액이 많다.
ㄷ. ㉡는 ㉠보다 전국의 종사자 수가 적다.
ㄹ. ㉠는 생산자 서비스업, ㉡은 소비자 서비스업에 해당한다. (소비자 / 생산자)

① ㄱ, ㄴ ② ㄱ, ㄷ ③ ㄴ, ㄷ ④ ㄴ, ㄹ ⑤ ㄷ, ㄹ

|자|료|해|설|

소비자 서비스업 및 생산자 서비스업에 관련된 자료를 읽고 두 서비스업의 특성을 비교하는 문항이다.

|보|기|풀|이|

음식점업은 주로 개인 소비자가 이용하는 소비자 서비스업에 해당하며, 광고업은 주로 기업의 생산 활동을 지원하는 생산자 서비스업에 해당한다. 소비자 서비스업은 소비자와 인접하도록 분산 입지하는 경향이 있으며, 생산자 서비스업은 기업과의 접근성이 높고 관련 정보 획득에 유리한 도심이나 부도심에 입지하려는 경향을 보인다.
ㄱ 오답 | 소비자 서비스업인 ㉠은 생산자 서비스업인 ㉡보다 수도권 집중도가 낮다.
ㄴ 정답 | 주로 기업을 대상으로 한 생산자 서비스업인 ㉡은 소비자 서비스업인 ㉠보다 상대적으로 규모가 큰 경우가 많아 사업체당 매출액이 많다.
ㄷ 정답 | 전체 서비스업에서 소비자 서비스업인 ㉠이 차지하는 비중이 높기 때문에 생산자 서비스업인 ㉡은 소비자 서비스업인 ㉠보다 전국의 종사자 수가 적다.

8 동해안

정답 ② 정답률 60%

① ㉠의 물은 주로 농업용수로 이용된다. ∵ 염분 有
② ㉡은 파랑의 침식 작용으로 형성된다.
③ ㉢의 면적은 시간이 지나면서 점차 넓어진다. 축소된다
④ ㉣은 썰물 때 육지와 연결된다.
⑤ ㉤은 주로 조류에 의한 퇴적 작용으로 형성된다. 파랑과 연안류

|자|료|해|설|

자료의 지역은 영랑호와 청초호가 위치한 속초이다. ㉠ 영랑호와 ㉢ 청초호는 석호이며, ㉡ 해안 절벽은 해식애이다. ㉣ 조도는 육지와 떨어진 바위섬, ㉤은 해안에서 파랑과 연안류의 퇴적 작용으로 형성된 사빈이다.

|선|택|지|풀|이|

② 정답 | 암석 해안의 해안 절벽은 파랑의 침식 작용으로 형성된다.
③ 오답 | 청초호의 면적은 호수로 유입되는 하천의 퇴적 작용으로 시간이 지나면서 점차 축소된다.
④ 오답 | 조도와 육지 사이에는 썰물 때 육지로 드러나는 갯벌이 분포하지 않기 때문에 조도와 육지는 연결되지 않는다. 동해는 조차가 작아 갯벌이 형성되기 어렵다.

9 지역별 농업 특성 추론

정답 ④ 정답률 69%

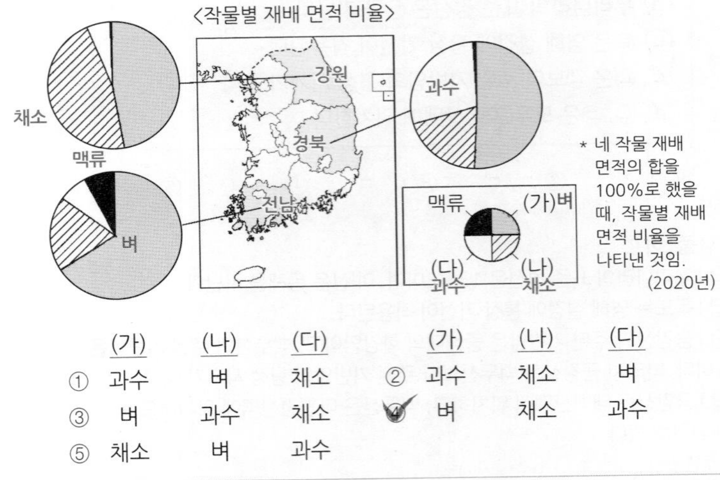

	(가)	(나)	(다)
①	과수	벼	채소
②	과수	채소	벼
③	벼	과수	채소
④	벼	채소	과수
⑤	채소	벼	과수

|자|료|해|설|

세 지역의 작물별 재배 비율을 나타낸 그래프의 (가)~(다)가 각각 어떤 작물인지 찾아내는 문항이다. 지도에 제시된 지역은 강원, 경북, 전남이다.

|선|택|지|풀|이|

④ 정답 |
(가) - 벼 : (가)는 전남에서 재배 면적 비율이 매우 높고, 강원과 경북에서도 재배 면적 비율이 높은 것으로 보아 벼이다. 벼는 하천 주변의 충적 평야에서 주로 재배되므로 전남, 전북, 충남 등 대하천 하류에 위치해 평야가 발달한 서부 지역에서 많이 재배되고 있다.
(나) - 채소 : (나)는 고랭지 채소 재배가 활발한 강원에서 재배 면적 비율이 높은 것으로 보아 채소이고, 최근 식생활 변화로 수요가 증가하고 있는 작물이다.
(다) - 과수 : (다)는 사과의 주산지인 경북에서 재배 면적 비율이 높은 것으로 보아 과수이고, 식생활 변화와 소득 증대로 최근 수요가 증가하고 있으며 제주, 경북, 충북에서 재배 면적 비율이 높게 나타난다.

10 제주특별자치도

정답 ① 정답률 45%

A - 지붕에 그물 모양으로 줄을 엮어 강풍에 대비한 전통 가옥
B - 밭농사가 주로 이루어지고, 귤 등을 재배하는 농민
C - 유동성이 큰 현무암질 용암 분출로 형성된 산방산 (작은)
D - 세계 자연 유산에 등재된 한라산과 칼데라호인 백록담 (화구호)

① A, B ② A, C ③ B, C ④ B, D ⑤ C, D

|선|택|지|풀|이|

① 정답 |
A : 제주도는 바람이 많이 불기 때문에 지붕이 날아가지 않도록 그물 모양으로 줄을 엮어 강풍에 대비한 모습을 볼 수 있다.
B : 제주도는 기반암이 대부분 현무암으로 이루어져 있어 배수가 양호하기 때문에 논농사가 어려워 주로 밭농사가 이루어지고 있으며, 귤, 채소 등이 많이 재배되고 있다.
오답 |
C : 제주도의 산방산은 유동성이 작은 용암이 분출하여 형성된 종상 화산(용암 돔)이다.
D : 한라산의 백록담은 화구에 물이 고여 형성된 화구호이다. 칼데라호는 화구의 함몰로 넓게 형성된 칼데라에 물이 고여 형성된 호수이다.

문제편 6쪽

11 자연재해 종합

정답 ① 정답률 77%

① (가)는 열대 해상에서 발생해 고위도로 이동한다.
② (나)는 2011~2020년에 수도권의 피해액이 영남권의 피해액 보다 많았다.
③ (다)는 남고북저형 기압 배치가 전형적으로 나타나는 계절에 주로 발생한다.
④ (다)는 (가)보다 발생 1회당 피해액의 규모가 크다.
⑤ (가)와 (나)는 기후적 요인, (다)는 지형적 요인에 의해 발생한다.

|자|료|해|설|
(가)는 강풍과 많은 비를 동반하는 태풍, (나)는 땅이 흔들려 건물 피해를 유발하는 지진, (다)는 비닐하우스가 무너지고 빙판길 사고를 초래하는 대설이다.

|선|택|지|풀|이|
① 정답 | 태풍은 저위도의 열대 해상에서 발생해 고위도로 이동한다.
② 오답 | 2017년에 경주·포항 지진으로 영남권의 피해가 컸으므로, 지진은 2011 ~ 2020년에 수도권의 피해액이 영남권의 피해액보다 적었다.
③ 오답 | 대설은 서고동저형 기압 배치가 전형적으로 나타나는 겨울에 주로 발생한다.
④ 오답 | 대설은 태풍보다 발생 1회당 피해액 규모가 작다.
⑤ 오답 | 태풍과 대설은 기후적 요인, 지진은 지형적 요인에 의해 발생한다.

12 도시 내부 구조

정답 ⑤ 정답률 60%

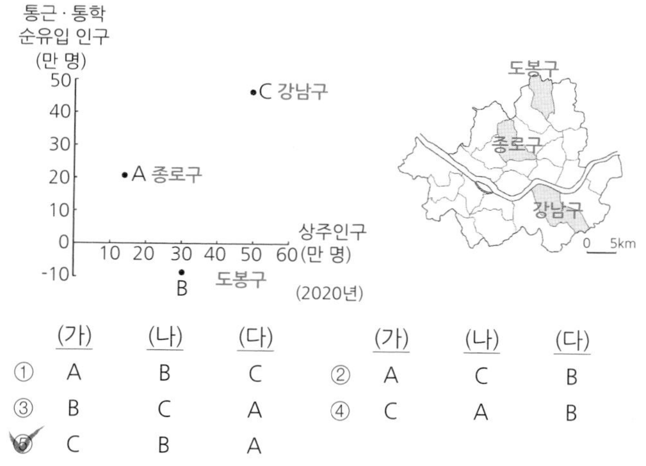

	(가)	(나)	(다)
①	A	B	C
②	A	C	B
③	B	C	A
④	C	A	B
⑤	C	B	A

|자|료|해|설|
서울시 세 구의 주요 특징과 통근·통학 순유입 인구 그래프를 통해 그래프의 A~C와 (가)~(다)가 강남구, 도봉구, 종로구 중 어느 지역인지 찾는 문항이다.

|선|택|지|풀|이|
⑤ 정답 |
(가) - C : (가)는 상업·업무 기능과 주거 기능이 함께 발달한 강남구이고, 통근·통학 순유입 인구도 많으면서 상주인구도 많은 그래프의 C에 해당한다.
(나) - B : (나)는 서울 북부의 도봉산과 인접해 있으며 도시 내 주변 지역에 위치한 도봉구이고, 통근·통학 순유입 인구가 음(-)의 값인 것으로 보아 낮 동안 통근·통학 인구의 유출이 일어나는 그래프의 B에 해당한다.
(다) - A : (다)는 주거 및 교육 기능의 이심 현상이 나타났으며, 상업·업무 기능 위주의 도심 지역인 종로구이고, 상주인구가 가장 적고 통근·통학 순유입 인구가 상주인구 대비 많은 그래프의 A에 해당한다.

13 1차 에너지 소비

정답 ② 정답률 42%

(가) 석유  (나) 천연가스  (다) 석탄 

* 시·도별 지역 내 1차 에너지 총공급량에서 해당 에너지 자원이 차지하는 비율을 기준으로 상위 5개 지역을 나타낸 것임. (2019년)

① (가)는 우리나라에서 발전용 연료로 가장 많이 이용한다.
② (나)는 냉동 액화 기술의 발달로 소비량이 급증하였다.
③ (다)는 우리나라 1차 에너지 소비량에서 차지하는 비율이 가장 높다.
④ (가)는 (다)보다 상용화된 시기가 이르다.
⑤ (나)는 (다)보다 연소 시 대기 오염 물질의 배출량이 많다.

|자|료|해|설|
자료는 시·도별 지역 내 1차 에너지 총공급량에서 해당 에너지 자원이 차지하는 비율을 기준으로 상위 5개 지역을 나타낸 것이다.

|선|택|지|풀|이|
(가)는 서울, 대전, 광주와 같은 도시 지역과 석유 화학 공업이 발달한 울산, 석유를 이용한 화력 발전이 이루어지는 제주에서 지역 내 공급량 비율이 높은 것으로 보아 석유임을 알 수 있다. (나)는 서울, 경기, 대구, 대전, 세종과 같이 사람이 많은 수도권이나 도시 지역에서 지역 내 공급량 비율이 높은 것으로 보아 천연가스임을 알 수 있다. (다)는 무연탄 생산량이 많은 강원, 석탄을 이용한 화력 발전량이 많은 충남·인천·경남, 제철 공업이 발달한 경북에서 지역 내 공급량 비율이 높은 것으로 보아 석탄임을 알 수 있다.
① 오답 | 우리나라에서 발전용 연료로 가장 많이 이용되는 것은 석탄이다.
② 정답 | 냉동 액화 기술의 발달로 소비량이 급증한 것은 천연가스이다.
③ 오답 | 우리나라 1차 에너지 소비량에서 차지하는 비율이 가장 높은 것은 석유이다.
④ 오답 | 석유는 석탄보다 상용화된 시기가 늦다.
⑤ 오답 | 천연가스는 석탄보다 연소 시 대기 오염 물질의 배출량이 적다.

14 강원 지방

정답 ① 정답률 49%

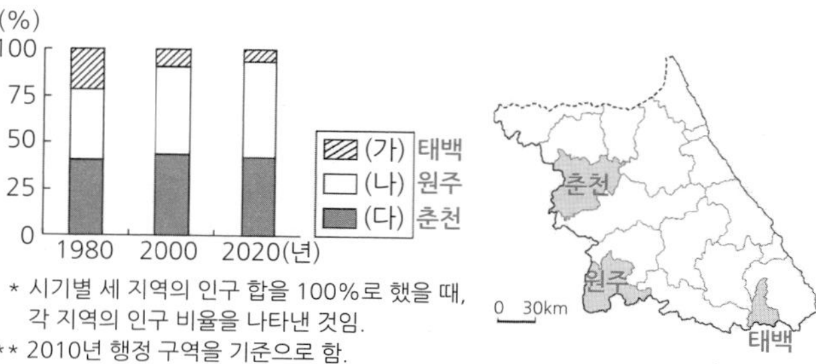

* 시기별 세 지역의 인구 합을 100%로 했을 때, 각 지역의 인구 비율을 나타낸 것임.
** 2010년 행정 구역을 기준으로 함.

① (가)에는 석탄 박물관이 있다.
② (나)는 강원도의 도청 소재지이다.
③ (다)에는 혁신 도시와 기업 도시가 모두 있다.
④ (나)는 (가)보다 2020년에 중위 연령이 높다.
⑤ (다)는 (나)보다 1980~2020년의 인구 증가율이 높다.

|자|료|해|설|
세 지역의 인구 변화를 나타낸 그래프를 통해 (가)~(다) 지역이 지도에 표시된 지역 중 어느 지역인지 파악하는 문항이다. 지도에 표시된 지역은 춘천, 원주, 태백이다.

|선|택|지|풀|이|
(가)는 과거에 비해 인구 비중이 크게 감소한 것으로 보아 석탄 산업 합리화 정책 이후 인구 유출이 심했던 태백이다. (나)는 과거에 비해 인구 비중이 증가하였으므로 혁신 도시와 기업 도시의 건설로 인구 유입이 이루어진 원주이며, (다)는 인구 비중 변동이 크지 않은 것으로 보아 춘천임을 알 수 있다.
① 정답 | 과거 석탄 산업이 활발했던 태백에는 석탄 박물관이 위치해 있다.
② 오답 | 강원도의 도청 소재지는 춘천이다.
③ 오답 | 혁신 도시와 기업 도시가 모두 있는 곳은 원주이다.
④ 오답 | 혁신 도시와 기업 도시의 발달로 청장년층 인구 유입이 뚜렷했던 원주는 탄광 폐광 이후 인구가 감소하고 있는 태백보다 2020년에 중위 연령이 낮다.
⑤ 오답 | 춘천은 원주보다 1980 ~ 2020년의 인구 증가율이 낮다.

15 다문화 공간

정답 ④ 정답률 52%

① (나)는 전북이다.
② (가)는 (다)보다 외국인 유학생 수가 적다.
③ (나)는 (가)보다 지역 내 총생산이 많다.
④ (다)는 (가)보다 지역 내 외국인 중 결혼 이민자 비율이 높다.
⑤ (다)는 (나)보다 남성 외국인 주민 수가 많다.

|자|료|해|설|
세 지역의 외국인 주민 현황을 나타낸 그래프의 (가)~(다) 지역을 경기, 경남, 전북 중에서 찾고 비교하는 문항이다.

|선|택|지|풀|이|
(가)는 외국인 주민 성비가 다소 높으며 외국인 주민 수가 가장 많은 것으로 보아 공업과 서비스업 일자리가 많은 경기이다. (나)는 외국인 주민 성비가 매우 높으며 외국인 주민 수가 두 번째로 많은 것으로 보아 경남이다. (다)는 외국인 주민 성비가 두 지역에 비해 낮은 편이며 외국인 주민 수가 가장 적은 것으로 보아 전북임을 알 수 있다.
② 오답 | 경기는 전북보다 대학교가 많고 외국인 주민 수도 많기 때문에 외국인 유학생 수가 많다.
③ 오답 | 경남은 경기보다 지역 내 총생산이 적다. 경기는 시도별 지역 내 총생산 1위 지역이다.
④ 정답 | 농촌 인구 비율이 높은 전북은 도시 인구 비율이 높은 경기보다 지역 내 외국인 중 결혼 이민자 비율이 높다.
⑤ 오답 | 전북은 경남보다 외국인 주민 수가 적고 외국인 주민 성비가 낮으므로 남성 외국인 주민 수가 적다.

문제편 7쪽

16 대도시권 정답 ② 정답률 42%

지역	2011~2020년에 건축된 주택 비율(%)	2020년 서울로의 통근·통학 인구 비율(%)
(가) 화성	51.1	5.9
(나) 고양	25.6	27.9
(다) 여주	23.5	2.3

* 주택 비율은 각 지역의 총주택 수 대비 2011~2020년에 건축된 주택 수 비율임.

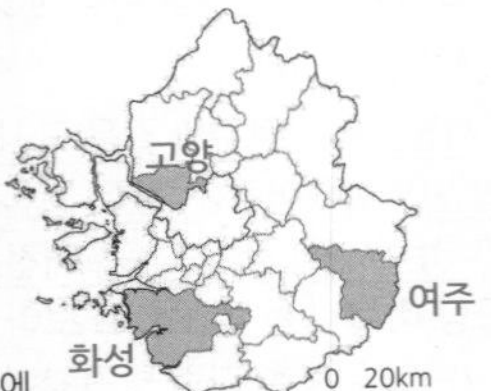

① (가)에는 수도권 1기 신도시가 있다. 2
② (가)는 (나)보다 청장년층 인구의 성비가 높다.
③ (나)는 (가)보다 주간 인구 지수가 높다. 낮다
④ (나)는 (다)보다 경지 면적이 넓다. 좁다
⑤ (다)는 (나)보다 아파트 수가 많다. 적다

| 자 | 료 | 해 | 설 |

세 지역의 주요 특성을 나타낸 표를 통해 (가)~(다) 지역이 지도에 표시된 지역 중 어느 지역인지 파악하는 문항이다. 지도에 표시된 지역은 고양, 화성, 여주이다.

| 선 | 택 | 지 | 풀 | 이 |

(가)는 최근인 2011~2020년에 건축된 주택 비율이 높은 것으로 보아 2기 신도시인 동탄 신도시가 위치한 화성이고, (나)는 2020년 서울로의 통근·통학 인구 비율이 높은 것으로 보아 서울에 인접한 고양임을 알 수 있다. (다)는 2020년 서울로의 통근·통학 인구 비율이 가장 낮은 것으로 보아 서울로부터 멀리 떨어져 있으며 신도시로 지정된 지역이 없는 여주이다.

① 오답 | 화성에는 수도권 2기 신도시인 동탄 1,2 신도시가 위치해 있다. 수도권 1기 신도시는 일산(고양), 분당(성남), 평촌(안양), 중동(부천), 산본(군포) 신도시이다.

② 정답 | 공업 기능이 발달한 화성은 고양보다 청장년층 인구의 성비가 높다.

③ 오답 | 서울로의 통근·통학 인구 비율이 높은 고양은 서울로의 통근·통학 인구 비율이 낮은 화성보다 주간 인구 지수가 낮다.

④ 오답 | 고양은 여주에 비해 인구가 많고 주거용지 및 공업용지로 이용되는 면적이 넓어 경지 면적은 좁다.

⑤ 오답 | 아파트는 지가가 높은 도시에서 비중이 높게 나타난다. 여주는 고양보다 촌락적 성격이 강해 주택 중 아파트가 차지하는 비중이 낮고, 인구 규모도 작다. 따라서 여주는 고양보다 아파트 수가 적다. 2020년 여주시 인구는 약 11만 명, 고양시 인구는 약 108만 명이다.

17 주요 공업의 분포 정답 ⑤ 정답률 52%

보기
ㄱ. (가)는 종합 조립 공업이다.
ㄴ. (나)의 최종 제품은 (가)의 주요 재료로 이용된다.
ㄷ. (나)는 (다)보다 최종 제품의 부피가 크다.
ㄹ. (다)는 (가)보다 전국 출하액이 많다.

① ㄱ, ㄴ ② ㄱ, ㄷ ③ ㄴ, ㄷ ④ ㄴ, ㄹ ⑤ ㄷ, ㄹ

| 자 | 료 | 해 | 설 |

(가)는 영남권의 출하액 비율이 높으며, 충청권과 호남권의 출하액 비율도 높은 것으로 보아 제철 공업이 포함된 1차 금속 제조업임을 알 수 있다. 제철 공업은 경북의 포항, 전남의 광양, 충남의 당진을 중심으로 발달해 있다. (나)는 영남권의 출하액 비율이 대부분을 차지하는 것으로 보아 조선 공업이 포함된 기타 운송 장비 제조업임을 알 수 있다. 조선 공업은 울산과 경남 거제를 중심으로 발달해 있다. (다)는 수도권의 출하액 비율이 매우 높으므로 전자 부품·컴퓨터·영상·음향 및 통신 장비 제조업이다.

| 보 | 기 | 풀 | 이 |

ㄱ 오답 | 종합 조립 공업에는 조선이나 자동차 공업 등이 있다.

ㄴ 오답 | 1차 금속 제조업의 최종 제품은 기타 운송 장비 제조업의 주요 재료로 이용된다.

ㄷ 정답 | 기타 운송 장비 제조업은 전자 부품·컴퓨터·영상·음향 및 통신 장비 제조업보다 최종 제품의 부피가 크다.

ㄹ 정답 | 반도체 등을 생산하는 전자 부품·컴퓨터·영상·음향 및 통신 장비 제조업은 1차 금속 제조업보다 전국 출하액이 많다.

18 충청 지방 정답 ③ 정답률 53%

① (가)에는 행정 중심 복합 도시가 있다. (나)
② (라)의 경우 경기보다 서울로부터의 인구 유입이 많다. 적다
③ (가)는 (다)보다 정보 통신 기술 서비스업 종사자 수가 많다.
④ (나)는 (라)보다 총인구가 많다. 적다
⑤ (가)~(라) 중 유소년 부양비는 (다)가 가장 높다. (나)

| 자 | 료 | 해 | 설 |

네 시·도의 산업 구조와 인구 이동을 나타낸 자료의 (가)~(라)가 경기, 서울, 세종, 충남 중 어느 지역인지를 파악하는 문항이다.

| 선 | 택 | 지 | 풀 | 이 |

(가)는 3차 산업의 비중이 가장 높고, 1차 산업의 비중이 가장 낮으며 제시된 모든 지역으로의 인구 순유출이 나타나고 있으므로 서울이다. 서울은 과밀화 현상으로 인해 1990년대부터 인구 순유출이 나타나고 있다. 서울에서 인구가 가장 많이 유출되고 있는 (다)는 서울과 인접한 경기이다. 경기는 인구 규모가 가장 크기 때문에 인구 이동 규모도 가장 크다. (나)는 인구 이동 규모가 가장 작으므로 인구 규모가 가장 작은 세종이다. 세종은 행정 기능이 이전되었기 때문에 인구 유입이 활발하다. (라)는 1차 산업 비중이 가장 높으므로 충남이다. 충남은 수도권의 기능 이전이 활발한 지역으로 수도권으로부터 인구가 유입되고 있다.

③ 정답 | 서울은 경기보다 정보 통신 기술 서비스업의 종사자 수가 많다. 경기는 서울보다 정보 통신 기술 제조업의 종사자 수가 많다.

④ 오답 | 세종은 충남보다 총인구가 적다. 2020년 기준 세종시는 약 35만 명, 충남은 약 212만 명이다.

⑤ 오답 | (가) ~ (라) 중 유소년 부양비는 유소년층 인구의 비율이 높은 세종에서 가장 높게 나타난다.

19 영남 지방 정답 ④ 정답률 78%

(가) 포항

'호미곶 한민족 해맞이 축전'이 열리는 곳을 둘러보고, 대규모 제철 공장에서 철강 제품이 생산되는 모습도 살펴봤어.

(나) 부산

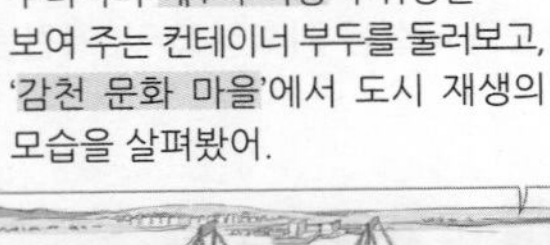

	(가)	(나)
①	A	B
②	A	C
③	B	A
④	B	C
⑤	C	B

| 선 | 택 | 지 | 풀 | 이 |

④ 정답 |
(가) - B : (가)는 호미곶 해맞이가 유명하며, 제철 공업이 발달한 지역이므로 포항이다.
(나) - C : (나)는 우리나라 제1의 무역항이며, 감천 문화 마을이 유명 관광지이므로 부산이다.

오답 |
A는 울진이다. 울진은 원자력 발전소가 위치해 있으며, 대게 등의 해산물이 유명하다.

20 신·재생 에너지 정답 ② 정답률 49%

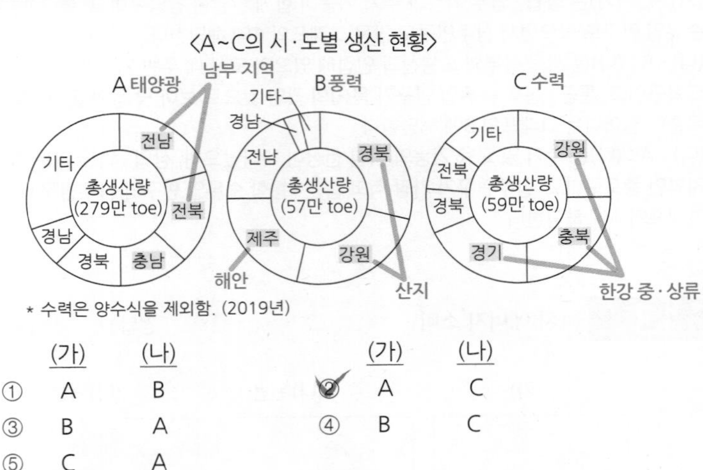

* 수력은 양수식을 제외함. (2019년)

	(가)	(나)		(가)	(나)
①	A	B	②	A	C
③	B	A	④	B	C
⑤	C	A			

| 자 | 료 | 해 | 설 |

제시된 자료에서 설명하는 (가), (나) 자원이 <시·도별 생산 현황> 그래프에서 나타난 A~C 중 어느 자원인지 찾는 문항이다.

| 선 | 택 | 지 | 풀 | 이 |

② 정답 |
(가) - A : (가)는 패널을 이용하여 발전하는 태양광이며, 전남, 전북 등 우리나라의 남부지역에서 생산이 많고 세 신·재생 에너지 중 총 생산량이 가장 많은 것으로 보아 A에 해당한다.
(나) - C : (나)는 댐의 물을 이용하여 발전하는 수력이며, 한강 중·상류에 위치한 강원, 충북, 경기에서 생산량이 많은 것으로 보아 C에 해당한다.

오답 |
B 풍력은 산지가 많은 강원과 경북, 해안에 위치한 제주에서 생산량이 많다. 2019년 기준 신·재생 에너지의 총 발전량은 태양광 > 수력 > 풍력 순으로 많다.

○ 문제편 8쪽

2023년 3월 고3 학력평가
정답과 해설 한국지리

문제편 p.9

1	④	2	①	3	④	4	③	5	⑤
6	②	7	③	8	②	9	③	10	⑤
11	④	12	①	13	③	14	②	15	①
16	②	17	⑤	18	⑤	19	②	20	①

1 독도와 마라도 정답 ④ 정답률 62%

① (가)는 최종 빙기에 육지와 연결되어 있었다.
② (나)에는 종합 해양 과학 기지가 있다. → 이어도
③ (가)는 (나)보다 일몰 시각이 ~~늦다~~. 이르다
④ (가), (나)는 모두 신생대 화산 활동으로 형성되었다.
⑤ (가), (나)는 모두 영해 설정 시 ~~직선~~ 통상 기선이 적용된다.

|자|료|해|설|
(가)는 우리나라 최동단에 위치한 독도, (나)는 우리나라 최남단에 위치한 마라도이다.

<독도와 마라도의 공통점과 차이점>

구분		독도	마라도
공통점		화산섬, 천연 보호 구역, 유인도, 통상 기선으로 영해 설정	
차이점	행정구역	경상북도 울릉군	제주특별자치도 서귀포시
	4극	극동	극남
	최종 빙기	섬	육지와 연결
	경사	급경사(종상 화산)	완경사(순상 화산)
	해류	조경 수역	연중 난류

|선|택|지|풀|이|
① 오답 | 독도는 평균 수심이 1,361m 정도로 깊은 바다인 동해상에 위치하고 있어 최종 빙기에 해수면이 100m 가량 낮아졌을 때에도 육지와 연결되지 않았다.
② 오답 | 종합 해양 과학 기지는 이어도에 위치해 있다.
③ 오답 | 독도는 마라도보다 동쪽에 위치하여 일출 시각과 일몰 시각이 이르다.
④ 정답 | 독도와 마라도는 모두 신생대 화산 활동으로 형성되었다.
⑤ 오답 | 독도와 마라도는 모두 영해 설정 시 통상 기선이 적용된다.

2 고문헌에 나타난 국토관 정답 ① 정답률 70%

(가) 신증동국여지승람	[건치연혁] 본래 탐라국인데 혹은 탁라라고도 한다. 전라도 남쪽 바다 가운데에 있는데 …. [산천] 한라산은 주 남쪽 20리에 있는 진산(鎭山)이다. … 그 산꼭대기에 ㉠ 큰 못이 있는데 사람이 떠들면 구름과 안개가 일어나서 지척을 분별할 수가 없다.
(나) 택리지	춘천은 옛 예맥이 천 년 동안이나 도읍했던 터로 소양강에 접해 있고, … 산속에는 평야가 넓게 펼쳐졌으며 두 강이 한복판으로 흘러간다. … 기후가 고요하고 강과 산이 맑고 환하며 ㉡ 땅이 기름져서 여러 대를 사는 사대부가 많다.

보기
ㄱ. (가)는 국가 통치에 필요한 자료를 수집하여 제작되었다.
ㄴ. (나)는 (가)보다 제작 시기가 늦다.
ㄷ. ㉠은 분화구 함몰 후 물이 고여 형성된 ~~칼데라호~~ 화구호이다.
ㄹ. ㉡은 가거지의 조건 중 ‘~~인심(人心)~~ 생리(生利)’과 관련이 있다.

① ㄱ, ㄴ ② ㄱ, ㄷ ③ ㄴ, ㄷ ④ ㄴ, ㄹ ⑤ ㄷ, ㄹ

|자|료|해|설|
(가)는 건치연혁, 산천 등을 백과사전식으로 서술한 것으로 보아 조선 전기에 제작된 신증동국여지승람이며, (나)는 설명식으로 서술한 것으로 보아 조선 후기에 제작된 택리지임을 알 수 있다.

|보|기|풀|이|
ㄱ 정답 | 신증동국여지승람은 국가 통치에 필요한 자료를 수집하여 백과사전식으로 제작되었다.
ㄴ 정답 | 조선 후기에 제작된 택리지는 조선 전기에 제작된 신증동국여지승람보다 제작 시기가 늦다.
ㄷ 오답 | ㉠은 한라산 꼭대기의 큰 못인 백록담이며, 분화구에 물이 고인 화구호이다. 분화구 함몰 후 물이 고여 형성된 칼데라호의 대표적 사례는 백두산 천지이다.
ㄹ 오답 | ㉡은 가거지의 조건 중 경제활동과 관련된 것이므로 ‘생리(生利)’에 해당한다.

3 암석 분포 정답 ④ 정답률 70%

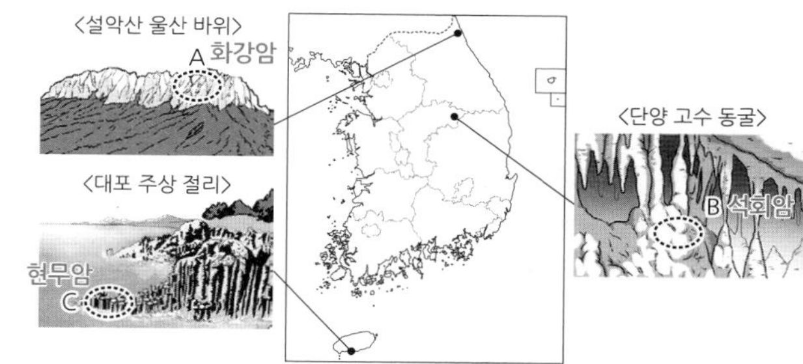

① A의 주된 기반암은 조선 누층군에 주로 분포한다. → 석회암
② B는 마그마가 관입하여 형성되었다. → 화강암
③ C에서는 공룡 발자국 화석이 많이 발견된다. → 중생대 퇴적암
④ A는 C보다 주된 기반암의 형성 시기가 이르다. → A 중생대, C 신생대
⑤ B는 ~~화산~~ 카르스트 지형, C는 ~~카르스트~~ 화산 지형이다.

|자|료|해|설|
A는 설악산 울산 바위의 기반암인 화강암, B는 단양 고수 동굴의 기반암인 석회암, C는 제주도 대포 주상 절리의 기반암인 현무암이다.

|선|택|지|풀|이|
① 오답 | 조선 누층군에 주로 분포하는 암석은 석회암이다.
② 오답 | 마그마가 관입하여 형성된 암석은 화강암이다.
③ 오답 | 공룡 발자국 화석이 많이 발견되는 암석은 중생대 퇴적암이다.
④ 정답 | 중생대에 형성된 화강암은 신생대에 형성된 현무암보다 형성 시기가 이르다.
⑤ 오답 | 석회 동굴은 카르스트 지형, 주상 절리는 화산 지형에 속한다.

4 해안 지형의 형성 정답 ③ 정답률 57%

① A는 주로 ~~파랑의 침식~~ 조류의 퇴적 작용으로 형성되었다.
② ~~B~~A는 염전이나 양식장으로 이용된다.
③ E의 퇴적층에서는 둥근 자갈이 나타난다.
④ B는 C보다 퇴적 물질의 평균 입자 크기가 ~~크다~~ 작다.
⑤ A는 ~~곶~~ 만, D는 ~~만~~ 곶에 주로 발달한다.

|자|료|해|설|
A는 밀물 때 바닷물에 잠기고 썰물 때 육지로 드러나는 갯벌, B는 사빈의 배후에 발달한 모래 언덕인 해안 사구, C는 파랑과 연안류의 퇴적 작용으로 형성된 사빈, D는 기반암이 노출되어 있는 암석 해안, E는 해안에 형성된 계단 모양의 지형인 해안 단구이다.

|선|택|지|풀|이|
① 오답 | 갯벌은 주로 조류의 퇴적 작용으로 형성된다. 파랑의 침식 작용으로 형성된 것은 암석 해안을 들 수 있다.
② 오답 | 염전이나 양식장으로 이용되는 것은 갯벌이다.
③ 정답 | 해안 단구는 파랑의 침식 작용으로 형성된 파식대가 융기하여 형성되었기 때문에 퇴적층에서 둥근 자갈이 나타난다.
④ 오답 | 사빈의 물질 중 작고 가벼운 것들 위주로 바람에 날려 퇴적된 해안 사구는 사빈보다 퇴적 물질의 평균 입자 크기가 작다.
⑤ 오답 | 해안 퇴적 지형인 갯벌은 만, 해안 침식 지형인 암석 해안은 곶에 주로 발달한다.

5 계절에 따른 기후 특성 정답 ⑤ 정답률 82%

① ~~(가)~~ (다)에는 서고동저형의 기압 배치가 자주 나타난다.
② (나)의 무더위에 대비한 전통 가옥 시설에는 ~~정주간~~ 대청마루이 있다.
③ ~~(다)~~ (나)에는 강한 일사에 의한 대류성 강수가 자주 발생한다.
④ (가)는 (다)보다 평균 기온이 ~~낮다~~ 높다.
⑤ (다)는 (나)보다 서리 일수가 많다.

|자|료|해|설|
(가)는 잦은 비로 습기가 많은 시기인 장마철, (나)는 일 년 중 가장 무더운 시기인 한여름, (다)는 한파가 이어지는 시기인 겨울이다.

|선|택|지|풀|이|
① 오답 | 서고동저형의 기압 배치가 자주 나타나는 시기는 겨울이다. 장마철에는 정체 전선이 형성되어 한반도에 영향을 준다.
② 오답 | 한여름의 무더위에 대비한 전통 가옥 시설에는 남부 지방의 대청마루가 있다. 정주간은 겨울이 길고 추운 관북 지방에서 나타나는 실내 생활 공간이다.
③ 오답 | 강한 일사에 의한 대류성 강수가 자주 발생하는 시기는 한여름이다.
④ 오답 | 장마철은 겨울보다 평균 기온이 높다.
⑤ 정답 | 겨울은 한여름보다 서리 일수가 많다.

○ 문제편 9쪽

6 도시 내부 구조 | 정답 ② | 정답률 63%

보기
ㄱ. (가)는 주간 인구가 상주인구보다 많다.
ㄴ. (나)는 인구 공동화 현상이 뚜렷하다.
ㄷ. (가)는 (나)보다 시가지의 형성 시기가 이르다.
ㄹ. (나)는 (가)보다 금융 기관 수가 많다.

① ㄱ, ㄴ ② ㄱ, ㄷ ③ ㄴ, ㄷ ④ ㄴ, ㄹ ⑤ ㄷ, ㄹ

|자|료|해|설|
서울시 두 지역의 상주인구, 초등학교당 학생 수, 총사업체의 종사자 수를 나타낸 표를 통해 (가), (나) 지역의 특성을 비교하는 문항이다. 지도에 표시된 구는 서울의 도심에 해당하는 중구와 서울의 주변 지역에 해당하는 강서구이다.

|보|기|풀|이|
(가)는 상주인구가 적어 초등학교당 학생 수가 적으나 총사업체의 종사자 수가 많은 것으로 보아 업무 기능이 발달한 중구이다. (나)는 상주인구가 많아 초등학교당 학생 수가 많으나 총사업체의 종사자 수가 적은 것으로 보아 주거 기능이 발달한 강서구이다.
ㄱ 정답 | 중구는 주간 인구가 상주인구보다 많아 주간 인구 지수가 높게 나타난다.
ㄴ 오답 | 주간 인구에 비해 상주인구가 적은 곳에서 나타나는 인구 공동화 현상은 도심인 중구에서 뚜렷하다.
ㄷ 정답 | 과거부터 서울의 중심지였던 중구는 인구 유입으로 시가지가 확장되어 서울로 편입된 강서구보다 시가지의 형성 시기가 이르다.
ㄹ 오답 | 강서구는 업무 기능이 발달한 중구보다 금융 기관 수가 적다.

7 위도가 다른 지역의 기후 비교 | 정답 ③ | 정답률 52%

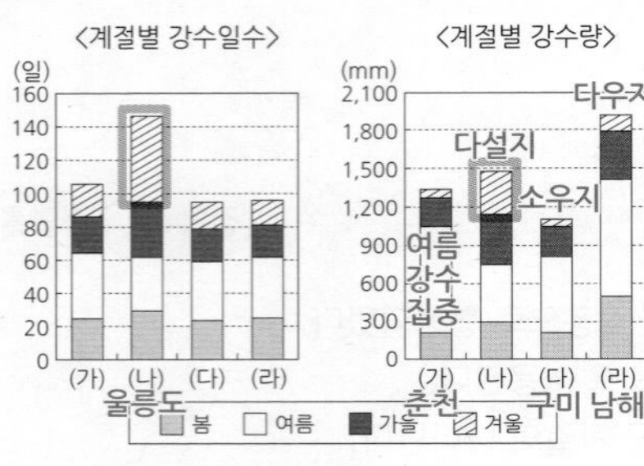

* 1991~2020년의 평년값임.

① (가)는 (라)보다 봄꽃의 개화 시기가 이르다.
② (나)는 (가)보다 연 강수일수 대비 연 강수량이 많다.
③ (다)는 (나)보다 기온의 연교차가 크다.
④ (라)는 (다)보다 최한월 평균 기온이 낮다.
⑤ (가)~(라) 중 여름철 강수 집중률은 (나)가 가장 높다.

|자|료|해|설|
네 지역의 계절별 강수일수와 계절별 강수량을 나타낸 그래프의 (가)~(라)가 지도에 표시된 지역 중 어느 지역인지 파악하는 문항이다. 지도에 표시된 지역은 춘천, 울릉도, 구미, 남해이다.

|선|택|지|풀|이|
(나)는 겨울철 강수일수가 많으며 겨울 강수량도 가장 많은 것으로 보아 다설지인 울릉도이다. (다)는 연 강수량이 가장 적은 것으로 보아 소우지인 영남 내륙 지역에 위치한 구미이다. (라)는 (가)보다 강수량이 많은 것으로 보아 다우지인 남해안에 위치한 남해이며, (가)는 여름 강수 집중률이 높은 한강 중·상류 지역의 춘천이다.
① 오답 | 춘천은 남해보다 고위도에 위치하므로 봄꽃의 개화 시기가 늦다.
② 오답 | 울릉도는 춘천보다 연 강수일수가 많은 것에 비해 계절별 강수량은 약간 더 많은 수준이므로, 연 강수일수 대비 연 강수량이 적다고 할 수 있다.
③ 정답 | 내륙에 위치한 구미는 해양의 영향을 받는 울릉도보다 기온의 연교차가 크다.
④ 오답 | 남해는 상대적으로 위도가 높은 구미보다 겨울에 따뜻하므로 최한월 평균 기온이 높다.
⑤ 오답 | 연 강수량 중 여름 강수량이 차지하는 비율인 여름철 강수 집중률은 춘천이 가장 높다.

8 인구 구조 | 정답 ② | 정답률 53%

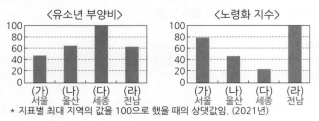

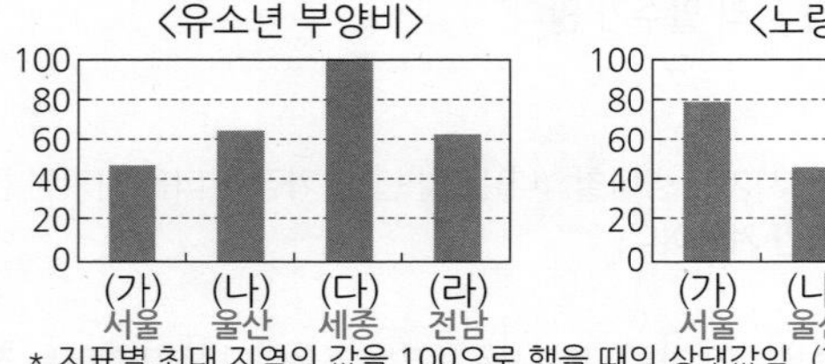

* 지표별 최대 지역의 값을 100으로 했을 때의 상댓값임. (2021년)

① (가)는 영남 지방에 위치한다.
② (다)에는 행정 중심 복합 도시가 있다.
③ (다)는 (가)보다 청장년층 인구가 많다.
④ (라)는 (나)보다 1인당 지역 내 총생산이 많다.
⑤ (가)~(라) 중 중위 연령은 (나)가 가장 높다.

|자|료|해|설|
(가)~(라) 네 지역의 유소년 부양비와 노령화 지수를 나타낸 그래프를 보고 (가)~(라)가 각각 서울, 세종, 울산, 전남 중 어느 지역인지 파악하는 문항이다.

|선|택|지|풀|이|
(다)는 유소년 부양비가 가장 높은 것으로 보아 유소년층의 비율이 가장 높은 세종이다. (라)는 노령화 지수가 가장 높은 것으로 보아 유소년층의 비율이 낮고 노년층의 비율이 가장 높은 전남이다. (나)는 (가)에 비해 유소년 부양비가 높고 노령화 지수가 낮은 것으로 보아 (가)보다 유소년층의 비율이 높고 노년층의 비율이 낮다. 따라서 (나)는 울산, (가)는 서울이다.
① 오답 | 서울은 수도권에 위치한다.
② 정답 | 세종에는 행정 중심 복합 도시가 있다.
③ 오답 | 세종은 서울보다 총인구 수가 매우 적기 때문에 청장년층 인구가 적다.
④ 오답 | 전남은 울산보다 1인당 지역 내 총생산이 적다. 울산은 1인당 지역 내 총생산이 전국에서 가장 많다.
⑤ 오답 | 중위 연령은 노령화 지수가 높은 전남에서 가장 높게 나타난다.

9 다양한 상업 시설 | 정답 ③ | 정답률 74%

① A ② B ③ C ④ D ⑤ E

|자|료|해|설|
두 소매 업태의 할인 행사 광고 자료를 통해 (가), (나)가 백화점, 편의점 중 어느 소매 업태인지 찾은 다음, 두 소매 업태의 특성을 비교하는 문항이다.

|선|택|지|풀|이|
③ 정답 |
할인 행사 광고로 보아 (가)는 소매품을 주로 판매하는 편의점, (나)는 다양한 제품을 판매하며 1인당 평균 소비 금액이 큰 백화점이다.
고급 제품의 판매 비중이 높은 백화점이 생필품을 판매하는 편의점보다 업체당 매출액이 많다. 상점 수가 적은 백화점이 상점 수가 많은 편의점보다 업체 간 평균 거리가 길다.
백화점은 대체로 24시간 영업하는 경우가 많은 편의점보다 1일 평균 영업 시간이 짧다.

10 여행기 | 정답 ⑤ | 정답률 57%

① (가)는 (나)보다 평균 해발 고도가 높다.
② (나)는 (가)보다 경지 중 논 면적 비율이 높다.
③ ㉠은 하천의 상류보다 하류에 잘 발달한다.
④ ㉡의 하구에는 하굿둑이 설치되어 있다.
⑤ ㉠, ㉢은 모두 신생대 지반 융기의 영향을 받았다.

|자|료|해|설|
(가)는 도자기 축제, 벼농사, 남한강 자전거 길 등의 내용을 보아 여주, (나)는 대관령 'HAPPY 700'에서 즐기는 눈꽃 축제, 고위 평탄면의 고랭지 배추와 풍력 발전기 등의 내용을 보아 평창임을 알 수 있다.

|선|택|지|풀|이|
① 오답 | 여주는 고위 평탄면에 위치한 평창보다 평균 해발 고도가 낮다.
② 오답 | 고랭지에서 채소 재배가 활발한 평창은 벼농사가 활발한 여주보다 경지 중 논 면적 비율이 낮다.
③ 오답 | 산지를 깊게 깎으며 흐르는 감입 곡류 하천은 하천의 하류보다 상류에 잘 발달한다.
④ 오답 | 남한강은 양평 두물머리에서 북한강과 합쳐져 한강을 이루어 흘러가며, 한강의 하구에는 하굿둑이 설치되어 있지 않다. 하굿둑은 금강, 영산강, 낙동강 하구에 설치되어 있다.
⑤ 정답 | 감입 곡류 하천과 고위 평탄면은 모두 신생대 경동성 요곡 운동으로 인한 지반 융기의 영향을 받았다.

11 수도권 | 정답 ④ | 정답률 45%

지역 \ 구분	거주 기간별 주민 비율(%) 10년 미만	10~20년	20년 이상	청장년층 인구의 성비
(가)	14.1	19.3	66.6	130.9
(나)	25.8	28.5	45.7	98.7
(다)	44.0	36.0	20.0	117.5

(2021년)

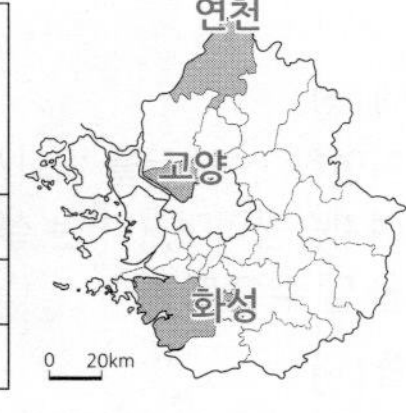

① (가)에는 수도권 1기 신도시가 있다.
② (다)는 남북한 접경 지역에 위치한다.
③ (가)는 (다)보다 제조업 출하액이 많다.
④ (나)는 (가)보다 주택 유형 중 아파트 비율이 높다.
⑤ (다)는 (나)보다 서울로의 통근 인구가 많다.

문제편 10~11쪽

|자|료|해|설|
거주 기간별 주민 비율과 청장년층 인구의 성비표를 통해 (가)~(다) 지역이 지도에 제시된 지역 중 어떤 지역인지 파악하는 문항이다. 지도에 표시된 지역은 연천, 고양, 화성이다.

|선|택|지|풀|이|
(가)는 거주 기간이 20년 이상인 주민의 비율이 세 지역 중 제일 높고, 청장년층 인구의 성비가 매우 높은 것으로 보아 촌락이자 군사 지역인 연천이다. (나)는 수도권 1기 신도시 건설로 유입된 인구가 꾸준히 거주하고 있어 거주 기간이 20년 이상인 주민의 비율이 높은 편이고 청장년층 인구의 성비가 100 미만인 것으로 보아 서비스업이 발달한 도시 지역인 고양이다. (다)는 거주 기간이 10년 미만인 주민의 비율이 높은 것으로 보아 수도권 2기 신도시 건설 이후 인구가 많이 유입되었고 청장년층 인구의 성비가 높은 것으로 보아 제조업이 발달한 화성이다.
① 오답 | 수도권 1기 신도시인 일산 신도시는 고양에 위치하고 있다.
② 오답 | 남북한 접경 지역에 위치한 곳은 연천이다.
③ 오답 | 연천은 화성보다 제조업 출하액이 적다.
④ 정답 | 아파트 위주의 수도권 1기 신도시가 발달한 고양은 촌락 지역인 연천보다 주택 유형 중 아파트 비율이 높다.
⑤ 오답 | 화성은 고양보다 서울과의 거리가 멀고 제조업 기능이 발달해 있어 서울로의 통근 인구가 적다.

12 공업 자료 분석 정답 ① 정답률 52%

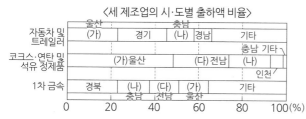

〈세 제조업의 시·도별 출하액 비율〉

자동차 및 트레일러: (가) | 경기 | (나) | 경남 | 기타
코크스·연탄 및 석유 정제품: (가)울산 | (다) 전남 | (나) | 기타
1차 금속: 경북 | (나) | (다) | (가) | 기타
0 20 40 60 80 100(%)

* 종사자 규모 10인 이상 사업체를 대상으로 함.
** 출하액 상위 4개 시·도만 나타냄. (2020년)

	(가)	(나)	(다)		(가)	(나)	(다)
①	울산	충남	전남	②	전남	울산	충남
③	전남	충남	울산	④	충남	울산	전남
⑤	충남	전남	울산				

|자|료|해|설|
자동차 및 트레일러 제조업, 코크스·연탄 및 석유 정제품 제조업, 1차 금속 제조업의 출하액 상위 4개 시·도를 찾는 문항이다. 코크스·연탄 및 석유 정제품 제조업에는 정유 공업이, 1차 금속 제조업에는 제철 공업이 있다.

|선|택|지|풀|이|
① 정답 |
(가) - 울산 : (가)는 자동차 공업과 석유 화학 및 정유 공업이 매우 발달해 있으며, 조선 공업과 비철 금속 위주의 1차 금속 제조업 등이 고루 발달한 우리나라의 대표적인 중화학 공업 도시 울산이다.
(나) - 충남 : (나)는 자동차 공업이 발달한 아산, 석유 화학 및 정유 공업이 발달한 서산, 제철 공업이 발달한 당진이 위치한 충남이다.
(다) - 전남 : (다)는 석유 화학 및 정유 공업이 매우 발달한 여수, 제철 공업이 발달한 광양이 위치한 전남이다.

13 지역별 농업 특성 추론 정답 ③ 정답률 53%

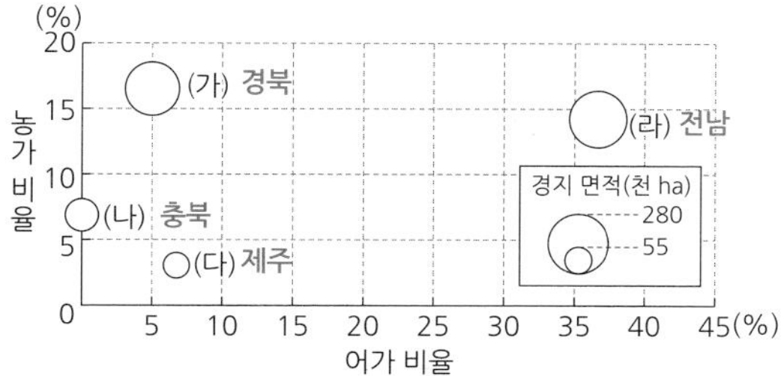

* 농·어가 비율은 원의 가운데 값임.
** 농·어가 비율은 전국에서 차지하는 비율임. (2021년)

① (가)는 전남이다.
② (다)는 논 면적이 밭 면적보다 넓다.
③ (가)는 (다)보다 전업농가 수가 많다.
④ (나)는 (라)보다 쌀 생산량이 많다.
⑤ (가)~(라) 중 과수 재배 면적은 (나)가 가장 넓다.

|자|료|해|설|
도(道)별 농·어가 비율 및 경지 면적 그래프를 보고 (가)~(라) 지역이 경북, 전남, 제주, 충북 중 어느 도인지를 파악하는 문항이다.

|선|택|지|풀|이|
(가)는 경지 면적이 넓고 농가 비율이 가장 높으며 어가 비율은 낮은 것으로 보아 농가 수가 가장 많은 경북임을 알 수 있다. (나)는 어가 비율이 0%에 가까운 것으로 보아 내륙에 위치한 충북, (다)는 경지 면적이 가장 작은 것으로 보아 제주, (라)는 경지 면적이 넓고 농가 비율이 높으며 어가 비율이 가장 높은 것으로 보아 농업과 어업이 모두 발달한 전남임을 알 수 있다.
① 오답 | (가)는 경북이다.
② 오답 | 제주는 기반암인 현무암의 특성상 지표수가 부족하여 논이 거의 없고 경지의 대부분이 밭으로 이용된다. 따라서 제주는 논 면적이 밭 면적보다 좁다.
③ 정답 | 경북은 전국에서 농가 수가 가장 많고 제주보다 겸업농가의 비율이 낮아 전업농가 수가 많다.
④ 오답 | 충북은 전남보다 쌀 생산량이 적다. 쌀 생산량은 전남이 전국에서 가장 많다.
⑤ 오답 | 과수 재배 면적은 과수 생산량이 가장 많은 경북에서 가장 넓게 나타난다.

14 도시 재개발 정답 ② 정답률 84%

보기
ㄱ. 투입 자본의 규모가 크다.
ㄴ. 기존 건물의 활용도가 높다.
ㄷ. 재개발 후 건물의 평균 층수가 많다.

① ㄱ ② ㄴ  ③ ㄱ, ㄴ ④ ㄱ, ㄷ ⑤ ㄴ, ㄷ

|자|료|해|설|
도시 재개발의 사례를 통해 (가)와 (나) 재개발 방식의 특성을 비교하는 문항이다.

|보|기|풀|이|
ㄱ 오답 | 철거 재개발은 기존의 시설을 철거하고 새로운 시설물로 대체하는 방법이기 때문에 원거주민의 재정착률이 낮아 기존 공동체가 해체되고 자원이 낭비되는 문제점이 있다. 따라서 철거 재개발이 수복 재개발보다 투입 자본의 규모가 크다.
ㄴ 정답 | 수복 재개발은 기존 건물을 최대한 유지하며 필요한 부분을 수리·개조하여 부족한 점을 보완하기 때문에 철거 재개발에 비해 원거주민의 재정착률이 높고 낭비되는 자원을 줄일 수 있다.
ㄷ 오답 | 일반적으로 기존의 낡은 주택 지역을 철거하고 고층의 아파트를 짓는 경우가 많은 철거 재개발은 기존 건물을 활용하는 수복 재개발에 비해 재개발 후 건물의 평균 층수가 많다.

15 자연재해 종합 정답 ① 정답률 57%

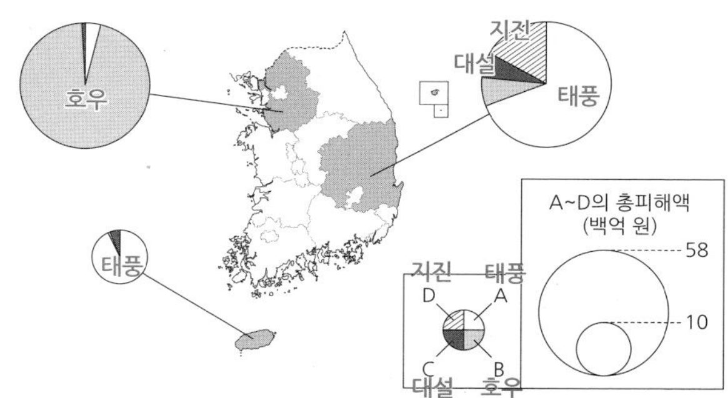

* 2011 ~ 2020년의 누적 피해액이며, 2020년도 환산 금액 기준임.

① 선박의 경우 A로 인한 피해액이 C로 인한 피해액보다 많다.
② C는 B보다 여름철에 발생하는 비율이 높다.
③ B는 지형적 요인, D는 기후적 요인에 의해 발생한다.
④ 2011 ~ 2020년에 경북은 지진보다 대설 피해액이 많다.
⑤ 2011 ~ 2020년에 제주는 경기보다 호우 피해액이 많다.

|자|료|해|설|
세 도의 자연재해 피해 현황을 나타낸 자료에서 A~D가 각각 대설, 지진, 태풍, 호우 중 어느 자연재해인지를 찾는 문항이다.

|선|택|지|풀|이|
A는 경북과 제주에서 피해액 비율이 높은 것으로 보아 태풍, B는 경기도에서 피해액 비율이 높은 것으로 보아 호우, C는 각 지역에서 피해액 비율이 낮은 것으로 보아 대설, D는 경북에서만 피해액이 나타나는 것으로 보아 지진임을 알 수 있다.
① 정답 | 선박의 경우 태풍으로 인한 피해액이 대설로 인한 피해액보다 많다.
② 오답 | 대설은 주로 겨울철에 발생하므로 호우보다 여름철에 발생하는 비율이 낮다.
③ 오답 | 호우는 기후적 요인, 지진은 지형적 요인에 의해 발생한다.
④ 오답 | 2011~2020년에 경북은 지진보다 대설 피해액이 적다.
⑤ 오답 | 2011~2020년에 제주는 경기보다 호우 피해액이 적다.

문제편 11쪽

16 북한의 자연환경 정답 ② 정답률 49%

① (가)는 동해안의 항구 도시이다.
② (나)는 관서 지방에 위치한다.
③ (가)는 (다)보다 저위도에 위치한다.
④ (나)는 (다)보다 겨울 강수량이 많다.
⑤ (다)는 (나)보다 연평균 황사일수가 많다.

|자|료|해|설|
기온의 연교차, 최난월 평균 기온을 제시한 그래프의 (가)~(다)가 지도에서 어느 지역인지 파악하는 문항이다. 지도에 표시된 지역은 백두산 부근의 삼지연, 압록강 하류의 신의주, 동해안의 원산이다.

|선|택|지|풀|이|
(가)는 세 지역 중 기온의 연교차가 가장 크고 최난월 평균 기온이 가장 낮은 것으로 보아 상대적으로 고위도의 내륙 지방에 위치한 삼지연, (나)는 최난월 평균 기온이 높고 기온의 연교차가 (다)보다 큰 것으로 보아 신의주, (다)는 기온의 연교차가 가장 작은 것으로 보아 동해안에 위치한 원산임을 알 수 있다.
① 오답 | 동해안의 항구 도시는 원산이다.
② 정답 | 신의주는 관서 지방에 위치한다.
③ 오답 | 삼지연은 원산보다 고위도에 위치한다.
④ 오답 | 원산은 북한에서 겨울 강수량이 많은 편으로, 신의주는 원산보다 겨울 강수량이 적다.
⑤ 오답 | 원산은 신의주보다 황사 발원지에서 멀기 때문에 연평균 황사일수가 적다.

17 신 · 재생 에너지 정답 ⑤ 정답률 66%

보기
ㄱ. (가) 발전량은 수도권이 호남권보다 많다.
ㄴ. (나) 발전량은 여름철이 겨울철보다 많다.
ㄷ. (가)는 (나)보다 전국의 발전 설비 용량이 많다.
ㄹ. (나)는 (가)보다 발전 시 소음으로 인한 피해가 크다.

① ㄱ, ㄴ ② ㄱ, ㄷ ③ ㄴ, ㄷ ④ ㄴ, ㄹ  ⑤ ㄷ, ㄹ

|자|료|해|설|
(가)는 맑은 날 발전할 수 있는 것으로 보아 태양광이며, (나)는 비가 오거나 흐린 날에도 발전할 수 있는 것으로 보아 풍력임을 알 수 있다.

|보|기|풀|이|
ㄱ 오답 | 태양광 발전량은 중부 지방에 위치한 수도권이 남부 지방에 위치한 호남권보다 적다.
ㄴ 오답 | 풍력 발전량은 여름철이 상대적으로 바람의 세기가 강한 겨울철보다 적다.
ㄷ 정답 | 태양광은 풍력보다 전국의 발전 설비 용량이 많다. 신 · 재생 에너지의 발전 설비 용량은 태양광 > 수력 > 풍력 > 조력 순으로 많다.
ㄹ 정답 | 풍력은 발전 시 프로펠러가 돌아가는 소음이 큰 편이기 때문에 태양광보다 소음으로 인한 피해가 크다.

18 다문화 공간 정답 ⑤ 정답률 42%

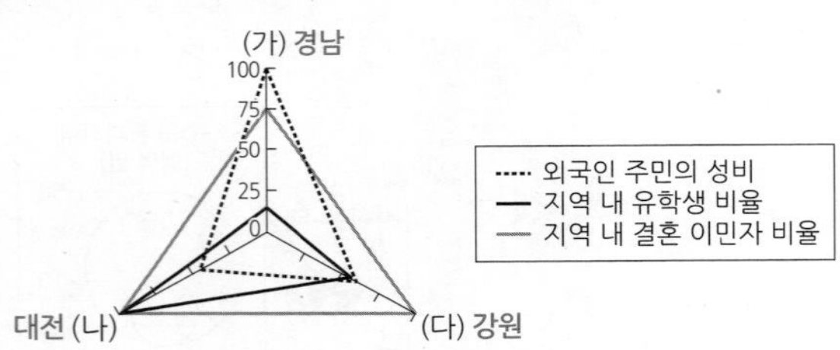

* 지표별 최대 지역의 값을 100으로 했을 때의 상댓값임.
** 한국 국적을 가지지 않은 외국인만 고려함. (2021년)

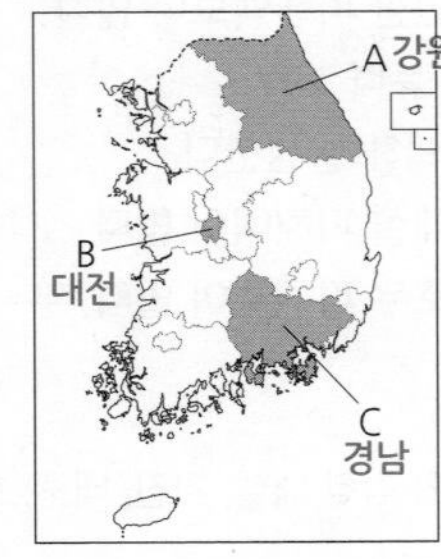

	(가)	(나)	(다)
①	A	B	C
②	A	C	B
③	B	C	A
④	C	A	B
⑤	C	B	A

|자|료|해|설|
세 지역의 외국인 주민 성비와 지역 내 유학생 비율, 지역 내 결혼 이민자 비율을 나타낸 그래프의 (가)~(다) 지역이 지도에 표시된 지역 중 어디인지 찾아내는 문항이다. 지도에 제시된 A는 강원, B는 대전, C는 경남이다.

|선|택|지|풀|이|
⑤ 정답 |
(가) - C : (가)는 외국인 주민의 성비가 가장 높은 것으로 보아 제조업 기능이 발달해 있는 C 경남이다.
(나) - B : (나)는 지역 내 유학생 비율이 높은 것으로 보아 연구 시설이 발달하여 있고 대학교가 많은 대도시 지역인 B 대전이다.
(다) - A : (다)는 지역 내 결혼 이민자의 비율이 높은 편인 것으로 보아 A 강원임을 알 수 있다. 대부분이 촌락 지역인 강원은 결혼 적령기 성비 불균형 현상으로 인해 결혼 이민자 외국인 여성들의 비율이 높게 나타나고 있다.

19 인구 이동 정답 ② 정답률 54%

〈권역별 인구 규모 1~3위 도시 인구 비율 및 권역 간 인구 이동〉

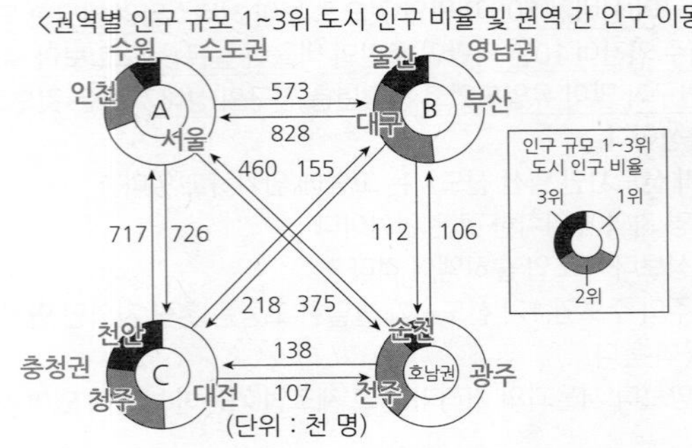

* 인구 규모 1~3위 도시 인구 비율은 2021년 값이고, 권역 간 인구 이동은 2017~2021년의 합계임.
** 권역별 인구 규모 1~3위 도시 인구 비율은 인구 규모 1~3위 도시 인구의 합을 100으로 하였을 때 인구 비율을 나타냄.

① A에는 혁신 도시가 있다.
② B의 인구 규모 1위 도시는 부산이다.
③ C는 A보다 도시 인구가 많다.
④ C는 B보다 광역시의 수가 많다.
⑤ 2017~2021년에 충청권에서 수도권으로의 인구 이동은 수도권에서 충청권으로의 인구 이동보다 많다.

|자|료|해|설|
권역별 인구 규모 1~3위 도시 인구 비율 및 권역 간 인구 이동 그래프를 보고 A~C가 어느 권역인지를 찾은 후 특성을 비교하는 문항이다.

|선|택|지|풀|이|
A는 다른 지역과의 인구 이동이 가장 활발한 것으로 보아 수도권이다. 수도권의 인구 1위 도시는 서울, 2위 도시는 인천, 3위 도시는 수원으로 1위 도시 인구와 2위 도시 인구의 차이가 3배 이상으로 나타난다. B는 수도권으로의 인구 유출이 유입보다 더 많은 것으로 보아 영남권이며, 인구 1위 도시는 부산, 2위 도시는 대구, 3위 도시는 울산이다. C는 수도권으로부터의 인구 유입이 유출보다 더 많은 것으로 보아 수도권에 인접한 충청권이며, 1위 도시는 대전, 2위 도시는 청주, 3위 도시는 천안이다.
① 오답 | 혁신 도시는 수도권에 집중된 공기업과 공공 기관의 지방 이전을 위해 건설된 도시이므로, 수도권에는 혁신 도시가 없다.
② 정답 | 영남권의 인구 규모 1위 도시는 부산이다.
③ 오답 | 충청권은 수도권보다 도시 인구가 적다.
④ 오답 | 광역시가 1개인 충청권은 광역시가 3개인 영남권보다 광역시의 수가 적다.
⑤ 오답 | 2017~2021년에 충청권에서 수도권으로의 인구 이동은 수도권에서 충청권으로의 인구 이동보다 적다.

20 여행기 정답 ① 정답률 73%

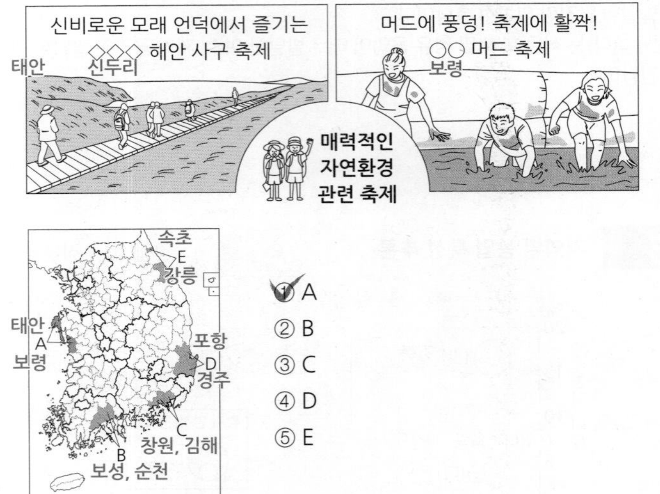

① A
② B
③ C
④ D
⑤ E

|자|료|해|설|
자료에 제시된 두 지역을 지도의 A~E에서 찾아내는 문항이다.

|선|택|지|풀|이|
① 정답 | 충남 태안의 신두리 해안 사구는 사빈의 모래가 바람에 의해 쌓인 대규모의 모래 언덕으로, 우리나라의 대표적인 해안 사구이며, 천연 기념물 제 431호로 지정되어 있다. 또, 충남 보령에는 갯벌이 발달되어 있어 갯벌의 머드를 활용한 머드 축제를 개최하고 있으며, 국내 관광객뿐만 아니라 외국 관광객에게도 인기가 높다. 따라서 두 축제가 개최되는 지역은 A(태안, 보령)이다.
②, ③, ④, ⑤ 오답 | B : 보성, 순천 C : 창원, 김해 D : 포항, 경주 E : 속초, 강릉

정답과 해설 한국지리

문제편 p.13

1	④	2	①	3	③	4	⑤	5	②
6	③	7	③	8	⑤	9	②	10	①
11	①	12	③	13	③	14	④	15	⑤
16	①	17	④	18	①	19	②	20	④

1 독도와 가거도 정답 ④ 정답률 85%

독도 : 최동단 (가) 동도와 서도 및 89개의 부속 도서로 이루어진 이곳은 돌섬이란 뜻의 '독섬'에서 이름이 유래하였다. 대한민국 영토임을 알리는 글자가 바위에 새겨져 있으며, 날씨가 맑은 날에는 가장 가까운 유인도인 울릉도에서 이곳을 육안으로 볼 수 있다.

가거도 (나) 대한민국 최서남단 표지석이 있는 이곳은 '가히 사람이 살 만한 곳'에서 이름이 유래하였다. 목포 여객선 터미널에서 출발하는 배로 수 시간 내에 도달할 수 있으며, 해양 수산부는 우리 바다의 영역적 가치를 알리기 위해 이곳을 2023년 '올해의 섬'으로 선정하였다.

① (가)는 영해 설정에 직선(→통상) 기선을 적용한다.
② (나)의 주변 12해리 수역은 모두 내수(內水)(→영해와 내수)에 해당한다.
③ (가)는 (나)보다 최한월 평균 기온이 높다(→낮다).
④ (나)는 (가)보다 일출 시각이 늦다.
⑤ (가), (나)는 모두 최종 빙기에 육지와 연결되어 있었다. (→(가) 섬으로 남아 있었음)

|자|료|해|설|
(가)는 동도와 서도 및 89개의 부속 도서로 이루어졌으며 울릉도가 가장 가까운 유인도인 독도, (나)는 우리나라 최서남단인 가거도이다.

|선|택|지|풀|이|
① 오답 | (가) 독도는 영해 설정에 통상 기선을 적용한다. 직선 기선은 해안선이 복잡하거나 섬이 많은 서해안, 남해안과 동해안 일부에 적용되며, 통상 기선은 해안선이 단조로운 동해안 대부분, 제주도, 마라도, 울릉도, 독도 등에 적용된다.
② 오답 | (나) 가거도는 직선 기선 설정의 기준인 영해 기점이므로 기선의 바깥쪽 12해리 수역은 영해, 안쪽 12해리 수역은 내수(內水)에 해당한다.
③ 오답 | (가) 독도는 (나) 가거도보다 고위도에 위치하여 최한월 평균 기온이 낮다.
④ 정답 | (나) 가거도는 (가) 독도보다 서쪽에 위치하여 일출 시각이 늦다. 독도는 우리나라 영토의 가장 동쪽에 위치하여 우리나라에서 일출과 일몰 시각이 가장 이르다.
⑤ 오답 | 최종 빙기에는 현재보다 해수면이 100m 이상 낮아 오늘날의 황해는 육지로 드러나 있었다. 이에 (나) 가거도는 최종 빙기에 육지와 연결되었지만, 수심이 깊은 동해는 대부분 물에 잠겨져 있었기 때문에 (가) 독도는 최종 빙기에도 섬이었다.

2 하천의 상류와 하류 비교 정답 ① 정답률 47%

지점	(가) 하류	(나) 상류
다리		
다리의 특징	○○ 대교는 길이 약 1,596m, 최대 폭 약 30m의 콘크리트 다리이다. 왕복 6차선 도로와 도보 통행로가 있다. (하폭이 넓음)	△△교는 길이 약 387m, 폭 약 3.6m의 목조 다리이다. 야경을 즐기며 산책하기 좋은 다리로 유명하다. (하폭이 좁음)

① A ② B ③ C ④ D ⑤ E

|자|료|해|설|
하천 상류와 하류의 특성을 비교하는 문항이다.

|선|택|지|풀|이|
① 정답 |
자료에서 (가)는 (나)보다 다리의 길이가 긴 것을 통해 (가)는 하폭이 넓은 하천 하류에 위치한 지점, (나)는 하폭이 좁은 하천 상류에 위치한 지점임을 알 수 있다. 하천은 상류에서 하류로 갈수록 유량이 많아지고 하천의 폭이 넓어진다.
하천은 상류에서 하류로 갈수록 여러 지류가 합쳐져 하나의 큰 본류를 이룬 후 바다로 빠져나간다. 따라서 지도의 위 지점이 하천 상류, 아래 지점이 하천 하류이다. 하천의 상류에 위치한 (나) 지점은 하천의 하류에 위치한 (가) 지점보다 퇴적물의 평균 입자 크기가 크고, 하천의 평균 유량은 적으며, 하상의 해발 고도는 높다. 따라서 그림의 A이다.

3 수도권 + 강원 지방 정답 ③ 정답률 46%

① 슬로 시티로 지정된 마을이 있습니다. → 전주, 상주, 제천 등
② 수도권 1기 신도시가 조성되어 있습니다. → 고양, 성남, 부천, 안양, 군포
③ 우리나라 최초의 조력 발전소가 있습니다. → 시화호 조력 발전소
④ 동계 올림픽이 개최되었던 경기장이 있습니다. → 강릉
⑤ 기업 도시와 혁신 도시가 모두 조성되어 있습니다. → 원주

|자|료|해|설|
<도시 알아보기>에 제시된 특징에 해당하는 도시 이름을 칠판에서 떼어 내고 남은 글자로 만들 수 있는 도시의 특징을 찾는 문항이다.
□□시는 강원특별자치도의 도청 소재지이며, 막국수 · 닭갈비 축제 등이 개최되는 춘천이다. △△시는 과거 석탄 산업으로 성장하였으나 석탄 산업 합리화 정책으로 석탄 생산량이 감소하였으며, 석회 동굴인 용연동굴, 폐탄광을 활용한 석탄 박물관 등의 관광지가 있는 태백이다. ○○시는 경기도 도청 소재지이며, 화성이 세계 문화유산으로 등재된 수원이다. 칠판에서 춘천, 태백, 수원을 떼고 남은 글자로 만들 수 있는 도시 이름은 '안산'이다.

|선|택|지|풀|이|
① 오답 | 슬로 시티로 지정된 마을이 있는 도시는 전주, 상주, 제천, 김해, 목포, 춘천 등이다.
② 오답 | 수도권 1기 신도시가 조성되어 있는 도시는 고양(일산), 성남(분당), 부천(중동), 안양(평촌), 군포(산본)이다.
③ 정답 | 안산에는 우리나라 최초의 조력 발전소인 시화호 조력 발전소가 있다.
④ 오답 | 동계 올림픽이 개최되었던 경기장이 있는 도시는 강릉이다.
⑤ 오답 | 기업 도시와 혁신 도시가 모두 조성되어 있는 도시는 원주이다.

4 계절에 따른 기후 특성 정답 ⑤ 정답률 76%

보기
ㄱ. (가)에는 서고동저형(→남고북저형)의 기압 배치가 자주 나타난다.
ㄴ. (나)(→(가))에는 강한 일사에 의한 대류성 강수(→소나기)가 자주 발생한다.
ㄷ. (가)는 (나)보다 하루 중 낮 길이가 길다.
ㄹ. (나)는 (가)보다 남북 간의 기온 차이가 크다.

① ㄱ, ㄴ ② ㄱ, ㄷ ③ ㄴ, ㄷ ④ ㄴ, ㄹ ⑤ ㄷ, ㄹ

|자|료|해|설|
(가), (나) 시기를 구분하여 여름과 겨울의 기후 특성을 비교하는 문항이다. (가)는 '하지, 소서, 대서' 등을 통해 여름, (나)는 '입동, 소설, 대설, 동지' 등을 통해 겨울임을 알 수 있다.

|보|기|풀|이|
ㄱ 오답 | (가) 여름은 해양성 기단인 북태평양 기단의 영향을 받아 남고북저형의 기압 배치가 자주 나타난다. 서고동저형의 기압 배치는 대륙성 기단인 시베리아 기단의 영향을 받는 (나) 겨울에 자주 나타난다.
ㄴ 오답 | 강한 일사에 의해 지표면이 가열되어 발생하는 대류성 강수는 (가) 여름에 자주 발생한다. 소나기가 대류성 강수에 해당한다.
ㄷ 정답 | (가) 여름은 (나) 겨울보다 하루 중 낮 길이가 길다.
ㄹ 정답 | (나) 겨울은 (가) 여름보다 남북 간의 기온 차이가 크다. 우리나라는 대륙의 영향을 많이 받아 여름보다 겨울에 지역 간 기온 차이가 크게 나타난다.

5 제주특별자치도 정답 ② 정답률 57%

① A는 화구의 함몰로 형성된 칼데라(→화구에 물이 고여 형성된 화구호)이다.
② B는 '오름' 등으로 불린다.
③ C에는 붉은색(→검은색)의 석회암(→현무암) 풍화토가 넓게 분포한다.
④ D는 주로 조류(→파랑과 연안류)의 퇴적 작용으로 형성된다.
⑤ E는 시간이 지남에 따라 바다(→육지) 쪽으로 성장(→후퇴)한다.

|자|료|해|설|
제주도의 화산 지형 및 해안 지형의 형성 원인, 특성을 파악하는 문항이다. A는 화구호, B는 기생 화산, C는 한라산 산록부의 순상 화산체, D는 육계사주, E는 해식애이다.

|선|택|지|풀|이|
① 오답 | A는 한라산 백록담으로 화구에 물이 고여 형성된 화구호이다. 화구의 함몰로 형성된 칼데라에는 백두산 천지, 울릉도 나리 분지가 있다.
② 정답 | B는 소규모 용암 분출이나 화산 쇄설물에 의해 형성된 작은 화산인 기생 화산이다. 기생 화산은 제주도에서 '오름', '악' 등으로 불린다.
③ 오답 | C는 한라산 산록부의 경사가 완만한 순상 화산체로 기반암이 현무암으로 이루어져 검은색의 현무암 풍화토가 넓게 분포한다. 붉은색의 석회암 풍화토는 카르스트 지형이 발달한 곳에 분포한다.
④ 오답 | D는 사주로 주로 파랑과 연안류의 퇴적 작용으로 형성된 좁고 긴 모래 지형이다. 주로 조류의 퇴적 작용으로 형성되는 지형은 갯벌이다.
⑤ 오답 | E는 파랑의 침식 작용으로 형성된 급경사의 해안 절벽인 해식애이다. 해식애는 시간이 지남에 따라 파랑의 침식 작용이 계속되면서 육지 쪽으로 후퇴한다.

문제편 13~14쪽

6 자연재해 종합

정답 ③ 정답률 82%

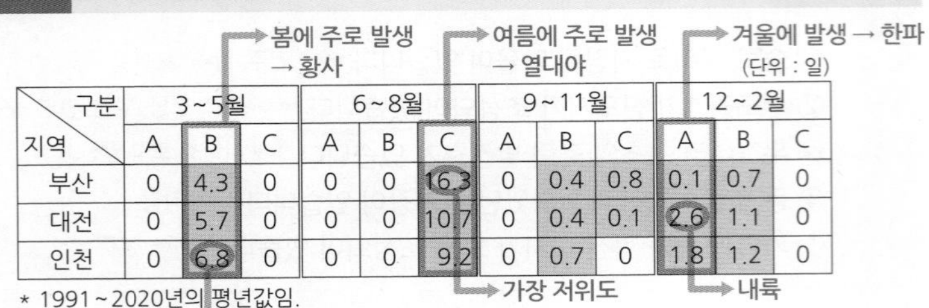

(단위 : 일)

지역＼구분	3~5월 A	3~5월 B	3~5월 C	6~8월 A	6~8월 B	6~8월 C	9~11월 A	9~11월 B	9~11월 C	12~2월 A	12~2월 B	12~2월 C
부산	0	4.3	0	0	0	16.3	0	0.4	0.8	0.1	0.7	0
대전	0	5.7	0	0	0	10.7	0	0.4	0.1	2.6	1.1	0
인천	0	6.8	0	0	0	9.2	0	0.7	0	1.8	1.2	0

* 1991~2020년의 평년값임.

① A는 주로 북태평양 기단의 영향에 의해 발생한다.
② B는 수도관 계량기 동파 등의 피해를 발생시킨다.
③ A는 C보다 난방용 에너지 소비량의 급증을 유발한다.
④ C는 B보다 호흡기 및 안과 질환을 많이 일으킨다.
⑤ 인천은 대전보다 한파 일수가 많다. (적다)

|자|료|해|설|

세 도시의 시기별 기상 현상 발생 일수를 통해 A~C가 열대야, 한파, 황사 중 어느 자연재해인지 특성을 파악하는 문항이다.

|선|택|지|풀|이|

A는 12~2월에 발생하고 내륙인 대전의 발생 일수가 가장 많으므로 한파이다. B는 3~5월에 주로 발생하고 서해안에 위치한 인천의 발생 일수가 가장 많으므로 황사이다. 황사는 발원지와 가까운 서쪽 지역에서 발생 일수가 많다. C는 6~8월에 주로 발생하는 열대야로, 대전, 인천보다 저위도 지역인 부산에서 발생 일수가 많다.

① 오답 | 주로 북태평양 기단의 영향에 의해 발생하는 기상 현상은 C 열대야이다. A 한파는 시베리아 기단이 한반도에 강하게 영향을 미칠 때 주로 발생한다.

② 오답 | 수도관 계량기 동파 등의 피해를 발생시키는 기상 현상은 A 한파이다. B 황사는 호흡기 및 안과 질환, 항공기 결항, 정밀 기계 및 전자 기기 고장 등의 피해를 유발할 수 있다.

③ 정답 | A 한파는 C 열대야보다 난방용 에너지 소비량의 급증을 유발한다.

④ 오답 | B 황사가 C 열대야보다 호흡기 및 안과 질환을 많이 일으킨다. 열대야는 열사병 발생 위험과 냉방용 전력 소비량 급증을 유발한다.

⑤ 오답 | 인천의 한파 일수는 1.8일, 대전의 한파 일수는 2.6일이다. 따라서 인천은 대전보다 A 한파 일수가 적다.

7 도시 체계

정답 ③ 정답률 78%

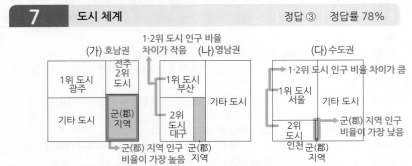

(가) 호남권: 1위 도시 광주, 전주 2위 도시, 기타 도시, 군(郡) 지역
(나) 영남권: 1위 도시 부산, 2위 도시 대구, 기타 도시, 군(郡)
(다) 수도권: 1위 도시 서울, 2위 도시 인천, 기타 도시, 군(郡) 지역

1·2위 도시 인구 비율 차이가 작음 / 1·2위 도시 인구 비율 차이가 큼 / 군(郡) 지역 인구 비율이 가장 높음 / 군(郡) 지역 인구 비율이 가장 낮음

* 해당 권역 총인구에서 지역별 인구가 차지하는 비율을 면적 크기로 나타낸 것임.
** 기타 도시는 인구 규모 1, 2위 도시를 제외한 도시임. (2022)

① (다)는 광역시가 3개이다. ((나))
② (가)의 1위 도시(광주)는 (다)의 1위 도시(서울)보다 인구가 많다. (적다)
③ (나)는 (가)보다 지역 내 총생산이 많다.
④ (가)는 영남권, (나)는 수도권, (다)는 호남권이다. (호남권, 영남권, 수도권)
⑤ (가)~(다) 중 (나)의 총인구가 가장 많다. ((다))

|자|료|해|설|

인구 규모에 따른 도시 및 군(郡) 지역 인구 비율을 보고 (가)~(다) 권역을 찾아 그 특성을 파악하는 문항이다.

|선|택|지|풀|이|

(가)는 세 권역 중 군(郡) 지역 인구 비율이 가장 높으므로 촌락의 비율이 높은 호남권이다. (나)와 (다)는 수도권과 영남권 중 하나인데, (다)는 1위 도시(서울)와 2위 도시(인천)의 인구 비율 차이가 크고, 군(郡) 지역 인구 비율이 가장 낮은 것으로 보아 도시화율이 가장 높은 수도권이다. 나머지 (나)는 영남권이다. 영남권은 1위 도시(부산)와 2위 도시(대구)의 인구 비율 차이가 작다.

① 오답 | (다) 수도권은 광역시가 인천 1개이다. (가) 호남권은 광역시가 광주 1개, (나) 영남권은 광역시가 부산, 대구, 울산 3개이다.

② 오답 | (가) 호남권의 인구 규모 1위 도시인 광주는 (다) 수도권의 인구 규모 1위 도시인 서울보다 인구가 적다. 서울은 우리나라에서 인구가 가장 많은 최상위 계층 도시이다.

③ 정답 | (나) 영남권은 (가) 호남권보다 인구가 많고 산업이 발달하여 지역 내 총생산이 많다. 지역 내 총생산은 (다) 수도권 > (나) 영남권 > (가) 호남권 순으로 많다.

④ 오답 | (가)는 호남권, (나)는 영남권, (다)는 수도권이다.

⑤ 오답 | (가)~(다) 중 총인구는 (다) 수도권이 가장 많다. 총인구는 (다) 수도권 > (나) 영남권 > (가) 호남권 순으로 많다.

8 여행기 및 지역 특색 추론

정답 ⑤ 정답률 54%

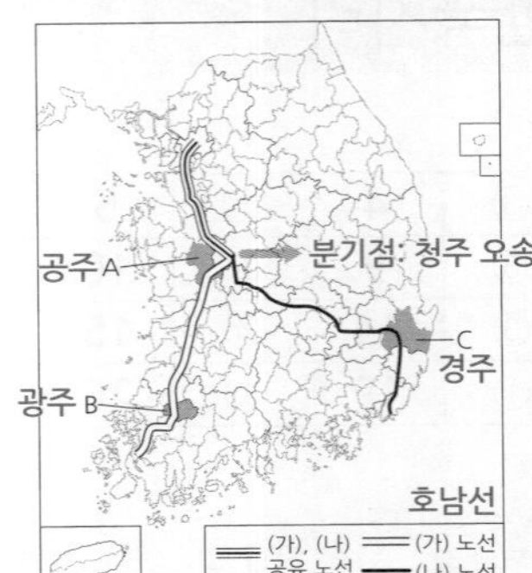

① (가)는 (나)보다 일평균 이용객 수가 많다. ((나), (가))
② (가)와 (나)의 분기역은 평택에 있다. (청주)
③ A는 도(道) 이름의 유래가 된 지역이다. (C)
④ B에는 원자력 발전소가 있다. (C)
⑤ C에는 세계 문화유산에 등재된 역사 마을이 있다. (경주 양동 마을, 안동 하회 마을)

|자|료|해|설|

(가) 고속 철도는 서울에서 목포까지 운행하며 공주(A)와 광주(B)를 지나는 호남선, (나) 고속 철도는 서울에서 부산까지 운행하며 경주(C)를 지나는 경부선이다.

|선|택|지|풀|이|

① 오답 | 호남권보다 인구가 많은 영남권을 지나는 (나)는 (가)보다 일평균 이용객 수가 많다.

② 오답 | (가)와 (나)의 분기역은 충청북도 청주 오송에 있다.

③ 오답 | 도(道) 이름의 유래가 된 지역은 '경상도' 지명의 유래가 된 C 경주이다. '충청도' 지명의 유래가 된 지역은 충주와 청주이다.

④ 오답 | 원자력 발전소는 C 경주에 있다. 우리나라에서 원자력 발전소는 경북 울진과 경주, 울산, 부산, 전남 영광에 있다.

⑤ 정답 | C 경주에는 세계 문화유산에 등재된 역사 마을인 양동 마을이 있다.

9 신·재생 에너지

정답 ② 정답률 50%

보기

ㄱ. (다)는 겨울보다 여름에 발전량이 많다.
ㄴ. (가)는 (다)보다 상용화된 시기가 이르다. (늦다)
ㄷ. (나)는 (가)보다 발전 시 소음이 많이 발생한다.
ㄹ. 충청권의 재생 에너지 생산량은 태양광보다 수력이 많다. (적다)

① ㄱ, ㄴ ② ㄱ, ㄷ ③ ㄴ, ㄷ ④ ㄴ, ㄹ ⑤ ㄷ, ㄹ

|자|료|해|설|

재생 에너지의 권역별 생산 현황 그래프를 보고 (가)~(다)가 수력, 태양광, 풍력 중 어느 에너지인지 찾아 그 특성을 비교하는 문항이다.

|보|기|풀|이|

(가)는 총생산량이 월등히 많고 호남권의 생산 비율이 높으므로 태양광이다. 태양광은 전남, 전북 등 일사량이 풍부한 지역에서 생산 비율이 높다. (나)는 영남권, 강원권에서 생산 비율이 높으므로 풍력이다. 풍력은 강원, 경북 등 바람이 많이 부는 산지나 해안 지역에서 발전이 활발하다. (다)는 한강 유역의 충청권(충북), 강원권(강원), 수도권(경기)에서 주로 생산되므로 수력이다.

ㄱ 정답 | (다) 수력은 겨울보다 강수량이 많은 여름에 발전량이 많다.

ㄴ 오답 | (다) 수력이 (가) 태양광보다 상용화된 시기가 이르다. 우리나라에서 수력은 20세기 초부터 전력 생산에 이용되어 재생 에너지 중 상용화된 시기가 가장 이르다.

ㄷ 정답 | (나) 풍력은 발전기 날개가 회전할 때 소음이 발생하므로 (가) 태양광보다 발전 시 소음이 많이 발생한다.

ㄹ 오답 | (가), (다) 재생 에너지의 권역별 생산에서 충청권이 차지하는 비율은 (다)가 약간 높지만, 총생산량은 (가)가 (다)보다 8배 이상 많다. 따라서 충청권의 재생 에너지 생산량은 (다) 수력보다 (가) 태양광이 많다.

10 도시 내부 구조

정답 ① 정답률 57%

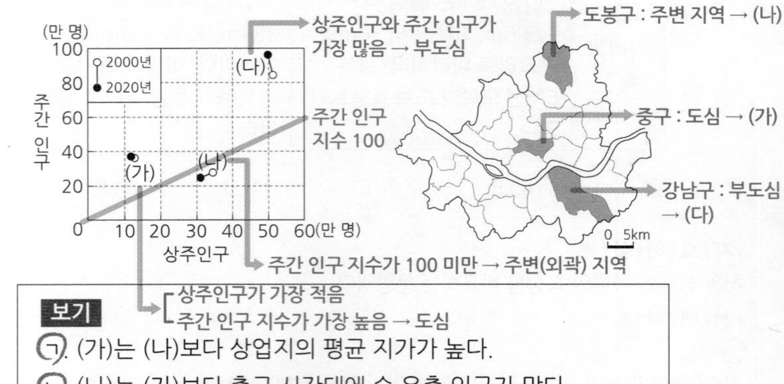

상주인구가 가장 적음, 주간 인구 지수가 가장 높음 → 도심

보기

ㄱ. (가)는 (나)보다 상업지의 평균 지가가 높다.
ㄴ. (나)는 (가)보다 출근 시간대에 순 유출 인구가 많다.
ㄷ. (다)는 (가)보다 시가지의 형성 시기가 이르다. ((가), (다))
ㄹ. (나), (다)는 모두 2000년보다 2020년에 주간 인구 지수가 낮다. ((가), (다)) (주간 인구 증가, 상주인구 감소 → 주간 인구 지수 상승)

① ㄱ, ㄴ ② ㄱ, ㄷ ③ ㄴ, ㄷ ④ ㄴ, ㄹ ⑤ ㄷ, ㄹ

문제편 14쪽

|자|료|해|설|
(가)는 주간 인구 지수가 가장 높고 상주인구가 가장 적은 것으로 보아 상업 · 업무 기능이 발달한 도심이 위치한 중구이다. (나)는 주간 인구 지수가 100 미만인 것으로 보아 주거 기능이 발달한 주변 지역에 해당하는 도봉구이다. (다)는 상주인구와 주간 인구가 가장 많은 것으로 보아 상업 · 업무 기능과 주거 기능이 함께 발달한 부도심이 위치한 강남구이다. 강남구는 상업 · 업무 기능뿐만 아니라 주거 기능도 발달하여 상주인구가 많다는 것이 특징이다.

|보|기|풀|이|
ㄱ 정답 | 상업지의 평균 지가는 도심이 위치하여 접근성이 좋은 (가) 중구가 주변 지역인 (나) 도봉구보다 높다.
ㄴ 정답 | 출근 시간대에 순 유출 인구는 주변 지역인 (나) 도봉구가 도심이 위치한 (가) 중구보다 많다.
ㄷ 오답 | 시가지의 형성 시기는 도심이 위치한 (가) 중구가 부도심이 위치한 (다) 강남구보다 이르다.
ㄹ 오답 | (다) 강남구는 2000년보다 2020년에 상주인구는 감소하고 주간 인구는 증가하였으므로 주간 인구 지수가 높아졌다.

11 인구 구조 정답 ① 정답률 70%

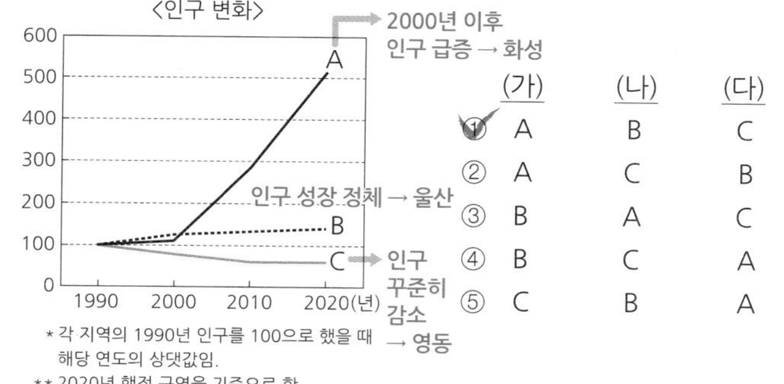

	(가)	(나)	(다)
①	A	B	C
②	A	C	B
③	B	A	C
④	B	C	A
⑤	C	B	A

|자|료|해|설|
연령층별 인구 비율과 인구 변화를 나타낸 그래프의 (가)~(다), A~C 지역을 지도에서 찾아 연결하는 문항이다. 지도에 표시된 세 지역은 화성, 영동, 울산이다.

|선|택|지|풀|이|
① 정답 |
(가) - A : (가)는 (나)보다 15세 미만 인구 비율이 높으므로 최근 제조업 발달과 신도시 조성으로 청장년층 인구가 많이 유입되면서 유소년층 인구 비율도 높은 화성이다. 화성은 수도권 2기 신도시의 조성에 따라 2000년 이후 인구가 크게 증가한 그래프의 A에 해당한다.
(나) - B : (나)는 1970년대 중화학 공업 정책에 따라 성장한 우리나라의 대표적인 공업 도시인 울산으로, 청장년층 인구 비율은 화성과 비슷한 수준이지만 도시의 역사가 오래되어 상대적으로 노년층 인구의 비율이 높게 나타난다. 울산은 공업 발달로 1970~80년대에 인구가 크게 증가하였으나 1990년대 이후에는 인구 증가가 뚜렷하지 않은 그래프의 B에 해당한다.
(다) - C : (다)는 세 지역 중 65세 이상 인구 비율이 가장 높으므로 촌락인 영동이다. 영동은 1990년 이후 인구가 감소한 그래프의 C에 해당한다.

12 지역 조사 정답 ③ 정답률 82%

① ㉠은 ~~영동~~ 호남 지방에 속한다.
② ㉢은 '~~인심(人心)~~ 생리(生利)'이다.
③ ㉤에는 '경지율이 감소함'이 들어갈 수 있다.
④ ㉡과 ㉣은 주로 ~~야외~~ 실내 조사 단계에서 이용된다.
⑤ ㉣은 ㉡보다 지리 정보 수집에 도입된 시기가 ~~이르다~~ 늦다.

|자|료|해|설|
지역 조사 과정을 나타낸 자료를 보고 선지 내용의 옳고 그름을 판단하는 문항이다.

|선|택|지|풀|이|
① 오답 | ㉠은 '노령 아래의, 영산강에 닿아, 광주와 아울러, 혁신 도시 조성' 등을 통해 나주임을 알 수 있다. 나주는 호남 지방에 속한다.
② 오답 | ㉢은 택리지의 '강과 바다를 통해 물자를 실어 나르는 이로움이 있어서'를 통해 가거지의 조건 중 생리(生利)임을 알 수 있다. 생리(生利)는 땅이 비옥하거나 물자 교류가 편리하여 경제적으로 유리한 곳을 의미한다. 인심(人心)은 당쟁이 없으며 이웃의 인심이 온순하고 순박한 곳을 의미한다.
③ 정답 | 위성 사진에 나타난 토지 이용 변화 모습을 살펴보면, 2008년에는 농경지가 대부분이었으나 2021년에는 아파트 단지 등 건물이 들어서고 교통망이 확충되었음을 알 수 있다. 따라서 ㉤에는 '경지율이 감소함'이 들어갈 수 있다.
④ 오답 | ㉡ 문헌 분석과 ㉣ 위성 사진 분석은 주로 실내 조사 단계에서 이용된다. 야외 조사 단계에서는 관찰, 측정, 면담, 설문, 촬영 등으로 지리 정보를 수집한다.
⑤ 오답 | ㉣ 위성 사진 분석은 ㉡ 문헌 분석보다 지리 정보 수집에 도입된 시기가 늦다. 인공위성 영상, 항공 사진 촬영 등의 원격 탐사는 첨단 기술이 적용된 지리 정보 수집 방법으로 전통적인 지리 정보 수집 방법인 문헌 조사보다 도입된 시기가 늦다.

13 충청 지방 + 호남 지방 정답 ③ 정답률 58%

→ 논산

조선 시대 이 지역의 중심지였던 강경은 금강을 활용한 내륙 수운의 요충지로 가장 번성했던 시장 중 하나였다. 현재 이 지역은 특산물인 딸기를 활용한 '먹보딸기'와 국방 도시로서의 강인함을 표현한 '육군병장'을 주요 캐릭터로 활용하여 지역의 이미지를 나타내고 있다.

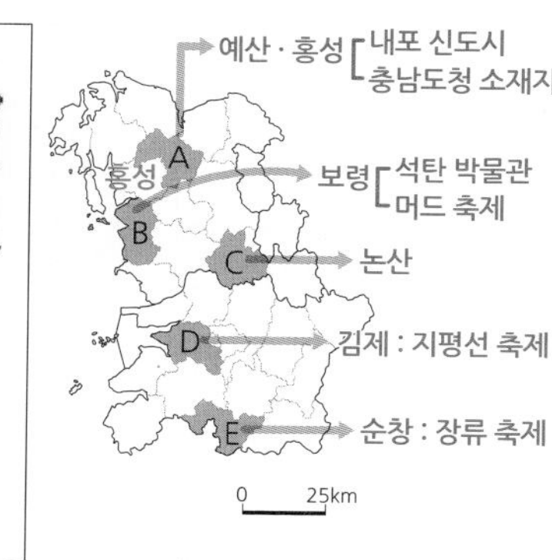

① A ② B ③ C ④ D ⑤ E

|자|료|해|설|
자료에서 설명하는 지역을 지도의 A~E에서 고르는 문항이다.

|선|택|지|풀|이|
① 오답 | A는 충남 예산이다. 예산과 홍성의 경계에 조성된 내포 신도시에는 충청남도 도청이 이전해 왔다. 또한 예산 · 홍성은 2020년에 혁신 도시로 지정되었다.
② 오답 | B는 충남 보령이다. 보령은 과거 석탄 산업이 발달했던 곳으로, 현재 폐광 시설을 활용한 석탄 박물관이 관광지로 이용되고 있으며, 갯벌이 넓게 발달하여 여름철에 머드 축제가 개최된다.
③ 정답 | C는 충남 논산이다. 논산의 중심지였던 강경은 과거 금강을 활용한 내륙 수운의 요충지였다. 또한 지역 특산물로 딸기가 유명하며, 육군 훈련소가 있다.
④ 오답 | D는 전북 김제이다. 김제는 넓은 평야와 벼농사를 소재로 한 지평선 축제가 개최되며, 쌀 생산으로 유명하다.
⑤ 오답 | E는 전북 순창이다. 순창은 고추장으로 유명하여 장류 축제가 개최되고, 이곳에서 생산된 고추장은 지리적 표시제로 등록되었다.

14 지역 개발 정답 ④ 정답률 67%

보기
ㄱ. ㉠의 사례로 세종특별자치시의 출범이 있다.
ㄴ. 독도는 행정 구역상 ㉡에 속한다.
ㄷ. ㉢은 군위군과 통합된 이후 노년층 인구 비율이 증가하였다.
ㄹ. ㉣은 ~~성장 거점~~ 균형 개발 방식의 주요 특징이다.

① ㄱ, ㄴ ② ㄴ, ㄹ ③ ㄷ, ㄹ
④ ㄱ, ㄴ, ㄷ ⑤ ㄱ, ㄷ, ㄹ

|자|료|해|설|
행정 구역 개편을 사례로 우리나라 지역 개발의 주요 특징을 파악하는 문항이다.

|보|기|풀|이|
ㄱ 정답 | 세종특별자치시의 출범은 새로운 행정 구역의 설치 사례이다. 세종특별자치시는 2000년대 이후에 국토의 균형 발전을 위한 정책으로 건설된 행정 중심 복합 도시이다.
ㄴ 정답 | 독도는 행정 구역상 경상북도 울릉군이다.
ㄷ 정답 | 대구광역시는 노년층 인구 비율이 높은 군위군과 통합 이후 노년층 인구 비율이 증가하였다.
ㄹ 오답 | 지역 개발이 지방 자치 단체 간 합의에 의해 추진되는 것은 균형 개발 방식의 주요 특징이다. 성장 거점 개발 방식은 중앙 정부의 주도로 추진된다.

15 북한의 개방 지역 및 여러 지역의 비교 정답 ⑤ 정답률 47%

① 갑 ② 을 ③ 병 ④ 정 ⑤ 무

|자|료|해|설|
북한 지도에 표시된 A~E 지역에 대한 옳은 설명에만 ○ 표시한 학생을 고르는 문항이다. 지도의 A는 신의주, B는 나선, C는 남포, D는 금강산, E는 개성이다.

|선|택|지|풀|이|
⑤ 정답 |
A 신의주에는 경의선 철도의 종착역이 있다. 경의선은 서울~신의주, 경원선은 서울~원산을 연결한다.
C 남포에는 서해 갑문이 있다. 남포는 북한 최대의 도시인 평양의 외항으로, 대동강 하구에 서해 갑문이 설치된 이후 평양의 외항 기능이 강화되었다.
따라서 옳은 내용에만 ○ 표시한 학생은 '무'이다.
오답 |
북한 최초의 경제 특구는 나선 경제 특구로 B 나선에 있다. 나선 경제 특구는 유엔 개발 계획(UNDP)의 지원을 계기로 1991년 북한 최초의 경제 특구로 지정되었다. E 개성에는 남한 기업을 유치할 목적으로 조성된 개성 공업 지구가 있다.
B 나선은 관북 지방에 속하고, D 금강산은 관동 지방에 속한다.

● 문제편 15쪽

16 대도시권

정답 ① 정답률 52%

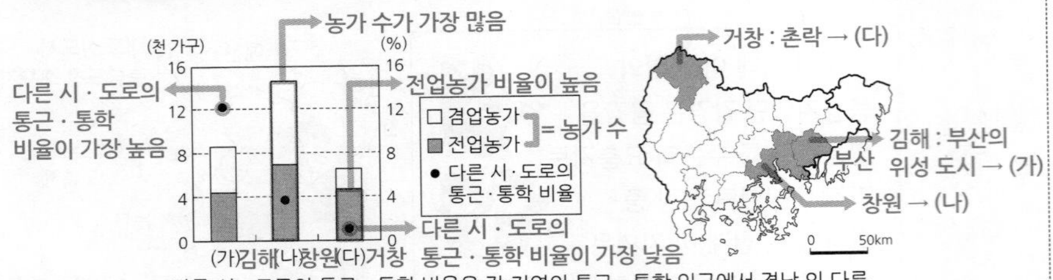

* 다른 시 · 도로의 통근 · 통학 비율은 각 지역의 통근 · 통학 인구에서 경남 외 다른 시 · 도로 통근 · 통학하는 인구가 차지하는 비율임. (2020)

① (가)는 (다)보다 지역 내 주택 유형 중 아파트 비율이 높다.
② (다)는 (가)보다 부산으로 연결되는 버스 운행 횟수가 많다.
③ (다)는 (나)보다 제조업 출하액이 많다.
④ (가)는 군(郡), (나)와 (다)는 시(市)이다.
⑤ (가)~(다) 중 지역 내 1차 산업 취업자 비율은 (나)가 가장 높다.

|자|료|해|설|

농가 수, 다른 시 · 도로의 통근 · 통학 비율을 나타낸 그래프를 보고 (가)~(다)가 거창, 김해, 창원 중 어느 지역인지를 찾아 특성을 비교하는 문항이다.
(가)는 다른 시 · 도로의 통근 · 통학 비율이 높으므로 부산의 위성 도시인 김해이고, (다)는 다른 시 · 도로의 통근 · 통학 비율이 낮고 지역 내 전업농가 비율이 높으므로 대도시로부터 거리가 먼 촌락인 거창이다. 나머지 (나)는 창원이다. 창원은 인구 100만 명 이상으로 인구가 많아 전체 농가 수가 가장 많다.

|선|택|지|풀|이|

① 정답 | 부산의 위성 도시인 (가) 김해는 촌락인 (다) 거창보다 지역 내 주택 유형 중 아파트 비율이 높다.
② 오답 | 부산으로 연결되는 버스 운행 횟수는 부산에 접해 있으면서 인구 규모도 큰 (가) 김해가 부산과 거리가 먼 촌락인 (다) 거창보다 많다.
③ 오답 | 제조업 출하액은 기계 공업이 발달한 (나) 창원이 (다) 거창보다 많다.
④ 오답 | (다) 거창은 군(郡), (가) 김해와 (나) 창원은 시(市)이다.
⑤ 오답 | (가)~(다) 중 지역 내 1차 산업 취업자 비율은 촌락인 (다) 거창이 가장 높다.

17 암석 분포

정답 ④ 정답률 52%

① (가)는 주로 호수에서 퇴적된 육성층에 분포한다.
② (나)는 마그마가 관입하여 형성되었다.
③ (다)는 주로 시멘트 공업의 원료로 이용된다.
④ (가)는 (나)보다 형성 시기가 이르다.
⑤ (가), (다)는 모두 퇴적암에 해당한다.

|자|료|해|설|

자료의 사진을 보고 (가)~(다)가 석회암, 중생대 퇴적암, 화강암 중 어느 암석인지를 찾은 다음 특징을 비교하는 문항이다. (가)는 단양 도담삼봉의 기반암을 이루는 석회암, (나)는 고성 공룡 발자국 화석이 분포하는 중생대 퇴적암, (다)는 속초 설악산(울산 바위)의 기반암을 이루는 화강암이다.

|선|택|지|풀|이|

① 오답 | (가) 석회암은 대부분 고생대 초기 얕은 바다에서 퇴적되어 형성된 암석으로 해성층인 조선 누층군에 분포한다. (나) 중생대 퇴적암은 주로 호수에서 퇴적된 육성층인 경상 누층군에 분포한다.
② 오답 | 마그마가 관입한 후 지하에서 굳어져 형성된 암석은 (다) 화강암이다.
③ 오답 | 주로 시멘트 공업의 원료로 이용되는 암석은 (가) 석회암이다.
④ 정답 | 고생대 초기에 형성된 (가) 석회암은 (나) 중생대 퇴적암보다 형성 시기가 이르다.
⑤ 오답 | (가) 석회암은 퇴적암에, (다) 화강암은 화성암에 속한다. 화성암은 마그마가 식어서 형성된 암석으로 화산암(현무암)과 심성암(화강암)이 모두 화성암에 속한다.

18 농업 자료 분석

정답 ① 정답률 67%

보기
ㄱ. (가)는 주로 논보다 밭에서 재배된다.
ㄴ. (나)는 쌀, (다)는 과실이다.
ㄷ. 과실의 1인당 소비량은 1990년이 2020년보다 많다.
ㄹ. 쌀의 권역별 생산량 비율이 가장 높은 곳은 영남권이다.

① ㄱ, ㄴ ② ㄱ, ㄷ ③ ㄴ, ㄷ ④ ㄴ, ㄹ ⑤ ㄷ, ㄹ

|자|료|해|설|

1인당 소비량 변화와 권역별 생산량 비율 그래프를 통해 (가)~(다) 작물의 특성과 우리나라의 농업 현황을 파악하는 문항이다.

|보|기|풀|이|

ㄱ 정답 | (가)는 1인당 소비량이 가장 많고, 강원권의 생산량 비율이 상대적으로 높으므로 채소이다. 강원은 산지의 비율이 높고 고랭지 농업이 발달하여 다른 작물에 비해 채소 생산량이 많다. (가) 채소는 주로 밭에서 재배된다.
ㄴ 정답 | (나)는 1인당 소비량이 크게 감소하였으며, 호남권, 충청권에서 생산량 비율이 높으므로 쌀이다. 쌀은 평야가 발달한 전남, 충남, 전북에서 생산량이 많고, 제주는 기반암의 특성상 지표수가 부족하여 생산량이 극히 적다. (다)는 영남권과 제주권의 생산량 비율이 높으므로 과실이다. 과실은 일조량이 풍부한 경북과 감귤을 주로 재배하는 제주에서 생산량이 많다.
ㄷ 오답 | <1인당 소비량 변화> 그래프를 보면 (다) 과실의 1인당 소비량은 1990년이 2020년보다 적다.
ㄹ 오답 | (나) 쌀의 권역별 생산량 비율이 가장 높은 곳은 호남권이다. 영남권의 생산량 비율이 가장 높은 작물은 (다) 과실이다.

19 다문화 공간

정답 ② 정답률 57%

보기
ㄱ. (나)는 (다)보다 노령화 지수가 높다.
ㄴ. (다)는 (가)보다 지역 내 농가 인구 비율이 높다.
ㄷ. (가)와 (나)는 행정 구역의 경계가 접해 있다.
ㄹ. 전남은 경남보다 결혼 이민자가 많다.

노령화 지수 = $\frac{\text{노년층 인구}}{\text{유소년층 인구}} \times 100$

① ㄱ, ㄴ ② ㄱ, ㄷ ③ ㄴ, ㄷ ④ ㄴ, ㄹ ⑤ ㄷ, ㄹ

|자|료|해|설|

유형별 외국인 주민 수를 나타낸 그래프의 (가)~(다) 지역을 지도에서 찾아 비교하는 문항이다. 지도에 표시된 지역은 대전, 전남, 경남이다. (다)는 상대적으로 외국인 주민 중 유학생의 비율이 높으므로 대학교와 연구 시설이 위치한 대도시인 대전이다. (가)는 전체 외국인 주민의 수가 가장 많고 외국인 주민 중 외국인 근로자가 많으므로, 인구 규모가 크고 제조업이 발달한 경남이다. 나머지 (나)는 전남이다.

|보|기|풀|이|

ㄱ 정답 | 촌락의 비율이 높은 (나) 전남은 대도시인 (다) 대전보다 노년층 인구 비율이 높고 유소년층 인구 비율이 낮으므로 노령화 지수가 높다.
ㄴ 오답 | 지역 내 농가 인구 비율은 도(道) 지역인 (가) 경남이 대도시인 (다) 대전보다 높다.
ㄷ 정답 | (가) 경남과 (나) 전남은 행정 구역의 경계가 접해 있다.
ㄹ 오답 | 그래프를 통해 결혼 이민자는 (가) 경남이 (나) 전남보다 많음을 알 수 있다.

20 주요 공업의 분포

정답 ④ 정답률 50%

<(가)~(다)의 시 · 도별 출하액 비율>

업종	출하액 비율
자동차 및 트레일러 (가)	경기, 울산, A충남, 기타
섬유 제품(의복 제외) (나)	경기, B경북, 대구, 기타
전자 부품 · 컴퓨터 · 영상 · 음향 및 통신 장비 (다)	경기, A충남, B경북, 기타

(0, 20, 40, 60, 80, 100(%))
경기가 전국 출하액에서 절반 이상을 차지함

* 종사자 규모 10인 이상 사업체를 대상으로 함.
** 출하액 상위 3개 시 · 도만 표시함. (2021)

① (나)는 최종 제품 생산에 많은 부품이 필요한 종합 조립 공업이다.
② (가)는 (나)보다 우리나라 공업화를 주도한 시기가 이르다.
③ (다)는 (가)보다 대체로 최종 제품이 무겁고 부피가 크다.
④ A는 충남, B는 경북이다.
⑤ B는 (나) 출하액이 (다) 출하액보다 많다.

|자|료|해|설|

세 제조업의 출하액 상위 3개 시 · 도의 출하액 비율을 나타낸 그래프를 보고 (가)~(다)가 어떤 제조업인지 찾고 그 특성을 파악하는 문항이다.

|선|택|지|풀|이|

(가)는 경기(화성)와 울산의 출하액이 많으므로 자동차 및 트레일러 제조업이고, A는 충남(아산)이다. (나)는 경기와 대구의 출하액이 많으므로 섬유 제품(의복 제외) 제조업이고, B는 경북이다. (다)는 경기가 전국 출하액의 절반 이상을 차지하고, A 충남(아산), B 경북(구미)의 출하액도 많으므로 전자 부품 · 컴퓨터 · 영상 · 음향 및 통신 장비 제조업이다.
① 오답 | 최종 제품 생산에 많은 부품이 필요한 종합 조립 공업은 (가) 자동차 및 트레일러 제조업이다. (나) 섬유 제품(의복 제외) 제조업은 생산비에서 노동비가 차지하는 비율이 높은 공업이다.
② 오답 | 우리나라 공업화를 주도한 시기는 (나) 섬유 제품(의복 제외) 제조업이 (가) 자동차 및 트레일러 제조업보다 이르다.
③ 오답 | (다) 전자 부품 · 컴퓨터 · 영상 · 음향 및 통신 장비 제조업은 (가) 자동차 및 트레일러 제조업보다 대체로 최종 제품이 가볍고 부피가 작다.
④ 정답 | A는 충남, B는 경북이다.
⑤ 오답 | (나), (다)의 출하액에서 B 경북이 차지하는 비율은 (나)가 높지만, 전체 출하액은 (다)가 (나)보다 월등히 많다. 따라서 B 경북은 (다) 출하액이 (나) 출하액 보다 많다. (다) 전자 부품 · 컴퓨터 · 영상 · 음향 및 통신 장비 제조업은 우리나라 제조업 중에서 출하액이 가장 많다.

문제편 16쪽

04회 2022년 4월 고3 학력평가 정답과 해설 한국지리

문제편 p.17

1	②	2	②	3	①	4	②	5	①
6	②	7	①	8	⑤	9	④	10	②
11	⑤	12	③	13	⑤	14	②	15	③
16	⑤	17	④	18	④	19	④	20	③

1 고지도에 나타난 국토관 정답 ② 정답률 87%

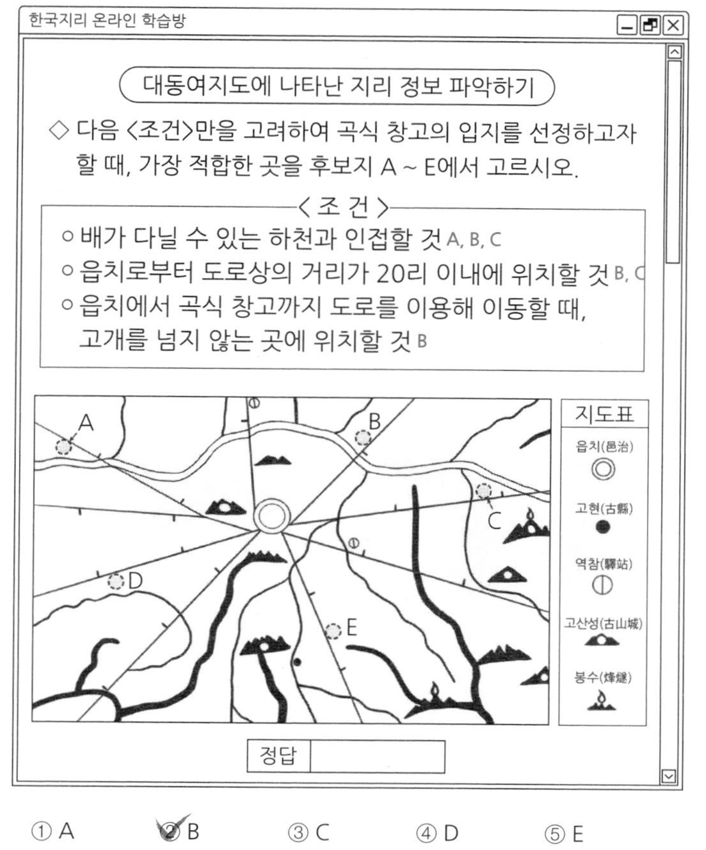

한국지리 온라인 학습방
대동여지도에 나타난 지리 정보 파악하기
◇ 다음 <조건>만을 고려하여 곡식 창고의 입지를 선정하고자 할 때, 가장 적합한 곳을 후보지 A ~ E에서 고르시오.
< 조 건 >
○ 배가 다닐 수 있는 하천과 인접할 것 A, B, C
○ 읍치로부터 도로상의 거리가 20리 이내에 위치할 것 B, C
○ 읍치에서 곡식 창고까지 도로를 이용해 이동할 때, 고개를 넘지 않는 곳에 위치할 것 B
A
B
C
D
E
지도표
읍치(邑治)
고현(古縣)
역참(驛站)
고산성(古山城)
봉수(烽燧)
정답

① A ✓② B ③ C ④ D ⑤ E

|자|료|해|설|

제시된 대동여지도를 보고 곡식 창고의 최적 입지를 선정하는 문제이다.

|선|택|지|풀|이|

② 정답 | 우선 배가 다닐 수 있는 하천과 인접해야 하므로 쌍선으로 표시된 배가 다닐 수 있는 하천에 인접한 A, B, C가 후보지가 될 수 있다. D와 E는 배가 다닐 수 있는 하천에서 다소 떨어져 있으므로 후보지에서 제외된다. 또, 읍치로부터 도로상의 거리가 20리 이내에 위치해야 하므로 A, B, C 중에서 읍치에서 20리 이상 떨어진 A를 제외하고 B와 C가 후보지가 될 수 있다. 마지막으로 읍치에서 곡식 창고까지 도로를 이용해 이동할 때 고개를 넘지 않는 곳에 위치해야 하므로 B와 C 중 고개를 넘어서 이동해야 하는 C를 제외하면 B가 최적 입지 지점이 된다.

2 지역 조사 정답 ② 정답률 58%

보기

ㄱ. ㉠은 지역 구분의 유형 중 기능 지역에 해당한다.
ㄴ. ㉡은 지리 정보의 유형 중 속성 정보에 해당한다. (공간)
ㄷ. ㉢은 주로 야외 조사 단계에서 실시한다.
ㄹ. ㉣을 통계 지도로 표현할 때 유선도가 가장 적절하다. (점지도(점묘도))

① 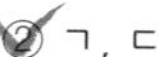 ✓②  ③ ㄴ, ㄷ ④ ㄴ, ㄹ ⑤ ㄷ, ㄹ

|자|료|해|설|

지역 조사 과정을 나타낸 자료를 보고 <보기> 내용의 옳고 그름을 판단하는 문제이다.

|보|기|풀|이|

ㄱ 정답 | 시장의 영향을 받는 범위를 나타낸 것이므로 기능 지역에 해당한다. 기능 지역은 중심지의 영향을 받는 공간 범위를 나타내는 지역이다.

ㄴ 오답 | 공간 정보는 장소의 위치나 형태에 관한 정보이므로, 전통 시장들의 위치는 지리 정보의 유형 중 공간 정보에 해당한다.

ㄷ 정답 | 설문 조사 및 면담은 주로 야외 조사 단계에서 이루어진다.

ㄹ 오답 | 전통 시장들의 분포를 표현하기에 가장 적절한 통계 지도는 점묘도이다. 점묘도는 지리 정보의 분포나 밀도를 표현하기에 효과적이다. 유선도는 이동량과 이동 방향을 표현하기에 적절하다.

3 교통수단 정답 ① 정답률 57%

교통수단	평균 통행 거리 (km)	평균 통행 시간 (분)	여객 수송 분담률 (%)
(가)도로	11.9	21.9	84.57
(나)철도	17.2	44.3	15.30
(다)해운	74.5	136.4	0.04
(라)항공	376.8	59.5	0.09

* 여객 수송 분담률은 인 기준임. (2018)

✓① (가)는 (나)보다 문전 연결성이 우수하다.
② (가)는 (다)보다 대량 화물의 장거리 수송에 유리하다. → 해운
③ (나)는 (라)보다 기상 조건의 제약을 많이 받는다. (적게)
④ (다)는 (나)보다 주행 비용 증가율이 높다. (낮다)
⑤ (라)는 (가)보다 기종점 비용이 저렴하다. (비싸다)

|자|료|해|설|

교통수단별 국내 여객 수송과 관련한 표의 (가)~(라)가 각각 도로, 철도(지하철 포함), 항공, 해운 중 어떤 교통수단인지 찾아내는 문항이다.

|선|택|지|풀|이|

국내 여객 수송에서 가장 높은 여객 수송 분담률을 보이는 (가)는 도로, (나)는 여객 수송 분담률이 두 번째로 높은 철도(지하철 포함), (다)는 여객 수송 분담률이 높지 않고 속도가 느려 평균 통행 거리에 비해 평균 통행 시간이 긴 해운, (라)는 여객 수송 분담률이 높지 않고 속도가 빨라 평균 통행 시간에 비해 평균 통행 거리가 긴 항공이다.

① 정답 | 도로는 최종 목적지 인근까지 갈 수 있으므로 철도보다 문전 연결성이 우수하다.

② 오답 | 대량 화물의 장거리 수송에 유리한 것은 해운이다. 해운은 다른 교통수단에 비해 주행 비용 증가율이 낮아 장거리 수송에 유리하다. 주행 비용 증가율은 항공 > 도로 > 철도 > 해운 순으로 높게 나타난다.

③ 오답 | 철도는 항공보다 기상 조건의 제약을 적게 받는다.

④ 오답 | 해운은 철도보다 주행 비용 증가율이 낮아 장거리 수송에 유리하다.

⑤ 오답 | 항공은 도로보다 기종점 비용이 비싸다. 기종점 비용은 보험료, 터미널 이용료, 하역비 등을 포함하는 비용으로, 항공 > 해운 > 철도 > 도로 순으로 높게 나타난다.

4 신 · 재생 에너지 정답 ② 정답률 73%

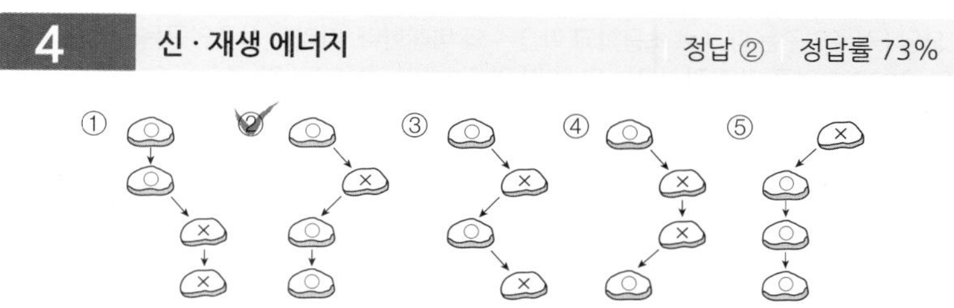

|선|택|지|풀|이|

② 정답 |

1단계 : 조력은 조차가 큰 서해안이 조차가 작은 동해안보다 전력 생산에 유리하다. 조력 발전은 조차가 큰 만 입구에 건설된 방조제 내 · 외부 간 수위 차이를 이용해 발전을 하는 방식이며, 안산에 건설된 시화호 조력 발전소가 국내에서 유일하다.

2단계 : 풍력은 발전기가 돌아갈 때 소음이 심한 편이며, 태양광은 발전 시 소음이 거의 발생하지 않는다.

3단계 : 바람을 이용하는 풍력 발전은 조차를 이용한 조력 발전보다 기상 조건의 제약을 많이 받는다. 밀물과 썰물은 기상 현상과 관계없이 일정하게 주기적으로 나타난다.

4단계 : 대부분의 신 · 재생 에너지는 1980년대 후반 이후부터 개발, 가동되었다. 그러나 수력은 일제 강점기부터 댐이 건설되고 전력 생산이 이루어졌다.

5 화산 지형과 카르스트 지형 정답 ① 정답률 84%

	(가)	(나)		(가)	(나)		(가)	(나)
✓①	A	C	②	A	D	③	B	C
④	B	D	⑤	C	A			

|자|료|해|설|

단양의 고수 동굴은 석회암이 용식 작용을 받아 형성된 석회 동굴이며, 제주의 만장굴은 점성이 작은 용암이 흘러내릴 때 표층부와 하층부의 냉각 속도 차이에 의해 형성된 용암 동굴이다.

|선|택|지|풀|이|

① 정답 |

(가) - A : 석회 동굴은 기반암인 석회암이 주로 지하수에 의해 용식되어 형성되며, 동굴 내부에서는 탄산칼슘 성분의 침전이 일어나 종유석, 석순, 석주 등이 형성된 모습을 볼 수 있다.

(나) - C : 유동성이 큰 현무암질 용암이 흘러내릴 때 공기와 접촉한 바깥 부분에서는 용암이 냉각되어 굳어지고 안쪽 부분에서는 용암이 빠져나가는데, 이러한 용암의 냉각 속도 차이로 인해 용암 동굴이 형성된다. 제주도의 만장굴, 협재굴, 김녕굴이 대표적인 용암 동굴이며, 이 중 만장굴과 김녕굴이 속한 제주도의 거문오름 용암 동굴계는 세계 자연 유산으로 등재되어 있다.

6 도시 내부 구조 | 정답 ② 정답률 58%

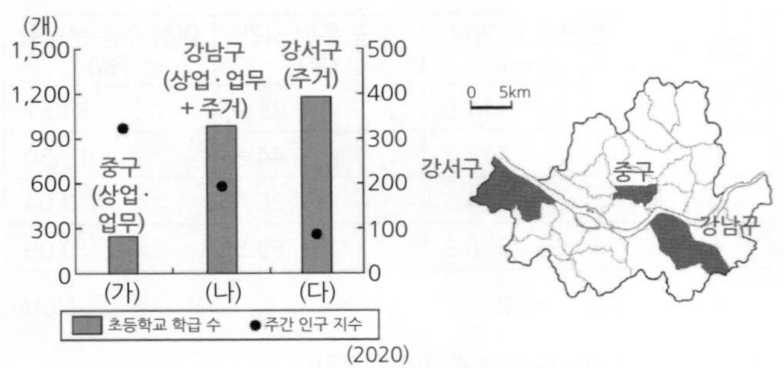

① (가)는 (나)보다 시가지의 형성 시기가 늦다. 이르다
② (가)는 (다)보다 인구 공동화 현상이 뚜렷하다.
③ (나)는 (다)보다 상업용지의 평균 지가가 낮다. 높다
④ (다)는 (가)보다 생산자 서비스업 사업체 수가 많다. 적다
⑤ 상주인구는 (가) > (나) > (다) 순으로 많다. (가)가 가장 적다

|자|료|해|설|
서울시 세 구의 초등학교 학급 수와 주간 인구 지수를 나타낸 그래프를 통해 (가)~(다) 지역이 지도의 어느 지역인지 파악하고 특성을 비교하는 문항이다. 지도에 표시된 세 구는 강서구, 중구, 강남구이다.

|선|택|지|풀|이|
(가)는 초등학교 학급 수가 가장 적고, 주간 인구 지수가 300 이상으로 가장 높으므로 상업·업무 기능이 발달한 도심에 해당하는 중구이다. (나)는 초등학교 학급 수가 많고, 주간 인구 지수가 200 정도로 높으므로 상업·업무 기능과 주거 기능이 발달한 부도심에 해당하는 강남구이다. (다)는 초등학교 학급 수가 가장 많고, 주간 인구 지수가 100 미만으로 가장 낮으므로 주거 기능이 발달한 주변 지역에 해당하는 강서구이다.
① 오답 | 중구는 강남구보다 시가지의 형성 시기가 이르다. 도시는 대체로 도심에서 주변으로 확장하면서 발달한다.
② 정답 | 상주인구 대비 주간 인구의 비율인 주간 인구 지수가 높을수록 인구 공동화 현상이 뚜렷하다. 따라서 중구는 강서구보다 인구 공동화 현상이 뚜렷하다.
③ 오답 | 상업·업무 기능이 발달한 강남구는 강서구보다 상업용지의 평균 지가가 높다.
④ 오답 | 주거 기능이 발달한 강서구는 상업·업무 기능이 발달한 중구보다 주로 기업을 대상으로 한 생산자 서비스업 사업체 수가 적다.
⑤ 오답 | 상주인구는 대체로 초등학교 학급 수와 비례한다. 따라서 상주인구는 (가)가 가장 적다. 2020년 인구 기준 강서구는 약 59만 명, 강남구는 약 54만 명, 중구는 약 13만 명이다.

7 주요 공업의 분포 | 정답 ① 정답률 57%

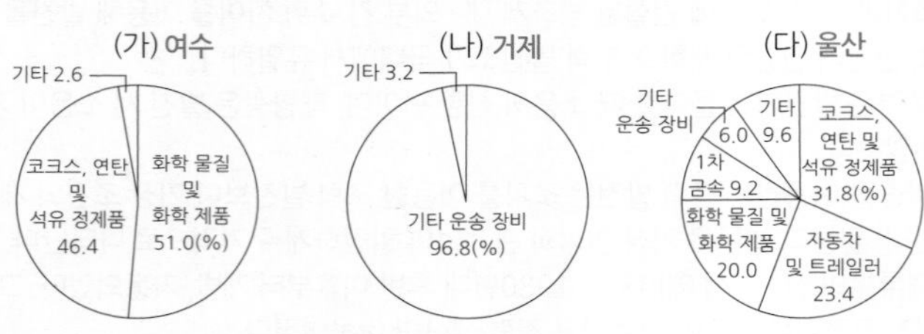

* 종사자 규모 10인 이상 사업체를 대상으로 함.
** 화학 물질 및 화학 제품은 의약품 제외임.
*** 기타 운송 장비 제조업은 선박 및 보트 건조업이 대부분임. (2019)

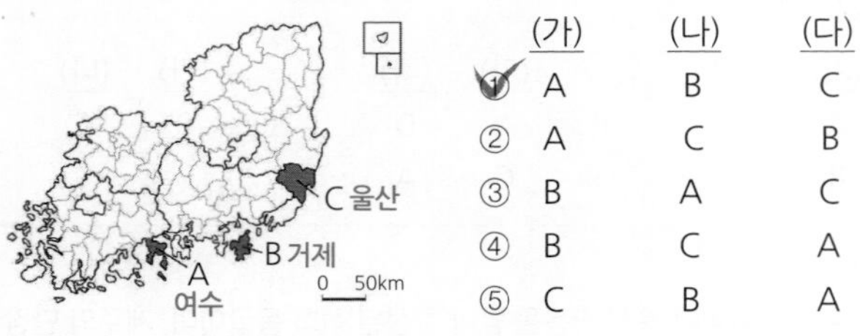

	(가)	(나)	(다)
①	A	B	C
②	A	C	B
③	B	A	C
④	B	C	A
⑤	C	B	A

|자|료|해|설|
세 지역의 제조업 업종별 출하액 비율을 나타낸 그래프를 보고 (가)~(다)에 해당하는 지역을 지도의 A~C에서 찾는 문항이다. 지도에 표시된 A는 여수, B는 거제, C는 울산이다.

|선|택|지|풀|이|
① 정답 |
(가) - A : (가)는 화학 물질 및 화학 제품, 코크스, 연탄 및 석유 정제품의 출하액 비율이 높으므로 석유 화학 및 정유 공업이 발달한 여수이다.
(나) - B : (나)는 기타 운송 장비의 출하액 비율이 높으므로 조선 공업이 발달한 거제이다.
(다) - C : (다)는 코크스, 연탄 및 석유 정제품, 자동차 및 트레일러, 화학 물질 및 화학 제품 등의 출하액 비율이 높으므로 석유 화학 및 정유, 자동차 공업이 발달한 울산이다.

8 자연재해 종합 | 정답 ⑤ 정답률 84%

> **보기**
> ㄱ. (가)는 장마 전선이 정체할 때 주로 발생한다.
> ㄴ. (나)는 시베리아 기단이 강하게 영향을 미칠 때 주로 발생한다.
> ㄷ. (다)는 강풍과 많은 비를 동반하여 풍수해를 유발한다.
> ㄹ. (나)는 (가)보다 산사태의 발생 위험도를 증가시킨다.

① ㄱ, ㄴ ② ㄱ, ㄷ ③ ㄴ, ㄷ ④ ㄴ, ㄹ ⑤ ㄷ, ㄹ

|보|기|풀|이|
(가)는 겨울이 포함된 1~3월에 모든 지역에서 기상 특보가 발령되었으며, 특히 강원권이 기상 특보 발령 횟수가 매우 많은 것으로 보아 대설임을 알 수 있다. (나)는 여름이 포함된 7~9월에 모든 지역에서 기상 특보 발령 횟수가 가장 많은 것으로 보아 호우, (다)는 7~9월에 기상 특보가 발령되나 횟수가 많지 않은 것으로 보아 태풍임을 알 수 있다. 태풍은 1년에 약 3~4회 우리나라에 영향을 주기 때문에 기상 특보 발령 횟수가 대설이나 호우에 비해 적다.
ㄷ 정답 | 태풍은 강풍과 많은 비를 동반하여 풍수해를 유발한다.
ㄹ 정답 | 토양에 수분이 과다하게 공급되면 산사태가 발생할 가능성이 높아진다. 많은 비를 동반하는 호우는 대설보다 강수량이 많으므로 산사태 발생 위험이 높다.

9 충청 지방 | 정답 ④ 정답률 51%

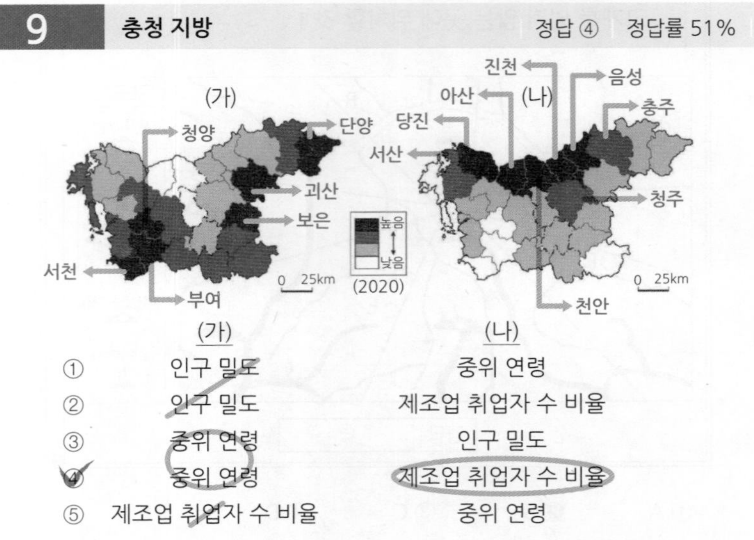

	(가)	(나)
①	인구 밀도	중위 연령
②	인구 밀도	제조업 취업자 수 비율
③	중위 연령	인구 밀도
④	중위 연령	제조업 취업자 수 비율
⑤	제조업 취업자 수 비율	중위 연령

|선|택|지|풀|이|
④ 정답 |
(가) - 중위 연령 : (가)는 충북의 단양, 괴산, 보은, 충남의 청양, 부여, 서천 등 주로 저출산·고령화 문제가 심각한 농어촌 지역에서 높게 나타나는 지표이므로 중위 연령임을 알 수 있다.
(나) - 제조업 취업자 수 비율 : (나)는 충남의 서산, 당진, 아산, 천안, 충북의 진천, 음성, 청주, 충주 등 석유 화학이나 제철, 전자, 자동차 공업들이 발달한 지역에서 수치가 높게 나타나는 지표이므로 제조업 취업자 수 비율임을 알 수 있다.
오답 |
인구 밀도는 2020년 기준 인구가 146만 명인 대전광역시에서 가장 높게 나타나야 한다.

10 해안 지형의 형성 | 정답 ② 정답률 78%

> **보기**
> ㄱ. A - 하천으로부터 공급된 퇴적물로 인한 호수 면적의 변화
> ㄴ. B - 조류의 퇴적 작용이 갯벌 형성에 미친 영향
> ㄷ. C - 파랑의 침식 작용이 절벽 형성에 미친 영향
> ㄹ. D - 방풍림 조성으로 인한 주민 생활의 변화

① ㄱ, ㄴ ② ㄱ, ㄷ ③ ㄴ, ㄷ ④ ㄴ, ㄹ ⑤ ㄷ, ㄹ

|자|료|해|설|
A는 사주의 형성으로 인해 바다와 분리된 호수인 석호, B는 파랑과 연안류의 퇴적 작용으로 형성되어 석호와 바다를 분리시키는 역할을 하는 사주, C는 파랑의 침식 작용으로 형성된 해안 절벽인 해식애, D는 파랑의 침식 작용으로 형성된 평탄한 지형인 파식대이다.

|보|기|풀|이|
ㄱ 정답 | 석호는 유입되는 하천의 운반 물질에 의해 퇴적이 이루어져 시간이 흐를수록 호수 면적이 점차 축소된다.
ㄴ 오답 | 사주는 파랑과 연안류의 영향으로 조립질인 모래가 퇴적되어 형성된 지형이고, 갯벌은 조류의 영향으로 미립질인 점토가 퇴적되어 형성된 지형이다.
ㄷ 정답 | 해식애는 파랑의 침식 작용으로 형성된 급경사의 해안 절벽이다.
ㄹ 오답 | 사빈의 모래가 바람에 날려 퇴적된 해안 사구에는 배후 농경지 및 취락으로 모래가 침투하는 것을 방지하기 위해 방풍림이 조성된 경우가 많다.

문제편 18쪽

11 강원 지방

정답 ⑤ 정답률 52%

① A
② B
③ C
④ D
⑤ E

|자|료|해|설|
자료의 (가) 지역을 지도의 A~E에서 찾는 문항이다. 지도의 A는 철원, B는 춘천, C는 원주, D는 강릉, E는 태백이다.

|선|택|지|풀|이|
① 오답 | A는 철원이다. 철원은 한탄강 주변 현무암질 용암의 열하 분출로 형성된 용암 대지와 주상 절리 등의 화산 지형이 발달해 있으며, 한탄강에서의 래프팅과 같은 관광 자원으로 이용되고 있다.
② 오답 | B는 춘천이다. 춘천은 강원도청 소재지이며 기반암의 차별 침식으로 형성된 침식 분지 지형에 위치한 지역이다.
③ 오답 | C는 원주이다. 원주에는 혁신 도시와 기업 도시가 모두 위치하여 있다.
④ 오답 | D는 강릉이다. 강릉은 지역 축제로 단오제가 열리며, 석호인 경포호와 서울에서 정동 쪽에 위치한 정동진 등이 관광지로 유명하다.
⑤ 정답 | E는 태백이다. 강원도 태백시는 과거 석탄 산업이 발달했던 곳으로 석탄 박물관이 위치해 있으며, 해발 고도가 높은 지역이기 때문에 저지대에 비해 기온이 낮아 눈과 얼음을 이용한 태백산 눈 축제가 개최된다. 또한 태백시는 한강과 낙동강이 모두 발원하는 곳으로, 한강의 발원지는 검룡소, 낙동강의 발원지는 황지연못이다. 태백시에 위치한 추전역은 해발 고도 약 855m로, 우리나라 기차역 중 가장 높은 곳에 위치한다. 따라서 (가) 지역은 지도의 E 태백이다.

12 위도가 다른 지역의 기후 비교

정답 ③ 정답률 51%

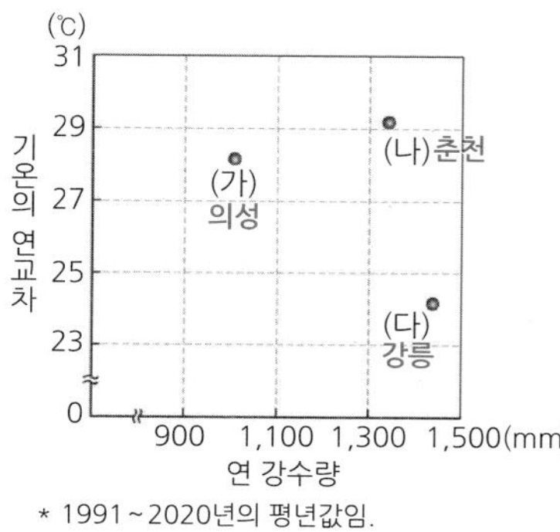

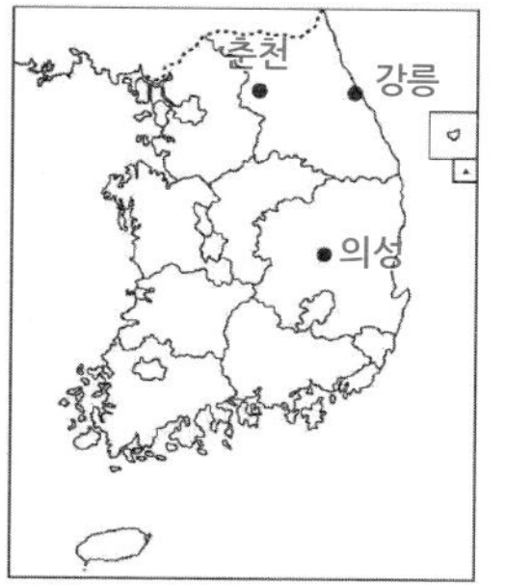

* 1991~2020년의 평년값임.

① (가)는 (나)보다 고위도에 위치한다.
② (가)는 (다)보다 겨울 강수량이 많다.
③ (나)는 (다)보다 여름 강수 집중률이 높다.
④ (다)는 (가)보다 바다의 영향을 적게 받는다.
⑤ (다)는 (나)보다 최한월 평균 기온이 낮다.

|자|료|해|설|
세 지역의 기온의 연교차와 연 강수량을 나타낸 그래프의 (가)~(다)가 지도에 표시된 세 지역 중 어느 지역인지 찾고 비교하는 문항이다. 지도에 표시된 지역은 춘천, 강릉, 의성이다.

|선|택|지|풀|이|
(가)는 연 강수량이 가장 적은 것으로 보아 영남 내륙에 위치한 소우지인 의성이고, (나)는 기온의 연교차가 가장 큰 것으로 보아 고위도 내륙에 위치한 춘천이며, (다)는 연 강수량이 가장 많고 기온의 연교차가 가장 작은 것으로 보아 동해안에 위치한 강릉이다.
① 오답 | 의성은 춘천보다 저위도에 위치한다.
② 오답 | 영남 내륙에 위치한 의성은 겨울철 북동 기류로 인해 눈이 많이 내리는 강릉보다 겨울 강수량이 적다.
③ 정답 | 한강 중·상류에 위치하여 여름철 호우가 자주 발생하는 춘천은 강릉보다 여름 강수 집중률이 높다.
④ 오답 | 강릉은 의성보다 바다의 영향을 많이 받는다.
⑤ 오답 | 동해안에 위치한 강릉은 비슷한 위도의 내륙에 위치한 춘천보다 최한월 평균 기온이 높다.

13 우리나라 하천의 특색

정답 ⑤ 정답률 67%

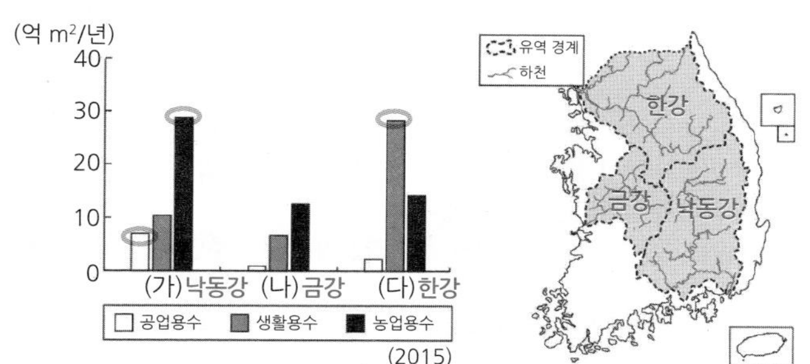

① (가)는 대부분 강원권과 수도권을 흐른다.
② (나)는 남해로 유입되는 하천이다.
③ (다)의 하구에는 삼각주가 넓게 형성되어 있다.
④ (나)는 (다)보다 유역 면적이 넓다.
⑤ (가)와 (나)의 하구에는 모두 하굿둑이 건설되어 있다.

|자|료|해|설|
지도에 표시된 것은 한강, 금강, 낙동강의 하천 유역이다. (가)는 농업용수와 공업용수의 이용량이 가장 많으므로 영남 내륙 공업 지역과 남동 임해 공업 지역을 흐르는 낙동강이다. (나)는 모든 용수 이용량이 가장 적다. 따라서 유역 면적이 가장 좁고, 인구와 공업 생산액이 가장 적은 충청 지역을 흐르는 금강이다. (다)는 생활용수의 사용량이 가장 많으므로 인구가 밀집된 수도권을 흐르는 한강이다.

|선|택|지|풀|이|
① 오답 | 낙동강은 영남권을 흘러 남해로 빠져나간다. 대부분 강원권과 수도권을 흐르는 하천은 한강이다.
③ 오답 | 한강의 하구에는 삼각주가 형성되어 있지 않다. 하구에 삼각주가 넓게 형성되어 있는 하천은 낙동강이다.
⑤ 정답 | 낙동강과 금강의 하구에는 모두 하굿둑이 건설되어 있다.

14 남·북한의 농업 비교

정답 ② 정답률 87%

보기

ㄱ. (가)는 관북 지방보다 관서 지방의 생산량이 많다.
ㄴ. 남한은 (가)보다 (나)의 자급률이 높다.
ㄷ. (가)는 A, (나)는 B에서 주로 재배된다.
ㄹ. 북한은 남한보다 경지 면적 중 논 면적의 비율이 높다.

① ㄱ, ㄴ ② ㄱ, ㄷ ③ ㄴ, ㄷ ④ ㄴ, ㄹ ⑤ ㄷ, ㄹ

|자|료|해|설|
<식량 작물별 생산량> 그래프와 <논·밭 면적 비율> 그래프를 통해 남북한의 농업을 비교하며 파악하는 문항이다.

|보|기|풀|이|
<식량 작물별 생산량> 자료에서 (가)는 남한에서 생산량이 가장 많으므로 쌀, (나)는 북한에서 쌀 다음으로 생산량이 많으므로 옥수수이다. <논·밭 면적 비율> 자료에서 A는 남한에서 비율이 높게 나타나므로 논, B는 북한에서 비율이 높게 나타나므로 밭이다.
ㄱ 정답 | 쌀은 산지가 많은 관북 지방보다 평야가 발달한 관서 지방의 생산량이 많다.
ㄴ 오답 | 남한에서 쌀의 자급률은 높으나 옥수수는 대부분 수입에 의존한다.
ㄷ 정답 | 쌀은 논, 옥수수는 밭에서 주로 재배된다.
ㄹ 오답 | 북한은 남한보다 경지 면적 중 밭 면적의 비율이 높다.

15 수도권

정답 ③ 정답률 74%

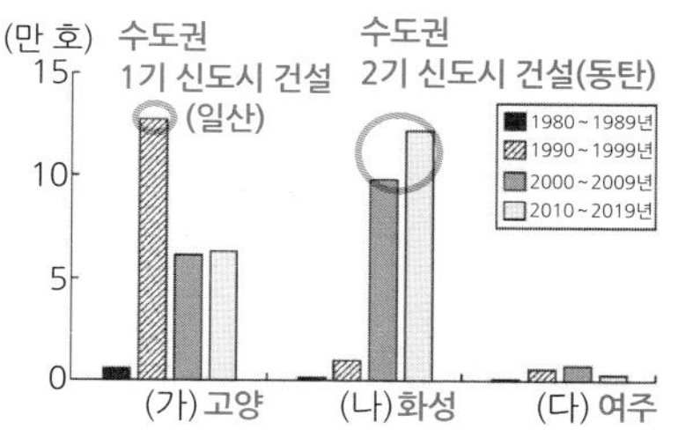

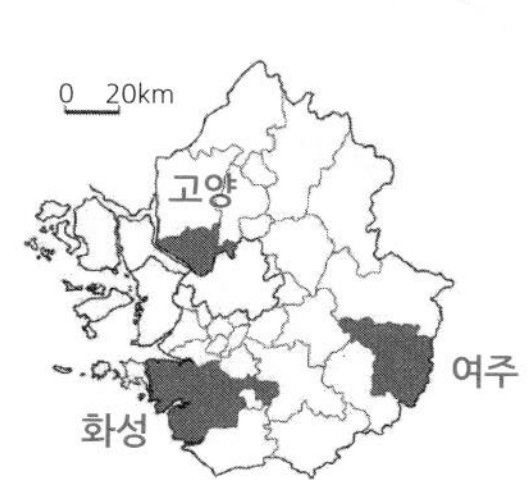

① (나)에는 수도권 1기 신도시가 위치해 있다.
② (가)는 (나)보다 제조업 종사자 비율이 높다.
③ (가)는 (다)보다 서울로의 통근·통학 인구 비율이 높다.
④ (나)는 (다)보다 1차 산업 종사자 비율이 높다.
⑤ (다)는 (가)보다 인구 밀도가 높다.

|자|료|해|설|
세 지역의 기간별 아파트 건축 호수를 나타낸 그래프의 (가)~(다) 지역이 지도에 제시된 세 지역 중 어느 지역인지를 파악하고 비교하는 문항이다. 지도에 표시된 지역은 고양, 화성, 여주이다.

|선|택|지|풀|이|
(가)는 1990년대에 아파트 건축 호수가 많았던 것으로 보아 수도권 1기 신도시인 일산이 위치한 고양이다. (나)는 2000년대와 2010년대에 아파트 건축 호수가 많았던 것으로 보아 수도권 2기 신도시인 동탄이 위치한 화성이다. (다)는 제시된 모든 시기에 아파트 건축 호수가 가장 적은 것으로 보아 여주임을 알 수 있다.
① 오답 | 화성에는 수도권 2기 신도시인 동탄1·동탄2 신도시가 위치해 있다.
② 오답 | 주거 기능이 발달한 고양은 제조업이 발달한 화성보다 제조업 종사자 비율이 낮다.
③ 정답 | 서울에 인접한 고양은 서울에서 거리가 먼 여주보다 서울로의 통근·통학 인구 비율이 높다.
④ 오답 | 제조업이 발달한 화성은 농업이 발달한 여주보다 1차 산업 종사자 비율이 낮다.
⑤ 오답 | 여주는 고양에 비해 인구는 적지만 면적이 넓으므로 인구 밀도가 낮다. 2020년 기준 여주의 인구는 약 11만 명이며, 고양의 인구는 약 108만 명이다.

문제편 19쪽

16 인구 구조 　정답 ⑤ 　정답률 63%

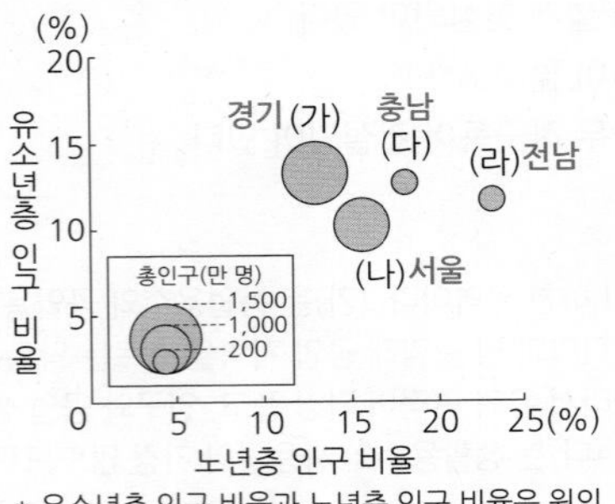

* 유소년층 인구 비율과 노년층 인구 비율은 원의 가운데 값임.

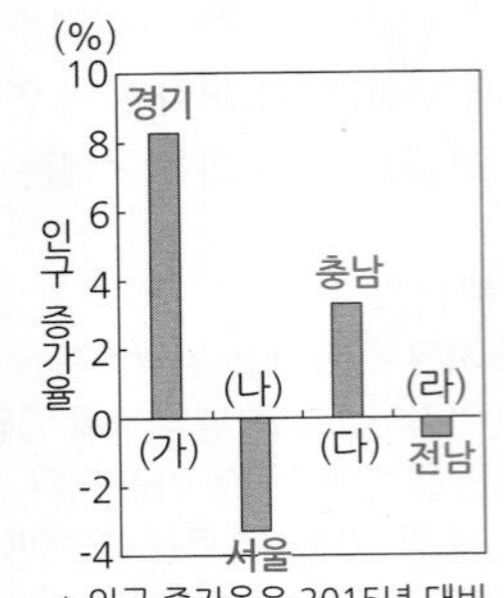

* 인구 증가율은 2015년 대비 2020년 값임. (2020)

보기

ㄱ. (가)는 서울, (다)는 전남이다. (경기, 충남)
ㄴ. (가)는 (라)보다 노령화 지수가 높다. (낮다)
ㄷ. (다)는 (라)보다 청장년층 인구 비율이 높다.
ㄹ. 2015년 대비 2020년에 인구가 가장 많이 감소한 지역은 서울이다.

① ㄱ, ㄴ 　② ㄱ, ㄷ 　③ ㄴ, ㄷ 　④ ㄴ, ㄹ 　⑤ ㄷ, ㄹ

|자|료|해|설|
네 지역의 인구 특성을 나타낸 두 그래프를 보고 (가)~(라)가 경기, 서울, 전남, 충남 중 어느 지역인지를 파악한 다음 비교하는 문항이다.

|보|기|풀|이|
(가)는 총인구가 가장 많고 유소년층 인구의 비율이 높으며 노년층 인구의 비율은 낮다. 또한 인구 증가율이 매우 높은 것으로 보아 인구 유입이 많은 경기이다. (나)는 총인구가 두 번째로 많으며, 인구 증가율이 음(−)의 값인 것으로 보아 유입 인구에 비해 유출 인구가 많은 서울이다. (다)는 (라)에 비해 노년층의 인구 비율이 낮고, 인구 증가율이 높은 것으로 보아 인구가 유입되는 충남이다. (라)는 노년층 인구 비율이 가장 높고 인구 증가율이 음(−)의 값인 것으로 보아 고령화 현상이 뚜렷하고 인구가 감소하고 있는 전남이다.
ㄴ 오답 | 경기는 전남보다 유소년층 인구 비율이 높고 노년층 인구 비율이 낮으므로 노령화 지수가 낮다.
ㄷ 정답 | 공업 지역을 중심으로 청장년층 인구가 유입되는 충남은 고령화 현상이 뚜렷한 전남보다 청장년층 인구 비율이 높다. 청장년층 인구 비율 = 100% - 노년층 인구 비율 - 유소년층 인구 비율이므로 (다) 충남의 청장년층 인구 비율은 100 - 18 - 13 = 약 69%이고, (라) 전남의 청장년층 인구 비율은 100 - 23 - 12 = 약 65%이다.
ㄹ 정답 | 2015년 대비 2020년에 인구가 감소한 지역은 인구 증가율이 음(−)의 값인 서울과 전남이다. 서울은 전남보다 인구 감소율의 절댓값이 크고, 인구 규모도 크다. 따라서 서울은 전남보다 감소한 인구가 더 많다.

17 지각 변동 　정답 ④ 　정답률 76%

보기

ㄱ. ㉠에 의해 한국 방향의 산맥이 형성되었다. → 경동성 요곡 운동
ㄴ. ㉡은 고위 평탄면과 하안 단구 형성에 영향을 주었다. → 융기
ㄷ. ㉣은 ㉢보다 산줄기의 연속성이 뚜렷하다.
ㄹ. ㉤이 산 정상부를 이루는 경우 주로 돌산의 경관을 보인다.

① ㄱ, ㄴ 　② ㄱ, ㄷ 　③ ㄴ, ㄷ 　④ ㄴ, ㄹ 　⑤ ㄷ, ㄹ

|보|기|풀|이|
ㄱ 오답 | 중생대 지각 변동으로 랴오둥 방향의 지질 구조선과 중국 방향의 지질 구조선이 형성되었으며, 지질 구조선을 따라 마그마가 관입하였다. 한국 방향의 산맥은 경동성 요곡 운동에 의해 형성되었다.
ㄴ 정답 | 신생대 제3기 경동성 요곡 운동으로 인한 지반의 융기는 고위 평탄면과 하안 단구의 형성에 영향을 주었다.
ㄷ 오답 | 1차 산맥은 2차 산맥보다 산줄기의 연속성이 뚜렷하다.
ㄹ 정답 | 화강암이 산 정상부를 이루는 경우 주로 돌산의 경관을 보인다.

18 호남 지방 　정답 ④ 　정답률 61%

0 25km
김제 A
B 순창
C
보성

	(가)	(나)
①	A	B
②	A	C
③	B	A
④	B	C
⑤	C	A

|선|택|지|풀|이|
④ 정답 |
(가) - B : (가)는 지리적 표시제에 등록된 고추장이 유명하며 장류 축제가 개최되는 순창이다.
(나) - C : 차는 연 강수량이 많고 연평균 기온이 14℃ 이상인 지역이 재배에 적합한데, 남해안에 위치한 보성은 온화하고 강수량이 많아 차 재배에 유리한 조건을 갖추고 있다. 이로 인해 보성에서 생산된 녹차는 일찍부터 유명했으며 지리적 표시제 제1호로 등록되기도 하였다. 또한, 지역 특산품인 녹차의 특징을 잘 살려 보성 녹차를 다양한 방법으로 체험할 수 있는 다향 대축제가 해마다 개최되고 있다. 따라서 (나)는 보성이다.
오답 |
A는 김제이다. 김제는 넓은 평야가 위치하여 있어 벼농사가 활발하게 이루어지고 지평선 축제가 개최된다.

19 위도가 비슷한 지역의 기후 비교 　정답 ④ 　정답률 51%

보기

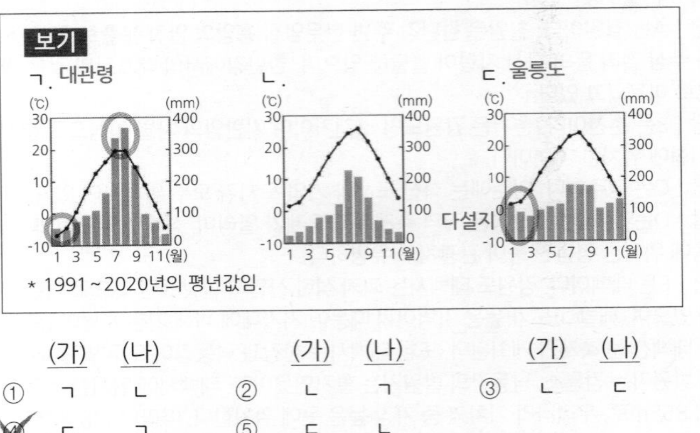

* 1991~2020년의 평년값임.

	(가)	(나)
①	ㄱ	ㄴ
②	ㄴ	ㄱ
③	ㄴ	ㄷ
④	ㄷ	ㄱ
⑤	ㄷ	ㄴ

|보|기|풀|이|
(가)는 신생대 화산 활동으로 형성된 종 모양의 화산 섬으로, 칼데라 분지인 나리 분지가 있고 겨울철 눈이 많이 내려 방설벽인 우데기를 설치한 전통 가옥이 남아 있는 ㄷ 울릉도이다. (나)는 영서 지방과 영동 지방의 명칭 유래와 관계가 깊으며, 해발 고도가 높아 고랭지 농업 및 목축업이 활발하게 이루어지는 ㄱ 대관령이다.
ㄱ 정답 | 1월 평균 기온과 7~8월 평균 기온이 모두 낮은 것으로 보아 해발 고도가 높은 대관령이다. 또한 대관령은 겨울철 눈이 많이 내리기 때문에 겨울 강수량이 적지 않다.
ㄴ 오답 | 1월 평균 기온이 0℃ 이상으로 겨울이 추운 대관령에는 해당될 수 없으며, 겨울 강수량이 적은 편으로 겨울철 눈이 매우 많이 내리는 울릉도에도 해당될 수 없다.
ㄷ 정답 | 겨울 강수량이 매우 많은 것으로 보아 다설지인 울릉도에 해당한다. 울릉도는 우리나라 다른 지역에 비해 겨울 강수량이 많은 편이기 때문에 여름 강수 집중률이 낮게 나타난다.

20 지역 개발 　정답 ③ 　정답률 72%

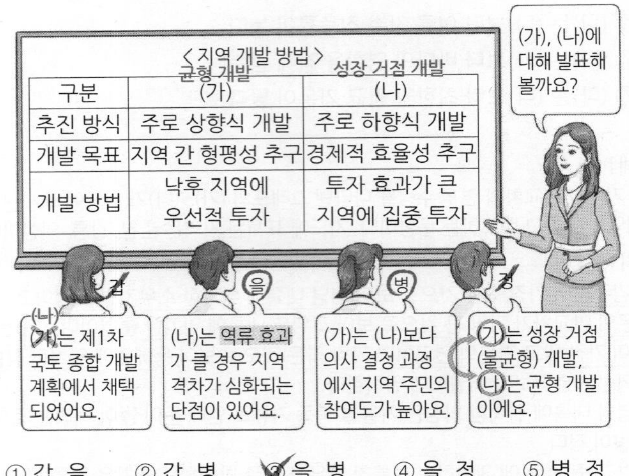

〈지역 개발 방법〉

구분	(가) 균형 개발	(나) 성장 거점 개발
추진 방식	주로 상향식 개발	주로 하향식 개발
개발 목표	지역 간 형평성 추구	경제적 효율성 추구
개발 방법	낙후 지역에 우선적 투자	투자 효과가 큰 지역에 집중 투자

① 갑, 을 　② 갑, 병 　③ 을, 병 　④ 을, 정 　⑤ 병, 정

|자|료|해|설|
우리나라의 지역 개발 방법 중 균형 개발과 성장 거점 개발 방식의 특성을 비교하는 문항이다.

|선|택|지|풀|이|
(가)는 주로 상향식으로 추진되며, 지역 간 형평성을 추구하는 지역 개발 방법이므로 균형 개발이다. (나)는 주로 하향식으로 추진되며 경제적 효율성을 추구하는 지역 개발 방법이므로 성장 거점 개발 방식이다.
③ 정답 |
을 : 성장 거점 개발 방식은 파급 효과를 통해 주변 지역에 개발 이익이 파급되는 것을 기대하지만, 주변의 인구나 경제력이 오히려 성장 거점 지역에 집중되는 역류 효과가 클 경우에는 지역 격차가 심화되는 단점이 있다.
병 : 상향식 개발은 하향식 개발보다 의사 결정 과정에서 지역 주민의 참여도가 높다.
오답 |
갑 : 성장 거점(불균형) 개발은 제1차 국토 종합 개발 계획에서 채택되었다.
정 : (가)는 균형 개발, (나)는 성장 거점(불균형) 개발이다.

문제편 19~20쪽

05회 2023년 4월 고3 학력평가
정답과 해설 한국지리

문제편 p.21

1	⑤	2	⑤	3	①	4	⑤	5	①
6	④	7	②	8	④	9	②	10	④
11	③	12	①	13	③	14	②	15	④
16	②	17	②	18	⑤	19	③	20	⑤

1 우리나라의 수리적 위치 정답 ⑤ 정답률 72%

보기

ㄱ. ㉠은 우리나라에서 일출 시각이 가장 이르다. → 독도

ㄴ. ㉡은 우리나라 영토의 최남단에 위치한다. → 마라도

ㄷ. ㉠은 ㉡보다 기온의 연교차가 크다.

ㄹ. ㉠은 ㉡보다 우리나라 표준 경선과의 최단 거리가 가깝다.

→ 135°E

① ㄱ, ㄴ ② ㄱ, ㄷ ③ ㄴ, ㄷ ④ ㄴ, ㄹ ⑤ ㄷ, ㄹ

|자|료|해|설|

왼쪽 자료에서 설명하는 지역은 우리나라의 4극을 기준으로 국토 정중앙에 위치하고 있는 강원도 양구군이고, 오른쪽 자료에서 설명하는 지역은 한반도 육지의 남쪽 끝 지점인 땅끝 마을이 속한 전라남도 해남군이다.

|보|기|풀|이|

ㄱ 오답 | 우리나라에서 일출 시각이 가장 이른 곳은 가장 동쪽에 위치한 독도이다.

ㄴ 오답 | 우리나라 영토의 최남단에 위치하는 곳은 마라도이다.

ㄷ 정답 | 양구는 해남보다 위도가 높고 내륙에 위치하여 기온의 연교차가 크다.

ㄹ 정답 | 양구는 해남보다 동쪽에 위치하여 우리나라의 표준 경선인 135°E와의 최단 거리가 가깝다.

2 지리 정보 정답 ⑤ 정답률 84%

보기

ㄱ. ㉠의 주요 방법으로는 면담, 설문 조사가 있다. → 현지 조사

ㄴ. ㉡을 통계 지도로 표현할 때 유선도가 가장 적절하다. 단계 구분도

ㄷ. ㉢은 장소의 인문 및 자연 특성을 나타내는 정보이다.

ㄹ. ㉣은 지리 정보의 수정 및 보완이 용이하다.

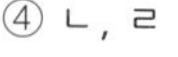

① ㄱ, ㄴ ② ㄱ, ㄷ ③ ㄴ, ㄷ ④ ㄴ, ㄹ ⑤ ㄷ, ㄹ

|자|료|해|설|

지리 정보와 관련된 ㉠~㉣에 대한 설명 중 옳은 것을 고르는 문제이다.

|보|기|풀|이|

ㄱ 오답 | 원격 탐사는 주로 항공기와 인공위성을 이용해 촬영한 사진과 영상을 분석하는 방법이며, 면담과 설문 조사는 현지 조사의 방법이다.

ㄴ 오답 | 구역별 산림 비율은 단계 구분도로 표현하는 것이 가장 적절하다. 유선도는 이동 방향과 이동량을 표현하는 데 적절하다.

ㄷ 정답 | 속성 정보는 어느 장소의 특성을 나타내는 정보이다.

ㄹ 정답 | 지리 정보 시스템(GIS)은 컴퓨터를 이용하여 정보를 수집 · 저장 · 관리하기 때문에 지리 정보의 수정 및 보완이 용이하다.

3 기후 변화 정답 ① 정답률 60%

① 무상 기간이 길어질 것이다.

② 봄꽃의 개화 시기가 늦어질 것이다. 빨라질

③ 단풍의 절정 시기가 빨라질 것이다. 늦어질

④ 침엽수림의 분포 면적이 넓어질 것이다. 축소될

⑤ 한류성 어족의 어획량이 증가할 것이다. 감소

|자|료|해|설|

(가)는 연평균 기온이 상승하는 지구 온난화이다.

|선|택|지|풀|이|

① 정답 | 지구 온난화로 인해 연평균 기온이 상승하여 서리가 내리지 않는 무상 기간은 길어질 것이다.

② 오답 | 지구 온난화로 인해 겨울이 짧아지고 봄이 일찍 시작되어 봄꽃의 개화 시기가 빨라질 것이다.

③ 오답 | 지구 온난화로 인해 여름이 길어지고 가을 시작일이 늦어져 단풍의 절정 시기가 늦어질 것이다.

④ 오답 | 지구 온난화로 인해 냉대림으로 분류되는 침엽수림의 분포 면적이 축소될 것이다.

⑤ 오답 | 지구 온난화로 인해 주변 바다의 수온이 상승하여 한류성 어족의 어획량이 감소할 것이다.

4 주요 공업의 분포 정답 ⑤ 정답률 40%

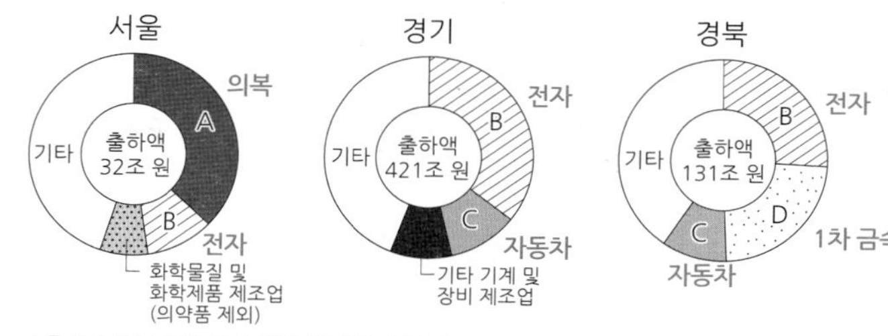

* 종사자 규모 10인 이상 사업체를 대상으로 함.
** 각 지역별 출하액 기준 상위 3개 제조업만 표현함. (2020)

① A는 제조 과정에서 원료의 무게나 부피가 감소하는 원료 지향형 제조업이다. → 시멘트 공업

② B는 부피가 크거나 무거운 원료를 해외에서 수입하는 적환지 지향형 제조업이다. → 제철, 정유 공업

③ A는 B보다 종사자 1인당 출하액이 많다. 적다

④ B는 C보다 최종 제품의 무게가 무겁고 부피가 크다. 가볍고 작다

⑤ D에서 생산된 제품은 C의 주요 재료로 이용된다.

|자|료|해|설|

세 지역의 제조업 업종별 출하액 비율을 나타낸 그래프를 통해 A~D가 어떤 제조업인지 찾아내는 문항이다.

|선|택|지|풀|이|

A는 서울에서 출하액 비율이 높은 의복(액세서리, 모피 포함) 제조업, B는 경기와 경북에서 출하액 비율이 높은 전자 부품 · 컴퓨터 · 영상 · 음향 및 통신장비 제조업, C는 경기에서 두 번째로 출하액 비율이 높은 자동차 및 트레일러 제조업, D는 경북에서 출하액 비율이 높은 1차 금속 제조업이다.

① 오답 | 의복(액세서리, 모피 포함) 제조업은 시장에 입지하는 시장 지향형 제조업이다.

② 오답 | 전자 부품 · 컴퓨터 · 영상 · 음향 및 통신장비 제조업은 입지 자유형 제조업이다.

③ 오답 | 경공업에 해당하는 의복(액세서리, 모피 포함) 제조업(A)은 첨단 산업에 해당하는 전자 부품 · 컴퓨터 · 영상 · 음향 및 통신장비 제조업(B)보다 종사자 1인당 출하액이 적다.

④ 오답 | 전자 부품 · 컴퓨터 · 영상 · 음향 및 통신장비 제조업(B)은 자동차 및 트레일러 제조업(C)보다 최종 제품의 무게가 가볍고 부피가 작다.

⑤ 정답 | 1차 금속 제조업(D)에서 생산된 제품은 자동차 및 트레일러 제조업(C)의 주요 재료로 이용된다.

5 여행기 및 지역 특색 추론 정답 ① 정답률 78%

(가)(평창)에서 사용되는 'HAPPY700'은 해발 고도가 높은 곳에 위치하여 여름에도 시원하다는 의미를 담고 있다. 이 지역에서는 양떼 목장, 풍력 발전기 등 색다른 경관도 즐길 수 있다.

(나)(울릉)은/는 풍향과 지형 등의 영향으로 강설량이 매우 많다. 이 지역 전통 가옥의 우데기는 많은 눈이 쌓였을 때 생활 공간을 확보하기 위해 설치한 것으로, 자연환경에 적응한 사례로 손꼽힌다.

	(가)	(나)
①	A	B
②	A	C
③	B	A
④	C	A
⑤	C	B

|자|료|해|설|

자료에 제시된 (가), (나) 지역의 특성을 통해 (가), (나)가 지도의 A~C 중 어느 지역인지 찾아내는 문항이다. 지도에 제시된 A는 평창, B는 울릉, C는 안동이다.

|선|택|지|풀|이|

① 정답 |

(가) - A : (가)는 'HAPPY 700'이라는 슬로건을 사용하며 해발 고도 약 700m의 지대에 위치해 있어 여름에도 시원한 평창이다. 평창에서는 양떼 목장, 풍력 발전기, 고랭지 채소밭 등을 볼 수 있다.

(나) - B : (나)는 우리나라 최다설지로, 방설벽인 우데기를 볼 수 있는 울릉이다.

오답 |

C는 안동이다. 안동은 경상북도청이 위치하여 있으며 하회 마을, 병산 서원 등이 세계 문화유산으로 등재되어 있다.

문제편 21~22쪽

6 인구 구조 정답 ④ 정답률 79%

30, 25, 20, 15, 10, 5 / 유소년 부양비 / 0 5 10 15 20 25 30 35 40 / 노년 부양비 (2020)
A 세종 / 전국 평균 / B 부산 / 전남 C

① A는 호남권, C는 충청권에 속한다.
② A는 B보다 총인구가 많다.
③ A는 C보다 노령화 지수가 높다.
④ C는 B보다 총부양비가 높다.
⑤ 부산은 전국 평균보다 유소년 부양비가 높다.

| 자 | 료 | 해 | 설 |
유소년 부양비와 노년 부양비를 나타낸 그래프의 A~C가 지도의 어느 지역인지를 파악한 다음 세 지역의 인구 특성을 비교하는 문항이다. 지도에 제시된 지역은 세종, 전남, 부산이다.

| 선 | 택 | 지 | 풀 | 이 |
A는 유소년 부양비가 높고 노년 부양비가 낮은 것으로 보아 유소년층 인구 비율이 높고 노년층 인구 비율이 낮은 세종이다. B는 C에 비해 노년 부양비가 낮은 것으로 보아 대도시인 부산이며, C는 노년 부양비가 가장 높은 것으로 보아 전남이다.
① 오답 | 세종(A)은 충청권, 전남(C)은 호남권에 속한다.
② 오답 | 세종(A)은 부산(B)보다 총인구가 적다.
③ 오답 | 세종(A)은 전남(C)보다 노령화 지수가 낮다.
④ 정답 | 총부양비는 유소년 부양비와 노년 부양비의 합으로, 전남(C)은 부산(B)보다 유소년 부양비와 노년 부양비가 모두 높아 총부양비가 높다.
⑤ 오답 | 부산(B)은 전국 평균보다 유소년 부양비가 낮다.

7 산지의 형성 정답 ② 정답률 77%

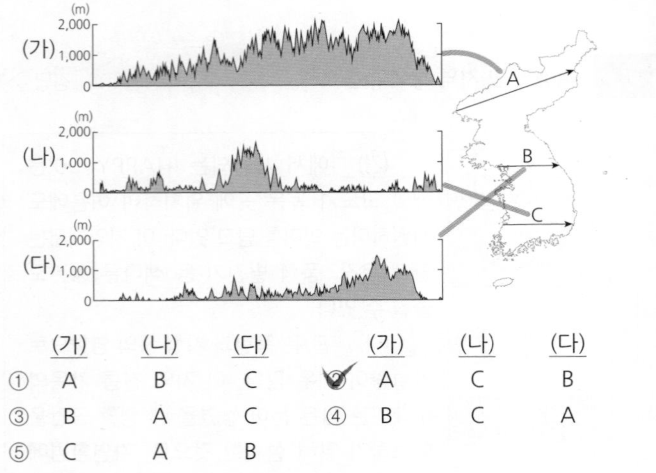

	(가)	(나)	(다)
①	A	B	C
②	A	C	B
③	B	A	C
④	B	C	A
⑤	C	A	B

| 자 | 료 | 해 | 설 |
(가)~(다)가 세 구간의 지형 단면 중 어느 것인지 지도의 A~C에서 알맞게 찾는 문항이다.

| 선 | 택 | 지 | 풀 | 이 |
② 정답 |
(가) - A : A는 북부 지방의 지형 단면으로, 낭림산맥과 개마고원으로 인해 다른 지역에 비해 전체적으로 해발 고도가 높게 나타나기 때문에 (가)에 해당한다.
(나) - C : C는 남부 지방의 지형 단면으로, 중앙부의 소백 산맥으로 인해 가운데 지역의 해발 고도가 높게 나타나기 때문에 (나)에 해당한다.
(다) - B : B는 중부 지방의 지형 단면으로, 동고서저형의 단면이 나타나기 때문에 (다)에 해당한다.

8 다양한 상업 시설 정답 ④ 정답률 93%

보기
ㄱ. (가)는 (나)보다 사업체당 매장 면적이 넓다.
ㄴ. (가)는 (나)보다 소비자의 평균 이용 횟수가 많다.
ㄷ. (나)는 (가)보다 최소 요구치가 작다.
ㄹ. (나)는 (가)보다 사업체 간 평균 거리가 멀다.

① ㄱ, ㄴ ② ㄱ, ㄷ ③ ㄴ, ㄷ ④ ㄴ, ㄹ ⑤ ㄷ, ㄹ

| 자 | 료 | 해 | 설 |
자료의 (가), (나)가 편의점, 백화점 중 어느 소매 업태인지를 찾은 다음 두 소매 업태의 특성을 비교하는 문항이다.

| 보 | 기 | 풀 | 이 |
(가)는 대부분 24시간 영업을 하며, 연중무휴의 특징을 갖는 소매 업태인 편의점이다.
(나)는 도심 또는 부도심에 주로 위치하며 고가의 상품을 포함한 다양한 물품을 판매하는 소매 업태인 백화점이다.
ㄱ 오답 | 편의점은 백화점보다 사업체당 매장 면적이 좁다.
ㄴ 정답 | 편의점은 백화점보다 소비자의 평균 이용 횟수가 많다.
ㄷ 오답 | 백화점은 편의점보다 중심지 기능이 유지되기 위한 최소 요구치가 크다.
ㄹ 정답 | 백화점은 편의점보다 사업체 간 평균 거리가 멀다.

9 도시 재개발 정답 ② 정답률 90%

① 시작 ② 시작 ③ 시작
④ 시작 ⑤ 시작

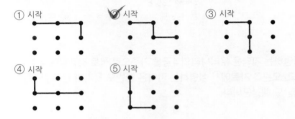

| 자 | 료 | 해 | 설 |
게임을 통해 도시 재개발 방법 중 수복 재개발과 철거 재개발의 특성을 비교하는 문항이다.

| 선 | 택 | 지 | 풀 | 이 |
② 정답 |
(가)는 기존 건물을 최대한 유지하는 수준에서 필요한 부분만 수리·개조하는 수복 재개발, (나)는 기존 시설을 완전히 철거한 후 새로운 시설물로 대체하는 철거 재개발이다.
A : 수복 재개발(가)은 철거 재개발(나)보다 개발 후 원거주민의 재정착률이 높다.
B : 철거 재개발(나)은 수복 재개발(가)보다 개발 후 기존 건물의 활용도가 낮다.
C : 철거 재개발(나)은 수복 재개발(가)보다 개발 과정에서 평균적으로 투입되는 자본의 규모가 크다.
A는 옳은 진술이므로 패턴이 왼쪽에서 오른쪽으로, B는 옳지 않은 진술이므로 패턴이 위에서 아래로, C는 옳은 진술이므로 패턴이 왼쪽에서 오른쪽으로 그려진다.

10 1차 에너지 소비 + 1차 에너지 생산 정답 ④ 정답률 53%

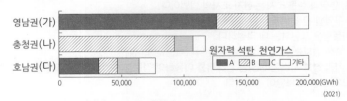

영남권(가) / 충청권(나) / 호남권(다)
원자력 석탄 천연가스
A B C 기타
0 50,000 100,000 150,000 200,000(GWh) (2021)

① (가)는 충청권, (나)는 호남권에 해당한다.
② A는 냉동 액화 기술의 발달로 사용량이 증가하였다.
③ A는 B보다 발전 시 대기 오염 물질 배출량이 많다.
④ B는 C보다 상용화된 시기가 이르다.
⑤ C는 B보다 우리나라 1차 에너지 소비량에서 차지하는 비율이 높다.

| 자 | 료 | 해 | 설 |
원자력, 석탄, 천연가스의 권역별 발전량을 나타내는 그래프의 (가)~(다)가 각각 영남권, 충청권, 호남권 중 어느 권역인지 파악하는 문항이다.

| 선 | 택 | 지 | 풀 | 이 |
(가)와 (다)에서만 나타나고 있는 A는 원자력이며, 원자력 발전이 이루어지고 있는 영남권과 호남권 중에서 원자력 발전량이 많은 (가)는 영남권, (다)는 호남권이다. (나)는 충청권으로, 충청권은 석탄을 이용한 화력 발전이 많이 이루어지고 있으므로 B는 석탄이다. C는 영남권, 충청권, 호남권 모두 발전량이 상대적으로 많지 않은 천연가스이다.
① 오답 | (가)는 영남권, (나)는 충청권에 해당한다.
② 오답 | 냉동 액화 기술의 발달로 사용량이 증가한 것은 천연가스(C)이다.
③ 오답 | 원자력(A)보다 석탄(B)은 발전 시 대기 오염 물질 배출량이 많다.
④ 정답 | 석탄(B)은 천연가스(C)보다 상용화된 시기가 이르다.
⑤ 오답 | 천연가스(C)는 석탄(B)보다 우리나라 1차 에너지 소비량에서 차지하는 비율이 낮다.

문제편 22~23쪽

11 하천의 상류와 하류 비교
정답 ③ 정답률 79%

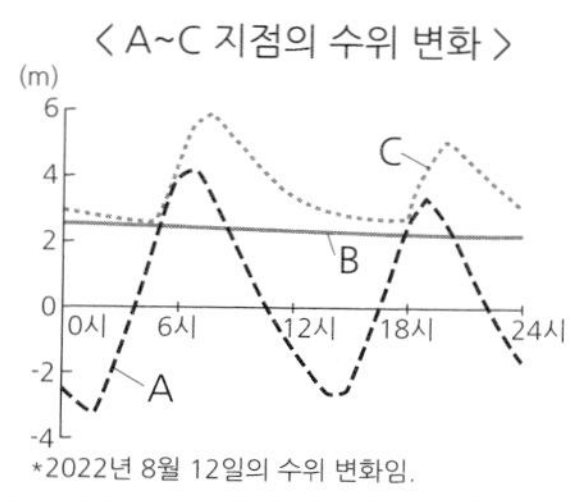

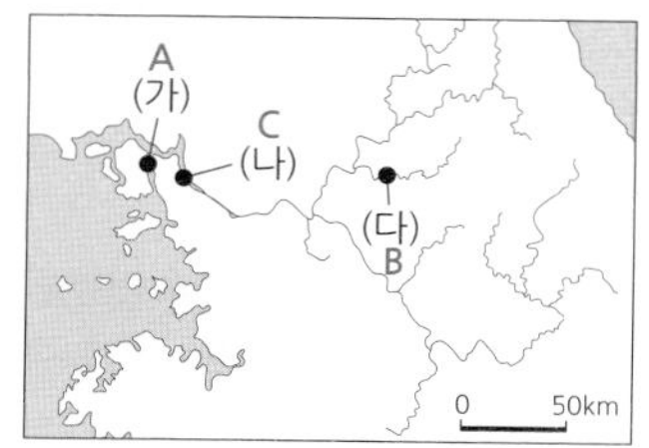

보기
ㄱ. (가)는 A, (다)는 C이다. B
ㄴ. A는 B보다 물의 염도가 높다.
ㄷ. B는 C보다 퇴적물의 평균 입자 크기가 크다.
ㄹ. C는 B보다 하구로부터의 거리가 멀다. 가깝다

① ㄱ, ㄴ ② ㄱ, ㄷ ③ ㄴ, ㄷ ④ ㄴ, ㄹ ⑤ ㄷ, ㄹ

|자|료|해|설|
A~C 지점의 수위 변화 그래프를 보고 한강 상류와 하류 지점인 (가), (나), (다) 지점이 어디인지 찾는 문항이다.

|보|기|풀|이|
ㄱ 오답 | A는 수위의 변화가 가장 크게 나타나므로 조류의 영향을 가장 많이 받는 (가)이다. B는 수위 변화가 거의 없는 것으로 보아 한강 중류의 댐 건설로 인해 조류의 영향을 받지 않는 (다)이다.
ㄴ 정답 | 조류의 영향을 받는 A는 B보다 물의 염도가 높다.
ㄷ 정답 | 중·상류에 위치한 B는 하류에 위치한 C보다 퇴적물의 평균 입자 크기가 크다.
ㄹ 오답 | C는 A에 비해 수위 변화 폭이 작긴 하나 하천의 수위 변화가 나타나는 것을 보아 B보다 하구로부터의 거리가 가깝다.

12 도시 체계
정답 ① 정답률 53%

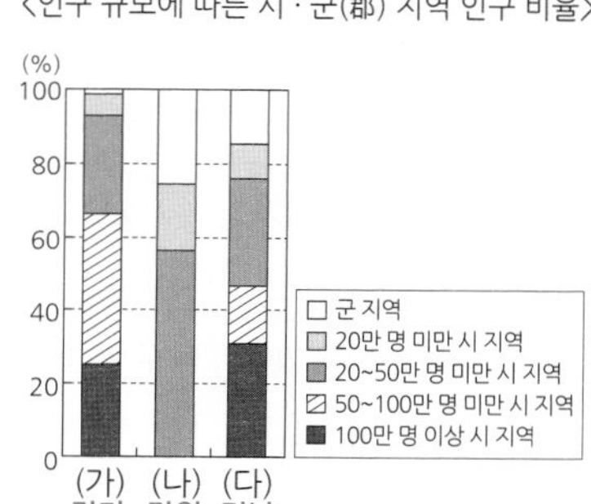

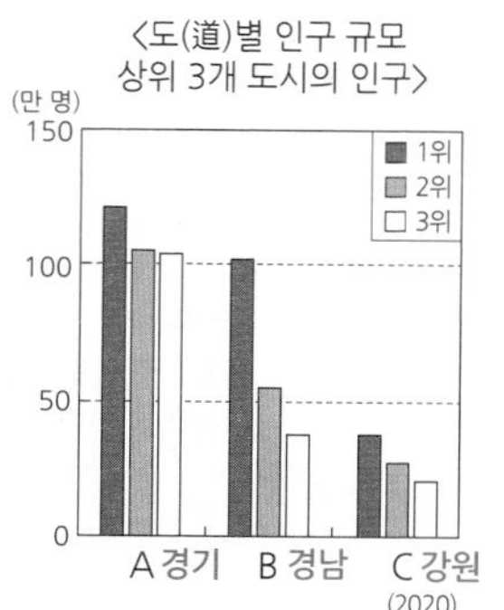

① (가)는 (다)보다 인구 100만 명 이상의 도시 수가 많다.
② (나)는 (가)보다 총인구가 많다. 적다
③ A와 B는 행정 구역의 경계가 맞닿아 있다. 있지 않다
④ B는 C보다 지역 내 군(郡) 지역 인구 비율이 높다. 낮다
⑤ (가)는 A, (나)는 B, (다)는 C이다. C B

|자|료|해|설|
세 지역의 인구 특성을 나타낸 그래프를 보고 A~C가 강원, 경기 ,경남 중 어느 지역인지 파악한 후 그래프를 분석하는 문항이다.

|선|택|지|풀|이|
<인구 규모에 따른 시·군 지역 인구 비율>에서 (가)는 군 지역 인구 비율이 매우 낮으며, 인구 50만 이상 도시의 인구 비율이 높은 것으로 보아 경기이다. (나)는 인구 100만 명 이상 시가 없으며, 군 지역의 인구 비율이 높으므로 강원이다. (다)는 대도시와 중소도시 및 군 지역이 모두 나타나는 것으로 보아 경남이다.
<도별 인구 규모 상위 3개 도시의 인구>에서 A는 1, 2, 3위 도시 모두 인구가 100만 명 이상이므로 인구 규모가 큰 도시들이 많은 경기이다. B는 1위 도시의 인구가 100만 명이 넘는 것으로 보아 경남, C는 1, 2, 3위 도시 모두 인구가 50만 명 미만인 것으로 보아 강원이다.
① 정답 | 경기(가)는 경남(다)보다 인구 100만 명 이상의 도시 수가 많다.
② 오답 | 강원(나)은 경기(가)보다 총인구가 적다.
③ 오답 | 경기(A)와 경남(B)은 행정 구역의 경계가 맞닿아 있지 않다.
④ 오답 | 경남(B)은 강원(C)보다 지역 내 군 지역 인구 비율이 낮다.
⑤ 오답 | (가)는 A, (나)는 C, (다)는 B이다.

13 충청 지방
정답 ③ 정답률 52%

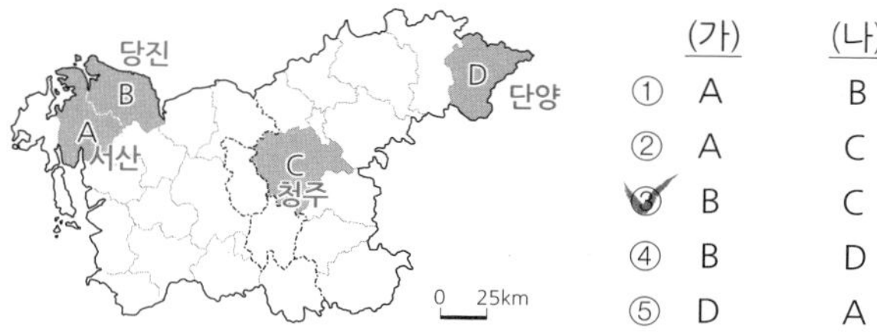

	(가)	(나)
①	A	B
②	A	C
③	B	C
④	B	D
⑤	D	A

|자|료|해|설|
다음 자료에서 설명하는 지역의 특징을 통해 (가), (나) 지역이 지도의 A~D 중 어느 지역인지 찾아내는 문항이다. 지도의 A는 서산, B는 당진, C는 청주, D는 단양이다.

|선|택|지|풀|이|
③정답 |
(가) - B : 충남 당진은 제철소가 있어 1차 금속 제조업의 출하액 비율이 매우 높으며, 서해대교로 경기도 평택과 연결된다. 또한, 아산만을 중심으로 양측에 자리 잡은 평택·당진항은 주로 중국과의 화물 교역량이 많은 국제 무역항이다. 지도에서 당진은 B이다.
(나) - C : 청주는 충북에서 인구가 가장 많은 도시로, 2022년 기준 인구가 약 85만 명이다. 청주는 전통적인 제조업뿐만 아니라 고속철도 분기점에 위치한 오송에 생명 과학 단지와 의료 복합 단지가 발달해 있고, 오창에 첨단 과학 산업 단지가 발달해 있다. 오송역과 충청권 유일의 국제공항인 청주 국제공항이 위치하여 있기도 하다. 지도에서 청주는 C이다.
오답 |
A - 서산 : 서산은 석유 화학 및 정유 공업이 발달해 있다.
D - 단양 : 단양은 석회암 지대이기 때문에 시멘트 공업이 발달해 있고, 다양한 카르스트 지형이 형성되어 있어 관광 산업도 함께 발달해 있다.

14 해안 지형의 형성
정답 ② 정답률 83%

① 갑, 을 ② 갑, 병 ③ 을, 병 ④ 을, 정 ⑤ 병, 정

|자|료|해|설|
A는 사주의 발달로 바다와 분리된 호수인 석호, B는 파랑과 연안류의 퇴적 작용으로 형성된 모래 해변인 사빈, C는 파랑의 침식 작용으로 육지와 분리된 바위섬인 시 스택, D는 파랑의 침식 작용으로 형성된 해안 절벽인 해식애이다.

|선|택|지|풀|이|
②정답 |
갑 : 석호(A)는 후빙기 해수면 상승 이후에 형성된 만에 파랑과 연안류의 작용으로 사주가 퇴적되면서 형성되었다.
병 : 해안 침식 지형인 시 스택(C)은 해안 퇴적 지형인 사빈(B)보다 파랑 에너지가 집중되는 곶에서 잘 발달한다.
오답 |
을 : 석호(A)는 유입되는 하천의 퇴적 작용으로 인해 시간이 지날수록 면적이 축소될 것이다.
정 : 해식애(D)는 파랑의 침식 작용으로 인해 시간이 지날수록 육지 쪽으로 후퇴한다.

15 호남 지방 + 영남 지방
정답 ④ 정답률 53%

① A – 지역 특산물인 굴비를 활용한 장소 마케팅 효과
② B – 지리적 표시제 등록에 따른 녹차 생산량 변화
③ C – 석유 화학 공업의 성장에 따른 지역 내 산업 구조 변화
④ D – 원자력 발전소의 입지가 지역 경제에 끼친 영향
⑤ E – 람사르 협약에 등록된 습지를 보존하기 위한 노력

|자|료|해|설|
경남과 전남 지역의 백지도에 표시된 A~E 지역의 특성을 파악하는 문항이다. 지도의 A는 영광, B는 보성, C는 여수, D는 창원, E는 창녕이다.

|선|택|지|풀|이|
① 오답 | 영광은 지역 특산물인 굴비를 활용해 장소 마케팅을 하고 있다.
② 오답 | 보성 녹차는 우리나라 지리적 표시제 제1호로 등록된 후 녹차 생산량이 증가하였다.
③ 오답 | 여수는 석유 화학 공업이 발달하면서 1차 산업 종사자 비율이 줄어들고 2차 산업 종사자 비율이 늘어나게 되었다.
④정답 | 창원에는 원자력 발전소가 입지해 있지 않다. 원자력 발전소는 부산, 울산, 경북(울진, 경주), 전남(영광)에 입지해 있다.
⑤ 오답 | 창녕에는 람사르 협약에 등록된 우포늪이 위치해 있다.

● 문제편 23쪽

16 위도가 다른 지역의 기후 비교

정답 ② 정답률 53%

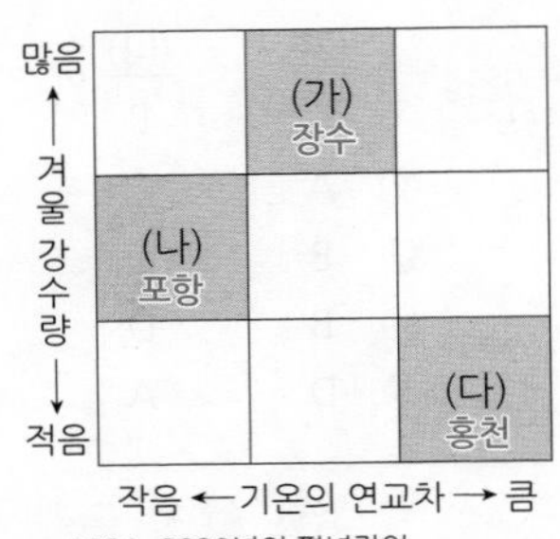

* 1991~2020년의 평균값임.

보기
ㄱ. (가)는 (나)보다 해발 고도가 높다.
ㄴ. (가)는 (다)보다 고위도에 위치한다.
ㄷ. (나)는 (다)보다 연평균 기온이 높다.
ㄹ. (가)~(다) 중 바다의 영향을 가장 크게 받는 곳은 (다)이다.

① ㄱ, ㄴ ② ㄱ, ㄷ ③ ㄴ, ㄷ ④ ㄴ, ㄹ ⑤ ㄷ, ㄹ

|자|료|해|설|
세 지역의 상대적 기후 특성을 나타낸 그래프의 (가)~(다) 지역이 지도에 표시된 세 지역 중 어느 지역인지 찾고 비교하는 문항이다. 지도에 표시된 지역은 홍천, 장수, 포항이다.

|보|기|풀|이|
(가)는 세 지역 중 겨울 강수량이 가장 많으므로 바다를 건너오면서 습윤해진 북서 계절풍이 소백산맥을 따라 상승하면서 눈이 많이 내리는 장수이다. (다)는 세 지역 중 위도가 가장 높고 내륙에 위치하여 기온의 연교차가 가장 큰 홍천이다. (나)는 동해안에 위치하여 세 지역 중 기온의 연교차가 가장 작은 포항이다.
ㄱ 정답 | 소백산맥 산지에 자리한 장수(가)는 해안에 위치한 포항(나)보다 해발 고도가 높다.
ㄴ 오답 | 장수(가)는 홍천(다)보다 저위도에 위치한다.
ㄷ 정답 | 위도가 낮고 동해안에 위치한 포항(나)은 위도가 높고 내륙에 위치한 홍천(다)보다 연평균 기온이 높다.
ㄹ 오답 | (가)~(다) 중 바다의 영향을 가장 크게 받는 지역은 포항(나)이다.

17 제주도의 화산 지형

정답 ② 정답률 71%

보기
ㄱ. ㉠은 분화구에 물이 고여 형성된 화구호이다.
ㄴ. ㉡은 주로 유동성이 큰 현무암질 용암의 분출로 형성되었다.
ㄷ. ㉢은 용암의 냉각 속도 차이로 형성되었다.
ㄹ. ㉣은 주로 마그마가 관입하여 형성된 암석이다.

① ㄱ, ㄴ ② ㄱ, ㄷ ③ ㄴ, ㄷ ④ ㄴ, ㄹ ⑤ ㄷ, ㄹ

|자|료|해|설|
제주도에 관한 자료 글을 읽고 <보기> 내용의 옳고 그름을 판단하는 문제이다.

|보|기|풀|이|
ㄱ 정답 | 한라산 백록담은 분화구에 물이 고여 형성된 화구호이다.
ㄴ 오답 | 종상화산인 산방산은 유동성이 작은 조면암질 용암의 분출로 형성되었다.
ㄷ 정답 | 용암동굴인 만장굴은 용암의 냉각 속도 차이로 형성되었다.
ㄹ 오답 | 현무암은 주로 마그마가 분출하여 형성된 암석이다. 마그마가 관입하여 땅속에서 굳어져 형성된 대표적인 암석으로는 화강암이 있다.

18 강원 지방

정답 ⑤ 정답률 64%

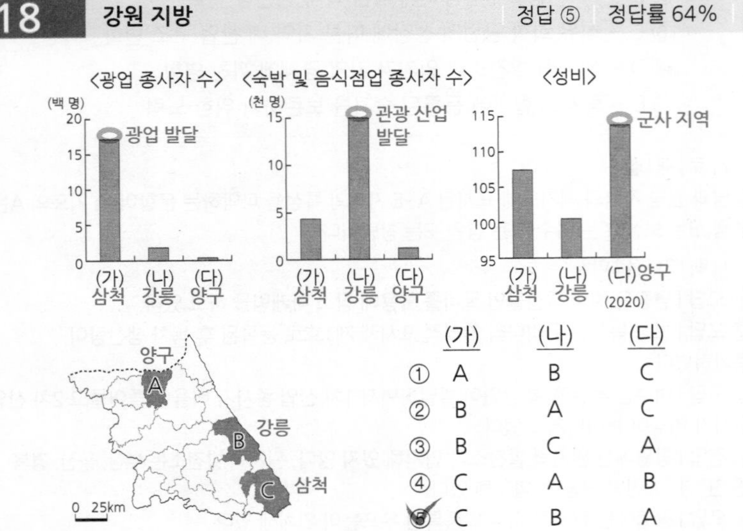

	(가)	(나)	(다)
①	A	B	C
②	B	A	C
③	B	C	A
④	C	A	B
⑤	C	B	A

|자|료|해|설|
세 지역의 광업 종사자 수, 숙박 및 음식점업 종사자 수, 성비를 나타낸 그래프를 통해 (가)~(다) 지역이 지도에 표시된 지역 중 어느 지역인지 찾아내는 문항이다. 지도에 표시된 A는 양구, B는 강릉, C는 삼척이다.

|선|택|지|풀|이|
⑤ 정답 |
(가) - C : (가)는 광업 종사자 수가 많은 것으로 보아 광업이 발달한 C 삼척이다.
(나) - B : (나)는 숙박 및 음식점업 종사자 수가 많은 것으로 보아 관광 산업이 발달한 B 강릉이다.
(다) - A : (다)는 성비가 높은 것으로 보아 군 부대가 많은 지역인 A 양구이다.

19 대도시권

정답 ③ 정답률 69%

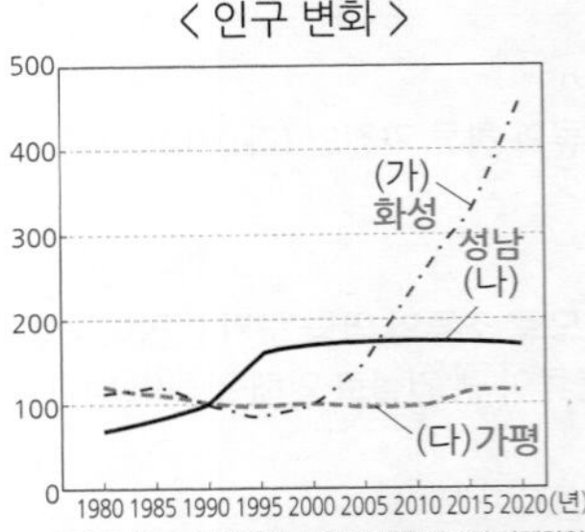

*1990년 인구를 100으로 했을 때 해당 연도의 상댓값임.
**각 해당 연도의 행정 구역(시·군)을 기준으로 함.

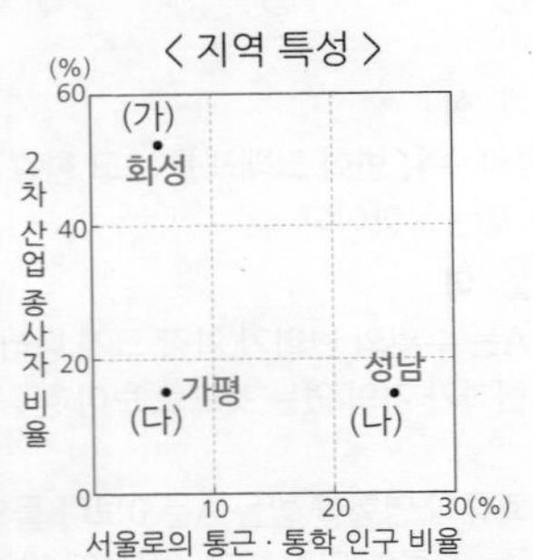

보기
ㄱ. 화성은 성남보다 서울로의 통근 · 통학 인구 비율이 높다.
ㄴ. (나)에는 수도권 1기 신도시가 위치하고 있다.
ㄷ. (가)는 (다)보다 주택 유형 중 아파트 비율이 높다.
ㄹ. (나)는 (다)보다 지역 내 1차 산업 종사자 비율이 높다.

① ㄱ, ㄴ ② ㄱ, ㄷ ③ ㄴ, ㄷ ④ ㄴ, ㄹ ⑤ ㄷ, ㄹ

|자|료|해|설|
인구 변화와 지역 특성을 나타낸 그래프를 통해 (가)~(다) 지역이 각각 가평, 성남, 화성 중 어느 지역인지 파악하는 문항이다.

|보|기|풀|이|
(가)는 2차 산업 종사자 비율이 높고 1990년 대비 인구가 급증한 것으로 보아 제조업이 발달하였고 수도권 2기 신도시인 동탄 신도시가 위치한 화성이다. (나)는 1990년대에 인구가 급증하였고 서울로의 통근 · 통학 인구 비율이 높은 것으로 보아 수도권 1기 신도시인 분당 신도시가 위치한 성남이다. (다)는 1990년 대비 인구 변동 폭이 작으며, 서울로의 통근 · 통학 인구 비율이 낮고 2차 산업 종사자 비율도 낮은 가평이다.
ㄱ 오답 | 화성은 성남보다 제조업이 발달해 있고 서울과의 거리가 멀어 서울로의 통근 · 통학 인구 비율이 낮다.
ㄴ 정답 | 성남에는 수도권 1기 신도시인 분당 신도시가 위치하고 있다.
ㄷ 정답 | 화성은 아파트 위주로 개발된 동탄 신도시가 위치해 있어 주택 유형 중 아파트 비율이 가평보다 높다.
ㄹ 오답 | 성남은 가평보다 지역 내 1차 산업 종사자 비율이 낮다.

20 북한의 개방 지역 및 여러 지역의 비교

정답 ⑤ 정답률 50%

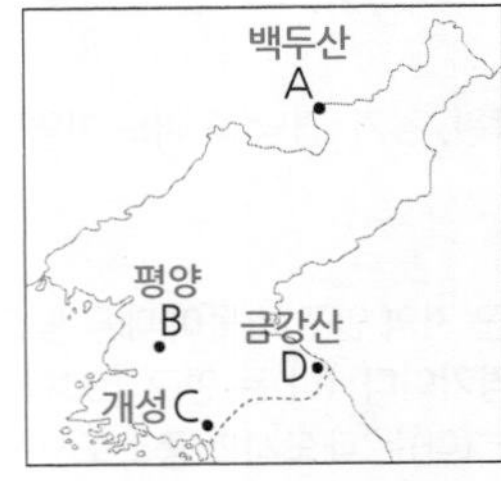

	(가)	(나)
①	A	B
②	A	C
③	B	C
④	D	B
⑤	D	C

|자|료|해|설|
북한의 (가), (나) 개방 지역을 지도의 A~D에서 찾아내는 문항이다. 지도의 A는 백두산, B는 평양, C는 금강산, D는 개성이다.

|선|택|지|풀|이|
⑤ 정답 |
(가) - D : (가)는 2002년 남한과 외국인 관광객 유치를 위해 관광 지구로 지정되었으나 현재는 남한 관광객의 방문이 중단된 곳이며, 일만이천 봉우리가 유명한 금강산이다.
(나) - C : (나)는 고려의 수도였으며 2002년 남북한 경제 협력으로 공업 지구가 조성되었으나 현재는 운영이 중단된 상태인 개성이다.

문제편 24쪽

06회 2024년 4월 고3 학력평가
정답과 해설 한국지리

문제편 p.25

1	②	2	②	3	③	4	②	5	④
6	⑤	7	①	8	⑤	9	③	10	①
11	③	12	⑤	13	③	14	⑤	15	③
16	④	17	④	18	④	19	①	20	④

1 지리 정보

정답 ② 정답률 94%

보기

ㄱ. ㉠은 직접 접근하기 어려운 지역의 지리 정보 수집에 유리하다.

ㄴ. ㉡은 공간 정보에 해당한다.

ㄷ. ㉢은 각각의 지리 정보를 표현한 여러 장의 지도를 겹쳐서 분석하는 방법이다.

ㄹ. ㉣을 통계 지도로 표현할 때 등치선도가 가장 적절하다.

① ㄱ, ㄴ ② ㄱ, ㄷ ③ ㄴ, ㄷ ④ ㄴ, ㄹ ⑤ ㄷ, ㄹ

| 자 | 료 | 해 | 설 |

지리 정보의 유형, 수집, 표현과 지리 정보 시스템(GIS)에 대한 내용을 파악하는 문항이다.

| 보 | 기 | 풀 | 이 |

ㄱ 정답 | ㉠ 원격 탐사는 관측 대상과의 직접적인 접촉 없이 먼 거리에서 정보를 얻는 기술로, 항공기나 인공위성을 이용하는 것이 대표적이다. 따라서 원격 탐사는 직접 접근하기 어려운 지역이나 광범위한 지역의 지리 정보를 수집하는 데 유리하다.

ㄴ 오답 | ㉡ 가구 수는 장소나 현상의 인문적 · 자연적 특성을 나타내는 속성 정보에 해당한다. 공간 정보는 장소나 현상의 위치 및 형태를 나타내는 정보로 위도와 경도, 주소 등이 해당한다.

ㄷ 정답 | 지리 정보 시스템(GIS)의 ㉢ 중첩 분석은 각각의 지리 정보를 표현한 여러 장의 지도를 겹쳐서 분석하는 방법으로, 여러 조건을 동시에 만족하는 지역을 선정하는 데 사용된다.

ㄹ 오답 | ㉣ 출 · 퇴근 이동 경로와 이동량을 통계 지도로 표현할 때는 지역 간 이동량과 이동 방향을 화살표 등으로 표현하는 유선도가 가장 적절하다. 등치선도는 같은 통곗값을 지닌 지점을 선으로 연결하여 표현하는 통계 지도로 벚꽃 개화일, 기온 분포와 같은 기후 값 등을 표현하기에 적합하다.

2 화산 지형과 카르스트 지형

정답 ② 정답률 64%

보기

ㄱ. ㉠은 고생대 조선 누층군에 주로 분포한다.

ㄴ. ㉡의 주변 지역은 밭농사보다 논농사에 유리하다.

ㄷ. ㉢은 흐르는 용암 표면과 내부의 냉각 속도 차이에 의해 형성된다.

ㄹ. ㉣은 주로 마그마의 관입으로 형성된다.

① ㄱ, ㄴ ② ㄱ, ㄷ ③ ㄴ, ㄷ ④ ㄴ, ㄹ ⑤ ㄷ, ㄹ

| 자 | 료 | 해 | 설 |

카르스트 지형과 화산 지형의 형성 원인과 특성 등을 비교하는 문항이다. ㉡ 석회 동굴은 카르스트 지형, ㉢ 용암 동굴은 화산 지형이다. ㉠ 석회암은 카르스트 지형의 주된 기반암, ㉣ 현무암은 화산 지형의 주된 기반암이다.

| 보 | 기 | 풀 | 이 |

ㄱ 정답 | ㉠ 석회암은 고생대 해저에서 형성된 퇴적암으로, 고생대 조선 누층군에 주로 분포하며 탄산 칼슘이 주성분이다.

ㄴ 오답 | ㉡ 석회 동굴의 주변 지역은 기반암인 석회암이 절리가 발달하여 배수가 양호하므로 논농사보다 밭농사에 유리하다.

ㄷ 정답 | ㉢ 용암 동굴은 주로 점성이 작은 용암이 흘러가면서 용암 표면과 내부의 냉각 속도 차이에 의해 형성된다.

ㄹ 오답 | ㉣ 현무암은 신생대의 화산 활동으로 마그마가 지표로 분출한 후 빠르게 식어서 형성된 화산암이다. 중생대의 지각 변동으로 마그마가 지하에 관입한 후 천천히 식어서 형성된 암석은 화강암이다.

3 고지도에 나타난 국토관

정답 ③ 정답률 88%

① (가)는 민간 주도로 제작되었다.

② (나)는 산줄기의 굵기를 통해 정확한 해발 고도를 알 수 있다.

③ (가)는 (나)보다 제작 시기가 이르다.

④ A에서 B까지의 거리는 30리 미만이다.

⑤ C는 배가 다닐 수 있는 하천이다.

| 자 | 료 | 해 | 설 |

(가)는 조선 전기에 국가 주도로 제작된 혼일강리역대국도지도, (나)는 조선 후기에 김정호가 제작한 대동여지도의 일부이다.

| 선 | 택 | 지 | 풀 | 이 |

① 오답 | (가) 혼일강리역대국도지도는 조선 전기에 국가 주도로 제작된 세계 지도이다.

② 오답 | (나) 대동여지도는 산줄기의 굵기를 달리하여 산의 높낮이를 대략적으로 표현하였지만 정확한 해발 고도를 파악할 수는 없다.

③ 정답 | (가) 혼일강리역대국도지도는 조선 전기(1402년)에 제작되었고, (나) 대동여지도는 조선 후기(1861년)에 제작되었다. 따라서 (가)는 (나)보다 제작 시기가 이르다.

④ 오답 | 대동여지도에는 도로에 10리마다 방점이 찍혀 있어 두 지점 간의 대략적인 거리 파악이 가능하다. A와 B 사이에는 방점이 네 개 있으므로 A에서 B까지의 거리는 약 50리이다.

⑤ 오답 | 대동여지도에서 배가 다닐 수 있는 하천은 쌍선, 배가 다닐 수 없는 하천은 단선으로 표현하였다. C는 단선으로 표현되어 있으므로 배가 다닐 수 없는 하천이다.

4 여행기

정답 ② 정답률 64%

	(가)	(나)
①	A	C
②	A	D
③	B	C
④	B	D
⑤	C	A

| 자 | 료 | 해 | 설 |

자료에서 설명하는 (가), (나) 지역을 호남 지방 지도의 A~D에서 찾는 문항이다. 지도의 A는 김제, B는 남원, C는 해남, D는 보성이다.

| 선 | 택 | 지 | 풀 | 이 |

② 정답 |

(가) - A : 지평선 축제가 열리며 벽골제가 있는 지역은 김제이다. 김제는 넓은 평야와 벼농사를 배경으로 지평선 축제가 개최되며 쌀 생산으로 유명하고, 벽골제를 탐방할 수 있다. 김제는 지도의 A이다.

(나) - D : 지리적 표시제 제1호로 등록된 녹차와 꼬막이 유명한 지역은 보성이다. 보성에서는 녹차를 활용한 다향 대축제가 개최된다. 보성은 지도의 D이다.

오답 |

B는 남원이다. 남원은 춘향전의 배경이 된 광한루원에서 춘향제가 개최되며, 목기로도 유명하다.

C는 해남이다. 해남은 섬을 제외한 한반도 육지에서 가장 남쪽에 위치해 있어 한반도 최남단 땅끝마을에서 땅끝 해넘이 · 해맞이 축제가 개최되며, 겨울 기온이 높아 겨울 배추의 주요 재배지로도 유명하다.

5 서해안

정답 ④ 정답률 78%

① ㉠은 사주에 의해 육지와 연결된다.

② ㉡은 동해안보다 서해안에 넓게 분포한다.

③ ㉣은 곶보다 만에 주로 발달한다.

④ ㉡과 ㉣은 주로 파랑의 침식 작용으로 형성된다.

⑤ ㉢은 ㉣보다 퇴적 물질의 평균 입자 크기가 작다.

| 자 | 료 | 해 | 설 |

서해안에 위치한 ㉠~㉣ 해안 지형의 형성 원인, 특징 등을 파악하는 문항이다.

| 선 | 택 | 지 | 풀 | 이 |

① 오답 | ㉠ 육계도는 사주에 의해 육지와 연결된 섬이다.

② 오답 | 갯벌은 주로 조류의 퇴적 작용으로 형성되며 밀물 때는 침수되고 썰물 때는 드러나는 지형으로 조차가 크고 수심이 얕은 곳에서 잘 발달한다. 따라서 ㉡ 갯벌은 동해안보다 조차가 큰 서해안에 넓게 분포한다.

③ 오답 | ㉣ 사빈은 주로 파랑과 연안류의 퇴적 작용으로 형성되는 지형이므로 파랑 에너지가 집중되는 곶보다 파랑 에너지가 분산되는 만에 주로 발달한다.

④ 정답 | ㉡ 갯벌은 주로 조류의 퇴적 작용으로 형성되고, ㉣ 사빈은 주로 파랑과 연안류의 퇴적 작용으로 형성된다. 주로 파랑의 침식 작용으로 형성되는 지형은 해식애, 시 스택, 파식대 등이다.

⑤ 오답 | 해안 사구는 사빈의 퇴적 물질 중 작고 가벼운 모래가 바다로부터 불어오는 바람에 날려 퇴적되어 형성된 모래 언덕이다. 따라서 ㉢ 해안 사구는 ㉣ 사빈보다 퇴적 물질의 평균 입자 크기가 작다.

문제편 25~26쪽

6 도시 내부 구조

정답 ⑤ 정답률 87%

① (가)는 (나)보다 제조업체 수가 ~~많다~~. 적다
② (가)는 (다)보다 초등학생 수가 ~~적다~~. 많다
③ (나)는 (다)보다 중심 업무 기능이 ~~우세하다~~. 우세하지 않다
④ (다)는 (가)보다 출근 시간대 유입 인구가 ~~적다~~. 많다
⑤ (다)는 (나)보다 상업 지역의 평균 지가가 높다.

|자|료|해|설|
서울시 세 지역의 용도별 토지 이용 면적을 나타낸 그래프를 보고 (가)~(다) 지역의 특성을 비교하는 문항이다. 지도에 표시된 세 지역은 주변 지역(노원구), 도심(중구), 제조업 발달 지역(금천구)이다. (가)는 주거 지역의 면적이 가장 넓으므로 주거 기능이 발달한 주변 지역이다. (나)는 다른 지역에 비해 공업 지역의 면적이 상대적으로 넓으므로 제조업이 발달한 지역이다. (다)는 다른 지역에 비해 상업 지역의 면적이 매우 넓으므로 상업·업무 기능이 발달한 도심이다.

|선|택|지|풀|이|
① 오답 | 제조업체 수는 제조업이 발달한 (나)가 주거 기능이 발달한 (가)보다 많다.
② 오답 | 초등학생 수는 주변 지역으로 상주인구가 많은 (가)가 도심인 (다)보다 많다. 초등학생 수는 대체로 상주인구에 비례한다.
③ 오답 | 중심 업무 기능은 도심인 (다)가 제조업이 발달한 (나)보다 우세하다.
④ 오답 | 출근 시간대 유입 인구는 상업·업무 기능이 발달한 (다)가 주거 기능이 발달한 (가)보다 많다.
⑤ 정답 | 상업 지역의 평균 지가는 접근성이 좋은 도심인 (다)가 제조업이 발달한 (나)보다 높다.

7 바람

정답 ① 정답률 75%

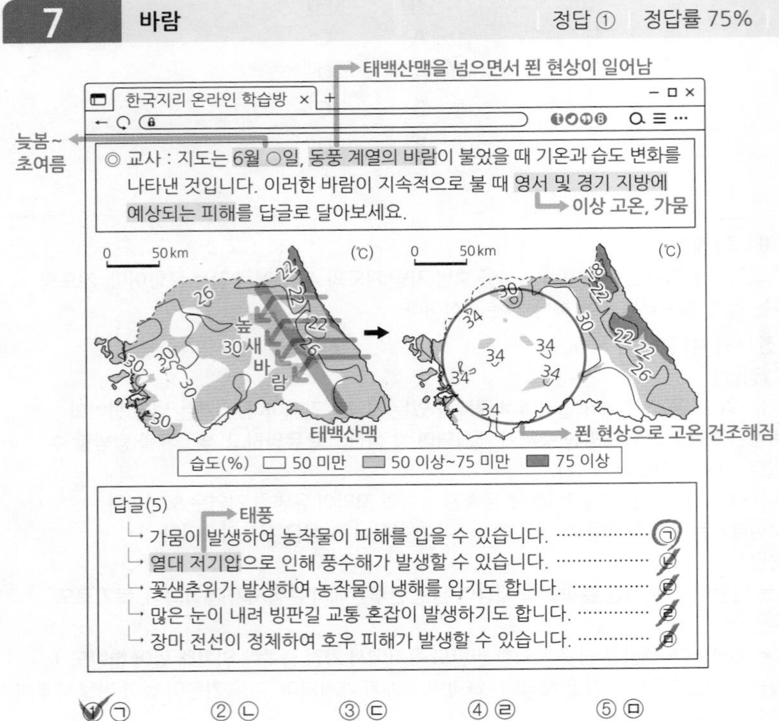

태백산맥을 넘으면서 푄 현상이 일어남
늦봄~초여름
한국지리 온라인 학습방
◎ 교사 : 지도는 6월 ○일, 동풍 계열의 바람이 불었을 때 기온과 습도 변화를 나타낸 것입니다. 이러한 바람이 지속적으로 불 때 영서 및 경기 지방에 예상되는 피해를 답글로 달아보세요.
이상 고온, 가뭄
높새바람
태백산맥
푄 현상으로 고온 건조해짐
습도(%) 50 미만 50 이상~75 미만 75 이상
답글(5)
태풍
가뭄이 발생하여 농작물이 피해를 입을 수 있습니다. ㉠
열대 저기압으로 인해 풍수해가 발생할 수 있습니다. ㉡
꽃샘추위가 발생하여 농작물이 냉해를 입기도 합니다. ㉢
많은 눈이 내려 빙판길 교통 혼잡이 발생하기도 합니다. ㉣
장마 전선이 정체하여 호우 피해가 발생할 수 있습니다. ㉤

① ㉠ ② ㉡ ③ ㉢ ④ ㉣ ⑤ ㉤

|자|료|해|설|
영서 및 경기 지방에 영향을 미치는 높새바람의 특성을 파악하는 문항이다. 늦봄에서 초여름 사이에 오호츠크해 기단이 세력을 확장하면 우리나라에 북동풍이 자주 부는데, 이 바람이 태백산맥을 넘으면서 푄 현상에 의해 고온 건조해진다. 이때 영서 및 경기 지방에 부는 고온 건조한 바람을 높새바람이라고 한다.

|선|택|지|풀|이|
① 정답 | 높새바람이 불면 기온과 습도의 동서 차이를 유발하며 영서 및 경기 지방에 이상 고온이나 가뭄 피해를 일으킨다.
② 오답 | 열대 저기압(태풍)에 의한 풍수해는 주로 7~9월에 우리나라에 영향을 준다.
③ 오답 | 꽃샘추위는 초봄에 시베리아 고기압이 일시적으로 확장하면서 발생한다.
④ 오답 | 눈으로 인한 피해는 주로 겨울철에 발생한다.
⑤ 오답 | 장마는 6월 하순을 전후로 남부 지방부터 시작되고, 습도가 높아진다.

8 소비자 서비스와 생산자 서비스

정답 ⑤ 정답률 70%

보기
ㄱ. (가)는 (나)보다 지식 집약적 성격이 ~~강하다~~. 약하다
ㄴ. (나)는 (가)보다 전국 종사자 수가 ~~많다~~. 적다
ㄷ. (나)는 (가)보다 대도시의 도심에서 주로 발달한다.
ㄹ. (가)는 소비자 서비스업, (나)는 생산자 서비스업에 해당한다.

① ㄱ, ㄴ ② ㄱ, ㄷ ③ ㄴ, ㄷ ④ ㄴ, ㄹ ⑤ ㄷ, ㄹ

|자|료|해|설|
시·도별 종사자 수와 매출액 비율을 나타낸 그래프를 보고 생산자 서비스업과 소비자 서비스업의 특성을 비교하는 문항이다. (가)는 전국 종사자 수가 많고 인구에 비례하여 지역별로 분산되어 분포하는 편이므로 소비자 서비스업에 해당하는 도매 및 소매업이다. (나)는 (가)보다 전국 종사자 수가 적고 서울을 중심으로 수도권에 집중되어 분포하며 대도시에서 상대적으로 매출액 비율이 높으므로 생산자 서비스업에 해당하는 전문 서비스업이다.

|보|기|풀|이|
ㄷ 정답 | 생산자 서비스업은 기업과의 접근성이 높고 관련 정보 획득에 유리한 대도시의 도심에 집중하려는 경향이 크며, 소비자 서비스업은 소비자의 이동 거리를 최소화하기 위해 분산 입지하려는 경향이 나타난다. 따라서 (나) 전문 서비스업은 (가) 도매 및 소매업보다 대도시의 도심에서 주로 발달한다.
ㄹ 정답 | (가) 도매 및 소매업은 개인 소비자가 이용하는 소비자 서비스업에 해당하고, (나) 전문 서비스업은 기업의 생산 활동을 지원하는 생산자 서비스업에 해당한다.

9 산지의 형성

정답 ③ 정답률 78%

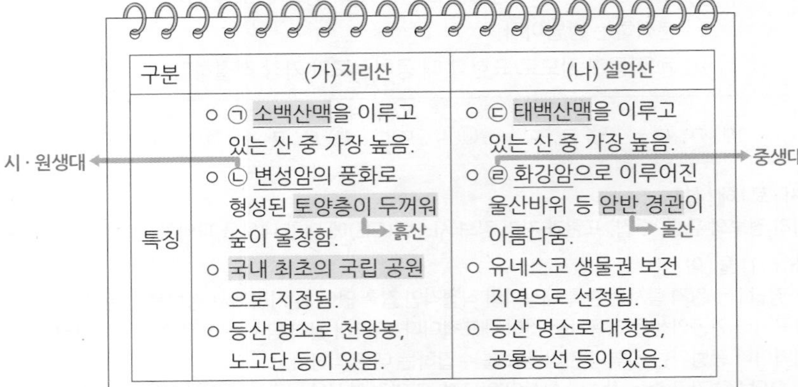

구분	(가) 지리산	(나) 설악산
특징	○ ㉠ 소백산맥을 이루고 있는 산 중 가장 높음. ○ ㉡ 변성암의 풍화로 형성된 토양층이 두꺼워 숲이 울창함. ○ 국내 최초의 국립 공원으로 지정됨. ○ 등산 명소로 천왕봉, 노고단 등이 있음.	○ ㉢ 태백산맥을 이루고 있는 산 중 가장 높음. ○ ㉣ 화강암으로 이루어진 울산바위 등 암반 경관이 아름다움. ○ 유네스코 생물권 보전 지역으로 선정됨. ○ 등산 명소로 대청봉, 공룡능선 등이 있음.

시·원생대
흙산
중생대
돌산

보기
ㄱ. (가)는 (나)보다 ~~고위도~~ 저위도에 위치한다.
ㄴ. (가)는 흙산, (나)는 돌산으로 분류된다.
ㄷ. ㉠과 ㉢은 해발 고도가 높고 연속성이 강한 1차 산맥이다.
ㄹ. ㉣은 ㉡보다 대체로 형성 시기가 ~~이르다~~. 늦다

① ㄱ, ㄴ ② ㄱ, ㄷ ③ ㄴ, ㄷ ④ ㄴ, ㄹ ⑤ ㄷ, ㄹ

|자|료|해|설|
돌산인 설악산과 흙산인 지리산의 특성을 비교하는 문항이다. (가)는 소백산맥에 위치하고 변성암의 풍화로 형성된 토양층이 두꺼워 흙산을 이루는 지리산이다. (나)는 태백산맥에 위치하고 화강암으로 이루어진 울산바위 등 암반이 드러난 돌산인 설악산이다.

|보|기|풀|이|
ㄱ 오답 | (가) 지리산은 (나) 설악산보다 저위도에 위치한다.
ㄴ 정답 | (가) 지리산은 사면과 정상부까지 기반암이 풍화된 토양(풍화층)이 주로 나타나는 흙산이고, (나) 설악산은 사면과 정상부에 기반암이 많이 노출된 돌산이다.
ㄷ 정답 | ㉠ 소백산맥과 ㉢ 태백산맥은 경동성 요곡 운동의 영향으로 형성되어 해발 고도가 높고 연속성이 강한 1차 산맥으로 분류된다.
ㄹ 오답 | 시·원생대의 ㉡ 변성암이 중생대의 ㉣ 화강암보다 대체로 형성 시기가 이르다.

10 기후 변화

정답 ① 정답률 95%

① 봄꽃의 개화 시기가 빨라질 것이다.
② 열대야 발생 일수가 ~~감소할~~ 증가할 것이다.
③ 서리가 내리지 않는 기간이 ~~짧아질~~ 길어질 것이다. (무상 기간)
④ 해안 저지대의 침수 가능성이 ~~낮아질~~ 높아질 것이다.
⑤ 고산 식물의 분포 고도 하한선이 ~~낮아질~~ 높아질 것이다.

|자|료|해|설|
우리나라의 기후와 어종 변화를 보고 지구 온난화로 인해 우리나라에서 나타날 변화를 추론하는 문항이다.

|선|택|지|풀|이|
① 정답 | 지구 온난화가 지속되어 겨울이 짧아지고 봄이 일찍 시작되면 봄꽃의 개화 시기가 빨라질 것이다.
② 오답 | 지구 온난화가 지속되어 기온이 상승하면 열대야 발생 일수가 증가할 것이다.
③ 오답 | 지구 온난화가 지속되어 겨울이 짧아지면 첫 서리일은 늦어지고 마지막 서리일은 빨라지면서 서리가 내리지 않는 기간이 길어질 것이다.
④ 오답 | 지구 온난화가 지속되어 빙하가 녹고 해수가 팽창하여 해수면이 상승하면 해안 저지대의 침수 가능성이 높아질 것이다.
⑤ 오답 | 지구 온난화가 지속되어 기온이 상승하면 고산 지대에 분포하는 고산 식물의 서식 환경이 악화되어 고산 식물의 분포 고도 하한선이 높아질 것이다.

문제편 26~27쪽

11 신 · 재생 에너지

정답 ③ 정답률 90%

① (가)는 주간보다 야간에 발전량이 많다.
② (나)는 동해안이 서해안보다 발전소 입지에 유리하다.
③ (가)는 (나)보다 전력 생산 시 기상 조건의 영향을 많이 받는다.
④ (가)는 (다)보다 전력 생산 시 소음이 크게 발생한다.
⑤ (가)는 조력, (나)는 풍력, (다)는 태양광이다.

|자|료|해|설|
글에서 설명하는 (가)~(다)가 어떤 발전인지 찾고 특성을 비교하는 문항이다. (가)는 일조량이 풍부한 지역에서 전력을 생산하므로 태양광이다. (나)는 조차가 큰 해안 지역에서 전력을 생산하므로 조력이며, 우리나라에서는 시화호 조력 발전소가 유일하다. (다)는 바람의 힘을 이용하여 전력을 생산하므로 풍력이다. 풍력은 바람이 많은 해안이나 산지 지역이 발전에 유리하다.

|선|택|지|풀|이|
① 오답 | (가) 태양광은 햇빛을 이용하므로 야간보다 주간에 발전량이 많다.
② 오답 | (나) 조력은 조차가 큰 지역이 발전에 유리하므로 서해안이 동해안보다 발전소 입지에 유리하다.
③ 정답 | (가) 태양광은 발전 시 일조량의 영향을 받기 때문에 조차를 이용하는 (나) 조력보다 전력 생산 시 기상 조건의 영향을 많이 받는다.
④ 오답 | (다) 풍력은 커다란 날개가 바람에 의해 돌아가면서 전력을 생산하므로 (가) 태양광보다 전력 생산 시 소음이 크게 발생한다.
⑤ 오답 | (가)는 태양광, (나)는 조력, (다)는 풍력이다.

12 감입 곡류 하천과 자유 곡류 하천

정답 ⑤ 정답률 62%

① (가)의 하천은 (나)의 하천보다 하상의 평균 해발 고도가 높다.
② (나)의 하천은 (가)의 하천보다 평균 유량이 많다.
③ A의 퇴적물은 주로 최종 빙기에 퇴적되었다.
④ B는 A보다 배수가 양호하다.
⑤ C는 B보다 홍수 시 범람에 의한 침수 가능성이 낮다.

|자|료|해|설|
자유 곡류 하천과 감입 곡류 하천의 지형 특성을 비교하는 문항이다. (가)는 하천 하류의 평야 위를 흐르는 자유 곡류 하천, (나)는 하천 상류의 산지 사이를 흐르는 감입 곡류 하천이다. A와 B는 범람원상에 위치하는데, A는 자연 제방, B는 배후 습지이며, C는 하안 단구이다.

|선|택|지|풀|이|
① 오답 | 하천 상류에서 하류로 갈수록 하천 바닥인 하상의 해발 고도가 낮아진다. (가)의 하천은 (나)의 하천보다 하류에 위치하므로 하상의 평균 해발 고도가 낮다.
② 오답 | 하천 상류에서 하류로 갈수록 평균 유량이 많아진다. (나)의 하천은 (가)의 하천보다 상류에 위치하므로 평균 유량이 적다.
③ 오답 | A 자연 제방의 퇴적물은 주로 후빙기에 퇴적되었다. 후빙기에 하천 하류는 해수면 상승으로 퇴적 작용이 우세하였다.
④ 오답 | A 자연 제방은 주로 모래로 구성되고, B 배후 습지는 주로 점토로 구성되어 있어 B 배후 습지는 A 자연 제방보다 배수가 불량하다.
⑤ 정답 | C 하안 단구는 B 배후 습지보다 해발 고도가 높고 하천과의 고도 차도 크기 때문에 홍수 시 범람에 의한 침수 가능성이 낮다.

13 도시 체계

정답 ③ 정답률 85%

① (가)는 광역시이다.
② (나)는 (다)보다 보유하고 있는 중심지 기능이 다양하다.
③ (가)~(다) 중 서울로의 고속버스 운행 횟수가 가장 많은 지역은 (다)이다.
④ A는 C보다 학생들의 평균 통학권 범위가 넓다.
⑤ A는 대학교, B는 고등학교, C는 초등학교이다.

|자|료|해|설|
영남 지방에 표시된 세 지역의 유형별 교육 기관 수를 나타낸 표를 보고 도시 체계를 파악하는 문항이다. 지도에 표시된 지역은 문경, 포항, 대구이다. 인구 규모가 클수록 교육 기관 수도 많다. 따라서 교육 기관 수가 가장 많은 (다)는 인구가 가장 많은 대구, 교육 기관 수가 가장 적은 (가)는 인구가 가장 적은 문경, 나머지 (나)는 포항이다. 공간상에서 중심지 수가 적을수록 고차 중심지이다. 따라서 각 지역에서 그 수가 가장 많은 A는 저차 중심지인 초등학교, 가장 적은 C는 고차 중심지인 대학교, 나머지 B는 고등학교이다.

|선|택|지|풀|이|
① 오답 | 광역시는 (다) 대구이다.
② 오답 | 상대적으로 상위 계층 도시인 (다) 대구가 (나) 포항보다 보유하고 있는 중심지 기능이 다양하다.
③ 정답 | (다) 대구는 (가)~(다) 중 인구 규모가 가장 큰 최상위 계층 도시로 서울로의 고속버스 운행 횟수가 가장 많다.
④ 오답 | 고차 중심지인 C 대학교가 저차 중심지인 A 초등학교보다 중심지 간의 평균 거리가 멀기 때문에 학생들의 평균 통학권 범위가 넓다.
⑤ 오답 | A는 초등학교, B는 고등학교, C는 대학교이다.

14 지역 개발

정답 ⑤ 정답률 72%

① 갑, 을 ② 갑, 병 ③ 을, 병 ④ 을, 정 ⑤ 병, 정

|선|택|지|풀|이|
⑤ 정답 |
병 : (가) 제1차 국토 종합 개발 계획은 1972~1981년에 시행되었으며, (나) 제4차 국토 종합 계획은 2000~2020년에 시행되었다. 따라서 (가)는 (나)보다 시행된 시기가 이르다.
정 : (가) 제1차 국토 종합 개발 계획은 성장 거점 개발 방식으로 추진되어 경제적 효율성을 추구하였으며, (나) 제4차 국토 종합 계획은 균형 개발 방식으로 추진되어 지역 간 형평성을 추구하였다. 따라서 (나)는 (가)보다 지역 간 형평성을 추구하였다.
오답 |
갑 : 혁신 도시는 국토의 균형 발전을 추진하기 위한 정책으로 (나) 제4차 국토 종합 계획 수정 계획(2006 ~ 2020) 시기에 조성되었다.
을 : (가) 제1차 국토 종합 개발 계획은 성장 거점 개발 방식, (나) 제4차 국토 종합 계획은 균형 개발 방식으로 추진되었다.

15 주요 공업의 분포

정답 ③ 정답률 69%

① (다)는 많은 부품을 필요로 하는 조립형 제조업이다.
② (가)에서 생산된 제품은 (나)의 주요 재료로 이용된다.
③ (가)는 (다)보다 최종 제품의 무게가 무겁고 부피가 크다.
④ (나)는 (다)보다 생산비에서 노동비가 차지하는 비율이 높다.
⑤ (다)는 (가)보다 사업체당 종사자 수가 많다.

|자|료|해|설|
시 · 도별 출하액 상위 3개 지역을 나타낸 지도를 통해 (가)~(다)가 어떤 제조업인지를 파악하고 각 제조업의 특성을 파악하는 문항이다. (가)는 대규모 조선소가 입지한 경남(거제), 전남(영암), 울산의 출하액이 많으므로 기타 운송 장비 제조업이다. (나)는 대규모 제철소가 입지한 경북(포항), 전남(광양), 충남(당진)의 출하액이 많으므로 1차 금속 제조업이다. (다)는 경기, 경북, 대구의 출하액이 많으므로 섬유 제품(의복 제외) 제조업이다.

|선|택|지|풀|이|
① 오답 | 많은 부품을 필요로 하는 조립형 제조업은 (가) 기타 운송 장비 제조업이다.
(나) 1차 금속 제조업은 철광석과 역청탄 등 부피가 크거나 무거운 원료를 해외에서 수입하여 가공하는 적환지 지향형 공업이다.
③ 정답 | (가) 기타 운송 장비 제조업은 (다) 섬유 제품(의복 제외) 제조업보다 최종 제품의 무게가 무겁고 부피가 크다.

16 충청 지방

정답 ④ 정답률 55%

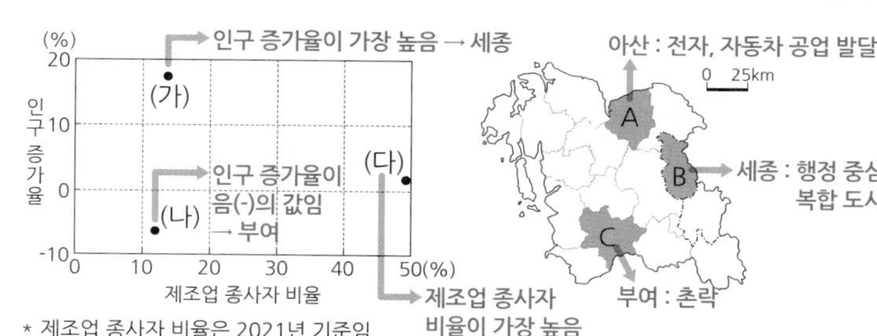

* 제조업 종사자 비율은 2021년 기준임.
** 인구 증가율은 2018년 대비 2021년 값임.

① (가)는 수도권과 전철로 연결되어 있다.
② (다)에는 행정 중심 복합 도시가 건설되었다.
③ (가)는 (나)보다 인구 밀도가 낮다.
④ A는 B보다 제조업 종사자 비율이 높다.
⑤ A는 (가), B는 (나), C는 (다)이다.

|자|료|해|설|
인구 증가율과 제조업 종사자 비율을 나타낸 그래프의 (가)~(다)가 지도의 A~C 중 어느 지역인지를 찾은 다음 세 지역의 특성을 비교하는 문항이다. 지도의 A는 아산, B는 세종, C는 부여이다.

|선|택|지|풀|이|
(가)는 인구 증가율이 가장 높으므로 세종이다. 세종은 중앙 행정 기관의 이전에 따라 청장년층 중심의 인구 유입이 많아 출생률도 높다. (다)는 제조업 종사자 비율이 가장 높으므로 아산이다. 아산은 수도권으로부터 공업이 이전해 오면서 전자 및 자동차 공업이 발달하고 있다. 나머지 (나)는 인구 증가율이 음(-)의 값을 나타내므로 인구가 감소한 촌락 지역인 부여이다. 따라서 (가)는 B, (나)는 C, (다)는 A이다.
① 오답 | 수도권과 전철로 연결되어 있는 지역은 (다) 아산이다. 충청 지방에서 천안과 아산은 수도권과 전철로 연결되어 있다.
② 오답 | 행정 중심 복합 도시가 건설된 지역은 (가) 세종이다.
③ 오답 | (가) 세종은 (나) 부여와 면적은 비슷하지만 세종이 부여보다 인구가 많으므로 세종이 부여보다 인구 밀도가 높다.
④ 정답 | 그래프를 통해 A 아산(다)은 B 세종(가)보다 제조업 종사자 비율이 높은 것을 알 수 있다.
⑤ 오답 | A는 (다), B는 (가), C는 (나)이다.

문제편 27~28쪽

17 지역 특색 추론
정답 ④ 정답률 76%

> 우리나라에는 도(道)에 비해 높은 수준의 자치 행정이 가능한 3개의 특별자치도가 있다. 2006년에는 제주, 2023년에는 (가), 2024년에는 (나) 이/가 각각 특별자치도가 되었다. 경기 및 경북 등과 행정 구역의 경계가 접해 있는 강원(가) 은/는 한강과 낙동강의 발원지가 위치하며, 면적에 비해 인구가 적다. 충남 및 전남 등과 행정 구역의 경계가 접해 있는 전북(나) 은/는 금강과 섬진강의 발원지가 위치하며, 우리나라에서 가장 넓은 간척지인 새만금이 있다.

제주, 강원, 전북 / 산지의 비율이 높음 / 전북 군산

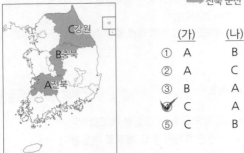

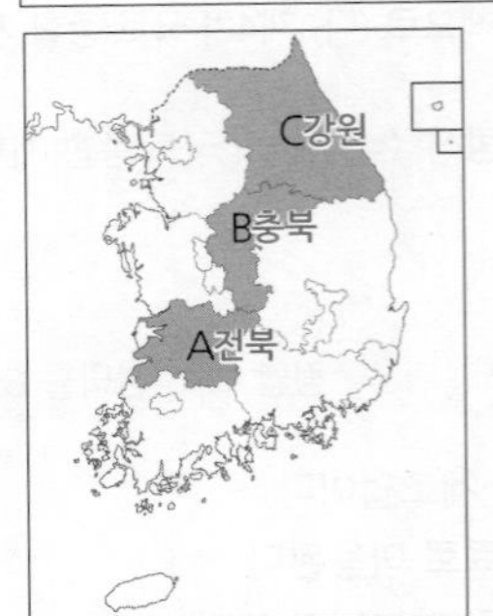

	(가)	(나)
①	A	B
②	A	C
③	B	A
④	C	A
⑤	C	B

|자|료|해|설|
글에서 설명하는 (가), (나) 지역을 지도의 A~C에서 찾는 문항이다. 지도의 A는 전북, B는 충북, C는 강원이다.

|선|택|지|풀|이|
④정답 |
(가) - C : (가)는 경기 및 경북 등과 행정 구역의 경계가 접해 있으며, 한강과 낙동강의 발원지가 위치하고, 면적에 비해 인구가 적은 강원이다. 강원은 산지의 비율이 높아 면적에 비해 인구가 적다. 강원은 지도의 C이다.
(나) - A : (나)는 충남 및 전남 등과 행정 구역의 경계가 접해 있으며, 금강과 섬진강의 발원지가 위치하고, 우리나라에서 가장 넓은 간척지인 새만금이 있는 전북이다. 전북은 지도의 A이다.

18 인구 구조
정답 ④ 정답률 82%

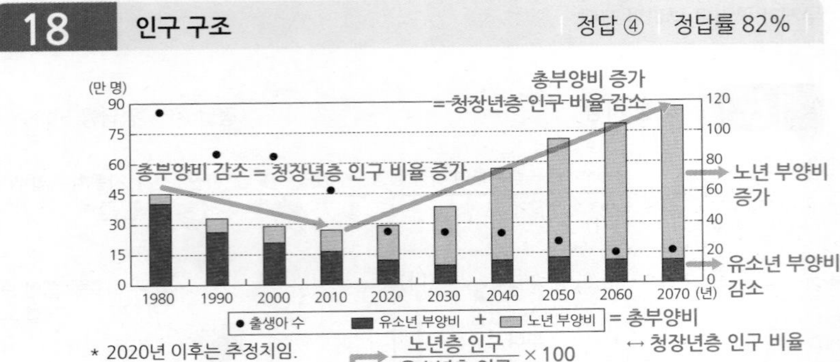

* 2020년 이후는 추정치임.

노령화 지수 = $\frac{\text{노년층 인구}}{\text{유소년층 인구}} \times 100$

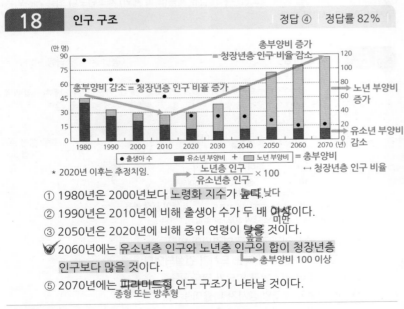

① 1980년은 2000년보다 노령화 지수가 ~~높다~~ 낮다.
② 1990년은 2010년에 비해 출생아 수가 두 배 ~~이상~~ 미만이다.
③ 2050년은 2020년에 비해 중위 연령이 ~~낮을~~ 높을 것이다.
④ 2060년에는 유소년층 인구와 노년층 인구의 합이 청장년층 인구보다 많을 것이다. → 총부양비 100 이상
⑤ 2070년에는 ~~피라미드형~~ 종형 또는 방추형 인구 구조가 나타날 것이다.

|자|료|해|설|
출생아 수와 유소년·노년 부양비 변화를 나타낸 그래프를 보고 우리나라의 시기별 인구 구조 특성을 파악하는 문항이다. 우리나라의 출생아 수는 점차 감소하는 추세이다. 또한 유소년 부양비는 감소하고 노년 부양비는 점차 증가하는 추세이며, 2010년대까지는 총부양비(유소년 부양비+노년 부양비)가 낮아졌지만 이후부터는 총부양비가 높아질 것으로 예상된다.

|선|택|지|풀|이|
① 오답 | 노령화 지수는 유소년층 인구에 대한 노년층 인구의 비율을 의미한다. 2000년은 1980년에 비해 유소년 부양비는 낮고 노년 부양비는 높으므로 노령화 지수가 높다. 따라서 1980년은 2000년보다 노령화 지수가 낮다.
② 오답 | 1990년의 출생아 수는 약 65만 명, 2010년의 출생아 수는 약 47만 명이다. 따라서 1990년은 2010년에 비해 출생아 수가 두 배 미만이다.
③ 오답 | 2050년은 2020년에 비해 유소년 부양비는 비슷하지만 노년 부양비가 크므로 전체 인구에서 노년층 인구가 차지하는 비율이 높다. 따라서 2050년은 2020년에 비해 중위 연령이 높을 것이다.
④정답 | 유소년층 인구와 노년층 인구의 합이 청장년층 인구보다 많다는 것은 총부양비가 100 이상이라는 의미이다. 그래프에서 2060년 유소년 부양비와 노년 부양비의 합인 총부양비가 100 이상이므로 2060년에는 유소년층 인구와 노년층 인구의 합이 청장년층 인구보다 많을 것이다.
⑤ 오답 | 피라미드형 인구 구조는 출생률과 사망률이 모두 높은 시기에 나타난다. 2070년에는 출생률과 사망률이 낮아지면서 종형이나 방추형의 인구 구조가 나타날 것이다.

19 위도가 비슷한 지역의 기후 비교
정답 ① 정답률 57%

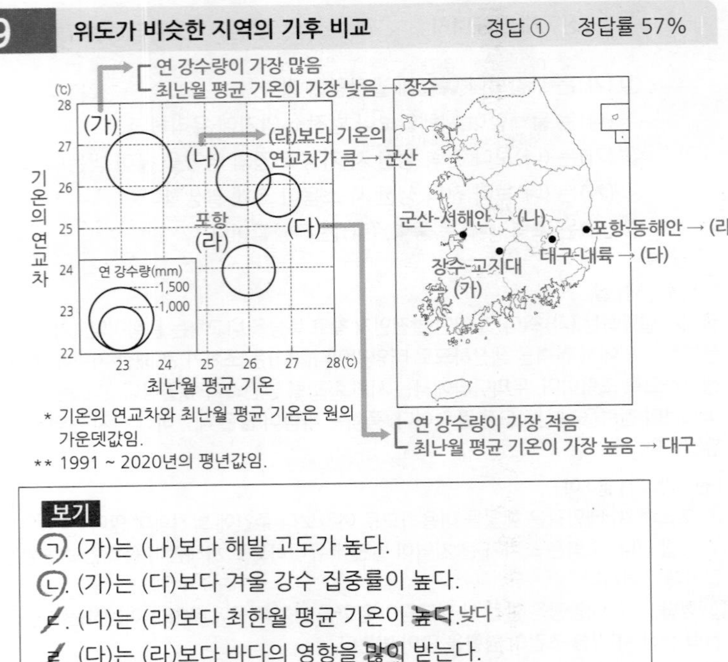

* 기온의 연교차와 최난월 평균 기온은 원의 가운뎃값임.
** 1991 ~ 2020년의 평년값임.

보기
ㄱ. (가)는 (나)보다 해발 고도가 높다.
ㄴ. (가)는 (다)보다 겨울 강수 집중률이 높다.
ㄷ. (나)는 (라)보다 최한월 평균 기온이 ~~높다~~ 낮다.
ㄹ. (다)는 (라)보다 바다의 영향을 ~~많이~~ 적게 받는다.

① ㄱ, ㄴ ② ㄱ, ㄷ ③ ㄴ, ㄷ ④ ㄴ, ㄹ ⑤ ㄷ, ㄹ

|자|료|해|설|
네 지역의 기후 자료를 통해 지도에서 (가)~(라) 지역을 찾아 각 지역의 특성을 비교하는 문항이다. 지도에 표시된 지역은 군산, 장수, 대구, 포항이다.

|보|기|풀|이|
(가)는 네 지역 중 연 강수량이 가장 많으며 최난월 평균 기온이 가장 낮으므로 장수이다. 장수는 소백산맥 서사면에 위치하여 지형성 강수가 자주 발생하므로 연 강수량이 많으며, 해발 고도가 높은 곳에 위치하여 최난월 평균 기온이 낮다. (다)는 연 강수량이 가장 적고 최난월 평균 기온이 가장 높으므로 소우지인 영남 내륙 분지에 위치한 대구이다. (나)와 (라)는 군산, 포항 중 하나인데, 기온의 연교차가 더 큰 (나)는 서해안에 위치한 군산, 나머지 (라)는 동해안에 위치한 포항이다. 비슷한 위도에서 서해안이 동해안보다 기온의 연교차가 크다.
ㄱ정답 | (가) 장수는 소백산맥에 위치하여 (나) 군산보다 해발 고도가 높다. 장수가 군산보다 다소 저위도에 위치하지만 최난월 평균 기온이 낮은 것을 통해서도 해발 고도가 높음을 유추할 수 있다.
ㄴ정답 | (가) 장수는 (다) 대구보다 겨울 강수 집중률이 높다. 소백산맥 서사면의 장수는 북서 계절풍의 바람받이 사면에 해당하여 눈이 많이 내리기 때문에 대구보다 겨울 강수 집중률이 높다.
ㄷ 오답 | 서해안에 위치한 (나) 군산은 동해안에 위치한 (라) 포항보다 최한월 평균 기온이 낮다. 비슷한 위도에서 서해안은 동해안보다 최한월 평균 기온이 낮다.
ㄹ 오답 | 내륙에 위치한 (다) 대구는 동해안에 위치한 (라) 포항보다 바다의 영향을 적게 받는다.

20 강원 지방
정답 ④ 정답률 76%

철원 [용암 대지, 지리적 표시제 : 쌀]
평창 [고위 평탄면, 고랭지 농업]
춘천 [도청 소재지, 수도권 전철 연결]
원주 [기업 도시, 혁신 도시, 의료 산업 클러스터]
0 25km

	(가)	(나)	(다)
①	A	B	C
②	B	A	D
③	B	C	A
④	D	B	A
⑤	D	C	B

|자|료|해|설|
자료에 제시된 (가)~(다) 지역을 강원 지방 지도의 A~D에서 찾는 문항이다. 지도의 A는 철원, B는 춘천, C는 원주, D는 평창이다.

|선|택|지|풀|이|
④정답 |
(가) - D : 대관령 일대의 고위 평탄면에서 목축업과 고랭지 농업이 발달한 지역은 평창이다. 또한 평창은 풍력 발전 단지가 조성되어 있으며, 2018년 동계 올림픽이 개최되었다. 평창은 지도의 D이다.
(나) - B : 강원특별자치도 도청 소재지이며, 서울과 전철로 연결되고, 닭갈비 등으로 유명한 지역은 춘천이다. 또한 춘천은 소양호가 위치하여 호반의 도시로도 알려져 있으며, 북한강과 소양강의 합류 지점에 침식 분지가 발달해 있다. 춘천은 지도의 B이다.
(다) - A : 한탄강 용암 대지와 주상 절리가 유명하며, 지리적 표시제로 등록된 쌀이 생산되는 지역은 철원이다. 철원은 넓게 발달한 용암 대지에서 한탄강 주변의 수리 시설을 이용하여 벼농사가 활발히 이루어지며, 용암 대지 사이의 협곡에서 주상 절리를 관찰할 수 있다. 철원은 지도의 A이다.
오답 |
C는 원주이다. 원주에는 기업 도시와 혁신 도시가 조성되어 있으며, 의료 산업 클러스터가 형성되어 있다. 또한 강원도에서 인구가 가장 많고 제조업이 가장 발달해 있다.

문제편 28쪽

07회 2022학년도 6월 고3 모의평가 정답과 해설 한국지리

문제편 p.29

1	③	2	⑤	3	②	4	⑤	5	④
6	⑤	7	⑤	8	④	9	①	10	①
11	④	12	②	13	④	14	③	15	③
16	③	17	①	18	①	19	②	20	②

1 우리나라의 위치 정답 ③ 정답률 71%

① ㉢은 우리나라에서 일몰 시각이 가장 이르다.
② ㉢은 우리나라 영토의 최남단에 위치한다.
③ ㉡은 ㉠보다 우리나라 표준 경선과의 최단 거리가 가깝다.
④ ㉠, ㉢은 모두 관계적 위치를 표현한 것이다.
⑤ ㉡, ㉢ 주변 해안의 최저 조위선은 직선 기선으로 활용된다.

|선|택|지|풀|이|
① 오답 | 우리나라에서 일몰 시각이 가장 이른 곳은 우리나라 영토의 최동단인 독도이다. 독도는 우리나라 영토의 가장 동쪽에 위치하여 우리나라에서 일출 · 일몰 · 남중 시각이 가장 이르다.
② 오답 | 우리나라 영토의 최남단에 위치하는 곳은 마라도이다. 해남군의 땅끝은 섬을 제외한 한반도 육지의 최남단에 위치한다.
③ 정답 | 우리나라의 표준 경선은 135°E로 동해상을 지난다. 따라서 우리나라 표준 경선과의 최단 거리는 동해안에 위치한 ㉡이 우리나라 국토 정중앙인 ㉠보다 가깝다.
④ 오답 | ㉠은 위도와 경도로 나타낸 수리적 위치, ㉢은 지형지물로 나타낸 지리적 위치를 표현한 것이다. 관계적 위치는 주변 국가와의 정치 · 경제 · 문화적 이해관계에 따라 결정되는 위치이다.
⑤ 오답 | 동해안에 위치한 ㉡ 주변 해안의 최저 조위선은 통상 기선으로 활용되지만, 서 · 남해안에 위치한 ㉢ 주변 해안의 최저 조위선은 영해의 범위를 설정하는 기선으로 활용되지 않는다.

2 주요 해안 지형 정답 ⑤ 정답률 66%

보기
ㄱ. ㉠의 밑에는 바닷물보다 염도가 낮은 지하수층이 형성되어 있다.
ㄴ. ㉡의 물은 주로 농업용수로 활용된다.
ㄷ. ㉢은 해식애가 후퇴하면 면적이 넓어진다.
ㄹ. ㉣에서는 과거 바닷가에 퇴적되었던 둥근 자갈을 볼 수 있다.

① ㄱ, ㄴ ② ㄴ, ㄷ ③ ㄷ, ㄹ
④ ㄱ, ㄴ, ㄹ ⑤ ㄱ, ㄷ, ㄹ

|보|기|풀|이|
ㄱ 정답 | ㉠ 해안 사구 밑에는 주로 빗물이 침투하여 담수로 이루어진 지하수층이 형성되어 있으므로 바닷물보다 염도가 낮다.
ㄴ 오답 | ㉡ 석호의 물은 바닷물이 유입되어 염분을 포함하고 있으므로 농업용수로 활용되지 않는다.
ㄷ 정답 | ㉢ 파식대는 해식애가 파랑의 침식 작용으로 육지 쪽으로 후퇴하면 면적이 점차 넓어진다.
ㄹ 정답 | ㉣ 해안 단구는 과거 파식대나 해안 퇴적 지형으로 해안 단구면은 과거 바닷물의 영향을 직접 받았던 곳이기 때문에 둥근 자갈을 볼 수 있다.

3 도시 내부 구조 정답 ② 정답률 65%

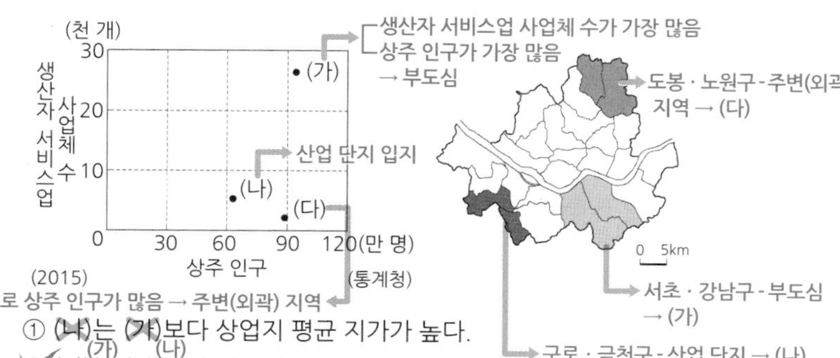

① (나)는 (가)보다 상업지 평균 지가가 높다.
② (나)는 (다)보다 제조업체 수가 많다.
③ (다)는 (가)보다 통근 · 통학 유입 인구가 많다.
④ (다)는 (나)보다 주간 인구 지수가 높다.
⑤ 지역 내 총생산은 (가) > (다) > (나) 순으로 많다.

|선|택|지|풀|이|
(가)는 생산자 서비스업 사업체 수가 가장 많고 상주 인구도 가장 많으므로 상업 · 업무 기능과 주거 기능이 모두 발달한 부도심에 해당하는 서초 · 강남구이다. (다)는 생산자 서비스업 사업체 수가 가장 적고 상주 인구가 (가) 다음으로 많으므로 주거 기능이 발달한 주변(외곽) 지역에 해당하는 도봉 · 노원구이다. 나머지 (나)는 구로 · 금천구로 산업 단지가 입지한 지역군이다.
① 오답 | 상업지의 평균 지가는 부도심인 (가) 서초 · 강남구가 (나) 구로 · 금천구보다 높다.
② 정답 | 제조업체 수는 산업 단지가 입지한 (나) 구로 · 금천구가 (다) 도봉 · 노원구보다 많다.
③ 오답 | 통근 · 통학 유입 인구는 상업 · 업무 기능이 발달한 부도심인 (가) 서초 · 강남구가 (다) 도봉 · 노원구보다 많다.
④ 오답 | 주간 인구 지수는 상주 인구에 대한 주간 인구의 비율이다. 주간 인구 지수는 산업 단지가 입지한 (나) 구로 · 금천구가 주거 기능이 발달한 (다) 도봉 · 노원구보다 높다.
⑤ 오답 | 지역 내 총생산은 (다) 도봉 · 노원구가 가장 적다. 실제로 지역 내 총생산은 (가) 서초 · 강남구 > (나) 구로 · 금천구 > (다) 도봉 · 노원구 순으로 많다.

4 하천 퇴적 지형 정답 ⑤ 정답률 62%

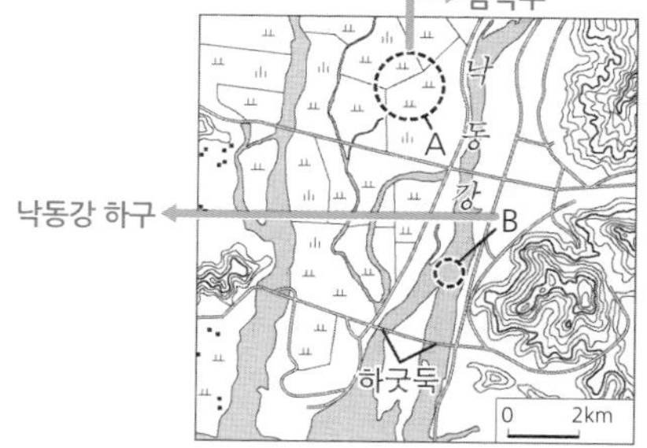

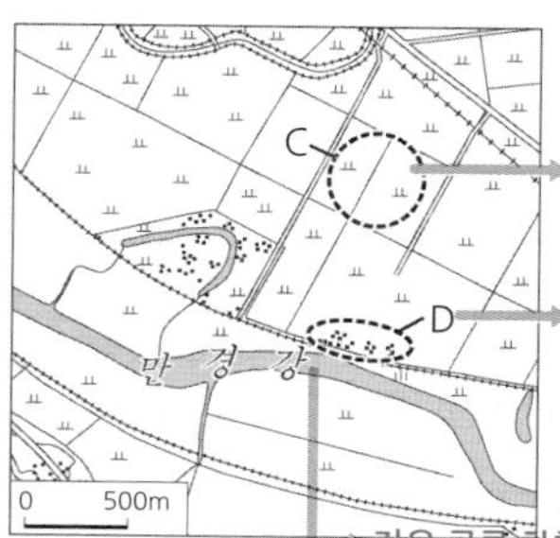

보기
ㄱ. A는 유속의 감소로 형성된 선상지이다.
ㄴ. B에서는 하굿둑 건설 이후 하천의 수위 변동 폭이 증가하였다.
ㄷ. D는 C보다 퇴적물의 평균 입자 크기가 크다.
ㄹ. A와 C의 퇴적물은 후빙기에 퇴적되었다.

① ㄱ, ㄴ ② ㄱ, ㄷ ③ ㄴ, ㄷ ④ ㄴ, ㄹ ⑤ ㄷ, ㄹ

|보|기|풀|이|
ㄱ 오답 | A는 하천 하구에서 유속의 감소로 하천이 운반하던 토사가 쌓여 형성된 삼각주이다.
ㄴ 오답 | 조차가 큰 B 낙동강 하구에서는 밀물 때 바닷물이 역류하는 감조 구간이 나타나는데, 하굿둑을 건설함으로써 밀물 때 바닷물이 하천으로 유입되는 것을 막아 하천의 수위 변동 폭이 감소하였다.
ㄷ 정답 | C 배후 습지는 주로 점토질 토양으로 구성되어 있으며, D 자연 제방은 주로 모래질 토양으로 구성되어 있다. 따라서 D 자연 제방은 C 배후 습지보다 퇴적물의 평균 입자 크기가 크다.
ㄹ 정답 | A 삼각주와 C 배후 습지는 후빙기 해수면이 상승하면서 형성되었다. 후빙기에 해수면 상승으로 하천 하류 지역에서는 유속이 느려지면서 퇴적 작용이 활발해져 범람원, 삼각주 등의 충적 평야가 형성되었다.

5 카르스트 지형 정답 ④ 정답률 82%

① ㉠은 고생대 평안 누층군에서 주로 나타난다.
② ㉡은 물리적 풍화 작용에 해당한다.
③ ㉢은 용암의 냉각 속도 차이에 의해 형성된다.
④ ㉣은 석회암이 용식된 후 남은 철분 등이 산화하여 붉은색을 띤다.
⑤ ㉤에는 '배수가 불량하여 주로 논농사 발달'이 들어갈 수 있다.

|선|택|지|풀|이|
① 오답 | ㉠ 돌리네는 석회암이 빗물이나 지하수의 용식 작용을 받아 형성된 움푹 파인 땅(와지)으로 고생대 조선 누층군에서 주로 나타난다.
② 오답 | ㉡ 용식 작용은 빗물이나 지하수가 암석을 화학적으로 용해하는 화학적 풍화 작용에 해당한다.
③ 오답 | ㉢ 석회 동굴은 석회암 지대에서 지하수의 용식 작용을 받아 형성된다. 용암의 냉각 속도 차이에 의해 형성되는 동굴은 용암 동굴이다.
④ 정답 | ㉣ 석회암 풍화토는 석회암이 용식된 후 남은 철분 등이 산화되어 형성된 붉은색의 토양이다.
⑤ 오답 | 석회암 지대는 기반암에 절리가 발달하여 지표수가 부족하므로 주로 밭농사가 이루어진다. 따라서 ㉤에는 '배수가 양호하여 주로 밭농사 발달'이 들어갈 수 있다.

6 전력

정답 ⑤ 정답률 31%

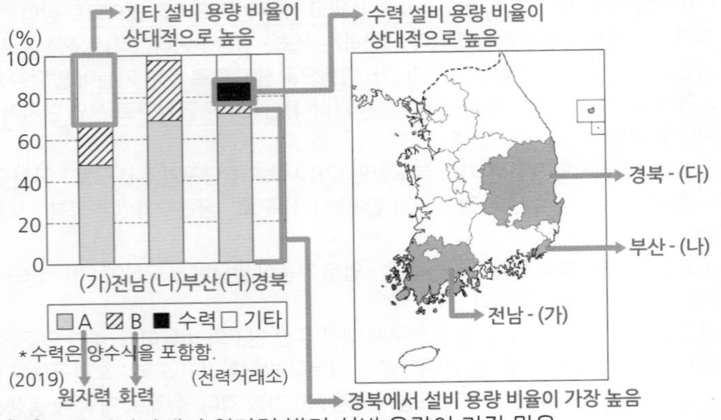

① (가)는 우리나라에서 원자력 발전 설비 용량이 가장 많은 지역이다.

② (가), (나)는 영남 지방, (다)는 호남 지방에 해당한다.

③ B는 수력보다 자연적 입지 제약을 많이 받는다.

④ A는 B보다 우리나라에서 전력 생산에 이용된 시기가 이르다.

⑤ B는 A보다 우리나라에서 발전량이 많다.

|선|택|지|풀|이|

(다)는 다른 두 지역에 비해 수력 설비 용량 비율이 높으므로 낙동강 중 · 상류에 위치하는 경북이고, 경북에서 설비 용량 비율이 가장 높은 A가 원자력, B는 화력이다. (가), (나)는 전남과 부산 중 하나인데, 신 · 재생 에너지를 포함하는 기타의 설비 용량 비율이 높은 (가)는 태양광 생산량이 많은 전남이며, 나머지 (나)는 부산이다.

① 오답 | 우리나라에서 원자력 발전 설비 용량이 가장 많은 지역은 (다) 경북이다.

② 오답 | (가) 전남은 호남 지방, (나) 부산과 (다) 경북은 영남 지방에 해당한다.

③ 오답 | B 화력은 연료 수입에 유리하고 대소비지와 가까운 지역에 입지하며, 수력은 유량이 풍부하고 낙차가 큰 곳에 입지한다. 따라서 B 화력은 수력보다 자연적 입지 제약을 적게 받는다.

④ 오답 | A 원자력은 B 화력보다 우리나라에서 전력 생산에 이용된 시기가 늦다. 우리나라에서 원자력 발전은 1978년에 처음 가동이 시작되었다.

⑤ 정답 | 우리나라에서 발전량은 화력 > 원자력 > 수력 순으로 많다. 따라서 B 화력은 A 원자력보다 우리나라에서 발전량이 많다.

7 바람

정답 ⑤ 정답률 75%

보기

ㄱ. ㉠은 주로 서고동저의 기압 배치에 의해 나타난다.

ㄴ. ㉡에는 주로 대류성 강수가 내린다.

ㄷ. ㉢이 불 때 영서 지방에 이상 고온 현상이 나타난다.

ㄹ. ㉣이 발생할 때 바람받이 사면이 바람그늘 사면보다 습윤하다.

① ㄱ, ㄴ ② ㄱ, ㄷ ③ ㄴ, ㄷ ④ ㄴ, ㄹ ⑤ ㄷ, ㄹ

|보|기|풀|이|

ㄱ 오답 | ㉠ 남서풍 혹은 남동풍은 여름에 북태평양에서 발달한 고기압의 영향으로 불어오는 고온 다습한 바람으로 주로 남고북저의 기압 배치에 의해 나타난다. 서고동저의 기압 배치는 주로 겨울에 나타난다.

ㄴ 오답 | 대류성 강수는 강한 일사에 의해 발생하는 소나기로 여름에 주로 내린다.

ㄷ 정답 | 늦봄에서 초여름 사이에 북동풍이 태백산맥을 넘으면 푄 현상으로 인해 고온 건조해지는데, 영서 지방에 부는 이 고온 건조한 바람을 높새바람이라고 한다. 따라서 ㉢ 높새바람이 불 때 영서 지방에서는 이상 고온 현상이 나타나거나 가뭄 피해가 발생하기도 한다.

ㄹ 정답 | 푄 현상은 습윤한 바람이 산지를 넘어갈 때 바람받이 사면에 강수를 발생시키고 바람그늘 사면에서는 공기가 고온 건조해지는 현상이다. 따라서 ㉣ 푄 현상이 발생할 때 바람받이 사면이 바람그늘 사면보다 습윤하다.

8 충청 지방

정답 ④ 정답률 34%

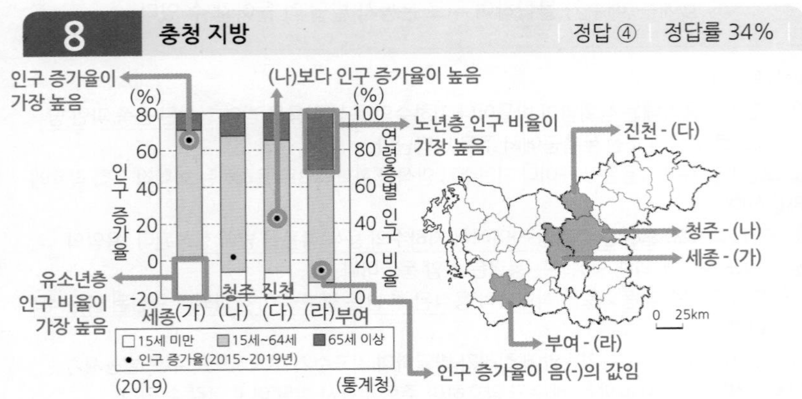

① (가)는 혁신 도시가 조성되어 공공 기관이 이전한 곳이다.

② (가)는 (라)보다 총부양비가 높다.

③ (라)는 (다)보다 성비가 높다.

④ (가) ~ (라) 중 총인구가 가장 많은 곳은 (나)이다.

⑤ (가) ~ (라) 중 중위 연령이 가장 높은 곳은 (다)이다.

|선|택|지|풀|이|

(가)는 인구 증가율과 유소년층 인구 비율이 가장 높으므로 세종이다. 세종은 중앙 행정 기관의 이전에 따라 청장년층 중심의 인구 유입이 활발하여 출생률이 높으며 유소년층 인구 비율도 높다. (라)는 인구 증가율이 음(-)의 값이고 노년층 인구 비율이 가장 높으므로 촌락인 부여이다. (나), (다)는 진천과 청주 중 하나인데, (다)는 (나)보다 인구 증가율이 높으므로 혁신 도시로 지정되어 인구 유입이 활발한 진천이고, (나)는 청주이다.

① 오답 | 혁신 도시가 조성되어 공공 기관이 이전한 곳은 (다) 진천이다.

② 오답 | 총부양비는 청장년층 인구 비율이 낮을수록 높다. (가) 세종은 (라) 부여보다 청장년층 인구 비율이 높으므로 총부양비가 낮다.

③ 오답 | 성비는 여성 100명에 대한 남성의 수이다. (라) 부여는 (다) 진천보다 노년층 인구 비율이 높으므로 성비가 낮다. 노년층 인구 비율이 높은 촌락은 대체로 성비가 낮게 나타난다.

④ 정답 | (가)~(라) 중 총인구는 (나) 청주가 가장 많다. (나) 청주는 충청 지방에서 대전 다음으로 총인구가 많다.

⑤ 오답 | (가)~(라) 중 중위 연령은 노년층 인구 비율이 가장 높은 (라) 부여에서 가장 높다.

9 기후와 전통 가옥 구조

정답 ① 정답률 65%

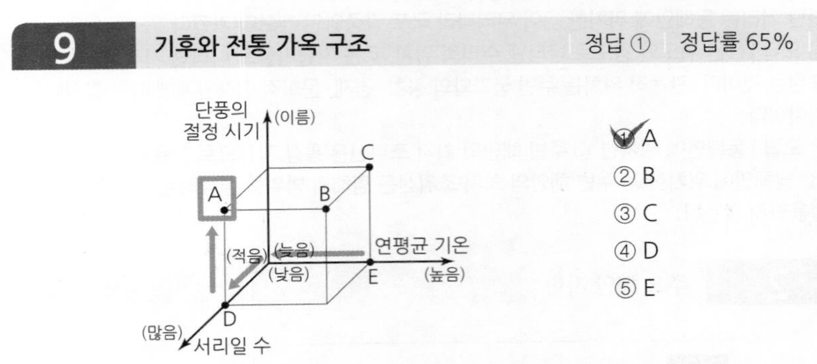

① A ② B ③ C ④ D ⑤ E

|선|택|지|풀|이|

① 정답 |

(가)는 난방과 취사가 분리되어 아궁이가 방 반대편의 벽 쪽에 놓여 있으므로 겨울이 온화한 제주도, (나)는 부엌에서 발생하는 온기를 난방에 활용할 수 있는 정주간이 있으므로 겨울이 매우 추운 관북 지방이다.

(나) 관북 지방은 (가) 제주도보다 고위도에 위치하여 연평균 기온이 낮고 단풍의 절정 시기가 이르며 서리일수가 많다.

10 수도권 + 강원 지방

정답 ① 정답률 76%

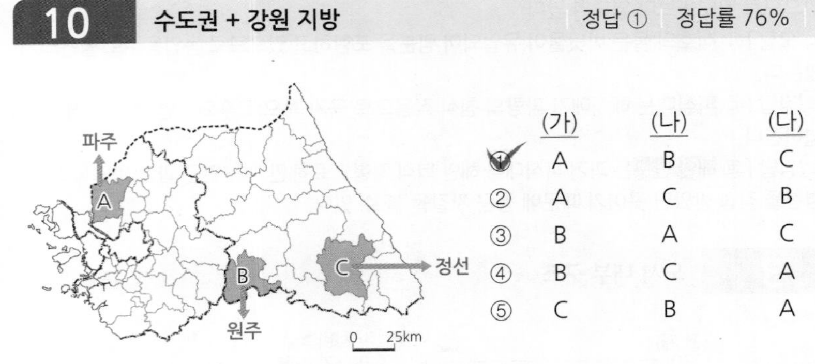

	(가)	(나)	(다)
①	A	B	C
②	A	C	B
③	B	A	C
④	B	C	A
⑤	C	B	A

|선|택|지|풀|이|

① 정답 |

(가) - A : (가)는 출판업을 지역 브랜드화하며 예술인들의 문화 예술 마을이 조성된 파주이다. 파주에는 출판 단지가 조성되어 있다. 또한 남북한을 연결하는 경의선이 지나는 곳에 있으며, 수도권 2기 신도시(운정)가 위치한다. 파주는 지도의 A이다.

(나) - B : (나)는 기업 도시가 조성되어 있고 의료, 건강, 바이오 산업 중심의 첨단 산업 클러스터가 조성된 원주이다. 원주는 우리나라에서 유일하게 기업 도시와 혁신 도시가 함께 조성되어 있으며, 의료 기기 산업을 바탕으로 강원도에서 제조업이 가장 발달하였다. 또한 강원도에서 인구가 가장 많다. 원주는 지도의 B이다.

(다) - C : (다)는 석탄 산업 합리화 정책에 따라 폐광이 증가하여 인구가 급감하였으며, 석탄 산업 유산을 관광 자원화하여 지역 경제를 활성화하고 있는 정선이다. 정선은 석탄 산업의 쇠퇴로 지역 경제가 침체되자 최근 산업 철도를 레일 바이크로 이용하는 등 관광 산업을 통해 지역 경제 활성화를 도모하고 있다. 정선은 지도의 C이다.

문제편 30쪽

11 충청 지방

정답 ④ 정답률 59%

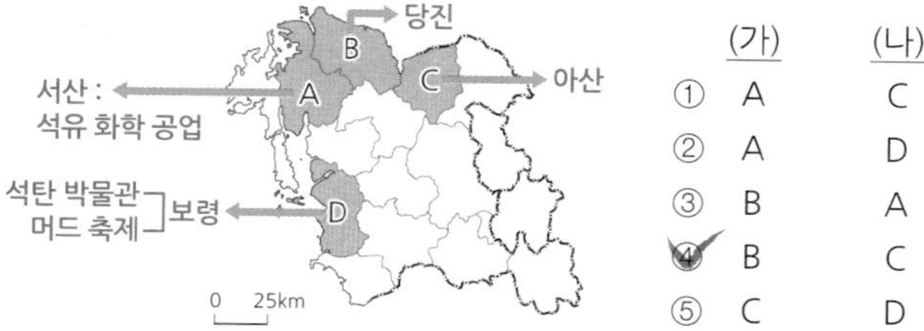

	(가)	(나)
①	A	C
②	A	D
③	B	A
④	B	C
⑤	C	D

|선|택|지|풀|이|

④정답 |

(가) - B : (가)는 제철 산업이 발달한 당진이다. 당진은 대규모의 제철소가 입지해 있어 제철 산업이 발달하였다. 당진은 지도의 B이다.

(나) - C : (나)는 수도권에 인접하여 수도권의 제조업 기능이 이전해 왔으며 IT 업종과 자동차 산업이 발달한 아산이다. 아산은 대규모 완성차 생산 공장이 있으며, 전자 부품 · 컴퓨터 · 영상 · 음향 및 통신 장비 제조업이 발달해 있다. 또한 수도권 전철이 연장되면서 인구가 증가하고 있다. 아산은 지도의 C이다.

12 여러 지형의 비교

정답 ② 정답률 61%

① A 암석은 중생대에 마그마의 관입으로 형성되었다.

② B 암석은 시 · 원생대에 형성된 암석이다.

③ C 암석에서는 공룡 발자국 화석이 발견된다.

④ (나)에서 C 암석은 B 암석보다 풍화와 침식에 강하다.

⑤ (가)와 (나)의 충적층은 주로 밭으로 이용된다.

|선|택|지|풀|이|

(가) 용암 대지는 유동성이 큰 현무암질 용암이 열하 분출하여 형성되었고, (나) 침식 분지는 암석의 차별 침식으로 형성되었다.

① 오답 | 중생대에 마그마의 관입으로 형성된 암석은 C 화강암이다. A 암석은 용암 대지의 기반암을 이루는 현무암으로 신생대 화산 활동으로 용암이 분출하여 형성되었다.

②정답 | B 암석은 침식 분지의 주변 산지를 이루는 기반암으로 시 · 원생대에 형성된 변성암이다.

③ 오답 | C 암석은 침식 분지의 내부 평지를 이루는 기반암으로 중생대에 형성된 화강암이다. 공룡 발자국 화석은 중생대에 형성된 경상 누층군에서 주로 발견되며, 경상 누층군은 남해안 일대와 영남 지역에 분포한다.

④ 오답 | (나) 침식 분지에서 C 화강암은 B 변성암보다 풍화와 침식에 약해 내부 평지를 이루고, B 변성암은 상대적으로 풍화와 침식에 강해 주변 산지를 이룬다.

⑤ 오답 | (가) 용암 대지와 (나) 침식 분지의 충적층은 주로 논으로 이용된다.

13 다양한 상업 시설

정답 ④ 정답률 83%

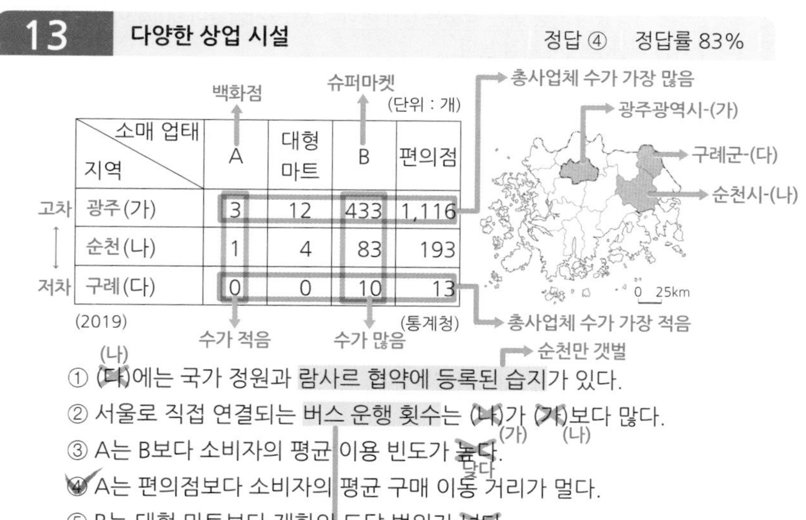

(단위 : 개)

지역 \ 소매 업태	A	대형 마트	B	편의점
광주(가)	3	12	433	1,116
순천(나)	1	4	83	193
구례(다)	0	0	10	13

(2019) (통계청)

① (다)에는 국가 정원과 람사르 협약에 등록된 습지가 있다.

② 서울로 직접 연결되는 버스 운행 횟수는 (나)가 (가)보다 많다.

③ A는 B보다 소비자의 평균 이용 빈도가 높다.

④ A는 편의점보다 소비자의 평균 구매 이동 거리가 멀다.

⑤ B는 대형 마트보다 재화의 도달 범위가 넓다.

|선|택|지|풀|이|

인구 규모가 큰 지역일수록 소매 업태 사업체 수도 많다. 따라서 소매 업태 총사업체 수가 가장 많은 (가)는 대도시인 광주광역시, 소매 업태 총사업체 수가 가장 적은 (다)는 군 지역인 구례군, (나)는 순천시이다. 또한 세 지역 모두에서 사업체 수가 가장 적은 A는 백화점, 사업체 수가 편의점 다음으로 많은 B는 슈퍼마켓이다.

① 오답 | 국가 정원과 람사르 협약에 등록된 습지가 있는 지역은 (나) 순천이다.

② 오답 | 서울로 직접 연결되는 버스 운행 횟수는 고차 중심지인 (가) 광주가 저차 중심지인 (나) 순천보다 많다. 시외버스 운행 횟수는 상호 작용이 활발한 고차 중심지일수록 많다.

③ 오답 | 고차 중심지인 A 백화점은 저차 중심지인 B 슈퍼마켓보다 소비자의 평균 이용 빈도가 낮다.

④정답 | A 백화점은 편의점보다 사업체 수가 적기 때문에 사업체 간 평균 거리가 멀어 소비자의 평균 구매 이동 거리가 멀다. 소비자의 평균 이동 거리는 사업체 수가 적은 고차 중심지일수록 멀다.

⑤ 오답 | 재화의 도달 범위는 상대적으로 고차 중심지인 대형 마트가 저차 중심지인 B 슈퍼마켓보다 넓다.

14 도시 계획과 재개발

정답 ③ 정답률 89%

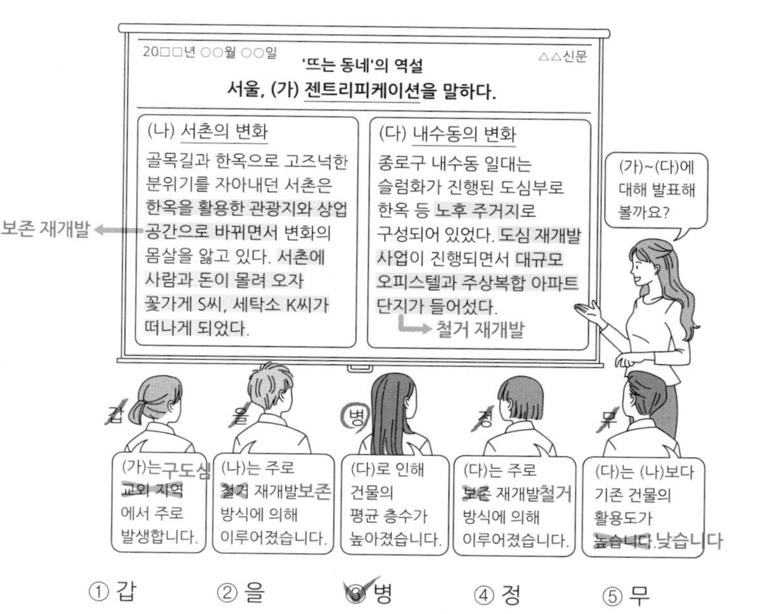

① 갑 ② 을 ③ 병 ④ 정 ⑤ 무

|자|료|해|설|

도시 재개발과 그에 따른 젠트리피케이션에 대한 내용을 파악하는 문항이다.

|선|택|지|풀|이|

① 오답 | (가) 젠트리피케이션은 낙후된 지역이 재개발로 활성화된 이후 대규모 상업 자본이 들어오면서 영세 상인이나 원주민이 다른 지역으로 빠져나가는 현상으로 낙후된 구도심에서 주로 발생한다.

② 오답 | (나) 서촌은 한옥을 활용한 관광지와 상업 공간으로 바뀌었으므로 주로 보존 재개발 방식에 의해 이루어졌다.

③정답 | (다) 내수동은 재개발 후 대규모 오피스텔과 주상복합 아파트 단지가 들어서면서 건물의 평균 층수가 높아졌다.

④ 오답 | (다) 내수동은 노후 주거지가 대규모 오피스텔과 주상복합 아파트 단지로 변화하였으므로 주로 철거 재개발 방식에 의해 이루어졌다.

⑤ 오답 | (다)는 기존 시설을 대부분 철거하였기 때문에 기존 시설을 활용한 (나)보다 기존 건물의 활용도가 낮다.

15 위도가 다른 지역의 기후 비교

정답 ③ 정답률 66%

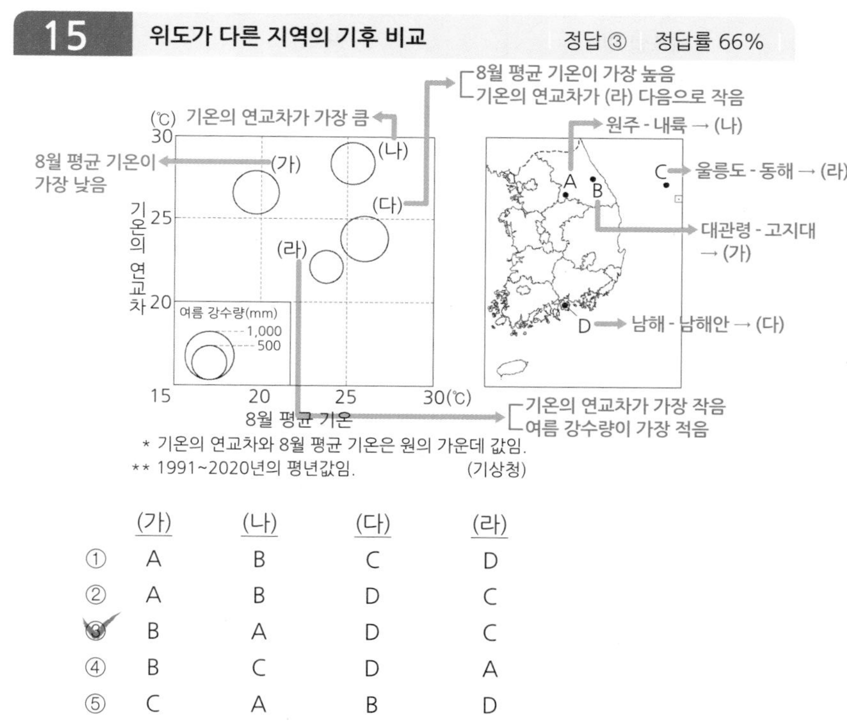

* 기온의 연교차와 8월 평균 기온은 원의 가운데 값임.
** 1991~2020년의 평년값임. (기상청)

	(가)	(나)	(다)	(라)
①	A	B	C	D
②	A	B	D	C
③	B	A	D	C
④	B	C	D	A
⑤	C	A	B	D

|자|료|해|설|

그래프에 제시된 (가)~(라) 지역을 지도의 A~D에서 찾는 문항이다. 지도의 A는 원주, B는 대관령, C는 울릉도, D는 남해이다.

|선|택|지|풀|이|

③정답 |

(가) - B : (가)는 8월 평균 기온이 가장 낮으므로 해발 고도가 높은 B 대관령이다.

(나) - A : (나)는 기온의 연교차가 가장 크므로 상대적으로 고위도의 내륙에 있는 A 원주이다.

(다) - D : (다)는 8월 평균 기온이 가장 높고 기온의 연교차가 (라) 다음으로 작으므로 남해안에 있는 D 남해이다.

(라) - C : (라)는 기온의 연교차가 가장 작고 여름 강수량이 가장 적으므로 동해상에 있는 C 울릉도이다. 울릉도는 해양의 영향으로 겨울철이 온난하여 기온의 연교차가 작으며, 다른 지역에 비해 여름 강수 집중률이 낮고 여름 강수량도 적다.

문제편 31쪽

16 대도시권

정답 ③ 정답률 70%

(%) 12 농가 인구 비율 (가) → 농가 인구 비율이 가장 높음 → 안성
(나)화성 (다)
0 10 20 30 40(%) 서울로의 통근·통학 비율
(2019) (통계청)
고양 : 주거 기능의 위성 도시 → (다)
화성 : 공업 기능의 위성 도시 → (나)
안성 : 촌락적 성격이 강함 → (가)
서울로의 통근·통학 비율이 가장 높음 → 고양

① (가)는 (나)보다 주택 중 아파트 비율이 높다. 낮다
② (가)는 (다)보다 전체 농가 중 겸업농가의 비율이 높다. 낮다
③ (나)는 (가)보다 유소년층 인구 비율이 높다.
④ (다)는 (나)보다 제조업 종사자 수가 많다. 적다
⑤ (나)와 (다)에는 수도권 1기 신도시가 조성되어 있다. (나) → 수도권 2기 신도시

| 선 | 택 | 지 | 풀 | 이 |

(가)는 농가 인구 비율이 가장 높고 서울로의 통근·통학 비율이 가장 낮으므로 서울과의 거리가 멀어 촌락적 성격이 뚜렷한 안성이다. (다)는 서울로의 통근·통학 비율이 가장 높고 농가 인구 비율이 가장 낮으므로 서울에 인접하여 서울의 주거 기능을 분담하는 고양이다. 나머지 (나)는 화성이다. 화성은 자동차, 전자 등 제조업이 발달하여 자족 기능이 강하므로 서울로의 통근·통학 비율이 낮으며 농가 인구 비율도 낮은 편이다.

① 오답 | 주택 중 아파트 비율은 수도권 2기 신도시가 조성된 (나) 화성이 촌락적 성격이 나타나는 (가) 안성보다 높다.

② 오답 | 전체 농가 중 겸업농가의 비율은 대도시 근교 지역에서 높게 나타나므로 서울과 가까운 (다) 고양이 서울에서 먼 (가) 안성보다 높다.

③ 정답 | 유소년층 인구 비율은 제조업이 발달하고 신도시가 조성되어 청장년층 중심의 인구 유입이 많은 (나) 화성이 촌락적 성격이 나타나는 (가) 안성보다 높다.

④ 오답 | 제조업 종사자 수는 자동차, 전자 등 제조업이 발달한 (나) 화성이 (다) 고양보다 많다.

⑤ 오답 | (나) 화성에는 수도권 2기 신도시(동탄)가 조성되어 있고, (다) 고양에는 수도권 1기 신도시(일산)가 조성되어 있다.

17 주요 공업의 분포

정답 ① 정답률 50%

① A는 경기, B는 충남이다.
② (가)는 부피가 크거나 무거운 원료를 해외에서 수입하는 적환지 지향형 제조업이다. (제철, 정유) → 항구
③ (나)는 한 가지 원료로 여러 제품을 생산하는 계열화된 제조업이다. (다)
④ (다)는 최종 제품 생산에 많은 부품이 필요한 조립형 제조업이다. (나) → 집적 지향형
⑤ (가)는 (다)에 비해 종사자 1인당 출하액이 많다. 적다 → 출하액/종사자 수

| 선 | 택 | 지 | 풀 | 이 |

(가)는 출하액 비율이 가장 높으므로 전자 부품·컴퓨터·영상·음향 및 통신 장비 제조업이고, (가)의 출하액 비율이 가장 높은 A는 경기이다. (나)는 A 경기와 울산에서 출하액 비율이 높으므로 자동차 및 트레일러 제조업이다. (다)는 화학 물질 및 화학 제품 제조업이며, 울산, 전남(여수)에 이어 출하액 비율이 높은 B는 충남(서산)이다.

① 정답 | A는 경기, B는 충남이다.

② 오답 | 부피가 크거나 무거운 원료를 해외에서 수입하는 적환지 지향형 제조업에는 제철, 정유 공업이 있다. (가) 전자 부품·컴퓨터·영상·음향 및 통신 장비 제조업은 운송비에 비해 부가 가치가 큰 입지 자유형 제조업에 해당한다.

③ 오답 | 한 가지 원료로 여러 제품을 생산하는 계열화된 제조업은 (다) 화학 물질 및 화학 제품 제조업이다.

④ 오답 | 최종 제품 생산에 많은 부품이 필요한 조립형 제조업은 (나) 자동차 및 트레일러 제조업이다.

⑤ 오답 | 종사자 1인당 출하액은 출하액을 종사자 수로 나누어 구할 수 있다. (가) 전자 부품·컴퓨터·영상·음향 및 통신 장비 제조업은 (다) 화학 물질 및 화학 제품 제조업에 비해 종사자 비율 대비 출하액 비율이 낮으므로 종사자 1인당 출하액이 적다.

18 남·북한의 발전량 비교

정답 ① 정답률 64%

보기

ㄱ. 북한에서 (가)를 이용한 발전소는 주로 평양 주변에 위치한다. (→ 화력 발전소)
ㄴ. 총 전력 생산에서 (다)를 이용한 발전량 비율은 북한이 남한보다 높다.
ㄷ. 북한에서 (가)는 (나)보다 해외 의존도가 높다. 낮다
ㄹ. (다)는 (나)보다 발전 시 대기 오염 물질의 배출량이 많다. 적다

① ㄱ, ㄴ ② ㄱ, ㄷ ③ ㄴ, ㄷ ④ ㄴ, ㄹ ⑤ ㄷ, ㄹ

| 보 | 기 | 풀 | 이 |

(가)는 북한에서 공급 비율이 가장 높고 남한에서 (나) 다음으로 공급 비율이 높으므로 석탄이다. (나)는 남한에서 공급 비율이 가장 높으므로 석유이다. (다)는 북한에서 (가) 석탄 다음으로 공급 비율이 높으므로 수력이다. 남한의 1차 에너지 공급 비율은 석유 > 석탄 > 천연가스 > 원자력 > 수력 순으로 높고, 북한의 1차 에너지 공급 비율은 석탄 > 수력 > 석유 순으로 높다.

ㄱ 정답 | (가) 석탄을 이용한 발전소는 화력 발전소로, 북한에서 화력 발전소는 전력 소비가 많은 평양 주변에 위치한다.

ㄴ 정답 | 총 전력 생산에서 (다) 수력을 이용한 발전량 비율은 북한이 남한보다 높다. 북한은 높고 험준한 산지가 많아 남한보다 수력 발전의 비중이 높다. 북한은 발전량 비율이 수력 > 화력 순이며, 남한은 화력 > 원자력 > 수력 순이다.

ㄷ 오답 | 북한에서 (가) 석탄은 (나) 석유보다 해외 의존도가 낮다. 북한은 무연탄 생산량이 많으며, 석유의 대부분은 해외에서 수입하고 있다.

19 지역별 농업 특성 추론

정답 ② 정답률 65%

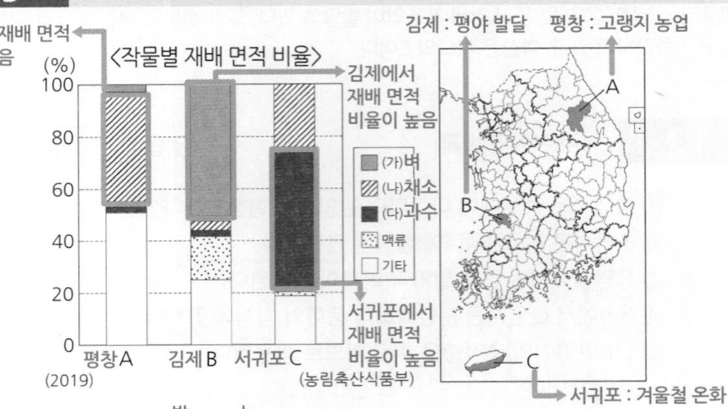

① (가)는 주로 밭보다 논에서 많이 재배된다. (원문: 논보다 밭 → 밭보다 논)
② (나)의 도내 재배 면적 비율은 제주가 전북보다 높다.
③ (다)는 국내 자급률이 가장 높은 작물이다. (가)
④ (가)는 (나)보다 시설 재배 비율이 높다. (나) (가)
⑤ 우리나라에서 (다)는 (가)보다 총 재배 면적이 넓다. (가) (다) → 벼가 가장 넓음

| 선 | 택 | 지 | 풀 | 이 |

(가)는 B 김제에서 재배 면적 비율이 높으므로 벼이다. 김제는 평야가 발달하여 벼농사가 활발하다. (다)는 C 서귀포에서 재배 면적 비율이 높으므로 과수이다. 서귀포는 겨울철이 온화하여 감귤 재배가 활발하다. 나머지 (나)는 A 평창에서 재배 면적 비율이 높으므로 채소이다. 평창은 여름철이 서늘한 고위 평탄면에서 고랭지 채소 재배가 활발하다.

② 정답 | (나) 채소의 도내 재배 면적 비율은 제주가 전북보다 높다. 제주에서는 채소, 과수의 재배 면적 비율이 높으며, 전북에서는 벼 재배 면적 비율이 높다.

③ 오답 | 국내 자급률이 가장 높은 작물은 (가) 벼이다. 쌀은 자급률이 90% 이상으로 우리나라 식량 작물 중에서 가장 높다.

④ 오답 | 시설 재배 비율은 (나) 채소가 (가) 벼보다 높다. 채소는 주로 대도시 주변의 근교 농업 지역에서 비닐하우스나 유리 온실 등을 이용하는 시설 재배를 통해 집약적으로 재배된다.

⑤ 오답 | 우리나라에서 총 재배 면적은 (가) 벼가 (다) 과수보다 넓다. (가) 벼는 우리나라에서 재배 면적이 가장 넓은 작물이다.

20 우리나라의 국토 개발 과정

정답 ② 정답률 74%

보기

ㄱ. ㉠은 행정 구역상 서울특별시, 인천광역시, 경기도를 포함한다.
ㄴ. ㉡은 수도권 신도시 건설로 인하여 크게 완화되고 있다. 완화되지 않는다
ㄷ. ㉢을 위한 정책 중에는 수도권 공장 총량제, 과밀 부담금 제도가 있다.
ㄹ. ㉣에는 수도권에 기업 도시, 혁신 도시를 조성하는 내용이 포함되어 있다. 비수도권 / 제4차 국토 종합 계획

① ㄱ, ㄴ ② ㄱ, ㄷ ③ ㄴ, ㄷ ④ ㄴ, ㄹ ⑤ ㄷ, ㄹ

| 보 | 기 | 풀 | 이 |

ㄱ 정답 | ㉠ 수도권은 한반도 중서부에 위치하여 서울특별시, 인천광역시, 경기도를 포함한다.

ㄴ 오답 | ㉡ 수도권에 신도시가 건설되면 비수도권의 인구가 수도권으로 유입되므로 수도권과 비수도권 간의 격차는 완화되지 않는다.

ㄷ 정답 | ㉢ 국토 공간의 불균형을 해결하기 위해 수도권 공장 총량제, 과밀 부담금 제도 등의 정책을 시행하여 수도권으로의 과도한 인구와 기능 집중을 억제하고 있다. 수도권 공장 총량제는 수도권 공장 면적의 총량을 설정하고 기준을 초과할 경우 공장의 신·증설을 제한하는 제도이며, 과밀 부담금 제도는 인구 집중을 유발하는 업무 및 상업 시설이 들어설 때 부담금을 부과하는 제도이다

ㄹ 오답 | ㉣ 기업 도시, 혁신 도시는 수도권과 비수도권 간의 격차를 줄이기 위해 비수도권에 조성되고 있으며, 제4차 국토 종합 계획에서 지정 및 육성하였다.

문제편 32쪽

08회 2023학년도 6월 고3 모의평가 정답과 해설 한국지리

문제편 p.33

1	⑤	2	④	3	③	4	②	5	④
6	③	7	②	8	③	9	③	10	③
11	②	12	①	13	④	14	③	15	①
16	⑤	17	②	18	①	19	①	20	⑤

1 지리 정보

정답 ⑤ 정답률 91%

<조 건>
- ○ 평균 고도가 40m 이상인 지역을 선정함.
- ○ 평균 경사도가 25° 이하인 지역을 선정함.
- ○ 주거 지역 및 도로로부터 200m 이상 떨어진 지역을 선정함.
- ○ 산림 보호 지역은 제외함.

① A ② B ③ C ④ D ⑤ E

|자|료|해|설|

주어진 <조건>을 고려하여 ○○ 시설의 입지 지역으로 가장 적절한 곳을 후보지 A~E에서 찾는 문항이다.

|선|택|지|풀|이|

⑤ 정답 |

첫 번째 조건에서는 평균 고도가 40m 이상인 지역을 선정한다고 하였으므로 입지 후보지 중 평균 고도가 40m 미만인 D는 후보지에서 탈락된다. 두 번째 조건에서 평균 경사도가 25° 이하인 지역을 선정한다고 하였으므로 평균 경사도가 25°를 초과한 B는 후보지에서 탈락된다. 남은 후보지 A, C, E 중 세 번째 조건에서 주거 지역 및 도로로부터 200m 이상 떨어진 지역을 선정한다고 하였으므로 도로에서 100m 떨어져 있고 주거 지역에 인접한 A는 후보지에서 탈락된다. 네 번째 조건에서 산림 보호 지역은 제외한다고 하였으므로 산림 보호 지역에 해당하는 C는 후보지에서 탈락된다. 결국 마지막 남은 E가 모든 조건을 만족하는 ○○ 시설의 최적 입지 지점이다.

2 도시 재개발

정답 ④ 정답률 90%

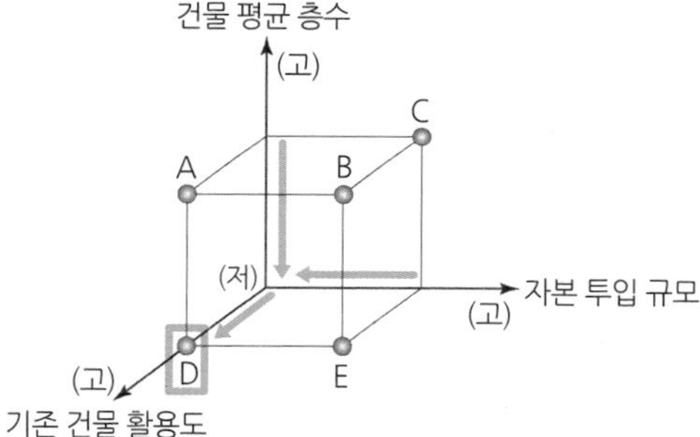

* (고)는 큼, 높음, 많음을, (저)는 작음, 낮음, 적음을 의미함.

① A ② B ③ C ④ D ⑤ E

|자|료|해|설|

도시 재개발의 사례를 글로 제시하여 두 유형의 특성을 비교하는 문항이다.

|선|택|지|풀|이|

④ 정답 |

(가)는 기존 건물을 최대한 유지하는 수준에서 필요한 부분만 수리 · 개조하여 부족한 점을 보완하는 수복 재개발, (나)는 기존의 시설을 완전히 철거하고 새로운 시설물로 대체하는 철거 재개발이다.

건물 평균 층수 : 철거 재개발은 일반적으로 노후화된 주택을 철거하여 고층의 아파트를 짓는 경우가 대부분이므로 건물의 평균 층수는 수복 재개발에 비해 많아진다. 따라서 수복 재개발은 철거 재개발에 비해 건물 평균 층수가 적다.

기존 건물 활용도 : 철거 재개발은 기존 건물을 철거한 후 새 건물을 짓는 방식이며, 수복 재개발은 기존 건물을 수리 · 개조하여 활용하는 방식이다. 따라서 수복 재개발은 철거 재개발에 비해 기존 건물 활용도가 높다.

자본 투입 규모 : 철거 재개발은 기존 건물을 철거하고 새 건물을 짓는 방식이므로 투입 자본이 많으나 수복 재개발은 기존 건물을 대부분 활용하면서 일부만 수리하는 방식이므로 투입 자본이 적다. 따라서 수복 재개발은 철거 재개발에 비해 자본의 투입 규모가 작다.

3 계절에 따른 기후 특성

정답 ③ 정답률 97%

① 낮의 길이가 길다. 짧다
② 평균 상대 습도가 높다. 낮다
③ 한파 발생 일수가 많다.
④ 열대야 발생 일수가 많다. 적다
⑤ 북서풍에 비해 남서풍이 주로 분다.

|자|료|해|설|

(가)는 하늘과 땅이 추위에 얼어붙고 흰 눈으로 온통 덮여있다고 하였으므로 겨울이며, (나)는 푸른 잎이 우거진 수풀이 무성하다고 하였으므로 여름이다.

|선|택|지|풀|이|

① 오답 | 여름에 비해 겨울은 낮의 길이가 짧다.
② 오답 | 덥고 습한 여름에 비해 춥고 건조한 겨울은 평균 상대 습도가 낮다.
③ 정답 | 한파는 겨울에 발생한다.
④ 오답 | 열대야는 여름에 발생한다.
⑤ 오답 | 여름에는 주로 남풍 계열, 겨울에는 주로 북풍 계열의 바람이 불어온다.

4 호남 지방 + 영남 지방

정답 ② 정답률 89%

<답사 계획서>
- 기간 : 20△△년 △△월 △일~△일
- 답사 지역 및 주요 활동

주요 활동 \ 답사 지역	(가) 전주	(나) 안동
공공 기관 방문	전라북 ○○○도청 방문	경상북 □□□도청 방문
전통 마을 탐방	슬로시티로 지정된 전통 한옥 마을 탐방	세계 문화유산으로 등재된 전통 마을 탐방
지역 축제 체험	세계 소리 축제 체험	국제 탈춤 페스티벌 체험

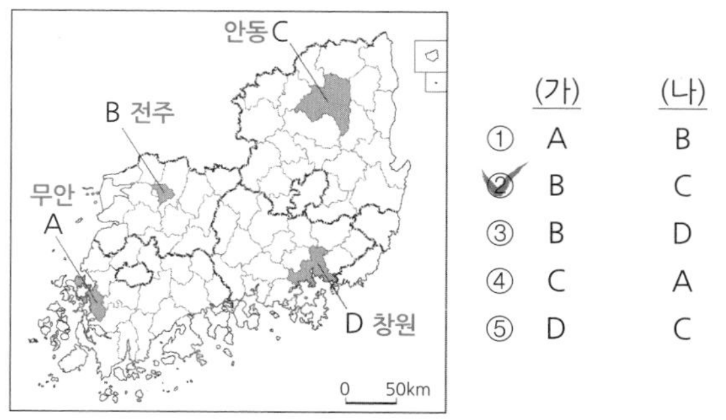

	(가)	(나)
①	A	B
②	B	C
③	B	D
④	C	A
⑤	D	C

|자|료|해|설|

자료에 제시된 (가), (나) 지역을 호남과 영남 지방 지도의 A~D에서 찾는 문항이다. 지도에서 A는 무안, B는 전주, C는 안동, D는 창원이다.

|선|택|지|풀|이|

② 정답 |

(가) - B : (가)는 전라북도청 소재지이며, 슬로시티로 지정된 전통 한옥 마을이 있고 세계 소리 축제가 열리는 B 전주이다.

(나) - C : (나)는 경상북도청 소재지이며, 세계 문화유산으로 등재된 전통 마을인 하회 마을이 있고 국제 탈춤 페스티벌이 열리는 C 안동이다.

오답 |

A는 무안이다. 무안에는 전라남도청과 국제 공항이 위치하여 있다.

D는 창원이다. 창원은 경상남도청이 위치하며 기계 · 자동차 공업이 발달하였고, 인구가 100만 명이 넘는 대도시이다.

5 교통수단

정답 ④ 정답률 90%

시설 \ 지역	(가) 부산	(나) 인천	(다) 대구
공항	○	○	○
항만	○	○	× 내륙 도시
원자력 발전소	○ 고리 원자력 발전소	×	×

* '○'는 시설이 입지함을, '×'는 시설이 입지하지 않음을 의미함.

	(가)	(나)	(다)
①	대구	부산	인천
②	대구	인천	부산
③	부산	대구	인천
④	부산	인천	대구
⑤	인천	대구	부산

|선|택|지|풀|이|

④ 정답 |

대구, 부산, 인천에는 모두 국제공항이 있다. 항만은 해안에 위치한 부산과 인천에 있다. 원자력 발전소는 부산에 있다. 따라서 (가)는 부산, (나)는 인천, (다)는 대구이다.

6 도시 내부 구조 | 정답 ③ | 정답률 72%

(개)
금융 기관 수
(가) 중구
(나) 강남구
(다) 노원구
상주인구 (만 명)
(2020)
(서울시)
노원구
중구
강남구

보기
ㄱ. (가)는 (나)보다 초등학생 수가 많다.
ㄴ. (가)는 (나)보다 주간 인구 지수가 높다.
ㄷ. (가)는 (다)보다 중심 업무 기능이 우세하다.
ㄹ. (다)는 (나)보다 상업 지역의 평균 지가가 높다.

① ㄱ, ㄴ ② ㄱ, ㄷ ③ ㄴ, ㄷ ④ ㄴ, ㄹ ⑤ ㄷ, ㄹ

| 자 | 료 | 해 | 설 |
서울시 세 구(區)의 상주인구와 금융 기관 수를 나타낸 그래프의 (가)~(다) 구(區)의 특성을 비교하는 문항이다. 지도에 표시된 지역은 도심에 위치하여 상업 · 업무 기능이 발달한 중구, 주변 지역에 위치하여 주거 기능이 발달한 노원구, 그리고 상업 · 업무 기능과 주거 기능이 모두 발달한 강남구이다.

| 보 | 기 | 풀 | 이 |
(가)는 상주인구가 적고 금융 기관 수가 많은 것으로 보아 중구, (나)는 상주인구와 금융 기관 수가 모두 많은 것으로 보아 강남구, (다)는 상주인구는 많으나 금융 기관 수가 적은 것으로 보아 노원구임을 알 수 있다.
ㄱ 오답 | 중구는 강남구보다 상주인구가 적으므로 초등학생 수도 적다.
ㄴ 정답 | 중구는 강남구보다 상주인구 대비 주간 인구가 많아 주간 인구 지수가 높다. 중구는 서울에서 주간 인구 지수가 가장 높게 나타난다.
ㄷ 정답 | 도심인 중구는 주변 지역인 노원구보다 중심 업무 기능이 우세하다.
ㄹ 오답 | 주변 지역인 노원구는 부도심인 강남구보다 상업 지역의 평균 지가가 낮다.

7 자원의 특성 | 정답 ② | 정답률 61%

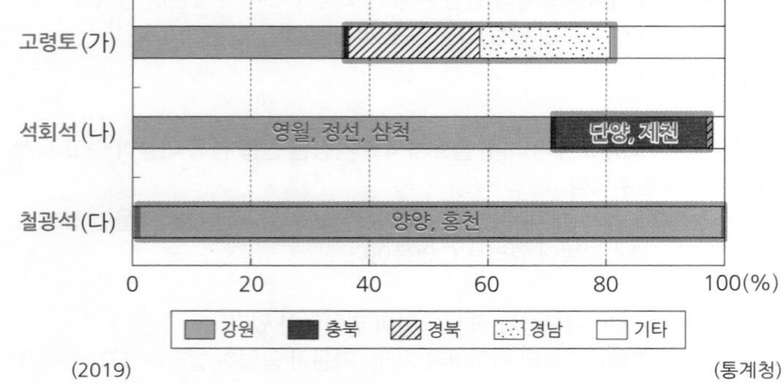

(2019) (통계청)

① (가)는 제철 공업의 주원료로 이용된다.
② (나)는 시멘트 공업의 주원료로 이용된다.
③ (가)는 (나)보다 연간 국내 생산량이 많다.
④ (나)는 (다)보다 수입 의존도가 높다.
⑤ (가)는 금속 광물, (다)는 비금속 광물에 해당된다.

| 자 | 료 | 해 | 설 |
(가)~(다) 자원의 지역별 생산량 비율을 나타낸 그래프를 보고 각각 고령토, 석회석, 철광석 중 어느 자원인지 파악하는 문항이다.

| 선 | 택 | 지 | 풀 | 이 |
(가)는 강원과 경북, 경남의 생산량 비율이 높은 것으로 보아 고령토, (나)는 강원과 충북의 생산량 비율이 높은 것으로 보아 석회석, (다)는 100% 강원도에서 생산되는 것으로 보아 철광석이다. 석회석은 영월, 정선, 삼척 등의 강원과 단양, 제천 등의 충북에서 대부분 생산되며, 철광석은 강원도 양양, 홍천에서 100% 생산된다.
① 오답 | 제철 공업의 주원료로 이용되는 것은 철광석이다.
② 정답 | 시멘트 공업의 주원료로 이용되는 것은 석회석이다.
③ 오답 | 석회석은 고령토보다 연간 국내 생산량이 훨씬 많다.
④ 오답 | 석회석은 국내 생산량이 많지만, 철광석은 수요에 비해 국내 생산량이 적어 대부분 수입에 의존하고 있다.
⑤ 오답 | 고령토와 석회석은 비금속 광물, 철광석은 금속 광물에 해당된다.

8 충청 지방 | 정답 ③ | 정답률 79%

① A ② B ③ C ④ D ⑤ E

| 선 | 택 | 지 | 풀 | 이 |
① 오답 | A 태안은 관광 레저형 기업 도시가 조성되어 있고, 신두리 해안 사구가 발달해 있으며 화력 발전소가 운영되고 있는 곳이다.
② 오답 | B 당진은 제철 공업이 발달하였으며 황해 경제 자유 구역으로 지정된 곳이다.
③ 정답 | (가) 지역의 마스코트는 세종대왕의 어린 시절 모습을 형상화한 캐릭터이다. (가) 지역은 신도시의 형성과 함께 초등학생 및 중학생을 동반한 가정의 유입이 많아 2018년 기준 유소년층 인구 비율이 약 20.2%로 유소년 부양비가 전국에서 가장 높은 수준이며, 국토의 균형 발전을 위해 조성된 행정 중심 복합 도시가 있는 C 세종특별자치시이다.
④ 오답 | D 대전은 대덕 연구 단지가 위치하여 있어 첨단 과학 기술 관련 대학과 연구소들이 집중하여 있는 곳이다.
⑤ 오답 | E 단양은 석회암 지대로 돌리네, 석회 동굴과 같은 카르스트 지형이 발달하였으며, 원료 지향형 공업인 시멘트 공업이 발달한 곳이다.

9 위도가 비슷한 지역의 기후 비교 | 정답 ③ | 정답률 59%

구분	최난월 평균 기온 (℃)	강수 집중률(%) 여름 (6~8월)	강수 집중률(%) 겨울 (12~2월)
(가)	19.7	51.2	8.1
(나)	23.8	31.6	22.8
(다)	25.6	59.5	5.2
(라)	25.0	45.8	9.2

* 1991~2020년의 평년값임. (기상청)

① (가)의 전통 가옥에는 우데기가 설치되어 있다.
② (나)는 (가)보다 연 강수량이 많다.
③ (다)는 (나)보다 기온의 연교차가 크다.
④ (라)는 (가)보다 해발 고도가 높다.
⑤ (다)는 동해안, (라)는 서해안에 위치해 있다.

| 자 | 료 | 해 | 설 |
네 지역의 최난월 평균 기온과 강수 집중률을 나타낸 그래프를 통해 (가)~(라)가 지도에 표시된 지역 중 어느 지역인지 찾고 비교하는 문항이다. 지도에 표시된 지역은 비슷한 위도대에 위치한 인천, 대관령, 강릉, 울릉도이다.

| 선 | 택 | 지 | 풀 | 이 |
최난월 평균 기온이 가장 낮은 (가)는 해발 고도가 높은 대관령이다. 여름 강수 집중률이 가장 낮고 겨울 강수 집중률이 가장 높은 (나)는 해양의 영향을 많이 받는 울릉도이다. (나) 다음으로 겨울 강수 집중률이 높은 (라)는 다설지에 해당하는 강릉이다. 최난월 평균 기온과 여름 강수 집중률이 가장 높은 (다)는 서해안에 위치한 인천이다.
③ 정답 | 서해안에 위치한 인천은 동해에 위치한 울릉도보다 기온의 연교차가 크다.

10 하천 침식 지형 | 정답 ③ | 정답률 52%

보기
ㄱ. A는 마그마가 분출하여 형성된 종 모양의 화산이다.
ㄴ. C는 오랫동안 침식을 받아 평탄해진 곳이 융기한 지형이다.
ㄷ. A의 기반암은 B의 기반암보다 풍화와 침식에 강하다.
ㄹ. C는 B보다 충적층이 발달하여 벼농사에 유리하다.

① ㄱ, ㄴ ② ㄱ, ㄷ ③ ㄴ, ㄷ ④ ㄴ, ㄹ ⑤ ㄷ, ㄹ

| 자 | 료 | 해 | 설 |
왼쪽은 강원도 양구군 해안면 침식 분지, 오른쪽은 강원도 태백시의 고위 평탄면을 나타낸 지도이다. 침식 분지에서 주변 산지를 이루는 A의 기반암은 변성암, 분지 바닥을 이루는 B의 기반암은 화강암이며, C는 주변 산지에 비해 등고선 간격이 넓은 고위 평탄면이다.

| 보 | 기 | 풀 | 이 |
ㄱ 오답 | A는 침식 분지의 주변 산지를 이루고 있는 부분이다. 마그마가 분출하여 형성된 종 모양의 화산은 종상 화산이다.
ㄴ 정답 | 고위 평탄면은 오랜 침식을 받아 평탄해진 곳이 신생대 제3기 경동성 요곡 운동으로 융기하여 형성된 지형이다.
ㄷ 정답 | A의 기반암인 변성암은 B의 기반암인 화강암보다 풍화와 침식에 상대적으로 강하기 때문에 A는 주변 산지, B는 분지 바닥을 이루게 되었다.
ㄹ 오답 | 충적층이 발달하여 벼농사에 유리한 지역은 하천에 의한 퇴적 작용이 활발한 B이다. C는 해발 고도가 높아 여름에 서늘하기 때문에 주로 고랭지 채소를 재배하고 있다.

문제편 34쪽

11 하천 퇴적 지형 + 하천 침식 지형 정답 ② 정답률 72%

① ㉠은 자유 곡류 하천보다 유로 변경이 ~~활발하다~~. 활발하지 않다
② ㉡의 퇴적층에는 둥근 자갈이나 모래가 분포한다.
③ ㉢은 황해보다 동해로 흘러드는 하천에서 길게 나타난다.
④ ㉡은 ㉣보다 범람에 의한 침수 가능성이 ~~높다~~. 낮다
⑤ ㉢은 ㉣보다 퇴적 물질 중 점토질 구성 비율이 ~~높다~~. 낮다

|선|택|지|풀|이|
① 오답 | 산지에 위치한 감입 곡류 하천은 평야에 위치한 자유 곡류 하천보다 유로 변경이 활발하지 않다.
② 정답 | 하천 주변에서 나타나는 과거의 하천 바닥이나 범람원이었던 계단 모양의 지형은 하안 단구로, 하안 단구의 퇴적층에는 과거 하천에 의해 형성된 둥근 자갈이나 모래가 분포한다.
③ 오답 | 감조 구간은 조차가 작은 동해보다 조차가 큰 황해로 흘러드는 하천에서 길게 나타난다.
④ 오답 | 배후 습지는 홍수 시 하천의 범람에 의해 형성된 지형이고, 하안 단구는 하상보다 해발 고도가 높아 호우 시에도 침수 가능성이 낮다. 따라서 하안 단구는 배후 습지보다 범람으로 인한 침수 가능성이 낮다.
⑤ 오답 | 조립질의 비율이 높은 자연 제방은 미립질의 비율이 높은 배후 습지보다 퇴적 물질 중 점토질 구성 비율이 낮다.

12 해안 지형의 형성 정답 ① 정답률 73%

① A는 만보다 곶에 주로 발달한다.
② B는 주로 조류의 퇴적 작용으로 형성되었다. → 갯벌
③ C의 물은 바닷물보다 염도가 ~~높다~~. 낮다
④ A, C 모두 파랑의 작용으로 ~~규모가 확대~~되고 있다.
⑤ B, C 모두 후빙기 해수면 상승 ~~이전~~(이후)에 형성되었다.

|자|료|해|설|
A는 파랑의 침식 작용으로 형성된 해안 절벽인 해식애, B는 파랑의 침식 작용으로 형성된 평평한 지형인 파식대, C는 후빙기 해수면 상승으로 형성된 만의 입구에 사주가 발달하면서 형성된 호수인 석호이다.

|선|택|지|풀|이|
① 정답 | 해안 침식 지형인 해식애는 파랑의 퇴적 작용이 활발한 만보다 파랑의 침식 작용이 활발한 곶에 주로 발달한다.
② 오답 | 파식대는 주로 파랑의 침식 작용으로 형성된다. 주로 조류의 퇴적 작용으로 형성되는 것은 갯벌이다.
③ 오답 | 석호의 물은 호수로 유입되는 하천의 영향으로 바닷물보다 염도가 낮다.
④ 오답 | 해식애는 파랑의 침식 작용으로 시간이 지남에 따라 점차 육지 쪽으로 후퇴하며, 석호는 유입되는 하천의 퇴적 작용으로 인해 규모가 축소된다.
⑤ 오답 | 파식대와 석호는 모두 현재 해수면의 환경에서 형성된 것이므로 후빙기 해수면 상승 이후에 형성되었다고 할 수 있다.

13 지역별 농업 특성 추론 정답 ④ 정답률 64%

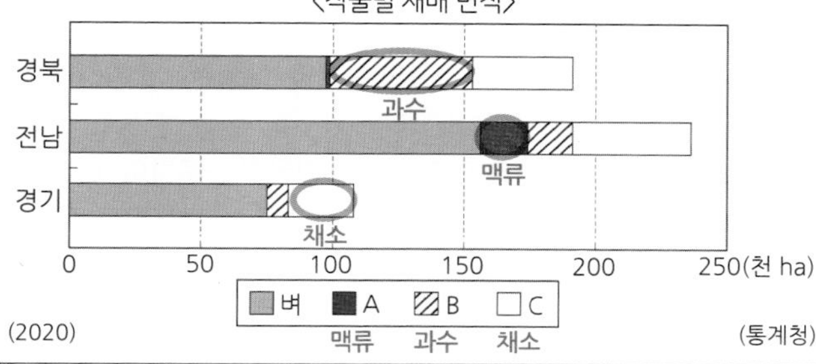

보기
ㄱ. A는 벼보다 국내 생산량이 ~~많다~~. 적다
ㄴ. A는 B보다 벼의 그루갈이 작물로 재배되는 비율이 높다.
ㄷ. B는 C보다 경지 면적 대비 시설 재배 면적 비율이 ~~높다~~. 낮다
ㄹ. A는 맥류, B는 과수, C는 채소이다.

① ㄱ, ㄴ ② ㄱ, ㄷ ③ ㄴ, ㄷ ④ ㄴ, ㄹ ⑤ ㄷ, ㄹ

|자|료|해|설|
세 지역의 작물별 재배 면적 그래프의 A~C 작물이 각각 과수, 맥류, 채소 중 어느 작물인지 찾는 문항이다.

|보|기|풀|이|
ㄴ 정답 | 맥류는 과수보다 벼의 그루갈이 작물로 재배되는 비율이 높다.
ㄷ 오답 | 사과, 배, 감 등은 과수원에서 노지로 재배되는 비율이 높다. 반면 채소는 온실, 비닐 하우스 등 시설에서 재배되는 비율이 높다. 따라서 과수는 채소보다 경지 면적 대비 시설 재배 면적 비율이 낮다.
ㄹ 정답 | A는 다른 지역에 비해 겨울이 온화한 전남에서 재배 면적이 넓은 것을 보아 맥류이며 벼의 그루갈이로 주로 재배된다. B는 다른 지역에 비해 경북에서 재배 면적인 넓은 것으로 보아 과수, C는 전남과 경북, 경기 등 여러 지역에서 재배되고 있는 채소이다.

14 주요 공업의 분포 정답 ③ 정답률 69%

<(가) ~ (다) 제조업 출하액 상위 5개 시 · 도>

순위 \ 제조업	(가) 섬유	(나) 1차 금속	(다) 자동차
1	경기	경북 포항	경기 화성, 평택, 광명
2	경북	전남 광양	울산
3	대구	충남 당진	충남 아산, 서산
4	부산	울산	경남 창원
5	서울	경기	광주

(2019) (통계청)
* 종사자 규모 10인 이상 사업체를 대상으로 함.
** 섬유 제품 제조업에서 의복은 제외함.

	(가)	(나)	(다)
①	1차 금속	섬유 제품	자동차 및 트레일러
②	1차 금속	자동차 및 트레일러	섬유 제품
③	섬유 제품	1차 금속	자동차 및 트레일러
④	섬유 제품	자동차 및 트레일러	1차 금속
⑤	자동차 및 트레일러	1차 금속	섬유 제품

|자|료|해|설|
(가)~(다) 제조업 출하액 상위 5개 시 · 도를 나타낸 표를 통해 (가)~(다) 제조업이 1차 금속, 섬유 제품, 자동차 및 트레일러 중 어떤 제조업인지 찾아내는 문항이다.

|선|택|지|풀|이|
③ 정답 |
(가) - 섬유 제품 : (가)는 경기, 경북, 대구, 부산, 서울에서 출하액이 많은 섬유 제품 제조업이다.
(나) - 1차 금속 : (나)는 경북(포항), 전남(광양), 충남(당진), 울산, 경기에서 출하액이 많은 것으로 보아 1차 금속 제조업이다.
(다) - 자동차 및 트레일러 : (다)는 경기(화성, 평택, 광명), 울산, 충남(아산, 서산), 경남(창원), 광주에서 출하액이 많은 것으로 보아 자동차 및 트레일러 제조업이다.

15 기후 비교 정답 ① 정답률 59%

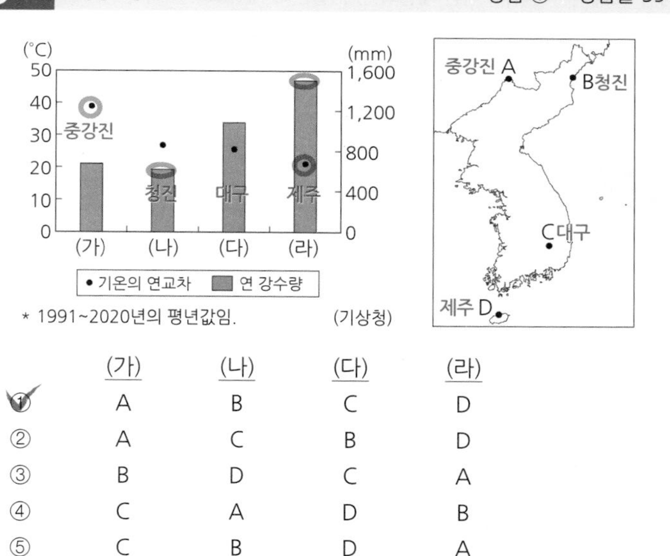

	(가)	(나)	(다)	(라)
①	A	B	C	D
②	A	C	B	D
③	B	D	C	A
④	C	A	D	B
⑤	C	B	D	A

|자|료|해|설|
네 지역의 기온의 연교차와 연 강수량을 나타낸 그래프의 (가)~(라)와 지도에 표시된 A~D를 연결하는 문항이다. 지도에 표시된 A는 중강진, B는 청진, C는 대구, D는 제주이다.

|선|택|지|풀|이|
① 정답 |
(가) - A : 네 지역 중 기온의 연교차가 가장 큰 (가)는 고위도의 내륙에 위치하여 있어 우리나라에서 최한월 평균 기온이 가장 낮은 A 중강진이다.
(나) - B : 네 지역 중 연 강수량이 가장 적은 (나)는 관북 해안 지역에 위치하여 한류의 영향으로 대기가 안정되어 상승 기류의 발달이 어려워 소우지에 해당하는 B 청진이다.
(다) - C : (다)는 C 대구이다.
(라) - D : 네 지역 중 연 강수량이 가장 많고 기온의 연교차가 가장 작은 (라)는 저위도의 해안에 위치하고 우리나라 최다우지에 해당하는 D 제주이다.

8회 2023 6월 모의평가

문제편 35쪽

16 화산 지형과 카르스트 지형 | 정답 ⑤ | 정답률 65%

① A에서는 회백색(→붉은색)을 띠는 성대(→간대) 토양이 주로 분포한다. → 냉대 기후 회백색토
② B는 화구의 함몰로 형성된 칼데라이다. → 돌리네
③ C에서는 공룡 발자국 화석이 발견된다(→되지 않는다).
④ D는 두 개 이상의 돌리네가 합쳐진 우발라이다. → 오름 분화구
⑤ A의 기반암(→고생대 석회암)은 C의 기반암(→신생대 현무암)보다 형성 시기가 이르다.

|자|료|해|설|
A, B의 저하 등고선은 석회암 지대에 발달하는 돌리네이다. 정선은 고생대 조선 누층군이 분포하는 곳으로 주된 기반암은 석회암이다. D의 저하 등고선은 오름의 분화구이다. 제주는 수많은 오름이 분포하는 곳으로 주된 기반암은 현무암이다. C는 현무암질 용암이 굳어서 형성된 순상 화산의 일부이다.

|선|택|지|풀|이|
① 오답 | A에서는 붉은색을 띠는 간대 토양인 석회암 풍화토가 주로 분포한다. 회백색을 띠는 성대 토양은 냉대 기후에서 나타나는 회백색토이다.
② 오답 | B는 석회암의 용식 작용으로 형성된 돌리네이다. 화구의 함몰로 형성된 칼데라에는 백두산 천지, 울릉도의 나리 분지 등이 있다.
③ 오답 | 제주도는 신생대 화산 활동으로 형성된 것이며, 중생대에 살았던 공룡의 발자국 화석은 중생대 퇴적층인 경상 누층군에서 주로 발견된다.
④ 오답 | D는 제주도 오름의 분화구이다.
⑤ 정답 | A의 기반암은 고생대에 형성된 석회암, C의 기반암은 신생대에 형성된 현무암이다.

17 영해와 배타적 경제 수역 | 정답 ② | 정답률 72%

① 갑, 을　② 갑, 병　③ 을, 병　④ 을, 정　⑤ 병, 정

|자|료|해|설|
A는 영해 내에 위치한 지역, B는 영해의 끝을 연결한 영해선, C는 최외곽 도서를 연결한 직선 기선, D는 대한 해협의 영해로, 직선 기선으로부터 3해리까지의 범위이다.

|선|택|지|풀|이|
② 정답 |
갑 : 영해는 연안국이 주권을 가진 바다로, 사전 허가 없이 외국 국적 군함이 통행할 수 없다. 일반적으로 기선으로부터 12해리(약 22km)까지의 수역이다.
병 : C는 직선 기선이다. 기선은 연안의 최저 조위선에 해당하는 통상 기선과 영해 기점을 이은 직선 기선으로 나눠지는데, 해안선이 단조롭거나 섬이 해안에서 멀리 떨어져 있는 경우에는 통상 기선을, 해안선이 복잡하거나 섬이 많을 때는 직선 기선을 적용한다.
오답 |
을 : 배타적 경제 수역은 기선으로부터 200해리까지의 해역 중 영해를 제외한 수역이다.
정 : D에서는 영해 설정 시 특수성을 감안하여 3해리를 적용한다. 우리나라 대부분의 영해는 기선에서 12해리까지이나, 대한 해협의 경우 일본의 대마도와 거리가 가까워 3해리를 적용한다.

18 수도권 | 정답 ① | 정답률 68%

(가) (나)

파주, 시흥, 안산, 화성, 평택 / 연천, 포천, 가평, 양평, 여주
0 20km
■ 상위 5개 지역 □ 하위 5개 지역
(2019) (통계청)

	(가)	(나)
①	제조업 종사자 수	노령화 지수
②	노령화 지수	인구 밀도
③	노령화 지수	총부양비
④	인구 밀도	제조업 종사자 수
⑤	총부양비	제조업 종사자 수

|자|료|해|설|
(가), (나) 지표의 경기도 내 상위 및 하위 5개 시·군을 나타낸 자료를 통해 (가), (나)가 어떤 지표인지 찾아내는 문항이다.

|선|택|지|풀|이|
① 정답 |
(가) - 제조업 종사자 수 : 디스플레이 산업이 발달한 파주, 시화 공단이 위치한 시흥, 반월 공단이 위치한 안산, 반도체, 자동차 등 여러 제조업이 발달한 화성과 평택에서 높게 나타난다.
(나) - 노령화 지수 : 촌락의 성격이 뚜렷한 연천, 포천, 가평, 양평, 여주에서 높게 나타난다.
오답 |
인구 밀도 : 면적에 비해 상대적으로 인구가 밀집된 수원, 부천, 광명, 성남, 안산, 의정부 등에서 상대적으로 높게 나타난다.
총부양비 : 청장년층 인구 비율이 낮은 연천, 양평, 가평, 여주, 동두천 등에서 높게 나타난다.

19 인구 구조 | 정답 ① | 정답률 32%

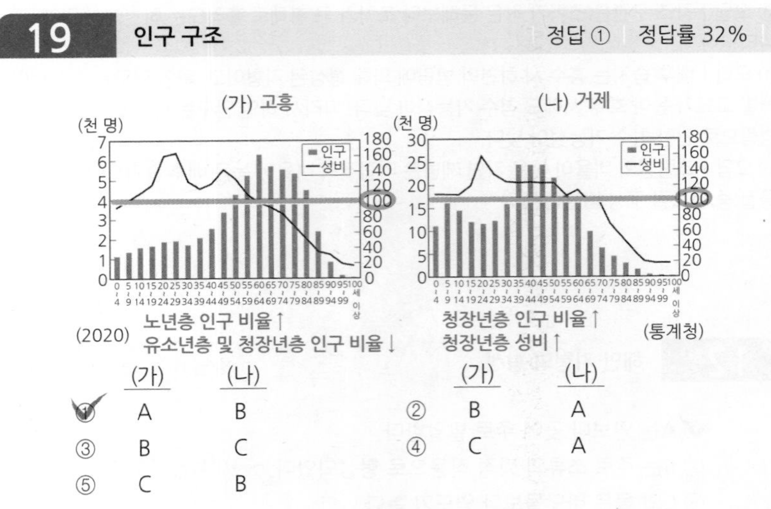

	(가)	(나)		(가)	(나)
①	A	B	②	B	A
③	B	C	④	C	A
⑤	C	B			

|자|료|해|설|
연령층별 인구 구성 및 성비를 통해 해당 지역을 추론하는 문항이다. 지도의 A는 촌락 특성이 강한 고흥, B는 조선 공업이 발달한 거제, C는 부산의 위성 도시인 김해이다.

|선|택|지|풀|이|
① 정답 | (가)는 청장년층 인구의 남초 현상이 뚜렷하고 노년층 인구 비중이 높으므로 고흥(A)이다. 촌락은 일자리 부족으로 청장년층 인구의 유출이 많고, 특히 청장년층 여성 인구의 유출이 심하여서 청장년층의 남초 현상이 나타나며, 노년층의 여초 현상도 나타난다. (나)는 청장년층 인구 비중이 높고 청장년층 인구의 남초 현상이 뚜렷하므로 거제(B)이다. 중화학 공업이 발달한 도시는 남성 노동력에 대한 수요가 높기 때문에 청장년층 남성 인구의 유입이 뚜렷하다. 노년층 인구는 대부분 지역에서 여초 현상이 나타나는데, 그 이유는 여성의 평균 수명이 남성보다 길기 때문이다. 김해(C)는 부산의 위성 도시로서 청장년층 인구의 비중이 높고, 청장년층 인구에서의 성비가 비교적 고른 편이다.

20 다문화 공간 | 정답 ⑤ | 정답률 50%

보기
ㄱ. 예천은 대전보다 외국인 주민의 성비가 높다(→낮다).
ㄴ. 안산은 대전보다 지역 내 외국인 주민 중 결혼 이민자 비율이 높다(→낮다). → 외국인 근로자 비율↑
ㄷ. 지역 내 외국인 주민 중 외국인 근로자 수는 안산 > 대전 > 예천 순으로 많다.
ㄹ. A는 유학생, B는 결혼 이민자, C는 외국인 근로자이다.

① ㄱ, ㄴ　② ㄱ, ㄷ　③ ㄴ, ㄷ　④ ㄴ, ㄹ　⑤ ㄷ, ㄹ

|자|료|해|설|
세 지역의 외국인 주민 수 및 성비를 나타낸 표와 유형별 외국인 주민 구성을 나타낸 그래프의 (가)~(다) 지역을 대전, 안산, 예천 중에서 찾고 비교하는 문항이다.

|보|기|풀|이|
(나)는 성비가 높고 외국인 주민 수가 가장 많으므로 공업이 발달한 안산이다. 안산에서 비율이 높은 C는 외국인 근로자이다. (다)는 성비가 가장 낮고 외국인 주민 수가 가장 적으므로 촌락의 성격이 강한 예천이다. 예천에서 비율이 높은 B는 결혼 이민자이다. 나머지 (가)는 대전, A는 유학생이다. 대전은 연구 시설이 발달한 대도시로 유학생 비율이 높다.
ㄷ 정답 | 지역 내 외국인 주민 중 외국인 근로자 수는 '외국인 주민 수×외국인 근로자의 비율'로 판단할 수 있다. 따라서 외국인 주민 수가 가장 많고 외국인 근로자의 비율이 가장 높은 안산이 외국인 근로자 수가 가장 많으며, 외국인 주민 수가 가장 적은 예천이 외국인 근로자 수가 가장 적다. 따라서 외국인 근로자 수는 안산 > 대전 > 예천 순으로 많다.
ㄹ 정답 | A는 유학생, B는 결혼 이민자, C는 외국인 근로자이다.

문제편 35~36쪽

09회 2024학년도 6월 고3 모의평가 정답과 해설 한국지리

문제편 p.37

1	④	2	②	3	⑤	4	②	5	④
6	⑤	7	⑤	8	①	9	③	10	③
11	①	12	②	13	①	14	③	15	②
16	⑤	17	①	18	④	19	③	20	④

1 우리나라의 수리적 위치 정답 ④ 정답률 72%

① (나)에는 종합 해양 과학 기지가 건설되어 있다. (라)
② (다)에 위치한 섬은 영해 설정에 직선 기선을 적용한다. 통상
③ (라)는 한 · 일 중간 수역에 위치한다. 위치하지 않는다
④ (다)는 (나)보다 우리나라 표준 경선과의 최단 거리가 가깝다. 135°E
⑤ (가)~(라)는 우리나라 영토의 4극에 해당한다. (가), (다)

|자|료|해|설|
(가)는 함경북도 온성군 유원진, (나)는 인천광역시 옹진군 백령도, (다)는 경상북도 울릉군 독도, (라)는 이어도이다.

|선|택|지|풀|이|
① 오답 | 종합 해양 과학 기지가 건설되어 있는 곳은 이어도(라)이다.
② 오답 | 독도(다)는 영해 설정에 최저 조위선인 통상 기선을 적용한다.
③ 오답 | 이어도(라)는 한 · 일 중간 수역에 포함되지 않는다.
④정답 | 독도(다)는 백령도(나)보다 우리나라 표준 경선(135°E)과의 최단 거리가 가깝다.
⑤ 오답 | (가), (다)는 우리나라 영토의 4극에 해당하는 지역이지만, (나)와 (라)는 4극에 해당하지 않는다.

2 여러 지형의 비교 정답 ② 정답률 66%

ㄱ. A는 유동성이 큰 용암이 분출하여 형성된 평탄면이다. (현무암질 용암)
ㄴ. B는 화구가 함몰되어 형성된 칼데라의 일부이다.
ㄷ. C의 기반암은 D의 기반암보다 풍화와 침식에 강하다.
ㄹ. A와 B에는 회백색을 띠는 성대 토양이 주로 분포한다. (냉대 기후 지역 포드졸)

① ㄱ, ㄴ ② ㄱ, ㄷ ③ ㄴ, ㄷ ④ ㄴ, ㄹ ⑤ ㄷ, ㄹ

|자|료|해|설|
A는 철원 한탄강 일대의 용암 대지, B는 단양의 돌리네, C와 D는 양구의 침식 분지에 해당하며, 침식 분지의 주변 산지를 이루고 있는 C의 기반암은 변성암, 침식 분지의 낮은 곳에 해당하는 D의 기반암은 화강암이다.

|보|기|풀|이|
ㄱ정답 | 용암 대지는 유동성이 크고 점성이 작은 현무암질 용암이 분출하여 형성된 평탄면이다.
ㄴ 오답 | 돌리네는 석회암의 용식 작용으로 형성된 와지이다.
ㄷ정답 | C의 기반암인 변성암은 D의 기반암인 화강암보다 풍화와 침식에 강하여 침식 분지 주변 산지를 이루고 있다.
ㄹ 오답 | 용암 대지(A) 위에는 과거 하천의 범람으로 인한 퇴적층이 형성되어 있으며, 돌리네(B)에는 붉은색의 석회암 풍화토가 주로 분포한다. 회백색을 띠는 성대 토양은 냉대 기후 지역에 주로 분포하는 포드졸이다.

3 지리 정보 정답 ⑤ 정답률 90%

① ㉠의 예로 '대전광역시 연령층별 인구 비율'을 들 수 있다. (속성 정보)
② ㉡은 어떤 장소나 현상의 위치나 형태를 나타내는 정보이다.
③ ㉢을 표현한 예로 36° 21′ 04″N, 127° 23′ 06″E가 있다.
④ ㉣은 조사 지역을 직접 방문하여 정보를 수집하는 활동이다.
⑤ ㉤은 ㉥보다 지리 정보 수집 방법으로 도입된 시기가 이르다.

|자|료|해|설|
㉠은 공간의 위치나 형태에 대한 정보이므로 공간 정보, ㉡은 어느 지역의 특성에 대한 정보이므로 속성 정보, ㉢은 지역 간 관계에 대한 정보이므로 관계 정보이다.

|선|택|지|풀|이|
① 오답 | '대전광역시 연령층별 인구 비율'은 대전광역시의 인구 특성을 보여주는 자료이므로 속성 정보에 해당한다.
② 오답 | 어떤 장소나 현상의 위치나 형태를 나타내는 정보는 공간 정보이다. 속성 정보는 장소나 현상의 인문적 · 자연적 특성을 나타내는 정보이다.
③ 오답 | 위도와 경도에 관한 정보는 어느 지역의 위치를 나타낸 것이므로 공간 정보에 해당한다.
④ 오답 | 원격 탐사(㉥)는 조사 지역을 직접 방문하여 정보를 수집하는 활동이 아니라 항공기, 인공위성 등을 이용하여 간접적으로 정보를 수집하는 활동이다.
⑤정답 | 야외 조사(㉤)는 항공기와 인공위성 개발 이후 본격적으로 이용된 원격 탐사(㉥)보다 지리 정보 수집 방법으로 도입된 시기가 이르다.

4 강원 지방 정답 ② 정답률 82%

답사 일정	답사 지역	답사 내용
1일 차	(가)원주	의료 산업 클러스터 단지 견학
2일 차	(나)태백	폐광 지역 산업 유산을 활용한 석탄 박물관 탐방
3일 차	(다)강릉	서울의 정동 쪽에 위치하고 있다는 기차역과 모래 해안 답사

정동진역

	(가)	(나)	(다)
①	A	B	C
②	A	C	B
③	B	A	C
④	B	C	A
⑤	C	A	B

|자|료|해|설|
답사 일정 계획표를 통해 지도에 제시된 A~C 지역에서 답사할 수 있는 내용이 무엇인지 파악하고 세 지역을 찾아내는 문항이다. 지도에 제시된 지역은 강릉, 원주, 태백이다.

|선|택|지|풀|이|
②정답 |
(가) - A : (가)는 의료 공학 산업이 발달되어 의료 산업 클러스터 단지가 형성되어 있고 강원도에서 인구가 가장 많은 지역인 A 원주이다.
(나) - C : (나)는 과거 석탄 채굴 산업이 활발하게 이루어졌으나 석탄 산업 합리화 정책 이후 산업이 쇠퇴하고 탄전이 폐광된 C 태백이다. 이에 따라 폐광 지역의 산업 유산을 활용한 석탄 박물관 등이 관광을 위해 이용되고 있다.
(다) - B : (다)는 서울의 정동 쪽에 위치한 정동진이 있는 B 강릉이다. 정동진 기차역은 해안선에서 가장 가까운 기차역으로 기네스북에 등재되어 있기도 하며, 강릉에는 모래 해안이 발달해 있어 해수욕장이 많고, 석호와 사주도 여러 개 형성되어 있다.

5 농업 자료 분석 정답 ④ 정답률 78%

① ㉠의 재배 면적은 시 · 도 중 경기도가 가장 넓다. (전라남도)
② ㉡은 식량 작물 중 자급률이 가장 높다.
③ ㉢은 주로 하천 주변의 충적 평야에서 재배된다.
④ ㉣은 ㉠보다 시설 재배에 의한 생산량이 많다.
⑤ 강원도는 제주도보다 ㉣의 생산량이 많다. (적다)

|자|료|해|설|
우리나라 식량 작물과 관련된 자료 글을 보고 선택지 내용의 옳고 그름을 판단하는 문제이다. 쌀, 보리, 원예 작물과 같은 주요 작물의 생산과 관련해 묻고 있다.

|선|택|지|풀|이|
① 오답 | 쌀의 재배 면적은 시 · 도 중 전라남도가 가장 넓다.
② 오답 | 보리는 식량 작물 중 자급률이 낮은 편이며, 식량 작물 중 쌀의 자급률이 가장 높다.
③ 오답 | 주로 하천 주변의 충적 평야에서 재배되는 작물은 쌀이다.
④정답 | 채소는 쌀보다 비닐하우스 등을 이용한 시설 재배에 의한 생산량이 많다.
⑤ 오답 | 강원도는 감귤 생산량이 많은 제주도보다 과일의 생산량이 적다.

6 바람 정답 ⑤ 정답률 39%

① 갑 ② 을 ③ 갑, 병 ④ 을, 병 ⑤ 갑, 을, 병

|자|료|해|설|
(가), (나)의 풍향의 특성을 통해 (가), (나)가 각각 1월과 7월 중 어느 시기인지 파악하고 A~D 지역의 강수 분포 특성에 대해 옳은 답변을 한 학생만을 찾아내는 문항이다. A는 홍천, B는 강릉, C는 남원, D는 칠곡이다.

|선|택|지|풀|이|
⑤정답 |
갑 : (가)는 남서풍이 우세한 것으로 보아 여름인 7월, (나)는 북서풍 및 서풍이 우세한 것으로 보아 겨울인 1월이다.
을 : 7월인 (가) 시기에 남서 기류가 유입될 때 남원(C)은 소백산맥의 바람받이, 칠곡(D)은 소백산맥의 비그늘에 해당한다.
병 : 북동 기류가 유입될 때 눈이 많이 내리는 강릉(B)은 내륙에 위치한 홍천(A)보다 1월인 (나) 시기에 강수량이 많다.

문제편 37~38쪽

7 암석 분포 정답 ⑤ 정답률 68%

중생대 퇴적암
석회석
A에는 다각형의 주상 절리가 발달해 있어.
공룡 발자국 화석은 주로 B에서 발견되고 있어.
C는 시멘트의 주원료로 이용되고 있어.
A, B는 모두 화산 활동으로 형성되었어.
형성 시기는 B, A, C 순으로 오래되었어.

① 갑 ② 을 ③ 병 ④ 정 ⑤ 무

|자|료|해|설|
A는 북한산의 화강암, B는 지리산의 변성암, C는 한라산의 현무암이다.

|선|택|지|풀|이|
① 오답 | 다각형의 주상 절리가 발달해 있는 암석은 현무암이다.
② 오답 | 공룡 발자국 화석은 중생대 퇴적암에서 주로 나타난다.
③ 오답 | 시멘트의 주원료로 이용되고 있는 것은 석회석이다.
④ 오답 | 화강암(A)은 마그마가 관입하여 땅속에서 굳어진 암석으로 화성암으로 분류되지만 화산 활동으로 인해 용암이 분출하여 형성된 암석은 아니다. 화산 활동으로 형성된 암석은 현무암, 조면암 등의 화산암이다. 시 · 원생대에 주로 형성된 변성암(B)도 화산 활동과는 직접적인 관련이 없다.
⑤ 정답 | 형성 시기는 변성암(시 · 원생대), 화강암(중생대), 현무암(신생대) 순으로 오래되었다.

8 해안 지형의 형성 정답 ① 정답률 78%

① ㉠은 바닷물보다 염도가 높다.
② ㉡의 퇴적층에는 둥근 자갈이나 모래가 분포한다.
③ ㉢은 해일 피해를 완화해 주는 자연 방파제 역할을 한다.
④ ㉣은 시간이 지나면서 육지 쪽으로 후퇴한다.
⑤ ㉠과 ㉢은 모두 후빙기 해수면 상승 이후에 형성되었다.

|자|료|해|설|
㉠은 만의 입구에 사주가 발달하여 바다와 분리된 호수인 석호, ㉡은 해안의 지반이 융기하여 만들어진 계단 모양의 지형인 해안 단구, ㉢은 사빈의 모래가 바람에 날려 형성된 모래 언덕인 해안 사구, ㉣은 파랑의 침식 작용으로 형성된 급경사의 해안 절벽인 해식애이다.

|선|택|지|풀|이|
① 정답 | 석호(㉠)는 염분이 섞여 있으나 지속적으로 유입되는 하천수로 인해 바닷물보다 염도가 낮다.
② 오답 | 해안 단구(㉡)의 퇴적층에는 과거 파랑의 영향을 받은 증거로 둥근 자갈이나 모래가 분포한다.
③ 오답 | 해안 사구(㉢)는 비교적 해발 고도가 높아 해일로 인한 파도를 완화해주는 자연 방파제 역할을 한다.
④ 오답 | 해식애(㉣)는 파랑의 침식으로 인해 시간이 흐름에 따라 육지 쪽으로 후퇴한다.
⑤ 오답 | 석호(㉠)는 후빙기 해수면 상승으로 형성된 만의 입구에 사주가 퇴적되면서 형성된 호수이고, 해안 사구(㉢)는 후빙기 해수면 상승 이후 사빈의 모래가 바람에 날려와 형성된 지형이다.

9 인구 구조 정답 ③ 정답률 80%

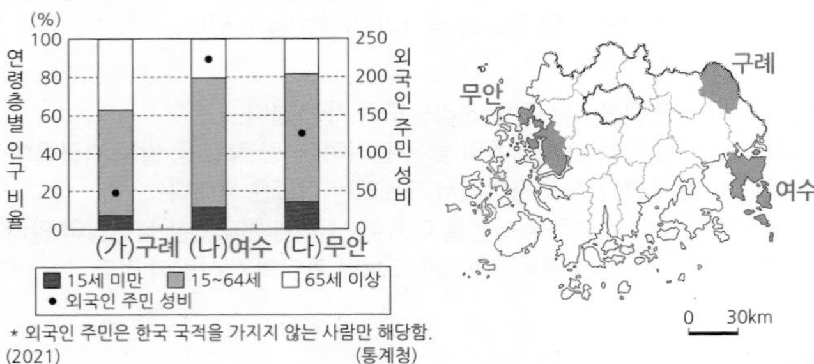

* 외국인 주민은 한국 국적을 가지지 않는 사람만 해당함.
(2021) (통계청)

① (가)는 (다)보다 인구 밀도가 높다.
② (나)는 (가)보다 총부양비가 높다.
③ (나)는 (다)보다 제조업 종사자 수가 많다.
④ (다)는 (가)보다 노령화 지수가 높다.
⑤ (가)~(다) 중 (가)는 외국인 주민 수가 가장 많다.

|자|료|해|설|
세 지역의 인구 특성을 보고 (가)~(다) 지역이 지도에 표시된 세 지역 중 어느 지역인지를 찾은 후 각 지역의 인구 특성을 비교하는 문항이다. 지도에 표시된 지역은 무안, 구례, 여수이다.

|선|택|지|풀|이|
(가)는 노년층의 비율이 높고 외국인 주민 성비가 낮은 것으로 보아 결혼 이민자 비율이 높은 촌락 지역인 구례이다. (나)와 (다)는 인구 구성이 비슷하나 외국인 주민의 성비가 매우 높은 (나)는 중화학 공업이 발달한 여수, 여수에 비해 외국인 주민의 성비가 낮은 (다)는 무안이다.

① 오답 | 촌락의 특성이 강한 (가) 구례는 전남 도청이 위치한 (다) 무안보다 인구 밀도가 낮다.
② 오답 | (나) 여수는 (가) 구례보다 청장년층 인구 비율이 높아 총부양비가 낮다.
③ 정답 | 대규모 석유 화학 공업 단지가 입지한 (나) 여수는 (다) 무안보다 제조업 종사자 수가 많다.
④ 오답 | (다) 무안은 (가) 구례보다 유소년층 인구 비율이 높고 노년층 인구 비율이 낮아 노령화 지수가 낮다.
⑤ 오답 | (가)~(다) 중 외국인 주민 수가 가장 많은 곳은 제조업이 발달해 있고 인구가 많은 (나) 여수이다.

10 하천 퇴적 지형 정답 ③ 정답률 75%

① B는 하천의 퇴적 작용으로 형성된 범람원이다.
② C의 퇴적물은 주로 최종 빙기에 퇴적되었다.
③ A는 B보다 퇴적물의 평균 입자 크기가 크다.
④ C는 D보다 해발 고도가 높다.
⑤ A와 D에는 지하수가 솟아나는 용천대가 발달해 있다.

|자|료|해|설|
왼쪽은 경사 급변점인 곡구에 형성된 부채 모양의 땅인 선상지, 오른쪽은 하천의 범람으로 형성된 범람원의 지형도이다. A는 선정, B는 선단으로 볼 수 있으며, 논으로 이용되는 C는 배후 습지, 밭으로 이용되는 D는 자연 제방이다.

|선|택|지|풀|이|
① 오답 | B는 곡구를 빠져나온 하천의 유속이 감소하여 하천의 운반 물질이 퇴적된 선상지의 일부이다.
② 오답 | 배후 습지(C)의 퇴적물은 주로 후빙기 해수면 상승 이후에 형성되었다. 후빙기인 현재 하천의 하류에서는 하천의 퇴적 작용이 활발하여 범람원이 발달하였으며, 빙기 때에는 현재보다 해수면이 낮아 침식이 활발했을 것으로 유추할 수 있다.
③ 정답 | 퇴적물이 쌓일 때 평균 입자가 큰 퇴적물부터 쌓이므로 곡구에 가까운 선정에서부터 평균 입자가 큰 퇴적물이 쌓인다. 따라서 입자가 큰 퇴적물이 많은 선정(A)은 입자가 작은 퇴적물이 많은 선단(B)보다 퇴적물의 평균 입자 크기가 크다.
④ 오답 | 배후 습지(C)는 비교적 가볍고 크기가 작은 물질이 하천 멀리 퇴적되어 형성된 지형으로, 비교적 무겁고 크기가 큰 물질이 하천 양안에 퇴적되어 형성된 자연 제방(D)보다 해발 고도가 낮다.
⑤ 오답 | 지하수가 솟아나는 용천대는 선단(B)에서 찾아볼 수 있다.

11 북한의 자연환경 정답 ① 정답률 40%

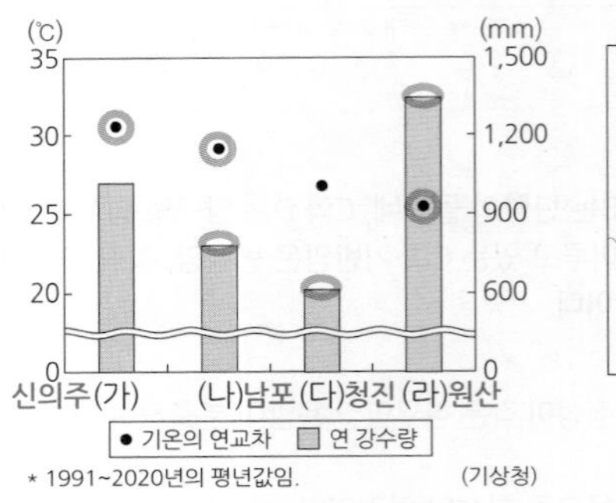

* 1991~2020년의 평년값임. (기상청)

① (가)는 (다)보다 연평균 기온이 높다.
② (가)는 (라)보다 겨울 강수 집중률이 높다.
③ (나)는 (라)보다 최한월 평균 기온이 높다.
④ (다)는 (가)보다 여름 강수량이 많다.
⑤ (가) ~ (라) 중 (라)는 가장 동쪽에 위치한다.

|자|료|해|설|
네 지역의 기온의 연교차, 연 강수량을 제시한 그래프의 (가)~(라)가 지도에서 어느 지역인지 파악하는 문항이다. 지도에 표시된 지역은 신의주, 청진, 남포, 원산이다.

|선|택|지|풀|이|
(라)는 연 강수량이 가장 많고 기온의 연교차도 가장 작은 것으로 보아 원산, (다)는 연 강수량이 가장 적은 것으로 보아 한류의 영향으로 상승 기류가 발달하지 않아 소우지인 청진, (가)는 (나)에 비해 고위도에 위치해 있어 기온의 연교차가 큰 신의주, (나)는 연 강수량이 적고 기온의 연교차가 (가)보다 작은 것으로 보아 저평한 지형의 서해안에 위치하여 연 강수량이 많지 않은 남포이다.

① 정답 | 신의주(가)는 한류의 영향을 많이 받고 상대적으로 고위도에 위치한 청진(다)보다 연평균 기온이 높다.
② 오답 | 신의주(가)는 겨울철 북동 기류로 인해 눈이 많이 내리는 원산(라)보다 겨울 강수 집중률이 낮다.
③ 오답 | 비슷한 위도에 위치한 남포와 원산 중 서해안에 위치한 남포(나)는 동해안에 위치한 원산(라)보다 최한월 평균 기온이 낮다.
④ 오답 | 연 강수량이 약 600mm 정도로 매우 적은 청진(다)은 신의주(가)보다 여름 강수량이 적다.
⑤ 오답 | (가)~(라) 중 청진(다)이 가장 동쪽에 위치한다.

문제편 38~39쪽

12 교통수단

정답 ② 정답률 71%

① B는 A보다 문전 연결성이 좋다. 좋지 않다
② B는 C보다 국내 여객 수송 분담률이 높다.
③ D는 A보다 도입 시기가 이르다. 늦다
④ D는 C보다 화물의 장거리 수송에 유리하다. 불리
⑤ 기종점 비용은 A > B > C 순으로 높다. C > B > A

| 자 | 료 | 해 | 설 |
대구, 목포, 부산, 제주에 입지한 교통 관련 시설을 나타낸 표의 A~D가 각각 고속 철도, 도로, 지하철, 해운 중 어떤 교통수단인지 찾아내는 문항이다.

| 선 | 택 | 지 | 풀 | 이 |
A는 모든 지역에 입지한 것으로 보아 도로, B는 섬 지역인 제주에 입지하지 않은 것으로 보아 고속 철도, C는 내륙에 위치한 대구에 입지하지 않은 것으로 보아 해운, D는 대도시인 대구와 부산에 입지한 것으로 보아 지하철이다.
① 오답 | 고속 철도(B)는 도로(A)보다 문전 연결성이 좋지 않다.
② 정답 | 고속 철도(B)는 해운(C)보다 국내 여객 수송 분담률이 높다.
③ 오답 | 지하철(D)은 1970년대 후반에 처음 도입되었기 때문에 도로(A)보다 도입 시기가 늦다.
④ 오답 | 지하철(D)은 해운(C)보다 화물의 장거리 수송에 불리하다.
⑤ 오답 | 기종점 비용은 해운(C) > 고속 철도(B) > 도로(A) 순으로 높다.

13 수도권

정답 ① 정답률 33%

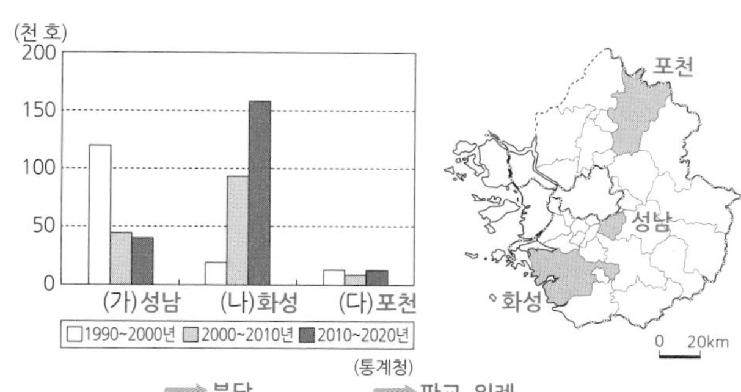

① (가)에는 수도권 1기와 2기 신도시가 건설되었다. (분당 / 판교, 위례)
② (가)는 (다)보다 주간 인구 지수가 높다. 낮다
③ (나)는 (가)보다 정보서비스업 종사자 수가 많다. 적다
④ (나)는 (다)보다 지역 내 농가 인구 비율이 높다. 낮다
⑤ (다)는 (나)보다 제조업 종사자 수가 많다. 적다

| 자 | 료 | 해 | 설 |
세 지역의 시기별 주택 수 증가량 그래프를 통해 (가)~(다) 지역이 지도에 표시된 지역 중 어느 지역인지 파악하는 문항이다. 지도에 표시된 지역은 포천, 성남, 화성이다.

| 선 | 택 | 지 | 풀 | 이 |
(가)는 1990년대에 주택 수 증가량이 많았던 것으로 보아 수도권 1기 신도시인 분당 신도시가 건설된 성남이다. (나)는 2000년대 이후 주택 수가 급증한 것으로 보아 수도권 2기 신도시인 동탄 신도시가 건설된 화성이다. (다)는 주택 수 증가가 많지 않았던 것으로 보아 신도시 건설 등을 통해 대규모로 주택이 공급되지 않았던 포천이다.
① 정답 | 성남(가)에는 수도권 1기 신도시인 분당, 2기 신도시인 판교와 위례 신도시가 건설되었다.
② 오답 | 서울로의 통근·통학 인구가 많은 성남(가)은 포천(다)보다 주간 인구 지수가 낮다.
③ 오답 | 제조업이 발달한 화성(나)은 판교 테크노밸리를 중심으로 IT 서비스 산업이 많이 발달한 성남(가)보다 정보서비스업 종사자 수가 적다.
④ 오답 | 제조업 종사자 비율이 높은 화성(나)은 포천(다)보다 지역 내 농가 인구 비율이 낮다.
⑤ 오답 | 포천(다)은 인구가 많고 제조업이 발달한 화성(나)보다 제조업 종사자 수가 적다.

14 자연재해 종합

정답 ③ 정답률 57%

보기
ㄱ. ㉠은 오호츠크해 기단이 세력을 확장할 때 주로 발생한다. 북태평양
ㄴ. ㉡의 사례로 해일에 의한 해안 저지대의 침수를 들 수 있다.
ㄷ. (가)는 장마 이후 북태평양 고기압이 한반도로 확장할 때 주로 나타난다.
ㄹ. (나)는 서고동저형의 기압 배치가 전형적으로 나타나는 계절일 때 우리나라에 영향을 준다. (겨울)

① ㄱ, ㄴ ② ㄱ, ㄷ ③ ㄴ, ㄷ ④ ㄴ, ㄹ ⑤ ㄷ, ㄹ

| 자 | 료 | 해 | 설 |
(가)는 낮 최고 기온이 높은 폭염, (나)는 열대 해상에서 북상하여 우리나라에 피해를 입히는 태풍이다.

| 보 | 기 | 풀 | 이 |
ㄱ 오답 | 밤의 최저 기온이 25℃ 미만으로 떨어지지 않는 열대야(㉠)는 북태평양 기단의 세력이 확장된 여름철에 주로 발생한다.
ㄴ 정답 | 태풍의 피해 사례(㉡)로 해일에 의한 해안 저지대의 침수를 들 수 있다.
ㄷ 정답 | 폭염은 장마 이후 북태평양 고기압이 한반도에 영향을 줄 때 나타난다.
ㄹ 오답 | 태풍은 주로 남고북저형 기압 배치가 나타나는 여름과 초가을에 우리나라에 영향을 준다. 서고동저형 기압 배치가 전형적으로 나타나는 계절은 겨울이다.

15 도시 재개발

정답 ② 정답률 82%

보기
ㄱ. ㉡은 철거 재개발의 대표적인 방식이다. 수복
ㄴ. ㉢으로 인해 기존 주민과 상인들이 다른 지역으로 떠나게 되는 현상이 발생한다.
ㄷ. ㉣을 위해 대형 프랜차이즈 업체 위주의 상권으로 변화시킨다.
ㄹ. ㉠은 ㉡보다 투입되는 자본의 규모가 크다.

① ㄱ, ㄴ ② ㄴ, ㄹ ③ ㄷ, ㄹ
④ ㄱ, ㄴ, ㄷ ⑤ ㄱ, ㄷ, ㄹ

| 자 | 료 | 해 | 설 |
도시 재개발과 관련한 자료를 통해 철거 재개발과 수복 재개발 방식의 특성을 비교하는 문항이다.

| 보 | 기 | 풀 | 이 |
㉠은 기존의 낡은 공장을 허물고 새 건물을 짓는 철거 재개발 방식, ㉡은 기존 형태를 살리면서 필요한 부분만 수리·개조하는 수복 재개발 방식이다.
ㄱ 오답 | ㉡은 수복 재개발의 대표적인 방식이다.
ㄴ 정답 | 젠트리피케이션(㉢)으로 인해 기존의 낙후된 지역이 활성화되면서 임대료가 오르면 기존 주민과 상인들이 다른 지역으로 떠나게 되는 현상이 발생한다.
ㄷ 오답 | 대형 프랜차이즈 업체 위주의 상권으로 변화되면 지역의 다양성은 상실된다.
ㄹ 정답 | 기존 건물을 허물고 새로 짓는 철거 재개발(㉠)은 필요한 부분만 수리하는 수복 재개발(㉡)보다 투입되는 자본의 규모가 크다.

16 영남 지방

정답 ⑤ 정답률 60%

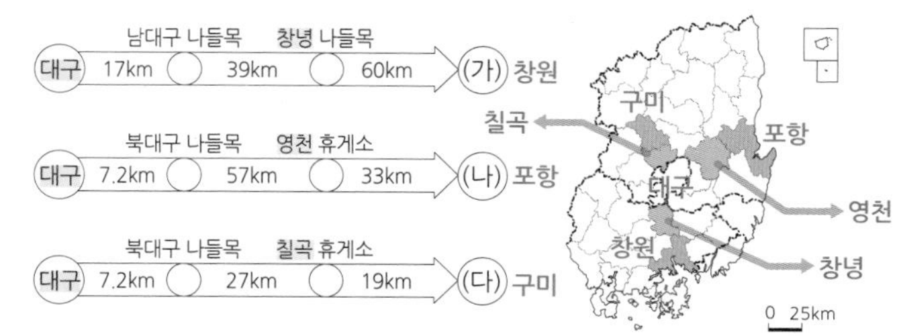

① (다)에서는 벚꽃으로 유명한 군항제가 열린다. (가)
② (가)는 (나)보다 1차 금속 업종의 종사자 수가 많다. 적다
③ (다)는 (가)보다 인구가 많다. 적다
④ (나)와 (다)에는 세계 문화유산으로 등재된 전통 마을이 있다. (안동 하회 마을, 경주 양동 마을)
⑤ (가)와 (나)는 남동 임해 공업 지역, (다)는 영남 내륙 공업 지역에 해당한다.

| 자 | 료 | 해 | 설 |
(가)는 대구의 남쪽으로 빠져나가 경상남도 창녕을 지나 도착한 곳이므로 창원, (나)는 대구의 북동쪽에 위치한 영천을 지나 도착한 곳이므로 포항, (다)는 대구의 북서쪽에 위치한 칠곡을 지나 도착한 곳이므로 구미이다. 구미가 포항보다 대구로부터의 거리가 가까우므로 이동 거리를 통해서도 유추할 수 있다.

| 선 | 택 | 지 | 풀 | 이 |
① 오답 | 벚꽃으로 유명한 진해의 군항제가 열리는 곳은 경남 창원이다.
② 오답 | 기계 공업이 발달한 창원(가)은 제철 공업이 발달한 포항(나)보다 1차 금속 업종의 종사자 수가 적다.
③ 오답 | 2022년 기준 인구 약 40만 명인 구미(다)는 약 102만 명인 창원(가)보다 인구가 적다.
④ 오답 | 포항(나)과 구미(다)에는 세계 문화유산으로 등재된 전통 마을이 없다. 세계 문화유산으로 등재된 전통 마을은 안동의 하회 마을과 경주의 양동 마을이다.
⑤ 정답 | 창원(가)과 포항(나)은 남동 임해 공업 지역, 구미(다)는 영남 내륙 공업 지역에 해당한다.

9회 2024 6월 모의평가

문제편 39~40쪽

17 호남 지방

정답 ① 정답률 58%

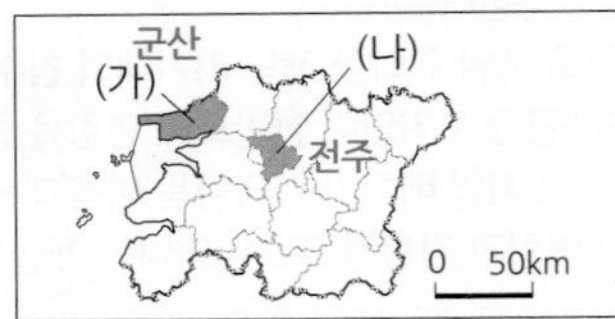

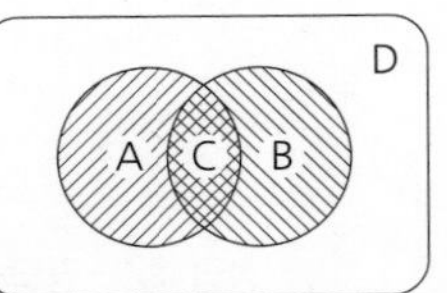

<범례>
A : (가)에만 해당되는 특징임.
B : (나)에만 해당되는 특징임.
C : (가)와 (나) 모두 해당되는 특징임.
D : (가)와 (나) 모두 해당되지 않는 특징임.

보기

ㄱ. A : 하굿둑이 건설됨.
ㄴ. B : 세계 소리 축제가 개최됨.
ㄷ. C : 원자력 발전소가 입지함.
ㄹ. D : 혁신 도시가 조성됨.

① ㄱ, ㄴ ② ㄱ, ㄷ ③ ㄴ, ㄷ ④ ㄴ, ㄹ ⑤ ㄷ, ㄹ

|자|료|해|설|
지도의 (가)는 군산, (나)는 전주이다. 벤 다이어그램의 A는 군산에만 해당되는 특징, B는 전주에만 해당되는 특징, C는 군산과 전주 모두 해당되는 특징, D는 군산과 전주 모두 해당되지 않는 특징을 나타낸다.

|보|기|풀|이|
ㄱ 정답 | A : 금강의 하구에 위치한 군산에는 하굿둑이 건설되어 있다.
ㄴ 정답 | B : 전주에서는 세계 소리 축제가 개최된다.
ㄷ 오답 | D : 군산과 전주에는 원자력 발전소가 입지해 있지 않다. 호남 지방에 원자력 발전소가 입지한 지역은 전라남도 영광군이다.
ㄹ 오답 | B : 혁신 도시는 전주 · 완주에 조성되어 있다.

18 1차 에너지 소비

정답 ④ 정답률 50%

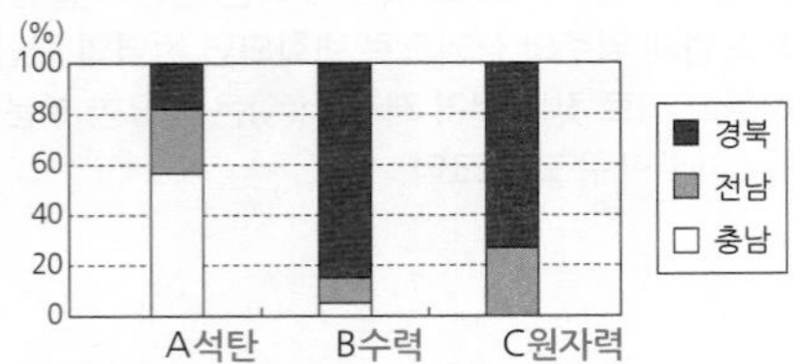

* 에너지원별 세 지역 에너지 공급량의 합을 100으로 했을 때의 값임.
(2020) (에너지경제연구원)

① A는 전량 해외에서 수입한다.
② C의 발전 시설은 해안보다 내륙에 입지하는 것이 유리하다.
③ B는 A보다 발전 시 대기 오염 물질의 배출량이 많다.
④ B는 C보다 상업용 발전에 이용된 시기가 이르다.
⑤ A~C를 이용한 발전 중 B를 이용한 발전량이 가장 많다.

|자|료|해|설|
세 지역의 1차 에너지원별 공급 비율을 나타낸 그래프의 A~C가 각각 석탄, 수력, 원자력 중 어떤 자원인지 파악하는 문항이다.

|선|택|지|풀|이|
A는 경북, 전남, 충남 세 지역에서 모두 공급되는 1차 에너지이고, 대규모의 화력 발전소와 제철소가 위치하여 석탄 수요가 많은 충남의 비율이 높으므로 석탄, B는 세 지역에서 모두 공급되는 에너지이지만 산지가 많고 큰 댐이 많은 경북이 대부분을 차지하고 있으므로 수력, C는 경북과 전남에서만 공급되는 에너지이므로 원자력이다.
① 오답 | 석탄(A) 중 무연탄은 국내에서도 생산된다.
② 오답 | 원자력(C)의 발전 시설은 냉각수의 확보를 위해 해안에 입지하는 것이 유리하다.
③ 오답 | 수력(B)은 석탄(A)보다 발전 시 대기 오염 물질의 배출량이 적다.
④ 정답 | 수력(B)은 원자력(C)보다 상업용 발전에 이용된 시기가 이르다.
⑤ 오답 | A~C를 이용한 발전 중 석탄(A)을 이용한 발전량이 가장 많다.

19 도시 내부 구조

정답 ③ 정답률 71%

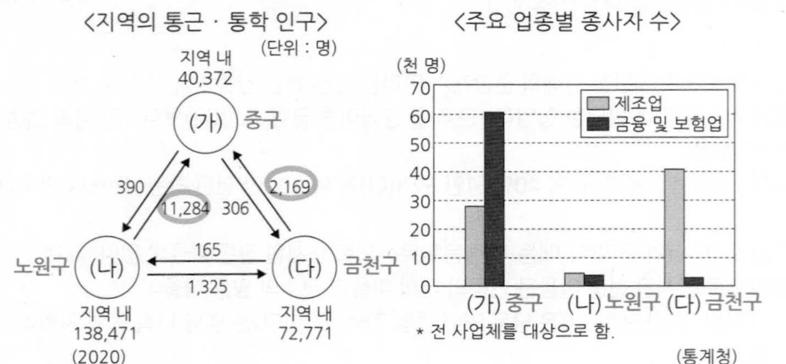

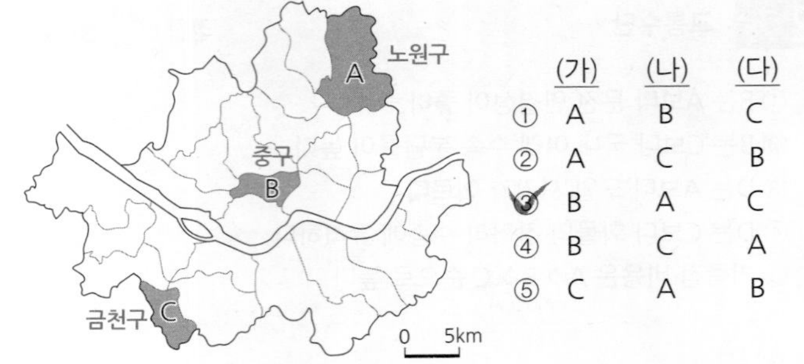

	(가)	(나)	(다)
①	A	B	C
②	A	C	B
③	B	A	C
④	B	C	A
⑤	C	A	B

|자|료|해|설|
세 지역의 통근 · 통학 인구와 주요 업종별 종사자 수 그래프를 통해 (가)~(다) 지역이 지도의 A~C 중 어느 구인지를 찾는 문항이다.

|선|택|지|풀|이|
③ 정답 |
(가) - B : (가)는 (나), (다)로부터의 인구 유입이 많고 상업 · 업무 기능이 발달한 B 중구이다.
(나) - A : (나)는 중구로의 인구 이동이 많고 제조업과 금융 및 보험업 종사자 수가 적은 것으로 보아 주거 지역인 A 노원구이다.
(다) - C : (다)는 제조업 종사자 수가 가장 많은 것으로 보아 제조업 기능이 발달한 C 금천구이다.

20 충청 지방

정답 ④ 정답률 46%

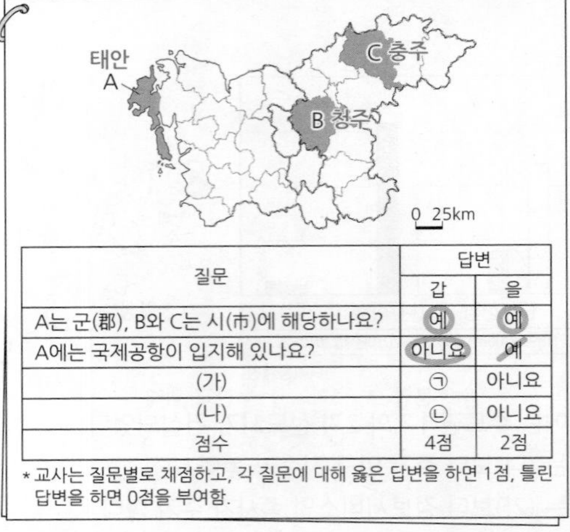

질문	답변 갑	답변 을
A는 군(郡), B와 C는 시(市)에 해당하나요?	예	예
A에는 국제공항이 입지해 있나요?	아니요	예
(가)	㉠	아니요
(나)	㉡	아니요
점수	4점	2점

* 교사는 질문별로 채점하고, 각 질문에 대해 옳은 답변을 하면 1점, 틀린 답변을 하면 0점을 부여함.

보기

ㄱ. ㉠이 '예'일 경우, (가)에는 'B에는 석탄 화력 발전소가 입지해 있나요?'가 들어갈 수 있다.
ㄴ. ㉡이 '아니요'일 경우, (나)에는 'C는 현재 도청 소재지에 해당하나요?'가 들어갈 수 있다.
ㄷ. (가)가 'A와 C에는 모두 기업 도시가 조성되어 있나요?'일 경우, ㉠에는 '아니요'가 들어간다.
ㄹ. (나)가 'B와 C는 모두 충청도라는 지명의 유래가 된 도시인가요?'일 경우, ㉡에는 '예'가 들어간다.

① ㄱ, ㄴ ② ㄱ, ㄷ ③ ㄴ, ㄷ ④ ㄴ, ㄹ ⑤ ㄷ, ㄹ

|자|료|해|설|
지도의 A는 태안, B는 청주, C는 충주이다. 태안(A)은 군(郡)이고, 청주(B)와 충주(C)는 시(市)에 해당하므로 첫 번째 질문에 대해 갑과 을은 옳은 답변을 했기 때문에 1점씩을 얻었다. 두 번째 질문에서 국제공항은 청주(B)에 있으므로 '태안(A)에는 국제공항이 입지해 있나요?'에 대해 '아니요'로 대답한 갑은 1점, '예'라고 틀린 답변을 한 을은 0점을 얻었다. 갑의 총점은 4점이므로 갑은 모든 질문에 대해 옳은 답변을 하였고, 을의 총점은 2점이므로 을은 (가), (나) 질문 중 한 질문에는 옳은 답변을 하고 나머지 질문에는 틀린 답변을 하였다.

|보|기|풀|이|
ㄱ 오답 | ㉠이 '예'일 경우 (가)에는 'A에는 석탄 화력 발전소가 입지해 있나요?'가 들어갈 수 없다. 4점을 얻은 갑은 질문에 대해 모두 옳은 답변을 해야 하는데, B 청주에는 석탄 화력 발전소가 입지해 있지 않으므로 ㉠이 '예'일 경우 갑의 답변은 틀린 답변이 된다. 따라서 (가)에는 'B에는 석탄 화력 발전소가 입지해 있나요?'가 들어갈 수 없다. 충청권에서 석탄 화력 발전소는 서천, 보령, 태안(A), 당진에 입지하여 있다.
ㄴ 정답 | ㉡이 '아니요'일 경우, 4점을 얻은 갑은 질문에 대해 모두 옳은 답변을 했으므로 ㉡ '아니요'는 옳은 답변이다. 충주(C)는 현재 도청 소재지에 해당하지 않으므로 (나)에는 'C는 현재 도청 소재지에 해당하나요?'가 들어갈 수 있다. 충남도청은 홍성 · 예산의 내포 신도시, 충북도청은 청주시에 위치하고 있다.
ㄷ 오답 | (가)가 'A와 C에는 모두 기업 도시가 조성되어 있나요?'일 경우, 4점을 얻은 갑은 질문에 대해 모두 옳은 답변을 해야 하므로 ㉠에는 '예'가 들어간다. 태안에는 관광 레저형 기업 도시, 충주에는 지식 기반형 기업 도시가 조성되어 있다.
ㄹ 정답 | (나)가 'B와 C는 모두 충청도라는 지명의 유래가 된 도시인가요?'일 경우, 4점을 얻은 갑은 질문에 대해 모두 옳은 답변을 해야 하므로 ㉡에는 '예'가 들어간다. 청주(B)와 충주(C)의 앞 글자를 따서 충청도라는 지명이 유래되었다.

문제편 40쪽

10회 2025학년도 6월 고3 모의평가 정답과 해설 한국지리

문제편 p.41

1	②	2	②	3	②	4	③	5	③
6	④	7	③	8	⑤	9	①	10	④
11	⑤	12	⑤	13	①	14	④	15	①
16	①	17	③	18	②	19	⑤	20	④

1 영해와 배타적 경제 수역 정답 ② 정답률 60%

<영해 및 접속수역법>

제1조(㉠ 영해의 범위) 대한민국의 영해는 기선으로부터 측정하여 그 바깥쪽 12해리의 선까지에 이르는 수역으로 한다. … (중략) …

제2조(기선) 제1항 : 영해의 폭을 측정하기 위한 ㉡ 통상의 기선은 대한민국이 공식적으로 인정한 대축척 해도에 표시된 … (중략) …

제2항 : 지리적 특수사정이 있는 수역의 경우에는 대통령령으로 정하는 기점을 연결하는 직선을 기선으로 할 수 있다.

제3조(㉢ 내수) 영해의 폭을 측정하기 위한 기선으로부터 육지 쪽에 있는 수역은 내수로 한다.

<영역과 배타적 경제 수역>

① 울릉도와 독도는 ㉠ 설정에 직선 기선이 적용된다.
② ㉡ 설정에는 가장 낮은 수위가 나타나는 썰물 때의 해안선을 적용한다.
③ ㉢에서 간척 사업이 이루어지면 ㉠은 확대된다.
④ 우리나라 (가)의 최남단은 이어도이다.
⑤ (나)는 영해 기선으로부터 그 바깥쪽 200해리의 선까지에 이르는 수역 전체를 말한다.

|자|료|해|설|
우리나라의 영해와 영해 설정의 기준, 내수 그리고 배타적 경제 수역에 대한 내용을 파악하는 문항이다.

|선|택|지|풀|이|
① 오답 | 울릉도와 독도는 ㉠ 영해 설정에 통상 기선이 적용된다. 직선 기선은 해안선이 복잡하거나 섬이 많은 서해안, 남해안과 동해안 일부에 적용되며, 통상 기선은 해안선이 단조로운 동해안 대부분, 제주도, 마라도, 울릉도, 독도 등에 적용된다.
②정답 | ㉡ 통상의 기선 설정에는 해수면이 가장 낮은 썰물 때의 해안선인 최저 조위선을 적용한다.
③ 오답 | 내수(內水)는 기선으로부터 육지 쪽에 있는 수역이므로 ㉢ 내수에서 간척 사업이 이루어진다고 해도 ㉠ 영해의 범위에는 변화가 없다.
④ 오답 | 우리나라 (가) 영토의 최남단은 제주특별자치도 서귀포시 마라도 남단이다. 이어도는 수중 암초로 우리나라 영해에 해당하지 않는다.
⑤ 오답 | (나) 배타적 경제 수역은 영해 기선으로부터 그 바깥쪽 200해리의 선까지에 이르는 수역 중에서 영해를 제외한 수역이다.

2 감입 곡류 하천과 자유 곡류 하천 정답 ② 정답률 85%

보기
ㄱ. (가)의 A 하천은 (나)의 C 하천보다 하상의 해발 고도가 높다.
ㄴ. (가)의 A 하천 범람원은 (나)의 C 하천 범람원보다 면적이 넓다.
ㄷ. B는 D보다 퇴적물의 평균 입자 크기가 크다.
ㄹ. B는 D보다 홍수 시 범람에 의한 침수 가능성이 높다.

① ㄱ, ㄴ ② ㄱ, ㄷ ③ ㄴ, ㄷ ④ ㄴ, ㄹ ⑤ ㄷ, ㄹ

|자|료|해|설|
자유 곡류 하천과 감입 곡류 하천의 지형 특성을 비교하는 문항이다. (가)는 한강 상류에 위치한 지역으로 A는 산지 사이를 흐르는 감입 곡류 하천, B는 감입 곡류 하천 주변에 나타나는 계단 모양의 지형인 하안 단구이다. (나)는 영산강 하류에 위치한 지역으로 C는 평야 위를 흐르는 자유 곡류 하천, D는 범람원 중에서 논으로 이용되는 배후 습지이다.

|보|기|풀|이|
ㄱ정답 | (가) 한강 상류의 A 감입 곡류 하천은 (나) 영산강 하류의 C 자유 곡류 하천보다 하상의 해발 고도가 높다.
ㄴ 오답 | 주변의 경사가 급하고 퇴적 물질의 양이 적은 (가) 한강 상류의 A 감입 곡류 하천보다 주변이 대체로 평탄하며 유량과 퇴적 물질의 양이 많은 (나) 영산강 하류의 C 자유 곡류 하천이 홍수 시 범람이 넓게 되므로 범람원의 면적이 넓다.
ㄷ정답 | (가) 한강 상류에 위치한 B 하안 단구는 (나) 영산강 하류에 위치한 D 배후 습지보다 퇴적물의 평균 입자가 크다. 하천 상류는 하천 하류보다 퇴적물의 평균 입자 크기가 크다.
ㄹ 오답 | B 하안 단구는 D 배후 습지보다 해발 고도가 높고 하천과의 고도 차도 크기 때문에 홍수 시 범람에 의한 침수 가능성이 낮다.

3 지리 정보 정답 ② 정답률 84%

구분	유소년층 인구(명)	유소년층 인구 비율(%)	초·중·고 학교 수(개)	공공 도서관 수(개)
A	8,274	8.1	42	4
B	49,118	13.9	69	7
C	73,706	13.4	118	9
D	42,247	12.0	92	8
E	12,362	11.3	39	3

(2022) (통계청)

최적 입지 지역: B

① A ② B ③ C ④ D ⑤ E

|선|택|지|풀|이|
②정답 |
<조건 1> : 유소년층 인구 10,000명 이상을 만족하는 지역은 B 양산, C 김해, D 진주, E 사천이고, 초 · 중 · 고 학교 수 60개 이상을 만족하는 지역은 B 양산, C 김해, D 진주이며, 공공 도서관 수 8개 이하를 만족하는 지역은 A 밀양, B 양산, D 진주, E 사천이다. 따라서 <조건 1>의 세 가지 조건을 모두 만족하는 지역은 B 양산과 D 진주이다.
<조건 2> : <조건 1>을 만족하는 B 양산과 D 진주 중 유소년층 인구 비율이 높은 곳은 B 양산이다. 따라서 공공 도서관을 추가로 선정하고자 할 때, 가장 적합한 후보지는 B 양산이다.

4 동해안과 서해안 정답 ③ 정답률 78%

① A는 하루 중일 바닷물에 잠기는 곳이다.
② B에는 바람에 날려 퇴적된 모래 언덕이 나타난다.
③ C는 파랑과 연안류의 퇴적 작용으로 형성되었다.
④ D는 자연 상태에서 시간이 지남에 따라 규모가 확대된다.
⑤ E는 후빙기 해수면 상승 이후에 형성된 육계도이다.

|자|료|해|설|
지도에 제시된 A~E 해안 지형의 형성 원인, 특징 등을 파악하는 문항이다. A는 갯벌, B는 간척 사업으로 조성된 간척 평야, C는 석호 입구에 발달한 사주, D는 석호, E는 동해의 섬이다.

|선|택|지|풀|이|
② 오답 | B는 갯벌을 간척하여 조성한 농경지이다. 사빈의 모래가 바다로부터 불어오는 바람에 날려 퇴적된 모래 언덕은 해안 사구로, 사빈의 배후에 잘 발달한다. 해안 사구는 모래로 이루어져 있어 배수가 양호하기 때문에 논을 조성하기 어렵다.
③정답 | C는 파랑 및 연안류에 의해 운반된 모래가 퇴적되어 형성된 좁고 긴 모래 지형인 사주이다.
④ 오답 | D는 후빙기 해수면 상승으로 형성된 만의 입구에 사주가 발달하여 바다와 분리되면서 형성된 호수인 석호이다. 석호는 자연 상태에서 시간이 지남에 따라 호수로 유입되는 하천의 운반 물질이 퇴적되면서 규모가 축소된다.
⑤ 오답 | E는 육지와 연결되지 않았으므로 육계도가 아니다. 육계도는 사주에 의해 육지와 연결된 섬이다.

5 충청 지방 정답 ③ 정답률 45%

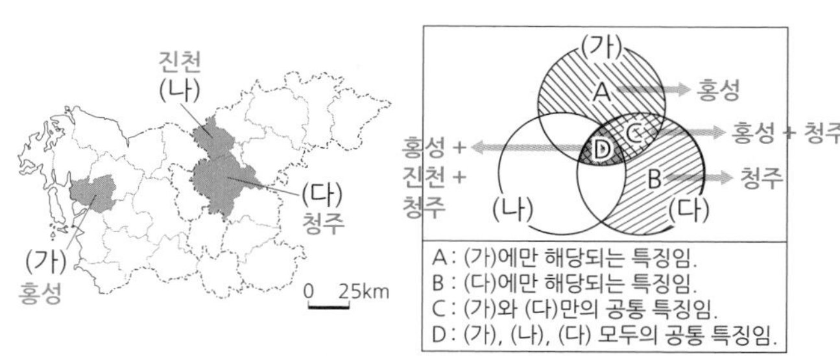

A : (가)에만 해당되는 특징임.
B : (다)에만 해당되는 특징임.
C : (가)와 (다)만의 공통 특징임.
D : (가), (나), (다) 모두의 공통 특징임.

보기
ㄱ. A : 석탄 박물관이 있음.
ㄴ. B : 국제공항이 있음.
ㄷ. C : 도청이 입지하고 있음.
ㄹ. D : 혁신도시가 조성되어 있음.

① ㄱ, ㄴ ② ㄱ, ㄷ ③ ㄴ, ㄷ ④ ㄴ, ㄹ ⑤ ㄷ, ㄹ

|보|기|풀|이|
ㄱ 오답 | A는 (가) 홍성에만 해당되는 특징이다. (가) 홍성에는 석탄 박물관이 없다. 충청 지방에서 석탄 박물관은 보령에 있다.
ㄴ정답 | B는 (다) 청주에만 해당되는 특징이다. 충청 지방에서 국제공항은 (가)~(다) 지역 중 (다) 청주에만 있다.
ㄷ정답 | C는 (가) 홍성과 (다) 청주만의 공통 특징이다. (가) 홍성과 예산의 경계에 위치하는 내포 신도시에는 충청남도청이 입지하고, (다) 청주에는 충청북도청이 입지하고 있다.
ㄹ 오답 | D는 (가) 홍성, (나) 진천, (다) 청주 모두의 공통 특징이다. (가) 홍성과 (나) 진천에는 혁신도시가 조성되어 있지만, (다) 청주에는 혁신도시가 조성되어 있지 않다.

6 인구 구조 　정답 ④ 　정답률 88%

① (가)는 (나)보다 중위 연령이 높다. 낮다
② (나)는 (가)보다 인구 밀도가 높다. 낮다
③ (다)는 (가)보다 유소년 부양비가 높다. 낮다
④ (다)는 (나)보다 지역 내 외국인의 성비가 높다.
⑤ 총인구는 (다)>(나)>(가) 순으로 많다. (가) (나)

|자|료|해|설|
인구 관련 신문 기사를 보고 (가)~(다) 지역을 지도에서 찾아 인구 특성을 비교하는 문항이다. 지도에 표시된 지역은 안산, 세종, 봉화이다.

|선|택|지|풀|이|
(가)는 정부 기관 이전을 목적으로 조성되었으며, 청년층 인구 비율과 유소년층 인구 비율이 전국에서 가장 높으므로 세종이다. 세종은 중앙 행정 기관이 이전함에 따라 청년층 인구의 유입이 많아 유소년층 인구 비율도 높다. (나)는 인구 소멸 위험이 큰 곳이며 대표적인 인구 과소 지역이므로 촌락인 봉화이다. (다)는 외국인 주민이 가장 많이 거주하고 다문화 마을 특구가 조성되어 있으므로 제조업이 발달하여 외국인 근로자가 많이 거주하는 안산이다.
① 오답 | 청년층과 유소년층 인구 비율이 높은 (가) 세종은 촌락으로 노년층 인구 비율이 높은 (나) 봉화보다 중위 연령이 낮다. 중위 연령은 노년층 인구 비율이 높은 촌락에서 높게 나타난다.
② 오답 | (나) 봉화는 (가) 세종보다 면적은 넓지만 인구가 적으므로 인구 밀도가 낮다.
③ 오답 | (다) 안산은 (가) 세종보다 유소년 부양비가 낮다. 세종은 유소년층 인구 비율이 전국에서 가장 높으므로 유소년 부양비도 높다.
④ 정답 | (다) 안산은 (나) 봉화보다 지역 내 외국인의 성비가 높다. 제조업이 발달한 안산은 지역 내 외국인 중 남성의 비율이 높은 외국인 근로자의 비율이 높지만, 촌락인 봉화는 지역 내 외국인 중 여성의 비율이 높은 결혼 이민자의 비율이 높다.
⑤ 오답 | 총인구는 (다) 안산 > (가) 세종 > (나) 봉화 순으로 많다. 세 지역 중 촌락인 봉화의 인구가 가장 적다.

7 제주도 외의 화산 지형 + 제주도의 화산 지형 　정답 ③ 　정답률 76%

① ㉠은 점성이 작은 용암의 분출로 형성된 용암 대지이다. → 철원·평강, 개마고원 일부 등
② ㉡은 기반암의 차별 침식으로 형성되었다. → 침식 분지
③ ㉢은 흐르는 용암의 표면과 내부 간 냉각 속도 차이로 형성되었다.
④ ㉣은 화구가 함몰되며 형성된 칼데라에 물이 고여 형성되었다. → 화구호 / 칼데라호
⑤ ㉡은 ㉠보다 형성 시기가 이르다. 늦다

|자|료|해|설|
제주도와 울릉도에 분포하는 화산 지형의 형성 원인, 특징 등을 파악하는 문항이다. ㉠은 칼데라 분지인 울릉도의 나리 분지, ㉡은 중앙 화구구인 울릉도의 알봉, ㉢은 용암 동굴인 제주도의 만장굴, ㉣은 화구호인 제주도의 백록담이다.

|선|택|지|풀|이|
① 오답 | ㉠ 나리 분지는 용암이 분출한 이후 화구 부근이 함몰되어 형성된 칼데라 분지이다. 점성이 작은 현무암질 용암의 분출로 형성된 용암 대지는 철원·평강, 개마고원 일대에 분포한다.
② 오답 | ㉡ 알봉은 칼데라 분지 내부에서 용암이 분출하여 형성된 중앙 화구구이다. 기반암의 차별 침식으로 형성된 것은 침식 분지이다.
③ 정답 | ㉢ 만장굴은 점성이 작은 용암이 흘러내릴 때 용암 표면과 내부의 냉각 속도 차이로 인해 형성된 용암 동굴이다.
④ 오답 | ㉣ 백록담은 화구에 물이 고여 형성된 화구호이다. 화구가 함몰되며 형성된 칼데라에 물이 고여 형성된 호수는 칼데라호로 백두산 천지가 대표적이다.
⑤ 오답 | 알봉은 나리 분지(칼데라 분지)가 형성된 이후 분지 내부에서 용암이 분출하여 형성된 중앙 화구구이다. 따라서 ㉡ 알봉은 ㉠ 나리 분지보다 형성 시기가 늦다.

8 기후 비교 　정답 ⑤ 　정답률 49%

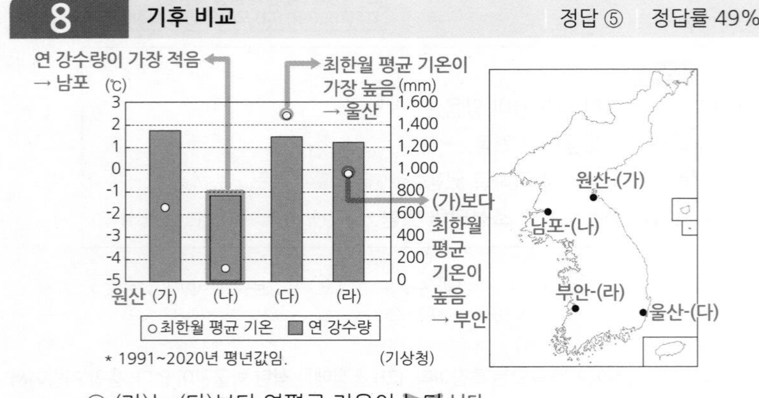

* 1991~2020년 평년값임. (기상청)

① (가)는 (다)보다 연평균 기온이 높다. 낮다
② (나)는 (가)보다 여름 강수량이 많다. 적다
③ (다)는 (라)보다 기온의 연교차가 크다. 작다
④ (가)와 (라)는 서해안, (나)와 (다)는 동해안에 위치한다. (나) (가)
⑤ (다)와 (라)의 겨울 강수량 합은 (가)와 (나)의 겨울 강수량 합보다 많다.

|선|택|지|풀|이|
(나)는 네 지역 중 연 강수량이 가장 적으므로 북부 지방의 소우지인 대동강 하류 지역에 위치한 남포이다. (다)는 네 지역 중 최한월 평균 기온이 가장 높으므로 위도가 낮고 동해안에 위치한 울산이다. (가)와 (라) 중 상대적으로 위도가 낮아 최한월 평균 기온이 높은 (라)가 부산, 나머지 (가)는 원산이다.
① 오답 | (가) 원산과 (다) 울산은 모두 동해안에 위치하지만 원산이 울산보다 위도가 높으므로 연평균 기온이 낮다. 연평균 기온은 대체로 위도가 높아질수록 낮아지며, 동위도에서는 대체로 동해안이 서해안보다 높다.
② 오답 | 북한의 소우지인 (나) 남포는 북한의 다우지인 (가) 원산보다 여름 강수량이 적다.
③ 오답 | 비슷한 위도에서 동해안에 위치한 (다) 울산은 서해안에 위치한 (라) 부산보다 기온의 연교차가 작다. 비슷한 위도에서는 서해안이 동해안보다 기온의 연교차가 크다.
④ 오답 | (나) 남포와 (라) 부산은 서해안, (가) 원산과 (다) 울산은 동해안에 위치한다.
⑤ 정답 | 남부 지방에 위치한 (다) 울산과 (라) 부산의 겨울 강수량 합은 북부 지방에 위치한 (가) 원산과 (나) 남포의 겨울 강수량 합보다 많다. 대체로 강수량은 남부 지방에서 북부 지방으로 갈수록 적어진다. 또한 부산은 북서풍, 울산은 북동 기류의 영향으로 겨울 강수량이 많은 편이다.

9 충청 지방 　정답 ① 　정답률 51%

〈충청 지방 답사 계획서〉

답사 일정	답사 내용
1일 차 단양	석회암을 원료로 하는 대규모 시멘트 공장 방문
2일 차 충주	지식 기반형 산업의 육성을 위해 민간 기업의 주도로 조성된 기업도시 방문
3일 차 대전	지식 첨단 산업을 이끄는 대덕 연구 개발 특구 방문

조선 누층군 / 충주 B / 단양 A / 음성: 혁신도시 C / 대전 D / 0 25km

	1일 차	2일 차	3일 차
①	A	B	D
②	A	C	D
③	B	A	C
④	B	C	D
⑤	C	B	A

|선|택|지|풀|이|
① 정답 |
1일 차 - A : 석회암을 원료로 하는 대규모 시멘트 공장을 방문할 수 있는 지역은 단양이다. 단양은 조선 누층군이 분포하여 석회암이 다량 매장되어 있다. 이에 따라 기반암인 석회암이 용식 작용을 받아 형성된 카르스트 지형이 나타나며 석회암을 원료로 하는 시멘트 공업이 발달하였다. 단양은 지도의 A이다.
2일 차 - B : 지식 기반형 기업도시를 방문할 수 있는 지역은 충주이다. 충주는 지리적 표시제에 등록된 사과 생산지로도 유명하며, 충주댐이 건설되어 있다. 또한 청주와 함께 충청도 지명의 유래가 된 지역 중 하나이다. 충주는 지도의 B이다.
3일 차 - D : 대덕 연구 개발 특구를 방문할 수 있는 지역은 대전이다. 대전은 첨단 과학 기술 관련 대학과 연구소들이 많이 분포한다. 대전은 지도의 D이다.
오답 |
C는 음성이다. 진천·음성에는 혁신도시가 조성되어 있다. 혁신도시는 수도권에 집중된 공공 기관을 지방으로 이전하여 조성한 미래형 도시이다.

10 도시 내부 구조 + 대도시권 　정답 ④ 　정답률 72%

보기
ㄱ. 서울로의 통근·통학 인구는 (나)가 (가)보다 많다. 적다
ㄴ. (나)는 (가)보다 전체 가구 대비 농가 비율이 높다.
ㄷ. (나)는 (다)보다 상업지 평균 지가가 높다. 낮다
ㄹ. (다)는 (가)보다 생산자 서비스업 사업체 수가 많다. → 대도시의 도심이나 부도심에 입지

① ㄱ, ㄴ 　② ㄱ, ㄷ 　③ ㄴ, ㄷ 　④ ㄴ, ㄹ 　⑤ ㄷ, ㄹ

|자|료|해|설|
주간 인구 지수와 통근·통학 인구를 통해 해당 지역군을 찾고, 지역군별 특성을 비교하는 문항이다. 지도에 표시된 지역군은 경기의 파주·김포시, 여주·이천시와 서울의 종로·중구이다. (다)는 세 지역군 중 주간 인구 지수가 가장 높으므로 도심이 위치한 서울 종로·중구이다. (가)와 (나) 중에서 상대적으로 통근·통학 인구가 많은 (가)는 서울과 거리가 가깝고 총인구가 많아 서울로 통근·통학하는 인구도 많은 경기 파주·김포시이다. 파주시에는 운정 신도시, 김포시에는 한강 신도시의 수도권 2기 신도시가 조성되어 있다. 나머지 (나)는 상대적으로 촌락의 성격이 강한 경기 여주·이천시이다.

|보|기|풀|이|
ㄴ 정답 | 서울과 거리가 멀어 촌락의 성격이 강한 (나)는 서울과 거리가 가까우며 수도권 2기 신도시가 조성되어 있는 (가)보다 전체 가구 대비 농가 비율이 높다.
ㄹ 정답 | 도심이 위치한 (다)는 서울 주변에 위치한 (가)보다 생산자 서비스업 사업체 수가 많다. 생산자 서비스업은 기업과의 접근성이 높고 관련 정보 획득에 유리한 대도시의 도심 또는 부도심에 집중하려는 경향이 크다.

문제편 42쪽

11 자연재해 종합

정답 ⑤ 정답률 64%

보기

ㄱ. (가) 특보는 장마 이후 북태평양 고기압이 한반도로 확장했을 때 주로 발령된다. → 한여름

ㄴ. (나)를 대비하기 위한 전통 가옥 시설로 우데기가 있다. → 방설벽

ㄷ. (다)는 주로 편서풍을 타고 우리나라 쪽으로 날아온다.

① ㄱ ② ㄴ ③ ㄱ, ㄷ ④ ㄴ, ㄷ ⑤ ㄱ, ㄴ, ㄷ

|보|기|풀|이|

ㄱ 정답 | 폭염은 매우 심한 더위로, (가) 폭염 특보는 주로 장마가 끝난 후 북태평양 고기압이 한반도로 확장하는 한여름에 주로 발령된다.

ㄴ 정답 | 우데기는 눈이 많이 내리는 울릉도에서 겨울에 실내 활동 공간을 확보하기 위해 설치하는 방설벽으로, (나) 대설을 대비하기 위한 전통 가옥 시설이다.

ㄷ 정답 | (다) 황사는 건조한 봄철이나 겨울철에 중국과 몽골 내륙의 사막 등지에서 발생한 모래 먼지가 편서풍을 타고 우리나라 쪽으로 날아오는 현상이다.

12 지체 구조와 지각 변동

정답 ⑤ 정답률 68%

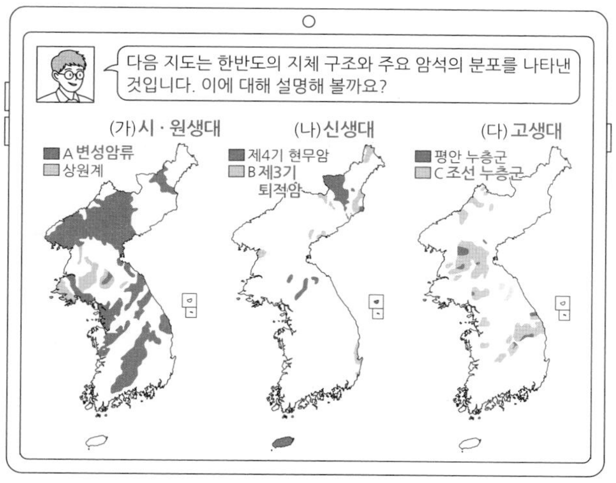

① 갑 ② 을 ③ 병 ④ 정 ⑤ 무

|자|료|해|설|

한반도의 지질 시대별 지체 구조와 암석 분포를 파악하는 문항이다. (가)는 우리나라에서 분포 면적이 가장 넓고 평북·개마, 경기, 영남 지괴에 주로 분포하므로 시·원생대, (나)는 두만, 길주·명천 지괴에 주로 분포하므로 신생대, (다)는 평남 분지와 옥천 습곡대에 주로 분포하므로 고생대의 지체 구조와 암석 분포를 나타낸 것이다. 따라서 A는 변성암류, B는 제3기 퇴적암, C는 조선 누층군이다.

|선|택|지|풀|이|

① 오답 | 공룡 발자국 화석은 주로 중생대의 경상 누층군에서 발견된다.

② 오답 | 카르스트 지형은 기반암이 석회암인 고생대의 C 조선 누층군에서 볼 수 있다.

③ 오답 | 갈탄은 주로 신생대의 B 제3기 퇴적암에 매장되어 있다. 고생대의 C 조선 누층군에는 주로 석회암이 매장되어 있다.

④ 오답 | 불국사 변동은 중생대 말기에 일어났다. 불국사 변동으로 마그마가 관입하여 화강암이 형성되었다.

⑤ 정답 | 오래된 지질 시대부터 배열하면 (가) 시·원생대 → (다) 고생대 → (나) 신생대 순이다.

13 호남 지방

정답 ① 정답률 48%

① 갑 ② 을 ③ 병 ④ 정 ⑤ 무

|자|료|해|설|

호남 지방 지도에 표시된 (가)~(마) 지역의 특성을 파악하는 문항이다. 지도의 (가)는 담양, (나)는 나주, (다)는 해남, (라)는 고흥, (마)는 여수이다.

|선|택|지|풀|이|

① 정답 | (가) 담양은 창평면 일대가 슬로시티로 지정되어 있고, 대나무를 가공해서 만든 죽세공품으로 유명하며 대나무 축제가 개최된다.

② 오답 | 녹차와 관련된 다향대축제가 개최되는 지역은 보성이다. 보성 녹차는 지리적 표시제 제1호로 등록되어 있다. (나) 나주는 혁신도시가 조성되어 있으며, 지역 특산품으로 배가 유명하다.

③ 오답 | 우주 발사체 발사 기지가 있고, 지역 특산품으로 유자가 생산되는 지역은 (라) 고흥이다. 고흥에는 나로 우주 센터(외나로도)가 있다.

④ 오답 | 순천은 순천만 갯벌이 람사르 습지로 등록되어 있으며, 전통 취락을 볼 수 있는 낙안 읍성이 있고 순천만 국가 정원이 유명하다.

⑤ 오답 | 한반도 최남단 땅끝 마을이 있고, 지역 특산품으로 겨울 배추가 재배되는 지역은 (다) 해남이다. (마) 여수는 대규모 석유 화학 단지가 있어 정유 및 석유 화학 공업이 발달하였다.

14 호남 지방

정답 ④ 정답률 53%

이 지역은 섬진강의 상류에 위치하며 천혜의 자연환경과 장류 문화의 역사가 살아 숨 쉬는 곳이다. 전통 장류를 소재로 한 장류 축제가 열리며 특히 이 지역의 고추장은 예로부터 기후 조건, 물맛 그리고 제조 기술이 어울려 내는 독특한 맛으로 유명하다. → 순창

< 지역 캐릭터 >
고추장의 원료인 고추를 형상화한 어린 고추 도깨비

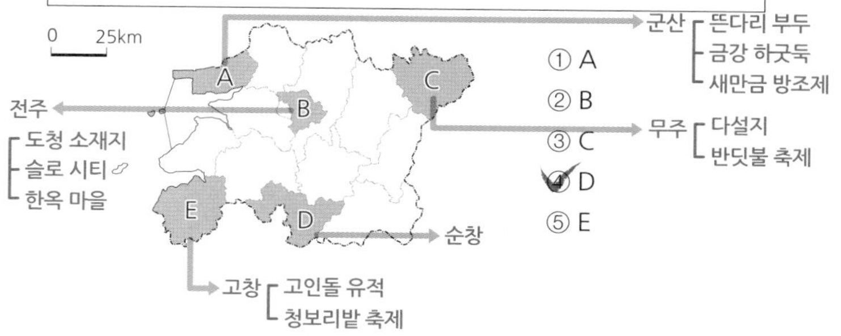

① A ② B ③ C ④ D ⑤ E

|자|료|해|설|

자료에서 설명하는 지역을 지도의 A~E에서 고르는 문항이다. 지도의 A는 군산, B는 전주, C는 무주, D는 순창, E는 고창이다.

|선|택|지|풀|이|

① 오답 | A는 군산이다. 군산은 큰 조차를 극복하기 위한 뜨다리 부두가 설치되어 있고, 새만금 방조제와 금강 하굿둑이 건설되어 있다.

② 오답 | B는 전주이다. 전주는 전북특별자치도청 소재지이고, 슬로 시티로 지정되어 있으며 한옥 마을로 유명하다. 또한 한지 제조, 판소리, 비빔밥으로도 유명하고, 세계 소리 축제가 개최된다.

③ 오답 | C는 무주이다. 무주는 다설지이며, 반딧불 축제가 개최된다.

④ 정답 | D는 순창이다. 순창은 섬진강 상류에 위치하며, 고추장 등의 전통 장류를 소재로 한 장류 축제가 열린다. 순창에서 생산된 고추장은 지리적 표시제로 등록되었다.

⑤ 오답 | E는 고창이다. 고창은 세계 문화유산으로 등재된 고인돌 유적이 분포하며, 청보리밭 축제가 개최된다.

15 인구 구조

정답 ① 정답률 52%

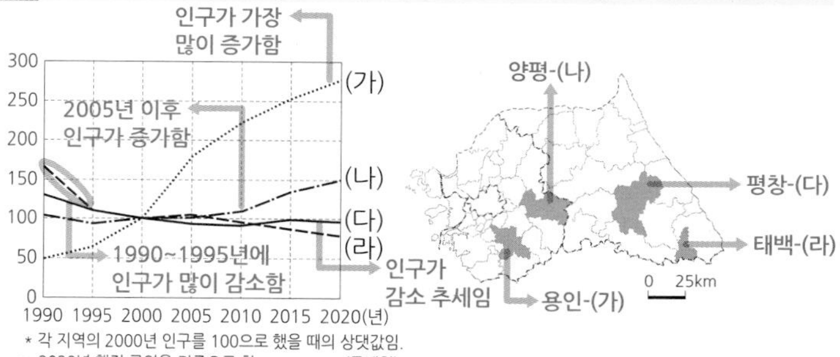

* 각 지역의 2000년 인구를 100으로 했을 때의 상댓값임.
** 2020년 행정 구역을 기준으로 함. (통계청)

보기

ㄱ. (다)는 동계 올림픽 개막식이 열렸던 곳이다.

ㄴ. (가)는 (나)보다 주택 유형 중 아파트 비율이 높다.

ㄷ. (가)와 (나)에는 수도권 2기 신도시가 조성되어 있다.

ㄹ. (가)와 (다)(나)는 경기도에, (나)(다)와 (라)는 강원도에 속한다.

① ㄱ, ㄴ ② ㄱ, ㄷ ③ ㄴ, ㄷ ④ ㄴ, ㄹ ⑤ ㄷ, ㄹ

|자|료|해|설|

인구 변화를 나타낸 그래프의 (가)~(라) 지역을 지도에서 찾은 다음 각 지역의 특성을 비교하는 문항이다. 지도에 표시된 네 지역은 양평, 용인, 태백, 평창이다.

인구가 가장 많이 증가하였고 특히 2000년대에 인구가 급증한 (가)는 1990년대 중반 이후 대규모 택지 개발이 이루어진 용인이다. 1990~1995년에 인구가 급격히 감소한 (라)는 1980년대 후반 석탄 산업 합리화 정책으로 석탄 산업이 쇠퇴한 태백이다. (나)와 (라)는 양평, 평창 중 하나인데, 2005년 이후 인구가 증가한 (나)가 서울과 거리가 가까워 서울과 전철이 연결되고 전원주택 등이 증가한 양평, 나머지 (다)는 촌락의 성격이 강한 평창이다.

|보|기|풀|이|

ㄱ 정답 | (다) 평창은 2018년 동계 올림픽 개최지로 개막식이 열렸던 곳이다.

ㄴ 정답 | 대규모 택지 개발로 아파트 단지가 늘어난 (가) 용인은 (나) 양평보다 주택 유형 중 아파트 비율이 높다.

ㄷ 오답 | (가) 용인에는 수도권 2기 신도시인 광교 신도시가 조성되어 있지만, (나) 양평에는 수도권 2기 신도시가 조성되어 있지 않다.

ㄹ 오답 | (가) 용인과 (나) 양평은 경기도에, (다) 평창과 (라) 태백은 강원도에 속한다.

문제편 43쪽

16 주요 공업의 분포
정답 ① 정답률 56%

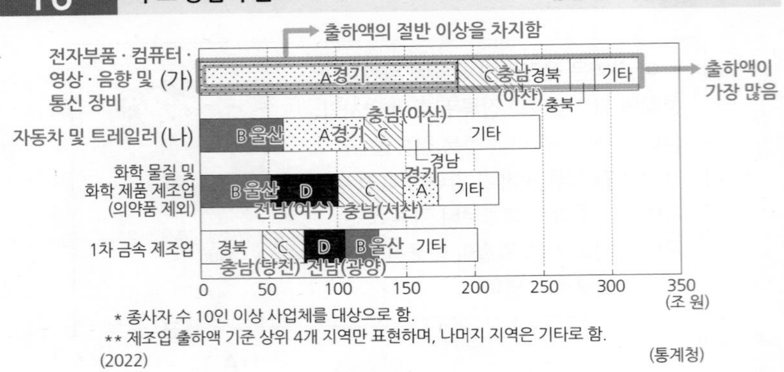

* 종사자 수 10인 이상 사업체를 대상으로 함.
** 제조업 출하액 기준 상위 4개 지역만 표현하며, 나머지 지역은 기타로 함.
(2022) (통계청)

① 사업체 수 기준으로 (가)는 (나)보다 수도권 집중도가 높다.
② (가)는 (나)보다 최종 제품의 평균 중량이 무겁고 부피가 크다.
③ A는 B보다 제조업 종사자 1인당 출하액이 많다.
④ 대규모 국가 산업 단지 조성을 시작한 시기는 C가 B보다 이르다.
⑤ C와 D는 호남 지방에 속한다.

|선|택|지|풀|이|
(가)는 네 제조업 중 출하액이 가장 많으므로 전자부품·컴퓨터·영상·음향 및 통신 장비 제조업이고, (가)의 출하액이 가장 많은 A는 경기, 경기 다음으로 출하액이 많은 C는 충남이다. 충남 아산은 전자 산업과 자동차 제조업, 서산은 석유 화학 공업, 당진은 1차 금속 제조업이 발달해 있다. (가)보다 출하액이 적은 (나)는 자동차 및 트레일러 제조업이고, (나)의 출하액이 가장 많은 B는 울산이다. 화학 물질 및 화학 제품 제조업(의약품 제외) 출하액이 B 울산 다음으로 많은 D는 전남이다. 전남 여수에는 석유 화학 산업 단지가 위치한다.
① 정답 | (가) 전자부품·컴퓨터·영상·음향 및 통신 장비 제조업은 전국 출하액에서 경기가 차지하는 비율이 절반을 넘으므로 (나) 자동차 및 트레일러 제조업보다 사업체 수 기준 수도권 집중도가 높다.
④ 오답 | 대규모 국가 산업 단지 조성을 시작한 시기는 1970년대에 조성된 남동 임해 공업 지역에 속한 B 울산이 충청 공업 지역이 있는 C 충남보다 이르다.

17 지역별 농업 특성 추론
정답 ③ 정답률 50%

① (다)의 재배 면적은 제주가 가장 넓다.
② (가)는 논, (나)는 밭에서 주로 재배된다.
③ 전남은 (가)보다 (나)의 재배 면적이 넓다.
④ 강원은 (가)보다 (다)의 생산량이 많다.
⑤ (가)~(다) 중 시설 재배 면적 비율이 가장 높은 것은 (다)이다.

|자|료|해|설|
시·도별 생산량 비율 그래프를 통해 (가)~(다)가 과실, 쌀, 채소 중 어느 작물인지를 찾아 각 작물의 특성을 파악하는 문항이다.

|선|택|지|풀|이|
(가)는 강원에서 생산량 비율이 상대적으로 높으므로 채소이다. 강원은 산지의 비율이 높고 고랭지 농업이 발달하여 다른 작물에 비해 채소 생산량이 많다. (나)는 평야가 넓게 발달한 전남, 충남, 전북에서 생산량 비율이 높으므로 쌀이다. (다)는 경북과 제주에서 생산량 비율이 높으므로 과실이다. 과실은 일조량이 풍부한 경북과 감귤류를 주로 생산하는 제주에서 생산량이 많다.
③ 정답 | 평야가 넓게 발달한 전남은 (가) 채소보다 (나) 쌀의 재배 면적이 넓다. 제주를 제외한 대부분 도(道) 지역에서는 쌀의 재배 면적이 가장 넓다.
④ 오답 | 강원은 (다) 과실보다 (가) 채소의 생산량이 많다. 강원은 산지의 비율이 높고 고랭지 농업이 발달하여 채소의 생산량이 많다.
⑤ 오답 | (가)~(다) 중 시설 재배 면적 비율이 가장 높은 것은 (가) 채소이다. 채소는 근교 농업 지역에서 비닐하우스, 유리 온실 등을 이용한 시설 재배가 활발하다.

18 지역 특색 추론
정답 ② 정답률 73%

	(가)	(나)	(다)	(라)
①	A	B	C	D
②	A	C	B	D
③	C	A	B	D
④	D	B	C	A
⑤	D	C	B	A

|선|택|지|풀|이|
② 정답 |
(가)와 (라)는 지명 첫 글자가 '경상도'라는 명칭의 유래가 되었으므로 각각 상주(A), 경주(D) 중 하나이다.
(나)와 (라)는 원자력 발전소가 입지해 있으므로 각각 울진(C), 경주(D) 중 하나이다. 원자력 발전소는 경북 울진·경주, 부산, 울산, 전남 영광에 있다.
(다)와 (라)는 유네스코 세계 유산에 등재된 역사 마을이 있으므로 각각 안동(B), 경주(D) 중 하나이다. 안동 하회 마을과 경주 양동 마을은 세계 문화유산으로 등재되었다.
따라서 세 설명 모두에 포함되는 (라)는 경주(D)이며, (가)는 상주(A), (나)는 울진(C), (다)는 안동(B)이 된다.

19 신·재생 에너지
정답 ⑤ 정답률 73%

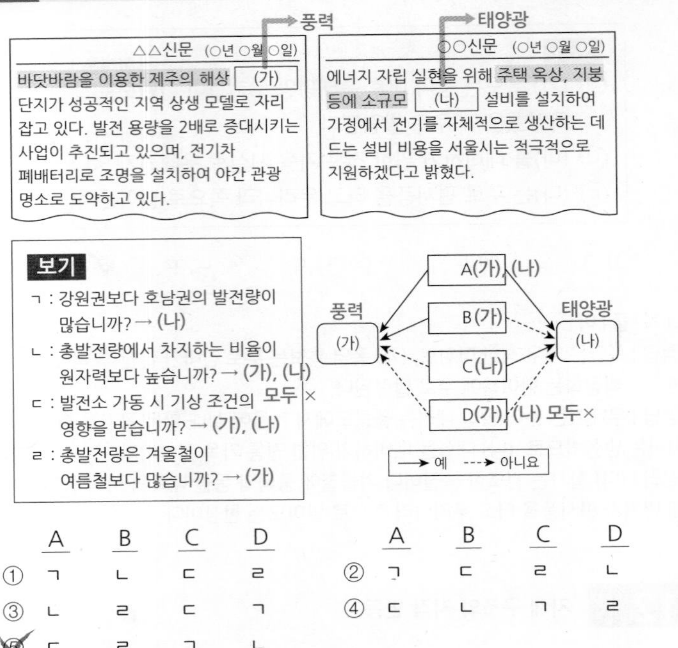

	A	B	C	D
①	ㄱ	ㄴ	ㄷ	ㄹ
②	ㄱ	ㄷ	ㄹ	ㄴ
③	ㄴ	ㄹ	ㄷ	ㄱ
④	ㄷ	ㄴ	ㄱ	ㄹ
⑤	ㄷ	ㄹ	ㄱ	ㄴ

|보|기|풀|이|
⑤ 정답 |
ㄱ: 강원권보다 호남권의 발전량이 많은 것은 (나) 태양광이다. 풍력은 강원, 경북 등 바람이 많은 산지와 해안이 있는 지역에서 발전량이 많고, 태양광은 전남, 전북 등 일사량이 풍부한 지역에서 발전량이 많다. 따라서 ㄱ은 C에 해당한다.
ㄴ: (가) 풍력과 (나) 태양광은 모두 총발전량에서 차지하는 비율이 원자력보다 낮다. 우리나라의 발전량은 화력 > 원자력 > 신·재생 및 기타 > 수력 순으로 많다. 따라서 ㄴ은 D에 해당한다.
ㄷ: (가) 풍력과 (나) 태양광 모두 발전소 가동 시 기상 조건의 영향을 받는다. 풍력은 바람, 태양광은 일조 시간의 영향을 받으므로 모두 기상 조건의 영향을 받는다. 따라서 ㄷ은 A에 해당한다.
ㄹ: 총발전량이 겨울철이 여름철보다 많은 것은 (가) 풍력이다. 풍력은 풍속이 강한 겨울철에 발전량이 많고, 태양광은 일조 시간의 영향을 받으므로 봄철과 여름철에 발전량이 많다. 따라서 ㄹ은 B에 해당한다.

20 지역 개발
정답 ④ 정답률 69%

> 정부는 장기적인 국토 개발 정책 방향과 전략을 제시하기 위해 1972년부터 국토 종합 (개발) 계획을 시행하고 있다. 이 계획은 대규모 공업 기반 구축을 강조한 ㉠ 1970년대의 거점 개발, 국토의 다핵 구조 형성과 지역 생활권 조성에 중점을 둔 ㉡ 1980년대의 광역 개발, 수도권 집중 억제에 중점을 둔 ㉢ 1990년대의 균형 개발, 자연 친화적이고 안전한 국토 공간 조성을 강조한 ㉣ 2000년대 이후의 균형 발전으로 추진되어 왔다. 국토 종합 (개발) 계획은 국토의 체계적이고 균형적인 발전을 위해 중요한 역할을 하고 있다.

(사회 간접 자본 확충 / 제1차: 하향식 개발 / 제2차 / 제3차: 상향식 개발 / 제4차)

① ㉠은 주민 참여가 강조되는 상향식 개발로 추진되었다.
② ㉡ 시기에 도농 통합시가 출범하였다.
③ ㉣ 시기에 경부고속국도가 개통되었다.
④ ㉣ 시기에 행정 중심 복합 도시인 세종특별자치시가 출범하였다.
⑤ ㉠ 시기에서 ㉣ 시기 동안에 전국에서 수도권이 차지하는 인구 비율이 낮아졌다.

|선|택|지|풀|이|
① 오답 | ㉠ 1970년대의 거점 개발은 투자 효과가 큰 지역을 선정하여 집중 투자하는 지역 개발 방법으로 주로 중앙 정부 주도의 하향식 개발 방식으로 추진되었다.
② 오답 | 도농 통합시는 도시와 농촌 간 상호 보완적 발전을 목표로 추진된 것으로 ㉢ 1990년대의 균형 개발 시기인 1995년에 출범하였다.
③ 오답 | 경부고속국도는 사회 간접 자본 확충에 중점을 둔 ㉠ 1970년대의 거점 개발 시기와 관련이 있다.
④ 정답 | 행정 중심 복합 도시인 세종특별자치시는 국토의 균형 발전을 위한 정책의 일환으로 ㉣ 2000년대 이후의 균형 발전 시기에 출범하였다.
⑤ 오답 | ㉠ 1970년대의 거점 개발 시기에서 ㉣ 2000년대 이후의 균형 발전 시기 동안에 전국에서 수도권이 차지하는 인구 비율은 높아졌다. 인구의 수도권 집중 현상이 지속되면서 전국에서 수도권이 차지하는 인구 비율은 지속적으로 높아졌다.

문제편 44쪽

11회 2022년 7월 고3 학력평가 정답과 해설 한국지리

문제편 p.45

1	④	2	⑤	3	④	4	③	5	⑤
6	①	7	④	8	④	9	②	10	①
11	④	12	③	13	②	14	③	15	⑤
16	②	17	②	18	③	19	⑤	20	①

1 고지도 및 고문헌에 나타난 국토관 정답 ④ 정답률 90%

보기
ㄱ. (가)는 조선 전기에 제작되었다.
ㄴ. (나)는 백과사전식으로 서술되었다.
ㄷ. A는 배가 다닐 수 있는 하천이다.
ㄹ. 인천에서 B까지의 거리는 20리 이상이다. 

① ㄱ, ㄴ ② ㄱ, ㄷ ③ ㄴ, ㄷ ④ ㄴ, ㄹ ⑤ ㄷ, ㄹ

|자|료|해|설|
(가)는 조선 후기에 제작된 대동여지도, (나)는 조선 전기에 제작된 신증동국여지승람이다.

|보|기|풀|이|
ㄱ 오답 | 대동여지도는 1861년 실학자 김정호에 의해 제작되었으며, 목판 인쇄본으로 제작되어 대량 생산이 가능하고 분첩 절첩식으로 제작되어 휴대와 열람이 편리하다는 장점을 가지고 있다.
ㄴ 정답 | 신증동국여지승람은 조선 전기 국가 주도로 국가 통치에 필요한 자료를 수집하여 제작되었으며, 지역의 연혁, 토지, 성씨, 인구, 산업 등을 백과사전식으로 서술하였다.
ㄷ 오답 | A는 단선으로 표시되어 있으므로 배가 다닐 수 없는 하천임을 알 수 있다. 배가 다닐 수 있는 하천은 쌍선으로 표시되어 있다.
ㄹ 정답 | 대동여지도에서 도로는 직선으로 표현되어 있으며, 10리마다 방점을 찍어 거리를 파악할 수 있게 하였다. 인천에서 B(역참)까지의 거리는 도로상에 방점 3개가 찍혀 있으므로 약 30리로 볼 수 있다.

2 동해안과 서해안 정답 ⑤ 정답률 75%

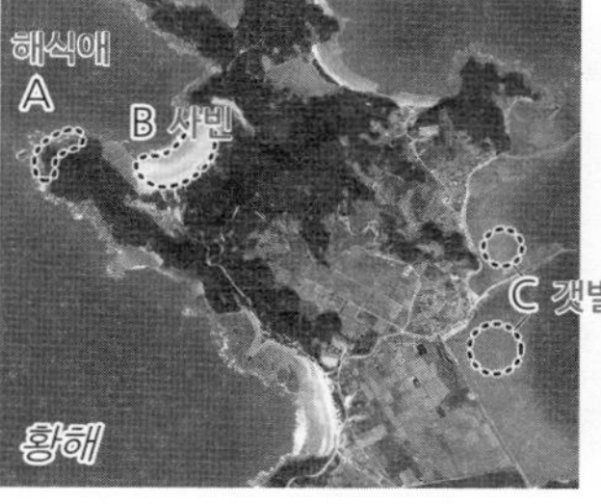

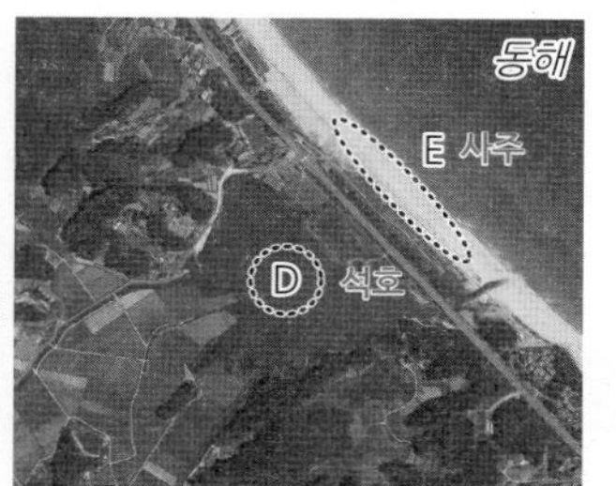

① A는 파랑 에너지가 집중되는 곳에 주로 발달한다.
② C는 오염 물질을 정화하는 기능이 있다.
③ D는 후빙기 해수면 상승 이후에 형성되었다.
④ E는 파랑 및 연안류의 퇴적 작용으로 형성되었다.
⑤ C는 B보다 퇴적 물질의 평균 입자 크기가 크다.

|자|료|해|설|
A는 곶에 발달한 해안 절벽인 해식애, B는 파랑과 연안류의 퇴적 작용으로 형성된 모래 해변인 사빈, C는 조류의 퇴적 작용으로 형성된 갯벌, D는 후빙기 해수면 상승으로 형성된 만의 입구에 사주가 발달함에 따라 바다와 분리된 호수인 석호, E는 파랑과 연안류의 퇴적 작용으로 형성된 사주이다.

|선|택|지|풀|이|
⑤ 정답 | 퇴적물 중 점토의 비율이 높은 갯벌(C)은 퇴적물 중 모래의 비율이 높은 사빈(B)보다 퇴적 물질의 평균 입자 크기가 작다.

3 충청 지방 정답 ④ 정답률 77%

① A
② B
③ C
④ D
⑤ E

|선|택|지|풀|이|
① 오답 | A는 서산으로 석유 화학 공업과 자동차 부품 제조업이 발달한 지역이다.
② 오답 | B는 천안으로 충남에서 가장 인구가 많은 지역이며 수도권과 1호선으로 연결되어 있다.
③ 오답 | C는 제천으로 석회암 지대에 위치하여 시멘트 공업이 발달하였으며, 돌리네와 석회 동굴 등의 카르스트 지형이 발달하였다.
④ 정답 | D는 보령으로 과거 유명했던 탄광 도시였고, 석탄 박물관이 위치해 있으며, 갯벌이 넓게 발달되어 있어 7월에 머드 축제가 개최된다.
⑤ 오답 | E는 영동으로 내륙에 위치하여 기온의 일교차가 크며, 포도 등의 과수 재배가 활발한 지역이다.

4 계절에 따른 기후 특성 정답 ③ 정답률 64%

> (가) 전국이 ㉠ 장마 전선의 영향권에 들면서 많은 비가 이어지고 있습니다. 특히 밤사이 수증기의 유입으로 비구름이 발달하면서 새벽부터 중부 지방을 중심으로 집중 호우가 예상되니 피해에 주의해 주시기 바랍니다.
> (나) 폭염의 기세가 꺾일 줄을 모르고 있습니다. 전국 대부분 지역에 폭염 특보가 계속되고 있으며, 낮 최고 기온이 35℃를 넘는 곳도 있겠습니다. 무더위 속 일부 지역에는 ㉡ 소나기가 내리겠습니다.
> (다) 오늘은 옷장에 넣어 두었던 따뜻한 외투를 다시 챙겨 입고 나오셔야겠습니다. ㉢ 꽃샘추위가 찾아오면서 기온이 큰 폭으로 떨어져 내륙 곳곳에는 한파주의보가 내려졌습니다.

① (나) 시기에는 주로 서고동저형의 기압 배치가 나타난다.
② (가) 시기는 (다) 시기보다 대체로 기온의 일교차가 크다.
③ ㉠은 한대 기단과 열대 기단의 경계면을 따라 형성된다.
④ ㉡은 바람받이 사면을 따라 발생하는 지형성 강수에 해당한다.
⑤ ㉢은 북태평양 고기압이 한반도 전역에 영향을 미칠 때 주로 발생한다.

|자|료|해|설|
(가)는 장마철, (나)는 한여름, (다)는 봄의 기상 뉴스이다.

|선|택|지|풀|이|
① 오답 | 한여름에는 주로 남고북저형의 기압 배치가 나타난다.
② 오답 | 장마철은 하루 종일 비가 내리는 경우가 많아 상대 습도가 높아져 기온의 일교차가 연중 가장 작게 나타나므로, 봄에 비해 대체로 기온의 일교차가 작다.
③ 정답 | 장마 전선(㉠)은 한대 기단인 오호츠크해 기단과 열대 기단인 북태평양 기단의 경계면을 따라 형성된다.
④ 오답 | 한여름의 소나기(㉡)는 습한 공기가 강한 일사에 의해 상승하면서 내리는 대류성 강수에 해당한다.
⑤ 오답 | 꽃샘추위(㉢)는 봄철 시베리아 기단의 일시적 확장으로 전날에 비해 기온이 큰 폭으로 떨어지는 현상이다. 북태평양 고기압이 한반도 전역에 영향을 미칠 때는 한여름이다.

5 하천 퇴적 지형 정답 ⑤ 정답률 72%

① ㉣은 조차가 큰 지역에서 잘 발달한다.
② ㉠은 ㉡보다 평균 해발 고도가 낮다.
③ ㉡은 ㉠보다 전통 취락 입지에 유리하였다.
④ ㉢은 ㉣보다 지반 융기의 영향을 적게 받았다.
⑤ ㉣은 ㉢보다 홍수 시 침수 가능성이 크다.

|선|택|지|풀|이|
① 오답 | 삼각주(㉣)는 하천에 의한 토사의 퇴적량이 조류에 의한 토사의 제거량보다 많은 곳에서 발달한다. 따라서 삼각주(㉣)는 조차가 작아 조류에 의한 토사 제거량이 적은 지역에서 잘 발달한다.
② 오답 | 자연 제방(㉠)은 하천이 범람하면서 상대적으로 입자가 크고 무거운 물질을 하천 바로 옆에 퇴적시켜 형성된 둑 모양의 지형으로 배후 습지(㉡)보다 평균 해발 고도가 높다.
③ 오답 | 배후 습지(㉡)는 자연 제방(㉠)보다 고도가 낮고 배수가 불량하여 홍수 시 침수 가능성이 높으므로 고도가 상대적으로 높고 배수가 양호한 자연 제방(㉠)보다 전통 취락 입지에 불리하였다.
④ 오답 | 하안 단구(㉢)는 과거 하천 바닥이나 범람원이 지반의 융기에 따른 하천 침식에 의해 형성된 계단 모양의 지형으로 삼각주(㉣)보다 지반 융기의 영향을 많이 받았다.
⑤ 정답 | 하안 단구면은 하상보다 해발 고도가 높고 홍수 시에도 침수 위험이 낮아 농경지로 이용되거나 취락이 입지한 경우가 많다. 반면 삼각주(㉣)는 후빙기 해수면 상승 이후 하천의 퇴적 작용으로 형성된 충적 평야이기 때문에 하안 단구(㉢)보다 홍수 시 침수 가능성이 크다.

문제편 45~46쪽

6 독도와 동해 정답 ① 정답률 93%

① (가)는 우리나라 영토의 최동단에 위치한다.
② (나)는 천연 보호 구역으로 지정되어 있다. 있지 않다
③ (다)의 주변 해역은 한 · 일 중간 수역에 포함된다. 되지 않는다
④ (나)는 (가)보다 일출 시각이 이르다. 늦다
⑤ (다)는 (나)보다 최한월 평균 기온이 높다. 낮다

|선|택|지|풀|이|
① 정답 | 독도는 우리나라 영토의 최동단에 위치한다.
② 오답 | 이어도는 우리나라의 영토가 아니며, 천연 보호 구역으로 지정되어 있지 않다. 천연 보호 구역으로 지정된 섬에는 독도와 마라도 등이 있다.
③ 오답 | 백령도의 주변 해역은 한 · 일 중간 수역에 포함되지 않는다.
④ 오답 | 이어도는 독도보다 서쪽에 위치하여 일출 시각이 늦다.
⑤ 오답 | 백령도는 이어도에 비해 고위도에 위치하여 최한월 평균 기온이 낮다.

7 영남 지방 + 호남 지방 정답 ④ 정답률 57%

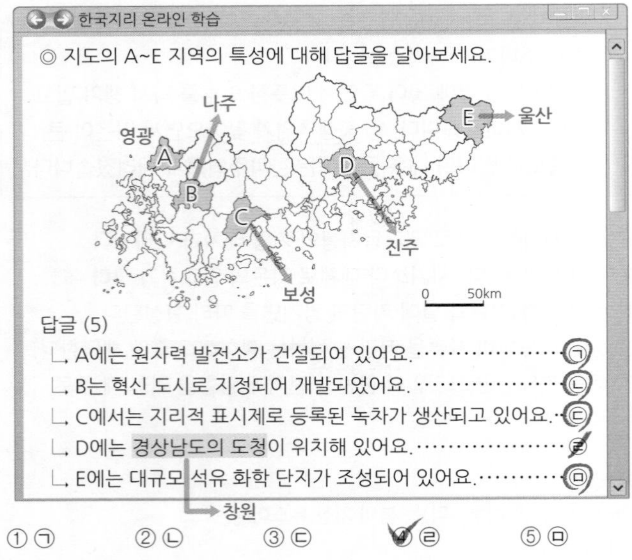

① ㉠ ② ㉡ ③ ㉢ ④ ㉣ ⑤ ㉤

|선|택|지|풀|이|
① 오답 | 전남 영광에는 경북 울진과 경주, 울산, 부산과 함께 원자력 발전소가 건설되어 있다.
② 오답 | 전남 나주는 혁신 도시로 지정되어 개발되었다.
③ 오답 | 전남 보성에서는 지리적 표시제로 등록된 녹차가 생산되고 있다. 보성 녹차는 지리적 표시제 제1호로 등록되어 있다.
④ 정답 | 경상남도의 도청은 창원에 위치해 있다.
⑤ 오답 | 울산에는 전남 여수, 충남 서산과 함께 대규모 석유 화학 단지가 조성되어 있다.

8 화산 지형과 카르스트 지형 정답 ④ 정답률 78%

보기

ㄱ. A는 유동성이 큰 현무암질 용암이 분출하여 형성되었다. (A → C)
ㄴ. B에는 기반암이 풍화된 붉은색의 토양이 나타난다. → 석회암 풍화토
ㄷ. C는 지표수가 풍부하여 논농사에 유리하다. (풍부 → 부족, 유리 → 불리)
ㄹ. D는 소규모 화산 활동으로 형성된 기생 화산이다.

① ㄱ, ㄴ ② ㄱ, ㄷ ③ ㄴ, ㄷ ④ ㄴ, ㄹ ⑤ ㄷ, ㄹ

|자|료|해|설|
왼쪽 지도의 B는 주변보다 낮은 와지가 형성되어 있는 것으로 보아 석회암 지대에서 나타나는 지형인 돌리네임을 알 수 있다. 오른쪽 지도의 D는 오름으로 표시되어 있는 것으로 보아 제주도의 기생 화산임을 알 수 있다.

|보|기|풀|이|
ㄴ 정답 | 돌리네가 위치한 B에는 기반암이 풍화된 붉은색의 토양인 석회암 풍화토가 나타난다.
ㄷ 오답 | 제주도 순상 화산체의 일부에 해당하는 C는 기반암인 현무암의 특성상 지표수가 부족하므로 논농사에 불리하다.
ㄹ 정답 | D는 소규모의 용암 분출이나 화산쇄설물의 퇴적으로 인해 형성된 기생 화산(오름)이다.

9 위도가 다른 지역의 기후 비교 정답 ② 정답률 67%

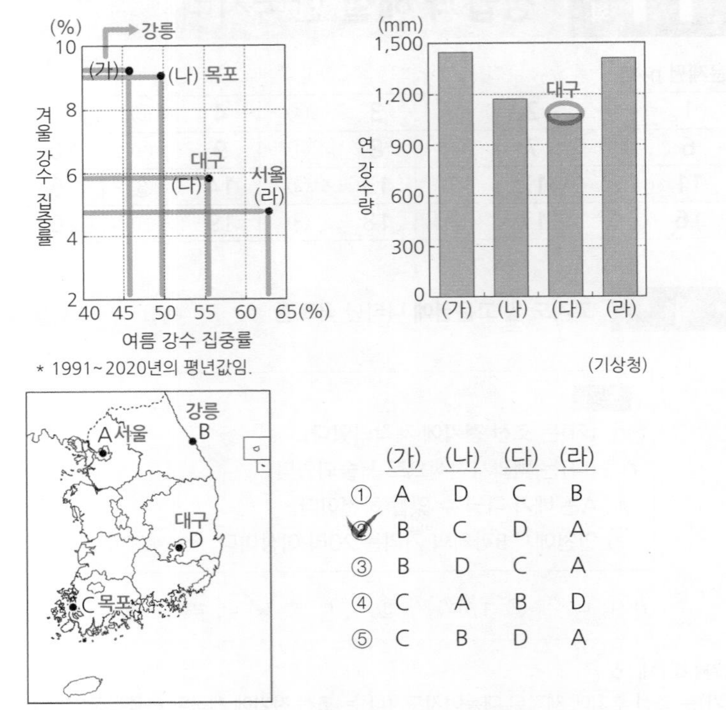

	(가)	(나)	(다)	(라)
①	A	D	C	B
②	B	C	D	A
③	B	D	C	A
④	C	A	B	D
⑤	C	B	D	A

|자|료|해|설|
그래프에 제시된 (가)~(라) 지역을 지도의 A~D에서 찾는 문항이다. 지도의 A는 서울, B는 강릉, C는 목포, D는 대구이다.

|선|택|지|풀|이|
② 정답 |
(가) - B : (가)는 겨울 강수 집중률이 높고 연 강수량이 많으며 여름 강수 집중률이 낮은 것으로 보아 강릉이다. 강릉은 영동 지방에 위치하여 겨울철 북동 기류가 불어올 때 지형성 강설이 많아 겨울 강수 집중률이 높다.
(나) - C : (나)는 겨울 강수 집중률이 높으며 연 강수량이 많지 않은 것으로 보아 목포이다. 겨울철 북서 계절풍이 불어올 때 호남 지방에 눈이 내려 겨울 강수 집중률이 높다.
(다) - D : (다)는 겨울 강수 집중률이 낮은 것으로 보아 눈이 많이 내리지 않는 대구와 서울 중 하나로 판단할 수 있는데, (라)에 비해 (다)의 연 강수량이 적으므로 (다)는 영남 내륙에 위치한 소우지인 대구이다.
(라) - A : (라)는 여름 강수 집중률이 매우 높고 연 강수량이 많은 것을 보아 서울이다.

10 다문화 공간 정답 ① 정답률 49%

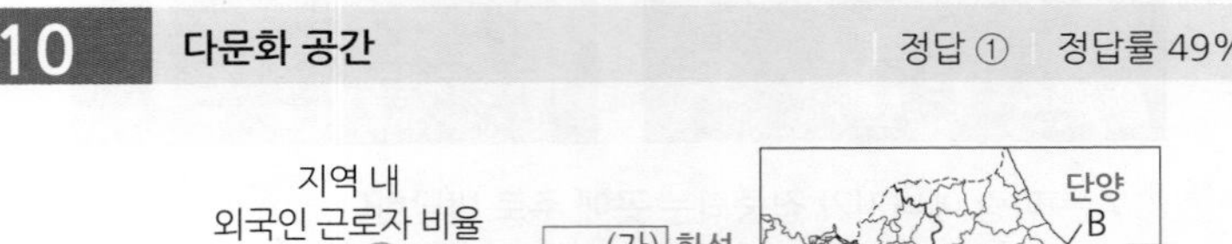

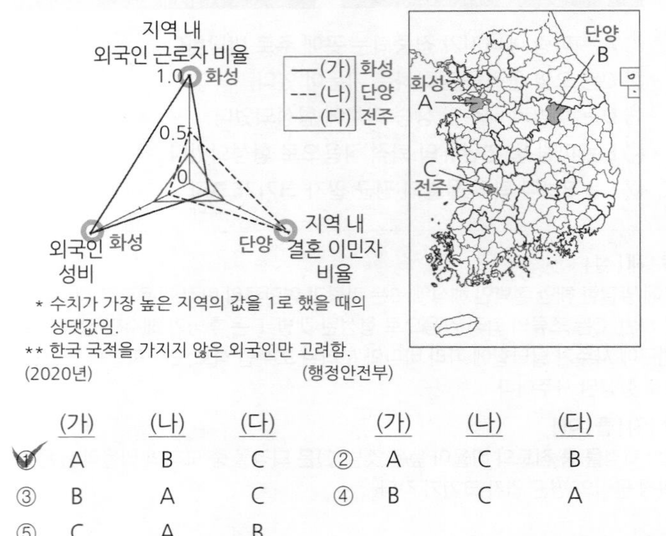

* 수치가 가장 높은 지역의 값을 1로 했을 때의 상댓값임.
** 한국 국적을 가지지 않은 외국인만 고려함.
(2020년) (행정안전부)

	(가)	(나)	(다)		(가)	(나)	(다)
①	A	B	C	②	A	C	B
③	B	A	C	④	B	C	A
⑤	C	A	B				

|자|료|해|설|
세 지역의 외국인 주민 특성을 나타낸 그래프의 (가)~(다) 지역이 지도의 A~C에서 어느 지역인지 찾아내는 문항이다. 지도의 A는 화성, B는 단양, C는 전주이다.

|선|택|지|풀|이|
① 정답 |
(가) - A : (가)는 지도의 A 화성이며, 제조업이 발달하여 지역 내 외국인 근로자의 비율이 높으며, 남성 종사자 비율이 높은 제조업의 특성상 외국인 성비가 높게 나타난다.
(나) - B : (나)는 지도의 B 단양이며, 촌락의 특성이 강하여 지역 내 결혼 이민자의 비율이 상대적으로 높고 여성의 비율이 높은 결혼 이민자의 특성상 외국인 성비가 낮게 나타난다.
(다) - C : (다)는 지도의 C 전주이다.

문제편 46쪽

11 산지의 형성 정답 ④ 정답률 66%

보기
ㄱ. ㉠은 ㉢보다 산 정상부의 식생 밀도가 높다.
ㄴ. ㉡의 주된 기반암은 마그마가 관입하여 형성되었다.
ㄷ. ㉣은 화구가 함몰되어 형성된 칼데라호이다.
ㄹ. ㉤에는 공룡 발자국 화석이 분포한다.

① ㄱ, ㄴ ② ㄱ, ㄷ ③ ㄴ, ㄷ ④ ㄴ, ㄹ ⑤ ㄷ, ㄹ

|보|기|풀|이|
ㄱ 오답 | 정상부가 화강암으로 이루어진 돌산인 북한산(㉠)은 흙산인 지리산(㉢)보다 산 정상부의 식생 밀도가 낮다.
ㄴ 정답 | 북한산 바위 봉우리의 주된 기반암은 화강암으로, 중생대 마그마의 관입으로 형성되었다.
ㄷ 오답 | 한라산 백록담은 화구에 물이 고여 형성된 화구호이다. 백두산 천지는 화구가 함몰되어 형성된 칼데라호이다.
ㄹ 정답 | 중생대 퇴적층이 발달한 경상 분지에는 공룡 발자국 화석이 분포한다.

12 공업 자료 분석 정답 ③ 정답률 56%

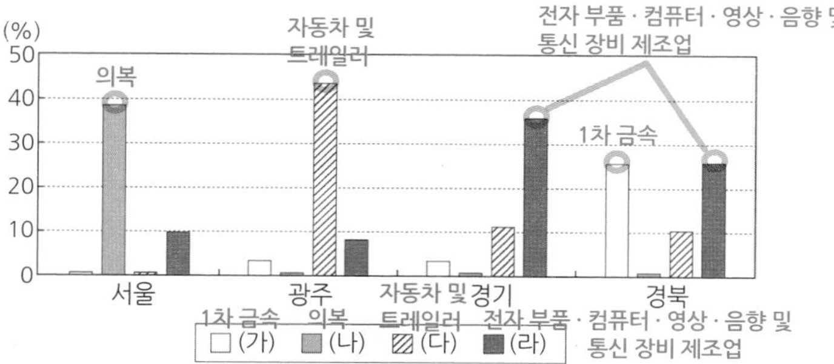

* 종사자 규모 10인 이상 사업체를 대상으로 함.
** 각 지역의 제조업 출하액에서 (가)~(라) 제조업이 각각 차지하는 비율을 나타냄.
(2019년) (통계청)

① (가)는 제품 생산에 많은 부품이 필요한 조립 공업이다.
② (다)의 출하액이 전국에서 가장 많은 지역은 광주이다.
③ (가)에서 생산된 제품은 (다)의 주요 재료로 이용된다.
④ (나)는 (다)보다 최종 제품의 무게가 무겁고 부피가 크다.
⑤ (라)는 (나)보다 생산비에서 노동비가 차지하는 비율이 높다.

|자|료|해|설|
네 지역의 주요 제조업 업종별 출하액 비율을 나타낸 그래프의 (가)~(라)가 어떤 제조업인지 파악하는 문항이다.

|선|택|지|풀|이|
(가)는 경북에서 지역 내 출하액 비율이 높으며, 서울, 광주, 경기에서는 지역 내 출하액 비율이 낮은 것으로 보아 1차 금속 제조업임을 알 수 있다. 1차 금속 제조업은 포항이 위치한 경북, 광양이 위치한 전남, 당진이 위치한 충남에서 출하액이 많다. (나)는 서울의 지역 내 출하액 비율이 높고 다른 지역에서는 낮은 것으로 보아 의복(액세서리, 모피제품 포함) 제조업임을 알 수 있다. (다)는 광주에서 지역 내 출하액 비율이 높으며, 경기와 경북에서도 지역 내 출하액 비율이 낮지 않은 것으로 보아 자동차 및 트레일러 제조업임을 알 수 있다. (라)는 경기와 경북에서 지역 내 출하액 비율이 높은 것으로 보아 전자 부품 · 컴퓨터 · 영상 · 음향 및 통신 장비 제조업임을 알 수 있다.
③ 정답 | 1차 금속 제조업에서 생산된 제품은 자동차 및 트레일러 제조업의 주요 재료로 이용된다.

13 지역별 농업 특성 추론 정답 ② 정답률 67%

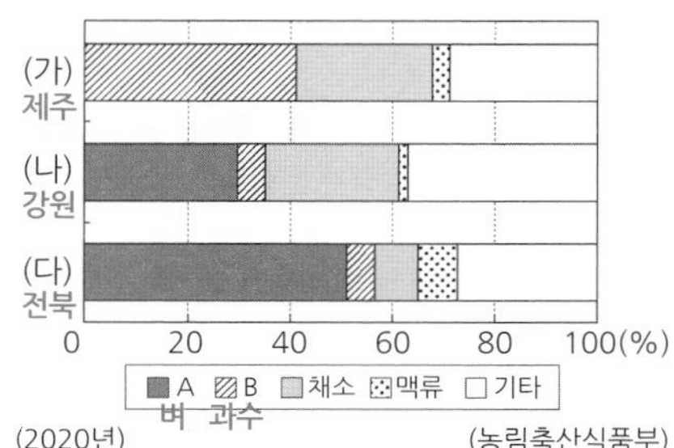

① (가)는 강원, (나)는 전북이다.
② (가)는 (나)보다 지역 내 과수 재배 면적 비율이 높다.
③ (다)는 (가)보다 지역 내 겸업 농가 비율이 높다.
④ B는 식량 작물로 국내 자급률이 가장 높다.
⑤ A는 B보다 시설 재배의 비율이 높다.

|자|료|해|설|
세 지역의 작물별 재배 비율을 나타낸 그래프의 (가)~(다) 지역이 어느 지역인지 찾고 A, B 작물이 각각 과수, 벼 중 어느 작물인지 파악하는 문항이다. 지도에 표시된 지역은 강원, 전북, 제주이다.

|선|택|지|풀|이|
그래프에서 맥류의 재배 면적 비율이 상대적으로 높은 (다)는 전북이다. 주로 벼의 그루갈이 작물로 재배되는 맥류는 겨울이 온화한 남부 지방을 중심으로 재배되며, 총 생산량의 70% 이상을 호남 지방에서 생산한다. 전북에서 재배 면적 비율이 높은 A는 벼이다. (가)는 벼의 재배 면적 비율이 0에 가까우므로 논의 비율이 매우 낮은 제주이며, 제주에서 재배 면적 비율이 높게 나타나는 B는 과수이다. (나)는 채소의 재배 면적 비율이 높은 편인 강원이다.
① 오답 | (가)는 제주, (나)는 강원이다.
② 정답 | 제주는 강원보다 지역 내 과수 재배 면적 비율이 높다.
③ 오답 | 전북은 관광 산업이 발달한 제주보다 지역 내 겸업 농가 비율이 낮다.
④ 오답 | 식량 작물로 국내 자급률이 가장 높은 것은 벼이다.
⑤ 오답 | 주로 노지에서 재배되는 벼는 비닐하우스 등에서 재배가 가능한 과수보다 시설 재배의 비율이 낮다.

14 대설, 지진, 태풍 정답 ③ 정답률 97%

① (가)는 열대 해상에서 발생하여 우리나라로 이동한다.
② (나)를 대비한 전통 가옥 시설로 우데기가 있다.
③ (다)는 겨울철보다 여름철에 주로 발생한다.
④ (가)는 (다)보다 해일 피해를 유발하는 경우가 많다.
⑤ (나)는 기후적 요인, (다)는 지형적 요인에 의해 발생한다.

|자|료|해|설|
자연재해 발생 시 행동 요령을 통해 (가)는 대설, (나)는 지진, (다)는 태풍임을 알 수 있다.

|선|택|지|풀|이|
① 오답 | 열대 해상에서 발생하여 우리나라로 이동하는 것은 태풍이다.
② 오답 | 우데기는 대설에 대비한 울릉도의 전통 가옥 시설이다.
③ 정답 | 태풍은 겨울철보다 여름철에 주로 발생한다.
④ 오답 | 태풍은 강한 바람과 많은 비를 동반하여 대설보다 해일 피해를 유발하는 경우가 많다.
⑤ 오답 | 지진은 지형적 요인, 태풍은 기후적 요인에 의해 발생한다.

15 대도시권 정답 ⑤ 정답률 74%

구분		(가)	(나)	(다)
산업별 취업자 수 비율(%)	1차	46.3	3.1	7.2
	2차	3.4	40.6	23.0
	3차	50.3	56.3	69.8
순이동률(%)		-1.8	-3.0	1.9

* 산업별 취업자 수 비율은 2019년, 순이동률은 2016년 대비 2020년 값임. (통계청)

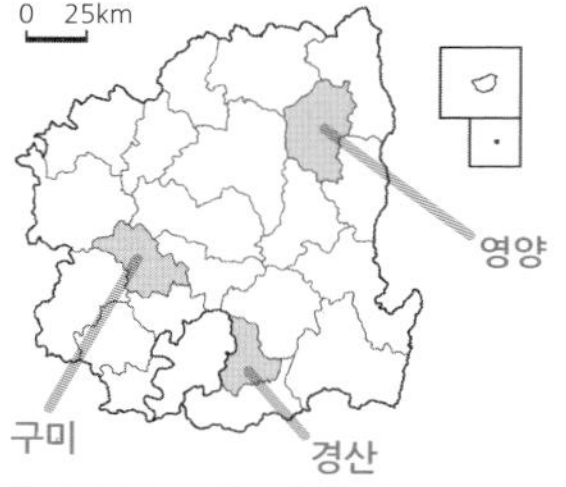

보기
ㄱ. (가)는 2016~2020년 전입 인구가 전출 인구보다 많다.
ㄴ. (가)는 (나)보다 아파트 거주 가구 비율이 높다.
ㄷ. (다)는 (가)보다 유소년층 인구 비율이 높다.
ㄹ. (가) ~ (다) 중 대구로의 통근 · 통학 인구는 (다)가 가장 많다.

① ㄱ, ㄴ ② ㄱ, ㄷ ③ ㄴ, ㄷ ④ ㄴ, ㄹ ⑤ ㄷ, ㄹ

|자|료|해|설|
세 지역의 산업별 취업자 수 비율과 순이동률을 나타낸 표를 보고 (가)~(다) 지역의 특성을 비교하는 문항이다. 지도에 표시된 지역은 영양, 구미, 경산이다.

|보|기|풀|이|
(가)는 1차 산업 취업자 수 비율이 높은 것으로 보아 촌락의 성격이 강한 영양, (나)는 2차 산업 취업자 수 비율이 높은 것으로 보아 공업이 발달한 도시인 구미, (다)는 3차 산업의 비율이 높으며 순이동률이 양의 값(+)을 보이는 것으로 보아 인접한 대구광역시로부터 인구가 유입되고 있는 경산이다.
ㄱ 오답 | 영양은 2016 ~ 2020년에 순이동률이 -1.8%인 것으로 보아 전입 인구가 전출 인구보다 적었음을 알 수 있다.
ㄴ 오답 | 촌락의 성격이 강한 영양은 공업이 발달한 도시인 구미보다 아파트 거주 가구 비율이 낮다.
ㄷ 정답 | 대구의 위성 도시에 해당하는 경산은 청장년층 및 유소년층의 비율이 높으며, 영양은 유소년층의 비율이 낮고 노년층의 비율이 높다. 따라서 경산은 영양보다 유소년층 인구 비율이 높다.
ㄹ 정답 | (가) ~ (다) 중 대구로의 통근 · 통학 인구는 대구와 인접한 경산이 가장 많다.

문제편 47쪽

16 소비자 서비스와 생산자 서비스 | 정답 ② | 정답률 77%

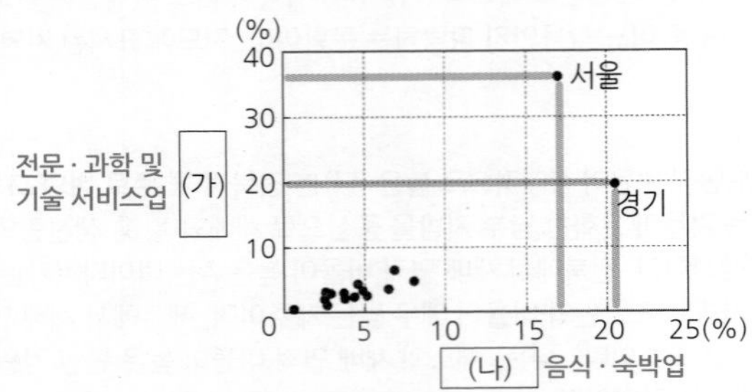

* 사업체 수 비율은 전국 대비 해당 지역의 비율임.
(2019년) (통계청)

① (가)는 (나)보다 전국 종사자 수가 ~~많다~~. 적다
② (가)는 (나)보다 기업체와의 거래 비율이 높다.
③ (나)는 (가)보다 사업체당 매출액이 ~~많다~~. 적다
④ (나)는 (가)보다 지식 집약적 성격이 ~~강하다~~. 약하다
⑤ (가)는 ~~소비자~~ 생산자 서비스업, (나)는 ~~생산자~~ 소비자 서비스업에 속한다.

|자|료|해|설|
두 서비스업의 시·도별 사업체 수 비율을 나타낸 그래프의 (가), (나)가 각각 어떤 서비스업인지 찾고 비교하는 문항이다.

|선|택|지|풀|이|
서울과 경기 모두 전국 대비 (가)의 비율이 높고, 특히 서울은 (가)의 비율이 (나)의 비율보다 훨씬 높은 것으로 보아 (가)는 생산자 서비스업에 해당하는 전문·과학 및 기술 서비스업, (나)는 소비자 서비스업에 해당하는 음식·숙박업임을 알 수 있다.
① 오답 | 전문·과학 및 기술 서비스업은 음식·숙박업보다 전국 종사자 수가 적다.
② 정답 | 생산자 서비스업인 전문·과학 및 기술 서비스업은 소비자 서비스업인 음식·숙박업보다 기업체와의 거래 비율이 높다.
③ 오답 | 소규모 업체가 대부분인 음식·숙박업은 전문·과학 및 기술 서비스업보다 사업체당 매출액이 적다.
④ 오답 | 음식·숙박업은 전문·과학 및 기술 서비스업보다 지식 집약적 성격이 약하다.
⑤ 오답 | 전문·과학 및 기술 서비스업은 생산자 서비스업, 음식·숙박업은 소비자 서비스업에 속한다.

17 신·재생 에너지 | 정답 ② | 정답률 35%

	(가)	(나)	(다)
①	수력	풍력	태양광
②	수력	태양광	풍력
③	풍력	수력	태양광
④	풍력	태양광	수력
⑤	태양광	수력	풍력

|자|료|해|설|
세 지역의 신·재생 에너지원별 발전량 비율을 나타낸 그래프의 (가)~(다)가 어떤 에너지인지 찾는 문항이다.

|선|택|지|풀|이|
② 정답 |
(가) - 수력 : (가)는 강원에서 발전량 비율이 높은 것으로 보아 수력이다.
(나) - 태양광 : (나)는 전남, 경북에서 발전량 비율이 가장 높은 것으로 보아 태양광이다.
(다) - 풍력 : (다)는 경북과 강원에서 발전량 비율이 높은 것으로 보아 풍력임을 알 수 있다.

18 도시 내부 구조 | 정답 ③ | 정답률 79%

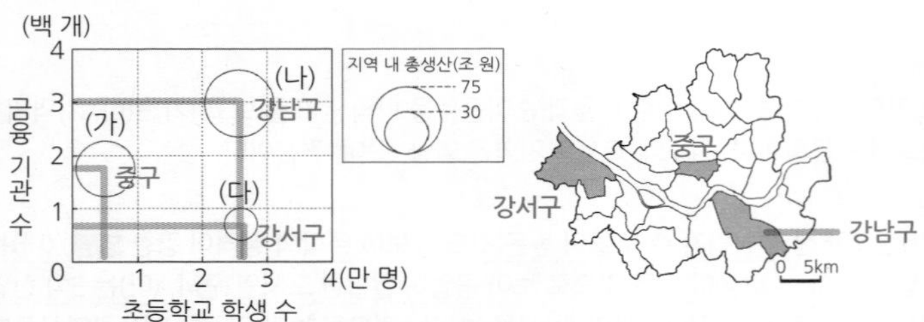

* 초등학교 학생 수와 금융 기관 수는 원의 중심값임.
** 지역 내 총생산은 2019년, 초등학교 학생 수와 금융 기관 수는 2020년 자료임. (서울특별시)

① (가)는 (나)보다 상주인구가 ~~많다~~. 적다
② (가)는 (다)보다 출근 시간대 순 ~~유출~~ 유입 인구가 많다.
③ (나)는 (다)보다 상업 용지의 평균 지가가 높다.
④ ~~(다)~~ (가)는 ~~(가)~~ (다)보다 인구 공동화 현상이 뚜렷하다.
⑤ 주간 인구 지수는 ~~(나) > (다) > (가)~~ (가) > (나) > (다) 순으로 높다.

|자|료|해|설|
서울시 세 지역의 초등학교 학생 수와 금융 기관 수를 나타낸 그래프의 (가), (나), (다) 구(區)의 특성을 비교하는 문항이다. 지도에 표시된 지역은 서울의 강서구, 중구, 강남구이다.

|선|택|지|풀|이|
강서구는 주거 기능, 중구는 상업·업무 기능, 강남구는 주거 기능과 상업·업무 기능이 함께 발달한 지역이다. (가)는 초등학생 수가 적은 것으로 보아 상주인구는 적고 금융 기관 수가 많은 중구이다. (나)는 상주인구가 많으며 금융 기관 수도 많은 강남구, (다)는 상주인구가 많으며 금융 기관 수가 적은 강서구이다.
③ 정답 | 강남구는 강서구보다 상업 용지의 평균 지가가 높다.

19 수도권 + 강원 지방 | 정답 ⑤ | 정답률 81%

<경기 및 강원 지역 답사 계획서>
○ 기간 : 2022년 7월 △일 ~ △일
○ 답사 일정과 주제

일정	지역	답사 주제
1일 차	(가) 평창	• 고위 평탄면의 형성 과정과 토지 이용 탐구 • 지역 브랜드 'HAPPY 700'을 활용한 마케팅 사례 분석
2일 차	(나) 춘천	• 북한강과 소양강의 합류 지점에 형성된 침식 분지 답사 • 수도권 전철 연결 이후 지역 상권 변화 탐구
3일 차	(다) 수원	• 세계 문화유산으로 등재된 조선 시대 성곽 건축물 답사 → 수원 화성 • '특례시' 지정 이후 지역 개발 방향 탐구 (2022년)

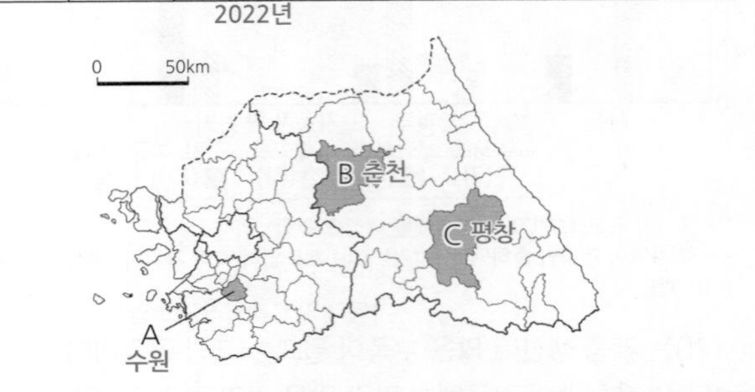

	(가)	(나)	(다)
①	A	B	C
②	B	A	C
③	B	C	A
④	C	A	B
⑤	C	B	A

|선|택|지|풀|이|
⑤ 정답 |
(가) - C : (가)는 해발 고도가 높은 곳에 위치하며 고위 평탄면이 형성되어 있는 C 평창이다.
(나) - B : (나)는 북한강과 소양강이 합류하는 지점에 형성된 침식 분지가 있고 수도권 전철인 경춘선이 연결되어 있는 B 춘천이다.
(다) - A : (가)는 세계 문화유산인 수원 화성이 위치하며, 인구 100만 명 이상으로 2022년에 특례시로 지정된 A 수원이다.

20 인구 이동 | 정답 ① | 정답률 57%

① (가)는 (나)보다 총인구가 많다.
② (가)와 (다)는 행정 구역의 경계가 ~~맞닿아 있다~~. → 맞닿아 있지 않다
③ A는 B보다 100만 명 이상의 도시 수가 ~~적다~~. 많다
④ C는 A보다 도시화율이 ~~높다~~. 낮다
⑤ (가)는 ~~B~~ A, (나)는 ~~A~~ B, (다)는 C이다.

|자|료|해|설|
인구 변화 그래프와 인구 규모에 따른 도시 및 군 지역의 인구 비율 그래프를 통해 (가)~(다)와 A~C가 어느 권역인지를 찾은 후 각 권역의 특성을 파악하는 문항이다.

|선|택|지|풀|이|
<인구 변화> 그래프에서 (가)는 인구가 꾸준히 빠르게 증가하였으므로 수도권, (나)는 수도권으로부터 공업 기능과 인구가 이전함에 따라 1995년 이후 인구 증가세가 뚜렷한 충청권, (다)는 인구 감소 경향이 나타나는 호남권이다.
<인구 규모에 따른 도시 및 군(郡) 지역의 인구 비율 (2020년)> 그래프에서 A는 100만 명 이상의 도시군의 인구 비율이 매우 높으므로 인구 100만 명 이상의 서울, 인천, 수원, 고양, 용인의 인구가 차지하는 비율이 높은 수도권, B는 C에 비해 50만~100만 명 미만 도시군의 인구 비율이 높은 것으로 보아 B가 충청권, C는 호남권임을 알 수 있다. 충청권에서 2020년 기준 인구 50만~100만 명 미만 도시는 청주(약 85만 명)와 천안(약 65만 명)이 있고, 호남권에서 인구 50만~100만 명 미만 도시는 전주(약 65만 명)가 있다.
① 정답 | 수도권은 충청권보다 총인구가 많다.

문제편 48쪽

12회 2023년 7월 고3 학력평가 정답과 해설 한국지리

문제편 p.49

1	③	2	②	3	④	4	③	5	⑤
6	③	7	⑤	8	④	9	①	10	③
11	④	12	②	13	①	14	②	15	②
16	⑤	17	⑤	18	③	19	①	20	②

1 우리나라의 수리적 위치

정답 ③ 정답률 83%

구분	(가) 제주도	(나) 울릉도
위치	33° 30′N, 126° 31′E	37° 29′N, 130° 54′E
면적	약 1,849.2km^2	약 72.9km^2
대표 축제	OO 해녀축제 2022. 9. 24. ~ 9. 25.	오징어축제 2022. 8. 27. ~ 8. 29.

① (가)의 중앙에는 칼데라 분지가 있다.
② (나)는 세계 자연 유산으로 등재되어 있다.
③ (가)는 (나)보다 일출 시각이 늦다.
④ (나)는 (가)보다 최고 지점의 해발 고도가 높다.
⑤ (가)와 (나)는 모두 영해 설정 시 직선 기선을 적용한다.

|자|료|해|설|
(가)는 해녀 축제가 열리며 위도가 33°30′N인 것으로 보아 제주도, (나)는 오징어 축제가 열리며 위도 37°29′N, 경도 130°54′E인 것으로 보아 울릉도임을 알 수 있다.

|선|택|지|풀|이|
① 오답 | 중앙에 화구의 함몰로 형성된 분지인 칼데라 분지가 있는 섬은 울릉도(나)이다. 제주도(가)에는 화구에 물이 고인 화구호(백록담)가 있다.
② 오답 | 울릉도는 세계 자연 유산으로 등재되어 있지 않다. 제주도의 한라산 천연 보호 구역, 성산일출봉, 거문 오름 용암 동굴계가 세계 자연 유산으로 등재되어 있다.
③정답 | 제주도(가)는 울릉도(나)보다 서쪽에 위치하므로 일출 시각이 늦다. 동쪽에 위치할수록 일출 · 일몰 시각이 이르다.
④ 오답 | 울릉도(나)의 최고 지점은 984m(성인봉)로, 제주도(가)의 최고 지점 1,947m(한라산)보다 해발 고도가 낮다.
⑤ 오답 | 제주도(가)와 울릉도(나)는 모두 영해 설정 시 통상 기선을 적용한다.

2 호남 지방

정답 ② 정답률 71%

A 전주, B 담양, C 해남, D 보성, 0 25km

	(가)	(나)
①	A	B
②	A	D
③	B	C
④	B	D
⑤	D	C

|자|료|해|설|
자료에 제시된 (가), (나) 지역을 전라도 지도의 A~D에서 찾는 문항이다. 지도의 A는 전주, B는 담양, C는 해남, D는 보성이다.

|선|택|지|풀|이|
②정답 |
(가) - A : (가)는 슬로 시티로 지정되어 있으며 한옥 마을과 비빔밥이 유명한 A 전주이다. 전주는 전라북도의 도청 소재지이며 혁신 도시로 지정되었다. 판소리와 한지 공예로도 유명하며, 세계 소리 축제가 개최되는 지역이다.
(나) - D : (나)는 지리적 표시 제1호로 등록된 녹차가 특산물이며 녹차 관련 체험을 할 수 있고, 매년 다향 대축제가 개최되는 D 보성이다.
오답 |
C는 해남이다. 해남은 섬을 제외한 한반도의 육지에서 가장 남쪽에 위치하여 땅끝 해넘이 · 해맞이 축제가 열리며, 중생대 경상 누층군이 분포하여 공룡 화석이 나타난다.
B는 담양이다. 담양은 대나무를 가공하여 만든 죽세공품의 대표적인 생산지이며 대나무 축제가 개최된다. 담양 창평면은 슬로 시티로 지정되어 있다.

3 극지 기후

정답 ④ 정답률 84%

① 갑, 을 ② 갑, 병 ③ 을, 병 ④ 을, 정 ⑤ 병, 정

|자|료|해|설|
(가)는 도시 중심부의 기온이 주변 지역보다 높게 나타나는 열섬 현상, (나)는 습윤한 바람이 높은 산지를 넘으면서 고온 건조해지는 푄 현상, (다)는 복사 냉각으로 지표 부근의 기온이 상층의 기온보다 낮아지는 기온 역전 현상이다.

|선|택|지|풀|이|
④정답 |
을 : 푄 현상의 사례로 늦봄에서 초여름 사이 영서 지방에 부는 높새바람을 들 수 있다. 높새바람은 오호츠크해 기단의 영향으로 북동쪽에서 불어오는 한랭 습윤한 바람이 영동 지방에 비를 내린 뒤 태백산맥을 넘어 고온 건조하게 성질이 바뀌어 불어오는 바람을 말한다.
정 : (가)는 열섬 현상, (나)는 푄 현상, (다)는 기온 역전 현상이다.
오답 |
갑 : 열섬 현상(가)이 나타나는 도시 중심부는 주변 지역보다 기온이 높아 상대 습도는 낮게 나타난다.
병 : 기온 역전 현상은 기온의 일교차가 크고 바람이 없는 맑은 날 밤에 분지나 계곡에서 자주 발생한다. 우리나라의 가을처럼 구름이 적고 습도가 낮은 날에는 기온의 일교차가 크다. 이러한 날에는 지구 복사 에너지의 방출이 활발하여 복사 냉각으로 지표 부근이 빠르게 냉각되고, 차가워진 공기가 분지의 저지대에 모이게 되면서 지표면 부근의 기온이 낮고 상층으로 올라갈수록 기온이 상승하는 기온 역전층이 만들어지게 된다.

4 도시 체계

정답 ③ 정답률 76%

보기
ㄱ. A도시들은 B도시들보다 배후 지역의 평균 범위가 좁다.
ㄴ. B도시들은 C도시들보다 중심지 기능이 다양하다.
ㄷ. 우리나라는 종주 도시화 현상이 나타난다.
ㄹ. 인구 100만 명 이상 도시는 50% 이상이 도(道)에 속한다.

① ㄱ, ㄴ ② ㄱ, ㄷ ③ ㄴ, ㄷ ④ ㄴ, ㄹ ⑤ ㄷ, ㄹ

|자|료|해|설|
<인구 규모에 따른 도시군별 인구 및 도시 수 비율>과 <인구 100만 명 이상 도시 현황>을 나타낸 그래프의 A~C가 각각 20만 명 미만, 20만 명~50만 명 미만, 50만 명~100만 명 미만 도시군 중 어느 도시군인지 찾아서 파악하는 문항이다.

|보|기|풀|이|
A는 도시 수 비율 대비 인구 비율이 가장 높은 것으로 보아 50~100만 명 미만 도시군, C는 도시 수 비율 대비 인구 비율이 가장 낮은 것으로 보아 20만 명 미만 도시군, 나머지 B는 20~50만 명 미만 도시군이다.
ㄱ 오답 | 50~100만 명 미만(A) 도시들은 20~50만 명 미만(B) 도시들보다 배후 지역의 평균 범위가 넓다.
ㄴ정답 | 20~50만 명 미만(B) 도시들은 20만 명 미만(C) 도시들보다 중심지 기능이 다양하다.
ㄷ정답 | 우리나라는 인구 규모 1위 도시인 서울이 2위 도시인 부산보다 인구가 2배 이상이므로 인구와 기능이 수위 도시로 집중되는 종주 도시화 현상이 나타난다.
ㄹ 오답 | <인구 100만 명 이상 도시 현황> 자료에서 서울, 부산, 인천, 대구, 대전, 광주, 울산의 7개 도시가 특별시와 광역시에 속해 과반수 이상을 차지한다. 도(道)에 속하는 인구 100만 명 이상 도시로는 수원 특례시, 용인 특례시, 고양 특례시, 창원 특례시가 있다.

5 하천의 상류와 하류 비교

정답 ⑤ 정답률 75%

① ⓒ에는 대규모의 삼각주가 형성되어 있다.
② ⓒ에서는 조류의 영향으로 하천 수위가 주기적으로 변한다.
③ ㉠은 ㉡보다 퇴적물의 평균 입자 크기가 크다.
④ ㉡은 ㉢보다 하방 침식이 우세하다.
⑤ ㉢은 ㉠보다 하천의 평균 유량이 적다.

|자|료|해|설|
한강 하구의 연미정, 북한강과 남한강이 만나는 두물머리, 한강 상류의 아우라지와 관련된 설명을 보고 옳고 그름을 판단하는 문제이다.

|선|택|지|풀|이|
① 오답 | 조차가 큰 한강의 하구(㉠)는 하천이 공급하는 토사의 양보다 조류에 의해 제거되는 토사의 양이 많으므로 삼각주가 형성되기 어렵다.
② 오답 | 조류의 영향으로 하천 수위가 주기적으로 변하는 감조 구간은 조차가 큰 바다로 유입되는 하천의 하류에서 나타나는데, 두물머리(㉡)는 한강의 중류에 위치하기 때문에 조류의 영향을 받지 않는다.
③ 오답 | 한강 하구(㉠)는 두물머리(㉡)보다 하류에 위치하여 퇴적물의 평균 입자 크기가 작다.
④ 오답 | 하방 침식은 한강의 상류 지점(㉢)이 두물머리(㉡)보다 활발하다.
⑤정답 | 한강 상류(㉢)는 한강 하구(㉠)보다 하천의 평균 유량이 적다.

6 신 · 재생 에너지 정답 ③ 정답률 82%

① A는 유량이 풍부하고 낙차가 큰 곳이 발전에 유리하다.
② B는 조수 간만의 차를 이용하여 전력을 생산한다.
③ A는 B보다 주택에서의 발전 시설 설치 비율이 높다.
④ B는 C보다 상용화 시기가 늦다.
⑤ C는 A보다 발전 시 기상 조건의 영향을 많이 받는다.

|자|료|해|설|
세 지역의 신 · 재생 에너지원별 생산 비율을 나타낸 그래프의 A~C가 어떤 발전인지를 찾고 특성을 비교하는 문항이다.

|선|택|지|풀|이|
A는 전남에서 신 · 재생 에너지원별 생산 비율이 가장 높으며, 강원과 경기에서도 가장 높은 비율을 차지하는 것으로 보아 최근 신 · 재생 에너지 중에서 가장 생산량이 많은 태양광이다. B는 강원과 경기에서 생산 비율이 높은 것으로 보아 수력, C는 경기에서만 생산하고 있으므로 조력이다.
① 오답 | 유량이 풍부하고 낙차가 큰 곳이 발전에 유리한 것은 수력이다.
② 오답 | 조수 간만의 차를 이용하여 전력을 생산하는 것은 조력이다.
③ 정답 | 태양광(A)은 수력(B)보다 주택에서의 발전 시설 설치 비율이 높다.
④ 오답 | 수력(B)은 2011년에 전력 생산에 들어간 조력(C)보다 상용화 시기가 이르다.
⑤ 오답 | 조력(C)은 조수 간만의 차를 이용하여 발전하기 때문에 태양광(A)보다 발전 시 기상 조건의 영향을 적게 받는다.

7 해안 지형의 형성 정답 ⑤ 정답률 61%

보기
ㄱ. A는 곶보다 만에 주로 발달한다.
ㄴ. B는 주로 조류의 퇴적 작용으로 형성되었다.
ㄷ. C는 파도나 해일 피해를 완화해주는 역할을 한다.
ㄹ. B는 C보다 퇴적물의 평균 입자 크기가 크다.

① ㄱ, ㄴ ② ㄱ, ㄷ ③ ㄴ, ㄷ ④ ㄴ, ㄹ ⑤ ㄷ, ㄹ

|자|료|해|설|
A는 해안 절벽인 해식애, B는 모래 해안에 발달한 사빈, C는 사빈의 배후에 발달한 모래 언덕인 해안 사구이다. 해식애는 파랑의 침식 작용, 사빈은 파랑과 연안류의 퇴적 작용, 해안 사구는 바람의 퇴적 작용으로 형성되었다.

|보|기|풀|이|
ㄱ 오답 | 해식애(A)는 퇴적 작용이 활발한 만보다 침식 작용이 활발한 곶에 주로 발달한다.
ㄴ 오답 | 사빈(B)은 주로 파랑과 연안류의 퇴적 작용으로 형성되었다. 조류의 퇴적 작용으로 형성되는 것은 갯벌이다.
ㄷ 정답 | 해안 사구(C)는 해안에 형성된 모래 언덕으로 파도나 해일이 육지로 밀려오는 것을 막아주는 역할을 하기 때문에 파도나 해일 피해를 완화해주는 역할을 한다.
ㄹ 정답 | 해안 사구는 사빈의 모래 중 작고 가벼운 모래 위주로 날아와 퇴적되므로 사빈(B)은 해안 사구(C)보다 퇴적물의 평균 입자 크기가 크다.

8 주요 공업의 분포 정답 ④ 정답률 57%

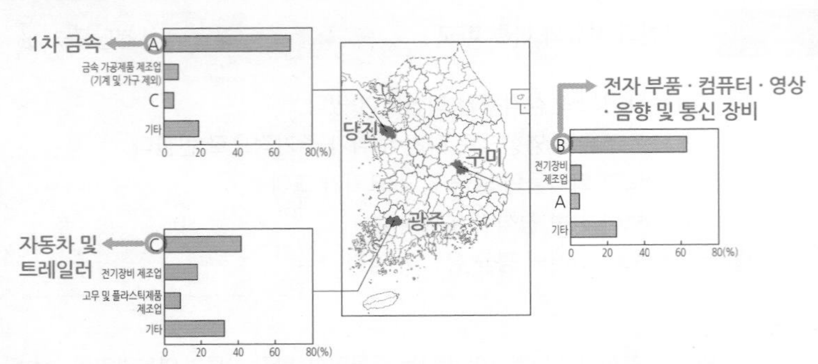

* 종사자 수 10인 이상 사업체를 대상으로 함.
** 각 지역의 제조업 업종별 출하액 비율 상위 3개만 표현하고, 나머지 업종은 기타로 함.
(2020) (통계청)

① A는 최종 제품 생산에 많은 부품이 필요한 조립형 제조업이다.
② C는 1960년대 우리나라 공업화를 주도하였다.
③ A는 B보다 총 매출액 대비 연구 개발비 비율이 높다.
④ A의 최종 제품은 C의 주요 재료로 이용된다.
⑤ B는 C보다 최종 제품의 무게가 무겁고 부피가 크다.

|자|료|해|설|
세 지역의 제조업 업종별 출하액 비율 자료에서 A는 제철 공업이 발달한 당진에서 출하액 비율이 높은 것으로 보아 1차 금속 제조업, B는 전자 공업이 발달한 구미에서 출하액 비율이 높은 것으로 보아 전자 부품 · 컴퓨터 · 영상 · 음향 및 통신 장비 제조업, C는 자동차 공업이 발달한 광주에서 출하액 비율이 높은 것으로 보아 자동차 및 트레일러 제조업임을 알 수 있다.

|선|택|지|풀|이|
① 오답 | 최종 제품 생산에 많은 부품이 필요한 조립형 제조업은 자동차 및 트레일러이다. 1차 금속 제조업 중 제철의 경우 주요 원료인 석탄과 철광석을 대부분 해운 교통을 이용하여 수입하므로 적환지 지향형 공업에 해당한다.
② 오답 | 1960년대 우리나라 공업화를 주도한 것은 노동 집약적 경공업이며, 자동차 공업은 1970~1980년대부터 발달하기 시작하였다.
③ 오답 | 1차 금속 제조업(A)은 첨단 산업인 전자 부품 · 컴퓨터 · 영상 · 음향 및 통신 장비 제조업(B)에 비해 총 매출액 대비 연구 개발비 비율이 낮다.
④ 정답 | 1차 금속 제조업(A)의 최종 제품은 자동차 및 트레일러 제조업(C)의 주요 재료로 이용된다.
⑤ 오답 | 전자 부품 · 컴퓨터 · 영상 · 음향 및 통신 장비 제조업(B)은 자동차 및 트레일러 제조업(C)보다 최종 제품의 무게가 가볍고 부피가 작다.

9 북한의 개방 지역 및 여러 지역의 비교 정답 ① 정답률 45%

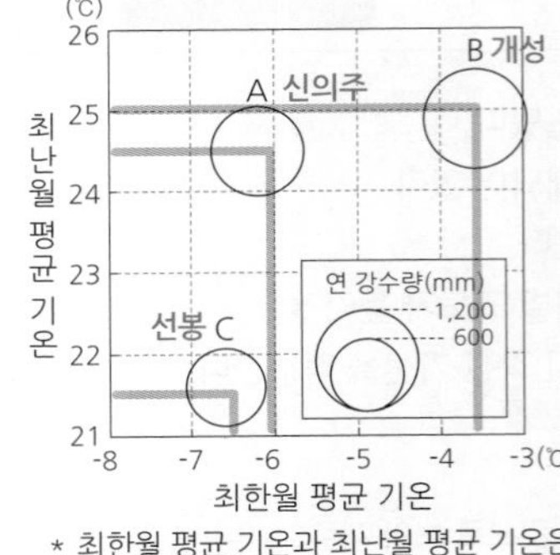

* 최한월 평균 기온과 최난월 평균 기온은 원의 가운데 값임.
** 1991~2020년 평년값임. (기상청)

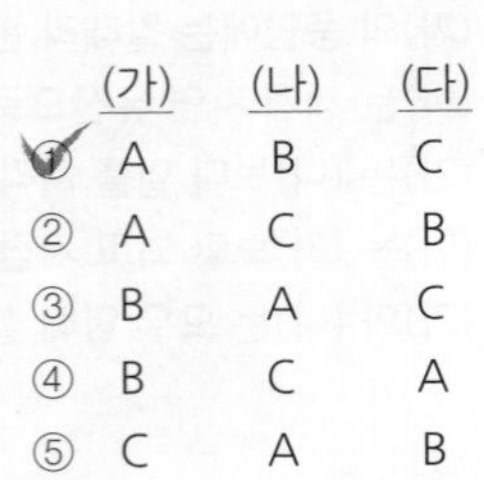

	(가)	(나)	(다)
①	A	B	C
②	A	C	B
③	B	A	C
④	B	C	A
⑤	C	A	B

|자|료|해|설|
북한의 개방지역의 특성을 통해 (가)~(다) 지역을 알아낸 후 세 지역의 최난월 평균 기온과 최한월 평균 기온을 나타낸 그래프의 A~C와 각각 연결하는 문항이다.

|선|택|지|풀|이|
① 정답 |
(가) - A : (가)는 신의주이며, 그래프상 최난월 평균 기온과 최한월 평균 기온이 B와 C 사이에 있는 A이다.
(나) - B : (나)는 개성이며, 제시된 지역 중 가장 남쪽에 위치하여 있기 때문에 최난월 평균 기온과 최한월 평균 기온이 가장 높은 그래프의 B이다.
(다) - C : (다)는 선봉이며, 한류의 영향으로 여름이 서늘하고 고위도에 위치하여 겨울이 춥기 때문에 최난월 평균 기온과 최한월 평균 기온이 가장 낮은 그래프의 C이다.

10 자연재해 종합 정답 ③ 정답률 89%

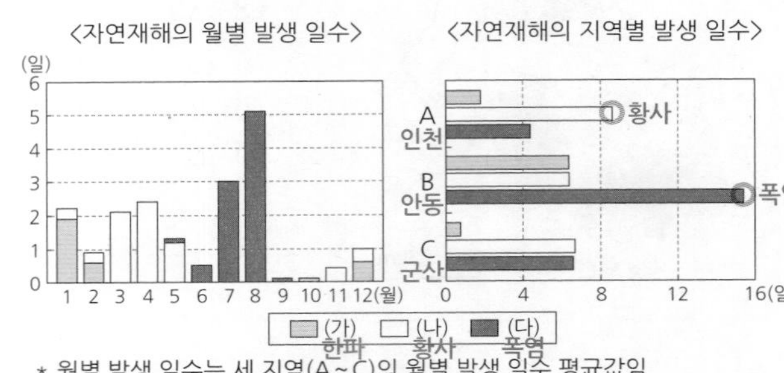

* 월별 발생 일수는 세 지역(A~C)의 월별 발생 일수 평균값임.
** 1991~2020년 평년값임. (기상청)

① (나)로 인해 저체온증과 동상 위험이 증가한다.
② (다)는 서고동저형 기압 배치가 전형적으로 나타나는 계절에 주로 발생한다.
③ (가)와 (다)는 기온과 관련된 자연재해이다.
④ A는 B보다 저위도에 위치한다.
⑤ 안동은 인천보다 황사 발생 일수가 많다.

|자|료|해|설|
<자연재해의 월별 발생 일수> 그래프를 통해 (가)~(다)가 폭염, 한파, 황사 중 어떤 자연재해인지 알아낸 후, <자연재해의 지역별 발생 일수> 그래프의 A~C가 군산, 안동, 인천 중 어느 지역인지를 찾고 각 자연재해의 특성을 비교하는 문항이다.

| 선 | 택 | 지 | 풀 | 이 |
(가)는 12~2월에 발생 빈도가 잦은 한파, (나)는 3~5월에 발생 빈도가 잦은 황사, (다)는 7~8월에 발생 빈도가 잦은 폭염이다. A는 황사 발생 빈도가 높은 것으로 보아 황사 발원지에 가까운 인천, B는 폭염 발생 빈도가 높으므로 영남 내륙 지역에 위치한 안동, C는 군산이다.
① 오답 | 한파(가)로 인한 피해로는 저체온증과 동상 위험 증가, 감기 환자 급증, 보일러나 수도관 동파 등이 있다.
② 오답 | 폭염(다)은 남고북저형 기압 배치가 전형적으로 나타나는 여름에 주로 발생한다. 서고동저형 기압 배치는 주로 겨울에 나타난다.
③ 정답 | 한파(가)와 폭염(다)은 기온과 관련된 자연재해이다.
④ 오답 | 인천(A)은 안동(B)보다 고위도에 위치한다.
⑤ 오답 | <자연재해의 지역별 발생일수>를 보면 알 수 있듯이, 안동(B)은 인천(A)보다 황사 발생 일수가 적다.

11 화산 지형과 카르스트 지형

정답 ④ 정답률 74%

① (가)에는 종유석과 석순이 발달한 동굴이 나타난다. (나)
② (나)는 지표수가 풍부하여 벼농사가 주로 이루어진다. (부족, 밭농사)
③ A는 용암이 분출하여 형성된 종 모양의 화산이다.
④ C에는 석회암이 풍화된 붉은색의 토양이 나타난다. → 석회암 풍화토
⑤ B의 기반암은 C의 기반암보다 형성 시기가 이르다. (→ 현무암(신생대), → 석회암(고생대), 늦다)

| 자 | 료 | 해 | 설 |
(가)는 용암 대지가 나타나는 한탄강 유역, (나)는 카르스트 지형이 나타나는 정선군이다. A는 용암 대지가 형성되기 이전부터 있었던 기존 산지, B는 용암 대지, C는 돌리네이다.

| 선 | 택 | 지 | 풀 | 이 |
① 오답 | 종유석과 석순이 발달한 석회 동굴은 석회암이 분포하는 (나)에서 나타난다.
② 오답 | 카르스트 지형은 절리 밀도가 높은 석회암 지대에 발달하므로 카르스트 지형 분포 지역은 지표수가 부족하여 밭농사가 주로 이루어진다.
③ 오답 | 기존 산지(A)는 용암 대지 형성 이전부터 형성되어 있던 산지로, 용암이 분출하여 형성된 종 모양의 종상 화산이 아니다.
④ 정답 | 돌리네(C)에는 석회암이 풍화된 붉은색의 토양인 석회암 풍화토가 나타난다.
⑤ 오답 | 용암 대지(B)의 기반암은 신생대에 형성된 현무암, 돌리네(C)의 기반암은 고생대에 형성된 석회암이다. 따라서 용암 대지의 기반암인 현무암은 돌리네의 기반암인 석회암보다 형성 시기가 늦다.

12 도시 내부 구조

정답 ② 정답률 30%

① (가)는 통근 · 통학 유출 인구가 유입 인구보다 많다. 적다
② (가)는 (나)보다 용도 지역 중 상업 지역의 비율이 높다.
③ (나)는 (다)보다 주민의 평균 통근 · 통학 소요 시간이 길다. 짧다
④ (다)는 (가)보다 주간 인구 지수가 높다. 낮다
⑤ (가)~(다) 중 중심 업무 기능은 (나)가 가장 우세하다. (가)

| 자 | 료 | 해 | 설 |
부산시의 지역별 특성을 나타낸 그래프를 통해 (가)~(다) 지역이 어떤 특징을 지니는지 파악하는 문항이다.

| 선 | 택 | 지 | 풀 | 이 |
(가)는 상주인구에 비해 주간 인구가 많아 주간 인구 지수가 높으며, 제조업 종사자 수나 초등학교 학생 수가 적으므로 도심부이다. (나)는 상주인구에 비해 주간 인구가 많으며 제조업 종사자 수가 많으므로 공업 지역이다. (다)는 주간 인구에 비해 상주인구가 많으며, 초등학교 학생 수가 많은 주거 지역이다.
① 오답 | 도심부에 위치한 (가)는 통근 · 통학 유출 인구가 유입 인구보다 적다.
② 정답 | 도심부에 위치한 (가)는 제조업이 발달한 (나)보다 용도 지역 중 상업 지역의 비율이 높다.
③ 오답 | 제조업이 발달한 (나)는 해당 지역 내 제조업체에 종사하는 주민 비율이 높아 다른 지역으로의 통근 · 통학 인구가 많은 주거 지역인 (다)보다 주민의 평균 통근 · 통학 소요 시간이 짧다.
④ 오답 | 주거 지역인 (다)는 도심부에 위치한 (가)보다 주간 인구 지수가 낮다.
⑤ 오답 | 중심 업무 기능은 도심부에 위치한 (가)가 가장 우세하다.

13 산지의 형성

정답 ① 정답률 68%

보기
ㄱ. ㉠은 고위평탄면의 형성에 영향을 주었다.
ㄴ. ㉠과 ㉡의 영향으로 대하천의 대부분이 서 · 남해로 유입된다.
ㄷ. ㉢의 서쪽 사면은 동쪽 사면보다 경사가 급하다. 완만
ㄹ. 중생대 송림 변동에 의해 ㉣의 지질 구조선이 형성되었다. 랴오둥 방향

① ㄱ, ㄴ ② ㄱ, ㄷ ③ ㄴ, ㄷ ④ ㄴ, ㄹ ⑤ ㄷ, ㄹ

| 자 | 료 | 해 | 설 |
우리나라 산지의 형성과 관련된 정리 내용을 보고 ㉠~㉣에 대한 설명으로 옳은 것을 고르는 문제이다.

| 보 | 기 | 풀 | 이 |
ㄱ 정답 | 고위평탄면은 융기 이전 평탄했던 지형이 경동성 요곡 운동(㉠)으로 융기하여 높은 곳에 형성된 평탄한 지형이다.
ㄴ 정답 | 중생대에 형성된 지질 구조선(㉡)은 하천 유로가 형성되기 용이하게 했고, 신생대의 경동성 요곡 운동(㉠)으로 인해 동쪽에 높은 산맥들이 형성되어 대부분의 대하천은 서 · 남해로 흘러간다.
ㄷ 오답 | 태백산맥(㉢)의 서쪽 사면은 동쪽 사면보다 경사가 완만하다.
ㄹ 오답 | 중국 방향(㉣)의 지질 구조선은 대보 조산 운동으로 형성되었으며, 중생대 송림 변동에 의해 랴오둥 방향의 지질 구조선이 형성되었다.

14 인구 구조

정답 ② 정답률 51%

진천, B, A 청양, C 대전, 0 25km

	(가)	(나)	(다)
①	A	B	C
②	A	C	B
③	B	A	C
④	B	C	A
⑤	C	A	B

| 자 | 료 | 해 | 설 |
세 지역의 2010년과 2021년의 인구 구조 변화를 나타낸 그래프를 통해 A~C 지역이 지도에서 어느 지역인지 찾아내는 문항이다. 지도의 표시된 A는 청양군, B는 진천군, C는 대전광역시이다.

| 선 | 택 | 지 | 풀 | 이 |
② 정답 |
(가) - A : (가)는 두 시기 모두 65세 이상인 노년층의 인구 비율이 가장 높고 유소년층의 인구 비율이 낮은 것으로 보아 촌락 지역인 청양이다. 지도에서 청양군은 A이다.
(나) - C : (나)는 (다)보다 2010년 대비 2021년 청장년층 인구 비율의 감소와 노년층 인구 비율의 증가가 뚜렷하다. 따라서 (나)는 교외화 현상으로 인구 유출이 나타나는 대전이다. 지도에서 대전광역시는 C이다.
(다) - B : (다)는 (나)에 비해 청장년층과 노년층의 비율이 상대적으로 높은 것을 보아 혁신 도시의 건설로 인해 2010년 이후 인구가 유입되면서 2010년에 비해 2021년의 청장년층의 인구가 늘어난 진천이다. 지도에서 진천군은 B이다.

15 다문화 공간

정답 ② 정답률 76%

(단위: %)

구분	화성 (가)	수원 (나)	가평 (다)
외국인 근로자	45.8	21.2	17.1
결혼 이민자	7.2	7.9	29.5
유학생	1.4	7.5	3.2
기타	45.6	63.4	50.2

* 외국인 주민은 한국 국적을 가지지 않은 자만 해당함.
(2020) (통계청)

① (가)는 (나)보다 인구 밀도가 높다. 낮다
② (가)는 (다)보다 제조업 출하액이 많다.
③ (나)는 (다)보다 노년 부양비가 높다. 낮다
④ (다)는 (나)보다 총 외국인 주민 수가 많다. 적다
⑤ (가)와 (다)는 행정 구역의 경계가 맞닿아 있다. 있지 않다

| 자 | 료 | 해 | 설 |
세 지역의 외국인 주민 현황을 나타낸 표의 (가)~(다) 지역을 지도에서 찾고 비교하는 문항이다. 지도에 표시된 지역은 화성시, 수원특례시, 가평군이다.

| 선 | 택 | 지 | 풀 | 이 |
(가)는 외국인 근로자의 비율이 매우 높은 것으로 보아 제조업이 발달한 화성, (다)는 결혼 이민자의 비율이 높은 것으로 보아 촌락 지역인 가평, (나)는 대학이 많이 위치해 있어 유학생 외국인 주민 비율이 비교적 높은 수원이다.
① 오답 | 화성(가)은 수원(나)보다 인구가 적고 면적이 넓어 인구 밀도가 낮다.
② 정답 | 화성(가)은 가평(다)보다 제조업이 발달해 있어 제조업 출하액이 많다.
③ 오답 | 인구 100만 명 이상의 대도시인 수원(나)은 촌락 지역인 가평(다)보다 청장년층 인구의 비율이 높고 노년층 인구의 비율이 낮아 노년 부양비가 낮다.
④ 오답 | 촌락 지역인 가평(다)은 총인구수가 약 6만 명이고 대도시인 수원(나)은 총인구수가 약 119만 명으로 가평이 수원보다 인구 규모가 훨씬 작기 때문에 총 외국인 주민 수도 적다.
⑤ 오답 | 화성(가)과 가평(다)은 행정 구역 경계가 맞닿아 있지 않다.

문제편 51쪽

16 도시 재개발

정답 ⑤ 정답률 93%

보기

ㄱ. (가)는 기존 마을의 모습을 간직한 채 환경을 개선한다.
ㄴ. (나)는 건물의 고층화로 토지 이용의 효율성을 높인다.
ㄷ. (가)는 (나)보다 투입 자본의 규모가 크다.
ㄹ. (나)는 (가)보다 원거주민의 재정착률이 높다.

① ㄱ, ㄴ ② ㄱ, ㄷ ③ ㄴ, ㄷ ④ ㄴ, ㄹ ⑤ ㄷ, ㄹ

|자|료|해|설|
도시 재개발의 사례를 자료로 제시하여 두 유형의 특성을 비교하는 문항이다.

|보|기|풀|이|
(가)는 기존 주택을 철거한 후 재개발하는 철거 재개발, (나)는 기존 주택에 필요한 부분만 수리하여 사용하는 수복 재개발 방식이다.
ㄱ 오답 | 기존 마을의 모습을 간직한 채 환경을 개선하는 것은 수복 재개발(나)이다.
ㄴ 오답 | 건물의 고층화로 토지 이용의 효율성을 높이는 것은 철거 재개발(가)이다.
ㄷ 정답 | 철거 재개발(가)은 수복 재개발(나)보다 투입 자본의 규모가 크다.
ㄹ 정답 | 필요한 부분만 수리하는 수복 재개발(나)은 기존 주민의 전출이 많은 철거 재개발(가)보다 원거주민의 재정착률이 높다.

17 지역별 산업 구조 분석

정답 ⑤ 정답률 45%

① (가)는 2차 산업, (나)는 3차 산업이다.
② A에는 행정 중심 복합 도시가 위치한다.
③ B는 C보다 지역 내 총생산이 많다.
④ C는 D보다 총인구가 많다.
⑤ D는 A보다 광역시의 수가 많다.

|자|료|해|설|
권역별 산업 구조의 변화를 나타낸 그래프를 보고 (가), (나)가 2차 산업과 3차 산업 중 무엇인지 알아낸 후, A~D가 각각 어느 권역인지를 찾는 문항이다.

|선|택|지|풀|이|
A는 3차 산업 취업자 수 비율이 가장 높고 1차 산업의 취업자 수 비율이 가장 낮은 것으로 보아 수도권, B는 2차 산업 취업자 수 비율이 가장 낮고 1차 산업 취업자 수 비율이 높은 것으로 보아 호남권, C는 최근 2차 산업 취업자 수 비율이 증가한 것으로 보아 최근 공업이 발달하고 있는 충청권, D는 2차 산업 취업자 수 비율이 높은 것으로 보아 남동 임해 공업 지역을 중심으로 중화학 공업이 발달한 영남권이다.
① 오답 | (나)보다 취업자 수 비율이 높은 (가)는 3차 산업, (나)는 2차 산업이다. 2차 산업과 3차 산업 비율을 통해 1차 산업 비율[100%-(2차 산업 비율+3차 산업 비율)]을 계산할 수 있다.
② 오답 | 행정 중심 복합 도시인 세종이 위치하는 곳은 충청권(C)이다.
③ 오답 | 호남권(B)은 충청권(C)보다 지역 내 총생산이 적다.
④ 오답 | 충청권(C)은 영남권(D)보다 총인구가 적다.
⑤ 정답 | 영남권(D)은 수도권(A)보다 광역시의 수가 많다. 영남권에 속한 광역시는 부산, 대구, 울산이 있으며, 수도권에 속한 광역시는 인천이 있다.

18 영남 지방

정답 ③ 정답률 64%

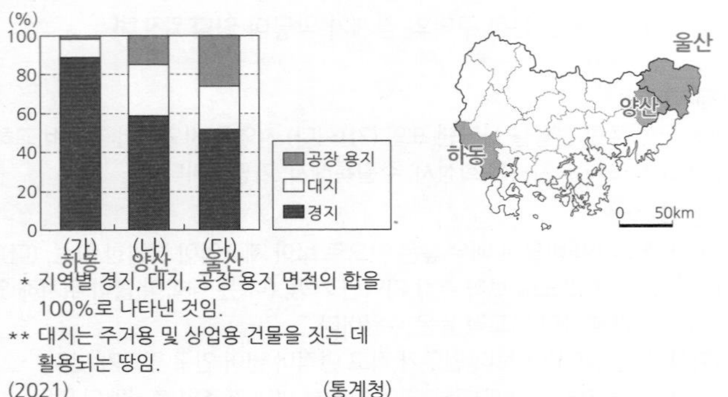

* 지역별 경지, 대지, 공장 용지 면적의 합을 100%로 나타낸 것임.
** 대지는 주거용 및 상업용 건물을 짓는 데 활용되는 땅임.
(2021) (통계청)

① (가)는 (나)보다 주택 유형 중 아파트 비율이 높다.
② (가)는 (다)보다 3차 산업 종사자 비율이 높다.
③ (나)는 (가)보다 지역 내 겸업농가 비율이 높다.
④ (다)는 (가)보다 중위 연령이 높다.
⑤ 부산으로의 통근 · 통학 비율은 (다)가 (나)보다 높다.

|자|료|해|설|
세 지역의 용도별 토지 이용 비율을 나타낸 그래프의 (가)~(다)가 지도에 표시된 지역 중 어느 지역인지 파악하는 문항이다. 지도에 표시된 지역은 하동군, 양산시, 울산광역시이다.

|선|택|지|풀|이|
(가)는 경지의 이용 비율이 매우 높은 것으로 보아 촌락 지역인 하동, (다)는 공장 용지의 이용 비율이 상대적으로 높은 것으로 보아 공업이 상당히 발달한 울산, (나)는 부산의 위성 도시로 대지 이용 비율이 높고 공장 용지 이용 비율이 울산보다 낮고 하동보다 높은 양산이다.
① 오답 | 촌락인 하동(가)은 부산의 위성 도시인 양산(나)보다 주택 유형 중 아파트 비율이 낮다.
② 오답 | 촌락인 하동(가)은 도시인 울산(다)보다 3차 산업 종사자 비율이 낮다.
③ 정답 | 대도시인 부산 근교에 위치한 양산(나)은 촌락인 하동(가)보다 지역 내 겸업농가 비율이 높다.
④ 오답 | 도시인 울산(다)은 촌락인 하동(가)보다 노년층 비율이 낮아 중위 연령이 낮다.
⑤ 오답 | 부산으로의 통근 · 통학 비율은 울산(다)이 부산의 위성 도시인 양산(나)보다 낮다.

19 1차 에너지 소비

정답 ① 정답률 64%

	(가)	(나)	(다)		(가)	(나)	(다)
①	A	B	C	②	A	C	B
③	B	A	C	④	B	C	A
⑤	C	A	B				

|자|료|해|설|
권역별 1차 에너지의 공급 비율을 나타낸 그래프의 (가)~(다)와 이에 해당하는 화석 에너지 A~C가 각각 석유, 석탄, 천연가스 중 어느 자원인지 찾는 문항이다.

|선|택|지|풀|이|
① 정답 |
(가) - A : (가)는 다른 지역에 비해 인구가 밀집된 수도권에서 에너지 공급 비율이 높으므로 천연가스이며, 발전 시 대기 오염 물질의 배출량이 가장 적은 그림의 A에 해당한다.
(나) - B : (나)는 여러 권역에서 공급 비율이 모두 높은 것으로 보아 석유이며, 수송용으로 사용되는 비율이 가장 높은 그림의 B에 해당한다.
(다) - C : (다)는 석탄 화력 발전량이 가장 많은 충청권에서 공급 비율이 높은 석탄이며, 발전 시 대기 오염 물질의 배출량이 가장 많고 수송용으로 사용되는 비율이 낮은 그림의 C에 해당한다.

20 위도가 다른 지역의 기후 비교

정답 ② 정답률 57%

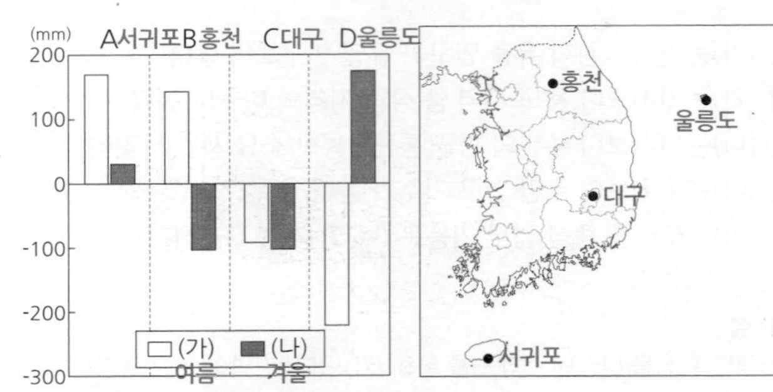

* 강수량 차이는 (가), (나) 계절의 각 지역 강수량에서 네 지역 평균 강수량을 뺀 값임.
** 1991~2020년 평년값임. (기상청)

① (가)는 겨울, (나)는 여름이다.
② A는 B보다 최한월 평균 기온이 높다.
③ B는 C보다 저위도에 위치한다.
④ C는 D보다 바다의 영향을 많이 받는다.
⑤ D는 A보다 연 강수량이 많다.

|자|료|해|설|
(가), (나) 계절별 강수량 차이를 나타낸 그래프의 A~D 지역이 지도에 표시된 네 지역 중 어느 지역인지 파악하는 문항이다. 지도에 표시된 지역은 홍천, 울릉도, 대구, 서귀포이다.

|선|택|지|풀|이|
A는 여름 강수량과 겨울 강수량 모두 네 지역의 평균보다 많으므로 연 강수량이 많은 서귀포이다. B는 여름 강수량이 많으나 겨울 강수량은 적은 것으로 보아 여름 강수 집중률이 높은 한강 중 · 상류의 홍천, C는 여름과 겨울에 모두 네 지역의 평균보다 강수량이 적은 것으로 보아 소우지인 대구, D는 겨울 강수량이 네 지역 평균보다 많고 여름 강수량이 네 지역 평균보다 적은 울릉도이다.
① 오답 | 우리나라는 강수 집중률이 높은 여름철에 지역별 강수량의 차이가 크지만, 겨울 강수량은 울릉도를 제외하면 전체적으로 많지 않기 때문에 지역별로 강수량의 차이가 크지 않다. 따라서 강수량 차이가 더 큰 (가)는 여름, (나)는 겨울이다.
② 정답 | 서귀포(A)는 홍천(B)보다 저위도에 위치해 최한월 평균 기온이 높다.
③ 오답 | 홍천(B)은 대구(C)보다 고위도에 위치한다.
④ 오답 | 내륙 지역인 대구(C)는 울릉도(D)보다 바다의 영향을 적게 받는다.
⑤ 오답 | 울릉도(D)는 다우지인 서귀포(A)보다 연 강수량이 적다.

문제편 52쪽

13회 2024년 7월 고3 학력평가 정답과 해설 한국지리

문제편 p.53

1	③	2	④	3	④	4	⑤	5	④
6	③	7	②	8	①	9	⑤	10	①
11	④	12	⑤	13	②	14	③	15	②
16	③	17	①	18	⑤	19	①	20	④

1 고지도 및 고문헌에 나타난 국토관 정답 ③ 정답률 73%

보기

ㄱ. (나)는 국가 통치의 목적으로 제작되었다. (가) / → 관찬 지리지
ㄴ. (가)는 (나)보다 제작된 시기가 이르다.
ㄷ. ㉠은 가거지의 조건 중 생리(生利)에 해당한다. → 경제적 조건
ㄹ. ㉡을 통해 원주 주변 산지의 정확한 해발 고도를 알 수 있다. 없다

① ㄱ, ㄴ ② ㄱ, ㄷ ③ ㄴ, ㄷ ④ ㄴ, ㄹ ⑤ ㄷ, ㄹ

|자|료|해|설|
조선 전기 지리지와 조선 후기 지리지의 특성을 비교하는 문항이다. (가)는 건치 연혁, 산천 등의 항목별로 서술되어 있으므로 조선 전기에 국가 주도로 제작된 관찬 지리지인 신증동국여지승람이다. (나)는 저자의 견해를 엿볼 수 있으므로 조선 후기에 실학자 이중환이 제작한 사찬 지리지인 택리지이다.

|보|기|풀|이|
ㄱ 오답 | 국가 통치의 목적으로 제작된 것은 조선 전기에 국가 주도로 제작된 관찬 지리지인 (가) 신증동국여지승람이다. (나) 택리지는 조선 후기에 이중환 개인이 저술한 사찬 지리지이다.
ㄴ 정답 | (가) 신증동국여지승람은 조선 전기, (나) 택리지는 조선 후기에 제작되었다. 따라서 (가)는 (나)보다 제작된 시기가 이르다.
ㄷ 정답 | ㉠ '온 강원도에서 서울로 운송되는 물자가 모여드는 곳'은 물자 교류가 편리하여 경제적으로 유리한 곳임을 의미하므로 가거지의 조건 중 생리(生利)에 해당한다.
ㄹ 오답 | ㉡ 대동여지도는 산줄기의 굵기를 달리하여 산지의 높낮이를 대략적으로 표현하였지만 정확한 해발 고도를 알 수는 없다.

2 지역 특색 추론 정답 ④ 정답률 86%

① 죽세공품과 대나무 축제 → 담양
② 광한루원에서 개최되는 춘향제 → 남원
③ 지리적 표시제에 등록된 고추장 → 순창
④ 전통 한옥 마을이 있는 슬로시티
⑤ 큰 조차를 극복하기 위해 설치된 뜬다리 부두 → 군산

|자|료|해|설|
호남 지방의 지역별 특성을 파악하는 문항이다. ㉠은 지역 특산품으로 유자가 있으며 우주 발사체 발사 기지가 있는 고흥, ㉡은 굴비가 유명하며 국내에서 유일하게 서해안에 원자력 발전소가 있는 영광, ㉢은 지평선 축제가 개최되며 벽골제가 있는 김제이다. <글자 카드>에서 세 지역을 모두 지우고 남은 글자를 활용하여 만들 수 있는 호남 지방의 지역은 '전주'이다.

|선|택|지|풀|이|
① 오답 | 담양은 대나무를 가공해서 만든 죽세공품으로 유명하며 대나무 축제가 개최되고, 창평면 일대가 슬로시티로 지정되어 있다.
② 오답 | 남원은 춘향전의 배경이 되는 광한루원에서 춘향제가 개최된다.
③ 오답 | 순창은 고추장으로 유명하여 장류 축제가 개최되고, 이곳에서 생산된 고추장은 지리적 표시제로 등록되었다.
④ 정답 | 전통 한옥 마을이 있는 전주는 슬로시티로 지정되어 있고, 한지 제조, 판소리, 비빔밥으로도 유명하며, 세계 소리 축제가 개최된다. 전주는 전북특별자치도청 소재지이다.
⑤ 오답 | 군산은 큰 조차를 극복하기 위한 접안 시설인 뜬다리 부두가 설치되어 있고, 새만금 방조제와 금강 하굿둑이 건설되어 있다.

3 영해와 배타적 경제 수역 정답 ④ 정답률 82%

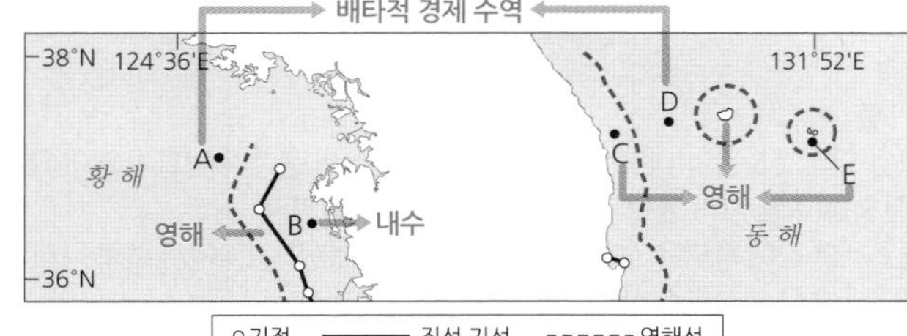

① A의 수직 상공은 우리나라의 주권이 미치는 영역이다. (영해 밖) 영역이 아니다
② B에서는 중국 정부의 선박이 해저 자원을 탐사할 수 있다. 없다
③ C는 우리나라의 배타적 경제 수역(EEZ)에 포함된다. 포함되지 않는다
④ E에서는 일본 국적의 어선이 조업을 할 수 없다.
⑤ C와 D의 최단 경로는 한·일 중간 수역을 지난다. 지나지 않는다

|선|택|지|풀|이|
① 오답 | 영토와 영해의 수직 상공이 영공에 포함된다. A는 우리나라의 영해 밖에 있는 지점이다. 따라서 A의 수직 상공은 우리나라의 영공이 아니므로 우리나라의 주권이 미치는 영역이 아니다.
② 오답 | B는 내수(內水)로 우리나라의 영역에 해당한다. 따라서 B에서는 우리나라가 주권을 가지기 때문에 중국 정부의 선박이 해저 자원을 탐사할 수 없다.
③ 오답 | 배타적 경제 수역(EEZ)은 영해 기선으로부터 200해리까지의 수역 중 영해를 제외한 수역이다. C는 영해이므로 우리나라의 배타적 경제 수역에 포함되지 않는다.
④ 정답 | E는 우리나라의 영해로 우리나라의 주권이 미치기 때문에 일본 국적의 어선이 조업을 할 수 없다.
⑤ 오답 | C와 D의 최단 경로는 한·일 중간 수역을 지나지 않으며, 우리나라의 영해와 배타적 경제 수역을 지난다. 한·일 중간 수역은 동해와 남해상에 위치하며, 동해에서는 울릉도의 동쪽과 남쪽에 위치한다.

4 해안 지형의 형성 정답 ⑤ 정답률 62%

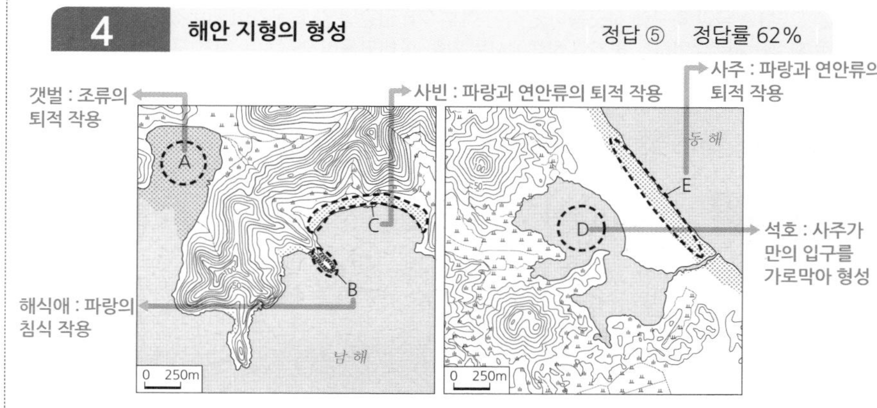

① A는 주로 파랑의 퇴적 작용으로 형성된다. (조류)
② D의 물은 주로 농업용수로 사용된다. 사용되지 않는다
③ A는 C보다 퇴적물의 평균 입자 크기가 크다. 작다 (주로 점토 / 주로 모래)
④ 파랑 에너지가 분산되는 곳에는 C보다 B가 잘 발달한다. (B / C)
⑤ D와 E는 모두 후빙기 해수면 상승 이후에 형성되었다. (퇴적)

|자|료|해|설|
지도에 제시된 A~E 해안 지형의 형성 원인, 특징 등을 파악하는 문항이다. A는 갯벌, B는 해식애, C는 사빈, D는 석호, E는 사주이다.

|선|택|지|풀|이|
① 오답 | A 갯벌은 주로 조류의 퇴적 작용으로 형성된다. 주로 파랑의 퇴적 작용으로 형성되는 지형은 사빈, 사주이다.
② 오답 | D 석호의 일부는 바다와 연결되어 있어 바닷물이 유입된다. 따라서 D 석호의 물은 염분을 포함하므로 농업용수로 사용되기가 어렵다.
③ 오답 | A 갯벌은 주로 점토, C 사빈은 주로 모래가 퇴적되어 있다. 따라서 A 갯벌은 C 사빈보다 퇴적물의 평균 입자 크기가 작다.
④ 오답 | B 해식애는 주로 파랑의 침식 작용으로 형성된 급경사의 해안 절벽이고, C 사빈은 주로 파랑과 연안류의 퇴적 작용으로 형성된 모래사장이다. 파랑 에너지가 분산되는 곳은 퇴적 작용이 활발하므로 B 해식애보다 C 사빈이 잘 발달한다.
⑤ 정답 | D 석호는 후빙기 해수면 상승으로 형성된 만의 입구에 E 사주가 발달하여 형성된 호수이다. 따라서 D 석호와 E 사주는 모두 후빙기 해수면 상승 이후에 형성되었다.

5 영남 지방 정답 ④ 정답률 68%

	(가)	(나)
①	A	B
②	A	D
③	B	C
④	B	D
⑤	D	C

|자|료|해|설|
자료에서 설명하는 (가), (나) 지역을 영남 지방 지도의 A~D에서 찾는 문항이다. 지도의 A는 안동, B는 경주, C는 양산, D는 고성이다.

|선|택|지|풀|이|
④ 정답 |
(가) - B : 석굴암과 불국사, 역사 유적 지구, 역사 마을, 서원 등이 세계 문화유산으로 등재된 역사 문화 도시는 경상북도 경주이다. 경주의 전통 마을인 양동 마을은 세계 문화유산으로 등재되었다. 또한 경주는 원자력 발전소가 있으며, '경상도' 지명의 유래가 된 지역 중 하나이다.
(나) - D : 중생대 지층의 공룡 발자국 화석이 분포하며, 가야고분군이 세계 문화유산으로 등재된 지역은 경상남도 고성이다. 고성에서는 공룡 세계 엑스포가 개최된다.
오답 |
A 안동은 하회 마을과 도산 서원·병산 서원 등이 세계 문화유산으로 등재되었고, 국제 탈춤 페스티벌이 개최되며, 경상북도청 소재지이다.
C 양산은 부산의 주거 기능을 분담하는 위성 도시이며, 부산의 교외화로 많은 인구가 유입되고 있다.

13회 2024 7월 학력평가

6 우리나라 하천의 특색
정답 ③ | 정답률 80%

① D에는 유속의 감속으로 형성된 선상지가 있다. → 삼각주
② A는 B보다 하천 퇴적 물질의 평균 입자 크기가 크다. → 작다
③ C는 D보다 하상의 평균 해발 고도가 높다. (하상 → 강바닥)
④ A에 하굿둑 건설 이후 (가) 하천의 감조 구간이 길어졌다. → 짧아졌다
⑤ (가), (나) 하천 모두 태백산맥의 일부가 분수계에 포함된다. → 금강, 영산강, 낙동강

|선|택|지|풀|이|
① 오답 | D 낙동강 하구에는 유속이 감속하면서 하천이 운반한 물질이 퇴적되어 형성된 삼각주가 있다. 선상지는 산지의 골짜기 입구에 형성된 부채 모양의 퇴적 지형으로 하천 중·상류에 주로 분포한다.
③ 정답 | C는 D보다 하상의 평균 해발 고도가 높다. 물은 높은 곳에서 낮은 곳으로 흐르므로 상류에서 하류로 갈수록 하상의 평균 해발 고도가 낮아진다.
④ 오답 | A 금강 하구에 하굿둑이 건설된 이후 (가) 금강의 감조 구간이 짧아졌다. 조차가 큰 황·남해로 유입하는 하천의 하류에서는 밀물 때 바닷물이 역류하는 감조 구간이 길게 나타난다. 이때 하구에 하굿둑이 건설되면 바닷물의 유입이 차단되어 감조 구간이 짧아진다.
⑤ 오답 | 태백산맥의 일부가 분수계에 포함된 하천은 (나) 낙동강이다. (가) 금강의 분수계에는 소백산맥의 일부가 포함된다.

7 1차 에너지 소비
정답 ② | 정답률 58%

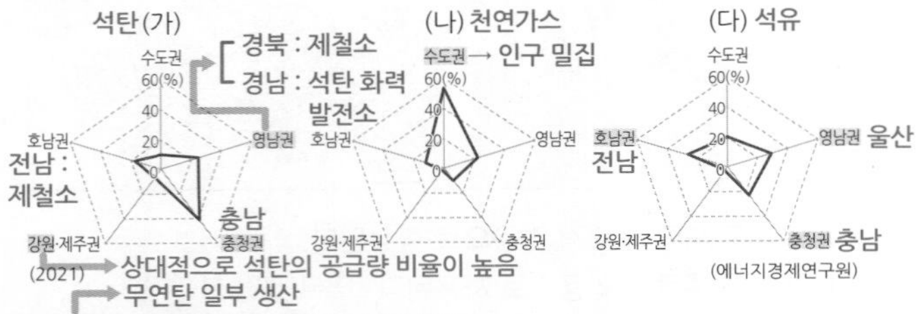

① (가)는 전량을 해외에서 수입한다.
② (다)는 주로 수송용 연료 및 화학 공업의 원료로 이용된다.
③ (가)는 (나)보다 연소 시 대기 오염 물질의 배출량이 적다. → 많다
④ (나)는 (다)보다 상용화된 시기가 이르다. → 늦다
⑤ (다)는 (가)보다 우리나라 총발전량에서 차지하는 비율이 높다. → 낮다 (석탄 → 석유 → 천연가스)

|선|택|지|풀|이|
(가)는 충청권과 영남권에서 공급량 비율이 높으므로 석탄이다. 충청권(충남)과 영남권(경북, 경남)은 대규모 석탄 화력 발전소와 제철소가 입지하여 석탄 공급량이 많다. (나)는 수도권에서 공급량 비율이 매우 높으므로 천연가스이다. 수도권은 인구가 많아 주로 가정용 연료로 이용되는 천연가스의 공급량이 많다. (다)는 대규모 석유 화학 단지가 입지한 영남권(울산), 호남권(전남), 충청권(충남)에서 공급량 비율이 높으므로 석유이다.
① 오답 | (가) 석탄은 대부분 수입에 의존하지만, 석탄 중 무연탄은 강원 등지에서 일부 생산되고 있다.
② 정답 | (다) 석유는 주로 수송용 연료 및 화학 공업의 원료로 이용된다.
③ 오답 | (가) 석탄은 (나) 천연가스보다 연소 시 대기 오염 물질의 배출량이 많다. 화석 에너지의 연소 시 대기 오염 물질의 배출량은 석탄 > 석유 > 천연가스 순으로 많다.
④ 오답 | (나) 천연가스는 (다) 석유보다 상용화된 시기가 늦다. 화석 에너지가 국내에 상용화된 시기는 석탄 → 석유 → 천연가스 순으로 이르다.
⑤ 오답 | (다) 석유는 (가) 석탄보다 우리나라 총발전량에서 차지하는 비율이 낮다. 우리나라 에너지원별 발전량 비율은 2021년 기준 석탄 > 천연가스 > 원자력 > 신·재생 에너지 > 수력 > 석유 순으로 높다.

8 도시 내부 구조
정답 ① | 정답률 67%

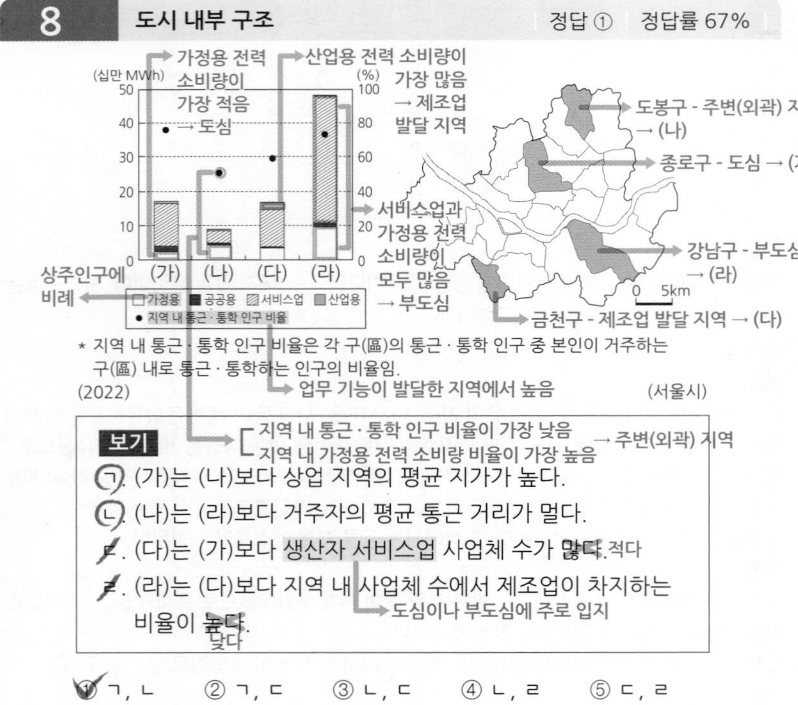

* 지역 내 통근·통학 인구 비율은 각 구(區)의 통근·통학 인구 중 본인이 거주하는 구(區) 내로 통근·통학하는 인구의 비율임.
(2022) (서울시)

보기
지역 내 통근·통학 인구 비율이 가장 낮음, 지역 내 가정용 전력 소비량 비율이 가장 높음 → 주변(외곽) 지역
ㄱ. (가)는 (나)보다 상업 지역의 평균 지가가 높다.
ㄴ. (나)는 (라)보다 거주자의 평균 통근 거리가 멀다.
ㄷ. (다)는 (가)보다 생산자 서비스업 사업체 수가 많다. → 적다
ㄹ. (라)는 (다)보다 지역 내 사업체 수에서 제조업이 차지하는 비율이 높다. → 낮다 (생산자 서비스업 → 도심이나 부도심에 주로 입지)

① ㄱ, ㄴ ② ㄱ, ㄷ ③ ㄴ, ㄷ ④ ㄴ, ㄹ ⑤ ㄷ, ㄹ

|보|기|풀|이|
(다)는 네 지역 중 산업용 전력 소비량이 가장 많으므로 제조업이 발달한 금천구이다. (나)는 네 지역 중 지역 내 통근·통학 인구 비율이 가장 낮고 지역 내 가정용 전력 소비량 비율이 가장 높으므로 주거 기능이 발달한 주변(외곽) 지역에 위치한 도봉구이다. 지역 내 통근·통학 인구 비율이 높은 (가), (라) 중 가정용 전력 소비량이 많은 (라)가 상업·업무 기능과 주거 기능이 함께 발달한 부도심이 위치한 강남구이며, 가정용 전력 소비량이 가장 적은 (가)는 상업·업무 기능이 발달한 도심이 위치한 중구이다.
ㄱ 정답 | 도심이 위치한 (가)는 주변(외곽) 지역에 위치한 (나)보다 상업 지역의 평균 지가가 높다.
ㄴ 정답 | 주변(외곽) 지역에 위치한 (나)는 부도심이 위치한 (라)보다 지역 내 통근·통학 인구 비율이 낮아 다른 지역으로 통근·통학하는 비율이 높기 때문에 거주자의 평균 통근 거리가 멀다.
ㄷ 오답 | 생산자 서비스업은 기업과의 접근성이 높고 관련 정보 획득에 유리한 대도시의 도심 또는 부도심에 집중되는 경향이 크다. 따라서 도심이 위치한 (가)가 제조업 발달 지역인 (다)보다 생산자 서비스업 사업체 수가 많다.
ㄹ 오답 | 제조업이 발달한 (다)가 부도심이 위치한 (라)보다 지역 내 사업체 수에서 제조업이 차지하는 비율이 높다.

9 지역 개발
정답 ⑤ | 정답률 64%

① (가)의 시행 시기에 경부 고속 국도가 건설되었다.
② (나)는 주로 상향식 개발로 추진되었다. → 하향식
③ (가)는 (나)보다 시행 시기가 이르다. → 늦다
④ (가)는 (나)보다 경제적 효율성을 추구하였다. → 형평성
⑤ (가)의 시행 시기는 (나)의 시행 시기보다 인구의 수도권 집중도가 높다. (→ 계속 높아짐)

|선|택|지|풀|이|
① 오답 | 경부 고속 국도는 (가) 제3차 국토 종합 개발 계획의 시행 시기 이전에 건설되었다. 경부 고속 국도는 1970년에 완공되었다.
② 오답 | (나) 제1차 국토 종합 개발 계획은 성장 거점 개발 방식을 채택하여 주로 중앙 정부 주도의 하향식 개발로 추진되었다.
③ 오답 | (가) 제3차 국토 종합 개발 계획은 1992~2001년에, (나) 제1차 국토 종합 개발 계획은 1972~1981년에 시행되었다. 따라서 (가)는 (나)보다 시행 시기가 늦다.
④ 오답 | (가) 제3차 국토 종합 개발 계획은 균형 개발 방식을 채택하여 경제적 형평성을, (나) 제1차 국토 종합 개발 계획은 성장 거점 개발 방식을 채택하여 경제적 효율성을 추구하였다.
⑤ 정답 | (가) 제3차 국토 종합 개발 계획에서는 균형 개발 방식을 채택하여 수도권 집중 억제에 중점을 두었으나 인구의 수도권 집중 현상은 지속되었다. 따라서 (가)의 시행 시기는 (나)의 시행 시기보다 인구의 수도권 집중도가 높다.

10 제주도 외의 화산 지형
정답 ① | 정답률 54%

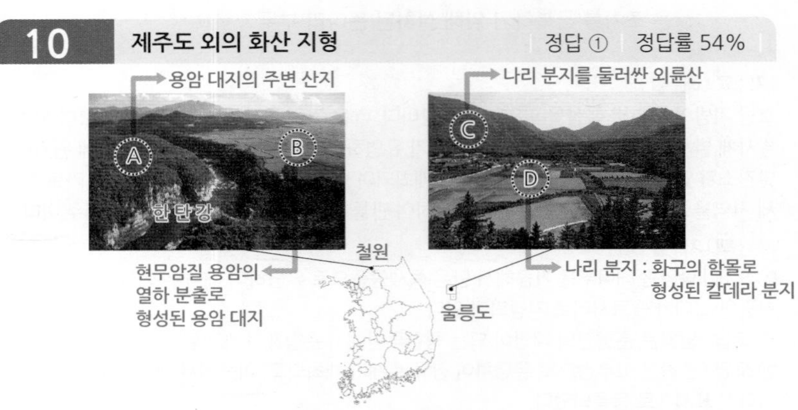

① B는 유동성이 큰 용암이 분출하여 형성되었다.
② C에는 붉은색의 간대 토양이 주로 분포한다. → 석회암 풍화토
③ D는 차별적인 풍화와 침식으로 형성된 분지이다. → 침식 분지 (D → 칼데라 분지)
④ A는 C보다 주된 기반암의 형성 시기가 늦다. → 이르다
⑤ B에서는 밭농사, D에서는 논농사가 주로 이루어진다. (밭 → 논, 논 → 밭)

|선|택|지|풀|이|
① 정답 | 철원 일대의 B 용암 대지는 점성이 작고 유동성이 큰 현무암질 용암이 열하 분출(틈새 분출)하여 당시의 골짜기나 분지를 메워 형성되었다.
② 오답 | 붉은색의 간대 토양은 석회암 풍화토로 석회암 분포 지역에서 주로 나타난다. C에는 화산 활동으로 형성된 화산암이 분포한다.
③ 오답 | 차별적인 풍화와 침식으로 형성된 분지는 침식 분지이다. D 나리 분지는 화구가 함몰되어 형성된 칼데라 분지이다.
④ 오답 | A는 용암 대지가 형성되기 이전부터 존재했던 산지로 주된 기반암은 신생대 이전에 형성되었으며, C는 화산 지형으로 신생대의 화산암으로 이루어져 있다. 따라서 A는 C보다 주된 기반암의 형성 시기가 이르다.
⑤ 오답 | 철원의 B 용암 대지는 넓은 평야가 발달하여 수리 시설을 설치한 후 논농사가 주로 이루어지고, D 나리 분지는 배수가 잘되는 토양으로 덮여 있어 밭농사가 주로 이루어진다.

문제편 54쪽

11 기온과 기후 요인의 관계 정답 ④ 정답률 64%

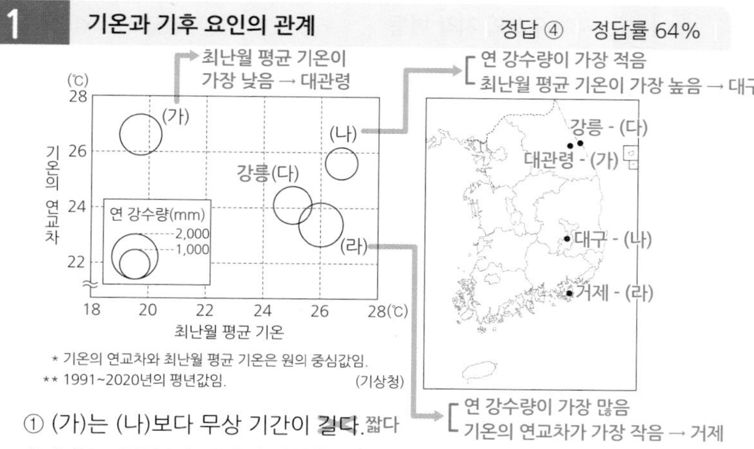

① (가)는 (나)보다 무상 기간이 길다. (짧다)
② (나)는 (라)보다 바다의 영향을 많이 (적게) 받는다.
③ (다)는 (가)보다 해발 고도가 높다. (낮다)
④ (라)는 (다)보다 최한월 평균 기온이 높다. ✔ (최난월 평균 기온-기온의 연교차)
⑤ (가)와 (나)(다)는 강원 지방, (다)(나)와 (라)는 영남 지방에 위치한다.

| 선 | 택 | 지 | 풀 | 이 |

① 오답 | (가) 대관령은 (나) 대구보다 해발 고도가 높고 위도가 높아 최한월 평균 기온이 낮으므로 무상 기간이 짧다. 무상 기간은 서리가 내리지 않는 기간으로, 최한월 평균 기온이 높을수록 대체로 길다.
② 오답 | 내륙에 위치한 (나) 대구는 해안에 위치한 (라) 거제보다 바다의 영향을 적게 받는다.
③ 오답 | 해안에 위치한 (다) 강릉은 태백산맥에 위치한 (가) 대관령보다 해발 고도가 낮다.
④ 정답 | (라) 거제는 (다) 강릉보다 위도가 낮으므로 최한월 평균 기온이 높다. 최한월 평균 기온은 그래프에서 '최난월 평균 기온-기온의 연교차'로도 구할 수도 있는데, (다)는 약 1.0℃, (라)는 약 2.5℃이다.
⑤ 오답 | (가) 대관령과 (다) 강릉은 강원 지방, (나) 대구와 (라) 거제는 영남 지방에 위치한다.

12 북한의 개방 지역 및 여러 지역의 비교 정답 ⑤ 정답률 44%

① (가)는 북한의 대표적인 항구 도시이다.
② (나)는 관북(관서) 지방에 위치한다.
③ (라)(나)에는 경의선 철도의 종착역이 있다.
④ (가)는 (다)보다 겨울 강수량이 많다. (적다)
⑤ (라)는 (나)보다 경제 특구로 지정된 시기가 이르다. ✔ (북한 최초의 경제 특구)

| 선 | 택 | 지 | 풀 | 이 |

① 오답 | (가) 평양은 내륙에 위치하므로 북한의 대표적인 항구 도시가 아니다.
② 오답 | (나) 신의주는 관서 지방에 위치하고, (라) 나선이 관북 지방에 위치한다.
③ 오답 | 서울~신의주를 연결하는 경의선 철도의 종착역은 (나) 신의주에 있다. 경의선의 '경'은 서울을, '의'는 신의주를 의미한다.
④ 오답 | (다) 원산은 북동 기류의 바람받이에 해당하여 겨울 강수량이 많다. 따라서 (가) 평양은 (다) 원산보다 겨울 강수량이 적다.
⑤ 정답 | (라) 나선은 유엔 개발 계획의 지원을 계기로 1991년 북한 최초의 경제 특구로 지정되었으므로 2002년에 경제 특구로 지정된 (나) 신의주보다 경제 특구로 지정된 시기가 이르다.

13 농업 자료 분석 정답 ② 정답률 66%

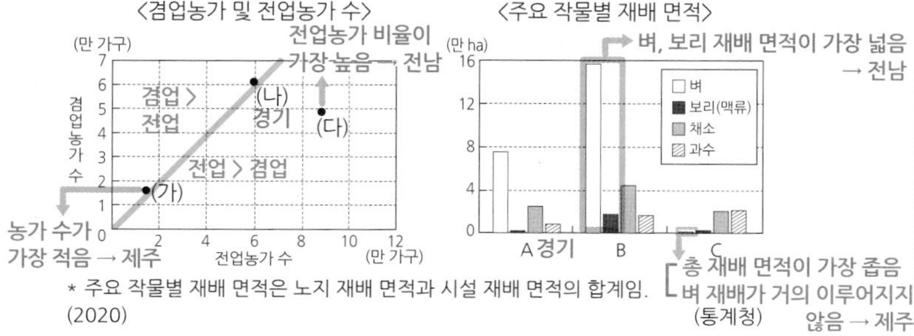

① (가)는 (다)보다 쌀 생산량이 많다. (적다)
② (다)는 (나)보다 경지율이 높다. ✔ (경지 면적 / 전체 면적 × 100)
③ A는 B보다 전업농가 수가 많다. (적다)
④ B는 C보다 지역 내 경지 면적 중 밭 면적 비율이 높다. (낮다)
⑤ 전체 농가 수는 경기(전남) > 전남(경기) > 제주 순으로 많다. (전업농가 수 + 겸업농가 수)

| 자 | 료 | 해 | 설 |

농가 형태, 작물별 재배 면적을 통해 (가)~(다)와 A~C 각각의 해당 지역을 찾아 농업 특성을 비교·분석하는 문항이다.

| 선 | 택 | 지 | 풀 | 이 |

<겸업농가 및 전업농가 수>에서 (가)는 전체 농가 수가 가장 적으므로 인구 규모가 가장 작은 제주, (다)는 전업농가 비율이 가장 높으므로 전통 농업 지역인 전남, 나머지 (나)는 경기이다.
<주요 작물별 재배 면적>에서 B는 세 지역 중 벼와 맥류의 재배 면적이 가장 넓으므로 기후가 따뜻하고 평야가 발달한 전남, C는 총 재배 면적이 가장 좁고 벼 재배 면적이 거의 없으므로 기반암의 특성으로 인해 논 조성이 어려운 제주, 나머지 A는 경기이다. 따라서 (가)와 C는 제주, (나)와 A는 경기, (다)와 B는 전남이다.
① 오답 | (가) 제주(C)는 (다) 전남(B)보다 쌀 생산량이 적다. 제주는 기반암에 절리가 발달하여 지표수가 부족하기 때문에 벼가 거의 재배되지 않으며, 평야가 발달하여 벼 재배 면적이 넓은 전남은 쌀 생산량이 많다.
② 정답 | 경지율은 전체 면적에서 경지 면적이 차지하는 비율로, 촌락의 비율이 높은 (다) 전남은 도시화가 많이 이루어진 (나) 경기보다 경지율이 높다.
④ 오답 | B 전남은 C 제주보다 지역 내 경지 면적 중 밭 면적 비율이 낮다. 전남은 평야가 발달하여 논 면적이 넓지만, 제주는 절리가 발달한 기반암으로 인해 지표수가 부족하여 경지의 대부분이 밭으로 이용된다.
⑤ 오답 | 전체 농가 수는 전업농가 수와 겸업농가 수를 합한 값으로, (다) 전남 > (나) 경기 > (가) 제주 순으로 많다.

14 인구 구조 정답 ③ 정답률 53%

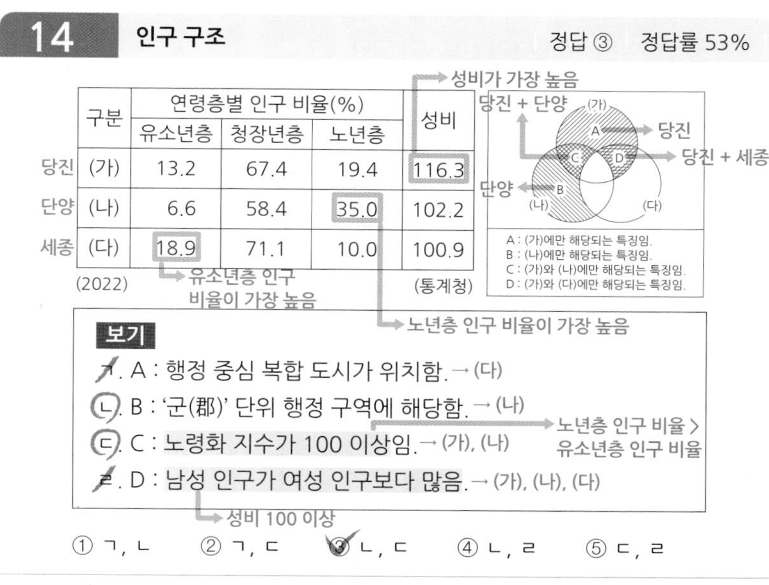

	구분	연령층별 인구 비율(%)			성비
		유소년층	청장년층	노년층	
당진	(가)	13.2	67.4	19.4	116.3
단양	(나)	6.6	58.4	35.0	102.2
세종	(다)	18.9	71.1	10.0	100.9

(2022) (통계청)

보기

ㄱ. A : 행정 중심 복합 도시가 위치함. → (다)
ㄴ. B : '군(郡)' 단위 행정 구역에 해당함. → (나)
ㄷ. C : 노령화 지수가 100 이상임. → (가), (나) (노년층 인구 비율 > 유소년층 인구 비율)
ㄹ. D : 남성 인구가 여성 인구보다 많음. → (가), (나), (다) (성비 100 이상)

① ㄱ, ㄴ ② ㄱ, ㄷ ③ ㄴ, ㄷ ✔ ④ ㄴ, ㄹ ⑤ ㄷ, ㄹ

| 자 | 료 | 해 | 설 |

인구 구조를 통해 찾은 해당 지역의 특징을 파악하는 문항이다. (가)는 성비가 가장 높으므로 남성 취업자 비율이 높은 중화학 공업이 발달한 당진, (나)는 노년층 인구 비율이 가장 높으므로 촌락인 단양, (다)는 유소년층 인구 비율이 가장 높으므로 행정 중심 복합 도시의 건설로 청년층의 인구 유입이 많은 세종이다.

| 보 | 기 | 풀 | 이 |

ㄱ 오답 | A는 (가) 당진에만 해당되는 특징이다. 행정 중심 복합 도시는 (다) 세종에 위치한다.
ㄴ 정답 | B는 (나) 단양에만 해당되는 특징이다. (나) 단양은 '군(郡)' 단위 행정 구역, (가) 당진과 (다) 세종은 '시(市)' 단위 행정 구역에 해당한다.
ㄷ 정답 | C는 (가) 당진과 (나) 단양에만 해당되는 특징이다. (가) 당진과 (나) 단양은 노년층 인구 비율이 유소년층 인구 비율보다 높아 노령화 지수가 100 이상이다. 노령화 지수는 (노년층 인구 ÷ 유소년층 인구) × 100으로 구한다.
ㄹ 오답 | D는 (가) 당진과 (다) 세종에만 해당되는 특징이다. (가) 당진, (나) 단양, (다) 세종 모두 성비가 100 이상으로 남성 인구가 여성 인구보다 많다. 성비는 여성 100명당 남성의 수로 나타낸다.

15 다문화 공간 정답 ② 정답률 71%

	(가)	(나)	(다)
①	A	B	C
② ✔	A	C	B
③	B	A	C
④	B	C	A
⑤	C	A	B

| 자 | 료 | 해 | 설 |

외국인 주민 현황을 나타낸 그래프의 (가)~(다) 지역을 지도의 A~C에서 찾아 연결하는 문항이다. 지도의 A는 안산, B는 대전, C는 무주이다.

| 선 | 택 | 지 | 풀 | 이 |

② 정답 |
(가) - A : (가)는 외국인 주민 수가 가장 많고, 지역 내 외국인 주민 중 외국인 근로자의 비율이 가장 높으므로 제조업이 발달하여 외국인 근로자가 많이 거주하는 안산이다.
(나) - C : (나)는 외국인 주민 수가 가장 적고, 지역 내 외국인 주민 중 결혼 이민자의 비율이 가장 높으므로 촌락인 무주이다.
(다) - B : (다)는 지역 내 외국인 주민 중 유학생의 비율이 가장 높으므로 대도시인 대전이다.

문제편 54~55쪽

16 수도권 정답 ③ 정답률 62%

<주택 유형별 비율(%)>

지역	단독주택	아파트	기타
(가)	12.7	69.8	17.5
(나)	15.2	67.0	17.8
양평(다)	67.6	17.1	15.3

(2020) (통계청)

→ 아파트 비율이 높음
→ 단독주택 비율이 높음

<지역별 인구 변화>

→ 2010년대에 인구 증가율이 높음
→ 1990년대에 인구 증가율이 높음

(가) 성남 (나) 평택 (다)

* 2000년 인구를 100으로 한 상댓값임.
** 2010년 이전 자료는 2010년 행정 구역을 기준으로 함. (통계청)

양평 : 촌락 → (다)
성남 수도권 1기·2기 신도시, IT 산업 발달 → (가)
평택 수도권 2기 신도시, 전자, 자동차 공업 발달 → (나)

① (가)는 수도권 정비 계획에 따른 자연 보전 권역에 속한다. (다)
② (나)에는 수도권 1기 신도시가 있다. (가)
③ (가)는 (나)보다 서울로 통근·통학하는 인구 비율이 높다.
④ (나)는 (다)보다 지역 내 총생산이 적다. 많다
⑤ (다)는 (가)보다 인구 밀도가 높다. 낮다

|자|료|해|설|
주택 유형과 인구 변화를 통해 찾은 해당 지역의 특성을 묻는 문항이다. 지도에 표시된 지역은 성남, 평택, 양평이다. (가)는 아파트 비율이 높으며 1990년대에 인구가 크게 증가하였으므로 수도권 1기 신도시 조성으로 인구가 증가한 성남이다. (나)는 아파트 비율이 높으며 2010년대에 인구가 크게 증가하였으므로 수도권 2기 신도시가 조성되고 제조업이 발달하면서 인구가 유입된 평택이다. (다)는 단독주택 비율이 높으므로 촌락인 양평이다.

|선|택|지|풀|이|
① 오답 | 수도권 정비 계획에 따른 자연 보전 권역에 속하는 지역은 (다) 양평이다. (가) 성남은 과밀 억제 권역에 속한다.
② 오답 | 수도권 1기 신도시는 (가) 성남(분당)에 있다. (나) 평택에는 수도권 2기 신도시(고덕국제)가 있다.
③ 정답 | (가) 성남은 (나) 평택보다 서울에 인접하여 서울로 통근·통학하는 인구 비율이 높다.

17 자연재해 종합 정답 ① 정답률 65%

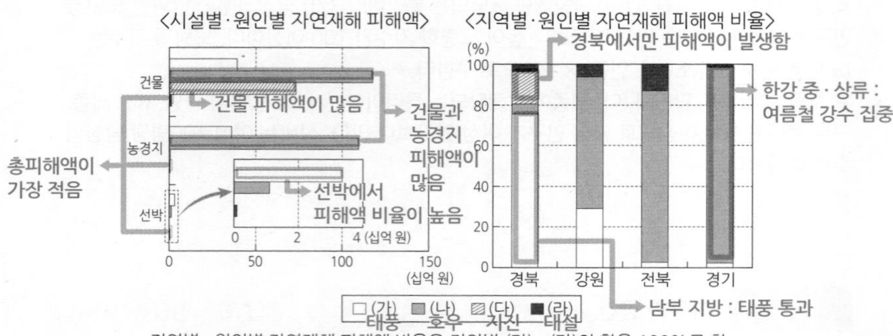

* 지역별·원인별 자연재해 피해액 비율은 지역별 (가)~(라)의 합을 100%로 함.
** 2013~2022년의 누적 피해액이며, 2022년 환산 가격 기준임. (재해연보)

① (가)는 주로 우리나라보다 저위도 해상에서 발원한다.
② (나)는 주로 지형적 요인에 의해 발생하는 자연재해이다. 기후적
③ (다)를 대비하기 위한 시설에는 울릉도의 우데기가 있다. (라) → 방설벽
④ (라)는 (나)보다 우리나라의 연 강수량에 미치는 영향이 크다. 작다
⑤ (가)는 빙판길 교통 장애, (라)는 해일 피해를 유발한다. (라) (가)

|선|택|지|풀|이|
① 정답 | (가) 태풍은 주로 저위도의 열대 해상에서 발원하여 고위도로 이동한다.
② 오답 | (나) 호우는 주로 기후적 요인에 의해 발생한다. 주로 지형적 요인에 의해 발생하는 자연재해는 (다) 지진이다.
③ 오답 | 울릉도의 우데기는 (라) 대설을 대비하기 위한 시설이다. 우데기는 눈이 많이 내리는 울릉도에서 겨울에 실내 활동 공간을 확보하기 위해 설치하는 방설벽이다.
④ 오답 | 우리나라는 여름철에 강수가 집중되므로 (나) 호우가 (라) 대설보다 우리나라의 연 강수량에 미치는 영향이 크다.
⑤ 오답 | (가) 태풍은 강풍과 비를 동반하여 해일 피해를 유발하며, (라) 대설은 빙판길 교통 장애를 유발한다.

18 지체 구조와 지각 변동 정답 ⑤ 정답률 49%

보기

ㄱ. (가)가 'C에 의해 랴오둥 방향의 지질 구조선이 형성되었다.' 이면, ㉠은 '예'이다. 아니요
ㄴ. (나)가 'D에 의해 넓은 범위에 걸쳐 대보 화강암이 관입하였다.'이면, ㉡은 '예'이다. 아니요
ㄷ. ㉠이 '예'이면, (나)에는 'D에 의해 태백산맥, 함경산맥 등의 높은 산지가 형성되었다.'가 들어갈 수 있다.
ㄹ. ㉡이 '아니요'이면, (가)에는 'A에는 무연탄, B에는 석회암이 매장되어 있다.'가 들어갈 수 있다.

① ㄱ, ㄴ ② ㄱ, ㄷ ③ ㄴ, ㄷ ④ ㄴ, ㄹ ⑤ ㄷ, ㄹ

|자|료|해|설|
한반도의 지질 계통과 주요 지각 변동의 특징을 파악하는 문항이다. A는 조선 누층군, B는 평안 누층군, C는 대보 조산 운동, D는 요곡·단층 운동이다. 갑은 4점을 획득하여 4개 내용에 모두 맞는 답변을 하였으며, 을은 2점을 획득하였으므로 갑과 같은 답변을 한 첫 답변은 맞고 다른 답변을 한 두 번째 답변은 틀렸다. 따라서 을은 세 번째와 네 번째 답변 중 하나만 맞았다.

|보|기|풀|이|
ㄱ 오답 | 갑의 답변인 ㉠에는 옳은 답변이 들어가야 하므로, (가)가 'C에 의해 랴오둥 방향의 지질 구조선이 형성되었다.'이면, ㉠은 '아니요'이다. C 대보 조산 운동에 의해 중국 방향의 지질 구조선이 형성되었다.
ㄴ 오답 | 갑의 답변인 ㉡에는 옳은 답변이 들어가야 하므로, (나)가 'D에 의해 넓은 범위에 걸쳐 대보 화강암이 관입하였다.'이면, ㉡은 '아니요'이다. C 대보 조산 운동에 의해 넓은 범위에 걸쳐 대보 화강암이 관입하였다.
ㄷ 정답 | ㉠이 '예'이면 을은 틀린 답변을 하였으므로 (나)에 대한 을의 답변이 옳은 답변이 된다. 따라서 (나)에는 'D에 의해 태백산맥, 함경산맥 등의 높은 산지가 형성되었다.'가 들어갈 수 있다.
ㄹ 정답 | ㉡이 '아니요'이면, 을은 틀린 답변을 하였으므로 (가)에 대한 을의 답변이 옳은 답변이 된다. 따라서 (가)에는 'A에는 무연탄, B에는 석회암이 매장되어 있다.'가 들어갈 수 있다. A 조선 누층군에는 석회암, B 평안 누층군에는 무연탄이 매장되어 있다.

19 계절에 따른 기후 특성 정답 ① 정답률 73%

① A
② B
③ C
④ D
⑤ E

|자|료|해|설|
등치선도로 제시한 평균 상대 습도를 비교하여 두 시기를 구분하고 상대적 특성을 비교하는 문항이다. (가)는 (나)보다 평균 상대 습도가 높으므로 (가)는 강수가 집중되는 여름인 7월, (나)는 겨울인 1월이다.

|선|택|지|풀|이|
① 정답 |
(나) 1월은 (가) 7월보다 남북 간 기온 차이가 크다. 우리나라는 국토가 남북으로 길기 때문에 기온의 남북 간 차이가 크며, 대륙의 영향을 받아 겨울이 여름보다 기온의 지역 차가 크다.
(나) 1월은 (가) 7월보다 낮의 길이가 짧다. 북반구에 위치한 우리나라는 7월이 여름으로 7월의 낮의 길이가 1월보다 길다.
(나) 1월은 (가) 7월보다 평균 풍속이 빠르다. 우리나라는 북서 계절풍의 영향으로 겨울이 여름보다 풍속이 강하다.
따라서 (가) 7월에 대한 (나) 1월의 상대적 특성은 그림의 A이다.

20 주요 공업의 분포 정답 ④ 정답률 60%

① (가)는 해안에 위치하여 적환지 지향형 공업 발달에 유리하다. (나)
② (가), (나)에는 모두 도청이 위치한다.
③ A는 B보다 최종 제품의 무게가 가볍고 부피가 작다. 무겁고 크다
④ C의 최종 제품은 A의 주요 재료로 이용된다. 철강
⑤ A~C 중 사업체당 출하액이 가장 많은 것은 A이다. B

|선|택|지|풀|이|
A는 광주에서 출하액 비율이 가장 높으므로 자동차 및 트레일러 제조업이고, B는 전국 출하액이 가장 많으므로 전자 부품·컴퓨터·영상·음향 및 통신 장비 제조업이다. 나머지 C는 1차 금속 제조업이다. (나)는 1차 금속 제조업이 발달한 포항이며, (가)는 전자 부품·컴퓨터·영상·음향 및 통신 장비 제조업이 발달한 청주이다.
② 오답 | (가) 청주에는 충청북도청이 위치하지만, (나) 포항에는 도청이 위치하지 않는다. 경상북도청은 안동에 위치한다.
④ 정답 | C 1차 금속 제조업의 최종 제품인 철강은 A 자동차 및 트레일러 제조업의 주요 재료로 이용된다.
⑤ 오답 | 사업체당 출하액은 '전국 출하액 ÷ 사업체 수'를 계산하여 알 수 있다. A~C 중 사업체당 출하액이 가장 많은 것은 B 전자 부품·컴퓨터·영상·음향 및 통신 장비 제조업이다.

문제편 55~56쪽

14회 2022학년도 9월 고3 모의평가 정답과 해설 한국지리

문제편 p.57

1	②	2	④	3	③	4	①	5	⑤
6	③	7	⑤	8	④	9	⑤	10	④
11	④	12	②	13	①	14	①	15	③
16	④	17	③	18	②	19	④	20	③

1 독도, 울릉도, 마라도, 이어도 정답 ② 정답률 88%

① 우리나라는 (가)에서 조력 발전을 하고 있다.
② (나)는 천연 보호 구역으로 지정되어 있다.
③ (다)는 현재 행정 구역상 강원도에 속한다.
④ (라)는 영해 설정에 직선 기선을 적용한다.
⑤ (마)는 한 · 일 중간 수역에 포함된다.

|자|료|해|설|

(가)~(마)의 특징을 파악하는 문항이다. (가)는 동해, (나)는 독도, (다)는 울릉도, (라)는 마라도, (마)는 이어도이다.

|선|택|지|풀|이|

① 오답 | 조력 발전은 조차가 큰 해안 지역이 유리하므로 우리나라는 황해에서 조력 발전을 하고 있다. 우리나라의 조력 발전소는 서해안의 시화호 조력 발전소가 유일하다.

② 정답 | (나) 독도와 (라) 마라도는 섬 전체가 천연 보호 구역으로 지정되어 있다.

④ 오답 | (라) 마라도는 영해 설정 시 통상 기선을 적용한다. 동해안 대부분, 제주도(마라도), 울릉도, 독도는 최저 조위선을 기준으로 하는 통상 기선을 적용하고, 동해안 일부와 서 · 남해안은 최외곽 도서를 직선으로 연결한 직선 기선을 적용하여 영해를 설정한다.

⑤ 오답 | (마) 이어도는 한 · 일 중간 수역에 포함되지 않는다.

2 동해안과 서해안 정답 ④ 정답률 92%

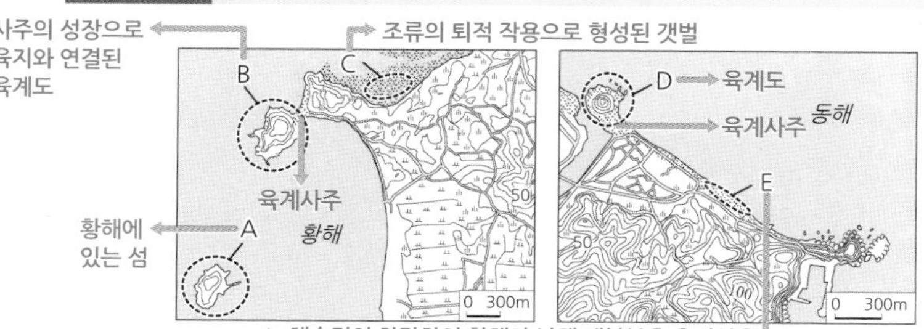

① A는 최종 빙기에 육지와 연결되어 있었다.
② C는 오염 물질을 정화하는 기능이 있다.
③ E는 주로 파랑과 연안류의 퇴적 작용으로 형성된다.
④ E는 C보다 퇴적물 중 점토의 비율이 높다.
⑤ B, D는 모두 사주에 의해 육지와 연결된 육계도이다.

|선|택|지|풀|이|

① 오답 | 최종 빙기에는 해수면이 현재보다 100m 이상 낮아 수심이 얕은 황해와 남해의 대부분은 육지였다. 따라서 A 섬은 최종 빙기에 육지와 연결되어 있었다.

② 오답 | C 갯벌은 주로 조류의 퇴적 작용으로 형성되는 지형으로, 오염 물질을 정화하는 기능이 있다. 이외에도 갯벌은 다양한 생물 종이 서식하는 생태계의 보고로 자연 생태 학습장, 양식장 등으로 이용된다.

③ 오답 | E 사빈은 파랑 에너지가 분산되는 만(灣)에서 주로 파랑과 연안류에 의해 모래가 퇴적되어 형성된다.

④ 정답 | C 갯벌은 주로 점토, E 사빈은 주로 모래로 구성되어 있다. 따라서 E 사빈은 C 갯벌보다 퇴적물 중 점토의 비율이 낮다.

⑤ 오답 | B, D 육계도는 파랑이나 연안류의 퇴적 작용으로 성장한 사주에 의해 육지와 연결된 섬이다. 이때 육지와 섬을 연결해 주는 사주를 육계사주라고 한다.

3 다문화 공간 정답 ③ 정답률 77%

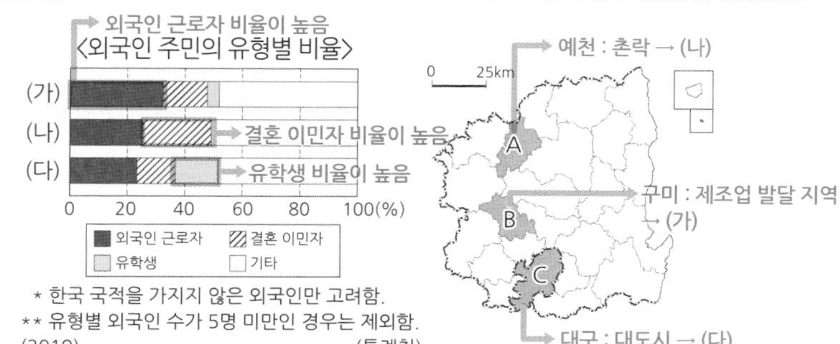

	(가)	(나)	(다)
①	A	B	C
②	A	C	B
③	B	A	C
④	B	C	A
⑤	C	A	B

|선|택|지|풀|이|

③ 정답 |

(가) - B : (가)는 외국인 근로자의 비율이 높으므로 전자 공업 등 제조업이 발달한 구미시이다. 구미는 지도의 B이다.

(나) - A : (나)는 결혼 이민자의 비율이 상대적으로 높으므로 촌락인 예천군이다. 촌락은 젊은 층 여성 인구의 유출로 결혼 적령기의 성비 불균형이 심화되어 국제결혼이 증가하면서 결혼 이민자의 비율이 높게 나타난다. 예천은 지도의 A이다.

(다) - C : (다)는 유학생의 비율이 상대적으로 높으므로 대학교 등 교육 시설이 많은 대도시인 대구광역시이다. 대구는 지도의 C이다.

4 자연재해 종합 정답 ① 정답률 91%

[(가)] 영향권에 들 것으로 전망되니 등산로 및 하천에 진입하지 마시고 간판 등의 낙하에 주의하십시오.

○○시 북쪽 지역에서 규모 5.5 [(나)] 이/가 발생하였으니 피해를 입지 않도록 대비하시기 바랍니다.

오늘 퇴근 시간대 [(다)] (으)로 교통 혼잡과 빙판길 안전사고가 우려되니 가급적 대중교통을 이용해 주시기 바랍니다.

현재 [(라)] 경보 발효 중이니 야외 활동 시 마스크를 착용하시기 바라며, 창문을 닫아 먼지 유입을 차단하십시오.

① (가)는 주로 우리나라보다 저위도 해상에서 발원한다.
② (나)는 기후적 요인에 의해 발생하는 자연재해이다.
③ (다)는 북태평양 고기압이 한반도 전역에 영향을 미칠 때 주로 발생한다.
④ 울릉도의 우데기는 (라)를 대비한 시설이다.
⑤ (다)는 (가)보다 선박에 주는 피해가 크다.

|선|택|지|풀|이|

(가)는 '간판 등의 낙하'를 통해 태풍, (나)는 '규모 5.5'를 통해 지진, (다)는 '빙판길'을 통해 대설, (라)는 '마스크를 착용, 먼지 유입'을 통해 황사임을 알 수 있다.

① 정답 | (가) 태풍은 저위도의 열대 해상에서 발생하여 고위도로 이동하면서 우리나라에 영향을 준다.

③ 오답 | (다) 대설은 시베리아 고기압이 한반도 전역에 영향을 미치는 겨울에 주로 발생한다. 북태평양 고기압이 한반도 전역에 영향을 미치는 한여름에는 폭염 등이 발생한다.

④ 오답 | 울릉도의 우데기는 방설벽으로 (다) 대설을 대비한 시설이다.

5 암석 분포 정답 ⑤ 정답률 74%

현무암 : 신생대 — A — <연천 주상 절리대>

화강암 : 중생대 — B — <설악산 울산바위>

석회암 : 고생대 — C — <단양 도담삼봉> 카르스트 지형

중생대 퇴적암 — D — <고성 공룡 발자국 화석지>

충북 북동부

보기

ㄱ. C는 대보 조산 운동으로 형성되었다.
ㄴ. D는 주로 시멘트 공업의 원료로 이용된다.
ㄷ. C는 D보다 형성 시기가 이르다.
ㄹ. A, B는 모두 화성암에 해당한다.

① ㄱ, ㄴ ② ㄱ, ㄷ ③ ㄴ, ㄷ ④ ㄴ, ㄹ ⑤ ㄷ, ㄹ

|보|기|풀|이|

A는 주상 절리대의 기반암을 이루는 현무암, B는 돌산의 기반암을 이루는 화강암, C는 카르스트 지형의 기반암을 이루는 석회암, D는 공룡 발자국 화석이 분포하는 중생대 퇴적암이다.

ㄷ 정답 | C 석회암은 고생대에 형성되었으므로 D 중생대 퇴적암보다 형성 시기가 이르다.

ㄹ 정답 | A 현무암은 신생대에 화산 활동으로 마그마가 분출하여 형성된 화산암이고, B는 중생대에 지하 깊은 곳에서 마그마가 관입한 후 천천히 식어 형성된 화강암으로 모두 화성암에 속한다. 화성암은 마그마가 관입하거나 용암이 분출할 때 형성된다.

문제편 57쪽

6 하천의 상류와 하류 비교

정답 ③ 정답률 66%

감조 구간으로 하천 수위가 주기적으로 변화함

〈A~C 지점의 수위 변화〉

A, B → 하천 수위가 거의 일정함, C

하천 수위가 높음 → 하류

하천 수위가 낮음 → 상류

상류 : C, 섬진강 (나), 영산강 (가), 하류 : A, 하류 : B

* 조사 기간에 해당 지역의 강수는 없었음.

(2021) (국가수자원종합관리시스템)

보기

ㄱ. (가), (나) 모두 댐 건설 이후 하상계수가 커졌다. 작아졌다

ㄴ. C를 지나는 강물은 남해로 유입된다.

ㄷ. A는 B보다 조차의 영향을 크게 받는다.

ㄹ. A는 C보다 강바닥의 해발 고도가 높다. 낮다

① ㄱ, ㄴ ② ㄱ, ㄷ ③ ㄴ, ㄷ ④ ㄴ, ㄹ ⑤ ㄷ, ㄹ

|보|기|풀|이|

하천 수위가 높은 A와 B 중에서 A는 수위가 주기적으로 변화하는 감조 구간인 섬진강 하류이고, B는 수위가 거의 일정하므로 하구에 하굿둑이 건설되어 있는 영산강 하류이다. 하천 수위가 낮으면서 거의 일정한 C는 섬진강 상류이다.

ㄱ 오답 | 댐을 건설하면 유량 조절 능력이 커지므로 (가), (나) 모두 댐 건설 이후 하상계수가 작아졌다. 하상계수는 연중 최소 유량에 대한 최대 유량의 비율이다.

ㄴ 정답 | C 섬진강 상류를 지나는 강물은 남해로 유입된다.

ㄷ 정답 | 영산강 하류에 위치한 B는 하구에 하굿둑이 건설되어 있어 조차의 영향을 받지 않아 하천 수위가 거의 일정하고, 섬진강 하류에 위치한 A는 하굿둑이 건설되어 있지 않아 조차의 영향을 크게 받아 하천 수위가 주기적으로 변화한다.

ㄹ 오답 | 강바닥의 해발 고도는 상류에서 하류로 갈수록 낮으므로 C가 A보다 높다.

7 지역 개발

정답 ⑤ 정답률 74%

보기

ㄱ. (가) 기간에 행정 중심 복합 도시가 건설되었다. (국토의 균형 발전 추진)

ㄴ. (나)는 성장 거점 개발 방식으로 추진되었다.

ㄷ. (가)는 (나)보다 시행 시기가 이르다.

ㄹ. (나)는 (가)보다 지역 간 형평성을 추구하였다.

① ㄱ, ㄴ ② ㄱ, ㄷ ③ ㄴ, ㄷ ④ ㄴ, ㄹ ⑤ ㄷ, ㄹ

|보|기|풀|이|

(가)는 공업 기반을 조성하기 위해 사회 간접 자본을 확충한 제1차 국토 종합 개발 계획, (나)는 글로벌 녹색 국토 조성을 위한 제4차 국토 종합 계획이다.

ㄱ 오답 | 행정 중심 복합 도시는 국토의 균형 발전을 추진하기 위한 정책으로 (나) 제4차 계획 기간에 건설되었다.

ㄴ 오답 | (나) 제4차 계획은 낙후 지역에 우선적으로 투자하는 균형 개발 방식으로 추진되었다. (가) 제1차 계획은 투자 효과가 큰 지역을 성장 거점으로 선정하여 집중 투자하는 성장 거점 개발 방식으로 추진되었다.

ㄷ 정답 | (가) 제1차 계획은 1972~1981년에 시행되었으며, (나) 제4차 계획은 2000~2020년에 시행되었다.

ㄹ 정답 | (가) 제1차 계획은 성장 거점 개발 방식을 채택하여 경제 성장을 극대화하기 위한 경제적 효율성을 추구하였고, (나) 제4차 계획은 균형 개발 방식을 채택하여 지역 간 격차를 완화하기 위한 지역 간 형평성을 추구하였다.

8 영남 지방

정답 ④ 정답률 75%

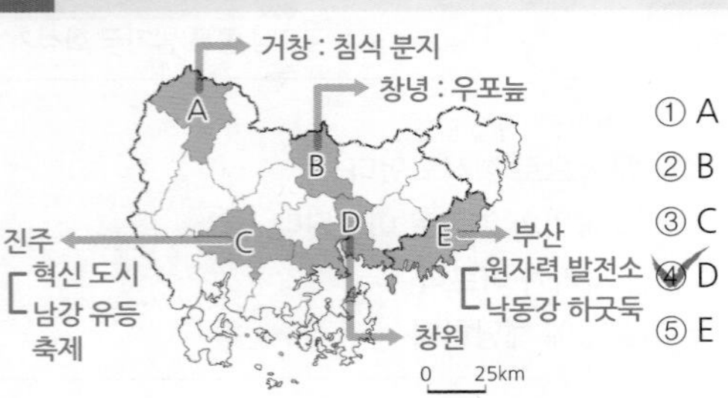

① A
② B
③ C
④ D
⑤ E

|선|택|지|풀|이|

① 오답 | A는 거창이다. 거창에는 침식 분지가 발달해 있다.

② 오답 | B는 창녕이다. 창녕에는 람사르 협약에 등록된 내륙 습지인 우포늪이 있다. 낙동강 배후 습지에 발달한 우포늪은 우리나라 최대의 내륙 습지이다.

③ 오답 | C는 진주이다. 진주는 혁신 도시가 조성되어 있으며 남강 유등 축제가 개최된다.

④ 정답 | 기계 공업이 발달하고 경상남도청이 이전해 온 지역은 창원이다. 창원은 2010년 마산, 창원, 진해가 통합되면서 인구 100만 명 이상의 대도시가 되었다. 창원은 지도의 D이다.

⑤ 오답 | E는 부산이다. 부산은 우리나라 제1의 무역항이며, 국제 영화제가 개최되고, 원자력 발전소가 입지해 있으며, 낙동강 하굿둑이 건설되어 있다.

9 지역별 산업 구조 분석

정답 ⑤ 정답률 52%

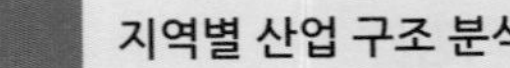

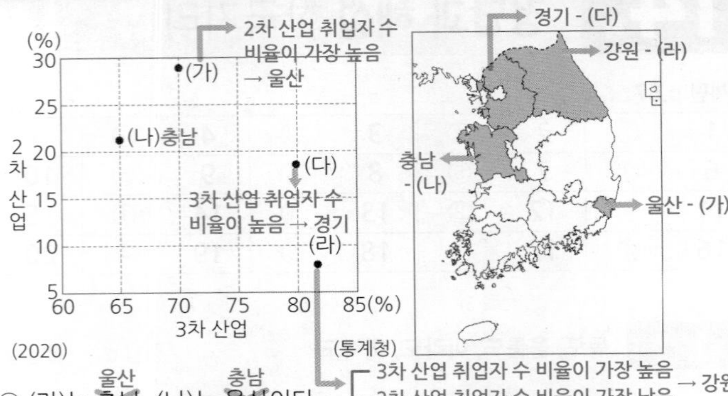

① (가)는 충남, (나)는 울산이다. (울산, 충남)

② (가)는 (다)보다 제조업 출하액이 많다. 적다

③ (다)는 (라)보다 지역 내 1차 산업 취업자 수 비율이 높다. 낮다 (100 - 2차 - 3차)

④ (라)는 (나)보다 지역 내 총생산이 많다. 적다

⑤ (가) ~ (라) 중 생산자 서비스업 사업체 수는 (다)가 가장 많다.

|선|택|지|풀|이|

(가)는 2차 산업 취업자 수 비율이 가장 높으므로 우리나라 최대의 공업 도시인 울산이다. 3차 산업 취업자 수 비율이 높은 (다)와 (라) 중에서 2차 산업 취업자 수 비율이 가장 낮은 (라)는 제조업 발달이 미약하고 관광 산업이 발달한 강원, 상대적으로 2차 산업 취업자 수 비율이 높은 (다)는 제조업과 서비스업이 발달한 경기이다. 나머지 (나)는 수도권 공업이 이전해 오면서 2차 산업 취업자 수 비율이 높고 1차 산업 취업자 수 비율(= 100 - 2차 - 3차)도 높은 충남이다.

② 오답 | 제조업 출하액은 (다) 경기가 (가) 울산보다 많다. 경기는 우리나라 시 · 도 중 제조업 출하액이 가장 많다.

③ 오답 | 지역 내 1차 산업 취업자 수 비율은 '100 - 2차 - 3차'로 구할 수 있다. (다) 경기는 (라) 강원과 3차 산업 취업자 수 비율은 비슷하지만 (라) 강원보다 2차 산업 취업자 수 비율이 높으므로 지역 내 1차 산업 취업자 수 비율이 낮다.

④ 오답 | 지역 내 총생산은 제조업이 발달하고 인구가 많은 (나) 충남이 (라) 강원보다 많다.

⑤ 정답 | 생산자 서비스업은 주로 기업이 이용하는 서비스업으로, (가)~(라) 중 생산자 서비스업 사업체 수는 기업의 본사가 많은 수도권에 위치한 (다) 경기가 가장 많다.

10 주요 공업의 분포

정답 ④ 정답률 60%

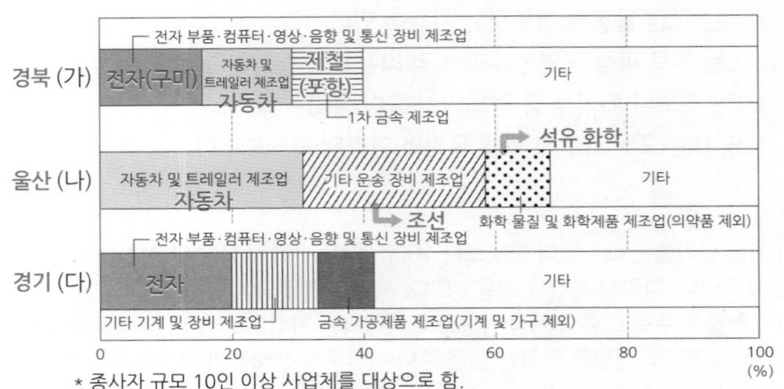

* 종사자 규모 10인 이상 사업체를 대상으로 함.

** 각 지역별 종사자 수 기준 상위 3개만 표시함.

(2019) (통계청)

	(가)	(나)	(다)
①	경기	경북	울산
②	경기	울산	경북
③	경북	경기	울산
④	경북	울산	경기
⑤	울산	경기	경북

|선|택|지|풀|이|

④ 정답 |

(가) - 경북 : (가)는 전자 부품 · 컴퓨터 · 영상 · 음향 및 통신 장비 제조업, 자동차 및 트레일러 제조업, 1차 금속 제조업의 종사자 수 비율이 높으므로 경북이다. 경북은 전자 공업(구미), 제철 공업(포항), 자동차 공업 등이 발달하였다.

(나) - 울산 : (나)는 자동차 및 트레일러 제조업, 기타 운송 장비 제조업, 화학 물질 및 화학제품 제조업(의약품 제외)의 종사자 수 비율이 높으므로 울산이다. 울산은 자동차, 조선, 석유 화학 및 정유 공업 등 중화학 공업이 발달하였다.

(다) - 경기 : (다)는 전자 부품 · 컴퓨터 · 영상 · 음향 및 통신 장비 제조업, 기타 기계 및 장비 제조업의 종사자 수 비율이 높으므로 경기이다. 경기는 전자 부품 등 첨단 산업이 발달하였다.

문제편 58쪽

11 호남 지방

정답 ④ 정답률 69%

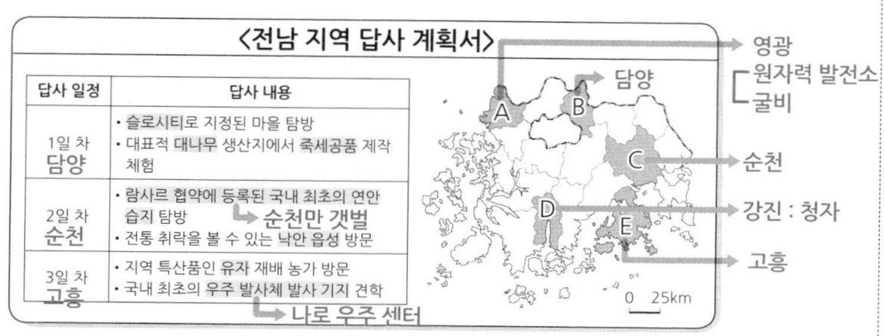
<전남 지역 답사 계획서>

답사 일정	답사 내용
1일 차 담양	• 슬로시티로 지정된 마을 탐방 • 대표적 대나무 생산지에서 죽세공품 제작 체험
2일 차 순천	• 람사르 협약에 등록된 국내 최초의 연안 습지 탐방 • 전통 취락을 볼 수 있는 낙안 읍성 방문
3일 차 고흥	• 지역 특산품인 유자 재배 농가 방문 • 국내 최초의 우주 발사체 발사 기지 견학

	1일 차		2일 차		3일 차
①	A	→	B	→	C
②	A	→	C	→	D
③	A	→	D	→	E
④	B	→	C	→	E
⑤	B	→	D	→	E

|선|택|지|풀|이|

④정답 |

1일 차 - B : 슬로시티로 지정된 마을(창평면)이 있고, 대나무를 가공해서 만든 죽세공품으로 유명한 담양이다. 담양에서는 대나무 축제가 개최된다. 담양은 지도의 B이다.

2일 차 - C : 람사르 협약에 등록된 연안 습지인 순천만 갯벌이 있으며, 전통 마을인 낙안 읍성이 있는 순천이다. 또한 순천은 순천만 갈대 축제가 개최되며, 제1호 국가 정원으로 지정된 순천만 국가 정원 등이 유명하다. 순천은 지도의 C이다.

3일 차 - E : 유자가 지역 특산품이며 우리나라 최초의 우주 발사체 발사 기지인 나로 우주 센터(외나로도)가 있는 고흥이다. 고흥은 지도의 E이다.

오답 |

A는 영광으로 원자력 발전소가 입지해 있으며 굴비로 유명하다. 영광에서는 굴비 축제가 개최된다.

D는 강진으로 청자가 유명하다.

12 대도시권

정답 ② 정답률 65%

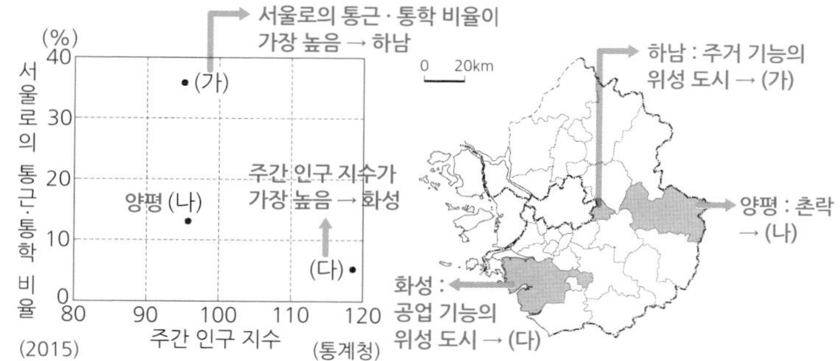

보기

ㄱ. (나)는 통근·통학 유출 인구가 유입 인구보다 많다. → 주간 인구 지수 100 미만
ㄴ. (나)는 (가)보다 주택 유형 중 아파트 비율이 높다. 낮다
ㄷ. (다)는 (가)보다 청장년층 인구의 성비가 높다.
ㄹ. (다)는 (나)보다 인구 밀도가 낮다. 높다

① ㄱ, ㄴ ② ㄱ, ㄷ ③ ㄴ, ㄷ ④ ㄴ, ㄹ ⑤ ㄷ, ㄹ

|보|기|풀|이|

(가)는 서울로의 통근·통학 비율이 가장 높으므로 서울에 인접하여 서울의 주거 기능을 분담하는 하남이다. (다)는 주간 인구 지수가 가장 높고 서울로의 통근·통학 비율이 가장 낮으므로 서울과의 거리가 멀며 자동차, 전자 등의 제조업이 발달하여 일자리가 풍부한 화성이다. 나머지 (나)는 서울과의 거리가 먼 촌락인 양평이다.

ㄱ정답 | (나) 양평은 주간 인구 지수가 100 미만이므로 통근·통학 유출 인구가 유입 인구보다 많다.

ㄴ 오답 | 서울과 인접하여 서울의 주거 기능을 분담하는 (가) 하남이 촌락인 (나) 양평보다 주택 유형 중 아파트 비율이 높다.

ㄷ정답 | (다) 화성은 자동차 등의 제조업이 발달하여 남성 노동력이 많으므로 (가) 하남보다 청장년층 인구의 성비가 높다.

ㄹ 오답 | (나) 양평과 (다) 화성의 면적은 비슷하지만, 제조업이 발달하고 수도권 2기 신도시(동탄)가 조성된 (다) 화성이 촌락인 (나) 양평보다 인구 밀도가 높다.

13 화산 지형과 카르스트 지형

정답 ① 정답률 84%

① ㉠은 주로 물리적 화학적 풍화 작용으로 형성되었다.
② ㉡은 배수가 양호하여 논농사보다 밭농사에 유리하다.
③ ㉢은 칼데라를 형성하는 요인이다.
④ ㉣은 흐르는 용암의 굳는 속도 차이에 의해 형성되었다.
⑤ ㉤은 점성이 높은 용암의 분출로 형성되었다.

|선|택|지|풀|이|

①정답 | ㉠ 붉은색 토양인 석회암 풍화토는 석회암의 주성분인 탄산 칼슘이 제거된 후 철분 등의 잔류물이 산화되어 형성되었으므로 화학적 풍화 작용에 해당한다.

② 오답 | 석회암이 용식되어 형성된 ㉡ 돌리네는 배수가 양호하여 논농사보다 밭농사가 주로 이루어진다.

③ 오답 | 칼데라는 마그마가 분출한 이후 ㉢ 분화구 주변이 붕괴·함몰되어 형성된 커다란 분지로 울릉도의 나리 분지가 대표적이다.

④ 오답 | 용암 동굴인 ㉣ 만장굴은 점성이 작은 용암이 흘러내릴 때 표층부와 하층부의 냉각 속도 차이에 의해 형성되었다.

⑤ 오답 | ㉤ 산방산은 점성이 높고 유동성이 작은 용암이 분출하여 형성되었으므로 경사가 급한 종 모양의 화산을 이룬다.

14 북한의 개방 지역 및 여러 지역의 비교

정답 ① 정답률 62%

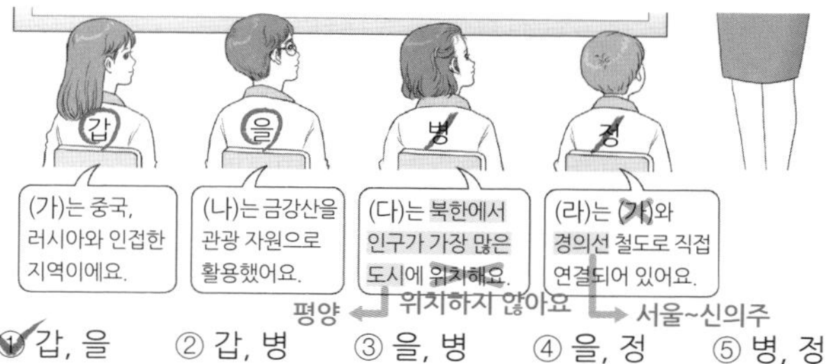

① 갑, 을 ② 갑, 병 ③ 을, 병 ④ 을, 정 ⑤ 병, 정

|선|택|지|풀|이|

①정답 |

갑 : (가)는 유엔 개발 계획(UNDP)의 지원을 계기로 1991년에 북한 최초의 개방 지역으로 지정된 나선 경제특구로 중국, 러시아와 인접해 있다.

을 : (나)는 남한 정부와 민간 기업의 노력으로 지정된 금강산 관광 지구로 금강산의 자연 경관을 관광 자원으로 활용한다.

오답 |

병 : (다)는 남한의 기술과 자본, 북한의 노동력이 결합된 형태로 조성된 개성 공업 지구로 개성에 위치한다. 북한에서 인구가 가장 많은 도시는 북한의 수도인 평양이다.

정 : (라)는 최근 신의주와 인접한 압록강 하구의 황금평·위화도를 중국과 함께 개발하기로 하면서 다시 주목받고 있는 신의주 특별 행정구이다. 경의선은 서울~개성~평양~신의주를 연결하는 철도이다.

15 인구 구조

정답 ③ 정답률 81%

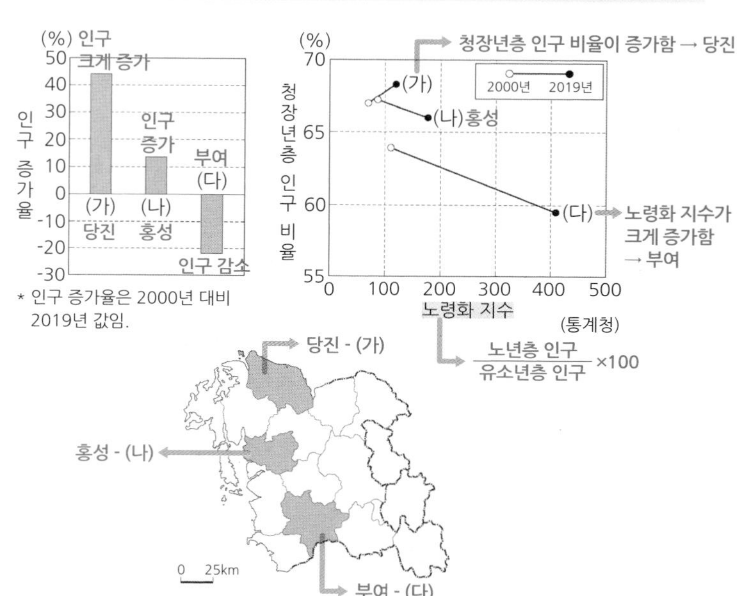

① (나) (가)에는 대규모 제철소가 있다.
② (다) (나)에는 내포 신도시가 위치한다.
③ (다)는 (가)보다 2019년 중위 연령이 높다.
④ 당진의 총부양비는 2019년이 2000년보다 높다. 낮다 → 청장년층 인구 비율에 반비례
⑤ 부여는 2019년에 유소년층 인구가 노년층 인구보다 많다. 적다

|선|택|지|풀|이|

(가)는 인구 증가율이 가장 높고 청장년층 인구 비율이 증가하였으므로 수도권에서 가장 가깝고 최근 제조업이 발달하면서 인구가 많이 증가한 당진시이다. (다)는 인구 증가율이 음(-)의 값으로 인구가 감소하고 노령화 지수가 크게 증가하였으므로 촌락적 특성이 뚜렷한 부여군이다. 나머지 (나)는 홍성군으로, 최근 내포 신도시 조성과 도청 이전으로 인구가 증가하여 인구 증가율이 양(+)의 값이다.

③정답 | 중위 연령은 노년층 인구 비율이 높은 촌락에서 높게 나타나므로 노령화 지수가 높은 (다) 부여가 (가) 당진보다 높다.

④ 오답 | 총부양비는 청장년층 인구 비율이 높을수록 낮다. (가) 당진은 2019년이 2000년보다 청장년층 인구 비율이 높으므로 총부양비는 낮다.

⑤ 오답 | 노령화 지수는 (노년층 인구 ÷ 유소년층 인구) × 100으로 구할 수 있다. (다) 부여는 2019년에 노령화 지수가 100보다 크므로 노년층 인구가 유소년층 인구보다 많다.

문제편 59쪽

16 도시 내부 구조 정답 ④ 정답률 77%

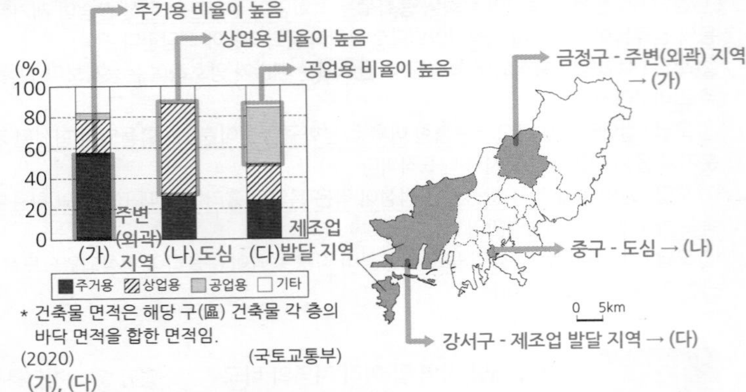

① (나)는 경남과 행정 구역이 접해 있다.
② (가)는 (다)보다 제조업 사업체 수가 많다.
③ (나)는 (가)보다 초등학생 수가 많다.
④ (나)는 (다)보다 시가지의 형성 시기가 이르다.
⑤ (다)는 (나)보다 인구 만 명당 금융 기관 수가 많다.

|선|택|지|풀|이|

(가)는 주거용 건축물 면적의 비율이 높으므로 주거 기능이 발달한 주변(외곽) 지역에 해당하는 금정구이고, (나)는 상업용 건축물 면적의 비율이 높으므로 상업·업무 기능이 발달한 도심에 해당하는 중구이며, (다)는 공업용 건축물 면적의 비율이 높으므로 제조업이 발달한 강서구이다.

③ 오답 | 초등학생 수는 대체로 상주인구에 비례한다. 주변(외곽) 지역인 (가) 금정구가 도심인 (나) 중구보다 상주인구가 많으므로 초등학생 수가 많다.

④ 정답 | 시가지의 형성 시기는 도심인 (나) 중구가 제조업 발달 지역인 (다) 강서구보다 이르다.

17 수도권 + 강원 지방 정답 ③ 정답률 70%

① A - 수도권 1기 신도시가 위치한다.
② B - 지리적 표시제로 등록된 쌀이 생산된다.
③ C - 강원도청 소재지이다.
④ D - 사주의 발달로 형성된 석호가 있다.
⑤ E - 폐광 시설을 관광 자원으로 활용하고 있다.

|선|택|지|풀|이|

① 오답 | A는 경기도 성남으로 서울의 주거 기능을 분담하기 위해 건설된 수도권 1기 신도시(분당)와 2기 신도시(판교)가 위치한다.

② 오답 | B는 경기도 이천으로 지리적 표시제로 등록된 임금님표 이천쌀이 생산된다. 이천은 하천 주변에 발달한 평야에서 벼농사가 활발하게 이루어진다.

③ 정답 | C는 강원도 원주로 우리나라에서 유일하게 기업 도시와 혁신 도시가 함께 조성되고 있으며, 첨단 의료 기기 산업 클러스터가 구축되어 있다. 또한 강원도에서 인구가 가장 많은 도시이다. 강원도청 소재지는 춘천이다.

⑤ 오답 | E는 강원도 태백으로 석탄 산업 쇠퇴 후 폐광 시설을 석탄 박물관 등의 관광 자원으로 활용하여 지역 경제를 활성화하고 있다.

18 신·재생 에너지 정답 ② 정답률 69%

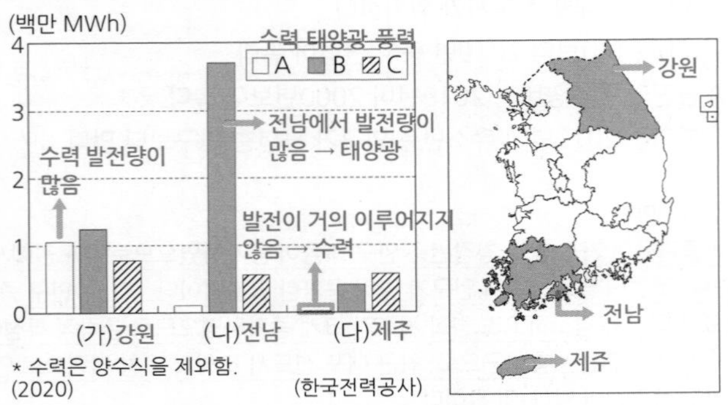

① (다)에는 원자력 발전소가 위치한다.
② (가)는 (나)보다 A~C 발전량 중 수력의 비율이 높다.
③ C는 일조량이 풍부한 지역이 전력 생산에 유리하다.
④ B는 A보다 우리나라에서 전력 생산에 이용된 시기가 이르다.
⑤ A~C의 총발전량은 제주가 강원보다 많다.

|선|택|지|풀|이|

A는 (다)에서 발전량이 거의 없으므로 수력이고, (다)는 제주이다. A 수력의 발전량이 많은 (가)는 강원이며, 나머지 (나)는 전남이다. 제주는 절리가 많은 기반암의 영향으로 지표수가 부족하여 수력 발전이 거의 이루어지지 않으며, 강원은 한강 중·상류에 위치하여 수력 발전에 유리하다. 일조량이 풍부한 (나) 전남에서 발전량이 많은 B는 태양광이며, 나머지 C는 강원, 제주 등 바람이 많은 해안이나 산간 지역에서 유리한 풍력이다.

② 정답 | (가) 강원은 (나) 전남보다 A~C 에너지의 전체 발전량에서 A 수력이 차지하는 비율이 높다.

③ 오답 | C 풍력은 연중 바람이 강하고 일정하게 부는 해안이나 산간 지역이 전력 생산에 유리하다. 일조량이 풍부한 지역이 전력 생산에 유리한 것은 B 태양광이다.

④ 오답 | 우리나라에서 전력 생산에 이용된 시기는 A 수력이 B 태양광보다 이르다. 수력은 신·재생 에너지 중 전력 생산에 이용된 시기가 가장 이르다.

⑤ 오답 | A 수력, B 태양광, C 풍력 발전량의 합계는 (가) 강원이 (다) 제주보다 많다.

19 지역별 농업 특성 추론 정답 ④ 정답률 73%

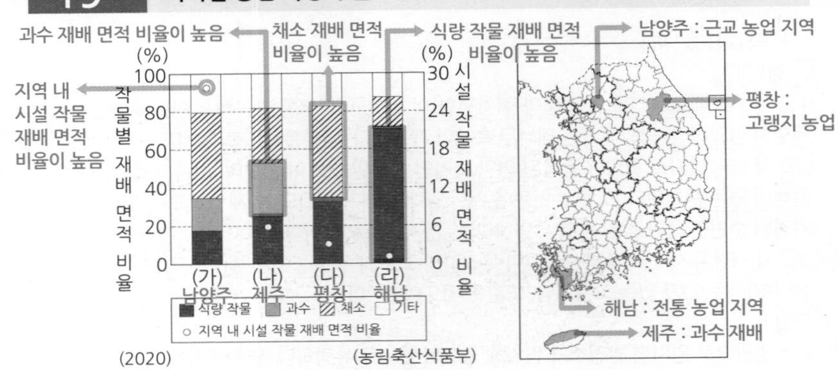

① (가)는 (나)보다 지역 내 경지 면적 중 밭 면적 비율이 높다.
② (나)는 (다)보다 고랭지 채소 재배 면적이 넓다.
③ (다)는 (라)보다 쌀 생산량이 많다.
④ (라)는 (가)보다 지역 내 전업농가 비율이 높다.
⑤ (가)는 수도권, (나)는 강원권에 위치한다.

|선|택|지|풀|이|

(가)는 지역 내 시설 작물 재배 면적 비율이 매우 높으므로 대도시 주변의 근교 농업 지역인 경기도 남양주이다. (나)는 과수 재배 면적 비율이 가장 높으므로 감귤 재배가 활발한 제주특별자치도 제주이다. (다)는 채소 재배 면적 비율이 높으므로 고랭지 채소 재배가 활발한 강원도 평창이다. (라)는 식량 작물 재배 면적 비율이 매우 높으므로 전통 농업 지역인 전라남도 해남이다.

④ 정답 | 지역 내 전업농가 비율은 전통 농업 지역인 (라) 해남이 근교 농업 지역인 (가) 남양주보다 높다.

20 위도가 다른 지역의 기후 비교 정답 ③ 정답률 77%

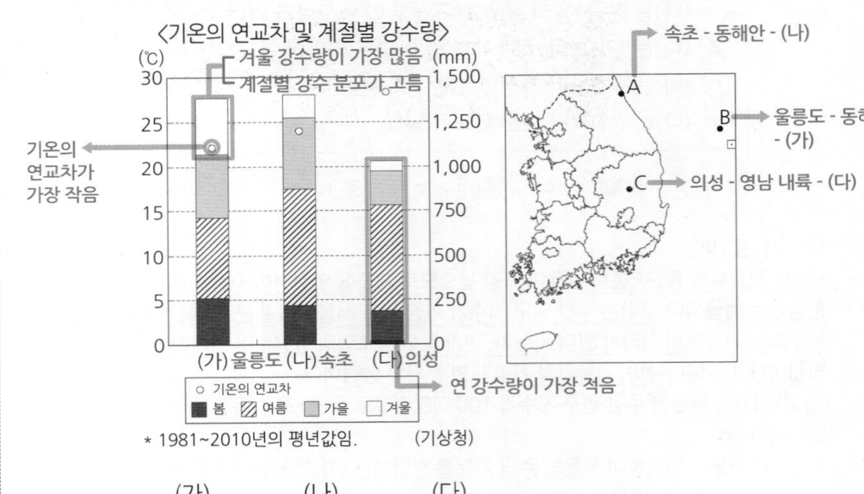

	(가)	(나)	(다)
①	A	B	C
②	A	C	B
③	B	A	C
④	B	C	A
⑤	C	A	B

|선|택|지|풀|이|

③ 정답 |

(가) - B : (가)는 겨울 강수량이 가장 많으며 계절별 강수 분포가 비교적 고르고 기온의 연교차가 가장 작으므로 동해상에 위치한 B 울릉도이다. 울릉도는 대표적인 다설지로 겨울 강수량이 많으며, 해양의 영향으로 겨울철이 온난하여 기온의 연교차가 작다.

(나) - A : (나)는 겨울 강수량이 두 번째로 많으며 기온의 연교차가 (가)와 (다)의 중간이므로 동해안에 위치한 A 속초이다.

(다) - C : (다)는 연 강수량이 가장 적으므로 영남 내륙에 위치한 소우지인 C 의성이다.

○ 문제편 60쪽

15회 2023학년도 9월 고3 모의평가 정답과 해설 한국지리

문제편 p.61

1	①	2	⑤	3	⑤	4	②	5	①
6	⑤	7	②	8	③	9	②	10	④
11	④	12	③	13	①	14	④	15	①
16	③	17	③	18	⑤	19	④	20	①

1 고문헌에 나타난 국토관 정답 ① 정답률 89%

① (가)는 국가 통치의 목적으로 제작되었다.
② (가)는 (나)보다 저자의 주관적 견해가 많이 반영되었다.
③ (나)는 (가)보다 제작 시기가 이르다.
④ ㉠은 감조 구간의 특징을 나타낸다.
⑤ ㉡은 가거지 조건 중 인심(人心)에 해당하는 서술이다.

|자|료|해|설|
(가)는 백과사전식으로 서술된 것으로 보아 조선 전기에 제작된 신증동국여지승람, (나)는 설명식으로 서술된 것으로 보아 조선 후기에 제작된 택리지임을 알 수 있다.

|선|택|지|풀|이|
① 정답 | 조선 전기에 제작된 신증동국여지승람은 각 지역의 세부 사항을 항목별로 정리하여 국가 통치에 활용할 목적으로 제작되었다.
② 오답 | 설명식으로 서술된 택리지는 객관적 항목 위주로 기술된 신증동국여지승람보다 저자의 주관적 견해가 많이 반영되었다.
③ 오답 | 신증동국여지승람은 택리지보다 제작 시기가 이르다.
④ 오답 | ㉠은 이 지역의 하천이 산지 사이를 흐르는 감입 곡류 하천임을 나타내므로 하천 하류에서 바닷물의 영향을 받는 감조 구간의 특징이 아니다.
⑤ 오답 | 산의 흙빛이 수려한 것은 가거지의 조건 중 산수(山水)에 해당하는 서술이다.

2 자연재해 종합 정답 ⑤ 정답률 85%

보기
ㄱ. A는 주로 북태평양 기단의 영향에 의해 발생한다. 
ㄴ. B는 저위도 해상에서 발생하는 열대 저기압이다.
ㄷ. A는 C보다 호흡기 및 안과 질환을 많이 유발한다.
ㄹ. B는 폭염, C는 태풍이다.

① ㄱ, ㄴ ② ㄱ, ㄷ ③ ㄴ, ㄷ ④ ㄴ, ㄹ ⑤ ㄷ, ㄹ

|자|료|해|설|
A~C 기상 현상의 발생 빈도를 나타낸 그래프를 보고 각각 태풍, 폭염, 황사 중 어느 자연재해인지 찾는 문항이다.

|보|기|풀|이|
ㄱ 오답 | 주로 북태평양 기단의 영향에 의해 발생하는 것은 B 폭염이다.
ㄴ 오답 | 저위도 해상에서 발생하는 열대 저기압은 C 태풍이다.
ㄷ 정답 | 봄철 발생 빈도가 높은 A 황사는 C 태풍보다 호흡기 및 안과 질환을 많이 유발한다.
ㄹ 정답 | B는 여름철에 주로 발생하고 C보다 발생 빈도가 높으므로 폭염, C는 여름철 및 가을철에 주로 발생하고 B보다 발생 빈도가 낮으므로 태풍이다.

3 암석 분포 + 지체 구조와 지각 변동 정답 ⑤ 정답률 75%

보기
ㄱ. B는 (나)에 의해 관입되어 형성되었다.
ㄴ. A는 (가), C는 (다)에 포함된다.
ㄷ. (나)에 의해 중국 방향(북동 - 남서)의 지질 구조선이 형성되었다.
ㄹ. (라)에 의해 동고서저의 경동 지형이 형성되었다.

① ㄱ, ㄴ ② ㄱ, ㄷ ③ ㄴ, ㄷ ④ ㄴ, ㄹ ⑤ ㄷ, ㄹ

|자|료|해|설|
A는 돌산인 북한산의 기반암이므로 화강암, B는 흙산인 지리산의 기반암이므로 변성암, C는 공룡 발자국이 남아 있는 퇴적암이다.
<한반도의 주요 지질 계통과 지각 변동> 표에서 (가)는 고생대 전기의 지질 계통인 조선 누층군, (나)는 중생대 중기의 주요 지각 변동인 대보 조산 운동, (다)는 중생대 말기의 지질 계통인 경상 누층군, (라)는 신생대 제3기의 주요 지각 변동인 경동성 요곡 운동이다.

|보|기|풀|이|
ㄱ 오답 | 변성암(B)은 주로 시·원생대에 형성되었다.
ㄴ 오답 | 화강암(A)은 중생대에 마그마의 관입으로 형성되었으며, 중생대에 형성된 퇴적암(C)은 경상 누층군에 포함된다.
ㄷ 정답 | 대보 조산 운동에 의해 중국 방향의 지질 구조선이 형성되었다.
ㄹ 정답 | 경동성 요곡 운동에 의해 동고서저의 경동 지형이 형성되었다.

4 도시 내부 구조 정답 ② 정답률 88%

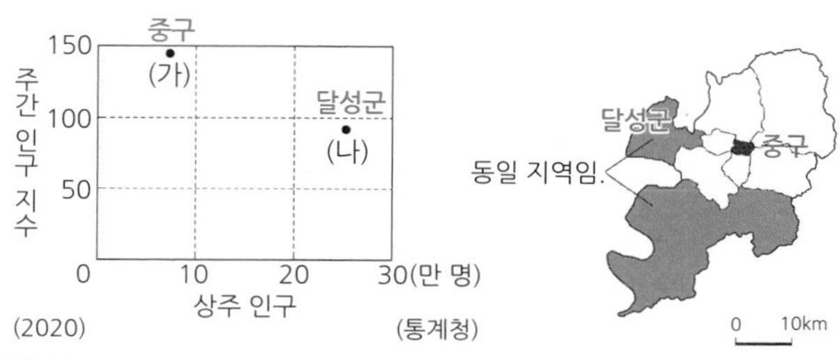

보기
ㄱ. (가)는 (나)보다 금융 및 보험업 사업체 수가 많다.
ㄴ. (가)는 (나)보다 전체 면적 중 논·밭 비율이 높다.
ㄷ. (나)는 (가)보다 초등학생 수가 많다.
ㄹ. (나)는 (가)보다 통근·통학 유출 인구가 적다.

① ㄱ, ㄴ ② ㄱ, ㄷ ③ ㄴ, ㄷ ④ ㄴ, ㄹ ⑤ ㄷ, ㄹ

|자|료|해|설|
두 지역의 주간 인구 지수와 상주 인구를 나타낸 그래프의 (가), (나)가 대구광역시의 도심에 해당하는 중구와 주변 지역에 해당하는 달성군 중 어느 지역인지 파악하는 문항이다.

|보|기|풀|이|
(가)는 주간 인구 지수가 높고 상주 인구가 적은 것으로 보아 중구이며, (나)는 주간 인구 지수가 100 미만으로 주간에 인구 순유출이 나타나고, 상주 인구가 많은 것으로 보아 달성군이다.
ㄱ 정답 | 상업·업무 기능이 발달한 중구는 달성군보다 금융 및 보험업 사업체 수가 많다.
ㄴ 오답 | 시가지 개발 역사가 오래되어 시가지 비율이 높은 중구는 달성군보다 전체 면적 중 논·밭의 비율이 낮다.
ㄷ 정답 | 달성군은 중구보다 상주 인구가 많으므로 초등학생 수가 많다.
ㄹ 오답 | 달성군은 주간 인구 지수가 100 미만이므로 통근·통학 유출 인구가 유입 인구보다 많다. 반면 중구는 주간 인구 지수가 100 이상이므로 통근·통학 유입 인구가 유출 인구보다 많다.

5 다문화 공간 정답 ① 정답률 73%

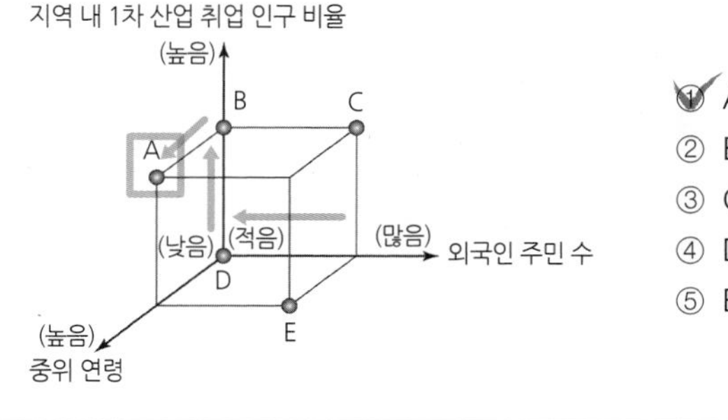

① A
② B
③ C
④ D
⑤ E

|자|료|해|설|
공업 도시인 화성시에 대하여 촌락인 해남군의 상대적 특성을 고르는 문항이다.

|선|택|지|풀|이|
① 정답 |
지역 내 1차 산업 취업 인구 비율 : 촌락인 해남군이 공업 도시인 화성시에 비해 높다.
중위 연령 : 인구 고령화 현상이 뚜렷한 해남군이 청장년층 인구 비율이 높은 화성시에 비해 높다.
외국인 주민 수 : 제조업이 발달하여 외국인 근로자 수가 많은 화성시가 촌락인 해남군보다 많다.

문제편 61~62쪽

6 북한의 개방 지역 및 여러 지역의 비교 | 정답 ⑤ | 정답률 80%

보기
ㄱ. (가)는 중국과의 접경 지대에 위치한다.
ㄴ. (나)는 북한 정치 · 경제 · 사회의 최대 중심지이다.
ㄷ. (다)는 관서 지방에 위치한다.
ㄹ. (나)는 (다)보다 나선 경제특구(경제 무역 지대)와의 직선 거리가 가깝다.

① ㄱ, ㄴ ② ㄱ, ㄷ ③ ㄴ, ㄷ ④ ㄴ, ㄹ ⑤ ㄷ, ㄹ

|자|료|해|설|
북한 (가)~(다) 도시의 인구 그래프와 위치 정보를 통해 각 도시가 신의주, 청진, 평양 중 어디인지 알아내고 특성을 파악하는 문항이다.

|보|기|풀|이|
(가)는 인구 300만 명 이상의 북한의 정치 · 경제 · 사회 · 문화의 중심지인 대도시인 평양, (나)는 평양보다 동쪽에 위치하였고, 일제 강점기부터 공업 도시로 성장한 청진, (다)는 평양보다 서쪽에 위치하며 중국과 접해 있어 중국과의 교역 통로 역할을 담당하는 신의주이다.
ㄷ 정답 | 신의주는 철령관의 서쪽 지역인 관서 지방, 즉 평안도에 위치한다.
ㄹ 정답 | 청진은 동해안에 위치하여 1991년 북한 최초의 경제 특구로 지정된 나진 · 선봉 지역과의 직선 거리가 신의주보다 가깝다.

7 충청 지방 | 정답 ② | 정답률 46%

〈지역 간 순 이동 인구〉

(단위 : 명)
A 대전
수도권
32,085
300
51,506
55,511
108,856
충남 B
C 세종
22,591
* 화살표는 순 이동 흐름을 나타냄.
** 수치는 2013~2021년의 누적값임.
(통계청)

	A	B	C
①	대전	세종	충남
②	대전	충남	세종
③	세종	대전	충남
④	충남	대전	세종
⑤	충남	세종	대전

|자|료|해|설|
2013~2021년 누적값을 바탕으로 한 〈지역 간 순 이동 인구〉 그래프를 통해 A~C가 대전, 세종, 충남 중 어느 지역인지 찾아내는 문항이다.

|선|택|지|풀|이|
② 정답 |
A - 대전 : A는 세종으로의 인구 유출이 많았고 수도권과 다른 지역으로 인구가 유출되고 있으므로 인구의 교외화 현상이 나타나고 있는 대도시인 대전이다.
B - 충남 : B는 세종으로의 인구 유출이 있으나 제조업의 발달로 수도권으로부터 인구 유입이 많은 충남이다.
C - 세종 : C는 2012년 7월 충남 연기군과 인접 지역의 일부를 포함하여 출범한 세종특별자치시로, 인근의 대전과 충남 및 충북에서 꾸준히 인구가 유입되고 있다. 특히 가까운 대도시인 대전에서의 인구 유입이 두드러졌고, 행정 중심 복합 도시로 조성된 만큼 수도권으로부터의 인구 유입도 꽤 많았다.

8 도시 체계 | 정답 ③ | 정답률 69%

〈인구 규모에 따른 시 · 군 지역 인구 비율〉

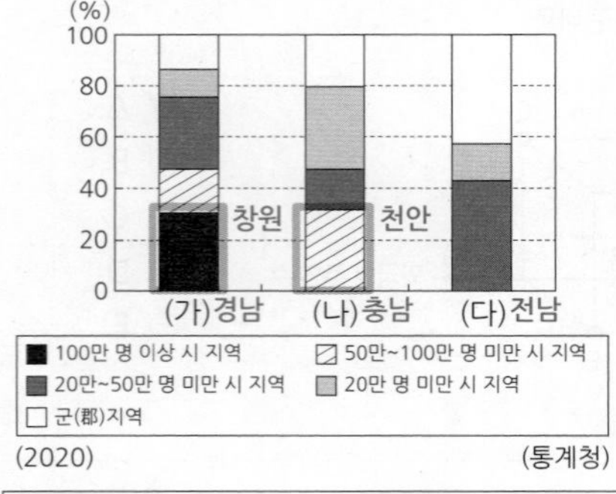

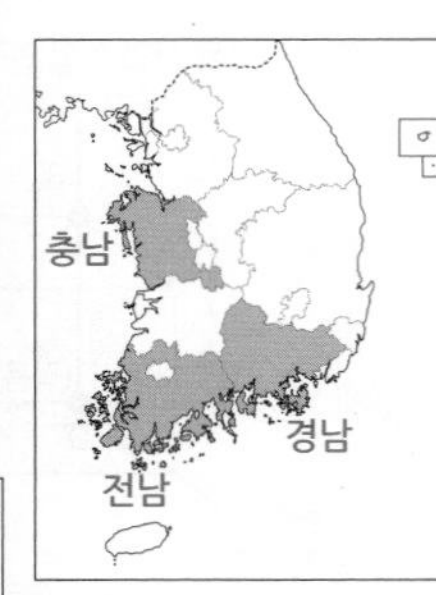

(통계청)

보기
ㄱ. (나)의 도청 소재지는 '50만 ~ 100만 명 미만 시 지역'에 포함된다.
ㄴ. (가)는 (다)보다 시 지역 거주 인구 비율이 높다.
ㄷ. (나)는 (다)보다 지역 내 2차 산업 취업 인구 비율이 높다.
ㄹ. (가)는 충남, (나)는 경남이다.

① ㄱ, ㄴ ② ㄱ, ㄷ ③ ㄴ, ㄷ ④ ㄴ, ㄹ ⑤ ㄷ, ㄹ

|자|료|해|설|
인구 규모에 따른 시 · 군 지역 인구 비율 그래프의 (가)~(다)가 지도의 어느 지역인지를 파악한 다음 세 지역의 인구 특성을 비교하는 문항이다. 지도에 표시된 지역은 충남, 전남, 경남이다.

|보|기|풀|이|
(가)는 100만 명 이상의 시 지역 인구 비율이 나타나는 것으로 보아 인구 100만 명 이상인 창원시가 속한 경남, (나)는 50~100만 명 미만 시 지역 인구 비율이 높은 것으로 보아 인구 약 68만 명의 천안시가 속한 충남이고, (다)는 50만 명 이상 규모의 도시가 없고, 군(郡) 지역의 인구 비율이 (가)~(다) 중 가장 높은 것으로 보아 전남임을 알 수 있다.
ㄱ 오답 | 충남의 도청 소재지인 내포 신도시는 홍성과 예산에 걸쳐 있다. 홍성과 예산은 행정 구역상 군(郡) 지역이다.
ㄴ 정답 | 경남은 전남보다 시 지역 거주 인구 비율이 높다.
ㄷ 정답 | 수도권 공업의 이전이 활발한 충남은 전남보다 공업이 발달하여 지역 내 2차 산업 취업 인구 비율이 높다.

9 지역별 농업 특성 추론 | 정답 ② | 정답률 64%

〈지역 내 겸업 농가 및 밭 면적 비율〉

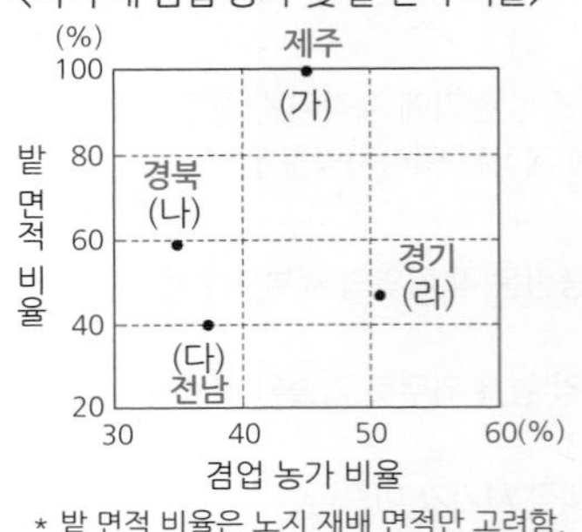

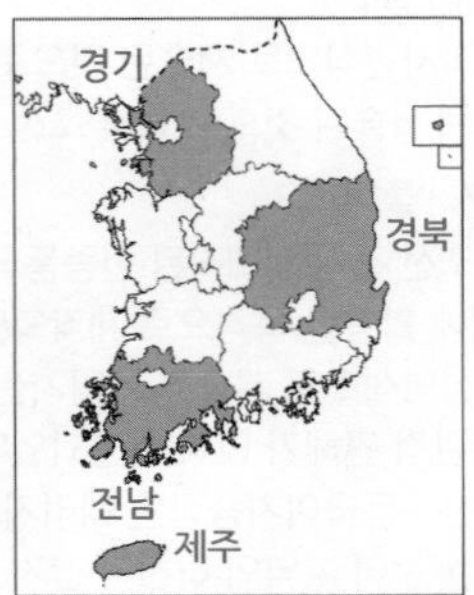

* 밭 면적 비율은 노지 재배 면적만 고려함.
(2021) (통계청)

① (가)는 경북이다.
② (나)는 (라)보다 과수 재배 면적이 넓다.
③ (다)는 (나)보다 지역 내 전업 농가 비율이 높다.
④ (라)는 (다)보다 맥류 생산량이 많다.
⑤ (가) ~ (라) 중 전체 농가 수는 (가)가 가장 많다.

|자|료|해|설|
지역 내 겸업 농가 및 밭 면적 비율 그래프를 보고 (가)~(라) 지역이 지도에 표시된 지역 중 어느 도인지를 찾는 문항이다.

|선|택|지|풀|이|
밭 면적 비율이 100%에 가까운 것을 보아 (가)는 제주이다. 제주는 기반암인 현무암의 특성상 지표수가 부족하여 벼농사를 짓기가 어려워서 밭의 비율이 매우 높게 나타난다. (라)는 겸업 농가 비율이 가장 높은 것으로 보아 경기이며, (나)와 (다) 중 상대적으로 밭 면적 비율이 높은 (나)가 경북, (다)가 전남이다.
② 정답 | 과수 재배 면적 비율은 제주와 경북, 충북에서 높게 나타나며, 경북은 전국에서 과수 재배 면적이 가장 넓다. 따라서 경북은 경기보다 과수 재배 면적이 넓다.
③ 오답 | 전남은 경북보다 지역 내 겸업 농가 비율이 높으므로 지역 내 전업 농가 비율은 낮다.
④ 오답 | 경기는 전남보다 맥류 생산량이 적다. 맥류는 겨울철 기후가 온화한 남부 지방에서 주로 재배되므로 전북, 전남에서 생산량이 많다.

10 지역 개발 | 정답 ④ | 정답률 76%

보기
ㄱ. ㉠의 전체 인구는 서울의 인구보다 많다.
ㄴ. ㉠ 중 1인당 지역 내 총생산은 울산이 가장 많다.
ㄷ. ㉢은 제1차 국토 종합 개발 계획의 핵심 목표였다.
ㄹ. ㉠은 ㉡보다 정보 통신업 사업체 수가 적다.

① ㄱ, ㄴ ② ㄱ, ㄷ ③ ㄴ, ㄷ ④ ㄴ, ㄹ ⑤ ㄷ, ㄹ

|자|료|해|설|
부산 · 울산 · 경남의 초광역적 협력 사업에 관한 글을 보고 〈보기〉 내용의 옳고 그름을 판단하는 문항이다.

|보|기|풀|이|
ㄱ 오답 | 부산 · 울산 · 경남의 전체 인구는 2021년 기준 약 770만 명으로, 서울의 인구 약 950만 명보다 적다.
ㄴ 정답 | 부산 · 울산 · 경남 중 1인당 지역 내 총생산은 울산이 가장 많다.
ㄷ 오답 | 제1차 국토 종합 개발 계획은 성장이 주요 목표였으며, 균형 발전은 제3차 국토 종합 개발 계획부터 본격적으로 추진되었다.
ㄹ 정답 | 부산 · 울산 · 경남 지역은 수도권보다 정보 통신업 사업체 수가 적다.

문제편 62쪽

11 화산 지형과 카르스트 지형 　정답 ④ 　정답률 66%

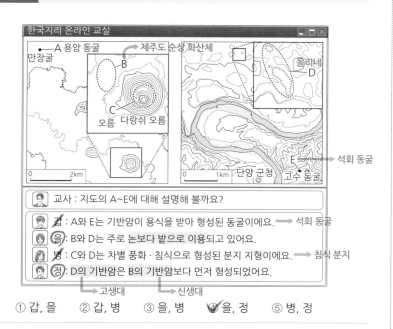

한국지리 온라인 교실

A 용암 동굴 / 만장굴 / 제주도 순상 화산체 / B / C 오름 다랑쉬 오름 / 돌리네 D / E 석회 동굴 / 단양 군청 / 고수 동굴

교사 : 지도의 A~E에 대해 설명해 볼까요?

갑 : A와 E는 기반암이 용식을 받아 형성된 동굴이에요. → 석회 동굴

을 : B와 D는 주로 논보다 밭으로 이용되고 있어요.

병 : C와 D는 차별 풍화 · 침식으로 형성된 분지 지형이에요. → 침식 분지

정 : D의 기반암은 B의 기반암보다 먼저 형성되었어요. (고생대 / 신생대)

① 갑, 을 　② 갑, 병 　③ 을, 병 　④ 을, 정 　⑤ 병, 정

|자|료|해|설|

A는 용암의 냉각 속도 차이에 의해 형성된 용암 동굴인 제주도의 만장굴, B는 완경사의 제주도 순상 화산체, C는 오름의 분화구, D는 단양의 석회암 지대에 분포하는 와지인 돌리네, E는 석회 동굴인 고수 동굴이다.

|선|택|지|풀|이|

④정답 |

을 : B는 제주도 순상 화산체의 일부로 기반암이 현무암이고, D는 돌리네로 기반암이 석회암이다. 두 지형 모두 기반암의 특성상 절리가 발달하여 배수가 양호하여서 주로 밭농사가 이루어지고 있다.

정 : D의 기반암은 고생대에 형성된 석회암, B의 기반암은 신생대에 형성된 현무암이다.

오답 |

갑 : 용암 동굴(A)은 용암의 냉각 속도 차이에 의해 형성되었고, 석회 동굴(E)은 기반암인 석회암이 용식을 받아 형성되었다.

병 : C는 화산 활동 과정에서 형성된 오름의 분화구이며, D는 석회암이 용식되어 형성된 돌리네이다. 차별 풍화 및 침식으로 형성된 분지는 하천 중 · 상류에 발달한 침식 분지이다.

12 인구 구조 　정답 ③ 　정답률 75%

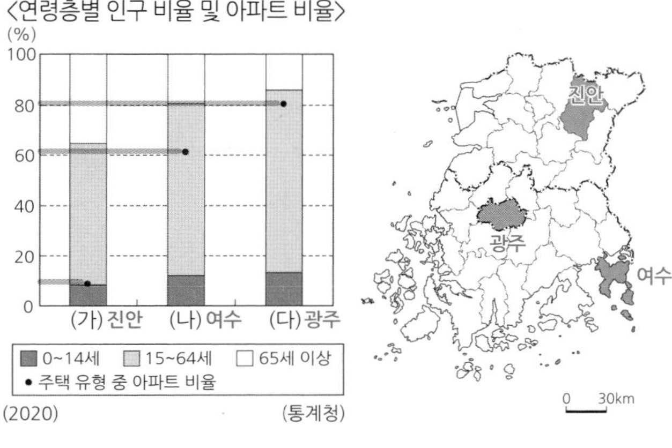

① (가)는 전남에 위치한다. (전북)

② (가)는 (다)보다 인구 밀도가 높다. (낮다)

③ (나)는 (가)보다 서울로의 고속버스 운행 횟수가 많다.

④ (다)는 (나)보다 노령화 지수가 높다. (낮다)

⑤ 총부양비는 (다) > (나) > (가) 순으로 높다. ((가) > (나) > (다))

|자|료|해|설|

<연령층별 인구 비율 및 아파트 비율> 그래프에서 (가)~(다)가 지도의 어느 지역인지 찾은 다음 세 지역의 특성을 비교하는 문항이다. 지도에 표시된 지역은 전북 진안군, 광주광역시, 전남 여수시이다.

|선|택|지|풀|이|

(가)는 아파트 비율이 매우 낮고 노년층의 비율이 가장 높은 것으로 보아 촌락의 특성이 뚜렷한 진안, (다)는 아파트 비율이 매우 높고 노년층의 비율이 가장 낮은 것으로 보아 도시의 특성이 뚜렷한 광주, (나)는 (가)와 (다)의 중간적 특성을 보이므로 여수이다.

③정답 | 여수는 진안보다 인구가 많은 고차 중심지로 서울로의 고속버스 운행 횟수가 많다.

④ 오답 | 광주는 여수보다 청장년층 인구 비율(15~64세)이 높고 노년층 인구 비율(65세 이상)이 낮아 노령화 지수가 낮다.

⑤ 오답 | 청장년층 비중이 낮을수록 총부양비는 높아지기 때문에 총부양비는 (가) > (나) > (다) 순으로 높다.

13 신 · 재생 에너지 　정답 ① 　정답률 67%

<(가)~(다) 생산량 상위 5개 시 · 도>

순위 \ 구분	(가) 수력	(나) 태양광	(다) 풍력
1	강원	전남	경북
2	충북	전북	강원
3	경기	충남	제주
4	경북	경북	전남
5	경남	경남	전북

* 수력은 양수식을 제외함.
(2020) (통계청)

	(가)	(나)	(다)
①	수력	태양광	풍력
②	수력	풍력	태양광
③	풍력	태양광	수력
④	풍력	수력	태양광
⑤	태양광	수력	풍력

|자|료|해|설|

(가)~(다) 신 · 재생 에너지의 생산량 상위 5개 시 · 도를 나타낸 표를 통해 (가)~(다)가 어떤 에너지인지 찾는 문항이다.

|선|택|지|풀|이|

①정답 |

(가) - 수력 : (가)는 강원, 충북, 경기 등 유량이 풍부하고 낙차가 큰 한강 유역의 지역에서 발전량이 많은 것으로 보아 수력이다.

(나) - 태양광 : (나)는 전남, 전북, 충남, 경북, 경남 등 주로 일사량이 많은 남부 지역에서 발전량이 많은 것으로 보아 태양광이다. 태양광은 최근 빠른 속도로 보급되고 있어 신 · 재생 에너지 중 발전량이 많은 편이다.

(다) - 풍력 : (다)는 바람이 강하게 부는 경북, 강원의 산지 지역이나 제주, 전남, 전북 등의 해안 지역에서 발전량이 많은 것으로 보아 풍력임을 알 수 있다.

14 위도가 다른 지역의 기후 비교 　정답 ④ 　정답률 44%

보기

ㄱ. (가) 시기는 겨울철, (나) 시기는 여름철이다.

ㄴ. A는 C보다 해발 고도가 높다.

ㄷ. B는 C보다 열대야 발생 일수가 많다. (적다)

ㄹ. D는 B보다 기온의 연교차가 크다.

① ㄱ, ㄴ 　② ㄱ, ㄷ 　③ ㄷ, ㄹ 　④ ㄱ, ㄴ, ㄹ 　⑤ ㄴ, ㄷ, ㄹ

|자|료|해|설|

네 지역과 서울 간의 (가), (나) 시기별 강수량 차이를 나타낸 그래프를 통해 A~D가 지도에 표시된 지역 중 어느 지역인지 찾고 비교하는 문항이다. 지도에 표시된 지역은 장진, 원산, 울릉도, 서귀포이다.

|보|기|풀|이|

서울과의 시기별 강수량 차이 그래프에서 A는 서울에 비해 여름철에 강수량이 매우 적고, 겨울에도 강수량이 적은 것으로 보아 소우지인 개마고원에 위치하여 표시된 지역 중 연 강수량이 가장 적은 장진이다. B는 서울에 비해 겨울철 강수량이 매우 많고 여름철 강수량은 적은 것으로 보아 다설지인 울릉도이다. C는 서울에 비해 겨울철 강수량이 많고 여름철 강수량은 비슷한 것으로 보아 다우지인 서귀포, D는 서울에 비해 여름철에 강수량이 적고 겨울철 강수량은 비슷한 것으로 보아 원산이다.

ㄱ정답 | (가) 시기는 전체적으로 강수량이 많지 않아 강수량의 지역 차가 크지 않은 것으로 보아 겨울철, (나) 시기는 전체적으로 강수량이 많고 강수량의 지역 차가 큰 것으로 보아 여름철이다.

ㄴ정답 | 개마고원에 위치한 장진은 제주도 해안에 위치한 서귀포보다 해발 고도가 높다.

ㄹ정답 | 동해안에 위치한 원산은 동해상에 위치한 울릉도보다 고위도에 위치하여 기온의 연교차가 크다.

15 우리나라 해안의 특색 　정답 ① 　정답률 84%

보기

ㄱ. (나) 굴곡도 변화의 가장 큰 요인은 간척 사업이다.

ㄴ. (나)는 (다)보다 해안의 평균 조차가 크다.

ㄷ. (가)는 남해안, (다)는 서해안이다. (동해안)

ㄹ. 굴곡도 변화가 가장 큰 해안은 동해안이다. (서해안)

① ㄱ, ㄴ 　② ㄱ, ㄷ 　③ ㄴ, ㄷ 　④ ㄴ, ㄹ 　⑤ ㄷ, ㄹ

|자|료|해|설|

우리나라의 해안선 굴곡도 변화를 나타낸 그래프의 (가)~(다)가 각각 남해안, 동해안, 서해안 중 어느 해안인지 찾는 문항이다.

|보|기|풀|이|

ㄱ정답 | 서해안 해안선 굴곡도 변화의 가장 큰 요인은 간척 사업이다.

ㄴ정답 | 서해안은 동해안보다 해안의 평균 조차가 크다.

ㄷ 오답 | (가)는 해안선 굴곡도가 높으면서도 굴곡도 변화는 크지 않은 것으로 보아 간척 사업이 일부 이루어진 남해안, (다)는 해안선 굴곡도가 매우 낮은 것으로 보아 해안선이 단조로운 동해안이다.

ㄹ 오답 | 굴곡도 변화가 가장 큰 해안은 간척 사업이 많이 이루어진 서해안이다.

15회 2023 9월 모의평가

문제편 63쪽

16 주요 공업의 분포

정답 ③ 정답률 56%

	(가)	(나)	(다)
①	수도권	영남권	호남권
②	수도권	호남권	영남권
③	영남권	수도권	호남권
④	영남권	호남권	수도권
⑤	호남권	수도권	영남권

|자|료|해|설|
<권역별 제조업 출하액> 그래프의 (가)~(다) 권역이 영남권, 수도권, 호남권 중 어느 권역인지 찾아내는 문항이다.

|선|택|지|풀|이|
③정답 |
(가) - 영남권 : <권역별 제조업 출하액>에서 (가)는 자동차 및 트레일러 제조업 출하액이 가장 많고, 1차 금속 제조업과 섬유 제품(의복 제외) 제조업의 출하액도 가장 많은 것으로 보아 영남권이다. 영남권에서는 울산, 경남 창원을 중심으로 자동차 공업이 발달해 있고, 포항과 울산을 중심으로 1차 금속 제조업이 발달해 있으며, 경북과 대구에 섬유 공업이 발달해 있다.
(나) - 수도권 : (나)는 자동차 및 트레일러 제조업과 섬유 제품(의복 제외) 제조업의 출하액이 영남권에 이어 두 번째로 많으므로 수도권이다.
(다) - 호남권 : (다)는 광양을 중심으로 1차 금속 제조업이 발달해 있는 호남권이다.

17 영해와 배타적 경제 수역

정답 ③ 정답률 57%

① ㉠에서 간척 사업이 이루어지면 영해가 확대된다.
② ㉡에서는 중국 군용기의 통과가 허용된다.
③ ㉢과 가장 가까운 육지 사이의 수역은 ㉠에 해당한다.
④ ㉣에서는 일본 국적 어선의 조업이 허용된다.
⑤ ㉤은 모두 우리나라의 배타적 경제 수역(EEZ)에 해당한다.

|자|료|해|설|
우리나라 영해와 영공, 배타적 경제 수역에 관한 글을 읽고 선택지 내용의 옳고 그름을 판별하는 문항이다.

|선|택|지|풀|이|
① 오답 | 내수에서 간척 사업이 이루어지면 영해의 범위에는 전혀 영향을 주지 않고, 내수의 일부가 영토로 바뀌게 된다.
② 오답 | 영해의 수직 상공은 영공으로, 사전 허가를 받지 않은 다른 나라의 군용기가 통과할 수 없다.
③정답 | 서해안의 서격렬비도는 영해 기점으로, 서격렬비도와 다른 최외곽 도서를 연결한 선은 직선 기선이 된다. 직선 기선에서 육지 쪽에 있는 수역은 내수가 되므로, 서격렬비도와 가장 가까운 육지 사이의 수역은 내수에 해당한다.
④ 오답 | 한·중 잠정 조치 수역에서는 한국과 중국 국적 어선의 조업만 허용된다.
⑤ 오답 | 서격렬비도를 지나는 직선 기선과 한·중 잠정 조치 수역 사이 해역에는 우리나라의 배타적 경제 수역(EEZ)과 영해가 포함되어 있다.

18 충청 지방

정답 ⑤ 정답률 24%

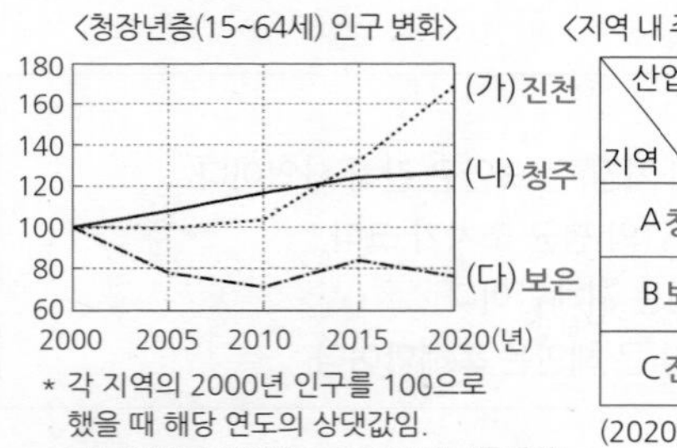

* 각 지역의 2000년 인구를 100으로 했을 때 해당 연도의 상댓값임.
** 현재의 행정 구역을 기준으로 함. (통계청)

<지역 내 주요 산업별 취업 인구 비율(%)>

지역 \ 산업	사업·개인·공공 서비스 및 기타	광업·제조업
A 청주	37	28
B 보은	27	16
C 진천	27	42

(2020) (통계청)

① (나)에는 혁신 도시가 위치한다.
② (가)는 (다)보다 지역 내 농·임·어업 취업 인구 비율이 높다.
③ (가)는 A, (다)는 B이다.
④ C에는 고속 철도역과 생명 과학 단지가 입지해 있다.
⑤ A는 C보다 광업·제조업 취업 인구가 많다.

|자|료|해|설|
청장년층(15~64세) 인구 변화를 나타내는 그래프의 (가)~(다)와 지역 내 주요 산업별 취업 인구 비율을 나타내는 표의 A~C가 각각 보은, 진천, 청주 중 어느 지역인지 찾아내고 특성을 파악하는 문항이다.

|선|택|지|풀|이|
<청장년층(15~64세) 인구 변화> 그래프에서 (가)는 2010년 이후 청장년층 인구 증가가 두드러지는 것으로 보아 혁신 도시 조성 이후 청장년층의 유입이 활발한 진천, (나)는 꾸준히 청장년층 인구가 늘어난 것으로 보아 청주, (다)는 2000년 대비 청장년층 인구의 감소가 뚜렷한 것으로 보아 보은임을 알 수 있다. <지역 내 주요 산업별 취업 인구 비율(%)> 표에서 A는 사업·개인·공공 서비스 및 기타의 취업 인구 비율이 높은 것으로 보아 세 지역 중 도시의 성격이 뚜렷하여 서비스업 취업 인구 비율이 높게 나타나는 청주, B는 촌락의 특색이 뚜렷하여 광업·제조업의 취업 인구 비율이 가장 낮은 보은이다. 나머지 C는 광업·제조업의 취업 인구 비율이 가장 높은 진천이다.
① 오답 | 충북에서 혁신 도시가 위치한 곳은 진천이다.
② 오답 | 진천은 보은보다 지역 내 농·임·어업 취업 인구 비율이 낮다.
③ 오답 | (가)는 C, (다)는 B이다.
④ 오답 | 고속 철도역과 생명 과학 단지가 입지해 있는 곳은 청주이다.
⑤정답 | 지역 내 광업·제조업 취업 인구 비율은 진천이 청주보다 높지만, 청주의 인구는 약 85만 명, 진천의 인구는 약 9만 명으로 청주의 인구 규모가 진천에 비해 훨씬 크기 때문에 광업·제조업 취업 인구도 더 많다.

19 감입 곡류 하천

정답 ④ 정답률 82%

① (가)의 하천은 (나)의 하천보다 하상의 평균 해발 고도가 높다.
② (가)의 하천과 (나)의 하천은 동일한 유역에 속한다.
③ (가)의 하천과 (나)의 하천은 모두 2차 산맥에서 발원한다.
④ A 구간은 과거에 하천 유로의 일부였다.
⑤ B에는 자연 제방과 배후 습지가 넓게 나타난다.

|자|료|해|설|
(가)와 (나)는 모두 주변의 산지 사이를 흐르는 감입 곡류 하천이며, (가)의 A는 과거 하천이 흘렀던 유로인 구하도, (나)의 B는 급경사의 계곡에서 흐르는 감입 곡류 하천의 일부를 나타낸 것이다.

|선|택|지|풀|이|
① 오답 | (가)의 하천 주변 해발 고도는 약 170m이고, (나)의 하천 주변 해발 고도는 약 600~650m이다. 따라서 (가)의 하천은 (나)의 하천보다 하상의 평균 해발 고도가 낮다.
② 오답 | (가)의 하천은 홍천을 거쳐 황해로 흘러가고, (나) 하천은 양양을 거쳐 동해로 흘러가므로 동일한 유역에 속하지 않는다.
③ 오답 | (가)의 하천과 (나)의 하천은 모두 1차 산맥인 태백산맥에서 발원한다.
④정답 | A 구간은 과거에 하천 유로의 일부였으나 측방 침식으로 하천의 유로가 변경되면서 더 이상 물이 흐르지 않는 구하도이다.
⑤ 오답 | 자연 제방과 배후 습지는 주로 자유 곡류 하천 주변에서 하천의 주기적인 범람으로 형성되는 퇴적 지형이기 때문에, 산지를 흐르는 감입 곡류 하천인 B에는 자연 제방과 배후 습지가 형성되기 어렵다.

20 강원 지방

정답 ① 정답률 67%

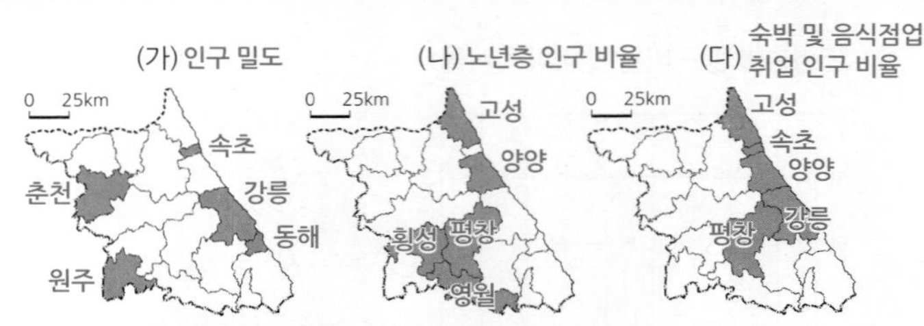

* 노년층 인구 비율, 숙박 및 음식점업 취업 인구 비율은 각 시·군 내에서 차지하는 값임.
(2020) (통계청)

	(가)	(나)	(다)
①	인구 밀도	노년층 인구 비율	숙박 및 음식점업 취업 인구 비율
②	인구 밀도	숙박 및 음식점업 취업 인구 비율	노년층 인구 비율
③	숙박 및 음식점업 취업 인구 비율	노년층 인구 비율	인구 밀도
④	숙박 및 음식점업 취업 인구 비율	인구 밀도	노년층 인구 비율
⑤	노년층 인구 비율	인구 밀도	숙박 및 음식점업 취업 인구 비율

|자|료|해|설|
세 지표별 강원도의 상위 5개 시·군을 나타낸 (가), (나), (다)가 각각 어느 지표에 해당하는지를 찾는 문항이다.

|선|택|지|풀|이|
①정답 |
(가) - 강원도에서 인구가 많은 원주, 춘천, 강릉 및 면적 대비 인구가 많은 속초와 동해가 포함된 것으로 보아 (가)는 인구 밀도임을 알 수 있다.
(나) - 고성, 양양, 평창, 횡성, 영월 등 촌락의 성격이 강한 지역들이 포함된 것으로 보아 (나)는 노년층 인구 비율임을 알 수 있다.
(다) - 관광 산업이 발달한 고성, 속초, 양양, 강릉, 평창이 포함된 것으로 보아 (다)는 숙박 및 음식점업 취업 인구 비율임을 알 수 있다.

문제편 64쪽

16회 2024학년도 9월 고3 모의평가 정답과 해설 한국지리

문제편 p.65

1	④	2	①	3	②	4	③	5	⑤
6	⑤	7	②	8	②	9	④	10	①
11	③	12	⑤	13	④	14	⑤	15	④
16	④	17	②	18	②	19	②	20	④

1 산지의 형성 정답 ④ 정답률 77%

① ㉡으로 분류되는 사례로 북한산(덕유산)이 있다.
② ㉢의 기반암은 모든 침식 분지의 배후 산지(저지대)를 이룬다.
③ ㉣에는 백두산의 천지처럼 화구가 함몰되어 형성된 움푹한 와지가 발달해 있다. → 칼데라호
④ ㉠의 기반암은 ㉢의 기반암보다 형성 시기가 이르다.
⑤ ㉢과 ㉣은 마그마가 지표로 분출하여 형성되었다.

|자|료|해|설|
㉠은 흙산인 지리산, ㉢은 돌산인 금강산, ㉣은 정상부에 화구호인 백록담이 위치한 한라산이다.

|선|택|지|풀|이|
① 오답 | ㉡은 흙산에 대한 설명이며, 북한산은 기반암이 화강암으로 이루어진 돌산이다.
② 오답 | 금강산(㉢)의 기반암은 화강암이며, 화강암은 침식 분지에서 저지대의 기반암을 이룬다. 침식 분지 배후 산지는 주로 변성암으로 이루어져 있다.
③ 오답 | 한라산(㉣)에는 화구에 물이 고여 형성된 화구호인 백록담이 있으며, 백두산에는 화구가 함몰되어 형성된 칼데라호인 천지가 있다.
④ 정답 | 지리산(㉠)의 기반암은 시·원생대에 형성된 변성암이며, 금강산(㉢)의 기반암은 중생대에 마그마의 관입으로 형성된 화강암이다. 따라서, 지리산의 기반암은 금강산의 기반암보다 형성 시기가 이르다.
⑤ 오답 | 화산 지형인 한라산(㉣)은 마그마가 지표로 분출하여 형성되었으나, 금강산(㉢)의 기반암은 마그마가 관입하여 땅속에서 굳어져 만들어진 화강암이 지표로 드러난 것이다.

2 여행기 및 지역 특색 추론 정답 ① 정답률 66%

보기
ㄱ. (가)는 동계 올림픽 개최 지역을 지나간다. → 평창, 강릉
ㄴ. A와 D에는 모두 지하철역이 위치한다.
ㄷ. B와 C에는 모두 공공 기관이 이전한 혁신 도시가 있다.

① ㄱ ② ㄴ ③ ㄱ, ㄷ ④ ㄴ, ㄷ ⑤ ㄱ, ㄴ, ㄷ

|자|료|해|설|
A는 원주, B는 강릉, C는 대전, D는 대구이며, (가)는 영동 고속 국도, (나)는 경부 고속 국도이다.

|보|기|풀|이|
ㄱ 정답 | 영동 고속 국도(가)는 동계 올림픽 개최지인 평창과 강릉(B)을 지난다. 평창 동계 올림픽은 평창군을 중심으로 인접해 있는 강릉시와 정선군에서도 일부 종목 경기가 진행되었다.
ㄴ 오답 | 대구(D)에는 지하철역이 있으나, 원주(A)에는 지하철역이 없다.
ㄷ 오답 | 강릉(B)에는 혁신 도시가 없으며, 대전(C)은 2020년에 혁신 도시로 지정되었다.

3 도시 재개발 정답 ② 정답률 94%

보기
ㄱ. (나)의 개발로 하천 주변 휴식 공간이 증가하였다.
ㄴ. (다)의 개발은 보존(철거) 재개발의 사례이다.
ㄷ. (가)의 개발은 (다)의 개발보다 기존 건물의 활용도가 높다.
ㄹ. (가) ~ (다)의 개발은 모두 지역 주민 주도로 이루어졌다.

① ㄱ, ㄴ 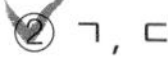② ㄱ, ㄷ ③ ㄴ, ㄷ ④ ㄴ, ㄹ ⑤ ㄷ, ㄹ

|자|료|해|설|
자료의 세 지역의 개발 사례를 읽고 (가)~(다)가 어떤 재개발 유형인지 파악하는 문항이다.

|보|기|풀|이|
(가)는 건물의 기본 형태는 유지한 채 필요한 부분만 수리·개조한 사례, (나)는 개발로 인해 기존의 모습을 잃었던 청계천을 복원한 사례, (다)는 기존 건물을 완전히 철거하고 새로운 건물을 지은 재개발의 사례이다.
ㄱ 정답 | 청계천의 복원으로 하천 주변 휴식 공간이 증가하였다.
ㄴ 오답 | (다)의 개발은 철거 재개발의 사례이다.
ㄷ 정답 | (가)의 개발은 기존 건물을 활용하는 수복 재개발이며, (다)는 기존 건물을 철거하고 새로운 건물을 짓는 철거 재개발이므로, (가)의 개발은 (다)의 개발보다 기존 건물의 활용도가 높다.
ㄹ 오답 | (나)와 (다) 개발의 경우 공공 기관의 재개발 사업을 통해 재개발이 이루어졌다.

4 호남 지방 정답 ③ 정답률 74%

일정	주요 활동
1일 차	춘향전의 배경이 되는 광한루와 주변 지역 탐방 남원
2일 차	람사르 협약 등록 습지와 국가 정원 견학 순천
3일 차	나비 축제가 열렸던 하천 주변 유채꽃밭과 나비곤충생태관 방문 함평

A 김제, B 남원, C 순천, D 해남, E 함평 (0 25km)

① A → B → D ② A → C → E ③ B → C → E
④ B → E → D ⑤ C → D → A

|자|료|해|설|
답사 일정표에 제시된 세 지역을 지도에서 찾는 문항이다. 지도에서 A는 김제, B는 남원, C는 순천, D는 해남, E는 함평이다.

|선|택|지|풀|이|
③ 정답 |
1일 차 - B : 춘향전의 배경이 되는 광한루가 위치한 지역은 B 남원이다. 남원은 목기로 유명하며 지역 축제로 춘향제가 개최된다.
2일 차 - C : 람사르 협약 등록 습지인 순천만 연안 습지와 국가 정원이 위치한 지역은 C 순천이다. 순천은 전통 마을인 낙안 읍성과 순천만 갈대 축제가 유명하다.
3일 차 - E : 생태 관광 축제인 나비 축제가 열리는 지역은 E 함평이다.

5 대도시권 정답 ⑤ 정답률 83%

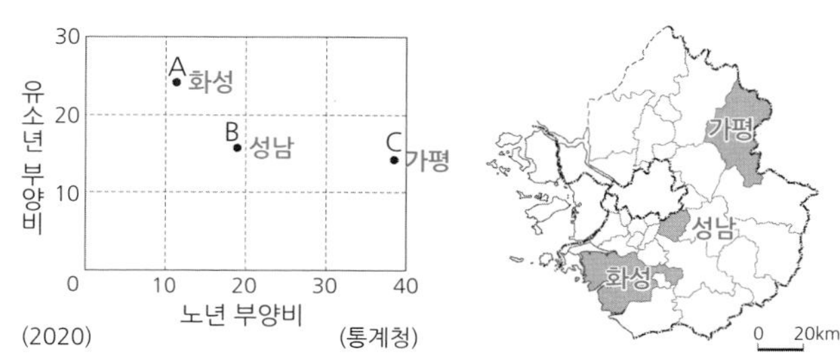

① A는 B보다 서울로 통근·통학하는 인구 비율이 높다.(낮다)
② A는 C보다 청장년층 인구 비율이 낮다.(높다)
③ B는 A보다 성비가 높다.(낮다)
④ C는 A보다 인구 밀도가 높다.(낮다)
⑤ C는 B보다 노령화 지수가 높다.

|자|료|해|설|
세 지역의 유소년 부양비와 노년 부양비를 나타낸 그래프의 A~C가 지도에 표시된 지역 중 어느 지역인지 파악하는 문항이다. 지도의 지역은 각각 가평, 성남, 화성이다.

|선|택|지|풀|이|
A는 유소년 부양비가 높고 노년 부양비가 낮은 것으로 보아 신도시 거주 인구 비율이 높은 화성, C는 노년 부양비가 높은 것으로 보아 촌락 지역인 가평, B는 성남이다.
① 오답 | A 화성은 서울에 인접한 위성 도시에 비해 서울과의 거리가 다소 멀고 제조업체가 밀집해 있어 다른 위성 도시에 비해 서울로의 통근·통학 인구 비율이 낮으며 지역 내 통근·통학 인구의 비율이 높은 편이다. 반면 주거 기능이 발달하였으며 서울과 인접한 B 성남은 서울로의 통근·통학 인구 비율이 높다.
② 오답 | 청장년층 인구 비율(100 - 유소년 부양비 - 노년 부양비)은 유소년 부양비와 노년 부양비를 통해 알 수 있다. 따라서, 화성은 가평보다 청장년층 인구 비율이 높다.
③ 오답 | A 화성은 제조업이 발달하여 남성 인구가 많아 B 성남보다 인구의 성비가 높다.
④ 오답 | C 가평은 A 화성보다 지역의 토지 면적은 비슷하지만 A 화성의 인구가 훨씬 많다. 그러므로 단위면적당 인구 수를 나타내는 인구 밀도는 C 가평이 A 화성보다 낮다.
⑤ 정답 | C 가평은 B 성남보다 유소년 부양비는 낮고 노년 부양비는 훨씬 높기 때문에 B 성남보다 노령화 지수(노년 부양비 / 유소년 부양비)가 더 높다.

문제편 65쪽

6 자연재해 종합 정답 ⑤ 정답률 84%

보기
ㄱ. (가)는 난방용 전력 소비량을 증가시킨다.
ㄴ. (나)는 강한 일사로 인한 대류성 강수가 나타날 때 주로 발생한다.
ㄷ. (다)는 시베리아 기단이 한반도에 강하게 영향을 미칠 때 주로 발생한다.
ㄹ. (나)는 강수, (다)는 기온과 관련된 재해이다.

① ㄱ, ㄴ ② ㄱ, ㄷ ③ ㄴ, ㄷ ④ ㄴ, ㄹ ⑤ ㄷ, ㄹ

|자|료|해|설|
재난 안전 문자 내용을 보고 (가)~(다)가 각각 폭염, 한파, 호우 중 어떤 자연재해인지 파악하는 문항이다.

|보|기|풀|이|
(가)는 여름철에 극심한 더위로 열사병과 같은 온열질환을 유발할 수 있는 폭염이다. (나)는 많은 비를 동반하여 하천 범람 및 홍수 피해, 산사태 피해 등을 유발하는 호우이다. (다)는 겨울철에 기온이 급격히 내려가 감기 환자의 급증 또는 수도관 동파와 같은 피해를 유발하는 한파이다.
ㄱ 오답 | 폭염(가)은 냉방용 전력 소비량을 증가시킨다.
ㄴ 오답 | 호우(나)는 장마 전선이나 저기압으로 다습한 남서 기류가 유입될 때 주로 발생한다. 한여름 강한 일사로 인한 대류성 강수는 오후에 소나기처럼 내리지만 지속 시간이 길지 않아 호우 피해를 발생시키기는 어렵다.
ㄷ 정답 | 한파(다)는 시베리아 기단이 한반도에 강하게 영향을 미치는 한겨울에 주로 발생한다.
ㄹ 정답 | (나)는 강수, (다)는 기온과 관련된 자연재해이다.

7 하천의 상류와 하류 비교 정답 ② 정답률 85%

① 갑, 병 ② 갑, 정 ③ 을, 정
④ 갑, 을, 병 ⑤ 을, 병, 정

|자|료|해|설|
자료는 낙동강의 지점별 퇴적물 입자 크기를 나타낸 것이다. 상류인 A 지점에서 하류인 C 지점으로 갈수록 퇴적물의 평균 입자 크기가 대체로 작아지고 있다.

|선|택|지|풀|이|
② 정답 |
갑 : A는 B보다 상류에 위치해 있어 하천 퇴적 물질의 평균 입자 크기가 크다.
정 : 낙동강의 하구에는 하천이 운반한 물질이 퇴적된 낙동강 삼각주가 형성되어 있다.
오답 |
을 : B는 C보다 상류에 위치해 있어 하천의 평균 유량이 적다.
병 : A-B 구간은 B-C 구간보다 상류에 위치하여 하상의 평균 경사가 급하다.

8 위도가 다른 지역의 기후 비교 정답 ② 정답률 59%

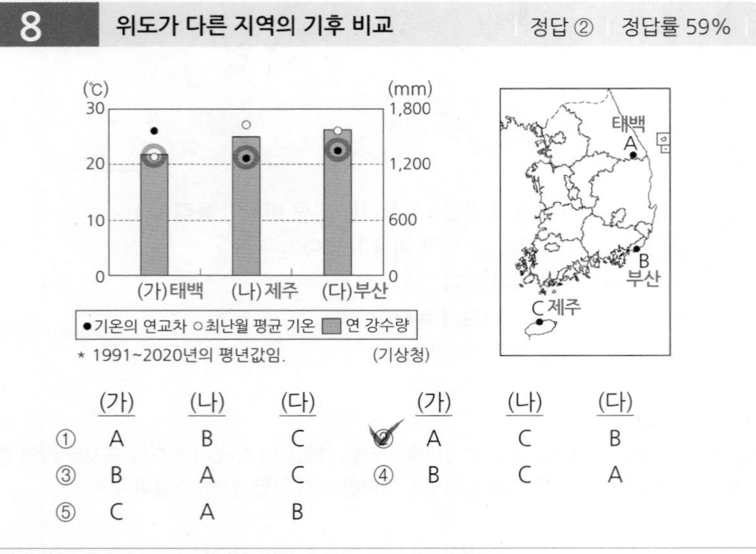

	(가)	(나)	(다)		(가)	(나)	(다)
①	A	B	C	②	A	C	B
③	B	A	C	④	B	C	A
⑤	C	A	B				

|자|료|해|설|
세 지역의 기온의 연교차, 최난월 평균 기온, 연 강수량을 나타낸 그래프를 보고 (가)~(다)가 지도의 A~C 중 어느 지역인지 찾는 문항이다. 지도에 제시된 A는 태백, B는 부산, C는 제주이다.

|선|택|지|풀|이|
② 정답 |
(가) - A : 그래프의 (가)는 최난월 평균 기온이 낮으며 기온의 연교차가 큰 것으로 보아 세 지역 중 가장 위도가 높고 해발 고도도 높은 곳에 위치한 태백이다.
(나) - C : (나)는 세 지역 중 최난월 평균 기온이 가장 높지만 기온의 연교차가 가장 작은 것으로 보아 바다의 영향을 많이 받고 부산에 비해 저위도에 위치한 제주이다.
(다) - B : (다)는 제주에 비해 기온의 연교차가 큰 것으로 보아 제주보다 고위도에 위치한 부산이다.

9 지역별 농업 특성 추론 정답 ④ 정답률 83%

① (가)의 생산량이 가장 많은 도(道)는 경북이다.
② (나)는 밭보다 논에서 주로 재배된다.
③ (다)는 노지 재배 비율보다 시설 재배 비율이 높다.
④ (가)는 (나)보다 국내 식량 자급률이 높다.
⑤ (다)는 (가)보다 우리나라에서 재배되는 면적이 넓다.

|자|료|해|설|
강원도 세 지역의 농산물에 대한 자료를 읽고 (가)~(다)가 각각 배추, 쌀, 옥수수 중 어떤 작물인지 찾아내는 문항이다.

|선|택|지|풀|이|
(가)는 철원의 평야에서 많이 생산되며 철원의 지리적 표시제 농산물로 등록되어 있는 쌀, (나)는 홍천의 지리적 표시제 농산물로 등록되어 있는 옥수수, (다)는 평창의 고랭지에서 생산량이 많은 배추이다.
① 오답 | (가) 쌀의 생산량이 가장 많은 도는 전남이다.
② 오답 | (나) 옥수수는 논보다 밭에서 주로 재배된다.
③ 오답 | (다) 배추는 시설 재배 비율보다 노지 재배 비율이 높다.
④ 정답 | 국내 생산량이 많은 (가) 쌀은 수입 비율이 높은 (나) 옥수수보다 국내 식량 자급률이 높다.
⑤ 오답 | (다) 배추는 (가) 쌀보다 우리나라에서 재배되는 면적이 좁다.

10 북한의 개방 지역 및 여러 지역의 비교 정답 ① 정답률 64%

보기
ㄱ. (다)는 압록강 철교를 통해 중국과 연결된다.
ㄴ. (나)는 (가)의 외항이며 서해 갑문이 있다.
ㄷ. (다)에는 (라)보다 먼저 지정된 경제특구가 있다.
ㄹ. 분단 이전의 경의선 철도는 (가)와 (라)를 경유했다.

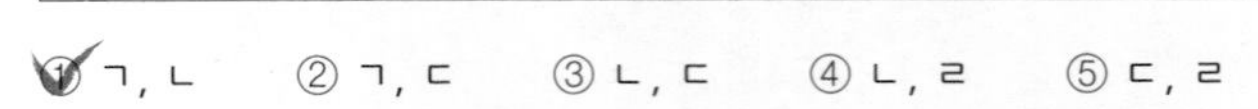
① ㄱ, ㄴ ② ㄱ, ㄷ ③ ㄴ, ㄷ ④ ㄴ, ㄹ ⑤ ㄷ, ㄹ

|자|료|해|설|
북한의 주요 도시와 철도에 대한 자료를 통해 (가)~(라) 지역이 지도에 표시된 지역 중 어느 지역인지 파악하는 문항이다.

|보|기|풀|이|
(가)는 북한 최대 도시인 평양, (나)는 평양의 남서쪽에 위치한 항구 도시인 남포, (다)는 압록강을 사이에 두고 중국 단둥과 마주한 신의주, (라)는 러시아와의 국경에 인접한 나선이다.
ㄱ 정답 | (다) 신의주는 압록강 철교를 통해 중국과 연결된다.
ㄴ 정답 | (나) 남포는 (가) 평양의 외항이며 서해 갑문이 설치되어 있어 큰 조차에도 안정적으로 배가 항구에 접안할 수 있다.
ㄷ 오답 | (다) 신의주는 2002년에 특별행정구로 지정되었으며, (라) 나선은 1991년 유엔개발계획(UNDP)의 지원을 계기로 경제특구로 지정되었다.
ㄹ 오답 | 분단 이전의 경의선 철도는 (가) 평양을 경유해 (다) 신의주까지 연결되었다.

11 해안 지형의 형성 정답 ③ 정답률 53%

갑: A는 최후 빙기에 육지의 일부였습니다.
을: B는 파랑의 침식 작용으로 형성되었습니다.
병: E섬은 사주로 육지와 연결된 육계도였습니다.
정: D는 A보다 간척지로 개발하기 용이합니다.
무: A에서 C로 흐르는 조류는 A보다 C에서 평균 유속이 빠릅니다.

① 갑 ② 을 ③ 병 ④ 정 ⑤ 무

|자|료|해|설|
지도는 울돌목 일대의 과거 지도이며, 이를 바탕으로 A~E의 특징을 묻는 문제이다.

|선|택|지|풀|이|
① 오답 | 울돌목 일대는 수심이 얕은 지역이므로 현재보다 100m 정도 해수면이 낮았던 최후 빙기에 A는 육지의 일부였다고 판단할 수 있다.
② 오답 | B는 돌출부 암석 해안으로, 파랑의 침식 작용으로 형성되었다.
③ 정답 | E섬은 썰물 때 갯벌로 육지와 연결되지만, 사주와 연결된 육계도는 아니다.
④ 오답 | 갯벌인 D는 A보다 간척지로 개발하기 용이하다.
⑤ 오답 | A에서 C로 흐르는 조류는 바다 물길이 좁아지는 C에서 A보다 유속이 빠르다.

문제편 66~67쪽

12 충청 지방 정답 ⑤ 정답률 34%

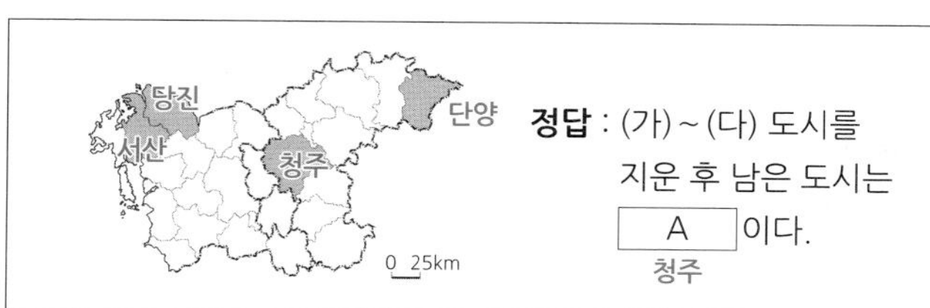

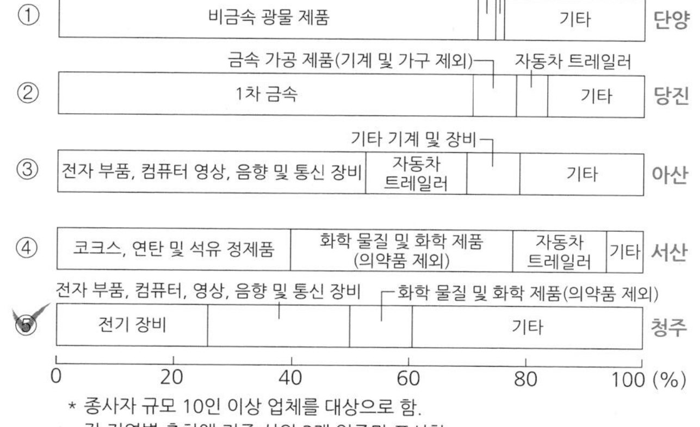

|자|료|해|설|

지도에 표시된 지역은 서산, 당진, 청주, 단양이며, (가)는 제철 공업이 발달한 당진, (나)는 석회석을 활용한 시멘트 공업이 발달한 단양, (다)는 석유 화학 공업이 발달한 서산이다. (가)~(다) 도시를 지운 후 남는 도시 A는 청주이다.

|선|택|지|풀|이|

① 오답 | 시멘트와 같은 비금속 광물 제품의 출하액 비율이 높은 것으로 보아 단양(나)이다.
② 오답 | 제철과 같은 1차 금속 제품의 출하액 비율이 높은 것으로 보아 당진(가)이다.
③ 오답 | 전자와 자동차 산업의 출하액 비율이 높은 것으로 보아 아산이다.
④ 오답 | 정유와 석유 화학 제품의 출하액 비율이 높은 것으로 보아 서산(다)이다.
⑤ 정답 | 전기, 전자, 화학 등 여러 분야의 공업이 종합적으로 발달한 것으로 보아 청주(A)이다.

13 1차 에너지 소비 정답 ④ 정답률 61%

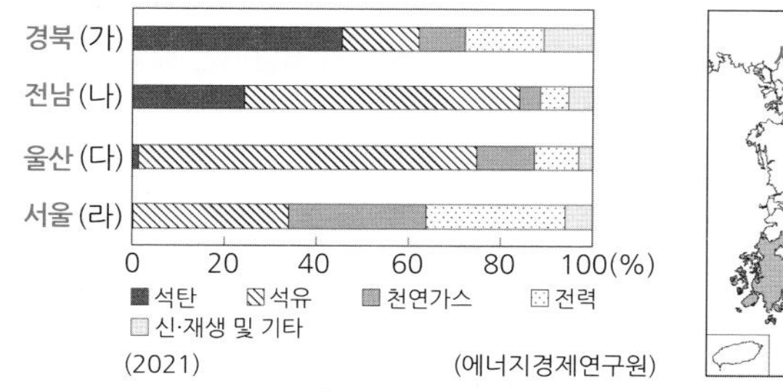

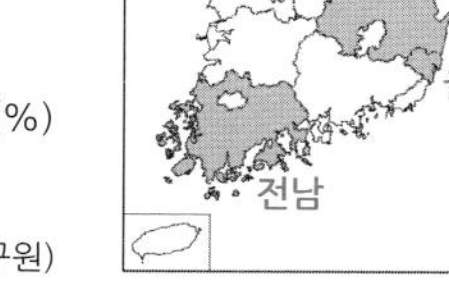

① 경북은 석유 소비량이 석탄 소비량보다 많다. 적다
② 천연가스의 지역 내 소비 비율은 울산이 서울보다 높다. 낮다
③ 석유의 지역 내 소비 비율은 전남이 다른 세 지역보다 높다. 낮다
④ (가)와 (나)에는 대규모 제철소가 입지해 있다.
⑤ (나)와 (다)는 행정 구역 경계가 접해 있다. 접해 있지 않다

|자|료|해|설|

네 지역의 최종 에너지 소비량 비율을 나타낸 그래프의 (가)~(라) 지역이 지도에 표시된 지역 중 어느 지역인지 파악하는 문항이다. 지도에 표시된 지역은 서울, 경북, 울산, 전남이다.

|선|택|지|풀|이|

(가)는 석탄의 소비량 비율이 높은 것으로 보아 제철 공업이 발달한 경북, (나)는 석유와 석탄의 소비량 비율이 높은 것으로 보아 정유 및 석유 화학과 제철 공업이 발달해 있고 석탄 화력 발전소가 위치한 전남, (다)는 석유의 소비량 비율이 높은 것으로 보아 정유 및 석유 화학 공업이 발달한 울산, (라)는 석유와 천연가스 및 전력의 소비량 비율이 높은 것으로 보아 대도시인 서울임을 알 수 있다.

① 오답 | 경북은 석탄을 연료로 하는 제철 공업이 발달해 있어 석유 소비량보다 석탄 소비량이 많다.
② 오답 | 천연가스의 지역 내 소비 비율은 울산이 서울보다 낮다.
③ 오답 | 석유의 지역 내 소비 비율은 전남이 경북과 서울보다 높으나 울산보다는 낮다.
④ 정답 | (가) 경북과 (나) 전남에는 대규모 제철소가 입지하고 있다.
⑤ 오답 | (나) 전남과 (다) 울산은 행정 구역 경계가 접해 있지 않다.

14 지역별 산업 구조 분석 정답 ⑤ 정답률 32%

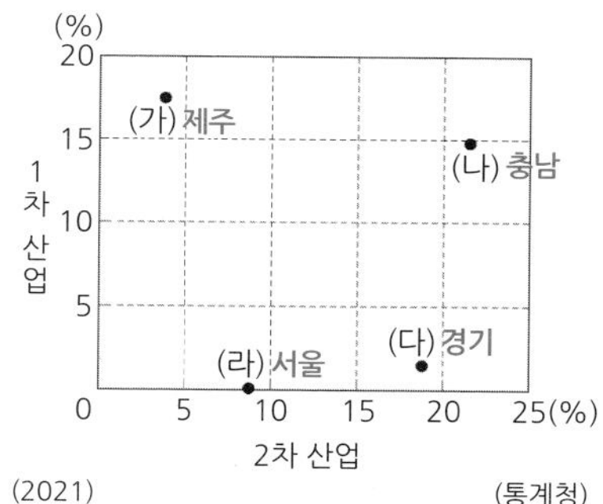

① (가)는 제주, (나)는 경기이다. 충남
② (가)는 (나)보다 지역 내 3차 산업 취업자 수 비율이 낮다. 높다
③ (나)는 (다)보다 제조업 출하액이 많다. 적다
④ (다)는 (라)보다 전문, 과학 및 기술 서비스업체 수가 많다. 적다
⑤ (가) ~ (라) 중 1인당 지역 내 총생산은 (나)가 가장 많다.

|자|료|해|설|

네 지역의 산업별 취업자 수 비율을 나타낸 그래프의 (가)~(라) 지역이 각각 경기, 충남, 서울, 제주 중 어느 지역인지 파악하는 문항이다.

|선|택|지|풀|이|

(라)는 대도시의 특성상 1차 산업 취업자 수 비율이 매우 낮고 2차 산업 취업자 수 비율도 10% 미만으로 낮은 편이며, 3차 산업의 취업자 수 비율이 매우 높은 서울이다. (다)는 촌락 지역도 일부 있으나 대부분은 도시로 이루어져 있고 제조업이 발달되어 있어 1차 산업의 비율은 낮고 2차 산업의 비율은 상대적으로 높은 경기이다. (가)는 제조업의 발달이 미약하고 농업과 관광 산업이 발달해 있어 1차 산업의 취업자 수 비율이 15% 이상으로 높은 편이지만 2차 산업 취업자 수 비율은 5% 미만으로 매우 낮은 제주이다. (나)는 제조업이 발달되어 있고 농업도 발달해 있어 1차와 2차 산업 취업자 수 비율이 다른 지역에 비해 높은 충남이다.

① 오답 | (가)는 제주, (나)는 충남이다.
② 오답 | (가) 제주는 (나) 충남보다 지역 내 3차 산업 취업자 수 비율이 높다. 3차 취업자 수 비율은 100 - 1차 산업과 2차 산업 취업자 수 비율의 합이다.
③ 오답 | (나) 충남은 (다) 경기보다 제조업 출하액이 적다.
④ 오답 | (다) 경기는 (라) 서울보다 전문, 과학 및 기술 서비스업체 수가 적다.
⑤ 정답 | (가)~(라) 중 1인당 지역 내 총생산은 (나) 충남이 가장 많다.

15 북한의 자연환경 정답 ④ 정답률 35%

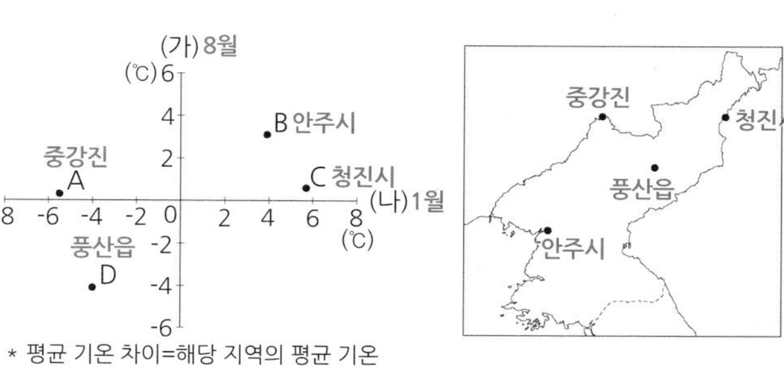

① A는 D보다 기온의 연교차가 작다. 크다
② B는 C보다 1월 평균 기온이 높다. 낮다
③ C는 B보다 연 강수량이 많다. 적다
④ D는 A보다 해발 고도가 높다.
⑤ B는 관북 지방, C는 관서 지방에 위치한다. 관서 관북

|자|료|해|설|

네 지역의 8월, 1월 시기 평균 기온 차이를 나타낸 그래프의 A~D 지역이 지도에 표시된 지역 중 어느 지역인지 찾아내는 문항이다. 지도에 표시된 지역은 중강진, 청진시, 풍산읍, 안주시이다.

|선|택|지|풀|이|

시기별 평균 기온 차이에서 (나)는 지역 간 기온 차이가 큰 것으로 보아 겨울인 1월, (가)는 지역 간 기온 차이가 작은 것으로 보아 여름인 8월이다. C는 1월에 평균 기온이 가장 높은 것으로 보아 동해안에 위치한 청진시, B는 8월에 평균 기온이 가장 높고 1월에도 평균 기온이 높은 편인 것으로 보아 서해안에 인접한 안주시, D는 1월과 8월에 모두 평균 기온이 낮은 것으로 보아 북부 내륙 지방에 위치해 있으며 해발 고도가 높은 산지 지역에 위치한 풍산읍, A는 1월에 평균 기온이 가장 낮은 것으로 보아 중강진이다.

① 오답 | A 중강진은 D 풍산읍보다 8월 평균 기온이 약 4℃ 높고 1월 평균 기온이 약 2℃ 낮으므로 기온의 연교차는 크다.
② 오답 | B 안주시는 C 청진시보다 1월 평균 기온이 낮다.
③ 오답 | 한류의 영향을 받는 관북 해안 지방에 위치한 C 청진시는 강수량이 매우 적은 곳이므로, C 청진시는 B 안주시보다 연 강수량이 적다.
④ 정답 | D 풍산읍은 A 중강진보다 저위도에 위치해 있으나 여름 기온이 낮은 것으로 보아 해발 고도가 높음을 알 수 있다.
⑤ 오답 | B 안주시는 관서 지방, C 청진시는 관북 지방에 위치한다.

문제편 67쪽

16 화산 지형과 카르스트 지형

정답 ④ 정답률 85%

보기
ㄱ. ㉠ 주변에는 붉은색의 석회암 풍화토가 나타난다. (흑갈색 현무암)
ㄴ. ㉡은 흐르는 용암 표면과 내부의 냉각 속도 차이로 형성된다.
ㄷ. ㉢이 가장 많이 분포하는 지역은 제주도이다.
ㄹ. ㉣은 화학적 풍화에 해당한다.

① ㄱ, ㄴ ② ㄱ, ㄷ ③ ㄴ, ㄷ ④ ㄴ, ㄹ ⑤ ㄷ, ㄹ

|자|료|해|설|
제주도의 동굴에 대한 자료 글을 보고 해당 내용에 대한 설명의 옳고 그름을 판단하는 문제이다.

|보|기|풀|이|
ㄱ 오답 | ㉠ 만장굴은 용암 동굴로 기반암이 현무암이기 때문에 주변에는 흑갈색의 현무암 풍화토가 나타난다.
ㄴ 정답 | ㉡ 용암 동굴은 점성이 작고 유동성이 큰 현무암질 용암이 흐르는 과정에서 공기와 접촉하는 용암 표면과 내부의 냉각 속도 차이로 형성된다.
ㄷ 오답 | ㉢ 석회 동굴이 가장 많이 분포하는 지역은 강원도 남부와 충청북도 북동부이다. 제주도의 동굴은 용암 동굴에 해당하며 석회 동굴은 분포하지 않는다.
ㄹ 정답 | ㉣ 용식 작용은 탄산 칼슘과 물의 화학 반응으로 일어나는 화학적 풍화 작용에 해당한다.

17 다문화 공간

정답 ② 정답률 44%

보기
ㄱ. ㉠은 경남이 전남보다 많다.
ㄴ. ㉡은 우리나라 전체에서 시 지역보다 군 지역에 많이 거주한다. (군, 시)
ㄷ. ㉢에는 외국인 근로자가 결혼 이민자보다 많다.
ㄹ. 2020년 기준 우리나라의 ㉣은 현재 인구를 유지할 수 있는 기준인 2.1명보다 높다. 낮다

① ㄱ, ㄴ ② ㄱ, ㄷ ③ ㄴ, ㄷ ④ ㄴ, ㄹ ⑤ ㄷ, ㄹ

|자|료|해|설|
국내 거주 외국인과 관련된 신문 기사를 읽고 해당 내용의 옳고 그름을 판단하는 문제이다.

|보|기|풀|이|
ㄱ 정답 | ㉠ 외국인 근로자는 제조업이 발달한 경남이 전남보다 많다.
ㄴ 오답 | 시 지역보다 군 지역이 외국인 중 ㉡ 결혼 이민자 비율이 높게 나타나지만, 전체 결혼 이민자의 수로 볼 때는 군 지역보다 시 지역에 많이 거주한다.
ㄷ 정답 | ㉢ 안산시에는 제조업체가 밀집되어 있어 외국인 근로자가 결혼 이민자보다 많다.
ㄹ 오답 | 2020년 기준 우리나라의 ㉣ 합계 출산율은 현재 인구를 유지할 수 있는 기준인 대체 출산율(2.1명)보다 크게 낮은 0.84명을 기록했다.

18 도시 내부 구조

정답 ② 정답률 74%

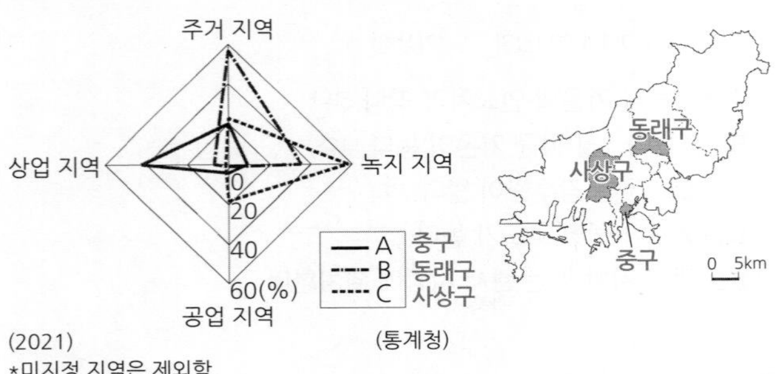

① B는 바다와 인접하고 있다. 인접해 있지 않다
② A는 B보다 주간 인구 지수가 높다.
③ A는 C보다 상주인구가 많다. 적다
④ B는 C보다 제조업 사업체 수가 많다. 적다
⑤ C는 A보다 전체 사업체 수 중 금융 및 보험업의 비율이 높다. 낮다

|자|료|해|설|
부산광역시 세 구(區)의 용도별 토지 이용 비율을 나타낸 그래프의 A~C 지역이 지도에 표시된 지역 중 어느 지역인지 파악하는 문항이다. 지도에 표시된 지역은 중구, 사상구, 동래구이다.

|선|택|지|풀|이|
그래프의 A는 상업 용도의 토지 이용 비율이 높은 것으로 보아 금융 및 보험업체와 기업의 본사 및 지사들이 많은 부산의 중심 업무 구역(CBD)이 위치한 중구이다. B는 주거 용도의 토지 이용 비율이 높으므로 주거 기능이 발달한 동래구이다. C는 산지 비율이 높아 녹지 지역의 비율이 높으며, 제조업 사업체 수가 많아 공업 지역의 비율이 높게 나타나는 부산 서부의 강서구, 사상구, 사하구 지역 중 하나인 사상구이다.

① 오답 | B 동래구는 바다와 인접해 있지 않다.
② 정답 | A 중구는 B 동래구보다 상주인구 대비 주간 유입 인구가 많아 주간 인구 지수가 높다.
③ 오답 | 도심부에 위치한 A 중구는 제조업과 주거 기능이 발달한 C 사상구보다 상주인구가 적다.
④ 오답 | 주거 기능 위주의 B 동래구는 제조업 기능이 발달한 C 사상구보다 제조업 사업체 수가 적다.
⑤ 오답 | C 사상구는 중심 업무 기능이 발달한 A 중구보다 전체 사업체 수 중 금융 및 보험업의 비율이 낮다.

19 영남 지방

정답 ② 정답률 76%

보기
ㄱ. A - 세계 문화유산으로 등재된 역사 마을이 있나요?
ㄴ. B - 원자력 발전소가 위치하고 있나요?
ㄷ. C - '경상도' 지명의 유래가 된 도시인가요?
ㄹ. D - 도청 소재지에 해당하나요?

① ㄱ, ㄴ ② ㄱ, ㄷ ③ ㄴ, ㄷ ④ ㄴ, ㄹ ⑤ ㄷ, ㄹ

|자|료|해|설|
지도의 (가)는 안동, (나)는 경주이다. A는 안동과 경주 모두 '예', B는 안동은 '예', 경주는 '아니요', C는 안동은 '아니요', 경주는 '예', D는 안동과 경주 모두 '아니요'에 해당될 수 있는 질문이 들어가야 한다.

|보|기|풀|이|
ㄱ 정답 | A - 세계 문화 유산으로 등재된 역사 마을은 안동의 하회 마을, 경주의 양동 마을이 있으므로, 안동과 경주 모두 '예'에 해당할 수 있는 질문이다.
ㄴ 오답 | B - 원자력 발전소는 안동에는 없고 경주에서는 월성 및 신월성 원자력 발전소가 운영되고 있으므로, 안동에는 '아니요', 경주에는 '예'에 해당할 수 있는 질문이다.
ㄷ 정답 | C - '경상도' 지명은 경주와 상주의 지명에서 유래된 것이다. 따라서 안동에는 '아니요', 경주에는 '예'에 해당할 수 있는 질문이다.
ㄹ 오답 | D - 경북의 도청 소재지는 안동에 있으므로 안동에는 '예', 경주에는 '아니요'에 해당할 수 있는 질문이다.

20 영해와 배타적 경제 수역

정답 ④ 정답률 61%

보기
ㄱ. (가)가 '이어도는 우리나라의 A에 포함된다.'이면, ㉡은 '예'이다.
ㄴ. (나)가 'C에서는 타국의 인공 섬 설치가 보장된다.'이면, ㉠은 '아니요'이다.
ㄷ. ㉠이 '예'이면, (나)에는 '제주도는 직선 기선을 설정하기 위한 기점 중 하나이다.'가 들어갈 수 있다.
ㄹ. ㉡이 '아니요'이면, (가)에는 '우리나라 A의 최남단은 해남 땅끝 마을이다.'가 들어갈 수 있다.

① ㄱ, ㄴ ② ㄱ, ㄷ ③ ㄴ, ㄷ ④ ㄴ, ㄹ ⑤ ㄷ, ㄹ

|자|료|해|설|
A는 우리나라의 주권이 미치는 땅인 영토, B는 우리나라의 주권이 미치는 바다인 영해이며, 기선으로부터 12해리만큼의 범위이다. C는 기선으로부터 200해리까지의 바다 중 영해를 제외한 해역으로, 배타적 경제 수역을 나타낸 것이다. 갑은 4개의 질문에 모두 옳은 답을 하여 4점을 받았으며, 을은 2개의 질문에만 옳은 답을 하여 2점을 받은 상태이다.
첫 번째 질문에서 영공은 영토(A)와 영해(B)의 수직 상공이므로 '예'가 옳은 대답이며, 갑과 을 모두 1점씩 받았다. 두 번째 질문에서 우리나라 영해(B)는 모든 수역에서 기선으로부터 12해리가 아니라 대한 해협에서는 3해리를 적용하므로 '아니요'가 옳은 대답이며, 갑은 1점, 을은 0점을 받았다. 갑은 총점이 4점이므로 (가), (나) 질문에 대한 답변인 ㉠과 ㉡에서 모두 맞는 대답이어야 하며, 을은 둘 중 하나는 맞는 대답, 하나는 틀린 대답이어야 한다.

|보|기|풀|이|
ㄱ 오답 | (가)가 '이어도는 우리나라의 영토(A)에 포함된다.'이면, 갑 답변인 ㉠은 을 답변과 같은 '아니요'가 되고, (나) 내용의 을 답변인 '예'는 틀린 답변이 되어야 하므로 갑 답변인 ㉡은 '아니요'가 된다.
ㄴ 정답 | (나)가 'C에서는 타국의 인공 섬 설치가 보장된다.'이면, 갑 답변인 ㉡은 을 답변과 다른 '아니요'가 되고, (가) 내용의 을 답변인 '아니요'가 옳은 답변이 되어야 하므로 갑 답변인 ㉠은 '아니요'가 된다.
ㄷ 오답 | ㉠이 '예'이면, 갑은 4개 질문에 모두 옳은 답을 했기 때문에 (가)에 대한 을 답변인 '아니요'는 틀린 답변이 된다. 을은 총점 2점을 받았으므로 (나) 질문에는 반드시 옳은 답변을 해야 하는데, (나)에 '제주도는 직선 기선을 설정하기 위한 기점 중 하나이다.'가 들어갈 경우 (나)에 대한 을의 답변인 '예'가 틀리게 되므로 (나)에는 해당 내용이 들어갈 수 없다.
ㄹ 정답 | ㉡이 '아니요'이면, 갑은 4개 질문에 모두 옳은 답을 했기 때문에 (나)에 대한 을 답변인 '예'는 틀린 답변이 된다. 을은 총점 2점을 받았으므로 (가) 질문에는 반드시 옳은 답변을 해야 하는데, (가)에 '우리나라 A의 최남단은 해남 땅끝 마을이다.'가 들어갈 경우 (가)에 대한 을의 답변인 '아니요'가 맞게 되므로 (가)에는 해당 내용이 들어갈 수 있다.

문제편 68쪽

17회 2025학년도 9월 고3 모의평가 정답과 해설 한국지리

문제편 p.69

1	③	2	①	3	⑤	4	⑤	5	②
6	①	7	③	8	③	9	⑤	10	③
11	⑤	12	②	13	④	14	②	15	④
16	④	17	④	18	②	19	④	20	④

1 고지도 및 고문헌에 나타난 국토관 정답 ③ 정답률 89%

보기

ㄱ. (가)와 (나)는 모두 조선 전기(후기)에 제작되었다.
ㄴ. A는 교통 · 통신 등의 기능을 담당하던 시설을 표현한 것이다.
ㄷ. B에서 C까지의 거리는 40리 이상이다.
ㄹ. ㉠은 가거지(可居地) 조건 중 인심(人心)(생리(生利))에 해당한다.

① ㄱ, ㄴ ② ㄱ, ㄷ  ㄴ, ㄷ ④ ㄴ, ㄹ ⑤ ㄷ, ㄹ

| 보 | 기 | 풀 | 이 |

ㄱ 오답 | (가) 대동여지도는 1861년에 김정호가 지도 제작 기술을 집대성하여 제작하였고, (나) 택리지는 1751년에 이중환이 저술하였다. 따라서 (가)와 (나)는 모두 조선 후기에 제작되었다.

ㄴ 정답 | A 역참은 조선 시대 공문서 전달 및 공공 물자 운송 등을 담당한 교통 · 통신 기관인 동시에 숙박 기능도 갖춘 시설이다.

ㄷ 정답 | 대동여지도는 직선으로 표현된 도로에 10리마다 방점을 찍어 두 지점 간의 대략적인 거리를 파악할 수 있다. B와 C 사이에는 방점이 네 개 찍혀 있으므로 B에서 C까지의 거리는 40리 이상이다.

ㄹ 오답 | ㉠ '땅이 매우 비옥하다'는 농경에 유리한 경제적 조건이므로 가거지의 조건 중 생리(生利)에 해당한다. 인심(人心)은 당쟁이 없으며 이웃의 인심이 온순하고 순박한 곳을 말한다.

2 암석 분포 정답 ① 정답률 78%

질문	학생 갑	을	병	정	무
C에서는 중생대 퇴적암이 관찰되나요? → 예	예	예	예	예	아니요
A는 B보다 식생 밀도가 높나요? → 예 (A: 흙산, B: 돌산)	예	예	아니요	아니요	아니요
A는 C보다 기반암의 형성 시기가 이른가요? → 예 (A: 시 · 원생대, C: 중생대)	예	아니요	예	아니요	아니요

① 갑 ② 을 ③ 병 ④ 정 ⑤ 무

| 선 | 택 | 지 | 풀 | 이 |

① 정답 |
첫 번째 질문 : C 고성 공룡 발자국 화석지는 중생대에 퇴적된 경상 누층군의 일부 지역에 분포한다. 따라서 C에서는 중생대 퇴적암이 관찰된다.
두 번째 질문 : A 지리산은 기반암이 변성암인 흙산이고, B 설악산은 기반암이 화강암인 돌산이다. 따라서 A는 B보다 식생 밀도가 높다.
세 번째 질문 : A 지리산의 기반암은 시 · 원생대에 형성된 변성암이고, C 고성 공룡 화석지의 기반암은 중생대에 형성된 퇴적암이다. 따라서 A는 C보다 기반암의 형성 시기가 이르다.
교사의 질문에 모두 옳게 답한 학생은 세 질문에 모두 '예'라고 답한 갑이다.

3 해안 지형의 형성 정답 ⑤ 정답률 71%

	(가)	(나)		(가)	(나)
①	A, B	C, D	②	A, C	B, D
③	A, D	B, C	④	B, C	A, D
⑤	C, D	A, B			

| 선 | 택 | 지 | 풀 | 이 |

⑤ 정답 |
A는 파식대로 파랑의 침식 작용으로 형성된 비교적 평탄한 지형이다. B는 해식동으로 해식애의 약한 부분이 집중적으로 침식되어 형성된 동굴이다. C는 사빈으로 하천 또는 주변의 암석 해안으로부터 공급되어 온 모래가 파랑 및 연안류의 퇴적 작용을 받아 형성된 지형이다. D는 석호로 후빙기 해수면 상승으로 형성된 만의 입구에 파랑 및 연안류의 퇴적 작용으로 사주가 발달하여 형성된 호수이다.
따라서 파랑의 침식 작용으로 형성된 A 파식대와 B 해식동은 파랑 에너지가 집중되는 (나) 곶에서 주로 나타나고, 파랑과 연안류의 퇴적 작용으로 형성된 C 사빈과 D 석호는 파랑 에너지가 분산되는 (가) 만에서 주로 나타난다.

4 신 · 재생 에너지 정답 ⑤ 정답률 71%

① (가)(다)는 바람이 지속적으로 많이 부는 지역이 전력 생산에 유리하다.
② (나)(가)는 유량이 풍부하고 낙차가 큰 지역이 전력 생산에 유리하다.
③ (다)(나)는 일조 시간이 긴 지역에서 개발 잠재력이 높다.
④ (나)는 (가)보다 우리나라에서 전력 생산에 이용된 시기가 이르다.(늦다)
⑤ (나)는 (다)보다 국내 총발전량이 많다.

| 선 | 택 | 지 | 풀 | 이 |

(가)는 한강 유역의 충북, 강원, 경기와 낙동강 유역의 경북에서 생산량이 많으므로 수력이다. 수력은 대하천의 중 · 상류 지역에서 발전량이 많다. (나)는 전남, 전북, 충남, 경북에서 생산량이 많으므로 태양광이다. 태양광은 전남, 전북 등 일조량이 풍부한 지역에서 발전량이 많다. (다)는 강원, 경북, 제주, 전남에서 생산량이 많으므로 풍력이다. 풍력은 바람이 많은 산지나 해안이 있는 강원, 경북, 제주 등에서 발전량이 많다.
① 오답 | 바람이 지속적으로 많이 부는 지역이 전력 생산에 유리한 신 · 재생 에너지는 (다) 풍력이다.
② 오답 | 유량이 풍부하고 낙차가 큰 지역이 전력 생산에 유리한 신 · 재생 에너지는 (가) 수력이다.
③ 오답 | 일조 시간이 긴 지역에서 개발 잠재력이 높은 신 · 재생 에너지는 (나) 태양광이다.
④ 오답 | 우리나라에서 전력 생산에 이용된 시기는 (가) 수력이 (나) 태양광보다 이르다. 수력은 우리나라에서 20세기 초부터 전력 생산에 이용되어 재생 에너지 중 상용화된 시기가 가장 이르다.
⑤ 정답 | (나) 태양광은 (다) 풍력보다 국내 총발전량이 많다. 태양광은 국내 신 · 재생 에너지 중 총발전량이 가장 많다.

5 농업 자료 분석 정답 ② 정답률 87%

① (나)의 생산량은 영남권이 호남권보다 많다.(적다)
② (가)는 (다)보다 재배 면적이 넓다.
③ (나)는 (가)보다 식량 작물 중 자급률이 높다.(낮다)
④ (나)는 (다)보다 생산량이 많다.(적다)
⑤ 제주에서는 (가) 재배 면적이 (다) 재배 면적보다 넓다.(좁다)

| 자 | 료 | 해 | 설 |

제시된 글에서 (가)~(다) 작물을 파악하여 각 작물의 특성을 파악하는 문항이다. (가)는 우리나라에서 가장 많이 생산되는 곡물이며, 중 · 남부 지방의 평야 지역에서 주로 재배되므로 쌀이다. (나)는 주로 (가) 쌀의 그루갈이 작물로 겨울철이 온화한 남부 지방에서 재배되고 있으므로 맥류이다. (다)는 식생활 변화에 따른 소비 증가로 생산량이 증가하였으며, 상업적으로 재배되는 채소이다.

| 선 | 택 | 지 | 풀 | 이 |

① 오답 | (나) 맥류의 생산량은 호남권이 영남권보다 많다. 맥류는 전남, 전북을 포함하는 호남권에서 대부분 생산된다.
② 정답 | (가) 쌀은 (다) 채소보다 재배 면적이 넓다. 우리나라에서 재배 면적은 쌀(벼)이 가장 넓다.
③ 오답 | 식량 작물 중 자급률은 (가) 쌀이 (나) 맥류보다 높다. 우리나라의 식량 작물 중에서 자급률은 쌀이 가장 높다.
④ 오답 | 생산량은 (다) 채소가 (나) 맥류보다 많다. 우리나라의 작물 중 생산량은 채소가 가장 많다.
⑤ 오답 | 제주에서는 (다) 채소 재배 면적이 (가) 쌀 재배 면적보다 넓다. 제주는 기반암에 절리가 발달하여 지표수가 부족하기 때문에 벼농사가 거의 이루어지지 않으며, 경지의 대부분이 밭으로 이용된다.

6 영남 지방 정답 ① 정답률 71%

	(가)	(나)
①	주택 유형 중 아파트 비율	중위 연령
②	주택 유형 중 아파트 비율	성비
③	전체 가구 중 농가 비율	주택 유형 중 아파트 비율
④	전체 가구 중 농가 비율	중위 연령
⑤	전체 가구 중 농가 비율 → 촌락에서 높게 나타남	성비 → [거제에서 높게 나타남, 촌락에서 낮게 나타남]

|자|료|해|설|
(가), (나) 지표의 상위 및 하위 5개 시·군을 나타낸 자료를 통해 (가), (나)가 어떤 지표인지 찾는 문항이다.

|선|택|지|풀|이|
①정답 |
(가) - (가)는 양산, 김해, 창원, 거제, 진주의 시(市) 지역에서 높게 나타나고, 합천, 산청, 하동, 남해, 의령의 군(郡) 지역에서 낮게 나타난다. 따라서 (가) 지표는 도시의 특성이 강한 지역에서 높게 나타나는 주택 유형 중 아파트 비율이다.
(나) - (나)는 (가)와 반대로 합천, 산청, 하동, 남해, 의령의 군(郡) 지역에서 높게 나타나고, 양산, 김해, 창원, 거제, 진주의 시(市) 지역에서 낮게 나타난다. 따라서 (나) 지표는 촌락의 특성이 강한 지역에서 높게 나타나는 중위 연령이다.
오답 |
전체 가구 중 농가 비율은 촌락의 특성이 강한 지역에서 높게 나타나고, 도시의 특성이 강한 지역에서 낮게 나타난다.
성비는 군부대가 많은 강원 및 경기 북부와 중화학 공업이 발달한 거제, 당진 등에서 높게 나타나며, 여성 노년층 인구 비율이 높은 촌락에서 낮게 나타난다.

7 북한의 자연환경 정답 ③ 정답률 66%

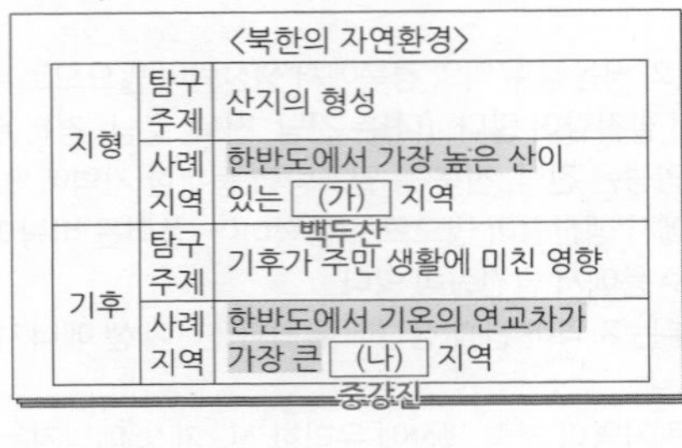

	(가)	(나)		(가)	(나)
①	A	B	②	A	C
③	B	A	④	B	C
⑤	C	A			

|선|택|지|풀|이|
③정답 |
(가) - B : 한반도에서 가장 높은 산은 해발 고도 2,744m의 백두산으로, (가) 지역은 B 백두산이다.
(나) - A : 한반도에서 기온의 연교차가 가장 큰 (나) 지역은 고위도의 내륙에 위치한 A 중강진이다.
오답 |
C 나선에는 유엔 개발 계획의 지원을 계기로 1991년 북한 최초로 지정된 경제특구가 있다.

8 영해와 배타적 경제 수역 정답 ③ 정답률 83%

<2023년 올해의 섬 '가거도'>

우리나라 영해의 기점은 총 ㉠ 23개로 ㉡ 영해의 폭을 측정하는 시작점이다. 해양 수산부는 2023년부터 ㉢ 영해 기점이 있는 섬의 영토적 가치를 알리기 위해 '올해의 섬'을 발표하는데, ㉣ '가거도'가 최초로 선정되었다. 전남 신안군에 속한 가거도의 북위 34° 02′ 49″, 동경 125° 07′ 22″ 지점에는 영해 기점이 표시된 첨성대 조형물이 있다. 가거도 서쪽 약 47km 해상에 있는 가거초에는 ㉤ 이어도에 이어 두 번째로 해양 과학 기지가 건설되어 해양 자원 확보와 기상 관련 정보 수집을 하고 있다.

(메모: 직선 기선의 기점 주로 최외곽 도서 / 일반적으로 기선으로부터 12해리 / 서해안의 영해 기점 / 수중 암초)

① ㉠을 연결하는 직선은 통상 기선에 해당한다. (→ 직선)
② 대한 해협에서 ㉡은 12해리이다. (→ 3)
③ ㉢을 연결한 기선으로부터 육지 쪽에 있는 수역은 내수(內水)로 한다. (→ 직선 기선)
④ ㉣은 우리나라 영토의 최남단(극남)에 해당한다. (→ 마라도)
⑤ ㉤은 ㉢ 중 하나이다.

|선|택|지|풀|이|
① 오답 | ㉠ 23개의 영해 기점을 연결하는 직선은 직선 기선에 해당한다. 통상 기선은 연안의 최저 조위선에 해당하는 선이다.
② 오답 | 일본과의 거리가 가까운 대한 해협에서는 ㉡ 영해의 폭을 직선 기선으로부터 3해리로 설정하였다.
③정답 | ㉢ 영해 기점을 연결한 기선으로부터 육지 쪽에 있는 수역은 내수(內水)로 한다.
④ 오답 | 우리나라 영토의 최남단(극남)에 해당하는 섬은 제주특별자치도 서귀포시 마라도이다. ㉣ 가거도는 서해안에서 영해의 기점에 해당하며, 우리나라의 최남서단에 위치한다.
⑤ 오답 | 이어도는 수중 암초이므로 우리나라 영토에 포함되지 않는다. 따라서 ㉤ 이어도는 우리나라의 ㉢ 영해 기점 중 하나라고 볼 수 없다.

9 강원 지방 정답 ⑤ 정답률 82%

(지도: 인제 B, 양양 C, 춘천 A, 강릉 D, 평창 E, 0 30km)

① A ② B ③ C ④ D ⑤ E

|선|택|지|풀|이|
① 오답 | A는 춘천으로 강원특별자치도 도청 소재지이며, 서울과 전철로 연결되고 닭갈비와 막국수 등으로 유명하다. 또한 소양호가 위치하여 '호반의 도시'로도 알려져 있다.
② 오답 | B는 인제로 우리나라 최초로 람사르 습지로 등록된 대암산 용늪이 위치하며, 감입 곡류 하천의 급류를 이용한 래프팅으로 유명하다.
③ 오답 | C는 양양으로 설악산 국립 공원에 걸쳐 있다.
④ 오답 | D는 강릉으로 정동진 해안 단구가 유명하고, 경포 해수욕장과 경포호를 비롯하여 해수욕장과 석호가 발달해 있다.
⑤정답 | E는 평창으로 고위 평탄면에서 여름철 서늘한 기후를 이용한 고랭지 채소 재배와 목축업이 이루어지고 있다. 또한 눈이 많이 내리는 기후 특성을 활용하여 겨울 스포츠가 발달했으며 2018년 동계 올림픽이 개최되었다.

10 도시 내부 구조 정답 ③ 정답률 72%

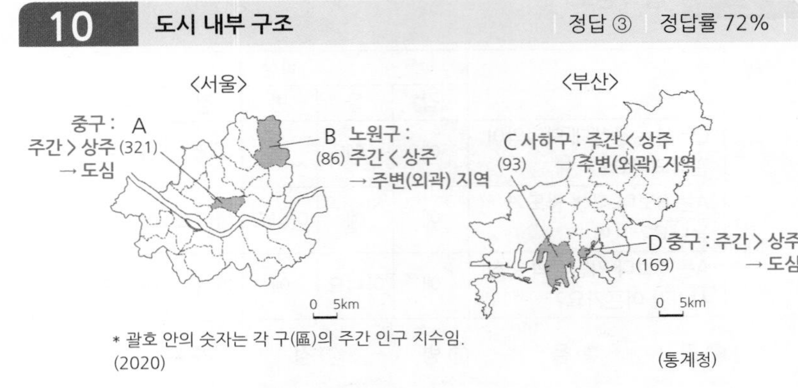

* 괄호 안의 숫자는 각 구(區)의 주간 인구 지수임. (2020)
(통계청)

① A는 B보다 상주인구가 많다. (→ 적다)
② B는 A보다 통근·통학 유입 인구가 많다. (→ 적다)
③ C는 D보다 제조업 사업체 수가 많다.
④ D는 A보다 금융 및 보험업 사업체 수가 많다. (→ 적다)
⑤ D는 C보다 초등학교 학생 수가 많다. (→ 적다)

|자|료|해|설|
서울과 부산 각 두 구(區)의 주간 인구 지수를 바탕으로 A~D 구의 특성을 비교하는 문항이다. 서울의 A는 주간 인구 지수가 100 이상으로 상업·업무 기능이 발달하여 주간 인구가 상주인구보다 많은 도심이 위치한 중구, B는 주간 인구 지수가 100 미만으로 주거 기능이 발달하여 주간 인구가 상주인구보다 적은 주변(외곽) 지역에 위치하는 노원구, 부산의 C는 주간 인구 지수가 100 미만으로 주변(외곽) 지역에 위치한 사하구, D는 주간 인구 지수가 100 이상으로 도심이 위치한 중구이다.

|선|택|지|풀|이|
① 오답 | 상주인구는 주거 기능이 발달한 B 노원구가 상업·업무 기능이 발달한 A 중구보다 많다.
② 오답 | 통근·통학 유입 인구는 상업·업무 기능이 발달하여 주간 인구 지수가 100 이상인 A 중구가 주거 기능이 발달하여 주간 인구 지수가 100 미만인 B 노원구보다 많다. 주간 인구 지수가 100 이상이면 통근·통학 유입 인구가 통근·통학 유출 인구보다 많음을 의미한다.
③정답 | 제조업이 발달한 C 사하구는 상업·업무 기능이 발달한 D 중구보다 제조업 사업체 수가 많다. 부산은 강서구, 사상구, 사하구를 중심으로 서부 지역에 제조업이 발달하였다.
④ 오답 | 금융 및 보험업 사업체 수는 도시 규모가 큰 서울의 도심인 A 중구가 부산의 도심인 D 중구보다 많다.
⑤ 오답 | 초등학교 학생 수는 주변(외곽) 지역에 위치한 C 사하구가 도심이 위치한 D 중구보다 많다. 초등학생 수는 대체로 상주인구에 비례한다.

문제편 70쪽

11 기후 비교 　　정답 ⑤　정답률 69%

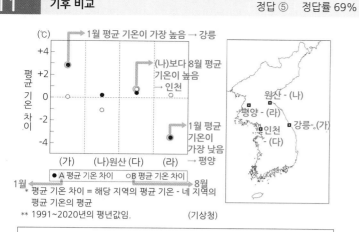

(℃) 1월 평균 기온이 가장 높음 → 강릉
(나)보다 8월 평균 기온이 높음 → 인천
1월 평균 기온이 가장 낮음 → 평양
평균 기온 차이
(가) (나)원산 (다) (라)
● A 평균 기온 차이 ○ B 평균 기온 차이
1월 8월
원산 - (나) 평양 - (라) 강릉 - (가) 인천 - (다)

* 평균 기온 차이 = 해당 지역의 평균 기온 - 네 지역의 평균 기온의 평균
** 1991~2020년의 평년값임. (기상청)

보기
ㄱ. (가)와 (다)는 동해안에 위치한다. (나)
ㄴ. (가)와 (다) 간의 1월 평균 기온 차이는 (나)와 (라) 간의 1월 평균 기온 차이보다 크다. 작다

약 2.5℃ 약 4℃
ㄷ. (다)는 (라)보다 연 강수량이 많다.
ㄹ. (라)는 (가)보다 기온의 연교차가 크다.

① ㄱ, ㄴ　② ㄱ, ㄷ　③ ㄴ, ㄷ　④ ㄴ, ㄹ　⑤ ㄷ, ㄹ

|보|기|풀|이|
우리나라는 겨울이 여름보다 기온의 지역 차가 크므로 네 지역 간 평균 기온 차이가 큰 A가 1월, 차이가 작은 B가 8월이다. (가)는 네 지역 중 1월 평균 기온이 가장 높으므로 저위도의 동해안에 위치한 강릉, (라)는 네 지역 중 1월 평균 기온이 가장 낮으므로 고위도의 내륙에 위치한 평양이다. (나)와 (다)는 인천과 원산 중 하나인데, (다)는 (나)보다 8월 평균 기온이 높으므로 저위도의 서해안에 위치한 인천이며, 나머지 (나)는 원산이다.
ㄱ 오답 | (가) 강릉과 (나) 원산은 동해안에 위치하고, (다) 인천은 서해안에 위치한다.
ㄴ 오답 | 그래프를 통해 (가)와 (다) 간의 1월 평균 기온 차이가 (나)와 (라) 간의 1월 평균 기온 차이보다 작다는 것을 알 수 있다.
ㄷ 정답 | (다) 인천은 (라) 평양보다 연 강수량이 많다. 대동강 하류에 위치한 평양은 저평한 지형적 조건으로 인해 소우지를 이룬다.
ㄹ 정답 | 평양은 상대적으로 고위도의 내륙에 위치하고, 강릉은 저위도의 동해안에 위치하므로, (라) 평양은 (가) 강릉보다 기온의 연교차가 크다.

12 계절에 따른 기후 특성 　　정답 ②　정답률 59%

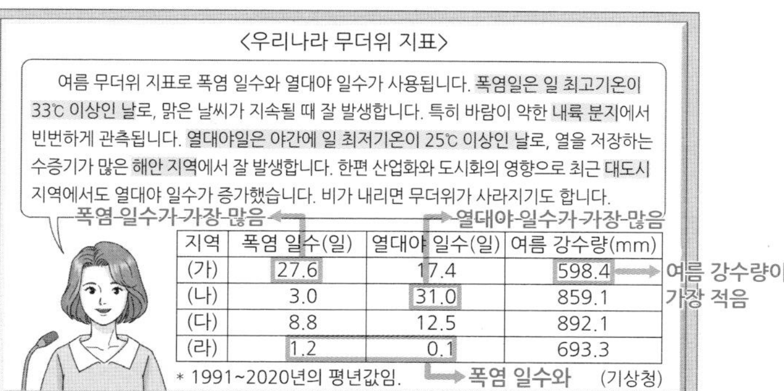

<우리나라 무더위 지표>

여름 무더위 지표로 폭염 일수와 열대야 일수가 사용됩니다. 폭염일은 일 최고기온이 33℃ 이상인 날로, 맑은 날씨가 지속될 때 잘 발생합니다. 특히 바람이 약한 내륙 분지에서 빈번하게 관측됩니다. 열대야일은 야간에 일 최저기온이 25℃ 이상인 날로, 열을 저장하는 수증기가 많은 해안 지역에서 잘 발생합니다. 한편 산업화와 도시화의 영향으로 최근 대도시 지역에서도 열대야 일수가 증가했습니다. 비가 내리면 무더위가 사라지기도 합니다.

지역	폭염 일수(일)	열대야 일수(일)	여름 강수량(mm)
(가)	27.6	17.4	598.4
(나)	3.0	31.0	859.1
(다)	8.8	12.5	892.1
(라)	1.2	0.1	693.3

* 1991~2020년의 평년값임. (기상청)

	(가)	(나)	(다)	(라)
①	대구	서울	서귀포	태백
②	대구	서귀포	서울	태백
③	대구	태백	서귀포	서울
④	서귀포	서울	대구	태백
⑤	서귀포	태백	대구	서울

|자|료|해|설|
여름 기후 현상 일수와 강수량을 토대로 (가)~(라) 지역을 찾는 문항이다. 일 최고기온이 33℃ 이상인 폭염은 저위도의 내륙, 분지 등에서 많이 발생한다. 야간에 일 최저기온이 25℃ 이상인 열대야는 저위도이면서 습도가 높은 해안 지역이나 섬 지역, 인공 열이 많은 대도시 등에서 많이 발생한다.

|선|택|지|풀|이|
② 정답 |
(가) - 대구 : (가)는 네 지역 중 폭염 일수가 가장 많고 여름 강수량이 가장 적으므로 영남 내륙 분지의 소우지에 위치한 대구이다.
(나) - 서귀포 : (나)는 네 지역 중 열대야 일수가 가장 많고 여름철 강수량이 많으므로 저위도의 섬 지역이며 다우지인 제주도의 서귀포이다.
(다) - 서울 : (다)는 네 지역 중 여름 강수량이 가장 많으므로 여름철 서풍 기류의 영향으로 집중 호우가 자주 발생하는 서울이다.
(라) - 태백 : (라)는 폭염 일수와 열대야 일수가 가장 적으므로 해발 고도가 높은 태백이다.

13 다문화 공간 　　정답 ④　정답률 71%

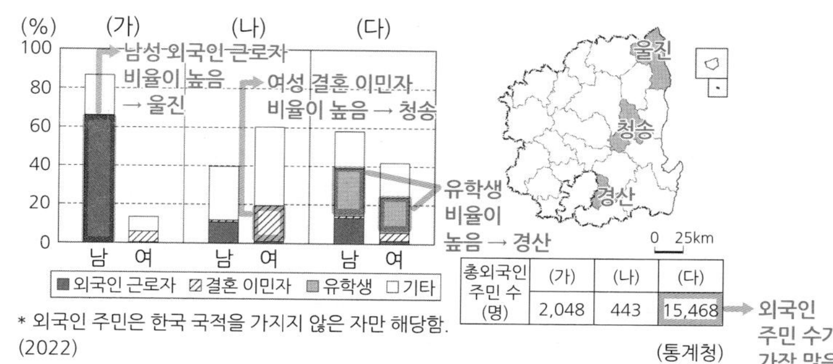

총외국인 주민 수(명)	(가)	(나)	(다)
	2,048	443	15,468

* 외국인 주민은 한국 국적을 가지지 않은 자만 해당함. (2022) (통계청)

① 울진은 청송보다 총외국인 주민 수가 많다.
② 울진은 청송보다 외국인 근로자의 수가 많다.
③ 경산은 유학생의 수가 외국인 근로자의 수보다 많다.
④ 세 지역 중 외국인 근로자의 성비는 경산이 가장 높다. 울진
⑤ 청송은 울진보다 지역 내 외국인 주민 중 결혼 이민자의 비율이 높다.

|선|택|지|풀|이|
(다)는 세 지역 중 총외국인 주민 수가 가장 많고 유학생의 비율이 가장 높으므로 대구에 인접하여 인구가 가장 많고 도시 특성이 뚜렷한 경산이다. (가)와 (나)는 울진과 청송 중 하나인데, 남성 외국인 근로자 비율이 높은 (가)는 해안에 위치하여 어업에 종사하는 외국인 근로자의 비율이 높은 울진, 상대적으로 여성 결혼 이민자 비율이 높은 (나)는 결혼 적령기 청·장년층의 성비 불균형으로 인해 국제결혼이 증가하고 있는 청송이다.
② 오답 | (가) 울진은 (나) 청송보다 총외국인 주민 수가 많고 외국인 근로자의 비율도 높으므로 외국인 근로자의 수가 많다.
④ 정답 | 세 지역 중 외국인 근로자의 성비는 남녀 간의 외국인 근로자 비율 차이가 가장 큰 (가) 울진이 가장 높다.

14 충청 지방 　　정답 ②　정답률 64%

① A는 충청북도의 도청 소재지이다. B
② B에는 오송 생명 과학 단지가 위치한다.
③ C는 서울과 지하철로 연결되어 있다. 있지 않다
④ C는 A보다 인구가 많다. 적다
⑤ A와 B에는 모두 국제공항이 입지해 있다.

|자|료|해|설|
글에서 설명하는 충청북도의 A~C 지역을 파악하여 특성을 비교하는 문항이다. A는 '충청' 지명에서 '충'의 유래가 된 충주, B는 '충청' 지명에서 '청'의 유래가 된 청주이다. C는 충청북도에서 음성과 함께 혁신 도시가 조성되어 있는 진천이다.

|선|택|지|풀|이|
① 오답 | 충청북도의 도청 소재지는 B 청주이다.
② 정답 | B 청주에는 첨단 산업 단지인 오송 생명 과학 단지와 오창 과학 산업 단지가 위치한다.
③ 오답 | C 진천은 서울과 지하철로 연결되어 있지 않다. 충청북도에는 서울과 지하철로 연결된 지역이 없으며, 충청남도의 천안과 아산이 연결되어 있다. 2024년 기준 1호선의 종착역은 아산시 소재의 신창역이다.
④ 오답 | 인구는 시(市) 지역인 A 충주가 군(郡) 지역인 C 진천보다 많다. 충주는 충청북도에서 청주 다음으로 인구가 많다.
⑤ 오답 | 국제공항은 B 청주에 입지해 있다.

15 바람 　　정답 ④　정답률 72%

보기
ㄱ. 평균 상대 습도가 높다. 낮다
ㄴ. 북풍 계열의 바람이 탁월하다.
ㄷ. 열대 저기압의 통과 횟수가 많다. 적다
ㄹ. 시베리아 기단의 영향을 많이 받는다.
태풍

① ㄱ, ㄴ　② ㄱ, ㄷ　③ ㄴ, ㄷ　④ ㄴ, ㄹ　⑤ ㄷ, ㄹ

|자|료|해|설|
세 지역의 풍향을 통해 (가), (나)가 각각 1월과 7월 중 어느 시기인지 파악하고, 두 시기의 기후 특성을 비교하는 문항이다. (가)는 세 지역 모두 남서풍의 비율이 높으므로 여름인 7월, (나)는 북풍, 북동풍, 북서풍의 비율이 높으므로 겨울인 1월이다.

|보|기|풀|이|
ㄱ 오답 | 평균 상대 습도는 강수가 집중되는 여름인 (가) 7월이 겨울인 (나) 1월보다 높다.
ㄴ 정답 | (가) 7월에는 북태평양 고기압의 영향으로 남풍 계열의 바람이 탁월하고, (나) 1월에는 시베리아 고기압의 영향으로 북풍 계열의 바람이 탁월하다.
ㄷ 오답 | 열대 저기압인 태풍은 주로 여름~초가을에 발생하므로, 열대 저기압의 통과 횟수는 (가) 7월이 (나) 1월보다 많다.
ㄹ 정답 | (가) 7월에는 주로 북태평양 기단의 영향을 많이 받고, (나) 1월에는 시베리아 기단의 영향을 많이 받는다.

17회 2025 9월 모의평가

문제편 71쪽

16 호남 지방 | 정답 ④ | 정답률 55%

① (가)는 (다)보다 청 · 장년층 성비가 높다.
② (나)는 (가)보다 출생아 수가 많다.
③ (나)는 (다)보다 노령화 지수가 높다.
④ (다)는 (나)보다 총인구 부양비가 높다.
⑤ (가) ~ (다) 중 인구 밀도는 (다)가 가장 높다.

| 자 | 료 | 해 | 설 |
자료에서 설명하는 (가)~(다) 지역을 지도에서 찾아 특성을 비교하는 문항이다. 지도에 표시된 지역은 광주, 무안, 고흥이다. (가)는 호남권에서 총인구가 가장 많으므로 광역시인 광주이다. (나)는 호남권에서 2000년대 이후 인구 증가율이 가장 높으므로 전남도청이 위치한 무안이다. 무안은 전라남도청이 이전해 오면서 신도시(남악)가 조성되고 청장년층 인구가 많이 유입되었다. (다)는 노년층 인구 비율이 가장 높으므로 촌락의 특성이 강한 고흥이다.

| 선 | 택 | 지 | 풀 | 이 |
① 오답 | 청 · 장년층 성비는 촌락의 특성이 강한 (다) 고흥이 대도시인 (가) 광주보다 높다. 촌락은 젊은층 여성 인구가 도시로 많이 이주함에 따라 청 · 장년층 성비가 높게 나타난다.
② 오답 | 출생아 수는 총인구가 많은 (가) 광주가 (나) 무안보다 많다.
③ 오답 | 노령화 지수는 유소년층 인구에 대한 노년층 인구의 비율로, 노년층 인구 비율이 높은 (다) 고흥이 (나) 무안보다 높다.
④ 정답 | 총인구 부양비는 {(유소년층 인구 + 노년층 인구) ÷ 청장년층 인구} × 100으로 청장년층 인구 비율에 반비례한다. (나) 무안은 전라남도청 이전에 따라 청장년층 인구가 많이 유입되어 지역 내 청장년층 인구 비율이 (다) 고흥보다 높다. 따라서 총인구 부양비는 (다) 고흥이 (나) 무안보다 높다.

17 도시 체계 | 정답 ④ | 정답률 53%

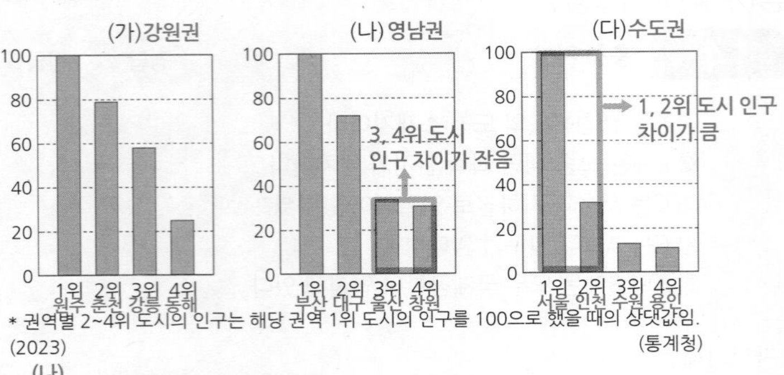

* 권역별 2~4위 도시의 인구는 해당 권역 1위 도시의 인구를 100으로 했을 때의 상댓값임.
(2023) (통계청)

① (가)의 1위 도시는 광역시이다.
② (가)는 (나)보다 총인구가 많다.
③ (가)는 (다)보다 1위 도시와 2위 도시 간의 인구 차가 크다.
④ (다)의 2위 도시 인구는 (나)의 2위 도시 인구보다 많다.
⑤ (나)와 (다)의 행정구역 경계는 맞닿아 있다.

| 자 | 료 | 해 | 설 |
권역별 도시 인구 순위를 보고 (가)~(다) 권역을 찾아 그 특성을 파악하는 문항이다. (다)는 1위 도시(서울)와 2위 도시(인천)의 인구 차이가 가장 크므로 수도권이다. (가)와 (나)는 모두 1위 도시와 2위 도시의 인구 차이가 작은데, (나)는 3위 도시(울산)와 4위 도시(창원)의 인구 차이가 작으므로 영남권이고, (가)는 강원권이다. 영남권의 3위 도시인 울산의 인구는 약 110만 명, 4위 도시인 창원은 약 100만 명이다.

| 선 | 택 | 지 | 풀 | 이 |
① 오답 | (가) 강원권의 1위 도시는 원주로 광역시가 아니다. (나) 영남권의 1위 도시는 부산으로 광역시이다.
② 오답 | (가) 강원권은 (나) 영남권보다 총인구가 적다. 권역별 인구는 수도권 > 영남권 > 충청권 > 호남권 > 강원 · 제주권 순으로 많다.
③ 오답 | (가) 강원권은 (다) 수도권보다 1위 도시와 2위 도시 간의 인구 차이가 작다. (가) 강원권의 1위 도시인 원주의 인구는 약 35만 명, 2위 도시인 춘천의 인구는 약 28만 명이다. (다) 수도권의 1위 도시인 서울의 인구는 약 940만 명, 2위 도시인 인천의 인구는 약 300만 명이다.
④ 정답 | (다) 수도권의 2위 도시인 인천(약 300만 명)은 (나) 영남권의 2위 도시인 대구(약 240만 명)보다 인구가 많다.

18 지역별 산업 구조 분석 | 정답 ② | 정답률 55%

① (가)는 (나)보다 숙박 및 음식점업의 종사자 수가 많다.
② (가)는 (다)보다 전문 · 과학 및 기술 서비스업의 매출액이 많다.
③ (나)는 (다)보다 1인당 지역 내 총생산(GRDP)이 많다.
④ (라)는 (다)보다 지역 내 2차 산업 취업자 수 비율이 높다.
⑤ (가)와 (나)는 모두 충청권에 포함된다.

| 선 | 택 | 지 | 풀 | 이 |
(가)는 네 지역 중 3차 산업 취업자 수 비율이 가장 높으므로 대도시인 대전이다. (라)는 네 지역 중 1차 산업 취업자 수 비율이 가장 높고 3차 산업 취업자 수 비율이 가장 낮으므로 촌락의 특성이 강한 충북이다. (다)는 네 지역 중 2차 산업 취업자 수 비율이 가장 높으므로 공업 도시인 울산이다. 나머지 (나)는 강원이다. 강원은 관광 산업이 발달하여 3차 산업 취업자 수 비율이 높은 편이다.
② 정답 | (가) 대전은 대덕 연구 개발 특구가 조성되어 있어 (다) 울산보다 전문 · 과학 및 기술 서비스업의 매출액이 많다.
③ 오답 | 1인당 지역 내 총생산(GRDP)은 (다) 울산이 (나) 강원보다 많다. 울산은 시 · 도 중 1인당 지역 내 총생산(GRDP)이 가장 많다.
④ 오답 | 지역 내 2차 산업 취업자 수 비율은 (다) 울산이 (라) 충북보다 높다. 그래프에서 100% - (1차 산업 취업자 수 비율 + 3차 산업 취업자 수 비율)로 2차 산업 취업자 수 비율을 구할 수 있다.

19 제주도 외의 화산 지형 + 제주도의 화산 지형 | 정답 ④ | 정답률 61%

① (가)의 A는 화구의 함몰로 형성된 칼데라이다.
② (가)의 B에는 석회암이 풍화된 붉은색의 토양이 널리 분포한다.
③ (가)의 C는 자유 곡류 하천이다.
④ (나)의 D는 현무암질 용암이 지각의 갈라진 틈을 따라 분출하여 형성된 용암 대지의 일부이다.
⑤ (나)의 한탄강은 비가 내릴 때만 일시적으로 물이 흐르는 하천이다.

| 자 | 료 | 해 | 설 |
제주도와 한탄강 주변에 분포하는 화산 지형의 형성 원인, 특징 등을 파악하는 문항이다. (가)는 제주도로 A는 오름, B는 산록부의 순상 화산체, C는 하천이고, (나)는 한탄강 일대로 D는 용암 대지이다.

| 선 | 택 | 지 | 풀 | 이 |
① 오답 | (가)의 A는 소규모 용암 분출이나 화산 쇄설물에 의해 형성된 작은 화산인 오름이다. 화구의 함몰로 형성된 칼데라에는 백두산 천지, 울릉도 나리 분지가 있다.
③ 오답 | (가)의 C는 제주도의 하천으로 하천 주변에 수직 절리가 발달하고 기반암의 특성으로 빗물이 지하로 잘 스며들어 건천을 이루는 경우가 많다. 자유 곡류 하천은 측방 침식이 활발한 하천 중 · 하류에서 잘 발달하며 유량이 많다.
④ 정답 | (나)의 D 용암 대지는 점성이 작은 현무암질 용암이 지각의 갈라진 틈을 따라 열하 분출(틈새 분출)하여 형성된 지형이다.
⑤ 오답 | (나)의 한탄강 주변의 주된 기반암은 절리가 발달한 현무암으로 투수가 잘 되지만, 한탄강 하상은 화강암이나 변성암이 분포하므로 연중 물이 흐른다.

20 주요 공업의 분포 | 정답 ④ | 정답률 63%

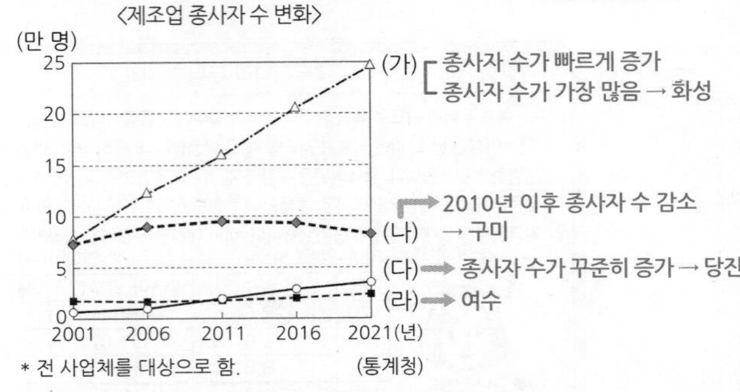

* 전 사업체를 대상으로 함. (통계청)

① 2021년 제조업 종사자 수는 구미가 화성보다 많다.
② (가)는 (다)보다 지역 내 제조업 종사자 수에서 1차 금속 제조업이 차지하는 비율이 높다.
③ (나)는 (가)보다 전국 자동차 및 트레일러 제조업 출하액에서 차지하는 비율이 높다.
④ (나)는 (라)보다 전자 부품 · 컴퓨터 · 영상 · 음향 및 통신 장비 제조업 사업체 수가 많다.
⑤ (가) ~ (라) 중 2001년에 비해 2021년 제조업 종사자 수가 가장 많이 증가한 지역은 영남권에 위치한다.

| 자 | 료 | 해 | 설 |
제조업 종사자 수 변화를 나타낸 그래프의 (가)~(라) 지역을 찾아 제조업 특성을 비교하는 문항이다. (가)는 네 지역 중 제조업 종사자 수가 가장 빠르게 증가하고 2021년 기준 제조업 종사자 수가 가장 많으므로 최근 전자, 자동차 공업이 빠르게 성장한 화성이다. (나)는 화성 다음으로 제조업 종사자 수가 많으므로 전자 공업이 발달한 구미인데, 구미는 최근 전자 공업이 수도권으로 이전하면서 2010년 이후 제조업 종사자 수가 다소 감소하고 있다. (다)는 제조업 종사자 수가 지속적으로 증가하므로 제철 공업이 발달하고 수도권 공업이 이전해 오는 당진이다. 나머지 (라)는 1970년대부터 석유 화학 공업이 발달하여 종사자 수에 큰 변화가 없는 여수이다.

| 선 | 택 | 지 | 풀 | 이 |
④ 정답 | 전자 공업이 발달한 (나) 구미는 (라) 여수보다 전자 부품 · 컴퓨터 · 영상 · 음향 및 통신 장비 제조업 사업체 수가 많다.
⑤ 오답 | (가) ~ (라) 중 2001년에 비해 2021년 제조업 종사자 수가 가장 많이 증가한 지역은 (가) 화성으로 수도권에 위치한다.

문제편 72쪽

18회 2022년 10월 고3 학력평가
정답과 해설 한국지리

문제편 p.73

1	③	2	①	3	④	4	③	5	②
6	⑤	7	⑤	8	①	9	②	10	④
11	①	12	②	13	②	14	④	15	③
16	③	17	①	18	④	19	⑤	20	②

1 고문헌에 나타난 국토관 정답 ③ 정답률 96%

① (가)는 조선 후기(전기)에 제작되었다.
② (나)(가)는 통치의 목적으로 제작되었다.
③ (나)는 (가)보다 저자의 주관적 해석이 많이 담겨 있다.
④ ㉠은 영동(영남) 지방에 속한다.
⑤ ㉡은 ㉠보다 낙동강 하구로부터의 거리가 가깝다(멀다).

|자|료|해|설|
지도에 표시된 두 지역은 대구와 김해이다. ㉠은 양산과 밀양에 인접한 지역이고 가야의 중심지였던 김해이며, ㉡은 감사(오늘날의 도지사에 해당)가 있던 곳이며, 사방이 산으로 둘러싸인 분지이고 금호강이 낙동강에 합쳐지는 곳에 위치한 대구이다. (가)는 백과사전식으로 서술하고 있으므로 조선 전기의 신증동국여지승람이며, (나)는 설명식으로 서술하고 있으므로 조선 후기의 택리지이다.

|선|택|지|풀|이|
① 오답 | 신증동국여지승람은 조선 전기에 제작되었다.
② 오답 | 국가 통치의 목적으로 제작된 것은 조선 전기의 신증동국여지승람이다.
③ 정답 | '팔공산은 동쪽과 서쪽의 시내와 산이 자못 아름답다.' 등과 같은 표현을 통해 택리지는 신증동국여지승람보다 저자의 주관적 해석이 많이 담겨 있음을 알 수 있다.
④ 오답 | 김해는 영남 지방에 속한다.
⑤ 오답 | 대구는 김해보다 낙동강 하구로부터의 거리가 멀다.

2 자연재해 종합 정답 ① 정답률 88%

<자연재해와 경제 생활>

(가) 태풍	○ 강한 비바람, 쓰러진 가로수, 무너진 광고판 ○ 유리창 파손 방지 안전 필름, 비상용품 등 구매 증가
(나) 폭염	○ 불볕더위, 열사병 환자 속출 ○ 얼음, 아이스크림, 냉방 용품 등 판매 증가
(다) 한파	○ 급격한 기온 하강, 수도관 계량기 동파 ○ 감기약, 방한용품 등 수요 증가

① (가)는 2010~2019년 경기보다 전남의 피해액이 많다.
② (나)는 주로 서고동저(남고북저)형의 기압 배치가 나타나는 계절에 발생한다.
③ (다)는 장마 전선의 정체가 주요 원인이다. → 집중 호우
④ (가)는 기온(비바람), (나)는 강수(기온)로 인한 자연재해이다.
⑤ 지구 온난화가 지속될 경우 (나) 일수는 감소(증가)하고, (다) 일수는 증가(감소)한다.

|자|료|해|설|
(가)는 풍수해를 유발하는 태풍, (나)는 극심한 더위인 폭염, (다)는 심한 추위인 한파이다.

|선|택|지|풀|이|
① 정답 | 태풍은 제주도와 남해안 일대를 통과하는 경우가 많기 때문에 중부 지방인 경기보다는 남부 지방인 전남의 피해액이 많다.
② 오답 | 폭염은 주로 남고북저형의 기압 배치가 나타나는 여름에 발생한다. 서고동저형 기압 배치는 주로 겨울에 나타난다.
③ 오답 | 한파는 시베리아 기단의 세력이 확장되는 겨울에 한랭한 공기가 유입되면서 발생한다. 장마 전선의 정체가 주요 원인인 자연재해는 집중 호우이다.
④ 오답 | 태풍은 주로 비바람, 폭염은 높은 기온으로 인한 자연재해이다.
⑤ 오답 | 지구 온난화가 지속될 경우 폭염 일수는 증가하고, 한파 일수는 감소한다.

3 여러 지형의 비교 정답 ④ 정답률 70%

① ㉠은 점성이 작은 현무암질 용암의 분출로 형성되었다.
② ㉣은 지반 융기의 영향을 반영한다.
③ ㉥의 지표에는 붉은색의 간대 토양(→ 석회암 풍화토)이 주로 분포한다.
④ ㉡은 ㉢보다 주된 기반암의 형성 시기가 이르다(늦다).
⑤ ㉠의 주된 기반암은 화성암(→ 현무암), ㉥의 주된 기반암은 퇴적암(→ 석회암)에 속한다.

|자|료|해|설|
㉠은 철원의 용암 대지, 양구에서 ㉡과 ㉢이 나타나는 그릇 모양의 지형은 침식 분지, ㉣은 영월의 감입 곡류 하천, ㉥은 정선의 돌리네이다.

|선|택|지|풀|이|
① 오답 | 철원의 용암 대지는 점성이 작은 현무암질 용암의 열하 분출로 형성된 넓고 평평한 지형이다.
② 오답 | 감입 곡류 하천은 기존의 하천이 경동성 요곡 운동으로 인해 융기되면서 하방 침식이 활발하게 진행되어 만들어졌다.
③ 오답 | 돌리네는 석회암의 용식 작용으로 형성된 와지로, 석회암 지대의 지표에는 석회암이 용식된 후 남은 철분 등이 산화되어 형성된 붉은색의 간대 토양인 석회암 풍화토가 나타난다.
④ 정답 | 침식 분지의 낮은 평지를 이루는 기반암은 중생대에 관입한 화강암이고, 높은 산지를 이루는 시·원생대에 변성 작용으로 형성된 변성암이다.
⑤ 오답 | 용암 대지의 주된 기반암은 화성암인 현무암이고, 돌리네의 주된 기반암은 퇴적암인 석회암이다.

4 호남 지방, 영남 지방 정답 ③ 정답률 84%

① A
② B
③ C
④ D
⑤ E

|자|료|해|설|
자료에서 설명하는 지역을 호남과 영남 지방의 지도에서 찾는 문항이다.

|선|택|지|풀|이|
③ 정답 |
C : 차밭과 나로 우주센터, 람사르 협약 등록 습지와 국가 정원을 모두 경험할 수 있는 곳은 녹차로 유명한 보성, 나로 우주 센터가 위치한 고흥, 람사르 습지와 순천만 국가 정원으로 유명한 순천이다.
①, ②, ④, ⑤ 오답 |
A : 김제, 부안, 고창 B : 진도, 해남, 강진
D : 하동, 사천, 고성 E : 울진, 영덕, 포항

5 위도가 다른 지역의 기후 비교 정답 ② 정답률 63%

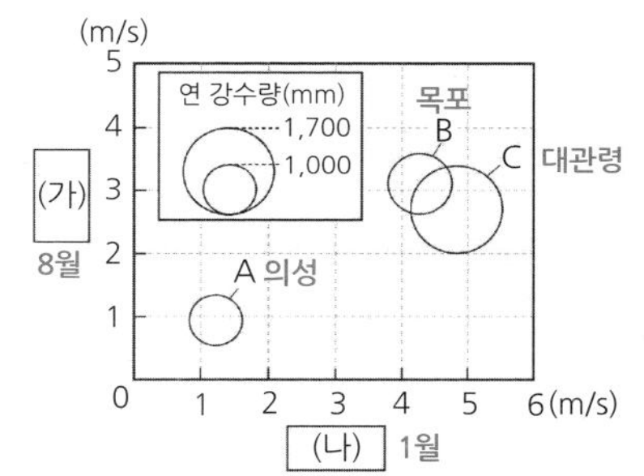

* (가), (나) 시기 평균 풍속은 원의 중심값임.
** 1991~2020년의 평년값임.

① A는 (가)보다 (나) 시기의 평균 기온이 높다(낮다).
② B는 A보다 무상 기간이 길다.
③ B는 C보다 해발 고도가 높다(낮다).
④ C는 B보다 최한월 평균 기온이 높다(낮다).
⑤ 목포는 대관령보다 1월 평균 풍속이 빠르다(느리다).

|자|료|해|설|
세 지역의 연 강수량과 (가), (나) 시기 평균 풍속을 나타낸 그래프의 A~C가 지도에 표시된 지역 중 어느 지역인지 파악하는 문항이다. 지도에 표시된 지역은 대관령, 의성, 목포이다. 시기별 평균 풍속에서 겨울이 여름보다 평균적으로 풍속이 빠르므로 (가)는 8월, (나)는 1월이다.

|선|택|지|풀|이|
A는 평균적으로 풍속이 느리고 연 강수량이 가장 적은 것으로 보아 경북 내륙에 위치한 의성, C는 1월 평균 풍속이 빠르고 연 강수량이 많은 대관령, B는 해안에 위치하여 두 시기 모두 평균 풍속이 빠르며 연 강수량이 많지 않은 목포이다.
① 오답 | 의성은 8월보다 1월의 평균 기온이 낮다.
② 정답 | 저위도에 위치한 목포는 의성보다 연평균 기온이 높아 무상 기간이 길다.
③ 오답 | 서해안 저지대에 위치한 목포는 대관령보다 해발 고도가 낮다.
④ 오답 | 대관령은 목포보다 최한월 평균 기온이 낮다.
⑤ 오답 | 목포는 대관령보다 1월 평균 풍속이 느리다.

문제편 73~74쪽

6 서해안 정답 ⑤ 정답률 83%

해식애
B
A
황 해
C
갯벌
E 해안 사구
D
사빈
0 500m

① A 섬은 최종 빙기에 육지와 연결되었다.
② B는 주로 파랑에 의한 침식 작용으로 형성된다.
③ C는 오염 물질을 정화하는 기능이 있다.
④ D는 주로 해수욕장으로 이용된다.
⑤ E는 D보다 퇴적 물질의 평균 입자 크기가 크다.

|자|료|해|설|
A는 황해에 위치한 섬, B는 해안 절벽인 해식애, C는 밀물 때 바닷물에 잠기고 썰물 때 육지로 드러나는 갯벌, D는 모래 해변인 사빈, E는 사빈의 모래가 바람에 날려 퇴적되어 형성된 해안 사구이다.

|선|택|지|풀|이|
① 오답 | 최종 빙기에는 현재보다 해수면이 100m 이상 낮았기 때문에 수심이 얕은 황해는 육지로 드러나 있었다. 따라서 A 섬은 최종 빙기에 육지와 연결되었다.
② 오답 | 해식애는 주로 파랑 에너지가 집중되는 곶(串)에서 파랑에 의한 침식 작용으로 형성된다.
③ 오답 | 갯벌은 다양한 생명체의 보고로, 오염 물질을 정화하는 기능이 있다.
④ 오답 | 사빈은 모래로 이루어져 있어 주로 해수욕장으로 이용된다.
⑤ 정답 | 해안 사구는 사빈의 모래 중 바람에 쉽게 날아가는 가벼운 모래들이 주로 퇴적되기 때문에, 사빈보다 퇴적 물질의 평균 입자 크기가 작다.

7 교통수단 정답 ⑤ 정답률 95%

① ㉠은 도로보다 문전 연결성이 우수하다.
② ㉢은 생산자 서비스업에 해당한다.
③ ㉣은 백화점보다 일 평균 영업시간이 짧다.
④ ㉡은 ㉠보다 국내 여객 수송 분담률이 높다.
⑤ ㉣은 ㉤보다 소비자의 평균 이동 거리가 가깝다.

|자|료|해|설|
여행 경비 내역에 제시된 교통수단과 서비스업체에 대한 옳고 그름을 판단하는 문항이다.

|선|택|지|풀|이|
① 오답 | 철도는 목적지와 다소 떨어진 기차역을 이용해야 하므로 목적지 바로 앞까지 자동차를 이용할 수 있는 도로보다 문전 연결성이 떨어진다.
② 오답 | 음식점은 개인 소비자들이 이용하는 소비자 서비스업에 해당한다.
③ 오답 | 대부분 24시간 영업하는 편의점은 백화점보다 일 평균 영업시간이 길다.
④ 오답 | 항공은 철도보다 국내 여객 수송 분담률이 낮다.
⑤ 정답 | 상점수가 많은 편의점은 상점수가 적은 대형 마트보다 소비자의 평균 이동 거리가 가깝다.

8 북한의 자연환경 정답 ① 정답률 81%

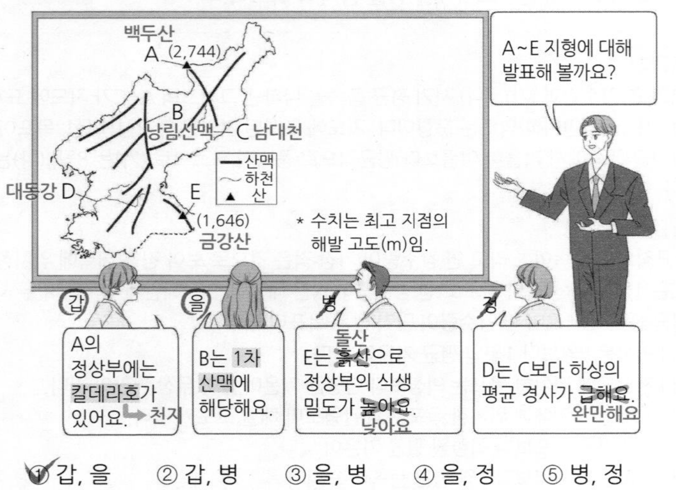

① 갑, 을 ② 갑, 병 ③ 을, 병 ④ 을, 정 ⑤ 병, 정

|자|료|해|설|
A는 화구의 함몰로 형성된 칼데라호인 천지가 위치한 백두산, B는 지반의 융기로 형성된 1차 산맥인 낭림산맥, C는 함경산맥의 동쪽 사면으로 흘러 동해로 유입되는 남대천, D는 황해로 유입되는 대동강, E는 화강암이 주요 기반암인 금강산이다.

|선|택|지|풀|이|
① 정답 |
갑 : 백두산의 정상부에는 화구의 함몰로 형성된 칼데라호인 천지가 있다.
을 : 낭림산맥은 지반의 융기로 형성된 해발 고도가 높고 연속성이 뚜렷한 1차 산맥에 해당한다.
오답 |
병 : 금강산은 화강암으로 이루어진 돌산으로, 정상부의 식생 밀도가 낮다.
정 : 황해로 유입되는 대동강은 동해로 유입되는 남대천보다 하상의 평균 경사가 완만하다.

9 인구 이동 정답 ② 정답률 71%

	(가)	(나)	(다)
①	경기	경북	충남
②	경기	충남	경북
③	경북	경기	충남
④	경북	충남	경기
⑤	충남	경기	경북

|선|택|지|풀|이|
② 정답 |
(가) - 경기 : 2000년의 인구 밀도를 100으로 했을 때, (가)는 1980년부터 최근까지 꾸준히 인구 밀도가 상승하였으므로 인구가 빠르게 증가하고 있는 경기이다.
(나) - 충남 : (나)는 1980년 대비 2000년에 인구 밀도가 감소하였다가 2000년 이후 수도권에서의 기능 이전으로 인구가 유입되어 인구 밀도가 증가한 충남이다.
(다) - 경북 : (다)는 1980~1990년 이촌 향도 현상으로 대구나 수도권 등으로의 인구 유출이 활발해 인구가 급감하였고 2000년 이후 교외화 현상이 나타나는 대구로부터 유입되는 인구의 영향으로 인구 밀도 변화가 적은 경북이다.

10 신 · 재생 에너지 정답 ④ 정답률 71%

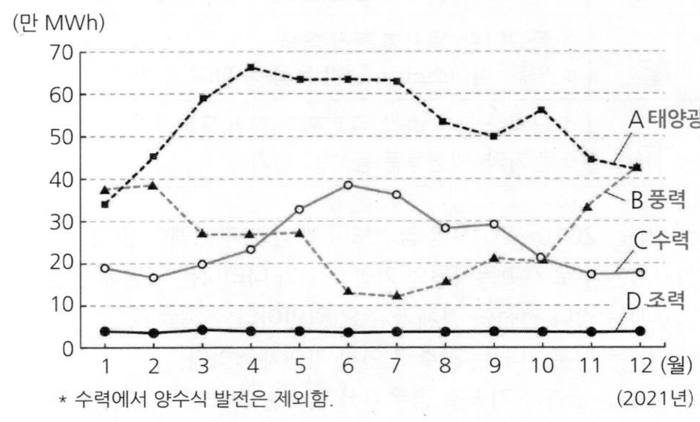

① A는 유량이 풍부하고 낙차가 큰 곳이 생산에 유리하다.
② B는 A보다 주간과 야간의 발전량 차이가 크다.
③ C는 B보다 제주에서 발전량이 많다.
④ C는 D보다 상용화된 시기가 이르다.
⑤ D는 A보다 발전 시 기상 조건의 영향을 크게 받는다.

|자|료|해|설|
월별 전력 거래량을 나타낸 그래프의 A~D가 어떤 발전인지를 찾고 특성을 비교하는 문항이다.

|선|택|지|풀|이|
A는 연간 전력 거래량이 가장 많으며, 겨울보다 봄, 여름, 가을의 전력 거래량이 많은 태양광, B는 여름에 비해 풍속이 강한 겨울에 전력 거래량이 많은 풍력이다. C는 여름에 전력 거래량이 많은 수력, D는 월별 전력 거래량이 일정한 것으로 보아 기상 조건의 영향을 거의 받지 않는 조력이다. 조력을 포함한 해양 에너지는 우리나라 신 · 재생 에너지 생산량에서 차지하는 비중이 낮은 편이다.
① 오답 | 유량이 풍부하고 낙차가 큰 곳이 생산에 유리한 것은 수력이다.
② 오답 | 주간과 야간의 발전량 차이가 큰 것은 태양광이다.
③ 오답 | 풍력은 수력보다 제주에서 발전량이 많다. 절리가 발달한 기반암의 영향으로 지표수가 부족하여 수력 발전이 거의 이루어지지 않는 제주는 바람이 많은 해안 지역에서 풍력 발전이 이루어지고 있다.
④ 정답 | 남한의 경우 일제 강점기 때부터 수력이 전력 생산에 이용되었고, 조력은 2011년부터 상용화되었다.
⑤ 오답 | 조력은 태양광보다 발전 시 기상 조건의 영향을 적게 받는다.

문제편 74쪽

11 도시 재개발 정답 ① 정답률 96%

보기

ㄱ. ㉠은 쾌적한 주거 환경 조성과 관련된다.
ㄴ. ㉡에는 '역사 · 문화적 가치가 있는'이 들어갈 수 있다.
ㄷ. ㉢은 ㉣보다 투입되는 자본의 규모가 크다. 작다
ㄹ. ㉤이 심화되면 지역 내 원거주민의 비율은 높아진다. 낮아진다

① ㄱ, ㄴ ② ㄱ, ㄷ ③ ㄴ, ㄷ ④ ㄴ, ㄹ ⑤ ㄷ, ㄹ

|자|료|해|설|
도시 재개발과 관련된 자료에서 해당 내용에 대한 설명의 옳고 그름을 판단하는 문항이다.

|보|기|풀|이|
㉢은 기존의 건물을 유지하며 부족한 부분만 수리 및 개조하는 수복 재개발이며, ㉣은 기존의 시설을 완전히 철거하고 새로운 시설물로 대체하는 철거 재개발이다.
ㄱ 정답 | 도시 미관 개선 및 생활 기반 시설 확충은 쾌적한 주거 환경 조성과 관련이 있다.
ㄴ 정답 | 보존 재개발은 역사 · 문화적 가치가 있는 지역에서 해당 지역의 환경 악화를 예방하고 보수를 통해 그 가치를 유지, 관리하는 재개발 방식이다.
ㄷ 오답 | 수복 재개발은 철거 재개발보다 투입되는 자본의 규모가 작다.
ㄹ 오답 | 젠트리피케이션은 낙후된 지역이 재개발로 활성화된 후 대규모 자본이 유입되며 원거주민이 빠져나가는 현상이다. 젠트리피케이션이 심화되면 지역 내 원거주민의 비율은 낮아진다.

12 수도권 정답 ② 정답률 78%

	(가)	(나)	(다)		(가)	(나)	(다)
①	A	B	C	②	A	C	B
③	B	A	C	④	B	C	A
⑤	C	A	B				

|자|료|해|설|
산업별 취업자 비율 및 총취업자 수 그래프의 A~C가 세 지역의 특성을 설명하는 자료의 (가)~(다) 중 어느 지역인지를 찾는 문항이다. 지도에 표시된 지역은 경기도 고양시, 가평군, 화성시이다.

|선|택|지|풀|이|
② 정답 |
(가) - A : (가)는 수도권 2기 신도시인 동탄 신도시가 위치해 있고, 수도권에서 유소년 부양비가 가장 높게 나타나는 지역인 화성시이다. 화성은 제조업이 발달하여 2차 산업 취업자의 비율이 높으므로 그래프의 A에 해당한다.
(나) - C : (나)는 수도권 1기 신도시인 일산이 위치해 있고, 인구가 100만 명 이상으로 2022년에 특례시가 된 고양시이다. 고양은 인구가 100만 명 이상으로 많아 총취업자 수가 가장 많고 3차 산업 취업자 비율이 높으므로 그래프의 C에 해당한다.
(다) - B : (다)는 수도권에서 2020년 기준 노령화 지수가 가장 높게 나타나는 지역이며, 자연 보전 권역에 위치한 가평군이다. 가평은 인구가 적어 총취업자 수가 가장 적게 나타나므로 그래프의 B에 해당한다.

13 인구 구조 정답 ② 정답률 58%

① A에는 행정 중심 복합 도시가 있다. B
② B는 부산보다 유소년 부양비가 높다.
③ C는 E보다 지역 내 1차 산업 종사자 비율이 높다. 낮다
④ D는 A보다 총인구가 많다. 적다
⑤ E는 D보다 1인당 지역 내 총생산이 많다. 적다

|자|료|해|설|
인구 특성을 나타낸 그래프의 A~E가 경기, 서울, 세종, 울산, 전남 중 어느 지역인지를 파악하는 문항이다.

|선|택|지|풀|이|
A는 청장년층 인구의 성비가 전국에서 가장 낮고, 청장년층 인구 비율이 높아 총부양비가 매우 낮은 시 지역이므로 서울이다. 서울은 서비스업이 발달하여 여성 취업자의 비율이 높아 청장년층의 성비가 낮다. D는 총부양비가 낮고 청장년층 인구의 성비가 시 지역 중에서는 가장 높으므로 중화학 공업이 발달한 울산, B는 유소년층 인구 비율이 높아 시 지역 중에서 총부양비가 높은 편인 세종이다. C는 도 지역 중에서 청장년층 인구 비율이 높아 총부양비가 낮은 경기, E는 청장년층 인구 비율이 낮아 총부양비가 가장 높으며, 청장년층 여성 인구의 유출이 심해 청장년층 인구의 성비가 높은 전남이다.
① 오답 | 행정 중심 복합 도시는 B 세종에 있다.
② 정답 | B 세종은 부산보다 유소년층 인구 비율이 높아 유소년 부양비가 높다.
③ 오답 | C 경기는 E 전남보다 지역 내 1차 산업 종사자 비율이 낮다.
④ 오답 | D 울산은 A 서울보다 총인구가 적다.
⑤ 오답 | E 전남은 D 울산보다 1인당 지역 내 총생산이 적다. 울산은 우리나라에서 1인당 지역 내 총생산이 가장 많다.

14 지역별 농업 특성 추론 정답 ④ 정답률 71%

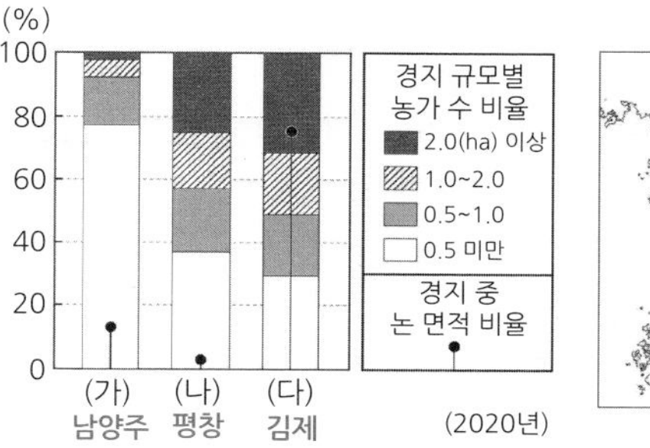

① (가)에서는 고랭지 농업이 활발하다. (나)
② (나)에서는 지평선 축제가 열린다. (다)
③ (가)는 (다)보다 쌀 생산량이 많다. (다) (가)
④ (나)는 (가)보다 노령화 지수가 높다.
⑤ (나)는 (다)보다 지역 내 전업 농가 비율이 높다. 낮다

|자|료|해|설|
경지 규모별 농가 수 비율 그래프와 경지 중 논 면적 비율 그래프를 보고 (가)~(다) 지역이 지도에 표시된 지역 중 어느 지역인지를 파악하는 문항이다. 지도에 표시된 지역은 남양주, 평창, 김제이다.

|선|택|지|풀|이|
(가)는 경지 중 논 면적 비율이 높지 않고 경지 규모가 작은 농가 수 비율이 높으므로 수도권에 위치한 남양주이다. (나)는 경지 중 논 면적 비율이 매우 낮으므로 산간 지대에 위치해 밭의 비율이 높은 평창이다. (다)는 경지 규모가 큰 농가 수 비율이 높은 편이고 평야가 발달하여 경지 중 논 면적 비율이 높으므로 김제이다.
① 오답 | 고랭지 농업이 활발한 지역은 (나) 평창이다.
② 오답 | 지평선 축제가 열리는 곳은 평야가 넓게 발달한 곡창 지대인 (다) 김제이다.
③ 오답 | (다) 김제는 경지 중 논 면적 비율이 매우 높고, 전업 농가의 비율도 높아서 (가) 남양주보다 쌀 생산량이 많다.
④ 정답 | 촌락의 특성이 나타나는 (나) 평창은 (가) 남양주보다 유소년층 인구 비율이 낮고 노년층 인구 비율이 높으므로 노령화 지수가 높다.
⑤ 오답 | (나) 평창은 관광 산업이 발달하여 겸업 농가의 비율이 높은 편이기 때문에 전통적인 농촌 지역인 (다) 김제보다 지역 내 전업 농가 비율이 낮다.

15 감입 곡류 하천과 자유 곡류 하천 정답 ③ 정답률 71%

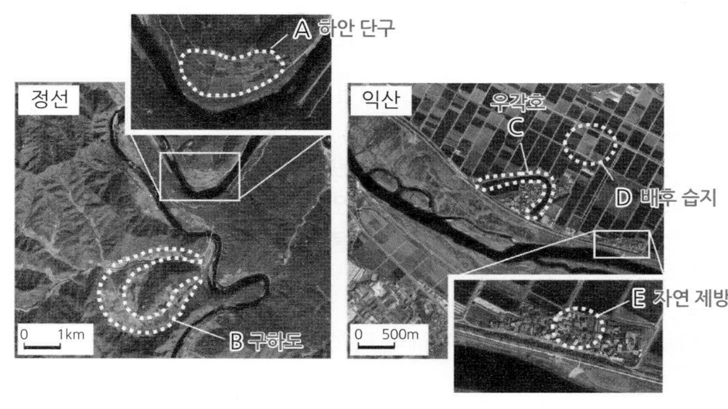

① A의 퇴적층에는 둥근 자갈이 발견된다.
② D는 하천의 범람으로 형성되었다.
③ A는 D보다 홍수 시 침수 위험이 크다. 작다
④ E는 D보다 배수가 양호하다.
⑤ B와 C는 모두 과거 하천 유로의 일부였다.

|자|료|해|설|
A는 감입 곡류 하천 옆에 계단 모양으로 형성된 하안 단구, B는 과거에는 하천의 유로였으나 현재는 물이 흐르지 않고 흔적만 남아 있는 구하도, C는 자유 곡류 하천의 유로 변경으로 형성된 소뿔 모양의 호수인 우각호, D는 하천의 범람으로 형성된 평평한 지형으로 주로 논으로 이용되는 배후 습지, E는 하천의 범람으로 형성된 둑 모양의 지형으로 주로 밭으로 이용되거나 취락이 입지하는 자연 제방이다.

|선|택|지|풀|이|
① 오답 | 하안 단구의 퇴적층에는 과거 하천의 영향으로 형성된 둥근 자갈이 발견된다.
② 오답 | 배후 습지는 하천의 범람으로 주로 미립질이 퇴적되어 형성되었다.
③ 정답 | 하안 단구는 현재의 하천보다 해발 고도가 높아서 상대적으로 해발 고도가 낮은 배후 습지보다 홍수 시 침수 위험이 작다.
④ 오답 | 자연 제방은 주로 입자가 큰 모래질 토양으로 이루어져 있기 때문에 입자가 작은 점토질 토양으로 이루어진 배후 습지보다 배수가 양호하다.
⑤ 오답 | 구하도와 우각호는 모두 과거 하천 유로의 일부였다.

문제편 75쪽

16 주요 공업의 분포

정답 ③ 정답률 79%

① (가)의 최종 제품은 (나)의 주요 재료로 이용된다.
② (나)는 (다)보다 전국 종사자가 많다.
③ (다)는 (나)보다 전국 출하액에서 수도권이 차지하는 비율이 높다.
④ A는 영남권, B는 충청권, C는 수도권에 위치한다.
⑤ A는 (가)보다 (나)의 출하액이 많다.

|자|료|해|설|
세 제조업의 출하액 상위 5개 지역을 나타낸 표의 (가)~(다)가 어떤 제조업인지 찾고, A~C가 어느 지역인지를 파악하는 문항이다.

|선|택|지|풀|이|
(가)는 광주와 창원의 출하액이 많은 것으로 보아 자동차 및 트레일러 제조업, (나)는 포항, 광양, 당진의 출하액이 많은 것으로 보아 1차 금속 제조업, (다)는 구미, 평택, 이천의 출하액이 많은 것으로 보아 전자 부품 · 컴퓨터 · 영상 · 음향 및 통신 장비 제조업이다. A는 자동차와 1차 금속이 모두 발달한 울산, B는 자동차와 반도체 산업이 발달한 화성, C는 자동차와 전자 산업이 발달한 아산이다.
① 오답 | 1차 금속 제조업의 최종 제품은 자동차 및 트레일러 제조업의 주요 재료로 이용된다.
② 오답 | 1차 금속 제조업은 전자 부품 · 컴퓨터 · 영상 · 음향 및 통신 장비 제조업보다 전국 종사자가 적다.
③ 정답 | 전자 부품 · 컴퓨터 · 영상 · 음향 및 통신 장비 제조업은 수도권을 중심으로 발달해 있어 1차 금속 제조업보다 전국 출하액에서 수도권이 차지하는 비율이 높다.
④ 오답 | 울산은 영남권, 화성은 수도권, 아산은 충청권에 위치한다.
⑤ 오답 | 울산은 1차 금속 제조업보다 자동차 및 트레일러 제조업의 출하액이 많다.

17 강원 지방 + 충청 지방

정답 ① 정답률 62%

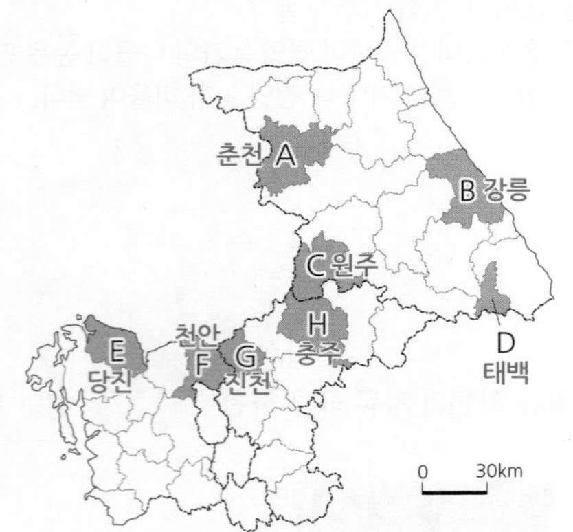

① A, F – 수도권 전철이 연결되어 있다.
② A, H – 도청이 위치해 있다.
③ B, G – 도(道) 이름의 유래가 된 지역이다.
④ C, H – 혁신 도시가 조성되어 있다.
⑤ D, E – 폐광을 활용한 석탄 박물관이 있다.

|자|료|해|설|
A는 춘천, B는 강릉, C는 원주, D는 태백, E는 당진, F는 천안, G는 진천, H는 충주이다.

|선|택|지|풀|이|
① 정답 | 춘천(A)은 경춘선, 천안(F)은 수도권 전철 1호선이 연결되어 있다.
② 오답 | 강원도청은 춘천(A), 충북도청은 청주에 위치해 있다.
③ 오답 | 강릉(B)은 강원도의 도 이름 유래가 된 지역이 맞으나, 진천(G)은 충청도의 도 이름 유래와 관계가 없다. 충청도는 충주(H)와 청주의 앞 글자에서 도 이름이 유래되었다.
④ 오답 | 혁신 도시는 원주(C)와 진천(G) · 음성에 조성되어 있으며, 원주(C)와 충주(H)에는 기업 도시가 조성되어 있다.
⑤ 오답 | 폐광을 활용한 석탄 박물관은 태백(D)에 있으며, 당진(E)에는 석탄 박물관이 없다. 석탄 박물관은 태백, 문경, 보령에 있다.

18 도시 내부 구조

정답 ④ 정답률 84%

① (가)는 (나)보다 거주자의 평균 통근 거리가 멀다.
② (나)는 (라)보다 상업지의 평균 지가가 높다.
③ (다)는 (가)보다 금융 기관 수가 많다.
④ (라)는 (다)보다 통근 · 통학 순유입 인구가 많다.
⑤ (가)~(라) 중 주간 인구 지수는 (나)가 가장 높다.

|자|료|해|설|
네 구의 용도별 전력 사용량 비율과 구 간 통근 · 통학 인구를 나타낸 그래프의 (가)~(라)가 은평구, 중구, 강남구, 금천구 중 어느 지역인지 파악하는 문항이다.

|선|택|지|풀|이|
(가)는 (나)~(라) 지역에서 모두 통근 · 통학 인구가 많이 유입되는 것으로 보아 서울의 도심에 위치한 중구이며, 중구에는 시장 지향형 공업인 인쇄 · 출판업이 발달해 있어 전력 중 일부가 제조업에 사용되고 있다. (나)는 제시된 모든 지역으로의 통근 · 통학 유출 인구가 유입 인구보다 많고, 가정용 전력 사용량 비율이 높은 것으로 보아 주거 기능이 발달한 은평구이며, (다)는 제조업 전력 사용량 비율이 상대적으로 높은 것으로 보아 제조업이 발달한 금천구이다. (라)는 다른 지역으로부터의 통근 · 통학 인구 유입이 많은 편이며, 가정용과 상업용으로 대부분의 전력이 사용되는 것으로 보아 주거 기능과 함께 상업 · 업무 기능이 발달한 강남구이다.
① 오답 | 중구는 은평구보다 거주자의 평균 통근 거리가 가깝다.
② 오답 | 은평구는 강남구보다 상업지의 평균 지가가 낮다.
③ 오답 | 금천구는 중구보다 금융 기관 수가 적다.
④ 정답 | 업무 및 상업 기능이 발달한 강남구는 제조업이 발달한 금천구보다 통근 · 통학 순유입 인구가 많다.
⑤ 오답 | (가)~(라) 중 주간 인구 지수는 상주인구가 적고 통근 · 통학 순유입 인구가 많은 중구가 가장 높다. (나)는 통근 · 통학 순유출 인구가 가장 많고 주거 기능이 발달하였으므로 네 지역 중 주간 인구 지수가 가장 낮다.

19 우리나라의 위치

정답 ⑤ 정답률 82%

보기
ㄱ. ㉠은 영해 설정 시 직선 기선의 기점이 된다.
ㄴ. ㉢은 우리나라 영토의 최남단에 해당한다.
ㄷ. ㉡은 ㉠보다 기온의 연교차가 크다.
ㄹ. ㉢은 ㉡보다 일출 시각이 늦다.

① ㄱ, ㄴ ② ㄱ, ㄷ ③ ㄴ, ㄷ ④ ㄴ, ㄹ ⑤ ㄷ, ㄹ

|자|료|해|설|
제주도, 정동진, 해남군과 관련된 자료를 보고 해당 내용의 옳고 그름을 판단하는 문항이다. ㉡은 광화문의 정(正)동쪽에 위치한 곳이라는 것에서 유래된 정동진이다.

|보|기|풀|이|
ㄱ 오답 | 제주도 본섬과 성산 일출봉, 마라도 등 제주도의 부속 도서들은 모두 영해 설정 시 통상 기선을 적용한다.
ㄴ 오답 | 한반도 육지의 가장 남쪽 끝 지점인 해남의 땅끝 마을은 한반도의 최남단이며, 우리나라 영토의 최남단은 마라도이다.
ㄷ 정답 | 정동진은 성산 일출봉보다 고위도에 위치하여 기온의 연교차가 크다.
ㄹ 정답 | 해남 땅끝 마을은 정동진보다 서쪽에 위치하여 일출 시각이 늦다.

20 자연재해 종합

정답 ② 정답률 77%

① (가)의 전통 가옥에는 우데기가 있다.
② (가)는 (다)보다 고위도에 위치한다.
③ (나)는 (가)보다 연 황사 일수가 많다.
④ (다)는 (나)보다 겨울 강수 집중률이 높다.
⑤ (가)~(다) 중 연 강수량은 (나)가 가장 많다.

|자|료|해|설|
세 지역의 계절별 기후 현상 일수를 나타낸 그래프를 통해 (가)~(다)가 각각 백령도, 서귀포, 울릉도 중 어느 지역인지를 찾고, A~C가 각각 눈, 열대야, 황사 중 어느 자연재해인지 파악하는 문항이다.

|선|택|지|풀|이|
A는 봄철에 주로 발생하므로 황사, B는 겨울철에 주로 발생하므로 눈, C는 여름에 주로 발생하므로 열대야이다. (나)는 겨울철 눈 일수가 매우 많은 것으로 보아 최다설지인 울릉도, (다)는 여름철 열대야 일수가 많고 눈 일수가 적은 것으로 보아 서귀포, (가)는 황사와 눈 일수가 많은 것으로 보아 황해에 위치한 백령도이다.
① 오답 | 울릉도의 전통 가옥에는 대설을 대비한 시설인 우데기가 있다.
② 정답 | 백령도는 서귀포보다 고위도에 위치한다.
③ 오답 | 동해에 위치한 울릉도는 서해에 위치한 백령도보다 연 황사 일수가 적다.
④ 오답 | 서귀포는 울릉도보다 겨울 강수 집중률이 낮다. 울릉도는 우리나라에서 겨울 강수 집중률이 가장 높다.
⑤ 오답 | (가)~(다) 중 연 강수량은 서귀포가 가장 많다.

문제편 76쪽

19회 2023년 10월 고3 학력평가 정답과 해설 한국지리

문제편 p.77

1	④	2	⑤	3	①	4	①	5	②
6	③	7	③	8	③	9	①	10	③
11	⑤	12	④	13	④	14	⑤	15	②
16	①	17	④	18	③	19	④	20	②

1 영해와 배타적 경제 수역 정답 ④ 정답률 82%

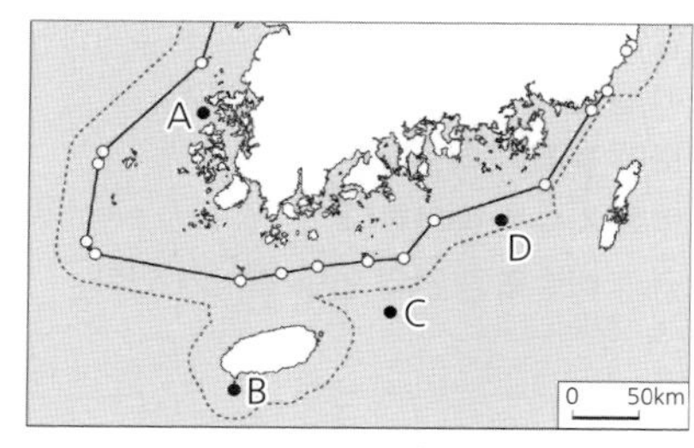

A
B
C
D
◦ 기점
— 직선 기선
---- 영해선
0 50km

① A에서 간척 사업이 이루어지면 영해의 범위는 확대된다. (유지)
② B에는 종합 해양 과학 기지가 건설되어 있다. → 이어도
③ C는 한 · 일 중간 수역에 위치한다. → 우리나라 EEZ
④ D는 직선 기선으로부터 12해리 이내에 위치한다.
⑤ A ~ D의 수직 상공은 모두 우리나라의 영공이다. → C의 수직 상공은 영공 ×

| 자 | 료 | 해 | 설 |
A는 기선에서 육지 쪽의 수역인 내수에 위치한 지점, B는 우리나라의 대한민국 최남단에 위치한 마라도, C는 영해보다 바깥인 배타적 경제 수역(EEZ)에 위치한 지점, D는 기선에서 12해리 이내의 수역인 영해에 위치한 지점이다.

| 선 | 택 | 지 | 풀 | 이 |
① 오답 | 내수에 위치한 A에서 간척 사업이 이루어지더라도 직선 기선으로부터 12해리 이내에 위치한 영해에는 영향을 주지 못하므로 영해의 범위는 그대로 유지된다.
② 오답 | B는 마라도이며, 종합 해양 과학 기지가 건설된 곳은 이어도이다.
③ 오답 | C는 우리나라의 배타적 경제 수역(EEZ) 내에 위치한 지역이며, 한 · 일 중간 수역에는 포함되지 않는다.
④ 정답 | D는 영해이며 직선 기선으로부터 12해리 이내에 위치한다.
⑤ 오답 | A, B, D의 상공은 우리나라의 영토와 영해의 수직 상공인 영공에 포함되지만, C는 우리나라의 영토와 영해에 해당하지 않으므로 C의 수직 상공은 영공에 포함되지 않는다.

2 북한의 개방 지역 및 여러 지역의 비교 정답 ⑤ 정답률 75%

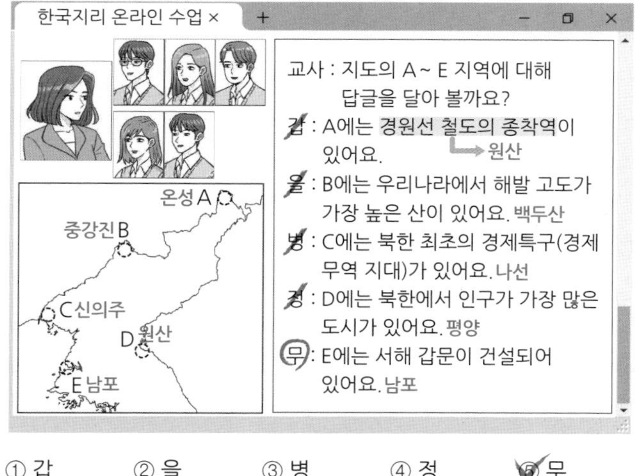

한국지리 온라인 수업 ×
교사 : 지도의 A ~ E 지역에 대해 답글을 달아 볼까요?
갑 : A에는 경원선 철도의 종착역이 있어요. → 원산
을 : B에는 우리나라에서 해발 고도가 가장 높은 산이 있어요. 백두산
병 : C에는 북한 최초의 경제특구(경제 무역 지대)가 있어요. 나선
정 : D에는 북한에서 인구가 가장 많은 도시가 있어요. 평양
무 : E에는 서해 갑문이 건설되어 있어요. 남포
온성 A
중강진 B
C 신의주
D 원산
E 남포

① 갑 ② 을 ③ 병 ④ 정 ⑤ 무

| 자 | 료 | 해 | 설 |
온라인 수업 장면 자료를 보고 지도에 표시된 북한의 개방 지역 및 주요 도시인 A~E를 파악하는 문항이다. 지도에 표시된 A는 온성, B는 중강진, C는 신의주, D는 원산, E는 남포이다.

| 선 | 택 | 지 | 풀 | 이 |
① 오답 | 경원선 철도의 종착역은 원산이다.
② 오답 | 우리나라에서 해발 고도가 가장 높은 산은 백두산이다.
③ 오답 | 북한 최초의 경제특구(경제 무역 지대)는 나선이다.
④ 오답 | 북한에서 인구가 가장 많은 도시는 평양이다.
⑤ 정답 | 서해 갑문이 건설되어 있는 곳은 E 남포이다.

3 도시 계획과 재개발 정답 ① 정답률 95%

보기
ㄱ. ㉠으로 인해 주택 부족, 교통 혼잡 등의 문제가 발생하였다.
ㄴ. ㉡ 시기에 개발 제한 구역이 처음 지정되었다. → 1971년 최초 지정
ㄷ. ㉢은 ㉣보다 기존 건물의 활용도가 높다. 낮다
ㄹ. ㉣은 ㉢보다 재개발에 투입되는 자본의 규모가 크다. 작다

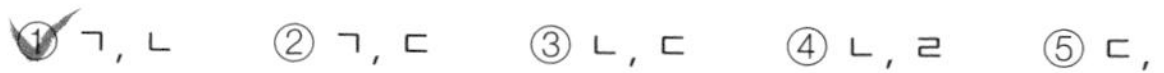
① ㄱ, ㄴ ② ㄱ, ㄷ ③ ㄴ, ㄷ ④ ㄴ, ㄹ ⑤ ㄷ, ㄹ

| 보 | 기 | 풀 | 이 |
ㄱ 정답 | ㉠ 급속한 도시화로 인해 주택 부족, 교통 혼잡 등의 문제가 발생하였다.
ㄴ 정답 | ㉡ 1970년대인 1971년에 개발 제한 구역이 처음 지정되었다.
ㄷ 오답 | ㉢ 철거 재개발 방식은 ㉣ 수복 재개발 방식보다 기존 건물의 활용도가 낮다.
ㄹ 오답 | ㉣ 수복 재개발 방식은 ㉢ 철거 재개발 방식보다 재개발에 투입되는 자본의 규모가 작다.

4 기후 변화 정답 ① 정답률 89%

① 한강의 결빙 일수가 감소할 것이다.
② 귤의 재배 북한계선이 남하할 것이다. (북상)
③ 개마고원의 냉대림 분포 면적이 넓어질 것이다. (축소될)
④ 치악산에서 단풍이 드는 시기가 빨라질 것이다. (늦어질)
⑤ 대구의 열대야와 열대일 발생 일수가 감소할 것이다. (증가)

| 자 | 료 | 해 | 설 |
그래프에서 동해 해면 수온이 상승하는 추세가 나타나므로 (가)는 지구 온난화이다.

| 선 | 택 | 지 | 풀 | 이 |
① 정답 | 지구 온난화가 지속되면 한강의 결빙 일수가 감소할 것이다.
② 오답 | 지구 온난화가 지속되면 귤의 재배 북한계선이 북상할 것이다.
③ 오답 | 지구 온난화가 지속되면 개마고원의 냉대림 분포 면적이 축소될 것이다.
④ 오답 | 지구 온난화가 지속되면 치악산에서 단풍이 드는 시기가 늦어질 것이다.
⑤ 오답 | 지구 온난화가 지속되면 대구의 열대야와 열대일 발생 일수가 증가할 것이다.

5 영남 지방 정답 ② 정답률 80%

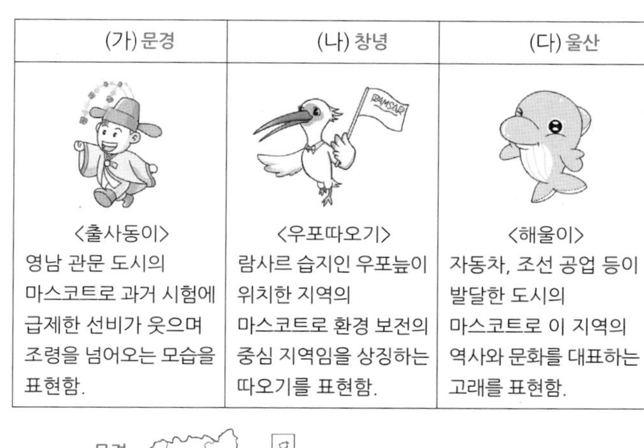

(가) 문경	(나) 창녕	(다) 울산
<출사동이> 영남 관문 도시의 마스코트로 과거 시험에 급제한 선비가 웃으며 조령을 넘어오는 모습을 표현함.	<우포따오기> 람사르 습지인 우포늪이 위치한 지역의 마스코트로 환경 보전의 중심 지역임을 상징하는 따오기를 표현함.	<해울이> 자동차, 조선 공업 등이 발달한 도시의 마스코트로 이 지역의 역사와 문화를 대표하는 고래를 표현함.

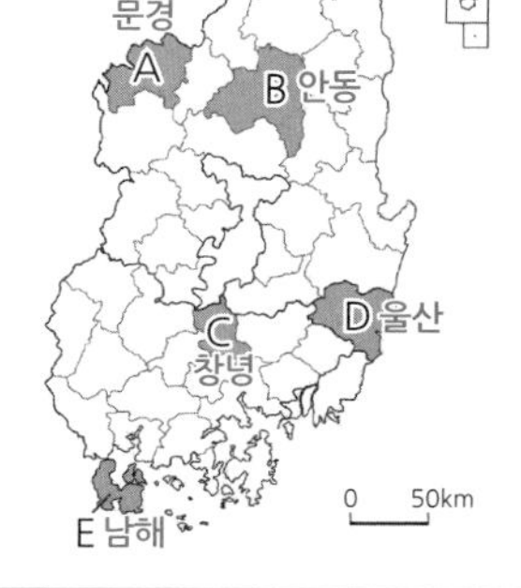

문경
A
B 안동
C 창녕
D 울산
E 남해
0 50km

	(가)	(나)	(다)
①	A	B	E
②	A	C	D
③	B	C	D
④	B	D	E
⑤	C	E	A

| 선 | 택 | 지 | 풀 | 이 |
② 정답 |
(가) - A : (가)는 영남의 관문인 조령이 위치한 A 문경으로, 과거에 영남 지역에서 한양으로 가기 위해서는 조령을 거쳐가는 경우가 많았다.
(나) - C : (나)는 람사르 습지로 등록된 우포늪이 위치한 C 창녕이다.
(다) - D : (다)는 과거 고래를 잡는 포경 산업이 발달했었고, 현재는 자동차, 조선, 석유 화학 및 정유 공업 등의 중화학 공업이 발달한 D 울산이다.
오답 |
B : 경북 북부 내륙에 위치한 안동은 유교와 선비의 고장으로 유명하며, 경북도청이 자리하고 있다. 또, 안동에는 유네스코 세계 문화유산으로 지정된 전통 마을인 하회 마을이 위치해 있고, 유네스코 세계 문화유산으로 지정된 우리나라 9개의 서원 중 병산 서원과 도산 서원이 있다.
E : 경남의 섬 지역인 남해는 남해안에 위치해 있어 연 강수량이 많고 겨울이 온화한 편이다.

문제편 77쪽

6 계절에 따른 기후 특성 정답 ③ 정답률 93%

개최 시기	(가) 여름	(나) 겨울
축제 포스터	보령머드축제	대관령 눈꽃축제

① (가)에는 서고동저형(남고북저형)의 기압 배치가 전형적으로 나타난다.
② (나)에는 장마와 열대 저기압에 의해 피해가 발생한다. → 여름
③ (가)는 (나)보다 상대 습도가 높다.
④ (가)는 (나)보다 평균 풍속이 빠르다. 느리다
⑤ (나)는 (가)보다 남북 간의 기온 차이가 작다. 크다

|자|료|해|설|
(가)는 바닷가에서 갯벌을 체험해 볼 수 있는 보령 머드 축제가 개최되는 것으로 보아 여름, (나)는 눈 조각품을 관람할 수 있는 대관령 눈꽃 축제가 개최되는 것으로 보아 겨울이다.

|선|택|지|풀|이|
① 오답 I (가) 여름에는 남고북저형의 기압 배치가 전형적으로 나타난다. 서고동저형 기압 배치는 겨울에 전형적으로 나타난다.
② 오답 I 장마는 주로 여름, 열대 저기압은 여름과 초가을에 주로 피해를 준다.
③ 정답 I (가) 여름은 (나) 겨울보다 상대 습도가 높다.
④ 오답 I (가) 여름은 (나) 겨울보다 평균 풍속이 느리다.
⑤ 오답 I (나) 겨울은 (가) 여름보다 남북 간의 기온 차이가 크다.

7 수도권 정답 ③ 정답률 61%

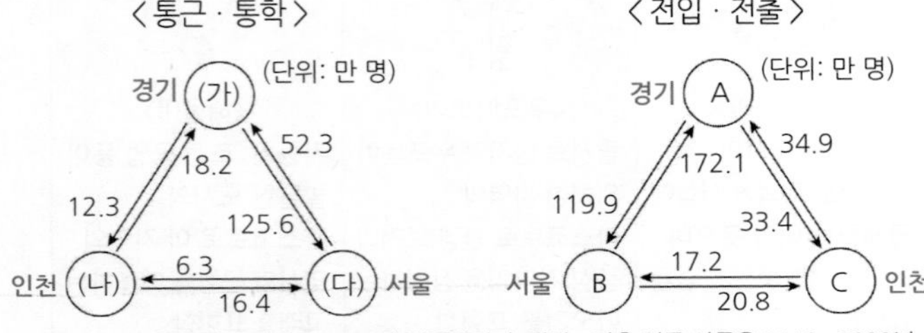

* 통근 · 통학 인구 이동은 2020년 평균치이며, 전입 · 전출 인구 이동은 2018~2022년 합계임.

① (가)는 주간 인구가 상주인구보다 많다. 적다
② (다)는 전입 인구가 전출 인구보다 많다. 적다
③ (가)는 (나)보다 외국인 근로자 수가 많다.
④ A는 B보다 통근 · 통학 순 유입이 많다. 적다
⑤ C는 B보다 인구 밀도가 높다. 낮다

|자|료|해|설|
수도권의 시 · 도 간 인구 이동 특성을 나타낸 두 그래프를 보고 (가)~(다)와 A~C가 각각 경기, 서울, 인천 중 어느 지역인지 찾아낸 후 특성을 비교하는 문항이다.

|선|택|지|풀|이|
수도권의 시 · 도 간 인구 이동 중 <통근 · 통학>에서 (가)와 (다)는 다른 지역과의 인구 이동이 많은데, 특히 (다)는 통근 · 통학 유입 인구가 많은 것으로 보아 서울이며 (가)는 서울로의 통근 · 통학 인구 이동이 매우 많은 것으로 보아 경기, (나)는 인천이다.
수도권의 시 · 도 간 인구 이동 중 <전입 · 전출>에서 A는 다른 지역에서의 전입 인구가 매우 많은 것으로 보아 경기이며, B는 경기로의 전출이 많은 서울, C는 인구 전입 · 전출 규모가 작은 인천이다.
① 오답 I (가) 경기는 통근 · 통학 유입 인구보다 유출 인구가 많으므로 주간 인구가 상주인구보다 적다.
② 오답 I (다) 서울은 전입 인구가 전출 인구보다 적다.
③ 정답 I (가) 경기는 (나) 인천보다 외국인 근로자 수가 많다.
④ 오답 I A 경기는 B 서울보다 통근 · 통학 순 유입이 적다.
⑤ 오답 I C 인천은 B 서울보다 인구 밀도가 낮다.

8 저출산 · 고령화 정답 ③ 정답률 97%

㉠ 낮은 합계 출산율이 지속되면서 저출산 문제가 큰 사회적 이슈로 떠오르고 있다. ㉡ 저출산 현상의 원인 분석, 정부의 다양한 정책적 지원이 이루어지고 있지만, 상황은 반전되지 않고 있다. 또한, 기대 수명의 증가 등으로 ㉢ 노년층 인구 비율이 증가하면서 고령화 문제에 대응하는 정책의 필요성이 강조되고 있다. ㉣ 저출산 · 고령화 현상은 정주 여건의 차이로 인해 지역별로 다른 양상을 보이며, ㉤ 인구 분포의 공간적 불평등을 심화시킨다.

① ㉠은 장기적으로 생산 가능 인구와 총인구 감소를 초래한다.
② ㉡으로 자녀 양육 비용 증가, 고용 불안 등이 있다.
③ ㉢은 세종이 전남보다 높게(낮게) 나타난다.
④ ㉣이 지속되면 노령화 지수는 증가한다.
⑤ ㉤의 사례로 수도권과 비수도권 간의 인구 격차가 있다.

|자|료|해|설|
우리나라의 인구 문제와 관련된 글 자료를 통해 해당 내용의 옳고 그름을 판단하는 문제이다.

|선|택|지|풀|이|
① 오답 I 낮은 합계 출산율이 지속되면 장기적으로 생산 가능 인구가 감소하고 총인구도 감소하게 된다.
② 오답 I 저출산 현상의 원인으로 자녀 양육 비용 증가, 고용 불안, 초혼 연령의 상승, 비혼 인구의 증가 등을 들 수 있다.
③ 정답 I 전국 시 · 도 중 세종은 유소년층 인구 비율이 가장 높고, 전남은 노년층 인구 비율이 가장 높다. 따라서 세종은 전남보다 노년층 인구 비율이 낮다.
④ 오답 I 저출산 · 고령화 현상이 지속되면 유소년층 인구 대비 노년층 인구의 비율인 노령화 지수는 증가한다.
⑤ 오답 I 인구 분포의 공간적 불평등의 사례로 수도권과 비수도권 간의 인구 분포의 지역 차이를 들 수 있다.

9 호남 지방 정답 ① 정답률 84%

〈 소규모 테마형 교육 여행 안내 〉

학부모님 안녕하십니까? 우리 학교는 세 모둠으로 나누어 호남권으로 소규모 테마형 교육 여행을 가고자 합니다. 모둠별 여행 지역과 탐구 활동 내용을 확인하시길 바랍니다.

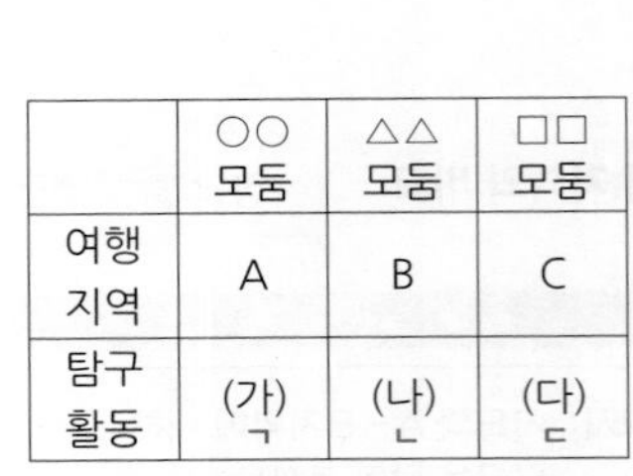

	○○ 모둠	△△ 모둠	□□ 모둠
여행 지역	A	B	C
탐구 활동	(가) ㄱ	(나) ㄴ	(다) ㄷ

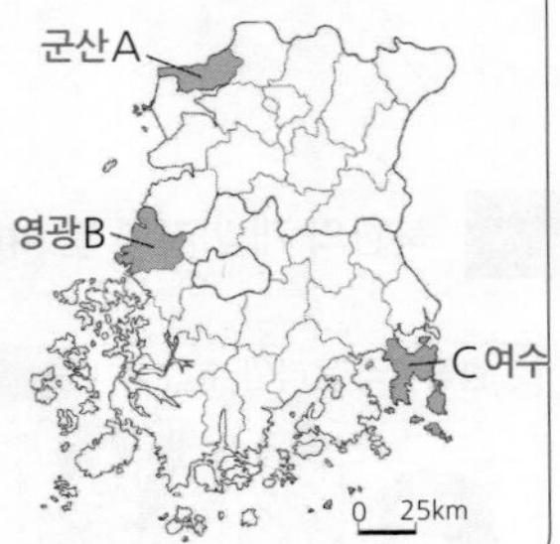

보기
ㄱ. 우리나라에서 가장 긴 방조제 및 뜬다리 부두 탐방 군산
ㄴ. 원자력 발전소 견학 및 지역 특산물인 굴비 맛보기 영광
ㄷ. 대규모 석유 화학 단지 견학 및 엑스포 해양 공원 방문 여수

	(가)	(나)	(다)		(가)	(나)	(다)
①	ㄱ	ㄴ	ㄷ	②	ㄱ	ㄷ	ㄴ
③	ㄴ	ㄱ	ㄷ	④	ㄷ	ㄱ	ㄴ
⑤	ㄷ	ㄴ	ㄱ				

|자|료|해|설|
소규모 테마형 교육 여행 안내문을 읽고 호남 지방 지도의 A~C 지역이 어느 지역인지 파악한 후 (가)~(다)에 들어갈 적절한 탐구 활동을 찾아내는 문항이다. 지도에 표시된 지역은 A는 군산, B는 영광, C는 여수이다.

|보|기|풀|이|
① 정답 I
(가) - ㄱ : 우리나라에서 가장 긴 방조제인 새만금 방조제 및 뜬다리 부두를 탐방할 수 있는 곳은 A 군산이다.
(나) - ㄴ : 원자력 발전소가 위치하고 굴비가 지역 특산물인 곳은 B 영광이다.
(다) - ㄷ : 대규모 석유 화학 단지가 위치하고 2012년에 해양 엑스포가 개최된 곳은 C 여수이다.

문제편 78쪽

10 1차 에너지 소비 정답 ③ 정답률 80%

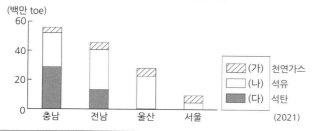

<1차 에너지 (가)~(다)의 공급량>

(백만 toe) 60, 40, 20, 0
충남 전남 울산 서울 (2021)
(가) 천연가스 (나) 석유 (다) 석탄

보기

석탄 → 석유 → 천연가스

ㄱ. (가)는 (다)보다 발전 시 대기 오염 물질 배출량이 많다. 적다

ㄴ. (나)는 (가)보다 상용화된 시기가 이르다.

ㄷ. (다)는 (나)보다 수송용으로 이용되는 비율이 높다. 낮다

ㄹ. 우리나라 1차 에너지 소비량에서 차지하는 비율은 (나) > (다) > (가) 순으로 높다.
석유 석탄 천연가스

① ㄱ, ㄴ ② ㄱ, ㄷ ③ ㄴ, ㄹ
④ ㄱ, ㄷ, ㄹ ⑤ ㄴ, ㄷ, ㄹ

|보|기|풀|이|

<1차 에너지 (가)~(다)의 공급량> 자료에서 (다)는 석탄 화력 발전소가 많고 제철 공업이 발달한 충남에서 공급량이 많은 것으로 보아 석탄, (나)는 석유 화학 및 정유 공업이 발달한 충남, 전남, 울산에서 공급량이 많은 것으로 보아 석유, (가)는 대도시인 서울에서 상대적으로 공급량 비율이 높은 것으로 보아 도시가스로 많이 이용되는 천연가스이다.

ㄱ 오답 | (가) 천연가스는 (다) 석탄보다 발전 시 대기 오염 물질 배출량이 적다.

ㄴ 정답 | (나) 석유는 (가) 천연가스보다 상용화된 시기가 이르다.

ㄷ 오답 | (다) 석탄은 (나) 석유보다 수송용으로 이용되는 비율이 낮다.

ㄹ 정답 | 우리나라 1차 에너지 소비량에서 차지하는 비율은 (나) 석유 > (다) 석탄 > (가) 천연가스 순으로 높다.

11 위도가 비슷한 지역의 기후 비교 정답 ⑤ 정답률 54%

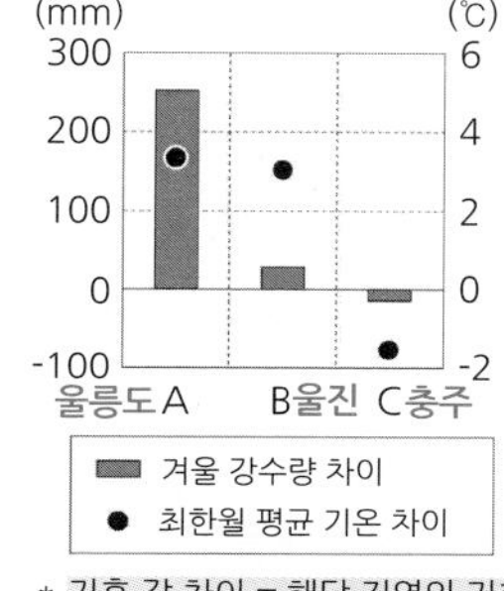

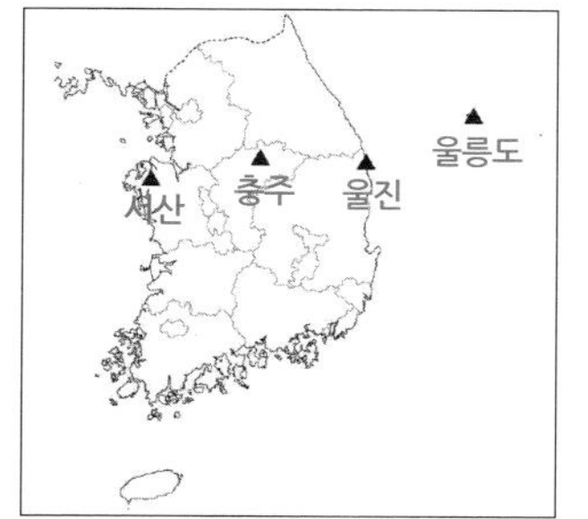

* 기후 값 차이 = 해당 지역의 기후 값 - (가) 지역의 기후 값 [(+)인 경우 : 해당 지역 > 서산 / (-)인 경우 : 해당 지역 < 서산]
** 1991 ~ 2020년의 평년값임.

① (가)는 네 지역 중 일출 시각이 가장 이르다. 늦다
② A는 겨울 강수량이 여름 강수량보다 많다. 적다
③ B는 C보다 여름 강수 집중률이 높다. 낮다
④ C는 A보다 무상 기간이 길다. 짧다
⑤ (가)는 B보다 기온의 연교차가 크다.

|자|료|해|설|

A~C 지역과 (가) 지역 간의 기후 값 차이를 나타낸 그래프를 통하여 A~C와 (가) 지역이 지도의 네 지역 중 어느 지역인지 찾아내는 문항이다. (가)는 서산, A는 울릉도, B는 울진, C는 충주이다.

|선|택|지|풀|이|

기후 값 차이를 나타낸 그래프를 통해 겨울 강수량은 A > B > (가) > C 순으로 많고, 최한월 평균 기온은 A > B > (가) > C 순으로 높음을 알 수 있다. A는 동해상에 위치하여 네 지역 중 최한월 평균 기온이 가장 높고 겨울 강수량이 가장 많은 울릉도, B는 동해안에 위치하여 서해안에 위치한 서산에 비해 최한월 평균 기온이 높은 울진, C는 내륙에 위치하여 서산에 비해 최한월 평균 기온이 낮은 충주이다.

① 오답 | (가) 서산은 네 지역 중 가장 서쪽에 위치하여 일출 시각이 가장 늦다.

② 오답 | 우리나라의 모든 지역은 사계절 중 여름 강수량이 가장 많다. 해양성 기후가 뚜렷해 여름과 겨울 강수량 차이가 작고 겨울 강수 집중률이 높은 A 울릉도도 여름 강수량이 겨울 강수량보다 많다.

③ 오답 | B 울진은 한강 중 · 상류에 위치한 C 충주보다 여름 강수 집중률이 낮다.

④ 오답 | 내륙에 위치한 C 충주는 A 울릉도보다 최한월 평균 기온이 낮아 무상 기간이 짧다.

⑤ 정답 | 서해안에 위치한 (가) 서산은 동해안에 위치한 B 울진보다 기온의 연교차가 크다.

12 신 · 재생 에너지 정답 ④ 정답률 73%

① (가)는 유량이 풍부하고 낙차가 큰 지역이 발전에 유리하다. (다)
② (가)는 (나)보다 낮과 밤의 발전량 차이가 작다. 크다
③ (나)는 (다)보다 제주에서의 발전량이 적다. 많다
④ (다)는 (가)보다 우리나라에서 상용화된 시기가 이르다.
⑤ (가)~(다) 중 전국 발전량은 (나)가 가장 많다. (가)

|선|택|지|풀|이|

(가)는 전남에서 발전량 비율이 가장 높은 것으로 보아 태양광이다. (다)는 A와 B 지역에서 발전량 비율에 매우 큰 차이를 보이고 있으므로 풍력과 수력 중 강원과 제주에서 발전량 비율의 차이가 큰 수력이다. 따라서 한강 중 · 상류 지역에 위치하여 낙차를 이용한 수력 발전이 활발하게 이루어지고 있는 강원이 A이고, 기반암의 특성상 절리가 발달하여 수력 발전이 거의 이루어지지 않는 제주가 B이다. 나머지 (나)는 바람이 많이 부는 해안가인 제주와 전남, 산지 지역인 강원에서 발전이 이루어지는 풍력이다.

① 오답 | 유량이 풍부하고 낙차가 큰 지역이 발전에 유리한 것은 (다) 수력이다.

② 오답 | (가) 태양광은 (나) 풍력보다 낮과 밤의 발전량 차이가 크다.

③ 오답 | 제주에서는 (나) 풍력이 (다) 수력에 비해 발전량이 많다.

④ 정답 | (다) 수력은 (가) 태양광보다 우리나라에서 상용화된 시기가 이르다.

⑤ 오답 | (가)~(다) 중 전국 발전량은 (가) 태양광이 가장 많다.

13 도시 체계 정답 ④ 정답률 78%

(단위 : 개)

지역 \ 의료 기관	A (종합병원)	B (병원)	C (의원)
(가)청주	6	24	518
(나)충주	2	4	128
(다)영동	0	1	26

(2022)

① (나)는 (가)보다 총인구가 많다. 적다
② (다)는 (나)보다 중심지 기능이 다양하다.
③ (가), (다)는 모두 충청도라는 지명 유래가 된 지역이다. (나)
④ A는 B보다 서비스를 제공하는 공간적 범위가 넓다.
⑤ C는 B보다 의료 기관당 일일 평균 방문 환자 수가 많다. 적다

|선|택|지|풀|이|

의료 기관 중 A는 수가 가장 적으므로 최상위 중심 기능을 수행하는 종합병원, C는 수가 가장 많으므로 하위 중심 기능을 수행하는 의원, B는 종합병원과 의원의 중간 특성을 보이는 병원이다. (가)는 의료 기관 수가 가장 많으므로 인구가 많은 청주, (다)는 의료 기관 수가 가장 적으므로 영동, (나)는 충주이다.

① 오답 | (나) 충주는 (가) 청주보다 총인구가 적다.

② 오답 | (다) 영동은 (나) 충주보다 저차 중심지이므로 중심지 기능이 다양하지 않다.

③ 오답 | (가) 청주, (나) 충주는 충청도라는 지명 유래가 된 지역이다.

④ 정답 | 최상위 계층의 중심 기능인 A 종합병원은 B 병원보다 서비스를 제공하는 공간적 범위가 넓다.

⑤ 오답 | C 의원은 B 병원보다 의료 기관당 일일 평균 방문 환자 수가 적다.

14 암석 분포 정답 ⑤ 정답률 82%

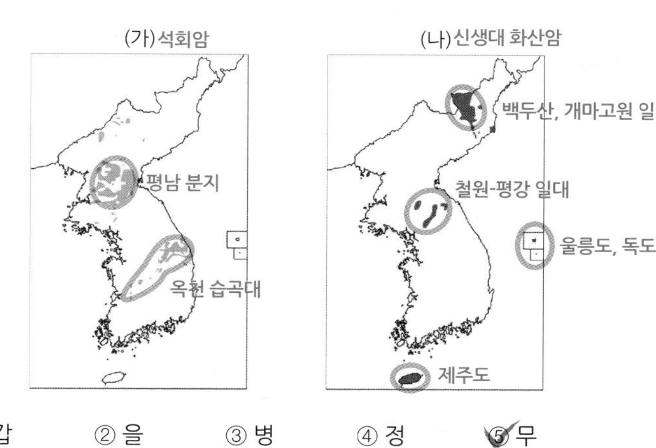

① 갑 ② 을 ③ 병 ④ 정 ⑤ 무

|선|택|지|풀|이|

⑤ 정답 |

(가) 석회암의 용식 작용으로 형성된 석회 동굴에는 탄산칼슘 성분의 침전으로 만들어진 종유석, 석순 등이 발달한다.

(나) 신생대 화산암은 신생대에 마그마가 분출한 후 굳어져 형성되었다.

(나) 신생대 화산암은 고생대에 형성된 (가) 석회암보다 형성 시기가 늦다.

(가) 석회암 분포 지역과 (나) 신생대 화산암 분포 지역은 기반암의 특성상 모두 배수가 양호한 편이므로 논보다 밭의 면적 비율이 높다. 따라서 옳게 설명한 내용에만 있는 대로 ○ 표시한 학생은 '무'가 된다.

19회 2023 10월 학력평가

문제편 78~79쪽

15 농업 자료 분석

정답 ② 정답률 71%

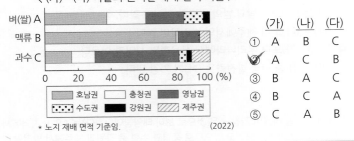

< (가) ~ (다) 작물의 권역별 재배 면적 비율 >

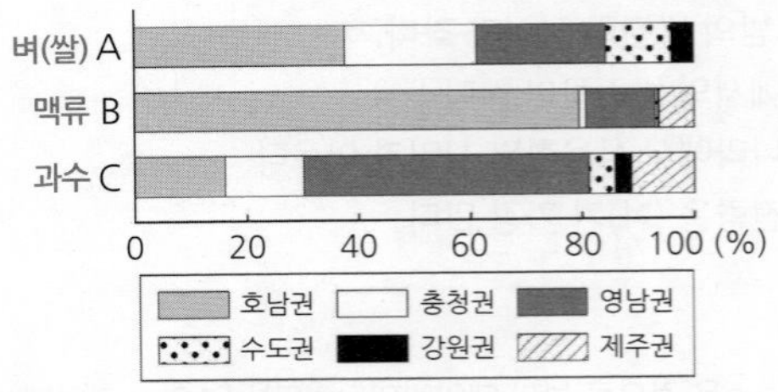

벼(쌀) A / 맥류 B / 과수 C

0 20 40 60 80 100 (%)

호남권 / 충청권 / 영남권 / 수도권 / 강원권 / 제주권

* 노지 재배 면적 기준임. (2022)

	(가)	(나)	(다)
①	A	B	C
②	A	C	B
③	B	A	C
④	B	C	A
⑤	C	A	B

|선|택|지|풀|이|

② 정답 I

(가) - A : 과수, 맥류, 벼(쌀) 중에서 (가)는 전국 재배 면적이 가장 넓고 (나)보다 국내 자급률이 높다고 하였으므로 (가)는 벼(쌀)이다. 벼(쌀)는 호남권, 충청권, 영남권 등에서 재배 면적 비율이 높으며 제주권의 재배 면적 비율이 0에 가까우므로 그래프의 A에 해당한다.

(나) - C : (나)는 (다)보다 전국 생산량에서 제주권이 차지하는 비율이 높다고 하였으므로 감귤 재배가 활발한 제주에서 생산량이 많은 과수이다. 과수는 영남권과 제주권의 재배 면적 비율이 높게 나타나므로 그래프의 C에 해당한다.

(다) - B : (다)는 맥류이며, 호남권의 재배 면적 비율이 매우 높은 그래프의 B에 해당한다.

16 도시 내부 구조

정답 ① 정답률 66%

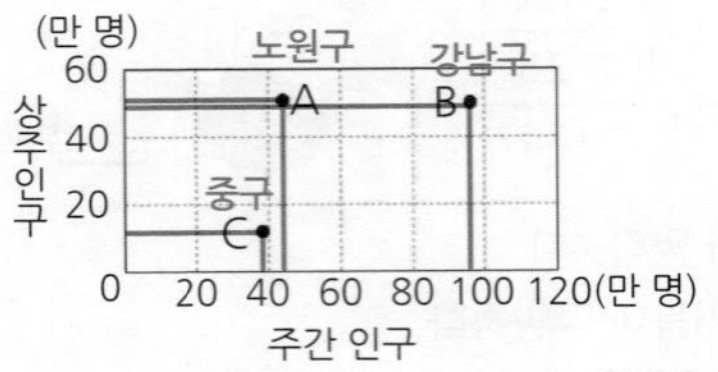

(만 명) 상주 인구 60 40 20 0 / 20 40 60 80 100 120(만 명) 주간 인구 / 노원구 A, 강남구 B, 중구 C (2022)

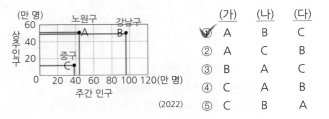

	(가)	(나)	(다)
①	A	B	C
②	A	C	B
③	B	A	C
④	C	A	B
⑤	C	B	A

|선|택|지|풀|이|

① 정답 I

(가) - A : (가)는 서울의 동북부에 위치해 있으며 대규모 아파트 단지가 건설된 노원구이다. 그래프의 A는 상주 인구에 비해 주간 인구가 적은 것으로 보아 주거 기능이 발달하여 통근 · 통학 유출 인구가 많은 주변 지역인 (가) 노원구이다.

(나) - B : (나)는 서울의 동남부에 위치해 있으며 서울의 부도심으로 계획되어 대규모 주택 단지와 상업 · 업무 시설이 조성되어 있는 강남구이다. 그래프의 B는 상주 인구와 주간 인구가 모두 많은 것으로 보아 주거 기능 및 상업 · 업무 기능이 모두 발달한 부도심인 (나) 강남구이다.

(다) - C : (다)는 서울의 중심부에 위치해 있으며 중추 관리 기능과 고급 서비스 기능이 집중되어 있는 중구이다. 그래프의 C는 상주 인구가 적고 상주 인구 대비 주간 인구가 많은 것으로 보아 상업 · 업무 기능이 발달하여 통근 · 통학 유입 인구가 많은 도심인 (다) 중구이다.

17 동해안과 서해안

정답 ④ 정답률 86%

① A는 시간이 지남에 따라 면적이 점차 확대된다. (→ 축소)
② B는 주로 조류의 퇴적 작용으로 형성된다. → 갯벌
③ C는 파랑 에너지가 분산되는 만에 잘 발달한다. (→ 집중, 곶)
④ D는 동해안보다 서해안에 넓게 분포한다.
⑤ D는 B보다 퇴적 물질의 평균 입자 크기가 크다. (→ 작다)

|자|료|해|설|

사진에 제시된 A~D 해안 지형의 형성 원인과 특징을 파악하는 문항이다. A는 석호, B는 사빈, C는 암석 해안, D는 갯벌이다.

|선|택|지|풀|이|

① 오답 I A 석호는 유입되는 하천 운반 물질이 퇴적됨에 따라 시간이 지나면서 면적이 점차 축소된다.

② 오답 I B 사빈은 파랑과 연안류의 퇴적 작용으로 형성되었으며, 주로 조류의 퇴적 작용으로 형성되는 것은 갯벌이다.

③ 오답 I C 암석 해안은 파랑의 침식 작용으로 형성되므로 파랑 에너지가 집중되는 곶에 잘 발달한다.

④ 정답 I D 갯벌은 조류의 퇴적 작용이 활발한 서해안에 넓게 분포한다.

⑤ 오답 I D 점토질의 비율이 높은 갯벌은 모래질의 비율이 높은 B 사빈보다 퇴적 물질의 평균 입자 크기가 작다.

18 산지의 형성

정답 ③ 정답률 72%

① ㉠은 중생대 이전에 형성되었다. (→ 이후)
② ㉡은 분화구의 함몰로 형성된 칼데라호이다. → 백두산 천지
③ ㉢이 속한 산맥은 1차 산맥에 해당한다.
④ ㉣의 주된 기반암은 시멘트 공업의 주원료로 이용된다. → 석회암
⑤ ㉠은 ㉣보다 고위도에 위치한다. (→ 저)

|자|료|해|설|

화산 지형인 ㉠은 산 정상부에 ㉡ 백록담이 있고 세계 자연 유산으로 등재되어 있는 한라산, ㉢은 대청봉과 울산바위 등 기반암인 화강암이 드러난 설악산, ㉣은 영호남의 경계인 소백산맥에 위치해 있으며 천왕봉이 주봉이고 국립공원 제1호로 지정되어 있는 지리산이다.

|선|택|지|풀|이|

① 오답 I ㉠ 한라산은 신생대 화산 활동으로 형성되었으므로 중생대 이후에 형성되었다.

② 오답 I ㉡ 백록담은 분화구에 물이 고인 화구호이며, 백두산 천지는 분화구의 함몰로 형성된 칼데라호이다.

③ 정답 I ㉢ 설악산이 속한 산맥은 1차 산맥에 해당한다.

④ 오답 I ㉣ 지리산의 주된 기반암은 변성암이며, 시멘트 공업의 주원료로 이용되는 것은 석회암이다.

⑤ 오답 I ㉠ 한라산은 ㉣ 지리산보다 저위도에 위치한다.

19 지역 조사

정답 ④ 정답률 92%

① ㉠은 지리 정보를 수집하고 분석해 지역성을 파악하는 활동이다.
② ㉡은 지리 정보의 유형 중 공간 정보에 해당한다. → 위치나 형태
③ ㉢은 지역 조사 과정 중 실내 조사에 해당한다.
④ ㉣은 주로 원격 탐사를 통해 수집한다. (→ 수집하기 어렵다)
⑤ 단계 구분도, 도형 표현도, 유선도는 ㉤에 해당한다.

|자|료|해|설|

지리 정보 및 지역 조사와 관련된 수업 내용을 보고 해당 내용의 옳고 그름을 판단하는 문제이다.

|선|택|지|풀|이|

① 오답 I 지역 조사(㉠)는 어느 지역에 대한 지리 정보를 수집하고 분석해 지역의 특성을 파악하는 활동이다.

② 오답 I 어느 지역의 위치(㉡)는 지리 정보의 유형 중 위치나 형태를 나타내는 공간 정보에 해당한다.

③ 오답 I 항공 사진과 인터넷 지도를 이용한 조사(㉢)는 지역 조사 과정 중 실내 조사에 해당한다.

④ 정답 I 주민들의 인식(㉣)은 인공 위성이나 항공기를 이용한 원격 탐사를 통해 수집하기 어렵다.

⑤ 오답 I 단계 구분도, 도형 표현도, 유선도는 모두 통계 자료를 지도로 표현한 것이므로 통계 지도(㉤)에 해당한다.

20 교통수단

정답 ② 정답률 76%

보기

ㄱ. (가)에는 "기종점 비용이 가장 저렴합니까?"가 들어갈 수 있다.
ㄴ. (나)에는 "평균 운행 속도가 가장 빠릅니까?"가 들어갈 수 있다. → 항공이 가장 빠름
ㄷ. (다)에는 "국제 화물 수송 분담률이 가장 높습니까?"가 들어갈 수 있다.
ㄹ. A ~ C 중 주행 비용 증가율은 C가 가장 높다. (→ A)

① ㄱ, ㄴ ② ㄱ, ㄷ ③ ㄴ, ㄷ ④ ㄴ, ㄹ ⑤ ㄷ, ㄹ

|자|료|해|설|

교통수단별 운송비 구조를 통해 A~C가 도로, 철도, 해운 중 어떤 교통수단인지 알아내고 (가)~(다)에 해당되는 적절한 설명을 판단하는 문항이다.

(가)는 도로에만 해당될 수 있는 내용, (나)는 철도에만 해당될 수 있는 내용, (다)는 해운에만 해당될 수 있는 내용이 들어갈 수 있다.

|보|기|풀|이|

A는 기종점 비용이 가장 저렴하고 주행 비용 증가율이 높은 도로, C는 기종점 비용이 항공 다음으로 높고 주행 비용 증가율은 가장 낮은 해운, B는 기종점 비용과 주행 비용 증가율이 도로와 해운의 중간 특성을 보이는 철도이다.

ㄱ 정답 I 기종점 비용은 도로가 가장 저렴하므로 (가)에는 "기종점 비용이 가장 저렴합니까?"가 들어갈 수 있다.

ㄴ 오답 I 평균 운행 속도는 항공이 가장 빠르므로 (나)에는 "평균 운행 속도가 가장 빠릅니까?"가 들어갈 수 없다.

ㄷ 정답 I 국제 화물 수송 분담률은 해운이 가장 높으므로 (다)에는 "국제 화물 수송 분담률이 가장 높습니까?"가 들어갈 수 있다.

ㄹ 오답 I A~C 중 주행 비용 증가율은 도로인 A가 가장 높다.

문제편 79~80쪽

20회 2024년 10월 고3 학력평가 정답과 해설 한국지리

문제편 p.81

1	③	2	④	3	⑤	4	②	5	③
6	④	7	②	8	④	9	①	10	②
11	④	12	①	13	②	14	⑤	15	②
16	③	17	⑤	18	③	19	①	20	⑤

1 고지도에 나타난 국토관

정답 ③ 정답률 93%

보기

ㄱ. B와 가장 가까운 역참은 20리 이상 떨어져 있다. (10리 이내에)
ㄴ. A에서 B까지 이동할 때 배를 이용할 수 있다.
ㄷ. ㉠ 하천은 대체로 북쪽에서 남쪽으로 흐른다.
ㄹ. ㉡의 해발 고도를 정확하게 알 수 있다. (없다)

① ㄱ, ㄴ ② ㄱ, ㄷ ③ ㄴ, ㄷ
④ ㄴ, ㄹ ⑤ ㄷ, ㄹ

|자|료|해|설|
조선 후기에 김정호가 제작한 대동여지도의 특징을 파악하는 문항이다.

|보|기|풀|이|
ㄱ 오답 | 대동여지도에서 직선으로 표현된 도로에는 10리마다 방점이 찍혀 있다. B에서 북동쪽으로 도로를 따라가면 첫 번째 방점을 지나기 전에 역참이 있으므로 B와 가장 가까운 역참은 10리 이내에 있다.
ㄴ 정답 | 대동여지도에서 배가 다닐 수 있는 하천은 쌍선, 배가 다닐 수 없는 하천은 단선으로 표현되어 있다. A에서 B까지의 하천은 쌍선으로 연결되어 있으므로 이동할 때 배를 이용할 수 있다.
ㄷ 정답 | 대동여지도는 지도의 위쪽이 북쪽이며, 하천은 해발 고도가 높은 지점에서 낮은 지점으로 흐른다. 따라서 주변에 산줄기가 있으며 단선으로 표현된 규모가 작은 ㉠ 하천은 대체로 북쪽에서 남쪽으로 흘러 쌍선으로 표현된 큰 하천으로 유입된다.
ㄹ 오답 | 대동여지도는 산줄기의 굵기를 달리하여 산지의 높낮이를 대략적으로 표현하였지만 정확한 해발 고도를 알 수는 없다. 따라서 ㉡의 해발 고도를 정확하게 알 수 없다.

2 자연재해 종합

정답 ④ 정답률 96%

보기

ㄱ. (가)는 여름철보다 겨울철에 발생 빈도가 높다. (낮다)
ㄴ. (나)는 (라)보다 연 강수량에서 차지하는 비율이 높다.
ㄷ. (다)는 기후적 요인, (라)는 지형적 요인에 의해 발생한다. (지형적 / 기후적)
ㄹ. 2013~2022년 경기의 누적 피해액은 (가)보다 (나)에 의한 것이 많다.

① ㄱ, ㄴ ② ㄱ, ㄷ ③ ㄴ, ㄷ
④ ㄴ, ㄹ ⑤ ㄷ, ㄹ

|자|료|해|설|
자연재해에 관한 재난 안전 문자 내용을 통해 (가)~(라) 자연재해를 찾아 특성을 비교하는 문항이다. (가)는 강풍 동반, 해안 지대 접근 금지, 선박 대피 등을 통해 태풍, (나)는 장마 전선 정체, 침수 등을 통해 호우, (다)는 규모 4.3, 진동 등을 통해 지진, (라)는 염화 칼슘, 운전 시 저속 등을 통해 대설임을 알 수 있다.

|보|기|풀|이|
ㄱ 오답 | (가) 태풍은 주로 여름~초가을에 발생하므로 겨울철보다 여름철에 발생 빈도가 높다.
ㄴ 정답 | 우리나라는 여름철에 강수가 집중되므로 주로 여름에 발생하는 (나) 호우는 주로 겨울에 발생하는 (라) 대설보다 연 강수량에서 차지하는 비율이 높다.
ㄷ 오답 | (다) 지진은 지형적 요인, (가) 태풍, (나) 호우, (라) 대설은 기후적 요인에 의해 발생한다.
ㄹ 정답 | 2013~2022년 경기의 누적 피해액은 (가) 태풍보다 (나) 호우에 의한 것이 많다. 여름 강수 집중률이 높은 한강 유역에 속하는 경기는 호우 피해액이 많고, 태풍은 저위도 열대 해상에서 발생하여 고위도로 이동하면서 남부 지방을 주로 통과하므로 전남, 경북, 경남 등에서 피해액이 많다.

3 제주도의 화산 지형

정답 ⑤ 정답률 54%

① (가)는 분화구가 함몰되어 형성되었다. (분화구에 물이 고여)
② (나)는 지하수의 용식 작용으로 형성되었다. (석회 동굴 → 용암 동굴)
③ (다)의 주변 지역에는 주로 붉은색 토양이 분포한다. (흑갈색)
④ (라)는 화강암이 지표면에 노출되는 과정에서 형성되었다. (용암이 냉각·수축)
⑤ (다)는 (나)보다 점성이 큰 용암이 분출하여 형성되었다.

|자|료|해|설|
제주도 화산 지형의 형성 원인, 특징 등을 파악하는 문항이다. (가) 백록담은 화구호, (나) 만장굴은 용암 동굴, (다) 산방산은 종상 화산체, (라)는 주상 절리이다.

|선|택|지|풀|이|
① 오답 | (가) 백록담은 분화구에 물이 고여 형성된 화구호이다. 분화구가 함몰되어 형성된 칼데라에는 백두산의 천지, 울릉도의 나리 분지가 있다.
② 오답 | (나) 만장굴은 점성이 작은 용암이 흘러내릴 때 주로 표층부와 하층부의 냉각 속도 차이에 의해 형성된 용암 동굴이다. 지하수의 용식 작용으로 형성되는 동굴로는 석회 동굴이 있다.
③ 오답 | (다) 산방산의 주변 지역은 기반암이 현무암으로 이루어져 흑갈색의 현무암 풍화토가 분포한다. 붉은색의 석회암 풍화토는 석회암 분포 지역에서 주로 나타난다.
④ 오답 | (라) 대포 주상 절리는 용암이 냉각되는 과정에서 수축하면서 형성된 다각형 기둥 모양의 절리이다.
⑤ 정답 | (다) 산방산은 경사가 급한 종상 화산체로 점성이 큰 용암이 굳어져 형성되었고, (나) 만장굴은 점성이 작은 용암이 흘러내릴 때 표층부와 하층부의 냉각 속도 차이로 형성되었다. 따라서 (다) 산방산은 (나) 만장굴보다 점성이 큰 용암이 분출하여 형성되었다.

4 영해와 배타적 경제 수역

정답 ② 정답률 64%

① A에서 간척 사업을 하더라도 영해의 범위는 변함이 없다.
② B에서는 중국 어선의 조업 활동이 보장된다. (보장되지 않는다)
③ C에서는 통상적으로 민간 선박의 무해 통항권이 인정된다.
④ D의 범위는 직선 기선으로부터 3해리까지 인정된다.
⑤ E에서는 일본과 공동으로 어족 자원을 관리한다.

|자|료|해|설|
우리나라의 영해, 내수 그리고 배타적 경제 수역에 대한 내용을 파악하는 문항이다. A는 직선 기선으로부터 육지쪽에 있는 수역인 우리나라의 내수(內水), B는 영해 밖에 있으면서 기선으로부터 200해리 내의 수역으로 우리나라의 배타적 경제 수역, C는 직선 기선으로부터 영해선 안쪽 수역인 우리나라의 영해, D는 대한 해협에 속하며 직선 기선으로부터 3해리까지인 우리나라의 영해, E는 한·일 중간 수역에 해당한다.

|선|택|지|풀|이|
① 오답 | 내수(內水)는 기선으로부터 육지 쪽에 있는 수역이므로 A 내수에서 간척 사업을 하더라도 영해의 범위는 변함이 없다.
② 정답 | 배타적 경제 수역에서는 연안국의 경제적 권리가 보장되므로 B 우리나라의 배타적 경제 수역에서는 중국 어선의 조업 활동이 보장되지 않는다.
③ 오답 | C 영해는 통상적으로 외국 선박의 무해 통항권이 인정되어 당사국의 안전과 질서, 재정적 이익을 해치지 않는 한 사전 허가 없이 그 영해를 항해할 수 있다.
④ 오답 | 일반적으로 영해의 범위는 기선으로부터 12해리까지이지만, D의 경우 일본과의 거리가 가까워 직선 기선으로부터 3해리까지만 영해로 설정하고 있다.
⑤ 오답 | E 한·일 중간 수역에서는 우리나라와 일본이 공동으로 어족 자원을 보존·관리하고 있다.

5 우리나라 하천의 특색

정답 ③ 정답률 62%

① (나)의 하구에는 삼각주가 넓게 형성되어 있다. (낙동강)
② (나)는 (다)보다 유역 면적이 넓다. (좁다)
③ (다)는 (가)보다 생활용수로 이용되는 양이 많다.
④ (가)와 (나)는 모두 황해로 유입된다. (남해)
⑤ (가)와 (다)에는 모두 하굿둑이 건설되어 있다. (낙동강, 금강, 영산강)

|자|료|해|설|
하천의 발원지를 통해 (가)~(다) 하천을 파악하여 특징을 비교하는 문항이다. (가)는 장수에서 발원하여 대전, 서천을 지나는 금강, (나)는 진안에서 발원하여 구례, 하동을 지나는 섬진강, (다)는 태백에서 발원하는 한강이다.

|선|택|지|풀|이|
① 오답 | (나) 섬진강의 하구에는 삼각주가 넓게 형성되어 있지 않다. 하구에 삼각주가 넓게 형성되어 있는 대표적인 하천은 낙동강이다.
② 오답 | 유로가 길고 지류 하천이 많은 (다) 한강이 (나) 섬진강보다 유역 면적이 넓다. 남한의 하천 중에서 한강의 유역 면적이 가장 넓다.
③ 정답 | 수도권을 포함하여 흐르는 (다) 한강은 (가) 금강보다 하천 유역에 많은 인구가 거주하므로 생활용수로 이용되는 양이 많다.
④ 오답 | (가) 금강은 황해, (나) 섬진강은 남해로 유입된다.
⑤ 오답 | (가) 금강에는 하굿둑이 건설되어 있지만, (다) 한강에는 하굿둑이 건설되어 있지 않다. 우리나라에서 하굿둑은 낙동강, 금강, 영산강에 건설되어 있다.

6 지역별 농업 특성 추론 정답 ④ 정답률 59%

〈지역별 재배 면적 비율〉

(가)과수 (나)맥류 (다)벼

감귤 재배 → 제주 B

일조량 풍부 → A 경북

평야가 발달한 남서부 지역

겨울철이 온화한 남부 지방

* 각 작물의 전국 재배 면적에서 각 지역이 차지하는 비율을 나타낸 것임.
** 각 작물별 재배 면적 비율 상위 5개 지역만 제시하고 나머지는 기타에 포함함.

① (가)는 우리나라의 주곡 작물이다. (다)
② (다)는 노지 재배 면적보다 시설 재배 면적이 넓다. 좁다
③ (나)는 (가)보다 전국 총생산량이 많다. 적다
④ C는 (나)보다 (다)의 재배 면적이 넓다.
⑤ A~C 중 전체 농가 수는 B가 가장 많다. A

|선|택|지|풀|이|

〈지역별 재배 면적 비율〉에서 (나)는 전남과 C 지역의 재배 면적 비율이 매우 높고, 경남의 재배 면적 비율이 세 번째로 높으므로 겨울철이 온화한 남부 지방에서 주로 벼의 그루갈이 작물로 재배되는 맥류이며, C는 전북이다.

(다)는 평야가 넓게 발달한 남서부 지역의 전남, 충남, 전북(C)에서 재배 면적 비율이 높으므로 벼이다. 나머지 (가)는 과수이고, 과수의 재배 면적 비율이 가장 높은 A는 경북, 두 번째로 높은 B는 제주이다. 경북은 일조량이 풍부하고 제주는 감귤 재배가 활발하여 과수 재배 면적 비율이 높다.

〈전업 농가 및 논 면적 비율〉에서 논 면적 비율이 가장 높은 C는 평야가 넓게 발달한 전북, 논 면적 비율이 거의 0%인 B는 절리가 발달한 기반암의 특성상 배수가 잘되어 벼농사가 거의 이루어지지 않는 제주, 나머지 A는 경북이다.

① 오답 | (가) 과수는 우리나라의 주곡 작물이 아니다. 우리나라의 대표적인 주곡 작물은 (다) 벼이다.

② 오답 | (다) 벼는 주로 논에서 노지 재배로 이루어진다.

③ 오답 | 전국 총생산량은 (가) 과수가 (나) 맥류보다 많다.

④ 정답 | C 전북은 (다) 벼보다 (나) 맥류의 지역별 재배 면적 비율이 높지만, 전국 재배 면적은 벼가 맥류보다 훨씬 넓다. 따라서 C 전북은 (나) 맥류보다 (다) 벼의 재배 면적이 넓다.

⑤ 오답 | A~C 중 전체 농가 수는 A 경북이 가장 많고 B 제주가 가장 적다.

7 동해안 정답 ② 정답률 75%

보기

ㄱ. 곶에 주로 발달합니까? → (나)
ㄴ. 서해안보다 동해안에 주로 분포합니까? → (가), (나)
ㄷ. 조류에 의한 퇴적 작용으로 형성되었습니까? → (가), (나) 모두 ×
ㄹ. 만의 입구에 사주가 발달하여 형성되었습니까? → (가)

	A	B	C	D
①	ㄱ	ㄷ	ㄴ	ㄹ
②	ㄴ	ㄹ	ㄱ	ㄷ
③	ㄴ	ㄹ	ㄷ	ㄱ
④	ㄹ	ㄴ	ㄱ	ㄷ
⑤	ㄹ	ㄴ	ㄷ	ㄱ

|자|료|해|설|

(가), (나) 해안 지형의 특징을 비교하는 문항이다. (가)는 사주로 막힌 호수이므로 석호, (나)는 해안에 형성된 계단 모양의 지형인 해안 단구이다. 그림의 A는 (가) 석호와 (나) 해안 단구에 공통으로 해당하는 내용, B는 (가) 석호에만 해당하는 내용, C는 (나) 해안 단구에만 해당하는 내용, D는 (가) 석호와 (나) 해안 단구 모두에 해당하지 않는 내용이다.

|보|기|풀|이|

② 정답 |

A - ㄴ : (가) 석호와 (나) 해안 단구 모두 서해안보다 동해안에 주로 분포한다. 석호는 동해안에 많이 발달해 있으며, 해안 단구도 지반 융기량이 많았던 동해안에 주로 발달한다.

B - ㄹ : 만의 입구에 사주가 발달하여 형성된 것은 (가) 석호이다. 석호는 후빙기 해수면 상승으로 형성된 만의 입구에 사주가 발달하여 형성되었고, 해안 단구는 과거의 파식대나 해안 퇴적 지형이 지반 융기 또는 해수면 하강에 의해 해발 고도가 높아지면서 형성되었다.

C - ㄱ : 곶에 주로 발달하는 것은 (나) 해안 단구이다. 석호는 파랑 에너지가 분산되어 퇴적 작용이 활발한 만에 주로 발달하고, 해안 단구는 파랑 에너지가 집중되어 침식 작용이 활발한 곶에 주로 발달한다.

D - ㄷ : (가) 석호와 (나) 해안 단구 모두 조류에 의한 퇴적 작용으로 형성되지 않았다. 조류에 의한 퇴적 작용으로 형성된 지형은 갯벌이다.

8 1차 에너지 발전 정답 ④ 정답률 66%

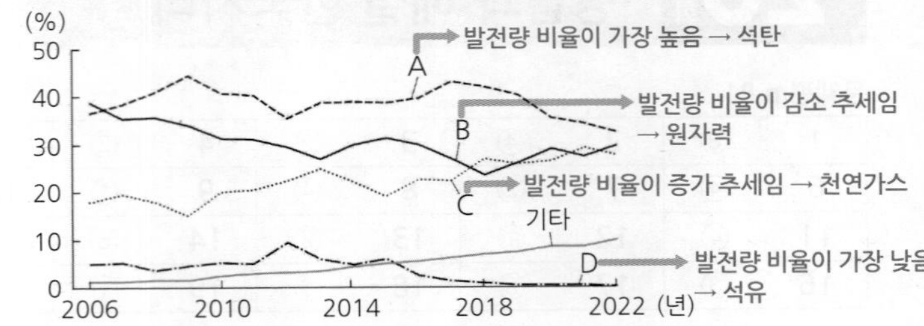

① A는 냉동 액화 기술의 발달로 소비량이 급증하였다. C
② B는 화학 공업의 원료 및 수송용 연료로 이용된다. D
③ C는 A보다 연소 시 대기 오염 물질 배출량이 많다. 적다
④ D는 C보다 우리나라에서 상용화된 시기가 이르다.
⑤ 천연가스는 원자력보다 2010년의 발전량이 많다. 적다

|자|료|해|설|

에너지원별 발전량 비율 변화 그래프를 보고 A~D 에너지를 파악하여 그 특성을 비교하는 문항이다. A는 발전량 비율이 가장 높으므로 석탄이고, D는 발전량 비율이 가장 낮은 석유이다. B와 C 중에서 발전량 비율이 증가하는 추세인 C는 천연가스, 발전량 비율이 감소하는 추세인 B는 원자력이다.

|선|택|지|풀|이|

② 오답 | 화학 공업의 원료 및 수송용 연료로 이용되는 에너지는 D 석유이다. B 원자력은 대부분 발전용으로 이용된다.

③ 오답 | C 천연가스는 A 석탄보다 연소 시 대기 오염 물질 배출량이 적다. 연소 시 대기 오염 물질의 배출량은 석탄 > 석유 > 천연가스 순으로 많다.

④ 정답 | D 석유는 C 천연가스보다 우리나라에서 상용화된 시기가 이르다. 상용화된 시기는 석탄 → 석유 → 천연가스 순이다.

9 지역별 산업 구조 분석 정답 ① 정답률 47%

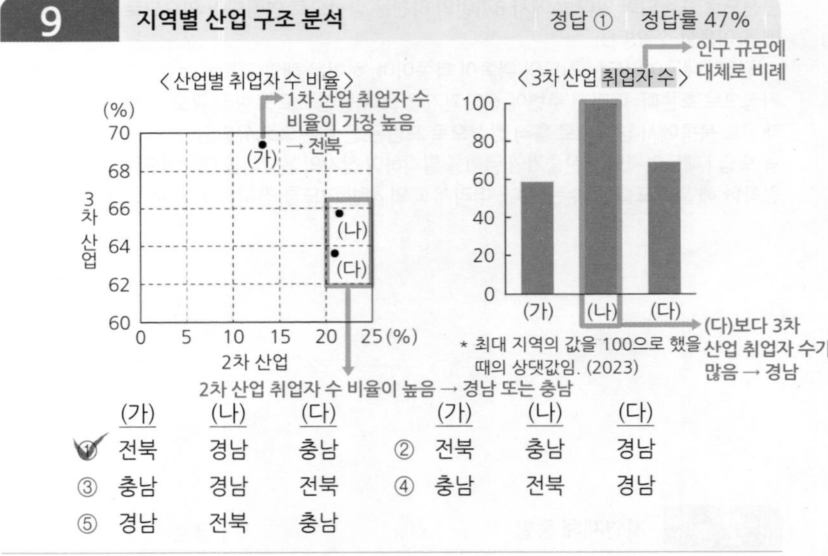

	(가)	(나)	(다)
①	전북	경남	충남
②	전북	충남	경남
③	충남	경남	전북
④	충남	전북	경남
⑤	경남	전북	충남

|선|택|지|풀|이|

① 정답 |

(가) - 전북 : (가)는 (나)와 (다)보다 2차 산업 취업자 수 비율이 낮으며 세 지역 중 1차 산업 취업자 수 비율{100% - (2차 산업 비율 + 3차 산업 비율)}이 가장 높으므로 상대적으로 제조업 발달이 미약하고 촌락의 성격이 강한 전북이다.

(나) - 경남 : (나)는 (다)와 비교할 때 산업별 취업자 수 비율은 큰 차이가 없지만 3차 산업 취업자 수가 많다. 따라서 (나)는 (다)보다 인구 규모가 큰 경남이다.

(다) - 충남 : (다)는 (나)와 비교할 때 산업별 취업자 수 비율은 큰 차이가 없지만 3차 산업 취업자 수가 적다. 따라서 (다)는 (나)보다 인구 규모가 작은 충남이다.

10 기후 변화 정답 ② 정답률 86%

① 단풍이 드는 시기가 빨라질 것이다. 늦어질
② 하천의 결빙 일수가 감소할 것이다.
③ 난대림의 북한계선이 남하할 것이다. 북상할
④ 열대야와 열대일 발생 일수가 감소할 것이다. 증가할
⑤ 고산 식물 분포의 고도 하한선이 낮아질 것이다. 높아질

|자|료|해|설|

우리나라의 어종 변화 자료를 보고 지구 온난화로 인해 한반도에 나타날 변화를 추론하는 문항이다. 자료를 보면 주로 아열대 및 열대 바다에서 서식하는 참치가 우리나라 동해안에서도 잡혔으므로, 지구 온난화로 인한 수온 상승의 영향으로 볼 수 있다. 따라서 (가)는 지구 온난화이다.

|선|택|지|풀|이|

② 정답 | 지구 온난화가 지속되어 기온이 상승하면 겨울이 짧아지고 겨울 평균 기온도 상승하여 하천의 결빙 일수가 감소할 것이다.

문제편 82쪽

11 지역 특색 추론 정답 ④ 정답률 81%

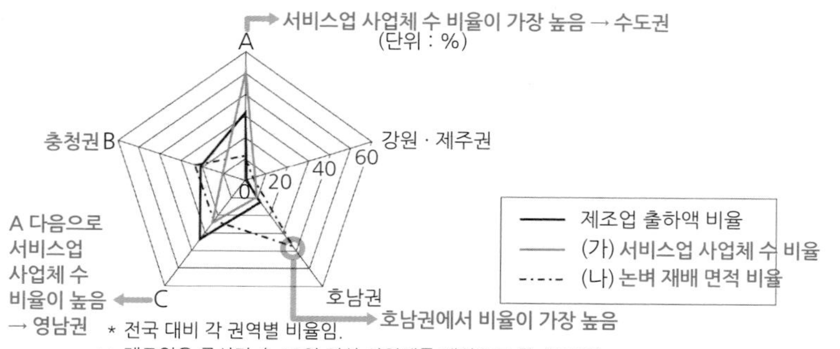

* 전국 대비 각 권역별 비율임.
** 제조업은 종사자 수 10인 이상 사업체를 대상으로 함. (2022)

보기
ㄱ. A는 C보다 천연가스 공급량이 많다.
ㄴ. A와 B는 황해와 접해 있다.
ㄷ. B와 C의 인구 1위 도시는 내륙에 위치한다. → 부산은 해안에 위치함
ㄹ. (가)는 서비스업 사업체 수 비율, (나)는 논벼 재배 면적 비율이다.

① ㄱ, ㄴ ② ㄱ, ㄷ ③ ㄷ, ㄹ
④ ㄱ, ㄴ, ㄹ ⑤ ㄴ, ㄷ, ㄹ

|보|기|풀|이|
ㄱ 정답 | A 수도권은 C 영남권보다 천연가스 공급량이 많다. 주로 가정용 연료로 이용되는 천연가스는 인구가 많고 도시가스 공급망이 잘 갖추어진 수도권에서 공급량이 많다.
ㄴ 정답 | A 수도권과 B 충청권은 황해와 접해 있다.
ㄹ 정답 | (가)는 수도권에서 비율이 가장 높은 서비스업 사업체 수 비율, (나)는 호남권에서 비율이 가장 높은 논벼 재배 면적 비율이다.

12 북한의 개방 지역 및 여러 지역의 비교 정답 ① 정답률 66%

① 갑 : 경의선 철도의 종착역이 있어요. → 서울~신의주
② 을 : 황해도 지명이 유래된 도시 중 하나예요. → 황주, 해주
③ 병 : 대동강 하구에 위치하며 서해 갑문이 있어요. → 남포
④ 정 : 한류의 영향으로 여름철 기온이 낮은 편이에요. → 청진 등
⑤ 무 : 기반암이 풍화되어 형성된 일만 이천 봉의 명산이 있어요. → 금강산

|선|택|지|풀|이|
(가)는 북한 최초의 경제 특구가 있으므로 유엔 개발 계획의 지원을 계기로 1991년 북한 최초의 경제 특구로 지정된 D 나선이다. (나)는 남한 기업을 유치하고자 공업 지구를 조성했던 곳이므로 C 개성이다. (다)는 북한에서 인구가 가장 많은 도시이며, 북한 정치 · 경제의 중심지이므로 북한의 최대 도시인 B 평양이다. 따라서 세 지역을 지우고 남은 지역은 A 신의주이다.
① 정답 | 신의주는 서울~신의주를 연결하는 경의선 철도의 종착역이 있다.

13 도시 내부 구조 정답 ② 정답률 57%

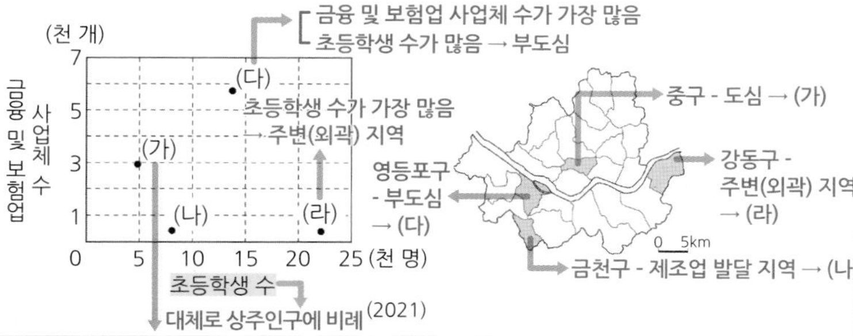

보기 [금융 및 보험업 사업체 수가 많음 / 초등학생 수가 가장 적음 → 도심
ㄱ. (가)는 (나)보다 시가지 형성 시기가 이르다.
ㄴ. (나)는 (라)보다 지역 내 제조업 종사자 비율이 낮다. 높다
ㄷ. (다)는 (가)보다 상주인구가 많다.
ㄹ. (라)는 (다)보다 주간 인구 지수가 높다. 낮다
→ 상주인구에 대한 주간 인구의 비율

① ㄱ, ㄴ ② ㄱ, ㄷ ③ ㄴ, ㄷ
④ ㄴ, ㄹ ⑤ ㄷ, ㄹ

|자|료|해|설|
금융 및 보험업 사업체 수와 초등학생 수를 나타낸 그래프를 통해 (가)~(라) 지역을 지도에서 찾아 특성을 비교하는 문항이다. 지도에 표시된 네 지역은 금천구, 영등포구, 중구, 강동구이다.

|보|기|풀|이|
(라)는 초등학생 수가 가장 많으므로 주거 기능이 발달한 주변(외곽) 지역에 위치한 강동구이다. (가)는 금융 및 보험업 사업체 수가 많고 초등학생 수가 가장 적으므로 상업 · 업무 기능이 발달한 도심이 위치한 중구이다. (다)는 금융 및 보험업 사업체 수가 가장 많고 초등학생 수도 많으므로 상업 · 업무 기능과 주거 기능이 함께 발달한 부도심이 위치한 영등포구이다. (나)는 제조업이 발달한 금천구이다.
ㄱ 정답 | 도심이 위치한 (가)는 주변 지역에 위치한 (나)보다 시가지 형성 시기가 이르다. 도시는 대체로 도심에서 발달하여 주변으로 확장해 나간다.
ㄷ 정답 | 부도심이 위치한 (다)는 주거 기능도 발달하여 도심이 위치한 (가)보다 상주인구가 많다. 그래프에서 초등학생 수가 많은 것을 통해서도 알 수 있다.

14 신 · 재생 에너지 정답 ⑤ 정답률 74%

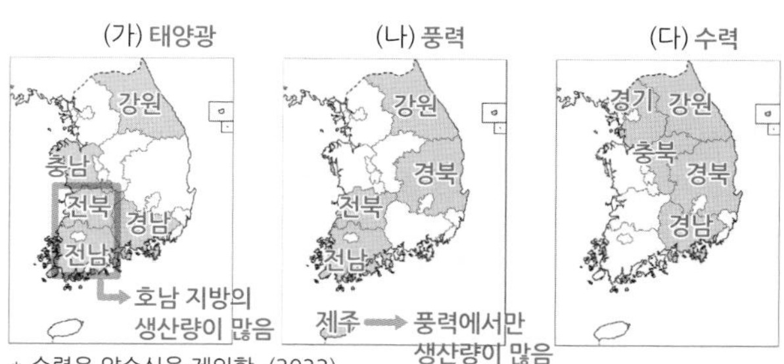

* 수력은 양수식을 제외함. (2022)

① (나)(다)는 낙차가 크고 유량이 풍부한 곳이 발전에 유리하다.
② (다)(가)는 일조 시수가 긴 지역에서 개발 잠재력이 높다.
③ (다)(가)는 (가)(다)보다 주간과 야간의 생산량 차이가 크다.
④ 전남은 (가)(나)보다 (나)(가)의 생산량이 많다.
⑤ 전국 총생산량은 (가)~(다) 중 (가)가 가장 많다.

|자|료|해|설|
신 · 재생 에너지원별 생산량 상위 5개 지역을 나타낸 지도를 보고 (가)~(다) 에너지를 파악하여 그 특성을 비교하는 문항이다.

|선|택|지|풀|이|
(가)는 전남, 전북, 충남, 경남, 강원에서 생산량이 많으므로 태양광이다. 태양광은 전남, 전북 등 일조량이 풍부한 지역에서 발전량이 많다. (나)는 강원, 경북, 전남, 제주, 전북에서 생산량이 많으므로 풍력이다. 풍력은 바람이 많은 산지나 해안이 있는 강원, 경북, 제주 등에서 발전량이 많다. (다)는 한강 유역의 강원, 충북, 경기와 낙동강 유역의 경북에서 생산량이 많으므로 수력이다. 수력은 대하천의 중 · 상류 지역에서 발전량이 많다.
① 오답 | 낙차가 크고 유량이 풍부한 곳이 발전에 유리한 신 · 재생 에너지는 (다) 수력이다. (나) 풍력은 바람이 지속적으로 많이 부는 곳이 발전에 유리하다.
③ 오답 | (가) 태양광이 (다) 수력보다 주간과 야간의 생산량 차이가 크다. 태양광은 햇빛을 이용하므로 야간보다 주간에 생산량이 많다.
④ 오답 | 전남은 (나) 풍력보다 (가) 태양광의 생산량이 많다. 일사량이 많은 전남, 전북 등 호남 지방은 태양광 발전이 활발하다.
⑤ 정답 | 전국 총생산량은 (가)~(다) 중 (가) 태양광이 가장 많다. 태양광은 국내 신 · 재생 에너지 중 총생산량이 가장 많다.

15 영남 지방 정답 ② 정답률 65%

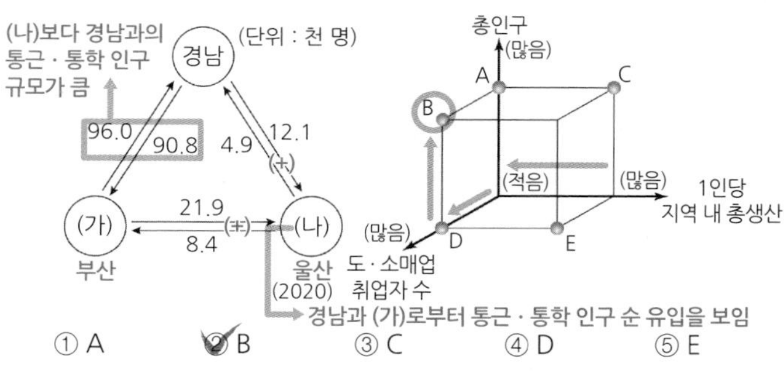

① A ② B ③ C ④ D ⑤ E

|자|료|해|설|
통근 · 통학 인구 자료에서 (가), (나) 지역을 찾아 두 지역의 상대적 특성을 비교하는 문항이다. (가)는 (나)보다 경남과의 통근 · 통학 인구 규모가 크므로 상대적으로 인구가 많은 부산이고, (나)는 울산이다. (나) 울산은 제조업이 발달하여 경남과 (가) 부산으로부터 통근 · 통학 인구 순 유입이 나타난다.

|선|택|지|풀|이|
② 정답 |
(가) 부산은 (나) 울산보다 총인구가 많다. 부산은 우리나라 인구 2위 도시이다.
(가) 부산은 (나) 울산보다 1인당 지역 내 총생산이 적다. 울산은 우리나라 시 · 도 중 1인당 지역 내 총생산이 가장 많다.
(가) 부산은 (나) 울산보다 인구가 많고 상대적으로 3차 산업 비율이 높으므로 도 · 소매업 취업자 수가 많다.
따라서 (나)에 대한 (가)의 상대적 특성은 그림의 B이다.

문제편 83쪽

16 인구 구조
정답 ③ 정답률 63%

〈1970년〉 〈2040년〉

* 2040년 값은 추정치이며, 세종은 2040년에만 표시됨.
** 유소년 부양비와 노년 부양비는 원의 가운데 값임.

① B의 총부양비는 1970년보다 2040년이 높다.
② C와 D의 유소년 부양비 차이는 1970년보다 2040년이 크다.
③ A는 서울, D는 전남이다.
④ 2040년 세종의 노령화 지수는 100 미만이다.
⑤ 서울은 경기보다 1970~2040년의 인구 증가율이 높다.

| 선 | 택 | 지 | 풀 | 이 |

A는 1970년에 청장년층 인구 비율이 가장 높고 총인구가 가장 많은 서울이다. 서울은 1970년대 산업화와 도시화 과정에서 청장년층을 중심으로 이촌 향도 현상이 발생하여 인구가 급증하였고, 1990년대 이후 인구가 주변 지역으로 분산되면서 인구가 감소하고 있다. B는 1970년에 비해 인구가 크게 증가하여 2040년에 인구가 가장 많은 경기이다. 경기는 서울에서 많은 인구가 유입되어 2040년 서울보다 총인구가 많다. C는 두 시기 모두 인구가 가장 적으므로 제주, D는 2040년에 노년 부양비가 가장 높으므로 촌락의 특성이 강한 전남이다.

① 오답 | 총부양비는 유소년 부양비와 노년 부양비를 합한 값이다. B 경기의 총부양비는 1970년 약 86, 2040년 약 64로 1970년이 2040년보다 높다.

② 오답 | C의 유소년 부양비는 1970년 약 87, 2040년 약 15, D의 유소년 부양비는 1970년 약 95, 2040년 약 13.5이다. 따라서 C와 D의 유소년 부양비 차이는 1970년이 2040년보다 크다.

③ 정답 | A는 서울, B는 경기, C는 제주, D는 전남이다.

④ 오답 | 노령화 지수는 유소년층 인구에 대한 노년층 인구의 비율이다. 2040년 세종의 유소년 부양비는 약 19.5, 노년 부양비는 약 32로 노년 부양비가 유소년 부양비보다 높으므로 노령화 지수는 100 이상이다.

⑤ 오답 | 1970년 A 서울은 B 경기보다 인구가 많지만 2040년의 A 서울은 B 경기보다 인구가 적다. 따라서 A 서울은 B 경기보다 1970~2040년의 인구 증가율이 낮다.

17 충청 지방
정답 ⑤ 정답률 74%

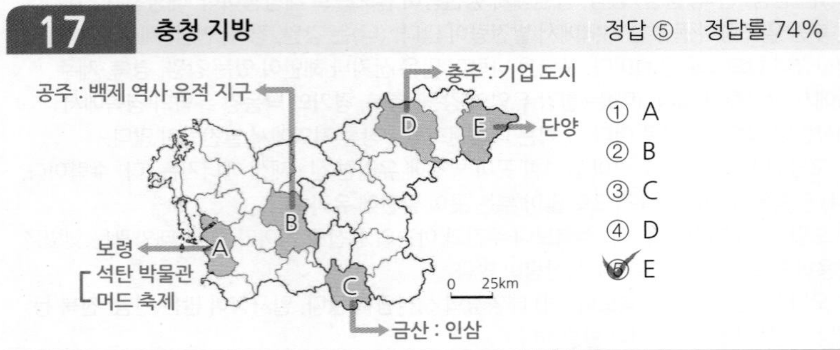

① A ② B ③ C ④ D ⑤ E

| 선 | 택 | 지 | 풀 | 이 |

① 오답 | A는 폐광 시설을 활용한 석탄 박물관이 있으며, 갯벌이 넓게 발달하여 여름철 머드 축제가 개최되는 보령이다.

② 오답 | B는 부여, 익산과 함께 백제 역사 유적 지구가 유네스코 세계 문화유산으로 등재되어 있는 공주이다.

④ 오답 | D는 지식 기반형 기업 도시가 조성되어 있으며, 지리적 표시제에 등록된 사과로 유명하고, 충주댐 수력 발전소가 건설되어 있는 충주이다.

⑤ 정답 | E는 단양이다. 단양은 석회암 분포 지역으로 돌리네, 석회 동굴 등의 카르스트 지형이 발달해 있으며, 그 주변은 배수가 양호하여 밭농사가 주로 이루어진다. 또한 석회암을 원료로 하는 시멘트 공업이 발달하였으며, 지리적 표시제에 등록된 마늘이 유명하다.

18 수도권
정답 ③ 정답률 40%

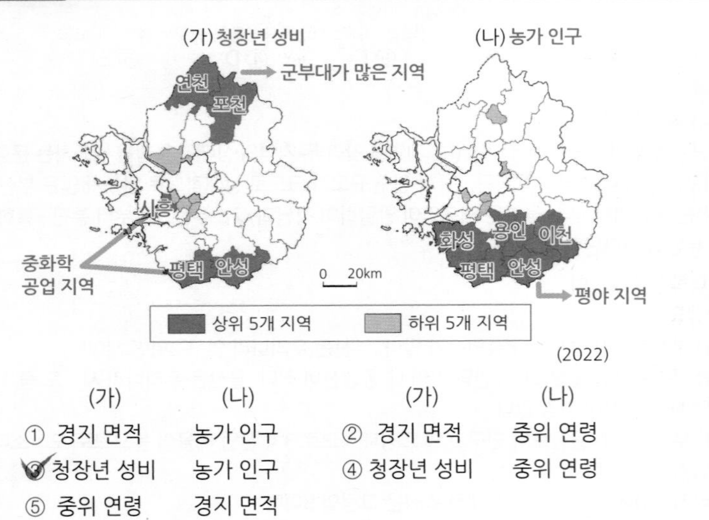

	(가)	(나)
①	경지 면적	농가 인구
②	경지 면적	중위 연령
③	청장년 성비	농가 인구
④	청장년 성비	중위 연령
⑤	중위 연령	경지 면적

| 선 | 택 | 지 | 풀 | 이 |

③ 정답 |
(가) - 청장년 성비 : (가)는 포천, 연천, 안성, 평택, 시흥에서 높게 나타나고, 고양, 과천, 광명, 안양, 의왕에서 낮게 나타난다. 따라서 (가) 지표는 군사 분계선과 인접하여 군부대가 많은 지역과 남성 노동력을 필요로 하는 중화학 공업이 발달한 지역에서 높게 나타나는 청장년 성비이다.
(나) - 농가 인구 : (나)는 화성, 안성, 이천, 용인, 평택에서 높게 나타나고, 동두천, 구리, 광명, 과천, 의왕에서 낮게 나타난다. 따라서 (나) 지표는 평야가 발달하여 경지 면적이 넓은 지역에서 높게 나타나는 농가 인구이다.

오답 |
경지 면적 : 대체로 평야가 발달한 화성, 평택, 이천, 여주, 안성 등 경기 남부 지역에서 높게 나타나는 지표이다.
중위 연령 : 대체로 촌락적 특성이 강한 가평, 양평, 연천, 여주, 동두천 지역에서 높게 나타나는 지표이다.

19 주요 공업의 분포
정답 ① 정답률 56%

① (나)는 수도권과 전철로 연결되어 있다.
② (라)는 도청 소재지이다.
③ (나)는 (가)보다 자동차 및 트레일러 제조업의 출하액이 많다.
④ (가)는 화성, (다)는 아산이다.
⑤ (다)에는 기업 도시, (라)에는 혁신 도시가 조성되어 있다.

| 선 | 택 | 지 | 풀 | 이 |

(가)와 (나)는 모두 전자 부품 · 컴퓨터 · 영상 · 음향 및 통신 장비 제조업과 자동차 및 트레일러 제조업이 발달하였으나, (가)가 (나)보다 제조업 출하액이 많으므로 (가)는 화성, (나)는 아산이다. (다)는 전기 장비 제조업과 전자 부품 · 컴퓨터 · 영상 · 음향 및 통신 장비 제조업이 발달한 청주, (라)는 상대적으로 의료 · 정밀 · 광학 기기 및 시계 제조업이 발달한 원주이다. 원주에는 의료 산업 클러스터가 조성되어 있다.

① 정답 | (나) 아산은 수도권과 전철로 연결되어 있다.

② 오답 | (라) 원주는 도청 소재지가 아니다. 원주가 속한 강원특별자치도의 도청 소재지는 춘천이다.

③ 오답 | (나) 아산은 (가) 화성과 자동차 및 트레일러 제조업 출하액이 차지하는 비율은 비슷하지만 총출하액은 화성이 아산보다 2배 이상 많으므로 자동차 및 트레일러 제조업의 출하액은 화성이 아산보다 많다.

⑤ 오답 | (다) 청주에는 기업 도시가 조성되어 있지 않으며, (라) 원주에는 기업 도시와 혁신 도시가 모두 조성되어 있다. 충청 지방에서 기업 도시는 태안과 충주에 조성되어 있다.

20 기후 비교
정답 ⑤ 정답률 64%

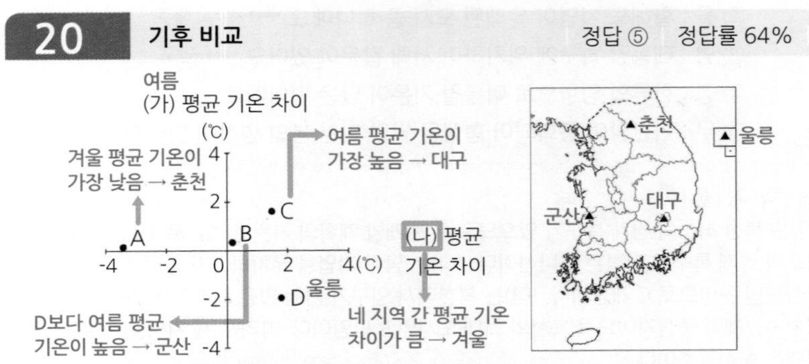

* 평균 기온 차이 = 해당 지역의 평균 기온 - 네 지역의 평균 기온
** 1991~2020년의 평년값임.

보기
ㄱ. (가)는 겨울, (나)는 여름이다.
ㄴ. A는 B보다 기온의 연교차가 작다.
ㄷ. B는 D보다 여름 강수 집중률이 높다.
ㄹ. C는 A보다 저위도에 위치한다.

① ㄱ, ㄴ ② ㄱ, ㄷ ③ ㄴ, ㄷ
④ ㄴ, ㄹ ⑤ ㄷ, ㄹ

| 자 | 료 | 해 | 설 |

네 지역의 평균 기온 차이를 나타낸 그래프를 통해 지도에서 A~D 지역을 찾아 각 지역의 기후 특성을 비교하는 문항이다. 지도에 표시된 네 지역은 춘천, 군산, 대구, 울릉이다. 우리나라는 겨울이 여름보다 기온의 지역 차가 크므로 네 지역 간 평균 기온 차이가 큰 (나)가 겨울, 지역 차가 작은 (가)가 여름이다. A는 네 지역 중 겨울 평균 기온이 가장 낮으므로 고위도의 내륙 분지에 위치한 춘천, C는 네 지역 중 여름 평균 기온이 가장 높으므로 저위도의 내륙 분지에 위치한 대구이다. B와 D는 군산과 울릉 중 하나인데, 두 지역 중 여름 평균 기온이 높은 B가 저위도의 서해안에 위치한 군산, 나머지 D는 동해상의 섬인 울릉이다.

| 보 | 기 | 풀 | 이 |

ㄴ 오답 | A 춘천은 B 군산보다 고위도의 내륙에 위치하므로 기온의 연교차가 크다. 기온의 연교차는 저위도에서 고위도로 갈수록, 해안에서 내륙으로 갈수록 대체로 커진다.

ㄷ 정답 | B 군산은 D 울릉보다 여름 강수 집중률이 높다. 울릉은 겨울에 눈이 많이 내리는 지역으로 상대적으로 겨울 강수 집중률이 높다.

ㄹ 정답 | C 대구는 A 춘천보다 저위도에 위치한다.

문제편 84쪽

21회 2021학년도 대학수학능력시험 정답과 해설 한국지리

문제편 p.85

1	①	2	②	3	②	4	④	5	②
6	③	7	⑤	8	⑤	9	③	10	④
11	⑤	12	⑤	13	②	14	④	15	⑤
16	⑤	17	③	18	③	19	①	20	④

1 고지도 및 고문헌에 나타난 국토관 정답 ① 정답률 91%

(가) 대동여지도 : 조선 후기

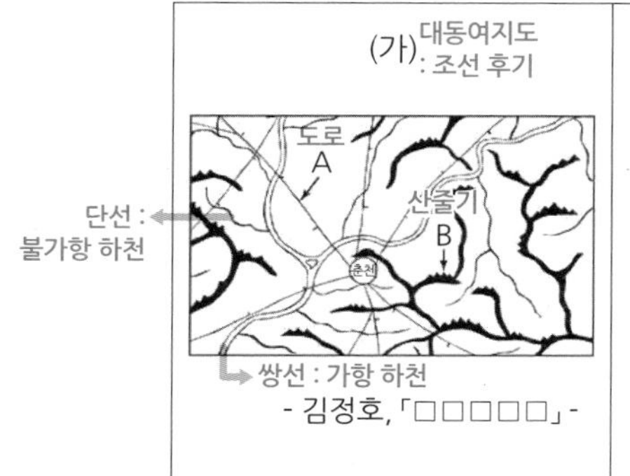

- 김정호, 「□□□□□」 -

(나) 택리지 : 조선 후기

춘천은 …(중략)… ㉠ 산속에는 평야가 넓게 펼쳐져 있고 그 복판으로 두 강이 흐른다. 토질이 단단하고 기후가 온화하며 강과 산이 맑고 시원하며 땅이 비옥해서 대를 이어 사는 사대부가 많다.

- 이중환, 『○○○』 -

① (가)는 조선 후기에 제작되었다.
② (가)에서 A는 하천을 표현한 것이다. (도로)
③ (가)를 통해 B의 정확한 해발 고도를 알 수 있다. (없다)
④ (가)와 (나)는 모두 국가 통치의 목적으로 제작되었다. (조선 후기 / 조선 전기)
⑤ ㉠은 이중환이 제시한 가거지 조건 중 인심(人心)에 해당한다. (해당하지 않는다)

|자|료|해|설|
(가)는 조선 후기 김정호가 제작한 대동여지도의 일부이며, (나)는 조선 후기 이중환이 저술한 택리지의 일부이다. 대동여지도의 A는 도로, B는 산줄기이다.

|선|택|지|풀|이|
①정답 | (가) 대동여지도는 조선 후기에 김정호가 제작하였다.
② 오답 | (가) 대동여지도에서 A는 직선으로 표현하였고 10리마다 방점이 찍혀 있으므로 도로를 표현한 것이다. 대동여지도에서 하천은 곡선으로 표현하였으며, 쌍선(가항 하천)과 단선(불가항 하천)으로 구분하였다.
③ 오답 | (가) 대동여지도에서 B는 산줄기로 선의 굵기를 통해 산의 높낮이를 대략 표현하였지만, 정확한 해발 고도는 알 수 없다.
④ 오답 | 국가 통치 목적의 지도와 지리지는 조선 전기에 제작되었다.
⑤ 오답 | 이중환이 제시한 가거지의 조건 중 인심(人心)은 당쟁이 없으며 이웃의 인심이 온순하고 순박한 곳을 의미하므로 ㉠은 이에 해당하지 않는다.

2 충청 지방 정답 ② 정답률 80%

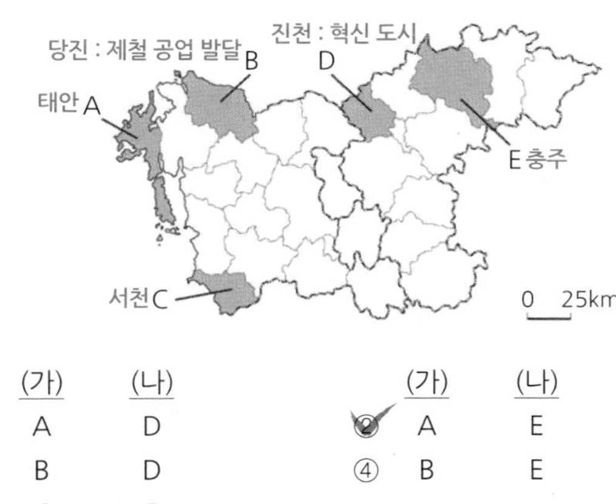

	(가)	(나)		(가)	(나)
①	A	D	②	A	E
③	B	D	④	B	E
⑤	C	E			

|선|택|지|풀|이|
②정답 |
(가) - A : (가)는 천연기념물로 지정된 신두리 해안 사구가 있고, 화력 발전소가 입지하며, 관광 레저형 기업 도시로 조성되는 지역이므로 태안이다. 또한 태안은 해안 국립 공원으로 지정되었다. 태안은 지도의 A이다.
(나) - E : (나)는 사과가 지리적 표시제에 등록되었고, 수력 발전소가 입지하며, 지식 기반형 기업 도시로 조성되는 지역이므로 충주이다. 남한강 수계의 충주댐에서 수력 발전이 이루어지고 있다. 충주는 지도의 E이다.
오답 |
B는 당진이다. 당진은 대규모의 제철소가 입지하여 제철 공업이 발달하였다.
C는 서천이다.
D는 진천이다. 진천은 음성과 함께 혁신 도시로 지정되어 수도권에 소재하던 공공 기관이 이전해 오면서 성장하고 있다.

3 영해와 배타적 경제 수역 정답 ② 정답률 90%

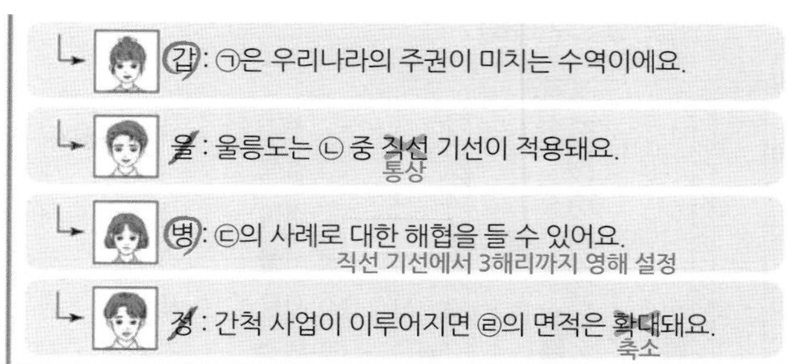

① 갑, 을 ② 갑, 병 ③ 을, 병 ④ 을, 정 ⑤ 병, 정

|선|택|지|풀|이|
②정답 |
갑 : ㉠ 영해는 우리나라의 주권이 미치는 수역이다. 영해는 기선으로부터 12해리까지의 수역으로 연안국의 주권이 미치는 해양의 범위이다.
병 : ㉢ 대한 해협에서 영해는 직선 기선으로부터 3해리까지이다. 영해는 기선으로부터 12해리까지이지만 대한 해협의 경우 우리나라와 일본 쓰시마섬의 거리가 가까워 공해를 확보하기 위해 예외적으로 직선 기선으로부터 3해리까지를 영해로 설정하고 있다.
오답 |
을 : 울릉도는 ㉡ 기선 중 통상 기선이 적용된다. 통상 기선은 연안의 최저 조위선으로 해안선이 단조롭거나 섬이 해안에서 멀리 떨어져 있는 경우에 영해 설정의 기준이 된다. 동해안 대부분, 제주도, 울릉도, 독도는 통상 기선을 적용하여 영해를 설정한다. 주로 최외곽 도서를 연결한 직선 기선은 서·남해안에서 주로 적용한다.
정 : ㉣ 내수는 기선으로부터 육지 쪽에 있는 수역이므로 간척 사업이 이루어지면 내수의 면적은 축소된다.

4 도시 재개발 정답 ④ 정답률 95%

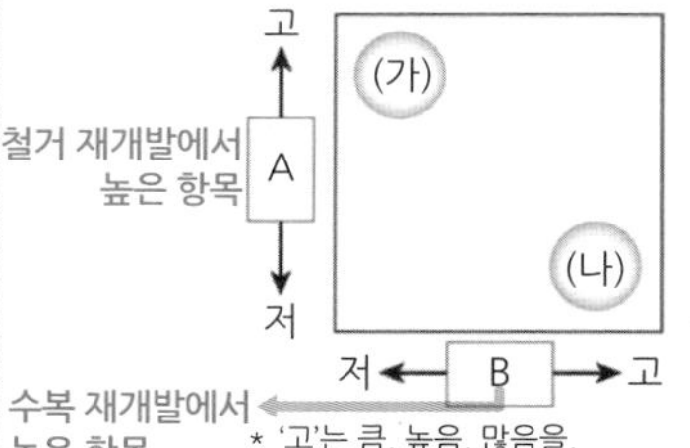

	A	B
①	기존 건물 활용도	건물 평균 층수
②	기존 건물 활용도	자본 투입 규모
③	건물 평균 층수	자본 투입 규모
④	건물 평균 층수	기존 건물 활용도
⑤	자본 투입 규모	건물 평균 층수

|선|택|지|풀|이|
④정답 |
(가)는 달동네의 노후화된 주택들이 대규모 아파트 단지로 변화하였으므로 기존의 시설을 완전히 철거하고 새로운 시설물로 대체하는 철거 재개발이다. (나)는 달동네의 흔적을 남긴 채 그림과 조형물로 마을을 변모시켰으므로 기존 건물을 최대한 유지하는 수준에서 필요한 부분만 수리·개조하여 부족한 점을 보완하는 수복 재개발이다.
A는 (나) 수복 재개발보다 (가) 철거 재개발에서 높게 나타나는 항목이므로 건물 평균 층수, 자본 투입 규모가 들어갈 수 있다. (가) 철거 재개발은 기존 건물을 완전히 철거하고 대규모 아파트 단지가 들어서므로 기존 건물을 최대한 보존하는 (나) 수복 재개발보다 건물 평균 층수가 많고 자본 투입 규모가 크다.
B는 (가) 철거 재개발보다 (나) 수복 재개발에서 높게 나타나는 항목이므로 기존 건물 활용도가 들어갈 수 있다. (나) 수복 재개발은 과거의 모습을 간직한 집들이 많이 남아 있으므로 기존 건물을 완전히 철거하는 (가) 철거 재개발보다 기존 건물 활용도가 높다.

5 도시 체계 정답 ② 정답률 81%

① (가)(다)에는 우리나라 최상위 계층의 도시가 위치한다. (서울)
② (나)의 ㉠은 광역시이다.
③ (나)는 (가)보다 총인구가 많다. (적다)
④ (나)는 (다)보다 도시화율이 높다. (낮다)
⑤ (나)와 (다)의 행정 구역 경계는 맞닿아 있다. (있지 않다)

|선|택|지|풀|이|
인구 규모가 가장 큰 100만 명 이상 도시군의 인구 비율이 높은 (가)와 (다)는 수도권과 영남권 중 하나인데, (다)는 군(郡) 지역군의 인구 비율이 가장 낮으므로 도시화율이 가장 높은 수도권, (가)는 영남권이다. (가) 영남권은 광역시의 인구 비율이 높아 100만 명 이상 도시군의 인구 비율이 높다. (나)는 100만 명 이상 도시군의 인구 비율이 가장 낮고 군(郡) 지역군의 인구 비율이 가장 높으므로 호남권이다.
① 오답 | 우리나라 최상위 계층의 도시는 서울이며, 서울은 (다) 수도권에 위치한다.
②정답 | (나) 호남권에서 인구 규모 100만 명 이상 도시군에 해당하는 ㉠은 광주이며, 광주는 광역시이다. 호남권에서 100만 명 이상 도시는 광주 하나이다.
③ 오답 | (나) 호남권은 (가) 영남권보다 총인구가 적다. 총인구는 2015년 기준 수도권 > 영남권 > 충청권 > 호남권 순으로 많다.
④ 오답 | (나) 호남권은 (다) 수도권보다 군(郡) 지역군의 비율이 높으므로 도시화율이 낮다.
⑤ 오답 | (나) 호남권과 (다) 수도권의 행정 구역 경계는 맞닿아 있지 않다. (가) 영남권과 (나) 호남권의 행정 구역 경계가 맞닿아 있다.

○ 문제편 85~86쪽

6 인구 구조 　정답 ③　정답률 84%

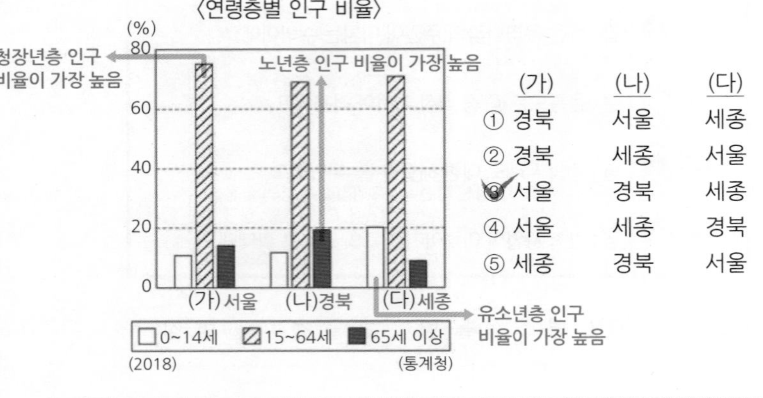

	(가)	(나)	(다)
①	경북	서울	세종
②	경북	세종	서울
③	서울	경북	세종
④	서울	세종	경북
⑤	세종	경북	서울

|선|택|지|풀|이|

③정답 |

(가) - 서울 : (가)는 청장년층 인구 비율이 가장 높으므로 서울이다. 서울은 각종 기능이 집중되어 청장년층의 인구 유입이 많다.

(나) - 경북 : (나)는 노년층 인구 비율이 가장 높으므로 경북이다. 경북은 촌락 지역이 많아 이촌 향도 현상으로 청장년층 인구가 유출되어 청장년층 인구 비율이 낮고 노년층 인구 비율이 높다.

(다) - 세종 : (다)는 유소년층 인구 비율이 가장 높으므로 세종이다. 세종은 수도권의 행정 기능을 분담하는 행정 중심 복합 도시로, 중앙 행정 기관의 이전에 따라 청장년층 인구의 유입이 활발하여 유소년층 인구 비율이 높다. 세종은 우리나라 시·도 중 유소년층 인구 비율이 가장 높다.

7 제주도 외의 화산 지형 + 제주도 　정답 ⑤　정답률 78%

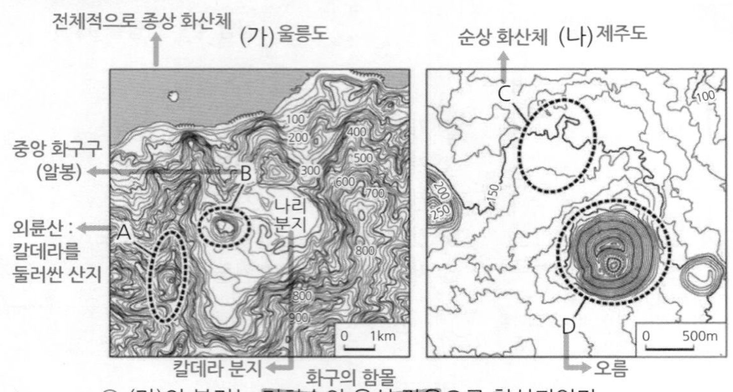

① (가)의 분지는 지하수의 용식 작용으로 형성되었다.

② (가)와 (나)에서는 공룡 발자국 화석이 발견된다. 중생대 경상 누층군

③ D는 화구의 함몰로 형성된 칼데라이다. 소규모 화산 폭발로 형성된 오름

④ A는 C보다 점성이 낮은 현무암질 용암이 흘러 형성되었다. 높은 조면암질

⑤ B는 A가 형성된 이후 용암이 분출하여 만들어진 중앙 화구구이다.

|선|택|지|풀|이|

① 오답 | (가) 울릉도의 분지는 화구의 함몰로 형성된 칼데라 분지이다. 지하수의 용식 작용으로 형성되는 지형은 석회암 지대에서 발달하는 석회 동굴 등의 카르스트 지형이다.

② 오답 | 공룡 발자국 화석은 중생대에 호소에 퇴적물이 쌓여 형성된 경상 누층군에서 주로 발견된다. 경상 누층군은 남해안 일대와 영남 지역에 분포한다.

③ 오답 | D는 한라산 산록부에 분포하는 오름으로 소규모의 화산 폭발이나 화산 쇄설물이 쌓여 형성된 작은 화산체이다. 화구의 함몰로 형성된 칼데라는 백두산(천지)과 울릉도(나리 분지)에서 볼 수 있다.

④ 오답 | A는 점성이 높은 조면암질 용암이 흘러 형성되어 경사가 급하며, C는 점성이 낮은 현무암질 용암이 흘러 형성되어 경사가 완만하다.

⑤정답 | B는 칼데라 분지가 형성된 이후 분지 내부에서 용암이 분출하여 형성된 중앙 화구구(알봉)이다. 따라서 A 외륜산이 먼저 형성되었다.

8 도시 내부 구조 　정답 ⑤　정답률 89%

보기

ㄱ. A는 B보다 출근 시간대에 순 유입 인구가 많다. (도심이나 부도심 / B, A)

ㄴ. A는 C보다 제조업체 수가 많다. (C, A)

ㄷ. B는 A보다 상업 용지의 평균 지가가 높다.

ㄹ. B는 C보다 주간 인구가 많다. → 상주인구 × 주간 인구 지수 / 100

① ㄱ, ㄴ　② ㄱ, ㄷ　③ ㄴ, ㄷ　④ ㄴ, ㄹ　⑤ ㄷ, ㄹ

|보|기|풀|이|

A는 상주인구가 가장 많고 주간 인구 지수가 100 미만으로 낮으므로 주거 기능이 발달한 주변(외곽) 지역에 해당하는 노원구이다. B는 주간 인구 지수가 가장 높으므로 상업·업무 기능이 발달한 도심에 해당하는 중구이다. C는 주간 인구 지수가 100 이상이므로 제조업 기능이 발달한 금천구이다.

ㄱ 오답 | 출근 시간대 순 유입 인구는 상업·업무 기능이 발달한 B 중구가 주거 기능이 발달한 A 노원구보다 많다.

ㄴ 오답 | 제조업체 수는 제조업이 발달한 C 금천구가 주거 기능이 발달한 A 노원구보다 많다.

ㄷ정답 | 상업 용지의 평균 지가는 접근성이 좋은 도심인 B 중구가 주변(외곽) 지역인 A 노원구보다 높다.

ㄹ정답 | 주간 인구는 (상주인구 × 주간 인구 지수) ÷ 100으로 구할 수 있다. B의 주간 인구는 약 444천 명(= 119천 명 × 373 ÷ 100), C의 주간 인구는 약 288천 명(= 225천 명 × 128 ÷ 100)이다. 따라서 B는 C보다 주간 인구가 많다.

9 지역 특색 추론 　정답 ③　정답률 82%

지표 \ 순위	1위	2위	3위	4위	5위	6위
인구	○○ 부산	인천	□□ 대구	◇◇ 대전	△△ 광주	(가) 울산
지역 내 총생산	○○	인천	(가) 울산	□□	◇◇	△△
1인당 지역 내 총생산	(가) 울산	인천	◇◇	△△	○○	□□

(2018) 지역 내 총생산 / 인구 → 우리나라 시·도 중 1위 (통계청)

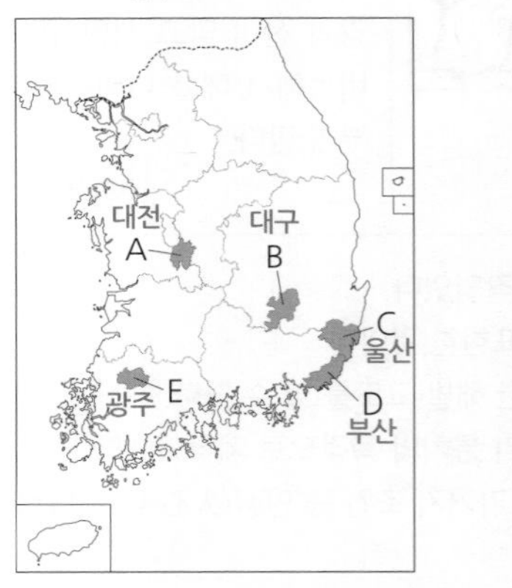

① A
② B
③ C
④ D
⑤ E

|선|택|지|풀|이|

③정답 |

(가) 광역시는 우리나라 광역시 중에서 인구 6위, 지역 내 총생산 3위, 1인당 지역 내 총생산 1위이다. 따라서 (가)는 울산광역시이다. 울산광역시는 지도의 C이다.

우리나라 광역시의 인구는 부산 > 인천 > 대구 > 대전 > 광주 > 울산 순으로 울산이 가장 적다. 또한 울산은 지역 내 총생산이 부산, 인천에 이어 세 번째로 많으며, 1인당 지역 내 총생산은 가장 많다. 울산은 석유 화학 및 정유, 자동차, 조선 공업 등 각종 중화학 공업이 발달하여 인구에 비해 지역 내 총생산이 많아 1인당 지역 내 총생산이 가장 많다. 울산은 우리나라 시·도 중에서 1인당 지역 내 총생산이 가장 많다.

10 여러 지형의 비교 　정답 ④　정답률 72%

카르스트 지형

삼척시

석회암이 용식 작용을 받아 형성된 돌리네

석회암 지대

0 200m

침식 분지

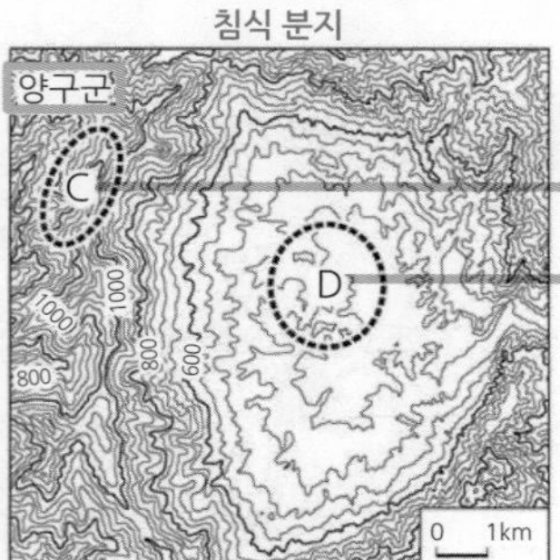

침식 분지의 주변 산지 : 변성암

침식 분지의 내부 평지 : 화강암

① A에서는 충적층이 넓게 발달하여 벼농사가 주로 이루어진다. 배수가 양호하여 밭농사

② B에서는 회백색을 띠는 성대 토양이 주로 분포한다. 붉은색 간대

③ D는 신생대 경동성 요곡 운동으로 형성된 고위 평탄면이다. 암석의 차별 침식으로 형성된 침식 분지

④ C의 기반암은 B의 기반암보다 형성 시기가 이르다. 시·원생대 변성암 고생대 석회암

⑤ C의 기반암은 D의 기반암보다 풍화와 침식에 대한 저항력이 약하다. 강하다

|선|택|지|풀|이|

① 오답 | A 석회암 지대는 배수가 양호하므로 주로 밭농사가 이루어진다.

② 오답 | B 돌리네에서는 주된 기반암인 석회암이 풍화된 붉은색의 석회암 풍화토가 분포한다. 석회암 풍화토는 모암(기반암)의 특성이 반영된 간대 토양이다. 성대 토양은 기후와 식생의 성질이 많이 반영된 토양으로, 냉대 기후 지역에서 회백색토가 주로 분포한다.

③ 오답 | D는 암석의 차별 침식으로 형성된 침식 분지의 내부 평지이다. 신생대 경동성 요곡 운동으로 형성된 고위 평탄면은 태백산맥과 소백산맥 등의 일부 지역에서 볼 수 있다.

④정답 | C 침식 분지 주변 산지의 기반암은 시·원생대에 형성된 변성암이고, B 돌리네의 기반암은 고생대에 형성된 석회암이다. 따라서 C의 기반암은 B의 기반암보다 형성 시기가 이르다.

⑤ 오답 | C의 기반암인 변성암은 D의 기반암인 화강암보다 풍화와 침식에 강해 침식 분지의 주변 산지를 이루고 있다.

○ 문제편 86쪽

11 호남 지방 + 영남 지방 정답 ⑤ 정답률 79%

○ (가) 은/는 전라도라는 지명의 유래가 된 도시 중 하나이다. 전라북도에서 인구가 가장 많으며 도청 소재지이기도 한 이 도시에는 한옥 마을과 같은 유명 관광지가 있다.

○ (나) 은/는 경상도라는 지명의 유래가 된 도시 중 하나이다. 신라의 천년 고도(古都)였던 이 도시에는 유네스코 세계 문화유산으로 등재된 불교 유적과 전통 마을 등이 있다.

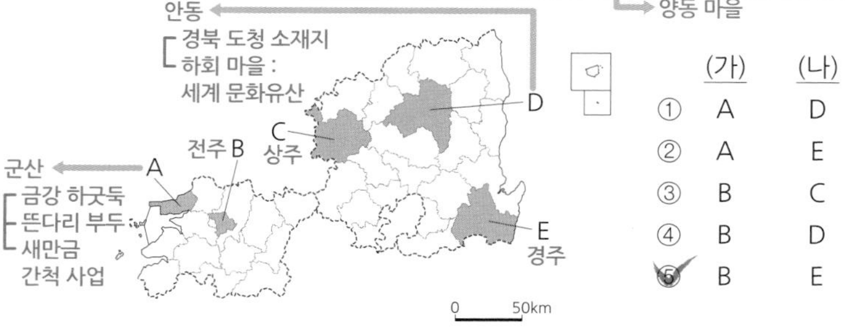

	(가)	(나)
①	A	D
②	A	E
③	B	C
④	B	D
⑤	B	E

|자|료|해|설|

자료에 제시된 (가), (나) 도시를 전라북도와 경상북도 지도의 A~E에서 찾는 문항이다. 지도에서 A는 군산, B는 전주, C는 상주, D는 안동, E는 경주이다.

|선|택|지|풀|이|

⑤ 정답 |

(가) - B : (가)는 전라도 지명의 유래가 된 전주와 나주 중 하나이고, 전라북도에서 인구가 가장 많고 도청 소재지이며, 한옥 마을이 유명한 전주이다. 또한 전주는 슬로 시티로 지정되었고, 한지 제조, 비빔밥, 판소리로도 유명하다. 전주는 지도의 B이다.

(나) - E : (나)는 경상도 지명의 유래가 된 경주와 상주 중 하나이며, 유네스코 세계 문화유산으로 등재된 불교 유적과 전통 마을이 있는 경주이다. 경주는 신라의 수도로 석굴암과 불국사, 경주 역사 유적 지구와 역사 마을인 양동 마을이 세계 문화유산으로 등재되었다. 또한 경주에는 원자력 발전소가 입지한다. 경주는 지도의 E이다.

오답 |

A는 군산이다. 군산은 금강 하굿둑, 뜬다리 부두, 새만금 간척 사업 등으로 유명하며, 자동차 공업이 발달하였다.

C는 상주이다. 상주는 경상도 지명의 유래가 된 도시 중 하나이며, 곶감으로 유명하다.

D는 안동이다. 안동은 경북 도청 소재지이며, 국제 탈춤 페스티벌이 개최된다. 안동 하회 마을은 2010년에 세계 문화유산으로 등재되었다.

12 동해안과 서해안 정답 ⑤ 정답률 68%

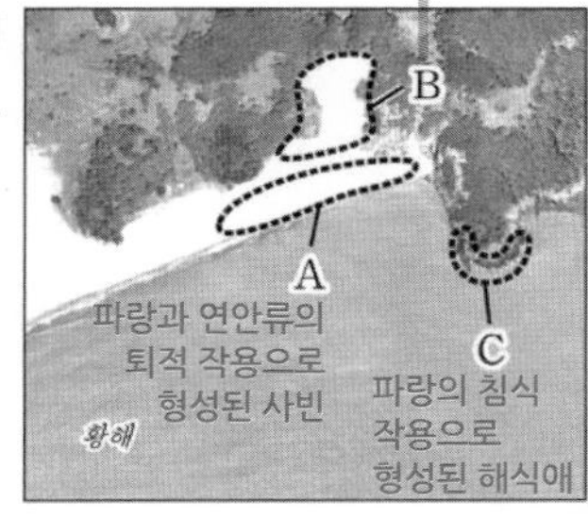

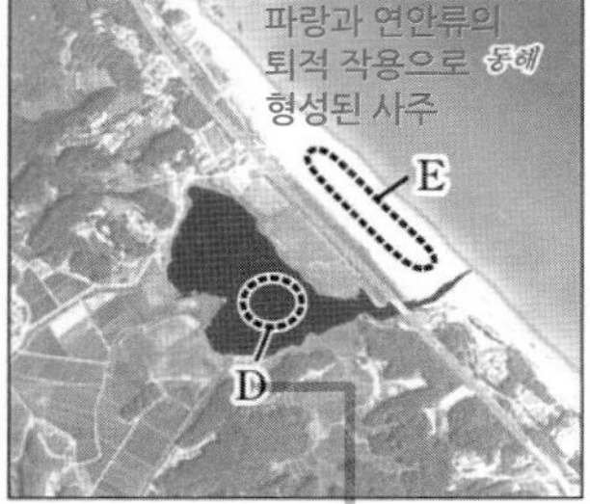

① A는 C보다 파랑의 에너지가 집중된다.

② B는 A보다 퇴적물의 평균 입자 크기가 크다.

③ A와 E는 주로 조류의 퇴적 작용으로 형성되었다.

④ B와 D는 파랑의 작용으로 규모가 확대되고 있다.

⑤ D와 E는 후빙기 해수면 상승 이후에 형성되었다.

|자|료|해|설|

사진에 제시된 A~E 해안 지형의 형성 원인, 특징을 파악하는 문항이다. A는 사빈, B는 사구, C는 해식애, D는 석호, E는 사주이다.

|선|택|지|풀|이|

① 오답 | A 사빈은 파랑 에너지가 분산되는 만(灣)에서 파랑과 연안류의 퇴적 작용으로 형성되고, C 해식애는 파랑 에너지가 집중되는 곶(串)에서 파랑의 침식 작용으로 형성된다.

② 오답 | B 사구는 사빈의 모래 중 상대적으로 입자가 작은 모래가 바람에 의해 운반·퇴적되어 형성된다. 따라서 B 사구는 A 사빈보다 퇴적물의 평균 입자 크기가 작다.

③ 오답 | A 사빈과 E 사주는 주로 파랑과 연안류의 퇴적 작용으로 형성되었다. 주로 조류의 퇴적 작용으로 형성되는 지형은 갯벌이다.

④ 오답 | B 사구는 바람의 영향을 받으며, D 석호는 석호로 유입되는 하천의 운반 물질이 퇴적되어 점차 규모가 축소되고 있다.

⑤ 정답 | D 석호는 후빙기 해수면 상승으로 형성된 만의 입구에 E 사주가 발달하여 형성된 호수이다. 따라서 D 석호와 E 사주는 후빙기 해수면 상승 이후에 형성되었다.

13 다양한 상업 시설 정답 ② 정답률 86%

보기

ㄱ. 사업체당 매장 면적은 (가)가 (나)보다 넓다.

ㄴ. 소비자의 평균 구매 빈도는 (가)가 (나)보다 높다.

ㄷ. 상품 구매 시 소비자의 평균 이동 거리는 (가)가 (나)보다 길다.

ㄹ. (가), (나)의 최소 요구치 범위는 모두 서울이 강원보다 넓다.

① ㄱ, ㄴ ② ㄱ, ㄷ ③ ㄴ, ㄷ ④ ㄴ, ㄹ ⑤ ㄷ, ㄹ

|보|기|풀|이|

(가)는 (나)보다 서울과 강원 모두에서 사업체 수가 적으므로 고차 중심지인 대형 마트이고, 사업체 수가 많은 (나)는 저차 중심지인 편의점이다.

ㄱ 정답 | 사업체당 매장 면적은 고차 중심지인 (가) 대형 마트가 저차 중심지인 (나) 편의점보다 넓다.

ㄴ 오답 | 소비자의 평균 구매 빈도는 저차 중심지인 (나) 편의점이 고차 중심지인 (가) 대형 마트보다 높다.

ㄷ 정답 | (가)는 (나)보다 사업체 수가 적으므로 사업체 간 평균 거리가 멀다. 따라서 상품 구매 시 소비자의 평균 이동 거리는 사업체 수가 적은 (가) 대형 마트가 사업체 수가 많은 (나) 편의점보다 길다. 소비자의 평균 이동 거리는 사업체 수가 적은 고차 중심지일수록 길다.

ㄹ 오답 | (가) 대형 마트와 (나) 편의점 모두 강원보다 면적이 좁고 인구 밀도가 높은 서울에서 사업체 수가 많다. 따라서 (가) 대형 마트와 (나) 편의점의 최소 요구치 범위는 모두 서울이 강원보다 좁다.

14 신·재생 에너지 정답 ④ 정답률 75%

① A는 유량이 풍부하고 낙차가 큰 곳이 발전에 유리하다.

② B를 이용하는 발전소는 해안 지역에 주로 입지한다.

③ C를 이용하는 발전소는 일조 시수가 긴 지역에 주로 입지한다.

④ B는 C보다 우리나라에서 전력 생산에 이용된 시기가 이르다.

⑤ 2018년 전국 총 생산량은 수력 > 풍력 > 태양광 순으로 많다.

|선|택|지|풀|이|

A는 2010년 이후 생산량이 급증하여 2018년 기준 생산량이 가장 많으며, 호남권의 생산량 비율이 높으므로 전남, 전북, 경북 등 일조량이 풍부한 지역에서 발전에 유리한 태양광이다. B는 한강 중·상류 지역을 포함하는 강원권, 충청권, 수도권의 생산량 비율이 높으므로 수력이다. C는 생산량이 가장 적지만 꾸준히 증가하며, 강원·제주권과 영남권의 생산량 비율이 높으므로 제주, 강원, 경북 등 바람이 많은 해안이나 산지 지역에서 발전에 유리한 풍력이다.

① 오답 | B 수력에 대한 설명이다. A 태양광은 일조 시수가 긴 지역이 발전에 유리하다.

② 오답 | B 수력 발전소는 유량이 풍부하고 낙차가 큰 대하천의 중·상류 지역이 발전에 유리하므로 내륙 산간 지역에 주로 입지한다.

③ 오답 | A 태양광에 대한 설명이다. C 풍력 발전소는 바람이 많은 해안이나 산지 지역에 주로 입지한다.

④ 정답 | B 수력은 C 풍력보다 우리나라에서 전력 생산에 이용된 시기가 이르다. 수력 발전은 1929년 북한 부전강 수력 발전소에서 시작된 반면, 풍력 발전은 1970년대 상업적 전력 생산이 시작되었다.

⑤ 오답 | 2018년 전국 총 생산량은 A 태양광 > B 수력 > C 풍력 순으로 많다.

15 자연재해 종합 정답 ⑤ 정답률 75%

	(가)	(나)	(다)		(가)	(나)	(다)
①	지진	태풍	호우	②	지진	호우	태풍
③	태풍	호우	지진	④	호우	지진	태풍
⑤	호우	태풍	지진				

|선|택|지|풀|이|

⑤ 정답 |

(가) - 호우 : (가)는 주로 농경지와 건물의 피해를 일으키는데, 농경지 피해액의 약 70%를 차지하므로 호우이다. 호우가 발생하면 농경지 침수 피해가 크다.

(나) - 태풍 : (나)는 농경지, 건물, 선박의 피해를 모두 일으키는데, 선박 피해액의 약 81%를 차지하므로 태풍이다. 강한 바람을 동반한 태풍은 해안 지역에서 풍랑과 해일을 일으켜 선박 파손 등의 큰 피해를 입힌다.

(다) - 지진 : (다)는 건물 피해액의 약 35%를 차지하고, 농경지와 선박의 피해가 없으므로 지진이다. 지진은 지구 내부 에너지에 의해 땅이 갈라지고 흔들리는 현상으로, 지표면에 진동을 일으켜 건물 붕괴를 유발한다.

문제편 87쪽

16 위도가 비슷한 지역의 기후 비교

정답 ⑤ 정답률 81%

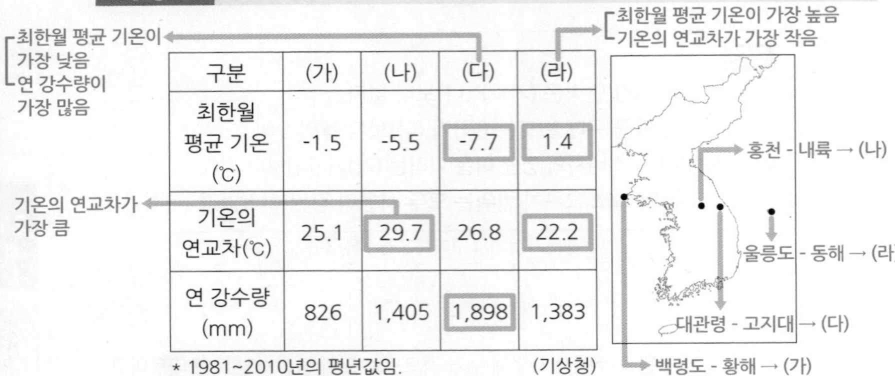

구분	(가)	(나)	(다)	(라)
최한월 평균 기온(℃)	-1.5	-5.5	-7.7	1.4
기온의 연교차(℃)	25.1	29.7	26.8	22.2
연 강수량(mm)	826	1,405	1,898	1,383

* 1981~2010년의 평년값임. (기상청)

① (가)는 (다)보다 해발 고도가 높다.
② (가)는 (라)보다 겨울 강수량이 많다.
③ (나)는 (라)보다 바다의 영향을 많이 받는다.
④ (다)는 (나)보다 연평균 기온이 높다. 낮다
⑤ (라)는 (가)보다 일출 시각이 이르다.

|자|료|해|설|
표의 (가)~(라)가 지도에 제시된 지역 중 어느 지역인지를 찾고 해당 지역의 특성을 파악하는 문항이다. 지도에 표시된 지역은 비슷한 위도에 위치한 백령도, 홍천, 대관령, 울릉도이다.

|선|택|지|풀|이|
(다)는 최한월 평균 기온이 가장 낮고 연 강수량이 가장 많으므로 대관령이다. 대관령은 해발 고도가 높아 기온이 낮으며, 지형성 강수 발생 빈도가 높아 연 강수량이 많다. (나)는 기온의 연교차가 가장 크므로 내륙에 위치한 홍천이다. (라)는 최한월 평균 기온이 가장 높고 기온의 연교차가 가장 작으므로 해양의 영향으로 겨울철이 온화한 울릉도이다. 나머지 (가)는 소우지인 백령도이다.
① 오답 | (다) 대관령이 (가) 백령도보다 해발 고도가 높다. 대관령은 태백산맥에 위치해 있어 해발 고도가 높다.
② 오답 | (라) 울릉도는 겨울철 북서풍의 영향으로 눈이 많이 내리므로 (가) 백령도보다 겨울 강수량이 많다.
③ 오답 | 동해에 위치한 (라) 울릉도가 내륙에 위치한 (나) 홍천보다 바다의 영향을 많이 받는다.
④ 오답 | (다) 대관령은 해발 고도가 높기 때문에 (나) 홍천보다 연평균 기온이 낮다.
⑤ 정답 | (라) 울릉도는 (가) 백령도보다 동쪽에 위치하므로 일출 시각이 이르다.

17 하천의 상류와 하류 비교

정답 ③ 정답률 88%

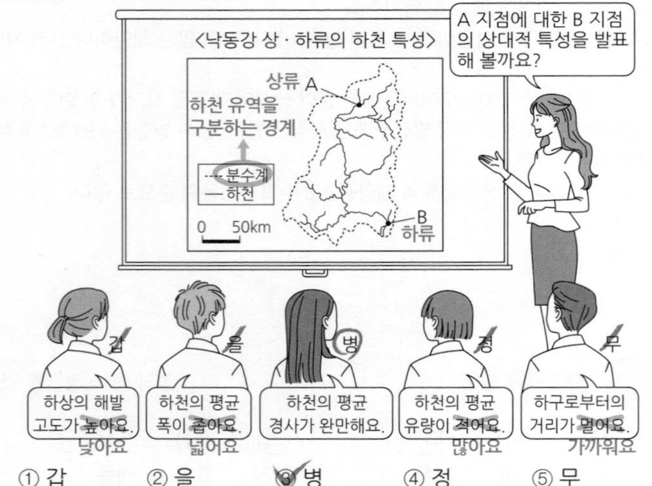

① 갑 ② 을 ③ 병 ④ 정 ⑤ 무

|선|택|지|풀|이|
하천은 상류에서 하류로 갈수록 여러 지류가 합쳐져 하나의 큰 본류를 이룬 후 바다로 빠져나간다. 따라서 A 지점은 상류, B 지점은 하류이다.
① 오답 | 하상의 해발 고도는 상류에서 하류로 갈수록 낮아지므로 B 하류가 A 상류보다 낮다.
② 오답 | 하천의 평균 폭은 상류에서 하류로 갈수록 넓어지므로 B 하류가 A 상류보다 넓다.
③ 정답 | 하천의 평균 경사는 상류에서 하류로 갈수록 완만해지므로 B 하류가 A 상류보다 완만하다.
④ 오답 | 하천의 평균 유량은 상류에서 하류로 갈수록 많아지므로 B 하류가 A 상류보다 많다.
⑤ 오답 | 하구로부터의 거리는 B 하류가 A 상류보다 가깝다. 하구는 하천과 바다가 만나는 지점이다.

18 수도권

정답 ③ 정답률 40%

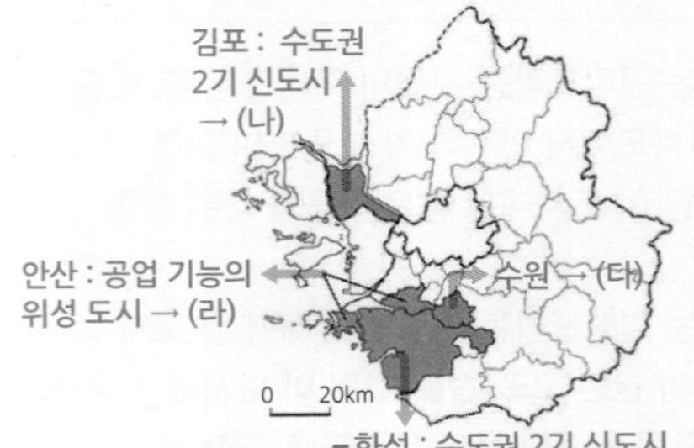

보기
ㄱ. (가)에는 조력 발전소가 위치해 있다. (라)
ㄴ. (나)에는 수도권 2기 신도시가 위치해 있다.
ㄷ. (다)는 경기도청 소재지이다.
ㄹ. (라)는 남북한 접경 지역이다. (나)

① ㄱ, ㄴ ② ㄱ, ㄷ ③ ㄴ, ㄷ ④ ㄴ, ㄹ ⑤ ㄷ, ㄹ

|보|기|풀|이|
최근 인구 증가가 뚜렷한 (가)와 (나)는 수도권 2기 신도시가 조성된 화성과 김포 중 하나이다. 그중 (가)는 2차 산업 종사자 비율이 가장 높으므로 자동차, 전자 공업 등이 발달한 화성이고, (나)는 김포이다. 인구 변화가 크지 않은 (다)와 (라)는 안산과 수원 중 하나인데, 상대적으로 2차 산업 종사자 비율이 높은 (라)는 공업이 발달한 안산이고, 3차 산업 종사자 비율이 높은 (다)는 인구 규모가 큰 수원이다.
ㄴ 정답 | (나) 김포에는 수도권 2기 신도시인 한강 신도시가 위치해 있다.
ㄷ 정답 | (다) 수원은 경기도청 소재지이다.

19 지역별 농업 특성 추론

정답 ① 정답률 78%

	(가)	(나)	(다)
①	자동차 및 트레일러	섬유 제품(의복 제외)	1차 금속
②	자동차 및 트레일러	1차 금속	섬유 제품(의복 제외)
③	섬유 제품(의복 제외)	1차 금속	자동차 및 트레일러
④	1차 금속	섬유 제품(의복 제외)	자동차 및 트레일러
⑤	1차 금속	자동차 및 트레일러	섬유 제품(의복 제외)

|선|택|지|풀|이|
① 정답 |
(가) - 자동차 및 트레일러 : (가)는 경기(화성, 평택), 울산, 충남(아산)에서 부가 가치 비율이 높으므로 자동차 및 트레일러 제조업이다.
(나) - 섬유 제품(의복 제외) : (나)는 경기, 대구, 경북에서 부가 가치 비율이 높으므로 섬유 제품(의복 제외) 제조업이다.
(다) - 1차 금속 : 경북(포항), 전남(광양), 경기에서 부가 가치 비율이 높으므로 1차 금속 제조업이다. 경북 포항, 전남 광양에는 대규모 제철소가 위치해 있다.

20 지역별 농업 특성 추론

정답 ④ 정답률 49%

① (가)는 전남, (다)는 경기이다. 경북
② 벼 재배 면적은 (다)가 (가)보다 넓다. 좁다
③ B는 C의 그루갈이 작물로 주로 재배된다. A
④ 채소 재배 면적은 경북이 강원보다 넓다.
⑤ 농가당 작물 재배 면적은 경북이 전남보다 넓다. 좁다
작물 재배 면적 비율 / 농가 비율

|선|택|지|풀|이|
(가)는 농가 비율이 가장 높으므로 농가 수가 가장 많은 경북이고, (나)는 작물 재배 면적 비율이 가장 높으므로 경지 면적이 가장 넓은 전남이다. (라)는 농가 비율과 작물 재배 면적 비율이 모두 가장 낮으므로 강원이며, 나머지 (다)는 경기이다.
A는 모든 지역에서 재배 면적 비율이 높은 편이며 특히 평야가 발달한 (나) 전남과 (다) 경기에서 높으므로 벼이고, B는 겨울철 기후가 온화한 (나) 전남에서 상대적으로 재배 면적 비율이 높으므로 맥류이다.
C는 산지의 비율이 높은 (라) 강원에서 재배 면적 비율이 높으므로 채소이다.
① 오답 | (가)는 경북, (다)는 경기이다.
② 오답 | 벼 재배 면적 비율은 (다) 경기가 (가) 경북보다 높지만 작물 재배 면적 비율은 (가) 경북이 (다) 경기보다 높으므로, 벼 재배 면적은 (가) 경북이 (다) 경기보다 넓다.
③ 오답 | B 맥류는 A 벼의 그루갈이 작물로 주로 재배된다.
④ 정답 | 채소 재배 면적 비율은 (가) 경북이 (라) 강원보다 낮지만 작물 재배 면적 비율은 (가) 경북이 (라) 강원보다 높으므로, 채소 재배 면적은 (가) 경북이 (라) 강원보다 넓다.
⑤ 오답 | (가) 경북은 (나) 전남보다 농가 비율은 높지만 작물 재배 면적 비율이 낮으므로 농가당 작물 재배 면적이 좁다.

○ 문제편 87~88쪽

22회 2022학년도 대학수학능력시험 정답과 해설 한국지리

문제편 p.89

1	④	2	③	3	①	4	①	5	④
6	③	7	④	8	②	9	⑤	10	③
11	①	12	②	13	②	14	⑤	15	②
16	⑤	17	③	18	①	19	④	20	⑤

1 독도, 마라도, 이어도, 백령도 정답 ④ 정답률 82%

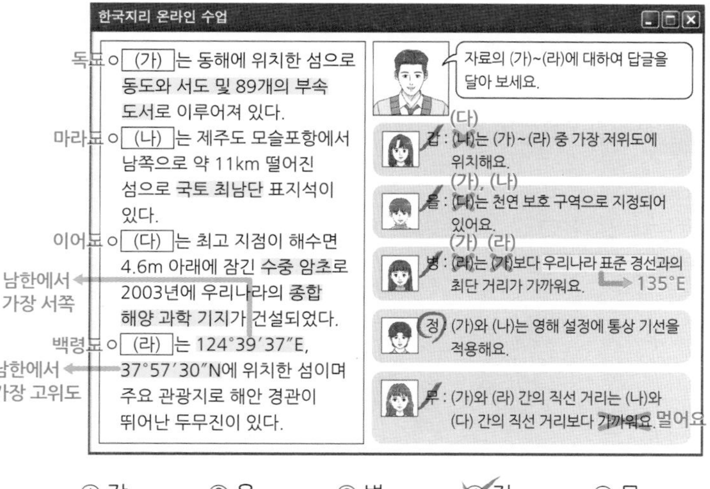
한국지리 온라인 수업
(가) 는 동해에 위치한 섬으로 동도와 서도 및 89개의 부속 도서로 이루어져 있다.
(나) 는 제주도 모슬포항에서 남쪽으로 약 11km 떨어진 섬으로 국토 최남단 표지석이 있다.
(다) 는 최고 지점이 해수면 4.6m 아래에 잠긴 수중 암초로 2003년에 우리나라의 종합 해양 과학 기지가 건설되었다.
(라) 는 124°39′37″E, 37°57′30″N에 위치한 섬이며 주요 관광지로 해안 경관이 뛰어난 두무진이 있다.
자료의 (가)~(라)에 대하여 답글을 달아 보세요.
갑 : (나)는 (가)~(라) 중 가장 저위도에 위치해요.
을 : (다)는 천연 보호 구역으로 지정되어 있어요.
병 : (라)는 (가)보다 우리나라 표준 경선과의 최단 거리가 가까워요.
정 : (가)와 (나)는 영해 설정에 통상 기선을 적용해요.
무 : (가)와 (라) 간의 직선 거리는 (나)와 (다) 간의 직선 거리보다 가까워요.

① 갑 ② 을 ③ 병 ④ 정 ⑤ 무

|자|료|해|설|
(가)~(라)의 특징을 파악하는 문항이다. (가)는 독도, (나)는 마라도, (다)는 이어도, (라)는 백령도이다.

|선|택|지|풀|이|
① 오답 | (가)~(라) 중 우리나라 영토의 최남단인 마라도에서 남서쪽 약 149km 지점에 있는 (다) 이어도가 가장 저위도에 위치한다.
② 오답 | 천연 보호 구역으로 지정되어 있는 곳은 (가) 독도와 (나) 마라도이다.
③ 오답 | 우리나라의 표준 경선은 동경 135°로 동해상을 지난다. 따라서 우리나라의 최동단인 (가) 독도가 (라) 백령도보다 우리나라 표준 경선과의 최단 거리가 가깝다.
④ 정답 | (가) 독도와 (나) 마라도는 영해 설정 시 통상 기선을 적용한다. 동해안 대부분, 제주도(마라도), 울릉도, 독도는 영해 설정 시 최저 조위선을 기준으로 하는 통상 기선을 적용한다.
⑤ 오답 | (나) 마라도와 (다) 이어도 간의 직선 거리가 (가) 독도와 (라) 백령도 간의 직선 거리보다 가깝다.

2 국토 종합 (개발) 계획 정답 ③ 정답률 85%

구분	주요 추진 과제
㉠ 제○차 계획	• 고도 경제 성장을 위한 기반 시설 조성 • 수도권과 남동 임해 공업 지구 중심의 개발 • 수출 주도형 공업화 추진
㉡ 제□차 계획	• 세계적 국토 경쟁력 강화 • 자연 친화적이고 안전한 국토 공간 조성 • 광역 경제권을 형성하여 지역별 특화 발전 추진

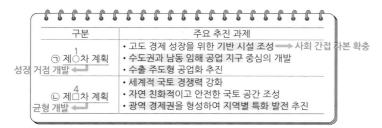

① ㉠ 시행 시기에 고속 철도(KTX)가 개통되었다.
② ㉡ 시행 시기에 개발 제한 구역이 처음 지정되었다.
③ ㉠은 ㉡보다 시행 시기가 이르다.
④ ㉡ 시행 시기는 ㉠ 시행 시기보다 수도권 인구 집중률이 낮다.
⑤ ㉠은 균형 개발, ㉡은 성장 거점 개발 방식을 추구한다.

|자|료|해|설|
우리나라의 제1차 국토 종합 개발 계획과 제4차 국토 종합 계획의 주요 특징을 비교하는 문항이다.

|선|택|지|풀|이|
㉠은 기반 시설을 조성하고 수도권과 남동 임해 공업 지구를 중심으로 개발하며 수출 주도형 공업화를 추진하였으므로 제1차 국토 종합 개발 계획이다. ㉡은 세계적 국토 경쟁력을 강화하고 자연 친화적이며 지역별 특화 발전을 추진하였으므로 제4차 국토 종합 계획이다.
① 오답 | 고속 철도(KTX)는 ㉡ 제4차 계획 시행 시기인 2004년에 개통되었다.
② 오답 | 개발 제한 구역은 ㉠ 제1차 계획 시행 이전인 1971년에 처음 지정되었다.
③ 정답 | ㉠ 제1차 계획은 1972~1981년에 시행되었으며, ㉡ 제4차 계획은 2000~2020년에 시행되었다.
④ 오답 | 수도권 인구 집중률은 지속적으로 높아졌으므로 ㉠ 제1차 계획 시행 시기보다 ㉡ 제4차 계획 시행 시기에 높다.
⑤ 오답 | ㉠ 제1차 계획은 투자 효과가 큰 지역을 성장 거점으로 선정하여 집중 투자하는 성장 거점 개발 방식을 추구하고, ㉡ 제4차 계획은 낙후 지역에 우선적으로 투자하는 균형 개발 방식을 추구한다.

3 충청 지방 정답 ① 정답률 83%

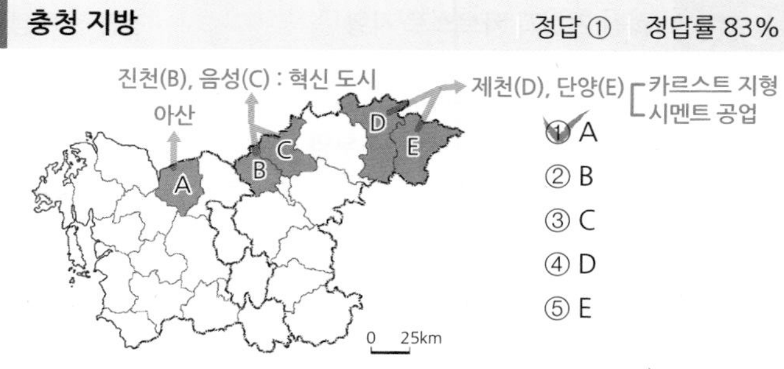
A
B
C
D
E
0 25km

① A ② B ③ C ④ D ⑤ E

|자|료|해|설|
자료에서 설명하는 지역을 지도에서 찾는 문항이다. 지도의 A는 아산, B는 진천, C는 음성, D는 제천, E는 단양이다.

|선|택|지|풀|이|
① 정답 | 전자 및 자동차 관련 산업이 집적되어 있고, 수도권과 전철로 연결되었으며, 온천으로 유명한 지역은 아산이다. 아산은 대규모 완성차 생산 공장이 있으며, 전자 부품 · 컴퓨터 · 영상 · 음향 및 통신 장비 제조업이 발달해 있다. 또한 수도권 전철이 연장되면서 인구가 증가하고 있다. 아산은 지도의 A이다.
②, ③ 오답 | B는 진천, C는 음성이다. 진천과 음성은 혁신 도시로 지정되어 수도권에 소재하던 공공 기관이 이전해 오면서 성장하고 있다.
④, ⑤ 오답 | D는 제천, E는 단양이다. 고생대 조선 누층군이 분포하는 제천과 단양은 석회암 지대로 카르스트 지형이 발달해 있으며, 원료 지향형 공업인 시멘트 공업이 발달하였다.

4 대설과 태풍 정답 ① 정답률 94%

① 제주의 최근 10년 동안 총피해액은 (나)가 (가)보다 많다.
② (가)는 저위도의 열대 해상에서 주로 발원한다.
③ (가)는 (나)보다 우리나라의 연 강수량에 미치는 영향이 크다.
④ (나)는 (가)보다 겨울철 발생 빈도가 높다.
⑤ (가)는 해일 피해, (나)는 빙판길 교통 장애를 유발한다.

|자|료|해|설|
그림의 (가), (나)가 대설, 태풍 중 어느 자연재해인지를 찾고, 각 자연재해의 특성을 파악하는 문항이다.

|선|택|지|풀|이|
(가)는 황해와 충남 및 호남 서해안에 구름이 형성되어 있으므로 대설, (나)는 시계 반대 방향으로 구름이 회전하는 모습이므로 태풍이다.
① 정답 | 남부 지방에 위치한 제주의 최근 10년 동안 총피해액은 (나) 태풍이 (가) 대설보다 많다. 태풍은 남쪽에서부터 북상하므로 영향권에 먼저 드는 남부 지방에서 피해액이 많아, 제주는 총피해액에서 태풍이 차지하는 비율이 매우 높다.

5 지체 구조와 지각 변동 정답 ④ 정답률 82%

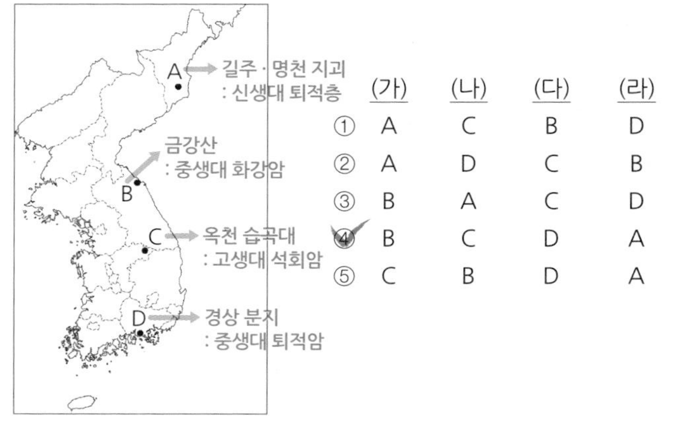
A
B
C
D

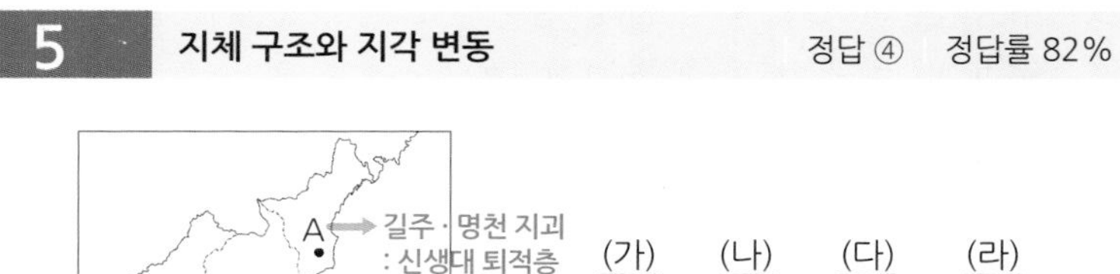

	(가)	(나)	(다)	(라)
①	A	C	B	D
②	A	D	C	B
③	B	A	C	D
④	B	C	D	A
⑤	C	B	D	A

|자|료|해|설|
고생대, 중생대, 신생대 지체 구조의 분포와 특징을 파악하는 문항이다.

|선|택|지|풀|이|
④ 정답 |
(가) - B : (가)는 중생대 화강암으로 이루어진 돌산이 있는 지역이므로 B 금강산이다.
(나) - C : (나)는 고생대에 형성된 해성층인 조선 누층군이 주로 나타나며, 석회암이 주로 분포하여 시멘트 공업이 발달해 있는 지역이므로 C 옥천 습곡대가 분포하는 충북 북동부이다.
(다) - D : (다)는 중생대에 퇴적된 육성층인 경상 누층군이 주로 나타나며 공룡 발자국 화석이 발견되는 지역이므로 D 경상 분지가 분포하는 고성이다.
(라) - A : (라)는 신생대 제3기에 퇴적층이 형성된 곳이며 갈탄이 매장되어 있는 지역이므로 A 길주 · 명천 지괴가 위치하는 곳이다.

문제편 89쪽

6 화산 지형과 카르스트 지형

정답 ③ 정답률 86%

① ㉠의 주변 지역은 밭농사보다 논농사에 유리하다.
② ㉡이 분포하는 지역에서는 현무암 풍화토가 나타난다.
③ ㉢은 용암이 냉각되는 과정에서 수축되면서 형성되었다.
④ ㉣에는 분화구가 함몰되어 형성된 칼데라가 나타난다.
⑤ ㉡과 ㉣은 대체로 투수성이 낮아 지표수가 잘 형성된다.

|자|료|해|설|
카르스트 지형과 화산 지형의 형성 원인과 특징, 이용 등을 파악하는 문항이다. ㉠ 석회 동굴과 ㉡ 돌리네는 카르스트 지형, ㉢ 주상 절리와 ㉣ 오름은 화산 지형이다.

|선|택|지|풀|이|
① 오답 | ㉠ 석회 동굴의 주변 지역은 석회암 지대로 석회암에 절리가 발달하여 배수가 양호하므로 논농사보다 밭농사에 유리하다.
② 오답 | ㉡ 돌리네가 분포하는 석회암 지대에서는 석회암이 용식된 후 남은 철분 등이 산화되어 형성된 붉은색의 석회암 풍화토가 나타난다.
③ 정답 | ㉢ 다각형의 수직 절리인 주상 절리는 용암이 급격히 냉각되는 과정에서 수축되면서 형성되었다.
④ 오답 | ㉣ 오름은 소규모 화산 폭발이나 화산 쇄설물의 퇴적으로 형성된 작은 화산체이다. 분화구가 함몰되어 형성된 칼데라는 울릉도의 나리 분지가 대표적이다.
⑤ 오답 | ㉡ 돌리네와 ㉣ 오름은 모두 기반암에 절리가 발달해 있어 대체로 투수성이 높아 지표수가 잘 형성되지 않는다.

7 위도가 다른 지역의 기후 비교

정답 ④ 정답률 68%

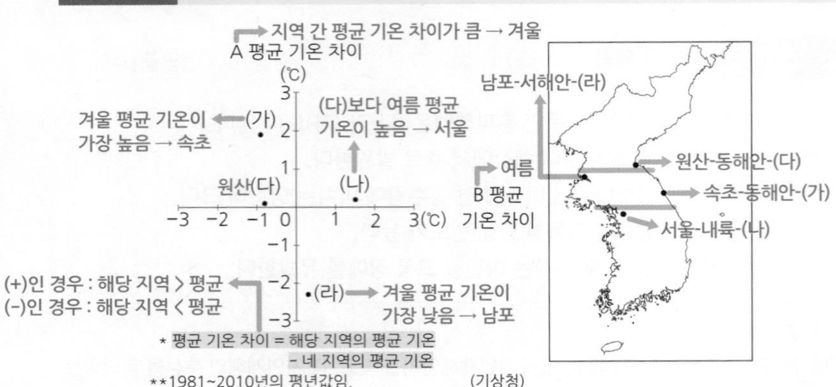

* 평균 기온 차이 = 해당 지역의 평균 기온 - 네 지역의 평균 기온
** 1981~2010년의 평년값임. (기상청)

보기
ㄱ. (가)는 (가)~(라) 중 가장 동쪽에 위치한다.
ㄴ. (나)와 (라) 간의 연 강수량 차이는 (가)와 (나) 간의 연 강수량 차이보다 크다.
ㄷ. (다)와 (라) 간의 겨울 평균 기온 차이는 (가)와 (나) 간의 겨울 평균 기온 차이보다 크다.
ㄹ. 기온의 연교차는 (라) > (가) > (나) > (다) 순으로 크다.

① ㄱ, ㄴ ② ㄴ, ㄹ ③ ㄷ, ㄹ ④ ㄱ, ㄴ, ㄷ ⑤ ㄱ, ㄷ, ㄹ

|보|기|풀|이|
A의 지역 간 평균 기온 차이가 B의 지역 간 평균 기온 차이보다 크므로 A는 겨울, B는 여름이다. 우리나라는 대륙성 기단의 영향으로 여름보다 겨울에 기온의 지역 차가 크다. 겨울 평균 기온이 가장 높은 (가)는 상대적으로 저위도이면서 동해안에 있는 속초이다. 속초는 서울보다 위도가 높지만 지형과 동해의 영향으로 겨울 평균 기온이 더 높다. 겨울 평균 기온이 가장 낮은 (라)는 상대적으로 고위도이면서 서해안에 있는 남포이다. 나머지 두 지역 중 여름 평균 기온은 상대적으로 저위도이면서 내륙에 있는 서울이 고위도이면서 동해안에 있는 원산보다 높다. 따라서 (나)는 서울, (다)는 원산이다.
ㄱ 정답 | (가)~(라) 중 속초는 (가)~(라) 중 가장 동쪽에 위치한다.
ㄴ 정답 | 한강 유역에 위치한 (나) 서울과 영동 지방에 위치한 (가) 속초는 연 강수량이 비슷하게 많지만, 대동강 하류에 위치한 (라) 남포는 저평한 지형의 영향으로 연 강수량이 적은 소우지이다. 따라서 (나) 서울과 (라) 남포 간의 연 강수량 차이는 (가) 속초와 (나) 서울 간의 연 강수량 차이보다 크다.
ㄷ 정답 | (다)와 (라) 간의 겨울(A) 평균 기온 차이는 약 2.5℃로 (가)와 (나) 간의 겨울(A) 평균 기온 차이인 약 1.5℃보다 크다.
ㄹ 오답 | 기온의 연교차는 고위도의 서해안에 위치한 (라) 남포가 가장 크고, 저위도의 동해안에 위치한 (가) 속초가 가장 작다.

8 동해안과 서해안

정답 ② 정답률 85%

① D 호수는 후빙기 해수면 상승 이전에 형성되었다.
② B는 C보다 퇴적 물질의 평균 입자 크기가 크다.
③ E는 C보다 오염 물질의 정화 기능이 크다.
④ A와 F는 육계도이다.
⑤ C와 D는 파랑의 작용으로 규모가 확대된다.

|자|료|해|설|
사진에 제시된 A~F 해안 지형의 형성 원인, 특징을 파악하는 문항이다. A는 육계도, B는 사빈, C는 갯벌, D는 석호, E는 사주, F는 동해에 있는 섬이다.

|선|택|지|풀|이|
① 오답 | D 석호는 후빙기 해수면 상승으로 만이 형성된 이후 만 입구에 E 사주가 발달하여 형성된 호수이다. 따라서 D 석호는 후빙기 해수면 상승 이후에 형성되었다.
② 정답 | B 사빈은 주로 모래, C 갯벌은 주로 점토로 구성되어 있다. 따라서 B 사빈은 C 갯벌보다 퇴적 물질의 평균 입자 크기가 크다.
③ 오답 | C 갯벌은 주로 조류의 퇴적 작용으로 형성되는 지형으로 오염 물질을 정화하는 기능이 있다. 따라서 C 갯벌이 E 사주보다 오염 물질의 정화 기능이 크다.
④ 오답 | A는 파랑이나 연안류의 퇴적 작용으로 성장한 사주에 의해 육지와 연결된 섬인 육계도이다. 육지와 섬을 연결해 주는 사주는 육계사주라고 한다. F는 육지와 연결되지 않은 섬이다.
⑤ 오답 | C 갯벌은 조류의 영향을 받으며, D 석호는 석호로 유입되는 하천의 운반 물질이 퇴적되어 규모가 점차 축소되고 있다.

9 수도권 + 강원 지방

정답 ⑤ 정답률 80%

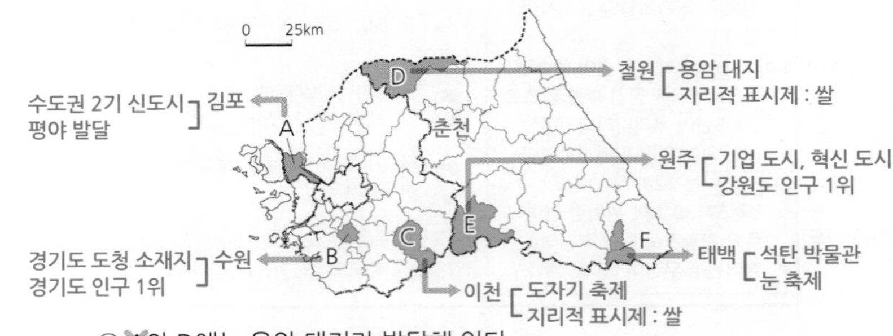

① A와 D에는 용암 대지가 발달해 있다.
② A와 E에는 기업도시가 조성되어 있다.
③ B와 E에는 도청이 위치해 있다.
④ B와 F에서는 겨울철 눈을 주제로 한 지역 축제가 개최된다.
⑤ C와 D에서는 지리적 표시제에 등록된 쌀이 생산된다.

|자|료|해|설|
수도권 · 강원 지방의 백지도에 표시된 A~F 지역의 특성을 파악하는 문항이다. 지도의 A는 김포, B는 수원, C는 이천, D는 철원, E는 원주, F는 태백이다.

|선|택|지|풀|이|
① 오답 | 용암 대지가 발달해 있는 지역은 D 철원이다.
② 오답 | 기업 도시가 조성되어 있는 지역은 E 원주이다. 원주는 우리나라에서 유일하게 기업 도시와 혁신 도시가 함께 조성되고 있으며, 첨단 의료 기기 산업 클러스터가 구축되어 있다. 또한 강원도에서 인구가 가장 많다.
③ 오답 | 경기도 도청은 B 수원에 위치해 있으며, 강원도 도청은 춘천에 위치해 있다.
④ 오답 | 겨울에 눈을 주제로 한 지역 축제가 개최되는 곳은 F 태백이다. 태백은 폐광 시설을 석탄 박물관으로 활용하고 있다.
⑤ 정답 | C 이천과 D 철원에서는 지리적 표시제에 등록된 쌀이 생산된다. 이천은 하천 주변에 발달한 평야에서 벼농사가 활발하며, 철원은 용암 대지 위에서 벼농사가 활발히 이루어지고 있다.

10 지리 정보 수집 방법

정답 ③ 정답률 88%

① 갑, 을 ② 갑, 병 ③ 을, 병 ④ 을, 정 ⑤ 병, 정

|선|택|지|풀|이|
(가)는 인공위성이나 항공기를 이용하여 지리 정보를 수집하는 원격 탐사로 인간이 직접 접근하기 어려운 지역이나 넓은 지역의 지리 정보를 수집할 수 있으며, 주기적으로 지리 정보를 수집하기에 용이하다. (나)는 지역을 직접 방문하여 관찰, 설문, 면담 등을 통해 지리 정보를 수집하는 야외 조사이다.

③ 정답 |
을 : 농산물 유통 정책에 대한 만족도는 설문 조사로 수집할 수 있으므로 (나) 야외 조사를 활용하여 수집할 수 있다.
병 : 원격 탐사는 인공위성이 지구 주위를 주기적으로 관측하기 때문에 (나) 야외 조사보다 지역의 지리 정보를 주기적으로 수집할 수 있다.

오답 |
갑 : (가) 원격 탐사를 활용하여 청장년층의 취업률을 파악할 수 없다. 청장년층의 취업률은 통계 자료 등을 활용하여 수집할 수 있다.
정 : (가) 원격 탐사의 인공위성을 이용하는 것이 (나) 야외 조사보다 인공조명의 빛 에너지양을 실시간으로 측정하기에 용이하다.

문제편 90쪽

11 수도권의 인구 규모

정답 ① 정답률 68%

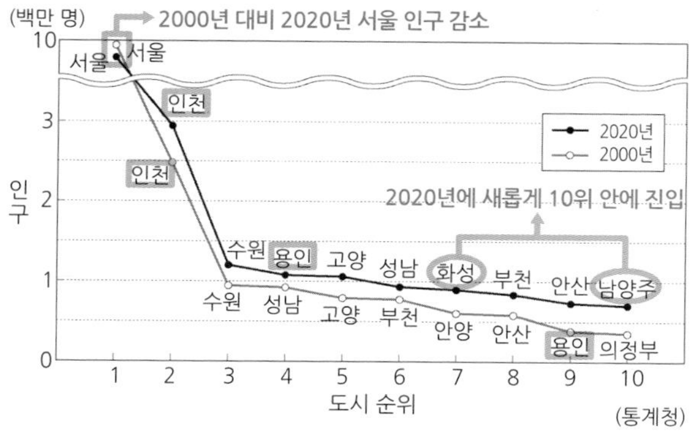
(백만 명)
2000년 대비 2020년 서울 인구 감소
서울 서울
인천
인천
2020년
2000년
2020년에 새롭게 10위 안에 진입
인구
수원 용인 고양 성남 화성 부천 안산 남양주
수원 성남 고양 부천 안양 안산 용인 의정부
도시 순위
(통계청)

보기

ㄱ. 2000년 4~7위 도시에는 모두 수도권 1기 신도시가 있다. (→ 성남, 고양, 부천, 안양, 군포)

ㄴ. 2000년 대비 2020년 인구 증가율은 용인이 인천보다 높다.

ㄷ. 2000년 대비 2020년에 새롭게 10위 안에 진입한 도시는 모두 서울과 행정 구역이 접해 있다. (화성은 접해 있지 않음)

ㄹ. 수도권 내 서울의 인구 집중률은 2020년이 2000년보다 높다. 낮다

① ㄱ, ㄴ ② ㄱ, ㄷ ③ ㄴ, ㄷ ④ ㄴ, ㄹ ⑤ ㄷ, ㄹ

| 보 | 기 | 풀 | 이 |

ㄱ 정답 | 2000년 4~7위 도시인 성남, 고양, 부천, 안양에는 모두 수도권 1기 신도시가 있다. 수도권 1기 신도시는 성남(분당), 고양(일산), 부천(중동), 안양(평촌), 군포(산본)이다.

ㄴ 정답 | 2000년 대비 2020년 용인 인구는 약 40만 명에서 약 110만 명으로 2배 이상 증가하였고, 인천 인구는 약 250만 명에서 약 300만 명으로 상대적으로 조금 증가하였다. 따라서 2000년 대비 2020년 인구 증가율은 용인이 인천보다 높다.

ㄷ 오답 | 2000년 대비 2020년에 새롭게 10위 안에 진입한 도시는 화성과 남양주이다. 이 중 화성은 서울과 행정 구역이 접해 있지 않다.

12 주요 공업의 분포

정답 ② 정답률 60%

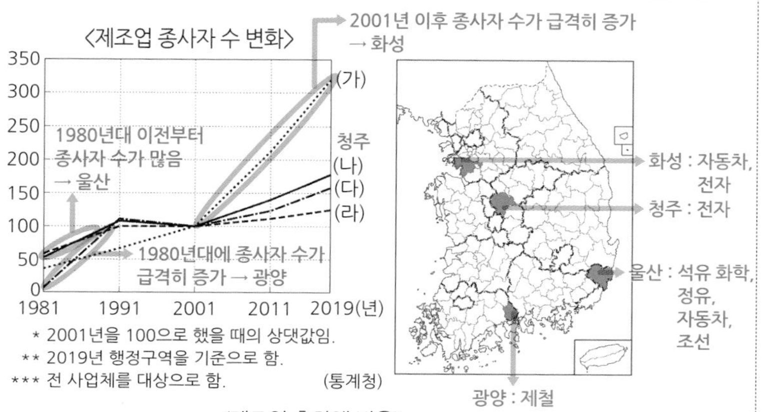
〈제조업 종사자 수 변화〉
2001년 이후 종사자 수가 급격히 증가 → 화성
(가)
1980년대 이전부터 종사자 수가 많음 → 울산
청주 (나) (다) (라)
1980년대에 종사자 수가 급격히 증가 → 광양
1981 1991 2001 2011 2019(년)
* 2001년을 100으로 했을 때의 상댓값임.
** 2019년 행정구역을 기준으로 함.
*** 전 사업체를 대상으로 함.
(통계청)
화성 : 자동차, 전자
청주 : 전자
울산 : 석유 화학, 정유, 자동차, 조선
광양 : 제철

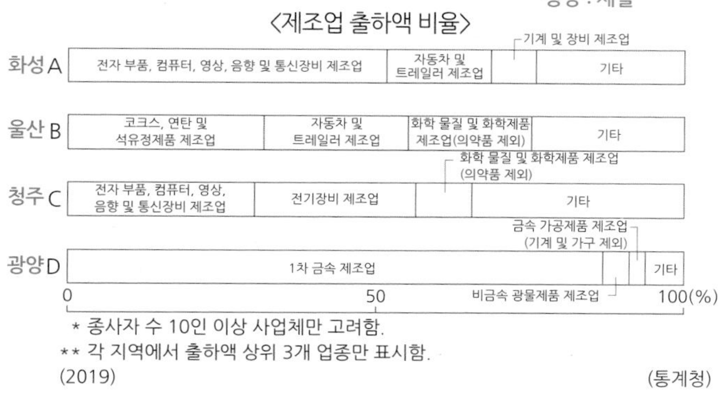
〈제조업 출하액 비율〉
화성 A 전자 부품, 컴퓨터, 영상, 음향 및 통신장비 제조업 / 자동차 및 트레일러 제조업 / 기계 및 장비 제조업 / 기타
울산 B 코크스, 연탄 및 석유정제품 제조업 / 자동차 및 트레일러 제조업 / 화학 물질 및 화학제품 제조업(의약품 제외) / 기타
청주 C 전자 부품, 컴퓨터, 영상, 음향 및 통신장비 제조업 / 전기장비 제조업 / 화학 물질 및 화학제품 제조업(의약품 제외) / 기타
광양 D 1차 금속 제조업 / 금속 가공제품 제조업(기계 및 가구 제외) / 비금속 광물제품 제조업 / 기타
0 50 100(%)
* 종사자 수 10인 이상 사업체만 고려함.
** 각 지역에서 출하액 상위 3개 업종만 표시함.
(2019)
(통계청)

	(가)	(나)	(다)	(라)
①	A	B	D	C
②	A	C	D	B
③	A	D	C	B
④	D	B	A	C
⑤	D	C	A	B

| 선 | 택 | 지 | 풀 | 이 |

② 정답 |

(가) - A : (가)는 2001년 이후 종사자 수가 급격히 증가하였으므로 최근 전자 산업 단지와 자동차 생산 공장 등이 입지하면서 제조업이 크게 발달한 화성이다.

(나) - C : (나)는 (다)와 (라)보다 2001년 이후 종사자 수 증가율이 높으므로 최근 전자 공업이 발달하고 있는 청주이다. 따라서 출하액 비율 그래프는 C이다.

(다) - D : (다)는 1980년대에 제조업 종사자 수가 급격히 증가하였으므로 1980년대에 제철소가 조성되면서 제철 공업을 중심으로 중화학 공업이 발달한 광양이다.

(라) - B : (라)는 1980년대 이전부터 제조업 종사자 수가 많았으므로 1970년대 이후 정부 주도의 중화학 공업 육성 정책에 따라 성장한 울산이다.

13 영남 지방

정답 ② 정답률 80%

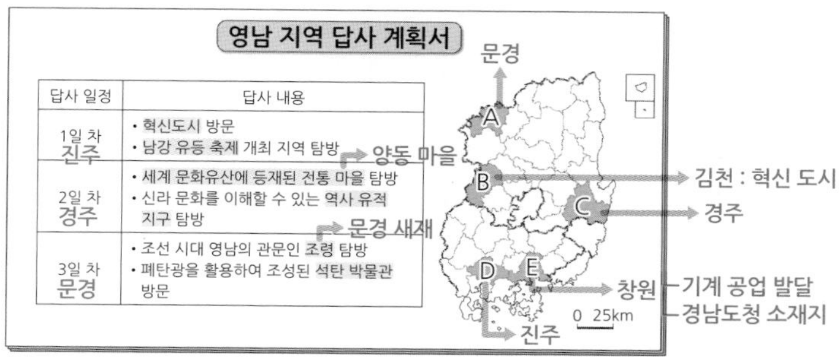
영남 지역 답사 계획서
답사 일정 | 답사 내용
1일 차 진주 | • 혁신도시 방문 • 남강 유등 축제 개최 지역 탐방
2일 차 경주 | • 세계 문화유산에 등재된 전통 마을 탐방 • 신라 문화를 이해할 수 있는 역사 유적 지구 탐방
3일 차 문경 | • 조선 시대 영남의 관문인 조령 탐방 • 폐탄광을 활용하여 조성된 석탄 박물관 방문
양동 마을
문경 새재
문경
김천 : 혁신 도시
경주
창원 - 기계 공업 발달 - 경남도청 소재지
진주
0 25km

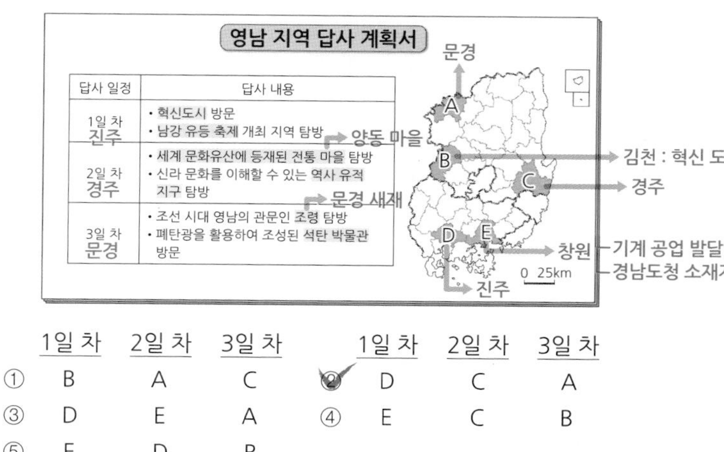

	1일 차	2일 차	3일 차
①	B	A	C
②	D	C	A
③	D	E	A
④	E	C	B
⑤	E	D	B

| 선 | 택 | 지 | 풀 | 이 |

② 정답 |

1일 차 - D : 1일 차는 혁신 도시로 지정되어 있으며 남강 유등 축제가 개최되는 진주이다.

2일 차 - C : 2일 차는 세계 문화유산으로 등재된 전통 마을인 양동 마을이 있으며, 신라의 역사 유적 지구가 있는 경주이다.

3일 차 - A : 3일 차는 조선 시대 영남의 관문인 조령이 있고, 석탄 박물관이 있는 문경이다. 과거 석탄 산업이 발달하였던 문경은 폐광 시설을 활용한 석탄 박물관과 레일 바이크 등을 관광 자원으로 이용하고 있다.

14 지역별 농업 특성 추론

정답 ⑤ 정답률 72%

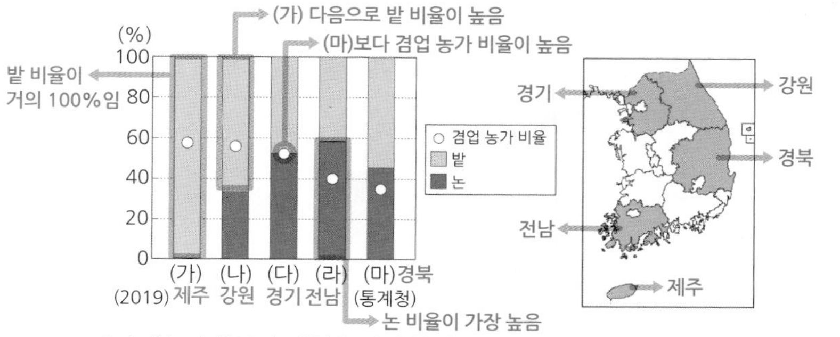
(가) 다음으로 밭 비율이 높음
(마)보다 겸업 농가 비율이 높음
(%)
밭 비율이 거의 100%임
○ 겸업 농가 비율
밭
논
(가) (나) (다) (라) (마)
(2019) 제주 강원 경기 전남 경북
(통계청)
논 비율이 가장 높음
경기
강원
경북
전남
제주

① (가)는 (나)보다 겸업 농가가 많다. 적다

② (가)는 (마)보다 농가 인구가 많다. 적다

③ (나)는 (라)보다 경지율이 높다. 낮다

④ (다)는 (나)보다 경지 면적 중 노지 채소 재배 면적 비율이 높다. 낮다

⑤ (마)는 (라)보다 과실 생산량이 많다.

| 선 | 택 | 지 | 풀 | 이 |

(가)는 밭 비율이 매우 높고 겸업 농가 비율이 가장 높으므로 제주이다. (가) 다음으로 밭 비율이 높은 (나)는 산지의 비율이 높은 강원이다. (라)는 논 비율이 가장 높으므로 평야가 발달한 전남이다. (다)와 (마) 중 겸업 농가 비율이 높은 (다)가 대도시에 인접하여 근교 농업 지역이 많은 경기이고, (마)는 경북이다.

⑤ 정답 | (마) 경북은 (라) 전남보다 과실 생산량이 많다. 경북은 우리나라 도(道) 중에서 과실 생산량이 가장 많다.

15 도시 내부 구조

정답 ② 정답률 72%

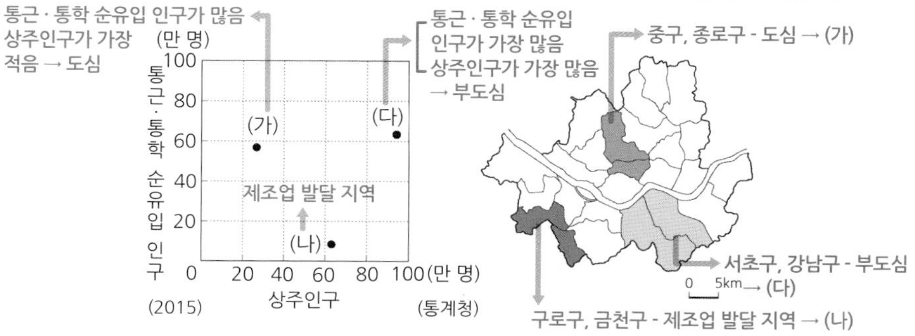
통근·통학 순유입 인구가 많음 상주인구가 가장 적음 → 도심
통근·통학 순유입 인구가 가장 많음 상주인구가 가장 많음 → 부도심
(만 명)
통근·통학 순유입 인구
(가)
(다)
제조업 발달 지역
(나)
상주인구
(2015)
(통계청)
중구, 종로구 - 도심 → (가)
서초구, 강남구 - 부도심 → (다)
구로구, 금천구 - 제조업 발달 지역 → (나)
0 5km

① (가)는 (나)보다 제조업 종사자 수가 많다. 적다

② (가)는 (다)보다 용도 지역 중 상업 지역의 비율이 높다.

③ (나)는 (가)보다 생산자 서비스업 사업체 수가 많다. 적다

④ (나)는 (다)보다 금융 기관 수가 많다. 적다

⑤ (다)는 (가)보다 주간 인구 지수가 높다. 낮다 (주간 인구 / 상주인구 ×100)

| 선 | 택 | 지 | 풀 | 이 |

(가)는 통근·통학 순유입 인구가 많고 상주인구가 가장 적으므로 상업·업무 기능이 발달한 도심에 해당하는 중구와 종로구이다. (다)는 통근·통학 순유입 인구와 상주인구가 가장 많으므로 상업·업무 기능과 주거 기능이 모두 발달한 부도심에 해당하는 서초구와 강남구이다. 나머지 (나)는 제조업이 발달한 주변(외곽) 지역에 해당하는 구로구와 금천구이다.

② 정답 | 용도 지역 중 상업 지역의 비율은 도심인 (가)가 부도심인 (다)보다 높다.

문제편 91쪽

16 감입 곡류 하천과 자유 곡류 하천 정답 ⑤ 정답률 81%

보기

ㄱ. (가)의 하천은 (나)의 하천보다 하상의 평균 해발 고도가 높다. (→ 상류에서 하류로 갈수록 낮음)

ㄴ. A의 퇴적물은 주로 최종 빙기 때 퇴적되었다. (→ 후빙기)

ㄷ. C는 D보다 퇴적 물질의 평균 입자 크기가 크다.

ㄹ. D는 B보다 홍수 시 범람에 의한 침수 가능성이 높다.

① ㄱ, ㄴ ② ㄴ, ㄷ ③ ㄷ, ㄹ
④ ㄱ, ㄴ, ㄹ ⑤ ㄱ, ㄷ, ㄹ

|자|료|해|설|

(가)는 하천 상류의 산지 사이를 흐르는 감입 곡류 하천, (나)는 하천 하류의 평지 위를 흐르는 자유 곡류 하천이다. A는 퇴적 사면, B는 하안 단구, C는 자연 제방, D는 배후 습지이다.

|보|기|풀|이|

ㄱ 정답 | 하상의 평균 해발 고도는 상류에서 하류로 갈수록 낮아진다. 따라서 상류의 (가) 감입 곡류 하천은 하류의 (나) 자유 곡류 하천보다 하상의 평균 해발 고도가 높다.

ㄷ 정답 | C 자연 제방은 주로 모래질 토양으로 구성되어 있으며, D 배후 습지는 주로 점토질 토양으로 구성되어 있다. 따라서 C 자연 제방은 D 배후 습지보다 퇴적물의 평균 입자 크기가 크다.

ㄹ 정답 | B 하안 단구는 현재의 하상보다 해발 고도가 높아 홍수 시 침수될 가능성이 낮으며, D 배후 습지는 해발 고도가 낮고 주로 점토질 토양으로 이루어져 배수가 불량하므로 홍수 시 범람에 의한 침수 가능성이 높다.

17 1차 에너지 공급 정답 ③ 정답률 69%

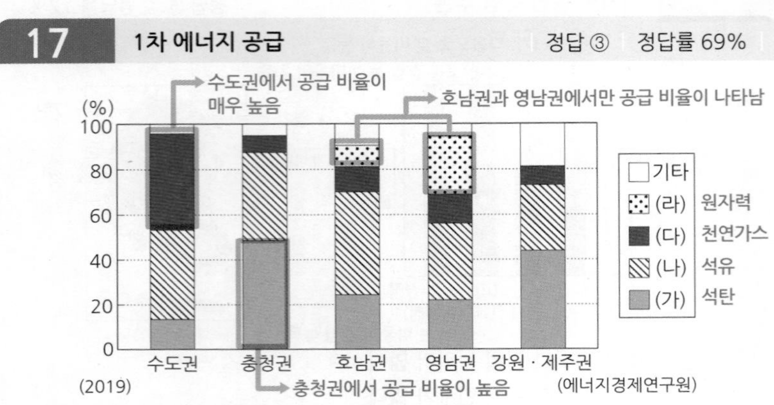

① (가)는 전량 해외에서 수입한다. (→ 일부 국내에서 생산)

② (가)는 (다)보다 상용화된 시기가 늦다. (→ 이르다)

③ (다)는 (나)보다 우리나라 총발전량에서 차지하는 비율이 높다.

④ (라)는 (가)보다 우리나라 1차 에너지 소비량에서 차지하는 비율이 높다. (→ 낮다)

⑤ (나)와 (라)는 화력 발전의 연료로 이용된다. (→ (가), (다))

|선|택|지|풀|이|

(라)는 원자력 발전소가 위치한 영남권과 호남권에서만 공급 비율이 나타나므로 원자력, (가)는 대규모 제철소와 화력 발전소가 위치한 충청권에서 공급 비율이 높으므로 석탄, (다)는 인구가 많고 도시가스 공급망이 잘 갖추어진 수도권에서 공급 비율이 상대적으로 높으므로 천연가스, (나)는 모든 권역에서 공급 비율이 고르게 나타나는 석유이다.

③ 정답 | (다) 천연가스는 (나) 석유보다 우리나라 총발전량에서 차지하는 비율이 높다. 우리나라 총발전량에서 차지하는 비율은 석탄 > 원자력 > 천연가스 > 석유 순으로 높다.

④ 오답 | (라) 원자력은 (가) 석탄보다 우리나라 1차 에너지 소비량에서 차지하는 비율이 낮다. 우리나라 1차 에너지 소비 구조에서 차지하는 비율은 석유 > 석탄 > 천연가스 > 원자력 > 신 · 재생 > 수력 순으로 높다.

⑤ 오답 | 화석 에너지인 (가) 석탄, (나) 석유, (다) 천연가스가 화력 발전의 연료로 이용된다.

18 신 · 재생 에너지 정답 ① 정답률 63%

태양광	(가)	일조량이 풍부한 곳이 발전에 유리하며, 전남, 전북 등지에서 발전량이 많다.
풍력	(나)	바람이 많이 부는 곳이 발전에 유리하며, 경북, 강원 등지에서 발전량이 많다.
조력	(다)	조차가 큰 곳이 발전에 유리하며, 경기 안산에서 전력 생산이 이루어지고 있다. (→ 시화호 조력 발전소)

<신 · 재생 에너지 발전량 변화>

(십만 MWh) 150, 100, 50, 0 / 2011 2013 2015 2017 2019(년) (에너지경제연구원)

A → 발전량이 가장 많음 → 태양광
B → 풍력
C → 발전량이 가장 적음 → 조력

	(가)	(나)	(다)		(가)	(나)	(다)
①	A	B	C	②	A	C	B
③	B	A	C	④	B	C	A
⑤	C	B	A				

|선|택|지|풀|이|

① 정답 |

(가) - A : (가)는 일조량이 풍부한 곳이 발전에 유리하며, 전남, 전북 등 호남 서해안 일대에서 발전량이 많으므로 태양광이다. 태양광은 발전량이 빠르게 증가하고 있으며, 세 신 · 재생 에너지 중 발전량이 가장 많은 A이다.

(나) - B : (나)는 바람이 많이 부는 해안이나 산간 지역이 발전에 유리하며, 경북, 강원 등지에서 발전량이 많으므로 풍력이다. 풍력은 발전량이 완만하게 증가하며 세 신 · 재생 에너지 중 발전량이 두 번째로 많은 B이다.

(다) - C : (다)는 조차가 큰 곳이 발전에 유리하며, 경기 안산 시화호 조력 발전소에서 전력 생산이 이루어지고 있는 조력이다. 조력은 세 신 · 재생 에너지 중 발전량이 가장 적은 C이다.

19 인구 구조 정답 ④ 정답률 73%

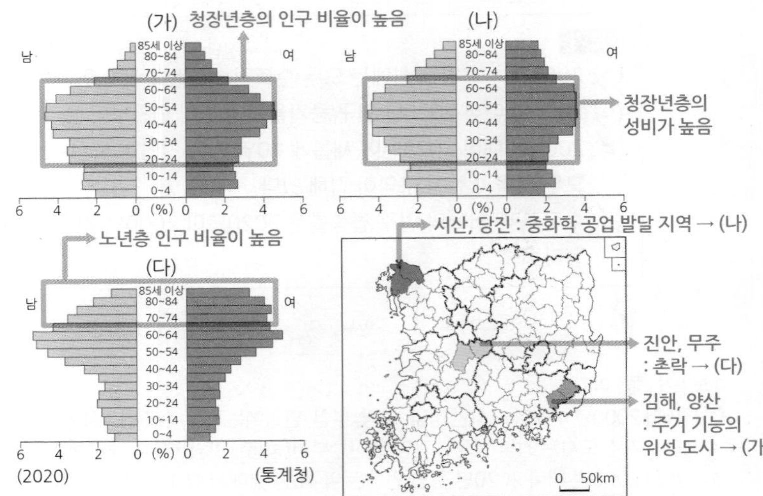

① (가)는 (가)~(다) 중 중위 연령이 가장 높다. (→ (다))

② (나)는 (가)~(다) 중 총인구가 가장 많다. (→ (가))

③ (가)는 (나)보다 총부양비가 높다. (→ 낮다, 청장년층 인구 비율에 반비례)

④ (나)는 (다)보다 성비가 높다.

⑤ (다)는 (가)보다 2차 산업 종사자 비율이 높다. (→ 1차)

|선|택|지|풀|이|

(다)는 노년층 인구 비율이 높으므로 인구 유출이 활발한 촌락인 전북 진안과 무주이다. 인구 유입이 활발하여 청장년층 인구 비율이 높은 (가)와 (나) 중에서 (나)는 청장년층의 성비가 높으므로 중화학 공업이 발달하여 남성 노동력이 많이 필요한 충남 서산과 당진이고, 나머지 (가)는 부산의 주거 기능을 분담하는 위성 도시인 경남 김해와 양산이다.

③ 오답 | 총부양비는 청장년층 인구 비율이 낮을수록 높다. (가)는 (나)보다 청장년층 인구 비율이 높으므로 총부양비가 낮다.

④ 정답 | 성비는 여성 100명에 대한 남성의 수이다. (나)는 (다)보다 성비가 높다. 여성 노년층 비율이 높은 (다) 촌락은 여초 현상이 나타나 성비가 낮다.

20 계절에 따른 기후 특성 정답 ⑤ 정답률 65%

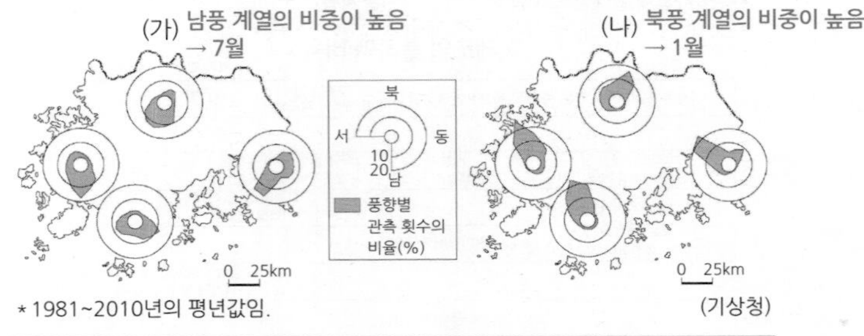

* 1981~2010년의 평년값임. (기상청)

보기

ㄱ. (가) 기후 특성에 대비하기 위해 관북 지방에서는 전통 가옥에 정주간을 설치하였다. (→ (나))

ㄴ. (나) 기후 특성에 대비하기 위해 남부 지방에서는 전통 가옥에 대청마루를 설치하였다. (→ (가))

ㄷ. (가)는 (나)보다 낮의 길이가 길다.

ㄹ. (나)는 (가)보다 시베리아 기단의 영향을 많이 받는다.

① ㄱ, ㄴ ② ㄱ, ㄷ ③ ㄴ, ㄷ ④ ㄴ, ㄹ ⑤ ㄷ, ㄹ

|보|기|풀|이|

(가)는 남풍 계열의 비중이 높으므로 7월, (나)는 북풍 계열의 비중이 높으므로 1월이다.

ㄱ 오답 | 관북 지방에서 전통 가옥에 정주간을 설치한 것은 (나) 1월의 기후 특성에 대비한 것이다. 정주간은 겨울철 추위에 대비하여 실내에서 활동할 수 있는 거실과 같은 공간이다.

ㄴ 오답 | 남부 지방에서 전통 가옥에 대청마루를 설치한 것은 (가) 7월의 기후 특성에 대비한 것이다. 대청마루는 여름철 무더위에 대비하여 바람이 잘 통하게 한 시설이다.

ㄷ 정답 | (가) 7월은 (나) 1월보다 낮의 길이가 길다.

ㄹ 정답 | (나) 1월은 (가) 7월보다 시베리아 기단의 영향을 많이 받는다.

문제편 92쪽

23회 2023학년도 대학수학능력시험 정답과 해설 한국지리

문제편 p.93

1	④	2	②	3	⑤	4	③	5	①
6	⑤	7	②	8	⑤	9	③	10	④
11	①	12	①	13	④	14	⑤	15	④
16	③	17	②	18	④	19	④	20	⑤

1 고문헌에 나타난 국토관 정답 ④ 정답률 91%

보기

ㄱ. (나)는 (가)보다 제작된 시기가 이르다.
ㄴ. (가)는 국가, (나)는 개인 주도로 제작하였다.
ㄷ. ㉢은 가거지(可居地)의 조건 중 인심(人心)에 해당한다.
ㄹ. ㉠과 ㉡은 경상도라는 지명의 유래가 된 지역이다.

① ㄱ, ㄴ ② ㄱ, ㄷ ③ ㄴ, ㄷ ④ ㄴ, ㄹ ⑤ ㄷ, ㄹ

|자|료|해|설|
(가)는 백과사전식으로 서술된 것으로 보아 조선 전기에 제작된 세종실록지리지, (나)는 설명식으로 서술된 것으로 보아 조선 후기에 제작된 택리지임을 알 수 있다.

|보|기|풀|이|
ㄱ 오답 | 택리지는 세종실록지리지보다 제작된 시기가 늦다.
ㄴ 정답 | 세종실록지리지는 조선 전기에 국가 주도로, 택리지는 조선 후기에 개인 주도로 제작되었다.
ㄷ 오답 | 산이 웅장하고 들이 넓은 것은 가거지의 조건 중 인심(人心)에 해당하지 않는다.
ㄹ 정답 | 경주와 상주는 경상도라는 지명의 유래가 된 지역이다.

2 화산 지형과 카르스트 지형 정답 ② 정답률 76%

① ㉠은 용암의 냉각 속도 차이에 의해 형성되었다.
② ㉡은 주로 기반암의 차별 침식에 의해 형성되었다.
③ ㉢은 배수가 양호하여 주로 밭으로 이용된다.
④ ㉣은 기반암이 용식된 후 남은 철분 등이 산화되어 형성되었다.
⑤ ㉤은 물에 녹아 있던 탄산칼슘이 침전되어 형성되었다.

|자|료|해|설|
국가지질공원에 대한 지역별 소개 내용을 보고 해당 지형과 관련된 선택지 내용의 옳고 그름을 판단하는 문항이다.

|선|택|지|풀|이|
① 오답 | 용암 동굴은 점성이 작은 용암이 흘러내릴 때 바깥 부분은 공기와 접촉하여 빠르게 냉각되고 안쪽 부분은 상대적으로 천천히 냉각되는 용암의 냉각 속도 차이에 의해 형성된 동굴이다.
② 정답 | 칼데라는 마그마가 분출한 후 분화구가 함몰되어 형성된다.
③ 오답 | 기반암이 석회암인 지역에서 형성되는 우묵한 모양의 지형인 돌리네는 배수가 양호하여 주로 밭으로 이용된다.
④ 오답 | 기반암이 석회암인 지역에서 발달하는 붉은색 토양인 석회암 풍화토는 기반암이 용식된 후 남은 철분 등이 산화되어 형성된다.
⑤ 오답 | 물에 녹아 있던 탄산칼슘이 동굴 내부에서 침전되면 종유석, 석순, 석주 등의 다양한 지형이 형성된다.

3 암석 분포 정답 ⑤ 정답률 79%

종류 \ 형성 시기	고생대	중생대	신생대
석회암	A		
화강암		B	
현무암			C

	(가)	(나)
①	A	B
②	A	C
③	B	A
④	C	A
⑤	C	B

|자|료|해|설|
(가), (나) 암석의 종류와 형성 시기를 표의 A~C에서 알맞게 고르는 문항이다.

|선|택|지|풀|이|
⑤정답 |
(가) - C : (가)는 한탄강 주상 절리를 이루고 있는 현무암이며, 신생대에 현무암질 용암의 분출로 형성되었다. 현무암은 제주도와 한탄강 일대(철원, 포천, 연천)에서 나타난다.
(나) - B : (나)는 설악산 울산바위를 이루고 있는 화강암이며, 중생대에 마그마의 관입 후 땅속에서 굳어져 형성되었다. 화강암은 중생대의 대보 조산 운동과 불국사 변동 때 마그마의 관입이 일어났던 우리나라의 여러 지역에서 나타난다.

4 계절에 따른 기후 특성 정답 ③ 정답률 96%

우리나라는 더위와 추위에 대비하여 대청마루와 온돌 같은 전통 가옥 시설이 발달하였다. 대청마루는 바람을 잘 통하게 하여 (가) 을 시원하게 지낼 수 있도록 설치되었다. 온돌은 아궁이의 열을 방으로 전달하여 (나) 을 따뜻하게 지낼 수 있도록 설치되었다. 대청마루는 중부와 남부 지역에 발달한 한편, 온돌은 대부분의 지역에 발달하였다.

① 평균 상대 습도가 높다.
② 정오의 태양 고도가 높다.
③ 한파의 발생 일수가 많다.
④ 대류성 강수가 자주 발생한다.
⑤ 열대 저기압의 통과 횟수가 많다.

|자|료|해|설|
(가)에는 여름, (나)에는 겨울이 들어갈 수 있다.

|선|택|지|풀|이|
① 오답 | 겨울은 한랭 건조한 시베리아 고기압의 영향을 받기 때문에 고온 다습한 북태평양 고기압의 영향을 받는 여름보다 평균 상대 습도가 낮다.
② 오답 | 겨울은 여름보다 정오의 태양 고도가 낮다.
③ 정답 | 한파는 주로 겨울에 발생한다.
④ 오답 | 지표면의 국지적인 가열에 의해 발생하는 대류성 강수는 주로 여름에 발생하며, 소나기가 이에 해당한다.
⑤ 오답 | 열대 저기압인 태풍은 주로 여름과 초가을에 우리나라를 자주 통과한다.

5 감입 곡류 하천과 자유 곡류 하천 정답 ① 정답률 78%

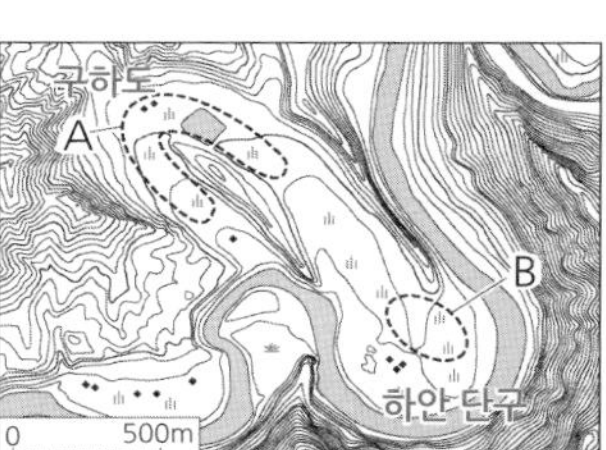

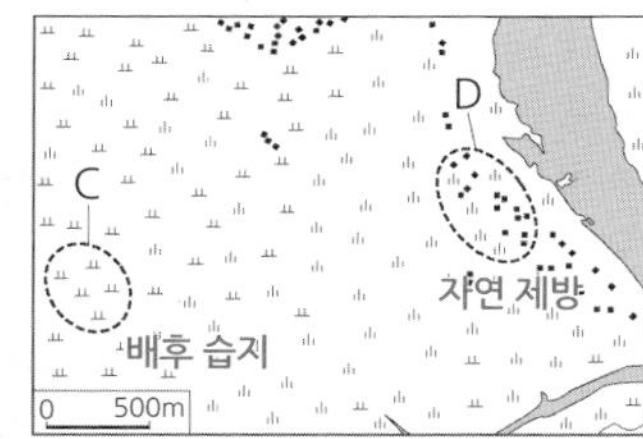

보기

ㄱ. A는 과거에 하천이 흘렀던 구하도이다.
ㄴ. B의 퇴적층에서는 둥근 자갈이나 모래 등이 발견된다.
ㄷ. C의 퇴적물은 주로 최종 빙기에 퇴적되었다.
ㄹ. C는 D보다 퇴적물의 평균 입자 크기가 크다.

① ㄱ, ㄴ ② ㄱ, ㄷ ③ ㄴ, ㄷ ④ ㄴ, ㄹ ⑤ ㄷ, ㄹ

|자|료|해|설|
A는 과거 하천의 유로였던 구하도, B는 하천 주변에 분포하는 계단 모양의 지형인 하안 단구, C와 D는 하천의 범람으로 형성된 범람원이며, C는 논으로 이용되는 것으로 보아 배후 습지, D는 밭과 취락으로 이용되는 것으로 보아 자연 제방임을 알 수 있다.

|보|기|풀|이|
ㄱ 정답 | A는 과거에 하천의 일부였으나 하천의 유로 변동으로 더 이상 하천이 흐르지 않는 구하도이다.
ㄴ 정답 | 하안 단구의 퇴적층에서는 과거 하천이 퇴적시킨 둥근 자갈이나 모래 등이 발견된다.
ㄷ 오답 | 배후 습지의 퇴적물은 후빙기에 해수면이 상승한 이후 형성되었다. 최종 빙기에 하천 하류에서는 침식 작용이 활발해져 퇴적 지형인 범람원보다 하천의 침식으로 인한 계곡이 주로 형성되었다.
ㄹ 오답 | 점토질 토양의 비율이 높은 배후 습지는 모래질 토양의 비율이 높은 자연 제방보다 퇴적물의 평균 입자 크기가 작다.

문제편 93쪽

6 해안 지형의 형성 정답 ⑤ 정답률 85%

보기

ㄱ. ㉠은 파랑 에너지가 집중되는 곶(串)에 잘 발달한다.
ㄴ. ㉡의 지하수는 바닷물보다 염분 농도가 높다.
ㄷ. ㉢은 모래의 퇴적을 유도하여 해안 사구의 침식을 방지한다.
ㄹ. ㉣은 파랑이나 연안류 등에 의한 사빈의 침식을 막기 위해 설치한다.

① ㄱ, ㄴ ② ㄱ, ㄷ ③ ㄴ, ㄷ ④ ㄴ, ㄹ ⑤ ㄷ, ㄹ

|자|료|해|설|
해안 지형 및 해안 구조물에 대한 보기 내용의 옳고 그름을 판단하는 문항이다.

|보|기|풀|이|
ㄱ 오답 I 사빈은 파랑 에너지가 분산되는 만에서 잘 발달한다. 파랑 에너지가 집중되는 곶에서는 해식애나 시 스택 등의 해안 침식 지형이 주로 발달한다.
ㄴ 오답 I 해안 사구의 하부에 저장된 지하수는 주로 빗물이 스며들어 형성되므로 바닷물보다 염분 농도가 낮다.
ㄷ 정답 I 모래 포집기는 바람에 의한 모래의 퇴적을 유도하여 해안 사구의 침식을 방지한다.
ㄹ 정답 I 그로인은 파랑이나 연안류 등에 의한 사빈의 침식을 막기 위해 설치하는 구조물이다.

7 도시 내부 구조 정답 ② 정답률 95%

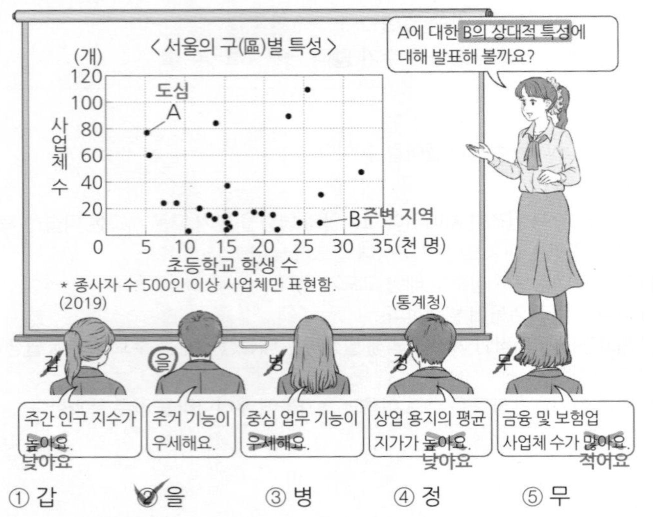

① 갑 ② 을 ③ 병 ④ 정 ⑤ 무

|자|료|해|설|
서울의 구(區)별 특성을 나타낸 그래프의 A, B가 각각 도심과 주변 지역 중 어느 곳인지 파악한 후 A에 대한 B의 상대적 특성에 대해 옳게 답한 학생을 찾아내는 문항이다.

|선|택|지|풀|이|
초등학교 학생 수가 적고 사업체 수가 많은 A는 주거 기능보다 업무 기능이 발달한 도심 지역임을 알 수 있다. 초등학교 학생 수가 많고 사업체 수가 적은 B는 업무 기능보다 주거 기능이 발달한 주변 지역임을 알 수 있다.
① 오답 I 주변 지역은 도심보다 주간 통근·통학 인구의 유출이 많아 주간 인구 지수가 낮다.
② 정답 I 주변 지역은 도심보다 주거 기능이 우세하다.
③ 오답 I 주변 지역은 도심보다 중심 업무 기능이 상대적으로 덜 발달해 있다.
④ 오답 I 주변 지역은 도심보다 상업 용지의 평균 지가가 낮다.
⑤ 오답 I 주변 지역은 도심보다 금융 및 보험업 사업체 수가 적다.

8 위도가 다른 지역의 기후 비교 정답 ⑤ 정답률 63%

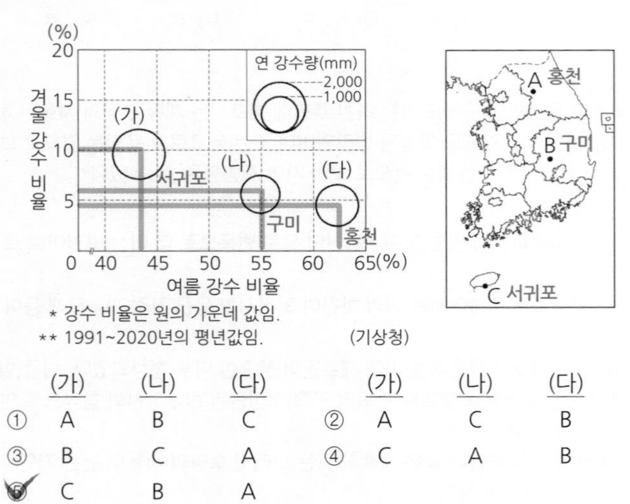

	(가)	(나)	(다)		(가)	(나)	(다)
①	A	B	C	②	A	C	B
③	B	C	A	④	C	A	B
⑤	C	B	A				

|자|료|해|설|
세 지역의 여름 강수 비율과 겨울 강수 비율, 연 강수량을 나타낸 그래프의 (가)~(다)가 지도에 제시된 A~C 중 어느 지역인지 찾아내는 문항이다. 지도의 A는 홍천, B는 구미, C는 서귀포이다.

|선|택|지|풀|이|
⑤ 정답 I
(가) - C : (가)는 겨울 강수 비율이 상대적으로 높고 연 강수량이 매우 많은 C 서귀포이다.
(나) - B : (나)는 영남 내륙의 연 강수량이 적은 소우지에 위치한 B 구미이다.
(다) - A : (다)는 한강 중·상류 지역에 위치하여 여름 강수 비율이 상대적으로 높은 A 홍천이다.

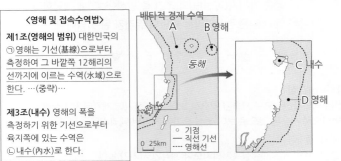

9 영해와 배타적 경제 수역 정답 ③ 정답률 91%

〈영해 및 접속수역법〉
제1조(영해의 범위) 대한민국의 ㉠ 영해는 기선(基線)으로부터 측정하여 그 바깥쪽 12해리의 선까지에 이르는 수역(水域)으로 한다. …(중략)…
제3조(내수) 영해의 폭을 측정하기 위한 기선으로부터 육지쪽에 있는 수역은 ㉡ 내수(內水)로 한다.

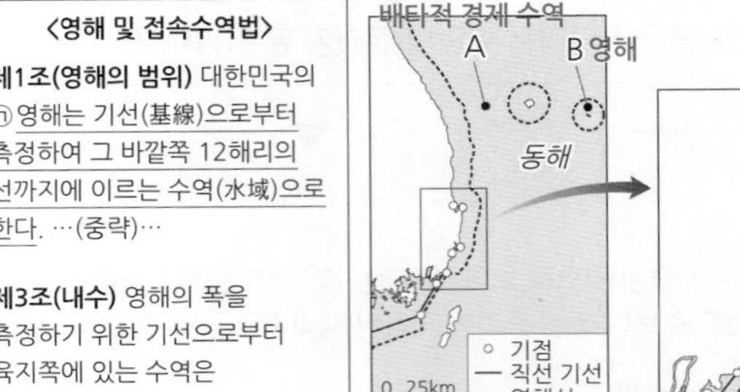

① ㉠은 우리나라 모든 수역에 적용된다.
② ㉡에 해당되는 곳은 A이다.
③ B는 우리나라의 주권이 미치는 수역이다.
④ D는 우리나라의 배타적 경제 수역이다.
⑤ C와 D에서는 일본과 공동으로 어업 자원을 관리한다.

|자|료|해|설|
A는 배타적 경제 수역, B는 영해, C는 직선 기선으로부터 육지 쪽에 있는 수역인 내수, D는 영해에 해당한다.

|선|택|지|풀|이|
① 오답 I 영해는 일반적으로 기선으로부터 그 바깥쪽 12해리의 선까지 이르는 수역이지만 대한 해협의 경우 쓰시마섬과의 거리가 가까워 예외적으로 영해 설정에 기선으로부터 3해리를 적용한다.
② 오답 I 내수에 해당되는 곳은 C이다.
③ 정답 I B는 우리나라의 주권이 미치는 영해이다.
④ 오답 I D는 우리나라의 영해에 해당한다. 우리나라의 배타적 경제 수역에 해당하는 곳은 A이다.
⑤ 오답 I C와 D는 모두 우리나라의 주권이 미치는 수역으로, 일본과 공동으로 어업 자원을 관리하는 한·일 중간 수역에 해당하지 않는다.

10 1차 에너지 발전 정답 ④ 정답률 57%

① 2020년에 원자력 발전량은 석탄 화력 발전량보다 많다.
② 총발전량에서 석유가 차지하는 비율은 1990년보다 2020년이 높다.
③ (가)는 (다)보다 발전 시 대기 오염 물질 배출량이 많다.
④ (가)는 (라)보다 우리나라에서 전력 생산에 이용된 시기가 이르다.
⑤ (나)는 (다)보다 수송용으로 이용되는 비율이 높다.

|자|료|해|설|
(가)~(라) 에너지원별 발전량 비율의 변화를 나타낸 그래프를 통해 (가)~(라)가 각각 석유, 석탄, 천연가스, 원자력 중 어느 자원인지 찾는 문항이다.

|선|택|지|풀|이|
우리나라의 에너지원별 발전량 비율 변화 그래프에서 (가)는 발전량 비율이 낮아지고 있는 원자력, (나)는 발전량 비율이 가장 높은 석탄, (다)는 우리나라에서 발전에 이용되는 비율이 매우 낮은 석유, (라)는 발전량 비율이 높아지고 있는 천연가스이다.
① 오답 I 2020년에 원자력 발전량은 석탄 화력 발전량보다 적다.
② 오답 I 총발전량에서 석유가 차지하는 비율은 1990년보다 2020년이 낮다.
③ 오답 I 원자력은 석유보다 발전 시 대기 오염 물질 배출량이 적다.
④ 정답 I 우리나라에서 원자력은 1970년대부터, 천연가스는 1980년대부터 전력 생산에 이용되기 시작했다.
⑤ 오답 I 석탄은 석유보다 수송용으로 이용되는 비율이 낮다.

문제편 94쪽

11 교통수단

정답 ① 정답률 78%

	(가)	(나)	(다)	(라)
①	익산	청주	대구	부산
②	익산	청주	부산	대구
③	청주	대구	익산	부산
④	청주	익산	대구	부산
⑤	청주	익산	부산	대구

|자|료|해|설|
(가)~(라) 지역에 입지한 주요 시설의 현황을 나타낸 표를 보고 (가)~(라)가 각각 청주, 대구, 익산, 부산 중 어느 지역인지 찾는 문항이다.

|선|택|지|풀|이|
①정답 I
(가) - 익산 : (가)는 고속 철도역인 익산역 외의 다른 시설이 입지해 있지 않은 익산이다.
(나) - 청주 : (나)는 익산에 비해 인구가 많으며 청주 국제 공항과 고속 철도역인 오송역이 입지해 있는 청주이다.
(다) - 대구 : (다)는 항만을 제외한 나머지 시설이 모두 입지한 것으로 보아 내륙에 위치한 대도시인 대구이다.
(라) - 부산 : (라)는 항만과 지하철역, 국제 공항과 고속 철도역까지 모든 시설이 입지한 것으로 보아 해안에 위치한 대도시인 부산이다.

12 소비자 서비스와 생산자 서비스

정답 ① 정답률 83%

보기
ㄱ. ㉠의 주요 고객은 개인이다.
ㄴ. ㉡으로 인해 관련 업무를 외부 업체에 맡기는 현상이 증가한다.
ㄷ. ㉠은 ㉡보다 대도시의 도심에서 주로 발달한다.
ㄹ. ㉡은 ㉠보다 총사업체 수가 많다.
적다

① ㄱ, ㄴ ② ㄱ, ㄷ ③ ㄴ, ㄷ ④ ㄴ, ㄹ ⑤ ㄷ, ㄹ

|자|료|해|설|
소비자 서비스업 및 생산자 서비스업에 관련된 자료 글을 읽고 해당 내용의 옳고 그름을 판단하는 문항이다.

|보|기|풀|이|
ㄱ정답 I 음식 · 숙박업, 소매업 등의 소비자 서비스업의 주요 고객은 개인 소비자이다.
ㄴ정답 I 다양한 전문 서비스에 대한 기업의 수요가 증가하면서 관련 업무를 전문화된 외부 업체에 맡기는 아웃소싱이 증가하고 있다.
ㄷ 오답 I 생산자 서비스업은 소비자 서비스업보다 대도시의 도심에서 주로 발달한다.
ㄹ 오답 I 생산자 서비스업은 소비자 서비스업보다 총사업체 수가 적다.

13 도시 체계

정답 ④ 정답률 54%

<인구 규모에 따른 도시 및 군(郡) 지역의 인구 비율>

(단위 : %)

	1위	2위	3위	4위	기타
호남권(가)	29.1	13.2	5.6	5.4	46.7
영남권(나)	26.0	18.7	8.8	8.0	38.5
충청권(다)	26.3	15.1	12.1	6.3	40.2

* 상위 4개 도시만 표현하고, 나머지 도시 및 군 지역은 기타로 함.
** 광역시에 속한 군 지역의 인구는 광역시 인구에 포함함.
(2020) (통계청)

① (가)의 2위 도시는 광역시이다. 전주시
② (가)는 (나)보다 총인구가 많다. 적다
③ (가)는 (다)보다 지역 내 총생산이 많다. 적다
④ (나)의 2위 도시는 (다)의 1위 도시보다 인구가 많다. ⟶ 대구 > 대전
⑤ (나)는 충청권, (다)는 영남권이다. 영남권 충청권

|자|료|해|설|
<인구 규모에 따른 도시 및 군(郡) 지역의 인구 비율> 그래프의 (가)~(다)가 영남권, 충청권, 호남권 중 어느 권역인지 알아낸 후 각 권역의 인구 특성을 파악하는 문항이다.

|선|택|지|풀|이|
(가)는 1위 도시와 2위 도시의 인구 규모 차이가 큰 호남권, (나)는 1위 도시와 2위 도시의 인구 규모 차이가 크지 않으며, 3위와 4위 도시의 인구 규모 차이가 작은 영남권, (다)는 2위 도시와 3위 도시의 인구 규모 차이가 작은 편인 충청권이다.
① 오답 I 호남권의 2위 도시는 전라북도에 속한 전주시이며, 광역시가 아니다.
② 오답 I 호남권은 영남권보다 총인구가 적다. 2020년 기준 호남권의 인구는 약 507만 명, 영남권의 인구는 약 1,287만 명이다.
③ 오답 I 호남권은 충청권보다 지역 내 총생산이 적다.
④정답 I 영남권의 2위 도시인 대구는 충청권의 1위 도시인 대전보다 인구가 많다.
⑤ 오답 I (나)는 영남권, (다)는 충청권이다.

14 대도시권

정답 ⑤ 정답률 89%

구분	산청군 (가)	양산시 (나)
인구(명)	33,579	347,221
경지 면적(ha)	6,575	2,443
제조업 사업체 수(개)	374	4,373

(2019) (통계청)

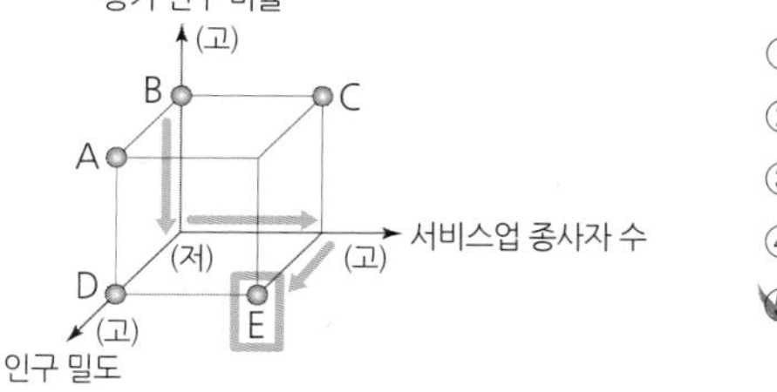

* (고)는 높음, 많음을, (저)는 낮음, 적음을 의미함.

① A ② B ③ C ④ D ⑤ E

|자|료|해|설|
영남권에 위치한 두 지역의 특성을 나타낸 표를 보고 (가), (나) 지역의 특성을 비교하는 문항이다. 지도에 표시된 지역은 산청군과 양산시이다.

|선|택|지|풀|이|
⑤정답 I
(가)는 인구가 적고 경지 면적이 넓으며 제조업 사업체 수가 적으므로 촌락의 성격이 뚜렷한 산청군, (나)는 인구가 많고 경지 면적이 좁으며 제조업 사업체 수가 많으므로 대도시인 부산의 위성 도시인 양산시이다.
촌락의 성격이 나타나는 (가) 산청이 (나) 양산보다 농가 인구 비율이 더 높다. (가) 산청의 면적이 더 넓지만 (나) 양산의 인구 수가 10배 이상 많기 때문에 (나) 양산이 (가) 산청에 비해 인구 밀도가 높다. (가) 산청에 비해 도시적 성격이 뚜렷하고 3차 산업이 발달한 (나) 양산이 (가) 산청보다 서비스업 종사자 수가 더 많다.

15 주요 공업의 분포

정답 ④ 정답률 70%

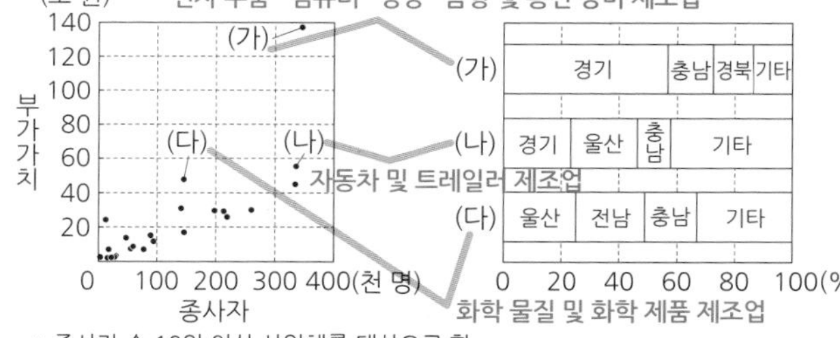

* 종사자 수 10인 이상 사업체를 대상으로 함.
** 제조업 출하액의 시 · 도별 비율은 상위 3개 시 · 도만 표현하고, 나머지 지역은 기타로 함.
(2019) (통계청)

① 종사자 수는 화학물질 및 화학제품 제조업이 자동차 및 트레일러 제조업보다 많다. 적다
부가가치 종사자
② 종사자당 부가가치는 자동차 및 트레일러 제조업이 전자부품 · 컴퓨터 · 영상 · 음향 및 통신장비 제조업보다 크다. 작다
③ (가)는 원료를 해외에서 수입하는 적환지 지향형 제조업이다. ⟶ 제철, 정유
④ (다)는 한 가지 원료로 여러 제품을 생산하는 집적 지향형 제조업이다.
⑤ (가)는 (나)보다 최종 완제품의 무게가 무겁고 부피가 크다. 작다
가볍고

|자|료|해|설|
<제조업 업종별 부가가치 및 종사자> 그래프와 <(가)~(다) 출하액의 시 · 도별 비율> 그래프의 (가)~(다)가 어떤 제조업인지 파악하는 문항이다.

|선|택|지|풀|이|
(가)는 경기, 충남, 경북의 출하액 비율이 매우 높은 것으로 보아 전자 부품 · 컴퓨터 · 영상 · 음향 및 통신 장비 제조업이다. (나)는 종사자 수가 많고 경기, 울산, 충남의 출하액 비율이 높은 것으로 보아 자동차 및 트레일러 제조업이다. (다)는 부가가치 대비 종사자가 많지 않으며, 울산, 전남, 충남의 출하액 비율이 높은 것으로 보아 화학 물질 및 화학 제품 제조업이다.
① 오답 I 화학 물질 및 화학 제품 제조업은 자동차 및 트레일러 제조업보다 종사자 수가 적다.
② 오답 I (가) 전자 부품 · 컴퓨터 · 영상 · 음향 및 통신 장비 제조업은 (나) 자동차 및 트레일러 제조업과 종사자 수는 비슷하지만 (가)의 부가가치가 (나)에 비해 높다. 따라서 종사자당 부가가치는 (나) 자동차 및 트레일러 제조업이 (가) 전자 부품 · 컴퓨터 · 영상 · 음향 및 통신 장비 제조업보다 작다.
③ 오답 I 원료를 해외에서 수입하는 적환지 지향형 제조업에는 제철, 정유 공업 등이 있다.
④정답 I 화학 물질 및 화학 제품 제조업은 한 가지 원료로 여러 제품을 생산하는 집적 지향형 제조업이다.
⑤ 오답 I 전자 부품 · 컴퓨터 · 영상 · 음향 및 통신 장비 제조업은 자동차 및 트레일러 제조업보다 최종 완제품의 무게가 가볍고 부피가 작다.

문제편 94~95쪽

16 대도시권 정답 ③ 정답률 38%

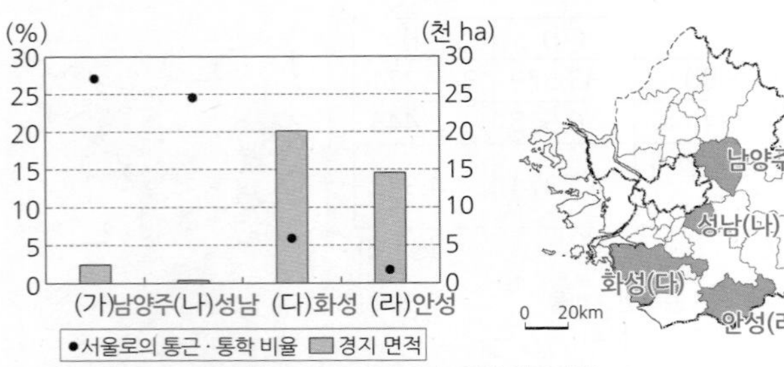

* 서울로의 통근·통학 비율은 각 지역의 통근·통학 인구에서 서울로 통근·통학하는 인구가 차지하는 비율임.
(2020) (통계청)

보기

ㄱ. (가)에는 수도권 1기 신도시가 위치한다. (나)

ㄴ. (나)는 (가)보다 상주인구가 많다.

ㄷ. (다)는 (나)보다 제조업 종사자 수가 많다.

ㄹ. (라)는 (다)보다 지역 내 주택 유형에서 아파트가 차지하는 비율이 높다. 낮다

① ㄱ, ㄴ ② ㄱ, ㄷ ③ ㄴ, ㄷ ④ ㄴ, ㄹ ⑤ ㄷ, ㄹ

|자|료|해|설|

네 지역의 서울로의 통근·통학 비율과 경지 면적을 나타낸 그래프를 통해 (가)~(라)가 지도에 표시된 지역 중 어느 지역인지 파악하는 문항이다. 지도에 표시된 지역은 남양주, 성남, 화성, 안성이다.

|보|기|풀|이|

서울로의 통근·통학 비율이 높은 (가)와 (나)는 서울에 인접한 남양주, 성남 중 하나인데, (가)는 (나)보다 경지 면적이 넓은 것으로 보아 남양주, (나)는 대부분 도시로 개발된 성남이다. (다)와 (라)는 경지 면적이 넓으며 서울로의 통근·통학 인구 비율이 낮은 것으로 보아 서울과의 거리가 상대적으로 먼 화성과 안성 중 하나이다. (다)는 (라)보다 서울로의 통근·통학 인구 비율이 높은 것으로 보아 고속도로 및 지하철, 고속철도 등으로 서울과 연결되어 서울과의 접근성이 상대적으로 양호한 화성, (라)는 서울과 멀리 떨어져 서울로의 통근·통학 인구 비율이 낮은 안성이다.

ㄱ 오답 | (가) 남양주에는 수도권 1기 신도시가 위치하지 않는다. 수도권 1기 신도시가 위치하는 곳은 (나) 성남(분당)이다.

ㄴ 정답 | (나) 성남은 (가) 남양주보다 상주인구가 많다. 2020년 기준 인구수는 성남시가 92만 명, 남양주시가 70만 명이다.

ㄷ 정답 | 제조업이 발달한 (다) 화성은 (나) 성남보다 제조업 종사자 수가 많다.

ㄹ 오답 | (라) 안성은 (다) 화성보다 지역 내 주택 유형에서 아파트가 차지하는 비율이 낮다.

17 인구 구조 정답 ② 정답률 61%

	(가)	(나)	(다)
①	A	B	C
②	A	C	B
③	B	C	A
④	C	A	B
⑤	C	B	A

|선|택|지|풀|이|

② 정답 |

(가) - A : (가)는 군사 지역이 있어 20대의 남초 현상이 매우 뚜렷하며, (나)와 (다)에 비해 고령층의 비율이 높은 것으로 보아 촌락 지역인 지도의 A 화천이다.

(나) - C : (나)는 (다)에 비해 청장년층의 성비가 높으므로 중화학 공업이 발달한 지도의 C 거제이다.

(다) - B : (다)는 유소년층의 인구 비율이 높은 것으로 보아 지도의 B 세종이다.

18 자연재해 종합 정답 ④ 정답률 60%

보기

ㄱ. (가)가 발생하는 기간은 무상 기간이다. 하지 않는

ㄴ. A는 B보다 고위도에 위치한다.

ㄷ. A~C 지역 간 발생 일수의 차이는 황사가 서리보다 크다. 작다

ㄹ. 포항은 서울보다 열대야 일수가 많다.

① ㄱ, ㄴ ② ㄱ, ㄷ ③ ㄴ, ㄷ ④ ㄴ, ㄹ ⑤ ㄷ, ㄹ

|보|기|풀|이|

(가)는 겨울, 가을, 봄에 발생 일수가 많은 서리, (나)는 여름에 발생 일수가 많은 열대야, (다)는 봄에 발생 일수가 많은 황사이다. C는 서리의 발생 일수가 가장 적으며, 열대야 발생 일수가 가장 많은 것으로 보아 남부 지방에 위치한 포항, B는 서리의 발생 일수가 가장 많은 것으로 보아 내륙 산간에 위치하여 있는 안동, A는 서리의 발생 일수가 많고 황사의 발생 일수가 다른 지역에 비해 많은 것으로 보아 세 지역 중 가장 고위도에 위치하여 있고 황사 발원지에 상대적으로 가까운 서울이다.

ㄴ 정답 | 서울은 안동보다 고위도에 위치한다.

ㄹ 정답 | 상대적으로 저위도이며 동해안 지역에 위치한 포항은 서울보다 열대야 일수가 많다.

19 다문화 공간 정답 ④ 정답률 75%

보기

ㄱ. 창원은 봉화보다 결혼 이민자 비율이 높다. 낮다

ㄴ. 경산은 창원보다 외국인 유학생 수가 많다.

ㄷ. (나)는 (가)보다 총 외국인 주민 수가 많다. 적다

ㄹ. (다)는 (가)보다 외국인 근로자 수가 많다.

① ㄱ, ㄴ ② ㄱ, ㄷ ③ ㄴ, ㄷ ④ ㄴ, ㄹ ⑤ ㄷ, ㄹ

|자|료|해|설|

유형별 외국인 주민 구성 그래프의 (가)~(다) 지역을 지도에서 찾고 비교하는 문항이다. 지도에 표시된 지역은 경북 봉화군, 경북 경산시, 경남 창원시이다.

|보|기|풀|이|

(가)는 유학생의 비율이 높은 것으로 보아 대구의 위성 도시로서 많은 대학이 위치한 경산, (나)는 결혼 이민자의 비율이 높은 것으로 보아 농촌의 성격이 뚜렷한 봉화, (다)는 외국인 근로자가 많은 것으로 보아 제조업 기능이 발달한 창원이다.

ㄱ 오답 | (다) 창원은 농촌 지역인 (나) 봉화보다 결혼 이민자 비율이 낮다.

ㄴ 정답 | (가) 경산은 대구의 위성 도시로서 많은 대학이 위치하여 있어서 (다) 창원보다 유학생의 비율이 높고 외국인 유학생 수가 많다.

ㄷ 오답 | 농촌 지역인 (나) 봉화는 교외화 현상으로 대구의 인구가 유입되고 있는 (가) 경산보다 총인구수가 적기 때문에 총 외국인 주민 수 역시 적다.

ㄹ 정답 | 제조업 기능이 발달하여 있고 인구가 100만 명 이상인 (다) 창원은 (가) 경산보다 외국인 근로자의 비율이 높고 외국인 근로자 수 역시 많다.

20 농업 자료 분석 정답 ⑤ 정답률 35%

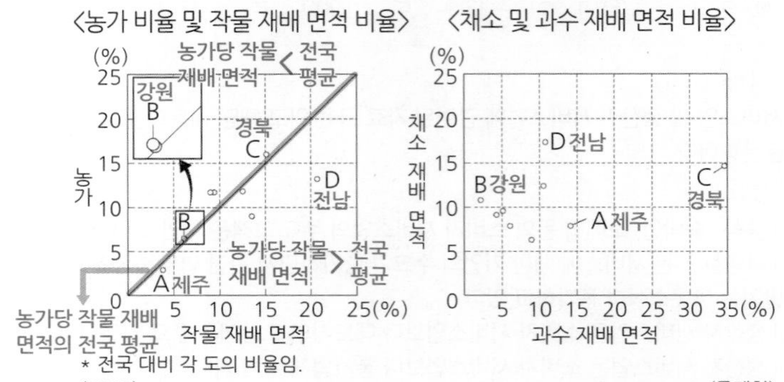

* 전국 대비 각 도의 비율임.
(2020) (통계청)

① A는 D보다 전업농가 수가 많다. 적다

② (라)는 채소 재배 면적이 과수 재배 면적보다 넓다. 좁다

③ (다)는 (나)보다 농가당 작물 재배 면적이 넓다. 좁다

④ (라)는 (나)보다 경지율이 높다. 낮다

⑤ (가)는 A, (다)는 B이다.

|자|료|해|설|

제시된 자료에서 충남, 전북, 경남, 경기, 충북을 제외하면 (가)~(라)에는 강원, 경북, 전남, 제주가 들어갈 수 있다. 따라서 A~D 역시 각각 강원, 경북, 전남, 제주 중 하나이다.

|선|택|지|풀|이|

채소 및 과수 재배 면적 비율 그래프에서 과수 재배 면적 비율이 가장 높은 C는 경북이고 두 번째로 높은 A는 제주이다. 채소 재배 면적 비율이 가장 높은 D는 전남이고 과수 재배 면적 비율에 비해 상대적으로 채소 재배 면적 비율이 높은 B는 산지에서 채소 재배가 활발한 강원이다. 농가 비율 및 작물 재배 면적 비율 그래프에서 대각선은 농가당 작물 재배 면적의 전국 평균을 나타낸다. 대각선의 왼쪽 위에 위치한 B 강원과 C 경북은 농가당 작물 재배 면적이 전국 평균보다 좁고, 대각선의 오른쪽 아래에 위치한 A 제주와 D 전남은 농가당 작물 재배 면적이 전국 평균보다 넓다. 따라서 농가당 작물 재배 면적이 전국 평균보다 넓고 농가당 과수 재배 면적이 전국 평균보다 넓은 (가)는 제주이다. 농가당 작물 재배 면적이 전국 평균보다 넓고 전국에서 채소 재배 면적이 가장 넓은 (나)는 전남이다. 농가당 작물 재배 면적이 전국 평균보다 좁고 농가당 채소 재배 면적이 전국 평균보다 넓은 (다)는 강원이다. 농가당 작물 재배 면적이 전국 평균보다 좁고 전국에서 과수 재배 면적이 가장 넓은 (라)는 경북이다.

① 오답 | 제주는 전남보다 전업농가 수가 적다. 전남은 전국에서 농가 수가 두 번째로 많으며 전업농가의 비율도 높은 편이다.

② 오답 | 경북은 채소 재배 면적이 과수 재배 면적보다 좁다.

③ 오답 | 농가당 작물 재배 면적은 (작물 재배 면적 ÷ 농가)를 통해 알 수 있다. 강원은 작물 재배 면적 비율과 농가 비율이 비슷한 반면, 전남은 작물 재배 면적 비율이 농가 비율보다 높으므로 강원이 전남보다 농가당 작물 재배 면적이 좁다.

④ 오답 | 경지율은 전체 면적에 대비한 경지 면적의 비율로, 보통 산지 지역에서 낮게 나타나고 평야 지역에서 높게 나타난다. 따라서 산지가 많은 경북이 평야가 많은 전남보다 경지율이 낮다.

⑤ 정답 | 제주(가)는 A, 강원(다)은 B이다.

문제편 95~96쪽

24회 2024학년도 대학수학능력시험 정답과 해설 한국지리

문제편 p.97

1	④	2	⑤	3	②	4	⑤	5	①
6	②	7	①	8	④	9	③	10	②
11	⑤	12	③	13	④	14	①	15	⑤
16	③	17	④	18	①	19	②	20	③

1 영해와 배타적 경제 수역 + 독도와 동해 정답 ④ 정답률 66%

① (가)는 우리나라 영토의 최서단(극서)에 위치한다. → 마안도(비단섬)
② (나)의 남서쪽 우리나라 영해에 이어도 종합 해양 과학 기지가 건설되어 있다.
③ (다)로부터 200해리까지 전역은 우리나라의 배타적 경제 수역에 해당한다. → 한 · 일 중간 수역 있음
④ (나)와 (다)는 영해 설정에 통상 기선을 적용한다.
⑤ (가) ~ (다) 중 우리나라 표준 경선과의 최단 거리가 가장 가까운 곳은 (나)이다. → 135°E (다)

|자|료|해|설|
(가)는 우리나라 남서부에 위치한 가거도, (나)는 우리나라 영토의 최남단인 마라도, (다)는 우리나라 영토의 최동단인 독도이다.

|선|택|지|풀|이|
① 오답 | 우리나라 영토의 최서단(극서)은 평안북도 신도군 마안도(비단섬)이다.
② 오답 | 이어도는 섬이 아닌 수중 암초이기 때문에 이어도의 주변 수역은 우리나라의 영해에 포함되지 않는다.
③ 오답 | 우리나라와 일본이 각각 기선에서 200해리까지의 수역을 배타적 경제 수역으로 설정하면 배타적 경제 수역이 중첩된다. 이를 위해 한 · 일 어업 협정을 통해 한 · 일 중간 수역을 지정하였으므로 (다) 독도로부터 200해리까지 전역이 우리나라의 배타적 경제 수역에 해당하는 것은 아니다.
④ 정답 | (나) 마라도와 (다) 독도는 영해 설정 시 통상 기선을 적용한다.
⑤ 오답 | 우리나라 표준 경선은 135°E이며, 우리나라 표준 경선과의 최단 거리가 가장 가까운 곳은 (다) 독도이다.

2 여러 지형의 비교 정답 ⑤ 정답률 79%

① ㉠에는 공룡 발자국 화석이 많이 분포한다. → 경상 분지 일대
② ㉣은 주로 시멘트 공업의 원료로 이용된다. → 석회암
③ ㉡으로 한반도 전역에 ㉤이 관입되었다. → 대보 조산 운동
④ ㉢에서는 ㉠보다 바람이 강하여 풍력 발전에 유리하다.
⑤ ㉣은 ㉤보다 한반도 암석 분포에서 차지하는 비율이 높다.

|자|료|해|설|
자료에서 ㉠은 해발 고도가 높은 곳에 형성된 고위 평탄면, ㉢은 암석의 경연차로 인한 차별 침식으로 형성된 침식 분지이다.

|선|택|지|풀|이|
① 오답 | 공룡 발자국 화석은 중생대 퇴적층이 발달한 경상 분지 일대에 분포한다.
② 오답 | ㉣ 변성암은 편암 · 편마암의 비율이 높은 암석으로 시멘트 공업의 원료로 이용되지 않는다. 주로 시멘트 공업의 원료로 이용되는 것은 석회암이다.
③ 오답 | ㉡ 경동성 요곡 운동으로 동고서저의 비대칭적인 지형이 형성되었다. 중생대 중기 대보 조산 운동으로 한반도의 넓은 범위에 걸쳐 ㉤ 화강암이 관입하였다.
④ 오답 | ㉠ 고위 평탄면은 바람이 강하여 풍력 발전에 유리하다.
⑤ 정답 | ㉣ 변성암은 ㉤ 화강암보다 한반도 암석 분포에서 차지하는 비율이 높다.

3 화산 지형과 카르스트 지형 정답 ② 정답률 73%

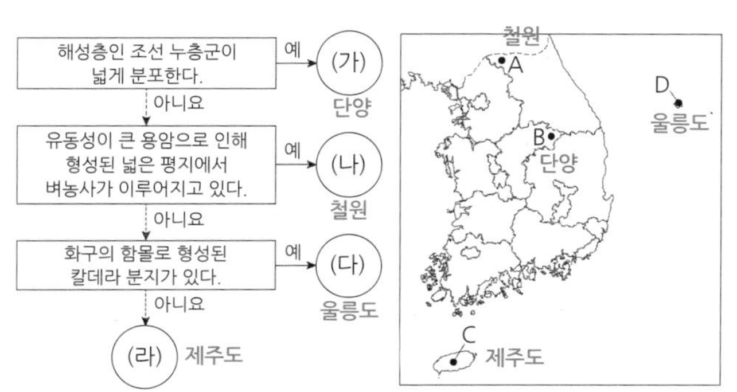

	(가)	(나)	(다)	(라)
①	B	A	C	D
②	B	A	D	C
③	B	D	A	C
④	C	A	B	D
⑤	C	B	D	A

|자|료|해|설|
지역의 특성을 설명한 자료를 통해 그림의 (가)~(라)가 지도에 표시된 A~D 지역 중 어느 지역인지 연결하는 문항이다. 지도의 A는 철원, B는 단양, C는 제주도, D는 울릉도이다.

|선|택|지|풀|이|
② 정답 |
(가) - B : (가)는 해성층인 조선 누층군이 넓게 분포하여 석회석이 풍부한 B 단양이다.
(나) - A : (나)는 유동성이 큰 용암으로 인해 형성된 용암 대지에서 벼농사가 주로 이루어지는 A 철원이다.
(다) - D : (다)는 화구의 함몰로 형성된 칼데라 분지인 나리 분지가 있는 D 울릉도이다.
(라) - C : (라)는 조선 누층군이 분포하지 않고 화산 활동으로 형성되었으나 용암 대지와 칼데라 분지가 형성되어 있지 않은 C 제주도이다.

4 충청 지방 정답 ⑤ 정답률 64%

이 지역은 한강 뱃길과 육로 교통의 길목으로 삼국 시대에는 각축을 벌이던 전략 요충지였다. 수자원 확보와 홍수 피해 경감 등을 목적으로 다목적댐이 건설되어 전력 생산과 관광 자원으로도 활용되고 있다. 또한 민간 기업이 주도적으로 개발하는 기업도시가 조성되어 지역 경제에 활력을 불어 넣고 있다.

태극 모양과 지명 영문 표기 첫 글자인 C와 J를 조화롭게 표현한 이 지역의 심벌 마크이다.

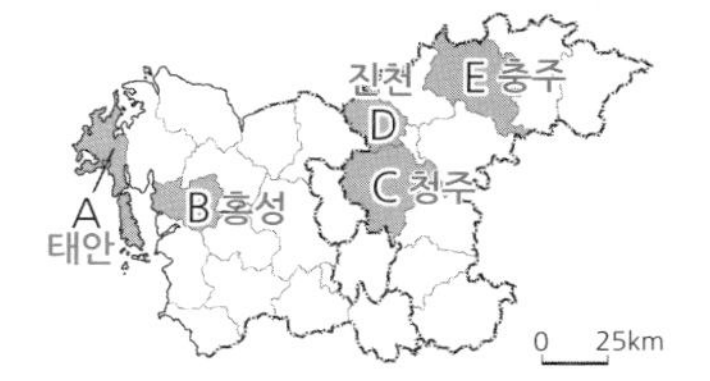

① A ② B ③ C ④ D ⑤ E

|선|택|지|풀|이|
① 오답 | A는 천연기념물로 지정된 신두리 해안 사구가 있고, 람사르 협약에 지정된 두웅 습지가 있는 태안이다. 태안은 관광 레저형 기업 도시가 조성되어 있으며, 해안 국립 공원으로 지정되어 있다.
② 오답 | B는 충남도청이 이전되어 오면서 내포 신도시가 건설된 홍성이다. 홍성은 2020년에 예산과 함께 혁신 도시로 지정되었다.
③ 오답 | C는 충청북도 도청 소재지이고, 호남과 경부 고속 철도의 분기점이며, 오송 생명 과학 단지가 조성된 청주이다. 청주는 청주시와 청원군이 통합된 도농 통합시로, 충청북도 인구 1위 도시이다. 충주와 함께 '충청'이라는 지명의 유래가 된 도시이기도 하며, 청주 국제공항과 고속 철도 오송역이 입지해 있다.
④ 오답 | D는 혁신 도시로 지정되어 수도권에 소재하던 공공 기관이 이전해 온 진천이다.
⑤ 정답 | 충청북도에서 청주 다음으로 인구가 많은 E 충주는 한강의 지류인 남한강이 흘러 서울과 뱃길로 연결될 뿐만 아니라 영남대로의 길목이며 수상 및 육상 교통의 중심지로 일찍부터 전략적 가치가 높은 지역이었다. 충주에 건설된 충주댐은 전력 생산에 이용되고, 민간 기업이 주도적으로 개발한 자급자족형 복합 기능 도시인 기업도시가 조성되어 있다.

5 지리 정보 정답 ① 정답률 70%

〈연령층별 인구 비율〉

(단위 : %)

구분	0~14세	15~64세	65세 이상
A	12.8	70.7	16.5
B	8.9	60.5	30.6
C	8.4	61.8	29.8
D	8.9	63.8	27.3
E	14.5	74.4	11.1

(2020) (통계청)

① A ② B ③ C ④ D ⑤ E

|선|택|지|풀|이|
① 정답 |
<조건1>: 시(市) 단위 행정 구역은 A 진주시, D 밀양시, E 김해시이다.
<조건2>: 유소년층 인구 비율이 10% 이상인 곳은 A 진주시와 E 김해시이다.
<조건3>: 청장년층 인구 비율이 낮을수록 총부양비가 높으므로 <조건1>과 <조건2>를 만족한 A 진주시와 E 김해시 중 청장년층 인구 비율이 낮은 A 진주시의 총부양비가 더 높다. 따라서 A 진주시를 아동 복지 시설의 최적 입지 지역으로 선정할 수 있다.

6 자연재해 종합

정답 ② 정답률 81%

	(가)	(나)	(다)
①	A	B	C
②	A	C	B
③	B	A	C
④	B	C	A
⑤	C	A	B

|자|료|해|설|

<자연재해의 월별 피해 발생률> 그래프의 (가)~(다)가 각각 대설, 태풍, 호우 중 어떤 자연재해인지 찾고 주어진 글 자료의 A~C와 연결하는 문항이다.

|선|택|지|풀|이|

② 정답 I

(가) - A : (가)는 겨울철인 12~2월에 피해 발생률이 높으므로 짧은 시간 동안 많은 양의 눈이 내리는 A 대설이다.

(나) - C : (나)는 7월과 8월에 피해 발생률이 높으므로 장마 전선이 정체하거나 저기압이 통과할 때 많은 양의 비가 내리는 C 호우이다.

(다) - B : (다)는 8~10월에 피해 발생률이 높으므로 열대성 저기압이 통과하면서 강풍과 호우 피해를 입히는 B 태풍이다.

7 하천 퇴적 지형 + 하천 침식 지형

정답 ① 정답률 67%

① (가)는 (다)보다 하방 침식이 활발하다.

② (나)는 (가)보다 하상의 해발 고도가 높다. → 낮다

③ D는 하천 퇴적물의 공급량이 적고, 조차가 큰 하구에서 잘 발달한다. → 많고, 작은

④ A는 C보다 홍수 시 범람에 의한 침수 위험이 높다. → 낮다

⑤ B는 C보다 토양 배수가 불량하다. → 양호

|자|료|해|설|

(가)는 낙동강의 상류, (나)는 낙동강의 중·하류, (다)는 낙동강의 하구 인근에 해당한다. A는 하안 단구, B는 자연 제방, C는 배후 습지, D는 삼각주이다.

|선|택|지|풀|이|

① 정답 I (가)는 (다)보다 하천 상류에 위치해 있어 하상의 해발 고도가 높기 때문에 하방 침식이 활발하다.

② 오답 I (나)는 (가)보다 하천 하류에 위치해 있어 하상의 해발 고도가 낮다.

③ 오답 I D 삼각주는 하천 퇴적물의 공급량이 많고, 조차가 작은 하구에서 잘 발달한다.

④ 오답 I A 하안 단구는 C 배후 습지보다 홍수 시 범람에 의한 침수 위험이 낮다.

⑤ 오답 I B 자연 제방은 C 배후 습지보다 퇴적 물질의 평균 입자 크기가 커 배수가 양호하므로 취락이 입지해 있거나 밭으로 이용되는 경우가 많으며, C 배후 습지는 B 자연 제방보다 퇴적 물질의 평균 입자 크기가 작아 배수가 불량하므로 논으로 이용되는 경우가 많다.

8 호남 지방

정답 ④ 정답률 64%

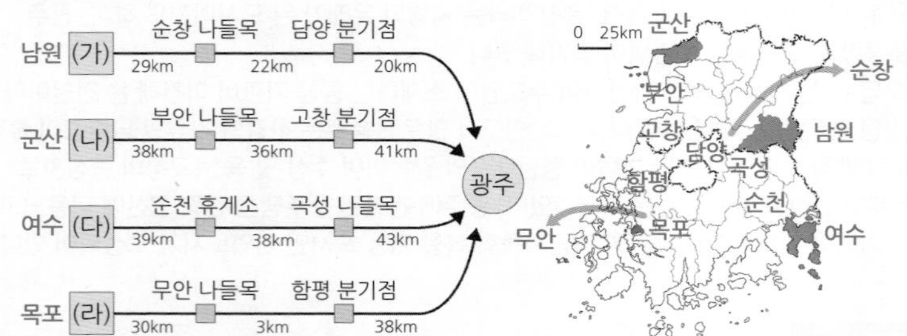

① (다)에는 춘향전의 배경이 되는 광한루원이 있다. → (가)

② (라)에는 대규모 완성형 자동차 조립 공장이 입지해 있다. → (나)

③ (가)와 (다)에는 모두 람사르 협약에 등록된 습지가 있다. → 없다

④ (나)와 (라)에는 모두 하굿둑이 건설되어 있다. → 금강, 영산강

⑤ (가)~(라)에는 모두 국제공항이 입지해 있다. → 군산, 여수에 국내 공항 입지

|자|료|해|설|

길 찾기 안내를 나타낸 자료를 통해 (가)~(라) 도시가 지도에 표시된 군산, 남원, 목포, 여수 중 어느 지역인지 파악하는 문항이다. (가)는 순창과 담양을 거쳐 광주로 이동하게 되므로 남원, (나)는 부안과 고창을 거쳐 광주로 이동하게 되므로 군산, (다)는 순천과 곡성을 거쳐 광주로 이동하게 되므로 여수, (라)는 무안과 함평을 거쳐 광주로 이동하게 되므로 목포이다.

|선|택|지|풀|이|

① 오답 I 춘향전의 배경이 되는 광한루원은 (가) 남원에 있다.

② 오답 I 대규모 완성형 자동차 조립 공장은 (나) 군산에 입지해 있다.

③ 오답 I (가) 남원과 (다) 여수에는 람사르 협약에 등록된 습지가 없다.

④ 정답 I (나) 군산과 (라) 목포에는 모두 하굿둑이 건설되어 있다.

⑤ 오답 I (가)~(라)에는 모두 국제공항이 입지해 있지 않다. 목포와 남원에는 공항이 없고, 군산 공항과 여수 공항은 국제선이 취항하지 않는 국내 공항이다.

9 기후 비교

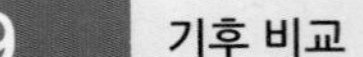

정답 ③ 정답률 58%

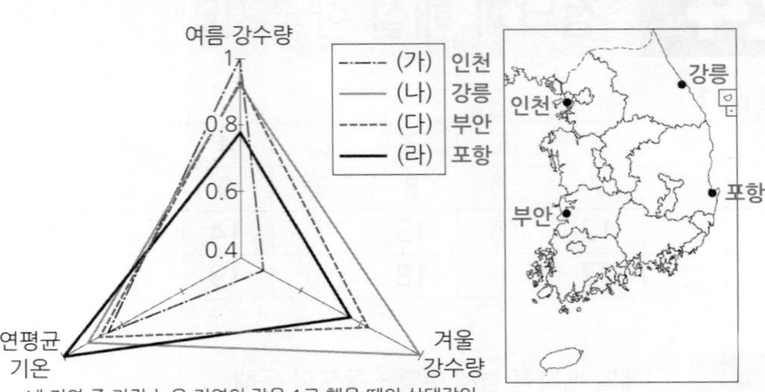

* 네 지역 중 가장 높은 지역의 값을 1로 했을 때의 상댓값임.
** 1991~2020년의 평년값임. (기상청)

① (가)는 (나)보다 최한월 평균 기온이 높다. → 낮다

② (다)는 (나)보다 연 강수량이 많다. → 적다

③ (다)는 (라)보다 기온의 연교차가 크다.

④ (가)와 (라)는 서해안, (나)와 (다)는 동해안에 위치한다. → (다), (라)

⑤ (가)~(라) 중 여름 강수 집중률이 가장 높은 곳은 (라)이다. → (가)

|자|료|해|설|

여름 강수량, 겨울 강수량, 연평균 기온의 상댓값을 나타낸 그래프를 보고, (가)~(라)가 지도에 표시된 지역 중 어느 지역인지 파악하여 비교하는 문항이다. 지도에 표시된 지역은 인천, 강릉, 부안, 포항이다.

|선|택|지|풀|이|

(가)는 네 지역 중 연평균 기온이 가장 낮으므로 중부 지방의 서해안에 위치한 인천이다. 인천은 여름 강수 집중률이 높아 네 지역 중 여름 강수량이 가장 많고, 겨울 강수량이 가장 적다. (나)는 겨울 강수량이 가장 많으므로 다설지인 영동 지방에 위치한 강릉이다. 영동 지방은 북동 기류의 바람받이 사면으로 겨울철 지형성 강수로 인한 적설량이 많다. (라)는 연평균 기온이 가장 높으므로 남부 지방의 동해안에 위치한 포항이며, 나머지 (다)는 호남 서해안에 위치한 부안이다. 부안은 겨울철 차가운 북서 계절풍이 상대적으로 온난 습윤한 황해를 지나면서 형성된 눈구름으로 인해 적설량이 비교적 많은 편이다.

① 오답 I 서해안에 위치한 (가) 인천은 비슷한 위도의 동해안에 위치한 (나) 강릉보다 최한월 평균 기온이 낮다.

② 오답 I (다) 부안과 (나) 강릉은 여름 강수량은 비슷하지만 겨울 강수량은 (다) 부안이 (나) 강릉보다 적다. 따라서 연 강수량은 (다) 부안이 (나) 강릉보다 적다.

③ 정답 I 서해안에 위치한 (다) 부안은 비슷한 위도의 동해안에 위치한 (라) 포항보다 기온의 연교차가 크다.

④ 오답 I (가) 인천과 (다) 부안은 서해안, (나) 강릉과 (라) 포항은 동해안에 위치한다.

⑤ 오답 I (가)~(라) 중 여름 강수 집중률이 가장 높은 곳은 여름 강수량이 많고 겨울 강수량이 적은 (가) 인천이다.

10 농업 자료 분석

정답 ② 정답률 60%

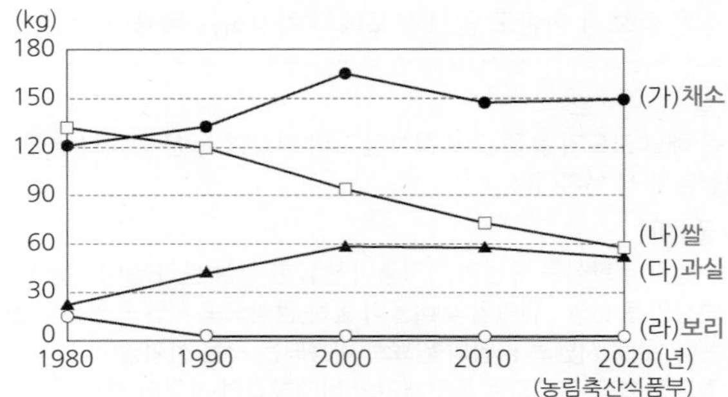

(농림축산식품부)

① (가)는 (나)보다 재배 면적이 넓다. → 좁다

② (나)는 (가)보다 노지 재배 면적 비율이 높다.

③ 전남은 (가)보다 (다)의 생산량이 많다. → 적다

④ 제주는 (다)보다 (나)의 재배 면적이 넓다. → 좁다

⑤ 강원은 전북보다 (라)의 생산량이 많다. → 적다

|선|택|지|풀|이|

① 오답 I (가) 채소는 (나) 쌀보다 재배 면적이 좁다. (나) 쌀은 농작물 중 재배 면적이 가장 넓다.

② 정답 I (나) 쌀은 (가) 채소보다 노지 재배 면적 비율이 높다. 주로 논에서 재배되는 (나) 쌀은 대부분 노지에서 생산한다.

③ 오답 I 전남은 채소의 생산량이 전국에서 가장 많으며 (가) 채소보다 (다) 과실의 생산량이 적다.

④ 오답 I 제주는 기반암의 특성상 지표수가 부족해 (나) 쌀은 거의 재배하지 않는다. 반면 온화한 기후를 이용해 감귤을 비롯한 아열대성 (다) 과실 재배가 활발하다. 따라서 제주는 (다) 과실보다 (나) 쌀의 재배 면적이 좁다.

⑤ 오답 I (라) 보리는 겨울에도 상대적으로 따뜻한 남부 지방에서 대부분 그루갈이로 재배한다. 따라서 강원은 전북보다 (라) 보리의 생산량이 적다.

문제편 98쪽

11 계절에 따른 기후 특성 정답 ⑤ 정답률 87%

① (나)에는 고랭지 채소 재배가 활발히 이루어진다.
② (다)에는 시베리아 기단의 확장으로 꽃샘추위가 발생한다.
③ (라)에는 월동을 대비해 김장을 한다.
④ (가)에는 (나)보다 서고동저형의 기압 배치가 자주 나타난다.
⑤ (가)에는 (라)보다 평균 상대 습도가 높다.

|자|료|해|설|
(가)는 보령 머드 축제를 즐길 수 있는 여름, (나)는 화천 산천어 축제가 열리는 겨울, (다)는 10월에 김제 지평선 축제가 열리므로 가을, (라)는 벚꽃을 감상할 수 있는 진해 군항제가 열리는 봄이다.

|선|택|지|풀|이|
① 오답 I 고랭지 채소는 주로 (가) 여름에 강원 산간 지역과 같이 고도가 높은 지역에서 서늘한 기후를 이용하여 재배된다.
② 오답 I 시베리아 기단의 확장으로 꽃샘추위가 발생하는 계절은 (라) 봄이다.
③ 오답 I 월동을 대비해 김장을 하는 계절은 늦가을~초겨울이다.
④ 오답 I (가) 여름에는 (나) 겨울보다 남고북저형의 기압 배치가 자주 나타난다. 서고동저형의 기압 배치는 (나) 겨울에 자주 나타난다.
⑤ 정답 I (가) 여름에는 (라) 봄보다 평균 상대 습도가 높다.

12 동해안과 서해안 정답 ③ 정답률 77%

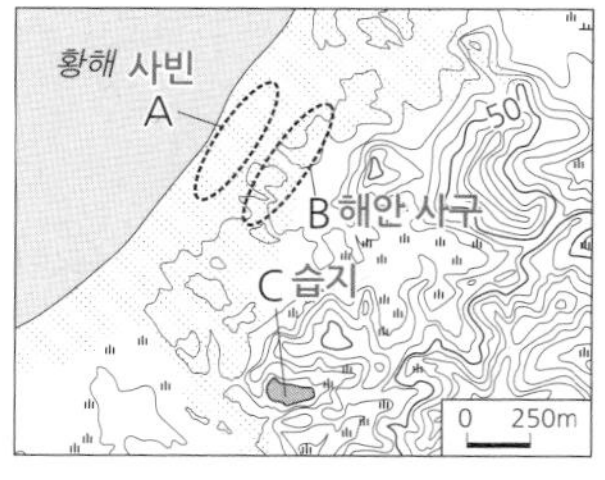

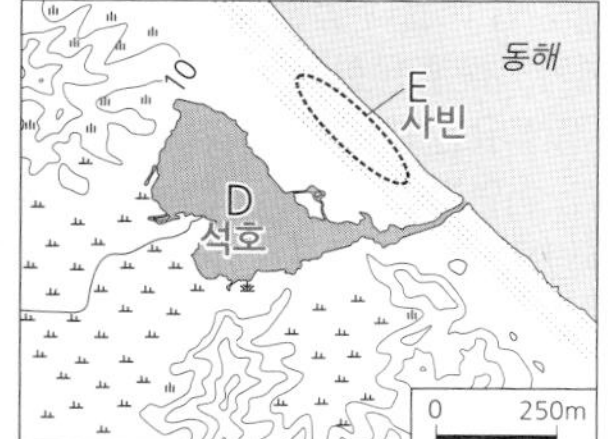

① B에는 지반 융기로 형성된 해안 단구가 있다.
② C 습지는 D 호수보다 물의 염도가 높다.
③ E는 B보다 퇴적 물질의 평균 입자 크기가 크다.
④ A와 E는 주로 조류의 퇴적 작용으로 형성되었다.
⑤ B와 D는 후빙기 해수면 상승 이전에 형성되었다.

|자|료|해|설|
A와 E는 파랑과 연안류의 퇴적 작용으로 형성된 모래 해변인 사빈, B는 사빈의 배후에 발달한 모래 언덕인 해안 사구, C는 해안 사구의 배후에 형성된 사구 습지, D는 사주의 발달로 바다와 분리되어 형성된 호수인 석호이다.

|선|택|지|풀|이|
① 오답 I B는 해안 사구이며, 지반 융기로 형성된 해안 단구에 해당되지 않는다.
② 오답 I 해안 사구의 배후에 발달한 C 습지는 염분을 포함하고 있는 D 호수보다 물의 염도가 낮다. C 습지는 사구 습지로, 지하수와 바닷물의 밀도 차이로 인해 바닷물의 침투가 어렵다.
③ 정답 I 해안 사구는 주로 사빈의 퇴적 물질 중 작고 가벼운 모래 위주로 바람에 날려가 퇴적되어 형성되므로, E 사빈은 B 해안 사구보다 퇴적 물질의 평균 입자 크기가 크다.
④ 오답 I A와 E는 주로 파랑과 연안류의 퇴적 작용으로 형성된 사빈이다.
⑤ 오답 I B 해안 사구와 D 석호는 후빙기 해수면 상승 이후에 형성되었다.

13 영남 지방 정답 ④ 정답률 72%

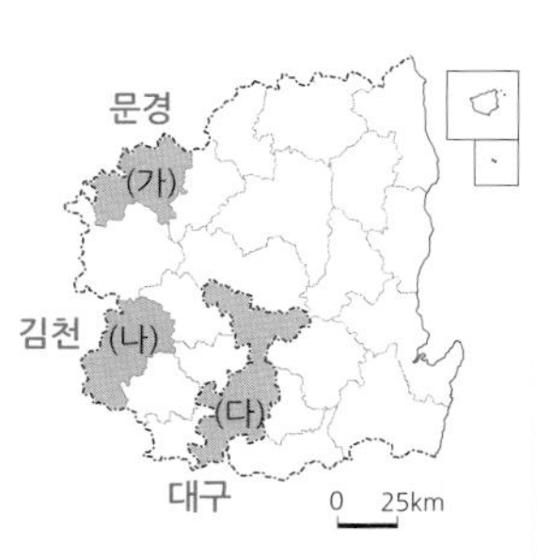

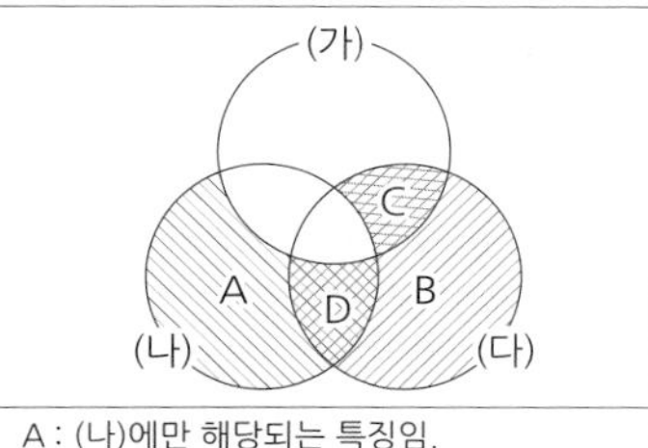

A : (나)에만 해당되는 특징임.
B : (다)에만 해당되는 특징임.
C : (가)와 (다)만의 공통 특징임.
D : (나)와 (다)만의 공통 특징임.

보기
ㄱ. A : 도청이 입지하고 있음. → 안동
ㄴ. B : 지하철이 운행되고 있음. → 대구
ㄷ. C : 천연기념물로 지정된 석회 동굴이 있음.
ㄹ. D : 혁신도시가 조성되어 있음. → 김천, 대구

① ㄱ, ㄴ ② ㄱ, ㄷ ③ ㄴ, ㄷ ④ ㄴ, ㄹ ⑤ ㄷ, ㄹ

|자|료|해|설|
영남 지방 지도에 표시된 (가)는 문경, (나)는 김천, (다)는 대구이다. A는 (나) 김천에만 해당되는 특징, B는 (다) 대구에만 해당되는 특징, C는 (가) 문경과 (다) 대구만의 공통 특징, D는 (나) 김천과 (다) 대구만의 공통 특징이다.

|보|기|풀|이|
ㄱ 오답 I 경상북도의 도청은 안동에 위치해 있다.
ㄴ 정답 I (가)~(다) 지역 중 (다) 대구에서만 지하철이 운행되고 있다.
ㄷ 오답 I 문경과 대구에는 천연기념물로 지정된 석회 동굴이 없다. 문경에는 시도 기념물로 지정된 석회 동굴인 모산굴이 있다.
ㄹ 정답 I 김천과 대구에는 공공 기관의 이전으로 조성된 혁신 도시가 있다.

14 주요 공업의 분포 정답 ① 정답률 62%

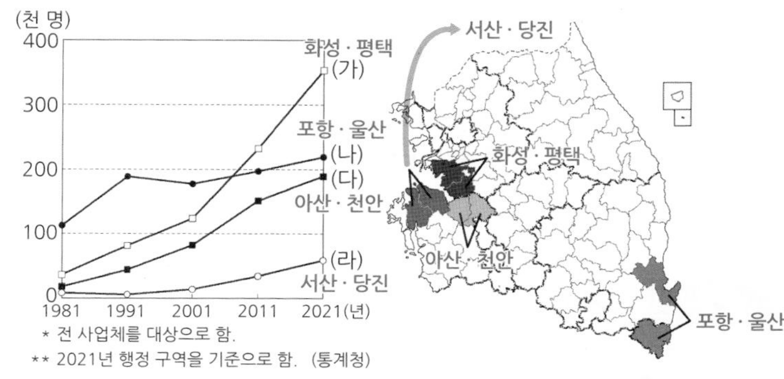

* 전 사업체를 대상으로 함.
** 2021년 행정 구역을 기준으로 함. (통계청)

① (가)는 (나)보다 지역군 내 제조업 출하액에서 전자 부품 · 컴퓨터 · 영상 · 음향 및 통신 장비 제조업이 차지하는 비율이 높다.
② (다)는 (나)보다 전국 석유 정제품 제조업 종사자 수에서 차지하는 비율이 높다.
③ (다)는 (라)보다 1차 금속 제조업 출하액이 많다.
④ (라)는 (나)보다 대규모 국가 산업 단지 조성을 시작한 시기가 이르다.
⑤ (가) ~ (라) 중 2001년에 비해 2021년 제조업 종사자 수가 가장 많이 증가한 지역군은 영남 지방에 속한다.

|선|택|지|풀|이|
(가)는 2000년대부터 제조업 종사자 수가 급증한 것으로 보아 수도권에서 제조업이 급성장한 화성 · 평택이다. (나)는 1980년대 제조업 종사자 수가 크게 증가한 이후 큰 변화가 없으므로 남동 임해 공업 지역에 위치한 포항 · 울산이다. (다)는 (라)보다 제조업 종사자 수가 많이 증가한 것으로 보아 수도권에 인접한 충청 공업 지역 중 인구가 많은 아산 · 천안, (라)는 석유 화학 및 제철 공업과 같이 대규모 중화학 공업이 발달한 서산 · 당진이다.
① 정답 I 반도체를 중심으로 첨단 산업이 발달한 (가)는 중화학 공업이 발달한 (나)보다 지역군 내 제조업 출하액에서 전자 부품 · 컴퓨터 · 영상 · 음향 및 통신 장비 제조업이 차지하는 비율이 높다.
② 오답 I (다)는 석유 화학 및 정유 공업이 발달한 (나)보다 전국 석유 정제품 제조업 종사자 수에서 차지하는 비율이 낮다.
③ 오답 I (다)는 제철 공업이 발달한 (라)보다 1차 금속 제조업 출하액이 적다.
④ 오답 I 남동 임해 공업 지역에 속한 (나)는 제1차 국토 종합 개발 계획에서 본격적으로 공업 단지가 조성되었고, 서해안의 신산업 단지에 속한 (라)는 제3차 국토 종합 개발 계획에서 산업 단지가 본격적으로 조성되었다. 따라서 (라)는 (나)보다 대규모 국가 산업 단지 조성을 시작한 시기가 늦다.
⑤ 오답 I (가)~(라) 중 2001년에 비해 2021년 제조업 종사자 수가 가장 많이 증가한 지역군은 화성 · 평택으로 수도권에 속한다.

15 지역 개발 정답 ⑤ 정답률 77%

① 갑, 을 ② 을, 병 ③ 병, 정
④ 갑, 을, 병 ⑤ 갑, 병, 정

|자|료|해|설|
시 · 도별 전력 생산량과 전력 소비량 자료를 보고 답글의 내용에 대하여 옳고 그름을 판단하는 문제이다.

|선|택|지|풀|이|
⑤ 정답 I
갑 : 발전으로 인한 대기 오염 물질 배출량이 가장 많은 지역은 전력 생산량이 가장 많으며 대규모 석탄 화력 발전소가 많이 입지한 충남이다.
병 : 서울, 경기 등 전력 부족 지역으로 전력을 공급하기 위해 지역 내 소비량보다 많은 전력을 생산하는 인천, 충남 등은 환경 불이익을 감내하고 있으므로 환경 불평등이 발생한다고 볼 수 있다.
정 : 전기 요금 차등 부과 법안이 통과되면 상대적으로 서울은 환경 불평등에 대한 비용 부담이 증가하면서 전기 요금 단가가 상승할 수 있다.
오답 I
을 : 부산과 인천은 전력 소비량에 비해 전력 생산량이 많으므로 모든 광역시가 전력 생산량에 비해 전력 소비량이 많은 것은 아니다.

문제편 99쪽

16 북한의 개방 지역 및 여러 지역의 비교 | 정답 ③ | 정답률 68%

① 갑 ② 병 ③ 갑, 을 ④ 을, 병 ⑤ 갑, 을, 병

|자|료|해|설|
북한의 지도에 표시된 네 지역에 대해 옳게 설명한 학생만을 고르는 문항이다. 지도의 (가)는 나선, (나)는 남포, (다)는 원산, (라)는 개성이다.

|선|택|지|풀|이|
③정답 I
갑 : (가) 나선에는 유엔 개발 계획(UNDP)의 지원을 계기로 지정된 북한 최초의 경제 특구가 있다.
을 : (나) 남포는 북한 최대 도시인 평양의 외항으로, 대동강 하구에 서해 갑문이 설치되어 있어 큰 조차에도 선박이 안정적으로 항구에 정박할 수 있다.
오답 I
병 : 금강산 관광 지구는 금강산의 아름다운 자연 경관을 이용하여 남한과 일본 등의 관광객을 유치할 목적으로 남북 합작으로 지정·운영된 관광특구였다. 남북 회담 및 이산 가족 상봉 등 남북 화합과 협력의 장으로 활용되었으나, 2008년 이후 금강산 관광이 중단되었다. (라) 개성은 남한 기업이 부지의 개발과 이용을 맡고 북한이 노동력을 제공하는 형태로 합작이 이루어졌던 개성 공업 지구가 위치해 있었으나, 2016년 전면 중단되었다.

17 도시 체계 | 정답 ④ | 정답률 89%

보기
ㄱ. (다)는 (가)보다 보유하고 있는 중심지 기능이 다양하다.
ㄴ. (가)와 (나)는 모두 세종특별자치시와 경계를 접하고 있다.
ㄷ. A는 B보다 학교 간 평균 거리가 멀다.
ㄹ. C는 A보다 학생들의 평균 통학권 범위가 넓다.

① ㄱ, ㄴ ② ㄱ, ㄷ ③ ㄴ, ㄷ ④ ㄴ, ㄹ ⑤ ㄷ, ㄹ

|보|기|풀|이|
A는 교육 기관 수가 많은 것으로 보아 초등학교, B는 고등학교, C는 교육 기관 수가 가장 적은 것으로 보아 대학교이다. (가)는 교육 기관 수가 가장 많으므로 대전, (나)는 공주, (다)는 교육 기관 수가 가장 적으므로 세 지역 중 인구가 가장 적은 서천이다.
ㄱ 오답 I (다) 서천은 (가) 대전보다 보유하고 있는 중심지 기능이 다양하지 않다.
ㄴ정답 I (가) 대전과 (나) 공주는 모두 세종특별자치시와 경계를 접하고 있다.
ㄷ 오답 I 저차 중심 기능인 A 초등학교는 상대적으로 고차 중심 기능인 B 고등학교보다 학교 간 평균 거리가 가깝다.
ㄹ정답 I 고차 중심 기능인 C 대학교는 저차 중심 기능인 A 초등학교보다 학생들의 평균 통학권 범위가 넓다.

18 대도시권 | 정답 ① | 정답률 69%

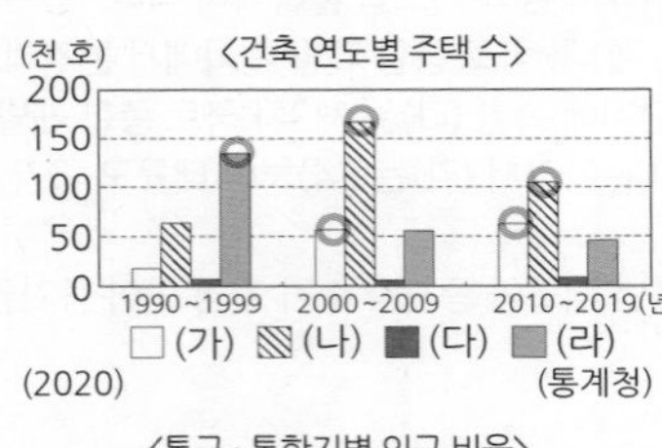

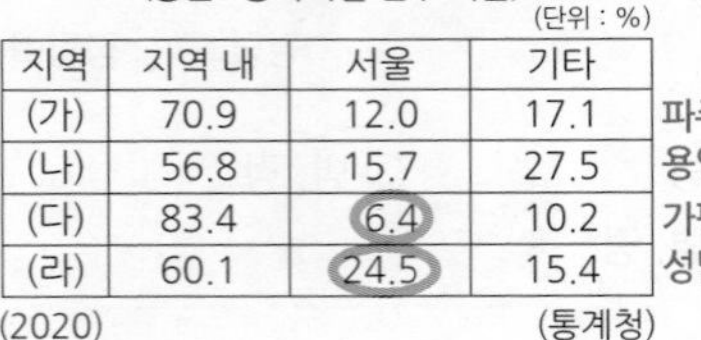
〈통근·통학지별 인구 비율〉
(단위 : %)

지역	지역 내	서울	기타
(가)	70.9	12.0	17.1
(나)	56.8	15.7	27.5
(다)	83.4	6.4	10.2
(라)	60.1	24.5	15.4

(2020) (통계청)

① (가)는 (라)보다 지역 내 농가 인구 비율이 높다.
② (나)는 (다)보다 주간 인구 지수가 높다.
③ (다)는 (라)보다 주택 유형 중 아파트 비율이 높다.
④ (가)에는 수도권 1기 신도시, (나)에는 2기 신도시가 건설되었다.
⑤ (가)~(라) 중 생산자 서비스업 종사자 수는 (가)가 가장 많다.

|선|택|지|풀|이|
건축 연도별 주택 수를 통해 인구 규모와 인구 증가 추세를 유추할 수 있다. (다)는 1990~2019년 건축된 주택 수가 가장 적으므로 인구 규모가 작고 인구 증가율이 낮은 가평이다. (라)는 1990년대 가장 많은 주택이 건축되었으므로 1기 신도시가 조성된 성남이다. (나)는 (가)보다 1990~2019년에 건축된 주택 수가 많으므로, (나)는 인구 규모가 크고 인구 증가율이 높은 용인이다. (가)는 2000년 이후 건축된 주택 수가 많은 것으로 보아 2기 신도시가 조성된 파주이다. 서울과 인접한 성남(라)은 서울로의 통근·통학 인구 비율이 높고, 상대적으로 서울과의 거리가 먼 가평(다)은 서울로의 통근·통학 인구 비율이 낮다.

①정답 I (가) 파주는 (라) 성남보다 지역 내 농가 인구 비율이 높다.
② 오답 I (나) 용인은 (다) 가평보다 서울을 비롯한 지역 외 통근·통학 인구 비율이 높으므로 주간 인구 지수가 낮을 것으로 예상할 수 있다.
③ 오답 I 촌락 지역인 (다) 가평은 대규모 신도시가 조성된 (라) 성남보다 주택 유형 중 아파트 비율이 낮다.
④ 오답 I (가) 파주(운정 신도시)와 (나) 용인(광교 신도시)에는 2기 신도시가 조성되어 있다. 1기 신도시가 조성된 지역은 (라) 성남, 고양, 부천, 안양, 군포이다.
⑤ 오답 I (가)~(라) 중 생산자 서비스업 종사자 수는 기업들이 많이 입지해 있는 (라) 성남이 가장 많다.

19 1차 에너지 소비 | 정답 ② | 정답률 95%

① (나)의 1차 에너지 공급량이 가장 많은 지역은 경북이다.
② (다)의 최종 에너지 소비량이 가장 많은 지역은 경기이다.
③ (나)는 (가)보다 발전용으로 사용되는 비율이 높다.
④ (다)는 (가)보다 전력 생산에 이용된 시기가 이르다.
⑤ 전남은 (나)보다 (가)의 1차 에너지 공급량이 많다.

|선|택|지|풀|이|
① 오답 I (나) 석유의 1차 에너지 공급량이 많은 지역으로 정유 및 석유 화학 공업이 발달한 충남, 울산, 전남 등을 들 수 있다.
②정답 I (다) 천연가스의 최종 에너지 소비량이 가장 많은 지역은 인구가 가장 많고 아파트 중심의 주택 공급 비율이 높은 경기이다. 인구 밀집 지역을 중심으로 공급되는 도시가스는 대부분 천연가스를 활용한다.
③ 오답 I (나) 석유는 (가) 석탄보다 발전용으로 사용되는 비율이 낮다.
④ 오답 I (다) 천연가스는 (가) 석탄보다 전력 생산에 이용된 시기가 늦다.
⑤ 오답 I 전남은 석유 화학 및 정유 공업이 발달해 있어 (가) 석탄보다 (나) 석유의 1차 에너지 공급량이 많다.

20 수도권 + 강원 지방 | 정답 ③ | 정답률 61%

보기
ㄱ. (가)가 'D와 F에는 모두 폐탄광을 활용한 석탄 박물관이 있나요?'이면, ㉡은 '예'이다.
ㄴ. (나)가 'D는 C보다 청장년층 인구의 성비가 높나요?'이면, ㉠은 '예'이다.
ㄷ. (가)가 'C에는 다목적 댐이 있나요?'이면, (나)에는 'B에는 유네스코에 등재된 세계 문화유산이 있나요?'가 들어갈 수 있다.
ㄹ. ㉠이 '예'이면, (나)에는 'C와 E의 지명에서 '강원'의 지명이 유래했나요?'가 들어갈 수 있다.

① ㄱ, ㄴ ② ㄱ, ㄷ ③ ㄴ, ㄷ ④ ㄴ, ㄹ ⑤ ㄷ, ㄹ

|자|료|해|설|
지도의 A는 고양, B는 수원, C는 춘천, D는 양구, E는 양양, F는 평창이다. 첫 번째 질문인 'A와 B는 모두 인구 100만 명 이상 도시인가요?'에서 고양(A)과 수원(B)은 모두 인구가 100만 명을 넘으므로 '예'가 정답이다. 두 번째 질문인 'B와 C는 모두 서울과 전철로 연결되어 있나요?'에서 수원(B)과 춘천(C)은 모두 서울과 전철로 연결되어 있으므로 '예'가 정답이다. 갑은 총점이 4점이므로 (가), (나) 질문에 대한 답변인 ㉠과 ㉡에서 모두 맞는 대답이어야 하며, 을은 둘 중 하나는 맞는 대답, 하나는 틀린 대답이어야 한다.

|보|기|풀|이|
ㄱ 오답 I (가)가 'D와 F에는 모두 폐탄광을 활용한 석탄 박물관이 있나요?'이면, 양구(D)와 평창(F)에는 석탄 박물관이 없으므로 '아니요'란 을의 답변이 정답이며, ㉡에는 을의 답변인 '예'와 반대가 되는 '아니요'가 들어간다.
ㄴ정답 I (나)가 'D는 C보다 청장년층 인구의 성비가 높나요?'이면, 군사 지역인 양구(D)는 춘천(C)보다 청장년층 인구의 성비가 높으므로 '예'라는 을의 답변이 정답이기 때문에 ㉠에는 을의 답변인 '아니요'와 반대가 되는 '예'가 들어간다.
ㄷ정답 I (가)가 'C에는 다목적 댐이 있나요?'이면, 춘천(C)에는 다목적 댐이 있으므로 정답이 되어야 하는 갑의 답변인 ㉠은 '예'가 되어야 한다. (가) 질문에 '아니요'로 틀린 답변을 한 을의 (나) 질문에 대한 답변인 '예'는 정답이므로 갑의 답변인 ㉡에도 '예'가 들어간다. (나)에 'B에는 유네스코에 등재된 세계 문화유산이 있나요?'가 들어가면 수원 화성이 유네스코 세계 문화유산으로 등재되어 있으므로 정답이 되어야 하는 갑의 답변인 ㉡은 '예'가 될 수 있다.
ㄹ 오답 I (가) 질문에 대한 갑의 답변인 ㉠이 '예'이면, 을은 틀린 답변을 하였으므로 (나) 질문에 대한 을의 답변인 '예'가 정답이 되어야 한다. (나)에 'C와 E의 지명에서 '강원'의 지명이 유래했나요?'가 들어가면 강릉과 원주에서 '강원'이란 지명이 유래되었으므로 을의 답변은 '아니요'가 되어야 하기 때문에 해당 질문은 (나)에 들어갈 질문으로 적합하지 않다.

문제편 100쪽

25회 2025학년도 대학수학능력시험 정답과 해설 한국지리

문제편 p.101

1	①	2	③	3	②	4	⑤	5	④
6	③	7	②	8	①	9	⑤	10	④
11	④	12	③	13	⑤	14	②	15	②
16	①	17	③	18	①	19	④	20	⑤

1 영해와 배타적 경제 수역 + 독도와 동해 정답 ① 정답률 49%

① 갑 ② 을 ③ 병 ④ 정 ⑤ 무

|자|료|해|설|

(가)는 우리나라 영토의 최서단인 비단섬, (나)는 우리나라 영토의 최동단인 독도, (다)는 우리나라 영토의 최남단인 마라도이다.

|선|택|지|풀|이|

①정답 |

첫 번째 질문 : (나) 독도의 기선으로부터 바깥쪽 12해리 이내는 우리나라의 영해이며 종합 해양 과학 기지가 건설되어 있지 않다. 종합 해양 과학 기지는 이어도, 신안 가거초, 옹진 소청초 등에 건설되어 있다.

두 번째 질문 : 우리나라의 표준 경선은 동경 135°이며, (가) 비단섬은 (나) 독도보다 서쪽에 위치하므로 표준 경선과의 최단 거리가 멀다.

세 번째 질문 : (나) 독도와 (다) 마라도는 영해 설정에 통상 기선이 적용된다. 직선 기선은 해안선이 복잡하거나 섬이 많은 서해안, 남해안, 동해안 일부에 적용되며, 통상 기선은 해안선이 단조로운 대부분의 동해안, 제주도, 울릉도, 독도 등에 적용된다.

네 번째 질문 : (가) 비단섬은 우리나라 영토의 극서, (나) 독도는 극동, (다) 마라도는 극남이므로 모두 우리나라 영토의 4극 중 하나에 해당한다.교사의 질문에 모두 옳게 답한 학생은 갑이다.

2 해안 지형의 형성 정답 ③ 정답률 74%

① ㉠의 물은 주변 농경지의 농업용수로 주로 이용된다. 이용되지 않는다

② ㉢은 파랑 에너지가 집중되는 곳에 주로 발달한다. 분산

③ ㉣은 지하수를 저장하는 기능이 있다.

④ ㉠은 ㉡보다 형성 시기가 이르다. 늦다

⑤ ㉠과 ㉣은 자연 상태에서 시간이 지남에 따라 규모가 확대된다.

|자|료|해|설|

자료에 제시된 ㉠~㉣ 해안 지형의 형성 원인, 특징 등을 파악하는 문항이다. ㉠은 석호, ㉡은 해안 단구, ㉢은 육계사주, ㉣은 해안 사구이다.

|선|택|지|풀|이|

② 오답 | ㉢ 육계사주는 파랑 및 연안류에 의해 운반된 모래가 퇴적되어 형성된 지형으로, 파랑 에너지가 분산되어 퇴적 작용이 활발한 만에 주로 발달한다. 파랑 에너지가 집중되어 침식 작용이 활발한 곳에는 주로 해식애, 파식대 등의 암석 해안이 발달한다.

③정답 | ㉣ 해안 사구는 지하에 담수를 저장하는 물 저장고 역할을 한다.

④ 오답 | 석호는 신생대 제4기 후빙기 해수면 상승 이후 만의 입구에 사주가 발달하여 형성되었고, 해안 단구는 신생대 제3기 경동성 요곡 운동으로 지반이 융기하면서 해발 고도가 높아져 형성되었다. 따라서 ㉠ 석호는 ㉡ 해안 단구보다 형성 시기가 늦다.

⑤ 오답 | ㉠ 석호는 자연 상태에서 시간이 지남에 따라 호수로 유입되는 하천의 운반 물질이 퇴적되면서 점차 규모가 축소되고 있다. ㉣ 해안 사구는 자연 상태에서 사빈의 모래가 바람에 날려 퇴적되면서 규모가 확대되지만, 최근 해수면 상승과 각종 해안 개발 사업 등으로 인해 파괴되는 해안 사구가 많다.

3 지리 정보 정답 ② 정답률 93%

구분	면적당 도로 연장 (km/km²)	인구 밀도 (명/km²)	전통 시장 수(개)	1인당 지역 내 총생산 (천만 원)
A	0.6	236.8	1	7.7
B	1.2	238.0	4	11.1
C	0.8	222.4	5	3.9
D	1.0	167.7	6	3.8
E	0.7	119.4	2	3.9

(2021) (충청남도)

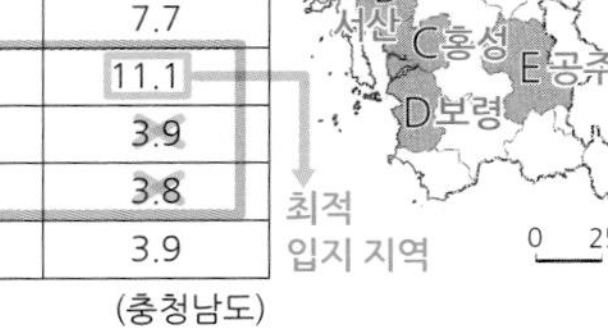

① A ② B ③ C ④ D ⑤ E

|선|택|지|풀|이|

②정답 |

<조건 1> : (면적당 도로 연장 > 0.7km/km²) 조건을 만족하는 지역은 B 서산, C 홍성, D 보령이고, (인구 밀도 > 150명/km²) 조건을 만족하는 지역은 A 당진, B 서산, C 홍성, D 보령이다. 따라서 <조건 1>의 두 가지 조건을 모두 만족하는 지역은 B 서산, C 홍성, D 보령이다.

<조건 2> : <조건 1>을 만족하는 B 서산, C 홍성, D 보령 중 전통 시장의 수가 3개 미만인 지역은 없고, 1인당 지역 내 총생산이 7천만 원을 초과하는 조건을 만족하는 지역은 B 서산 한 곳이다. 따라서 대형 마트를 새로 건설하고자 할 때, 가장 적합한 후보지는 B 서산이다.

4 인구 구조 정답 ⑤ 정답률 76%

인제
(가) 은/는 인구가 약 3만 1천여 명까지 줄었는데도 심각한 주차난을 겪고 있습니다. 군부대가 많은 지역적 특성상 군인들을 포함해 사실상 이 지역에서 생활하는 인구는 약 7만여 명에 가깝기 때문입니다.

□□ 신문 (2023년 ○월 ○일)
지방의 인구 감소에도 불구하고 원주 (나) 은/는 인구가 꾸준히 늘고 있어 그 배경에 관심이 쏠린다. 공공 기관 입주, 신도시 조성 등으로 최근 10년간 내국인 인구는 약 3만 6천여 명이 증가했다. → 혁신도시

□□ 신문 (2024년 ○월 ○일)
태백
(다) 은/는 탄광이 폐광되면서 근로자와 주민 약 2천여 명이 떠나고 그에 따라 지역 상권이 침체돼 존립 기반이 흔들리고 있다. 또한 여기에 있던 한 대학교의 폐교로 지역 경제에 대한 우려의 목소리가 더욱 커지고 있는 상황이다.

① (가)는 (나)보다 인구가 많다. 적다

② (가)는 (나)보다 외국인 주민 중 결혼 이민자 수가 많다. 적다

③ (나)는 (다)보다 중위 연령이 높다. 낮다

④ (다)는 (가)보다 성비가 높다. 낮다

⑤ (다)는 (나)보다 총부양비가 높다. → 청장년층 인구 비율에 반비례

|자|료|해|설|

인구 관련 언론 보도를 보고 (가)~(다) 지역을 지도에서 찾아 인구 특성을 비교하는 문항이다. 지도에 표시된 지역은 인제, 원주, 태백이다.

|선|택|지|풀|이|

(가)는 인구는 크게 줄었지만 군부대가 많은 지역적 특성상 생활 인구가 거주 인구의 2배 이상인 것으로 보아 군사 분계선에 인접한 인제이다. (나)는 공공 기관 입주, 신도시 조성 등으로 인구가 꾸준히 증가하였으므로 혁신도시가 조성된 원주이다. (다)는 탄광이 폐광되면서 인구가 감소하고 지역 상권이 침체되었으므로 1980년대 후반 석탄 산업 합리화 정책으로 석탄 산업이 쇠퇴한 태백이다.

① 오답 | 인구는 (나) 원주가 (가) 인제보다 많다. 원주는 강원특별자치도에서 인구가 가장 많은 지역이다.

② 오답 | 외국인 주민 중 결혼 이민자 수는 인구 규모가 큰 (나) 원주가 (가) 인제보다 많다.

③ 오답 | 중위 연령은 촌락적 성격이 강한 (다) 태백이 (나) 원주보다 높다. 중위 연령은 노년층 인구 비율이 높은 지역에서 높게 나타난다.

④ 오답 | 성비는 군부대가 많아 청년층의 남초 현상이 뚜렷한 (가) 인제가 (다) 태백보다 높다.

⑤정답 | 총부양비는 청장년층 인구의 유출이 뚜렷한 (다) 태백이 (나) 원주보다 높다. 인구 규모가 큰 지역은 상대적으로 청장년층 인구 비율이 높아 총부양비가 낮게 나타난다. 총부양비는 청장년층 인구 비율에 반비례한다.

5 영남 지방 정답 ④ 정답률 60%

→ 사천

이 지역은 1995년 삼천포시와 사천군이 통합된 곳이다. 항공·우주 산업이 발달한 곳으로 항공 부품과 전자 정밀 기계 업체가 입지한 산업 단지가 조성되어 있다. 이 지역에서는 비행기를 생산하는 한국항공우주산업(KAI)과 최근에 개청한 우주항공청이 연구·개발 업무를 주도하고 있다.

① A ② B ③ C ④ D ⑤ E

|자|료|해|설|

자료에서 설명하는 지역을 지도의 A~E에서 고르는 문항이다. 지도의 A는 창녕, B는 함안, C는 김해, D는 사천, E는 고성이다.

|선|택|지|풀|이|

① 오답 | A는 창녕이다. 창녕은 람사르 습지로 등록된 우포늪이 위치한다.

② 오답 | B는 함안이다. 2023년 함안에 위치한 가야고분군이 세계 문화유산으로 등재되었다.

③ 오답 | C는 김해이다. 김해는 부산의 교외화의 영향으로 부산의 주거 기능을 분담하는 위성 도시이다.

④정답 | D는 사천이다. 사천은 항공 우주 산업이 발달하여 항공 부품과 정밀 기계 업체가 입지해 있다.

⑤ 오답 | E는 고성이다. 고성은 중생대 지층의 공룡 발자국 화석 산지로 공룡 세계 엑스포가 개최된다.

6 지체 구조와 지각 변동 정답 ③ 정답률 78%

① (가)에서는 공룡 발자국 화석이 흔히 발견된다. (경상 누층군)
② (나)가 발생한 시기에 길주·명천 지괴가 형성되었다. (중생대 초기 → 신생대 제3기)
③ (다)로 인해 중국 방향(북동-남서)의 지질 구조선이 형성되었다.
④ (라)로 인해 지리산을 이루는 주된 기반암이 형성되었다. (화강암 → 변성암)
⑤ 한반도에 분포하는 대부분의 화강암은 (마)에 의해 형성되었다. ((나), (다), (라))

|자|료|해|설|
우리나라의 주요 지질 계통과 지각 변동의 특징을 파악하는 문항이다. (가)는 고생대 초기의 해성층인 조선 누층군이다. 중생대 지각 변동 중 (나)는 초기에 발생한 송림 변동, (다)는 중기에 발생한 대보 조산 운동, (라)는 말기에 발생한 불국사 변동이다. (마)는 신생대 제3기의 지각 변동인 요곡·단층 운동이다.

|선|택|지|풀|이|
② 오답 | (나) 송림 변동은 중생대 초기에 발생하였으며, 길주·명천 지괴는 신생대 제3기에 형성되었다.
③ 정답 | (다) 대보 조산 운동으로 인해 중국 방향(북동-남서)의 지질 구조선이 형성되었다.
④ 오답 | 흙산인 지리산을 이루는 주된 기반암은 시·원생대에 형성된 변성암이다.
(라) 불국사 변동 때에는 마그마의 관입으로 돌산의 주된 기반암인 화강암이 형성되었다.

7 하천 퇴적 지형 + 하천 침식 지형 정답 ② 정답률 76%

① A는 기반암의 용식 작용으로 평탄화된 지형이다. (지반 융기로 형성된)
② B는 후빙기 이후 하천의 퇴적 작용이 활발해져 형성되었다.
③ B는 A보다 퇴적물의 평균 입자 크기가 크다. (작다)
④ B와 C에는 지하수가 솟아나는 용천대가 발달해 있다. (선단)
⑤ (가)의 ㉠ 하천 범람원은 (나)의 ㉡ 하천 범람원보다 면적이 넓다. (좁다)

|자|료|해|설|
하천 중·상류와 중·하류의 지형 특성을 비교하는 문항이다. (가)는 하천 상류에 위치한 지점으로 ㉠은 산지 사이를 곡류하는 감입 곡류 하천, A는 감입 곡류 하천 주변에 형성된 계단 모양의 지형인 하안 단구이다. (나)는 하천 하류에 위치한 지점으로 ㉡은 평야 위를 곡류하는 자유 곡류 하천, B는 자유 곡류 하천 주변에서 논으로 이용되는 배후 습지이다. (다)는 하천 중·상류에 위치한 지점으로 C는 골짜기에서 하천 운반 물질이 부채 모양으로 퇴적된 선상지이다.

|선|택|지|풀|이|
① 오답 | A 하안 단구는 과거의 하천 바닥이나 범람원이 지반 융기 또는 해수면 상승에 의한 하천의 하방 침식으로 형성된 지형이다.
② 정답 | 범람원의 일부인 B 배후 습지는 후빙기 하천 하류에서 해수면 상승으로 인해 침식 기준면이 높아지면서 퇴적 작용이 활발해져 형성되었다.
④ 오답 | 지하수가 솟아나는 용천대는 C 선상지의 선단에 발달해 있다. B 배후 습지에는 용천대가 나타나지 않는다.
⑤ 오답 | 주변 지대의 경사가 급한 (가)의 ㉠ 감입 곡류 하천보다 주변이 대체로 평탄하며 유량과 퇴적 물질의 양이 많은 (나)의 ㉡ 자유 곡류 하천이 홍수 시 넓은 범위가 침수되므로 범람원 면적이 넓다.

8 여행기 정답 ① 정답률 81%

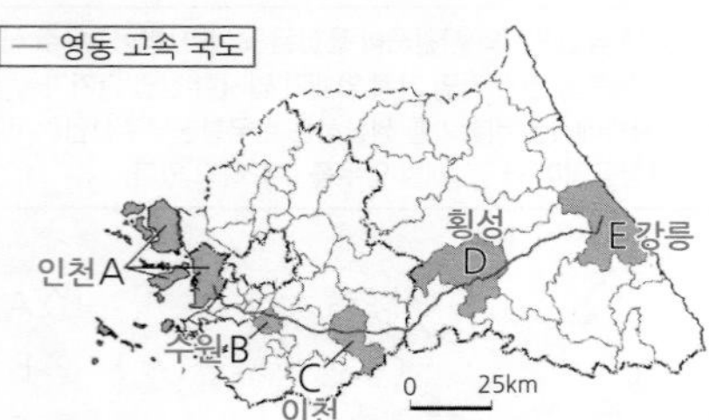

① A : 관광특구로 지정된 차이나타운에서 짜장면 먹기
② B : 동계 올림픽이 개최된 경기장에서 스케이트 타기 (E)
③ C : 세계 문화유산으로 등재된 화성에서 성곽 길 걷기 (B)
④ D : 폐광을 활용한 석탄 박물관에서 갱도 견학하기 (태백)
⑤ E : 도자 박물관에서 도자기 만들기 체험하기 (C)

|선|택|지|풀|이|
① 정답 | A 인천 차이나타운은 관광특구로 지정되었으며 짜장면 축제 등이 개최된다.
② 오답 | B는 경기도 수원이다. 동계 올림픽이 개최된 경기장에서 스케이트 타기는 E 강원도 강릉에서 체험할 수 있다. 평창 동계 올림픽 경기장은 평창, 강릉, 정선에 위치하여 있다.
③ 오답 | C는 경기도 이천이다. 세계 문화유산으로 등재된 화성에서 성곽 길 걷기는 B 경기도 수원에서 체험할 수 있다.
④ 오답 | D는 강원도 횡성이다. 폐광을 활용한 석탄 박물관에서 갱도 견학은 과거 석탄 산업이 발달했던 강원도 태백에서 체험할 수 있다.
⑤ 오답 | E는 강릉이다. 도자 박물관에서 도자기 만들기 체험은 C 경기도 이천에서 체험할 수 있다. 이천에서는 도자기 축제가 개최된다.

9 주요 공업의 분포 정답 ⑤ 정답률 64%

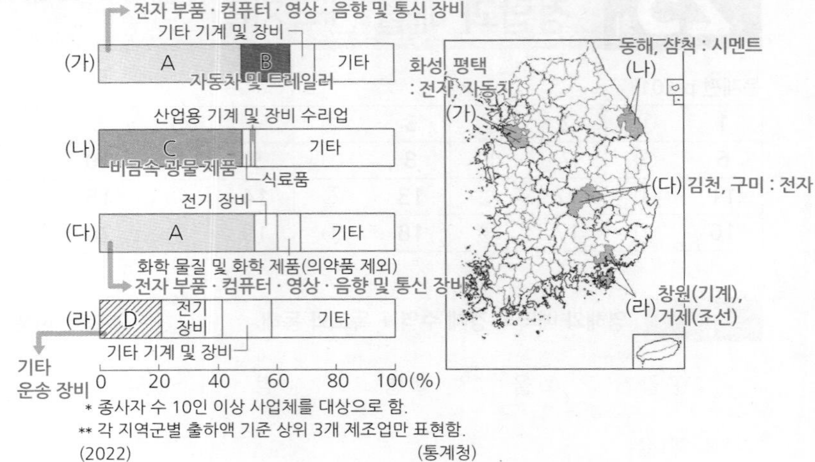

① D는 전국에서 영남권보다 수도권이 차지하는 출하액 비율이 높다. (수도권 / 영남권)
② A는 B에서 생산된 최종 제품을 주요 재료로 이용한다. (B / A)
③ C는 B보다 총매출액 대비 연구 개발비 비율이 높다. (B / C)
④ D는 A보다 전국 종사자 수가 많다. (A / D)
⑤ A~D 중 호남권 내에서 출하액이 가장 많은 것은 B이다.

|자|료|해|설|
제조업 업종별 출하액 비율을 나타낸 그래프를 보고 (가)~(라) 지역군을 파악하여 각 지역군의 공업 특성을 비교하는 문항이다. 지도의 (가)는 화성·평택, (나)는 동해·삼척, (다)는 김천·구미, (라)는 창원·거제이다.
(가) 화성·평택과 (다) 김천·구미에서 출하액 비율이 가장 높은 A는 전자 부품·컴퓨터·영상·음향 및 통신 장비 제조업이고, (가) 화성·평택에서 두 번째로 출하액 비율이 높은 B는 자동차 트레일러 제조업이다. 시멘트 공업이 발달한 (나) 동해·삼척에서 출하액 비율이 가장 높은 C는 비금속 광물 제품 제조업이며, (라) 창원·거제에서 출하액 비율이 가장 높은 D는 기타 운송 장비 제조업이다.

|선|택|지|풀|이|
① 오답 | 거제, 울산 등에 발달해 있는 D 기타 운송 장비 제조업은 전국에서 수도권보다 영남권이 차지하는 출하액 비율이 높다.
② 오답 | A 전자 부품·컴퓨터·영상·음향 및 통신 장비 제조업에서 생산된 최종 제품인 전자 제품이 B 자동차 및 트레일러 제조업의 주요 재료로 이용된다.
③ 오답 | B 자동차 및 트레일러 제조업이 C 비금속 광물 제품 제조업보다 총매출액 대비 연구 개발비 비율이 높다.
④ 오답 | 노동 집약적 성격이 강하며 사업체 수가 많은 A 전자 부품·컴퓨터·영상·음향 및 통신 장비 제조업이 D 기타 운송 장비 제조업보다 전국 종사자 수가 많다. 2022년 기준 전자 부품·컴퓨터·영상·음향 및 통신 장비 제조업은 제조업 중에서 전국 종사자 수가 가장 많다.
⑤ 정답 | A~D 제조업 중 호남권 내에서 출하액이 가장 많은 것은 광주에 발달해 있는 B 자동차 및 트레일러 제조업이다.

10 바람 정답 ④ 정답률 54%

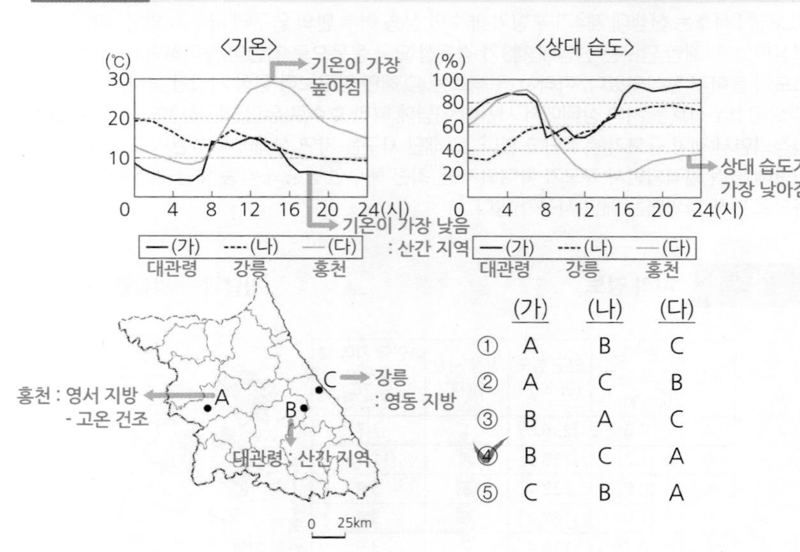

	(가)	(나)	(다)
①	A	B	C
②	A	C	B
③	B	A	C
④	B	C	A
⑤	C	B	A

|선|택|지|풀|이|
④ 정답 |
높새바람은 주로 늦봄에서 초여름 사이에 영서 및 경기 지방에 부는 북동풍이다. 북동풍이 불 때 태백산맥의 바람받이 사면에 위치한 영동 지방은 기온이 낮고 비가 자주 내리며, 바람이 태백산맥을 넘으면서 푄 현상에 의해 비그늘 사면에 위치한 영서 및 경기 지방은 고온 건조해진다. 따라서 높새바람이 불 때 영서 지방에 위치한 A 홍천은 영동 지방에 위치한 C 강릉보다 기온이 높고 상대 습도가 낮다. 그래프에서 A 홍천은 세 지역 중 기온이 가장 높고 상대 습도가 가장 낮은 (다), B 대관령은 해발 고도가 높아 기온이 가장 낮은 (가), 나머지 C 강릉은 (나)이다.

문제편 102쪽

11 도시 내부 구조 + 대도시권

정답 ④ 정답률 80%

보기

ㄱ. (가)는 (나)보다 서울로의 통근 · 통학자 수가 많다. 적다
ㄴ. (다)는 (나)보다 주간 인구 지수가 높다.
ㄷ. (다)는 (라)보다 생산자 서비스업 종사자 비율이 높다. 낮다
ㄹ. (라)는 (가)보다 주택 유형 중 아파트 비율이 높다.

① ㄱ, ㄴ ② ㄱ, ㄷ ③ ㄴ, ㄷ ④ ㄴ, ㄹ ⑤ ㄷ, ㄹ

|자|료|해|설|
통근 · 통학 유입 인구 및 유출 인구를 통해 (가)~(라) 지역군을 지도에서 찾아 각 지역군의 특성을 비교하는 문항이다. 지도에 표시된 지역군은 경기의 김포시 · 파주시, 포천시 · 가평군, 서울의 구로구 · 금천구, 서초구 · 강남구이다. (라)는 네 지역군 중 통근 · 통학 유입 인구가 월등히 많으므로 부도심이 위치하여 업무 기능이 발달한 서초 · 강남이다. (가)는 네 지역군 중 통근 · 통학 유입 인구 및 유출 인구가 가장 적으므로 인구 규모가 작고 대도시에서 거리가 먼 포천 · 가평이다. (나), (다)는 김포 · 파주와 구로 · 금천 중 하나인데, (나)보다 통근 · 통학 유입 인구가 많은 (다)가 제조업이 발달한 구로 · 금천, 나머지 (나)는 서울의 주거 기능을 분담하는 김포 · 파주이다.

|보|기|풀|이|
ㄴ 정답 | (나)와 (다)는 통근 · 통학 유출 인구는 비슷하지만, (다)가 (나)보다 통근 · 통학 유입 인구가 많으므로 (다)는 (나)보다 주간 인구 지수가 높다.
ㄷ 오답 | 부도심이 위치한 (라) 서초 · 강남이 (다) 구로 · 금천보다 생산자 서비스업 종사자 비율이 높다. 생산자 서비스업은 주로 대도시의 도심이나 부도심에 입지한다.
ㄹ 정답 | 부도심이 위치하여 주거 기능도 함께 발달한 (라) 서초 · 강남은 촌락적 성격이 강한 (가) 포천 · 가평보다 주택 유형 중 아파트 비율이 높다.

12 여러 지형의 비교

정답 ③ 정답률 75%

칼데라호 — 화산 지형 (A, B, C, 천지, 2744, 2700, 2600, 2500, 0 1km)
침식 분지 (해안면, D, E, 1000, 800, 600, 400, 0 2km)
E → 침식 분지의 내부 평지 : 화강암
D → 침식 분지의 주변 산지 : 변성암
카르스트 지형
침식 분지의 내부 평지

① C는 둘 이상의 돌리네가 연결된 우발라이다.
② A와 E는 화구의 함몰로 형성된 칼데라이다.
③ D의 기반암은 B의 기반암보다 먼저 형성되었다.
④ D의 기반암은 E의 기반암보다 차별적 풍화 · 침식에 약하다. 강하다
⑤ 한반도에서 E의 기반암은 B의 기반암보다 분포 면적이 좁다. 넓다

|자|료|해|설|
왼쪽 지도는 백두산의 화산 지형, 오른쪽 지도는 양구군 해안면 일대의 침식 분지이다. 화산 지형과 침식 분지의 특징을 비교하는 문항이다.

|선|택|지|풀|이|
① 오답 | 둘 이상의 돌리네가 연결된 우발라는 석회암 분포 지역에서 발달하는 카르스트 지형이다. C는 화산 지형으로 카르스트 지형이 나타나지 않는다.
③ 정답 | B는 화산 지형으로 기반암은 주로 신생대에 형성된 화산암이고, D는 침식 분지 주변 산지로 기반암은 주로 시 · 원생대에 형성된 변성암이다. 따라서 D의 기반암은 B의 기반암보다 먼저 형성되었다.
⑤ 오답 | 한반도에서 E의 기반암인 화강암은 B의 기반암인 화산암보다 분포 면적이 넓다. 한반도 암석 분포 중 화강암이 약 30%, 화산암이 약 4.8%를 차지한다.

13 위도가 다른 지역의 기후 비교

정답 ⑤ 정답률 23%

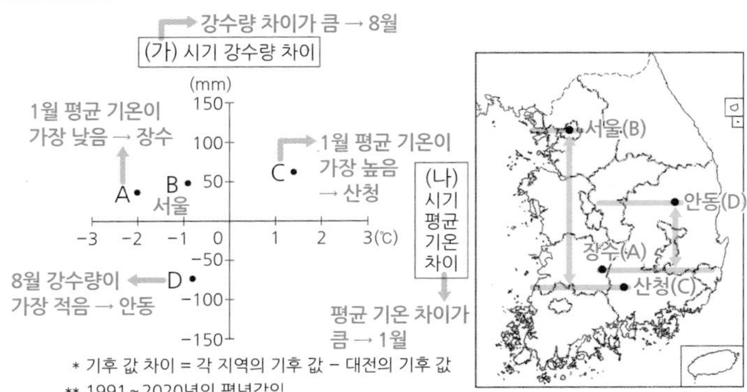

강수량 차이가 큼 → 8월
(가) 시기 강수량 차이
(mm)
1월 평균 기온이 가장 낮음 → 장수
1월 평균 기온이 가장 높음 → 산청
서울
(나) 시기 평균 기온 차이
8월 강수량이 가장 적음 → 안동
평균 기온 차이가 큼 → 1월
* 기후 값 차이 = 각 지역의 기후 값 - 대전의 기후 값
** 1991~2020년의 평년값임.
서울(B)
안동(D)
장수(A)
산청(C)

① C는 대전보다 기온의 연교차가 크다. 작다
② A는 B보다 (가) 시기의 평균 기온이 높다. 낮다
③ C는 A보다 겨울 강수량이 많다. 적다
④ A와 D의 위도 차이는 B와 C의 위도 차이보다 더 크다. 작다
⑤ A~D 중 평균 열대야 일수가 가장 많은 곳은 B이다.

|자|료|해|설|
네 지역의 월 강수량 차이와 월평균 기온 차이를 나타낸 그래프를 통해 지도에서 A~D 지역을 찾아 각 지역의 기후 특성을 비교하는 문항이다. 지도에 표시된 네 지역은 서울, 안동, 장수, 산청이다. 우리나라의 지역 간 강수량 차이는 강수가 집중되는 여름에 크고, 평균 기온 차이는 겨울에 크다. 따라서 월 강수량 차이가 100mm 이상인 (가) 시기는 8월, 월평균 기온 차이가 3℃ 이상인 (나) 시기는 1월이다. D는 네 지역 중 8월 강수량이 가장 적으므로 영남 내륙 분지의 소우지인 안동, C는 네 지역 중 1월 평균 기온이 가장 높으므로 저위도에 위치한 산청이다. 나머지 A, B 중 상대적으로 1월 평균 기온이 낮은 A는 해발 고도가 높은 장수, 나머지 B는 서울이다.

|선|택|지|풀|이|
① 오답 | 상대적으로 저위도에 위치한 C 산청은 대전보다 기온의 연교차가 작다.
② 오답 | 해발 고도가 높은 A 장수는 B 서울보다 (가) 8월 평균 기온이 낮다.
③ 오답 | 겨울 강수량은 A 장수가 C 산청보다 많다. 소백산맥 서사면에 위치한 장수는 겨울철 북서 계절풍이 황해를 지나 소백산맥에 부딪히면서 눈이 많이 내린다.
④ 오답 | A 장수와 D 안동의 위도 차이는 B 서울과 C 산청의 위도 차이보다 더 작다.
⑤ 정답 | 네 지역 중 평균 열대야 일수는 인공 열, 넓은 포장 면적 등으로 도시 열섬 현상이 발생하는 B 서울이 가장 많다. 열대야 일수는 저위도의 해안 및 섬 지역, 대도시에서 많다.

14 호남 지방 + 영남 지방

정답 ② 정답률 64%

일정	방문 지역에 대한 활동 내용	호남의 ○○고 영남 방문 지역	영남의 □□고 호남 방문 지역
1일 차	원자력 발전소를 견학하여 입지 요인을 파악하고 주변 지역 토지 이용의 변화 조사하기	울진	영광
2일 차	도청이 있는 지역을 탐방하고 인구 유입 현황에 대해 조사하기	안동	무안
3일 차	(가)	하동	보성

① 기업도시를 답사하여 지역 주민의 이주 요인 설문하기
② 녹차 재배지를 방문하여 찻잎을 따서 녹차 만들어 보기
③ 대규모 자동차 조립 공장을 견학하여 생산 과정 파악하기
④ 염해 방지를 위해 건설된 하굿둑을 방문하여 갑문 기능 알아보기
⑤ 석유 화학 공장을 견학하여 지역 경제에 미치는 영향 조사하기

|자|료|해|설|
호남 지방과 영남 지방 주요 지역의 공통 특징을 파악하는 문항이다. 지도에 표시된 지역은 전남 영광, 무안, 보성과 경북 울진, 안동과 경남 하동이다.

|선|택|지|풀|이|
① 오답 | 기업 도시는 전남 영암 · 해남에 있다.
② 정답 | 전남 보성과 경남 하동은 녹차 재배로 유명하여 지리적 표시제로 등록된 녹차를 생산한다.
③ 오답 | 대규모 자동차 조립 공장은 광주, 울산, 경남 창원 등에 있다.
④ 오답 | 염해 방지를 위해 건설된 하굿둑은 전북 군산(금강), 전남 목포 · 영암(영산강), 부산(낙동강)에 있다.
⑤ 오답 | 석유 화학 공장은 전남 여수, 울산 등에 있다.

15 지역 개발

정답 ② 정답률 44%

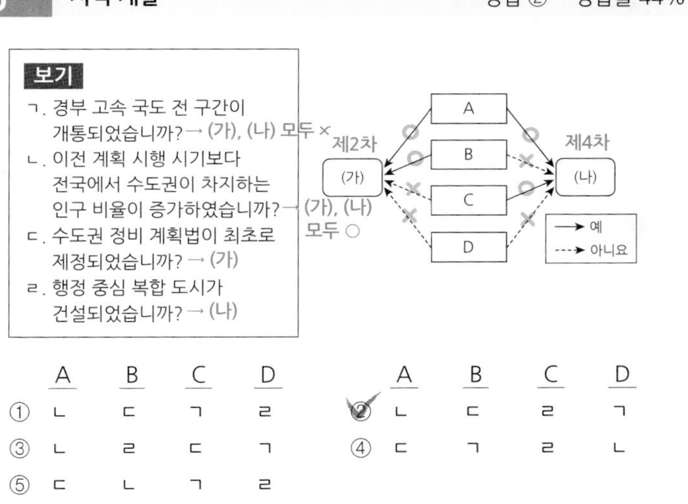

보기
ㄱ. 경부 고속 국도 전 구간이 개통되었습니까? → (가), (나) 모두 ×
ㄴ. 이전 계획 시행 시기보다 전국에서 수도권이 차지하는 인구 비율이 증가하였습니까? → (가), (나) 모두 ○
ㄷ. 수도권 정비 계획법이 최초로 제정되었습니까? → (가)
ㄹ. 행정 중심 복합 도시가 건설되었습니까? → (나)
제2차
(가)
A
B
C
D
제4차
(나)
예
아니요

	A	B	C	D
①	ㄴ	ㄷ	ㄱ	ㄹ
②	ㄴ	ㄷ	ㄹ	ㄱ
③	ㄴ	ㄹ	ㄷ	ㄱ
④	ㄷ	ㄱ	ㄹ	ㄴ
⑤	ㄷ	ㄴ	ㄱ	ㄹ

|보|기|풀|이|
② 정답 |
ㄱ : 경부 고속 국도 전 구간은 1970년에 개통되어 (가) 제2차 국토 종합 개발 계획과 (나) 제4차 국토 종합 계획 모두에 해당하지 않는다. 따라서 ㄱ은 D에 해당한다.
ㄴ : 이전 계획 시행 시기보다 전국에서 수도권이 차지하는 인구 비율이 증가한 시기는 (가) 제2차 국토 종합 개발 계획과 (나) 제4차 국토 종합 계획에 모두 해당한다. 인구의 수도권 집중 현상이 지속되면서 전국에서 수도권이 차지하는 인구 비율은 지속적으로 높아졌다. 따라서 ㄴ은 A에 해당한다.
ㄷ : 수도권 정비 계획법은 수도권에 집중된 인구를 분산하기 위한 정책으로 (가) 제2차 국토 종합 개발 계획에 최초로 제정되었다. 따라서 ㄷ은 B에 해당한다.
ㄹ : 행정 중심 복합 도시는 2000년대 이후 국토의 균형 발전을 위한 정책으로 (나) 제4차 국토 종합 계획에 건설되었다. 따라서 ㄹ은 C에 해당한다.

문제편 103쪽

16 신 · 재생 에너지 정답 ① 정답률 73%

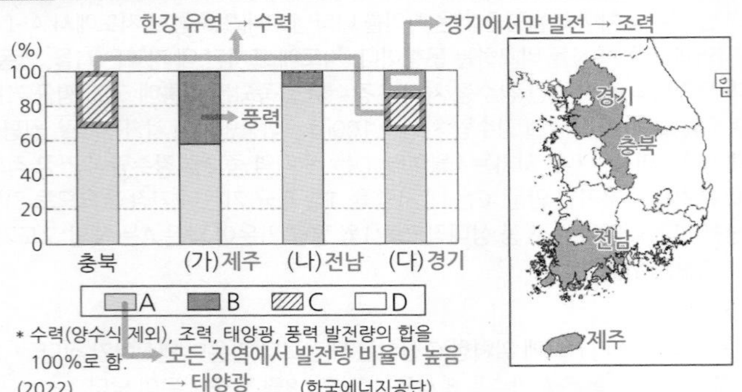

① A의 발전량은 호남권이 충청권보다 많다.
② B의 발전량은 여름이 겨울보다 많다. 적다
③ D는 C보다 발전 시 기상 조건의 영향을 크게 받는다.
④ (가)는 (나)보다 신 · 재생 에너지 총발전량이 많다. 적다
⑤ (나)는 제주권, (다)는 호남권에 위치한다. 호남권 수도권

| 선 | 택 | 지 | 풀 | 이 |

① 정답 | A 태양광 발전량은 호남권이 충청권보다 많다. 태양광은 전남, 전북 등 일사량이 풍부한 지역에서 발전량이 많다.
③ 오답 | C 수력은 강수량이 많은 여름에 발전이 유리하므로 조차를 이용하는 D 조력보다 발전 시 기상 조건의 영향을 크게 받는다.
④ 오답 | 태양광 발전량이 많은 (나) 전남이 (가) 제주보다 신 · 재생 에너지 총발전량이 많다.

17 식생과 토양 정답 ③ 정답률 51%

토양은 암석 풍화의 산물로 기후와 식생, 기반암, 시간 등에 따라 성질이 달라진다. 기후와 식생의 영향을 받아 형성된 토양으로는 중부 및 남부 지방에 넓게 분포하는 ㉠ 갈색 삼림토, 개마고원 지역에 분포하는 회백색토가 대표적이다. 기반암(모암)의 성질이 많이 반영된 토양으로는 강원 남부, 충북 북동부 등에 분포하는 ㉡ 석회암 풍화토를 들 수 있다. 한편 토양 생성 기간이 비교적 짧은 토양으로는 ㉢ 충적토, 염류토가 대표적이다.

(성대 토양 / 간대토양 / 미성숙토)

보기
ㄱ. ㉡의 기반암(모암)은 고생대 해성층에 주로 포함된다.
ㄴ. ㉢은 주로 하천에 의해 운반된 물질이 퇴적되어 형성되었다.
ㄷ. ㉠은 간대토양, ㉢은 성대 토양에 해당한다. (성대 / 미성숙토)

① ㄱ ② ㄴ ③ ㄱ, ㄴ ④ ㄴ, ㄷ ⑤ ㄱ, ㄴ, ㄷ

| 보 | 기 | 풀 | 이 |

ㄱ 정답 | ㉡ 석회암 풍화토는 석회암 분포 지역에 주로 분포하는 토양으로 기반암(모암)은 석회암이다. 석회암은 고생대 초기의 해성층인 조선 누층군에 주로 분포한다.
ㄴ 정답 | ㉢ 충적토는 하천 주변의 충적지에 주로 분포하는 토양으로, 주로 하천에 의해 운반된 물질이 퇴적되어 형성되었다.

18 수도권 + 강원 지방 정답 ① 정답률 47%

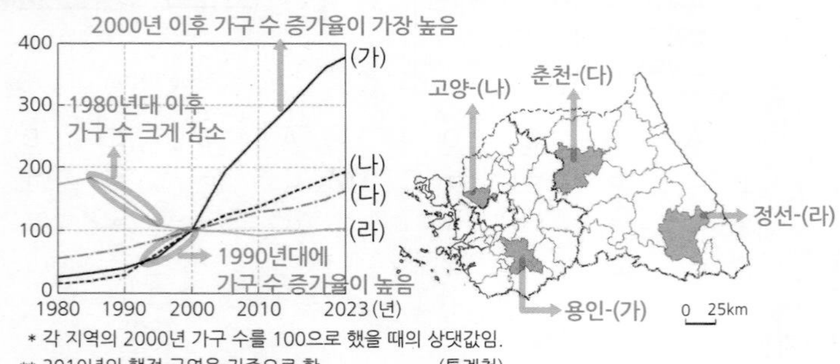

① (나)는 (가)보다 인구 밀도가 높다.
② (다)는 (라)보다 지역 내 농가 비율이 높다. 낮다
③ (가)와 (나)에는 수도권 2기 신도시가 조성되어 있다. (1기)
④ (가)~(라)는 모두 수도권 전철이 연결되어 있다.
⑤ (가)와 (다)는 경기도, (나)와 (라)는 강원특별자치도에 속한다. ((나) / (다))

| 자 | 료 | 해 | 설 |

수도권과 강원 지방 네 지역의 가구 수 변화를 나타낸 그래프의 (가)~(라) 지역을 찾아 각 지역의 특성을 비교하는 문항이다. 지도에 표시된 지역은 고양, 용인, 춘천, 정선이다. (가)는 2000년 이후 가구 수 증가율이 가장 높으므로 1990년대 중반 이후 대규모 택지 개발이 이루어진 용인이다. (라)는 1980년대 중반 이후 가구 수가 크게 감소했으므로 1980년대 후반 석탄 합리화 정책으로 석탄 산업이 쇠퇴한 정선이다. 인구가 증가 추세인 (나)와 (다)는 고양과 춘천 중 하나인데, 상대적으로 1990년대에 가구 수 증가율이 높은 (나)는 수도권 1기 신도시(일산)가 조성된 고양이고, 나머지 (다)는 춘천이다. 춘천은 강원특별자치도 도청 소재지로 가구 수가 꾸준히 증가하였다.

| 선 | 택 | 지 | 풀 | 이 |

① 정답 | (가) 용인과 (나) 고양은 인구가 약 100만 명으로 비슷하지만, 면적은 용인이 고양보다 넓다. 따라서 (나)는 (가)보다 인구 밀도가 높다.
③ 오답 | (가) 용인에는 수도권 2기 신도시(광교)가 조성되어 있지만, (나) 고양에는 수도권 1기 신도시(일산)가 조성되어 있다.
④ 오답 | 수도권 전철은 (가) 용인, (나) 고양, (다) 춘천에 연결되어 있고, (라) 정선에는 연결되어 있지 않다.

19 지역별 농업 특성 추론 정답 ④ 정답률 77%

보기
ㄱ. 채소 생산량보다 과실 생산량이 많다. 적다
ㄴ. 경지 면적 중 밭보다 논이 차지하는 비율이 높다.
ㄷ. (가)보다 경지 면적 중 시설 재배 면적 비율이 높다. 낮다
ㄹ. 지도에 표시된 세 지역 중 맥류 생산량이 가장 많다.

① ㄱ, ㄴ ② ㄱ, ㄷ ③ ㄴ, ㄷ ④ ㄴ, ㄹ ⑤ ㄷ, ㄹ

| 자 | 료 | 해 | 설 |

자료에 제시된 A 지역을 파악한 다음 A 지역의 농업 특성을 찾는 문항이다. 지도에 표시된 지역은 김제, 단양, 성주이다. (가)는 우리나라의 참외 최대 재배 지역으로 경북 성주이다. (나)는 카르스트 지형 분포 지역으로 마늘이 지역 특산품인 충북 단양이다. 따라서 (가) 성주와 (나) 단양을 지우고 남은 A 지역은 전북 김제이다. 김제는 평야가 발달하여 벼농사가 발달하였다.

| 보 | 기 | 풀 | 이 |

ㄴ 정답 | 김제는 평야가 넓게 발달하여 쌀 생산이 많은 지역으로 경지 면적 중 밭보다 논이 차지하는 비율이 높다.
ㄷ 오답 | 김제는 논 면적 비율이 높은 지역으로, 주로 노지(평야)에서 벼 재배가 활발하므로 (가) 성주보다 경지 면적 중 시설 재배 면적 비율이 낮다. (가) 성주는 비닐하우스를 이용한 참외 시설 재배가 활발하다.
ㄹ 정답 | 김제는 세 지역 중 맥류 생산량이 가장 많다. 맥류는 주로 벼의 그루갈이 작물로 재배되므로 벼농사가 발달한 김제에서 생산량이 가장 많다.

20 충청 지방 + 호남 지방 정답 ⑤ 정답률 62%

A : (가)와 (나)만의 공통 특징으로 '혁신도시가 조성되어 있음.'이 해당함. (전주 / 진천, 전주)
B : (가)와 (다)만의 공통 특징으로 '지명의 첫 글자가 도 명칭의 유래가 됨.'이 해당함. (청주, 전주)
C : (다)와 (라)만의 공통 특징임.
D : (가)와 (다)와 (라)만의 공통 특징임.

보기
ㄱ. A : '슬로 시티로 지정된 한옥 마을이 있음.'이 해당함. → 전주
ㄴ. B : '국제공항이 있음.'이 해당함. → 청주
ㄷ. C : '경부선 고속 철도가 통과함.'이 해당함. → 천안, 청주
ㄹ. D : '도내 인구 규모 1위 도시임.'이 해당함. → 전주, 청주, 천안

① ㄱ, ㄴ ② ㄱ, ㄷ ③ ㄴ, ㄷ ④ ㄴ, ㄹ ⑤ ㄷ, ㄹ

| 자 | 료 | 해 | 설 |

(가)~(라) 지역의 특징을 표현한 그림의 A~D에 해당하는 내용을 파악하는 문항이다. 지도에 표시된 지역은 천안, 진천, 청주, 전주이다.
A는 (가)와 (나)만의 공통 특징으로 혁신도시가 조성되어 있으므로 (가)와 (나)는 진천과 전주 중 하나이다. B는 (가)와 (다)만의 공통 특징으로 지명의 첫 글자가 도 명칭의 유래가 되었으므로 (가)와 (다)는 충청도 지명의 유래가 된 청주와 전라도 지명의 유래가 된 전주 중 하나이다. 따라서 A, B에 공통으로 포함되는 (가)는 전주이며, (나)는 진천, (다)는 청주, 나머지 (라)는 천안이다.

| 보 | 기 | 풀 | 이 |

ㄷ 정답 | C는 (다) 청주와 (라) 천안만의 공통 특징이다. 경부선 고속 철도는 (라) 천안의 천안아산역과 (다) 청주의 오송역을 통과하므로 '경부선 고속 철도가 통과함.'은 C의 내용으로 옳다.
ㄹ 정답 | D는 (가) 전주와 (다) 청주와 (라) 천안만의 공통 특징이다. 도내 인구 규모 1위 도시는 전북의 경우 (가) 전주, 충북의 경우 (다) 청주, 충남의 경우 (라) 천안이므로 '도내 인구 규모 1위 도시임.'은 D의 내용으로 옳다.

문제편 104쪽

마더텅 대학수학능력시험 실전용 답안지

④교시 탐 구 영 역

※ 답안지 작성(표기)은 **반드시 검은색 컴퓨터용 사인펜만을 사용**하고, 연필 또는 샤프 등의 필기구를 절대 사용하지 마십시오.

결 시 자 확 인 (수험생은 표기하지 말 것.)	
검은색 컴퓨터용 사인펜을 사용하여 수험번호란과 옆란을 표기	0

※ 문제지 표지에 안내된 필적 확인 문구를 아래 '필적 확인란'에 정자로 반드시 기재하여야 합니다.

필 적 확인란	

성 명	

수 험 번 호								
	0	0	0	—	0	0	0	0
1	1	1	1		1	1	1	1
2	2	2	2		2	2	2	2
3	3	3	3		3	3		3
4	4	4	4	—	4	4		4
5	5	5	5		5	5		5
6	6		6		6	6		6
7	7		7		7	7		7
8	8		8		8	8		8
9	9		9		9	9		9

※ 탐구 영역은 문형(홀수형/짝수형)구분 없음

※ 수험표에 부착된 스티커의 선택과목 순서대로 답란에 표기

감독관 확 인 (수험생은 표기하지 말 것.)	(서 명 또는 날 인)	본인 여부, 수험번호의 표기가 정확한지 확인, 옆란에 서명 또는 날인

제 1 선 택 문번	답 란
1	① ② ③ ④ ⑤
2	① ② ③ ④ ⑤
3	① ② ③ ④ ⑤
4	① ② ③ ④ ⑤
5	① ② ③ ④ ⑤
6	① ② ③ ④ ⑤
7	① ② ③ ④ ⑤
8	① ② ③ ④ ⑤
9	① ② ③ ④ ⑤
10	① ② ③ ④ ⑤
11	① ② ③ ④ ⑤
12	① ② ③ ④ ⑤
13	① ② ③ ④ ⑤
14	① ② ③ ④ ⑤
15	① ② ③ ④ ⑤
16	① ② ③ ④ ⑤
17	① ② ③ ④ ⑤
18	① ② ③ ④ ⑤
19	① ② ③ ④ ⑤
20	① ② ③ ④ ⑤

<유의사항>

1. 탐구 영역 시간별(30분)로 해당 선택과목이 아닌 본인의 다른 선택과목 문제지를 보거나 동시에 본인이 선택한 2과목의 문제지를 보는 것은 부정행위에 해당되어 모든 시험이 무효 처리됩니다.

2. 탐구 영역 시간별(30분)로 종료령이 울린 후에도 계속해서 종료된 과목의 답안을 작성하거나 수정하는 것은 부정행위에 해당되어 모든 시험이 무효 처리됩니다.

※ 탐구 영역 2개 과목 선택자의 경우, 제2선택 과목 시험시간 중 종료된 제1선택 과목 답안 작성 및 수정 불가

3. 탐구 영역의 선택과목 수에 관계없이 제1선택 답란부터 수험표에 표기된 순서대로 답안지에 표기해야 합니다.

※ 탐구 영역 1개 과목 선택자는 제1선택 과목 답안지에 답안 작성

제 2 선 택 문번	답 란
1	① ② ③ ④ ⑤
2	① ② ③ ④ ⑤
3	① ② ③ ④ ⑤
4	① ② ③ ④ ⑤
5	① ② ③ ④ ⑤
6	① ② ③ ④ ⑤
7	① ② ③ ④ ⑤
8	① ② ③ ④ ⑤
9	① ② ③ ④ ⑤
10	① ② ③ ④ ⑤
11	① ② ③ ④ ⑤
12	① ② ③ ④ ⑤
13	① ② ③ ④ ⑤
14	① ② ③ ④ ⑤
15	① ② ③ ④ ⑤
16	① ② ③ ④ ⑤
17	① ② ③ ④ ⑤
18	① ② ③ ④ ⑤
19	① ② ③ ④ ⑤
20	① ② ③ ④ ⑤

마더텅 대학수학능력시험 실전용 답안지

④교시 탐 구 영 역

※ 답안지 작성(표기)은 반드시 검은색 컴퓨터용 사인펜만을 사용하고, 연필 또는 샤프 등의 필기구를 절대 사용하지 마십시오.

결 시 자 확 인 (수험생은 표기하지 말 것.) 검은색 컴퓨터용 사인펜을 사용하여 수험번호란과 옆란을 표기

※ 문제지 표지에 안내된 필적 확인 문구를 아래 '필적 확인란'에 정자로 반드시 기재하여야 합니다.

필 적 확인란

성 명

수 험 번 호

※ 탐구 영역은 문형(홀수형/짝수형)구분 없음

※ 수험표에 부착된 스티커의 선택과목 순서대로 답란에 표기

감독관 확 인 (수험생은 표기하지 말 것.) (서 명 또는 날 인) 본인 여부, 수험번호의 표기가 정확한지 확인, 옆란에 서명 또는 날인

<유의사항>

1. 탐구 영역 시간별(30분)로 해당 선택과목이 아닌 본인의 다른 선택과목 문제지를 보거나 동시에 본인이 선택한 2과목의 문제지를 보는 것은 부정행위에 해당되어 모든 시험이 무효 처리됩니다.

2. 탐구 영역 시간별(30분)로 종료령이 울린 후에도 계속해서 종료된 과목의 답안을 작성하거나 수정하는 것은 부정행위에 해당되어 모든 시험이 무효 처리됩니다.

※ 탐구 영역 2개 과목 선택자의 경우, 제2선택 과목 시험시간 중 종료된 제1선택 과목 답안 작성 및 수정 불가

3. 탐구 영역의 선택과목 수에 관계없이 제1선택 답란부터 수험표에 표기된 순서대로 답안지에 표기해야 합니다.

※ 탐구 영역 1개 과목 선택자는 제1선택 과목 답안지에 답안 작성

마더텅 대학수학능력시험 실전용 답안지

※ 답안지 작성(표기)은 **반드시 검은색 컴퓨터용 사인펜만을 사용**하고, 연필 또는 샤프 등의 필기구를 절대 사용하지 마십시오.

④교시 탐구영역

결시자 확인 (수험생은 표기하지 말 것.)

검은색 컴퓨터용 사인펜을 사용하여 수험번호란과 옆란을 표기

※ 문제지 표지에 안내된 필적 확인 문구를 아래 '필적 확인란'에 정자로 반드시 기재하여야 합니다.

필적 확인란

성 명

수 험 번 호

※ 탐구 영역은 문형(홀수형/짝수형)구분 없음

※ 수험표에 부착된 스티커의 선택과목 순서대로 답란에 표기

감독관 확인 (수험생은 표기하지 말 것) (서 명 또는 날 인) 본인 여부, 수험번호의 표기가 정확한지 확인, 옆란에 서명 또는 날인

제 1 선 택	
문번	답 란
1–20	① ② ③ ④ ⑤

< 유 의 사 항 >

1. 탐구 영역 시간별(30분)로 해당 선택과목이 아닌 본인의 다른 선택과목 문제지를 보거나 동시에 본인이 선택한 2과목의 문제지를 보는 것은 부정행위에 해당되어 모든 시험이 무효 처리됩니다.
2. 탐구 영역 시간별(30분)로 종료령이 울린 후에도 계속해서 종료된 과목의 답안을 작성하거나 수정하는 것은 부정행위에 해당되어 모든 시험이 무효 처리됩니다.

※ 탐구 영역 2개 과목 선택자의 경우, 제2선택 과목 시험시간 중 종료된 제1선택 과목 답안 작성 및 수정 불가

3. 탐구 영역의 선택과목 수에 관계없이 제1선택 답란부터 수험표에 표기된 순서대로 답안지에 표기해야 합니다.

※ 탐구 영역 1개 과목 선택자는 제1선택 과목 답안지에 답안 작성

제 2 선 택	
문번	답 란
1–20	① ② ③ ④ ⑤

마더텅 대학수학능력시험 실전용 답안지

※ 답안지 작성(표기)은 **반드시 검은색 컴퓨터용 사인펜만을 사용**하고, 연필 또는 샤프 등의 필기구를 절대 사용하지 마십시오.

④교시 탐구영역

결시자 확인 (수험생은 표기하지 말 것.)

검은색 컴퓨터용 사인펜을 사용하여 수험번호란과 옆란을 표기

※ 문제지 표지에 안내된 필적 확인 문구를 아래 '필적 확인란'에 정자로 반드시 기재하여야 합니다.

필적 확인란

성 명

수 험 번 호

※ 탐구 영역은 문형(홀수형/짝수형)구분 없음

※ 수험표에 부착된 스티커의 선택과목 순서대로 답란에 표기

감독관 확인 (수험생은 표기하지 말 것) (서 명 또는 날 인) 본인 여부, 수험번호의 표기가 정확한지 확인, 옆란에 서명 또는 날인

제 1 선 택 / 문번 / 답 란

< 유 의 사 항 >

1. 탐구 영역 시간별(30분)로 해당 선택과목이 아닌 본인의 다른 선택과목 문제지를 보거나 동시에 본인이 선택한 2과목의 문제지를 보는 것은 부정행위에 해당되어 모든 시험이 무효 처리됩니다.
2. 탐구 영역 시간별(30분)로 종료령이 울린 후에도 계속해서 종료된 과목의 답안을 작성하거나 수정하는 것은 부정행위에 해당되어 모든 시험이 무효 처리됩니다.

※ 탐구 영역 2개 과목 선택자의 경우, 제2선택 과목 시험시간 중 종료된 제1선택 과목 답안 작성 및 수정 불가

3. 탐구 영역의 선택과목 수에 관계없이 제1선택 답란부터 수험표에 표기된 순서대로 답안지에 표기해야 합니다.

※ 탐구 영역 1개 과목 선택자는 제1선택 과목 답안지에 답안 작성

제 2 선 택 / 문번 / 답 란

마더텅 대학수학능력시험 실전용 답안지

④교시 탐 구 영 역

결시자 확인 (수험생은 표기하지 말 것.)

검은색 컴퓨터용 사인펜을 사용하여 수험번호란과 옆란을 표기

※ 문제지 표지에 안내된 필적 확인 문구를 아래 '필적 확인란'에 정자로 반드시 기재하여야 합니다.

필 적 확인란	

성 명	
수 험 번 호	

※ 탐구 영역은 문형(홀수형/짝수형)구분 없음

※ 수험표에 부착된 스티커의 선택과목 순서대로 답란에 표기

감독관 확 인 (수험생은 표기하지 말 것)	서 명 또는 날 인	본인 여부, 수험번호의 표기가 정확한지 확인, 옆란에 서명 또는 날인

※ 답안지 작성(표기)은 **반드시 검은색 컴퓨터용 사인펜만을 사용**하고, 연필 또는 샤프 등의 필기구를 절대 사용하지 마십시오.

제 1 선 택	
문번	답 란
1	① ② ③ ④ ⑤
2	① ② ③ ④ ⑤
3	① ② ③ ④ ⑤
4	① ② ③ ④ ⑤
5	① ② ③ ④ ⑤
6	① ② ③ ④ ⑤
7	① ② ③ ④ ⑤
8	① ② ③ ④ ⑤
9	① ② ③ ④ ⑤
10	① ② ③ ④ ⑤
11	① ② ③ ④ ⑤
12	① ② ③ ④ ⑤
13	① ② ③ ④ ⑤
14	① ② ③ ④ ⑤
15	① ② ③ ④ ⑤
16	① ② ③ ④ ⑤
17	① ② ③ ④ ⑤
18	① ② ③ ④ ⑤
19	① ② ③ ④ ⑤
20	① ② ③ ④ ⑤

<유의사항>

1. 탐구 영역 시간별(30분)로 해당 선택과목이 아닌 본인의 다른 선택과목 문제지를 보거나 동시에 본인이 선택한 2과목의 문제지를 보는 것은 부정행위에 해당되어 모든 시험이 무효 처리됩니다.

2. 탐구 영역 시간별(30분)로 종료령이 울린 후에도 계속 해서 종료된 과목의 답안을 작성하거나 수정하는 것은 부정행위에 해당되어 모든 시험이 무효 처리됩니다.

※ 탐구 영역 2개 과목 선택자의 경우, 제2선택 과목 시험시간 중 종료된 제1선택 과목 답안 작성 및 수정 불가

3. 탐구 영역의 선택과목 수에 관계없이 제1선택 답란부터 수험표에 표기된 순서대로 답안지에 표기해야 합니다.

※ 탐구 영역 1개 과목 선택자는 제1선택 과목 답안지에 답안 작성

제 2 선 택	
문번	답 란
1	① ② ③ ④ ⑤
2	① ② ③ ④ ⑤
3	① ② ③ ④ ⑤
4	① ② ③ ④ ⑤
5	① ② ③ ④ ⑤
6	① ② ③ ④ ⑤
7	① ② ③ ④ ⑤
8	① ② ③ ④ ⑤
9	① ② ③ ④ ⑤
10	① ② ③ ④ ⑤
11	① ② ③ ④ ⑤
12	① ② ③ ④ ⑤
13	① ② ③ ④ ⑤
14	① ② ③ ④ ⑤
15	① ② ③ ④ ⑤
16	① ② ③ ④ ⑤
17	① ② ③ ④ ⑤
18	① ② ③ ④ ⑤
19	① ② ③ ④ ⑤
20	① ② ③ ④ ⑤

마더텅 대학수학능력시험 실전용 답안지

④교시 탐 구 영 역

결시자 확인 (수험생은 표기하지 말 것.)

검은색 컴퓨터용 사인펜을 사용하여 수험번호란과 옆란을 표기

※ 문제지 표지에 안내된 필적 확인 문구를 아래 '필적 확인란'에 정자로 반드시 기재하여야 합니다.

필 적 확인란

성 명

수 험 번 호

※ 탐구 영역은 문형(홀수형/짝수형)구분 없음

※ 수험표에 부착된 스티커의 선택과목 순서대로 답란에 표기

감독관 확 인 (수험생은 표기하지 말 것) 서 명 또는 날 인 본인 여부, 수험번호의 표기가 정확한지 확인, 옆란에 서명 또는 날인

※ 답안지 작성(표기)은 반드시 검은색 컴퓨터용 사인펜만을 사용하고, 연필 또는 샤프 등의 필기구를 절대 사용하지 마십시오.

제 1 선 택 / 제 2 선 택 (문번 1–20, 답란 ① ② ③ ④ ⑤)

<유의사항>

1. 탐구 영역 시간별(30분)로 해당 선택과목이 아닌 본인의 다른 선택과목 문제지를 보거나 동시에 본인이 선택한 2과목의 문제지를 보는 것은 부정행위에 해당되어 모든 시험이 무효 처리됩니다.

2. 탐구 영역 시간별(30분)로 종료령이 울린 후에도 계속 해서 종료된 과목의 답안을 작성하거나 수정하는 것은 부정행위에 해당되어 모든 시험이 무효 처리됩니다.

※ 탐구 영역 2개 과목 선택자의 경우, 제2선택 과목 시험시간 중 종료된 제1선택 과목 답안 작성 및 수정 불가

3. 탐구 영역의 선택과목 수에 관계없이 제1선택 답란부터 수험표에 표기된 순서대로 답안지에 표기해야 합니다.

※ 탐구 영역 1개 과목 선택자는 제1선택 과목 답안지에 답안 작성

마더텅 대학수학능력시험 실전용 답안지

※ 답안지 작성(표기)은 **반드시 검은색 컴퓨터용 사인펜만을 사용**하고, 연필 또는 샤프 등의 필기구를 절대 사용하지 마십시오.

④교시 탐 구 영 역

결 시 자 확 인 (수험생은 표기하지 말 것.)
검은색 컴퓨터용 사인펜을 사용하여 수험번호란과 옆란을 표기 0

※ 문제지 표지에 안내된 필적 확인 문구를 아래 '필적 확인란'에 정자로 반드시 기재하여야 합니다.

필 적 확인란

성 명

수 험 번 호

				–				
0	0	0			0	0	0	0
1	1	1	1		1	1	1	1
2	2	2	2		2	2	2	2
3	3	3	3		3	3		3
4	4	4	4	–	4	4		4
5	5	5	5		5	5		5
6	6		6		6	6		6
7	7		7		7	7		7
8	8		8		8	8		8
9	9		9		9	9		9

※ 탐구 영역은 문형(홀수형/짝수형)구분 없음

※ 수험표에 부착된 스티커의 선택과목 순서대로 답란에 표기

감독관 확 인 (수험생은 표기하지 말 것) (서 명 또는 날 인) 본인 여부, 수험번호의 표기가 정확한지 확인, 옆란에 서명 또는 날인

제 1 선 택

문번	답 란
1	① ② ③ ④ ⑤
2	① ② ③ ④ ⑤
3	① ② ③ ④ ⑤
4	① ② ③ ④ ⑤
5	① ② ③ ④ ⑤
6	① ② ③ ④ ⑤
7	① ② ③ ④ ⑤
8	① ② ③ ④ ⑤
9	① ② ③ ④ ⑤
10	① ② ③ ④ ⑤
11	① ② ③ ④ ⑤
12	① ② ③ ④ ⑤
13	① ② ③ ④ ⑤
14	① ② ③ ④ ⑤
15	① ② ③ ④ ⑤
16	① ② ③ ④ ⑤
17	① ② ③ ④ ⑤
18	① ② ③ ④ ⑤
19	① ② ③ ④ ⑤
20	① ② ③ ④ ⑤

<유 의 사 항>

1. 탐구 영역 시간별(30분)로 해당 선택과목이 아닌 본인의 다른 선택과목 문제지를 보거나 동시에 본인이 선택한 2과목의 문제지를 보는 것은 부정행위에 해당되어 모든 시험이 무효 처리됩니다.

2. 탐구 영역 시간별(30분)로 종료령이 울린 후에도 계속해서 종료된 과목의 답안을 작성하거나 수정하는 것은 부정행위에 해당되어 모든 시험이 무효 처리됩니다.

※ 탐구 영역 2개 과목 선택자의 경우, 제2선택 과목 시험시간 중 종료된 제1선택 과목 답안 작성 및 수정 불가

3. 탐구 영역의 선택과목 수에 관계없이 제1선택 답란부터 수험표에 표기된 순서대로 답안지에 표기해야 합니다.

※ 탐구 영역 1개 과목 선택자는 제1선택 과목 답안지에 답안 작성

제 2 선 택

문번	답 란
1	① ② ③ ④ ⑤
2	① ② ③ ④ ⑤
3	① ② ③ ④ ⑤
4	① ② ③ ④ ⑤
5	① ② ③ ④ ⑤
6	① ② ③ ④ ⑤
7	① ② ③ ④ ⑤
8	① ② ③ ④ ⑤
9	① ② ③ ④ ⑤
10	① ② ③ ④ ⑤
11	① ② ③ ④ ⑤
12	① ② ③ ④ ⑤
13	① ② ③ ④ ⑤
14	① ② ③ ④ ⑤
15	① ② ③ ④ ⑤
16	① ② ③ ④ ⑤
17	① ② ③ ④ ⑤
18	① ② ③ ④ ⑤
19	① ② ③ ④ ⑤
20	① ② ③ ④ ⑤

마더텅 대학수학능력시험 실전용 답안지

※ 답안지 작성(표기)은 **반드시 검은색 컴퓨터용 사인펜만을 사용**하고, 연필 또는 샤프 등의 필기구를 절대 사용하지 마십시오.

④교시 탐 구 영 역

결 시 자 확 인 (수험생은 표기하지 말 것.)
검은색 컴퓨터용 사인펜을 사용하여 수험번호란과 옆란을 표기 0

※ 문제지 표지에 안내된 필적 확인 문구를 아래 '필적 확인란'에 정자로 반드시 기재하여야 합니다.

필 적 확인란

성 명

수 험 번 호

※ 탐구 영역은 문형(홀수형/짝수형)구분 없음

※ 수험표에 부착된 스티커의 선택과목 순서대로 답란에 표기

감독관 확 인 (수험생은 표기하지 말 것) (서 명 또는 날 인) 본인 여부, 수험번호의 표기가 정확한지 확인, 옆란에 서명 또는 날인

제 1 선 택

<유 의 사 항>

1. 탐구 영역 시간별(30분)로 해당 선택과목이 아닌 본인의 다른 선택과목 문제지를 보거나 동시에 본인이 선택한 2과목의 문제지를 보는 것은 부정행위에 해당되어 모든 시험이 무효 처리됩니다.

2. 탐구 영역 시간별(30분)로 종료령이 울린 후에도 계속해서 종료된 과목의 답안을 작성하거나 수정하는 것은 부정행위에 해당되어 모든 시험이 무효 처리됩니다.

※ 탐구 영역 2개 과목 선택자의 경우, 제2선택 과목 시험시간 중 종료된 제1선택 과목 답안 작성 및 수정 불가

3. 탐구 영역의 선택과목 수에 관계없이 제1선택 답란부터 수험표에 표기된 순서대로 답안지에 표기해야 합니다.

※ 탐구 영역 1개 과목 선택자는 제1선택 과목 답안지에 답안 작성

제 2 선 택

마더텅 대학수학능력시험 실전용 답안지

④교시 탐구영역

결시자 확인 (수험생은 표기하지 말 것.)

검은색 컴퓨터용 사인펜을 사용하여 수험번호란과 옆란을 표기

※ 문제지 표지에 안내된 필적 확인 문구를 아래 '필적 확인란'에 정자로 반드시 기재하여야 합니다.

필 적 확인란	

성 명	
수 험 번 호	

※탐구 영역은 문형(홀수형/짝수형)구분 없음

※수험표에 부착된 스티커의 선택과목 순서대로 답란에 표기

감독관 확인 (수험생은 표기하지 말 것)	서 명 또는 날 인	본인 여부, 수험번호의 표기가 정확한지 확인, 옆란에 서명 또는 날인

※ 답안지 작성(표기)은 **반드시 검은색 컴퓨터용 사인펜만을 사용**하고, 연필 또는 샤프 등의 필기구를 절대 사용하지 마십시오.

제 1 선택

문번	답 란
1	① ② ③ ④ ⑤
2	① ② ③ ④ ⑤
3	① ② ③ ④ ⑤
4	① ② ③ ④ ⑤
5	① ② ③ ④ ⑤
6	① ② ③ ④ ⑤
7	① ② ③ ④ ⑤
8	① ② ③ ④ ⑤
9	① ② ③ ④ ⑤
10	① ② ③ ④ ⑤
11	① ② ③ ④ ⑤
12	① ② ③ ④ ⑤
13	① ② ③ ④ ⑤
14	① ② ③ ④ ⑤
15	① ② ③ ④ ⑤
16	① ② ③ ④ ⑤
17	① ② ③ ④ ⑤
18	① ② ③ ④ ⑤
19	① ② ③ ④ ⑤
20	① ② ③ ④ ⑤

<유의사항>

1. 탐구 영역 시간별(30분)로 해당 선택과목이 아닌 본인의 다른 선택과목 문제지를 보거나 동시에 본인이 선택한 2과목의 문제지를 보는 것은 부정행위에 해당되어 모든 시험이 무효 처리됩니다.

2. 탐구 영역 시간별(30분)로 종료령이 울린 후에도 계속해서 종료된 과목의 답안을 작성하거나 수정하는 것은 부정행위에 해당되어 모든 시험이 무효 처리됩니다.

※ 탐구 영역 2개 과목 선택자의 경우, 제2선택 과목 시험시간 중 종료된 제1선택 과목 답안 작성 및 수정 불가

3. 탐구 영역의 선택과목 수에 관계없이 제1선택 답란부터 수험표에 표기된 순서대로 답안지에 표기해야 합니다.

※ 탐구 영역 1개 과목 선택자는 제1선택 과목 답안지에 답안 작성

제 2 선택

문번	답 란
1	① ② ③ ④ ⑤
2	① ② ③ ④ ⑤
3	① ② ③ ④ ⑤
4	① ② ③ ④ ⑤
5	① ② ③ ④ ⑤
6	① ② ③ ④ ⑤
7	① ② ③ ④ ⑤
8	① ② ③ ④ ⑤
9	① ② ③ ④ ⑤
10	① ② ③ ④ ⑤
11	① ② ③ ④ ⑤
12	① ② ③ ④ ⑤
13	① ② ③ ④ ⑤
14	① ② ③ ④ ⑤
15	① ② ③ ④ ⑤
16	① ② ③ ④ ⑤
17	① ② ③ ④ ⑤
18	① ② ③ ④ ⑤
19	① ② ③ ④ ⑤
20	① ② ③ ④ ⑤

마더텅 대학수학능력시험 실전용 답안지

④교시 탐구영역

결시자 확인 (수험생은 표기하지 말 것.)

검은색 컴퓨터용 사인펜을 사용하여 수험번호란과 옆란을 표기

※ 문제지 표지에 안내된 필적 확인 문구를 아래 '필적 확인란'에 정자로 반드시 기재하여야 합니다.

필 적 확인란

성 명

수 험 번 호

※탐구 영역은 문형(홀수형/짝수형)구분 없음

※수험표에 부착된 스티커의 선택과목 순서대로 답란에 표기

감독관 확인 (수험생은 표기하지 말 것) 서 명 또는 날 인 본인 여부, 수험번호의 표기가 정확한지 확인, 옆란에 서명 또는 날인

※ 답안지 작성(표기)은 **반드시 검은색 컴퓨터용 사인펜만을 사용**하고, 연필 또는 샤프 등의 필기구를 절대 사용하지 마십시오.

제 1 선택

문번	답 란
1	① ② ③ ④ ⑤
2	① ② ③ ④ ⑤
3	① ② ③ ④ ⑤
4	① ② ③ ④ ⑤
5	① ② ③ ④ ⑤
6	① ② ③ ④ ⑤
7	① ② ③ ④ ⑤
8	① ② ③ ④ ⑤
9	① ② ③ ④ ⑤
10	① ② ③ ④ ⑤
11	① ② ③ ④ ⑤
12	① ② ③ ④ ⑤
13	① ② ③ ④ ⑤
14	① ② ③ ④ ⑤
15	① ② ③ ④ ⑤
16	① ② ③ ④ ⑤
17	① ② ③ ④ ⑤
18	① ② ③ ④ ⑤
19	① ② ③ ④ ⑤
20	① ② ③ ④ ⑤

<유의사항>

1. 탐구 영역 시간별(30분)로 해당 선택과목이 아닌 본인의 다른 선택과목 문제지를 보거나 동시에 본인이 선택한 2과목의 문제지를 보는 것은 부정행위에 해당되어 모든 시험이 무효 처리됩니다.

2. 탐구 영역 시간별(30분)로 종료령이 울린 후에도 계속해서 종료된 과목의 답안을 작성하거나 수정하는 것은 부정행위에 해당되어 모든 시험이 무효 처리됩니다.

※ 탐구 영역 2개 과목 선택자의 경우, 제2선택 과목 시험시간 중 종료된 제1선택 과목 답안 작성 및 수정 불가

3. 탐구 영역의 선택과목 수에 관계없이 제1선택 답란부터 수험표에 표기된 순서대로 답안지에 표기해야 합니다.

※ 탐구 영역 1개 과목 선택자는 제1선택 과목 답안지에 답안 작성

제 2 선택

문번	답 란
1	① ② ③ ④ ⑤
2	① ② ③ ④ ⑤
3	① ② ③ ④ ⑤
4	① ② ③ ④ ⑤
5	① ② ③ ④ ⑤
6	① ② ③ ④ ⑤
7	① ② ③ ④ ⑤
8	① ② ③ ④ ⑤
9	① ② ③ ④ ⑤
10	① ② ③ ④ ⑤
11	① ② ③ ④ ⑤
12	① ② ③ ④ ⑤
13	① ② ③ ④ ⑤
14	① ② ③ ④ ⑤
15	① ② ③ ④ ⑤
16	① ② ③ ④ ⑤
17	① ② ③ ④ ⑤
18	① ② ③ ④ ⑤
19	① ② ③ ④ ⑤
20	① ② ③ ④ ⑤

마더텅 대학수학능력시험 실전용 답안지

④교시 탐 구 영 역

※ 답안지 작성(표기)은 **반드시 검은색 컴퓨터용 사인펜만을 사용**하고, 연필 또는 샤프 등의 필기구를 절대 사용하지 마십시오.

결 시 자 확 인 (수험생은 표기하지 말 것.)

검은색 컴퓨터용 사인펜을 사용하여 수험번호란과 옆란을 표기 ⓪

※ 문제지 표지에 안내된 필적 확인 문구를 아래 '필적 확인란'에 정자로 반드시 기재하여야 합니다.

필 적 확인란

성 명

수 험 번 호

※ 탐구 영역은 문형(홀수형/짝수형)구분 없음

※ 수험표에 부착된 스티커의 선택과목 순서대로 답란에 표기

감독관 확 인 (수험생은 표기하지 말 것.) (서 명 또는 날 인) 본인 여부, 수험번호의 표기가 정확한지 확인, 옆란에 서명 또는 날인

제 1 선 택	
문번	답 란
1	① ② ③ ④ ⑤
2	① ② ③ ④ ⑤
3	① ② ③ ④ ⑤
4	① ② ③ ④ ⑤
5	① ② ③ ④ ⑤
6	① ② ③ ④ ⑤
7	① ② ③ ④ ⑤
8	① ② ③ ④ ⑤
9	① ② ③ ④ ⑤
10	① ② ③ ④ ⑤
11	① ② ③ ④ ⑤
12	① ② ③ ④ ⑤
13	① ② ③ ④ ⑤
14	① ② ③ ④ ⑤
15	① ② ③ ④ ⑤
16	① ② ③ ④ ⑤
17	① ② ③ ④ ⑤
18	① ② ③ ④ ⑤
19	① ② ③ ④ ⑤
20	① ② ③ ④ ⑤

< 유 의 사 항 >

1. 탐구 영역 시간별(30분)로 해당 선택과목이 아닌 본인의 다른 선택과목 문제지를 보거나 동시에 본인이 선택한 2과목의 문제지를 보는 것은 부정행위에 해당되어 모든 시험이 무효 처리됩니다.

2. 탐구 영역 시간별(30분)로 종료령이 울린 후에도 계속해서 종료된 과목의 답안을 작성하거나 수정하는 것은 부정행위에 해당되어 모든 시험이 무효 처리됩니다.

※ 탐구 영역 2개 과목 선택자의 경우, 제2선택 과목 시험시간 중 종료된 제1선택 과목 답안 작성 및 수정 불가

3. 탐구 영역의 선택과목 수에 관계없이 제1선택 답란부터 수험표에 표기된 순서대로 답안지에 표기해야 합니다.

※ 탐구 영역 1개 과목 선택자는 제1선택 과목 답안지에 답안 작성

제 2 선 택	
문번	답 란
1	① ② ③ ④ ⑤
2	① ② ③ ④ ⑤
3	① ② ③ ④ ⑤
4	① ② ③ ④ ⑤
5	① ② ③ ④ ⑤
6	① ② ③ ④ ⑤
7	① ② ③ ④ ⑤
8	① ② ③ ④ ⑤
9	① ② ③ ④ ⑤
10	① ② ③ ④ ⑤
11	① ② ③ ④ ⑤
12	① ② ③ ④ ⑤
13	① ② ③ ④ ⑤
14	① ② ③ ④ ⑤
15	① ② ③ ④ ⑤
16	① ② ③ ④ ⑤
17	① ② ③ ④ ⑤
18	① ② ③ ④ ⑤
19	① ② ③ ④ ⑤
20	① ② ③ ④ ⑤

마더텅 대학수학능력시험 실전용 답안지

④교시 탐 구 영 역

※ 답안지 작성(표기)은 반드시 검은색 컴퓨터용 사인펜만을 사용하고, 연필 또는 샤프 등의 필기구를 절대 사용하지 마십시오.

결 시 자 확 인 (수험생은 표기하지 말 것.)

검은색 컴퓨터용 사인펜을 사용하여 수험번호란과 옆란을 표기 ⓪

※ 문제지 표지에 안내된 필적 확인 문구를 아래 '필적 확인란'에 정자로 반드시 기재하여야 합니다.

필 적 확인란

성 명

수 험 번 호

※ 탐구 영역은 문형(홀수형/짝수형)구분 없음

※ 수험표에 부착된 스티커의 선택과목 순서대로 답란에 표기

감독관 확 인 (수험생은 표기하지 말 것.) (서 명 또는 날 인) 본인 여부, 수험번호의 표기가 정확한지 확인, 옆란에 서명 또는 날인

제 1 선 택 / 문번 답 란 1–20 ① ② ③ ④ ⑤

< 유 의 사 항 >

1. 탐구 영역 시간별(30분)로 해당 선택과목이 아닌 본인의 다른 선택과목 문제지를 보거나 동시에 본인이 선택한 2과목의 문제지를 보는 것은 부정행위에 해당되어 모든 시험이 무효 처리됩니다.

2. 탐구 영역 시간별(30분)로 종료령이 울린 후에도 계속해서 종료된 과목의 답안을 작성하거나 수정하는 것은 부정행위에 해당되어 모든 시험이 무효 처리됩니다.

※ 탐구 영역 2개 과목 선택자의 경우, 제2선택 과목 시험시간 중 종료된 제1선택 과목 답안 작성 및 수정 불가

3. 탐구 영역의 선택과목 수에 관계없이 제1선택 답란부터 수험표에 표기된 순서대로 답안지에 표기해야 합니다.

※ 탐구 영역 1개 과목 선택자는 제1선택 과목 답안지에 답안 작성

제 2 선 택 / 문번 답 란 1–20 ① ② ③ ④ ⑤

마더텅 대학수학능력시험 실전용 답안지

④교시 탐 구 영 역

※ 답안지 작성(표기)은 **반드시 검은색 컴퓨터용 사인펜만을 사용**하고, 연필 또는 샤프 등의 필기구를 절대 사용하지 마십시오.

결시자 확인 (수험생은 표기하지 말 것.)

검은색 컴퓨터용 사인펜을 사용하여 수험번호란과 옆란을 표기

※ 문제지 표지에 안내된 필적 확인 문구를 아래 '필적 확인란'에 정자로 반드시 기재하여야 합니다.

필 적 확인란	

성 명	
수 험 번 호	

※ 탐구 영역은 문형(홀수형/짝수형)구분 없음

※ 수험표에 부착된 스티커의 선택과목 순서대로 답란에 표기

감독관 확 인 (수험생은 표기하지 말 것)	(서 명 또는 날 인)	본인 여부, 수험번호의 표기가 정확한지 확인, 옆란에 서명 또는 날인

제 1 선 택	
문번	답 란
1	① ② ③ ④ ⑤
2	① ② ③ ④ ⑤
3	① ② ③ ④ ⑤
4	① ② ③ ④ ⑤
5	① ② ③ ④ ⑤
6	① ② ③ ④ ⑤
7	① ② ③ ④ ⑤
8	① ② ③ ④ ⑤
9	① ② ③ ④ ⑤
10	① ② ③ ④ ⑤
11	① ② ③ ④ ⑤
12	① ② ③ ④ ⑤
13	① ② ③ ④ ⑤
14	① ② ③ ④ ⑤
15	① ② ③ ④ ⑤
16	① ② ③ ④ ⑤
17	① ② ③ ④ ⑤
18	① ② ③ ④ ⑤
19	① ② ③ ④ ⑤
20	① ② ③ ④ ⑤

< 유 의 사 항 >

1. 탐구 영역 시간별(30분)로 해당 선택과목이 아닌 본인의 다른 선택과목 문제지를 보거나 동시에 본인이 선택한 2과목의 문제지를 보는 것은 부정행위에 해당되어 모든 시험이 무효 처리됩니다.

2. 탐구 영역 시간별(30분)로 종료령이 울린 후에도 계속해서 종료된 과목의 답안을 작성하거나 수정하는 것은 부정행위에 해당되어 모든 시험이 무효 처리됩니다.

※ 탐구 영역 2개 과목 선택자의 경우, 제2선택 과목 시험시간 중 종료된 제1선택 과목 답안 작성 및 수정 불가

3. 탐구 영역의 선택과목 수에 관계없이 제1선택 답란부터 수험표에 표기된 순서대로 답안지에 표기해야 합니다.

※ 탐구 영역 1개 과목 선택자는 제1선택 과목 답안지에 답안 작성

제 2 선 택	
문번	답 란
1	① ② ③ ④ ⑤
2	① ② ③ ④ ⑤
3	① ② ③ ④ ⑤
4	① ② ③ ④ ⑤
5	① ② ③ ④ ⑤
6	① ② ③ ④ ⑤
7	① ② ③ ④ ⑤
8	① ② ③ ④ ⑤
9	① ② ③ ④ ⑤
10	① ② ③ ④ ⑤
11	① ② ③ ④ ⑤
12	① ② ③ ④ ⑤
13	① ② ③ ④ ⑤
14	① ② ③ ④ ⑤
15	① ② ③ ④ ⑤
16	① ② ③ ④ ⑤
17	① ② ③ ④ ⑤
18	① ② ③ ④ ⑤
19	① ② ③ ④ ⑤
20	① ② ③ ④ ⑤

마더텅 대학수학능력시험 실전용 답안지

④교시 탐 구 영 역

※ 답안지 작성(표기)은 반드시 검은색 컴퓨터용 사인펜만을 사용하고, 연필 또는 샤프 등의 필기구를 절대 사용하지 마십시오.

결시자 확인 (수험생은 표기하지 말 것.)

검은색 컴퓨터용 사인펜을 사용하여 수험번호란과 옆란을 표기

※ 문제지 표지에 안내된 필적 확인 문구를 아래 '필적 확인란'에 정자로 반드시 기재하여야 합니다.

필 적 확인란

성 명

수 험 번 호

※ 탐구 영역은 문형(홀수형/짝수형)구분 없음

※ 수험표에 부착된 스티커의 선택과목 순서대로 답란에 표기

감독관 확 인 (수험생은 표기하지 말 것) (서 명 또는 날 인) 본인 여부, 수험번호의 표기가 정확한지 확인, 옆란에 서명 또는 날인

제 1 선 택 / 문번 답 란 1–20 ① ② ③ ④ ⑤

< 유 의 사 항 >

1. 탐구 영역 시간별(30분)로 해당 선택과목이 아닌 본인의 다른 선택과목 문제지를 보거나 동시에 본인이 선택한 2과목의 문제지를 보는 것은 부정행위에 해당되어 모든 시험이 무효 처리됩니다.

2. 탐구 영역 시간별(30분)로 종료령이 울린 후에도 계속해서 종료된 과목의 답안을 작성하거나 수정하는 것은 부정행위에 해당되어 모든 시험이 무효 처리됩니다.

※ 탐구 영역 2개 과목 선택자의 경우, 제2선택 과목 시험시간 중 종료된 제1선택 과목 답안 작성 및 수정 불가

3. 탐구 영역의 선택과목 수에 관계없이 제1선택 답란부터 수험표에 표기된 순서대로 답안지에 표기해야 합니다.

※ 탐구 영역 1개 과목 선택자는 제1선택 과목 답안지에 답안 작성

제 2 선 택 / 문번 답 란 1–20 ① ② ③ ④ ⑤

마더텅 대학수학능력시험 실전용 답안지

④교시 탐 구 영 역

결 시 자 확 인 (수험생은 표기하지 말 것.)

검은색 컴퓨터용 사인펜을 사용하여 수험번호란과 옆란을 표기

※ 문제지 표지에 안내된 필적 확인 문구를 아래 '필적 확인란'에 정자로 반드시 기재하여야 합니다.

필 적 확인란

성 명

수 험 번 호

					–				
	0	0	0			0	0	0	0
1	1	1	1			1	1	1	1
2	2	2	2			2	2	2	2
3	3	3	3			3	3		
4	4	4	4		–	4	4		4
5	5	5	5			5	5		5
6	6		6			6	6		6
7	7		7			7	7		7
8	8		8			8	8		8
9	9		9			9	9		9

※탐구 영역은 문형(홀수형/짝수형)구분 없음

※수험표에 부착된 스티커의 선택과목 순서대로 답란에 표기

감독관 확 인 (수험생은 표기하지 말 것)	서 명 또는 날 인	본인 여부, 수험번호의 표기가 정확한지 확인, 옆란에 서명 또는 날인

※ 답안지 작성(표기)은 **반드시 검은색 컴퓨터용 사인펜만을 사용**하고, 연필 또는 샤프 등의 필기구를 절대 사용하지 마십시오.

제 1 선 택

문번	답 란
1	① ② ③ ④ ⑤
2	① ② ③ ④ ⑤
3	① ② ③ ④ ⑤
4	① ② ③ ④ ⑤
5	① ② ③ ④ ⑤
6	① ② ③ ④ ⑤
7	① ② ③ ④ ⑤
8	① ② ③ ④ ⑤
9	① ② ③ ④ ⑤
10	① ② ③ ④ ⑤
11	① ② ③ ④ ⑤
12	① ② ③ ④ ⑤
13	① ② ③ ④ ⑤
14	① ② ③ ④ ⑤
15	① ② ③ ④ ⑤
16	① ② ③ ④ ⑤
17	① ② ③ ④ ⑤
18	① ② ③ ④ ⑤
19	① ② ③ ④ ⑤
20	① ② ③ ④ ⑤

<유의사항>

1. 탐구 영역 시간별(30분)로 해당 선택과목이 아닌 본인의 다른 선택과목 문제지를 보거나 동시에 본인이 선택한 2과목의 문제지를 보는 것은 부정행위에 해당되어 모든 시험이 무효 처리됩니다.

2. 탐구 영역 시간별(30분)로 종료령이 울린 후에도 계속해서 종료된 과목의 답안을 작성하거나 수정하는 것은 부정행위에 해당되어 모든 시험이 무효 처리됩니다.

※ 탐구 영역 2개 과목 선택자의 경우, 제2선택 과목 시험시간 중 종료된 제1선택 과목 답안 작성 및 수정 불가

3. 탐구 영역의 선택과목 수에 관계없이 제1선택 답란부터 수험표에 표기된 순서대로 답안지에 표기해야 합니다.

※ 탐구 영역 1개 과목 선택자는 제1선택 과목 답안지에 답안 작성

제 2 선 택

문번	답 란
1	① ② ③ ④ ⑤
2	① ② ③ ④ ⑤
3	① ② ③ ④ ⑤
4	① ② ③ ④ ⑤
5	① ② ③ ④ ⑤
6	① ② ③ ④ ⑤
7	① ② ③ ④ ⑤
8	① ② ③ ④ ⑤
9	① ② ③ ④ ⑤
10	① ② ③ ④ ⑤
11	① ② ③ ④ ⑤
12	① ② ③ ④ ⑤
13	① ② ③ ④ ⑤
14	① ② ③ ④ ⑤
15	① ② ③ ④ ⑤
16	① ② ③ ④ ⑤
17	① ② ③ ④ ⑤
18	① ② ③ ④ ⑤
19	① ② ③ ④ ⑤
20	① ② ③ ④ ⑤

마더텅 대학수학능력시험 실전용 답안지

④교시 탐 구 영 역

결 시 자 확 인 (수험생은 표기하지 말 것.)

검은색 컴퓨터용 사인펜을 사용하여 수험번호란과 옆란을 표기

※ 문제지 표지에 안내된 필적 확인 문구를 아래 '필적 확인란'에 정자로 반드시 기재하여야 합니다.

필 적 확인란

성 명

수 험 번 호

※탐구 영역은 문형(홀수형/짝수형)구분 없음

※수험표에 부착된 스티커의 선택과목 순서대로 답란에 표기

감독관 확 인 (수험생은 표기하지 말 것) 서 명 또는 날 인 본인 여부, 수험번호의 표기가 정확한지 확인, 옆란에 서명 또는 날인

※ 답안지 작성(표기)은 반드시 검은색 컴퓨터용 사인펜만을 사용하고, 연필 또는 샤프 등의 필기구를 절대 사용하지 마십시오.

제 1 선 택 / 제 2 선 택 (문번 1–20, 답란 ① ② ③ ④ ⑤)

<유의사항>

1. 탐구 영역 시간별(30분)로 해당 선택과목이 아닌 본인의 다른 선택과목 문제지를 보거나 동시에 본인이 선택한 2과목의 문제지를 보는 것은 부정행위에 해당되어 모든 시험이 무효 처리됩니다.

2. 탐구 영역 시간별(30분)로 종료령이 울린 후에도 계속해서 종료된 과목의 답안을 작성하거나 수정하는 것은 부정행위에 해당되어 모든 시험이 무효 처리됩니다.

※ 탐구 영역 2개 과목 선택자의 경우, 제2선택 과목 시험시간 중 종료된 제1선택 과목 답안 작성 및 수정 불가

3. 탐구 영역의 선택과목 수에 관계없이 제1선택 답란부터 수험표에 표기된 순서대로 답안지에 표기해야 합니다.

※ 탐구 영역 1개 과목 선택자는 제1선택 과목 답안지에 답안 작성

마더텅 대학수학능력시험 실전용 답안지

④교시 탐 구 영 역

결 시 자 확 인 (수험생은 표기하지 말 것.)

검은색 컴퓨터용 사인펜을 사용하여 수험번호란과 옆란을 표기

※ 문제지 표지에 안내된 필적 확인 문구를 아래 '필적 확인란'에 정자로 반드시 기재하여야 합니다.

필 적 확인란	

성 명	
수 험 번 호	

※탐구 영역은 문형(홀수형/짝수형)구분 없음

※수험표에 부착된 스티커의 선택과목 순서대로 답란에 표기

감독관 확 인 (수험생은 표기하지 말 것)	(서 명 또는 날 인)	본인 여부, 수험번호의 표기가 정확한지 확인, 옆란에 서명 또는 날인

※ 답안지 작성(표기)은 **반드시 검은색 컴퓨터용 사인펜만을 사용**하고, 연필 또는 샤프 등의 필기구를 절대 사용하지 마십시오.

제 1 선 택

문번	답 란
1	① ② ③ ④ ⑤
2	① ② ③ ④ ⑤
3	① ② ③ ④ ⑤
4	① ② ③ ④ ⑤
5	① ② ③ ④ ⑤
6	① ② ③ ④ ⑤
7	① ② ③ ④ ⑤
8	① ② ③ ④ ⑤
9	① ② ③ ④ ⑤
10	① ② ③ ④ ⑤
11	① ② ③ ④ ⑤
12	① ② ③ ④ ⑤
13	① ② ③ ④ ⑤
14	① ② ③ ④ ⑤
15	① ② ③ ④ ⑤
16	① ② ③ ④ ⑤
17	① ② ③ ④ ⑤
18	① ② ③ ④ ⑤
19	① ② ③ ④ ⑤
20	① ② ③ ④ ⑤

<유 의 사 항>

1. 탐구 영역 시간별(30분)로 해당 선택과목이 아닌 본인의 다른 선택과목 문제지를 보거나 동시에 본인이 선택한 2과목의 문제지를 보는 것은 부정행위에 해당되어 모든 시험이 무효 처리됩니다.

2. 탐구 영역 시간별(30분)로 종료령이 울린 후에도 계속해서 종료된 과목의 답안을 작성하거나 수정하는 것은 부정행위에 해당되어 모든 시험이 무효 처리됩니다.

※ 탐구 영역 2개 과목 선택자의 경우, 제2선택 과목 시험시간 중 종료된 제1선택 과목 답안 작성 및 수정 불가

3. 탐구 영역의 선택과목 수에 관계없이 제1선택 답란부터 수험표에 표기된 순서대로 답안지에 표기해야 합니다.

※ 탐구 영역 1개 과목 선택자는 제1선택 과목 답안지에 답안 작성

제 2 선 택

문번	답 란
1	① ② ③ ④ ⑤
2	① ② ③ ④ ⑤
3	① ② ③ ④ ⑤
4	① ② ③ ④ ⑤
5	① ② ③ ④ ⑤
6	① ② ③ ④ ⑤
7	① ② ③ ④ ⑤
8	① ② ③ ④ ⑤
9	① ② ③ ④ ⑤
10	① ② ③ ④ ⑤
11	① ② ③ ④ ⑤
12	① ② ③ ④ ⑤
13	① ② ③ ④ ⑤
14	① ② ③ ④ ⑤
15	① ② ③ ④ ⑤
16	① ② ③ ④ ⑤
17	① ② ③ ④ ⑤
18	① ② ③ ④ ⑤
19	① ② ③ ④ ⑤
20	① ② ③ ④ ⑤

마더텅 대학수학능력시험 실전용 답안지

④교시 탐 구 영 역

결 시 자 확 인 (수험생은 표기하지 말 것.)

검은색 컴퓨터용 사인펜을 사용하여 수험번호란과 옆란을 표기

※ 문제지 표지에 안내된 필적 확인 문구를 아래 '필적 확인란'에 정자로 반드시 기재하여야 합니다.

필 적 확인란

성 명

수 험 번 호

※탐구 영역은 문형(홀수형/짝수형)구분 없음

※수험표에 부착된 스티커의 선택과목 순서대로 답란에 표기

감독관 확 인 (수험생은 표기하지 말 것) (서 명 또는 날 인) 본인 여부, 수험번호의 표기가 정확한지 확인, 옆란에 서명 또는 날인

※ 답안지 작성(표기)은 반드시 검은색 컴퓨터용 사인펜만을 사용하고, 연필 또는 샤프 등의 필기구를 절대 사용하지 마십시오.

제 1 선 택 / 제 2 선 택 (문번 1–20, 답란 ① ② ③ ④ ⑤)

<유 의 사 항>

1. 탐구 영역 시간별(30분)로 해당 선택과목이 아닌 본인의 다른 선택과목 문제지를 보거나 동시에 본인이 선택한 2과목의 문제지를 보는 것은 부정행위에 해당되어 모든 시험이 무효 처리됩니다.

2. 탐구 영역 시간별(30분)로 종료령이 울린 후에도 계속해서 종료된 과목의 답안을 작성하거나 수정하는 것은 부정행위에 해당되어 모든 시험이 무효 처리됩니다.

※ 탐구 영역 2개 과목 선택자의 경우, 제2선택 과목 시험시간 중 종료된 제1선택 과목 답안 작성 및 수정 불가

3. 탐구 영역의 선택과목 수에 관계없이 제1선택 답란부터 수험표에 표기된 순서대로 답안지에 표기해야 합니다.

※ 탐구 영역 1개 과목 선택자는 제1선택 과목 답안지에 답안 작성

마더텅 대학수학능력시험 실전용 답안지

④교시 탐 구 영 역

※ 답안지 작성(표기)은 **반드시 검은색 컴퓨터용 사인펜만을 사용**하고, 연필 또는 샤프 등의 필기구를 절대 사용하지 마십시오.

결 시 자 확 인 (수험생은 표기하지 말 것.)

검은색 컴퓨터용 사인펜을 사용하여 수험번호란과 옆란을 표기

※ 문제지 표지에 안내된 필적 확인 문구를 아래 '필적 확인란'에 정자로 반드시 기재하여야 합니다.

필 적 확인란	

성 명	

수 험 번 호

0 1 2 3 4 5 6 7 8 9

※탐구 영역은 문형(홀수형/짝수형)구분 없음

※수험표에 부착된 스티커의 선택과목 순서대로 답란에 표기

감독관 확 인 (수험생은 표기하지 말 것)	서 명 또는 날 인	본인 여부, 수험번호의 표기가 정확한지 확인, 옆란에 서명 또는 날인

제 1 선 택

문번	답 란
1	① ② ③ ④ ⑤
2	① ② ③ ④ ⑤
3	① ② ③ ④ ⑤
4	① ② ③ ④ ⑤
5	① ② ③ ④ ⑤
6	① ② ③ ④ ⑤
7	① ② ③ ④ ⑤
8	① ② ③ ④ ⑤
9	① ② ③ ④ ⑤
10	① ② ③ ④ ⑤
11	① ② ③ ④ ⑤
12	① ② ③ ④ ⑤
13	① ② ③ ④ ⑤
14	① ② ③ ④ ⑤
15	① ② ③ ④ ⑤
16	① ② ③ ④ ⑤
17	① ② ③ ④ ⑤
18	① ② ③ ④ ⑤
19	① ② ③ ④ ⑤
20	① ② ③ ④ ⑤

<유 의 사 항>

1. 탐구 영역 시간별(30분)로 해당 선택과목이 아닌 본인의 다른 선택과목 문제지를 보거나 동시에 본인이 선택한 2과목의 문제지를 보는 것은 부정행위에 해당되어 모든 시험이 무효 처리됩니다.
2. 탐구 영역 시간별(30분)로 종료령이 울린 후에도 계속해서 종료된 과목의 답안을 작성하거나 수정하는 것은 부정행위에 해당되어 모든 시험이 무효 처리됩니다.

※ 탐구 영역 2개 과목 선택자의 경우, 제2선택 과목 시험시간 중 종료된 제1선택 과목 답안 작성 및 수정 불가

3. 탐구 영역의 선택과목 수에 관계없이 제1선택 답란부터 수험표에 표기된 순서대로 답안지에 표기해야 합니다.

※ 탐구 영역 1개 과목 선택자는 제1선택 과목 답안지에 답안 작성

제 2 선 택

문번	답 란
1	① ② ③ ④ ⑤
2	① ② ③ ④ ⑤
3	① ② ③ ④ ⑤
4	① ② ③ ④ ⑤
5	① ② ③ ④ ⑤
6	① ② ③ ④ ⑤
7	① ② ③ ④ ⑤
8	① ② ③ ④ ⑤
9	① ② ③ ④ ⑤
10	① ② ③ ④ ⑤
11	① ② ③ ④ ⑤
12	① ② ③ ④ ⑤
13	① ② ③ ④ ⑤
14	① ② ③ ④ ⑤
15	① ② ③ ④ ⑤
16	① ② ③ ④ ⑤
17	① ② ③ ④ ⑤
18	① ② ③ ④ ⑤
19	① ② ③ ④ ⑤
20	① ② ③ ④ ⑤

마더텅 대학수학능력시험 실전용 답안지

④교시 탐 구 영 역

※ 답안지 작성(표기)은 반드시 검은색 컴퓨터용 사인펜만을 사용하고, 연필 또는 샤프 등의 필기구를 절대 사용하지 마십시오.

결 시 자 확 인 (수험생은 표기하지 말 것.)

검은색 컴퓨터용 사인펜을 사용하여 수험번호란과 옆란을 표기

※ 문제지 표지에 안내된 필적 확인 문구를 아래 '필적 확인란'에 정자로 반드시 기재하여야 합니다.

필 적 확인란

성 명

수 험 번 호

※탐구 영역은 문형(홀수형/짝수형)구분 없음

※수험표에 부착된 스티커의 선택과목 순서대로 답란에 표기

감독관 확 인 (수험생은 표기하지 말 것) 서 명 또는 날 인 본인 여부, 수험번호의 표기가 정확한지 확인, 옆란에 서명 또는 날인

제 1 선 택

<유 의 사 항>

1. 탐구 영역 시간별(30분)로 해당 선택과목이 아닌 본인의 다른 선택과목 문제지를 보거나 동시에 본인이 선택한 2과목의 문제지를 보는 것은 부정행위에 해당되어 모든 시험이 무효 처리됩니다.
2. 탐구 영역 시간별(30분)로 종료령이 울린 후에도 계속해서 종료된 과목의 답안을 작성하거나 수정하는 것은 부정행위에 해당되어 모든 시험이 무효 처리됩니다.

※ 탐구 영역 2개 과목 선택자의 경우, 제2선택 과목 시험시간 중 종료된 제1선택 과목 답안 작성 및 수정 불가

3. 탐구 영역의 선택과목 수에 관계없이 제1선택 답란부터 수험표에 표기된 순서대로 답안지에 표기해야 합니다.

※ 탐구 영역 1개 과목 선택자는 제1선택 과목 답안지에 답안 작성

제 2 선 택

마더텅 대학수학능력시험 실전용 답안지

④교시 탐 구 영 역

※ 답안지 작성(표기)은 **반드시 검은색 컴퓨터용 사인펜만을 사용**하고, 연필 또는 샤프 등의 필기구를 절대 사용하지 마십시오.

결시자 확인 (수험생은 표기하지 말 것.)

검은색 컴퓨터용 사인펜을 사용하여 수험번호란과 옆란을 표기

※ 문제지 표지에 안내된 필적 확인 문구를 아래 '필적 확인란'에 정자로 반드시 기재하여야 합니다.

필 적 확인란	

성 명	

수 험 번 호								
				–				
0	0	0			0	0	0	0
1	1	1	1		1	1	1	1
2	2	2	2		2	2	2	2
3	3	3	3		3	3		3
4	4	4	4	–	4	4		4
5	5	5	5		5	5		5
6	6		6		6	6		6
7	7		7		7	7		7
8	8		8		8	8		8
9	9		9		9	9		9

※ 탐구 영역은 문형(홀수형/짝수형)구분 없음

※ 수험표에 부착된 스티커의 선택과목 순서대로 답란에 표기

감독관 확 인 (수험생은 표기하지 말 것)	서 명 또는 날 인	본인 여부, 수험번호의 표기가 정확한지 확인, 옆란에 서명 또는 날인

제 1 선 택

문번	답 란
1	① ② ③ ④ ⑤
2	① ② ③ ④ ⑤
3	① ② ③ ④ ⑤
4	① ② ③ ④ ⑤
5	① ② ③ ④ ⑤
6	① ② ③ ④ ⑤
7	① ② ③ ④ ⑤
8	① ② ③ ④ ⑤
9	① ② ③ ④ ⑤
10	① ② ③ ④ ⑤
11	① ② ③ ④ ⑤
12	① ② ③ ④ ⑤
13	① ② ③ ④ ⑤
14	① ② ③ ④ ⑤
15	① ② ③ ④ ⑤
16	① ② ③ ④ ⑤
17	① ② ③ ④ ⑤
18	① ② ③ ④ ⑤
19	① ② ③ ④ ⑤
20	① ② ③ ④ ⑤

<유의사항>

1. 탐구 영역 시간별(30분)로 해당 선택과목이 아닌 본인의 다른 선택과목 문제지를 보거나 동시에 본인이 선택한 2과목의 문제지를 보는 것은 부정행위에 해당되어 모든 시험이 무효 처리됩니다.

2. 탐구 영역 시간별(30분)로 종료령이 울린 후에도 계속해서 종료된 과목의 답안을 작성하거나 수정하는 것은 부정행위에 해당되어 모든 시험이 무효 처리됩니다.

※ 탐구 영역 2개 과목 선택자의 경우, 제2선택 과목 시험시간 중 종료된 제1선택 과목 답안 작성 및 수정 불가

3. 탐구 영역의 선택과목 수에 관계없이 제1선택 답란부터 수험표에 표기된 순서대로 답안지에 표기해야 합니다.

※ 탐구 영역 1개 과목 선택자는 제1선택 과목 답안지에 답안 작성

제 2 선 택

문번	답 란
1	① ② ③ ④ ⑤
2	① ② ③ ④ ⑤
3	① ② ③ ④ ⑤
4	① ② ③ ④ ⑤
5	① ② ③ ④ ⑤
6	① ② ③ ④ ⑤
7	① ② ③ ④ ⑤
8	① ② ③ ④ ⑤
9	① ② ③ ④ ⑤
10	① ② ③ ④ ⑤
11	① ② ③ ④ ⑤
12	① ② ③ ④ ⑤
13	① ② ③ ④ ⑤
14	① ② ③ ④ ⑤
15	① ② ③ ④ ⑤
16	① ② ③ ④ ⑤
17	① ② ③ ④ ⑤
18	① ② ③ ④ ⑤
19	① ② ③ ④ ⑤
20	① ② ③ ④ ⑤

마더텅 대학수학능력시험 실전용 답안지

④교시 탐 구 영 역

※ 답안지 작성(표기)은 반드시 검은색 컴퓨터용 사인펜만을 사용하고, 연필 또는 샤프 등의 필기구를 절대 사용하지 마십시오.

결시자 확인 (수험생은 표기하지 말 것.)

검은색 컴퓨터용 사인펜을 사용하여 수험번호란과 옆란을 표기

※ 문제지 표지에 안내된 필적 확인 문구를 아래 '필적 확인란'에 정자로 반드시 기재하여야 합니다.

필 적 확인란

성 명

수 험 번 호

※ 탐구 영역은 문형(홀수형/짝수형)구분 없음

※ 수험표에 부착된 스티커의 선택과목 순서대로 답란에 표기

감독관 확 인 (수험생은 표기하지 말 것) 서 명 또는 날 인 본인 여부, 수험번호의 표기가 정확한지 확인, 옆란에 서명 또는 날인

제 1 선 택

<유의사항>

1. 탐구 영역 시간별(30분)로 해당 선택과목이 아닌 본인의 다른 선택과목 문제지를 보거나 동시에 본인이 선택한 2과목의 문제지를 보는 것은 부정행위에 해당되어 모든 시험이 무효 처리됩니다.

2. 탐구 영역 시간별(30분)로 종료령이 울린 후에도 계속해서 종료된 과목의 답안을 작성하거나 수정하는 것은 부정행위에 해당되어 모든 시험이 무효 처리됩니다.

※ 탐구 영역 2개 과목 선택자의 경우, 제2선택 과목 시험시간 중 종료된 제1선택 과목 답안 작성 및 수정 불가

3. 탐구 영역의 선택과목 수에 관계없이 제1선택 답란부터 수험표에 표기된 순서대로 답안지에 표기해야 합니다.

※ 탐구 영역 1개 과목 선택자는 제1선택 과목 답안지에 답안 작성

제 2 선 택

마더텅 홈페이지에서 OMR 카드의 PDF 파일을 제공하고 있습니다. 추가로 필요한 수험생분께서는 홈페이지에서 내려받을 수 있습니다.

이용방법 ① 주소창에 www.toptutor.co.kr 입력 또는 포털에서 [마더텅] 검색 ② 학습자료실 → 교재관련자료 → (고등) (빨간책) (과목) (교재) 선택 → OMR 카드 내려받기

마더텅 대학수학능력시험 실전용 답안지

④교시 탐 구 영 역

※ 답안지 작성(표기)은 **반드시 검은색 컴퓨터용 사인펜만을 사용**하고, 연필 또는 샤프 등의 필기구를 절대 사용하지 마십시오.

결 시 자 확 인 (수험생은 표기하지 말 것.)	
검은색 컴퓨터용 사인펜을 사용하여 수험번호란과 옆란을 표기	○

※ 문제지 표지에 안내된 필적 확인 문구를 아래 '필적 확인란'에 정자로 반드시 기재하여야 합니다.

필 적 확인란	

성 명	

수 험 번 호								
				—				
	0	0	0		0	0	0	0
1	1	1	1		1	1	1	1
2	2	2	2		2	2	2	2
3	3	3	3		3	3		3
4	4	4	4	—	4	4		4
5	5	5	5		5	5		5
6	6		6		6	6		6
7	7		7		7	7		7
8	8		8		8	8		8
9	9		9		9	9		9

※ 탐구 영역은 문형(홀수형/짝수형)구분 없음

※ 수험표에 부착된 스티커의 선택과목 순서대로 답란에 표기

감독관 확 인 (수험생은 표기하지 말 것.)	(서 명 또는 날 인)	본인 여부, 수험번호의 표기가 정확한지 확인, 옆란에 서명 또는 날인

제 1 선 택

문번	답 란
1	① ② ③ ④ ⑤
2	① ② ③ ④ ⑤
3	① ② ③ ④ ⑤
4	① ② ③ ④ ⑤
5	① ② ③ ④ ⑤
6	① ② ③ ④ ⑤
7	① ② ③ ④ ⑤
8	① ② ③ ④ ⑤
9	① ② ③ ④ ⑤
10	① ② ③ ④ ⑤
11	① ② ③ ④ ⑤
12	① ② ③ ④ ⑤
13	① ② ③ ④ ⑤
14	① ② ③ ④ ⑤
15	① ② ③ ④ ⑤
16	① ② ③ ④ ⑤
17	① ② ③ ④ ⑤
18	① ② ③ ④ ⑤
19	① ② ③ ④ ⑤
20	① ② ③ ④ ⑤

< 유 의 사 항 >

1. 탐구 영역 시간별(30분)로 해당 선택과목이 아닌 본인의 다른 선택과목 문제지를 보거나 동시에 본인이 선택한 2과목의 문제지를 보는 것은 부정행위에 해당되어 모든 시험이 무효 처리됩니다.

2. 탐구 영역 시간별(30분)로 종료령이 울린 후에도 계속 해서 종료된 과목의 답안을 작성하거나 수정하는 것은 부정행위에 해당되어 모든 시험이 무효 처리됩니다.

※ 탐구 영역 2개 과목 선택자의 경우, 제2선택 과목 시험시간 중 종료된 제1선택 과목 답안 작성 및 수정 불가

3. 탐구 영역의 선택과목 수에 관계없이 제1선택 답란부터 수험표에 표기된 순서대로 답안지에 표기해야 합니다.

※ 탐구 영역 1개 과목 선택자는 제1선택 과목 답안지에 답안 작성

제 2 선 택

문번	답 란
1	① ② ③ ④ ⑤
2	① ② ③ ④ ⑤
3	① ② ③ ④ ⑤
4	① ② ③ ④ ⑤
5	① ② ③ ④ ⑤
6	① ② ③ ④ ⑤
7	① ② ③ ④ ⑤
8	① ② ③ ④ ⑤
9	① ② ③ ④ ⑤
10	① ② ③ ④ ⑤
11	① ② ③ ④ ⑤
12	① ② ③ ④ ⑤
13	① ② ③ ④ ⑤
14	① ② ③ ④ ⑤
15	① ② ③ ④ ⑤
16	① ② ③ ④ ⑤
17	① ② ③ ④ ⑤
18	① ② ③ ④ ⑤
19	① ② ③ ④ ⑤
20	① ② ③ ④ ⑤

마더텅 대학수학능력시험 실전용 답안지

④교시 탐 구 영 역

※ 답안지 작성(표기)은 반드시 검은색 컴퓨터용 사인펜만을 사용하고, 연필 또는 샤프 등의 필기구를 절대 사용하지 마십시오.

결 시 자 확 인 (수험생은 표기하지 말 것.)
검은색 컴퓨터용 사인펜을 사용하여 수험번호란과 옆란을 표기

※ 문제지 표지에 안내된 필적 확인 문구를 아래 '필적 확인란'에 정자로 반드시 기재하여야 합니다.

필 적 확인란

성 명

수 험 번 호

※ 탐구 영역은 문형(홀수형/짝수형)구분 없음

※ 수험표에 부착된 스티커의 선택과목 순서대로 답란에 표기

감독관 확 인 (수험생은 표기하지 말 것.) (서 명 또는 날 인) 본인 여부, 수험번호의 표기가 정확한지 확인, 옆란에 서명 또는 날인

제 1 선 택

< 유 의 사 항 >

1. 탐구 영역 시간별(30분)로 해당 선택과목이 아닌 본인의 다른 선택과목 문제지를 보거나 동시에 본인이 선택한 2과목의 문제지를 보는 것은 부정행위에 해당되어 모든 시험이 무효 처리됩니다.

2. 탐구 영역 시간별(30분)로 종료령이 울린 후에도 계속 해서 종료된 과목의 답안을 작성하거나 수정하는 것은 부정행위에 해당되어 모든 시험이 무효 처리됩니다.

※ 탐구 영역 2개 과목 선택자의 경우, 제2선택 과목 시험시간 중 종료된 제1선택 과목 답안 작성 및 수정 불가

3. 탐구 영역의 선택과목 수에 관계없이 제1선택 답란부터 수험표에 표기된 순서대로 답안지에 표기해야 합니다.

※ 탐구 영역 1개 과목 선택자는 제1선택 과목 답안지에 답안 작성

제 2 선 택

대학수학능력시험 OMR 카드 작성 연습도 실전처럼!

실제 수능 시험에서 수험생님들께 가장 중요한 것은 시험 시간 관리입니다.
수능 시험은 제한된 시간 내 OMR 카드 작성까지 마쳐야 하기 때문에
OMR 카드 작성 연습이 반드시 필요합니다.
이에 따라 <2026 마더텅 수능기출 모의고사>는 수험생님들의 실전 연습을 위해
실제 수능과 똑같은 OMR 카드를 제공합니다.
마더텅에서 준비한 OMR 카드 작성 연습을 통해 수능에서 좋은 결과 있기를 바랍니다.

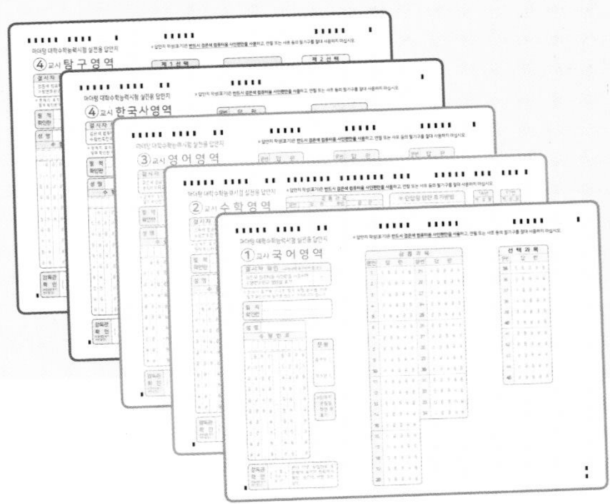

대학수학능력시험 답안 작성 시 유의 사항 및 작성 요령

유의 사항

1. 답안지는 시험감독관이 지급하는 검은색 컴퓨터용 사인펜만을 사용하여 작성.
   ※이미지 스캐너를 이용하여 채점하므로, 컴퓨터용 사인펜 이외 연필, 샤프 등을 사용하거나, 특히, 펜의 종류와 상관없이 예비마킹을 할 경우에는 중복 답안 등으로 채점되어 불이익을 받을 수 있음.
2. 답안지는 컴퓨터로 처리되므로 구기거나 이물질로 더럽혀서는 안 됨. 또한, 다른 어떠한 형태의 표시도 하여서는 안 됨.
3. 한번 표기한 답을 수정하고자 하는 경우에는 흰색 수정테이프만을 사용하여 완전히 지워야 함. (수정액 또는 수정스티커 사용 금지)
   - 수정테이프는 수험생이 수정 요구 시 시험감독관이 제공함.
   - 수정테이프가 떨어지는 등 불완전한 수정 처리로 인해 발생하는 모든 책임은 수험생에게 있으니 주의 바람.
   - 수험생이 희망할 경우 답안지 교체를 할 수 있음.
   - 시험실에서 제공하는 것 외의 수정테이프, 컴퓨터용 사인펜을 사용하는 경우 채점 등의 과정에서 불이익을 받을 수 있음.
4. 한 문항에 답을 2개 이상 표기한 경우(수학 영역의 단답형 제외)와 불완전한 표기를 하여 오류로 판독된 경우, 해당 문항을 "0점" 처리함.
5. 기타 답안 작성 및 표기의 잘못으로 인하여 일어나는 모든 불이익은 수험생 본인이 감수하여야 함.

작성 요령

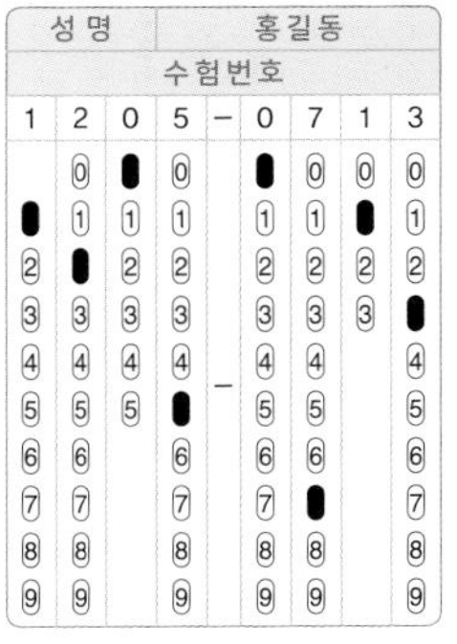

수험번호 작성 예시

1. 성명란에는 수험생의 성명을 한글로 정확하게 정자로 기입.
2. 필적확인란에는 검은색 컴퓨터용 사인펜으로 문제지 표지에 제시된 문구를 반드시 기입.
3. 수험번호란에는 <수험번호 작성 예시>와 같이 수험번호를 아라비아 숫자로 먼저 기입하고, 수험번호의 숫자 해당란의 숫자에 "▮"와 같이 정확하게 표기.
4. 배부 받은 문제지 문형을 확인한 후 해당 문형을 답안지 문형란에 표기.
   ※수험번호 끝자리가 홀수이면 홀수형, 수험번호 끝자리가 짝수이면 짝수형의 문제지를 받아야 함.
5. 답안 표기 예시

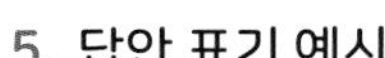

바르게 표기한 것	잘못 표기한 것				
	2곳에 표기한 것	칼로 긁은 것, 불완전한 수정처리	지운 흔적이 있는 것, 불완전한 수정처리	주위만 표시한 것	가운데만 표시한 것

6. 2교시 수학 영역의 단답형 답안 표기는 십진법에 의하되, 반드시 자리에 맞추어 표기.
7. 2교시 수학 영역의 단답형 답안 표기 시 정답이 한 자릿수인 경우, 십의 자리에 '0'을 표기한 것도 인정함.
   (예 : 정답이 8인 경우 08이나 8로 표기한 것 모두 인정함.)
8. 4교시 사회·과학·직업 탐구 영역에서의 선택 과목 답란에는 수험표 스티커에 기재된 선택 과목 순서(제1선택, 제2선택)와 답안지 선택 과목 순서(제1선택, 제2선택)가 일치되게 답을 표기하여야 함.
   - 선택 과목 순서는 반드시 수험표 스티커에 기재된 순서대로 답란에 표기함.
   - 사회 탐구 영역을 1개 과목(한국지리)만 선택하였을 경우 첫 번째 시간(30분)은 대기하며 두 번째 시간에 한국지리를 제1선택의 답란에 표기함.
   - 채점은 수험표 스티커에 기재된 순서대로 진행되므로 순서에 각별히 유의하여야 함.

2026 마더텅 수능기출 모의고사 시리즈

국어 영역, 수학 영역, 영어 영역, 한국사 영역
세계사, 동아시아사, 한국지리, 세계지리, 윤리와 사상, 생활과 윤리, 사회·문화, 정치와 법, 경제
물리학 Ⅰ, 화학 Ⅰ, 생명과학 Ⅰ, 지구과학 Ⅰ

- 철저하게 개정 교육과정에 맞는 기출문제로만 구성 / 실제 시험과 똑같은 구성 / 첨삭 해설 제공
- 자가 진단을 위한 회별 등급컷 제공 / 정답률 표기
- 각 회별 수능·모의평가·학력평가 특징 및 문항 분석 제공
- 시험장 상황을 체험할 수 있는 수능 안내 방송 MP3 및 동영상 제공
- 실제 시험과 같은 실전용 OMR 카드 무료 제공

9차 개정판 1쇄 2025년 1월 10일 (**초판 1쇄 발행일** 2015년 12월 24일)
발행처 (주)마더텅 **발행인** 문숙영
책임 편집 장윤미
집필 김유미
감수 김유미
교정 최종현(세마고), 이예슬(신림고), 최세림, 이범준, 유혜주, 황혜원
컷 유수미, 오은진, 김혜영 **디자인** 김연실, 양은선 **인디자인 편집** 김미라
제작 이주영 **홍보** 정반석
주소 서울시 금천구 가마산로 96. 708호 **등록번호** 제1-2423호(1999년 1월 8일)

마더텅 교재를 풀면서 궁금한 점이 생기셨나요?

교재 관련 내용 문의나 오류신고 사항이 있으면 아래 문의처로 보내 주세요!
문의하신 내용에 대해 성심성의껏 답변해 드리겠습니다. 또한 교재의 내용 오류 또는 오·탈자, 그 외 수정이 필요한 사항에 대해 가장 먼저 신고해 주신 분께는 감사의 마음을 담아 네이버페이 포인트 1천 원 을 보내 드립니다!

*기한: 2025년 12월 31일 *오류신고 이벤트는 당사 사정에 따라 조기 종료될 수 있습니다. *홈페이지에 게시된 정오표 기준으로 최초 신고된 오류에 한하여 상품권을 보내 드립니다.

카카오톡 mothertongue **이메일** mothert1004@toptutor.co.kr **고객센터 전화** 1661-1064(07:00~22:00)
문자 010-6640-1064(문자수신전용) **교재 Q & A 게시판** **홈페이지** www.toptutor.co.kr

마더텅 학습 교재 이벤트에 참여해 주세요. 참여해 주신 모든 분께 선물을 드립니다.

이벤트 1 1분 간단 교재 사용 후기 이벤트

마더텅은 고객님의 소중한 의견을 반영하여 보다 좋은 책을 만들고자 합니다. 교재 구매 후, <교재 사용 후기 이벤트>에 참여해 주신 모든 분께는 감사의 마음을 담아 네이버페이 포인트 1천 원 을 보내 드립니다.
지금 바로 QR 코드를 스캔해 소중한 의견을 보내 주세요!

이벤트 2 마더텅 교재로 공부하는 인증샷 이벤트

인스타그램에 <마더텅 교재로 공부하는 인증샷>을 올려 주시면 참여해 주신 모든 분께 감사의 마음을 담아 네이버페이 포인트 2천 원 을 보내 드립니다.
지금 바로 QR 코드를 스캔해 작성한 게시물의 URL을 입력해 주세요!

필수 태그 #마더텅 #마더텅기출 #공스타그램

※ 자세한 사항은 해당 QR 코드를 스캔하거나 홈페이지 이벤트 공지글을 참고해 주세요.
※ 당사 사정에 따라 이벤트의 내용이나 상품이 변경될 수 있으며 변경 시 홈페이지에 공지합니다.
※ 상품은 이벤트 참여일로부터 2~3일(영업일 기준) 내에 발송됩니다.
※ 동일 교재로 두 가지 이벤트 모두 참여 가능합니다. (단, 같은 이벤트 중복 참여는 불가합니다.)
※ 이벤트 기간: 2025년 12월 31일까지
(*해당 이벤트는 당사 사정에 따라 조기 종료될 수 있습니다.)

마더텅은 1999년 창업 이래 **2024년까지 3,320만 부의 교재를 판매**했습니다. 2024년 판매량은 309만 부로 자사 교재의 품질은 학원 강의와 온/오프라인 서점 판매량으로 검증받았습니다. **[마더텅 수능기출문제집 시리즈]는 친절하고 자세한 해설로 수험생님들의 전폭적인 지지를 받으며 누적 판매 855만 부, 2024년 한 해에만 85만 부가 판매된 베스트셀러**입니다. 또한 **[중학영문법 3800제]는 2007년부터 2024년까지 18년 동안 중학 영문법 부문 판매 1위**를 지키며 명실공히 대한민국 최고의 영문법 교재로 자리매김했습니다. 그리고 2018년 출간된 **[뿌리깊은 초등국어 독해력 시리즈]는 2024년까지 278만 부가 판매되면서 초등 국어 부문 판매 1위**를 차지하였습니다.(교보문고/YES24 판매량 기준, EBS 제외) 이처럼 마더텅은 초·중·고 학습 참고서를 대표하는 대한민국 제일의 교육 브랜드로 자리잡게 되었습니다. 이와 같은 성원에 감사드리며, 앞으로도 효율적인 학습에 보탬이 되는 교재로 보답하겠습니다.

2026학년도 대학수학능력시험

1. 시행 예정일 : 2025년 11월 13일 목요일
2. 성적 통보일 : 2025년 12월 5일 금요일
3. 시험 시간 및 영역별 문항 수

교시	1	2	3	4						5
시험 영역	국어	수학	영어	한국사, 사회/과학/직업 탐구 14:50~16:37 (107분)						제2외국어 /한문
				한국사	한국사 영역 문제지·답안지 회수, 탐구 영역 문제지·답안지 배부	사회/과학/직업 탐구 시험 : 2과목 선택자	시험 본 과목 문제지 회수	사회/과학/직업 탐구 시험 : 1~2과목 선택자		
시험 시간	08:40~10:00 (80분)	10:30~12:10 (100분)	13:10~14:20 (70분)	14:50~15:20 (30분)	15:20~15:35 (15분)	15:35~16:05 (30분)	16:05~16:07 (2분)	16:07~16:37 (30분)		17:05~17:45 (40분)
문항 수	45	30	45	20	-	20	-	20		30
비고		단답형 30% 포함	듣기 평가 문항 17개 포함 (13:10부터 25분 이내)	필수 영역	문·답지 회수 및 배부 시간 15분 (탐구 영역 미선택자 대기실 이동)	• 선택 과목 응시 순서는 응시 원서에 명기된 탐구 영역별 과목의 순서에 따라야 함 • 문제지 회수 시간 과목당 2분임				

※ 시험 당일 모든 수험생은 08:10까지 지정된 시험실에 입실해야 하며, 2교시~5교시는 시험 시작 10분 전까지 입실해야 함

4. 시험 당일 반입 금지 물품 지참 금지를 비롯한 부정행위 방지 대책

시험 중 휴대 가능 물품
쉬는 시간 및 시험 중 소지 가능한 물품

신분증, 수험표, 검은색 컴퓨터용 사인펜, 흰색 수정테이프, 흑색 연필, 지우개, 샤프심(흑색, 0.5㎜), 마스크(감독관 사전 확인 필요), 시침·분침(초침)이 있는 아날로그 시계로 결제·통신(블루투스 등) 기능 및 전자식 화면표시기(LCD, LED 등)가 모두 없는 시계* 등

* 결제·통신(블루투스 등) 기능 또는 전자식 화면표시기(LCD, LED 등)로 표시하는 기능이 포함된 시계는 시험장 반입 금지 물품으로 휴대 불가

시험장 반입 금지 물품
시험 시간, 쉬는 시간 불문하고 적발 시 부정행위 처리

휴대전화, 스마트기기(스마트워치 등), 디지털 카메라, 전자사전, MP3 플레이어, 카메라펜, 전자계산기, 라디오, 휴대용 미디어 플레이어, 태블릿PC, 결제·통신(블루투스 등) 기능 또는 전자식 화면표시기(LCD, LED 등)가 있는 시계, 전자담배, 통신(블루투스) 기능이 있는 이어폰 등 모든 전자기기

시험장 반입 금지 물품을 불가피하게 시험장에 반입한 경우 1교시 시작 전 감독관의 지시에 따라 제출한 후 응시자가 선택한 영역 및 과목의 시험 종료 후 되돌려 받아야 하며, 1교시 시작 전에 제출하지 않을 경우 부정행위로 간주됨

시험 중 휴대 가능 물품 외 물품
쉬는 시간 휴대 가능하나 시험 중 휴대는 불가능

시험 중 적발 시 압수되는 물품: 투명종이(일명 기름종이), 연습장, 개인샤프, 예비마킹용 플러스펜, 볼펜 등
시험 중 적발 시 즉시 부정행위 처리되는 물품: 교과서, 참고서, 기출문제지 등

시험 중 휴대 가능 물품 외 물품은 매 교시 시작 전에 가방에 넣어 시험실 앞에 제출하고, 영역 미선택 등으로 인하여 대기실에서 자습을 원하는 응시자는 반드시 필요한 물품만을 꺼내어 활용하여야 하며, 시험시간 중 휴대 가능 물품 외 물품을 휴대하거나 감독관의 지시와 달리 임의의 장소에 보관하는 경우 부정행위로 처리됨

5. 2026학년도 수능 선택 과목

영역 \ 구분		문항 수	문항 유형	배점		시험 시간	출제 범위(선택 과목)
				문항	전체		
국어		45	5지선다형	2, 3	100점	80분	• 공통 과목 : 독서, 문학 • 선택 과목(택 1) : 화법과 작문, 언어와 매체 • 총 문항 중 공통 과목 75%, 선택 과목 25% 내외 출제
수학		30	5지선다형, 단답형	2, 3, 4	100점	100분	• 공통 과목 : 수학Ⅰ, 수학Ⅱ • 선택 과목(택 1) : 확률과 통계, 미적분, 기하 • 총 문항 중 공통 과목 75%, 선택 과목 25% 내외 출제 • 문항의 30% 단답형 출제
영어		45	5지선다형	2, 3	100점	70분	듣기 평가 : 17문항
한국사		20	5지선다형	2, 3	50점	30분	필수 영역
탐구	사회 탐구	과목당 20	5지선다형	2, 3	과목당 50점	과목당 30분	생활과 윤리, 윤리와 사상, 한국지리, 세계지리, 동아시아사, 세계사, 경제, 정치와 법, 사회·문화, 물리학Ⅰ, 화학Ⅰ, 생명과학Ⅰ, 지구과학Ⅰ, 물리학Ⅱ, 화학Ⅱ, 생명과학Ⅱ, 지구과학Ⅱ 17개 과목 중 계열 구분 없이 최대 택 2
	과학 탐구	과목당 20	5지선다형	2, 3	과목당 50점	과목당 30분	
	직업 탐구	과목당 20	5지선다형	2, 3	과목당 50점	과목당 30분	1과목 선택 : 농업 기초 기술, 공업 일반, 상업 경제, 수산·해운 산업의 기초, 인간 발달 중 택 1 2과목 선택 : 위 5개 과목 중 택 1 + 성공적인 직업 생활
제2외국어/한문		과목당 30	5지선다형	1, 2	과목당 50점	과목당 40분	독일어Ⅰ, 프랑스어Ⅰ, 스페인어Ⅰ, 중국어Ⅰ, 일본어Ⅰ, 러시아어Ⅰ, 아랍어Ⅰ, 베트남어Ⅰ, 한문Ⅰ 9개 과목 중 택 1

단원별 문항 분류표

단원별 문항 분류표 활용법 각 단원에 해당하는 문항들이 회차별로 분류되어 표시되어 있습니다. 단원별로 문제를 풀고자 하는 학생, 취약한 부분의 문제를 집중적으로 풀고자 하는 학생들은 아래 표를 참고하여 해당 문항 위주로 공부할 수 있습니다.

단원명		1회 p.005	2회 p.009	3회 p.013	4회 p.017	5회 p.021	6회 p.025	7회 p.029	8회 p.033	9회 p.037
1. 국토 인식과 지리 정보	01. 우리나라의 위치					1		1		1
	02. 우리나라의 영역		1	1					17	
	03. 전통적인 국토 인식	6	2		1		3			
	04. 지리 정보와 지역 조사			12	2	2	1		1	3
2. 한반도의 형성과 산지 지형	01. 한반도의 형성 과정	2	3	17	17					7
	02. 기후 변화에 따른 지형 형성									
	03. 산지 지형과 주민 생활	1				7	9			
3. 하천 지형	01. 우리나라 하천의 특색, 02. 하천의 상류와 하류 비교	5		2	13	11				
	03. 감입 곡류 하천, 04. 자유 곡류 하천, 05. 감입 곡류 하천과 자유 곡류 하천의 비교						12			
	06. 하천 퇴적 지형 및 침식 지형							4	10, 11	10
4. 해안 지형	01. 우리나라 해안의 특색		4		10	14			12	8
	02. 주요 해안 지형	8					5	2		
5. 화산 지형과 카르스트 지형	01. 화산 지형					17				
	02. 카르스트 지형							5		
	03. 여러 지형의 비교				5		2	12	16	2
6. 기후 특성과 주민 생활	01. 기온									
	02. 강수와 바람						7	7		6
	03. 위도가 다른 지역의 기후 비교, 04. 위도가 비슷한 지역의 기후 비교, 05. 기후 자료 제목 추론	3	7		12, 19	16	19	15	9, 15	
	06. 계절에 따른 기후 특성, 07. 기후와 전통 가옥 구조, 08. 국지 기후		5	4				9	3	
7. 자연재해와 기후 변화	01. 자연재해	11	15	6	8					14
	02. 기후 변화					3	10			
	03. 식생과 토양									
8. 촌락의 변화와 도시 발달	01. 촌락의 형성과 변화									
	02. 도시 발달과 도시 체계			7		12	13			
	03. 우리나라의 정주 공간 체계									
9. 도시 구조와 대도시권	01. 도시 내부 구조	12	6	10	6		6	3	6	19
	02. 대도시권	16		16		19		16		
10. 도시 계획과 재개발, 지역 개발	01. 도시 계획과 재개발, 02. 지역 개발		14	14	20	9	14	14	2	15
11. 자원의 의미와 자원 문제	01. 자원의 특성, 분포, 문제점								7	
	02. 1차 에너지 자원	13				10				18
	03. 전력							6		
	04. 신·재생 에너지	20	17	9	4		11			
12. 우리나라 농업의 변화	01. 농업의 변화									
	02. 농업 자료 분석, 03. 지역별 농업 특성 추론	9	13	18				19	13	5
13. 우리나라 공업의 발달	01. 공업 발달 과정 및 특색, 02. 주요 공업 지역									
	03. 공업 자료 분석									
	04. 주요 공업의 분포	17	12	20	7	4	15	17	14	
14. 교통·통신의 발달과 서비스업의 변화	01. 다양한 상업 시설, 02. 소비자 서비스와 생산자 서비스	7	9			8	8	13		
	03. 교통수단				3				5	12
15. 인구 변화와 다문화 공간	01. 인구 이동		19							
	02. 인구 구조		8	11	16	6	18		19	9
	03. 저출산·고령화, 04. 다문화 공간	15	18	19					20	
16. 북한	01. 북한의 자연환경, 02. 북한의 인문 환경		16		14			18		11
	03. 북한의 개방 지역 및 여러 지역의 비교			15		20				
17. 우리나라의 지역 이해	01. 수도권		11		15			20	18	13
	02. 강원 지방과 충청 지방	14, 18		3	9, 11	13, 18	16, 20	8, 10, 11	8	4, 20
	03. 호남 지방과 영남 지방, 04. 제주특별자치도	4, 10, 19		5, 13	18	15			4	16, 17
	05. 여행기 및 지역 특색 추론, 지역별 산업 구조 분석		10, 20	8		5	4, 17			

10회 p.041	11회 p.045	12회 p.049	13회 p.053	14회 p.057	15회 p.061	16회 p.065	17회 p.069	18회 p.073	19회 p.077	20회 p.081	21회 p.085	22회 p.089	23회 p.093	24회 p.097	25회 p.101
		1						19				1			1
1	6		3	1	17	20	8		1	4	3		9	1	
	1		1		1		1	1		1	1		1		
3									19			10		5	3
12			18	5	3		2		14			5	3		6
	11	13				1			18						
		5	6	6		7				5	17				
2					19			15				16	5		
	5													7	7
		7	4		15	11	3						6		2
4	2			2				6	17	7	12	8		12	
7			10				19			3	7				
	8	11		13	11	16		3			10	6	2	2, 3	12
			11												
							15								10
8	9	20		20	14	8	11	5	11	20	16	7	8	9	13
	4	3	19				12		6			20	4	11	
11	14	10	17	4	2	6		2, 20		2	15	4	18	6	
									4	10					
															17
		4			8		17		13		5		13	17	
	18	12	8	16	4	18	10	18	16	13	8	15	7		
10	15	18		12		5							14, 16	18	11
20		16	9	7	10	3		11	3		4	2		15	15
		19	7			13			10	8		17	10	19	
19	17	6		18	13		4	10	12	14	14	18			16
17	13		13	19	9	9	5	14	15	6	20	14	20	10	19
16	12	8	20	10	16		20	16		19	19	12	15	14	9
	16										13		12		
								7	20				11		
	20							9							
6, 15		14	14	15	12			13		16	6	19	17		4
	10	15	15	3	5	17	13		8				19		
						15	7	8							
		9	12	14	6	10			2	12				16	
			16					12	7	18	18	11			
5, 9	3, 19			17	7, 18, 20	12	9, 14	17		17	2	3, 9		4, 20	18
13, 14	7	2	5	8, 11		4, 19	6, 16	4	5, 9	15	11	13		8, 13	5, 14, 20
18		17	2	9		2, 14	18			9, 11	9				8

마더텅 기출문제집 실사용 수험생님들의 고득점 공부 방법

2023 마더텅 제7기 성적우수 대상
전과목 1등급 이지윤
서울시 숙명여자고등학교 가톨릭대학교 의예과 합격

2024 수능 국어 영역(언어와 매체) 1등급(표준 점수 147) 수학 영역(미적분) 1등급(표준 점수 145) 화학 I 1등급(표준 점수 67) 생명과학 I 1등급(표준 점수 69)

사용 교재 **까만책** 국어 독서, 국어 언어와 매체, 수학 I, 수학 II, 미적분

혼자 공부하는 시간에는 마더텅 수능기출문제집 국어 독서를 집중해서 풀었습니다. 마더텅 수능기출문제집은 역대 평가원 지문을 주제별로 나누어 학습할 수 있어서 좋았습니다. 저는 마더텅 수능기출문제집으로 기출을 분석하면서 약점을 찾고 평가원의 출제 포인트를 정리하며 공부했습니다.

시간을 재면서 주제별로 세 지문을 풀었고, 채점을 한 뒤, 제가 주의한 독해 포인트와 출제 부분이 일치하는지 확인하였습니다. 또한 글을 읽을 때 매끄럽지 않았던 부분은 표시해 두었다가 다시 읽으면서 어떤 부분이 어려웠는지를 파악하였습니다. 이렇게 분석한 뒤 새롭게 알게 된 내용은 노트에 적어 쉬는 시간마다 복습하였습니다.

2023 마더텅 제7기 성적우수 금상
전과목 1등급 김준호
성남시 늘푸른고등학교 연세대학교 의예과 합격

2024 수능 국어 영역(언어와 매체) 1등급(표준 점수 138) 수학 영역(미적분) 1등급(표준 점수 144) 물리학 I 1등급(표준 점수 69) 화학 I 1등급(표준 점수 69)

사용 교재 **까만책** 국어 독서, 수학 I, 수학 II, 미적분, 영어 독해, 물리학 I, 화학 I

제가 마더텅 수능기출문제집으로 미적분을 공부하게 된 이유는 수학이라는 과목 역시 다른 과목과 마찬가지로 평가원에서 출제되었던 기출문제가 수능 공부에 지대한 영향을 끼치기 때문입니다.

마더텅 수능기출문제집은 1993년부터 2018년까지 출제된 문제들도 요즘 출제 경향과 비슷한 문제들을 선별하여 수록하고 있기 때문에 수학 공부에서 가장 중요한 부분인 양적인 부분을 해결할 수 있었습니다. 또한 검증된 평가원 문제를 많이 풀어 봄으로써 질적인 부분도 해결할 수 있었습니다.

수능 직전에는 기출문제와 당해 6월과 9월 모의평가 문제를 다시 복습하는 것이 중요하다고 판단하여 1월, 2월에 풀었던 마더텅 수능기출문제집 미적분을 꺼내서 어려운 문제들에서 어떤 논리가 중요했고, 결정적인 조건은 무엇이었는지를 마지막으로 점검했습니다. 그 결과 백분위 100이라는 만족스러운 성적을 얻게 되었습니다.

2023 마더텅 제7기 성적우수 금상
전과목 1등급 윤내영
대구시 대구과학고등학교 이화여자대학교 의예과 합격

2024 수능 국어 영역(언어와 매체) 1등급(표준 점수 146) 수학 영역(미적분) 1등급(표준 점수 142) 물리학 I 1등급(표준 점수 69) 지구과학 I 1등급(표준 점수 65)

사용 교재 **까만책** 국어 문학, 국어 독서, 국어 언어와 매체, 영어 독해, 물리학 I, 지구과학 I
빨간책 수학 영역, 영어 영역, 물리학 I

수능 대비를 위한 기출문제를 풀 때 무작정 문제를 풀기보다는, 평가원의 출제 방식을 파악하고 문제 유형과 난이도에 따른 자신만의 행동 영역을 만드는 것이 중요하다고 생각합니다.

언어와 매체는 모든 선지의 정오를 명확하게 판단하지 않아도 문제의 답을 구할 수 있습니다. 그렇기에 문제나 예문을 정확히 분석하지 못한 채로 애매하게 넘어가는 경우가 생길 수 있습니다. 하지만 마더텅 수능기출문제집은 모든 선지의 정오를 명확하게 설명해 주기 때문에 답을 맞혔더라도 바로 넘어가지 않고 모든 문제를 꼼꼼하게 이해할 수 있었습니다.

언어와 매체에서 출제되는 개념은 몇 년 간격으로 기출에서 계속 반복됩니다. 수능에 출제되는 단어와 용례도 기존 기출에 나왔던 것이 반복되어 출제됩니다.

저는 개념을 1회독 한 뒤, 다른 사설 문제집을 전혀 풀지 않고 마더텅 수능기출문제집 언어와 매체만을 4회독 하였습니다. 단순히 개념을 공부하고 문제를 푸는 것이 아니라, 오답률이 높았던 선지가 있으면 평가원이 해당 개념을 선지로 구성하는 방식을 정리하여 기억하였습니다.

ISBN 979-11-6859-778-5 53980

값: 13,900원

Published for the brilliant student like you

2023 마더텅 제7기 성적우수 은상
전과목 1등급 김한주
고양시 고양국제고등학교 서울대학교 의류학과 합격

2024 수능 국어 영역(언어와 매체) 1등급(표준 점수 134) 수학 영역(확률과 통계) 1등급(표준 점수 134) 생활과 윤리 1등급(표준 점수 65) 사회·문화 1등급(표준 점수 69)

사용 교재 **까만책** 생활과 윤리, 사회·문화 **빨간책** 수학 영역, 생활과 윤리

수능을 목표로 공부하는 학생의 입장에서, 기출문제 분석은 당연하고도 필수적인 관문입니다. 기출문제집 중에서도 깔끔한 형식과 풍부한 해설을 제공한다는 점 때문에 마더텅을 선택했습니다.

저는 문제 풀이가 끝난 뒤에는 마더텅 수능기출문제집의 장점인 해설지를 활용하여 오답 정리를 진행했습니다. 이때 틀린 문제뿐만 아니라 처음 문제 풀이를 하면서 체크해 두었던 헷갈리는 선지, 어려운 문제 등에 대한 해설을 모두 꼼꼼히 읽으며 정리했습니다.

2023 마더텅 제7기 성적우수 은상
전과목 1등급 이경각
광주시 살레시오고등학교 조선대학교 의예과 합격

2024 수능 국어 영역(언어와 매체) 1등급(표준 점수 142) 수학 영역(미적분) 1등급(표준 점수 136) 물리학 I 1등급(표준 점수 67) 지구과학 I 1등급(표준 점수 65)

사용 교재 **까만책** 국어 문학, 국어 언어와 매체, 물리학 I, 지구과학 I

국어 영역 선택과목을 화법과 작문에서 언어와 매체로 변경하게 되면서 기존 기출문제들을 진도에 맞춰 유형별로 학습할 필요가 있었습니다. 그래서 꼼꼼한 해설을 통해 평가원의 문항 출제 원리를 독학할 수 있는 마더텅 수능기출문제집을 선택하게 되었습니다.

저는 마더텅 수능기출문제집에 제시된 학습계획표에 따라 매일 아침 1시간씩 공부했습니다. 틀린 문제는 물론이고, 맞혔더라도 헷갈렸던 문제, 우연히 맞힌 문제 등은 표시를 한 후 해설지를 보고 선지 하나하나까지 분석했습니다. 또한 그 부분은 다음 날 아침 자습 시간에 반드시 다시 풀었습니다. 이 과정에서 미진했던 부분이나 오개념들은 따로 언어와 매체 개념 노트에 정리하고 학습해 나갔습니다.

2023 마더텅 제7기 성적우수 은상
전과목 1등급 정연우
성남시 분당영덕여자고등학교 아주대학교 의학과 합격

2024 수능 국어 영역(언어와 매체) 1등급(표준 점수 140) 수학 영역(미적분) 1등급(표준 점수 137) 생명과학 I 1등급(표준 점수 66) 지구과학 I 1등급(표준 점수 65)

사용 교재 **까만책** 생명과학 I, 지구과학 I
파란책 국어 영역, 수학 영역, 영어 독해, 영어 어법·어휘 실력

매번 모의고사 한 세트를 풀기에는 시간적으로 부담이 크다고 생각해 기출을 재구성한 마더텅 고난도 미니모의고사 국어 영역을 애용하게 됐습니다. 마더텅 고난도 미니모의고사는 기출을 재구성하였기에 신뢰도가 굉장히 높았습니다. 또 기출을 한 지문씩만 풀었을 때는 얼마만큼의 시간을 쏟아야 하는지, 어느 정도의 난이도인지 스스로 판단하는 데에 있어서 도움을 크게 받았습니다.

저는 해당 과목의 하루 공부량이 조금 부족하다고 생각하거나 기출을 푼 지 너무 오래돼서 다시 기출로 감을 잡고 싶을 때, 실전 감각 유지를 위해 정해진 시간 안에 풀어야 하는 문제 구성이 필요할 때, 모의고사를 전체 다 풀기엔 시간적으로 부담이 될 때 이 교재를 사용했습니다. 특히 쉬는 시간이나 점심시간 등 애매하게 남는 시간에 마더텅 고난도 미니모의고사를 활용하면 버리는 시간이 적어지는 것이 가장 좋았습니다.

2023 마더텅 제7기 성적우수 은상
전과목 1등급 이주엽
군포시 군포중앙고등학교 가천대학교 한의예과 합격

2024 수능 국어 영역(언어와 매체) 1등급(표준 점수 139) 수학 영역(미적분) 1등급(표준 점수 133) 물리학 I 1등급(표준 점수 67) 지구과학 I 1등급(표준 점수 68)

사용 교재 **까만책** 국어 문학, 국어 독서, 수학 I, 수학 II, 미적분, 영어 독해, 물리학 I, 지구과학 I

저는 마더텅 수능기출문제집 국어 독서를 두 권 사용했습니다. 첫 번째 교재로 공부할 때는 기출 지문에 익숙하지 않은 상태였기 때문에, 제시된 권장 풀이 시간을 강박적으로 지키기보다는 해설지의 도움을 받아 제 사고 과정을 점검하는 데에 집중했습니다.

9월 모의고사 이후 같은 책을 재선택했습니다. 이때부터 제가 기출문제를 통해 얻고자 한 것은, '시간 관리'와 '배경지식'입니다. 사실상 모든 기출 지문들을 공부한 상태였기 때문에, 교재에 제시된 권장 풀이 시간보다 1분을 줄인 시간 압박 속에서 올바른 독해를 할 수 있는지 확인했습니다. 독해 후 짧게나마 해설지를 확인하는 것도 잊지 않았습니다. 그리고 반복되어 출제된 개념을 배경지식으로 정리해 두었습니다.

2023 마더텅 제7기 성적우수 대상
전과목 1등급 김근호
서울시 중동고등학교 고려대학교 의예과 합격

2024 수능 국어 영역(언어와 매체) 1등급(표준 점수 147) 수학 영역(미적분) 1등급(표준 점수 144) 화학 I 1등급(표준 점수 67) 지구과학 I 1등급(표준 점수 68)

사용 교재 **까만책** 국어 문학, 국어 언어와 매체, 영어 독해

수능을 출제하는 기관은 평가원이기에 평가원 기출에서의 논리를 익히는 것이 중요하다고 생각했습니다. 이미 여러 기출 강의를 들은 상태였기에, 배운 내용을 스스로 정리하는 시간이 필요했습니다.

기출문제를 갈래별로 나눈 마더텅 수능기출문제집 국어 문학의 구성은 갈래별로 학습 전략을 확립하는 데에 큰 도움이 되었습니다. 같은 갈래의 문제들을 몰아서 풀었기에 특정 갈래 문제들의 공통점, 자주 출제되는 부분, <보기>의 구성 등을 더 효율적으로 파악할 수 있었습니다.

저는 교재를 한 번 본다는 생각이 아니라 여러 번 공부해서 풀이법을 완전히 체화하려고 노력했습니다. 단순히 평가원이 과거에 출제했던 문제를 풀어 보는 정도가 아니라, 조금 더 능동적으로 풀이 순서나 방법, 풀면서 반드시 읽어내야 할 것들을 찾아내려고 했습니다.

2023 마더텅 제7기 성적우수 은상
전과목 1등급 김지민
제주시 남녕고등학교 서울대학교 의예과 합격

2024 수능 국어 영역(언어와 매체) 1등급(표준 점수 137) 수학 영역(미적분) 1등급(표준 점수 137) 화학 I 1등급(표준 점수 67) 지구과학 I 1등급(표준 점수 68)

사용 교재 **까만책** 국어 문학, 국어 독서, 화학 I, 지구과학 I

저는 수시 전형을 선택했기에, 절대적인 공부 시간이 부족할 수밖에 없었습니다. 따라서 선택과 집중이 필요함을 인지하였습니다. 고민 끝에 과학탐구 영역에서는 개념과 기출에 집중해야겠다는 결론을 내렸습니다.

저는 매 단원의 절반만 풀고 다음 단원으로 넘어가는 방식으로 끝까지 풀고 다시 앞으로 와서 남겨 둔 문제를 풀었습니다. 이러한 방식으로 풀었을 때 공부한 내용들이 기억에 더 잘 남았습니다. 그리고 풀고 난 뒤 채점하고 복습하는 과정에서 '어떻게 해야 더 빨리 풀 수 있을까'에 대한 고민을 많이 했습니다. 또한 맞힌 문제더라도 해설지를 가볍게 훑으면서 제가 배울 만한 풀이가 있는지 살펴보고, 배울 것이 있으면 꼭 따로 정리했습니다.

2023 마더텅 제7기 성적우수 금상
전과목 1등급 이현주
고양시 고양외국어고등학교 서울대학교 자유전공학부 합격

2024 수능 국어 영역(언어와 매체) 1등급(표준 점수 138) 수학 영역(확률과 통계) 1등급(표준 점수 137) 한국지리 1등급(표준 점수 65) 사회·문화 1등급(표준 점수 70)

사용 교재 **까만책** 국어 독서, 한국 지리
빨간책 국어 영역, 수학 영역, 한국 지리, 사회·문화 **파란책** 수학 영역

독서 문제에 대한 독해력을 기르고, 시간 조절을 연습하기 위해 마더텅 수능기출문제집을 꾸준히 사용하였습니다. 마더텅 수능기출문제집 국어 독서는 주제별로 지문을 수록했기 때문에 독서 문제에 필요한 기초 지식을 기르는 데에 도움이 될 것 같았습니다.

주제별로 지문이 수록되어 있어서 문제를 푸는 데에 필요한 주제별 기초 지식을 익힐 수 있었고, 1회독 이후 교재를 훑어보면서 많이 틀린 주제를 파악하고 효과적으로 추가 학습을 계획할 수 있었습니다.

국어 영역의 경우 기본기 습득, 기출 학습과 더불어 실전 감각 유지가 가장 중요하다고 생각합니다. 저는 수능 2주 전부터 매일 실제 수능 시험 시간과 같은 시간에 마더텅 교재로 공부하여 실전 감각을 익히기 위해 노력했습니다.

2023 마더텅 제7기 성적우수 은상
전과목 1등급 송가은
고양시 저현고등학교 연세대학교 의예과 합격

2024 수능 국어 영역(언어와 매체) 1등급(표준 점수 134) 수학 영역(미적분) 1등급(표준 점수 133) 생명과학 I 1등급(표준 점수 67) 지구과학 I 1등급(표준 점수 65)

사용 교재 **까만책** 국어 문학, 국어 독서, 국어 언어와 매체, 생명과학 I, 지구과학 I
빨간책 국어 영역, 생명과학 I, 지구과학 I

생명과학 I 과목에서 비유전 부분 공부를 할 때 가장 중요한 점은 개념의 정확한 암기와 적용입니다. 우선, 마더텅 수능기출문제집을 활용해 단원별 기출문제를 풀며 개념을 정확히 정리하고 확인했습니다.

유전 공부의 핵심은 '사고 과정의 단순화'라고 생각합니다. 마더텅 수능기출 모의고사를 활용해 기출문제를 풀어 본 후, 제가 문제를 풀 때 떠올린 논리 구조에서 오류가 없는지 해설지를 통해 점검했습니다.